中国科学院科学出版基金资助出版

第444次香山科学会议"中国东部中—新元古界沉积地层与油气资源"与会人员合影

第444次香山科学会议“中国东部中—新元古界沉积地层与油气资源”四位执行主席

（前排右一孙枢院士、右二王铁冠院士、右三钟宁宁教授、右四朱茂炎研究员）

第444次香山科学会议会场一角

孙枢院士

王铁冠院士

翟明国院士

彭平安院士

钟宁宁教授

朱茂炎研究员

朱士兴研究员

韩克猷高级工程师

刘德良教授

储雪蕾研究员

高林志研究员

张世红教授

张水昌教授级高级工程师

刘鹏举研究员

罗顺社教授

张传明研究员

李献华研究员

王春江副教授

王兰生教授级高级工程师

陈振岩教授级高级工程师

苏犁教授

孟庆任研究员

李振生副教授

刘岩博士

中国东部中—新元古界地质学与油气资源

孙　枢　王铁冠　主编

科学出版社
北　京

内 容 简 介

本书主要内容包括全球中—新元古代地层层序，中国东部中—新元古代地层、生储盖层发育与沉积背景，中国东部中—新元古代沉积盆地发育的地质构造背景与岩浆活动以及中国东部中—新元古界油气富集成藏、保存条件与资源前景。本书分为四篇24章。第一、二篇共计九章，综述了中国东部不同地区元古界地层框架、沉积环境和生—储—盖层发育特点；总结了中国东部中—新元古界的同位素年代学研究进展；分别综述了燕山和南华北元古界的地层框架和沉积环境背景，对燕山地区发育的生—储—盖层作为重点阐述；重点讨论了埃迪卡拉系（震旦系）中广泛发育的烃源层分布与沉积环境背景；为了揭示元古宙地球—生命系统与显生宙的明显差异，分别从有机分子地球化学和生物地球化学的角度对全球元古代烃源岩的特征和发育的地球环境背景进行了综述。第三篇共计六章，综述了中国东部中—新元古代沉积盆地的区域构造背景，讨论了地壳多期伸展事件对沉积盆地的制约；讨论了伸展盆地及其与Nuna超大陆的联系；从岩浆活动探讨了华南的构造演化；论述了燕山地区大规模辉长岩—辉长辉绿岩—辉绿岩的地球化学研究成果；研究了华北罗迪尼亚泛大陆的裂解与燕山下马岭组发育烃源岩的内在联系。第四篇由八章内容组成，涉及中—新元古界的油气资源问题，综述了中—新元古界油气资源的全球性分布状况；研究了华北燕山地区烃源岩、油源与油气成藏研究；论述了南华北始寒武系的烃源与成藏条件；讨论了四川始寒武系的含油气性与天然气勘探前景。

本书可供从事前寒武系地质学、地球化学基础性研究以及从事中—新元古界油气资源应用基础性研究的科研人员、高等院校教师和研究生参考。

图书在版编目(CIP)数据

中国东部中—新元古界地质学与油气资源 / 孙枢，王铁冠. —北京：科学出版社，2016

ISBN 978-7-03-047923-5

Ⅰ. ①中… Ⅱ. ①孙…②王… Ⅲ. ①中新世-地质学-中国-文集②中新世-油气资源-中国-文集 Ⅳ. ①P534.62-53②TE155-53

中国版本图书馆CIP数据核字（2016）第061171号

责任编辑：韦 沁 韩 鹏 胡晓春 / 责任校对：张小霞
责任印制：肖 兴 / 封面设计：王 浩

科学出版社 出版

北京东黄城根北街16号

邮政编码：100717

http://www.sciencep.com

北京利丰雅高长城印刷有限公司 印刷

科学出版社发行 各地新华书店经销

*

2016年5月第 一 版 开本：889×1194 1/16

2016年5月第一次印刷 印张：36 1/2

字数：1 170 000

定价：468.00 元

（如有印装质量问题，我社负责调换）

自　　序

2011年11月上旬一个会议的间歇时间，我同王铁冠院士一起谈到国内外元古宙石油天然气地质研究的一些动向，并主张组织一次“香山科学讨论会”就这一问题在国内地质界作一次广泛的研讨。后经王铁冠院士同有关学者交换意见和积极筹划，邀请前寒武纪地质学（元古宙古生物、地层、沉积、构造、岩浆岩、无机和有机地球化学）和油气地质学方面的专家46人，于2012年11月中旬举行了以“中国东部中—新元古界沉积地层与油气资源”为主题的“第444次香山科学会议”。与会者一致认为，这次会议对相关科学问题作了深度交流与讨论，开得很成功；在会议结束时一致主张合作撰写一部学术专著，以推动今后的科学研究和学术交流。经过主编王铁冠和全体作者两年九个月的辛勤笔耕，这部约百万字的论著已经呈现在我们的面前，对此我由衷地感到高兴。

专著分为四篇24章。四篇主要内容包括全球中—新元古代地层层序与划分，中国东部中—新元古代地层、生储盖层发育与沉积背景，中国东部中—新元古代沉积盆地发育的地质构造背景与岩浆活动以及中国东部中—新元古界油气富集成藏、保存条件与资源前景。在这四篇之内，又以不同的科学问题和地区分章展开阐述和讨论，内容丰富，观点明确，反映了近期以来国内外研究的基本进展，包括华北和扬子地区中—新元古代地层、沉积、构造演化历史与若干重大地质事件，石油天然气地质学等基本问题与世界各地已发现的油气田概况，以及对华北和扬子地区中—新元古界油气远景的分析，等等。

谈到我国中—新元古代地质，我们会很自然地回忆起1924年李四光等在三峡地区首次建立的南方“震旦系”地层系统，1934年高振西等在蓟县建立的北方“震旦系”地层系统。此后随着地质科学研究工作的发展，了解到相当地层在我国的广泛分布，确立北方和南方“震旦系”的先后关系及其进一步的划分和全球对比，并且逐渐更新对我国晚前寒武纪地质演化历史的判断。近年来，同位素年代学数据对年代地层学提出了许多新见解，尽管还存在这样那样的分歧，但在我国中—新元古界的深入全面研究与全球范围的对比以及重大地质事件研究等方面不断取得新的进展。本专著力图反映当前国内学术界的这些研究进展，我认为是相当成功的。

为便于广大地质工作者和在校学生熟悉我国东部中—新元古界地质学，本书的有关章节对中—新元古界地层划分、组段命名、层序框架、同位素年代学测定、地层接触关系、雪球地球时期的冰期划分、构造运动、岩浆活动等地质学研究沿革与进展现状，以及全球与中国中—新元古界油气资源现状，均有综合性的论述。书中依据我国元古宙地层年代学研究的最新进展，将原来置于Pt_3^1新元古界青白口系下部的下马岭组地层，划归Pt_2^3中元古界待建系，同位素年龄为1400～1323 Ma；但在下马岭组至中元古界顶界（年龄现设定为1000 Ma）的地层柱中，还缺失Pt_3^4（1323～1000 Ma）的地层记录，有待于今后的地层研究工作来弥补。

对晚前寒武纪地质与化石能源这一当代世界热点战略问题的讨论，自然也是题中之意。我们不难理解，20世纪前期，国内外一般都不考虑将前寒武系作为油气勘探的目的层。我国1942年黄汲清等开始的威远构造震旦系油气勘查活动，可能是这方面早期的工作之一，但限于技术条件直到1964年才获得有商业价值的天然气田。20世纪70年代，王铁冠、张一伟、赵澄林等对华北燕辽裂陷带“震旦亚界”的油气地质勘查与资源潜力研究，也应该视为我国较早开展古老地层油气地质研究活动的代表性工作。

目前认为，前寒武系烃源岩的发育主要集中在2.76～2.67 Ga、2.0 Ga、1.5～1.4 Ga、1.0 Ga、0.7～0.6 Ga以及0.6～0.5 Ga等时间段。本专著涉及的油气系统，大体上对应于1.5 Ga以来的几个时间段，通常认为这个时间拐点之后，油气形成与资源保存的可能性较大，也就是本专著所强调的中—新元古代。已知这个时期世界最著名的油气田产自东西伯利亚的里菲系和文德系，对它们的勘查工作主要始于20世纪70年代，油气田的开发则从20世纪80年代开始；再有的当数阿拉伯半岛阿曼产自新元古代侯格夫超群的油田。我国四川威远气田以及安岳气田（高石梯、磨溪区块）的新元古界—下寒武统特大型气田，亦因其重要商业价值受到国际的关注。

从全球石油天然气资源的现有统计资料来看，中—新元古界的油气储量仅占1%～2%，远不能同显生宙相提并论，但具体到一个油气田的经济价值而言，又绝对不容产业界忽视。国际上业界经过多年研究后认为，北非、西亚的新元古代油气资源潜力，已日益提升到受重视的地位。

前已述及，四川威远、安岳（高石梯、磨溪区块）一带已获得具有可观探明储量的特大型气田，而我国其他地方还有新元古界分布。我国北方中元古界分布广泛，燕辽裂陷带的北部坳陷带油苗、固体沥青点随处可见，业已查明发育有良好的烃源层，因此在华北寻找原生油气藏无疑应当进入业界的视野。本专著的有关章节在汇总已有数据和分析地质条件的基础上，对一些地带提出的油气潜力评价和建议，将在今后的实践中接受检验，而科学见解就是在不间断的、循环往复的质疑中前进的。

作为“第444次香山科学会议”的组织者以及本专著手稿的早期阅读者之一，我相信本书将在今后我国东部中—新元古代地质学和油气资源的研究中发挥积极的作用！

孙枢

2015年8月

前　言

Menchikoff（1949）和Pruvost（1951）最初将含三叶虫地层以下的下寒武统底部，至不整合于岩浆岩或变质岩结晶基底之上的地层，笼统地称为“底寒武系”（Infracambrian）；现今“底寒武纪”也经常作为早寒武世至新元古代，乃至中元古代期间的泛称（Smith，2009）。由于当初“底寒武系”归属于不含生物化石的“哑层”，因此在20世纪50年代普遍认为，前寒武系不可能含有烃类沉积（Dickes，1986）。

最近五十年来，随着科学界对地球早期生命的研究进展，不仅证明了元古宙生物的多样性，也为中—新元古界含油气性的物质基础提供了科学依据。同时全球中—新元古界地质学研究也已取得长足进展，在油气勘探方面更有了突破性的重要发现。事实证明，在中—新元古界沉积地层中，不仅确实富含有机质，而且还形成了众多油气苗与大型沥青脉，特别是20世纪70年代以来，全球一些地区（如俄罗斯东西伯利亚克拉通、我国四川乐山-龙女寺古隆起、安曼和印度等）总计业已发现数十个油气田，探明的油气储量可达到亿吨级至十亿吨级油当量的规模，并且具有日产百万立方米级天然气的产能。

目前中—新元古界的油气资源潜力业已引起国际地质界的密切关注，以致英国伦敦地质学会于2006年11月专门召开国际性学术会议“Global Infracambrian Petroleum System Conference”（全球底寒武系油气系统会议），以总结当前对全球广泛分布的新元古界—下寒武统油气系统的认识，会议试图强调对北非新元古界值得给予较以往更多的关注。2009年会议主办方以“（伦敦）地质学会326号专门出版物”的方式，出版会议论文专辑*Global Neoproterozoic Petroleum System：The emerging potential in North Africa*（全球新元古界油气系统：在北非萌现的潜力），力图表明“底寒武系”将是北非、中东油气勘探的一个新篇章，新元古界—下寒武统是一个具有挑战性的油气勘探前沿领域。此后，伦敦地质学会又针对亚洲（2013年出版）和北美等地区陆续汇编出版同名专辑。

中国是全球中—新元古界沉积地层发育最为完整的国家之一，也是研究中—新元古界地层最早的国家。早在1924年李四光先生在长江三峡以及1934年高振西先生在燕山蓟县最先建立了我国南方和北方的“震旦系”地层剖面，在国际上产生很大影响，在相当一段时期内，其成为国际地质界进行前寒武纪地层对比的标志性剖面。我国前辈地质家们祈望在国际地层年代表上，确立以“震旦系”命名的一个地层年代单位。令人遗憾的是，由于“文革”十年浩劫，我国在生物地层学、年代地层学、沉积学、古地磁学、古海洋学等诸多学科领域的研究停滞不前，影响到对我国中—新元古界地质学的深化研究，也与国际同行差距拉大，致使前辈地质家的心愿未能实现。

但是，从20世纪70年代以来，我国地质界对中—新元古界的生物地层学、层序地层学、年代地层学、寒武系生物大爆发事件、活动论构造古地理重建以及油气地质学-地球化学等不同地质学科范畴与跨学科的交叉研究，业已取得重大进展。在沉积地层层序上，业已建立起我国南北方统一的中—新元古界地层框架，从古到新确立了长城系、蓟县系、待建系、青白口系（华北北部）、南华系和震旦系（南华北与华南）六个系级地层单元，并初步建立了国内外同期地层的对比关系，从而有利于在新的地层框架中研究我国油气的分布，进行资源潜力的预测。但迄今在区域地层分布对比、精确地质年代的系统厘定等方面，仍存在诸多问题有待深入研究。我国中—新元古代古海洋学、沉积-古地理学与区域构造地质学等方面的研究，也将有助于深入探讨与认识中—新元古界油气资源的形成、演化与保存、生油层-储集层-盖层发育与地质演化背景。

尤其是在扬子克拉通四川盆地乐山-龙女寺古隆起上，继1964年发现震旦系威远大气田之后，近期又相继发现震旦系—下寒武统安岳大气田，获得百万立方米级的高产气流，万亿立方米级的天然气三级储量。此外，通过几十年的野外勘查，在川西北龙门山和华北燕辽裂陷带，分别发现下寒武统大型沥青脉和中元古界众多“活”油苗。但是较之国外同类研究，我国的中—新元古界研究不仅面临地层更为古老、地质年龄跨度长达13亿年之久问题，而且又有相当大的面积分布于复杂地质构造与有机质高演化地区，不利于液态石油的保存。如何正确评价我国中—新元古界油气资源的分布规律，是一个迫在眉睫的问题。

因此，研究我国中—新元古界油气资源问题，既具有地层发育齐全、前人科研积淀深厚的有利条件，又面临地层更加古老、地质条件更为复杂的挑战，同时也存在着更宽阔的科研创新机遇。为此于2012年11月13～15日，我们申请并召开了“第444次香山科学会议”，组织国内有关中—新元古界地层学、沉积学与泛大陆地质构造研究与油气地质学-地球化学领域的专家，作了一次当前各个学科研究进展与科研成果的总结与交流，通过跨系统、跨学科、跨专业的学术交流与研讨，促进各方面科研的深化发展。会议邀请中国科学院地质与地球物理研究所、中国科学院南京地质古生物研究所、中国科学院广州地球化学研究所、中国地质科学院地质研究所、天津地质矿产研究所、核工业北京地质研究院、中国石油勘探开发研究院、中国石油咨询中心、中国石油西南油气田公司、中国石油辽河油田公司、中国石化石油勘探开发研究院、北京大学、中国科技大学、南京大学、中国地质大学（北京）、长江大学、合肥工业大学、国家自然科学基金委员会、香山科学会议和中国石油大学（北京）20个单位从事相关研究的46位专家与会研讨。

此次香山科学会议由香山科学会议理事会批准、香山科学会议办公室主办，中国石油大学（北京）油气资源与探测国家重点实验室作为依托单位，承办会前的大量专业性筹备、会议期间的业务性服务以及会后专著出版撰写的技术性工作。在此我们谨向香山会议理事会、香山会议办公室以及中国石油大学（北京）油气资源与探测国家重点实验室的领导和同事们致以由衷的感谢。同时感谢朱茂炎、钟宁宁两位教授作为此次香山会议的执行主席，邱楠生教授、宋到福博士作为会议学术秘书，对会议成功举行与专著顺利出版所做出的诸多重要贡献。

香山科学会议与会专家们一致希望以此次会议为契机，组织国内更多的前寒武纪研究者，以中国东部中—新元古界地质学与油气资源为主题，作一次深度的总结，撰写、出版一部综合性研究专著，以飨国内外的同行研究者。会后针对目前的研究程度，进一步商定了专著的撰写框架与详细提纲，全书计划分为地层、沉积、构造与岩浆活动、油气资源四篇共计24章，特邀22位与会专家独立或合作撰写，分头组织各自科研团队的总计百位研究者探讨撰写成文，经过大家两年零九个月的相互切磋与笔耕，终于成就了这部约百万字的科研专著，作为当前我国东部中—新元古界地质学与油气资源研究领域的一部综合性与总结性文献，奉献给读者。对于来自各个不同部门与单位的百位作者在短短两年多的写作期间表现出来的无私奉献、求同存异、通力合作的协作精神，严肃、严谨、认真负责的科学态度，我们深受感动。如若没有群体的努力，这部专著的问世是难以想象的，在此谨向全体合作作者们表示最深切的谢意。

考虑到这部专著涉猎诸多地质学科，为便于跨学科交流起见，凡是书中涉及的外文缩略语或缩写词，在各章节中首次出现时，均在括弧内标注中、英文全称，书后还汇编了主题词分类索引，以便读者参阅。对于书中论述到的403个国外地名以及组成地层或地质构造单元的地名，均参照《外国地名译名手册》（商务印书馆，1983年版）、《世界地名翻译手册》（知识出版社，1988年版）和《世界地名翻译大词典》（中国出版集团中国对外翻译出版公司，2007年版）译成中文。

希望此次香山会议以及会后完成的科研专著，对于提升我国中—新元古界科学研究的学术水平，提升我国在前寒武纪科研领域的学术地位与国际影响，推动与指导我国中—新元古界油气资源的研究与勘探，能够贡献一点绵薄之力。

最后，在本书出版之际，我们还要感谢中国科学院科学出版基金、中国石油大学（北京）油气资源与探测国家重点实验室对出版这部专著的鼎力支持与经费资助，感谢科学出版社的编辑们对本专著出版所付出的辛勤劳动。

中国石油大学（北京） 王铁冠

2015年8月31日

目　　录

自序
前言

第一篇　中—新元古代地层层序与划分

第 1 章　全球新元古代沉积地层研究现状 …… 3
1.1　引言 …… 3
1.2　新元古代地球历史特征 …… 3
1.3　新元古代地层划分沿革 …… 6
1.4　新元古代地层学研究现状与展望 …… 11
1.5　全球新元古代沉积地层的发育特征与对比 …… 14
参考文献 …… 19
第 2 章　中国东部中—新元古代地层同位素年代学研究进展 …… 25
2.1　引言 …… 25
2.2　华北中元古代地层的底界年龄新标定 …… 28
2.3　蓟县剖面缺失 1.2～1.0 Ga 的 Pt_2^4 地层 …… 29
2.4　青白口系骆驼岭组和景儿峪组在地层柱中的位置 …… 31
2.5　华南地区江南造山带年代学进展 …… 32
2.6　扬子克拉通“南华系” …… 41
2.7　华南地区新元古代年代学新认识 …… 42
2.8　结论与讨论 …… 45
参考文献 …… 45
第 3 章　燕辽裂陷带中—新元古界地层序列和划分 …… 51
3.1　引言 …… 51
3.2　地层研究沿革 …… 53
3.3　地层序列 …… 57
3.4　地层划分依据 …… 73
3.5　《中国地层表（试用稿）》尚存问题 …… 78
3.6　新的建议 …… 82
3.7　基本结论和存在问题 …… 85
参考文献 …… 86
第 4 章　华南埃迪卡拉纪（震旦纪）生物地层学研究进展 …… 89
4.1　引言 …… 89
4.2　岩石地层序列 …… 89
4.3　碳同位素地层学特征 …… 90
4.4　微体古生物群特征及微化石生物地层序列 …… 91
4.5　宏体生物群特征及其生物地层序列 …… 93

4.6　生物地层序列与年代地层格架建立 ········· 97
4.7　结论 ········· 97
参考文献 ········· 98

第二篇　中—新元古代地层、生-储-盖层发育与沉积背景

第5章　华南新元古代地层、生-储-盖层发育与沉积环境 ········· 107
5.1　引言 ········· 107
5.2　新元古代地层框架与构造背景 ········· 109
5.3　青白口纪沉积盖层的发育特征及区域对比 ········· 110
5.4　南华系发育特征、划分与对比 ········· 114
5.5　震旦系发育特征、地层划分与对比 ········· 119
5.6　新元古代油气生-储-盖层的发育状况 ········· 128
参考文献 ········· 130
第6章　元古宙氧化-还原分层海洋与烃源岩的生物地球化学背景 ········· 136
6.1　引言 ········· 136
6.2　古海洋氧化-还原代指标 ········· 137
6.3　元古宙古海洋的氧化-还原 ········· 142
6.4　氧化-还原分层的前寒武纪海洋 ········· 144
6.5　元古宙烃源岩及生物地球化学背景 ········· 147
参考文献 ········· 150
第7章　燕辽裂陷带中—新元古界层序地层、沉积相及生-储-盖组合配置研究 ········· 158
7.1　区域地质概况 ········· 158
7.2　层序地层学格架 ········· 159
7.3　沉积环境与沉积相 ········· 178
7.4　层序地层格架内生-储-盖组合 ········· 189
7.5　结论 ········· 191
参考文献 ········· 192
第8章　南华北地区中—新元古代地层与沉积背景 ········· 195
8.1　引言 ········· 195
8.2　南华北地区中—新元古代地层 ········· 196
8.3　南华北地区中—新元古代地层对比 ········· 200
8.4　南华北地区中—新元古代沉积环境讨论 ········· 204
8.5　南华北地区中—新元古代地层生烃潜力分析 ········· 204
参考文献 ········· 204
第9章　前寒武纪烃源岩特征与发育背景浅析 ········· 207
9.1　引言 ········· 207
9.2　烃源岩分布及特征 ········· 208
9.3　烃源岩发育的规律与可能机制 ········· 211
9.4　几个重要问题的讨论 ········· 214
参考文献 ········· 216

第三篇　中—新元古代沉积盆地发育的地质构造背景与岩浆活动

第 10 章　元古宙中期（约 1800 ~ 1300 Ma）全球伸展盆地及其与哥伦比亚超大陆演化的关系 ········ 221
10.1　引言 ········ 221
10.2　西伯利亚古陆元古宙中期盆地 ········ 223
10.3　印度温迪彦（Vindhyan）盆地 ········ 228
10.4　北澳大利亚麦克阿瑟（McArthur）等盆地 ········ 229
10.5　北美贝尔特（Belt）盆地 ········ 232
10.6　波罗的（Baltica）古陆元古宙中期盆地 ········ 233
10.7　华北克拉通元古宙中期盆地 ········ 235
10.8　哥伦比亚超大陆聚散过程及其对中元古代盆地性质的制约 ········ 239
10.9　结论 ········ 242
参考文献 ········ 242
第 11 章　华北元古宙的多期伸展与裂谷事件 ········ 245
11.1　引言 ········ 245
11.2　华北克拉通的古元古代末—新元古代主要裂谷与沉积地层 ········ 246
11.3　沉积岩碎屑锆石年龄与物源 ········ 258
11.4　主要的岩浆活动 ········ 262
11.5　华北克拉通多期裂谷事件及其地质意义 ········ 274
11.6　结论 ········ 276
参考文献 ········ 277
第 12 章　华北克拉通北缘中元古代沉积盆地演化 ········ 287
12.1　引言 ········ 287
12.2　区域地质背景 ········ 288
12.3　地层格架 ········ 289
12.4　沉积特征 ········ 290
12.5　不整合面分析 ········ 292
12.6　构造意义 ········ 294
参考文献 ········ 297
第 13 章　华南新元古代岩浆作用与构造演化 ········ 301
13.1　引言 ········ 302
13.2　华南前新元古代结晶基底 ········ 302
13.3　新元古代岩浆作用的时空分布 ········ 304
13.4　新元古代岩浆作用与构造演化 ········ 307
13.5　华南与罗迪尼亚超大陆演化的关系 ········ 317
参考文献 ········ 319
第 14 章　燕辽裂陷带中元古界下马岭组辉长辉绿岩岩床成岩机制与侵入时间 ········ 325
14.1　区域地质背景 ········ 325
14.2　辉长辉绿岩岩床的岩石学 ········ 329
14.3　地球化学特征 ········ 332
14.4　成岩年龄：斜锆石年代学 ········ 336
14.5　燕辽裂陷带 1400 ~ 1300 Ma 基性火成岩成岩机制 ········ 339
参考文献 ········ 341

第 15 章 哥伦比亚超大陆裂解与华北克拉通烃源岩发育的耦合关系 …… 343
15.1 引言…… 343
15.2 哥伦比亚超大陆裂解事件在华北克拉通的响应…… 344
15.3 燕辽裂陷带宣龙坳陷下马岭组烃源岩的发育背景…… 350
15.4 超大陆裂解与烃源岩发育的耦合关系…… 358
15.5 结论…… 362
参考文献…… 362

第四篇 中—新元古界油气富集成藏、保存条件与资源前景

第 16 章 全球与中国东部中—新元古界油气资源 …… 371
16.1 引言…… 371
16.2 全球中—新元古界的油气资源…… 372
16.3 中国东部中—新元古界油气资源…… 385
16.4 结论…… 397
参考文献…… 398
第 17 章 燕辽裂陷带中元古界烃源层与油源 …… 401
17.1 引言…… 401
17.2 中元古界烃源层段…… 403
17.3 有机质类型与热演化…… 413
17.4 中元古界油苗、沥青的烃源分析…… 417
17.5 结论…… 429
参考文献…… 430
第 18 章 冀北坳陷中元古界油气成藏史重建 …… 433
18.1 引言…… 434
18.2 石油地质背景…… 434
18.3 冀北坳陷中—新元古界地层沉积-埋藏史重建 …… 437
18.4 冀北坳陷中—新元古界地层热演化史…… 442
18.5 结论…… 446
参考文献…… 447
第 19 章 辽西坳陷中—新元古界生-储-盖组合与油气成藏条件分析 …… 449
19.1 引言…… 449
19.2 区域地质背景…… 450
19.3 辽西坳陷中元古界具备大规模成藏基本条件…… 450
19.4 中—新元古界油苗原生性与古老地层油气勘探新领域…… 464
19.5 晚期成藏利于油气资源的保存…… 465
19.6 油气成藏主控因素探讨…… 467
参考文献…… 468
第 20 章 南华北地区中—新元古界含油气性分析 …… 469
20.1 引言…… 469
20.2 区域地质概要…… 469
20.3 中—新元古界含油气性分析…… 483
20.4 结论与讨论…… 491
参考文献…… 492

第21章　南华北地区下寒武统马店组烃源层研究 …… 497
21.1　引言 …… 497
21.2　马店组地质时代和岩性特征 …… 498
21.3　沉积-构造环境和分布特征 …… 502
21.4　烃源岩地球化学评价 …… 503
21.5　烃源岩有效性分析 …… 506
参考文献 …… 507
第22章　四川盆地及邻区震旦系含气性与勘探前景 …… 510
22.1　引言 …… 510
22.2　震旦系天然气勘探概况与成果 …… 510
22.3　南华纪地质事件与油气生成 …… 513
22.4　陡山沱组黑色页岩——扬子克拉通潜在的烃源层 …… 515
22.5　灯影组储层特征及其分布 …… 517
22.6　油气成藏问题 …… 521
22.7　勘探前景及勘探目标 …… 524
参考文献 …… 525
第23章　四川盆地震旦系天然气地球化学特征与勘探前景分析 …… 527
23.1　震旦系天然气勘探历史回顾 …… 527
23.2　地质构造背景与地层划分沿革 …… 529
23.3　天然气地球化学特征及气源研究 …… 533
23.4　油气运聚特征 …… 539
23.5　四川盆地震旦系天然气勘探前景 …… 539
参考文献 …… 541
第24章　川西北龙门山前山带沥青脉的石油地质特征 …… 542
24.1　引言 …… 542
24.2　特殊的地质背景 …… 543
24.3　沥青脉的分布与特征 …… 545
24.4　沥青理化性质和品位 …… 550
24.5　沥青物质来源探讨 …… 551
24.6　大沥青脉的成因机制 …… 557
参考文献 …… 558
附录　主题词分类索引 …… 560

第一篇

中—新元古代地层层序与划分

第1章　全球新元古代沉积地层研究现状

朱茂炎

（中国科学院南京地质古生物研究所，南京，210008）

摘　要：本章首先简要系统地回顾新元古代年代地层的研究历史。随后，结合新元古代地球历史特点和研究进展，分别从化学地层学、生物地层学、同位素年代学和年代地层学等方面，较全面地总结新元古代年代地层划分、对比的研究现状与发展趋势，客观地评述尚存的争议和亟需解决的问题，并讨论今后的研究重点。本章最后简述全球各主要大陆新元古代代表性沉积地层序列的发育特征和研究进展，依据综合年代地层学的划分和对比标准，初步对比全球新元古代沉积地层，供关注全球新元古代沉积地层研究的地质工作者参考。

关键词：新元古代（界），成冰纪（系），埃迪卡拉纪（系），地层学，年代地层，地质年代表

1.1　引　　言

新元古代（1000～541 Ma）是地球历史上一段非常独特的地质时期，地球-生命系统（Earth-Life System）在这个时间段发生了革命性转折。在新元古代之初，地球上各古老大陆拼合形成一个超级大陆——罗迪尼亚超大陆（Rodinia），随后又发生超大陆的裂解离散，并且在这个时期形成了今天地球各大陆的核心。岩石圈的剧烈运动引起地球表面各层圈相互作用的改变，导致多次全球性冰期与超级暖房气候相互转换的极端异常气候变化，大气中氧的快速增加，使得大洋深部海水氧化，从而促进多细胞生物加快演化，地球上开始出现动物（图1.1）。正因为如此，新元古代的研究成为当今地球科学领域多学科交叉综合研究的前沿。在地球-生命系统演化思想的指导下，随着新技术和新方法的广泛应用，全球新元古代研究进展迅速。

在这种发展态势下，全球各地新元古代地层的各种信息和数据快速积累。为了充分利用这些分散的资料，从全球的角度揭示新元古代地球历史演变过程，迫切需要一个全球统一的高分辨率地质年代框架，而当前全球新元古代年代划分和对比的精度，远未达到综合分析这些数据和资料的要求。因此，为了加强新元古代地层研究，国际地层委员会组建了成冰纪地层分会和埃迪卡拉纪地层分会，目标是尽快建立如同显生宙那样的高分辨率新元古代年代地层框架，为科学研究新元古代地球演化历史提供保证。为方便国内地质工作者全面了解全球新元古代地层研究现状，尽快应用最新的地层研究成果，为科学研究和国民经济服务，本章试图对全球新元古代年代地层研究历史、现状以及全球各地新元古代沉积地层的研究进展进行简要介绍和总结，不妥和欠完善之处敬请读者指正。

1.2　新元古代地球历史特征

剧烈的地球构造演化：新元古代地球岩石圈活动加速，经历了罗迪尼亚超大陆的聚合与裂解，随后又发生冈瓦纳超大陆（Gondwana）的聚合（Li *et al.*，2013）。罗迪尼亚超大陆的聚合，将全球主要古老克拉通块体聚合形成一个超级大陆，这个过程大约在900 Ma前后结束。在稳定了一段时间之后，在地幔热

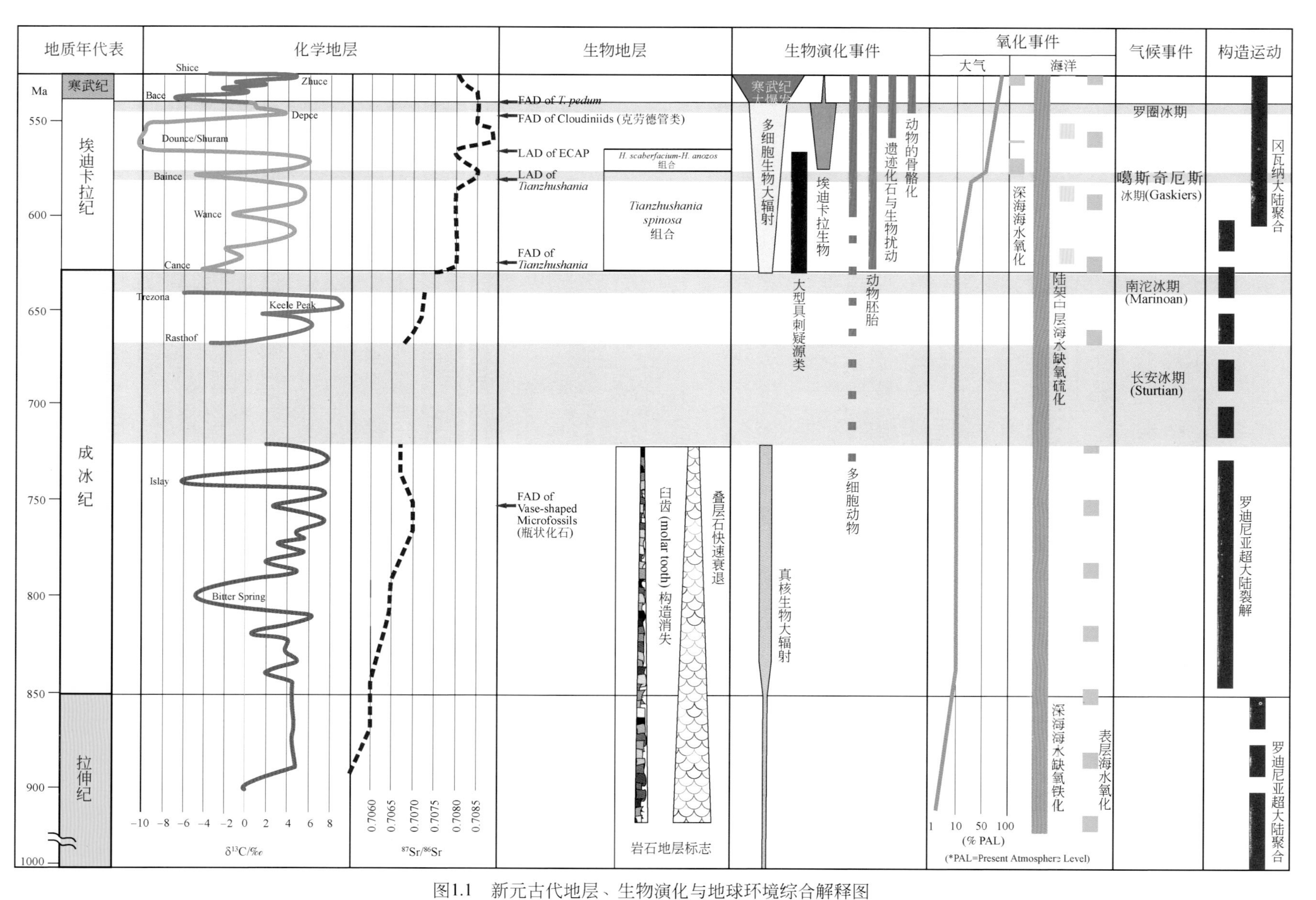

图1.1 新元古代地层、生物演化与地球环境综合解释图

FAD为First Appearance datum，首次出现的数据；ECAP.埃迪卡拉复杂疑源类微体生物群(Ediacarian Complex Acritarch Palynoflora)。δ13C数据来源：1. 冰期之前：斯瓦尔巴德群岛东北部、苏格兰、加拿大西北部和美国西部，据Halverson *et al*., 2005, 2010；Macdonald *et al*., 2010；Strauss *et al*., 2014。2. 冰期之间：澳大利亚南部和纳米比亚北部，据Halverson *et al*., 2005, 2010。3. 埃迪卡拉纪至寒武纪早期：据Zhu *et al*., 2007a, 2013。87Sr/86Sr数据据Halverson *et al*., 2010；Sawaki *et al*., 2010; Halverson and Shields-Zhou, 2011

点或地幔柱的驱动下，罗迪尼亚超大陆又发生从北极向南极的快速漂移（Hoffman，1999；Li *et al.*，2004）。随后在720 Ma左右，罗迪尼亚超大陆开始裂解，大规模的火山活动形成一些大火成岩省（Large Igneous Province，LIP），如富兰克林（Franklin）和凯托克廷（Catoctin）大火成岩省（Ernst and Bleeker，2010）。当时罗迪尼亚超大陆处于低纬度，而与裂解相关的大火成岩省则在赤道附近，经历快速的风化作用，消耗了大气中大量的CO_2。同时，在全球各大陆之间形成了大量的裂谷盆地，并致使大陆边缘海的面积急剧增加，再加上海洋生物营养物质供应的增加，导致生物原始生产率快速增长，各盆地快速堆积的沉积物导致有机碳埋藏的增加，加剧了大气中CO_2含量的下降。这种低纬度超大陆的剧烈构造运动，引起一系列的生物环境效应，致使全球冰期的形成，这就是所谓的“火与冰”解释模型（Goddéris *et al.*，2003）。新元古代晚期，在罗迪尼亚超大陆裂解高峰期之后，著名的泛非运动（Pan-African Orogeny）将东西冈瓦纳大陆众多的古老克拉通块体拼合，形成冈瓦纳超大陆，并在冈瓦纳超大陆上形成超级规模的造山带。这些剧烈的岩石圈运动，改变了地表物质运移和生物地球化学循环过程，成为新元古代地球历史的一大特点。

极端气候变化：在720～635 Ma的新元古代时期，地球经历了两次极端的冰期与超级温室气候之间的快速转换，这在地球历史上是绝无仅有的。位于低纬度和赤道附近的大陆以及全球海洋均被冰覆盖，形成雪球地球（Snowball Earth），随后在超级温室效应作用下，冰期快速消失。具体表现为全球低纬度分布着同时期的冰碛杂砾岩，并由特征性的碳酸盐岩直接覆盖，形成“盖帽碳酸盐岩”，冰碛杂砾岩地层中还出现了消失10亿年之久的条带状含铁建造（Banded Iron Formation，BIF；Hoffman *et al.*，1998；Hoffman and Schrag，2002；Hoffman，2009）。

海洋和大气成分的动荡多变：大量的元素地球化学和同位素地球化学研究表明，新元古代海洋和大气成分发生过剧烈的波动和改变，如大气氧、$\delta^{13}C$和$^{87}Sr/^{86}Sr$等（图1.2）。首先，这一时期沉积地层碳同位素$\delta^{13}C$值的变化，是地球历史上变化的幅度最大、频率最高的时期，且还是全球性的同步变化。一些碳同位素$\delta^{13}C$负异常事件与冰期密切相关，但是冰期前和冰期后的$\delta^{13}C$负异常显然与冰期无关。其中，在560 Ma前后的“陡山沱/舒拉姆”（DOUNCE①/Shuram）$\delta^{13}C$负异常事件，$\delta^{13}C$值的变化幅度达到16‰以上，是地球历史上最大的一次$\delta^{13}C$负异常事件，目前这个事件是否与新元古代海洋的巨大溶解有机碳（Dissolved Organic Carbon，DOC）库氧化有关还存在着争议（Lu *et al.*，2013）。但是，新元古代大气和海洋中氧含量的快速增加得到了多种地球化学参数的支持（Och and Shields-Zhou，2012），新元古代大气氧从早期的大约1%现代大气氧含量（Present Atmosphere Level，PAL），在大冰期结束之后快速增加到10%～50% PAL，到新元古代末可能达到70% PAL以上，从而导致深部海水的氧化，为寒武纪的动物大爆发和生态扩展奠定了基础。$^{87}Sr/^{86}Sr$值在新元古代持续增加，表明大陆风化作用不断加强，并有可能与陆地生物的起源和演化密切相关。

沉积系统发生改变：从沉积岩石记录来看，新元古代重新出现了地球早期常见的条带状含铁建造（BIF）。沉积系统的显著变化包括：①新元古代冰期开始之前碳酸盐岩中特征性的“臼齿构造（Molar-Tooth structure，MT）”，在冰期结束后消失；②前寒武纪曾经大量繁衍的叠层石，在冰期结束后快速衰退；③新元古代冰期结束之后，磷加速沉积，地层中磷矿大量出现；④发生大量富含有机质的页岩沉积等。

快速生物演化：经历了漫长的早期生命演化过程，在古元古代晚期地球开始出现真核生物，但直到新元古代早期才发生快速辐射（Knoll，2014），并出现多种类型的宏观藻类以及具有生物矿化能力的真核生物，包括与原生生物有壳变形虫类相似的瓶状化石（vase-shaped microfossils）和可能的海绵动物等（Love *et al.*，2009；Porter，2012；Strauss *et al.*，2014）。在新元古代冰期之后，多细胞生物发生快速大辐射，像我国华南陡山沱组蓝田生物群和庙河生物群发现的大型复杂化多细胞藻类化石（Yuan *et al.*，2011）、瓮安生物群磷酸盐化的微体多细胞藻类化石，以及动物胚胎和微型成体化石（Xiao *et al.*，1998；Chen *et al.*，2006，2009）。新元古代晚期出现大型复杂的埃迪卡拉生物群（Ediacara Biota）和弱矿化的管壳动物化石，包括动物的遗迹化石和生物扰动。由此可见，新元古代是地球复杂生命快速演化的关键时期，是寒武纪动物大爆发的前奏，充分反映了这一时期地球岩石圈、水圈、大气圈和生物圈之间复杂的协同演化过程。

① DOUNCE：“Doushantuo Negative Carbon isotope Excursion”为“陡山沱碳同位素负异常”的缩略语（Zhu *et al.*，2007a）。

1.3　新元古代地层划分沿革

地球历史以在寒武纪开始出现动物为标志，划分两个明显的时间段，寒武纪至今称之为显生宙（Phanerozoic），寒武纪之前称之为隐生宙（Cryptozoic；Chadwick，1930）。由于缺乏显生宙那样明显可分的生物演化阶段，同位素年代学建立起来之前（Holmer，1911，1959），很难对前寒武纪的地层进行划分与对比。因而，在20世纪上半叶的早期研究中，前寒武纪（系，pre-Cambrian）作为年代和地层单位的术语在地质研究和填图中广泛使用。前寒武纪的地球历史漫长，前寒武纪岩石和地层经历了各种复杂地质作用改造，研究难度是显生宙地层所不能比拟的。从历史的角度来看，前寒武纪的年代地层划分和对比研究历史，充分体现了地球科学整体发展的历史过程。

由于没有国际学术组织的约束，在早期的前寒武纪地质研究实践中，不同国家和不同学者应用过大量不同的名称和术语，用以划分和表征前寒武纪的岩石序列和年代。不仅是前寒武纪岩石地层研究如此，显生宙地层也存在类似的混乱现象，阻碍了地质科学的国际交流和对全球地质演化历史的统一认识。为此，1952年在阿尔及利亚召开的第19届国际地质大会上，倡议并组建了国际地层术语委员会（International Commission on Stratigraphic Terminology），以期达到建立全球统一规范的地质年代和地层术语的目标，便于成为科学共同体开展地球历史研究和交流的通用语言。尽管早在1880年第一届国际地质大会上，业已制定和倡导标准规范的国际地层表，但是没有一个广泛公认的国际组织来领导这项工作，直到1960年国际地质科学联合会（International Union of Geological Sciences，IUGS，简称“地科联”）成立后，建立全球标准地质年代表的工作才得以推进。在地科联成立的同年，随即成立国际地层委员会（International Commission on Stratigraphy，ICS）。作为地科联下属最大的国际学术组织，国际地层委员会的目标就是建立国际标准的地质年代表，统一全球的年代地层术语，并采用统一的年代地层符号和颜色，标记不同时代的地层，进行地质填图。由于前寒武纪时间跨度长，研究难度大，前寒武纪年代划分就成为国际地层委员会的核心任务之一。为了统一指导前寒武纪的地层研究，1966年又成立国际地层委员会前寒武纪地层分会（Subcommission of Precambrian Stratigraphy，SPS）。因为前寒武纪岩石和地层序列遭受更长时间的各种地质作用改造，原始地层序列不完整且层序难辨，更加困难的是在前寒武纪岩石地层中，没有像显生宙那样可用于地层划分和对比的生物化石系列，前寒武纪年代地层的划分非常困难。所以，在20世纪六七十年代，国际上存在两种不同的地质年代表（Harland，1975），第一种是以显生宙为主的“年代地层表”，划分较为精细，年代地层界线是以连续的层型剖面上的界线点为厘定标准，并辅以同位素年龄；第二种就是以时间为依据划分的“地质年代表”，主要是针对前寒武纪的年代划分。

在当时，太古代（Archean）和元古代（Proterozoic）两个阶段的划分方案，在前寒武纪研究中较为常见，但是文献中仍然存在比较混乱的不同划分和术语。据Harland等（1990）的历史回顾，“Archean”一词是指前寒武纪最古老的时间段，从1872年Dana最早使用的“Archaeozoic”一词演变过来的；在1888年最早由Emmons命名为“Proterozoic”，1925年在美国地质调查所系统内将其作为前寒武纪的代用词。在同一时期，由Powell命名的“Algonkian”与“Proterozoic”是同义词。经过多年的讨论和实践，国际前寒武纪地层分会达成了关于前寒武纪划分的基本原则（Plumb and James，1986）：

（1）前寒武纪需要划分成几个时间段，用于国家和国家间地质研究的交流；

（2）划分的时间段必须能够代表全球大部分地区在该时间段发生的一系列相关地质事件，主要以地球构造演化阶段为依据；

（3）时间单位的界线以同位素年龄为标准，而不是类似显生宙那样以特征的岩石系列的参考点为界线。

1973年在澳大利亚阿德莱德（Adelaide）会议上，国际前寒武纪地层分会正式认可了前寒武纪划分为太古代（Archean）和元古代（Proterozoic）的方案，并得到地科联批准。同时得到地科联批准的是统一前寒武纪的英文书写“Precambrian”，之前的“pre-Cambrian”用法被废弃，而与之相似的所有用于其他地质年代术语之前“pre-”的书写方式也同时废弃。1977年，国际前寒武纪地层分会的南非开普敦会议决定将2500 Ma作为太古代和元古代界限的年代划分标准。

关于前寒武纪的进一步划分，最早始于加拿大地质学会（GSC）和美国地质调查所（USGS），曾提出过三分、四分和五分的方案（Harland *et al.*，1982，1990）。1979 年，在美国德卢斯（Duluth）召开的国际前寒武纪地层分会会议上，目前采用的元古代三分方案首次被提出，分别以 2500 Ma、1600 Ma 和 900 Ma的年龄值作为划分标准。1982 年国际前寒武纪地层分会又提出以“Proterozoic I”、“Proterozoic II”和“Proterozoic III（或 Terminal Proterozoic）”作为元古代三个阶段的名称，并在 1987 年得到地科联的批准。1988 年，国际前寒武纪地层分会提出了元古代三个阶段的新名称，即目前使用的古元古代（Palaeoproterozoic）、中元古代（Mesoproterozoic）和新元古代（Neoproterozoic）的正式名称，并进一步划分为 10 个纪。这个方案中，新元古代正式建立，底界年龄值从 900 Ma 下移到 1000 Ma，并三分为拉伸纪（Tonian）、成冰纪（Cryogenian）和末元古代或新元古代第三纪（Terminal Proterozoic/Neoproterozoic III）。1989 年该方案被国际地层委员会批准，同年在美国华盛顿举行的第 28 届国际地质大会上，地科联发布的全球地层表也首次采用这个方案，该方案在 1990 年得到地科联的正式批准（Plumb and James，1986；Plumb，1991）。这种情况下，元古代升级成为“宙”一级年代单位，即“元古宙（Proterozoic）”，与之并列的太古代也升级为“太古宙（Archean）”，从而与显生宙一起构成地质年代表中最高级别的三个年代单位。

在新元古代三分方案中，各纪的界限仍然采用同位素年龄为划分标准。但是，以时间为标准的前寒武纪划分显然具有明显的缺点，不能客观反映岩石和地层记录的地质历史阶段性演化特征。1976 年国际地层委员会下属的地层划分分会发布了国际地层指南（Hedberg，1976），1994 年出版了修订版（Salvador，1994）。遵照这个指南，不同等级的地质年代单位和年代地层单位的建立，需以标准地层剖面的界线点为划分依据，从而建立国际地质年代表和国际年代地层表。国际地层指南为前寒武纪建立统一的年代地层划分提供了可以遵循的国际准则。为此，以岩石体自然特征为界线，对前寒武纪地层进行划分的努力一直没有停止，特别是新元古代地层具有显著的、可识别的阶段性特征，为以显生宙地层划分为标准对前寒武纪地层作进一步的划分奠定了基础。新元古代之所以能够从前寒武纪地层中独立识别出来，是因为具有如下几个特征：其一，新元古代具有全球广泛发育的多次冰期；其二，新元古代生物演化加快，地球首次出现了宏体复杂的多细胞生物，以著名的埃迪卡拉生物群（Ediacarian Complex Acritarch Palynoflora，ECAP）为代表。而更为明显的是，这两个事件具有先后的时间关系，这就是为什么在新元古代三分方案正式提出之前，国际前寒武纪地层分会曾经考虑过以这两个事件将新元古代进行二分的方案（Plumb and James，1986）。

正是因为前寒武纪末期的新元古代地层位于寒武纪地层之下，一般与寒武纪地层之间没有角度不整合接触关系，与常见的前寒武纪明显变质的地层不同，它与寒武纪地层之间看起来是连续的地层，除了没有寒武纪典型的化石之外，与寒武纪地层区别并不是很明显。为此，国际地层委员会首要的任务就是要确立寒武系的底界。1972 年国际前寒武纪地层分会成立，由英国 Cowie 教授领导的前寒武纪-寒武纪界线国际工作组，通过 1974 年开始的 ICGP 29 项目，与全球科学家一起努力解决寒武系底界的问题。这项工作直到 1992 年才告结束，以加拿大纽芬兰岛幸运角（Fortune Head）剖面为层型剖面，以遗迹化石 *Treptichnus pedum* 在该剖面上的首次出现点位，作为寒武系底界的厘定标志（Brasier *et al.*，1994）。在解决寒武系底界问题的同时期，1984 年在莫斯科召开的第 27 届国际地质大会上，国际前寒武纪地层分会组建了末前寒武系国际工作组（ICS Working Group on the Terminal Precambrian System，WGTPS；Sokolov，2011），其目的就是希望以确立显生宙地层界线层型剖面和点位（GSSP）的原理和方法，厘定末前寒武系的底界，解决末前寒武系的划分和全球对比问题。1989 年国际前寒武纪地层分会末元古系国际工作组成立（ICS Working Group on the Terminal Proterozoic System），后升级为国际末元古系分会（ICS Subcommission on the Terminal Proterozoic System）。这项工作持续到 2004 年 3 月结束，以澳大利亚南部弗林德斯山脉依诺拉马河（Enorama Creek）剖面上的“盖帽碳酸盐岩”与冰碛杂砾岩之间的界线作为底界，建立“埃迪卡拉系（Ediacaran）”获得地科联正式批准，之前一直以“Neoproterozoic III”命名的新元古代第三纪（系）非正式名称被废弃（Plumb，1991；Knoll *et al.*，2004，2006；Narbonne *et al.*，2012）。

从历史的角度来看，在埃迪卡拉系正式建立之前，对寒武系下伏的前寒武系顶部地层的研究和认识，经历了一个漫长的阶段（表 1.1、表 1.2）。在上个世纪早期，不同国家和地区的地质学家使用过专用的地层术语来描记紧接在寒武系之下的地层，如以“始寒武系（Eocambrian）”（始寒武系的中文翻译见刘鸿允，

1965）作为寒武系之下的一个地层单位，它最早用于斯堪的纳维亚地区寒武系下伏的破片砂岩组（Sparagmite；Ramsay，1911），它与寒武系之间并无明显的构造运动，在当时它包含了不同时代的地层，其上部含有冰碛岩。后来，Asklund（1958）修改了“始寒武系”的定义，将冰碛岩之下地层排除在“始寒武系”之外。尽管“始寒武系”的地层含义模糊，仍有部分学者沿用（Salop，1983），但是 Salop（1983）的“始寒武系”，实际上就是苏联和当代俄罗斯使用的狭义的“文德纪”（系；见下述讨论）。

“始寒武系”的概念，与同时期依据中国地层建立的“震旦系”概念差不多相似，当时均作为显生宙一个相当于系一级的最早地层单位。“震旦”一词自从 19 世纪晚期由李希霍芬（Richthofen，1882）最早使用于地层名称以来，在早期中国地质学的研究中定义模糊，跨越时限和应用范围太广，甚至于包括古生代不同时间段的地层。1922 年根据中国地质学会的建议，葛利普（Grabau，1922）对“震旦系”的概念作了专门的讨论和明确，将其限于寒武纪之下和变质岩系之间的一套不含化石的未变质沉积地层，与其上覆的寒武系地层基本连续，认为属于古生代。在当时，葛利普将不含化石的原因，解释为“震旦系”可能属于陆相沉积地层。李四光和赵亚曾以湖北三峡剖面作为建立南方“震旦系”标准剖面（Lee and Chao，1924），并认为：“震旦系”没有发现古生代化石，将其归属古生界是不合适的。而后，高振西等以天津蓟县剖面为代表，建立了北方“震旦系”标准剖面（Kao *et al.*，1934），由于南、北“震旦系”地层序列和时限的差异巨大，“震旦系”一语的使用一直比较混乱。

鉴于这种混乱状态，1975 年在北京召开的“震旦系专题学术讨论会”，确认三峡剖面的南方震旦系在地层柱上的层位高于华北蓟县剖面的北方“震旦系”，震旦系应以三峡剖面为标准，其底部以莲沱组为底界；并对蓟县剖面的北方“震旦系”进行三分，自下而上分别命名为长城系、蓟县系和青白口系。从而，在中国寒武系之下建立四个系，底界年龄分别是 1900 Ma 、1400 Ma 、1000 Ma 和 800 Ma，四个系合称为“震旦亚界”。1982 年该方案在全国地层委员会召开的“晚前寒武纪地层分类命名会议”上得到确认，北方“震旦系”一名被废弃，并明确震旦系是寒武系之下，代表 800 ~ 570 Ma 时间段沉积的一套地层。同时，“震旦亚界”一名也被建议废除，将青白口系和震旦系一起划归为上元古界，并上报国家科委批准执行（陆松年，1998；邢裕盛等，1999）。1999 年为了与国际地层年代标准接轨，全国地层委员会前寒武纪断代工作组提出了我国新元古代三分方案，即将震旦系底界上移至陡山沱组底界，以湖北三峡地区原震旦系的下部地层为标准剖面，建立南华系，与国际地层表中的成冰系相对应；这样中国区域地层表的新元古代也三分为青白口系、南华系和震旦系（陆松年，2002）。这个方案在 2000 年召开的第三届全国地层会议上得到通过，不过南华系的底界年龄仍然采用了原震旦系底界的年龄，即 800 Ma，与国际地质年代表中的成冰系底界的年龄 850 Ma 并不一致。中国新元古代详细的地层划分与对比，本书其他章节有详细讨论，这里不再赘述。

以湖北三峡剖面为标准的原始“震旦系”含有南沱冰期沉积，与 Harland（1964）最早提出的以冰期地层为标志，将晚前寒武系从前寒武系中划分出来的思想非常一致，也符合国际前寒武纪地层分会 1979 年提出的上元古界的定义。因而，震旦系（界）一词一度在国际地质学界得到广泛应用，包括 1982 年和 1989 年的国际地质年代表（GTS 1982，GTS 1989），特别是在苏联（Harland *et al.*，1982，1990；Cowie and Johnson，1985）。但是，在 20 世纪 60 年代中苏关系经历波折时期，苏联逐步采用最早由 Sokolov（1952）提出的“文德系（Vendian）”替代震旦系，随着苏联地质学研究的国际地位不断提高，文德系作为寒武系之下的系一级地层单位，在国际上也逐步得到广泛应用（Harland *et al.*，1982，1990）。文德系一词最初来源于“文德群”，用来描述寒武系之下地台区沉积盖层，层型是俄罗斯地台上的瓦尔代群（Valday）剖面。由于文德群含埃迪卡拉化石和遗迹化石等，明显区别于之下的前寒武纪地层，Sokolov（1964，1980）建议作为显生宙最早的一个系一级地层单元使用。文德系所代表的地层范围，在随后经过不断变化，曾包含层型剖面上的瓦尔代群，甚至更老的地层（Keller，1979）。实际上，苏联全国地层委员会认可的文德系，也包含沃伦（Volyn）冰碛岩和瓦尔代群（Keller，1979；Chumakov and Semikhatov，1981）。文德系之下地层称之为里菲界（Riphean），含四个地层单位：布兹扬宁系（Burzyanian；1650±50 ~ 1350±50 Ma）、尤里马季宁系（Yurmatinian；1350±50 ~ 1000±50 Ma）、卡拉塔维恩系（Karatavian；1000±50 ~ 680 Ma）、库塔希恩系（Kudashian；680 ~ 650 Ma）；然而 Chumakov 和 Semikhatov（1981）认为，卡拉塔维恩系和库塔希恩系皆属于新元古代（表 1.1、表 1.2）。

表1.1　新元古代地层划分历史沿革表（中文版）

（纵坐标：Ma，500、600、700、800、900、1000）

方案	界	系（统）（自上而下，数字为界线年龄/Ma）
GTS, 2012	古生界；新元古界	寒武系；541；埃迪卡拉系；635；成冰系；850；拉伸系
Ramsay, 1911	古生界；前寒武系	寒武系；始寒武系；前寒武系
Grabau, 1922; Lee and Chao, 1924	古生界	寒武系；震旦系
Menchikov, 1949	古生界；元古界	寒武系；底寒武系
Sokolov,1952; NSC USSR, 1978	古生界；上里菲界	寒武系；560；文德系；650；库塔希恩；680；卡拉塔维恩
Harland 1964,1975	古生界；元古界	寒武系；底寒武系（瓦兰吉系）
Dunn, 1971	古生界；上阿德莱德界	寒武系；570；建议新系（马里诺统；700；斯图特统）；750
ACCS, 1982	古生界；上元古界	寒武系；震旦系；800；青白口系
Cloud and Glasnner, 1982	古生界；上元古界	寒武系；550；埃迪卡拉系；670
Harland *et al.*, 1982,1990	古生界；震旦界；里菲界	寒武系；570；文德系（埃迪卡拉统；瓦兰吉统）；650；斯图特系；800
Plumb, 1991; GTS 1989	古生界；新元古界	寒武系；新元古Ⅲ系 末元古系；成冰系；850；拉伸系
Knoll *et al.*, 2004; GTS 2004	古生界；新元古界	寒武系；542；埃迪卡拉系；630；成冰系；拉伸系
Ogg *et al.*, 2008; GTS 2008	古生界；新元古界	寒武系；埃迪卡拉系；635；成冰系；拉伸系
建议新方案 ISC、ISP	古生界；新元古界；中元古界	寒武系；541；埃迪卡拉系；635；成冰系；720；拉伸系；850

注：GTS. Geological Time Scale（地质年代表）；NSC USSR. National Stratigraphic Committee of USS（苏联全国地层委员会）；ACCS. All China Commission of Stratigraphy（中国全国地层委员会）。

表1.2 新元古代地层划分历史沿革表（英文版）

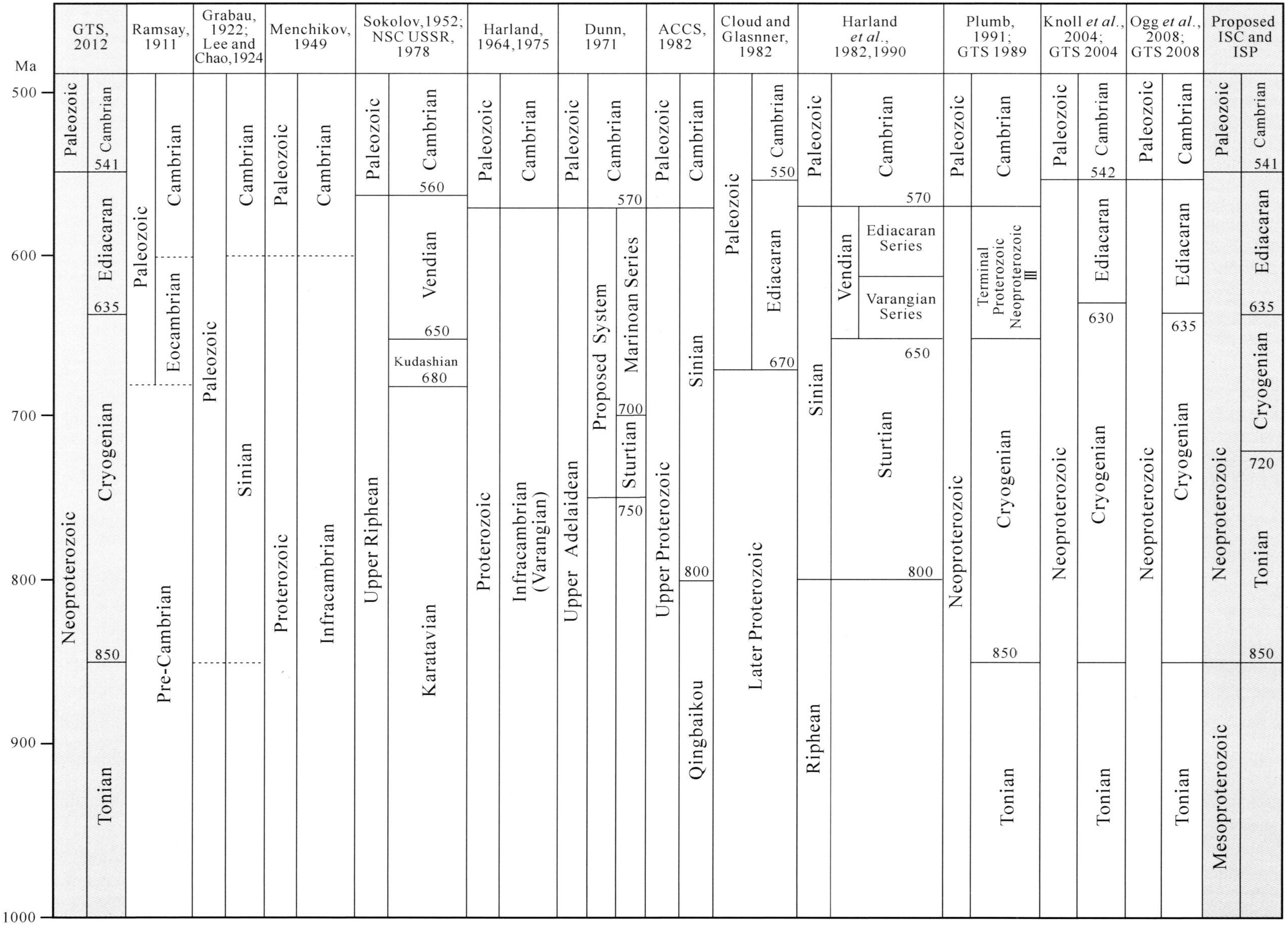

Scheme	Higher-rank units (500–1000 Ma)	Lower-rank units (500–1000 Ma)
GTS, 2012	Paleozoic / 541 / Neoproterozoic	Cambrian / 541 / Ediacaran / 635 / Cryogenian / 850 / Tonian
Ramsay, 1911	Paleozoic / Pre-Cambrian	Cambrian / Eocambrian / Pre-Cambrian
Grabau, 1922; Lee and Chao, 1924	Paleozoic	Cambrian / Sinian
Menchikov, 1949	Paleozoic / Proterozoic	Cambrian / Infracambrian
Sokolov, 1952; NSC USSR, 1978	Paleozoic / 560 / Upper Riphean	Cambrian / 560 / Vendian / 650 / Kudashian / 680 / Karatavian
Harland, 1964, 1975	Paleozoic / Proterozoic	Cambrian / Infracambrian (Varangian)
Dunn, 1971	Paleozoic / 570 / Upper Adelaidean	Cambrian / 570 / Proposed System (Marinoan Series / 700 / Sturtian / 750)
ACCS, 1982	Paleozoic / Upper Proterozoic	Cambrian / Sinian / 800 / Qingbaikou
Cloud and Glasnner, 1982	Paleozoic / 670 / Later Proterozoic	Cambrian / 550 / Ediacaran / 670
Harland *et al.*, 1982, 1990	Paleozoic / 570 / Sinian / 800 / Riphean	Cambrian / 570 / Vendian (Ediacaran Series, Varangian Series) / 650 / Sturtian / 800
Plumb, 1991; GTS 1989	Paleozoic / Neoproterozoic	Cambrian / Terminal Proterozoic Neoproterozoic Ⅲ / Cryogenian / 850 / Tonian
Knoll *et al.*, 2004; GTS 2004	Paleozoic / 542 / Neoproterozoic	Cambrian / 542 / Ediacaran / 630 / Cryogenian / 850 / Tonian
Ogg *et al.*, 2008; GTS 2008	Paleozoic / Neoproterozoic	Cambrian / Ediacaran / 635 / Cryogenian / 850 / Tonian
Proposed ISC and ISP	Paleozoic / 541 / Neoproterozoic / 850 / Mesoproterozoic	Cambrian / 541 / Ediacaran / 635 / Cryogenian / 720 / Tonian / 850

Ma scale: 500, 600, 700, 800, 900, 1000

Wote: GTS. Geological Time Scale; NSC USSR. National Stratigraphic Committee of USS; ACCS. All China Commission of Stratigraphy.

从始寒武系、震旦系到文德系的使用，都可以看到晚前寒武纪的冰期和特征性的生物化石记录在早期新元古代地层划分中的应用。早在1964年，为了强调前寒武纪末期广泛发育的冰期地层在地层对比中的应用，Harland（1964）就建议在前寒武纪末期，建立一个以冰期为特征的系一级地层单位，提出过“Infra-Cambrian”或“Infracambrian”（中译名为“底寒武系”，见刘鸿允、沙庆安，1965）或者“瓦良吉系”（“Varangian”）的名称。“底寒武系”（Infracambrian）一词是Menchikoff（1949）最先提出的（Pruvost，1951；Cloud and Glaessner，1982；Salop，1983；Sokolov，2011及其中参考文献）。Harland（1964）没有采用“始寒武系（Eocambrian）”的概念，因为他认为原始的“始寒武系”破片砂岩组跨越不同时代，不具备国际通用性，“始寒武系”仅上部含冰碛岩地层符合他提出的“底寒武系/瓦良吉系”的范围。Harland（1964）提出以冰期特征建系时，目前作为成冰系的两期冰期是当作一次冰期来看待的，也就相当于当时震旦系仅包括南沱冰期一样。直到Dunn等（1971）在研究澳大利亚南澳地区时，才识别出前寒武纪末期有两期冰期。Dunn等（1971）按照Harland（1964）的提议，提出可采用冰期地层为标志，在寒武系之下建立一个相当于系一级的年代地层单位，以南澳地区的斯图特冰期（Sturtian）地层的底作为底界。当时他们认为新建系的名称不应该与地理名称相关，所以没有采用Harland（1964）的“底寒武系/瓦良吉系”作为新系的名称，但是他们提出，这个系可依据斯图特冰期和马里诺冰期（Marinoan）为标志，划分为上、下两个部分。从此以后，“斯图特冰期”和“马里诺冰期”被广泛用于新元古代冰期地层的研究。后来在讨论前寒武纪末期地层划分时，Harland等（1982）认为，震旦系和文德系都是有效的年代地层单位，而震旦系有优先权。在他们的方案中，元古宇的上部称之为震旦界，可以划分为斯图特系和文德系，而文德系进一步划分为瓦良吉统（Varanger）和埃迪卡拉统（Ediacara；表1.1、表1.2）。

在目前国际地质年代表中，埃迪卡拉纪（Ediacaran）一词源于“Ediacarien”，与震旦系和文德系这样在地质实践和文献中常用的名称相比，在文献中“Ediacarien”的出现要晚很多年。“Ediacarien”最早是作为始寒武系（Eocambrian）一个阶一级地层单位提出的（Termier and Termier，1960），且作为古生代地层。埃迪卡拉纪（系）一级年代（地层）单位直到1982年才由Cloud和Glaessner正式提出（Cloud and Glaessner，1982），他们的依据就是前寒武纪末期广泛分布的埃迪卡拉生物化石及其伴生的遗迹化石。由于当时他们认为埃迪卡拉生物化石是动物化石，且早于寒武纪，将埃迪卡拉纪作为显生宙的开始。这里需要指出的是，埃迪卡拉纪在2004年被正式接受成为国际地质年代表（Geological Time Scale，GTS；GTS 2004）的“纪”一级年代单位时，当时的国际地层委员会主席和主要成员在对GTS 2004的说明中，曾建议以埃迪卡拉后生动物（metazoams）的出现作为显生宙开始，而元古宙是以现代板块构造在地球上开始出现为特征，但动物还没有出现（Granstein *et al.*，2004）。

从上述前寒武纪末期地层划分的历史演变中，我们可以看到新元古代地层学的发展，以及对新元古代地球历史认识的不断深化。历史已经过去，像震旦系、文德系等那些存留在历史文献中的地层术语，曾经在前寒武纪末期地层研究中发挥过重要作用，记载着前辈对地质科学和地层学的贡献。但是科学的发展需要规范和标准，一旦规范和标准得到全球共识和确立，就需要得到尊重和遵守。从这个角度来讲，埃迪卡拉纪（系）被地科联批准作为新元古代最后一个纪（系）一级地质年代和地层单位后，那些曾经大家熟知的、广泛用于前寒武纪末期的地层名称需要废弃。目前国内将震旦系保留在中国地层表中，在国内仍然使用是一个妥协方案，但在国际学术交流中是不规范的（彭善池等，2012）。同样的情况是仍然保留在俄罗斯全国地层表上的文德系，也不应该在国际地层对比中采用。

1.4　新元古代地层学研究现状与展望

埃迪卡拉纪正式建立后，国际地层委员会明确指出，今后的前寒武纪地层划分，需要采用类似埃迪卡拉纪底界那样，年代地层界线以自然地质界线为划分标准，即以全球标准剖面和点位（Global Standard Section and Point，GSSP，即“金钉子”）确定界线；以前采用的以地质年龄为界限标准的工作原则，即以全球标准地层年龄（Global Standard Stratigraphic Age，GSSA）确定的年代地层界线，将逐步被自然地质界线GSSP所替代（Granstein *et al.*，2004）。在这个国际指导原则下，自2004年以来，新元古代地层研究进入了一个新的阶段。首先，国际地层委员会成立埃迪卡拉纪地层分会，开展埃迪卡拉纪进一步划分和对比的研究工作。随后于 2008 年国际地层委员会考虑到埃迪卡拉纪和成冰纪的密切联系，将成冰纪底界的 GSSP 厘定提上了工作日程，成立国际新元古代地层分会，统筹指导新元古代地层的全球划分与对比工作。2012 年国际地层委员会开展史无前例的全球年代地层总结工作，出版比以前的总结都更加系统的名为《地质年代表 2012》的专著（Granstein *et al.*, 2012）。在这部专著中，前寒武纪地层分会和新元古代地层分会对新元古代地层不同部分分别作了系统总结（van Kranendonk, 2012；Shields-Zhou *et al.*, 2012；Narbonne *et al.*, 2012），并且明确了存在的问题和下一步工作目标。在 2012 年澳大利亚布鲁斯班召开的第 34 届国际地质大会期间，为了加快成冰纪底界的层型厘定工作，国际地层委员会同意国际新元古代地层分会的"二分"建议，分别组建了成冰纪地层分会和埃迪卡拉纪地层分会。目前两个国际地层分会十分活跃，开展了一系列的野外研讨会和学术交流会，整个新元古代的研究迅速发展，两年来取得了可喜的进展。下面就新元古代化学地层学、生物地层学、同位素年代学和年代地层学各方面研究现状做简要的总结（见图 1.1、图 1.2）：

化学地层学：前文所述，海水化学组成发生剧烈的改变，作为新元古代最为明显的特征之一，其中海洋沉积碳酸盐岩碳的同位素组成 $\delta^{13}C$ 值变化，也是地球历史时期变化最频繁的和变动幅度最大的时期，而海水中的锶同位素组成 $^{87}Sr/^{86}Sr$ 值则表现为逐步增加的趋势（图 1.1）。全球各地区新元古代地层研究表明，这些 $\delta^{13}C$ 异常事件和 $^{87}Sr/^{86}Sr$ 变化趋势具有全球性，可用于新元古代的地层划分和对比（Halverson *et al.*, 2010；Halverson and Shield-Zhou, 2011）。为了方便用于化学地层对比，新元古代可供广泛用于地层对比的 $\delta^{13}C$ 异常事件均已经命名，结合同位素年代学、锶同位素和其他综合地层标志，这些 $\delta^{13}C$ 异常事件目前是划分和对比新元古代地层的主要标准之一。其中，应用最为广泛的 $\delta^{13}C$ 异常事件包括：新元古代冰期之前的"苦泉"（"Bitter Spring"，约 800 Ma；Swanson-Hysell *et al.*, 2012）和"艾雷"（"Islay"，约 740 Ma；Halverson *et al.*, 2007, 2010；Swanson-Hysell *et al.*, 2012）$\delta^{13}C$ 负异常事件，以及埃迪卡拉纪中晚期的陡山沱-舒拉姆事件（约 565 ~ 551 Ma；Lu *et al.*, 2013）。

$^{87}Sr/^{86}Sr$ 值的地层意义也非常明显，新元古代全球冰期之前的海水 $^{87}Sr/^{86}Sr$ 值一般低于 0.7070，而埃迪卡拉纪海水 $^{87}Sr/^{86}Sr$ 值一般达到 0.7080；埃迪卡拉纪晚期变化明显，可增加到 0.7085 ~ 0.7090；在"陡山沱/舒拉姆"事件的中、下部到达最高值，然后在前寒武纪-寒武纪界线附近下降到 0.7085，直到寒武纪第二阶再降低到 0.7080 左右。

生物地层学：相对于中元古代、新元古代的生物演化加速，新元古代可用于生物地层划分和对比的生物化石仍然非常少，少量可用于地层对比的化石，在精确厘定年代地层界线方面，无法与显生宙的标准化石相比。但是，近年来新元古代生物地层研究仍然取得了重要进展（图 1.1），可以用于地层划分和对比的生物化石包括：

（1）瓶状化石（vase-shaped microfossils），这类化石个体直径通常几十微米至二百微米左右，具有矿物颗粒与有机质黏结而成的外壳，被解释为属于原生生物有壳变形虫类。瓶状化石首次出现的时间晚于 800 Ma，主要发现于"苦泉" $\delta^{13}C$ 负异常事件与相当于新元古代第一次大冰期（相当于我国华南的斯图特冰期，长安冰期）之间的碳酸盐岩地层中，可延续到冰期之间的地层（Strauss *et al.*, 2014；图 1.2）；

（2）大型具刺疑源类化石（large acanthomorph acritarchs），这类化石是埃迪卡拉纪中下部最繁盛的一类特征性的有机质微体化石，被称之埃迪卡拉复杂疑源类微体生物群（Ediacarian Complex Acritarch Palynoflora, ECAP；Grey *et al.*, 2003），个体直径一般大于 100 μm，大者可达 600 μm，壁厚，表面具有复杂的装饰构造。大型具刺疑源类化石在我国华南埃迪卡拉系（震旦系）陡山沱组非常常见，可以划分为两个特征的组合，即 *Tianzhushania spinosa* 组合和 *Hocosphaeridium scaberfacium*-*Hocosphaeridium anozos* 组合（Liu *et al.*, 2013, 2014）。其中，下组合目前只发现于华南埃迪卡拉系陡山沱组下部，而上组合在澳大利亚中部和南部、西伯利亚等地的埃迪卡拉系中部都有发现，但是没有记录表明大型具刺疑源类延续到陡山沱/舒拉姆 $\delta^{13}C$ 负异常事件段内（图 1.1）。因而，这两个化石组合和大型具刺疑源类化石的灭绝层位，可用于埃迪卡拉系的划分和对比。

（3）大型具刺疑源类化石灭绝后，埃迪卡拉系上部在全球各地均发现有埃迪卡拉化石，并伴生遗迹化石。在埃迪卡拉系顶部出现弱矿化的管壳化石，以 *Cloudina* 为代表的克劳德管类（cloudiniids）最为特征，分布最为广泛。这些化石均可用于埃迪卡拉系上部的地层划分和对比（图 1.1、图 1.2）。

同位素年代学：单一的地层手段很难解决新元古代地层的划分和精确对比。δ^{13}C化学地层学尽管潜力巨大，但是δ^{13}C变化常受到局部海水环境的影响和成岩后期地质作用的改造，一些地层中的δ^{13}C异常变化可能不具有全球性。因而，对δ^{13}C化学地层的应用，需要其他的地层学的制约。最可靠的制约是同位素年代学。目前，新元古代主要的δ^{13}C异常事件，均有较高精度的同位素年龄制约。在新元古代全球冰期之前的苦泉δ^{13}C负异常事件发生在800 Ma左右，艾雷δ^{13}C负异常事件发生在740 Ma左右（Macdonald *et al.*，2010；Rooney *et al.*，2014；Struass *et al.*，2014）。埃迪卡拉系记录了多次δ^{13}C负异常事件，如华南（朱茂炎等，2015），其中最具地层意义的陡山沱/舒拉姆δ^{13}C负异常事件的结束时间为551 Ma（Condon *et al.*，2005），但其开始时间并未限定，阻碍了对这一事件性质的认识和地层应用（Lu *et al.*，2013）。埃迪卡拉纪中部的白果园δ^{13}C负异常（BAINCE①）事件在时间上可能与噶斯奇厄斯冰期（Gaskiers）接近，发生在580 Ma前后（Bowring *et al.*，2003），具有全球对比意义（Macdonald *et al.*，2013a，2013b；Zhu *et al.*，2013）。但是，班斯δ^{13}C负异常事件是否与噶斯奇厄斯冰期具有相关性，需要在记录班斯δ^{13}C负异常事件的剖面上，获得可靠的高精度同位素年龄加以论证。

新元古代同位素年代学进展很快（Condon and Bowring，2011），成冰纪冰期的开始与结束、间冰期、关键的δ^{13}C异常事件、埃迪卡拉化石的最早层位等一系列关键性事件，大都具有同位素年龄的制约（图1.1）。但是存在的问题还不少，例如，对成冰纪两次冰期持续时间的年代学制约不够精确，埃迪卡拉纪中下部缺乏同位素年龄。另外，不同定年方法获得的年龄值之间应如何校正？可定年的样品与关键地质事件，在地层层位上一般不一致等问题，均需要今后进一步工作加以解决。

年代地层学：如前所述，近些年来，新元古代年代地层学取得较大进展。埃迪卡拉系已经建立，底界年龄635 Ma也得到很好的验证（Condon *et al.*，2005），目前的主要问题是如何进一步划分埃迪卡拉系。从全球埃迪卡拉系的发育情况来看（图1.2），华南埃迪卡拉系是由碳酸盐岩和细碎屑岩构成的复合岩石地层序列，富含埃迪卡拉纪各类化石，具有完整的高分辨率同位素化学地层与同位素年代学的制约，是解决埃迪卡拉系全球年代地层划分最关键的工作区。依据华南地层剖面的研究，作者曾提出过埃迪卡拉系2统5阶的划分方案（Zhu *et al.*，2007b），近来又将这个方案依据最新研究进展进行了修订（参见本书第5章），修订后的方案可以作为全球埃迪卡拉系年代地层划分的工作模型。2014年国际埃迪卡拉纪地层分会决定成立了两个层位的国际工作组，即埃迪卡拉系第二阶工作组（Ediacaran Stage 2 Working Group）和末埃迪卡拉系工作组（Terminal Ediacaran Working Group），以期首先确定这两个阶底界的GSSP。作者认为，埃迪卡拉系内部“统”的划分问题，应该成为埃迪卡拉系年代地层学首先需要解决的问题，而陡山沱/舒拉姆δ^{13}C负异常事件的起始点是埃迪卡拉系上、下二统划分的最好标志，这个界线与大型具刺疑源类化石的灭绝事件相吻合，这条界线在全球各主要大陆均有代表性地层剖面作为对比的参考剖面（图1.2，详见下文）。如果考虑到将含有埃迪卡拉化石的埃迪卡拉系上部地层，与没有埃迪卡拉化石的埃迪卡拉系下部地层，作为上、下统的划分依据，根据加拿大纽芬兰地区的地层剖面，这条界线应该位于噶斯奇厄斯冰期地层之上。这种以埃迪卡拉化石的出现作为统的划分标准的方案，尽管看起来较合理，但是无论以噶斯奇厄斯冰期的结束，还是以埃迪卡拉化石的首次出现为标准，这条统的界线都难以进行全球对比。首先，现有的研究表明，噶斯奇厄斯冰期并不是一次全球性冰期，分布范围具有局限性；其次，埃迪卡拉化石的首次出现层位，受到埃迪卡拉化石生态局限性和化石埋藏条件的限制，因此很难确定。无论如何，埃迪卡拉系内部的年代地层进一步划分，还有大量工作要在全球各地同时进行。如果噶斯奇厄斯冰期证明与白果园δ^{13}C负异常事件有关联，且大型具刺疑源类的上组合出现在这个事件之后，那么以是否含有埃迪卡拉化石作为参考标准，寻找一条统一级年代地层界线的划分方案将是可行的。

由于“雪球事件”是新元古代研究中的热点科学问题，伴随着“雪球事件”的研究热潮，近些年来在新元古代年代地层学研究中，成冰系年代地层学的进展是最快的。首先，新的同位素年代学表明，全球各地成冰系最早的冰期地层代表一次全球性的冰期沉积（图1.2），通常称之为斯图特冰期（相当于我国华南的长安冰期）。这次冰期具有全球同时性，其开始时间具有高精度同位素年龄的制约，如在加拿大

① BSINCE. “BAIguoyuan Negative Carbon Isotope Excursion” 为“白果园碳同位素负异常”的缩略语（Zhu *et al.*，2013）。

西北部斯图特冰碛杂砾岩下部火山灰夹层获得 716.6 Ma U-Pb 锆石年龄（Macdonald *et al.*, 2010），我国华南的长安冰期之下获得 715.9 Ma 的 U-Pb 锆石年龄（Lan *et al.*, 2014）。正因为斯图特冰期被证明是全球同时发生的气候事件，国际成冰纪地层分会认为，这次冰期的开始出现应该作为成冰系底界的厘定标准。在本章完稿之前，作者从国际成冰纪地层分会获悉，国际成冰纪地层分会建议，成冰纪的开始，应以斯图特冰期开始作为标志，并建议在成冰系底界 GSSP 未确定之前，将 720 Ma 作为成冰系的底界年龄。目前，国际地层委员会已经同意这个建议，并在即将更新的国际地质年代表中，将成冰纪底界年龄从 850 Ma上移到 720 Ma，并建议今后的文献和出版物中应采用以斯图特冰期底界作为成冰系底界的标准（表 1.1、表 1.2）。这样一来，在今后的地层研究中，成冰系概念就非常明确，即由上、下两个冰期地层和间冰期地层所构成，代表了地球历史上以冰期为特征的一个特殊时代的地质记录。修订后的成冰系概念与我国区域年代地层表中使用的南华系概念达成一致。目前，成冰系年代地层学的首要任务是尽快在全球寻找成冰系底界的标准剖面和点位（GSSP），同时需要限定两期冰期的延续时间和间冰期的时限，为成冰系内部划分奠定基础。

由于成冰系底界的上移，拉伸系作为新元古代第一个系，其时限为 280 Ma（从 1000 Ma 至 720 Ma），跨越时间明显太长。因而，拉伸系是否需要重新定义是当前新元古代地层研究中需要考虑的问题。2012 年在总结前寒武纪地层时，国际前寒武纪地层分会提出，前寒武纪年代地层单位的界线，应该用地层中的自然界线来确定，各界线的全球地层标准剖面和点位（GSSP），应与重大的地质事件联系起来（van Kranendonk, 2012）。在这个原则下，国际前寒武纪地层分会也曾经提出以 $\delta^{13}C$ 异常事件的首次出现作为新元古代底界标志的建议，并认为这个界线应该接近 850 Ma（van Kranendonk, 2012；表 1.1、表 1.2），与罗迪尼亚超大陆的裂解在时间上相吻合。如图 1.1 所示，如果新元古代的底界上移到 850 Ma，从这条界线至新的成冰纪底界 720 Ma 之间的地质历史将具有鲜明的特色。首先，这个时间段处于罗迪尼亚超大陆的裂解时期（Li *et al.*, 2013）；第二，真核生物发生大辐射（Knoll, 2014）；第三，$\delta^{13}C$ 发生多次明显的异常变化，表明这个时期海水化学具有多变性特征。因此，新元古代和拉伸纪底界的上移，更能够客观反映这段时间的地球历史。与中元古代被称之“沉寂的 10 亿年（Boring Billion）”（Brasier and Lindsay, 1998）不同，新定义的新元古代从岩石圈、生物圈、大气圈和水圈均发生了剧烈的演变。从这个新的研究趋势来分析，新元古代早期地层研究具有特别重要的意义。目前，新元古代早期地层在全球各地发育差异巨大（图 1.2），同时缺少同位素年代学控制，研究程度较差，是今后值得重视的研究领域。

1.5 全球新元古代沉积地层的发育特征与对比

新元古代沉积地层序列在全球各地发育差异极大（图 1.2），这归因于当时各大陆新元古代沉积地层发育于不同板块的不同盆地内（Hoffman and Li, 2009；Li *et al.*, 2013）。为了能够概括所有古板块上典型的新元古代沉积地层发育特征和差异，除了列出中国华南、塔里木、华北三大板块的典型沉积序列外，本节选择冈瓦纳大陆的主要古克拉通构造单元内的澳大利亚、纳米比亚、刚果、巴西和阿曼，冈瓦纳大陆周边的纽芬兰（阿瓦隆尼亚大陆），俄罗斯西北的白海地区（波罗的大陆），俄罗斯东部西伯利亚，劳伦大陆的加拿大西北麦肯齐山脉、美国西部死谷和挪威斯瓦尔巴特群岛东北部等地区的典型沉积序列作为代表。这些新元古代的代表性沉积地层序列，也是目前全球研究程度较高的地层序列。尽管发育在不同沉积盆地中，岩相组合和沉积厚度差异很大，依据前文所述的 $\delta^{13}C$ 化学地层、生物地层标志和不同期次的冰碛杂砾岩，它们在新元古代年代地层框架中的相对位置基本可以确定，从而可以进行基本的地层对比。用于图 1.2 中主要地层对比标志包括：① 化学地层，“苦泉” $\delta^{13}C$ 负异常事件、“艾雷” $\delta^{13}C$ 负异常事件和 陡山沱/舒拉姆 $\delta^{13}C$ 负异常事件；② 冰期杂砾岩沉积，包括斯图特冰期、马里诺冰期、噶斯奇厄斯冰期和罗圈冰期；③ 生物化石，包括瓶状化石、大型具刺疑源类、埃迪卡拉化石和克劳德管类等。下面对各地的新元古代沉积地层序列分别进行简要概述，中国三个板块的新元古代地层序列见本书其他章节，这里不做重复。

澳大利亚：南澳大利亚弗林德斯山脉，或称为阿德莱德褶皱带，发育一套巨厚的新元古代中晚期沉积地层序列，早期属于裂谷盆地沉积，盆地后期下沉充填，受到多期次同生断裂的影响，盆地内地层序

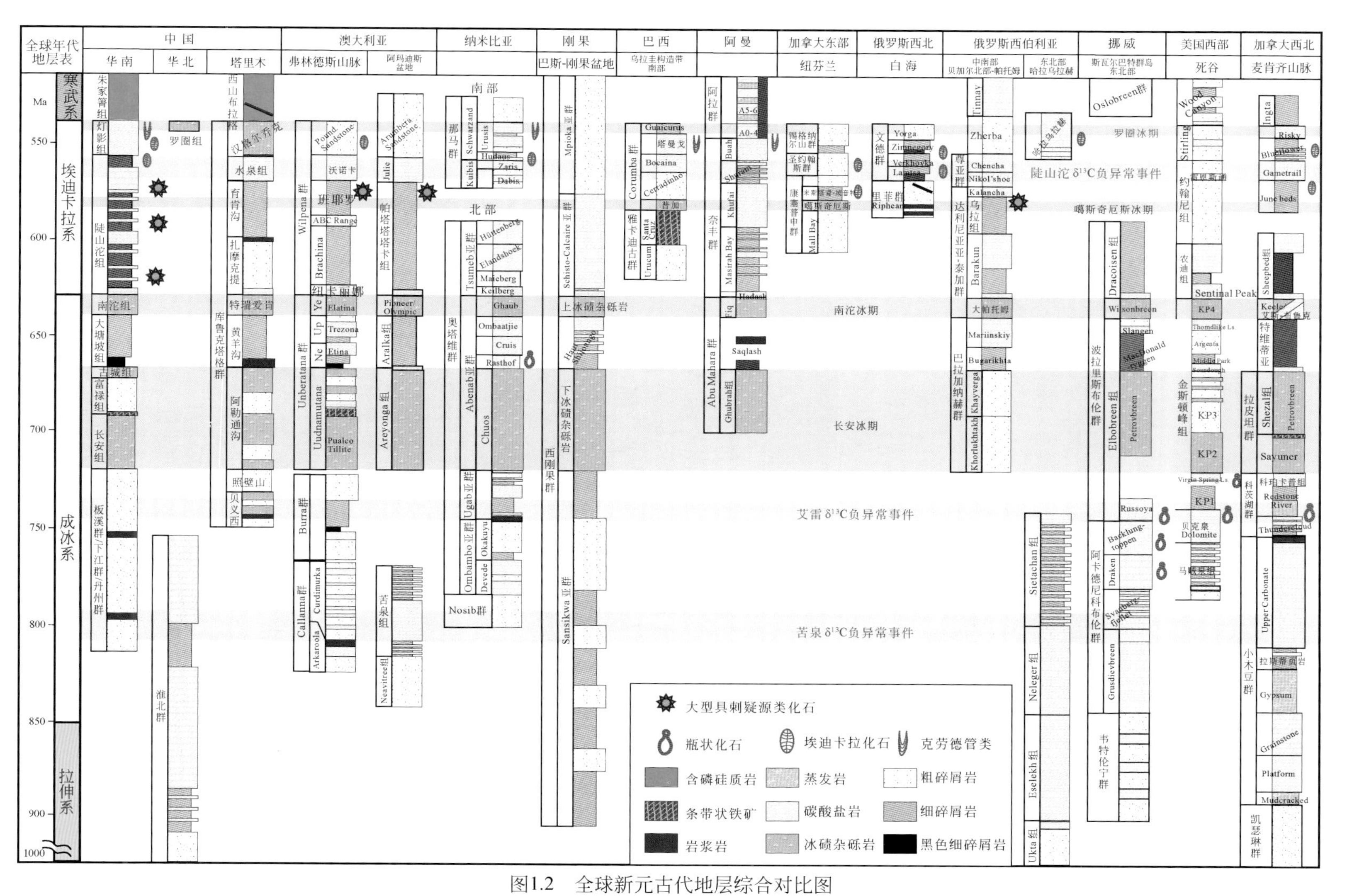

图1.2 全球新元古代地层综合对比图

资料来源：1. 澳大利亚弗林德斯山脉据Preiss, 2000；Gehling, 2000；Gery *et al*., 2003；Le Heron *et al*., 2011。2. 澳大利亚阿玛迪斯盆地据Walter *et al*., 1995；Grey *et al*., 2003；Swanson-Hysell *et al*., 2012。3. 纳米比亚据Saylor *et al*., 1998, 2005；Grozinger *et al*., 2000；Blanco *et al*.,2011；Hoffman, 2011。4. 刚果的巴斯-刚果(Bas-Congo)盆地据Tai *et al*., 2011。5. 巴西科伦巴(Corumbá)地区据Alvarenga *et al*., 2011。6. 阿曼据Rieu *et al*., 2006；Allen *et al*., 2011a；Grotzinger and Al-Rawahi, 2014。7. 加拿大纽芬兰据Narbonn and Gehling, 2003； Narbonne, 2005。8. 俄罗斯西北白海地区， 据Grazhdankin，2003，2004。9. 俄罗斯西伯利亚中南部据Chumakov, 2010，2011；Pokrovsky and Bujakaite, 2015。10. 俄罗斯西伯利亚东北部据Khabarov and Izokh, 2014。11. 挪威斯瓦尔巴特群岛据Halverson *et al*., 2005, 2007；Halverson, 2011；Hoffman *et al*., 2012。12. 美国西部死谷据Macdonald *et al*., 2013a；Mahon *et al*., 2014；Strauss *et al*., 2014。13. 加拿大西北部据Rainbird *et al*., 1996；Hoffman and Halverson, 2011； Macdonald *et al*., 2013b；Strauss *et al*., 2014

列发育差异大（Preiss，2000；Gehling，2000；Le Heron *et al.*，2011）。成冰系厚度大于5000 m，记录了成冰纪两次冰期沉积，目前文献中经常提到的“斯图特冰期”和“马里诺冰期”的名称就来自该地区。两期冰期之间发育有碳酸盐岩浅水微生物礁相沉积，上部碳酸盐岩记录了一个 $\delta^{13}C$ 正异常事件和一个负异常事件，其中“特里佐恩” $\delta^{13}C$ 负异常事件的名称就来自特里佐恩组（Trezona Fm.；Halverson *et al.*，2005）。该地区埃迪卡拉系厚度达到3000～6000 m，以碎屑岩为主，下部粉砂岩为主，上部以粗碎屑岩为主。底部的纽卡丽娜（Nuccaleena）是马里诺冰期的盖帽碳酸盐岩，埃迪卡拉系底界的GSSP就位于该地区的依诺拉马河剖面上。埃迪卡拉系中部班耶罗组（Bunyeroo Fm.）下部发现了一层分布广泛的地外冲击事件（Acraman Impact Ejecta）的沉积层，该事件层之上富含大型具刺疑源类（Grey *et al.*，2003）。埃迪卡拉系的沃诺卡组（Wonoka）记录了陡山沱/舒拉姆 $\delta^{13}C$ 负异常事件，之上的庞德砂岩产有著名的埃迪卡拉化石群。

澳大利亚中部阿马迪厄斯盆地（Amadeus）的新元古代地层序列与南澳弗林德斯山脉基本类似（Walter，1995；Grey *et al.*，2003；Swanson-Hysell *et al.*，2012）。冰碛杂砾岩之下发育一套2000～3000 m厚的浅水沉积序列，其上部碳酸盐岩和微生物岩发育，颜色发红，称之为“苦泉”组，记录了著名的苦泉 $\delta^{13}C$ 负异常事件（Swanson-Hysell *et al.*，2012）。埃迪卡拉系下部的帕塔塔塔卡（Pertatataka）组上部含有大型具刺疑源类化石（Grey *et al.*，2003）。

纳米比亚：纳米比亚的新元古代地层序列研究程度较高，北部奥塔维（Otavi）褶皱带的成冰系与埃迪卡拉系下部地层序列发育完整，属于刚果克拉通西南部边缘沉积区（Hoffman，2011）；而南部那马盆地（Nama）埃迪卡拉系上部地层序列发育完整，属于卡拉哈里克拉通南部边缘前陆盆地沉积（Saylor *et al.*，1998，2005；Grozinger *et al.*，2000；Blanco *et al.*，2011）。北部的奥塔维群属于浅水台地及其边缘斜坡沉积，成冰系两套冰期杂砾岩的上、下均有大量的浅水碳酸盐岩沉积，除了部分沉积间断外，记录了高精度的 $\delta^{13}C$ 演化历史（Halverson *et al.*，2005；Hoffman，2011），成为雪球事件研究的关键地区之一。南部那马盆地那马群下部属于埃迪卡拉系上部一套碎屑岩与碳酸盐岩混合沉积序列（Saylor *et al.*，1998，2005），含有非常著名的那马埃迪卡拉化石群，在那马群上部出现微生物与早期弱矿化管状化石共同组成的礁相沉积（Penny *et al.*，2014），夹有多层火山灰并获得高精度锆石U-Pb年龄（Grozinger *et al.*，1995），是埃迪卡拉纪晚期地球生物学综合研究的关键地区之一。

刚果：刚果濒临大西洋的南部巴斯–刚果盆地属于刚果克拉通的西部边缘，这里的西刚果群（West Congolian Gp.）是发育完整的新元古代沉积地层序列（Tail *et al.*，2011），与纳米比亚北部相似，属于被动大陆边缘的前陆盆地沉积，但是研究程度相对较差。西刚果群下部基本上由裂谷盆地沉积为特征的碎屑岩构成，厚度大于2000 m，含有两套冰碛杂砾岩，下冰碛杂砾岩厚约400 m，上冰碛杂砾岩约200 m，间冰期上部发育浅水碳酸盐岩地层。上冰碛杂砾岩的盖帽碳酸盐岩特征明显。埃迪卡拉系下部以碳酸盐岩为特征，与纳米比亚北部相似，而上部发育一套上千米厚的碎屑岩地层，可能与东西冈瓦纳之间发生的“泛非运动”有关。

巴西：巴西西南部与玻利维亚边界附近的科伦巴地区，构造上属于冈瓦纳大陆内部巴拉圭构造带的中南部，新元古代地层沉积序列并不完整，下部的雅卡迪古群（Jacadigo Gp.）以角度不整合覆盖在不同的古老基底上，雅卡迪古群的下部是200 m左右的碎屑岩，上部为400 m左右以富铁锰的条带状含铁建造（BIF）为特征，是该地区重要的沉积铁矿床。区域上，雅卡迪古群之上发育了一套厚达几十米的冰碛杂砾岩，称之为普加组（Puga Fm.），在普加山标准剖面上，冰碛杂砾岩厚达95 m（Alvarenga *et al.*，2011）。这套杂砾岩以前认为是马里诺冰期的沉积，最新研究表明巴拉圭构造带的中南部普加冰碛杂砾岩可能是埃迪卡拉纪的冰期沉积（Piacentini *et al.*，2013；Spangenberg *et al.*，2014）。普加冰碛杂砾岩之上是科伦巴群，其中部的塔曼戈组（Tamengo Fm.）以碳酸盐岩为主夹有细的碎屑岩，其中的火山灰锆石U-Pb年龄（543 Ma）和丰富的埃迪卡拉纪晚期典型管壳化石（如 *Cloudina*，*Corumbella* 等），均表明科伦巴群属于埃迪卡拉系上部地层。正因为科伦巴群含有丰富的化石，并有年代学控制，目前受到学界的广泛关注。

阿曼：阿曼属于阿拉伯–努比亚克拉通（Arabia-Nubia）的一部分，新元古代沉积地层主要分布在北部绿山（Jabal Akhdar）和赛赫–哈塔特（Saih Hatat）地区、中东部侯格夫（Huqf）地区和南部的米尔巴特（Mirbat）地区，其中以北部绿山地区的地层序列发育最好，厚度可到4000 m（Rieu *et al.*，2006；Allen *et al.*，2011a）。阿曼的新元古代地层斯图特冰期沉积直接覆盖在古老基底上。成冰系两套冰期地层发育，冰期地层在南部的米尔巴特地区发育最完整（Allen *et al.*，2011b）。埃迪卡拉系中下部奈丰群（Nafun）为碳酸盐岩和细碎屑岩，具有较完整的 $\delta^{13}C$ 演化记录，其中著名的舒拉姆 $\delta^{13}C$ 负异常事件就发现于舒拉姆组（Fike *et al.*，2006）。阿曼埃迪卡拉系顶部与寒武系下部由阿拉群（Ara Gp.）组成，在绿山地区是页岩为主的沉积，在南阿曼盐盆地（South Oman Salt Basin）是一套蒸发岩发育的浅水碳酸盐岩沉积（Grotzinger and Al-Rawahi，2014），其中含有埃迪卡拉系顶部特有的克劳德管化石。阿拉群中多层火山灰获得高精度锆石U-Pb年龄，为解决前寒武纪-寒武纪界线提供了重要的依据（Bowring *et al.*，2007），目前国际地质年表的寒武纪底界年龄541 Ma就是阿拉群火山灰的年龄。

加拿大纽芬兰： 纽芬兰岛东南端以出露一套富含埃迪卡拉化石的埃迪卡拉系碎屑岩沉积地层而著名，属于冈瓦纳边缘的阿瓦隆尼亚地块（Avalonia）的一部分，是被动大陆边缘沉积地层，厚度至少达6000 m以上，由三个群组成，即康塞普申群（Conception Gp.）、圣约翰斯群（St. John′s Gp.）和锡格纳尔山群（Signal Hill Gp.；Narbonne and Gehling，2003；Narbonne，2005）。康塞普申群下部是一套深水浊积岩沉积地层，中部是噶斯奇厄斯冰碛杂砾岩，上部德罗克组（Drook Fm.）、布里斯卡尔组（Briscal Fm.）和米斯塔肯-波音特组（Mistaken Point Fm.）同样是一套深水碎屑岩沉积，德罗克组顶部开始就产有埃迪卡拉化石，这也是全球最早的埃迪卡拉化石出现层位。埃迪卡拉化石在康塞普申群顶部的米斯塔肯-波音特组最丰富。康塞普申群夹有多层火山灰层，获得多个锆石U-Pb同位素年龄，其中噶斯奇厄斯冰碛杂砾岩上下年龄大约为580 Ma、德罗克组上部火山灰获得年龄为575 Ma，米斯塔肯-波音特组火山灰获得年龄为565 Ma（Bowring *et al.*，2003；Narbonne，2005），其中580 Ma限定了噶斯奇厄斯冰期的年龄，575 Ma限定了埃迪卡拉化石的最早出现年龄。圣约翰斯群和锡格纳尔山群沉积时海水变浅，不过圣约翰斯群仍然含有埃迪卡拉化石。

俄罗斯西北白海地区： 白海地区位于波罗的克拉通的东部，新元古代地层由文德群沉积序列构成，以产埃迪卡拉化石而著名。这套文德岩系直接覆盖在古老结晶基底上，或者覆盖在里菲群之上，主要是一套厚550 m、向上变浅的细碎屑岩沉积地层序列，形成于三角洲相沉积环境，划分为拉姆查组（Lamtsa Fm.）、韦尔霍维卡组（Verkhovka Fm.）、济姆内格里组（Zimnegory Fm.）和约加组（Yorga Fm.；Grazhdankin，2003，2004）。整个文德群的上、下均产有埃迪卡拉化石，其中济姆内格里组的一层火山灰锆石U-Pb同位素年龄为555.3 Ma（Marin *et al.*，2000）。

俄罗斯西伯利亚： 东西伯利亚克拉通在新元古代是一个孤立的巨大稳定板块，但是其内部受基底和同生构造的控制，新元古代沉积地层序列在板块的不同部位差异很大。在东西伯利亚中南部的贝加尔北到帕托姆（Patom）地区，新元古代沉积地层序列较完整，厚度达到5000～8000 m，由巴拉加纳赫群（Ballaganakh Gp.）、达利尼亚亚-泰加群（Dal′nyaya Tayga Gp.）和尊亚群（Zunya Gp.）组成（Chumakov，2010，2011）。巴拉加纳赫群通常是作为新元古代早期（俄罗斯的里菲纪晚期）的地层，由粗碎屑岩夹少量碳酸盐岩组成，富含杂砾岩。Chumakov（2010）曾认为，巴拉加纳赫群可能是成冰纪沉积。巴拉加纳赫群之上的达利尼亚亚-泰加群底部发育一套冰碛杂砾岩，称之为大帕托姆/杰儿姆库坎组（Bol′shoy Patom/Dzhemkukan Fm.），顶部发育典型的盖帽碳酸盐岩，属于马里诺冰期沉积。达利尼亚亚-泰加群的乌拉组（Ura Fm.）含有典型的大型具刺疑源类化石（Moczydlowska and Nagovitsin，2012），而尊亚群保存了典型的陡山沱/舒拉姆 $\delta^{13}C$ 负异常事件（Pokrovsky and Bujakaite，2015）。由此可见，该地区由达利尼亚亚-泰加群和尊亚群组成的埃迪卡拉系具有很好的全球对比潜力，可成为西伯利亚全区的埃迪卡拉系划分和对比的标准剖面，有待今后进一步研究。

西伯利亚克拉通的新元古代早期（俄罗斯的里菲纪晚期）地层发育。以东北部哈拉乌拉赫（Kharaulakh）地区为例，所谓的里菲纪晚期地层序列以碳酸盐岩为主，厚度达1000 m。最新的化学地层研究表明，$\delta^{13}C$ 值很高，可达8‰，且变化很小，仅在顶部出现明显的负异常（Khabarov and Izokh，2014）。Khabarov 和 Izokh（2014）将这套地层与西伯利亚中南部的埃迪卡拉系对比，值得商榷。尽管这套地层的上覆地层属于埃迪卡拉系顶部沉积，但是地层中发育“臼齿构造”，而“臼齿构造”在埃迪卡拉系从未发现，因而可能属于新元古代早期地层。这个地区成冰系和埃迪卡拉系缺失沉积记录，类似于我国华北南部边缘地区的淮北群。无论如何，这套里菲纪晚期的碳酸盐岩地层沉积序列完整，未遭受明显的后期改造，如果属于新元古代早期地层，在全球非常少见，值得今后详细研究。

挪威斯瓦尔巴特群岛：在构造上斯瓦尔巴特群岛东北部属于劳伦大陆边缘的一部分，与格陵兰东部为同一沉积区。除埃迪卡拉系上部外，这个地区新元古代沉积地层序列发育较为完整（Halverson *et al.*，2005，2007；Hoffman *et al.*，2012）。这套地层厚7000 m，其下部韦特伦宁群（Veteranen Gp.）厚约4000 m，主要由碎屑岩构成，含三个碳酸盐岩层段。上覆阿卡德尼科布伦群（Akademikerbreen Gp.）是厚2000 m左右的纯碳酸盐岩地层，其中部具有一个明显的$\delta^{13}C$负异常事件，被认为可以与苦泉^{13}C负异常事件对比，顶部多个层位产有瓶状化石（Halverson *et al.*，2007）。波拉里斯布伦群（Polarisbreen Gp.）厚1000 m左右，底部为碳酸盐岩，记录相当于艾雷$\delta^{13}C$负异常事件，并含有瓶状化石。波拉里斯布伦群中下部发育两套冰期杂砾岩，它们之间的黑色页岩代表间冰期沉积。间冰期页岩顶部有一段灰岩沉积，见有“臼齿构造”，这是“臼齿构造”出现的最晚层位（Hoffman *et al.*，2012）。埃迪卡拉系不完整，主要由页岩和碎屑岩组成（Halverson，2011）。

美国西部：在劳伦大陆西部边缘的死亡谷（Death Valley）地区，新元古代沉积地层序列的厚度、层序和沉积相变化很大。Macdonald等（2013a）、Mahon等（2014）最新的系统研究表明，金斯顿峰组（Kingston Peak Fm.，KP）记录了成冰纪的两次冰期沉积，斯图特冰期沉积由KP2段和KP3段组成，厚度可达千余米；马里诺冰期以KP4段为代表，分布比较局限，厚度不超过百米。仅在死谷地区的西部间冰期沉积较为发育。新元古代冰期之前的沉积以碳酸盐岩为主，下部马贼泉组（Horse Thief Spring Fm.）的碎屑锆石年龄小于780 Ma，其下伏地层为早于1000 Ma的中元古代地层，从而表明缺失新元古代的早期地层（Mahon *et al.*，2014）。贝克泉组（Beck Spring Fm.）上部叠层石和微生物岩发育，含有瓶状化石（Strauss *et al.*，2014），顶部出现$\delta^{13}C$负异常，可能与艾雷$\delta^{13}C$负异常事件相当。死亡谷地区的埃迪卡拉系下部农迪组（Noonday Fm.）底部浅水碳酸盐岩，以微生物岩为特征，称为森蒂纳尔峰段（Sentinal Peak Mem.），厚度大于100 m，相当于马里诺冰期的盖帽碳酸盐岩，发育特征性的管状叠层石结构（Tubestone）。除底部外，该地区埃迪卡拉系主要由浅水碎屑岩组成，厚度可达2000余米，其中陡山沱/舒拉姆$\delta^{13}C$负异常事件在约翰尼组（Johnnie Fm.）的雷恩斯通鲕粒白云岩段（Rainstone Mem.）有记录。

加拿大西北部：加拿大西北地区包括育空地区和维多利亚岛，属于劳伦大陆西北边缘，西与阿拉斯加相邻。这个广大的地区新元古代沉积地层序列发育完整，厚度达10000 m以上，也是研究程度较高的地区（Rainbird *et al.*，1996；Hoffman and Halverson，2011；Macdonald *et al.*，2013b）。成冰系之前的沉积层序发育完整，以麦肯齐山脉的剖面为代表，自下而上由凯瑟琳群（Katherine Gp.）、小木豆群（Litter Dal Gp.）和科茨湖群（Coates Lake Gp.）组成。其中小木豆群以碳酸盐岩为主，其中部拉斯蒂页岩段（Rusty Mem.）产丰富的宏体藻类化石，称之为小木豆宏体生物群（Hofmann，1985），其*Tawuia-Chuaria-Longfengshania*组合，广泛出现在全球800 Ma前后的新元古代早期地层中，具有地层对比意义，伴随的碳酸盐岩常见“臼齿构造”，我国华北新元古代早期就有相似的生物群。该生物群之上的碳酸盐岩出现典型的苦泉$\delta^{13}C$负异常事件；在邻近的奥格尔维（Ogilvie）山脉，相同层位的$\delta^{13}C$负异常事件底部获得811.5 Ma的火山灰锆石U-Pb年龄（Macdonald *et al.*，2010），可限定苦泉$\delta^{13}C$负异常事件的下限时间，从而提高了其在地层对比中的价值。科茨湖群是一套碳酸盐岩与细碎屑岩混合沉积，上覆为拉皮坦群（Rapitan Gp.）冰碛杂砾岩。在科茨湖群上部接近冰碛杂砾岩的科珀卡普组（Coppercap Fm.）出现$\delta^{13}C$负异常，被认为是艾雷$\delta^{13}C$负异常事件的代表。最近，在艾雷$\delta^{13}C$负异常事件的顶部获得732.2 Ma的Re-Os同位素年龄（Rooney *et al.*，2014），奥格尔维山脉相同层位的$\delta^{13}C$负异常事件底部获得739.9 Ma的Re-Os同位素年龄，并在这个事件的上、下层位均发现瓶状化石（Strauss *et al.*，2014）。这些新的研究成果提高了艾雷$\delta^{13}C$负异常事件的地层学意义与应用价值。

麦肯齐山脉的拉皮坦群冰碛杂砾岩代表斯图特冰期沉积，在区域上砾岩厚度变化很大，最厚可达千余米，并含条带状铁矿，该冰碛杂砾岩上覆不厚的盖帽碳酸盐岩。在奥格尔维山脉，斯图特冰期沉积底部获得716.5 Ma的火山灰锆石U-Pb年龄，与在拉皮坦群冰碛杂砾岩之下广布的玄武岩床（富兰克林大火成岩省，Franklin LIP）获得的年龄相一致（Macdonald *et al.*，2010）。在麦肯齐山脉艾斯-布鲁克组（Ice Brook Fm.）斯特福克斯段（Stelfox Mem.），马里诺冰碛杂砾岩的厚度不大，一般不超过50 m。两期冰碛岩之间的特维蒂亚组（Twitya Fm.）发育厚300～800 m黑色页岩和细碎屑岩，底部获得662.4 Ma的Re-Os同位素年龄（Rooney *et al.*，2014）。麦肯齐山脉获得的同位素年龄很好地限定了斯图特冰期开始与结束的时间，斯图特冰期持续达50 Ma以上，为重新解释雪球事件提供了重要的新资料。

麦肯齐山脉的埃迪卡拉系厚达1500 m，是一套碳酸盐岩与碎屑岩混合的沉积层序，可分为四个主要层序（Pyle *et al.*，2004；Macdonald *et al.*，2013a）。第一层序以黑色页岩与细碎屑岩为主，并与第二层序之间有明显的地层缺失。第二层序之上发现有埃迪卡拉型化石，在奥格尔维山脉和韦尔内克（Wernecke）山脉相当于第二层序中上部存在陡山沱/舒拉姆 $\delta^{13}C$ 负异常事件（Macdonald *et al.*，2013a）。

以上介绍的是全球各大陆具有代表性的、发育相对完整的新元古代沉积地层序列，一般均发育在古老克拉通块体的边缘，与裂谷盆地有关。实际上，在全球各大陆克拉通块体的核心部分，新元古代沉积地层基本上发育不完整，很多情况是完全缺失。另外，全球各地广大的造山带变质地层中，可能保存了新元古代沉积地层序列，由于变形、变质和缺少确定地层年代的标志，研究程度较低。这些因素均影响了新元古代地球历史的认识，因此，新元古代沉积地层和地球历史的研究还任重道远。

致　谢：本章的相关研究得到国家自然科学基金、科技部973项目（2013CB835000）和中国科学院相关基金的持续支持。

参 考 文 献

刘鸿允，沙庆安. 1965. 关于震旦系在地质年表中的位置问题. 地质科学，1965（4）：325～329

陆松年. 1998. 关于中国元古宙地质年代划分几个问题的讨论. 前寒武纪研究进展，21（4）：1～9

陆松年. 2002. 关于中国新元古界划分几个问题的讨论. 地质论评，48（3）：242～248

彭善池，汪啸风，肖书海，童金南，华洪，朱茂炎，赵元龙. 2012. 建议在我国统一使用全球通用的正式年代地层单位——埃迪卡拉系（纪）. 地层学杂志，36：57～61

邢裕盛，尹崇玉，高林志. 1999. 震旦系的范畴、时限及内部划分. 现代地质，13（2）：202～203

Allen P R，Leather J，Brasier M D，Rieu R，Maccarron M，Guerrroué E L，Etienne J L，Cozzi A. 2011a. The Abu Mahara Group（Ghubrah and Fig formations），Jabal Akhdar，Oman. In：Arnaud E，Halverson G P，Shields-Zhou G（eds）. The Geological Record of Neoproterozoic Glaciations. London：Geological Society，Memoirs，36. 252～262

Allen P R，Rieu R，Leather J，Etienne J L，Matter A，Cozzi A. 2011b. The Ayn Formation of the Morbat Group，Dhofar，Oman. In：Arnaud E，Halverson G P，Shields-Zhou G（eds）. The Geological Record of Neoproterozoic Glaciations. London：Geological Society，Memoirs，36. 239～249

Alvarenga C J S，Boggiani P C，Babinski M，Dardenne M A，Figueiredo M F，Dantas E L，Uhlein A，Santos R V，Sial A N，Trompette R. 2011. Glacially influenced sedimentation of the Puga Formation，Cuiabá Group and Jacadigo Group，and associated carbonates of the Araras and Corumbá groups，Paraguay Belt，Brazil. In：Arnaud E，Halverson G P，Shields-Zhou G（eds）. The Geological Record of Neoproterozoic Glaciations. London：Geological Society，Memoirs，36. 487～497

Asklund B. 1958. Le probléme Cambrien-Eocambrien dans la Partie Centrale des Calédonides Suédoises. In：LXXVI Colloques Internationaux du Centre National de la Recherche Scientifique. Les Relations Entre Précambrien et Cambrien. Paris：Problemes Des Séries Intermédiares. 39～52

Blanco G，Germs G J B，Rajesh H M，Chemale F，Dussin I A，Justino D. 2011. Provenance and paleogeography of the Nama Group（Ediacaran to early Palaeozoic，Namibia）：Petrography，geochemistry and U-Pb detrital zircon geochronology. Precambrian Research，187：15～32

Bowring S A，Grotzinger J P，Condon D J，Ramezani J，Newall M，Allen P A. 2007. Geochronologic constraints of the chronostratigraphic framework of the Neoproterozoic Huqf Supergroup，Sultanate of Oma. American Journal of Science，307：1097～1145

Bowring S A，Myrow P，Landing E，Ramezani J. 2003. Geochronological constraints on terminal Neoproterozoic events and the rise of metazoans. Geophysical Research Abstracts，5（13）：219

Brasier M D，Lindsay J F. 1998. A billion years of environmental stability and the emergence of eukaryotes：new data from northern Australia. Geology 26：555～558

Brasier M D，Cowie J，Taylor M. 1994. Decision on the Precambrian-Cambrian boundary. Episodes，17：95～100

Chadwick G H. 1930. Subdivision of geological time. In：Berkey C P（ed）. Proceedings of the Forty-second Annual Meeting of the

Geological Society of America. Washington D C: Geological Society of America Bulletin, 41. 47

Chen J, Bottjer D J, Davidson E H, Dornbos S Q, Gao X, Yang Y H, Li C, Wang X, Xian D, Wu H, Hwu Y K, Tafforeau P. 2006. Phosphatized polar lobe-forming embryos fromthe Precambrian of southwest China. Science, 312: 1644 ~ 1646

Chen J, Bottjer D J, Li G, Hadfield M G, Gao F, Cameron A R, Zhang C, Xian D, Tafforeau P, Liao X, Yin Z. 2009. Complex embryos displaying bilaterian characters from Precambrian Doushantuo phosphate deposits, Weng'an, Guizhou, China. Proceedings of National Academy of Sciences of the United States of America, 106: 19056 ~ 19060

Chumakov N M. 2010. Neoproterozoic blacial events in Eurasia. In: Gaucher C, Sial A N, Halverson G P, Frimmel H E (eds). Neoproterozoic-Cambrian Tectonics, Global Change and Evolution: A focus on Southwestern Gondwana. Developments in Precambrian Geology, 16. 389 ~ 403

Chumakov N M. 2011. The glaciogenic Bol'shoy Patom Formation, Lena River, Central Siberia. In: Arnaud E, Halverson G P, Shields-Zhou G (eds). The Geological Record of Neoproterozoic Glaciations. Geological Society Memoir, 36. 309 ~ 316

Chumakov N M, Semikhatov M A. 1981. Riphean and vendian of the USSR. Precambrian Research, 15: 229 ~ 253

Cloud P, Glaessner M F. 1982. The Ediacarian period and system: Metazoa inherit the Earth. Science, 217: 783 ~ 792

Condon D J, Bowring S A. 2011. A user's guide to Neoproterozoic geochronology. In: Arnaud E, Halverson G P, Shields-Zhou G (eds). The Geological Record of Neoproterozoic Glaciations. London: Geological Society Memoir, 36. 135 ~ 149

Condon D J, Zhu M, Bowring S A, Wang W, Yang A, Jin Y. 2005. U-Pb ages from the Neoproterozoic Doushantuo Formation, China. Science, 308: 95 ~ 98

Cowie J W, Johnson M R W. 1985. Late Precambrian and Cambrian Geological Time-scale. London: Geological Society, Memoirs, 10. 47 ~ 64

Dunn P R, Thomson, B P, Rankama, K. 1971. Late pre-Cambrian glaciation in Australia as a stratigraphic boundary. Nature, 231: 498 ~ 502

Ernst R, Bleeker W. 2010. Large igneous provinces (LIPs), giant dyke swarms, and mantle plumes: significance for breakup events within Canada and adjacent regions from 2. 5 Ga to the Present. Canadian J Earth Sci, 47: 695 ~ 739

Fike D A, Grotzinger J P, Pratt L M, Summons R E. 2006. Oxidation of the Neoproterozoicocean. Nature, 444: 744 ~ 747

Gehling J G. 2000. Environmental interpretation and a sequence stratigraphic framework for the terminal Proterozoic Ediacara Member within the Rawnsley Quartzite, South Australia. Precambrian Research, 100: 65 ~ 95

Goddéris Y, Donnadieu Y, Nédélec A, Dupré B, Dessert C, Grard A, Ramstein G, Francois L M. 2003. The Sturtian 'snowball' glaciation: fire and ice. Earth and Planetary Science Letters, 211: 1 ~ 12

Grabau A W. 1922. The sinian system. Bulletin of the Geological Society of China, 1: 44 ~ 88

Gradstein F M, Ogg J G, Schmitz M, Ogg G. 2012. Geologic Timescale. Oxford: Elsevier. 1144

Gradstein F M, Ogg J G, Smith A G, Bleeker W, Lourens L J. 2004. A new geologic time scale, with special reference to Precambrian and Neogene. Episodes, 27 (2): 83 ~ 100

Grazhdankin D V. 2003. Stratigraphy and depositional environment of the Vendian Complex in the Southeast White Sea area. Stratigraphy and Geological Correlation, 11: 313 ~ 331

Grazhdankin D V. 2004. Patterns of distribution in the Ediacaran biotas: facies versus biogeography and evolution. Paleobiology, 30 (2):203 ~ 221

Grey K, Walter M R, Calver C R. 2003. Neoproterozoic biotic diversification: snowball Earth or aftermath of the Acraman impact? Geology, 31: 459 ~ 462

Grotzinger J P, Al-Rawahi Z. 2014. Depositional facies and platform architecture of microbialite- dominated carbonate reservoirs, Ediacaran–Cambrian Ara Group, Sultanate of Oman. AAPG Bulletin, 98: 1453 ~ 1494

Grotzinger J P, Bowring S A, Saylor B Z, Kaufman A J. 1995. Biostratigraphic and geochronological constraints on Early Animal Evolution. Science, 270: 598 ~ 604

Grotzinger J P, Walter W A, Knoll A H. 2000. Calcified metazoans in thrombolite-stromatolite reefs of the terminal Proterozoic Nama Group, Namibia. Paleobiology, 26 (3): 334 ~ 359

Halverson G P. 2011. Glacial sediments and associated strata of the Polarisbreen Group, northeastern Svalbard. In: Arnaud E, Halverson G P, Shields-Zhou G (eds). The Geological Record of Neoproterozoic Glaciations. London: Geological Society Memoir, 36. 571 ~ 579

Halverson G P, Shields-Zhou G. 2011. Chemostratigraphy and the Neoproterozoic glaciations. In: Arnaud E, Halverson G P, Shields-Zhou G (eds). The Geological Record of Neoproterozoic Glaciations. London: Geological Society Memoir, 36. 55 ~ 66

Halverson G P, Hoffman P F, Schrag D P, Maloof A C, Rice A H N. 2005. Toward a Neoproterozoic composite carbon- isotope

record. Geological Society of America Bulletin, 117 (9-10): 1181 ~ 1207
Halverson G P, Maloof A C, Schrag D P, Dudás F Ö, Hurtgen M T. 2007. Stratigraphy and geochemistry of a ca 800 Ma negative carbon isotope interval in northeastern Svalbard. Chemical Geology, 237: 5 ~ 27
Halverson G P, Wade B P, Hurtgen M T, Barovich K M. 2010. Neoproterozoic chemostratigraphy. Precambrian Research, 182: 239 ~ 412
Harland W B. 1964. Critical evidence for a great infra-Cambrian glaciation. Geologische Rundschau, 54: 45 ~ 61
Harland W B. 1975. The two geological time scales. Nature, 253: 505 ~ 507
Harland W B, Armstrong R L, Cox A V, Craig L E, Smith A G, Smith D G. 1990. A Geologic Time Scale 1989. Cambridge: Cambridge University Press. 263
Harland W B, Cox A V, Llewellyn P G, Smith AG, Pickton C A G, Walters R, 1982. A Geologic Time Scale. Cambridge: Cambridge University Press. 131
Herberg H D. 1976. International Stratigraphic Guide- A Guide to Stratigraphic Classification, Terminology and Procedure. John Viley and Sons. 200
Hoffman P F. 1999. The break-up of Rodinia, borth of Gandwana, true polar wander and the snowball Earth. Journal of African Earth Sciences, 28 (1): 17 ~ 33
Hoffman P F. 2009. Pan-glacial-a third state in the climate system. Geology Today, 25: 107 ~ 114
Hoffman P F. 2011. Strange bedfellows: glacial diamictite and cap carbonate from the Marinoan (635 Ma) glaciation in Namibia. Sedimentology, 58: 57 ~ 119
Hoffman P F, Halverson G P. 2011. Neoproterozoic glacial record in the Mackenzie Mountains, northern Canadian Cordillera. In: Arnaud E, Halverson G P, Shields- Zhou G (eds) . The Geological Record of Neoproterozoic Glaciations. London: Geological Society Memoir, 36. 397 ~ 411
Hoffman P F, Li Z X. 2009. A palaeogeographic context for Neoproterozoic glaciation. Palaeogeography, Palaeoclimatology, Palaeoecology, 277: 158 ~ 172
Hoffman P F, Schrag D P. 2002. The snowball Earth hypothesis: testing the limits of global change. Terra Nova, 14: 129 ~ 155
Hoffman P F, Halverson G P, Domack E W, Maloof A C, Swanson- Hysell N L, Cox G M. 2012. Cryogenian glaciations on the southern tropical paleomargin of Laurentia (NE Svalbard and East Greenland), and a primary origin for the upper Russøya (Islay) carbon isotope excursion. Precambrian Research, (206-207): 137 ~ 158
Hoffman P F, Kaufman A J, Halverson G P, Schrag D P. 1998. A Neoproterozoic snowball earth. Science, 281: 1342 ~ 1346
Hofmann H J. 1985. The mid-Proterozoic Litter Dal macrobiota, Mackenzie Mountains, North-West Canada. Palaeontology, 28 (2): 331 ~ 354
Holmes A. 1911. The association of lead with uranium in rock-minerals, and its application to the measurement of geological time. Proc Roy Soc, 85: 248 ~ 256
Holmes A. 1959. A revised geological time scale. Trans Edinb Geol Soc, 17: 183 ~ 216
Kao C S, Hsiung Y H, Kao P. 1934. Preliminary notes on Sinian stratigraphy. Bulletin of the Geological Society of China, 13: 243 ~ 289
Keller B M. 1979. Precambrian stratigraphic scale of the USSR. Geological Magazine, 116 (6): 419 ~ 504
Khabarov E M, Izokh O P. 2014. Sedimentology and isotope geochemistry of Riphean carbonates in the Kharaulakh Range of northern East Siberia. Russian Geology and Geophysics, 55: 629 ~ 648
Knoll A H. 2014. Paleobiological Perspectives on Early Eukaryotic Evolution. Cold Spring Harb Perspect Biol, 6: A016121
Knoll A H, Walter M R, Narbonne G M, Christie-Blick N. 2004. A new period for the geologic time scale. Science, 305: 621 ~ 622
Knoll A H, Walter M R, Narbonne G M, Christie- Blick N. 2006. The Ediacaran Period: a new addition to the geologic time scale. Lethaia, 39 (1): 13 ~ 30
Lan Z, Li X, Zhu M, Chen Z, Zhang Q, Li Q, Lu D, Liu Y, Tang G. 2014. A rapid and synchronous initiation of the wide spread Cryogenian glaciations. Precambrian Research, 256: 401 ~ 411
Le Heron D P, Cox G, Trundley A, Collins A S. 2011. Two Cryogenian glacial successions compared: Aspects of the Sturt and Elatina sediment records of South Australia. Precambrian Research, 186: 147 ~ 168
Lee L S, Chao Y T. 1924. Geology of the Gorge district of the Yangtze (from Ichang to Tzekuei) with special reference to the development of the Gorges. Bulletin of the Geological Society of China, 3 (3-4): 351 ~ 391
Li Z X, Evans D A D, Halverson G P. 2013. Neoproterozoic glaciations in a revised global palaeogeography from the breakup of Rodinia to the assembly of Gondwanaland. Sedimentary Geology, 294: 219 ~ 232

Li Z X, Evans D A D, Zhang S. 2004. A 90° spin on Rodinia: possible causal links between the Neoproterozoic supercontinent, superplume, true polar wander and low-latitude glaciation. Earth and Planetary Science Letters, 220: 409 ~ 421

Liu P, Xiao S, Yin C, Chen S, Zhou C, Li M. 2014. Ediacaran acanthomophic acritarchs and other microfossils from chert nodules of the upper Doushantuo Formation in the Yangtze Gorges area, south China. Journal of Paleontology, 88 (sp72): 1 ~ 139

Liu P, Yin C, Chen S, Tang F, Gao L. 2013. The biostratigraphic succession of acanthomorphic acritarchs of the Ediacaran Doushantuo Formation in the Yangtze Gorges area, South China and its biostratigraphic correlation with Australia. Precambrian Research, 225: 29 ~ 43

Love G D, Grosjean M, Stalvies C, Fike D A, Grotzinger J P, Bradley A S, Kelly A E, Bhatia M, Meredith W, Snape C, Bowring S, Condon D J, Summons R E. 2009. Fossil steroids record the appearance of Demospongiae during the Cryogenian period. Nature, 457: 718 ~ 721

Lu M, Zhu M, Zhang J, Shields G A, Li G, Zhao F, Zhao X, Zhao M. 2013. The DOUNCE event at the top of the Ediacaran Doushantuo Formation of south China: wide stratigraphic occurrence and non- diagenetic origin. Precambrian Research, 225: 86 ~ 109

Macdonald F A, Prave A, Petterson R, Smith E F, Pruss S, Oates K, Waechter F, Trotzuk D, Fallick A. 2013a. The Laurentian record of Neoproterozoic glaciation, tectonism, and eukaryotic evolution in Death Valley, California. Geological Society of America Bulletin, 125: 1203 ~ 1223

Macdonald F A, Schmitz M D, Crowley J L, Roots C F, Jones D S, Maloof A C, Strauss J V, Cohen P A, Johnston D T, Schrag D P. 2010. Calibrating the cryogenian. Science, 327: 1241 ~ 1243

Macdonald F A, Strauss J V, Speeling E A, Halverson G P, Narbonne G M, Johnston D T, Kunzmann M, Schrag D P, Higgins J A. 2013b. The stratigraphic relationship between the Shuram carbon isotope excursion, the oxygenation of Neoproterozoic oceans, and the first appearance of the Ediacara biota and bilaterian trace fossils in northwestern Canada. Chemical Geology, 362: 250 ~ 272

Mahon R C, Dehler C M, Link P K, Karlstrom K E, Gehrels G E. 2014. Geochronologic and stratigraphic constraints on the Mesoproterozoic and Neoproterozoic Pahrump Group, Death Valley, California: a record of the assembly, stability, and break of Rodinia. Geological Society of America Bulletin, 126: 652 ~ 664

Martin M W, Grazhdankin D V, Bowring S A, Evans D A D, Fedonkin M A, Kirschvink J L. 2000. Age of Neoproterozoic bilatarian body and trace fossils, White Sea, Russia: implications for metazoan evolution. Science, 288: 841 ~ 845

Menchikoff N. 1949. Quelques traits de l'histoire geoloque du Sahara occidental. Ann Hébert et Haug, 7: 303 ~ 325

Moczydtowska M, Nagovitsin K E. 2012. Ediacaran radiation of organic- walled microbiota recorded in the Ura Formation, Patom Uplift, East Siberia. Precambrian Research, (198-199): 1 ~ 24

Narbonne G M. 2005. The Ediacaran biota: Neoproterozoic origin of animals and their ecosystems. Annual Review of Earth Planet Sciences, 33: 421 ~ 442

Narbonne G M, Gehling J G. 2003. Life after snowball: The oldest complex Ediacaran fossils. Geology, 31: 27 ~ 30

Narbonne G M, Xiao S, Shields- Zhou G. 2012. Ediacaran period. In: Gradstein F, Ogg J, Schmitz M, Ogg G (eds) . Geologic Timescale 2012. Oxford: Elsevier. 427 ~ 449

Och L M, Zhou G A. 2012. The Neoproterozoic oxygenation event: environmental perturbations and biogeochemical cycling. Earth-Science Reviews, 110: 26 ~ 57

Penny A M, Wood R, Curtis A, Bowyer F, Tostevin R, Hofmaann K H. 2014. Ediacaran metazoan reefs from the Nama Group, Namibia. Science, 344: 1504 ~ 1506

Piacentini T, Vasconcelos P M, Farley K A. 2013. $^{40}Ar/^{39}Ar$ constraints on the age and thermal history of the Urucum Neoproterozoic banded iron-formation, Brazil. Precambrian Research, 228: 48 ~ 62

Plumb K A. 1991. New Precambrian time scale. Episodes, 14 (2): 139 ~ 140

Plumb K A, James H L. 1986. Subdivision of Precambrian time: Recommendations and suggestions by the Subcommission on Precambrian Stratigraphy. Precambrian Research, 32: 65 ~ 92

Pôkrovsky B G, Bujakaite M I. 2015. Geochemistry of C, O, and Sr Isotopes in the Neoproterozoic Carbonates from the Southwestern Patom Paleobasin, Southern Middle Siberia. Lithology and Mineral Resources, 50 (2): 144 ~ 169

Porter S. 2012. The rise of predators. Geology, 39: 607 ~ 608

Preiss W V. 2000. The Adelaide geosyncline of south Australia and its significance in Neoproterozoic continental reconstruction. Precambrian Research, 100: 21 ~ 63

Pruvost P. 1951. L'Infracambrien. Bull Belge Geol et Hydrol, 60 (1): 43 ~ 63

Pyle L J, Narbonne G M, James N P, Dalrymple R W, Kaufman A J. 2004. Integrated Ediacaran chronostratigraphy, Wernecke Mountains, northwestern Canada. Precambrian Research, 132: 1 ~ 27

Rainbird R H, Jefferson C W, Young G M. 1996. The early Neoproterozoic sedimentary Succession B of northwestern Laurentia: correlations and paleogeographic significance. Bulletin of the Geological Society of America, 108 (4): 454 ~ 470

Ramsay W. 1911. Betzage zur geologie der kalbinsel kanin. Fenuia, 31: 4

Richhofen F V. 1882. China. Berlin: Verlay von Dietrich Reimer, 2. 244

Rieu R, Allen P R , Etienne J L , Cozzi A, Wiechert U. 2006. A Neoproterozoic glacially influenced basinmargin succession and 'atypical'cap carbonate associated with bedrock palaeovalleys,Mirbat area, southern Oman. Basin Research, 18: 471 ~ 496

Rooney A D, Macdonald F A, Strauss J V, Dudás F O, Hallmann C, Selby D. 2014. Re- Os geochronology and coupled Os- Sr isotope constraints on the Sturtian snowball. Proceedings of National Academy of Sciences, 111: 51 ~ 56

Salop L J. 1983. Geological Evolution of the Earth during the Precambrian. Berlin, Heidelberg, New York: Springer- Verlag (Translated by V. P. Grudina) . 459

Salvador A. 1994. International Stratigraphic Guide- A Guide to Stratigraphic Classification, Terminology and Procedure, Second Edition. IUGS and the Geological Society of America. 214

Sawaki Y, Ohno T, Tahata M, Komiya T, Hirata T, Maruyama S, Windley B, Han J, Shu D, Li Y. 2010. The Ediacaran radiogenic Sr isotope excursion in the Doushantuo Formation in the Three Gorges area, South China. Precambrian Research, 176 (1-4): 46 ~ 64

Saylor B Z, Kaufman A J, Grotzinger J P, Urban F. 1998. A composite reference section for terminal Proterozoic strata of southern Namibia. Journal of Sedimentary Research, 66: 1178 ~ 1195

Saylor B Z, Poling J M, Huff W D. 2005. Stratigraphic and chemical correlation of volcanic ash beds in the terminal Proterozoic Nama Group, Namibia. Geological Magazine, 142: 519 ~ 538

Shields-Zhou G, Hill A C, Macgabhann B A. 2012. The Cryogenian Period. In: Gradstein F, Ogg J, Schmitz M, Ogg G (eds). Geologic Timescale 2012. Oxford: Elsevier. 392 ~ 412

Sokolov B S. 1952. On the age of the oldest sedimentary cover of the Russian Platform. Izv AN SSSR, 5: 21 ~ 31

Sokolov B S. 1964. The Vendian and the Problem of the Boundary between the Pre- Cambrian and Paleozoic Group. In: Report of the Twenty-Second Session of International Geological Congress, Part X. New Delhi. Archaean and Pre-Cambrian Geology. 288 ~ 304

Sokolov B S. 1980. The Vendian System: Pre- Cambrian Geobiological Environment. Paleontology and Stratigraphy. Moscow: Nauka. 9 ~ 21 (MGK, 25 Sess)

Sokolov B S. 2011. The chronostratigraphic space of the lithosphere and the Vendian as a geohistorical subdivision of the Neoproterrozoic. Russian Geology and Geophysics, 52: 1048 ~ 1059

Spangenberg J E, Bagnoud- Velásquez M, Boggiani P C, Gaucher C. 2014. Redox variations and bioproductivity in the Ediacaran: Evidence from inorganic and organic geochemistry of the Corumbá Group, Brazil. Gondwana Research, 26: 1186 ~ 1207

Strauss J V, Rooney A D, Macdonald F A, Brandon A D, Knoll A H. 2014. 740 Ma vase-shaped microfossils from Yukon, Canada: Implications for Neoproterozoic chronology and biostratigraphy. Geology, 42: 659 ~ 662

Swanson-Hysell N L, Maloof A C, Kirschvink J L, Evaans D A D, Halverson G P, Hurtgen M T. 2012. Constraints on Neoproterozoic paleogeography and Paleozoic orogenesis from paleomagnetic records of the Bitter Springs Formation, Amadeus Basin, central Australia. American Journal of Science, 312 (8): 817 ~ 884

Tail J, Delpomdor F, Préat A, Tack L, Straathof G, Nkula V K. 2011. Neoproterozoic sequence of the west Congo and Lindi/Ubangi Supergroups in the Congo Craton, Central Africa . In: Arnaud E, Halverson G P, Shields-Zhou G (eds) . The Geological Record of Neoproterozoic Glaciations. Geological Society Memoir, 36. 185 ~ 194

Termier H, Termier G. 1960. L'Ediacarien premier étage paleontologique. Revue Gen Sci, 67 (3-4): 79 ~ 87

van Kranendonk M J. 2012. A Chronostratigraphic Division of the Precambrian. In: Gradstein F, Ogg J, Schmitz M, Ogg G (eds) . Geologic Timescale 2012. Oxford: Elsevier. 299 ~ 392

Walter M R, Veevers J J, Valver C R, Grey K. 1995. Neoproterozoic stratigraphy of the Centralian Superbasin, Australia. Precambrian Research, 73: 173 ~ 195

Xiao S, Zhang Y, Knoll A H. 1998. Three-dimensional preservation of algae and animal embryos in a Neoproterozoic phosphorite. Nature, 391: 553 ~ 558

Yuan X, Chen Z, Xiao S, Zhou C, Hua H. 2011. An early Ediacaran assemblage of macroscopic and morphologically differentiated eukaryotes. Nature, 470: 390 ~ 393

Zhu M, Lu M, Zhang J, Zhao F, Li G, Zhao X, Zhao M. 2013. Carbon isotope chemo-stratigraphy and sedimentary facies evolution of the Ediacaran Doushantuo Formation in western Hubei, South China. Precambrian Research, 225: 7 ~ 28

Zhu M, Strauss H, Shields G A. 2007a. From Snowball Earth to the Cambrian bioradiation: calibration of Ediacaran-Cambrian Earth history in South China. Palaeogeography Palaeoclimatology Palaeoecology, 254: 1 ~ 6

Zhu M, Zhang J, Yang A. 2007b. Integrated Ediacaran (Sinian) Chronostratigraphy of South China. Palaeogeography Palaeoclimatology Palaeoecology, 254: 7 ~ 6

第2章　中国东部中—新元古代地层同位素年代学研究进展

高林志[1]，丁孝忠[1]，乔秀夫[1]，尹崇玉[1]，史晓颖[2]，张传恒[2]

[1. 中国地质科学院地质研究所，北京，100037；2. 中国地质大学（北京），北京，100083]

摘　要：将中国古老克拉通中—新元古代地层提升为国际晚前寒武纪年代地层划分标准是中国地质学家长期奋斗的目标，而高精度前寒武纪年代地层框架的建立，是当代地学年代学研究的首要任务，也是各大陆地层对比和构造解译的基础。本章重点介绍中国东部中—新元古代地层同位素年代学的研究进展，特别是华北克拉通中—新元古代地层柱的新标定和华南克拉通上新元古代地层年代学的新数据。上述地区新的同位素年龄数据彻底改变了华北与华南克拉通新元古代地层的标定、划分和对比；并且，由此产生的新构造观也将极大地提高了区域性的地学认识和成矿背景解释。近年来，我国对于海相油气的勘探与远景研究，对中国东部海相含油气盆地的基底和沉积盖层的年代学划分与对比提出了精确要求，尤其对中元古代烃源层的研究以及华南克拉通的下古生代油气产层的定位提出了挑战。鉴于近年来同位素年代学科学技术的研究进展，使我们有条件重新精确厘定中国大陆前寒武纪结晶基底和沉积盖层的年龄，为广大地质工作者提供较为完整的同位素年代学数据。

关键词：中—新元古代，年代地层格架，华北克拉通，华南克拉通

2.1　引　　言

当今前寒武纪年代地层学研究的新思维是借鉴超大陆研究中地质事件群的研究方法，使前寒武纪地层学研究变成了地球动力学研究体系中的一个有机组成部分（陆松年等，2002）。地质事件群的研究必须有高精度的地层测年结果支撑，特别是获得前寒武系关键层位火山岩夹层和辉绿岩床（脉）的高精度锆石高灵敏度高分辨率离子微探针（Sensitive High Resolution Ion MicroProbe，SHRIMP）定年数据。Plumb（1991）在《Episodes》发表新的前寒武系年表，明确地提出元古宇内部每个系一级单位划分为3亿～2亿年，这样古元古界自下而上划分四个系，即成铁系（Siderian，2.5～2.3 Ga）、层侵系（Rhyacian，2.3～2.0 Ga）、造山系（Orosirian，2.0～1.8 Ga）和固结系（Statherian，1.8～1.6 Ga）；中元古界自下而上划分三个系，即盖层系（Calymmian，1.6～1.4 Ga）、延展系（Ectasian，1.4～1.2 Ga）和狭带系（Stenian，1.2～1.0 Ga）；新元古界自下而上划分三个系，即拉伸系（Tonian，1000～850 Ma）、成冰系（Cryogenian，850～635 Ma）和末元古界III（埃迪卡拉系，Ediacaran，635～542 Ma）。中国地质学家依据华北古陆前寒武纪沉积盖层的基本特征，将中元古代地层的沉积起点放在1.8 Ga，而不同于国际年表上的1.6 Ga，而国际年表上将1.8～1.6 Ga的时段归入到古元古界顶部的固结系。目前，全球范围内最好的中—新元古代连续地层剖面发育在三块大陆上，即分别为中国华北克拉通的蓟县地区（Kao *et al.*，1934）、俄罗斯克拉通乌拉尔地区（Shatsky，1945）和加拿大地盾育空地区（Thorkelson，2005）。中国蓟县剖面（1800～800 Ma）基本上连续沉积了近万米厚的中—新元古代地层，并且在整个华北克拉通范围内未受变质作用的影响，出露广泛，构造简单，顶、底界线非常清晰（陈晋镳等，1980）。该剖面不仅是我国中—新元古代地层的标准剖面，也是世界范围内极为罕见的晚前寒武纪的完整地层剖面。可成为当前国际前寒武系年表和地层对比中统一的、具有年代系统的、年龄完整的基础剖面（图2.1）。

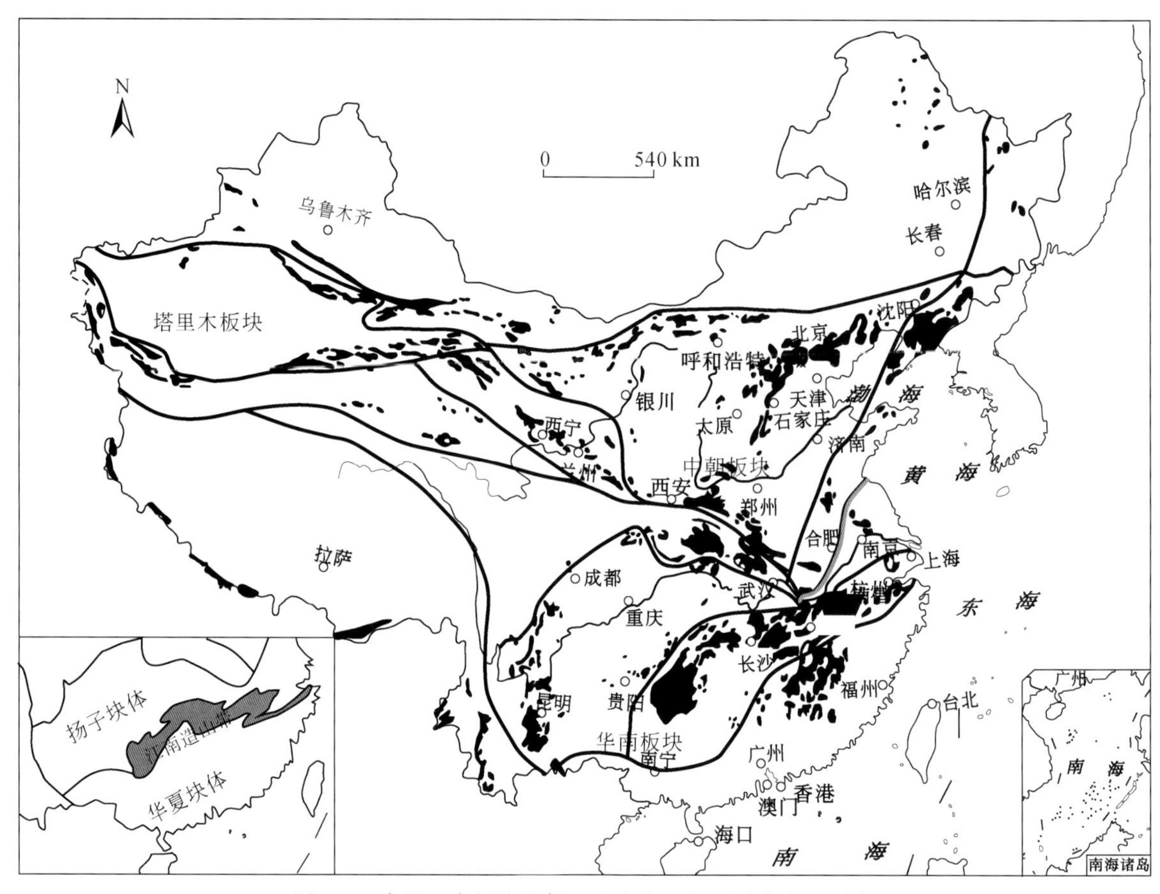

图 2.1　中国三大板块及邻区元古代沉积地层分布和露头

天津蓟县剖面和湖北三峡剖面一直作为中国中—新元古代标准地层剖面，是全国地质填图地层对比的标准。上述标准剖面一直被中国地质学家视为进行高质量的中—新元古界地层学与同位素年代学研究，并在此基础上优化年代地层框架的突破点。关于中元古代底界的认识，多年来采用不同的同位素测年方法，不断充实华北古陆中—新元古代年代地层格架中的同位素年龄数据，由此认为华北中元古界的底界年龄主要有两个约束条件：① 华北北部发育的碱性基性岩脉被认为是燕辽裂谷带启动的岩浆活动表现，年龄在 1.9～1.85 Ga（Lu *et al.*，2008）；② 长城系底部陆源碎屑砂岩的碎屑锆石最小峰值年龄为 1.85 Ga（万渝生等，2003），据此，将华北中元古界底界年龄限制在 1.85 Ga 以后。近年来通过高灵敏度高分辨率离子微探针（Sensitive High Resolution Ion MicroProbe，SHRIMP）U-Pb 锆石测年，使华北中—新元古代年代地层格架得到新一轮的修正。对华北古陆上发育的中元古代环斑花岗岩等岩体新标定的解释，国际上普遍认为该期花岗岩成因与造山运动无相关性，而与哥伦比亚超大陆的聚合密切相关（Vigneresse，2005）。而密云环斑花岗岩的锆石 Hf 同位素组成特征表明，它们源于太古宙新生地壳的部分熔融（杨进辉等，2005），据此认为密云环斑花岗岩属于伸展环境动力学条件下的岩浆岩侵位成因。因此，密云环斑花岗岩应与燕辽裂谷带启动时间一致，应代表一个新构造旋回的起点，并与华北中元古界初始发育年代相当，成为超大陆裂解或裂谷启动的标志。密云环斑花岗岩锆石 SHRIMP U-Pb 年龄 1685±15 Ma（高维等，2008）是华北环斑花岗岩一个重要的锆石同位素年龄，可以对华北中元古界的底界年龄作出重要的限定。关于蓟县剖面迁西杂岩锆石的形成时间的 $^{207}Pb/^{206}Pb$ 加权平均年龄为 2534±9 Ma，与侵入串岭沟组的辉绿岩继承性锆石的 SHRIMP U-Pb 年龄 2533±14 Ma 一致（Gao *et al.*，2009b）。长城群大红峪组火山岩中再次获得高质量锆石 SHRIMP 年龄为 1626±9 Ma（高林志等，2008c）和长城系串岭沟组中的辉绿岩脉最新的 SHRIMP 锆石 U-Pb 年龄 1638±14 Ma，说明两个问题：① 中国中元古代年表底界年龄大于国际通用的年表中元古界的底界年龄 1.6 Ga。② 中国中元古代年表底界年龄不会老于 1.7 Ga。根据上述的年龄数据，结合可用于标定华北古陆中元古代裂解时间的密云环斑花岗岩锆石 SHRIMP U-Pb 年龄限定，本章试论中国古陆中—新元古界年代地层格架的系列地层年代标定问题。当前，系列的、高精度的锆石 U-Pb 测年数据，使华北古陆的构造事件演化更为明确，其中最具有突破性的进展是首次精确地测得下马岭组凝灰岩锆石 SHRIMP U-Pb 年龄 1368±12 Ma（高林志等，2007；Gao *et al.*，2007），使得下马岭组这个原先属于青白口群（系）的关键地层单位划归为中元古界。由此，2007 年 5 月全国地层委员会三届 15 次地层扩大会议跟踪该项测年成果，同年在全国地层委员会的资助下，于河北宣化地区的赵家山剖面上再次获得凝灰岩层的年龄 1366±9 Ma（高林志等，2008a；Gao *et al.*，2008）。该年龄与叶良辅（1920）的北京西山下马岭组建组剖面上所获得的锆石年龄完全吻合，基本解决了全国地层委员会专家们在厦门会议上提出的同期火山灰应在较大空间范围内展布和新构造格局的推测等问题（乔秀夫等，2007）。2008 年 6 月全国地层委员会前寒武纪分会在华北地区召开野外现场会，确认下马岭组锆石年龄对整个中国中—新元古代地层柱的修订。

2009 年 11 月 24 日在北京全国地层委员会前寒武纪分会扩大会议上形成一个共识，对中国晚前寒武纪年表进行重新标定，分为 5 ~6 个系一级单位；2010 年以来全国地层委员会发布中国地层年表新标定的试用方案，其中长城系（Ch，Pt_2^1）限定于 1.8 ~1.6 Ga；蓟县系（Jx，Pt_2^2）限定在 1.6 ~1.4 Ga；待建系（Pt_2^{3-4}）限定在 1.4 ~1.0 Ga；青白口系（Qn，Pt_3^1）限定在 1.0 ~0.78 Ga；南华系（Nh，Pt_3^2）限定在 780 ~635 Ma 及震旦系（Z，Pt_3^3）限定在 635 ~542 Ma（图 2.2）。乔秀夫等（2007）建议，将待建系下部 Pt_2^3 下马岭组地层命名为“西山系”。

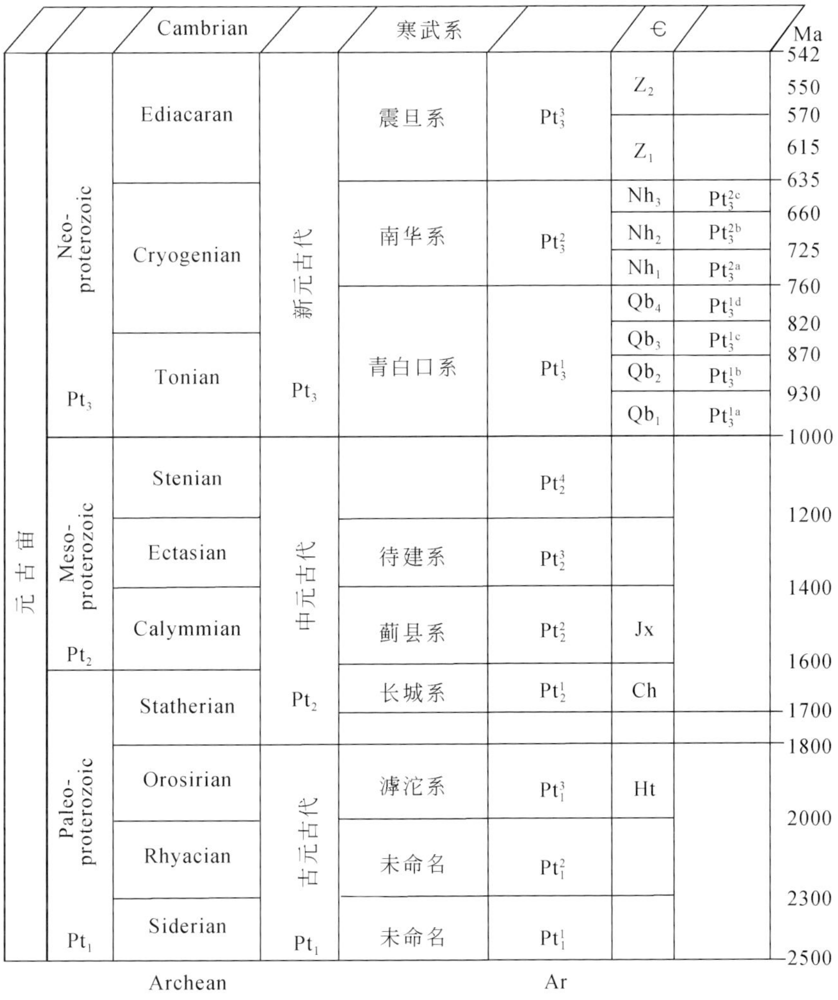

宙	Era	Period	代	系	代号	统	细分	Ma
		Cambrian		寒武系		∈		542
元古宙	Neo-proterozoic Pt_3	Ediacaran	新元古代 Pt_3	震旦系	Pt_3^3	Z_2		542–570 (550)
						Z_1		570–635 (615)
		Cryogenian		南华系	Pt_3^2	Nh_3	Pt_3^{2c}	635–660
						Nh_2	Pt_3^{2b}	660–725
						Nh_1	Pt_3^{2a}	725–760
		Tonian		青白口系	Pt_3^1	Qb_4	Pt_3^{1d}	760–820
						Qb_3	Pt_3^{1c}	820–870
						Qb_2	Pt_3^{1b}	870–930
						Qb_1	Pt_3^{1a}	930–1000
	Meso-proterozoic Pt_2	Stenian	中元古代 Pt_2		Pt_2^4			1000–1200
		Ectasian		待建系	Pt_2^3			1200–1400
		Calymmian		蓟县系	Pt_2^2	Jx		1400–1600
		Statherian		长城系	Pt_2^1	Ch		1600–1700
								1700–1800
	Paleo-proterozoic Pt_1	Orosirian	古元古代 Pt_1	滹沱系	Pt_1^3	Ht		1800–2000
		Rhyacian		未命名	Pt_1^2			2000–2300
		Siderian		未命名	Pt_1^1			2300–2500
		Archean			Ar			2500

图 2.2　元古宙地层柱新标定（据高林志，2010，2011，修编）

上述新地层年表突出三个方面的标定：① 对长城系和蓟县系的年代学新的限定；② 依据蓟县剖面上锆石 U-Pb 年龄的信息，在中国年表中提出了“西山系”和待建系位置（乔秀夫等，2007）；③ 对南华系下限的厘定。新的年表对中国地质调查局近年来启动的第二版《中国各省地质志》的修编起着重要的标定作用，突出解决了前寒武纪地层划分和对比问题。新地层年表的确立，对于区域性地层对比、构造背景和层控矿床的解译将会发生重大变化。

关于构造的解释，突出强调对一系列侵入岩的精确标定。密云环斑花岗岩 1685±15 Ma（高维等，2008）和串岭沟组辉绿岩床 1638±14 Ma（高林志等，2008c）年龄数据的获得，最大程度地限定了哥伦比亚超大陆（Columbia）和燕辽拗拉槽的裂解关系。同时，侵入雾迷山组中的辉绿岩床 U-Pb 年龄 1345±12 Ma和 1353±14 Ma（Zhang *et al.*，2009）、下马岭组辉绿岩岩床 1320±6 Ma 的年龄获得（李怀坤等，2009），以及华北古陆东缘徐淮地区侵入新元古代地层中的辉绿岩床精确的 SHRIMP U-Pb 年龄 928±8 Ma（柳永清等，2005）和 930±10 Ma（Gao *et al.*，2009），基本限定了哥伦比亚超大陆的裂解时间和与罗迪尼亚（Rodinia）超大陆聚合关系。由此确定了燕辽拗拉槽构造演化和大陆动力学的基本特征，向建立一个统一的、精确的和高精度年龄框架的地层系统剖面又迈进了一大步。在整个剖面中，喷出火山岩年龄在地层定年中尤其重要，大红峪组火山岩段富钾粗面岩的锆石 SHRIMP U-Pb 年龄再次确认 1626±9 Ma（高林志等，2009）以及高于庄组凝灰岩 1560±6 Ma（李怀坤等，2010）、铁岭组斑脱岩 1437±61 Ma（苏文博等，2011）和下马岭组斑脱岩 1368±12 Ma（高林志等，2007）系列性成果，在整个剖面上起到了重要的标定地层的作用。

因此，笔者认为华北中元古代年代地层学研究中，对于辉绿岩脉（床）锆石年代学研究有三大进展，自下而上为：① 长城系串岭沟组辉绿岩脉（床）锆石 U-Pb 年龄厘定为 1638±14 Ma；② 蓟县系雾迷山组辉绿岩脉（床）锆石 1353±14 Ma 和斜锆石 1345±12 Ma U-Pb 年龄；以及③ 下马岭组辉绿岩脉（床）锆石和斜锆石 U-Pb 年龄 1320±6 Ma。这些 SHRIMP U-Pb 锆石测年结果，使华北古陆中元古代地层划分与全球对比有了系列的、可靠的年龄“锚点”，有利于准确厘定华北地区中—新元古界完整的年代学地层系统。然而，新的地层年表又提出了三个新问题：① 蓟县剖面 1.2～1.0 Ga 的 Pt_2^4地层在何处填补？根据古生物信息，最有可能的发育地区在豫西地区（高维等，2011）和胶辽徐淮地区（邢裕盛等，1979，1982，1985，1989）。② 当前 Pt_3^1青白口系骆驼岭组和景儿峪组在地层柱的位置依然有重新定位可能（Gao *et al.*，2011，2013）。③ 在中国地层格架中，扬子陆块和华夏陆块之间有一套明显呈带状分布的新元古代浅变质的沉积地层和一系列岩浆岩区带，被称为“江南造山带”，这套地层的定位对于确定中国古大陆晚前寒武纪地层对比和构造格局极为重要。该套低变质碎屑岩中的凝灰岩 SHRIMP 锆石 U-Pb 年龄对华南新元古代地层限定和新的对比方案会有重要意义。

关于江南古陆的争论焦点在于：新元古代南华系之下，是否存在双层褶皱基底？同时，涉及江南造山带启动的时间。目前，锆石 U-Pb 年龄表明在整个“江南古陆”上，沿着扬子陆块的南缘或东缘发育的一些火山岩都意味着 820 Ma 与下伏地层之间有着地球动力和构造的转换（Gao *et al.*，2009a，2011a，2012a）；特别是南华系之前形成了一套似盖层过渡层的沉积（如板溪群、下江群、丹州群、登山群、河上镇群），对它们之间的沉积关系解疑，有利于理解江南造山带的地质背景和成矿条件与地层划分等问题。天津蓟县剖面和湖北三峡剖面一直是我国晚前寒武纪地层的标准剖面，也是我国地质填图的标准，对于建立的中国地层年表中—新元古代地层序列精确标定尤其重要，全国地层委员会中—新元古代地质年表（2010）也需要有所修订，新年代地层框架的深化研究，对于中国地质填图中精确地层划分和地层对比以及构造解译都有着重要的促进作用，同时有助于提升中国中—新元古界剖面成为国际地层对比标准剖面的地位。

2.2　华北中元古代地层的底界年龄新标定

中国蓟县剖面的中元古代底界一直是众多地质学家探讨的主题，近年来不断有学者关注研究侵入太古宙密云群的环斑花岗岩体或岩脉，因为其上覆为长城系常州沟组的不整合超覆（图 2.3），业已获得高精度测年数据 1685 Ma（高维等，2008）。然而，对华北中元古代地层的底界年龄新标定探索中，侵入太古宙密云群的环斑花岗岩，不仅反映了地球动力学的机制，也包括长城系底砾岩和环斑花岗岩风化壳的识别（图 2.3）。近年，常州沟组底砾岩的发现和古老风化壳锆石年龄 1682 Ma（和政军等，2011a，2011b）和 1673 Ma（李怀坤等，2011）的确定，将对长城系底界提供新的和有效的年代标定，也对国际地层表的 1.6 Ga 和中国地层表的 1.8 Ga 为中元古代底界划分方案提出挑战。由于长城系底界直接发育在太古宙地层上，它与古元古代滹沱群浅变质地层的关系，依然是今后地层柱标定研究的主要问题（高林志等，1996）。

图2.3 北京密云地区环斑花岗岩古风化壳与长城系底界的接触关系

2.3 蓟县剖面缺失1.2～1.0 Ga的Pt_2^4地层

2.3.1 豫西前寒武纪地层在地层柱中位置

如何填补地层柱中缺失的1.2～1.0 Ga地层？依据生物演化的特征（高维等，2011），该段地层可能发育在华克拉通南缘的豫陕晋交界地区，即汝阳群和洛峪群最有可能填补该段地层缺失；同时还有特别引起地质学家关注的罗圈冰期在地层柱中的定位问题。因为，该组是目前华北克拉通上发育的唯一冰碛岩，也是与塔里木盆地冰碛岩和华南地区冰碛岩对比的桥梁。由于华北蓟县中—新元古界剖面是中国晚前寒武纪地层的标准剖面，因此上述年代地层框架的进一步优化，对于中国精确地质填图和精确地层对比有着重要的促进作用；同时，对于中国前寒武纪生物演化，特别是宏观藻类演化时限，也具有重要的标定意义（图2.4）。关于华北克拉通南缘晚元古代地层划分和对比，历来存在不同认识，关保德等（1988）依据微古植物、地层顺序及其接触关系，辅以少量海绿石年龄数据，首次提出将黄连垛组、董家组、罗圈组和东坡组归入“震旦系”（相当于现今地层表中的南华系和震旦系）。对豫西中—新元古代地层曾开展过大量的生物地层研究（邢裕盛等，1989；阎玉忠、朱士兴，1992；Xiao *et al.*，1997；尹崇玉、高林志，1999；尹磊明、袁训来，2003；尹磊明等，2004），并进行过“相”分析和层序地层的划分（崔新省等，1996；周洪瑞等，1999；高林志等，2002），但其同位素年代学研究仅见碎屑锆石年龄（高林志等，2006），因此豫西中—新元古代地层在地层柱中精确的年代位置一直是个“谜”。苏文博等（2013）发表洛峪口组的凝灰岩锆石U-Pb年龄，将洛峪口组定位到长城系，再次将豫西地区的汝阳群和洛峪群归入中元古代早期的沉积，然而其与汝阳群具刺疑源类的事实之间，存在着极大矛盾（高维等，2011；李猛等，2012）。汝阳群具刺疑源类辐射已发育到极高的演化阶段，如上述凝灰岩锆石U-Pb年龄无误的话，将改写早期具刺疑源类演化史。

2.3.2 胶辽徐淮地区前寒武纪地层在地层柱中位置

胶辽徐淮分区中以辽东地区的新元古代地层发育最为完整和系统，其新元古代地层自下而上由细河群、五行山群和金县群组成。细河群发育在青白口系永宁组之上，为碎屑岩沉积（钓鱼台组、南芬组和桥头组），含大量微古植物（邢裕盛、刘桂芝，1973）。五行山群由长岭子组、南关岭组和甘井子组组成，主要分布在辽宁复县以北的地区；长岭子组下部为页岩夹薄层砂岩，向上逐渐夹灰岩透镜体和薄层灰岩（含液化脉），粉砂岩中含大量后生宏观藻类化石和蠕虫化石；其上覆的南关岭组为灰岩（含液化脉）夹极薄层页岩含后生动物化石（邢裕盛等，1985）；甘井子组为白云岩组成。金县群主要由碳酸盐岩组成，

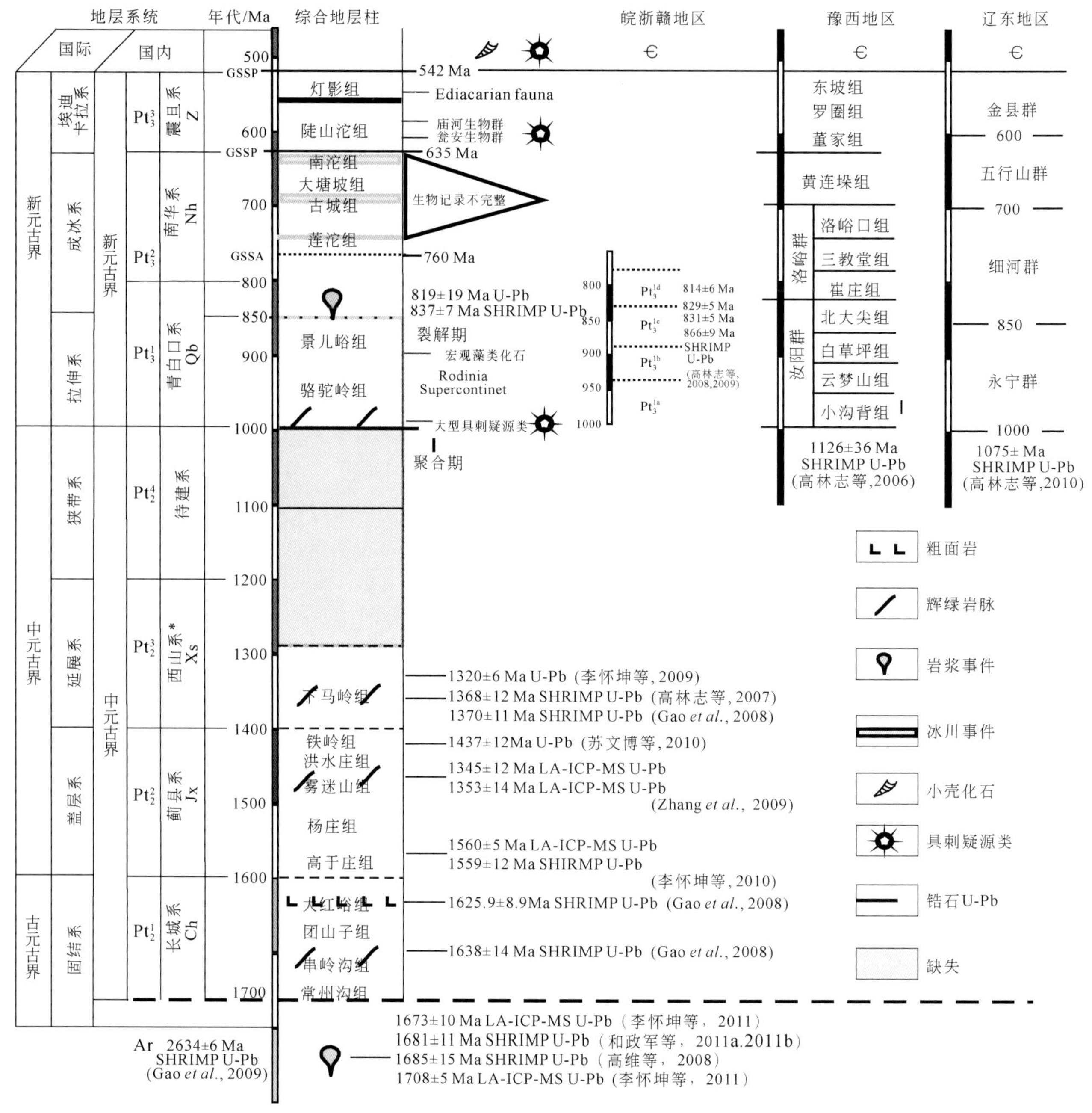

图 2.4　中国元古宙综合地层柱及锆石年代数据

＊据乔秀夫等，2007b

包含营城子组、十三里台组、马家屯组、崔家屯组和兴民村组等；其中在南关岭组、甘井子组、营城子组、兴民村组的碳酸盐岩含大量的液化脉（乔秀夫等，1994，2001；乔秀夫、高林志，2007）或臼齿构造（刘燕学等，2003；旷红伟等，2004；孟祥化等，2006）。

目前，该地区新元古代的生物地层学、岩石地层学及层序地层学研究，均已获得一些可信的成果，尤其是生物地层学进展（邢裕盛、刘桂芝，1973；洪作民等，1991；唐烽、高林志，1998；高林志等，1999；乔秀夫等，2001）。该地区的长岭子组地质年代为 723±43 Ma（Rb-Sr 法，页岩），兴民村组为 650 Ma（Rb-Sr 法，页岩）和 579 Ma（K-Ar 法，海绿石；邢裕盛等，1988）。尽管辽南地区有完整的地层序列，并发育大量的生物化石，但由于该套地层中未发育冰碛岩，又缺乏可靠的锆石年龄数据，其地层柱中的位置仍一直待定。由于辽东地区细河群钓鱼台组中获得 1075 Ma 碎屑锆石 U-Pb 年龄（Gao *et al.*，2011），似乎预示着吉辽地区的晚前寒武纪地层应限定在 1.0 Ga 之后（Gao *et al.*，2011）；而徐淮地区的倪园组的辉绿岩床获得精确的 SHRIMP U-Pb 年龄 928±8 Ma（柳永清等，2005）和 930±10 Ma（Gao *et al.*，

2009b）对整个胶辽徐淮分区的地层定位留下来深刻的印记。因为该侵入岩对碳酸盐岩地层有烘烤现象，反映了沉积地层早于辉绿岩床。因此如该年龄可信的话，该区的整个地层将下移到1.0 Ga之下，必然会引起与传统的生物地层记录认识的冲突（邢裕盛等，1985）。总之，胶辽徐淮地区前寒武纪地层年代学尚须进一步研究确定。

2.4　青白口系骆驼岭组和景儿峪组在地层柱中的位置

2.4.1　华北克拉通青白口系

青白口系（1000～800 Ma）是隶属于新元古界的系一级单位，在中国地层表中占有重要的地层位置。根据生物群的特色，该系是在继承中元古界和新元古界向古生界转向中起到承上启下作用的重要的地层单位，也是扬子古陆与中朝古陆晚前寒武纪地层对比中重要的地层单位。下马岭组原属青白口系，其斑脱岩中锆石SHRIMP U-Pb年龄1368±12 Ma则确定下马岭组组应归入中元古界，暂属于待建系。因此，蓟县剖面上的青白口系，仅保留骆驼岭组和景儿峪组；由于始终未获得骆驼岭组和景儿峪组精确的锆石同位素测年数据，青白口系在地层柱中的确切位置目前还是一个谜。目前的资料表明，有两种方案有待于进一步证明，一是青白口纪地层的位置随下马岭组一同下移到中元古界（1.2～1.0 Ga），二是将青白口纪地层置于中元古界与新元古界之间（1.2～0.8 Ga）。但是，这两种方案均需要可靠的、精确的锆石U-Pb测年数据来佐证，此外，还需要首先证明，燕辽裂陷槽青白口纪地层与辽东半岛青白口纪地层是否同期。生物地层学研究表明，两者差距在于宏观藻类和后生动物群的出现，北京与河北地区骆驼岭组中见到的宏观藻类，在辽东是有一定差异的。目前，两地青白口纪地层的划分，主要是基于岩性对比。笔者试图通过对燕辽裂陷槽和辽东半岛青白口纪沉积岩碎屑锆石的测试，探究两地碎屑岩沉积的上限以及二者沉积物是否同源（Gao *et al.*，2011）。

2.4.2　辽东地区青白口纪地层对比

中朝古陆由两个块体组成，即华北块体和胶辽块体（图2.5），二者似乎有着共同的太古宇基底。自吕梁运动后华北块体发育了燕辽拗拉槽，沉积中—新元古代地层；华北块体于800 Ma之后隆升，遭受剥蚀，青白口系景儿峪组与寒武系为平行不整合接触，缺失整个南华系和震旦系（780～542 Ma）。然而，由于古郯庐带出现新的开裂，胶辽地块则发育较全的新元古代地层，上覆盖层依然是寒武系。尽管生物地层研究表明，胶辽地块新元古代地层含有震旦系生物组合，但是由于胶辽地块不发育冰碛岩，地层的时代定位一直是一个讨论不休的问题。

依据华北和胶辽徐淮两个块体生物地层学的研究，鉴于生物组合不同，二者的新元古界彼此应为上、下关系。尽管两个块体上都发育大量的宏观藻类，但胶辽地块新元古代地层中出现的后生动物，寓意着新元古代生物演化的新纪元。胶辽地块发育的新元古代地层，下部为碎屑岩，上部主要为碳酸盐岩加少量的碎屑岩，沿古郯庐带还发育了大量的震积岩（乔秀夫等，1994，2001）。两地新元古代地层的对比是通过岩石地层和生物地层来确定的，而胶辽地块精确的年代学研究一直未突破，始终还是一个难题。

华北块体与胶辽块体青白口系的发育差异。根据钓鱼台组的碎屑锆石U-Pb年龄，胶辽块体细河群的沉积时代应在1000 Ma之后，是中朝古陆对罗迪尼亚超大陆汇聚的响应。钓鱼台组的碎屑锆石U-Pb年龄，基本可标定细河群在中朝古陆中—新元古代地层柱中的位置（Gao *et al.*，2009b）。此外，作为中国晚前寒武纪地层的标准剖面，华北蓟县中—新元古界剖面年代地层框架的优化，对于中国地质填图的修正和进行精确地层对比，有着重要的促进作用。同时，对于中国前寒武纪生物演化，特别是宏观藻类发育的时间研究，也具有重要意义，并有助于提升华北克拉通中—新元古界剖面成为国际地层对比标准剖面的地位。青白口系下马岭组重新定位，使中朝古陆上中—新元古界的界线出现了新的研究动向，涉及中元古代哥伦比亚超大陆如何向罗迪尼亚超大陆转换。因此笔者认为，青白口系骆驼岭组和景儿峪组依然需

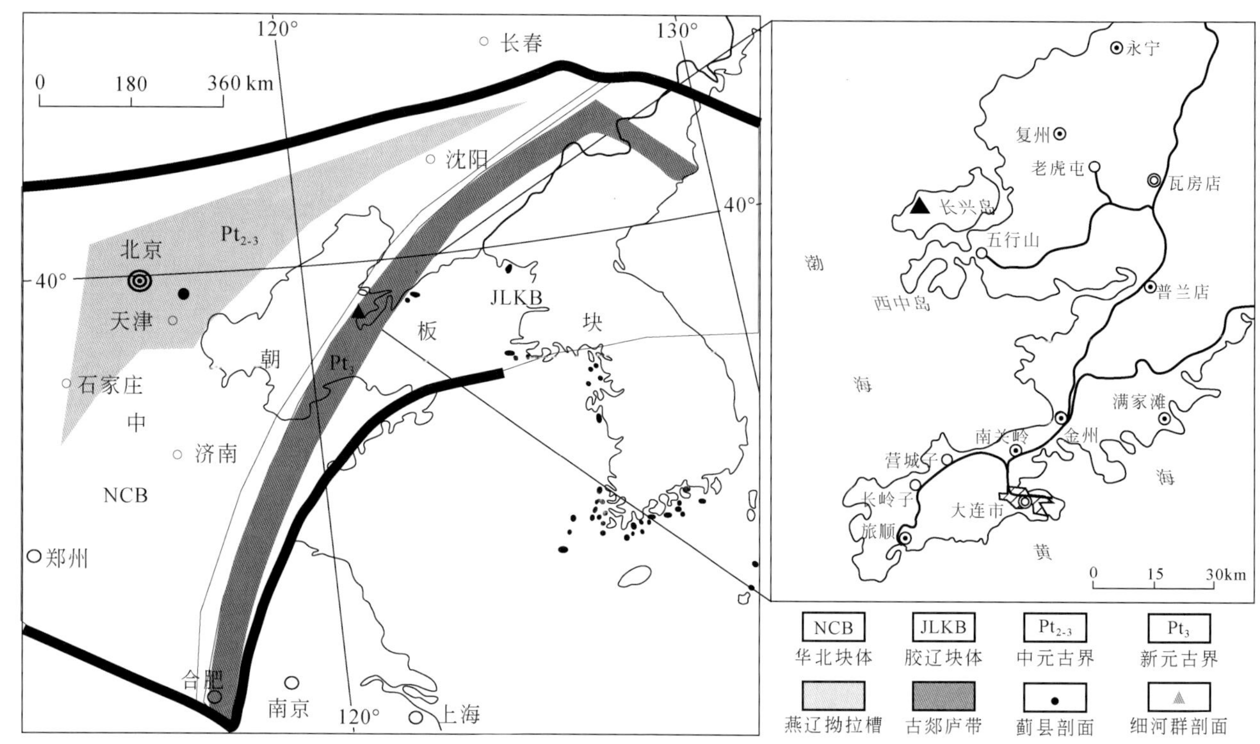

图 2.5　中朝古陆中—新元古代地层分布和取样点（据乔秀夫等，2001，修改）

NCB. 华北块体；JLKB. 胶辽块体

要进一步甄别和定位。因此，对其进行深入的研究，将有助于对中朝古陆中—新元古代构造演化的理解和对区域地层对比关系的厘定。

2.5　华南地区江南造山带年代学进展

2.5.1　江南造山带

早在20世纪三四十年代中国地质学家研究湘、黔、桂、赣、皖、浙等省古老变质岩基础上，黄汲清（1945）提出“江南古陆”之称。此后亦被称作“江南地轴”（黄汲清，1954）。郭令智等（1980，1996）又先后称之为“江南地轴”、“江南造山带”（图 2.6）。至今为止，对于“江南造山带”变质基底形成的构造属性和演化特征的认识，大体经历了三个发展阶段：第一阶段（20世纪60年代前），槽台构造在中国占主导地位，认为其构造属性是地槽回返的褶皱带（陈国达，1956）。第二阶段（20世纪70年代后），随着“板块构造”理论的引入和发展，认为“江南造山带”变质基底的形成是华夏板块向扬子板块俯冲，由岛弧、弧后盆地组成的洋陆碰撞造山带（郭令智等，1980，1996；徐备、郭令智，1982；徐备，1986，1990，1994）；至20世纪90年代王鸿祯等提出，以湘赣交界为界，分为东、西两段；西段属以裂陷为主的被动大陆边缘，为780 Ma前形成褶皱基底的“新地台”，东段则以持续发展的主动大陆边缘为特征（王鸿祯，1994）。第三阶段（21世纪初），基于华南侵入四堡群及其相当层位，且被板溪群及其相当层位不整合覆盖的花岗岩体和地层的深入研究，确定岩体主要为淡色花岗岩（MPG）和含堇青石花岗闪长岩（CPG），岩体的SHRIMP锆石U-Pb年龄基本都在840～820 Ma范围内（Li Z. X. *et al.*，2003；Li X. H. *et al.*，2003；Wang J. *et al.*，2003）；但是，中国学者仍然将“四堡运动”与“格林威尔运动”相对比，并将其纳入罗迪尼亚超大陆的全球构造体系，对板溪群（相应地层）也视为罗迪尼亚超大陆于1000 Ma后裂解的产物，以此推断裂解源于“地幔超柱”的活动（Li Z. X. *et al.*，2003；Li X. H. *et al.*，2003）；然而，周金城等（2008）首先对“江南造山带”为“格林威尔运动”的对比提出质疑。随着大量前寒武纪地层中斑脱岩SHRIMP锆石U-Pb测年数据的获得，为再次认识“江南造山带”变质基底形成和演化提供了新的可靠定年数据（Gao *et al.*，2013）。

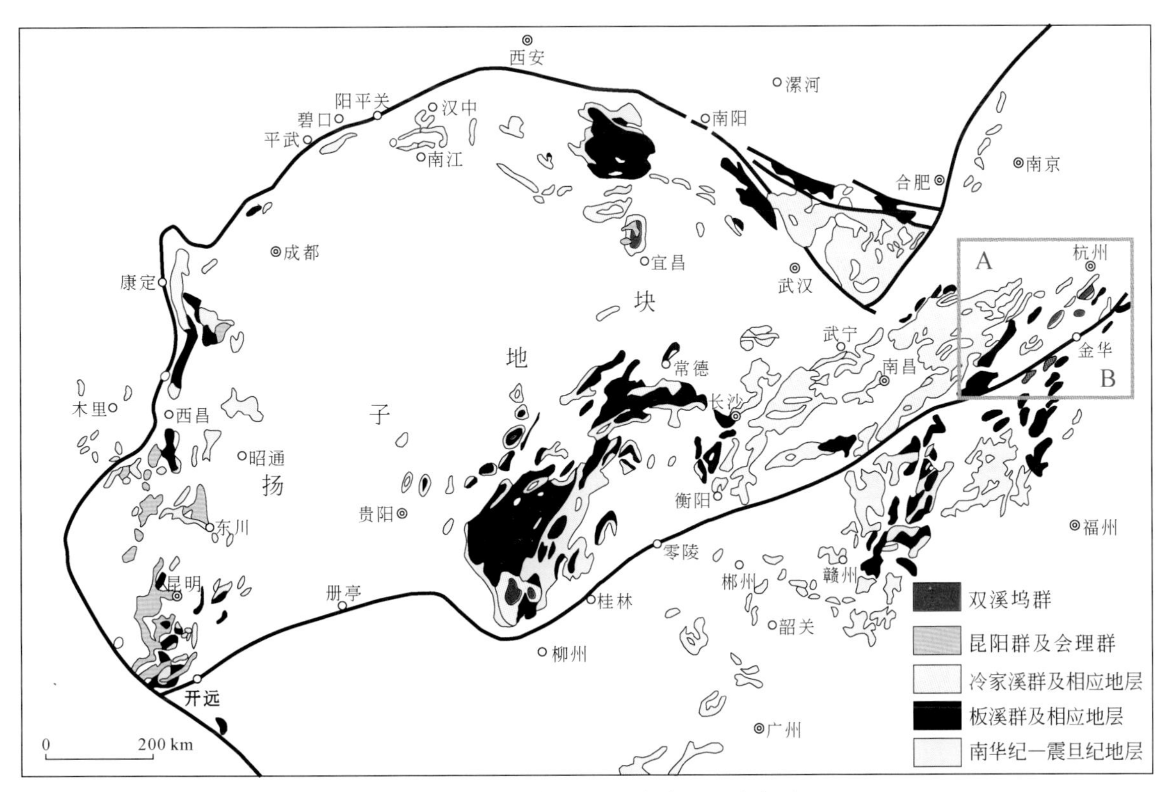

图 2.6　华南克拉通新元古代地层分布图

2.5.2　江南造山带新认识

在近年来新年表的修正中，江南古陆变质基底地层中斑脱岩中的最新 SHRIMP 锆石 U-Pb 年龄数据占有重要的地层位置（高林志等，2008a，2010a，2010b）。“江南古陆”的争论焦点在于新元古代南华系之下，如何理解双层褶皱基底问题？它涉及江南造山带起始的时间以及江南古陆边界的限定？然而，对于“江南古陆”的变质基底时代问题，随着锆石 U-Pb 年龄的不断获得，人们开始怀疑“江南古陆”是否存在中元古代地层（Wang X. L. *et al.*，2006，2008），甚至怀疑“江南造山带”是否等同于格林威尔造山带（周金城等，2008）。新的证据表明，整个“江南古陆”沿着扬子陆块的南缘或东缘发育的一些火山岩都意味着武陵运动面（820 Ma）与下伏地层之间具有地球动力和构造的转换（高林志等，2010a）。在南华系之前形成了一套似盖层过渡层的沉积，对它们之间的沉积关系的解读有利于理解江南造山带的地质背景、成矿条件以及地层划分等问题。首先江南造山带东段双桥山群斑脱岩中获得高精度 SHRIMP 锆石 U-Pb 年龄 831±6～829±6 Ma（高林志等，2008a），极大地推动了对江南古陆变质基底的地层时代定位；随后在桂黔交界的四堡群斑脱岩中，测得 SHRIMP 锆石 U-Pb 年龄为 842 Ma（高林志等，2010b），并还在其上覆的下江群甲路组斑脱岩中，测得 SHRIMP 锆石 U-Pb 年龄为 814 Ma（高林志等，2010a），以及对侵入四堡群又被下江群覆盖的摩天岭花岗岩中获得 SHRIMP 锆石 U-Pb 年龄为 827 Ma（高林志等，2010b），从而限定四堡群沉积年龄的上限，“四堡运动”基本限定在 827～814 Ma。特别是冷家溪群顶部斑脱岩 SHRIMP 锆石 U-Pb 年龄为 822 Ma 和板溪群斑脱岩 SHRIMP 锆石 U-Pb 年龄为 802 Ma，将“武陵运动”限定于只有 20 Ma 的构造事件（高林志等，2011c）。

因此，笔者确认来自地层中凝灰岩（斑脱岩）高精度 SHRIMP 锆石 U-Pb 年龄，应代表其沉积地层的年龄，也最终确定江南古陆变质基底地层梵净山群、四堡群、冷家溪群、双桥山群等的时代为新元古代。通过地层中斑脱岩 SHRIMP 锆石 U-Pb 年龄限定的“武陵运动”时限，与格林威尔造山运动（Grenville Orogeny）无关。特别是庐山地区星子群碎屑锆石二次离子质谱（Secondary Ion Mass Spectrometer，SIMS）U-Pb 年龄为 834±4 Ma、上覆地层筲箕洼组为 830±5 Ma（关俊朋等，2010）以及筲箕洼组流纹岩 SHRIMP

锆石 U-Pb 年龄为 840±6 Ma、833±4 Ma 和 831±3 Ma（高林志等，2012c）和修水组和马涧桥组的年代学定位（高林志等，2012b）基本动摇了“江南古陆”变质最老基底地层时代。

此前诸多论述涉及对一系列“构造运动”的认识，一直将板溪群及其相当地层与下伏四堡群及相当地层之间的不整合，如四堡运动、武陵运动、双桥山运动和神功运动等看作 1000 Ma 前后的全球格林威尔造山运动的表现。而板溪群及相当地层与南华系（原震旦系下统）间的区域不整合如晋宁运动、雪峰运动等则大体限定在 820 Ma。但是现在大量测年资料表明，在“江南造山带”变质基底范围内未见有大于 1000 Ma 的地层，其主要的变质、变形作用都发生在 830 ~ 780 Ma。因此，笔者认为“江南古陆”变质基底的形成、扬子古陆大陆边缘的增生及扬子古陆的最终定型与格林威尔运动无关，而是我国南方晋宁运动期的产物。

2.5.3　浙西地区双溪坞群在地层柱中的位置

地处江绍拼合带的绍兴市平水镇发育一套新元古代低变质地层，浙江省区域地质测量大队①将一套岛弧型海相细碧角斑岩建造命名为“平水群”。俞国华等（1995）将平水群降格为平水组，并将其置于双溪坞群之下。陈志洪等（2009）报道“平水群”角斑岩激光剥蚀–感应耦合等离子体质谱（Laser Ablation Inductively-couple Plasma Mass Spectrometer，LA-ICP-MS）U-Pb 年龄为 904±3 Ma、906±10 Ma 和 Hf 同位素及其全岩地球化学组成，并提出“平水群”的主体沉积年龄可能为新元古代早期。李春海等（2009）报道，平水铜矿主要由石英–黄铁矿–闪锌矿构成，据矿体下部的含硫化物石英脉中锆石 LA-ICP-MS 几组测年结果，认为其成矿年龄为 899±21 Ma。上述数据与 Ye M. F. 等（2007）报道的侵入平水组的陶红和西裘岩体 SHRIMP U-Pb 年龄为 913±15 Ma 和 905±14 Ma，明显地具有时代上的冲突；然而，在 Ye 等（2007）报道的数据与谐和图中，均剔除了一组 819 Ma 和 818 Ma 的“不谐和数据”。笔者认为，需要验证该组凝灰岩锆石 U-Pb 年龄真正的地质意义，“平水群”沉积年龄就在 905 Ma 左右，同时在双溪坞群北坞组获得高精度锆石 U-Pb 年龄为 902±7 Ma，章村组为 899±8 Ma、878±9 Ma 以及在骆家门组闪长岩底砾岩石中获得 901±9 Ma、893±6 Ma（高林志等，2014；图 2.7）。从而，将浙西地区双溪坞群年龄标定在地层柱中 905 ~ 878 Ma，即属于新元古代早期沉积，早于双桥山群、冷家溪群、溪口群、梵净山群和四堡群。

2.5.4　铁砂街组的定年与江南造山带南界限定

江西地处华南块体的核心地带，境内萍乡–东乡–广丰断裂带对构造分区和地层划分具有深远影响；该断裂走向 EW 向，部分呈 NEE 向，延伸约 400 余公里；沿萍乡、宜春、新余、东乡、铅山至广丰，横贯江西中部，东接浙江的江山–绍兴断裂带，该断裂带为一长期活动的区域性深大断裂带，也是划分扬子准地台与华南褶皱系的一级分界线（图 2.8）。

该断裂将赣北与赣南前寒武纪地层分割开来。低绿片岩相当于新元古代双桥山群（831 ~ 824 Ma）、登山群（<820 Ma）及未变质的南华纪（<760 Ma）以上的盖层，主要发育在赣西北和赣东北广大地区；而赣南地区仅发育板溪群、潭头群（浒岭组、神山组、库里组和上施组）和南华系杨家桥群（古家组、下坊组、大沙江组）的盖层，且均具有轻度变形和变质（图 2.9）。

赣东北与福建接壤地区普遍发育一套较深度变质的地层，其中铁沙街组（1132 ~ 1172 Ma）、田里片岩（923 Ma）、周潭组和万源群（930 ~ 811 Ma）主要发育在江绍断裂带之中。由于该断裂带属于深大断裂的韧性断裂带，也是一条受多期构造影响的断裂带，其间的深变质地层一直是地质学家不断通过确定地层时代来探讨华南构造背景的主题。

赣东北铁沙街组仅出露在江绍断裂带以南地区。沿浙赣铁路线南，从铅山鹅湖，弋阳周潭、慈竹，西至余江马荃，分布与带状高绿片岩相–低角闪岩相相当的变质岩系，系呈 EW 向展布的钦杭断裂带东段的主体部分。铁沙街组为该带与扬子地台东南缘之间的一套绿片岩相浅变质岩系。程海等（1991）认为，

① 浙江省区域地质测量大队，1990，1：50000 比例尺《平水幅》，《丰惠幅》区域地质测量报告。

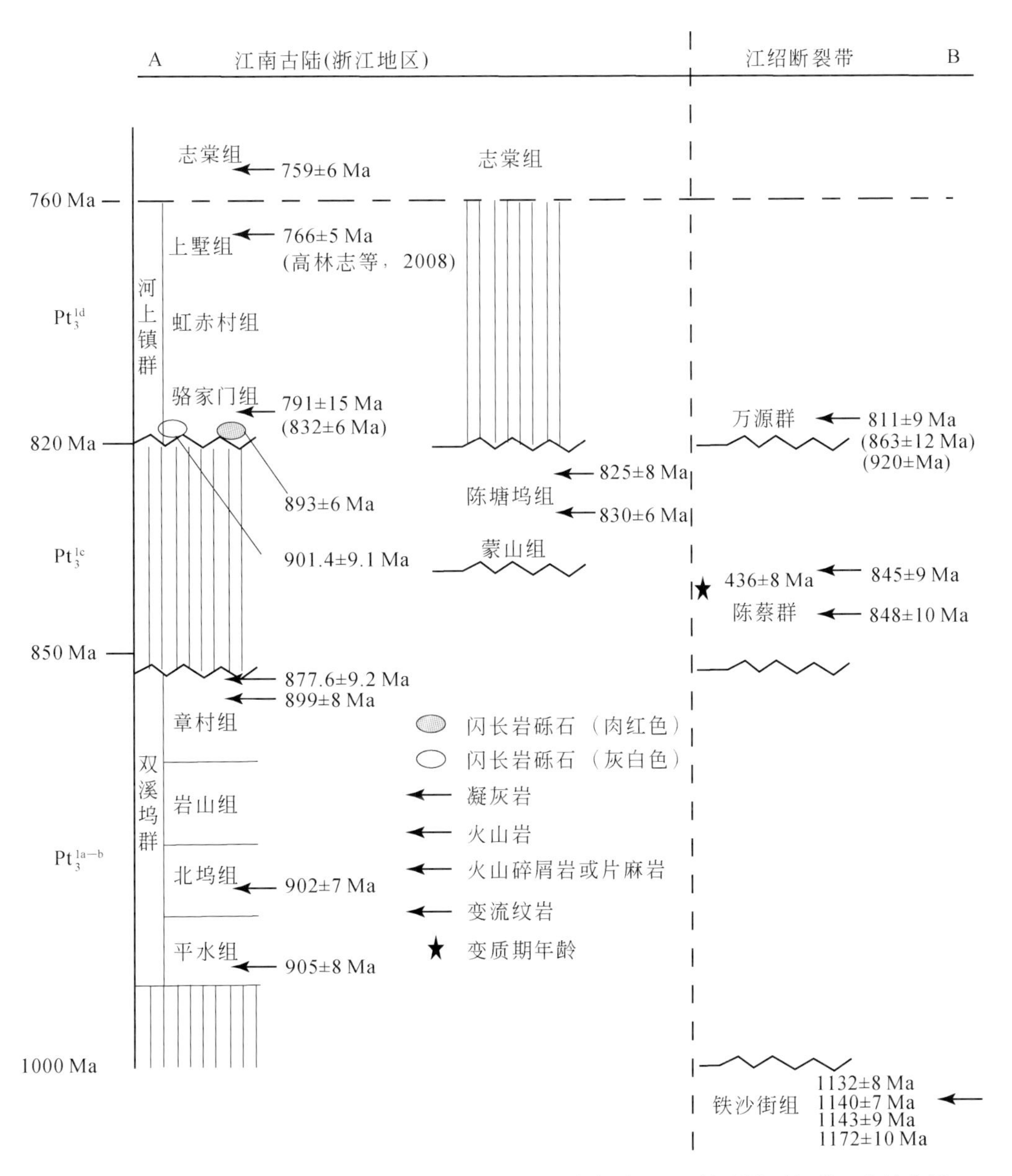

图 2.7　浙江地区中—新元古代地层序列及年代学研究（双溪坞群和河上镇群锆石年龄，高林志等，2014）

铁沙街群不是地层单元，而是一个混杂岩块，由一套中浅变质片麻岩、片岩及板岩组成，夹大量火山岩为主的岩块（蛇纹石化、透闪石化橄辉岩，纹石化透闪石岩，角闪岩，斜长角闪岩，变细碧岩，变石英角斑岩，变流纹岩及大理岩和硅质岩，图 2.10）；其构造位置为赣东北-皖南与古代沟弧盆体系（徐备，1990），海沟或弧前沉积物及混杂岩体系。程海等通过变流纹岩的化学分析，发现稀土元素（Rare-Earth Elements，REE）组成特征为 Eu（铕）亏损较大，ΣREE 高和轻稀土元素（Light Rare-Earth Elements，LREE）富集，岩石还具有高硅、贫钠富钾等特点。最早报道铁沙街组细碧岩的 Rb-Sr 等时线年龄值为 1159 Ma，石英角斑岩单颗粒锆石 U-Pb 年龄为 1201 ~ 1091 Ma，变流纹岩单颗粒锆石 U-Pb 年龄为 1196±6 Ma（程海等，1991），基本确定地层时代隶属为中元古代晚期。

赣东铁沙街地区铁沙街组剖面（图 2.8）出露一套变质的火山岩夹碎屑岩地层，对其年代学研究是中国地质学家探索构造和成矿背景的必要手段。争论焦点是江绍断裂带中是否存在更老的变质岩。本章再次提供江绍断裂带出露的最老沉积岩的高精度 SHRIMP 锆石 U-Pb 年龄。在验证其沉积时代的同时，试图探讨其中元古代晚期扬子块体与华夏块体之间所发生的构造事件和地层学意义。本章测年岩样分别采自铁沙街铜矿铁沙街组剖面[图 2.10(a) ~ (d)]和年龄采样剖面[图 2.10(e)]。铁沙街组千枚状变质流纹斑岩 T22-3 岩样，采样点坐标 N28°15.43′，E117°24.35′。该岩样由石英、长石假像构成斑晶，一般大小 0.2 ~ 1.3 mm，零散定向分布[图 2.10(f)]。石英呈半自形-它形粒状，具波状、带状消光，有的呈熔蚀

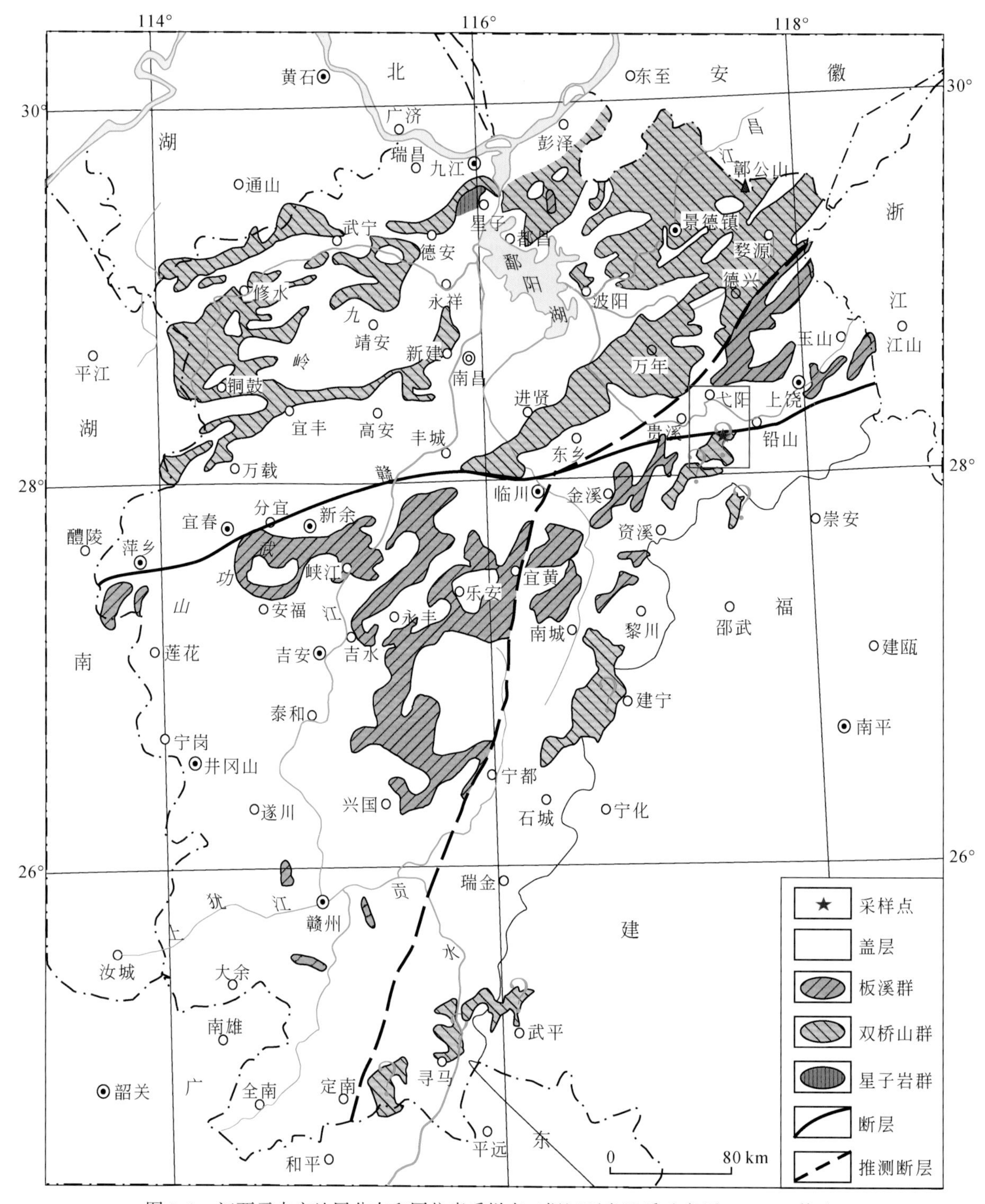

图 2.8　江西元古宙地层分布和同位素采样点（据江西省地质矿产厅，1997，修改）

状。长石呈近半自形板状，被石英、绢云母等交代呈假像。基质由长英质、新生矿物构成。长英质主要呈霏细-微晶状，粒径一般小于0.1 mm，定向明显。新生矿物为绢云母，鳞片状，片径小于0.2 mm，首尾相接定向分布。对铁沙街组 T22-3 变流纹岩样共测试了 24 个数据点，20 个数据点均位于谐和线[图 2.11(a)],20 个数据点的 $^{206}Pb/^{207}Pb$ 年龄为 1172.3±9.7 Ma，对应的 MSWD =1.2，代表流纹岩的形成时代。

铁沙街组变流纹斑岩 T22-5 岩样，采样点坐标 N28°15.44′，E117°24.36′。斑晶由长石构成，呈近半自形板状-它形粒状，一般大小 0.5～1.5 mm，零散定向分布，具绢云母化、褐铁矿化等。基质由长英质、新生矿物构成；长英质主要呈微晶状，粒径一般小于 0.1 mm，定向明显；新生矿物为绢云母，鳞片状，片径小于 0.1 mm[图 2.10(g)]。对 T22-5 岩样共测试 16 个数据点，15 个数据点均位于谐和线上[图 2.11(b)]。15 个数据点的 $^{206}Pb/^{238}U$ 年龄为 1132±8 Ma，对应的 MSWD =0.86，标志流纹岩的形成时代。

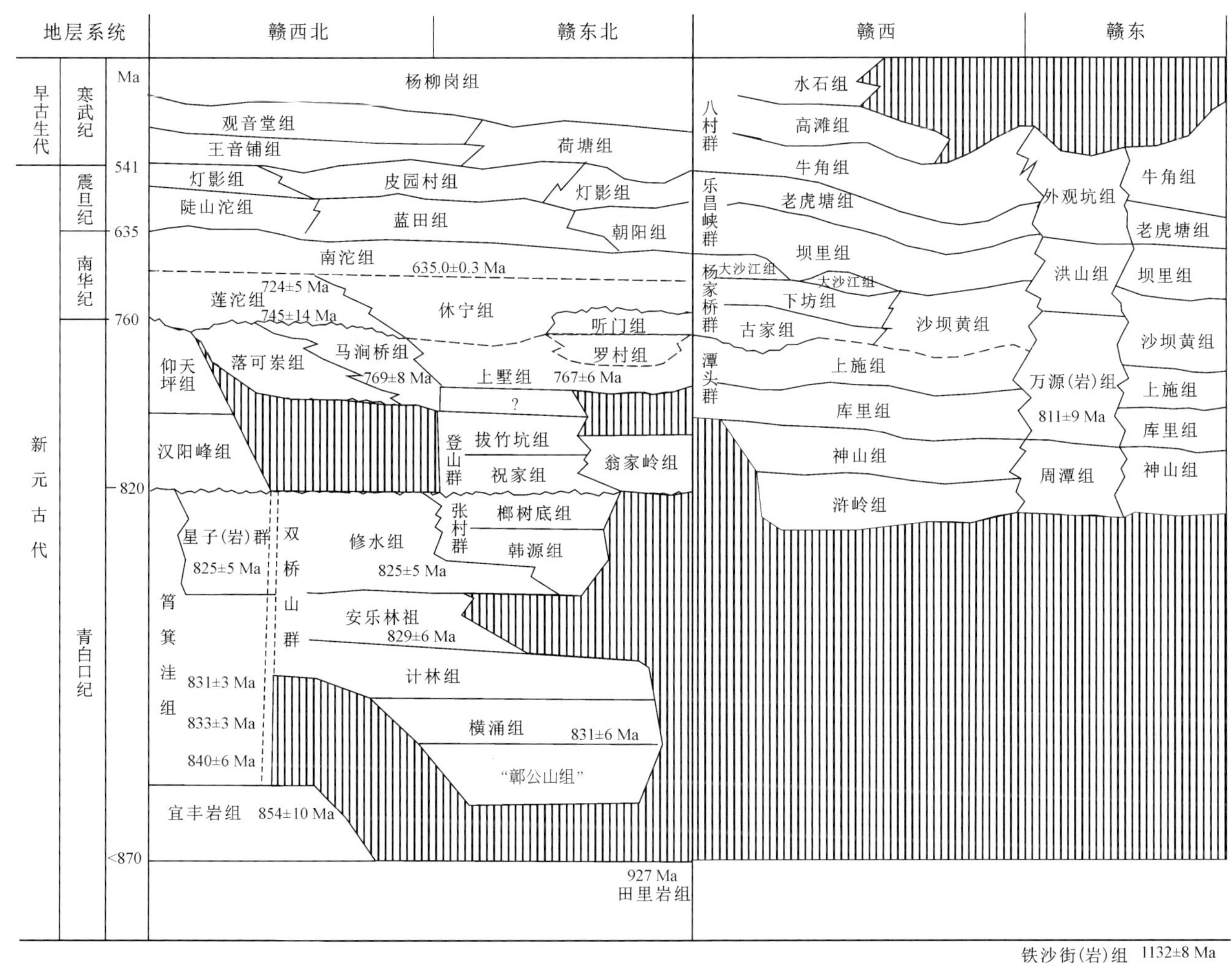

图 2.9　江西地区新元古代地层对比（据江西省地质矿产厅，1997，修改）

铁沙街组变流纹斑岩 T22-6 岩样，采样点坐标 N28°15.45′，E117°24.36′。该岩样斑晶由长石、石英构成，大小一般 0.2～1.3 mm，零散定向分布。长石近半自形板状-它形粒状，具绢云母化、石英化、褐铁矿化等，长石类别不能分辨；石英半自形-它形粒状[图 2.10(h)]，具波状、带状消光等，有的呈熔蚀状。基质由长英质、新生矿物构成；长英质主呈霏细-微晶状，粒径一般小于 0.15 mm，定向明显，部分石英呈断续线纹状、似透镜状等聚集。对 T22-6 岩样共测试 16 个数据点，均位于谐和线或位于谐和线附近[图 2.11(c)]，$^{206}Pb/^{238}U$ 年龄为 1140.5±6.5 Ma，对应的 MSWD =0.99，指示流纹岩形成时代。

铁沙街组变流纹岩 T22-7 岩样，采样点坐标 N28°15.47′，E117°24.36′。该样品长英质、新生矿物组成；长英质主呈霏细-微晶状[图 2.10(i)]，粒径一般小于 0.15 mm，定向明显，部分石英呈断续线纹状、似透镜状等聚集；新生矿物为绢云母，鳞片状，片径小于 0.1 mm，首尾相接定向分布，且集合体多呈条纹状聚集分布。对 T22-7 岩样共测试了 15 个数据点，均位于谐和线或位于谐和线附近［图 2.11（d)］，$^{206}Pb/^{238}U$ 年龄为 1143.0±8.5 Ma，对应的 MSWD =0.43，为流纹岩的形成时代。

在构造上，皖浙赣交界地带属于中—新元古代弧-陆碰撞型造山带，该地区发育完整的新元古代火山岩-沉积岩系。由于地处萍-绍断裂带之间，各中间地块有着不同的命名，自西向东称为：万源岩群、周潭岩群、铁砂街组、田里片岩、陈蔡群，彼此的时代定位和年代学关系不详，其构造意义一直是中外地质学家争论的焦点。浙皖赣交界的突出问题，涉及中—新元古代火山-沉积岩系的地层对比，包括同期异相对比关系，甚至扩大到江南造山带主体岩性上（唐红峰等，1988；Gao *et al.*，2012）。由于传统认识受早期测年方法、后期变质、地球化学指数投图分析（胡艳华等，2011）以及多样的成矿构造背景分析（杨树峰等，2009）等因素的影响，浙皖赣交界中—新元古代火山-沉积岩系定年一直具有多解性，极大地影

图 2.10 铁沙街组变流纹岩野外照片和岩矿显微照片

(a)~(d)铁沙街组变流纹岩野外采样点；(e) 铁沙街组采样剖面；(f)~(i)铁沙街组变流纹岩岩矿显微照片

响到对扬子块体与华夏块体的构造解译以及关于江绍断裂带讨论（邢凤鸣等，1992；水涛等，1996；李江海、穆剑，1999；余达淦等，1999；2006；杨明桂等，1999；2012；胡开明等，2001；邓国辉等，2005；胡肇荣，邓国群，2009，Li Z. X. *et al.*，2007；Wan *et al.*，2007；Xu *et al.*，2007；薛怀民等，2010；Shu *et al.*，2011；王自强等，2012）。

目前，构造带的地层对比主要依据精确的地层定年，其中双桥山群斑脱岩锆石 U-Pb 年龄为 831 ~829 Ma（高林志等，2008a），德兴张村西浅变质流纹岩为 860±3 Ma（刘树文等，2012）以及双溪坞群安山岩为 905 ~878 Ma 年龄，铁砂街组精确 SHRIMP 的锆石 U-Pb 年龄为 1132±8 Ma、1140±7 Ma、1143±9 Ma 和 1172±10 Ma 等，在时空上具有连续的演化关系（图 2.12）。刘树文等（2012）依据赣东北地区的浅变质玄武岩组合的地球化学特征及成因，将该套岩石组合定位于新元古代早期安第斯活动大陆边缘弧后盆地构造背景，这将有利于该地区新的构造解译。铁砂街组明确定位于中元古代晚期块体，是目前江南造山带南缘或江绍断裂带中最老的火山-沉积岩实体。对铁砂街组的精确定年，将对江绍断裂带边界和寻找铁沙街型同期铜矿带有着重要构造地层学意义。

中国的地壳运动名称一般指造山幕或造陆运动，幕一级的运动所代表的地层缺失规模大小不同，即下伏和上覆地层之间的时代间隔长短不一。笔者根据前人对华南地区或江南造山带的运动定义，并加上近年来锆石 U-Pb 年龄对其加以限定。

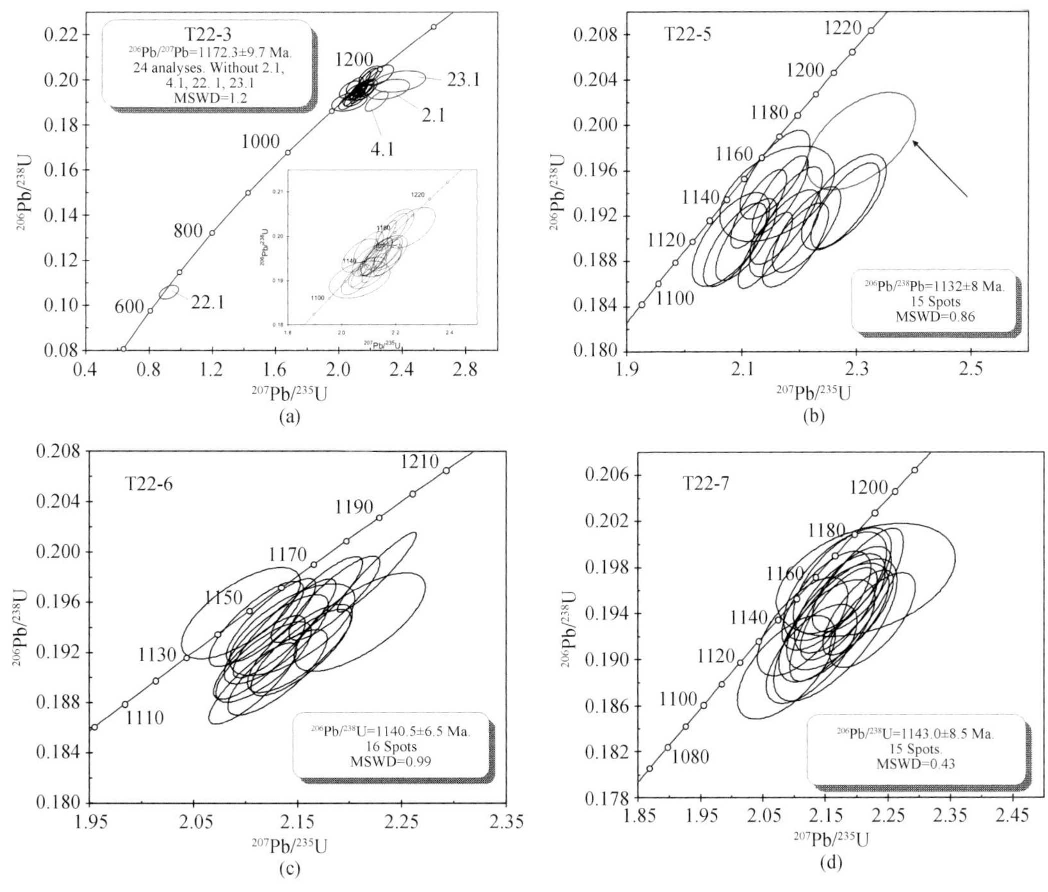

图 2.11　铁沙街组变流纹岩锆石 U-Pb 谐和图

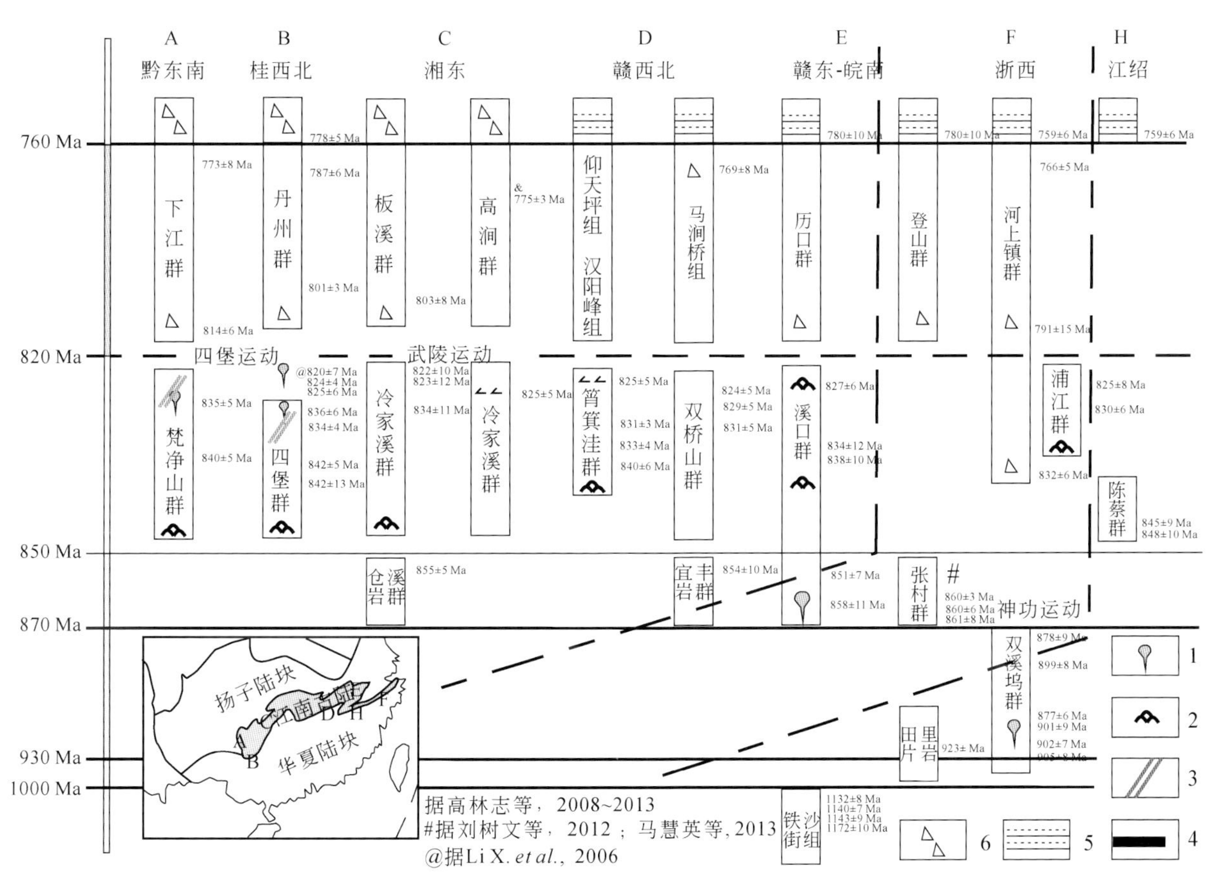

图 2.12　江南造山带中—新元古代地层对比

1. 花岗岩；2. 玄武岩；3. 辉绿岩脉；4. 武陵运动面（820 Ma）；5. 砂板岩；6. 冰碛砾岩或砾岩

2.5.5 江南古陆地层构造运动面的界定

“四堡运动”（Sipu Orogeny）由黎盛斯于1962年创名，是指广西北罗城四堡的板溪群（丹州群）与下伏四堡群之间的构造运动。曾定义：四堡群中、上部应与长城系及蓟县系大致相当，板溪群则可与青白口系对比，代表华南发生在蓟县系与青白口系之间的构造运动及其造成的不整合，发生时限距今约10亿年。笔者等近年来获得四堡群鱼西组凝灰砂岩锆石U-Pb年龄842±13 Ma以及侵入四堡群的花岗闪长岩锆石U-Pb年龄834±4 Ma，可限定四堡群的最大沉积上限，同时丹州群合桐组凝灰岩锆石U-Pb年龄801±3 Ma（高林志等，2013）限制了四堡运动仅为新元古代834±4～814±6 Ma的构造运动（图2.13）。

“武陵运动”（Wuling Orogeny）由湖南省地质局423队于1959年创名，是新元古代早期的一次褶皱运动。曾定义：据湘西武陵山区板溪群下部官庄组与下伏冷家溪群（原下板溪群）间的角度不整合而确定。其时限为11亿～9亿年，与“四堡运动”可能相当。高林志等（2011e）在临湘陆城剖面的冷家溪群上部地层中测得年龄822±10 Ma，上覆地层张家湾组年龄803±8 Ma，说明“武陵运动”也是新元古代822±10～803±8 Ma的构造运动（图2.13）。

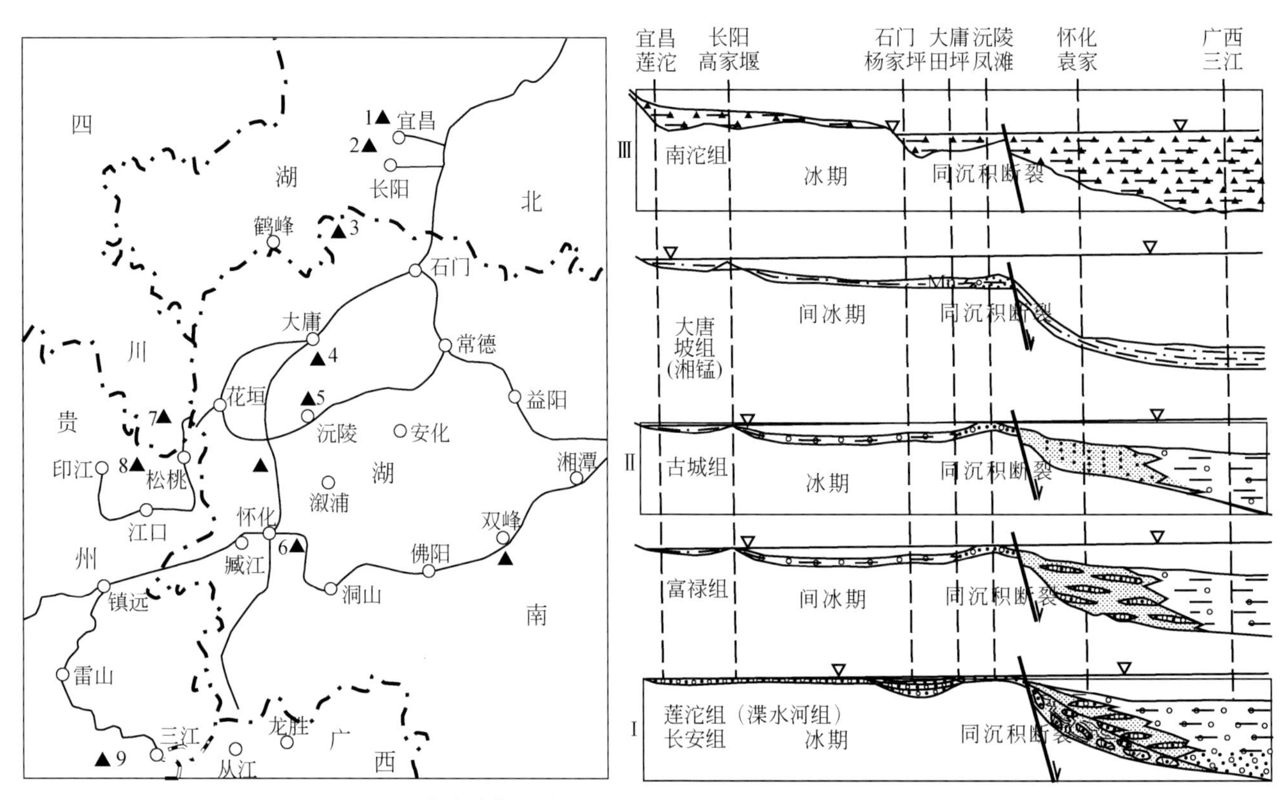

图2.13　华南克拉通冰碛岩的期次（左图中黑三角为出露剖面）

“神功运动”（Shengong Oregeny）由马瑞士、张健康于1977年创名，定义是中—新元古代中期的一次构造运动。在浙江省富阳市东南25 km、江绍断裂东北端北侧的浙北章村地区，依据新元古界骆家门组和下伏中元古界双溪坞群之间的显著角度不整合面，据此厘定神功运动。这次运动发生于距今1000 Ma左右。神功运动使江山-绍兴深断裂带向前陆盆地发展，导致沉积骆家门组磨拉石建造和虹赤村组、上墅组的火山沉积岩。笔者等在双溪坞群章村组顶部火山岩中，获得最年轻锆石U-Pb年龄878±9 Ma和骆家门组凝灰岩锆石U-Pb年龄791±15 Ma。因此，神功运动是整个江南造山带中已知时限最长的运动或早期造山运动（图2.13）。

“晋宁运动”（Jinning Movement，Tsinning Movement）由Misch于1942年创名，是新元古代中期的一次构造运动。系据云南中、东部晋宁、玉溪等地南华系澄江砂岩与下伏中元古界昆阳群之间的显著角度不整合确定。这次运动发生于距今8亿年左右。使昆阳群剧烈褶皱，而澄江组则为后造山磨拉石建造。此不整合在华南普遍存在。前澄江运动、皖南运动、休宁运动、雪峰运动等均与之相当。

“皖南运动”（Wannan Orogeny）由李毓尧、许杰（1947）定名，是皖南发生在新元古代中期的一次构造运动，系根据皖南南华系高亭组砂岩（后称休宁组砂岩）与下伏新元古界下部沥口群之间的角度不整合确定的。

“雪峰运动”（Xuefeng Orogeny）由田奇㻪（1948）提出，是新元古代中期南华纪与新元古代早期青白口纪之间的一次褶皱运动，是根据湘西板溪群与南华系南沱冰碛层间的角度不整合确定的。发生于距今8亿年左右。

“休宁运动”（Xiuning Orogeny）由南京大学地质系于1958年提出，是安徽省休宁地区南华系底部休宁（组）砂岩与下伏新元古界下部沥口群之间的不整合所代表的构造运动。在江南地背斜轴部，二者不整合甚为显著，向北侧和西北侧不整合程度减弱，向南侧和东南侧变为整合关系，与雪峰运动相当。

“前澄江运动”（Pre-Chengjiang Movement）由孟宪民等（1948）创名，是指云南东川矿区南华系澄江组沉积前的地壳运动。下伏浅变质岩群为中元古界昆阳群，曾遭受强烈褶皱和冲断，上覆新元古界澄江组与之呈显著的角度不整合接触。与晋宁运动相当。

“澄江运动”（Chengjiang Orogeny）是南华纪内部的一次褶皱运动，是根据云南中东部澄江地区南华纪南沱冰碛层与下伏澄江砂岩之间的微弱角度不整合关系确定的。其发生于距今7.5亿年左右。此运动发生在晋宁运动的后造山磨拉石建造出现之后，有学者认为该运动属早兴凯（萨拉伊尔）期的地壳运动范畴。

2.6　扬子克拉通“南华系”

新元古代成冰系在国际地层年表中时限为850～635 Ma，期间“雪球地球”时期的三套冰期（Cryogenian glaciations）基本上均发生于755～635 Ma，后者与中国新元古代南华系时代（780～635 Ma）大体相当。目前成冰系的顶界为635 Ma，即埃迪卡拉系的底界年龄（GSSP）；当前关于GSSP的争议焦点有三个：① 以最早冰川的出现为界；② 以寒冷事件沉积为界；③ 以全球发育最广泛的冰碛岩为界。南非凯噶斯冰期（Kaigas）的年代大体上小于770 Ma，但是其在全球范围的分布广泛性较差，在竞争中很可能落选。当前，一派地质学家提出成冰系的底界应放在全球最广泛发育的冰川事件即澳大利亚斯图特冰期（Sturtian）的底界755 Ma；另一派地质学家强烈建议将成冰系的底界（GSSP）界定在出现寒冷事件沉积的780 Ma时期。

国际成冰系工作组建议成冰系底界的界线，应考虑以下四个基本特征：① 冰碛岩（tillite）的存在；② 氧碳同位素的变化曲线（C/O）；③ 化学蚀变指数（Chemical Index of Alteratio，CIA）；④ 年代地层学数据（U-Pb定年）。当前只有中国的塔里木盆地库鲁克塔格地区具有唯一存在四套新元古代冰碛岩和多期火山岩的完整剖面，其年代学研究成果将直接影响着全球成冰系的划分和对比（高林志等，2013）。

2.6.1　扬子克拉通冰期

依据华南地区南华纪地层研究的最终成果和野外地层发育特征，可识别出三个冰期和三个间冰期，即长安冰期和富禄间冰期、古城冰期和大塘坡间冰期以及南沱冰期和上覆地层间冰期（Gao *et al.*，2013）。由于华南地区冰碛岩出露的空间展布不甚清楚，通常将包含“含铁建造”和“含锰建造”的富禄组作为一个沉积体系，因此对华南冰期普遍认识为两套冰期，并与澳大利亚斯图特和马里诺冰期对比。而2011年笔者与湖南地调院同行在湖南凤凰城附近，发现富禄组-古城组-南沱组的连续剖面后，结合黔桂地区的长安组和富禄组的连续剖面，自此解开华南地区发育有三套冰期的野外特征（图2.13）。

2.6.2　南华系最底部冰期起始时间

南华系的启动标志通常为冰碛岩的出现，而华南地区南华系最早冰碛岩为长安组。争论的焦点有两点：① 长安组是否可与莲沱组对比；② 以长安组底部凝灰岩锆石年龄，或以板溪群顶部锆石凝灰岩的最小年龄，制约南华系的年龄，由此产生两种不同的对比方案。中国前寒武纪地层对比是以标准剖面为依据的，三峡地区是我国震旦系标准剖面的发育地区，自全国地层委员会将其划分为南华系和震旦系以后，原震旦系下统莲沱组和南沱组就成为南华系的标准。由于莲沱组为砂岩，其归属历来都有人认为它应与板溪群大套砂岩对比，因此，板溪群的同位素年龄经常被有的学者视为莲沱组的年龄，将其归入前冰期。但是，湖南、广西、贵州三省地调院的同行，更倾向于将莲沱组砂岩与富禄组砂岩对比。那么华南地区南华系长安组的底部年龄就成为中外地质学家探讨全球冰期启动时间的目标之一。目前，已有多个年代学数据样本，而长安组的底部年龄依然是我们寻觅的最终目标。为达到该项目标，首先要确定连续的界线层型剖面，其同位素年代数据将较为可靠。Gao 等（2013）在广西罗城剖面发现了与长安组连续的剖面，获得凝灰岩锆石年龄系列数据：首次在四堡群鱼西组沉积地层的凝灰砂岩获得的锆石 U-Pb 年龄 842±13 Ma 以及侵入四堡群火成岩锆石 U-Pb 年龄 834±4 Ma；其次丹州群合桐组凝灰岩锆石 U-Pb 年龄 801±3 Ma、拱洞组锆石 U-Pb 年龄 786±6 Ma；而南华系长安组的底界年龄分别为 778±5 Ma，大塘坡组年龄 661±7 Ma。上述年龄基本将广西罗城剖面长安组限定在 778 Ma 左右，但该年龄与其他地区和不同科学家获得的年龄有明显冲突（图 2.2）。因此，依然需要通过华南广大地区系列剖面界线年龄来佐证该年龄的可靠性。

2.7　华南地区新元古代年代学新认识

传统上，地学界将扬子古陆晚前寒武纪地层在垂向上划分为三个构造层：下部的中元古代褶皱基底，中部的新元古代裂陷沉积（包括板溪群和南华系），以及上部的震旦纪盖层。近期的研究热点集中于两点：一是对陡山沱组所记录的全球异常气候转换信息的解读和早期生命演化（尹崇玉等，2007）；二是南华系的建立和底界年龄厘定。对于后一个问题，已取得共识的是中国南华系至少涵盖莲沱组和南沱组，仍存在分歧的是南华系是否包括板溪群及其同时代地层。南华系之下的晚前寒武纪地层出露分散，基本上是在每一个连续的出露区各自命名一个群。较著名的地层单元依次是：雪峰古陆的冷家溪群、板溪群；梵净山群、下江群；四堡群、丹州群；双桥山群或溪口群、沥口群；双溪坞群、河上镇群等。在 SHRIMP 技术建立以前，各地层单位间的对比主要考虑岩性、事件地层学证据和 Rb-Sr 等时线年龄。地学界传统上认为，冷家溪群、梵净山群、四堡群、双桥山群、双溪坞群等属中元古界，构成扬子古陆西部褶皱基底的主体；而下江群、板溪群、沥口群、河上镇群归入新元古界，构造属性上归属褶皱基底和盖层的过渡，类似于似盖层。以单颗粒 U-Pb SHRIMP 测年技术的建立与完善为起点，在扬子地区前寒武纪研究中，广泛开展新一代同位素年代学研究；目前，在湘中地区冷家溪群、板溪群，黔西北地区梵净山群、下江群，桂西北地区四堡群、丹州群，赣西-皖南地区双桥山群、沥口群，浙-皖地区双溪坞群、河上镇群等，均已取得可靠的年龄数据（图 2.13）。显著的进展主要体现在以下三个方面：① 下江群、板溪群获得的 SHRIMP 锆石 U-Pb 年龄均小于 820 Ma；特别是下江群的番召组斑脱岩和清水江组中的沉凝灰岩，它们获得的 U-Pb SHRIMP 平均加权年龄分别是 801±5 Ma 和 773±6 Ma；丹州群合桐组和拱洞组分别获得 U-Pb SHRIMP 平均加权年龄为 801±3 Ma 和 787±6 Ma。② 传统上被认为属于中元古界的双桥山群、四堡群、梵净山群、冷家溪群等，已在剖面上获得小于 860 Ma 的火山岩层锆石 SHRIMP 年龄。③ 侵位在四堡群、梵净山群中的花岗岩年龄并不像前人推测的那样约为 1000 Ma，而仅为 837 ~ 825 Ma。这样，利用花岗岩将四堡群、梵净山群限定为中元古界的认识开始受到质疑。

2.7.1　构造阶段与原型盆地

扬子古陆的前寒武纪构造演化可分成两个阶段：一是中元古代克林威尔构造阶段，以古陆拼合和造山带发育为特征；二是新元古代中期的裂陷（780 ~ 820 Ma）阶段，发育近 EW 向的裂陷盆地和东西向构造阶段差异，自西而东的地质记录包括：西部的盐边群、中部的下江群和东部的板溪群。三个群的东西向变化特征明显，表现在以下四个方面：① 底部地层时代自东而西变老，显示裂陷自西向东发展。② 下江群均有深海沉积发育，如硅质岩、浊流和枕状玄武岩，而板溪群只发育陆相和滨浅海沉积，显示向东变浅。③ 以雪峰山为界，西部的盐边群、下江群均受到不同程度的变形、变质改造，可见一组新生的构造面理，并被震旦系不整合覆盖。④ 而板溪群变形、变质很弱，与震旦系为整合、平行不整合接触。这种差异暗示在雪峰山变质基底与南华纪盖层之间存在一个重要构造转换带。

2.7.2　新元古代裂谷系沉积

780～820 Ma 裂陷阶段自东而西发育了板溪群、下江群和盐边群。板溪群出露于雪峰山以东地区，主要为陆相、滨浅海沉积，呈向南沉积环境显示水体逐渐加深之势。下江群发育于雪峰山以西、南盘江以东地区，自北而南分成三个相带：北部相带以滨、浅海红色泥岩、砂岩及少量砾岩发育为特征，与东部的板溪群可以对比；中部相带以陆棚沉积为特征，大量发育灰绿色碎屑岩；南部以深海浊积岩为特征，颜色黑、碳质含量高。但无论是哪个相带，均发育层数不等的火山凝灰岩，可为精确定年提供有效途径。下江群一个显著特征是底部发育一套火山岩，且向上直接被一套厚达约 50 m 的碳质、硅质泥岩、泥页岩所覆盖，而后出现向上变浅的沉积序列。这次裂陷事件并没有直接发育成为大陆边缘盆地，它的全球构造意义仍需要深入研究。

2.7.3　新元古代原型盆地结构及其与罗迪尼亚裂解的关系

中国对罗迪尼亚超大陆的裂解启动时间研究，主要集中在扬子古陆，分别提出三个地质标志：华南地区铁镁-超铁镁质岩墙、侵位于褶皱基底中的过铝花岗岩以及扬子古陆南部新元古代陆源碎屑岩、火山岩系（盐边群、下江群、板溪群）的底界。铁镁-超铁镁质岩墙和过铝花岗岩中的锆石 SHRIMP 年龄为 828±7 Ma。华南新元古代板溪群最早的陆源火山岩锆石 SHRIMP 年龄厘定的裂解启动时间为 814±12 Ma（王剑等，2006）。川西新元古代苏雄组弱碱性双峰模式火山岩系底部的火山岩锆石 SHRIMP 年龄为 803±12 Ma。显然，地质标志不同，给出的初始裂解时间也不一样。而且，这还仅限于扬子古陆的南部陆缘，还未涉及其北部、西部陆缘的初始发育时间。因此，扬子古陆初始裂解时间还未得到最终确认。最近，扬子古陆东西部梵净山群、四堡群、冷家溪群、双桥山群等进一步获得高质量的锆石 SHRIMP 年龄小于 860 Ma（Wang X. L. *et al.*，2007，2008；高林志等，2008a，2009，2010a，2010b，2010c，2011a，2011b，2011c，2011d，2011e），而从上覆下江群、丹州群、板溪群等地层的 SHRIMP U-Pb 年龄均小于 820 Ma，因此，扬子古陆新元古代盆地的构架远比传统认识要复杂得多。

2.7.4　江南造山带的问题与进展

中国地层格架中，在扬子陆块和华夏陆块之间，有一明显带状分布的元古宙浅变质的沉积地层和一系列岩浆岩，构成“江南古陆”。江南古陆变质基底的上限年龄是通过沿造山带发育的 S 型花岗岩和超镁铁辉长橄榄岩侵位年龄来限定的，而由于受当时的分析方法限制，四堡群变质岩年龄数据一般集中在 1.1～0.96 Ga。因此，有些学者根据上述年代信息认为，扬子与华夏板块是中元古代末碰撞、拼贴形成江南造山带，据此认为“江南造山带”属于格林威尔造山带（Li X. H. *et al.*，2003；Li Z. X. *et al.*，2003）。但是，也有学者根据近年来使用测年新方法（如 LA-ICP-MS 锆石 U-Pb 法和 SHRIMP 锆石 U-Pb 法）的定年成果，对江南造山带是否等同于格林威尔造山带提出质疑（Wang X. L. *et al.*，2008；周金城等，2008；高林志等，2008a，2009，2010a，2010b，2010c，2011a，2011c，2011d，2011e）。由于这套地层的年龄标定，对确定中国古大陆晚前寒武纪地层及构造格局极为重要，笔者在“江南造山带”东段双桥山群地层中发现斑脱岩，获得高精度 SHRIMP U-Pb 锆石年龄为 831±6～829±6 Ma，对于修正晚前寒武纪地层年表具有重要意义，并且引发又一轮对“江南造山带”构造意义的重新思考。“江南造山带”的争论焦点在于：新元古界南华系下伏是否存在双层褶皱基底？两者之间的不整合面是否与格林威尔造山期相对应？同时还涉及“江南造山带”的启动时间。尽管与格林威尔造山带同期地层的锆石同位素年龄证据，仅见于扬子陆块西南缘广大地层中，“江南造山带”南部仅铁砂街组测得格林威尔造山带同期锆石年龄，但是近年来黔西北地区的梵净山群、四堡群、冷家溪群和双桥山群中，发现大量年龄为 900～1000 Ma 的继承

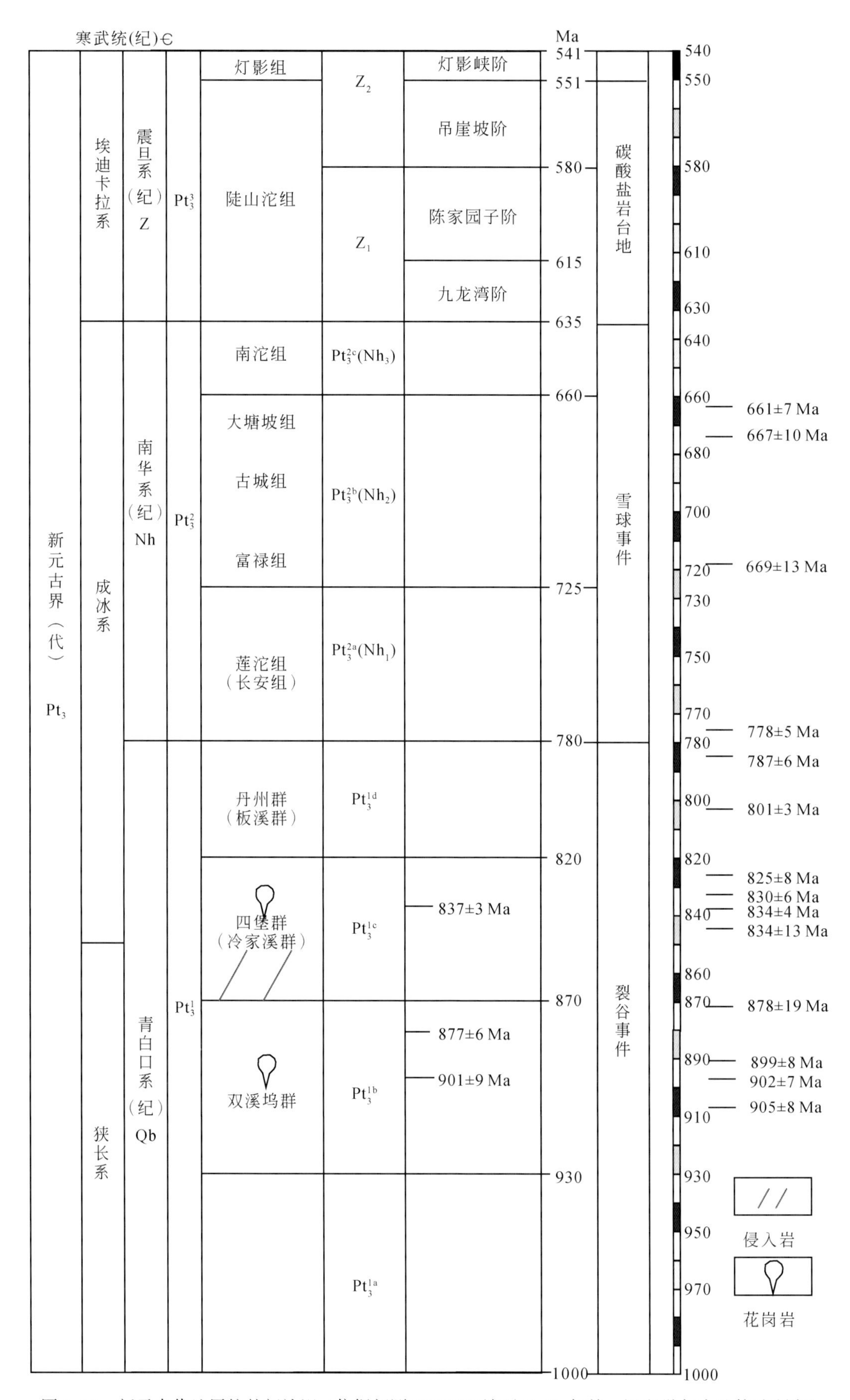

图 2.14　新元古代地层柱的新认识（依据新测 SHRIMP 锆石 U-Pb 年龄、沉积学与大地构造研究）

性锆石，其物源又来自何方？随着较年轻锆石 U-Pb 年龄的不断发现，使人们开始怀疑“江南造山带”所谓的中元古代四堡群、梵净山群、冷家溪群和双桥山群等地层的时代是否属于中元古代？四堡群、梵净山群、冷家溪和双桥山群等新测年数据，不仅对整个江南古陆变质基底的限定，同时也是对“江南造山带”对应格林威尔造山带地幔柱模式的挑战，其意义在于对扬子块体和华夏块体与全球古地理格局的认识提出了质疑。当然，我们在研究中将重新思考在整个“江南古陆”上沿着扬子陆块的南缘或东缘发育的一系列岩浆事件在地层中的构造作用，因为对于扬子块体与华夏块体来说，意味着 820 Ma 左右与下伏地层之间有着重大的地球动力学和构造转换的地质问题（图 2.14）。在南华系之前形成了一套似盖层过渡层的沉积，它们与下伏地层四堡群、梵净山群、冷家溪群、双桥山群低变质岩又呈何种构造关系？对其间沉积关系的解疑将有利于我们理解江南造山带的地质背景、成矿条件以及地层划分等问题。

新元古代地层柱的新标定（图 2.14），突出三个方面的进展：① 双溪坞群的在地层柱的位置；② 820 Ma 在华南地区上构造意义；③ 南华系三套冰期（长安组、古城组和南沱组）和南华系底界锆石年龄（778 Ma）。

2.8　结论与讨论

（1）基于 SHRIMP 锆石 U-Pb 年龄和 LA-ICP-MS 锆石 U-Pb 年龄，深入探讨了中国古老克拉通中—新元古代地层的年代学标定依据；并探讨对侵入岩锆石 U-Pb 年龄所反映的地球深部的构造意义。

（2）由于华北克拉通原青白口系下马岭组的时代下移到中元古代后，下马岭组与青白口系的其他两个地层组缺少可信的年代信息。本章试论了其在地层柱中的未解问题，同时探讨了中元古代地层柱中缺失的地层如何填补的问题。

（3）探讨华南地区中—新元古代地层的新标定和新数据对四堡运动定位的构造地层意义；同时通过赣南地区铁砂街组的中元古代地层锆石年龄试论了“江南造山带”南界的限定依据。

（4）本章试论了板溪群与南华系底界的同位素年代标定和南华系三套冰期的划分依据。

致　谢：衷心感谢孙枢院士和王铁冠院士邀请参与“第 444 次香山会议”，感谢香山会议同行的研讨和有益交流及启迪。本章为科技部基础性工作专项“中国地质志欧亚大陆大地构造图编制”(2011FY120100) 和中国地质调查局地调项目“中国及邻区新元古代年代地层格架及全球对比”(12120113013900) 资助。

参考文献

陈晋镳，张惠民，朱世兴，赵震，王振刚 . 1980. 蓟县震旦亚界的研究 . 见王曰仑主编 . 中国震旦亚界研究 . 天津：天津科学技术出版社 . 56 ~ 114

陈国达 . 1956. 中国地台“活动区”的实例并着重讨论“华夏古陆”问题 . 地质学报，36（3）：239 ~ 272

陈志洪，邢光福，郭坤一，董永观，陈荣，曾勇，李龙明，贺振宇，赵玲 . 2009. 浙江平水群角斑岩的成因：锆石 U-Pb 年龄和 Hf 同位素制约 . 科学通报，54（5）：610 ~ 617

程海，胡世玲，唐朝辉 . 1991. 赣东北铁沙街变质混杂岩块的同位素年代 . 中国区域地质，2：151 ~ 154

崔新省，董文明，周洪瑞 . 1996. 豫西震旦系露头层序地层学初步研究及其意义 . 地球科学，21（3）：249 ~ 253

邓国辉，刘春根，冯晔，2005. 赣东北-皖南元古代造山带构造格架及演化 . 地球学报，26（1）：9 ~ 16

高林志，陈峻，丁孝忠，刘耀荣，张传恒，张恒，刘燕学，庞维华，张玉海 . 2011a. 湘东北岳阳地区冷家溪群及板溪群凝灰岩 SHRIMP 锆石 U-Pb 年龄——对武陵运动的制约 . 地质通报，30（7）：1001 ~ 1008

高林志，戴传固，丁孝忠，王敏，刘燕学，王雪华，陈建书 . 2011b. 侵入梵净山群白岗岩锆石 U-Pb 年龄及白岗岩底砾岩对下江群沉积的制约 . 中国地质，38（6）：1413 ~ 1420

高林志，戴传固，刘燕学，王敏，王雪华，陈建书，丁孝忠 . 2010a. 黔东地区下江群凝灰岩 SHRIMP 锆石 U-Pb 年龄及其地层意义 . 中国地质，37（4）：1071 ~ 1080

高林志，戴传固，刘燕学，王敏，王雪华，陈建书，丁孝忠，张传恒，曹茜，刘建辉 . 2010b. 黔东南-桂北地区四堡群凝灰岩 SHRIMP 锆石 U-Pb 年龄及其地层学意义 . 地质通报，29（2）：1259 ~ 1267

高林志，丁孝忠，庞维华，张传恒 . 2011c. 中国中—新元古代地层年表的修正——锆石 U-Pb 年龄对年代地层的制约 . 地层

学杂志，35（1）：1～7
高林志，丁孝忠，庞维华，刘燕学，陆松年，刘耀荣，陈峻，张玉海. 2011d. 湘东北前寒武纪仓溪岩群时代 SHRIMP 锆石 U-Pb 新数据. 地质通报，30（10）：1479～1484
高林志，丁孝忠，张传恒，王自强，陈俊，刘耀荣. 2011e. 江南古陆中段沧水铺群年龄和构造演化意义. 中国地质，39（2）：13～20
高林志，丁孝忠，张传恒，陆松年，刘燕学，庞维华. 2012a. 江南古陆变质基底地层年代的修正和武陵运动构造意义. 资源调查与环境，33（2）：71～76
高林志，郭宪璞，丁孝忠，宗文明，高振家，张传恒，王自强. 2013a. 中国塔里木板块成冰事件及地层对比. 地球学报，34（1）：1～19
高林志，黄志忠，丁孝忠，刘燕学，庞建峰，张传恒. 2012b. 赣西北新元古代修水组和马涧桥组 SHRIMP 锆石 U-Pb 年龄. 地质通报，32（7）：1086～1093
高林志，黄志忠，丁孝忠，刘燕学，张传恒，王自强，庞建峰，韩坤英. 2012c. 庐山筲箕洼组与星子岩群年代地层关系及 SHRIMP 锆石 U-Pb 年龄的制约. 地球学报，33（3）：295～304
高林志，陆济璞，丁孝忠，王汉荣，刘燕学，李江. 2013b. 桂北地区新元古代地层凝灰岩锆石 U-Pb 年龄及地质意义. 中国地质，40（5）：1443～1452
高林志，杨明桂，丁孝忠，刘燕学，刘训，凌联海，张传恒. 2008a. 华南双桥山群及河上镇群凝灰岩中的锆石 SHRIMP U-Pb 年龄——对江南新元古代造山带地质演化的制约. 地质通报，27（10）：1744～1758
高林志，尹崇玉，王自强. 2002. 华北地台南缘新元古代地层的新认识. 地质通报，（3）：131～136
高林志，尹崇玉，邢裕盛. 1999. 新元古代微古植物组合序列与层序地层学. 地层古生物论文集，27：28～36
高林志，张传恒，丁孝忠，刘燕学，张传恒，黄志忠，许兴苗，周宗尧. 2014. 江绍断裂带构造格局的新元古代 U-Pb 年代学依据. 地质通报，35（6）：763～775
高林志，张传恒，刘鹏举，丁孝忠，王自强，张彦杰. 2009. 华北-江南地区中、新元古代地层格架的再认识. 地球学报，30（4）：433～446
高林志，张传恒，史晓颖，周洪瑞，王自强. 2007. 华北青白口系下马岭组凝灰岩锆石 SHRIMP U-Pb 定年. 地质通报，26（3）：249～255
高林志，张传恒，史晓颖，宋彪，王自强，刘耀明. 2008b. 华北古陆下马岭组归属中元古界的锆石 SHRIMP 新证据. 科学通报，53（21）：2617～2623
高林志，张传恒，尹崇玉，史晓颖，王自强，刘耀明，刘鹏举，唐烽，宋彪. 2008c. 华北古陆中、新元古代年代地层框架 SHRIMP 锆石年龄新依据，地球科学，29（3）：366～376
高林志，张传恒，赵逊，闫全人. 2006. 河南焦作云台山元古宙沉积岩系碎屑锆石分布模式及地质意义. 第一届国际地质公园发展研讨论文集. 116～119
高林志，章雨旭，王成述，田树刚，彭阳，刘友元，董大中，何怀香，雷宝桐，陈孟莪，杨立公. 1996. 天津蓟县中新元古代层序地层初探. 中国区域地质，1：64～74
高维，张传恒，高林志，史晓颖，刘耀明，宋彪. 2008. 北京密云环斑花岗岩锆石 SHRIMP U-Pb 年龄及其构造意义. 地质通报，27（6）：793～798
高维，张传恒，王自强. 2011. 华北古陆南缘豫西新元古代大型疑源类出现意义及古地理环境分析，中国地质，38（5）：1232～1243
关俊朋，何斌，李德威. 2010. 庐山地区星子群碎屑锆石 SIMS U-Pb 年龄及其地质意义. 大地构造与成矿学，34（3）：402～407
郭令智，施央申，马瑞士. 1980. 华南大地构造格架和地壳演化. 国际交流地质学术论文集（一）. 北京：地质出版社. 109～116
郭令智，卢华复，施洋参，马瑞士，孙岩，舒良树，贾东，张庆龙. 1996. 江南中、新元古代岛弧的运动学和动力学. 高校地质学报，2（1）：1～13
和政军，牛宝贵，张新元，刘仁燕，赵磊. 2011a. 北京密云元古宙环斑花岗岩古风化壳及其与长城系常州沟组的关系. 地学前缘，18（4）：123～130
和政军，牛宝贵，张新元，赵磊，刘仁燕. 2011b. 北京密云元古宙常州沟组之下环斑花岗古风化壳岩石的发现及其碎屑锆石定年. 地质通报，30（5）：798～802
洪作民，黄镇福，刘效良. 1991. 地层古生物. 辽东半岛南部上前寒武系地质. 北京：地质出版社. 1～189
胡开明，2001. 江绍断裂带的构造演化初探. 浙江地质，17（2）：1～11
胡艳华，顾明光，徐岩，王加恩，贺跃. 2011. 浙江诸暨地区陈蔡群加里东期变质年龄的确认及其地质意义. 地质通报，

30 (11):1661～1670
胡肇荣，邓国辉．2009. 钦-杭接合带之构造特征．东华理工大学学报（自然科学版），26（2）：114～122
黄汲清，1945. 中国主要地质构造单元．中央地质调查所地质专辑，20
黄汲清，1954. 中国主要构造单元．北京：地质出版社．1～162
米士．1945. 云南构造史（英文）．中国地质学会会志，25（1）
江西省地质矿产厅，1997. 江西省岩石地层．武汉：中国地质大学出版社．9～49
旷红伟，刘燕学，孟祥化，葛铭，蔡国印．2004. 吉辽地区新元古代臼齿碳酸盐岩相的若干岩石学特征研究．地球学报，25 (6):647～652
李春海，邢光福，姜耀辉等．2009. 浙江平水铜矿含硫化物石英脉锆石 U-Pb 定年及其地质意义．中国地质，37（2）：477～487
李怀坤，陆松年，李惠民，苏文博，陆松年，周红英，耿建珍，李生，杨锋杰．2009. 侵入下马岭组基型岩床的锆石和斜锆石 U-Pb 精确定年——对华北中元古界地层划分方案的制约．地质通报，28（10）：22～29
李怀坤，苏文博，周红英，耿建珍，相振群，崔玉荣，刘文灿，陆松年．2011. 华北克拉通北部长城系底界年龄小于1670Ma：来自北京密云花岗斑岩岩脉锆石 LA-MC-ICPMS U-Pb 年龄的约束．地学前缘，18（3）：108～118
李怀坤，朱士兴，相振群，苏文博，陆松年，周红英，耿建珍，李生，杨锋杰．2010. 北京延庆高于庄组凝灰岩的锆石 U-Pb 定年研究及其对华北北部中元古界划分新方案的进一步约束．岩石学报，26（7）：2131～2140
李江海，穆剑．1999. 我国境内格林威尔期造山带的存在及其中元古代末期超大陆再造的制约．地质科学，34（3）：259～272
李猛，刘鹏举，尹崇玉，唐烽，高林志，陈寿铭．2012. 河南汝州罗圈村剖面汝阳群白草坪组的微体化石．古生物学报，51（1）：76～87
李毓尧，许杰．1947. 皖南地史及造山运动．前中央研究院地质研究所丛刊，第6号
刘树文，杨朋涛，王宗起，罗平，王永庆，罗国辉，王伟，郭博然．2012. 赣东北婺源-德兴地区新元古代浅变质火山岩的地球化学和锆石 U-Pb 年龄．岩石学报，29（2）：581～593
刘燕学，旷红伟，蔡国印，孟祥化，葛铭．2003. 辽南新元古代营城子组臼齿灰岩的沉积环境．地质通报，22（6）：419～425
柳永清，高林志，刘燕学，宋彪，王宗秀．2005. 徐淮地区新元古代初期镁铁质岩浆的锆石 U-Pb 定年．科学通报，50 (22):2514～2521
陆松年．2002. 关于中国新元古界划分几个问题的讨论．地质论评，48（3）：242～248
马瑞士，张健康．1977. 浙东北前寒武系划分及神功运动的发现——兼论华南前寒武系研究中若干方法论问题．南京大学学报（自然科学版），1：68～90
孟宪民，张席禔等．1948. 云南东川地质（英文）．前中央研究院地质研究所西文集刊，第17号
孟祥化，葛明，刘燕学．2006. 中朝板块新元古代微亮晶（臼齿构造）碳酸盐事件、层序地层和建系研究．地层学杂志，30 (3):211～222
乔秀夫，高林志．2007. 燕辽裂陷槽中元古代古地震与古地理．古地理学报，9（5）：337～352
乔秀夫，高林志，彭阳．2001. 古郯庐带新元古界——灾变、层序、生物．北京：地质出版社．1～128
乔秀夫，高林志，张传恒．2007. 中朝板块中、新元古界年代地层柱与构造环境新思考．地质通报，26（5）：503～509
乔秀夫，宋天锐，高林志，彭阳，李海兵，高劢，宋彪，张巧大．1994. 碳酸盐岩振动液化地震序列．地质学报，68（1）：16～34
水涛，徐步台，梁如华，邱郁双．1996. 绍兴-江山陆对接带．科学通报，31（6）：444～448
苏文博，李怀坤，Huff W D，Ettensohn F R，张世红，周红英，万渝生．2010. 铁岭组钾质斑脱岩锆石 SHRIMP U-Pb 年代学研究及其地质意义．科学通报，55（22）：2197～2206
苏文博，李怀坤，徐丽，贾松海，耿建珍，周红英，王志宏，蒲含勇．2013. 华北克拉通南缘洛峪群-汝阳群属于中元古界长城系-河南汝州洛峪口组层凝灰岩锆石 LA-MC-ICPMS U-Pb 年龄的直接约束．地质调查与研究，35（2）：96～108
唐红峰，李武显，周新民．1998. 浙赣皖交界新元古代火山-沉积岩系的比较——有关火山作用同期异相的探讨．地质学报，72（1）：34～41
唐烽，高林志．1998. 中国“中国震旦生物群”．地质学报，72（3）：193～204
田奇瓗．1948. 湖南雪峰地轴与古生代海侵之关系．地质论评，13（3-4）
万渝生，张巧大，宋天锐．2003. 北京十三陵长城系常州沟组碎屑锆石 SHRIMP 年龄：华北克拉通盖层物源区及最大沉积年龄的限定．科学通报，48（18）：1970～1975
王剑，曾昭光，陈文西，汪正江，熊国庆，王雪华．2006. 华南新元古代裂谷系沉积超覆作用及其开启年龄新证据．沉积与

特提斯地质，26（4）：1～7
王鸿祯. 1994. 中国古大陆边缘与大地构造名词体系，中国古大陆边缘中、新元古代及古生代构造演化. 北京：地质出版社. 1～14
王鸿祯，王自强，张玲华. 1994. 中国元古宙大陆边缘的构造发展，中国古大陆边缘中、新元古代及古生代构造演化. 北京：地质出版社. 15～37
王自强，高林志，丁孝忠，黄志忠. 2012. “江南造山带”变质基底形成的构造环境及演化特征. 地质论评，58（3）：401～413
邢凤鸣，徐祥，陈江峰，周泰禧，Foland K A. 1992. 江南古陆东南缘晚元古代大陆增生史. 地质学报，66（1）：59～72
邢裕盛. 1979. 中国震旦系，国际交流地质学术论文集（2），地层、古生物. 北京：地质出版社. 1～2
邢裕盛，刘桂芝. 1973. 燕辽地区震旦纪微古植物群及其地质意义. 地质学报，47（1）：1～64
邢裕盛，刘桂芝. 1982. 中国晚前寒武纪微古植物群及其地质意义. 中国地质科学院学报，4：55～64
邢裕盛，段承华，梁玉左，曹仁关，高振家. 1985. 中国晚前寒武纪古生物，地质专报，二，地层古生物，2. 北京：地质出版社. 1～243
邢裕盛，刘桂芝，乔秀夫，高振家，王自强，朱鸿，陈忆元，全秋奇. 1989. 中国的上前寒武系，中国地层，3. 北京：地质出版社. 1～314
徐备. 1986. 赣西北中、晚元古代地层及构造古地理，华南地区古大陆边缘构造史. 武汉：地质学院出版社. 159～172.
徐备. 1990. 论赣东北-皖南晚元古代沟弧盆体系. 地质学报，64（1）：33～42
徐备. 1994. 扬子板块东南大陆边缘元古代构造演化基本特征，中国古大陆边缘中、新元古代及古生代构造演化. 北京：地质出版社. 189～201
徐备，郭令智，施央申. 1992. 皖浙赣地区元古代地体和多起碰撞造山带. 北京：地质出版社. 1～122
薛怀民，马芳，宋永勤，谢亚军. 2010. 江南造山带东段新元代花岗岩组合的年代学和地球化学：对扬子与华夏地块拼合时间与过程的约束. 岩石学报，26（11）：3215～3244
叶良辅. 1920. 北京西山地质志——地质专报甲种第1号. 南京：前农商部地质调查所. 1～20
阎玉忠，朱士兴. 1992. 山西永济白草坪组具刺疑源类的发现及其地质意义. 微体古生物学报，9（3）：267～282
杨进辉，吴福元，柳晓明，谢才文. 2005. 北京密云环斑花岗岩锆石 U-Pb 年龄和 Hf 同位素及其地质意义. 岩石学报，21（6）:1633～1644
杨明桂，廖瑞君，刘亚光. 1999. 江西变质基底类型及变质地层的划分对比. 江西地质，12（3）：201～208
杨明桂，祝平俊，熊清华，毛素斌. 2012. 新元古代—早古生代华南裂谷系的格局及其演化. 地质学报，86（9）：1367～1375
杨树峰，顾明光，卢成中. 2009. 浙江章村地区中元古代岛弧火山岩的地球化学及构造意义. 吉林大学学报（地球学报版），39（4）：689～698
尹崇玉，高林志. 1995. 中国早期具刺疑源类的演化及生物地层学意义. 地质学报，69（4）：360～371
尹崇玉，高林志. 1997. 豫西鲁山新元古界洛峪群洛峪口组宏观后生植物新发现. 地质论评，4：355
尹崇玉，柳永清，高林志，王自强，唐烽，刘鹏举. 2007. 震旦（伊迪卡拉）纪早期磷酸盐化生物群——瓮安生物群特征及其环境演化. 北京：地质出版社. 1～126
尹磊明，袁训来. 2003. 论山西中元古代晚期汝阳群微体化石组合. 微体古生物学报，20（1）：39～46
尹磊明，袁训来，边立曾，胡杰. 2004. 东秦岭北坡中元古代晚期微体生物群——一个早期生命的新窗口. 古生物学报，43（1）:1～13
余达淦，管太阳，巫建华，王勇，吴仁贵. 2006. 江西基础地质研究新进展述评. 东华理工大学学报，增刊：1～11
余达淦，黄国夫，艾桂根，刘平辉. 1999. 江西周潭同位素年龄特征及其地质意义. 东华理工大学学报（自然科学版），20（2）:195～200
俞国华，包超民，方柄兴等. 1995. 浙江省岩石地层清理成果简介. 浙江地质，11（1）：1～14
周洪瑞，王自强，崔新省，雷振宇，董文明，沈亚. 1999. 华北地台南部中新元古界层序地层研究. 北京：地质出版社. 1～90
周金城，王孝磊，邱检生. 2008. 江南造山带是否格林威尔造山带？关于华南前寒武纪地质的几个问题. 高校地质学报. 14（1）:64～72
Gao L Z, Ding X Z, Zhang C H, Chen J, Liu Y R, Zhang H, Liu X X, Pang W H. 2012. Revised chronostratigraphic framework of the metamorphic strata in the Jiangnan orogenic belt, South China and its tectonic implications. Acta Geologica Sinica, 87（2）：339～349
Gao L Z, Ding X Z, Yin C Y, Zhang C H, Fronk R. Ettensohn, 2013. Qingbaikouan and cryogenian in South China：constraints by

SHRIMP Zircon U-Pb dating. Acta Geologica Sinica, 87 (6): 1540 ~ 1553

Gao L Z, Liu P J, Yin C Y, Zhang C H, Ding X Z. 2011. Some Detrital zircon SHRIMP dating of the Meso-and Neoproterozoic in North China and implication. Acta Geologica Sinica, 85 (2): 801 ~ 811

Gao L Z, Zhang C H, Frank R. Shi X Y, Wang Z Q. 2009a. The Jiangnan orogenic belt between the Yangtze and Cathaysia blocks for Neoproterozoic context. Acta Geoscientica Sinica, 30 (supp 1): 10 ~ 11

Gao L Z, Zhang C H, Liu P J, Tang F, Song B, Ding X Z. 2009b. Reclassifcation of the Meso-and Neoproterozoic chronostratigraphy of North China by SHRIMP zircon ages. Acta Geologica Sinica, 83 (6): 1074 ~ 1084

Gao L Z, Zhang C H, Shi X Y, Zhou H R, Wang Z Q, Song B. 2007. A new SHRIMP age of the Xiamaling Formation in the North China Plate and its geological significance. Acta Geologica Sinica, 81 (6): 1103 ~ 1109

Gao L Z, Zhang C H, Shi X Y, Song B, Wang Z Q, Liu Y M. 2008. Mesoproterozoic age for Xiamaling formation in North China Plate indicated by zircon SHRIMP dating. Chinese Science Bulletin, 53 (17): 2665 ~ 2671

Kao C S, Hsiug Y H, Kao P, 1934. Preliminary notes on Sinian stratigraphy of North China. Bulletin of Geological Society of China, 13: 243 ~ 288

Li X H, Li Z X, Ge W C, Zhou H W, Li W X, Liu Y, Michael T D. 2003. Neoproterozoic granitoids in South China: crustal melting above a mantle plume at ca. 825 Ma? Precambrian Research, 122: 45 ~ 83

Li Z X, Li X H, Kinny P D, Wang J, Zhang S, Zhou H. 2003. Geochronology of Neoproterozoic syn-rift magmatism in the Yangtze Craton, South China and correlations with other continents: Evidence for a mantle super plume that broke up Rodinia. Precambrian Research, 122 (1-4): 85 ~ 109

Li Z X, Wartho J A, Occhipinti S, Zhang C L, Li X H, Wang J, Bao C M. 2007. Early history of the eastern Sibao Orogen (South China) during the assembly of Rodinia: New mica $^{40}Ar/^{39}Ar$ dating and SHRIMP U-Pb detrital zircon provenance constraints. Precambrian Research, 159: 79 ~ 94

Lu S N, Zhao G C, Wang H C, Hao G J. 2008. Precambrian metamorphic basement and sedimentary cover of the North China Craton: A review. Precambrian Research, 160: 77 ~ 93

Plumb K A. 1991. New Precambrian time scale. Episodes, 14: 139 ~ 140

Shatsky N S. 1945. Notes on tectonics of Volga-Ural oil bearing region and adjacent part of the Western slope of the South Ural. Materials to Study Geological Structure of the USSRM, issue 26: 1 ~ 130

Shu L S, Faure M, Yu J H, Jahn B M. 2011. Geochronological and geochemical features of the Cathaysia Block (South China): New evidence for the Neoproterozoic breakup of Rodinia. Precambrian Research, 187: 263 ~ 276

Thorkelson D J, Grant A J, Mortensen J K, Creaser R A, Villeneuve M E, Mcnicoll V J, Layer P W. 2005. Early and Middle Proterozoic evolution of Yukon, Canada. Can J Earth Sci, 42 (6): 1045 ~ 1071

Vigneresse J L. 2005. The specific case of the Mid-Proterozoic rapakivi granites and associated suited with the context of the Columbia Super continent. Precambrian Research, 137: 1 ~ 34

Wan Y S, Liu D Y, Xu M H, Zhuang J M, Song B, Shi Y R, Du L L. 2007. SHRIMP U-Pb zircon geochronology and geochemistry of metavolcanic and metasedimentary rocks in Northwestern Fujian, Cathaysia block, China: Tectonic implications and the need to redefine lithostratigraphic units. Gondwana Research, 12: 166 ~ 183

Wang J, Li X H, Duan T, Liu D Y, song B, Li Z X, Gao Y H. 2003. Zircon SHRIMP U-Pb dating for the Cangshuipu volcanic rocks and its implications for the lower boundary age of the Nanhua strata in South China. Chinese Science Bulletin, 48 (16): 1663 ~ 1669

Wang X L, Zhao G C, Qi J S, Zhang W L, Liu X M, Zhang G L. 2006. LA-ICPMS U-Pb zircon geochronology of the Neoproterozoic igneous rocks from Northern Guangxi, South China: implications for petrogenesis and tectonic evolution. Precambrian Research, 145: 111 ~ 130

Wang X L, Zhao G C, Zhou J C, Liu Y S, Hu J, 2008. Geochronology and Hf isotopies of zircon from volcanic rocks of the Shuangqiaoshan Group, South China: Implications for the Neoproterozoic tectonic evolution of the eastern Jiangnan orogen. Grondwana research, 14: 355 ~ 367

Xiao S H, Knoll A H, Kaufman A J, Yin L M, Zhang Y. 1997. Neoproterozoic fossils in Mesoproterozoic rocks? A stratigraphic conundrum from the North Chian Platform. Precambrian Research, 8: 197 ~ 220

Xu X S, O'Reilly S Y, Griffin W L, Wang X L, Pearson N J, He Z Y. 2007. The crust of Cathaysia: age, assembly and reworking of two terranes. Precambrian Research, 158: 51 ~ 78

Ye M F, Li X H, Li W X, Liu Y, Li Z X. 2007. SHRIMP zircon U-Pb geochrono-logical and whole-rock geochemical evidence for an early Neoproterozoic Sibaoan magmatic arc along the southeastern margin of the Yangtze Block. Gandwana Research, 12: 144 ~ 156

Zhang S H, Zhao Y, Yang Z Y, He Z F, Wu H. 2009. The 1. 35 Ga diabase sills from the northern North China Craton: Implications for breakup of the Columbia (Nuna) supercontinent. Earth and Planetary Sceince Letters. 288: 588 ~ 600
Zhou J C, Wang X L, Qiu J S. 2009. Geochronology of Neoproterozoic mafic rocks and sandstones from northeastern Guizhou, South China: Coeval arc magmatism and sedimentation. Precambrian Research, 170: 27 ~ 42

第3章 燕辽裂陷带中—新元古界地层序列和划分

朱士兴，李怀坤，孙立新，刘 欢

（天津地质矿产研究所，天津，300170）

摘 要：燕山地区（即燕辽裂陷带）是我国中—新元古界沉积地层最为发育的地区，中国对中元古界地质学的研究始于燕山地区，并且历史悠久。遵循全国地层委员会《中国地层表（试用稿）》（2013）的地层划分方案，将燕辽裂陷带中—新元古界划分为长城系（Pt_2^1）、蓟县系（Pt_2^2）、待建系（Pt_2^3）和青白口系（Pt_3^1）四个系，并进一步细分为12个组、10个亚组和40个岩性段。本章按照上述系-组-亚组/段的地层序列，系统论述地层的研究沿革、岩性特征、生物化石与微生物岩、岩浆活动、地层接触关系与地壳运动、同位素定年、厚度变化与分布范围等。

为利于深化对我国北方中—新元古界的地质学研究，本章还论及此地层划分方案的尚存问题，如大红峪组和铁岭组内部仍存在区域性的平行不整合面，骆驼岭组和景儿峪组至今尚无可靠的年龄数据等。针对现存问题，本章作者还提出一个燕山地区中—新元古界划分的新建议。新方案依据区域性不整合接触关系，自下而上划分为长城群、蓟县群、怀来群和青白口群，岩石地层的组一级单位中增加到14个组。

关键词：燕辽裂陷带，长城系，蓟县系，待建系，青白口系

3.1 引 言

燕辽裂陷带位于华北克拉通北缘中段的燕山地区（图3.1），相当于前人文献上的“燕辽沉降带”、“燕山准地槽”或“燕辽拗拉槽”，不仅是中国北方中—新元古界的主要分布区，而且也是长城系、蓟县系和青白口系的标准剖面的所在地（图3.2）。近十几年来，燕山裂陷带中—新元古界研究取得重大突破和进展，在地层层序和划分上已有显著的调整。本章对此作一新的阶段性总结。

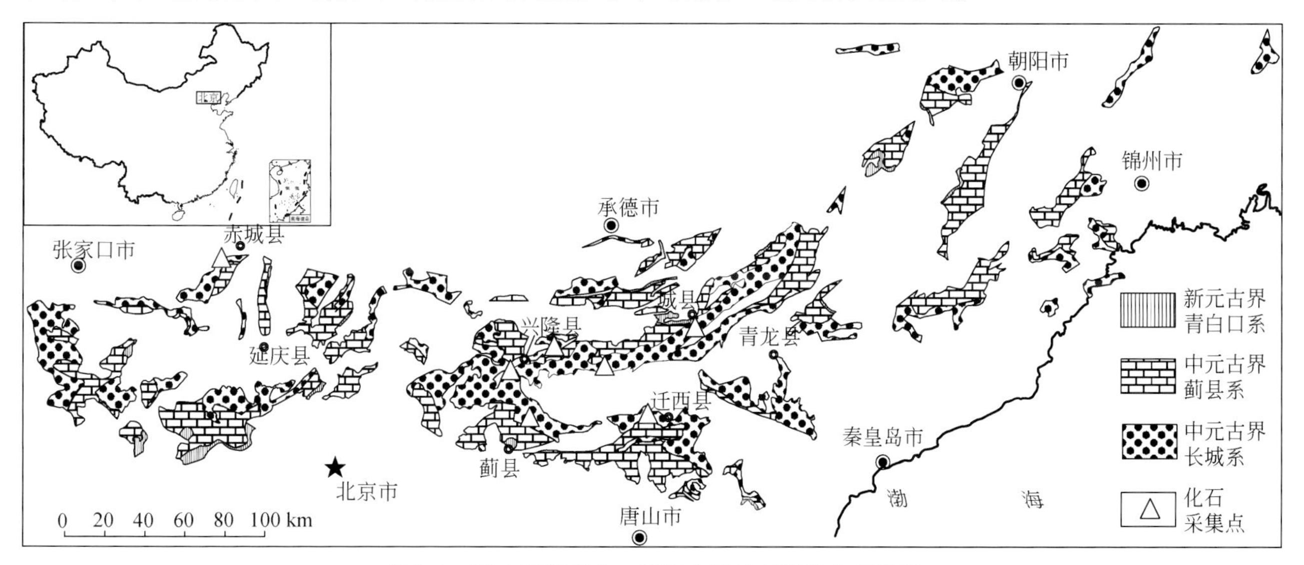

图3.1 燕山裂陷带中—新元古界地层露头分布略图

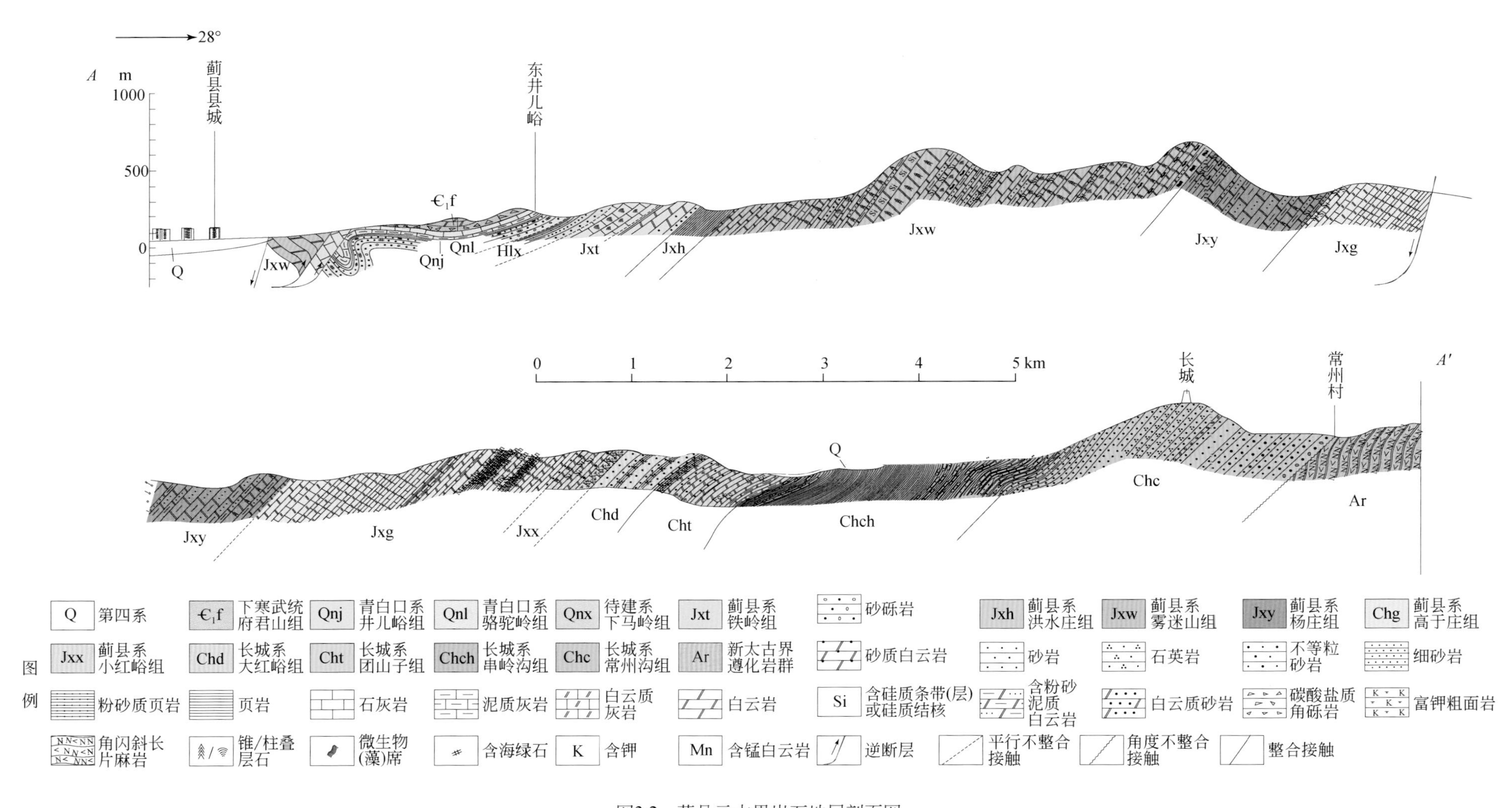

图3.2　蓟县元古界岩石地层剖面图

3.2 地层研究沿革

燕辽裂陷带中—新元古界的研究早在1922年就已开始，经历过“震旦系”、“震旦亚界”、“中、上元古界”和“中、新元古界”等不同阶段的地层称谓，构成了该地区，乃至于整个中国中—新元古界的研究历史。

3.2.1 “震旦系”阶段

“震旦”一词最早作为构造术语提出（Pumpelly，1866），1982年李希霍芬首先用于地层学领域（Richthofen，1982），但直到1922年才有明确的定义，即“震旦系”是指一套“不整合在深变质五台系之上和平行不整合在含化石的下寒武统馒头页岩之下的不变质或轻微变质地层组成的岩系”（Grabau，1922）。

在燕山地区，最早作为“震旦系”研究的地层剖面是南口剖面（Tien，1923），但影响最大，长期以来作为中国北方“震旦系”标准剖面的则是燕山东段南麓的蓟县剖面。

在地理上蓟县剖面位于天津蓟县城北的山区，在构造上处于马兰峪背斜的西南翼。1931年高振西、熊永先和高平最早建立蓟县剖面（Kao *et al.*，1934），它介于太古界和寒武系之间，基本不变质，并以地层巨厚和岩性复杂为特征。当时，高振西等将蓟县的“震旦系”地层划分为三群十层（表3.1），自下而上为“下震旦”南口群（含长城石英岩、串岭沟页岩、大红峪石英岩、喷出熔岩以及高于庄灰岩）、“中震旦”蓟县群（含杨庄页岩、雾迷山灰岩、洪水庄页岩和铁岭灰岩）和“上震旦”青白口群（含下马岭页岩、景儿峪灰岩）。蓟县剖面震旦系不整合在太古界或元古界的泰山群或五台群之上，平行不整合在下寒武统馒头组页岩之下，内部三个群之间均呈平行不整合接触。但需指出，在高振西等划分方案中，对雾迷山组灰岩和洪水庄组页岩之间，也指出过存在平行不整合接触关系的可能性（Kao *et al.*，1934）。

表3.1 蓟县震旦系的划分（Kao *et al.*，1934）

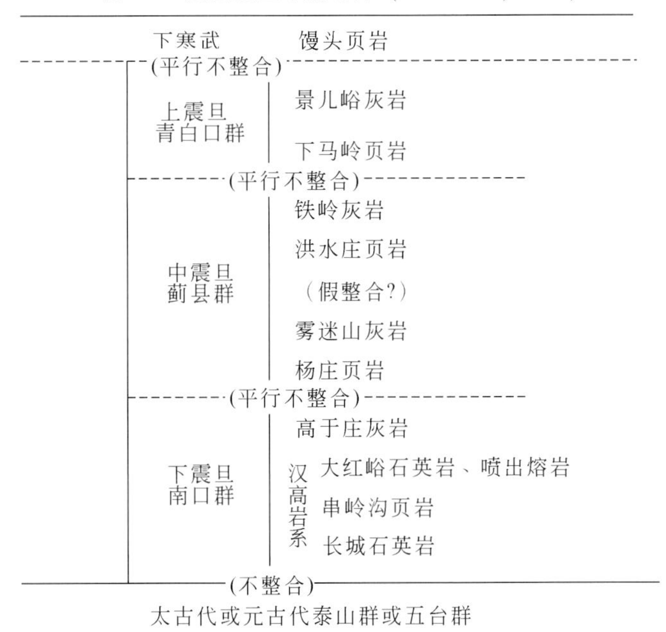

此后，燕山地区“震旦系”的主要研究进展有：

（1）1935年，张文佑、李唐泌在昌平十三陵的“景儿峪灰岩”上部采到三叶虫，怀疑“景儿峪灰岩”为寒武纪地层，并建立早寒武纪昌平组。1957年孙云铸等在蓟县确定，原景儿峪组上部地层应属下寒武统，它与“震旦系”之间有一个不整合面，并将此不整合的构造运动命名为“蓟县运动”，还指定其标准地点在蓟县城北府君山。1960年王曰伦按地形图上所记山名，将这套寒武系地层命名为“福金山组”，后按当地碑文记载改称府君山组。1963 年王曰伦在府君山组中又采到三叶虫，从而最后确定了景儿峪组的上界。

（2）1958 年，申庆荣、廖大从首次提出高于庄组与上覆杨庄组为整合接触，而与下伏大红峪组之间却为平行不整合接触，进而提出将高于庄组由“长城群”划归“蓟县群”的意见。

（3）1963 年，王曰伦提出以蓟县剖面为代表的中国北方“震旦系”，与以峡东剖面为代表的南方“震旦系”不是平行关系，而是上下关系，北方“震旦系”在下，属前寒武纪；南方“震旦系”在上，属始寒武纪（Eo-Cambrian）。

（4）1963 年和 1964 年原华北地质科学研究所、中国地质科学院等单位重新实测蓟县剖面，系统地对蓟县剖面进行了岩石地层学、古生物地层学、同位素地质年代学和地球化学等的综合研究①。

（5）1966 年中国科学院地球化学研究所进行系统的同位素年龄研究，首次提出“中国震旦地层的划分和年表”。

3.2.2　“震旦亚界”阶段

为适应中国地质科学院 1973 年开始编制亚洲地质图的需要，也为处理有关南、北震旦系的各界分歧意见，1975 年召开关于前寒武纪的全国性座谈会（北京），座谈会提出了一个全国性的震旦地层试行方案，将三峡剖面所代表的南方“震旦系”，置于以蓟县剖面为代表的北方“震旦系”之上，统称为“震旦亚界”，自上而下划分为四个年代地层单位：“震旦系”（三峡剖面）、青白口系、蓟县系和长城系（蓟县剖面），四个系均属元古界（表 3.2）。

表 3.2　中国“震旦亚界”的划分和时限（全国前寒武纪座谈会，1975，转引自王曰伦等，1980）

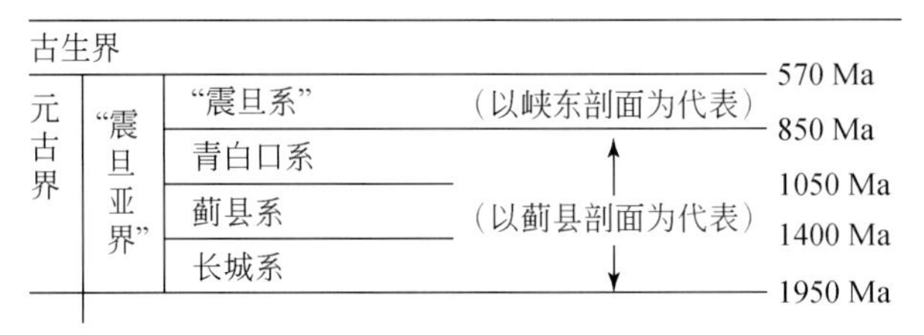

界	亚界	系	代表剖面	界线年龄
古生界				
				570 Ma
元古界	“震旦亚界”	“震旦系”	（以峡东剖面为代表）	
				850 Ma
		青白口系	（以蓟县剖面为代表）	
				1050 Ma
		蓟县系		
				1400 Ma
		长城系		
				1950 Ma

稍前，1975 年华北区前寒武纪地层专题会议（太原），决定将原景儿峪组下部的陆源碎屑岩单独分为一个组，依据 1954 年郝诒纯原称的“龙山砂岩”，改用“龙山组”一名（中国地层典编委会，1996）。因“龙山组”与南方的“龙山群”重复，北京市地质研究所提出，改称“长龙山组”。后来又因北京地区并无“长龙山”的地名，1982 年邢裕盛等提出用蓟县“骆驼岭”一名代替之，称为“骆驼岭组”（邢裕盛等，1989）。

自 1975 年起，我国兴起一个前寒武纪地层研究的新高潮，研究成果主要反映在《中国震旦亚界》及各地方的专著中。此期间对燕山地区“震旦亚界”也进行新一轮较深入研究，有关成果不仅体现在燕山东段蓟县标准剖面的研究上，也反映在北京十三陵剖面、燕山西段剖面和燕山北部的各辅助层型剖面的研究上（中国地质科学院天津地质矿产研究所，1980）。主要进展在于：厘定了地层界线、提出了新的划分方案、建立了年龄框架，以及系统地进行了岩石学、古生物学和地球化学等多学科的研究（表 3.3）。

3.2.3　“中、上元古界”和“中、新元古界”阶段

随着国际地科联关于前寒武纪地层划分新方案的提出［表 3.4(e)］以及“震旦亚界”的不合理性，1982 年我国又一次召开前寒武纪座谈会，全国地层委员会决定废弃“震旦亚界”一名，将震旦系限用于以三峡剖面为代表的原南方“震旦系”地层，蓟县剖面的原北方“震旦系”地层则在 1934 年高振西等划

① 华北地质科学研究所，1965，蓟县震旦系现场学术讨论会议论文汇编（内部刊物）。

分的基础上［表3.4(a)］，自上而下分为青白口、蓟县和长城三个系，置于震旦系之下，时限为1800～800 Ma［表3.4(b)］。由此，确立以蓟县剖面为代表的燕山地区北方“震旦系”地层属中、上元古界，划分为三系十二组的新方案。

表3.3　蓟县震旦亚界的划分和时限（据陈晋镳等，1980）

系	组	亚组/岩性	构造运动
			蓟县运动(850 Ma±)
青白口系	景儿峪组	景儿峪亚组：灰岩	
		长龙山亚组：砂岩	蔚县上升
	下马岭组	砂页岩	
			芹峪上升(1050 Ma±)
蓟县系	铁岭组	老虎顶亚组	
			铁岭上升
		代庄子亚组	
	洪水庄组	页岩	
	雾迷山组	各种白云岩(自下而上为罗庄、磨盘峪、二十里堡和闪坡岭四亚组)	
	杨庄组	红色泥质白云岩	
			滦县上升(1400 Ma±)
南口系	高于庄组	各种白云岩(自下而上为官地、桑树鞍、张家峪和环秀寺四亚组)	
			青龙上升
	大红峪组	砂岩、火山岩	(1700 Ma±)
			兴城上升
长城系	团山子组	白云岩	
	串岭沟组	页岩	
	常州沟组	砾岩、砂岩	
			吕梁运动(1950 Ma±)

1998年根据十多年的实践和国际地层委员会前寒武纪分会的有关决议，全国地层委员会发布了“关于推荐《中国地质年代表》的通告”，在通告中，将元古宙（宇）分为古元古代（界）、中元古代（界）和新元古代（界）；其中，中元古代（界）又分为长城纪（系）（1800～1400 Ma）和蓟县纪（系）（1400～1000 Ma），新元古代（界）分为青白口纪（系）（1000～800 Ma）和震旦纪（系）（800～600 Ma）。至此，蓟县剖面三个纪（系）正式列入中国地质年表，成为我国中—新元古代（界）正式的地质年代单位［表3.4(b)］。

3.2.4　中国地层表最新试用稿阶段

近十多年来，随着U-Pb同位素测年新方法的引进，同位素地质年龄的新突破和地层研究的新进展，尤其是由于下马岭组时代和层位的重大变化，加上下马岭组和高于庄组上、下界线性质的新认识，全国地层委员会于2013年提出了新的《中国地层表（试用稿）》［表3.4(c)］。试用表与原中国地层表的主要区别在于：①将下马岭组从新元古界青白口系底部下移到了中元古界的上部；②将铁岭组从中元古界顶部下移到中元古界的中上部；③将长城系和蓟县系的界线从高于庄组与杨庄组与之间下移到大红峪组与上覆高于庄组之间；④承认下马岭组与青白口系之间的长期缺失（称“待建系”）；⑤将以蓟县剖面为代表的燕山地区的中—新元古界划分为四个系，自下而上为长城系（1800～1600 Ma）、蓟县系（1600～1400 Ma）、待建系（1400～1000 Ma）和青白口系（1000～780 Ma）。

表3.4　燕山地区元古界沉积地层划分方案对照表

(a)蓟县剖面划分简表(Kao *et al.*, 1934)

年代地层	岩石地层	
震旦系	上震旦青白口群	景儿峪灰岩
		下马岭页岩
		(平行不整合)
	中震旦蓟县群	铁岭灰岩
		洪水庄页岩
		(假整合?)
		雾迷山灰岩
		杨庄页岩
		(平行不整合)
	下震旦南口群	高于庄灰岩
	汉高岩系	大红峪石英岩和喷出熔岩
		串岭沟页岩
		长城石英岩
		(平行不整合)

(b)中国地层表(全国地层委员会, 2001)

年代地层		岩石地层	地质年龄/Ma
新元古界	青白口群	景儿峪组	800
		骆驼岭组	
		下马岭组	1000
中元古界	蓟县系	铁岭组	
		洪水庄组	1200
		雾迷山组	
		杨庄组	1400
	长城系	高于庄组	1600
		大红峪组	
		团山子组	
		串岭沟组	
		常州沟组	

(c)中国地层表(试用稿)(全国地层委员会, 2013)

年代地层		岩石地层	地质年龄/Ma
新元古界	青白口群	景儿峪组	
		骆驼岭组	
中元古界	待建系	下马岭组	1320(李怀坤等,2009b) 1368(高林志等,2007) 1380(Su *et al.*,2007)
	蓟县系	铁岭组	1437(苏文博等,2010)
		洪水庄组	
		雾迷山组	
		杨庄组	
		高于庄组	1560(李怀坤等,2011)
	长城系	大红峪组	1625(陆松年、李惠民,1991)
		团山子组	1622(李怀坤等,1995)
		串岭沟组	
		常州沟组	1800 Ma

(d)本章采用

年代地层		岩石地层	地质年龄/Ma
新元古界	青白口群	?	800 850 (K–Ar)
		景儿峪组	
		骆驼岭组	
		?	1000
中元古界			1200
			1320
	待建系	下马岭组	1400
	蓟县系	铁岭组	
		洪水庄组	
		雾迷山组	
		杨庄组	
		高于庄组	1600
	长城系	大红峪组	
		团山子组	
		串岭沟组	
		常州沟组	1650(U-Pb)
			1685(高维等, 2008) 1682(和政等, 2011) 1673(李怀坤等, 2011)
			1800

(e)国际地层表(1991~2012年)

年代地层		地质年龄/Ma
新元古界	拉伸系	850–1000
中元古界	狭带系	1000–1200
	延展系	1200–1400
	盖层系	1400–1600
太古界	固结系	1600–1800

3.3　地层序列

考虑到本专著全书地层框架的统一，本章首先按照全国地层委员会（2013）推荐的新地层表［表 3.4（c）］对燕山地区中—新元古界由老到新作一简单论述（图 3.2）。

3.3.1　长城系（Pt_2^1）

蓟县地区长城系主要分布在下营一带，下部主要为硅质碎屑岩，中上部主要为泥质岩和碳酸盐岩，上部主要为碎屑岩夹富钾基性火山岩，总厚 2525 m。自下而上包括常州沟组、串岭沟组、团山子组、大红峪组四个组，它们在燕山东段主要分布于昌平-怀柔水下隆起区（即山海关隆起）的南、北两侧，在西段则主要分布在北京军都山、西山、密云、延庆、河北蔚县、宣化、龙关等地。由于本系直接受燕山裂陷带控制，因此总体上呈 NE 向展布（图 3.3）。长城系底部与下伏太古宙变质岩系呈角度不整合接触，顶部被蓟县系高于庄组平行不整合覆盖，时限约在 1650 Ma 和 1600 Ma 之间，属国际地层表固结系或中国地层表长城系（1800～1600 Ma）的上部地层。它们自下而上包括如下四组：

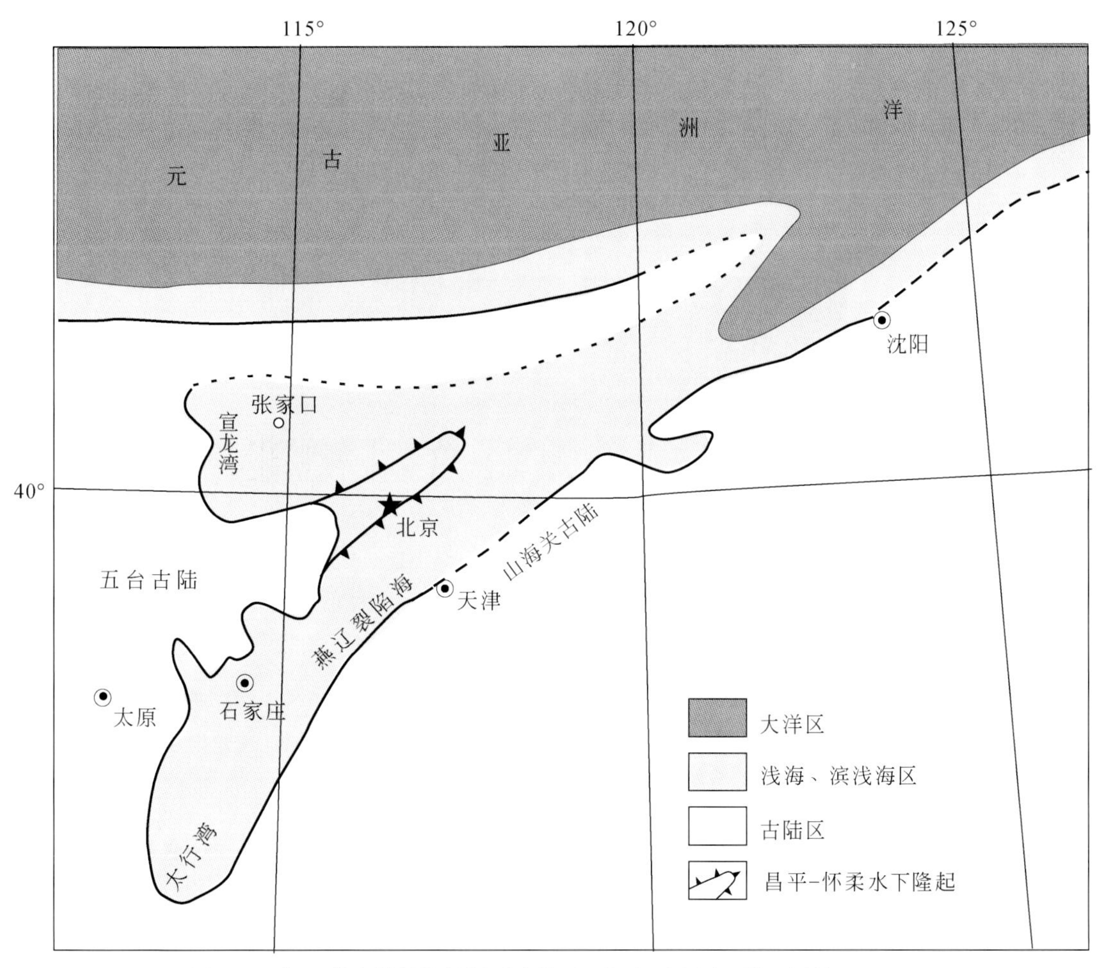

图 3.3　燕辽裂陷带早期长城系古构造-古地理略图（据王鸿祯，1985）

3.3.1.1　常州沟组（Pt_2^1c 或 Chc）

常州沟组原名“长城石英岩”，1956 年申庆荣、廖大丛将“南口统”改为“长城统”。陈荣辉等（1958）将“长城石英岩”称作“黄崖关组”，以避免与“长城统”重复，并被 1959 年第一届全国地层会议采纳（陈荣辉、陆宗斌，1963）。1961 年俞建章等指出黄崖关处的碎屑岩并非“黄崖关组”地层，在蓟县常州村（或常州沟）一带该组剖面出露最好，建议改用“常州村组”（俞建章等，1964）。

由于常州村居房分散，且多坐落在太古宇片麻状混合岩上，1964 年由“蓟县震旦系现场学术讨论会议”建议改称常州沟组，乃沿用至今，命名地点位于天津蓟县城北 20 km 常州沟，正层型位于天津蓟县下营常州村至青山岭村北。

在燕山地区，常州沟组为一套以砂岩为主的沉积岩系，以蓟县剖面为例，常州沟组厚 859 m，可分为三段：下段（常一段）河流相细砾岩和含细砾长石石英粗砂岩等；中段（常二段）滨海沙滩相浅紫红色石英岩状砂岩和白色沉积石英岩；上段（常三段）潮汐带板状、楔状含长石石英砂岩与薄层状粉砂质页岩互层（图 3.4）。常州沟组以角度不整合覆于新太古界遵化岩群石榴角闪斜长片麻岩之上（图 3.5）。

图 3.4　长城系常州沟组的岩性特征（蓟县常州沟）

图 3.5　长城系常州沟组与其下伏新太古界遵化杂岩群之间的角度不整合接触（蓟县常州沟）

Ar. 新太古界遵化杂岩群之石榴角闪斜长片麻岩；Chc. 常州沟组底部含砾长石石英粗砂岩

本组的区域性变化主要是：① 厚度变化很大，在裂陷带中部常州沟组厚度普遍达 1000 m 以上（如兴隆 1065 m，宽城达 1490 m，平泉 1286 m），但除了向盆地边缘厚度显著变薄外，在盆地内昌平-怀柔水下隆起区及其两侧，常州沟组厚度也明显变薄至 100 m 以上。② 在蓟县、兴隆、宽城、平泉等裂陷带中央地带，常州沟组下部普遍为由粗砾岩、长石石英粗砂岩为主的河流相沉积，但在盆地内昌平-怀柔水下隆起区及其两侧，这套河流相沉积不复存在，除底砾岩外，主要是海相石英砂岩（顶部还有白云岩或叠层石白云岩）。③ 在裂陷带中央地带的兴隆、宽城、平泉等地，本组近中部有一套含黑色碳质页岩的潟湖相砂、页岩沉积，但在蓟县则相变为一套海侵初期的海相滞流砾岩层，而在冀西庞家堡等地，常州沟组厚仅 173.7 m，类似的海湾相砂、页岩沉积则直接构成其下段。④ 在昌平-怀柔水下隆起区的宣龙一带，常二段石英砂岩上部不仅夹数层铁质砂岩，顶部还富集成由铁质叠层石等构成的宣龙式赤铁矿床。常州沟组分布区，特别是常二段石英岩状砂岩分布区，大都呈巍峨高山地形。

3.3.1.2　串岭沟组（Pt_2^1ch 或 Chch）

1934年高振西等命名为“串岭沟页岩”，1959年后改称串岭沟组，沿用至今。在蓟县，串岭沟组是一套细碎屑岩-泥岩沉积，共厚889 m，与下伏常州沟组为整合接触（图3.6）。按岩石组合特征本组分为三段：下段（串一段）黄绿、灰绿色透镜状细砂岩、粉砂岩和粉砂质伊利石页岩互层；中段（串二段）黄绿色、黑色伊利石页岩以及含粉砂伊利石页岩；上段（串三段）黑色伊利石页岩夹粉砂、细砂岩条带，局部夹少量碳质白云岩（图3.7）。

在蓟县剖面串岭沟组中，常见有产状各异的岩浆岩，其中大多为斜长玢岩、角闪云斜煌斑岩，此外还有正长斑岩以及火山角砾岩等。这些岩浆岩部分是上覆大红峪期火山活动的次火山岩，有的则是燕山期的侵入岩床。串岭沟组在地貌上，多呈低缓丘陵，与常州沟组有明显区别。

图3.6　蓟县长城系串岭沟组（Chch）与常州沟组（Chc）的整合接触（蓟县常州沟南）

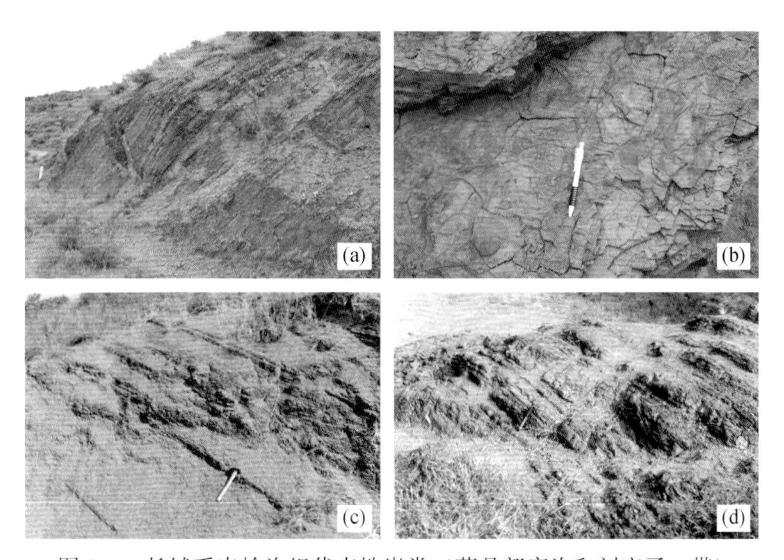

图3.7　长城系串岭沟组代表性岩类（蓟县郭家沟和刘庄子一带）

（a）串岭沟组下段粉砂质页岩夹薄层假细砂岩；（b）串岭沟组下段干裂构造；（c）串岭沟组中段绿色页岩；（d）串岭沟组上段黑色页岩夹粉砂、细沙岩薄层

从燕山全区看，串岭沟组不仅厚度变化大（30 m至数百米，甚至上千米），岩相变化也很大，总体上可分为三个沉积相区（图3.8）：① 以兴隆县蛇皮沟剖面、茅山西湾剖面、宽城县崖门子剖面等为代表，串岭沟组厚度普遍达800～1000 m，组内夹有多层砂岩，每层砂岩厚达10余米至数十米，属障壁岛砂体或夹障壁岛砂体的沉积，因此，形成串岭沟组的泻湖盆地相沉积（串二段为主）。② 在西北侧的昌平-怀柔水下隆起区，串岭沟组厚度最小，以老窝铺剖面为代表，厚仅30 m左右，主要由深灰、浅紫、

灰绿色薄板-薄片层状的细砂、粉砂岩与粉砂质页岩组成，透镜状、波状层理发育，局部发育收缩裂隙。③ 在昌平-怀柔水下隆起以西的十三陵、宣龙地带，甚至直至太行山南段，串岭沟组仅厚几十米，下段主要为碳质黑色页岩，中段翠绿色富钾页岩，上段则为礁状叠层石白云岩，主要有 *Eucapsiphora* 等类型 (Zhu and Chen，1992；朱士兴，1993)。

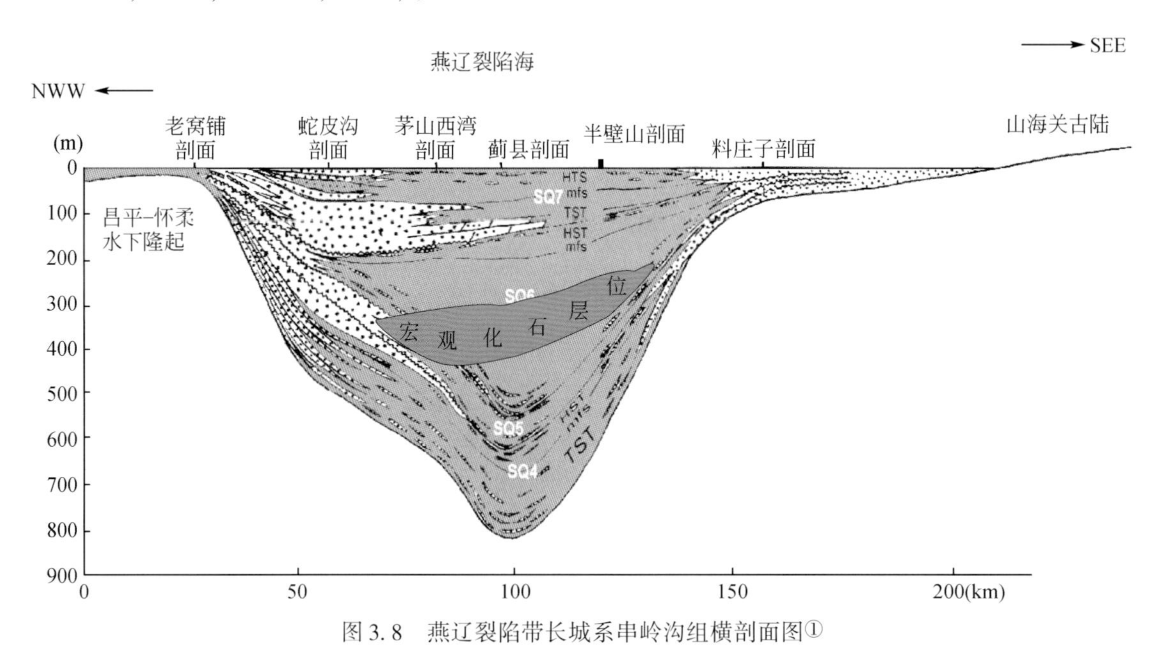

图 3.8　燕辽裂陷带长城系串岭沟组横剖面图①

蓟县、宽城和庞家堡等地串岭沟组页岩中微体疑源类化石十分丰富，并出现了多种独特的真核微体藻类化石，如 *Leioarachnitum*、*Trachyarachnitum*、*Diplomembrana*、*Schizospora*、*Goniocystis*、*Qingshania*、*Foliomorpha* 等（图 3.9）。

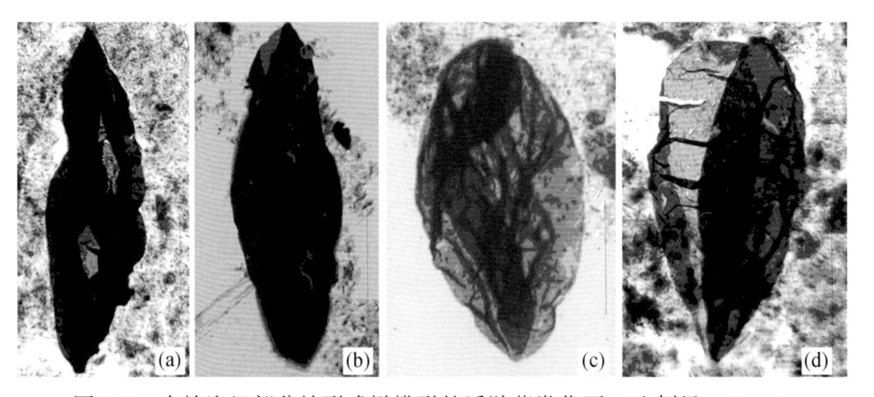

图 3.9　串岭沟组部分梭形或橄榄形的浮游藻类化石（比例尺 = 50μm）

（a）光面橄榄藻（未定种）*Leioarachnitum* sp.；（b）开放光面橄榄藻 *Leioarachnitum apertum*；（c）有褶船形藻 *Scaphita rugosa*；（d）中华光面橄榄藻 *Leioarachnitum sinitum*

3.3.1.3　团山子组（Pt_2^1t 或 Cht）

团山子组系为高振西等原称“串岭沟页岩”的上部碳酸盐岩系，1957 年地质部 221 队在河北省庞家堡铁矿区命名为“庞家堡灰岩”。1960 年河北省地质局区域地质测量大队在蓟县团山子村一带的相当层位也见到相似的碳酸盐岩地层，遂建议改称团山子组，1964 年被“蓟县震旦系现场学术讨论会”接受，沿用至今。

蓟县的团山子组厚 518 m，与上下地层均为整合接触，共分两段：团一段厚 269 m，主要呈灰黑色以

① 黄学光、朱士兴、贺玉贞等，2000，承德地区中、上元古界层序地层学研究（科研报告）。

铁白云石为主的泥质白云岩和含粉砂白云岩，夹白云质泥岩［图3.10(a)］，一般层理较平直。因白云岩含泥、粉砂量不等，而构成薄-厚层互层的韵律层。白云岩因含铁量较高，风化后在岩石表面常呈黄褐色。泥质白云岩中常见碳质残片，部分层位保存丰富的碳质宏观藻类化石；主要属于闭塞潮下低能（淡化潟湖）相沉积。团二段白云岩与白云质砂岩、砂质白云岩互层，夹石英岩状砂岩和砂岩，以中层-薄层为主，向上单层变薄［图3.10(b)］；上部普遍可见层面波痕、干裂现象［图3.10(d)］，此外还见有岩盐假晶，有时在薄层粉砂质白云岩的底层面上还可见到水流作用形成的冲沟模、冲槽模和冲纹模等；因此沉积环境是盐化的潮间-潮上带沉积，厚146 m。

图3.10　蓟县团山子组的代表性岩类（蓟县下营团山子村西和大红峪沟沟口）
（a）下段块状含铁灰黑色白云岩（风化面呈棕红色）；（b）上段下部含铁白云岩夹砂岩薄层；（c）上段叠层石岩礁；（d）上段上部暴露带干裂构造

团山子组的区域性地层变化如下：① 团山子组的厚度以蓟县、兴隆、宽城最大，都厚达几百米。② 在昌平-怀柔水下隆起区及其以西地带以及冀东迁西一带厚度明显变小，一般仅一百余米，甚至不足100 m（十三陵剖面仅57 m厚），在上述地带团山子组也可分为两段，下段主要为紫色含铁白云岩、泥沙白云岩和叠层石白云岩，上段为燧石条带白云岩和硅质叠层石白云岩。③ 在蓟县西邻的北京市平谷县北部团山子组中上部白云岩层间夹两层具杏仁构造的富钾粗面安山岩，各厚1 m左右。④ 在冀北兴隆、北京红旗甸和冀西地带，团山子组下段的下部常夹流纹质凝灰岩，在宽城地区则夹翠绿色富钾页岩。

团山子组的微古植物较为贫乏，但在下部富含团山子藻 *Tuanshanzia* 和长城藻 *Changchengia* 两属为代表的宏体藻类化石及其碎片（图3.11；Zhu and Chen，1995；闫玉忠、刘志礼，1997），可能标志地球早期宏体多细胞生物的首次爆发。在区域上团山子组普遍产叠层石岩礁，主要有 *Gruneria*，*Xiayingella* 等类型（朱士兴等，1978；中国地质科学院天津地质矿产研究所等，1980；Zhu and Chen，1992）。

本组地层分布区一般多呈低山地貌特征，比串岭沟组分布区地势略高。

3.3.1.4　大红峪组（Pt_2^1d 或 Chd）

大红峪组即1934年高振西等命名的“大虹峪石英岩及安山熔岩”。1958年申庆荣等称为“大红峪层”。1959年第一届全国地层会议改称大红峪组，沿用至今。

大红峪组以石英岩状砂岩为主，夹火山岩和白云岩，总厚408 m。分三段（图3.12）：下段（大一段）以厚层乳白色石英岩状砂岩为主，夹紫红色粉砂岩，含浅绿色硅质条带的含砂白云岩、白云质石英砂岩以及翠绿色富钾页岩；中段（大二段）主要为富钾基性火山岩熔岩［图3.13(b)］、火山角砾岩和火山集块岩，夹少量石英砂岩和凝灰岩；上段（大三段）为厚层至巨厚层状富黑、白色燧石叠层石白云岩和燧石层。在砂岩中常见波痕、交错层和干裂等沉积构造。蓟县及其邻区大红峪组与其下团山子组均为整合接触［图3.13(a)］。

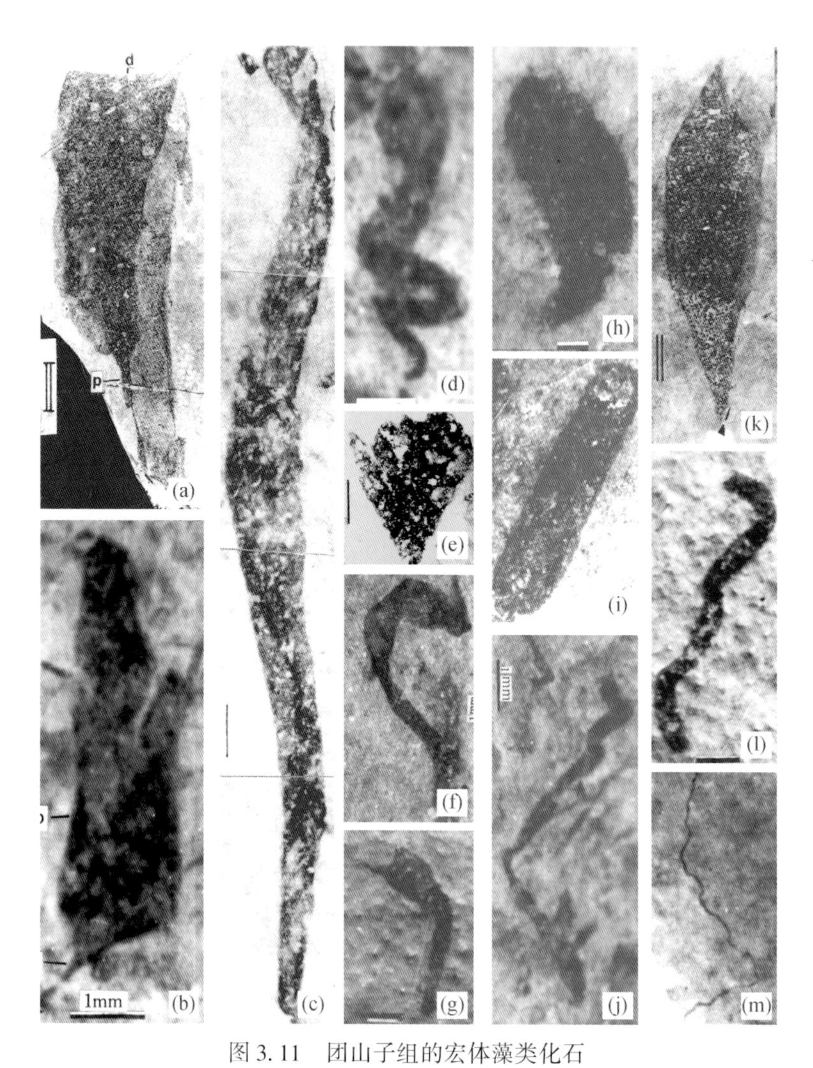

图 3.11　团山子组的宏体藻类化石

(a)、(b) 长城藻 *Changchengia*；(c)、(d)、(g)、(h) 团山子藻 *Tuanshanziia*

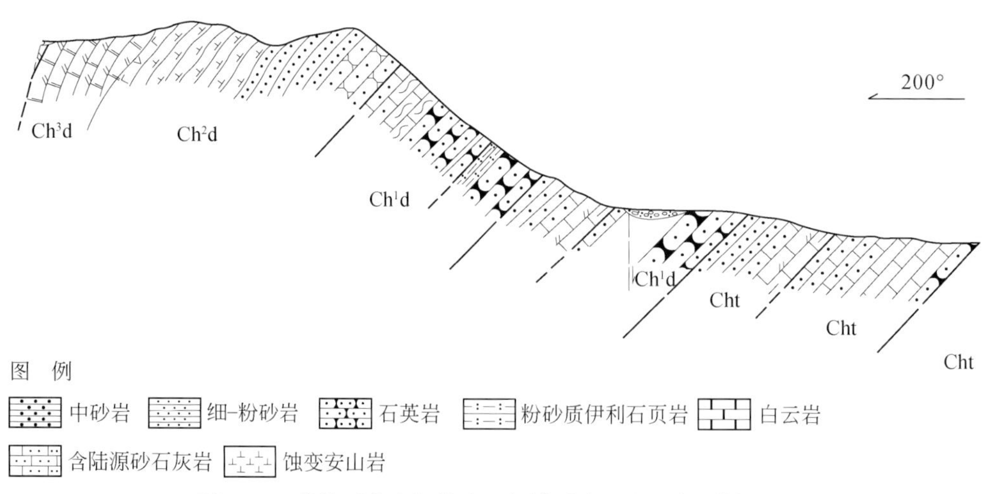

图 3.12　蓟县下营大红峪沟，长城系大红峪组实测剖面图

Cht. 团山子组；Chd. 大红峪组

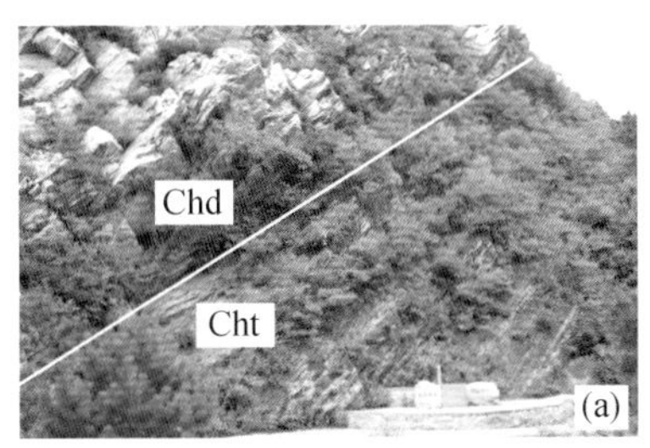

图3.13　大红峪组砂岩和火山岩

(a) 大红峪组 (Chd) 与团山子组 (Cht) 的整合接触关系; (b) 大红峪组富钾基性火山熔岩及其杏仁构造

大红峪组的叠层石，主要发育在上段燧石条带白云岩中，且大都已硅化。主要类型与高于庄组下部叠层石组合相似，以锥状叠层石为主，个体大，多由硅质形成基本层，如大红峪锥叠层石 *Conophyton dahongyuense* liang *et al.* 等（中国地质科学院天津地质矿产研究所等，1979）。大红峪组微体化石，以前仅见于下段砂岩的泥质夹层中，相对贫乏，目前已发现8属14种，绝大多数是球形群个体。近来，在上段燧石层中多有发现，但新资料大都还有待发表。

20世纪末，大红峪组中段富钾基性火山岩熔岩的顶部样品测得1625±6 Ma的单颗粒锆石U-Pb年龄，从而将大红峪组的上限年龄较精确地限定在1600 Ma左右（陆松年、李惠民，1991）；最近这一年龄值也为同一露头新测得的1622 Ma和1625 Ma的锆石高灵敏度高分辨率离子微探针（Sensitive High Resolution Ion MicroProbe，SHRIMP）U-Pb年龄所佐证（Lu *et al.*，2008；Gao *et al.*，2008）。

大红峪组的区域性地层特点如下：① 火山岩主要分布在燕山中段蓟县、平谷和兴隆的毗邻地带，在燕山东段仅局部出现（如滦县椅子山）。② 大红峪组的厚度也以蓟县、兴隆和宽城等地最厚，一般达数百米（宽城达450 m），在蓟县以西，大红峪组的厚度则明显变小，如在十三陵仅81 m，庞家堡112 m。③ 在冀西和冀北大红峪组的岩性与蓟县基本相同，均由三大层石英砂岩和所夹的砂质白云岩、叠层石白云岩和富钾的粉砂质页岩组成。由于岩性坚硬，本组通常构成中等高度的山岭地貌。在蓟县和燕山其他地区，大红峪组与下伏团山子组都为整合接触关系。

3.3.2　蓟县系（Pt_2^2）

蓟县系沉积时限为1600～1400 Ma，相当于于国际地层表的盖层系（1600～1400 Ma），总共包括高于庄组、杨庄组、雾迷山组、洪水庄组、铁岭组五个组，其中铁岭组还可细分为代庄子亚组和老虎顶亚组两个亚组。蓟县系与下伏长城系大红峪组和上覆待建系下马岭组都呈区域性平行不整合接触。

3.3.2.1　高于庄组（Pt_2^2g 或 Jxg）

由高振西等于1934年根据天津蓟县城北高各庄和于各庄村创名，原称“高于庄灰岩”，1959年全国地层会议改称高于庄组。1980年陈晋镳等将之分为四个亚组、十个岩性段，自下而上为官地亚组、桑树鞍亚组、张家峪亚组和环秀寺亚组。蓟县剖面高于庄组总厚1596 m。四个亚组自下而上的特征如下：

(1) 官地亚组（高一、二段）：

底部为约3 m厚的石英砂岩和厚约4 m的灰紫色砂质页岩（有干裂）；向上为潮间至潮上带的燧石条带、结核白云岩和叠层石白云岩［图3.14(a)］。根据沉积旋回和岩性分两段：下部高一段富含陆屑，上部高二段以含锰质为特征，共厚267 m。

(2) 桑树鞍亚组（高三段）：

下部为潮间-潮下带含锰粉砂岩或粉砂质页岩［图3.14(b)］，局部可富集呈小型锰矿；上部主要为潮下带，下部为厚层-巨厚层含锰白云岩和泥晶含灰白云岩，后者可形成“小石林”等微卡斯特地貌，因此实际上也可分为两段，共厚282 m。

(3) 张家峪亚组（高四至八段）：

主要为潮下带、斜坡相和台盆相深色含泥或泥质白云岩、灰质白云岩和白云质灰岩，常有瘤状灰岩、滑动构造和“臼齿构造（Mdar-Tooth structure，MT）”或“震积岩”［图3.14(c)、(d)］，层纹理中常富有机质碎片，有时保存为宏体藻类化石，如*Grypania*和*Parachuaria*，富含高丰度有机质的灰黑色泥晶白云岩可作为过成熟的烃源岩。本亚组可以进一步划分为高四至八段共五个岩性段，总厚700 m。

（4）环秀寺亚组（高九、十段）：

本亚组厚347 m，底部沥青质白云岩或沥青质角砾白云岩；下部中-厚层粗粒白云质灰岩；上部厚层含燧石的粗粒白云岩，多大型同心圆状结核和连生结核，具多层古岩溶(?）角砾岩。

根据区域观察和等厚线图研究（图3.15），高于庄组具有如下区域性地层特点：① 高于庄组的厚度一般在80～1963 m，最大可达1963 m（迁西）。② 最大沉降中心主要位于蓟县-迁西一带，地层等厚线多在1500 m以上。③ 地层等厚图表明从山海关—唐山一线，地层等厚线向SE方向逐渐减薄，趋向于沉积零线，明显受山海关隆起的限制；向NW方向至崇礼-隆化断裂以北，可能为剥蚀零线。④ 地层等厚线在燕山西部略呈NW向展布，东部则主要呈NW向和近EW向延伸。⑤ 与长城系各组相比，高于庄组不仅分布广泛，而且其中部张家峪亚组出现灰岩沉积，甚至于出现以瘤状灰岩为代表的盆地相（台盆相）和具滑塌构造为代表的斜坡相沉积等。本组白云岩地层常形成中等高度的山岭。

图3.14　蓟县高于庄组的代表岩性（蓟县桑树庵）

（a）官地亚组的硅化叠层石白云岩；（b）官地亚组燧石条带白云岩（*g*1）与桑树庵亚组含锰粉砂质页岩（*g*2）之分界；（c）张家峪亚组下部之瘤状灰岩；（d）张家峪亚组上部之“臼齿构造”

3.3.2.2　杨庄组（Jxy）

杨庄组为高振西等于1934年建立，当时定名为“杨庄页岩”，地点在蓟县罗庄子乡杨庄村一带。杨庄组以具醒目的紫红色含粉砂泥质白云岩为特征（图3.16）。蓟县杨庄组的上部和下部除紫红、砖红、灰白色含粉砂泥质白云岩外，还夹有含硅质团块、条带的叠层石白云岩、少量深灰色沥青质白云岩和硅质岩（硬白云岩）。据此，杨庄组可分为三个岩性段，杨一、三段为软硬相间的韵律层，分布于低谷及其两侧；杨二段以紫红色含粉砂泥质白云岩为主，岩石较软，常呈低谷地貌。

通过实际观察和等厚线图分析（图3.17），杨庄组的区域性地层特征如下：① 杨庄组厚度一般在12～770 m，以蓟县厚度为最大。② 杨庄组最大的沉降中心主要位于蓟县-冀东迁西一带，地层等厚线多在500 m以上，由此向NW和SE两个方向地层厚度逐渐减小，由几百米减至零，明显受山海关和内蒙古陆的控制。③ 燕山西段，即密云以西，杨庄组地层厚度多小于100 m，再向西则变得更薄，至宣化-阳原以西为沉积零线，明显受西侧太行山古陆的控制。④ 该组等厚线的展布方向在燕山东段主要呈NE向延伸，而燕山西段等厚线的展布则呈近EW向展布。⑤ 在蓟县、冀北兴隆、宽城和冀东迁西一带为红色杨庄组的主要分布区，在冀西、冀北东部及辽西一带，这一特征已基本消失，因此与上覆雾迷山组很难区分。

杨庄组与下伏高于庄组在局部地区（如冀东滦县）呈平行不整合接触，但从全区看则主要为整合接

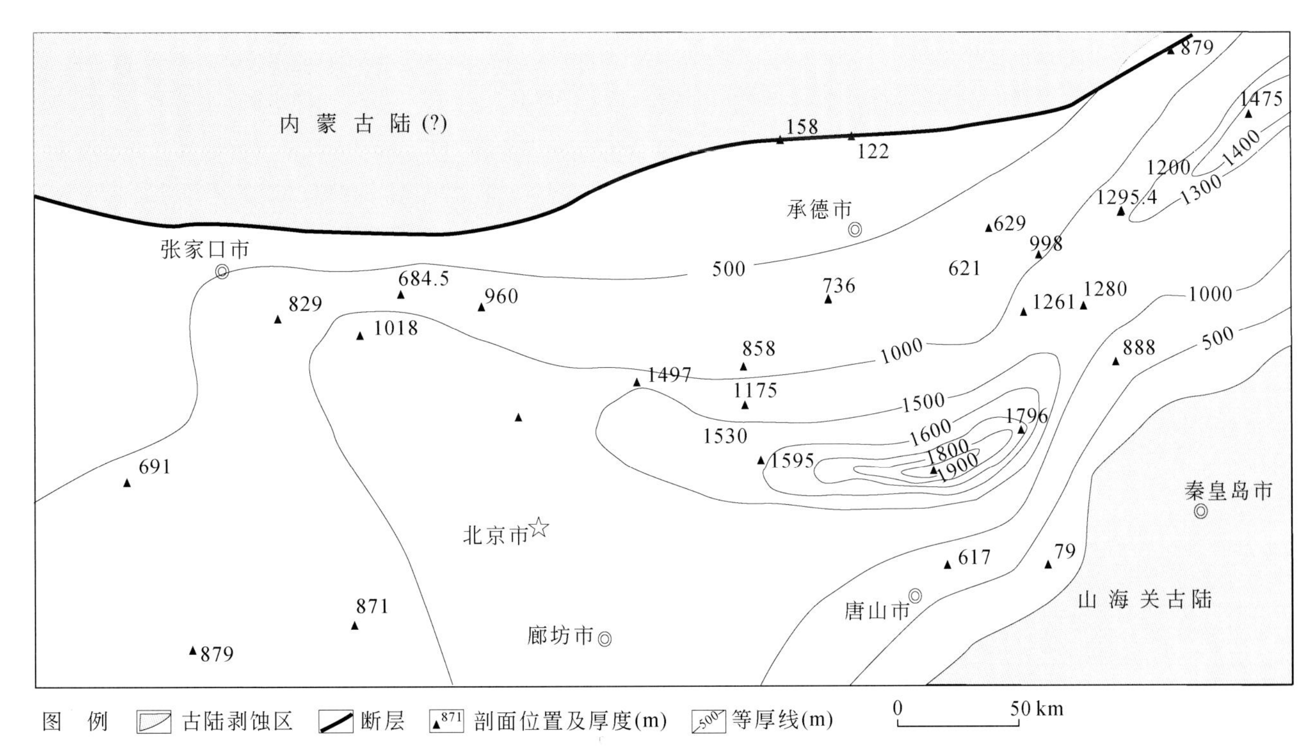

图 3.15　燕山地区蓟县系高于庄组等厚线图①

图 3.16　蓟县杨庄组代表性岩类为紫红色夹灰白色含砂泥质泥晶白云岩

触（详见下述）。

3.3.2.3　雾迷山组（Pt_2^2w 或 Jxw）

雾迷山组为高振西等于1934年建立，当时定名为“雾迷山灰岩”。雾迷山是五名山的谐音，五名山位于蓟县城西十余公里处。

雾迷山组由以白云岩为主的碳酸盐岩所组成，但有如下显著特征：① 地层厚度巨大，可厚达3416 m，是蓟县中—新元古界剖面各组中地层厚度最大的一个组。② 碳酸盐微生物岩占绝对优势，微生物岩可占雾迷山组总厚度的80% ~90%，野外观察时常见为棕色豆状、球状和斑点，并串连成某些叠层石的基本层。③ 沉积韵律极为发育，巨厚的雾迷山组地层实际上都是由不同级别的沉积韵律层和旋回所叠加而成(图3.18)。

在雾迷山组不同级别的沉积韵律层和旋回中，最基本的沉积韵律层自下而上大都由下列五个韵律单元层所组成（图3.19）：

① 转引自朱士兴等，2010，燕山地区中元古界碳酸盐岩古生物学研究（科研报告），399页。

（1）A 层（底层）：潮上带上部含砂泥质泥晶白云岩，见干裂和岩盐假晶。

（2）B 层（下层）：潮间带的纹层状硅质条带微晶白云岩，以含有层状和穹状叠层石类型的微生物岩为特征，俗称藻席白云岩或下藻席层。

（3）C 层（中层）：由潮下带厚层-块状亮晶白云岩组成，以具凝块状和锥叠层石的微生物岩为特征。

（4）D 层（上层）：潮间带的纹层状硅质条带微晶白云岩，属于上藻席层下部，以含有层状和穹状叠层石为特征。

（5）E 层（顶层）：潮上带浅色硅质条带微晶白云岩（淡水淋滤带），属于上藻席层上部，同样可含浅色硅化的层状和穹状叠层石。

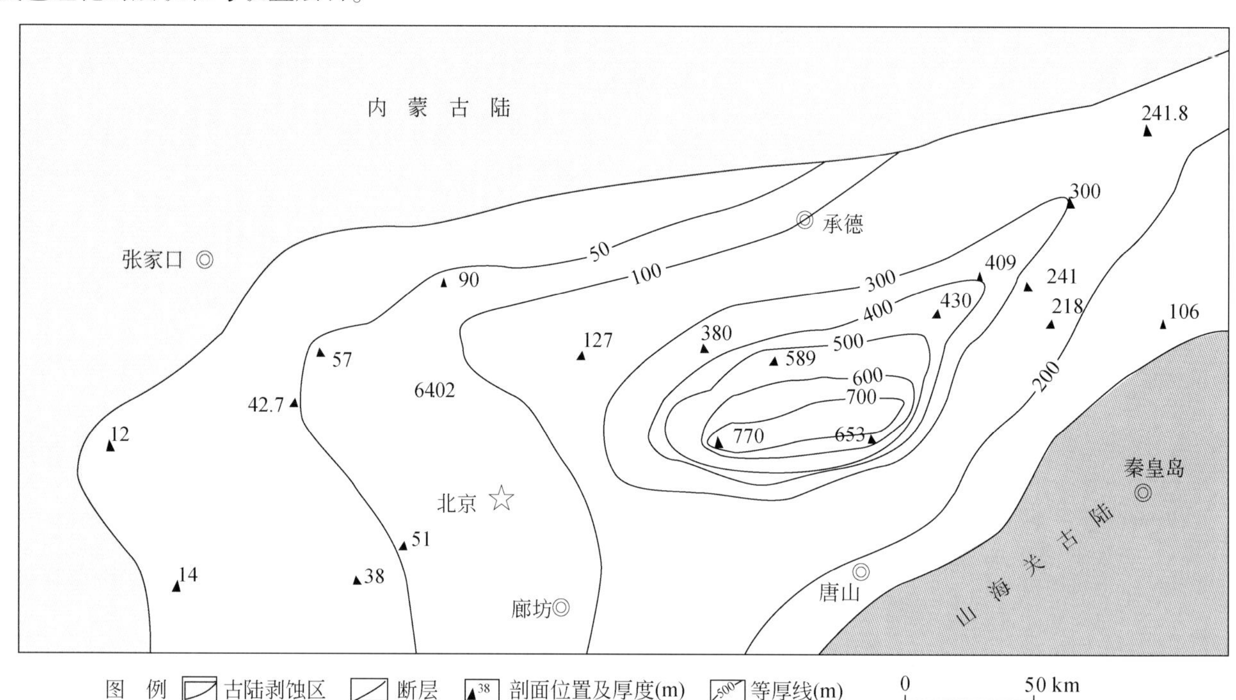

图 3.17　燕辽裂陷带蓟县系杨庄组地层等厚线图①

图 3.18　雾迷山组的韵律性沉积（蓟县桑园南）

图 3.19　西雾迷山组的基本沉积韵律层（蓟县王庄西）

A. 底层；B. 下层；C. 中层；D. 上层；E. 顶层

据不完全统计，整个蓟县剖面雾迷山组由 400 多个基本沉积韵律层所组成。依据雾迷山组不同基本韵律层的组合和高一级沉积旋回的特征，可将雾迷山组划分成四个亚组、八个岩性段，四个亚组的基本特征自下而上为：

① 转引自朱士兴等，2010，燕山地区中元古界碳酸盐岩古生物学研究（科研报告），399 页。

（1）罗庄亚组（雾一、二段）。

下部灰色凝块石白云岩、藻席白云岩、白云质页岩组成的韵律层；中部叠层石白云岩、藻席白云岩、泥晶白云岩组成的韵律层；上部藻席白云岩、泥晶白云岩、粉砂泥质白云岩、白云质页岩组成的韵律层；顶部发育白云质角砾岩、硅质岩。产叠层石 *Pseudogymnosolen*，*Scyphus* 等，厚860 m。

（2）磨盘峪亚组（雾三、四段）。

以灰色厚层-块状凝块石白云岩、叠层石白云岩、燧石团块或条带泥晶白云岩、藻席白云岩、白云质页岩等组成韵律层，顶部发育硅结壳及红层。叠层石以锥-柱状为主，主要有 *Conophyton lituum*，*Jacutophyton furcatum* 等，厚766 m。

（3）二十里堡亚组（雾五、六段）。

底部紫红色含砂泥质白云岩、白云质砂岩、亮晶砾屑白云岩；下部灰白色泥晶白云岩、藻席白云岩、白云质页岩夹鲕粒硅质岩、亮晶砾屑白云岩组成韵律层；上部灰色块层凝块石白云岩、藻席白云岩、叠层石白云岩及泥质白云岩、白云质页岩组成韵律层。叠层石有 *Conophyton lituum*，*C. shanpolingense*，*Colonnella* cf. *discreta* 等，厚963 m。

（4）闪坡岭亚组（雾七、八段）。

底部灰白色白云质石英砂岩；下部灰白色灰质白云岩夹燧石条带泥晶白云岩；上部浅灰色燧石条带灰质白云岩，藻席白云岩、厚层叠层石白云岩。本亚组下部产柱状叠层石 *Colonnella*，中部产锥状叠层石 *Conophyton*，*Jacutophyton*，顶部产中等大小的柱状叠层石 *Pseudochihsienella inconspicua*，*Wumishanella changzilingensis*，*Paraconophyton inconspicum* 等，顶部的部分分子充填有海绿石，厚827 m。

雾迷山组主要的区域性地层特征如下：① 雾迷山组的厚度在650～3330 m（图3.20），厚度最大可达3368 m（青龙）。② 从山海关—唐山一线向SE方向，受山海关古陆的影响，雾迷山组地层厚度由910 m减薄至43 m，并趋向于沉积零线；在燕山西段由于毗邻太行山古陆，雾迷山组地层厚度向西渐变薄，至宣化—阳原一线以西为沉积零线；北部受崇礼-隆化古断裂的影响，地层厚度不明，可能为剥蚀零线。③ 该组等厚线在燕山西段呈近EW向展布，在燕山东段主要呈NE向延伸，最大沉降中心主要位于蓟县一带，地层等厚线多在3000 m以上。④ 由东到西具有两个沉降幅度较大的地带与两个沉降幅度较小的地带相间出现，呈现出相对的“两凹两隆”的古构造格局，似乎在NE向断陷构造的背景上，还有NW向断

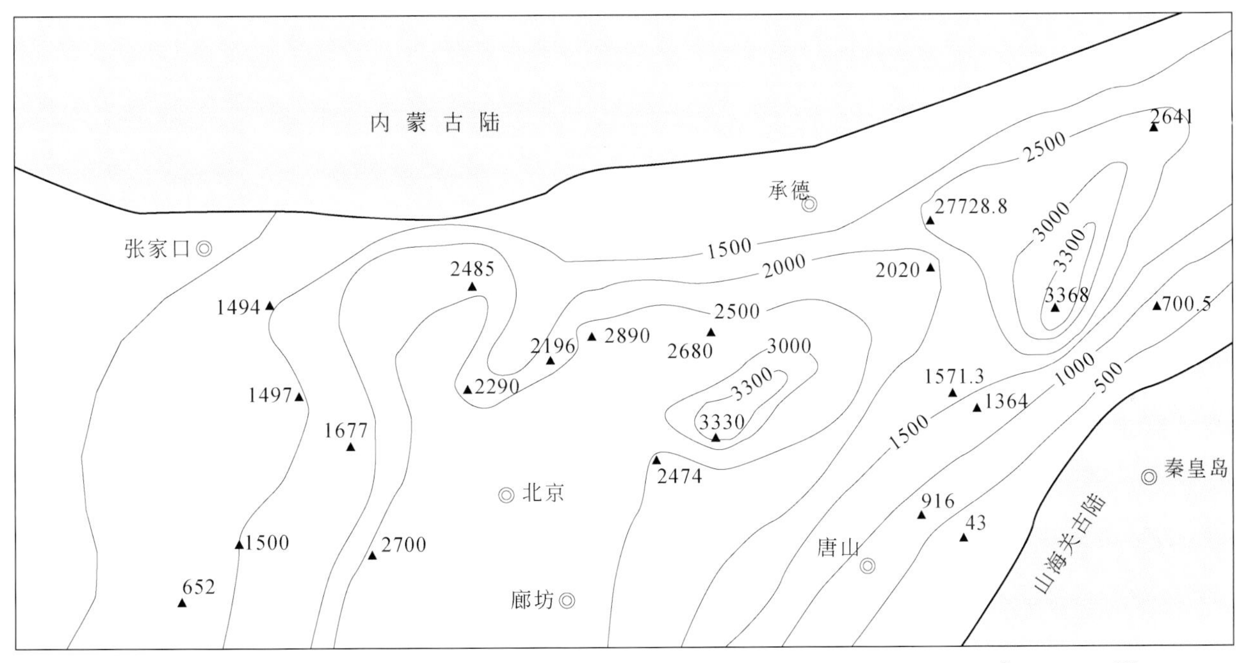

图3.20　燕辽裂陷带蓟县系雾迷山组地层等厚线图①

① 转引自朱士兴等，2010，燕山地区中元古界碳酸盐岩古生物学研究（科研报告），399页。

陷构造的叠加。在两个凹陷中，一为青龙汤道河-杨杖子一带的凹陷，沉降中心位于杨杖子，最大地层厚度达 3368 m；另一个为蓟县-密云一带的凹陷，沉降中心位于蓟县罗庄，最大地层厚度 3330 m。⑤ 自唐山 NE 开始，雾迷山组厚度明显减薄，到滦县出露厚度不足 100 m，且仅与罗庄亚组的中、下部相当。

雾迷山组与下伏杨庄组为过渡整合接触关系。雾迷山组碳酸盐岩因岩石坚硬，常也形成高山地貌，但其中泥质白云岩为主的层段（如磨盘峪亚组的下部等），也可形成低谷。

3.3.2.4 洪水庄组（Pt$_2^1$h 或 Jxh）

洪水庄组为高振西等于 1934 年建立，选用蓟县洪水庄地名，称之为“洪水庄页岩”。实测剖面起于床子岭村西南，止于老虎顶西坡，地层厚度 131 m。

蓟县剖面洪水庄组主要为一套灰黑、黄绿色泥页岩，分两段：下段（洪一段）以灰黑色薄层泥质白云岩为主，夹灰黑色页岩薄层，富含沉积有机质；上段（洪二段）以黄绿、灰黑、黑色页岩为主，含硅镁质、黄铁矿结核和凸镜状泥质白云岩（图 3.21）。

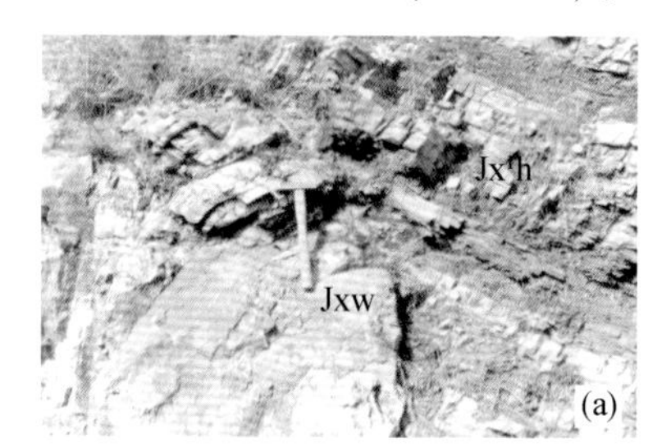

图 3.21　洪水庄组岩性特征（蓟县城北洪水庄至闯子岭）

（a）蓟县大岭子洪水庄组下部（洪一段）薄层泥质白云岩夹黑色页岩段（Jx^{1}h）；（b）蓟县小岭子洪水庄组上部（洪二段）黑色页岩段（Jx^{2}h）

根据区域考察和等厚线图分析（图 3.22），洪水庄组的区域性地层特征如下：① 洪水庄组的厚度多在 40～140 m，厚度最大的沉降中心在冀东青龙一带（厚达 140 m）。② 该组等厚线的展布方向，在燕山西段呈 NWW 方向延伸，在燕山东段主要呈 NEE 向；③ 受山海关古陆的明显限制，沿山海关—唐山一线

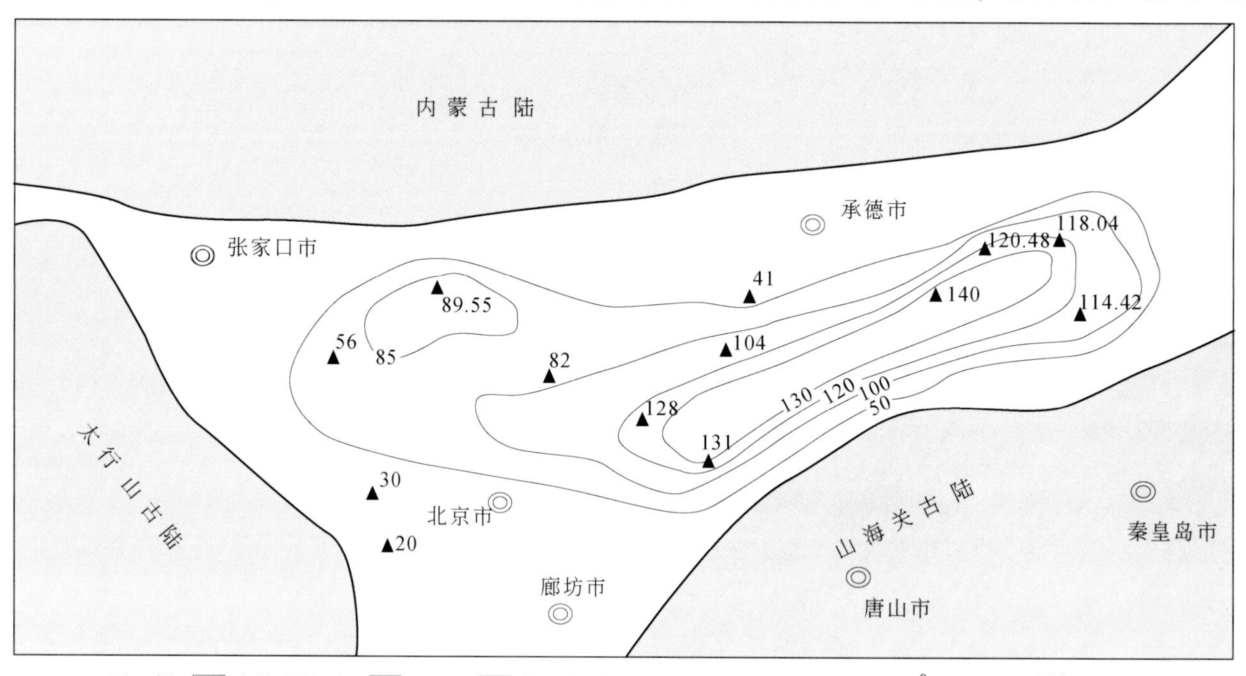

图 3.22　燕山裂陷带蓟县系洪水庄组地层等厚线图①

① 转引自朱士兴等，2010，燕山地区中元古界碳酸盐岩古生物学研究（科研报告），399 页。

的SE方向，地层等厚线由130 m减薄至0 m；燕山西段该组地层厚度向西渐渐变薄，至宣化-阳原以西为沉积零线，显然受西侧太行山古陆的控制；北部受崇礼-隆化古断裂的影响，该组地层厚度不明，可能为剥蚀零线；④ 该组最大沉降中心主要位于蓟县、宽城、青龙一带，地层等厚线多在100 m以上，最大沉积厚度达130～140 m，由此向NW和SE两个方向，地层厚度由里向外逐渐减小，直至零线。⑤ 在蓟县略东面的冀东坳陷，因受骆驼岭组之前的长期剥蚀而完全缺失。

洪水庄组组下部灰黑色泥质白云岩直接覆盖在下伏雾迷山组叠层石白云岩之上，界线突变，两者可能为超覆性质的平行不整合接触（详见下述）。

3.3.2.5 铁岭组（Pt_2^2t或Jxt）

铁岭组主要为碳酸盐岩沉积，高振西等于1934年选用蓟县铁岭村地名，称为“铁岭灰岩”。铁岭组早先分两段，1980年陈晋镳等鉴于发现两段岩性有明显区别，其间还存在清楚的沉积间断和古地磁极倒置现象，据此将铁岭组划分成两个岩性段（或称两个亚组）：下部铁一段（或称代庄子亚组）和上部铁二段（或称老虎顶亚组）。前者命名地点在蓟县城北5 km的代庄子村，后者由长春地质学院1973年命名，命名地点在蓟县城北3 km的夏庄子村附近山名。

铁一段（代庄子亚组）底部为灰白色薄层石英砂岩或石英砂岩透镜体；下部棕褐色内碎屑含锰叠层石白云岩、含砂含锰砾屑砂屑泥晶白云岩夹灰绿色页岩；上部黑、紫红、翠绿色等杂色页岩夹含锰白云岩；亚组厚153 m，与下伏洪水庄组呈整合接触关系（图3.23）。

图3.23 燕山地区蓟县系铁岭组（Jxt）与下伏洪水庄组（Jxh）呈整合过渡关系

铁二段（老虎顶亚组）以灰岩为主，厚181 m。蓟县剖面该亚组下部主要为灰质白云岩、白云质灰岩和竹叶状砾屑灰岩；上部除顶部为泥质和白云质灰岩外，几乎全部由叠层石灰岩组成。

老虎顶亚组与下伏代庄子亚组之间有清晰的沉积间断面，为区域性平行不整合接触。本组与上覆待建系的下马岭组之间也为平行不整合接触（详见后述）。

根据野外观察和等厚线图的分析（图3.24），铁岭组地层具有如下区域性特点：① 该组的厚度一般在120～380 m，其中密云-蓟县-宽城一带为沉降中心，最大沉积厚度达330～380 m，密云一带地层厚度最大可达380 m。② 从山海关—唐山一线向SE方向，因受山海关古陆的控制，地层等厚线由300 m减薄趋于沉积零线；燕山西段地层厚度向西渐渐变薄，至宣化-阳原以西为沉积零线，西侧为太行山古陆；北部受崇礼-隆化古断裂的影响，地层厚度不明，可能为剥蚀零线，因此两个亚组的沉积盆地呈现出单一盆地的古构造格局。③ 铁岭组地层等厚线在燕山东段主要呈NE向延伸，在燕山西段等厚线呈近EW向展布。④ 在冀北宽城地区的北杖子，铁岭组厚度211.11 m，代庄子亚组与其他地区的岩相特征基本相同，但老虎顶亚组则有很大区别，即其下部环境十分动荡，多见古风暴或震积成因的板砾构造，上部叠层石甚不发育，但出现瘤状灰岩，说明达到台盆相深水盆地的沉积环境。⑤ 在遵化以东，因骆驼岭组沉积之前的长期剥蚀致使铁岭组完全缺失。铁岭组通常形成中低型山地。

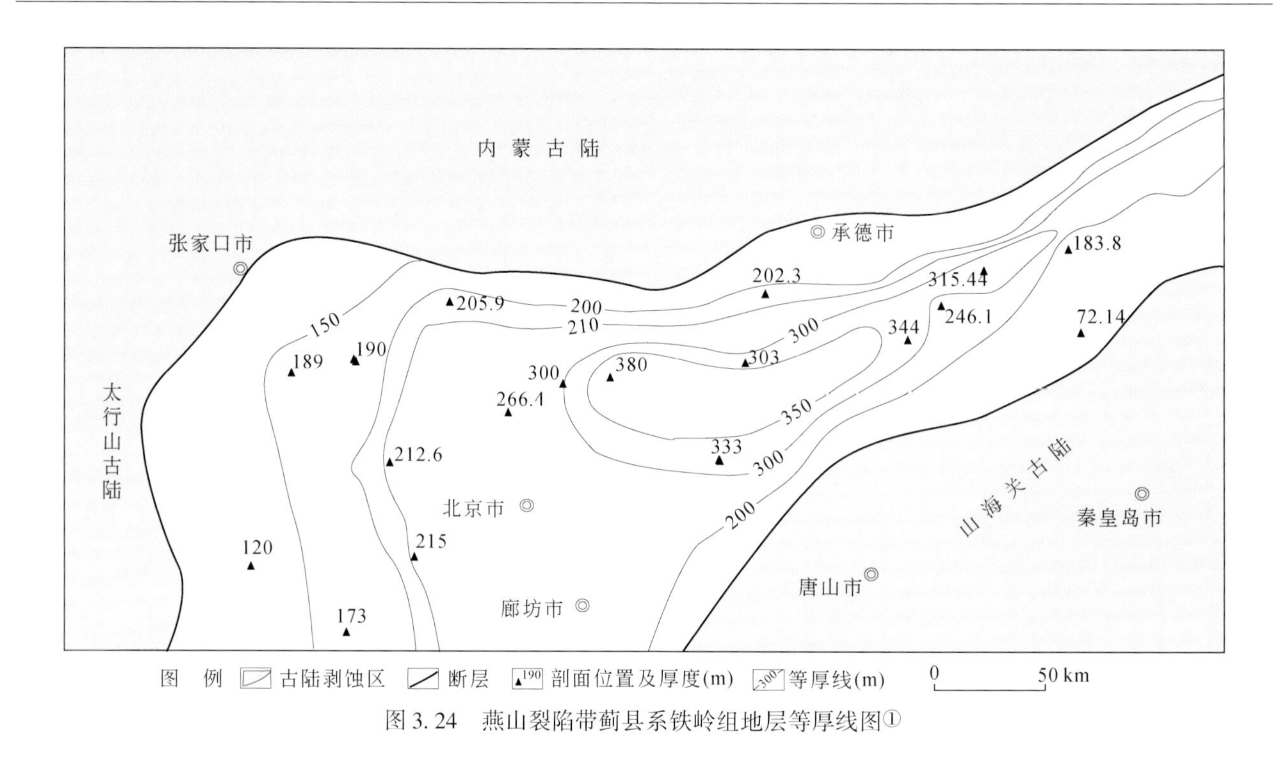

图 3.24　燕山裂陷带蓟县系铁岭组地层等厚线图①

3.3.3　待建系下马岭组（Pt_2^3x）

本组即叶良辅1920年命名的“下马岭页岩”，命名点在北京市门头沟区下马岭村。

蓟县剖面下马岭组主要为一套细碎屑岩沉积，以骆驼岭一带发育最好，厚168 m（图3.25）。在其底部发育有不稳定细砾岩；下部灰、灰紫色粗砂岩、灰黑色粉砂质页岩、粉砂岩，含大量细砂岩透镜体，具交错层理、透镜状层理，层面有波痕；上部以灰黑、黄绿色粉砂质页岩为主，夹细粉砂岩。本组与下伏老虎顶组呈平行不整合接触。下马岭组分布区的地貌大多为起伏不大的低山和沟谷。

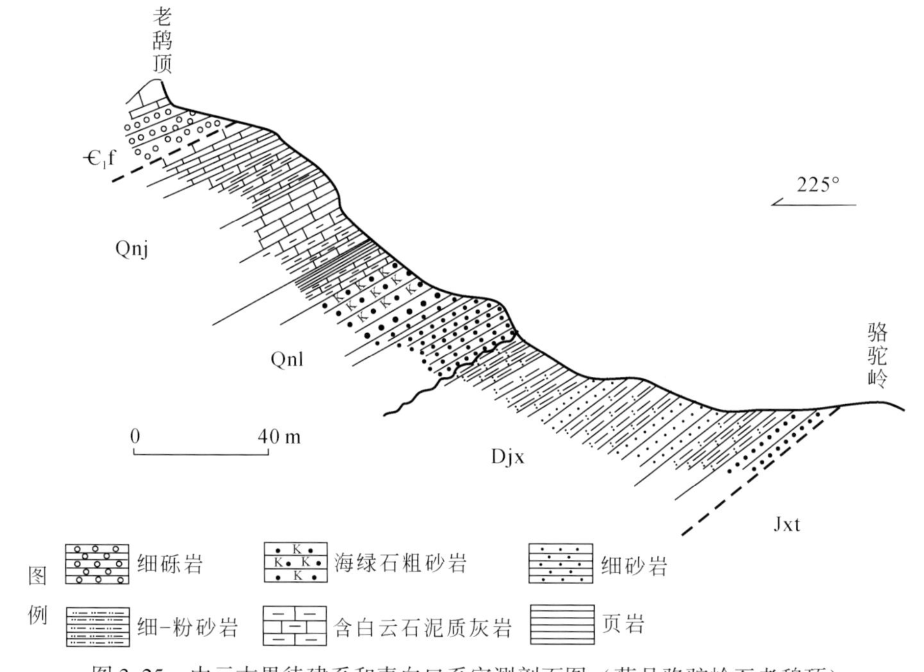

图 3.25　中元古界待建系和青白口系实测剖面图（蓟县骆驼岭至老鸹顶）

Jxt. 蓟县系铁岭组；Djx. 待建系下马岭组；Qnl. 青白口系骆驼岭组；Onj. 青白口群景儿峪组；ϵ_1f. 下寒武统府君山组

① 转引自朱士兴等，2010，燕山地区中元古界碳酸盐岩古生物学研究（科研报告），399页。

根据野外考察和等厚线图的分析（图 3.26），下马岭组的区域性地层特征可归纳如下：① 下马岭组的厚度一般在 100 ~ 537 m。② 因 SE 方向上有山海关古陆存在，NW 方向受控于崇礼-隆化古断裂，以及向西又有太行古陆，因而下马岭组等厚线呈近东西向延伸。③ 下马岭组最大沉降中心主要位于燕山西段怀来赵家山一带，地层等厚线多在 400 m 以上，最大沉积厚度达 545 m（图 3.27）。④ 怀来赵家山剖面的下马岭组自下而上可分为四段：下一段砂质页岩段，下二段灰绿色页岩段，下三段黑色页岩段和下四段杂色页岩夹泥灰岩段。冀东坳陷蓟县剖面的下马岭组仅相当于怀来赵家山剖面的下一段与下二段底部；冀北宽城一带的下马岭组仅残留下一段。⑤ 下马岭组的实际分布面积比铁岭组要进一步缩小，在冀东坳陷蓟县石门以东也因上覆骆驼岭组前的长期剥蚀而已不复存在。下马岭组组因岩性较软弱，故常形成中低型山岭。

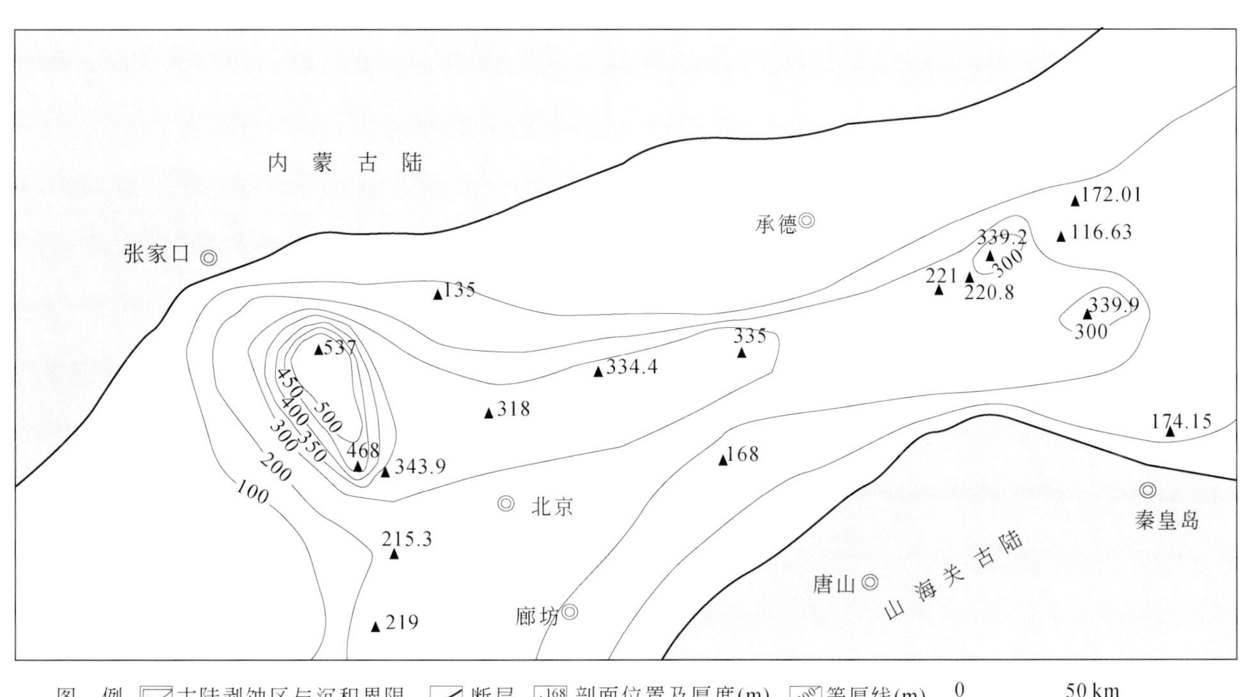

图 3.26　燕辽裂陷带待建系下马岭组地层等厚线图①

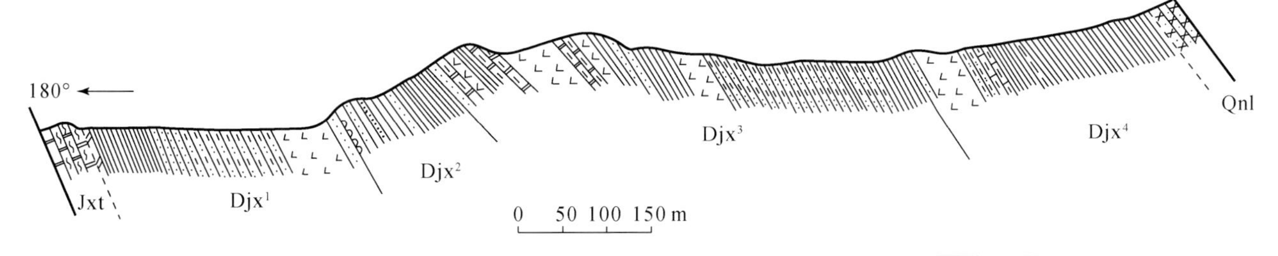

图 3.27　燕山西段怀来赵家山待建系下马岭组（Djx）剖面图（据杜汝霖、李培菊，1980，修改）

1. 石英砂岩；2. 砂岩；3. 泥质粉砂岩；4. 页岩；5. 泥质白云岩；6. 硅质条带、条纹白云岩；7. 含铁质结核砂岩；8. 基性岩床；9. 蓟县系铁岭组；10. 待建系下马岭组；11. 青白口系骆驼岭组

3.3.4　青白口系（Pt_3^1或 Qn）

青白口系的划分方案及命名曾有多次变化。1934 年高振西等将现称青白口系的地层及其上覆的府君山组，依据北京市门头沟区青白口村的村名称为“青白口群”，当时仅划分为两个岩组：下部采用叶良辅

---

① 转引自朱士兴等，2010，燕山地区中元古界碳酸盐岩古生物学研究（科研报告），399 页。

1920 年命名的“下马岭页岩”；上部称“景儿峪灰岩”，地点取自蓟县城北的东井峪和西井峪。1935 年张文佑、李唐泌在昌平的“景儿峪灰岩”中采到三叶虫，怀疑其为寒武纪地层。1954 年郝贻纯在昌平将“青白口统”划分为“后坡页岩”、“龙山砂岩”、“前坡页岩”、“昌平灰岩”和“豹皮灰岩”；同时工作的边兆祥还在“景儿峪灰岩”中采到三叶虫。1957 年孙云铸、王曰伦发现蓟县“景儿峪灰岩”中的角砾岩，认为是寒武系的底砾岩，遂将原“景儿峪灰岩”上部的“厚层灰岩”分出，划归寒武系。1960 年王曰伦按地形图上所记山名将这套寒武系地层命名为“福金山组”，后按当地碑文记载改称府君山组。1963 年王曰伦等在府君山组中采到三叶虫，确定了现今景儿峪组的上界。1975 年在编制华北地区区域地层表时，北京市地质研究所建议将“景儿峪组”下部的砂页岩（即郝贻纯所称的“龙山砂岩”和“前坡页岩”）分出，另称“龙山组”，后因与南方的龙山系重名，随改称“长龙山组”。稍后，邢裕盛考虑到北京并无“长龙山”的地名，而该组地层在蓟县骆驼岭发育甚好，故提议称为骆驼岭组。

如表 3. 5 所示，本章所指的青白口群仅包括骆驼岭组和景儿峪组两个组，顶、底界都为平行不整合面或微角度不整合面所限。

3. 3. 4. 1　骆驼岭组（Pt_3^1l 或 Qnl）

骆驼岭组即前人景儿峪组的下段，文献上也称“龙山组”和“长龙山组”。在蓟县，骆驼岭组与下伏下马岭组呈平行不整合接触（图 3. 28），但从区域资料来看，两者间应为微角度不整合接触（详见下述）。蓟县骆驼岭组主要为一套碎屑岩沉积，厚 118 m，分两段：

图 3. 28　青白口系骆驼岭组（Qnl）与下伏待建系下马岭组（Djx）之间的平行不整合接触关系（蓟县城北夏庄子）
Djx. 下马岭组顶部页岩；Qnl. 骆驼岭组底部砾岩和含砾长石粗砂岩

下段（骆一段）为砂岩段，其底部为黄褐色中-厚层含砾长石石英砂岩和透镜状细砾岩。下部为含长石石英砂岩夹灰黄色泥质粉砂岩，层内发育大型板状、楔状交错层理、人字形交错层理、鱼骨状交错层理，泥质粉砂岩层面具波痕、泥裂；中部为灰白色厚层-块状含海绿石石英砂岩夹浅灰色中薄层石英砂岩与灰色页片状粉砂质页岩；上部为灰白色厚层-块状石英砂岩，夹灰绿色粉砂质页岩。

上段（骆二段）主要为灰紫色、灰黑色和灰绿色的“杂色页岩”。

3. 3. 4. 2　景儿峪组（Pt_3^1j 或 Qnj）

景儿峪组相当于前人“景儿峪组”的上部灰岩段。蓟县剖面景儿峪组主要为一套海相碳酸盐岩沉积，厚 112 m。底部有厚 10 ~ 20 cm 的含细砾海绿石粗砂岩；下部主要为灰白、灰紫色中-薄层泥灰岩；中部灰色、蛋青色中-厚层泥晶灰岩夹泥灰岩；上部灰色薄层泥质含灰白云岩、白云质灰岩夹紫红色页岩。

景儿峪组与下伏骆驼岭组之间，一般看作整合接触，但底部为含细砾的海绿石粗砂岩，因而也不排斥曾有一短暂的沉积间断（图 3. 29）。

景儿峪组可能因岩相和古气候的影响，迄今发现古生物化石甚少，仅在东井儿峪村该组顶部浅灰绿色薄层灰岩中发现一些宏体藻类化石：*Chuaria circularis* 和 *Shouhsienia shouhsienensis*。

景儿峪组顶部被下寒武统府君山组微角度不整合覆盖（图 3. 30），代表著名的“蓟县运动”。

图3.29　景儿峪组的岩性特征及其与下伏骆驼岭组的接触关系（蓟县西井儿峪村北）
Qnj. 青白口系景儿峪组下部紫红色含泥白云岩质灰岩；Qnl. 青白口系骆驼岭组顶部黑色页岩

图3.30　蓟县北岭下寒武统府君山组（b）微角度不整合在青白口系景儿峪组（a）之上

在西井儿峪村北岭，府君山组由下而上由红色古风化壳、含角砾的粗砂岩或碳酸盐岩胶结的角砾岩、沥青质核形石灰岩和厚层状豹皮灰岩等组成，在上部豹皮灰岩中产中华莱得利基虫 *Redlichia chinensis* (Walcott)、风阳大古油栉虫 *Megapalaeolenus fengyangensis* Chu 等三叶虫化石。

3.4　地层划分依据

以蓟县剖面为代表的燕辽裂陷带中—新元古界是以层序基本连续著称的，因此成为中国中—新元古界年代地层划分的基础。但是，从20世纪90年代开始，随着锆石U-Pb法定年等新技术和新方法的引进，燕辽裂陷带中—新元古界的测年工作取得了显著进展，特别是近几年来SHRIMP、二次离子质谱

（Secondary Ion Mass Spectrometer，SIMS）和激光剥蚀–感应耦合等离子体质谱（Laser Ablation Inductively-Coupled Plasma Mass Spectrometer，LA-ICP-MS）等方法的推广和应用，取得了一大批精确测年的新资料。与此同时，岩石地层学、层序地层学和生物地层学等方面也取得了许多新成果。所有这些新资料都对原 1991 年的中国地层表形成了重大冲击，并导致了地层委员会《中国地层表（试用稿）》（2013）的形成（表 3.5）。

表 3.5　燕辽裂陷带元古宙沉积地层划分建议表

年代地层和时限			岩石地层和年龄			
界	系	时限	组	厚度/m	代表岩性	地质年龄/Ma
新元古界	青白口系	850 Ma				850
			景儿峪组	112	白云质灰岩	853、862 (钟富道等，K-Ar)
			骆驼岭组	118	砂岩、海绿石砂岩、杂色页岩	899 (钟富道等，K-Ar) 855 (于荣柄等，K-Ar)
						900
中元古界		1000 Ma				
	待建系	1320 Ma				1320
			下马岭组	168	杂色砂岩、粉砂岩和页岩	←1320 (李怀坤等，U-Pb) ←1368 (高林志等，U-Pb) ←1380 (Su *et al.*, U-Pb)
	蓟县系	1400 Ma				1400
			铁岭组	180	灰岩	←1437 (苏文博等，U-Pb)
				153	含锰白云岩和杂色页岩	
			洪水庄组	131	泥质白云岩和页岩	
			雾迷山组	3336	白云岩和微生物白云岩	
			杨庄组	707	紫红色泥质白云岩	
			高于庄组	1596	白云岩和白云质灰岩	←1560 (李怀坤等，U-Pb)
			小红峪组	149	砂岩、白云岩	1620
	长城系	1600 Ma	大红峪组	259	砂岩、火山岩	←1625 (陆松年,李惠民,U-Pb) ←1622 (李怀坤等，U-Pb)
			团山子组	518	含铁白云岩	
			串岭沟组	889	页岩	
			常州沟组	859	砾岩、砂岩	
		1650 Ma				1650
						←1685 (高维等，U-Pb) ←1682 (和政军等，U-Pb) ←1673 (李怀坤等，U-Pb)
		1800 Ma				

如上所述，《中国地层表（试用稿）》（2013）与《中国地层表》（1991）相比已有很多变化。这些变化反映了近十几年来燕辽裂陷带中—新元古界的同位素年代学和岩石地层界线研究取得的大量新资料，目前这些新资料主要集中在对上部下马岭组和下部高于庄组分别与上覆和下伏地层接触关系以及新的界线年龄的确定上。

3.4.1　下马岭组的新年龄和青白口系的解体

按照前人的资料，燕山辽裂陷带的下马岭组不仅与下伏蓟县系铁岭组和上覆青白口系骆驼岭组均呈并行不整合接触，而且时限约为 1000 ~ 900 Ma，因而被归于新元古代早期的青白口系下部层位。当时依据的主要的年龄数据是：① 铁岭组上部叠层石的海绿石年龄为 1050 Ma。② 天津地质矿产研究所于荣炳、张学祺（1984）用 K-Ar 法测得怀来赵家山下马岭组伊利石页岩年龄为 956 Ma。③ 乔秀夫、高劢（1997）在北京西山下马岭组下部获得 Pb-Pb 年龄 879±18 Ma。

近几年来，上述青白口系的年代格架，主要是被下马岭组新获得的一系列新的测年龄数据所突破，随之也引起青白口系的解体和重新定义。主要表现在两方面：其一，在下马岭组中部发现了多层古火山凝灰岩（斑脱岩），为采用 SHRIMP 法测得锆石 U-Pb 沉积年龄，提供了测年的新材料（图 3.31）；其二，在许多地方的下马岭组多见以辉绿岩床为主的基性侵入岩，又为下马岭组沉积年龄提供了上限数据（图 3.27）。到目前为止，已有许多单位的不同研究者对上述两种测年对象进行了测年工作，并都获得了基本一致的结果：

图 3.31　河北怀来赵家山下马岭组主要斑脱岩层位及采样点（箭头）

（1）下马岭组火山凝灰岩的 SHRIMP 锆石 U-Pb 年龄：迄今已在北京西山、河北怀来赵家山和宽城化皮溜子的下马岭组三段下部发现凝灰岩（斑脱岩），测得彼此十分接近的 SHRIMP 锆石 U-Pb 年龄，结果如下：

① 高林志等（2008）在北京西山下马岭组中部斑脱岩（凝灰岩）中，分别在北京离子探针中心和西澳科廷大学测得 1368±12 Ma 和 1370±11 Ma 的 SHRIMP 锆石 U-Pb 加权平均年龄（Gao *et al.*，2007，2008，2009）。

② 高林志等在河北怀来赵家山剖面下马岭组中上部斑脱岩（凝灰岩）中，测得 1366±9 Ma 的 SHRIMP 锆石 U-Pb 年龄（Gao *et al.*，2008）。

③ 苏文博等对上述地点的火山凝灰岩用相同方法也进行了测试，也获得了 1379±12 Ma、1380±36 Ma 的 SHRIMP 锆石 U-Pb 法测年结果（Su *et al.*，2008）。

此外据李怀坤等面告，在相应的火山凝灰岩也获得了十分接近的测年数据。

（2）侵入基性岩岩床的年龄：基性侵入岩不仅在岩石学和构造学上有重要意义，其年龄还限制了下马岭组沉积年龄的上限，迄今以已获得了两组 U-Pb 法测年结果：

① 地表侵入河北宽城地区下马岭组的辉绿岩床为 1320±6 Ma SHRIMP 锆石 U-Pb 年龄（李怀坤等，

2009）。

② 在河北宽城老黄家冀浅2井下马岭组下一段厚层辉长辉绿岩床的岩心以及平泉双洞相应层位岩床的露头中，均发现中晶辉长岩，从中挑选约50粒斜锆石晶体，用Cameca IMS-1280型SIMS，对36颗斜锆石晶体的U-Pb年龄测定，得出年龄谱定年为1327.3±2.3Ma和1327.5±2.4Ma[①]（参见本书第14章）。

此外，苏文博等在冀辽交界处的下马岭组也发现钾质斑脱岩，其锆石SHRIMP U-Pb年龄为1372±18 Ma，同时还在其下伏的铁岭组内也发现了钾质斑脱岩，并获得其1437±21 Ma的锆石SHRIMP U-Pb年龄（苏文博等，2010）。

（3）根据上述新资料对下马岭组的时代和层位不难得出如下推论：

① 上述下马岭组斑脱岩的年龄都在1370 Ma左右，采样位置大都位于下马岭组中偏上部（下三段下部），其底部的年龄应更老，故推测下马岭组的下限，或它与铁岭组的分界年龄都接近1400 Ma。

② 侵入下马岭组的辉长辉绿岩床的年龄1320～1327 Ma，岩床的顶、底板均具有下马岭组页岩的围岩蚀变带，因而推测下马岭组的顶界年龄不新于1320 Ma。

③ 由于下马岭组的沉积时限应在1400～1320 Ma，因此其应归属中元古代中部或国际地层表的延展纪早期（1400～1200 Ma），而不再是新元古代早期拉伸纪或青白口纪的地层。

④ 下马岭组下移之后，原定义的青白口系就只剩下骆驼岭组和景儿峪组，因缺乏新的年龄资料，故只能按原来的年龄资料，将青白口系和骆驼岭组的下界年龄仍分别暂定为1000 Ma和900 Ma。这样下马岭组与骆驼岭组之间自然就出现了长达320～420 Ma的沉积缺失。

⑤ 蓟县系或铁岭组的上限年龄约为1400 Ma，与国际地层表盖层系的上限一致。

因此蓟县系或铁岭组之上到青白口系之下的地层应另建新系。但燕辽裂陷带在蓟县系与青白口系之间仅有下马岭组，而下马岭组代表的时限短促（<100 Ma），不足以单独建系。因此，目前将蓟县系铁岭组和青白口系之间，即下马岭组和其上的缺失的地层，暂统称为“待建系”来处理，时限为1400～1000 Ma，可与国际地层表的中元古界中上部的延展系和狭带系相对应。

3.4.2　长城系和蓟县系的界线和年龄

从表3.4可知，早先高振西等认为，蓟县剖面的高于庄组与上覆杨庄组之间为“假整合”接触，将蓟县系和长城系的界线定在高于庄组和杨庄组之间，而对高于庄组与下伏大红峪组之间认为是连续沉积，因而高于庄组与大红峪组一并置于长城系的顶部。

但早在20世纪50年代，申庆荣、廖大从首次指出，高于庄组与下伏大红峪组之间呈平行不整合接触，进而提出将高于庄组由长城群划归蓟县群的意见。对此，原华北地质研究所蓟县剖面研究队也持同样的意见，但都未引起广泛注意。鉴于问题的重要性，本章作者在21世纪初对此问题又进行了重点复查和区域追索，结果如下。

3.4.2.1　高于庄组与上覆和下伏地层的接触关系

新的资料表明，高于庄组与下伏大红峪组之间，大部分地区都存在明显的沉积间断，两者主要呈区域平行不整合接触关系。在区域上，除燕山北部宽城一带沉积盆地中心的局部地区之外［图3.32(d)］，大部分地区该平行不整合关系都很清楚。例如，在蓟县一带，大红峪组顶部的大型锥叠层石，不仅有被淡水淋滤的现象，而且有大型锥叠层石 *Conophyton daongyuense* 被高于庄组的底部石英砂岩侵蚀而呈现截顶的产状［图3.32(a)］；燕山东段的青龙、迁西一带，高于庄组底部石英砂岩之下，还存在清晰的2～5.6 m厚底砾岩［图3.32(c)］；燕山东段和西段，大红峪组顶部除常见到侵蚀现象外，有时还见铁质风化壳的存在［图3.32(b)］；在盆地边部的太行山-五台山区，高于庄组常超覆于古元古代或太古宙的变质地层之上。

① 王铁冠，钟宁宁，朱士兴，罗顺社等，2009，华北地台下组合含油性研究及区带预测，中国石油大学（北京）（内部科研报告），347页。

总之，高于庄组在与其下伏地层之间，主要表现为一个区域性平行不整合和超覆不整合的接触关系。前人将发生在高于庄组沉积之前的地壳运动，以冀东青龙县城南的高于庄组底砾岩代表，称为“青龙上升”（陈晋镳等，1980）。

与上述高于庄组与下伏大红峪组清楚的平行不整合接触关系相反，高于庄组上覆的杨庄组底部，虽然在河北滦县桃园等地也存在底砾岩，而且砾石成分主要是片麻岩、基性和酸性火山岩等，最大砾径约可达40 cm，显示明显的平行不整合接触关系，其代表性的地壳运动前人称为“滦县上升”。但从燕山全区范围来看，这种平行不整合的接触关系是局部性的。例如，以蓟县剖面为代表的“红色杨庄组”分布区，杨庄组以呈紫红色泥质白云岩为特征，虽然其底部的白云岩中，石英砂等陆源碎屑有所增加，但并不显示出明显的平行不整合接触界线，以致杨庄组只能依据含砂的紫红色含泥砂质白云岩的出现作为标志（图3.33）。在燕山西段和北部缺失紫红色泥质的“非红色杨庄组”分布区，其岩性与高于庄组上部更加相似，难以区分，有时底部仅见有1～2 m厚的白色硅质岩（硅质结壳层）。因此，仅从岩石地层学的观点看，燕辽裂陷带的杨庄组和高于庄组之间主要为整合接触关系，仅局部性地呈现出平行不整合接触关系。因此，从地层接触界线的性质来看，将蓟县系和长城系的界线，改在高于庄组与大红峪组之间，比放在高于庄组与杨庄组之间更为合理。

图3.32　高于庄组底界的各种产状

（a）高于庄组底部石英砂岩切割大红峪组底部达型锥叠层石 *Conophyton dahongyuense* 的顶端（蓟县小红峪沟）；（b）大红峪组顶部有铁质风化壳（迁西夏庄子）；（c）高于庄组底部有底砾岩（迁西马蹄峪）；（d）高于庄组底部砂岩与大红峪组顶部砂岩层整合过渡接触（河北宽城崖门子）

图3.33　高于庄组（Jxg）与上覆杨庄组（Jxy）之间的整合接触关系

3.4.2.2 蓟县系和长城系的分界年龄

长城系顶部层位为大红峪组，因此大红峪组的顶界年龄即代表了长城系的顶界年龄。早在20世纪90年代，陆松年、李惠民（1991）就首先获得蓟县大红峪组中部火山熔岩的单颗粒锆石U-Pb年龄1625±6 Ma，从而较精确地将大红峪组的上限年龄，限定在1600 Ma左右；这一年龄值也为最近同露头新的锆石SHRIMP U-Pb年龄1622 Ma和1625 Ma所佐证（Lu *et al.*，2008；Gao *et al.*，2009）。

如上所述，由于高于庄组与下伏大红峪组之间虽然存在区域性平行不整合接触关系，但在盆地中央仍有整合接触的地方，表明高于庄组与大红峪组之间的沉积间断时间不会很长。因此上述大红峪组上部火山熔岩的锆石U-Pb年龄值大致就是蓟县系的下界年龄，即长城系和蓟县系的界线年龄可设定为1600 Ma。此外，新近在燕山西段高于庄组上部发现了一层火山凝灰岩，测得SHRIMP U-Pb年龄为1559±12 Ma和LA-MC-ICP-MS U-Pb年龄为1560±5 Ma，也为进一步限定接近1600 Ma的蓟县系底界年龄提供了新佐证。

此外，国际地层表表明，1600 Ma是一非常重要的地层界线，它既是古元古代和中元古代的年代界线，又是古元古代固结系和中元古代盖层系的年代界线。因此将高于庄组与其下伏的大红峪组之间的界线，看作长城系和蓟县系的界线（约1600 Ma），既有清楚的地层基础，也利于国际间的对比。这样，蓟县系顶、底界的时代界线就是1600～1400 Ma，完全可以与国际地层表的盖层系对比。

以上就是《中国地层表（试用稿）》（2013）的形成以及上文介绍的燕辽裂陷带中—新元古界层序和划分的主要依据。

3.5 《中国地层表（试用稿）》尚存问题

尽管上述《中国地层表（试用稿）》（2013）根据新资料对《中国地层表》（1991）作了很大的修正和补充，但还有一些重要的资料和问题并未被包括和解决，它们主要是：

3.5.1 一些地层组的内部还有区域性平行不整合接触界线

按照《中国地层指南及其说明书》的规定，“组”是岩石地层的基本单位，组的划分是以特征性岩石或其组合为标准，但通常组的内部不允许存在区域性的不整合面或大间断。但是，在燕辽裂陷带大红峪组和铁岭组内部，还存在着区域性的平行不整合接触界线，这就出现了要不要建立新组的问题。

3.5.1.1 关于大红峪组内部的平行不整合接触关系

在燕辽裂陷带，除了在上述高于庄组底部与大红峪组大三段顶部之间，存在清晰的平行不整合接触关系外，在上述冀东青龙、迁西等地高于庄组底砾岩分布区，原大红峪组上部大三段（厚50～100 m）之上，大三段底部层还有一套底砾岩层，而且它比高于庄组的底砾岩厚度更厚、砾径更大、成分更复杂（图3.34）。通过剖面研究和区域追索，初步得出如下认识：

（1）大红峪组大三段底砾岩层不但厚度大，分布更广，代表一个比高于庄组底砾岩规模更大的区域性地层平行不整合接触关系和地壳上升运动，如果说高于庄组底砾岩代表的上升运动称为“青龙上升”，那么，大红峪组大三段底砾岩代表的上升运动可称作“迁西上升”。

（2）从层序地层学的观点看，大三段地层下部以砾岩和长石石英粗砂岩为代表，应为低水位体系域的沉积；中、上部为石英砂岩和海绿石砂岩，系海侵体系域的沉积；顶部为白云质粉砂岩和粉砂质页岩，还常见干裂构造，表明依次为高水位体系域沉积和暴露标志。因此，该套砾岩层本身不仅构成一个顶底分别为SB Ⅱ和SB Ⅰ型层序不整合界面所限的完整的三级沉积程序，而且构成一个顶、底都有平行不整合所限的独立的岩石地层单位。

高于庄组的底界以滨海相石英砂岩为代表的海侵体系域沉积，仅是一个三级层序分界的第Ⅱ类层序不整合接触界面。相反，在大红峪组大三段底部界线之上，除出现巨厚的底砾岩之外，还广泛出现代表低水位体系域的河流相粗粒长石砂岩和含砾长石石英砂岩，因此，它是一个第Ⅰ类型层序不整合界面，代

图 3.34　原大红峪组大三段底砾岩

(a)、(b) 迁西马蹄峪 [(b) 为 (a) 之局部放大]；(c) 迁西夏庄子；(d) 蓟县大红峪组大三段底部含砾长石石英砂岩平行不整合在富钾基性火山熔岩之上

表比“组”更高一级地层单位的界线。

(3) 从层序地层学的观点看，上述“大红峪组大三段”总的来看是以低水位体系域的沉积为特征，而高于庄组的四个亚组自下而上分别为潮间带为主的官地亚组（高一、二段）、潮下带为主的桑树鞍组（高三段）、盆地到斜坡相为主的张家峪亚组（高四至八段）和潮下-潮间-潮上带的环秀寺亚组（高九、十段），因而大红峪组第三段与其上的高于庄组一起正好组成了一个完整的二级沉积层序或旋回。

(4) 区域性追索也表明，该套地层在区域上虽然分布十分广泛，岩性组合的基本特点也非常一致。但岩性变化相对较大，因而对其层位问题，以往各家认识往往不一。例如，在燕山滦县桃园和青龙山地区，有人认为属于大红峪组，有的认为是高于庄组，甚至笼统认为是长城系（如五台地区）。但从本章上述的岩性特征和综合分析来看，它们既不是高于庄组，也不是大红峪组，更不是长城系，而可能正是上述顶、底界都为区域性平行不整合界面所限的大红峪组大三段地层。

如前所述，如果“大红峪组大三段”继续作为一个岩性段保留作为大红峪组上部的话，显然既不符合地层指南的相关规定，也割裂了与上覆高于庄组的有机联系。当然，也不宜将它作为一个岩性段或亚组归于高于庄组来处理，因为它并非原蓟县高于庄组标准剖面的底部层位，而是在高于庄组之下的层位。

经横向追索，与上述大红峪组上部相当的地层向西到到迁西瓦房庄、遵化朱家峪、蓟县道古峪和大红峪也都存在。例如，在迁西西侧瓦房庄，与上述大红峪组大三段特征相同的地层同样存在，不同之处在于：① 底砾岩变薄至 1.8 m [图 3.34(c)]；② 地层厚度增厚到 92.3 m；③ 地层中白云质砂岩、砂质白云岩明显增厚，甚至已见两层叠层石白云岩；④ 高于庄组底部已不见砾岩，而是一层厚 6.2 m 的灰白色厚层-块状滨海相的石英砂岩，直接平行不整合覆盖其上，再上即是一套紫红色的粉砂岩和具干裂的页岩。

在蓟县，这套地层即为大红峪组大三段，并以下营大红峪沟的西叉沟（小红峪沟）出露最好。以小红峪沟剖面为例（图 3.35），该套地层厚达 148.56 m，可分成两部分：下部以白云质含砾长石石英砂岩、白云质砂岩为主，夹翠绿色粉砂质页岩和叠层石白云岩；上部主要以燧石条带叠层石白云岩为主，夹板层状泥质白云岩。它以含细砾长石石英砂岩平行不整合覆盖于富钾基性火山岩之上，其上则被约 2 m 厚的高峪组底部滨海相砂岩所平行不整合覆盖。这套地层延续到蓟县虽然底部已不见显著的底砾岩层，但仍然存在代表快速堆积的含细砾长石石英砂岩，并平行不整合在下伏的大红峪组富钾基性火山熔岩之上 [图 3.34(d)]。

总之，该套大红峪组大三段地层虽然广泛存在，岩性的组合特征也基本相同，但从盆地边缘的冀东随着向西往盆地方向也表现出显著的变化，主要表现在：

(1) 向盆地方向该套地层逐步增厚；

（2）底砾岩变薄到缺失；

（3）碳酸盐岩和叠层石夹层增多和增厚。例如，该套地层的厚度在迁西马蹄峪为 52 m，向西到迁西瓦房庄增厚至 92.3 m，而到蓟县已达到 148.56 m。又如，底砾岩的厚度，在马蹄峪达 22.3 m，瓦房庄减为 1.8 m，而到蓟县则相变成含细砾的长石石英砂岩，等等。

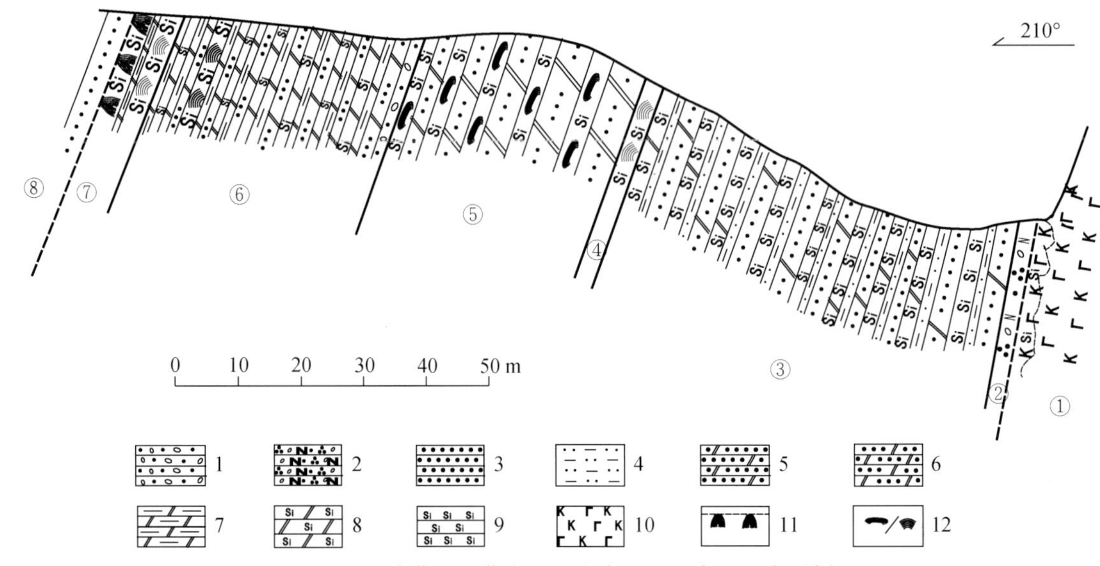

图 3.35　天津蓟县下营小红峪沟大红峪组大三段实测剖面

1. 含细砾粗砂岩；2. 含长石英岩状砂岩；3. 粗砂岩；4. 粉砂质页岩；5. 含白云质粗砂岩；6. 白云质粗砂岩；7. 泥质白云岩；8. 含硅质条带、团块白云岩；9. 硅质岩；10. 富钾粗面岩；11. 截顶锥叠层石；12. 穹形（柱状）叠层石

因此作者认为，将原大红峪组上部大三段另建立一个新组更为合理。以前作者曾建议称作“马蹄峪组”（朱士兴等，2005），但今天看来，似乎蓟县小红峪沟的剖面更典型，因此本章建议改称为“小红峪组”。

3.5.1.2　铁岭组上、下段之间的平行不整合接触关系

在原蓟县系顶部的铁岭组上部铁二段以叠层石灰岩为主，下部铁一段以含锰白云岩为主。早年高振西等认为，二者之间是整合接触，两段只是岩性有差异（高振西等，1934）。20 世纪 70 年代，作者等首先在蓟县发现两者之间的沉积间断，并存在平行不整合接触界面（图 3.36）。以后的资料表明，铁岭组内部的这一平行不整合接触关系，在区域上也广泛存在，并被命名为“铁岭上升”（杜汝霖、李培菊，1980）。例如，在蓟县城北铁岭组标准剖面上，铁质风化壳为含赤铁矿砾岩，厚 5 ~ 8 cm，侧向最厚达 35 cm，1958 年曾被当作铁矿被局部开采；蓟县北部兴隆扁担沟一带铁岭组铁一段顶部有 3 层褐铁矿化角砾岩层，厚 15 ~ 20 cm；宽城县西化皮瘤子北杖子一带，铁岭组铁一段含锰页岩顶部以发育褐铁矿化松散渣状层为特征，厚 10 ~ 15 cm；北京延庆四海的铁质砂岩厚达半米以上，形成了所谓的“四海式铁矿”；冀西北后城一带铁岭组铁一段顶部也发育 8 ~ 10 cm 褐铁矿化角砾岩，等等。由此可见，该风化壳代表的平行不整合和沉积间断在燕山地区广泛分布，具有明显的区域性。

铁岭组铁一、二段之间不仅存在区域性平行不整合接触关系，而且在岩性、含矿性等反映的地球化学场之间都有显著的区别。例如，铁一段主要为白云岩，而铁二段则主要是是灰岩；铁一段富锰，局部可成工业锰矿（如辽西瓦房子锰矿）；铁二段底部富铁，局部成地方性铁矿（如冀西的四海式铁矿）。

此外，古地磁学的研究表明，在界线的上、下曾发生过磁极倒置事件，在界线稍往上还有热液-喷气活动等热事件的证据。因此曾建议，铁岭组上、下两段分别提升为两个亚组或两个组，分别被命名为“代庄子亚组”和“老虎顶亚组”（陈晋镳等，1980），或“代庄子组”和“老虎顶组”（孙立新、朱更新，1998）。

《中国地层指南及其说明书》还指出，总体上发生变化，而且被区域性的不整合，或大间断隔开的相邻地层，即使不存在明显的岩性差异证明其可分时，也应避免将它们联合成一个岩石地层单位。据此本章作者也赞成将铁岭组解体为“代庄子组”和“老虎顶组”的意见。

图3.36 蓟县小岭子村东铁岭组下部代庄子亚组（Td）与上部老虎顶亚组（Tl）之间的平行不整合接触界线

3.5.2 《中国地层表（试用稿）》无“群”的划分

《中国地层指南及其说明书》指出，岩石地层的划分单位主要由群、组（或细分为亚组）、段和层构成，其中“群”（包括由群归并成的“超群”和由群细分的“亚群”）是比组高一级的正式岩石地层划分单位（全国地层委员会，2001）。众所周知，“群”通常是以不整合（包括平行不整合）接触界面为划分界线的，而后者实际上是沉积盆地构造演化发生重大事件的反映，也是盆地演化阶段划分的主要标志，因此“群”的划分是岩石地层研究的一项重要任务。从燕辽裂陷带中—新元古界地层研究历史来看，早年高振西等在对蓟县剖面的划分中，很注重岩石地层单位“群”和年代地层单位“系”的划分与区别，曾在组的划分基础上，将剖面由下而上归并为“南口群”、“蓟县群”和“青白口群”，即后来的“长城群”、“蓟县群”和“青白口群”，它们相应的年代地层单位是“下震旦系”、“中震旦系”和“上震旦系”。但是，到了20世纪70年代，随着北方“震旦系”依次被提升为“震旦亚界”、“晚前寒武纪”、“中、晚元古界”和“中—新元古界”之后，三个群才被取消而改成相应的三个系，并分别称为长城系、蓟县系和青白口系。这样的改变虽然完善了年代地层的划分，但却导致了后来燕辽裂陷带中—新元古界岩石地层划分方案中，只有“组”和“段”，而没有“群”一级地层单位。因此，从岩石地层来看，蓟县剖面或燕辽裂陷带中—新元古界的当前的地层划分单位是不完整的。

3.5.3 年代地层界线与依托地层界线的不一致性

以前认为，蓟县剖面除顶部与下寒武系之间存在沉积缺失外，其他地层基本上是连续的，因此成为“长城”、“蓟县”和“青白口”三个系的标准剖面。但是，今天看来，燕辽裂陷带的中—新元古界，即使是蓟县剖面，沉积缺失的现象也比想象的要严重得多，除了蓟县系以外，其他地层已很难成为建立相应的“系”一级地层单位的基础，并作为全国的标准。例如，在中部下马岭组和骆驼岭组之间新发现有400 Ma以上的地层缺失，那么拟建的“待建系”缺失很大一部分沉积记录，实际上就等于没有建“系”。又例如，其上覆的骆驼岭组和景儿峪组至今尚无可靠的年龄资料，因此用它们来代表青白口系实际上目前也是依据不足的。此外，最近多位研究者对北京密云不整合于常州沟组之下的花岗斑岩岩脉中锆石进行年代学研究，都表明该花岗斑岩岩脉的侵位时间都集中在1685～1670 Ma，不整合其上的常州沟组其沉积年龄应比此年龄更新，估计在1650 Ma左右。因此原来长城纪地层（常州沟组、串岭沟组、团山子组和大红峪组）的实际年龄只有1650～1600 Ma，而不是1800～1600 Ma，因而常州沟组到大红峪组已经不能再是长城系的标准地层，而只是长城系的一小部分。

综上所述，即使是《中国地层表（试用稿）》（2013），无论在岩石地层上，还是在年代地层上，还都还存在诸多问题。

3.6　新的建议

为解决当前燕辽裂陷带中—新元古界划分方案中存在的问题，作者首先建议完善岩石地层，特别是补充群的划分研究；其次建议直接应用国际地层表，来讨论它们的年代和对比问题；第三建议将当前的“系”的名称直接回归为相应“群”的名称。如是这样，当前燕辽裂陷带乃至中国中—新元古界划分方案中存在的问题和困难可望得到基本克服。

3.6.1　岩石地层的划分

对于燕辽裂陷带中—新元古界岩石地层的划分，本章仅讨论下列组和群两级的划分问题。

3.6.1.1　组的划分

以蓟县剖面为代表的燕辽裂陷带中—新元古界原有 12 个组，自下而上为：常州沟组、串岭沟组、团山子组、大红峪组、高于庄组、杨庄组、雾迷山组、洪水庄组、铁岭组、下马岭组、骆驼岭组和景儿峪组。但近期的界线研究和区域追索中发现，在大红峪组上部大三段与下伏地层之间以及与铁岭组铁一、二段之间，也都存在区域性平行不整合接触关系和显著的沉积间断。前人曾建议，大红峪组大三段单独建组为“马蹄峪组”；铁岭组解体后下部铁一段为“代庄子组”，上部铁二段为“老虎顶组”。对照地层指南“通常组的内部不允许存在区域性的不整合或大间断”的规定，本章作者也同意这些意见。因此，以蓟县剖面为代表的燕辽裂陷带中—新元古界，从原来的 12 个组被增加到 14 个组，它们自下而上是：常州沟组、串岭沟组、团山子组、大红峪组、小红峪组、高于庄组、杨庄组、雾迷山组、洪水庄组、代庄子组、老虎顶组、下马岭组、骆驼岭组和景儿峪组（表 3.6）。

表 3.6　燕辽裂陷带元古宇岩石地层划分表

群	亚群	组		厚度/m	岩性
青白口群		景儿峪组		112	青灰、灰白色白云质灰岩
		骆驼岭组		118	长石石英砂岩、海绿石砂岩和杂色页岩
怀来群		下马岭组		168	杂色砂岩、细砂岩和黑、绿色页岩
蓟县群	铁岭亚群	老虎顶组（铁二段）		180	叠层石灰岩
		代庄子组（铁一段）		153	底部砂岩，主要为含锰白云岩，顶部杂色页岩
		洪水庄组		131	下部泥质白云岩，上部黑色、绿色页岩
	五名山亚群	雾迷山组	闪坡岭亚组（雾七、八段）	862	白云岩夹白云质灰岩
			二十里堡亚组（雾五、六段）	877	燧石条带白云岩和大锥叠层石白云岩，底部夹紫红色砂质白云岩
			磨盘峪亚组（雾三、四段）	755	燧石条带白云岩和大锥叠层石白云岩
			罗庄亚组（雾一、二段）	842	燧石条带白云岩夹小柱叠层石白云岩
		杨庄组		707	紫红色和灰白色泥砂质白云岩，上下夹燧石条带白云岩
	南口亚群	高于庄组	环秀寺亚组（高九、十段）	347	燧石条带白云岩
			张家峪亚组（高四至八段）	700	碳质粉砂岩、灰质白云岩和白云质灰岩
			桑树鞍亚组（高三段）	282	含锰粉砂岩、页岩和白云岩
			官地亚组（高一、二段）	267	燧石条带白云岩和叠层石白云岩
		小红峪组（大三段）		148.56	砾岩、白云质砂岩和砂质白云岩，夹叠层石白云岩
长城群	—	大红峪组（大一、二段）		408	石英岩状砂岩、长石砂岩和富钾基性火山岩
		团山子组		518	富铁白云岩
		串岭沟组		889	黄绿色和黑色页岩
		常州沟组		859	砾岩和砂岩

3.6.1.2　群的划分

众所周知，不整合（包括平行不整合）面的发现和研究是地层研究的关键，也是群一级地层划分的主要标志。如上所述，燕辽裂陷带中—新元古界，除了顶界与寒武系、底界与新太古界之间的界线以外，在内部鉴别出以下三个最重要的界面：第一是位于下马岭组与其上覆骆驼岭组之间的区域性微角度不整合接触（蔚县运动）和SB1型层序不整合界面，其上、下地层不仅在古构造、古地理和古生物群落等各方面都有明显不同，并且还有长达400 Ma左右的沉积间断与甚为广泛的岩浆活动。第二是下部建议新建的“小红峪组”与下伏大红峪组之间（迁西上升），从性质上不仅也是一个区域性的平行不整合界面和SB1型层序不整合界面，并且还向周边大面积的超覆（以向W或NW为主），也是古地理格架（图3.17）与古生物群面貌发生重大变化的界线。第三则是位于下马岭组与其下伏“老虎顶组”（铁岭组铁二段）之间的区域性平行不整合界面（芹峪上升），下马岭组与“老虎顶组”相比，不仅其间存在显著的沉积间断，而且在岩相性质上有明显改变，古地理面貌也有较大变化（盆地收缩），因此也是一条重要的地层界面。至于高于庄组与“小红峪组”的平行不整合接触关系及底部的砂、砾岩层，本章暂解释为由低水位体系域(“小红峪组”)，转变为海侵体系域（高于庄组下部官地亚组）的体系域转换界线；而“代庄子组”（铁岭组铁一段）和“老虎顶组”之间的平行不整合界线，虽业已证明是区域性的，但对其区域地质的意义还不甚明了，因此都暂不予考虑。综上所述，本章仅根据上述反映出地层重大变化的三大界面（迁西上升、芹峪上升和蔚县运动），建议将燕辽裂陷带中—新元古界划分为四个群的方案。

众所周知，岩石地层学与年代地层学是地层学的不同分支，前者着重岩层实体，后者着重岩层的年代，两者的界线既可一致，也可不同。因此，国际和国内地层规范都强调，岩石地层单位和年代地层单位不能重名。按照这一原则对于燕辽裂陷带中—新元古界新建的四个群的命名问题可以存在两种处理意见：

（1）若保留当前的年代地层划分和长城系、蓟县系、待建系和青白口系的名称，那么由于多数群和系的界线存在显著不同，各个群就都要另起新名。对此作者等也曾进行过尝试，提出过一个自下而上分为“下营群”（常州沟组、串岭沟组、团山子组和大红峪组）、“渔阳群”（“小红峪组”、高于庄组、杨庄组、雾迷山组、洪水庄组、“代庄子组”、“老虎顶组”）、“赵家山群”（下马岭组）和“骆驼岭群”（“长龙山组”和景儿峪组；朱士兴等，2012a）。这一方案的缺点是：新名词太多、地质图件改动较大，不利于国际间的对比。

（2）鉴于国际地层表基本成熟，与显生宙地层一样，中国的区域年代表也同样采用国际地层年表，并将“长城”、“蓟县”、“青白口”等大家所熟知的名词和术语，在名称上分别回归于相应的“群”。如是这样，不仅可以避免因出现许多新群名称而引起混乱，而且也可使这些大家所熟知的名称和术语在地质文献和图件中继续使用，仅仅将相应的“系”改变成“群”即可。如是这样，它们自下而上就是：“长城群”（常州沟组、串岭沟组、团山子组和大红峪组）、“蓟县群”（“小红峪组”、高于庄组、杨庄组、雾迷山组、洪水庄组、“代庄子组”、“老虎顶组”）、“怀来群”（下马岭组）和“青白口群”（骆驼岭组和景儿峪组）。

上述两种处理方案，作者现在认为后一种更为简单明瞭，易于操作和应用，因此也就成为本章新建议的重点。按照上述后一处理方案，本章建议燕辽裂陷带中—新元古界的岩石地层单位可分为四个群和14个组（表3.6）。

3.6.2　年代地层的划分和对比

我国地层指南指出“年代地层学是研究岩石体相对的时间关系及年龄”，划分年代地层单位的目的首先是确定地层的时间关系，其次是建立一个全球标准年代地层表。在国际上经过多年的酝酿、讨论和实施，有关前寒武纪的地质年表已趋于成熟，一个元古宙（宇）三分为代（界）、十分为纪（系）的方案已被普遍接受（International Commission on Stratigraphy，2009）。2008年国际地层委员会公布的国际地层表中，元古宙与太古宙的界限为2500 Ma，与显生宙的界限为542 Ma；元古宙之下分古、中、新三个代

(Paleoproterozoic、Mesoproterozoic、Neoproteorzoic)，其间的界线分别为1600 Ma和1000 Ma；其中，古元古代又分为四个纪，自老到新为成铁纪（Siderian）、层侵纪（Rhyacian）、造山纪（Orosirian）和固结纪(Ststherian)，彼此界线为2300 Ma、2050 Ma和1800 Ma；中元古代分为三个纪，自老到新为盖层纪(Calymmian)、延展纪（Ectasian）和狭带纪（Stenian)，彼此界线为1400 Ma和1200 Ma［表3.4(a)］；新元古代也三分为拉伸纪（Tonian)、成冰纪（Cryogenian）和埃迪卡拉纪（Ediacaran)，彼此界限分别为850 Ma和635 Ma。

在中国区域年代地层表关于中元古界“系”的划分方案中，除名称不同之外，实际上除个别系的界限年龄有较大差别外（如青白口系的上界与拉伸系上界之间)，大都与国际地层表也基本相同。因此，从地层指南和上述燕辽裂陷带的新资料来看，如继续以蓟县剖面为标准进行建系研究的话，实际上既无建系的条件，也无建系的必要。如果在建群的基础上，直接应用国际地层表的成果，进行燕辽裂陷带相关地层的年代地层研究的话，当前出现的许多问题似乎就会得到妥善处理。

如上所述，在解决中国新地层表中存在的问题和弥补不足之前，本章建议以群一级单位为代表，以基本成熟的国际地层年表为标准，讨论它们的时限和对比问题（表3.4、表3.5)。

3.6.2.1 “长城群”的时限和对比

如上所述，燕辽裂陷带中元古界层位最低的地层是“长城群”的常州沟组，常州沟组的底界也就是长城群的年龄底界。万渝生等（2003）测得北京十三陵长城系常州沟组碎屑锆石的SHIRIMP年龄中，最年轻的年龄仅为1805±25 Ma，说明常州沟组的沉积年龄应新于1805 Ma。

最近，多家对北京密云不整合于常州沟组之下的花岗斑岩岩脉中的锆石进行年代学研究，都表明该花岗斑岩岩脉的侵位时间都集中在1685~1670 Ma。例如，高维等（2008）获得SHRIMP U-Pb年龄1685±15 Ma；和政军等（2011）分别测得1682±20 Ma（SHRIMP）和1708±6 Ma（LA-ICP-MS）的U-Pb年龄；李怀坤等（2011）也用LA-MC-ICP-MS法获得1673±10 Ma锆石U-Pb年龄。因此，不整合其上的常州沟组的沉积年龄应比此年龄新，估计在1650 Ma左右。因此原长城纪地层（常州沟组、串岭沟组、团山子组和大红峪组）的实际年龄只有1650~1600 Ma而不是1800~1600 Ma，即原长城系地层与定义的长城系底界之间有150 Ma的地层缺失。这表明现在又增加了必须对长城系重新定义的新问题。

“长城群”顶部层位是大红峪组，因此大红峪组的顶界年龄即代表了“长城群”的顶界年龄。早在20世纪90年代，陆松年、李惠民（1991）就首先获得蓟县大红峪组的中部火山熔岩单颗粒锆石U-Pb年龄1625±6 Ma，从而将大红峪组上限年龄较精确地限定在1600 Ma左右（陆松年、李惠民，1991)；这一年龄值也被最近同露头的SHRIMP U-Pb锆石新年龄1622 Ma和1625 Ma所佐证（Lu *et al.*，2008；Gao *et al.*，2009)。

综上所述，燕辽裂陷带“长城群”的时限可基本限定在1650~1620 Ma，并与国际地层表固结系(1800~1600 Ma）的上部及其年代相当的地层进行对比。

3.6.2.2 “蓟县群”的时限和对比

虽然高于庄组与下伏大红峪组之间存在区域性平行不整合接触关系，但在盆地中央仍有整合接触的地方，表明高于庄组与大红峪组之间的沉积间断时间不会很长。因此上述以大红峪组上部火山熔岩的锆石U-Pb年龄限定的长城群年龄上界约1620 Ma，大致就是“蓟县群”的下界。此外，新近在燕山西段高于庄组上部发现了一层火山凝灰岩，测得SHRIMP U-Pb年龄为1559±12 Ma和LA-MC-ICP-MS U-Pb年龄为1560±5 Ma，这也为确定蓟县群的接近1620 Ma的底界年龄提供了新的佐证。

如上所述，下马岭组的底界，即铁岭组或“蓟县群”的顶界年龄都应接近1400Ma。由此可见，“蓟县群”的底界和顶界年龄分别约为1620 Ma和1400 Ma，基本上相当于国际地层表的盖层系（1620~1400 Ma）的地层。

3.6.2.3 “怀来群”的时限和对比

如上所述，“怀来群”仅有下马岭组一个组，因而下马岭组的时限1400~1320 Ma，也就代表了“怀来群”的时限。从国际地层表来看，它应当是延展系（1400～1200 Ma）的下部地层。

3.6.2.4　“青白口群”的时限和对比

“青白口群”由骆驼岭组和景儿峪组所组成，以前根据两组的海绿石 K-Ar 年龄资料限定在 900～850 Ma。由于迄今尚无新的年龄资料，因而这些资料只能暂时继续应用，也因此初步视作为国际地层表中拉伸系（1000～850 Ma）的上部地层。

3.7　基本结论和存在问题

（1）通过上述对燕辽裂陷带中—新元古界关键地层问题的研究，主要结论如下：

① 原青白口系下部下马岭组 1368 Ma 等新年龄资料是基本可靠的，因而下马岭组沉积的时限约为 1400～1320 Ma，理应划归中元古界。这样，燕辽裂陷带新元古界仅剩下原青白口系上部的骆驼岭组和景儿峪组。

② 原青白口系中部的骆驼岭组与下伏下马岭组之间的接触关系为区域微角度不整合接触，它可能正是导致罗迪尼亚超大陆形成的全球构造运动（格林维尔运动）在燕辽裂陷带的反映。因此，无论从全球构造运动的观点或是从现时有关的年龄资料来看，下马岭组与骆驼岭组之间都应有长达 400 Ma 以上的沉积缺失。

③ 根据主要地层单位之间的接触关系和厚度的纵、横向变化，燕辽裂陷带中—新元古代地层建议划分为十四个组，并归并为四个群一级岩石地层单位。它们自下而上为“长城群”（自下而上包括常州沟组、串岭沟组、团山子组和大红峪组）、“蓟县群”（包括“小红峪组”、高于庄组、杨庄组和雾迷山组、洪水庄组、“代庄子组”和“老虎顶组”），“怀来群”（下马岭组）和“青白口群”（骆驼岭组和景儿峪组）。

④ 以上述燕辽裂陷带中—新元古界地层层序、盆地构造演化和新的年龄资料为依据，表明中国北方的中—新年代地层的划分方案应重新厘定，如以国际地层表为准，则燕辽裂陷带“长城群”、“蓟县群”、“怀来群”和“青白口群”分别应是固结系上部、盖层系、延展系下部和拉伸系上部的地层。这也就成了燕辽裂陷带中—新元古界与国内外同时代地层对比的新标准。

⑤ 无论根据地质研究的新资料还是年代学研究的新进展，对于蓟县剖面的“完整性”也必须重新评估。总的来说，蓟县剖面拥以“蓟县群”为代表的十分完整的盖层纪地层，因此蓟县剖面完全有条件成为该纪地层的国际层型。此外，新资料还表明蓟县剖面为代表的燕辽裂陷带中—新元古界中，不仅缺失了固结系中-下部、延展系上部和拉伸纪下部的地层，而且完全缺失了狭带纪、成冰纪和埃迪卡拉纪的沉积，欲建立完整的中国中—新元古代的地层序列，还有赖于其他区域的地层作补充。

⑥ 上述新资料为进一步探讨燕辽裂陷带中—新元古代的构造演化、沉积盆地和重大地质事件提供了新的基础。简言之，上述固结系“长城群”、盖层系“蓟县群”和延展系下部的“怀来群”主要都受 NE 向延伸的燕辽裂陷带控制，为该裂陷带不同发展阶段的沉积，可合称燕辽裂谷系。其中，“长城群”形成在固结纪，以碎屑沉积为主，是随着哥伦比亚超大陆的早期裂解而形成的燕辽裂陷带早期发生阶段的沉积；“蓟县群”形成于盖层纪，系陆表海碳酸盐为主的沉积，其沉积盆地不仅面貌由槽形改变成短轴形，而且海域面积也显著变大，但总体上仍受燕辽裂陷带控制而呈 NE 向延伸的盆地，因此是继长城系末岩浆活动之后，燕辽裂陷带中期海侵扩展阶段的沉积；“怀来群”则是形成于延展纪早期，燕辽裂陷带晚期盆地收缩阶段碎屑为主的沉积，并在末期不仅遭受蔚县运动轻度的挤压、变形和长期上升，还伴随着层状侵入为主的基性岩浆活动。这些可能正是华北克拉通对形成罗迪尼亚超大陆的全球构造运动的响应。至于“青白口群”，它暂时看作形成在拉伸纪的晚期，可能是随着罗迪尼亚超大陆的开始裂解而形成的一个新的裂陷槽（辽南裂谷系）早期海侵阶段的陆表海碎屑-碳酸盐沉积。若以上述认识为准，那么从延展纪中晚期开始，直至拉伸纪早期，本区随着罗迪尼亚超大陆的会聚，因蔚县运动引起的“准造山”作用而一直处于上升为陆的阶段。

（2）存在问题和建议。

尽管从岩石地层和年代学研究取得了重大进展，但燕辽裂陷带中—新元古界的研究中还存在一些重要问题：

① 在华北克拉通范围之内，除了成冰纪和埃迪卡拉纪的沉积，可能在东部徐淮胶辽地区获得解决外，上述从延展纪中晚期开始，直至拉伸纪早期的长达400 Ma以上的沉积缺失需要通过地层对比的研究在其他地区来发现和完善。

② 从下马岭组之后到骆驼岭组沉积之前的地层缺失是从未沉积，还是先沉积后剥蚀的问题，直接与燕辽裂陷带成油条件的分析有关，这一问题可能需要通过与相邻盆地沉积物的特征和蚀源区的分析来解决。

③“青白口系”骆驼岭组和景儿峪组的时代和层位问题。如上所述，两组属于青白口系的暂定方案是以以往的K-Ar年龄900～850 Ma为依据的，目前并无新的可靠年龄来限定。由于该问题涉及燕辽裂陷带有无拉伸系，甚至有无新元古代地层以及与南方新元古代地层的确切对接关系等诸多关键问题，因而更是需要大力加强和尽快解决的重大地层问题。

致　谢：本章成果先后得到国家自然科学基金委（41272015）、中国地质调查局（1212010611802）和中国石油化工股份有限公司（YPH08086）的支持。研究中天津地质矿产研究所陆松年、黄学光、孙淑芬研究员先后参加了很多室内、外工作，提供了很多宝贵资料和意见。另外，蓟县剖面的许多新资料是与天津蓟县中、上元古界保护处杨立功高级工程师等合作完成的，在此一并说明和致谢。

参考文献

陈晋镳，张惠民，朱士兴等. 1980. 蓟县震旦亚界的研究. 见：中国震旦亚界. 天津：天津科学技术出版社. 56～114

陈荣辉，陆宗斌. 1963. 河北蓟县震旦系标准地质剖面. 地质丛刊，甲种，前寒武纪地质专号，(1)：99～127

杜汝霖，李培菊. 1980. 燕山西段震旦亚界. 中国震旦亚界. 天津：天津科学技术出版社. 341～357

杜汝霖，田立夫. 1985. 燕山青白口系宏观藻类龙凤山藻属的发现和初步研究. 地质学报，(3)：183～190

杜汝霖，田立夫. 1986. 燕山地区青白口纪宏观藻类. 石家庄：河北科技出版社

杜汝霖，田立夫，李汉棒. 1986. 蓟县长城系高于庄组宏观生物化石的发现. 地质学报，(2)：115～120

高林志，张传恒，史晓颖，周洪瑞，王自强. 2007. 华北青白口系下马岭组凝灰岩锆石SHRIMP U-Pb定年. 地质通报，26（3）：249～255

高林志，张传恒，尹崇玉，史晓颖，王自强，刘耀明，刘鹏举，唐烽，宋彪. 2008. 华北古陆中、新元古代地层框架SHRIMP锆石年龄新证据. 地球学报，20（3）：366～376

高维，张传恒，高林志，史晓颖，刘耀明，宋彪. 2008. 北京密云环斑花岗岩的锆石SHRIMP U-Pb年龄及其构造意义. 地质通报，27（6）：793～798

和政军，牛宝贵，张新光，赵磊，刘仁燕. 2011. 北京密云元古宙常州沟组之下环斑花岗岩古风化壳岩石的发现及其碎屑锆石年龄. 地质通报，30（5）：798～802

李怀坤，陆松年，李惠民，孙立新，相振群，耿建珍，周红英. 2009. 华北克拉通侵入下马岭组的1320Ma基性岩床的地质意义. 地质通报，28（10）：1396～1404

李怀坤，苏文博，周红英，耿建珍，相振群，崔玉荣，刘文灿，陆松年. 2011. 华北克拉通长城系底界年龄小于1670 Ma——来自北京密云花岗斑岩岩脉锆石LA-MC-ICPMS U-Pb年龄的约束. 地学前缘，18（3）：108～120

李怀坤，朱士兴，相振群，苏文博，陆松年，周红英，耿建珍，李生，杨锋杰. 2010. 北京延庆高于庄组凝灰岩的锆石U-Pb定年研究及其对华北北部中元古界划分新方案的进一步约束. 岩石学报，26（7）：2131～2140

陆松年，李惠民. 1991. 蓟县长城系大红峪组火山岩的单颗粒锆石U-Pb法精确测准确定年. 中国地质科学院院报，22：137～145

乔秀夫. 1976. 青白口系地层学研究. 地质科学，(4)：246～256

乔秀夫，高劢. 1997. 中国北方青白口系碳酸盐岩Pb-Pb同位素测年纪意义. 地球科学，(1)，1～7

全国地层委员会. 2001. 中国地层指南及中国地层指南说明书（修订本）. 北京：地质出版社

全国地层委员会. 2002. 中国区域年代地层（地质年代）表说明书. 北京：地质出版社

全国地层委员会（中国地层表）编委会. 2013. 中国地层表（试用稿）. 北京：地质出版社

孙立新，朱更新. 1998. 燕山地区青白口系沉积特征及层序地层学研究. 现代地质，12（增刊）：99～106

申庆荣，廖大从. 1958. 燕山山脉震旦纪地层及震旦纪沉积矿产. 中国地质学报，38：263～278

苏文博，李怀坤，Huff W D，Ettensohn F R，张世红，周红英，万渝生. 2010. 铁岭组钾质斑脱岩锆石SHRIMP U-Pb年代学

研究及其地质意义. 科学通报, 55 (22): 2197 ~ 2206
孙淑芳. 2006. 中国蓟县中、新元古界微古植物. 北京: 地质出版社
孙淑芳, 朱士兴, 黄学光, 曹芳, 辛后田. 2004. 蓟县长城系串岭沟组 *Parachuaria* 化石的发现及其意义. 北京: 地质出版社. 721 ~ 725
孙淑芳, 朱士兴, 黄学光. 2006. 天津蓟县中元古界高于庄组宏观化石的发现及其地质意义. 古生物学报, 45 (2): 207 ~ 220
孙云铸. 1957. 寒武纪下界问题. 地质知识, (4): 1 ~ 2
天津地质矿产研究所, 南京地质古生物研究所, 内蒙古自治区地质局. 1979. 蓟县震旦亚界叠层石研究. 北京: 地质出版社
万渝生, 张巧大, 宋天锐. 2003. 北京十三陵长城系常州沟组碎屑锆石 SHRIMP 年龄: 华北克拉通盖层物源区及最大沉积年龄的限定. 科学通报, 48 (18): 1970 ~ 1975
汪长庆, 肖宗正, 施福美等. 1980. 北京十三陵地区的震旦亚界. 见: 中国震旦亚界. 天津: 天津科学技术出版社. 332 ~ 340
王鸿祯. 1985. 中国古地理图集. 北京: 地图出版社. 1 ~ 85
王曰伦. 1960. 全国震旦系对比线索. 地质论评, 20 (5): 203 ~ 205
王曰伦. 1963. 中国北部震旦系和寒武系分界问题. 地质学报, 43 (2): 116 ~ 140
王曰伦, 陆宗斌, 邢裕盛, 高振家, 张录易, 陆松年. 1980. 中国上前寒武系的划分和对比. 见: 中国震旦亚界. 天津: 天津科学技术出版社. 1 ~ 30
项礼文, 郭振明. 1964. 河北昌平灰岩组内的三叶虫化石及其地层意义. 古生物学报, 12 (4): 622 ~ 625
邢裕盛等. 1989. 中国的上前寒武系, 中国地层 3. 北京: 地质出版社
邢裕盛, 段承华, 梁玉左, 曹仁关. 1985. 中国晚前寒武纪古生物, 地质专报, 地层古生物, 第 2 号. 北京: 地质出版社
徐正聪, 崔步洲. 1980. 燕山东段震旦亚界. 见: 中国震旦亚界. 天津: 天津科学技术出版社. 358 ~ 369
闫玉忠, 刘志礼. 1997. 中国蓟县长城系团山子宏观藻群. 古生物学报, 36 (1): 18 ~ 41
叶良辅. 1920. 北京西山地质志. 地质专报甲种, 第 1 号. 前农商部地质调查所
俞建章, 崔盛芹, 仇甘霖. 1964. 再论辽东地区震旦地层及其与燕山地区的对比. 中国地质学报, 44 (1): 1 ~ 12
于荣炳, 张学祺. 1984. 燕山地区晚前寒武纪同位素地质年代学的研究. 天津地质矿产研究所所刊, 11: 1 ~ 24
张文佑, 李唐泌. 1935. 中国北京震旦纪与前寒武纪地层之分界问题. 中央研究院院务汇报, 6 (2): 30 ~ 50
张惠民, 张文治, Elston D P. 1991. 华北蓟县中、上元古界古地磁研究. 地球物理学报, 34 (5): 602 ~ 615
中国地层典编委会. 1996. 中国地层典——新元古界. 北京: 地质出版社
中国地层典编委会. 1999. 中国地层典——中元古界. 北京: 地质出版社
中国地质科学院天津地质矿产研究所. 1980. 中国震旦亚界. 天津: 天津科学技术出版社. 1 ~ 407
钟富道. 1977. 从燕山地区震旦地层同位素年龄论中国震旦地层年表. 中国科学 (D 辑), (2): 151 ~ 161
朱士兴. 1993. 中国叠层石. 天津: 天津大学出版社. 1 ~ 263
朱士兴, 杜汝霖. 1980. 冀西北涿鹿下花园一带下马岭组叠层石的研究. 地层古生物论文集, 第八辑, 62 ~ 76
朱士兴, 曹瑞骥, 梁玉左, 赵文杰. 1978. 中国震旦亚界蓟县层型剖面叠层石的研究概要. 地质学报, (3): 209 ~ 221
朱士兴, 黄学光, 孙淑芬. 2005. 华北燕山中元古界长城系研究的新进展. 地层学杂志, 29 (增刊): 437 ~ 449
朱士兴, 刘欢, 胡军. 2012a. 论燕山地区青白口系的解体. 地质调查与研究, 35 (2): 1 ~ 95
朱士兴, 孙立新, 刘欢. 2012b. 中国北方中元古代至新元古代早期年代地层划分及其各断代界线研究. 见: 第三届全国地层委员会编. 中国主要断代地层建阶研究报告 (2006 ~ 2009). 北京: 地质出版社. 276 ~ 302
朱士兴, 邢裕盛, 张鹏远等. 1994. 华北中、上元古界生物地层序列. 北京: 地质出版社
Gao L Z, Zhang C H, Liu P J. 2009. Reclassification of the Meso- and Neoproterozoic chronostratigraphy of North China by SHRIMP zircon ages. Acta Geoligica Sinica, 83 (6): 1074 ~ 1084
Gao L Z, Zhang C H, Shi X Y. 2007. A new SHRIMP age of the Xiamaling Formation in the North China Plate and its geological significance. Acta Geologica Sinica, 81 (6): 1103 ~ 1109
Gao L Z, Zhang C H, Shi X Y. 2008. Mesoproterozoic age for Xiamaling formation in North China Plate indicated by zircon SHRIMP dating. Chinese Science Bulletin, 53 (17): 1665 ~ 2671
Grabau A W. 1922. The sinian system. Bull Geol Soc China, 1: 44 ~ 88
International Commission on Stratigraphy (ICS). 2009. International Stratigraphic Chart, 2008. 地层学杂志, 33 (1): 6
Kao C S, Hsiung Y H, Kao P. 1934. Preliminary notes on Sinian stratigraphy of North China. Bull Geo Soc China, 13 (2): 243 ~ 288
Lu S N, Zhao G C, Wang H C, Hao G J. 2008. Precambrian metamorphic basement and sedimentary cover of the North China

Craton：a review. Precambrian Res，160：77～93

Pumpelly R. 1866. Geological researches in China，Japan and Mongolia. Smithsonian Contrib to Knowledge，202：38～39

Richhofen F V. 1882. China. Berlin：Verlay von Dietrich Reimer. 244

Su W B，Zhang S H，Warren D H. 2008. SHRIMP U-Pb ages of K-bentonite beds in the Xiamaling Formation：Implications for revised subdivision of the Meso-to Neoproterozoic history of the North China Craton. Gondwana Research，14：543～553

Tien C C. 1923. Stratigraphy and palaeontology of the Sinian rocks of Nankou. Bull Geol Soc China，2（1-2）：105～110

Zhu S X，Chen H N. 1992. Characteristics of Palaeoproterozoic stromatolites in China. Precambrian Res，57：135～163

Zhu S X，Chen H N. 1995. Megascopic Multicellular organisms from the 1700-million-year-old Tuanshanzi Formation in the Jixian area. North China Science，New Series，270（5236）：620～622

第4章　华南埃迪卡拉纪（震旦纪）生物地层学研究进展

刘鹏举，尹崇玉，唐　烽

（中国地质科学院地质研究所，国土资源部地层学与古生物学重点实验室，北京，100037）

摘　要：华南埃迪卡拉纪（震旦纪）地层中含有丰富的微体化石和宏体化石，这些化石不但为研究寒武纪生物大爆发前夕早期地球生物演化，提供了丰富的古生物化石依据，也为埃迪卡拉纪生物地层划分与对比，进而对埃迪卡拉纪的年代地层细化，提供了重要的化石材料。综合已知的研究成果，华南埃迪卡拉纪（震旦纪）微体化石可以划分为两个组合，即：下部的 *Tianzhushania spinosa* 组合和上部的 *Hocosphaeridium scaberfacium*-*Hocosphaeridium anozos* 组合。而宏体化石可以初步分为四个组合，自下而上为：① *Anhuiphyton* 宏体藻类化石组合；② *Enteromorphites*-*Doushantuophyton*-*Eoandromeda*-*Sinospongia* 宏体化石组合；③ *Paracharnia*-*Vendotaenia* 宏体化石组合；④ *Gaojiashania*-*Cloudina* 宏体化石组合。但当前的研究还处于初始阶段，生物地层序列还不够完善，有待于今后的深入工作来不断使其更加完善。

关键词：华南，埃迪卡拉纪（震旦纪），化石组合，生物地层

4.1　引　　言

埃迪卡拉系（Ediacaran，即震旦系）为2004年新建立的系级国际年代地层单位，其底界界线层型被确定为澳大利亚南部弗林德斯山脉伊诺雷玛溪（Enorama）剖面伊拉廷纳（Elatina）冰碛岩和怒卡利那组（Nuccaleena）盖帽碳酸盐岩之间的界线上（Gradstein *et al.*，2004）。华南南沱冰碛岩被认为可与伊拉廷纳（马里诺）冰碛岩对比（Zhou *et al.*，2004；Halverson *et al.*，2005），而修订后的震旦系底界以南沱冰碛岩之上的陡山沱组最底部的“盖帽碳酸盐岩”的底面为界，这与国际地层委员会批准的埃迪卡拉系完全相当（尹崇玉等，2006）。基于全球年代系统是各国所应采用的唯一统一标准的认识，许多学者建议在中国地层表中正式采用埃迪卡拉系和停用“震旦系”一名（彭善池等，2012）。然而，自李希霍芬（E. V. Richthofen）于1882年首次使用“震旦层系”（Siniche Formationsreihe）一词以来，“震旦系”在中国已经使用130余年，该名称已广为人知，许多学者对其有着深厚的感情，因此，在最近由全国地层委员会新编的《中国地层表》中仍采用“震旦系”一名。

埃迪卡拉纪古生物群及生物地层学研究是当今地学领域的研究热点之一，随着埃迪卡拉纪宏体古生物群和大量微体化石群在世界各地的不断发现，该时期生物在研究早期后生动物的起源与演化，以及进行生物地层划分与对比，建立埃迪卡拉纪年代地层格架等方面起着越来越重要的作用。在我国，经几代地质学家的努力，在华南埃迪卡拉纪地层中，先后发现以“庙河生物群”和“瓮安生物群”为代表的大量宏体和微体化石群，这些化石群以高分异度、高丰度以及含具有重要生命演化意义和生物地层对比意义的生物类型，而备受国内外地层古生物学工作者的关注。并且大量化石的发现，也为建立完善的埃迪卡拉纪（震旦纪）生物地层序列，进而进行精确的年代地层划分和对比，提供了重要的化石依据。本章针对华南埃迪卡拉纪（震旦纪）生物群的研究成果积累，对该时期的古生物群及生物地层学的研究现状作一系统介绍。

4.2 岩石地层序列

华南埃迪卡拉系（震旦系）仅包含陡山沱组和灯影组。在峡东地区，陡山沱组可以进一步划分为四个岩性段，自下而上为：陡一段（I段，即下白云岩段或帽碳酸盐岩段）灰色中厚层白云岩，厚约5 m；陡二段（II段，即下页岩段）黑色页岩夹灰色中厚层含燧石结核的白云岩，局部夹灰岩，厚约80～120 m；陡三段（III段，即上白云岩段）灰色中厚层含燧石条带或燧石结核的白云岩，中上部见有厚度不等的灰色泥质条带灰岩，厚约40～60 m；陡四段（IV段，即上页岩段）厚度不等的黑色页岩夹透镜状白云岩。灯影组可以进一步划分为三个岩性段，自下而上为：灯一段（H段，即蛤蟆井段）为一套灰白色厚层白云岩；灯二段（S段，即石板滩段）为一套深灰色中薄层含泥质条纹的灰岩；灯三段（B段，即白马沱段）为一套灰白色厚层结晶白云岩。然而，华南地区埃迪卡拉系岩相变化较大，上述岩性段的划分在三峡以外的大部分地区并不适用。尤其是灯影组，至湘西、黔北等地已经相变为硅质岩，称留茶坡组。

4.3 碳同位素地层学特征

自20世纪80年代中期以来，许多学者先后开展对峡东地区埃迪卡拉纪地层进行碳稳定同位素地层学研究，取得了大量分析数据和相关的成果认识（Lambert *et al.*, 1987；Yang *et al.*, 1999；王伟等，2002；王自强等，2002；Chu *et al.*, 2003；Jiang *et al.*, 2003，2007，2011；Zhou and Xiao，2007；Zhu M. *et al.*, 2007b，2013；吕苗等，2009；Lu *et al.*, 2012，2013；Xiao *et al.*, 2012）。上述成果的综合数据显示，

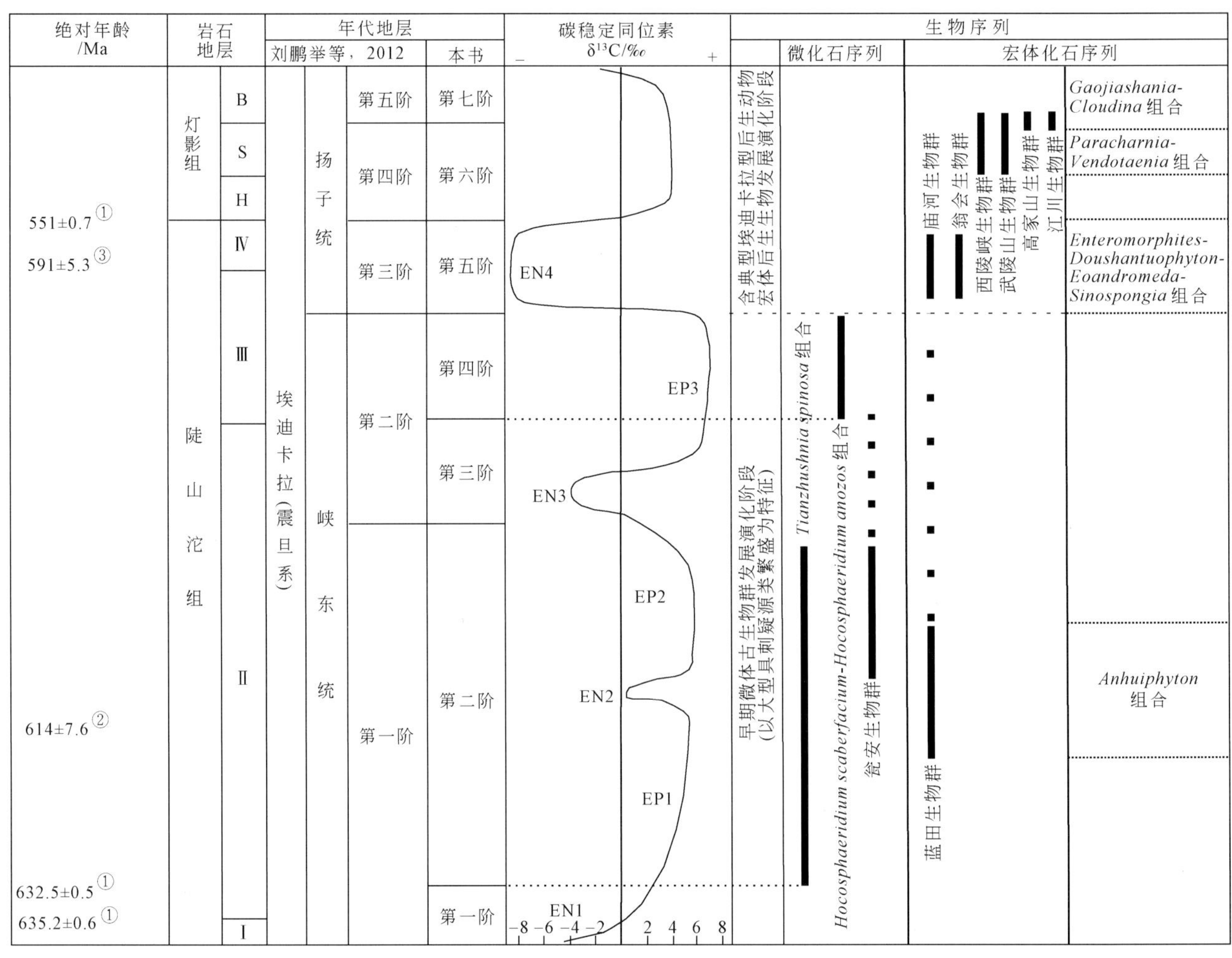

图4.1　华南埃迪卡拉纪年代地层划分、碳稳定同位素地层学特征及生物地层序列

① 据 Codon *et al.*, 2005；② 据 Liu *et al.*, 2009b；③ 据 Zhu B. *et al.*, 2013

H. 灯一段（蛤蟆井段）；B. 灯二段（石板滩段）；S. 灯三段（白马沱段）。Ⅰ. 陡一段；Ⅱ. 陡二段；Ⅲ. 陡三段；Ⅳ. 陡四段

峡东地区埃迪卡拉系碳稳定同位素变化曲线由四次碳同位素负漂移事件[①]（EN1-CANCE、EN2-BAINCE、EN3-DOUNCE 和 EN4）、三次碳同位素正漂移事件[②]（EP1、EP2 和 EP3）、一次碳同位素中值事件[③]（EI）组成，此外，在第一次正漂移区，还发育有一次碳同位素值的降低事件（亦称 WANCE 事件[④]Ⅲ；Zhou and Xiao，2007；Zhu M. *et al.*，2007a，2013）。上述碳稳定同位素曲线的构成详见图4.1。

4.4　微体古生物群特征及微化石生物地层序列

华南埃迪卡拉纪微体化石主要有硅化和磷酸盐化两种保存类型，分别以保存在峡东地区陡山沱组燧石结核、条带中的硅化微体生物群，和保存在贵州瓮安地区陡山沱组磷质岩中磷酸盐化保存的微体生物群（瓮安生物群）最具有代表性。

4.4.1　微体生物群特征

4.4.1.1　峡东地区硅化保存的微体生物群

有关峡东地区埃迪卡拉纪硅化保存的微体化石群的研究成果极多（尹磊明、李再平，1978；张忠英，1984a，1984b，1986；赵自强等，1985；Awramik *et al.*，1985；Yin L.，1985，1987；尹磊明，1986；尹崇玉、刘桂芝，1988；尹崇玉，1990，1996；Zhang *et al.*，1998；袁训来等，2002；Xiao，2004；周传明等，2005；Zhou *et al.*，2007；Yin L. *et al.*，2007，2011；尹磊明等，2008；解古巍等，2008；Liu *et al.*，2009a，2012，2013，2014；陈寿铭等，2010；刘鹏举等，2010），这一化石群主要赋存于陡山沱组陡二段和陡三段的中下部，该化石群以大型具刺疑源类的极度繁盛为特征，同时还包含有大量的丝状和球状蓝细菌、多细胞藻类、柱管状化石以及可能的动物胚胎化石。根据多条剖面上微体化石的分布及组成特征，峡东地区微体化石群明显可以划分为上、下两个组合（尹崇玉等，2009；McFadden *et al.*，2009；Yin C. *et al.*，2011；Liu *et al.*，2013，2014）。

下组合亦称 *Tianzhushania spinosa* 组合（Liu *et al.*，2013），根据多条剖面化石分布的系统研究，该组合主要分布在陡山沱组陡二段碳稳定同位素值为正漂移（EP1）的地层中（图4.1），并随着第二次负漂移（EN2）的出现而消失（Liu *et al.*，2013）。但受埋藏等因素的限定，在不同的剖面上该组合出露厚度有些差异。该组合的典型特征是 *Tianzhushania spinosa* 的极度繁盛，该种自下而上分布于整个组合中，但并未延伸到上部的化石组合（Liu *et al.*，2013）。统计数据显示，在该组合中 *T. spinosa* 的丰度大于60%（McFadden *et al.*，2009；Liu *et al.*，2013）。综合笔者和前人资料，除 *T. spinosa* 外，组合中出现的具刺疑源类还包括：*Asterocapsoides sinensis*、*Briareus borealis*、*Cymatiosphaeroides kullingii*、*Dicrospinasphaera zhangii*、*Distosphaera speciosa*、*Eotylotopalla delicata*、*Ericiasphaera magna*、*Ericiasphaera rigida*、*E. sparsa*、*E. spjeldnaesii*、*Mastosphaera changyangensis*、*Papillomembrana compta*、*Tanarium gracilentum*、*Tianzhushania polysiphonia*、*T. tuberifera* 等；此外，组合中还含有多细胞藻类 *Sarcinophycus papilloformis*、*Paratetraphycus giganteus*、*Wengania minuta* 以及大量球状及丝状蓝细菌。其中，除个别类型外，绝大多数的具刺疑源类属种仅在下组合分布，未延续到上部组合中，显示出具有显著的地层学意义。

---

① 碳同位素负漂移事件（Negative carbon isotope Excursion，EN 事件），EN1 事件即盖帽白云岩碳同位素负漂移（$\delta^{13}C$ 负异常）事件（CAp carbonate Negative Carbon isotope Excuesion，CANCE 事件），陡山沱组陡一段底部盖帽白云岩碳同位素负漂移事件；EN2 事件即白果园碳同位素负漂移（$\delta^{13}C$ 负异常）事件（BAIguoyuan Negative Carbon Excuesion，BAINCE 事件），陡二段中部白果园碳酸盐岩碳同位素负漂移事件；EN3 事件即陡山沱/舒拉姆碳同位素负漂移（$\delta^{13}C$ 负异常）事件（DOUshantuo Negative Carbon Excuesion，DOUNCE 事件），陡二段上部碳酸盐岩碳同位素负漂移事件；EN4 事件即陡三段顶部—陡四段碳酸盐岩碳同位素负漂移（$\delta^{13}C$ 负异常）事件。

② 碳同位素正漂移事件（Positive carbon isotope Excursion，EP 事件），EP1、EP2、EP3 三次事件分别介于 EN1—EN4 四次负漂移事件之间。

③ 碳同位素中值事件（Ediacaran Intermediate values，即埃迪卡拉系（震旦系）碳同位素中值事件，EI 事件），指震旦系灯影组主体部分碳稳定同位素组成保持在 $\delta^{13}C$ 值2.5‰左右。

④ 瓮安生物群碳酸盐岩碳同位素负漂移（$\delta^{13}C$ 负异常）事件（Weng'An Negative Carbonate isotope Excuesion，WANCE 事件）。

上组合亦可称为 *Hocosphaeridium scaberfacium-Hocosphaeridium anozos* 组合（= *Tanarium conoideum-Tanarium anozos*组合；Liu D. *et al.*，2013），由于许多原来归入 *Tanarium conoideum* 的标本固其突起末端呈钩状，现被修订为 *Hocosphaeridium scaberfacium*，而一些被鉴定为 *Tanarium anozos* 的标本，也因其突起末端呈钩状，而重新并入 *Hocosphaeridium* 一属（Liu P. *et al.*，2014b，Xiao *et al.*，2014），故将原称为 *Tanarium conoideum-Tanarium anozas* 组合改称为 *Hocosphaeridum scaberfacium- Hocosphaeridium anozos* 组合。该组合主要分布在陡山沱组陡三段的中下部，与碳稳定同位素的第二次正漂移区相对应，正当碳稳定同位素第三次负漂移的出现而结束。与下部的 *Tianzhushania spinosa* 组合相比，这一组合无论在化石的丰度上、还是在分异度方面，均远远高于下部组合。当前仅仅根据采自牛坪、晓峰河和王丰岗三条剖面的化石材料，就已经鉴别出大型具刺疑源类66种、球状化石7种、球状和丝状蓝细菌12种、多细胞藻类4种以及微体管状化石2种，其中绝大多数为新类型，或首次在该区发现的一些已知属种。组合中的特征化石类型为 *Hocosphaeridium scaberfacium* 和 *H. anozos*，这2个种具有分布广、易于识别、丰度大的特征，并且自组合的底部至顶部均有分布。其中，除2个特征种之外，该组合中的大型具刺疑源类 *Appendisphaera clava*、*A.? hemisphaerica*、*A. longispina*、*Eotylotopalla delicata*、*Knollisphaeridium maximum*、*Mengeosphaera bellula*、*M.* cf. *bellula*、*M. constricta*、*Sinosphaera rupina*、*Tanarium acus*、*T. elegans*、*Variomargosphaeridium floridum*、*Xenosphaera liantuoensis* 和球状化石 *Schizofusa zangwenlongii* 也具有较高的丰度（Liu *et al.*，2014）。

4.4.1.2 瓮安生物群

瓮安生物群是一个特异保存的化石库，保存在瓮安西南的北斗山一带埃迪卡拉系陡山沱组上部磷块岩中，所有化石呈立体保存，成岩期磷酸盐化作用为化石的保存提供了其他化石化作用无法比拟的优越条件，使生物的许多微细结构精美地保存了下来，如藻类的细胞、组织结构和生殖结构等。部分球状化石中出现表面褶皱、压陷等现象显示出有机组织的变形特征，反映出化石在磷酸盐化之前具有有机质外壁。这些特异保存的化石为研究早期多细胞生物的辐射提供了精美的化石材料，也使我们得以在细胞水平上研究早期生命的起源与演化。该化石库主要由藻类、大型带刺疑源类、篮菌丝状体及球状体、可能的微管状刺丝细胞动物、可疑的海绵动物和两侧对称的后生动物以及动物休眠卵和胚胎等化石组成（袁训来等，1993；薛耀松、唐天福，1995；Li *et al.*，1998；Xiao *et al.*，1998，2000，2007，2013；Zhang *et al.*，1998；袁训来、周传明，1999；Xiao and Knoll，2000；Yin C. *et al.*，2001；Chen *et al.*，2002，2004，2006a，2006b，2009；Yuan *et al.*，2005；Liu *et al.*，2008；Yin Z. *et al.*，2013a，2013b），是研究早期多细胞生物的辐射不可多得的化石宝库，也为该时期生物地层对比提供了极其丰富的化石材料，尤以大型具刺疑源类的地层学意义最为重要。该化石群中最常见、最特征的化石类型为 *Megasphaera inornata* 和 *Megasphaera ornate*，而陡山沱组发现的硅化保存的 *Tianzhushania* 与磷酸盐化保存的 *Megasphaera* 被认为是不同矿化条件下保存的相同分类单元（Yin C. *et al.*，2004；尹崇玉等，2005）。瓮安陡山沱组黑色磷质岩及硅质条带中也发现较多的 *Tianzhushania* 个体，而且通过化学浸泡出来的 *Megasphaera* 与切片发现的 *Tianzhushania* 大小基本一致，膜壳表面装饰具有可比性，产出层位相当，因此，笔者认为这一观点不失为是一种较为合理的认识。而 *Tianzhushania* 在峡东地区是疑源类下部组合中的特征分子，显示瓮安生物群与峡东地区陡山沱组疑源类下部的 *Tianzhushania spinosa* 组合可以对比。然而，在瓮安生物群中也存在峡东地区陡山沱组上部组合中的化石类型，特别是在瓮安生物群中所发现的 *Hocosphaeridium anozos* 为峡东地区陡山沱组疑源类上部组合中的特征分子，据此一些学者认为，该生物群也可能应与与峡东地区上部疑源类组合相对比，或者其组合可能相当于峡东地区两个疑源类组合之间，可以恰好补充峡东地区两个疑源类组合之间的空白（Xiao *et al.*，2014）。就当前研究程度而言，该生物群与三峡地区的精确对比尚未解决，有待今后深入研究。

4.4.2 微体化石地层序列

近年来，已有多篇文章对华南地区微体化石生物地层的划分及对比进行了论述（尹崇玉等，2009；

McFadden *et al.*, 2009；Yin C. *et al.*, 2011；Liu *et al.*, 2013, 2014a, 2014b），虽然上述学者在对个别剖面化石层位的归属上还有不同的认识（Liu *et al.*, 2013），但均认为华南埃迪卡拉纪微体化石可以清楚的划分为两个组合（生物带），即下部的 *Tianzhushania spinosa* 组合和上部的 *Hocosphaeridium scaberfacium-Hocosphaeridium anozos* 组合。

4.4.2.1 下部的 *Tianzhushania spinosa* 组合

下部的 *Tianzhushania spinosa* 组合对应于峡东地区陡山沱组陡二段碳同位素第一次正漂移区间，目前由于该组合中的特征种 *Tianzhushania spinosa* 仅分布在华南板块，因此，它与其他板块间的精确对比关系还无法建立。但从化石群的产出层位及化石的组成分析，结合碳同位素地层学特征，该组合有可能相当于印度北部小喜马拉雅山（Lesser Himalaya）超克洛尔组（Infra Krol）中上部的微体化石组合（Tiwari and Knoll, 1994；Tiwari and Pant, 2004）以及产于挪威斯瓦尔巴德群岛（Svalbard）西部斯科舍群（Scotia）的微体化石组合（Knoll, 1992）。

4.4.2.2 上部的 *Hocosphaeridium scaberfacium-Hocosphaeridium anozos* 组合

上部的 *Hocosphaeridium scaberfacium-Hocosphaeridium anozos* 组合对应于峡东地区陡山沱组陡三段碳同位素第二次正漂移区间，该组合中许多类型具有广泛的地理分布，组合中的一些化石类型，包括 *Appendisphaera anguina*、*A. barbata*?、*A. crebra*、*A. tenuis*、*Cavaspina acuminata*、*C. basiconica*、*Ceratosphaeridium glaberosum*、*Hocosphaeridium anozos*、*H. scaberfacium*、*Knollisphaeridium maximum*、*Tanarium conoideum*、*T. pilosiusculum*、*T. pycnacanthum*、*Variomargosphaeridium floridum*、*Weissiella grandistella* 还见于澳大利亚、西伯利亚及欧洲板块东部地区的埃迪卡拉纪疑源类组合中（Zang W. and Walter, 1992；Moczydłowska *et al.*, 1993；Grey, 2005；Willman *et al.*, 2006；Willman and Moczydłowska, 2008, 2011；Vorob′eva *et al.*, 2009；Golubkova *et al.*, 2010；Sergeev *et al.*, 2011；Moczydłowska and Nagovitsin, 2012）其中 *Ceratosphaeridium glaberosum*、*Hocosphaeridium anozos*、*H. scaberfacium*、*Tanarium conoideum*、*Variomargosphaeridium floridum*、*Weissiella grandistella* 等特征明显、分布广泛、层位稳定，具有区域性及洲际地层对比意义，表明该组合可以与上述地区的疑源类组合相对比（Liu *et al.*, 2013, 2014a, 2014b）。

4.5 宏体生物群特征及其生物地层序列

华南埃迪卡拉纪（震旦纪）宏体化石丰富多样，保存完美。自20世纪80年代以来，陆续发现并报道了西陵峡生物群、庙河生物群、蓝田生物群、武陵山生物群、高家山生物群、翁会生物群和江川生物群。这些化石群总体上以宏体藻类化石为主，并含有许多确切的后生动物实体化石，为研究早期后生动物的起源与演化提供了及其重要的化石材料。生物的多样性也表明在寒武纪大爆发前夕多细胞生物就已经发生一次大规模的辐射事件。这些化石群不但具有重要的生物学意义，也为该时期生物地层的划分与对比、进而探讨年代地层格架的建立提供了重要的依据。

4.5.1 典型生物群特征

4.5.1.1 蓝田生物群

蓝田生物群保存在安徽南部休宁、黟县一带埃迪卡拉系陡山沱组中部的灰黑色粉砂岩及粉砂质页岩中，以底栖固着生活的宏体藻类化石为主，这些藻类形态类型多样，如圆球状的 *Chuaria* sp.、丝状的 *Doushantuophyton rigidulum*、扇状的 *Flabellophyton lantianensis* 等，大量化石保存有固着盘，表明这是一个原地保存的生物群（Yuan *et al.*, 1999）。总体上，该生物群以丛状生长的不具分叉特征的 *Anhuiphyton* 和 *Huangshanophyton* 占据优势，也含有许多具有均等分叉特征的丝状藻类，如 *Enteromorphites*、*Doushantuophyton*、*Konglingiphyton* 以及不具分叉特征带状藻类 *Baculiphyca* 等。此外，形态较为独特的气球状，具固着器的 *Flabellophyton lantianensis* 和扇形、具周期生长环带的 *F. strigata* 以及呈出芽状、豆荚状或圆盘状保存的 *Chuaria* 等类别也较为常见（袁训来等，1995，2002；唐烽等，1997，2009a，2009b；Yuan *et al.*，1999，2011）。近来，在该生物群还发现许多分类位置未定、但很可能为宏体后生动物的化石类型（Yuan *et al.*，2011）。由于缺乏高精度同位素测年数据，蓝田生物群的确切地质时代尚不清楚，但据其产出层位推测，这一生物群应老于已知的最古老的埃迪卡拉纪宏体生物群——阿瓦隆生物群（Avalon biota），也许是南沱冰期结束后不久就快速辐射发展起来的一个生物类型复杂多样的生物群（Yuan *et al.*，2011）。

4.5.1.2　庙河生物群

庙河生物群是一个以底栖固着的宏体藻类化石为主、并包含有确切后生动物化石的生物群，化石仅产于湖北宜昌黄陵背斜西翼秭归县庙河吊崖坡剖面埃迪卡拉系陡山沱组陡四段的黑色碳质页岩中，所有化石均呈碳质薄膜保存，以不分枝的带状藻类 *Baculiphyca* 和具有均等分枝的丝状藻类 *Enteromorphites* 和 *Doushantuophyton* 等具有固着构造的底栖藻类最为丰富，此外还包括：*Anomalophyton*、*Beltanelliformis*、*Calyptrina*、*Cucullus*、*Eoandromeda*、*Glomulus*、*Jiuqunaoella*、*Konglingiphyton*、*Liulingjitaenia*、*Longifuniculum*、*Miaohephyton*、*Protoconites*、*Sinocylindra*、*Sinospongia*、*Siphonophycus* 等其他形态的化石，这些化石中，*Cucullus*、*Jiuqunaoella*、*Protoconites*、*Sinospongia* 等有可能具有后生动物的生物属性，而 *Eoandromeda* 则是已经确认的八辐射栉水母类后生动物化石（陈孟莪、肖宗正，1991，1994；丁连芳等，1996；袁训来等，2002；Xiao *et al.*，2002；Tang *et al.*，2008，2011）。目前，在陡山沱组陡四段与上覆灯影组之间已经获得热表面电离同位素稀释法质谱（Isotope Delution-Thermo Ionization Mass Spectromater，ID-TIMS）的锆石年龄 551.1±0.7 Ma（Condon *et al.*，2005），该年龄限定了庙河生物群的上限年龄。此外，八辐射的栉水母类后生动物化石 *Eoandromeda* 也见于澳大利亚的埃迪卡拉生物群中，该动物化石在两地的发现，为庙河生物群与澳大利亚埃迪卡拉生物群之间的对比起到了桥梁作用（Zhu M. *et al.*，2008），而澳大利亚的埃迪卡拉生物群的地质时代推测为 560～550 Ma，这一年龄对于确定庙河生物群地质时代具有一定的参考价值，虽然如此，庙河生物群的底界年龄还有待于今后深入的工作来予以解决。

4.5.1.3　翁会生物群

同庙河生物群一样，翁会生物群也是一个以底栖固着的宏体藻类化石为主、并含有确切埃迪卡拉型宏体后生动物化石的一个生物群，化石产于贵州东北江口地区埃迪卡拉系陡山沱组上部黑色泥质岩中，所有化石均呈碳质压膜保存，以江口翁会剖面最具有代表性。20 世纪末，贵州省地质三队何明华等进行区域地质调查时，最先发现该生物群。赵元龙等（2004）首次对该生物群进行简要报道，识别出九种类型的宏体藻类化石，并指出无论是化石类型还是埋藏方式，该生物群都与湖北秭归的庙河生物群非常类似，并且它们的产出层位也相同。至此，该生物群引起学者的广泛关注，许多学者对其开展了深入研究，并取得诸多研究成果，特别是从该生物群发现一些确切的埃迪卡拉型宏体动物化石，最为典型的是在庙河生物群及澳大利亚生物群中均出现的八辐射后生动物化石 *Eoandromeda octobranchiata*（王约等，2007；Tang *et al.*，2008，2011；Wang and Wang，2008；Zhu *et al.*，2008；赵元龙等，2010）。总体上，该生物群以具固着构造、大型叶片状或叉状分枝的多细胞藻类为主，包括较为丰富的 *Baculiphyca*、*Gesinella*、*Longifuniculum*、*Doushantuophyton*、*Miaohephyton*、*Enteromorphites*、*Glomulus*、*Sinocylindra* 等；还包括确切的后生动物宏体化石 *Eoandromeda octobranchiata*、*Triactindiscus sinensis* 和 *Quasitriagondiscus irregularis* 以及一些可能的后生动物化石类型，如 *Cucullu* 和 *Protoconites* 等，其生物群组成面貌与湖北峡东地区的庙河生物群特征基本一致，可以对比。但该生物群中也见有皖南蓝田生物群中常见的扇状藻类化石 *Flabellophyton*，据此认为该生物群可能比峡东地区典型的庙河生物群的产出层位略低（唐烽等，2009b）。

4.5.1.4　西陵峡生物群

西陵峡生物群系指产于湖北秭归三峡东部西陵峡区莲沱至三斗坪一带的埃迪卡拉系灯影组灯二段（石板滩段）中，以 vendotaenides 类为主的一个宏体生物群（陈孟莪等，1981；赵自强等，1988），该生物群以长带状的藻类化石 *Vendotaenia* 和 *Tyrasotaenia* 的极度繁盛为特征，并见有埃迪卡拉型宏体化石 *Paracharnia dengyingensis*（丁启秀、陈忆元，1981；Sun，1986）和 *Yangtziramulus zhangi*（Xiao *et al.*，2005；Shen *et al.*，2009）；此外，还见有大量遗迹化石，在与上覆灯三段（白马沱段）的界线附近还产有管状化石 *Sinotubulites miaoheensis* 等（赵自强等，1988；丁启秀等，1993；Chen *et al.*，2013）。上述化石中，*Paracharnia dengyingensis* 和 vendotaenides 类与国外"庞德"（Pound）和"白海"（White Sea）生物群（560～550 Ma）的典型叶状体化石 *Charnia* 和藻类化石 *Vendotaenia* 特别相似，而石板滩段与上覆的白马沱段的界线附近产出的 *Sinotubulites miaoheensis* 则与陕南"高家山生物群"和国外"那玛生物群"（Nama Biota）中的特征分子 *Cloudina* 极为相似，显示西陵峡生物群的下部可能与"庞德"和"白海"生物群相当，而上部则相当于"那玛生物群"及"高家山生物群"。

4.5.1.5　武陵山生物群

武陵山生物群系指湘西桃源地区，与峡东地区灯影组可以对比的留茶坡组内，呈碳质压膜保存的、以宏体藻类化石为主的埃迪卡拉纪晚期生物群，该生物群最早由 Steiner 等（1992）报道，并由陈孝红等（1999）命名。该生物群化石的形态类型多样，计有直立具固着器、不分枝的 *Baculiphyca*、球囊形的 *Gesinella* 及末端呈丝状散开、弯曲长带状的 *Longifuniculum* 及大型似水母、圆盘状化石 *Beltanelliformis* 等17种形态类型（陈孝红等，1999；陈孝红、汪啸风，2002）。基于武陵山生物群化石形态学分析，陈孝红等（2002）认为该生物群较湖北峡东地区的庙河生物群复杂，演化程度更高，推测庙河生物群是前埃迪卡拉生物群，而武陵山生物群则可能是埃迪卡拉生物分异发展时期的产物（陈孝红、汪啸风，2002）。但总体上，该生物群面貌、化石类型和埋藏方式都与邻近的贵州江口地区翁会剖面陡山沱组上部产出的翁会生物群极为相似，据此推断两个生物群的沉积时代及岩相环境可能大体相当（唐烽等，2009a，2009b）。由于该地区至今缺乏可靠的年龄数据和较为完整的地层剖面，以往的研究者也未给出相关地层层序的对比资料，所以，湘西武陵山地区所谓的"留茶坡组"是否与峡东的灯影组可以对比，其中的宏体生物群是否属于灯影期，还有待进一步深入研究（唐烽等，2009b）。就目前研究程度而言，该生物群与已知其他生物群的确切对比关系还不清楚，据生物群内化石特征及其产出层位，本章暂将其与峡东地区的西陵峡生物群相对比。

4.5.1.6　高家山生物群

高家山生物群主要分布在陕南宁强县和勉县境内，化石主要产于埃迪卡拉系灯影组高家山段的中上部，是一个以弱矿化管状化石为主、兼有瓶装微化石和软躯体后生动物以及宏观藻类化石和遗迹化石的一个多门类化石组合，该生物群主要包含两个不同岩相的生物群组合，即下部层位的细粒碎屑岩相软躯体化石，以独特的黄铁矿化方式保存为主：如 *Conotubus* 和 *Gaojiashania*；上部层位的碳酸盐岩相滞留沉积型骨骼化石碎屑以及部分完整的骨骼化石个体，如 *Cloudina*（林世敏等，1986；张录易，1986；华洪等，2000a，2000b，2001，2002，2010；张录易等，2001；Hua *et al.*，2003，2005，2007；Cai and Hua，2007；马冀等，2008；Chen *et al.*，2008；Cai *et al.*，2012）。系统研究揭示该生物群自下而上可以划分为三个化石组合带：① 以蠕形动物爬迹为代表的 *Shaanxilithes-Helminthopsis* 组合带；② 以锥管虫类和瓶状化石为主，并见大量软躯体蠕形动物和宏体藻类的 *Conotubus-Gaojiashania-Protolagena* 组合带；③ 以多种管状骨骼化石共生为特征，并伴生有杯（钵）状、分枝管状及球状化石等的 *Sinotubulites-Cloudina* 组合带，代表了高家山生物群鼎盛时期的产物（华洪等，2001）。其中高家山生物群上部层位碳酸盐岩相中的标志性化石 *Cloudina* 也是纳米比亚纳玛群中产出的"那玛生物群"中特征分子，两者可以对比。

4.5.1.7　江川生物群

江川生物群产出于云南江川清水沟磷矿侯家山剖面埃迪卡拉系灯影组上部旧城段。以呈碳质压膜保存的丰富的宏体藻类化石为主，化石形态类型多样，除了丰富的小圆盘状 *Chuaria*、椭圆形的 *Shouhsienia* 属化石和长条带状的 *Vendotaenia* 与 *Tyrasotaenia* 类化石以外，以具固着构造的底栖多细胞藻类龙凤山藻科（Longfengshaniaceae）及形体巨大的短条状、香肠状的 *Tawuia* 类和鞋屐状的 *Pumilibaxa* 类和呈丝状保存的化石类群占据优势。另外，还有一些形态奇特、亲缘关系不明的宏体化石（唐烽等，2006，2007）。该生物群与华南陡山沱组的已知宏体化石组合存在明显的差别，长带状的 *Vendotaenia* 藻类化石和灯影组灯二段（石板滩段）可对比，但显然保存了更丰富的宏体藻类化石类别（唐烽等，2009b）。目前，该生物群还没有精确的测年数据来限定其地质时代，但从其产出层位看，应为埃迪卡拉纪最末期。

4.5.2　宏体化石的生物地层序列

上述宏体生物群在华南板块的发现，不但丰富了我国埃迪卡拉纪宏体生物群内容，也为埃迪卡拉纪生物地层的划分与对比，提供了重要的宏体化石依据。唐烽等（2009b）在对华南埃迪卡拉纪宏体生物群系统分析的基础上，认为华南埃迪卡拉宏体生物群的发展演化经历了三个阶段，分别以埃迪卡拉纪的三个宏体化石组合为代表：① *Anhuiphyton-Thallophyca-Paramecia* 宏体藻类化石组合；②*Enteromorphites-Doushantuophyton-Eoandromeda-Sinospongia* 宏体化石组合；③ *Paracharnia-Gaojiashania-Cloudina-Longfengshania* 宏体化石组合。同时也指出，由于华南埃迪卡拉纪宏体化石具有较为独特的组合面貌，与国外末次冰期后大量出现的埃迪卡拉型生物群——“阿瓦隆”（Avalon）生物群，“庞德”/“白海”生物群和“那马”生物群如何对比，还有待深入的研究。然而，*Thallophyca* 和 *Paramecia* 来自磷酸盐化微体生物群——“瓮安生物群”，而且“瓮安生物群”与上述宏体化石群的精确的对应关系也远未解决，而且 *Thallophyca* 和 *Paramecia* 虽然是多细胞藻类化石，但个体微小，仍可探讨他们与上述宏体生物群的对应关系，但不宜将其放在宏体化石生物地层序列中讨论。在此，笔者在唐烽等（2009b）对宏体化石地层序列划分出三个组合的基础上，将宏体化石细划为四个组合，自下而上为：① *Anhuiphyton* 宏体藻类化石组合；② *Enteromorphites-Doushantuophyton-Eoandromeda-Sinospongia* 宏体化石组合；③ *Paracharnia-Vendotaenia* 宏体化石组合；④ *Gaojiashania-Cloudina* 宏体化石组合。

4.5.2.1　*Anhuiphyton* 宏体藻类化石组合

Anhuiphyton 组合相当于安徽休宁埃迪卡拉系陡山沱组中部的“蓝田植物群”，*Anhuiphyton* 是该组合中的的优势属种。“蓝田植物群”多见丛状生长的不分叉藻丝体 *Anhuiphyton* 和 *Huangshanophyton*，同时也是出现晚于“蓝田生物群”的“庙河生物群”中的典型分子，如具有二歧分枝的丝状藻体 *Enteromorphites*、*Doushantuophyton* 和 *Konglingiphyton* 等以及不分枝的带状藻体 *Baculiphyca*。此外，形态较为独特的气球状，具固着构造的 *Flabellophyton lantianensis* 和扇形、具周期生长环带的 *Flabellophyton strigata* 以及呈圆盘状或豆荚状保存的 *Chuaria* sp. 等类别也较为常见（唐烽等，2009b）。从产出层位上看，这一组合明显早于峡东地区的“庙河生物群”，可能大体相当于微体化石地层序列中的 *Tianzhushania spinosa* 组合，但还需今后详细的工作来予以证实。峡东地区九龙湾剖面陡山沱组二段产出具分支特征的 *Enteromorphites* 和圆盘状的 Chuarids 类宏体化石的层位（唐烽等，2005）很可能与“蓝田生物群”层位相当，但这一推断同样需要更深入的工作来解决。

4.5.2.2　*Enteromorphites-Doushantuophyton-Eoandromeda-Sinospongia* 宏体化石组合

该组合相当于峡东地区“庙河生物群”及黔东北地区“翁会生物群”，其产出层位位于陡山沱组顶部。该组合主要以分枝的多细胞藻类化石为主，还包含不分枝的带状藻体 *Baculiphyca* 及少量其他丝状藻类和疑似原始后生动物海绵类的化石 *Sinospongia*。此外，组合中还见有典型的埃迪卡拉型后生动物实体化石–螺旋八辐射的 *Eoandromeda octobranchiata*，该化石不但在峡东地区和黔东北均有产出，同时还见于南澳大利亚“埃迪卡拉动物群”（Tang *et al.*，2008；Zhu M. *et al.*，2008），由此可以初步确定，华南陡山沱组顶部产出“庙河生物群”和“翁会生物群”的时代，相当于南澳大利亚“埃迪卡拉动物群”繁盛的早期阶段（570～550 Ma）。从“庙河生物群”在峡东地区的产出层位上看，该组合出现的层位明显高于微体化石的上部组合，即高于 *Hocosphaeridium scaberfacium-Hocosphaeridium anozos* 组合。

4.5.2.3　*Paracharnia-Vendotaenia* 宏体化石组合

Paracharnia-Vendotaenia 宏体化石组合相当于峡东地区“西陵峡生物群”的下部，该组合以

vendotaenides 类极度繁盛、并含有典型埃迪卡拉型宏体化石为特征。由于该组合之上即出现“纳玛生物群”中常见的管状类型化石，推测该组合可能相当于南澳大利亚“埃迪卡拉动物群”的上部层位。

组成湘西“武陵山生物群”的化石组成类型和形态特征虽然总体上与“庙河生物群”相似，但该生物群较湖北峡东地区的庙河生物群复杂，演化程度更高，推测该生物群晚于“庙河生物群”（陈孝红、汪啸风，2002），据此推测“武陵山生物群”的层位大致相当于 *Paracharnia-Vendotaenia* 宏体化石组合及其上部的 *Gaojiashania-Cloudina* 宏体化石组合，具体的对比关系还需今后深入的工作来解决。

4.5.2.4　*Gaojiashania-Cloudina* 宏体化石组合

Gaojiashania-Cloudina 宏体化石组合相当于陕南的“高家山生物群”、峡东地区的“西陵峡生物群”上部以及云南东部旧城段的“江川生物群”，也可能相当于湘西的“武陵山生物群”。该组合尤以陕南“高家山生物群”最具有代表性，该组合以弱矿化的管状 *Cloudina* 类化石的繁盛为特征，完全可以与国际上的“纳玛生物群”相对比。

4.6　生物地层序列与年代地层格架建立

自 2004 年埃迪卡拉系建立以来，有关埃迪卡拉纪年代地层的细划，一直为晚前寒武纪地层古生物学工作者所关注。在显生宙年代地层划分、对比与建立相关界线层型过程中，生物地层学方法起着至关重要的作用，相比而言，受岩相、保存环境和早期生物缺乏硬体骨骼等因素的影响，在埃迪卡拉纪地层中，化石远没有显生宙地层中那样丰富和连续，因此，以生物地层为主要手段，进行埃迪卡拉纪年代地层划分具有一定的局限性。近年来，随着埃迪卡拉纪宏体古生物群和大量微体化石群在世界各地的不断发现，该时期生物演化阶段的基本特征和生物地层序列已经基本建立，因此，生物地层学方法在埃迪卡拉纪年代地层划分和界线层型研究中所起的作用越来越明显。为此，笔者曾尝试以生物地层序列（生物演化阶段）为基础标志，以碳稳定同位素组成的重要变化界面为辅助标志，以中国埃迪卡拉系发育最为典型的峡东地区为依托，对埃迪卡拉纪地层进行年代地层的划分，提出两统五阶方案（刘鹏举等，2012），其中，下部三个阶已被最新的《中国地层表》所采用。但这一划分方案只是一个初步的阶段性认识。为此，在上述两统五阶的划分方案基础上，本章主要依据生物序列中典型化石类型的最早出现层位，进一步将华南埃迪卡拉系划分为两统七阶，即以下部的微体化石 *Tianzhushania spinosa* 组合的首现，以及上部的微体化石 *Hocosphaeridium scaberfacium-Hocosphaeridium anozos* 组合的首现为标志，将原划分的第一阶和第二阶各细划为两个阶，详见图 4.1。同样需要说明，有关埃迪卡拉纪年代地层的划分，目前仍然处于起步阶段，该方案同样有待于今后工作的进一步完善。

4.7　结　　论

我国华南板块埃迪卡拉纪地层发育、层序清晰、化石丰富，是国际上同时代地层中最具代表性的地区之一。特别是湖北峡东地区，以其悠久的研究历史、丰富的微体及宏体化石，以及在生物地层学、化学地层学和同位素年代学等诸多领域所取得的大量成果，使其成为解决埃迪卡拉纪年代地层划分、竞争相关界线层型剖面最理想的地区之一。已有的研究积累显示，华南埃迪卡拉纪微体化石可以划分为两个组合，即下部的 *Tianzhushania spinosa* 组合和上部的 *Hocosphaeridium scaberfacium-Hocosphaeridium anozos* 组合；而宏体化石可以初步分为四个组合，自下而上为：① *Anhuiphyton* 宏体藻类化石组合；② *Enteromorphites-Doushantuophyton-Eoandromeda-Sinospongia* 宏体化石组合；③ *Paracharnia-Vendotaenia* 宏体化石组合；④ *Gaojiashania-Cloudina* 宏体化石组合。生物地层序列的建立，为华南板块埃迪卡拉纪年代地层的细化及其与其他地区的精确对比奠定了基础。但当前有关华南埃迪卡拉纪生物地层学的研究还处于初期阶段，生物地层序列及对比关系还不够完善、与其他大陆间的精确对比关系尚未很好地建立起来，这些都有待于今后的深入工作来不断使其更加完善，并力争建立起能用于全球生物地层对比的标准。

致　谢：本章为国家自然基金（编号 41172035，41072005，41172002）和中国地质调查局项目（编号 1212011140）联合资助的成果。

参考文献

陈孟莪，陈忆元，钱逸．1981．峡东区震旦系—寒武系底部的管状化石．中国地质科学院，天津地质矿产意见书所刊，3：117～124

陈孟莪，肖宗正．1991．峡东区上震旦统陡山沱组发现宏体化石．地质科学，(4)：317～324

陈孟莪，萧宗正．1994．晚震旦世的特种生物群落——庙河生物群新知．古生物学报，33（4)：391～403

陈寿铭，尹崇玉，刘鹏举，高林志，唐烽，王自强．2010．湖北宜昌樟村坪埃迪卡拉系陡山沱组硅磷质结核中的微体化石．地质学报，84（1)：70～77

陈孝红，汪啸风．2002．湘西震旦纪武陵山生物群的化石形态学特征和归属．地质通报，21（10)：638～645

陈孝红，汪啸风，王传尚，李志宏，陈立德．1999．湘西震旦系留茶坡组碳质宏化石初步研究．华南地质与矿产，2：15～30

丁连芳，李勇，胡夏嵩，肖娅萍，苏春乾，黄建成．1996．震旦纪庙河生物群．北京：地质出版社

丁启秀，陈忆元．1981．湖北峡东地区震旦纪软驱体后生动物化石的发现及其意义．地球科学，6（2)：53～56

丁启秀，邢裕盛，王自强，尹崇玉，高林志．1993．湖北庙河-莲沱地区灯影组管状化石及遗迹化石．地质论评，39（2)：118～123

华洪，陈哲，袁训来，肖书海，蔡耀平．2010．陕南埃迪卡拉纪末期的瓶状化石——可能最早的有孔虫化石．中国科学（D辑)，40（9)：1105～1114

华洪，张录易，谢从瑞．2002．陕南新元古代末期奇异骨骼化石新发现及其意义．地球学报，23（5)：387～394

华洪，张录易，张子福，王静平．2000a．陕南末元古代高家山生物群主要化石类群及其特征．古生物学报，39（4)：507～515

华洪，张录易，张子福，王静平．2000b．晚震旦世高家山生物群化石新材料．古生物学报，39（3)：381～390

华洪，张录易，张子福，王静平．2001．高家山生物群化石组合面貌及其特征．地层学杂志，25（1)：13～17

林世敏，张运芬，陶喜森，王明加，张录易．1986．陕南震旦系上统高家山组发现的后生动物，遗迹化石和宏观藻类化石．陕西地质，4（1)：9～17

刘鹏举，尹崇玉，陈寿铭，唐烽，高林志．2010．华南埃迪卡拉纪陡山沱期管状微体化石分布，生物属性及其地层学意义．古生物学报，49（3)：308～324

刘鹏举，尹崇玉，陈寿铭，李猛，高林志，唐烽．2012．华南峡东地区埃迪卡拉（震旦）纪年代地层划分初探．地质学报，86（6)：849～866

吕苗，朱茂炎，赵美娟．2009．湖北宜昌茅坪泗溪剖面埃迪卡拉系岩石地层和碳同位素地层研究．地层学杂志，33（4)：359～372

马冀，刘卓，蔡耀平，李朋，林晋炎，华洪．2008．陕西宁强胡家坝地区晚埃迪卡拉世高家山生物群岩相变化与化石保存关系．古生物学报，47（2)：222～231

彭善池，汪啸风，肖书海，童金南，华洪，朱茂炎，赵元龙．2012．建议在我国统一使用全球通用的正式年代地层单位——埃迪卡拉系（纪）．地层学杂志，6（1)：55～59

唐烽，高林志，王自强．2009a．华南埃迪卡拉纪宏体生物群的古地理分布及意义．古地理学报，11（5)：524～533

唐烽，宋学良，尹崇玉，刘鹏举，Awramik S，王自强，高林志．2006．华南滇东地区震旦（Ediacaran）系顶部 Longfengshaniaceae 藻类化石的发现及意义．地质学报，80（11)：1643～1649

唐烽，尹崇玉，高林志．1997．安徽休宁陡山沱期后生植物化石的新认识．地质学报，71（4)：289～296

唐烽，尹崇玉，刘鹏举，高林志，王自强．2009b．华南新元古代宏体化石特征及生物地层序列．地球学报，30（4)：505～522

唐烽，尹崇玉，刘鹏举，王自强，高林志．2009c．滇东埃迪卡拉（震旦系）顶部旧城段多样宏体化石群的发现．古地理学报，9（5)：533～540

唐烽，尹崇玉，柳永清，王自强，刘鹏举，高林志．2005．峡东震旦系陡山沱组宏体化石的新发现．科学通报，50（23)：2632～2637

王伟，松本良，王海峰，大出茂，狩野獐宏，穆西南．2002．长江三峡地区上震旦统稳定同位素异常及地层意义．微体古生物学报，19（4)：382～388

王约，王训练，黄禹铭．2007．黔东北埃迪卡拉纪陡山沱组的宏体藻类．地球学报，32（6)：828～844

王自强，尹崇玉，高林志，柳永清 . 2002. 湖北宜昌峡东震旦系层型剖面化学地层特征及其国际对比 . 地质论评，48（4）：408～415

解古巍，周传明，McFadden K A，肖书海，袁训来 . 2008. 湖北峡东地区九龙湾剖面震旦系陡山沱组微体化石的新发现 . 古生物学报，47（3）：279～291

薛耀松，唐天福 . 1995. 贵州瓮安-开阳地区陡山沱期含磷岩系的大型球形绿藻化石 . 古生物学报，34（6）：688～706

尹崇玉 . 1990. 峡东震旦系陡山沱组燧石中的带刺微化石及其地质意义 . 微体古生物学报，7（3）：265～270

尹崇玉 . 1996. 湖北秭归庙河地区震旦系陡山沱组微化石的新发现 . 地球学报，17（3）：322～329

尹崇玉，刘桂芝 . 1988. 湖北震旦纪的微古植物 . 见：赵自强，邢裕盛，丁启秀等主编 . 湖北震旦系 . 武汉：中国地质大学出版社，90～100，170～180

尹崇玉，本格森，岳昭 . 2005. 中国南方新元古代可能后生动物成因的硅化和磷酸盐化球状微化石 *Tianzhushania*. 地球学报，26（1）：31～43

尹崇玉，刘鹏举，陈寿铭，唐烽，高林志，王自强 . 2009. 峡东地区埃迪卡拉系陡山沱组疑源类生物地层序列 . 古生物学报，48（2）：146～154

尹崇玉，刘鹏举，唐烽，高林志 . 2006. 国际埃迪卡拉系年代地层学研究进展与发展趋势 . 地质论评，52（6）：765～770

尹磊明 . 1986. 长江三峡地区震旦系的微体植物化石 . 地层学杂志，10（4）：262～269

尹磊明，李再平 . 1978. 西南地区前寒武纪微古植物群及其地层意义 . 中国科学院南京地质古生物研究所集刊，第 10 号 . 北京：科学出版社，41～108

尹磊明，周传明，袁训来 . 2008. 湖北宜昌埃迪卡拉系陡山沱组天柱山卵囊胞——*Tianzhushania* 的新认识 . 古生物学报，42（2）：129～140

袁训来，周传明 . 1999. 贵州瓮安磷矿新元古代微体生物化石 . 江苏地质，23（4）：202～211

袁训来，李军，陈孟莪 . 1995. 晚前寒武纪后生植物的发展及其化石证据 . 古生物学报，34（1）：90-102

袁训来，王启飞，张昀 . 1993. 贵州瓮安磷块晚前寒武纪陡山沱期的藻类化石群 . 微体古生物学报，10（4）：409～420

袁训来，肖书海，尹磊明，安德鲁·诺尔，周传明，穆西南 . 2002. 陡山沱期生物群——早期动物辐射前夕的生命 . 合肥：中国科学技术出版社

张录易 . 1986. 陕西宁强晚震旦世晚期高家山生物群的发现和初步研究 . 中国地质科学院西安地质矿产研究所所刊，13：67～88

张录易，华洪，谢从瑞 . 2001. 新元古代末期高家山生物群研究新进展与展望 . 中国地质，28（9）：19～24

张忠英 . 1984a. 湖北西部震旦系陡山沱组奥勃鲁契夫藻的发现 . 古生物学报，23（40）：447～451

张忠英 . 1984b. 峡东震旦系微浮游植物的新资料 . 植物学报，26（1）：94～98

张忠英 . 1986. 峡东陡山沱组丝状蓝藻化石的新资料 . 地质科学，1：30～37

赵元龙，何明华，陈孟莪，彭进，喻美艺，王约，杨荣军，王平丽，张振晗 . 2004. 新元古代陡山沱期庙河生物群在贵州江口的发现 . 科学通报，48（18）：1916～1918

赵元龙，伍孟银，彭进，杨兴莲，杨荣军，杨宇宁 . 2010. 贵州江口桃映埃迪卡拉系陡山沱组中的三叶脊动物化石 . 微体古生物学报，27（4）：305～314

赵自强，邢裕盛，丁启秀 . 1988. 湖北震旦系 . 武汉：中国地质大学出版社

赵自强，邢裕盛，马国干，陈忆元 . 1985. 长江三峡地区生物地层学（1），震旦纪分册 . 北京：地质出版社

周传明，解古巍，肖书海 . 2005. 湖北宜昌樟村坪陡山沱组微体化石新资料 . 微体古生物学报，22（3）：217～224

Awramik S M，McMenamin D S，Yin C，Zhao Z，Ding Q，Zhang S B. 1985. Prokaryotic and eukaryotic microfossils from a Proterozoic/Phanerozoic transition in China. Nature，315（6021）：655～658

Cai Y，Hua H. 2007. Pyritization in the Gaojiashan Biota. Chinese Science Bulletin，52（5）：645～650

Cai Y，Schiffbauer J D，Hua H，Xiao S. 2012. Preservational modes in the Ediacaran Gaojiashan Lagerstätte：Pyritization，aluminosilicification，and carbonaceous compression. Palaeogeography，Palaeoclimatology，Palaeoecology，326-328：109～117

Chen J，Bottjer D J，Davidson E H，Dornbos S Q，Gao X，Yang Y，Li C，Li G，Wang X Q，Xian D C. 2006a. Phosphatized polar lobe-forming embryos from the Precambrian of Southwest China. Science，312（5780）：1644～1646

Chen J，Bottjer D J，Davidson E H，Dornbos S Q，Gao X，Yang Y，Li C，Li G，Wang X Q，Xian D C，Wu H，Hwu Y K，Tafforeau P. 2006b. Phosphatized polar lobe- forming embryos from the Precambrian of Southwest China. Science，312（5780）：1644～1646

Chen J，Bottjer D J，Li G，Hadfield M，Gao F，Cameron A，Zhang C，Xian D，Tafforeau P，Liao X. 2009. Complex embryos displaying bilaterian characters from Precambrian Doushantuo phosphate deposits，Weng' an，Guizhou，China. Proceedings of the National Academy of Sciences，106（45）：19056～19060

Chen J, Bottjer D J, Oliveri P, Dornbos S Q, Gao F, Ruffins S, Chi H, Li C, Davidson E H. 2004. Small bilaterian fossils from 40 to 55 million years before the Cambrian. Science, 305 (5681): 218 ~ 222

Chen J, Oliveri P, Gao F, Dornbos S Q, Li C, Bottjer D J, Davidson E H. 2002. Precambrian animal life: Probable developmental and adult cnidarian forms from southwest China. Developmental Biology, 248 (1): 182 ~ 196

Chen Z, Bengtson S, Zhou C, Hua H, Yue Z. 2008. Tube structure and original composition of Sinotubulites: shelly fossils from the late Neoproterozoic in southern Shaanxi, China. Lethaia, 41 (1): 37 ~ 45

Chen Z, Zhou C, Meyer M, Xiang K, Schiffbauer J D, Yuan X, Xiao S. 2013. Trace fossil evidence for Ediacaran bilaterian animals with complex behaviors. Precambrian Research, 224: 690 ~ 701

Chu X, Zang Q, Zhang T, Feng J. 2003. Sulfur and carbon isotopic variations in Neoproterozoic sedimentary rocks from southern China. Progress in Natural Science, 13 (11): 875 ~ 880

Condon D, Zhu M, Bowring S, Wang W, Yang A, Jin Y. 2005. U- Pb ages from the neoproterozoic Doushantuo Formation, China. Science, 308 (5718): 95 ~ 98

Golubkova E Y, Raevskaya E G, Kuznetsov A B. 2010. Lower Vendian microfossil assemblages of East Siberia: Significance for solving regional stratigraphic problems. Stratigraphy and Geological Correlation, 18 (4): 353 ~ 375

Gradstein F M, Ogg J G, Smith A G, Bleeker W, Lourens L J. 2004. A new geologic time scale, with special reference to Precambrian and Neogene. Episodes, 27 (2): 83 ~ 100

Grey K. 2005. Ediacaran palynology of Australia. Memoirs of the Association of Australasian Palaeontologists, 31: 1 ~ 439

Halverson G P, Hoffman P F, Schrag D P, Maloof A C, Rice A H N. 2005. Toward a Neoproterozoic composite carbon- isotope record. Geological Society ofAmerica Bulletin, 117 (9-10): 1181 ~ 1207

Hua H, Chen Z, Yuan X. 2007. The advent of mineralized skeletons in Neoproterozoic Metazoa- new fossil evidence from the Gaojiashan Fauna. Geological Journal, 42 (3-4): 263 ~ 279

Hua H, Chen Z, Yuan X, Zhang L, Xiao S. 2005. Skeletogenesis and asexual reproduction in the earliest biomineralizing animal Cloudina. Geology, 33 (4): 277 ~ 280

Hua H, Pratt B R, Zhang L. 2003. Borings in Cloudina shells: Complex predator- prey dynamics in the terminal neoproterozoic. Palaios, 18 (4-5): 454 ~ 459

Jiang G, Kaufman A J, Christie-Blick N, Zhang S, Wu H. 2007. Carbon isotope variability across the Ediacaran Yangtze platform in South China: Implications for a large surface- to- deep ocean $\delta^{13}C$ gradient. Earth and Planetary Science Letters, 261 (1-2): 303 ~ 320

Jiang G, Shi X, Zhang S, Wang Y, Xiao S. 2011. Stratigraphy and paleogeography of the Ediacaran Doushantuo Formation (ca. 635-551 Ma) in South China. Gondwana Research, 19 (4): 831 ~ 849

Jiang G, Sohl L E, Christie- Blick N. 2003. Neoproterozoic stratigraphic comparison of the Lesser Himalaya (India) and Yangtze block (south China): Paleogeographic implications. Geology, 31 (10): 917 ~ 920

Knoll A H. 1992. Vendian Microfossils in metasedimentary cherts of the Scotia Group, Prins Karls Forland, Svalbard. Palaeontology, 35: 751 ~ 774

Lambert I B, Walter M R, Zang W, Lu S, Ma G. 1987. Palaeoenvironment and carbon isotope stratigraphy of Upper Proterozoic carbonates of the Yangtze Platform. Nature, 325: 140 ~ 142

Li C, Chen J, Hua T. 1998. Precambrian sponges with cellular structures. Science, 279 (5352): 879 ~ 882

Liu P, Xiao S, Yin C, Zhou C, Gao L, Tang F. 2008. Systematic description and phylogenetic affinity of tubular microfossils from the Ediacaran Doushantuo Formation at Weng'an, south China. Palaeontology, 51: 339 ~ 366

Liu P, Xiao S, Yin C, Tang F, Gao L. 2009a. Silicified Tubular Microfossils from the upper Doushantuo Formation (Ediacaran) in the Yangtze Gorges Area, south China. Journal of Paleontology, 83 (4): 630 ~ 633

Liu P, Xiao S, Yin C, Chen S, Zhou C, Li M. 2014. Edicaran acanthomophic acritarchs and other microfossils from chert nodules of the upper Doushantuo Formation in the Yangtze Gorges area, south China. Paleontological Society Memoir, 72: 1 ~ 139

Liu P, Yin C, Chen S, Tang F, Gao L. 2012. Discovery of Ceratosphaeridium (Acritarcha) from the Ediacaran Doushantuo Formation in Yangtze Gorges, South China and its biostratigraphic implication. Bulletin of Geosciences, 87 (1): 195 ~ 200

Liu P, Yin C, Chen S, Tang F, Gao L. 2013. The biostratigraphic succession of acanthomorphic acritarchs of the Ediacaran Doushantuo Formation in the Yangtze Gorges area, South China and its biostratigraphic correlation with Australia. Precambrian Research, 225: 29 ~ 43

Liu P, Yin C, Gao L, Tang F, Chen S. 2009b. New material of microfossils from the Ediacaran Doushantuo Formation in the Zhanchunping area, Yichang, Hubei Province and its zircon SHRIMP U-Pb age. Chinese Science Bullutin, 54 (6): 1058 ~ 1064

Lu M, Zhu M, Zhang J, Graham S Z, Li G, Zhao F, Zhao X, Zhao M. 2013. The DOUNCE event at the top of the Ediacaran Doushantuo Formation, South China: Broad stratigraphic occurrence and non- diagenetic origin. Precambrian Research, 225: 86 ~ 109

Lu M, Zhu M, Zhao F. 2012. Revisiting the Tianjiayuanzi section- the stratotype section of the Ediacaran Doushantuo Formation, Yangtze Gorges, south China. Bulletin of Geosciences, 87 (1): 183 ~ 194

McFadden K A, Xiao S, Zhou C, Kowalewski M. 2009. Quantitative evaluation of the biostratigraphic distribution of acanthomorphic acritarchs in the Ediacaran Doushantuo Formation in the Yangtze Gorges area, south China. Precambrian Research, 173 (1-4): 170 ~ 190

Moczydłowska M, Nagovitsin K E. 2012. Ediacaran radiation of organic- walled microbiota recorded in the Ura Formation, Patom Uplift, east Siberia. Precambrian Research, 198-199: 1 ~ 24

Moczydłowska M, Vidal G, Rudavskaya V A. 1993. Neoproterozoic (Vendian) Phytoplankton from the Siberian Platform, Yakutia. Palaeontology, 36: 495 ~ 521

Sergeev V N, Knoll A H, Vorob' Eva N G. 2011. Ediacaran Microfossils from the Ura Formation, Baikal- Patom Uplift, Siberia: Taxonomy and Biostratigraphic Significance. Journal of Paleontology, 85 (5): 987 ~ 1011

Shen B, Xiao S, Zhou C, Yuan X. 2009. *Yangtziramulus zhangi* new genus and species, a carnonate- hosted macrofossil from the Ediacaran Dengying Formation in the Yangtze Gorges area, south China. Journal of Paleontology, 83 (4): 575 ~ 587

Steiner M, Erdtmann B D, Chen J. 1992. Preliminary assessment of new late Sinian (late Proterozoic) large siphonous and filamentous "megaalgae" from eastern Wulingshan, North- central Hunan, China. Berhner Geowissenschafiiche Abhandlungen (E), 3: 305 ~ 319

Sun W. 1986. Late precambrian pennatulids (sea pens) from the eastern, Yangtze Gorge, China: Paracharnia gen. nov. Precambrian Research, 31 (4): 61 ~ 375

Tang F, Bengtson S, Wang Y, Wang X, Yin C. 2011. Eoandromeda and the origin of Ctenophora. Evolution & Development, 13 (5):408 ~ 414

Tang F, Yin C, Bengtson S, Liu P, Wang Z, Gao L. 2008. Octoradiate Spiral Organisms in the Ediacaran of south China. Acta Geologica Sinica (English Edition), 82 (1): 27 ~ 34

Tiwari M, Knol A H. 1994. Large Acanthomorphic Acritarchs from the Infrakrol Formation of the Lesser Himalaya and their Stratigraphic Significance. Journal of Himalayan Geology, 5 (2): 193 ~ 201

Tiwari M, Pant C. 2004. Neoproterozoic silicified microfossils in Infra Krol Formation, Lesser Himalaya, India. Himalayan Geology, 25 (1): 1 ~ 21

Vorob' eva N G, Sergeev V N, Knoll A H. 2009. Neoproterozoic Microfossils from the Northeastern Margin of the East European Platform. Journal of Paleontology, 83 (2): 161 ~ 196

Wang Y, Wang X. 2008. Annelid from the Neoproterozoic Doushantuo Formation in northeasternGuizhou, China. Acta Geologica Sinica (English Edition), 82 (2): 257 ~ 265

Willman S, Moczydłowska M. 2008. Ediacaran acritarch biota from the Giles 1 drillhole, Officer Basin, Australia, and its potential for biostratigraphic correlation. Precambrian Research, 162 (3-4): 498 ~ 530

Willman S, Moczydłowska M. 2011. Acritarchs in the Ediacaran of Australia- Local or global significance? Evidence from the Lake Maurice West 1 drillcore. Review of Palaeobotany and Palynology, 166 (1-2): 12 ~ 28

Willman S, Moczydfowska M, Grey K. 2006. Neoproterozoic (Ediacaran) diversification of acritarchs- A new record from the Murnaroo 1 drillcore, eastern Officer Basin, Australia. Review of Palaeobotany and Palynology, 139 (1-4): 7 ~ 39

Xiao S. 2004. New multicellular algal fossils and acritarchs in Doushantuo chert nodules (Neoproterozoic; Yangtze Gorges, south China). Journal of Paleontology, 78 (2): 393 ~ 401

Xiao S, Knoll A H. 2000. Phosphatized animal embryos from the Neoproterozoic Doushantuo Formation at Weng'An, Guizhou, South China. Journal of Paleontology, 74 (5): 767 ~ 788

Xiao S, Hagadorn J W, Zhou C, Yuan X. 2007. Rare helical spheroidal fossils from the Doushantuo Lagerstatte: Ediacaran animal embryos come of age? Geology, 35 (2): 115 ~ 118

Xiao S, McFadden K A, Peek S, Kaufman A J, Zhou C, Jiang G, Hu J. 2012. Integrated chemostratigraphy of the Doushantuo Formation at the northern Xiaofenghe section (Yangtze Gorges, south China) and its implication for Ediacaran stratigraphic correlation and ocean redox models. Precambrian Research, 192-195: 125 ~ 141

Xiao S, Shen B, Zhou C, Xie G, Yuan X. 2005. A uniquely preserved Ediacaran fossil with direct evidence for a quilted bodyplan. Proceedings of the National Academy of Sciences of the United States of America, 102 (29): 10227 ~ 10232

Xiao S, Yuan X, Knoll A H. 2000. Eumetazoan fossils in terminal Proterozoic phosphorites? Proceedings of the National Academy of Sciences of the United States of America, 97 (25): 13684 ~ 13689

Xiao S, Yuan X, Steiner M, Knoll A H. 2002. Macroscopic carbonaceous compressions in a terminal Proterozoic shale: A systematic reassessment of the Miaohe biota, south China. Journal of Paleontology, 76 (2): 347 ~ 376

Xiao S, Zhang Y, Knoll A H. 1998. Three- dimensional preservation of algae and animal embryos in a Neoproterozoic phosphorite. Nature, 391 (6667): 553 ~ 558

Xiao S, Zhou C, Liu P, Wang D, Yuan Y. 2014. Phosphatized acanthomorphic acritarchs and related microfossils from the Ediacaran Doushantuo formation at Weng' an (south China) and their implications for biostratigrphic correlation. Journal of Paleontology, 88 (1): 1 ~ 67

Yang J, Sun W, Wang Z, Xue Y, Tao X. 1999. Variations in Sr and C isotopes and Ce anomalies in successions from China: evidence for the oxygenation of Neoproterozoic seawater? Precambrian Research, 93 (2-3): 215 ~ 233

Yin C, Bengtson S, Yue Z. 2004. Silicified and phosphatized Tianzhushania, spheroidal microfossils of possible animal origin from the Neoproterozoic of South China. Acta Palaeontologica Polonica, 49 (1): 1 ~ 12

Yin C, Liu P, Awramik S M, Chen S, Tang F, Gao L, Wang Z, Riedman L A. 2011b. Acanthomorph Biostratigraphic Succession of the Ediacaran Doushantuo Formation in the East Yangtze Gorges, south China. Acta Geologica Sinica (English Edition), 85 (2):283 ~ 295

Yin C, Zhao Y, Gao L. 2001. Discovery of phosphatized gastrula fossils from the Doushantuo Formation, Weng'an, Guizhou Province, China. Chinese Science Bulletin, 46 (20): 1713 ~ 1716

Yin L. 1985. Microfossils of the Doushantuo Formation in the Yangtze Gorge District, western Hubei. Palaeontologia Cathayana, 2: 229 ~ 249

Yin L. 1987. Microbiotas of latest Precambrian sequences in China. stratigraphy and palaeontology of systemic boundaries in China. Precambrian-Cambrian Boundary, 1: 415 ~ 494

Yin L, Wang D, Yuan X, Zhou C. 2011. Diverse small spinose acritarchs from the Ediacaran Doushantuo Formation, south China. Palaeoworld, 20: 279 ~ 289

Yin L, Zhu M, Knoll A H, Yuan X, Zhang J, Hu J. 2007. Doushantuo embryos preserved inside diapause egg cysts. Nature, 446 (7136):661 ~ 663

Yin Z, Liu P, Li G, Tafforeau P, Zhu M. 2013a. Biological and taphonomic implications of Ediacaran fossil embryos undergoing cytokinesis. Gondwana Research. http://dx. doi. org/10. 1016/j. gr. 2013. 01. 008

Yin Z, Zhu M, Tafforeau P, Chen J, Liu P, Li G. 2013b. Early embryogenesis of potential bilaterian animals with polar lobe formation from the Ediacaran Weng' an Biota, south China. Precambrian Research, 225: 44 ~ 57

Yuan X, Chen Z, Xiao S, Zhou C, Hua H. 2011. An early Ediacaran assemblage of macroscopic and morphologically differentiated eukaryotes. Nature, 470 (7334): 390 ~ 393

Yuan X, Li J, Cao R. 1999. A diverse metaphyte assemblage from the Neoproterozoic black shales of South China. Lethaia, 32 (2): 143 ~ 155

Yuan X, Xiao S, Li J, Yin L, Cao R. 2001. Pyritized chuarids with excystment structures from the late Neoproterozoic Lantian formation in Anhui, south China. Precambrian Research, 107 (3-4): 253 ~ 263

Yuan X, Xiao S, Taylor T N. 2005. Lichen-like symbiosis 600 million years ago. Science, 308 (5724): 1017 ~ 1020

Zang W, Walter M R. 1992. Late Proterozoic and Cambrian microfossils and biostratigraphy, Amadeus Basin, central Australia. The Association of Australasia Palaeontologists Memoir, 12: 1 ~ 132

Zhang Y, Yin L, Xiao S, Knoll A H. 1998. Permineralized fossils from the terminal Proterozoic Doushantuo Formation, south China. Memoir (The Paleontological Society), 50: 1 ~ 52

Zhou C, Xiao S. 2007. Ediacaran $\delta^{13}C$ chemostratigraphy of south China. Chemical Geology, 237 (1-2): 89 ~ 108

Zhou C, Tucker R, Xiao S, Peng Z, Yuan X, Chen Z. 2004. New constraints on the ages of neoproterozoic glaciations in south China. Geology, 32 (5): 437 ~ 440

Zhou C, Xie G, McFadden K, Xiao S, Yuan X. 2007. The diversification and extinction of Doushantuo- Pertatataka acritarchs in south China: causes and biostratigraphic significance. Geological Journal, 42 (3-4): 229 ~ 262

Zhu B, Becker H, Jiang S, Pi D, Fischer- Gödde M, Yang J. 2013. Re- Os geochronology of black shales from the Neoproterozoic Doushantuo Formation, Yangtze platform, south China. Precambrian Research, 225: 67 ~ 76

Zhu M, Lu M, Zhang J, Zhao F, Li G, Yang A, Zhao X, Zhao M. 2013. Carbon isotope chemostratigraphy and sedimentary facies evolution of the Ediacaran Doushantuo Formation in western Hubei, south China. Precambrian Research, 225: 7 ~ 28

Zhu M, Gehling J G, Xiao S, Zhao Y, Droser M. 2008. Eight-armed Ediacara fossil preserved in contrasting taphonomic windows from China and Australia. Geology, 36 (11): 867 ~ 870

Zhu M, Strauss H, Shields G A. 2007a. From snowball earth to the Cambrian bioradiation: Calibration of Ediacaran-Cambrian earth history in south China. Palaeogeography Palaeoclimatology Palaeoecology, 254 (1-2): 1 ~ 6

Zhu M, Zhang J, Yang A. 2007b. Integrated Ediacaran (Sinian) chronostratigraphy of south China. Palaeogeography Palaeoclimatology Palaeoecology, 254 (1-2): 7 ~ 61

第二篇

中—新元古代地层、生-储-盖层发育与沉积背景

第5章　华南新元古代地层、生–储–盖层发育与沉积环境

朱茂炎[1]，张俊明[1]，杨爱华[2]，李国祥[1]，赵方臣[1]，吕　苗[1]，殷宗军[1]

（1. 中国科学院南京地质古生物研究所，南京，210008；
2. 南京大学地球科学学院，南京，210093）

摘　要：华南新元古代地层发育、生物化石和矿产资源丰富、研究历史悠久，目前是全球开展新元古代地层、生物和地球环境演变研究最受关注的关键地区之一。根据作者多年的野外研究，结合国内外的最新研究进展，本章以长江三峡地区震旦系地层剖面和扬子板块东南部前震旦系剖面为标准，建立了一套完整的华南新元古代中晚期地层序列，将华南新元古代区分为青白口纪、南华纪和震旦纪三个时段，系统总结各时段的沉积地层序列发育特征、沉积相时空演变和沉积环境背景、年代地层划分和对比等最新研究现状和进展，客观地评述现存的问题和争议，并讨论今后研究的重点。另外，本章还对华南新元古界（主要为震旦系）油气生–储–盖层的发育特征和时空分布作一概要性阐述，为今后的华南新元古代基础地质研究、地矿普查和油气勘探提供参考和依据。

关键词：扬子板块，江南盆地，青白口系，南华系，震旦系，生–储–盖层

5.1　引　　言

新元古代是地球–生命系统（Earth-Life System）从微生物为主体构成的稳定而简单的隐生宙系统，向宏体多细胞动、植物为主体构成的复杂多样性的显生宙系统转折的关键时期（Butterfield，2011）。换言之，这个时期是原始地球–生命系统，向现代地球–生命系统转折的一段关键地质时期。在这个关键转折期，岩石圈的活动加剧，导致罗迪尼亚超大陆（Rodinia）的聚合、裂解以及随后的冈瓦纳超大陆（Gondwana）聚合等强烈的构造运动（Li Z. X. *et al.*，2008，2013）。在新元古代中晚期，由于大气 CO_2 浓度剧烈而频繁的变化，引起全球性冰期和间冰期多次反复的极端气候变化，其中包括“雪球事件”（Hoffman and Schrag，2002）以及大气氧含量快速增加（Shields-Zhou and Och，2011；Lyon *et al.*，2014）。伴随着岩石圈和大气圈的这种剧烈演变，海洋的物理和化学条件（温度、盐度、氧化还原状态、各种生命微量元素含量等）同样发生显著的改变（Knauth，2005；Komiya *et al.*，2008）。而最具革命性的演变发生在生物圈，多细胞生物在新元古代大冰期结束后开始大量繁衍，动物在地球上开始出现（Yin *et al.*，2007；Love *et al.*，2009；Yuan *et al.*，2011），随后发生寒武纪生物大爆发事件（Erwin *et al.*，2011 及其中参考文献）。地球–生命系统在新元古代发生的这种剧烈演变是地球各层圈相互作用的结果，同时可能受到宇宙和星系系统的影响（Gaidos *et al.*，2007；朱茂炎，2009；Erwin and Valentine，2013；Maruyama *et al.*，2014；Zhang X. L. *et al.*，2014），因此，揭示新元古代地球历史演变规律是地球科学界和演化生物学界共同关注的前沿研究领域。

地层及其年代系统是研究地球历史的基础。由于前寒武纪地质记录经历过漫长时期的各种地质作用（变质作用、构造运动和岩浆活动等），导致其地质记录的完整性较差，原始信息丧失较多，因而相对于显生宙，前寒武纪地质学的研究难度较大。同时，由于缺乏可用于全球地层对比的古生物化石，前寒武纪的年代划分主要是依据地球的演化阶段，按绝对年龄划分年代，这就造成前寒武纪年代学的精度不高，

年代单位的定义和对比困难，长期以来易于引起争议。随着研究的不断深入，前寒武纪的年代划分框架也在不断变化（Gradstein *et al.*，2012）。正因如此，包括新元古代在内，各国各地区均建立了区域性的前寒武纪地层系统和名称。参照国际地层委员会最新的《全球地质年代表》（International Commission on Stratigraphy，2012），新元古代目前划分为三个阶段，即拉伸纪（1000～850 Ma）、成冰纪（850～635 Ma）和埃迪卡拉纪（635～541 Ma；Gradstein *et al.*，2012）；其中只有埃迪卡拉纪是按照国际地层指南中全球界线层型剖面和点位（GSSP）的规则确定了底界，在2004年3月经国际地科联批准，作为“纪”一级新的地质年代单位（Knoll *et al.*，2004）。

中国新元古代地层发育，研究历史悠久，长期以来也形成一套中国的新元古代地层系统。目前，全国地层委员会采用的方案是将新元古代划分为青白口纪、南华纪和震旦纪（表5.1），其中震旦纪的定义相当于《全球地质年代表》(2012) 中的埃迪卡拉纪（全国地层委员会，2002；尹崇玉、高林志，2013），而南华纪

表5.1　华南新元古代地层表

年龄/Ma	年代地层	上扬子区								下扬子区	
		滇东	川中南	鄂西	湘西北	湘中	黔东南	湘西南	桂北	皖南	浙北
520–540	寒武系	玉案山组 / 石岩头组 / 朱家箐组	九老洞组 / 麦地坪组	水井沱组 / 岩家河组	木昌组 / 杨家坪组	小烟溪组	九门冲组	小烟溪组	清溪组	荷塘组	荷塘组
540–550	震旦系 Pt_3^3	灯影组	灯影组	灯影组	灯影组	留茶坡组	留茶坡组	留茶坡组	老堡组	皮园村组	皮园村组
550–635	震旦系 Pt_3^3	鲁那寺组（观音崖组）	喇叭岗组（观音崖组）	陡山沱组	陡山沱组	陡山沱组	陡山沱组	陡山沱组（金家洞组）	陡山沱组	蓝田组	西峰寺组
635–650	南华系 Pt_3^2	南沱组	列古六组	南沱组	南沱组	南沱组	黎家坡组	洪江组	泗里口组	雷公坞组	雷公坞组
650–720	南华系 Pt_3^2			大塘坡组 / 古城组	大塘坡组 / 东山峰组	大塘坡组（湘锰组） / 东山峰组	大塘坡组 / 铁丝坳组 / 富禄组 / 长安组	大塘坡组（湘锰组） / 富禄组 / 长安组	大塘坡组 / 富禄组 / 长安组		洋安组 / 下涯埠组
720–820	青白口系 Pt_3^1	澄江组	开建桥组 / 苏雄组	莲沱组	渫水河组 / 老山崖组	板溪群：五强溪组 / 马底驿组 / 沧水铺组	下江群：隆里组 / 平略组 / 清水江组 / 番召组 / 乌叶组 / 甲路组	高涧群：岩门寨组 / 架枧田组 / 砖墙湾组 / 黄狮洞组 / 石桥铺组	丹州群：拱洞组 / 三门街组 / 合桐组 / 白竹组	休宁组 / 沥口群：铺岭组 / 邓家组	志堂组 / 河上镇群：上墅组 / 虹赤村组 / 骆家门组
~820		武陵运动/四堡运动									
820–900	青白口系 Pt_3^1				冷家溪群	冷家溪群	梵净山群	冷家溪群	四堡群	溪口群（上溪群）	双溪坞群
~900		晋宁运动									
>900		昆阳群	会理群	崆岭群 / 马槽园群 / 神农架群	变质基底					平水群	

的底界是按照华南新元古代第一次冰期的开始作为标准确定的（尹崇玉、高林志，2013）。鉴于目前我国的“震旦纪”与全球地质年代单位“埃迪卡拉纪”的概念完全一致，遵照地学界的国际准则，“系”一级的年代地层单位应该全球统一，震旦纪（系）名称本应停止使用（彭善池等，2012）。但是考虑到国内地质界对新元古界与“震旦系”研究与认知的现状，顾及本专著地层年代框架的统一性，本章作者仍然沿用上述全国地层委员会关于青白口纪、南华纪和震旦纪的划分方案。

华南是新元古代早期由扬子和华夏两个古老板块拼接而成的板块，复杂的构造作用历史导致华南新元古代早期地层发育不够完整。20世纪50年代之前，南方“震旦系”基本上就代表了华南新元古界。这是因为1924年李四光、赵亚曾在宜昌峡东建立的南方“震旦系”标准地层剖面时，“震旦系”概念是指三斗坪群变质杂岩（包含黄陵花岗岩和崆岭片岩）之上，含动物化石的寒武系之下的一套未变质地层，其底界为莲沱组底部不整合面（Lee and Chao，1924）。但是，在扬子板块周缘，特别是东南部（皖浙赣交界、湘黔桂交界），相当于典型的震旦系之下，还发育了一套“火山-沉积岩系”，也就是最为熟知的“板溪群”及其年代相当的地层，在20世纪50年代之前曾被笼统作为前震旦系的一部分（刘鸿允等，1999）。它的底界存在的角度不整合面，被视作与莲沱组底部不整合面性质相同，代表晋宁运动及其同期的造山运动（邢裕盛等，1989；刘鸿允等，1991，1999），年龄约为900 Ma（刘鸿允等，1991）；而将晋宁运动不整合面下伏的地层作为中元古界对待。

近20年来，在国内、外同行的共同努力下，加上同位素定年技术的不断改进，华南新元古代地层序列和年代框架发生了显著的改变（表5.1）。目前，以三峡地区震旦系地层剖面和扬子板块东南部前震旦系剖面为标准，可以建立一套完整的华南新元古代地层序列（图5.1）。在此，根据作者多年的野外研究，结合国内、外同行的最新研究成果，我们试图对华南新元古代地层、沉积环境背景和有利的油气生储盖层发育情况作一概要性总结，试图客观地评述当前仍然存在的问题和争议，为今后进一步的华南新元古代基础地质研究、地矿普查和油气勘探提供参考和依据。

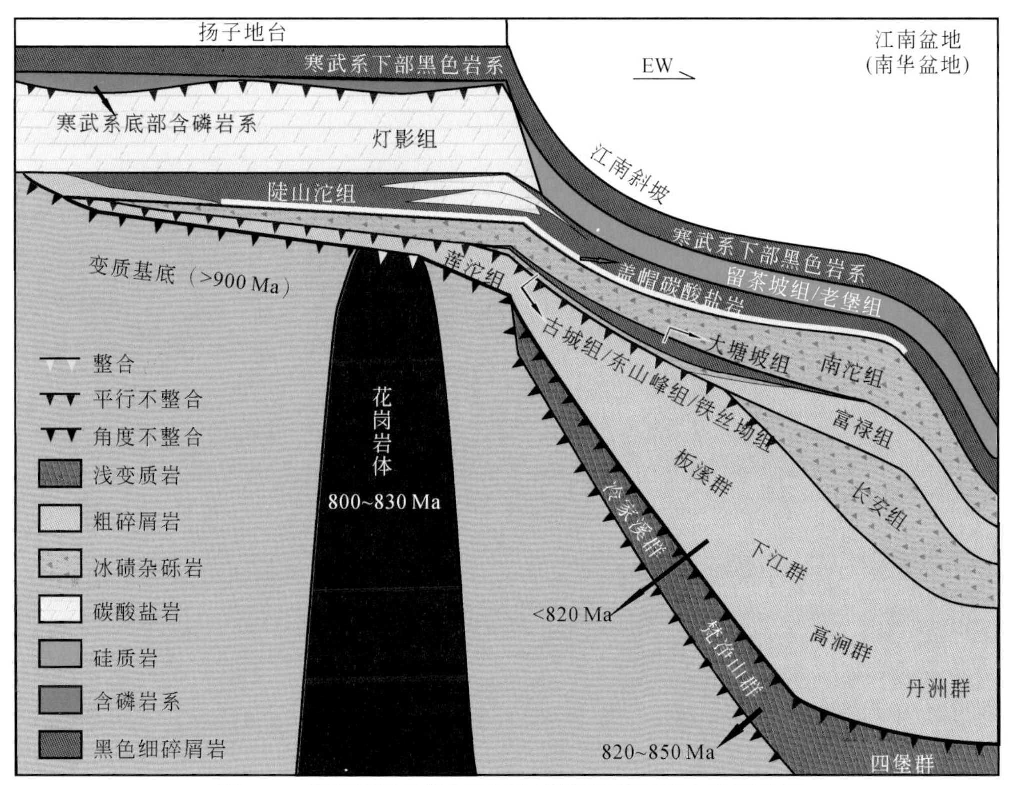

图5.1　华南新元古代沉积地层框架及其沉积古地理背景

5.2　新元古代地层框架与构造背景

近年来的研究结果表明，扬子和华夏板块拼合时间发生在新元古代早期，随后又经历过古生代中期（广西运动）和中—新生代的多期构造-岩浆活动的改造。由于华南板块这种复杂的构造背景，新元古代地层在不同区域，特别是在扬子板块和周边地区之间，其发育程度差异巨大（表5.1）。而在原华夏板块范围内，遭受后期构造-岩浆活动的破坏较扬子地块更加显著，新元古代地层残缺不全，所获资料有限。所以，本章重点论述扬子板块和江南盆地范围内的新元古代地层。如表5.1和图5.1所示，华南新元古代早期存在两个角度不整合面。第一个不整合面代表了扬子和华夏两个古老板块拼接过程中的造山运动［“晋宁运动（Jinning Orogeny）”］，不整合面之下主要由早—中元古代变质片岩、杂岩为主，代表华南板块的结晶基底，这个不整合面的形成时间大约在900 Ma之前。第二个不整合处于板溪群及相当地层之下，被认为代表了又一次构造运动，称之为“四堡运动（Sipa Orogeny）”或“武陵运动（Wuling Orogeny）”。在扬子板块和华夏板块交界地区（即江南盆地）的两个不整合面之间，也就是在板溪群与变质基底之间，发育了一套浅变质火山-沉积岩系，如冷家溪群、梵净山群、四堡群、双桥山群等。不断积累的同位素年代学研究表明，除了扬子板块东部的双溪坞群较早外（约890 Ma；参见Li *et al.*，2009；高林志等，2011），这套地层形成于距今820～850 Ma，都属于新元古代（Wang *et al.*，2012；高林志等，2012）。值得注意的是，在神农架地区，过去被认为与四堡群年代相当的马槽园群是否属于新元古代，还缺乏证据（Wang J. *et al.*，2013）。由于不同学者之间对扬子和华夏板块拼接过程和岩浆活动的认识不统一（Li X. H. *et al.*，2009；李献华等，2012；Wang Y. *et al.*，2013及其中参考文献），分别代表晋宁运动和四堡运动的不整合面，在构造运动的时间和性质上的认识可能完全不相同（表5.1），以往将晋宁运动和四堡运动作为同一次构造运动，容易混淆华南的构造地质历史，因而建议维持它们的原始定义，晋宁运动用于新元古代地层与早—中元古代变质岩系之间角度不整合所代表的构造运动（约900 Ma），而四堡运动用于丹洲群及相当地层与下伏的四堡群及相当地层之间角度不整合（多为低角度不整合）所代表的构造运动（820 Ma；表5.1）。

尽管对于四堡群及其相当地层形成的构造背景是拉张裂谷、还是弧后盆地或者活动大陆边缘的认识，还有待进一步研究确认（李献华等，2012及参考文献）。然而，在四堡运动或武陵运动不整合面之上，也就是覆盖在四堡群及其相应地层之上的板溪群及其相当地层代表扬子和华夏板块拼接之后的板内裂谷盆地沉积，这种解释得到广泛认同（王剑，2000；Wang J. and Li Z. X.，2003；Wang X. L. *et al.*，2012）。由于板溪群及其相当地层代表华南最早的稳定沉积盖层，地层序列清楚，本章所涉及的华南新元古代地层将主要讨论从板溪群及其相当地层，到寒武系底界之间的青白口系、南华系和震旦系。

华南新元古代地层框架和构造沉积环境演化过程可以用图5.1来概括。图5.1清晰地表明，在扬子板块和江南盆地（也有人称“南华盆地”），新元古代沉积盖层的发育差异巨大。在南华纪及其之前，江南盆地的地层序列代表裂谷盆地型沉积序列，以粗碎屑岩为主，沉积速率快，地层厚度巨大；板溪群及相当地层还发育大量同期火山岩和凝灰岩，是裂谷活动早期的证据。而同一时期，扬子板块西部有很大区域还是古陆剥蚀区，缺失任何沉积；仅部分地区发育沉积序列不完整的地层，厚度也不大，富含大量凝灰岩沉积。这个阶段扬子板块上的青白口系地层厚度明显小于板块东南部江南裂谷盆地。在震旦纪时期，江南盆地裂谷活动结束，形成一个深海盆地。此时扬子板块主体部分则逐渐形成一个浅水碳酸盐岩台地，在震旦纪晚期才形成典型的扬子克拉通。与南华纪及其之前的沉积序列恰恰相反，震旦纪地层在江南盆地发育一套沉积速率非常缓慢、地层高度凝缩的细碎屑岩和硅质岩地层序列，导致震旦纪地层厚度在扬子克拉通区明显大于江南盆地。

其中，特别值得关注的是扬子板块明显缺失南华系地层，底部形成一个巨大的平行不整合，前人曾经将其视作一次地壳抬升运动，并命名为“澄江运动（Chengjiang Orogeny）”或者“雪峰运动（Xuefeng Orogeny）”。但是，从表5.1可见，从江南盆地方向到扬子板块的西部，南华系地层缺失越来越明显，并且在扬子板块西部缺失整个南华纪甚至震旦纪早期的沉积记录。王剑（2000）曾提出，南华纪早期扬子板块和江南盆地是“大陆冰盖区”，导致这些地区南华系下部地层不整合或缺失。这种解释是合理的，南华纪代表全球大冰期阶段，也就是“雪球”时期，此时海平面的大幅度下降，大陆面积扩大并广覆冰川。这种环境下，冰盖区不仅缺乏沉积，而且由于冰川的刨蚀作用，还可以造成下伏地层部分缺失。所以，汪正江等（2013）近期仍使用澄江运动、雪峰运动来解释南华系下部地层不整合或缺失是不合适的。

5.3　青白口纪沉积盖层的发育特征及区域对比

华南青白口纪沉积盖层在本章是指位于四堡运动不整合面之上、南华系之下的板溪群及其时代相当的地层（表5.1），也就是南华纪之前的沉积盖层。前文所述，这个时期华南板块在西部、西北部和东南部发育了多个裂谷盆地（Li X. H. *et al.*，2009），因而在扬子板块上和裂谷盆地内的地层发育差异极大。作者选择中扬子地区西北到东南盆地之间的八个代表性剖面，来阐述这个时期不同沉积区的地层特征和差异（图5.2），它们分别是湖北三峡莲沱-王丰岗剖面（赵自强等，1980）、湘西北壶瓶山杨家坪剖面（尹崇玉等，2004）、湘西古丈剖面（张世红等，2008）、湘中益阳-桃江剖面（王剑，2000）、黔东北松桃邓堡剖面（朱金陵，1976）、黔东南锦屏综合剖面（杨菲等，2012）、湘西南黔阳（洪江）黄狮洞剖面（黄建中等，1996）以及桂北罗城黄金剖面（杨菲等，2012）。

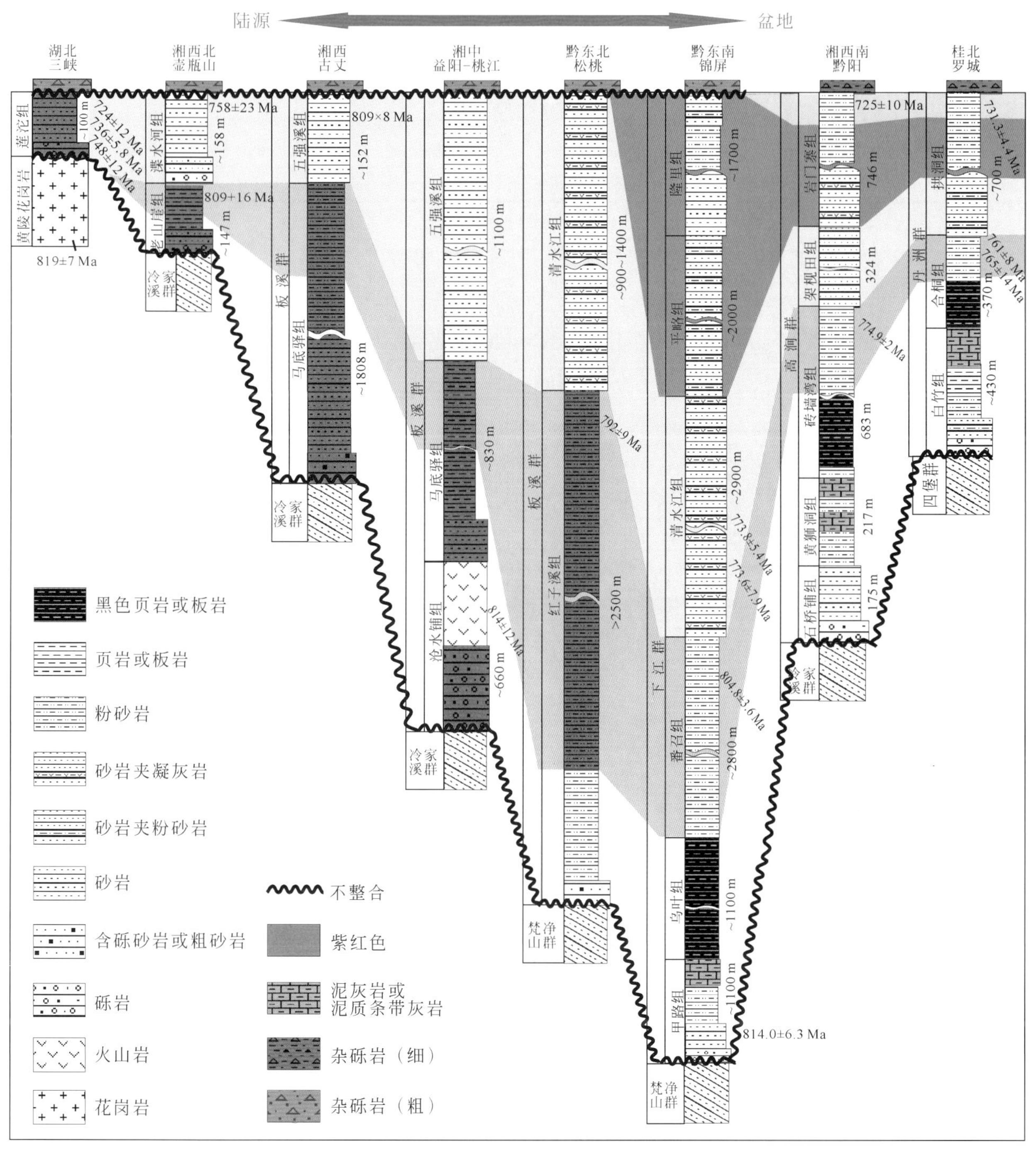

图5.2　华南新元古代南华纪之前不同沉积相区的沉积地层序列

图中年龄资料来源：三峡莲沱组据马国干等，1984；高维、张传恒，2009；Du *et al.*，2013。湘西北杨家坪据尹崇玉等，2003。湘西古丈据张世红等，2008。湘中沧水铺组据王剑等，2003。重庆秀山凉桥板溪群红子溪组据汪正江等，2009。贵州下江群据高林志等，2010c；Wang X. C. *et al.*，2012。湖北枝江据Zhang Q. R. *et al.*，2008。桂北龙胜三门街合桐组据葛文春等，2001；Zhou J. *et al.*，2007。罗城拱洞组顶部据葛文春等，2001；Wang X. C. *et al.*，2012

5.3.1 地层沉积层序特征

图5.2清楚地展示板溪群及相当地层的时空变化特征。第一，地层序列从扬子板块到江南盆地逐渐增厚。在三峡地区，南华纪南沱组之下的莲沱组仅仅几十米到一百米，为一套紫红色砾岩和砂岩，覆盖在黄陵花岗岩之上（赵自强等，1980）。而在江南盆地的最大厚度超过一万米，如黔东南的锦屏一带（杨菲等，2012）。在江南盆地东南方向的远端接近华夏快板的区域内，如湘西南和桂北地区沉积厚度明显减薄，大约只有1000～2000 m左右。

第二，沉积物的粒度和颜色发生明显变化。从扬子板块到江南盆地方向，沉积物的粒度变细，颜色从紫红色到深灰色。这种变化表明扬子板块是沉积物源区，近陆源地区紫红色沉积物是Fe、Mn氧化物含量高的表现，沉积颗粒和颜色的横向变化，反映沉积盆地向江南盆地逐渐加深。在黔东南、湘西南和桂北地区，下江群、高涧群和丹洲群的下部发育一套厚度达几百米至上千米的灰黑色或黑色泥质粉砂岩或粉砂质泥岩，有机碳含量较高，反映深水盆地相沉积。

第三，地层序列在纵向上显示沉积物从粗到细的两个明显沉积旋回（图5.3），其中第二个沉积旋回只在江南盆地中心的黔东南、湘西南和桂北地区发育完整。向扬子板块中心区方向，地层序列不完整，顶部具有明显的地层缺失。尽管沉积旋回发育不全，但是可以依据沉积序列的演变识别沉积旋回。在湘西北的壶瓶山地区，杨家坪剖面地层序列由老山崖组和漤水河组，二者均为由粗到细的沉积旋回构成（刘鸿允等，1999）。在湘西地区，第一沉积旋回由马底驿组构成，下部为砾岩和粗砂岩，中上部以紫红色板岩和泥岩为主；在湘中的益阳和桃江地区，马底驿组下伏还发育一套砾岩和火山角砾岩。第二沉积旋回由五强溪组构成，以杂色的砂岩为主，夹有泥岩和板岩，交错层理发育，顶部为侵蚀面。所以，第二沉积旋回发育不全。黔东北地区与湘西相似，板溪群由下部的红子溪组和上部的清水江组构成两个沉积旋回。红子溪组底部为粗碎屑岩，中上部以紫红色板岩和凝灰岩为主。红子溪组上覆的清水江组以杂砂岩为主，底部为较纯的石英砂岩。在江南盆地的湘黔桂交界地区，两个沉积旋回较易识别，两个沉积旋回具有各自不同的沉积序列演变特征。第一沉积旋回从底部的砾岩和砂岩开始，向上沉积颗粒逐渐变细，普遍发育了一段含有碳酸盐岩透镜层或薄层大理岩化的层段，如下江群的甲路组上部、高涧群的黄狮洞组上部、丹洲群的白竹组上部；在碳酸盐岩层段之上，普遍发育灰黑色的粉砂质泥岩沉积序列，沉积颗粒变粗，颜色变浅。湘黔桂交界地区的第二个沉积旋回以下江群的清水江组、高涧群的架砚田组和丹

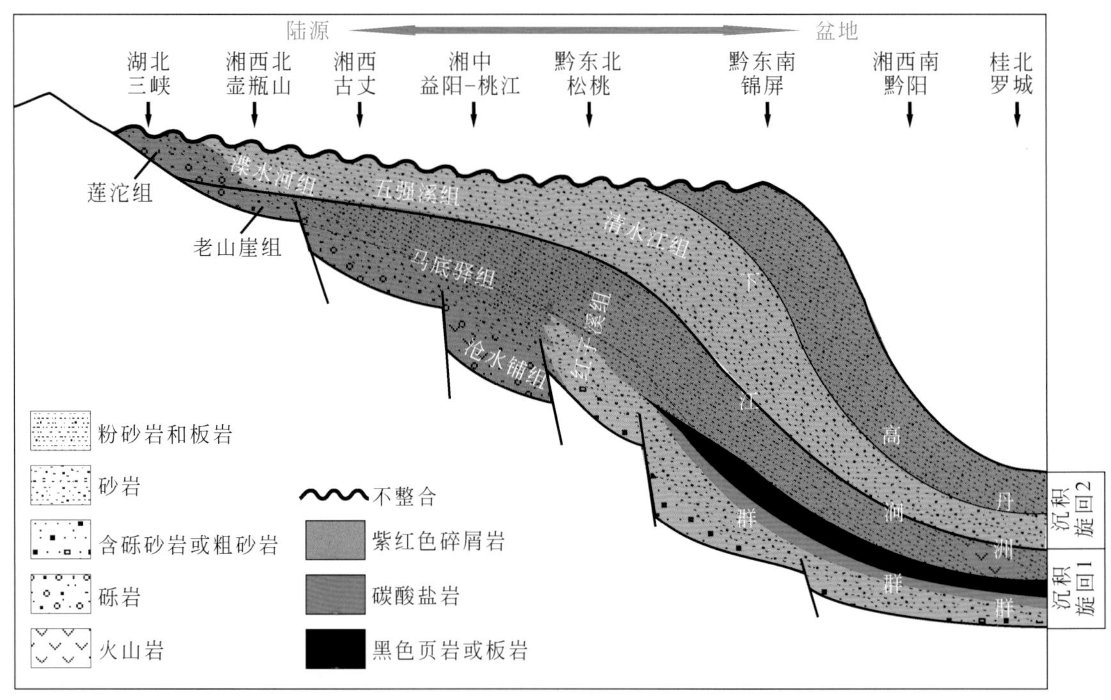

图5.3 华南新元古代南华纪之前地层序列的沉积模式解释图

洲群的拱洞组下部砂岩的出现开始，向上沉积颗粒逐渐变细，并发育了典型的“鲍马序列”。在顶部沉积颗粒又开始变粗。湘黔桂交界地区的两个沉积旋回均明显反映了海水由浅—深—浅—深—浅的变化过程。

第四，从扬子板块到江南盆地，在整个地层序列中普遍存在火山凝灰岩。特别是在江南盆地，发育多阶段的火山角砾岩、基性和中酸性喷发岩和热水沉积事件层。火山活动在两个沉积旋回中具有差异性（王剑，2000），第一沉积旋回以陆相喷发岩为主，如湘中沧水铺组其上部主要以中酸性火山碎屑岩为特征；第二沉积旋回以海相火山喷发岩为主，同时具有“双峰式”特点，如合桐组火山岩。

5.3.2 沉积相与沉积环境分析

依据沉积特征，特别是缺少深水环境的“复理石建造”特征，刘鸿允等（1999）认为，板溪群形成于滨、浅海沉积环境，由此推断这个时期江南盆地水体不深。其实，板溪群发育的东南区，也就是在江南盆地中心的湘黔桂交界地区，在高涧群和丹洲群的上部发育典型的“鲍马序列”，指示深海浊积岩的典型特征（杨菲等，2012）。依据江南盆地新元古代地层序列，王剑等曾提出江南盆地为裂谷盆地（王剑，2000；Wang and Li，2003；江新胜等，2012）。新元古代沉积旋回的特征反映裂谷作用的阶段性。第一沉积旋回代表裂谷早期，沉积盆地范围较小。第二沉积旋回代表裂谷高峰期，沉积盆地范围扩大，海水进入扬子板块中心区域，形成大规模地层超覆；裂谷盆地模型能够很好地解释地层序列发育的沉积特征。随着裂谷作用的加强，第二沉积旋回最大海泛期的盆地水深明显大于第一沉积旋回期，这就可以解释江南盆地中心的湘黔桂交界地区第二沉积旋回可见以“鲍马序列”为标志的典型深海浊积岩沉积特征。按照裂谷模型，地幔隆起造成的张性断裂发育形成不同级别的地堑盆地，可以解释盆地不同部位地层序列沉积厚度和序列的差异。

另一种观点认为，江南盆地是位于扬子和华夏板块之间的，西部没有封闭的残留洋盆，中间具有岛弧造山带和弧前-深海盆地。因而，沉积序列的变化受到俯冲碰撞形成的断裂控制（许效松等，2012）。这种残留海沉积模型认为，怀化-新晃断裂与怀化-靖州-黎平断裂之间的黔东南地区，下江群厚度最大，被解释弧后盆地；而在怀化-靖州-黎平断裂与三江-融安断裂之间，称之为“四堡岛弧隆起”；三江-融安断裂以东和湖南双峰以南地区则解释为浅深海-深海斜坡，沉积序列以高涧群和丹洲群代表；而新化-城步断裂和龙胜断裂以东地区，海水最深，属于弧前深海盆地，这个地区以新田的大江边群为代表，沉积序列由深色的板岩和硅质岩组成。这种沉积模型存在的问题是对于江南盆地中部的隆起区（如“四堡岛弧隆起”），还需要提供沉积学的证据。

沉积盆地的构造背景对解释沉积序列差异非常重要，从而影响地层划分和对比。其实，不管裂谷沉积模型，还是残留海沉积模型，就沉积特征的时空演变分析而言，可以用图 5.3 的简单沉积模型来解释。在第一沉积旋回阶段，盆地的近陆方向沉积物粒度粗，颜色普遍为紫红色，沉积厚度明显大于盆地方向。在盆地内，海进和海退过程的沉积特征明显，黑色细碎屑岩段指示了最大海泛面。这种海进和海退过程，在近陆方向的浅水地区，也可以通过沉积粒度的纵向变化来识别。在第二沉积旋回阶段，盆地范围扩大，在扬子板块上沉积以滨岸相紫红色粗碎屑岩为主，向盆地方向，颜色变深，颗粒变细。在盆地向陆方向的陆架转折处沉积速率最快，所以形成厚度巨大的下江群和板溪群。陆架转折处斜坡的存在，可以很好地解释高涧群和丹洲群中部浊积岩大量发育的特征。综上所述，在板溪群沉积时期，从扬子板块向江南盆地方向，盆地逐渐加深，最深处为湘黔桂交界地区，导致这个地区以高涧群和丹洲群为代表的地层总体厚度较小，并在下部发育了碳酸盐岩和黑色泥页岩，上部发育浊积岩的特征沉积序列。

5.3.3 地层划分与对比

板溪群及其相当的华南青白口系顶底界比较容易识别，底部以代表四堡运动的不整合面为界，顶部以南华系冰碛杂砾岩的出现为标志。但是，由于缺乏可用于高精度地层对比的标准化石，这套沉积地层的划分和对比非常困难。主要问题包括：顶、底界年龄是多少？顶、底界在不同地区的是否等时？是否可以寻找可靠地层标志用于内部划分和对比？

就目前的年代学研究资料（马国干等，1984；尹崇玉等，2003；王剑等，2003；Zhou C. *et al.*，2007；张世红等，2008；Zhang Q. R. *et al.*，2008；汪正江等，2009；高林志等，2010c；马慧英等，2013；Wang X. L. *et al.*，2012；Du *et al.*，2013），板溪群及其相当地层的底界，应该早于820 Ma，顶界应该早于725 Ma。最近，汪正江等（2013）在黔东南下江群隆里组顶部、湖南通道和龙胜丹洲群拱洞组顶部的凝灰岩锆石中，得到平均约733 Ma左右的最小LA-ICP-MS（Laser Ablation-Inductively Coupled Plasma-Mass Spectrometer，激光剥蚀感应耦合等离子体质谱）U-Pb年龄，再次证实下江群和丹洲群的顶界年龄应该早于725 Ma。

目前，在没有可靠化石依据的情况下，板溪群及其相当地层内部划分和区域对比，只能依据地层层序界面并结合同位素年代学来进行。前文已经说明，这套地层可以划分为两个沉积旋回，可能相当于二级层序，这两个层序之间的界面可用于地层划分和对比。另外，两个层序中间的最大海泛面也可作为等时面用于地层对比。如图5.2、图5.3所示，两个层序之间的界面位于下江群清水江组、高涧群的架砚田组和丹洲群的拱洞组（或者三门街组）底部，在湘西北位于渫水河组底部。第二层序沉积时间与以双峰式火山活动代表的裂谷作用时间相一致，在800～760 Ma期间（Wang X. L. *et al.*，2012），代表江南裂谷作用的高峰期，底界应该小于800 Ma。在这个时期江南盆地沉积范围扩大，发生最大规模的海侵，海水达到扬子板块上大部分区域，莲沱组和澄江组是第二层序在扬子板块上的代表性沉积序列，这种对比得到莲沱组和澄江组最新年代学研究的支持（江新胜等，2012；Du *et al.*，2013）。在最近的文献中，下江群的番召组划归第二层序（江新胜等，2012；Wang X. C. *et al.*，2012），实际上与番召组的年代学研究是相矛盾的（约805Ma；Wang X. C. *et al.*，2012），将其置于第一层序可能更加合理。

但是，应该注意到，部分学者认为板溪群及其相当地层的顶界，或者说南华系的底界年龄应该为780 Ma（尹崇玉、高林志，2013）。将华南系底界置于780 Ma的结果，导致尹崇玉、高林志（2013）将三峡地区的莲沱组和湘西北杨家坪的渫水河组作为南华系对待，并采用了化学蚀变指数（Chemical Index of Alteration,CIA）作为对比的佐证（冯连君等，2004；王自强等，2006）。如果莲沱组和渫水河组相当于长安组中部的同期沉积（张启锐等，2008；尹崇玉、高林志，2013），那么莲沱组（724 Ma；高维、张传恒，2009）和渫水河组（758 Ma；尹崇玉等，2003）的年龄需要进一步确证。另外，导致这种认识差异的原因，可能是应用化学蚀变指数的问题。化学蚀变指数分析的前提是需要详细的岩相分析作为基础，运用不同岩相的沉积物中所获得的数据对比需要论证其可靠性（Dobrzinski *et al.*，2004；Bahlburg and Dobrzinski,2011）。

5.4　南华系发育特征、划分与对比

南华系自建系以来（全国地层委员会，2002），其顶界定义非常明确，由震旦系的底界所限定，即陡山沱组的底界。但是，南华系的底界则是参考三峡地区莲沱组的底界年龄来限定的（800 Ma），由于缺乏明确的定义和标准剖面作为依据，近十年来南华系的底界问题，成为国内地层学界讨论的热点（陆松年，2002；Zhang Q. R. *et al.*，2003，2011；尹崇玉等，2003，2004；彭学军等，2004；王剑，2005；张启锐、储雪蕾，2006；汪正江等，2013；林树基等，2010）。随着国际地层委员会决定采用GSSP的概念界定成冰系（Cryogenian），国际成冰纪地层分会目前倾向于选择新元古代全球性冰期的开始去确定成冰系底界，这也使得我国的地层工作者在如何定义南华系底界的问题上逐步达成共识（尹崇玉、高林志，2013），即将华南新元古代第一次冰期（长安冰期）的开始，作为确定南华系底界的标志。同时，南华系的年代学研究进展较大，底界年龄由下伏的板溪群及其相当地层顶部的年代学所限定，如前文所述应该早于725 Ma；大塘坡组底部年龄为662±4.3 Ma（Zhou C. *et al.*，2004），而南沱组底部的年龄为636.3±4.9 Ma（Zhang S. *et al.*，2008）。不过由于华南不同地区的南华系沉积层序差异极大，目前有关南华系的划分和对比尚未达到统一（尹崇玉、高林志，2013；林树基等，2013）。

为了清楚阐述华南不同地区南华系的沉积层序差异，作者选择从扬子板块到江南盆地的八条代表性剖面进行描述和讨论（图5.4），这八条剖面分别是：湖北宜昌三峡剖面，湘西北杨家坪剖面（刘鸿允等，

1999）、湘西古丈龙鼻咀剖面、黔东北松桃地区综合剖面（王砚耕等，1984；许效松等，1991；何明华，1997；黄道光等，2010）、湘西南洪江和黔阳剖面（彭学军等，2004）、贵州从江黎家坡剖面（卢定彪等，2010）以及广西三江石眼剖面（Zhang Q. R. *et al.*，2011）。由于下扬子地区的剖面出露较差，研究程度相对较低（施少峰等，1985；王贤方、毕治国，1985；关成国等，2012；钱迈平等，2012），这里不做详细阐述。

5.4.1　沉积层序特征

如图5.4所示，从扬子板块到江南盆地南华系的沉积层序差异明显。整体上看，在江南盆地南华系层序完整，如湘黔桂交界地区，由上、下两段明显的冰碛杂砾岩和中间的间冰期沉积序列构成，最大厚度

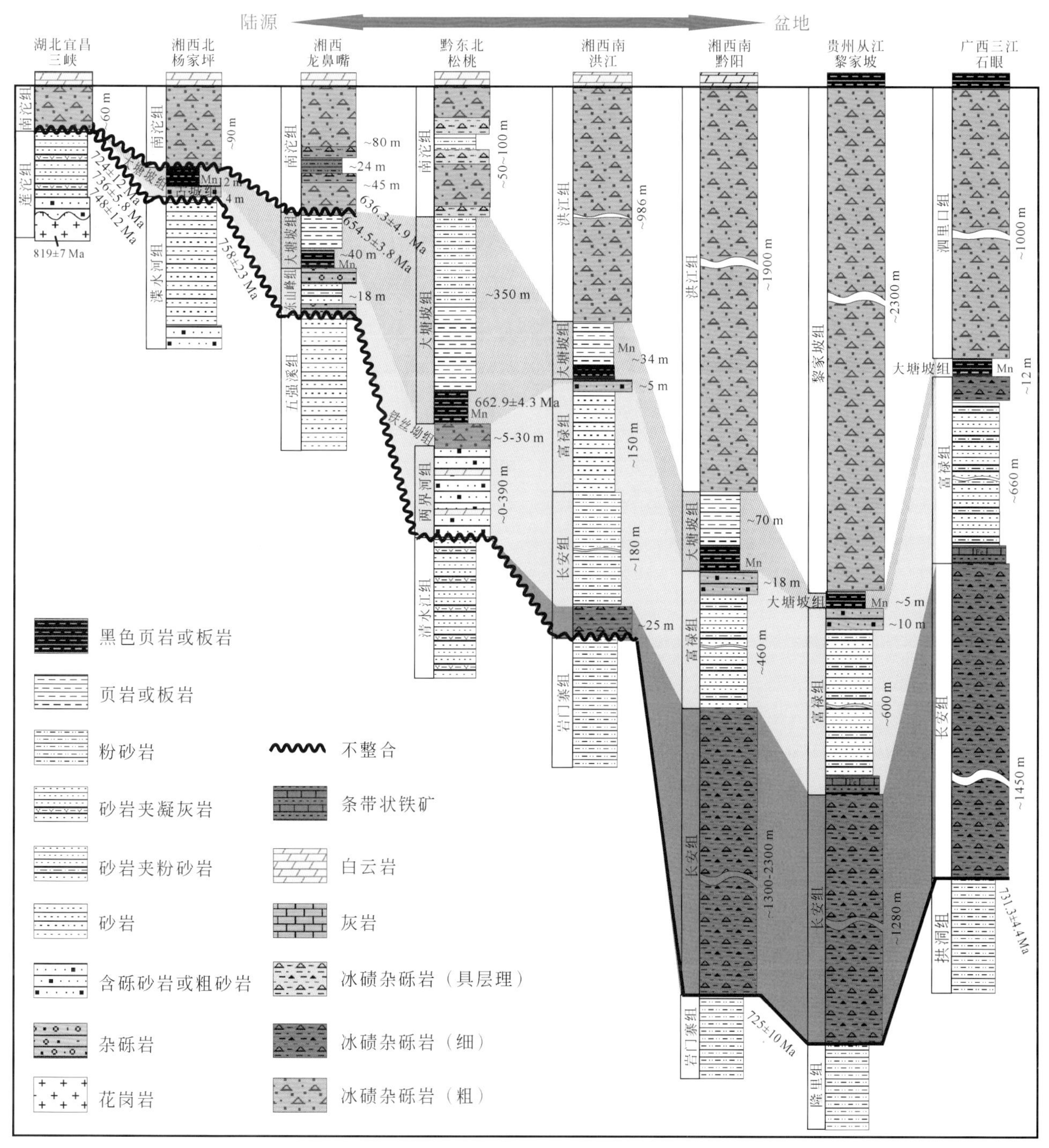

图5.4　华南新元古代南华纪不同沉积相区的沉积地层序列

图中年龄资料来源：三峡莲沱组据马国干等，1984；高维、张传恒，2009；Du *et al.*，2013。湘西龙鼻嘴剖面据Zhang *et al.*，2008。黔东北松桃大塘坡组据Zhou C. *et al.*，2004。桂北三江石眼拱洞组顶部据Wang X. C. *et al.*，2012

达到4000 m以上，底部与下伏地层呈整合接触关系，这种整合的地层连续变化，在贵州黎平肇兴剖面反映非常明显（张启锐、储雪蕾，2006）。但是，由江南盆地到扬子板块上的陆源浅水区，地层序列越来越不完整，底部与下伏地层具有一个明显的不整合面，下冰碛杂砾岩段逐步缺失，至扬子板块仅记录了上冰碛杂砾岩段（如湖北三峡地区）。在扬子板块西部的大部分地区仅仅见几米后的杂砾岩，甚至缺失任何南华系沉积。

在江南盆地，下冰碛杂砾岩段称为长安组，最大厚度达2000余米，一般以块状含杂砾的砂岩、粉砂岩和板岩为特征，层理不发育。砾石较稀少，颗粒直径一般为mm级，少量达到cm级甚至10 cm以上。但是，长安组常夹有成层砂岩和粉砂岩或板岩的沉积层段。长安组上覆富禄组，最大厚度可达600余米，底部以条带状铁矿或富铁沉积层为标志，由不含杂砾的砂岩、粉砂岩和板岩为特征，层理发育，常见具鲍马序列的浊积岩层、滑塌沉积和快速塑性脱水的变形沉积构造。在湖南通道一带，富禄组的中部发育厚度不等（0.5～23 m）的碳酸盐岩层段（林树基等，2010）。富禄组的顶部有时见有几米厚（一般小于10 m）的含砾杂砂岩或杂砾岩，基质颗粒粗，分选和成熟度较高，砾石一般为mm级。这个顶部层段在江南盆地区发育不稳定，有时缺失，称为“古城段”或“古城组”（彭学军等，2004；卢定彪等，2010；张启锐等，2012）。覆盖在富禄组之上的大塘坡组是一套含锰的黑色页岩和粉砂岩，厚度一般几米到几十米不等，局部地区底部发育成锰矿，如黔东南和湘西南的锰矿（刘铁深、周旭林，2002；杨瑞东等，2010）。上冰碛杂砾岩段在江南盆地区基质颗粒细，呈粉砂质和泥质，砾石稀少且普遍粒径较小（<3 cm），在桂北可见有硅质泥岩夹层。由于其沉积特征与湖北三峡地区的南沱组有较明显差异，在湘黔桂均有不同的岩石地层名称，在湘西南为洪江组，在黔东南为黎家坡组，在桂北为泗里口组。

在江南盆地至扬子板块之间的过渡区，南华系同样发育三段式地层序列，即下部和上部杂砾岩段，中间夹有黑色和灰色的泥岩和粉砂岩段。下段发育差异极大，一般由厚度不等（几十厘米至几十米）的杂砾岩组成，但是杂砾岩的沉积特征不同，不同地区具有不同地层单元名称，如湖北长阳的古城组、湘西北的东山峰组以及黔东北的铁丝坳组。古城组/东山峰组/铁丝坳组与下伏的前南华系呈不整合接触。但是，黔东北的铁丝坳组层序和沉积特征变化明显，底部可直接与下江群呈不整合接触。一般含两层或两层以上杂砾岩，并含有一层或多层碳酸盐岩层（王砚耕等，1986；何明华，1998；黄道光等，2010）；有时铁丝坳组整合覆盖在两界河组之上，两界河组为下江群和铁丝坳组之间的杂砂岩地层（贵州省地质矿产局，1987；刘鸿允等，1991），但是铁丝坳组与两界河组在不同沉积盆地的层序和厚度差别很大，其间的关系不易澄清。正因为如此，何明华（1998）曾建议将两组合并。过渡区的大塘坡组下部由黑色含锰页岩系构成，上部由灰绿钙质泥岩和粉砂岩构成。大塘坡组在过渡区最厚，个别地区如松桃大塘坡地区厚度达300余米，这个地区大塘坡组底部的锰矿层也最发育（许效松等，2005；黄道光等，2010）。过渡区南沱组杂砾岩具有明显的冰碛杂砾岩特征，砾石的粒径和密度均较盆地区大。过渡区南沱组厚度不大，一般小于100 m，最为显著的特征是在块状的杂砾岩之间，夹有页岩和含杂砾的页岩段，常为紫红色。在一些地区，南沱组底部与大塘坡组为连续沉积，如贵州剑河五河剖面，大塘坡组顶部由粉砂质泥岩过渡到含砾的具有层理的粉砂质泥岩，并逐步转变为块状杂砾岩。但是在一些地区，南沱组底部与大塘坡组沉积界线突变，南沱组底部可能为沉积间断，具有地层缺失，如湖南古丈一带。

在扬子板块内如有南华系地层，一般仅由南沱组组成。扬子板块上南沱组底部是一个明显的侵蚀面，具有典型的近陆滨海或者陆相冰碛杂砾岩的特征，有时夹有河流相或冰湖沉积层，厚度可达几十米，一般不超过百米。

5.4.2　沉积相与沉积环境分析

从扬子板块到江南盆地，南华系的沉积层序变化特征基本上延续南华纪之前裂谷盆地沉积相的演变特征（图5.5）。但是，除了盆地水体深浅和距沉积物源远近对沉积相具有明显影响之外，南华纪之前的沉积相，主要与构造控制的裂谷盆地的不同发展阶段和海平面的升降相关，而南华系沉积相既受盆地的构造演变控制，又受到全球冰期引起海平面升降的控制。目前，有关南华系的沉积相和沉积环境分析还未深入和系统研究，已有的研究成果主要侧重对于冰期地层性质的确认、冰期的阶段性划分、间冰期锰矿沉积成因以及大塘坡组的沉积地球化学研究等。由于不同学者之间的研究侧重点和采取的研究手段不同，对南华系沉积相和沉积环境的认识差异较大，甚至相互矛盾，需要今后系统性的沉积学和沉积地球化学的研究加以澄清。本章仅依据作者野外观察研究，结合前人研究资料，从地层沉积序列时空演变和岩石沉积特征，对南华系沉积相和沉积环境做一概括性总结。

依据长安组杂砾岩的沉积特征，含有冰筏坠石构造，砾石小、成分复杂，基质颗粒细，夹有浊积岩层和海相砂岩层等，表明长安组杂砾岩具有海洋冰碛杂砾岩的特征。可能是由于长安组杂砾岩代表的冰期规模大，海平面下降可达几百米至上千米，导致沉积地层仅限于江南盆地，而在过渡区和扬子板块上主要是冰川覆盖和侵蚀区，缺少长安冰期沉积地层。南华系上部的南沱组及相当地层具有典型的冰碛杂砾岩的特征，特别是在近陆源地区，杂砾岩砾石表面的冰川擦痕、非卵圆形的砾石形态和刻磨特征、杂砾岩的基质颗粒分选差和成熟度低等就是非常典型的证据。同时，在南沱组夹有含冰筏坠石的泥页岩，也是冰期沉积典型的标志。如上所述，南沱冰期沉积从扬子板块到江南盆地呈现明显的变化，砾石颗粒逐步减少、粒径减小，基质颗粒变细，在盆地区夹有硅质泥岩等，说明冰碛杂砾岩由陆相逐步变化为海相。这就是为什么南沱组底部在近陆源区是侵蚀面，在杂砾岩中夹有冰河或冰湖沉积层；而在较深的海水盆地中南沱组底部与下伏大塘坡组是连续沉积，还夹有深水的硅质泥岩层。正是由于这种相变，在湘黔桂盆地区，南沱组同期地层分别被称为洪江组、黎家坡组、泗里口组。就像林树基等（2013）所强调的那样，与南沱组的陆相冰川沉积不同，盆地区洪江组、黎家坡组、泗里口组内部具有海相夹层，为海相冰川沉积。

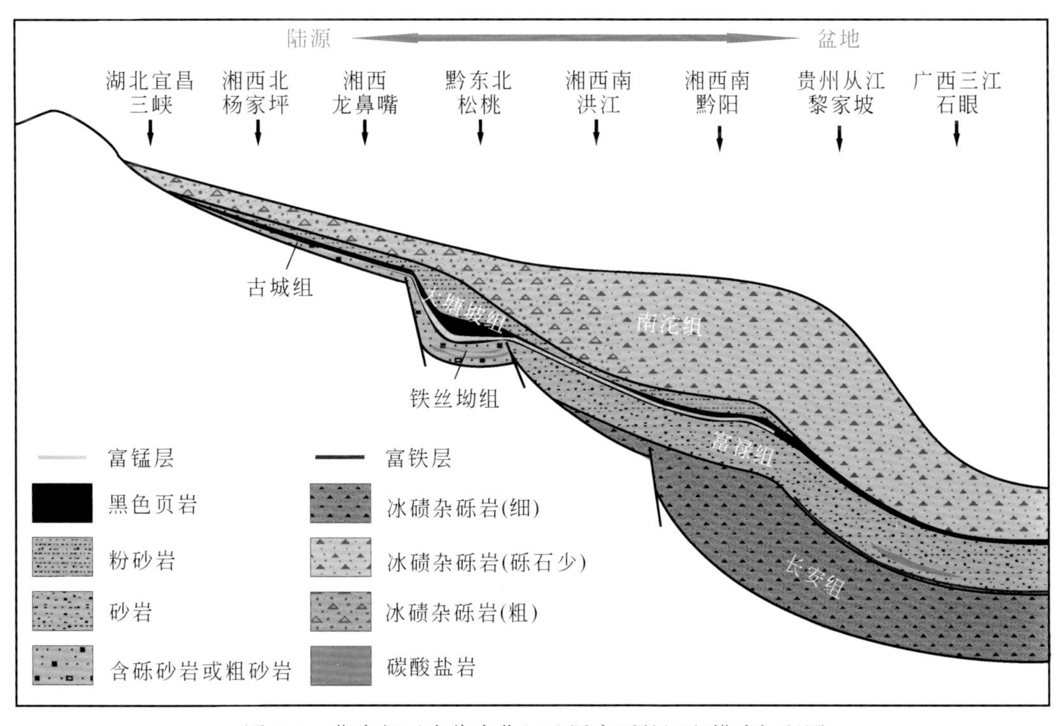

图5.5 华南新元古代南华纪地层序列的沉积模式解释图

两套冰碛杂砾岩之间，不具有杂砾的砂岩和泥页岩一般被称之为间冰期沉积。由于不同学者对富禄组以及与古城组相当的沉积序列和沉积岩特征的解释不同，有关间冰期的沉积相划分和沉积环境特点争议较大。但是目前来看，将大塘坡组所代表的沉积作为间冰期沉积并无争议，而一部分学者将富禄组作为冰期沉积则值得继续探讨。就作者的野外研究，富禄组作为冰期沉积没有任何证据支撑。首先，富禄组主要呈层状的砂岩和泥岩组成，层理发育，砂岩分选和成熟度高，没有见到任何冰筏坠石。另外，野外观察到的富禄组杂砾岩夹层具有典型浊积岩鲍马序列A段的特征，并非冰碛杂砾岩。在过渡区，部分与古城组相当的沉积层段颗粒粗，主要是砾岩和含砾砂岩，可能是富禄组的近陆源等时沉积，从而形成富禄间冰期沉积向陆地超覆的特征，表明海平面的上升过程。大塘坡期沉积特征一致，分布范围广，富含有机质的黑色岩系，属于底层水缺氧和海水分层的高海平面时期沉积，代表间冰期高温阶段的沉积序列。但是，大塘坡组厚度变化巨大（许效松等，1991；黄道光等，2010），可能受到同生构造断裂的控制，断裂引起的热液活动也是导致大塘坡锰矿发育的重要控制因素。这些由断裂控制的盆地主要发育在近陆边缘，说明江南裂谷在该时期仍然处于活动期。

5.4.3　地层划分与对比

南华系的划分与对比问题，实际上就是南华纪大冰期的冰期划分问题。最早，王曰伦等（1980）将华南冰期划分为长安冰期、富禄间冰期、南沱冰期，这个方案得到广泛应用。刘鸿允等（1991）将整个新元古代冰川时期统称为“南华大冰期”，南华纪（系）的名称也来源于此。但是，陆松年等（1985）认为，富禄组中下部也为冰筏海洋沉积，仅上部含锰岩系为间冰期，故修改了冰期的划分，即古城冰期、大塘坡间冰期、南沱冰期；其中古城冰期以湖北长阳古城剖面的古城组为标准，大塘坡间冰期以贵州松桃大塘坡剖面的大塘坡组为标准，南沱冰期以峡东南沱组为代表；并认为古城冰期的古城组为底碛岩和冰川前缘冰水沉积，夹有冰湖纹泥岩；铁丝坳组为冰前滨海沉积；而长安组则为冰筏海洋沉积。

不过，也有将南华冰期划分为三期冰期两个间冰期的观点（杨暹和，1987；周传明等，2001）。这种观点认为，古城冰期与长安冰期不等时，从而将华南纪划分为长安冰期、富禄间冰期、古城冰期、大塘坡间冰期和南沱冰期。张启锐、储雪蕾（2006）依据沉积特征支持陆松年等（1985）的观点，认为富禄组不是间冰期沉积。Zhang Q. R. 等（2003）还认为，常用的长安冰期不包括可能仍然是冰期沉积的富禄组，而古城冰期只是下冰期末期的“一个特殊、短暂的冰阶段”，是一次“倒春寒”事件，不适于代表整个下冰期，故建议采用湖南江口组对应的地层时段作为下冰期代表，以“江口冰期”取代长安冰期作为华南下冰期的名称。实际上，“江口组”与桂北的长安组和富禄组的地层序列相似，目前已废弃（彭学军等，2004）。鉴于长安冰期作为华南纪冰期的下冰期得到长期而广泛的使用，无论富禄组是否是冰期沉积，建议保留使用长安冰期名称。

最近，林树基等（2010，2013）维持长安冰期、富禄间冰期、南沱冰期的划分方案，但是将富禄间冰期划分为三个较温暖的间冰段和两个较寒冷的冰段，即三江间冰段、龙家冰段、烂阳间冰段、两界河（古城）冰段以及大塘坡间冰段。这种方案还需要更多富禄组剖面的研究成果加以论证。目前看来，关于南华系划分与对比问题争论的核心是两个问题：一是，古城冰期是否与长安冰期等时？二是，富禄组是否为冰期沉积？另外，最新的年代学证据为南华系的划分和对比提供了重要的参考依据，即南陀组底界为636 Ma（Zhang S. *et al.*，2008），南沱组顶界为635 Ma（Condon *et al.*，2005）。如果以南沱组为代表的南沱冰期仅持续大约1 Ma，那么相对于长安冰期的时限，将南沱组作为一个独立的冰期似乎时间太短了。

目前看来，国内研究者均认可一种对比方案，即古城组与东山峰组和铁丝坳组对比，作为相当于富禄顶部的等时冰期沉积（彭学军等，2004；张启锐等，2012；林树基等，2013）。实际上，按照原始定义，在黔东北地区的铁丝坳组和两界河组是上下关系，铁丝坳组解释为冰碛杂砾岩（王砚耕等，1984），两界河组为富禄组等时沉积（刘鸿允等，1991；张启锐等，2008）。但是，两界河组和铁丝坳组沉积序列变化大，地层关系比较复杂，依据作者的野外观察，古城组、东山峰组、铁丝坳组以及富禄组顶部的所谓冰碛杂砾岩层的沉积特征差异显著，部分地区见有多层杂砾岩，导致对比困难，因而需要更多的深入研究来澄清这些问题。

还有一个大家关注的问题是湘西北的渫水河组对比问题。张启锐、储雪蕾（2006）曾详细讨论过渫水河组具有冰川沉积特征。如前文所叙，渫水河组问题与三峡地区的莲沱组一样，其年龄（758 Ma；尹崇玉等，2003）和化学蚀变指数的证据均需要进一步研究加以澄清。正是由于将渫水河组作为南华纪下冰期的沉积，尹崇玉等（2003）曾建议将湘西北石门的杨家坪剖面作为南华系的标准剖面。但是，由于杨家坪剖面没有相当于长安冰期的典型冰碛杂砾岩地层，张启锐、储雪蕾（2006）建议以贵州黎平的肇兴剖面作为华南冰期的层型剖面，取代杨家坪剖面。由于肇兴剖面出露较差，并被断层破坏，卢定彪等（2010）近期又提议贵州从江县黎家坡剖面作为最能代表华南冰期地层序列的标准剖面。

综上所述，南华系划分与对比还存在大量的不确定性问题。华南南华系是目前全球最好的新元古代冰期沉积地层序列之一，解决南华系的划分与对比问题，不仅可以为新元古代冰期提供全球划分和对比标准，更加重要的是还可以为揭示新元古代冰期的古气候模型提供重要依据。同时，大塘坡期锰矿和潜在的烃源岩具有重要的经济价值。因而，值得得到今后从不同角度大力研究与关注。

5.5　震旦系发育特征、地层划分与对比

“震旦纪（系）”自见诸文献以来，其定义历经多次修改，有关震旦系研究和定义的演变历史详见Zhu等（2007b）和刘鹏举等（2012）及其参考文献，这里不再赘述。目前采用的震旦纪定义与全球地质年代表中的埃迪卡拉纪（系，Ediacaran）的定义一致，其底界以新元古代全球大冰期的结束为标志，置于覆盖在南沱组冰碛杂砾岩之上的盖帽碳酸盐岩底部，即陡山沱组底部。近十余年来，华南震旦系的研究进展非常快，特别是关于陡山沱组的地层、古生物和沉积环境的研究，均极大地改变了以前的认识，成为全球新元古代末期地球生物与环境演化研究的焦点之一（Li C. W. *et al.*，1998；Xiao *et al.*，1998，2000；Chen *et al.*，2000，2004，2006，2009；Jiang *et al.*，2003，2011；Condon *et al.*，2005；Yin *et al.*，2007；Zhu *et al.*，2007a，2007b，2008，2013；McFadden *et al.*，2008；Bao *et al.*，2008；Li C. *et al.*，2010；Bristow *et al.*，2011；Yuan *et al.*，2011；Sahoo *et al.*，2012）。

然而，除了有关化石群的研究之外，华南震旦纪的地层研究工作主要集中在湖北三峡及其周边地区，因为该地区是震旦系的标准剖面所在地。实际上，华南震旦系沉积时的古地理格局较之前的地层序列古地理构造背景区别显著，首现江南盆地基底趋于稳定，维持一个深海沉积盆地环境；而在扬子板块主体逐步发展成一个碳酸盐岩沉积台地（扬子克拉通），部分地区长期暴露缺乏沉积记录，成为沉积物的物源区。台地边缘斜坡带沉积基底则不稳定，地层序列发育也不完整。区域上沉积环境背景的巨大差异，使得峡东地区由陡山沱组、灯影组构成的震旦系岩石地层序列不能应用于其他地区，所以在不同沉积相区、不同的沉积地层序列被不同岩石地层名称所取代（表5.2）。为了概要阐明震旦系沉积序列在区域上的变化和沉积相演变，这里我们选择华南不同相区的十条代表性研究剖面进行讨论，即扬子克拉通西北部外陆架斜坡环境的四川万源大竹剖面、西部近陆浅水台地环境的四川南江杨坝剖面、云南会泽银厂坡剖面和澄江东大河剖面、台地内较深水盆地环境的湖北宜昌雾河剖面和晓峰剖面、地台东南外边缘浅水环境的贵州瓮安北斗山剖面、地台东南外陆架斜坡环境的贵州麻江羊跳剖面和剑河五河剖面以及江南深水盆地环境的广西三江同乐剖面（图5.6）。

5.5.1　地层发育特征

如图5.6所示，十条代表性震旦系剖面基本上涵盖华南震旦系地层层序的所有基本类型：

（1）扬子克拉通西北部外陆架斜坡相震旦系沉积层序，以四川万源大竹剖面为代表。震旦系底部具有一套粗碎屑岩地层，称为明月组。其上覆一套黑色页岩层段夹有碳酸盐岩透镜层，具有三峡地区陡山沱组的特征。在大巴山地区这个层位发育有富锰层段，局部成矿。陡山沱组之上为碳酸盐岩段，既有灰岩段，又有白云岩段，称为枸皮湾组。枸皮湾组上覆黑色硅质岩系，称为火石湾组。

覆盖在南沱组杂砾岩之上的明月组粗碎屑岩，底部无盖帽碳酸盐岩，这套粗碎屑岩不限于扬子克拉通西北部外陆架斜坡相，而且扬子克拉通西北部的浅水台地区均广泛发育（表5.2）。

（2）扬子克拉通西部近陆浅水台地相震旦系沉积层序类型之一，以四川南江杨坝剖面为代表。这种类型的震旦系地层发育不全，底部基本上由厚度不等的粗碎屑岩组成，在陕南和四川盆地称为喇叭岗组，直接覆盖在新元古代花岗岩或者变质岩基底之上。上部为典型的灯影组浅水碳酸盐岩，具三段式层序特征，上、下段均为白云岩段，分别称为杨坝段和碑湾段；中间由一套杂色的碎屑岩构成，称为高家山段。这种类型的震旦系地层序列是以四川盆地为中心的扬子克拉通西部地区的典型层序特征（表5.2）。

（3）扬子克拉通西部近陆浅水台地相震旦系沉积层序类型之二，以云南会泽银厂坡剖面为代表。与上述浅水类型不同，这种类型的震旦系地层仅由灯影组浅水碳酸盐岩构成，直接覆盖在新元古代花岗岩

或者变质岩基底之上。灯影组同样由三段式层序特征，上、下段为白云岩段，分别称为东龙潭段和白岩哨段；中间由一套杂色的碎屑岩构成，称为旧城段。这种类型的震旦系层序在扬子克拉通西部多处可见，不仅滇东地区，也包括川北地区（表5.2）。

表 5.2　华南震旦纪岩石地层表

系	扬子北缘	上扬子区（←北　南→）													江南区（→东南）				下扬子区	
	四川万源大竹	陕西西乡	陕西镇巴	陕西宁强	陕西南郑	川北	川中威远	川中峨嵋	川南	滇东北	滇东	湖北宜昌	湘西北	黔北黔中	黔东	黔东南	湘中南	桂北	浙北皖南	浙西江山
寒武系	山上坪组	郭家坝组 宽川铺组	水井沱组 西蒿坪组	郭家坝组 宽川铺组	郭家坝组 宽川铺组	郭家坝组 宽川铺组	九老洞组	九老洞组 麦地坪组	九老洞组 麦地坪组	玉案山组 石岩头组 朱家箐组	玉案山组 石岩头组 朱家箐组	水井沱组 岩家河组	木昌组 杨家坪组	牛蹄塘组	九门冲组	九门冲组	小烟溪组	清溪组	荷塘组	荷塘组
震旦系	火石湾组（硅质岩） 构皮湾组（碳酸盐岩） 陡山沱组 明月组	灯影组 陡山沱组 明月组	灯影组 陡山沱组 明月组	灯影组 陡山沱组 明月组	碑湾段 高家山段 杨坝段 喇叭岗组		灯影组（二段、一段） 喇叭岗组	灯影组	灯影组 观音崖组	灯影组（白岩哨段、旧城段、东龙潭段）	灯影组（白岩哨段、旧城段、东龙潭段） 鲁那寺组（观音崖组）	灯影组（白马沱段、石板滩段、蛤蟆井段） 陡山沱组	灯影组（三段、二段、一段） 陡山沱组	灯影组（二段、一段） 陡山沱组	灯影组（硅岩段、白云岩段） 陡山沱组	留茶坡组 陡山沱组	留茶坡组 金家洞组	老堡组 陡山沱组	皮园村组 蓝田组	灯影组（一段） 陡山沱组
南华系	南沱组	南沱组	南沱组	南沱组					列古六组		南沱组	南沱组	南沱组	南沱组	南沱组	黎家坡组	洪江组	泗里口组	雷公坞组	南沱组

（4）扬子克拉通西部近陆浅水台地相震旦系沉积层序类型之三，以云南澄江东大河剖面为代表。这种类型的沉积层序的特征是，震旦系覆盖在厚度不等的南沱期杂砾岩之上，相当于陡山沱组的地层在川南和滇东地区称为观音崖组或者鲁那寺组，其下部是一套以紫红色为主的粗碎屑岩，底部无盖帽碳酸盐岩，向上相变为白云岩层段，并过渡到灰岩层段。这个地区灯影组与扬子克拉通西部其他地区的灯影组层序相同，由三段式层序特征，即东龙潭段、旧城段和白岩哨段。该剖面的详细描述见Zhu等（2007b）的文献。

（5）扬子克拉通内较深水盆地相震旦系沉积层序类型之一，以湖北宜昌雾河剖面为代表。这种类型的剖面长期作为华南震旦系的标准剖面，由典型的陡山沱组和灯影组组成，研究历史悠久。陡山沱组沉积层序由四段构成：一段为覆盖在南沱杂砾岩之上的盖帽碳酸盐岩段，一般4～5 m；二段以黑色页岩夹粉砂质泥质碳酸盐岩薄层为特征，一般含有明显的硅质结核；三段为碳酸盐岩段，下部为含燧石的中厚层白云岩，上部为条带状白云质灰岩；四段即陡山沱组顶部，为10～20 m的黑色页岩，常见碳酸盐岩透镜体。灯影组也由三个岩性段组成：下部蛤蟆井段由中厚层颗粒状白云岩构成；中部石板滩段为一套深灰色纹层状灰岩和白云质灰岩；上部的白马沱段为中厚层灰白色白云岩。

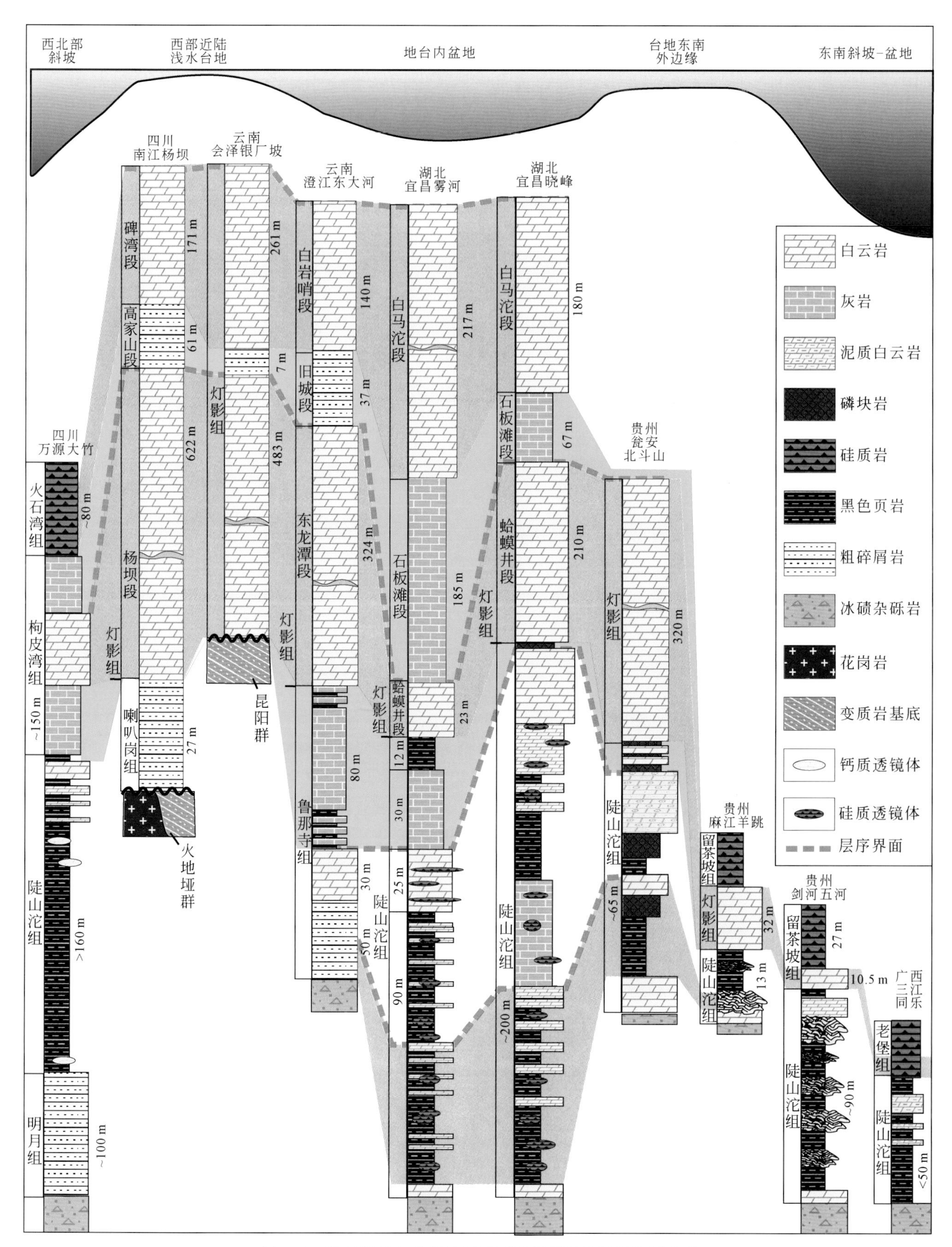

图5.6 华南新元古代震旦纪不同沉积相区的沉积地层序列

（6）扬子克拉通内较深水盆地相震旦系沉积层序类型之二，以湖北宜昌晓峰剖面为代表。与峡区的标准剖面不同，晓峰剖面的陡山沱组二段中部碳酸盐岩发育；而陡山沱三段鲕粒白云岩发育，缺少灰岩段和顶部黑色页岩段。陡山沱组的厚度也明显大于峡区。该剖面的详细描述见 Zhu 等（2013）的文献。

（7）扬子克拉通东南外边缘浅水相震旦系沉积层序类型，以贵州瓮安北斗山剖面为代表。北斗山剖面因产瓮安生物群而著名，该剖面的详细描述见 Zhu 等（2007b）的文献。在陡山沱组底部为 20 余米的白云岩段，不具有典型的盖帽碳酸盐岩特征。北斗山剖面陡山沱组发育两层磷矿，中间由白云岩段分隔。陡山沱组上部鲕粒白云岩发育，顶部缺失黑色页岩段，以条带状胶磷矿层与白云岩互层为特征，向上渐变为灯影组块状的鲕粒白云岩。这种类型的沉积层序典型特征是在陡山沱中部和上部可见两个明显的沉积间断面，在北斗山剖面以两个明显的喀斯特侵蚀面为标志。另外，震旦系发育有 2 ~ 3 层富磷沉积层或磷矿层。

（8）扬子克拉通东南外陆架斜坡相震旦系沉积层序类型之一，以贵州麻江羊跳剖面为代表。羊跳剖面是目前所测到厚度最少的震旦系剖面，总厚度少于 50 m，其中陡山沱组只有 13 m，而灯影组也只有 32 m。陡山沱组底部为白云岩段，但不具有盖帽碳酸盐岩的典型特征，其上部由滑塌块状白云岩组成，滑塌构造在陡山沱组发育多层。灯影组之上是寒武系底部的硅质粉砂岩夹黑色页岩，含大量的磷结核。该剖面的详细描述见 Zhu 等（2007b）的文献。

（9）扬子克拉通东南外陆架斜坡相震旦系沉积层序类型之二，以贵州剑河五河剖面为代表的。五河剖面的震旦系下部陡山沱组厚度大约 90 m，底部发育典型的盖帽碳酸盐岩，陡山沱组的典型特征是由黑色页岩与多达十层以上的高锰碳酸盐岩滑塌层构成。震旦系上部则由 10 m 厚的灯影组块状白云岩和上覆留茶坡组硅质岩构成。这种剖面在扬子克拉通东南斜坡区非常典型，在一些剖面不仅可见大量的具有包卷层理的滑塌事件层，还发育滑塌角砾岩和不同规模的不变形的沉积滑塌体（Vernhet *et al.*，2007）。

（10）江南盆地深水相震旦系沉积层序类型，以广西三江同乐剖面为代表。这种类型的震旦系剖面地层厚度较小，底部无盖帽碳酸盐岩，由陡山沱组和留茶坡组或老堡组构成。陡山沱组以黑色页岩为主，夹少量粉砂质泥质碳酸盐岩薄层，滑塌事件层基本缺失，厚度不足 50 m。留茶坡组或老堡组主要由硅质岩组成，向上逐渐页岩夹层增加。

依据上述十条代表性剖面，总体上可将华南震旦系沉积层序特征归纳如下：首先，震旦系厚度差异巨大，变化范围从不足 50 m 到近 1000 m。二是，震旦系沉积层序可明显地区分为扬子克拉通浅水区、斜坡区和深水盆地区的典型层序。尽管各相区沉积序列差异明显，但是华南震旦系基本上都具有两段式沉积层序：在扬子克拉通内，震旦系上部均以厚层白云岩为特征，而下部则以碎屑岩夹碳酸盐岩为特征，且在不同的沉积相区发育差异极大，地台西部以粗碎屑岩为主，地台东南部以黑色页岩夹碳酸盐岩为特征。在深水外陆棚和盆地区，震旦系上部以黑色硅质岩系为特征，而下部以黑色页岩系为特征。在斜坡相区，震旦系沉积层序兼具扬子克拉通和深水盆地区的特征，但沉积序列中发育的滑塌事件沉积层导致沉积层序混乱，部分层段缺失，部分层段叠加。这种沉积层序不适于高分辨率地层研究。

震旦系底部特征明显的盖帽碳酸盐岩只是在扬子克拉通东南部地区发育，在地台西部的等时沉积为粗碎屑岩，而在深水盆地则为细碎屑岩。灯影组一般具有三段式沉积层序，上、下部均为白云岩段，而中部在扬子克拉通西部以杂色碎屑岩为特征，而在远离陆源的台内盆地区则以深色灰岩为特征。介于两者之间的灯影组中部则为中薄层纹层状白云岩为特征。一般灯影组下段比上段厚（图 5.6），但是在三峡地区下段厚度明显小于上段，如陡山沱-石牌沿江剖面，下部蛤蟆井段在区域内厚度和岩性变化明显，黄陵背斜东翼厚度达到 100 余米，而在黄陵背斜西翼仅厚几米，如茅坪四溪剖面（吕苗等，2009）。

综上所述，华南震旦系沉积层序区域上差异明显，以三峡地区的剖面为标准建立的震旦系岩石地层单位并不能广泛适用于不同沉积相区，因此目前应保留部分地区性的岩石地层单位名称（表 5.2）。

5.5.2 沉积相、沉积环境分析与层序划分

依据上述代表性剖面所展示的震旦系沉积层序特征，可以清楚地看出，震旦系沉积层序受到沉积盆地的构造-古地理背景的控制（图 5.6 ~ 图 5.8）。首先，扬子克拉通西部大部分地区在震旦纪灯影组白云岩沉积之前处于古陆剥蚀区，只有部分低洼地区接受沉积，但是主要以粗碎屑岩为主，可能代表近陆的滨海沉积或者河口三角洲沉积。在震旦纪早期，西部的一些较深的低洼盆地甚至可能为湖湘沉积，如滇东部分地区等，

以澄江东大河剖面为代表。在地台的中部和东南部地区，地势较低，震旦纪时普遍接受沉积，地层序列较完整。由于距离古陆较远，震旦系陡山沱组沉积时期，沉积物以细碎屑岩和泥页岩为主，夹有碳酸盐岩。而在地台的外边缘和外陆棚上斜坡区，发育了多层磷矿层以及锰富集层，说明磷和锰来源于开放海洋，受到大洋上升洋流的影响。在灯影组沉积时期，整个扬子克拉通均被海水覆盖，由于没有暴露的古陆，陆源碎屑沉积物缺乏，地台内浅水区普遍以碳酸盐岩沉积为特征，形成碳酸盐岩沉积台地。

依据沉积岩石组合、沉积物组构以及沉积序列变化特征，震旦系沉积序列可以划分为不同类型的沉积相区（图5.7、图5.8）；其中三峡地区解释为地台内较深水盆地环境得到下列证据的支持：① 地层序列发育完整，内部不见明显的沉积间断面或剥蚀面；② 在陡山沱组二段发育较厚的黑色页岩系，TOC含量高，夹有丰富的硅质结核；③ 陡山沱组顶部的黑色页岩段较厚；④ 灯影组下段蛤蟆井段较薄，常见滑塌构造；⑤ 灯影组中部为纹层状灰岩。以上特征均有别于扬子克拉通内浅水陆棚环境和地台东南边缘典型的浅滩相沉积序列，为地台内较深水盆地的存在提供了有力的支持。因而，扬子克拉通是一个具有浅滩外边缘的地台（rimmed platform；图5.6、图5.8）。类似的地台内较深水盆地环境在上扬子克拉通区中部分布范围较广泛，包括贵州西北部、重庆东部和东北部、湖北西部等地，主要呈SN向展布。曾经有学者将震旦纪时期扬子克拉通内较深水盆地称为“台内潟湖”（Jiang *et al.*，2011），甚至“淡水湖”环境（Bristow *et al.*，2009），这种解释表明，扬子克拉通内较深水盆地与外海缺乏海水交换或者海水交换不畅，这显然与沉积学证据和古生物学证据相矛盾（Zhu *et al.*，2013）。

震旦系扬子克拉通东南的斜坡相区具有典型的沉积学证据和沉积序列特征。首先，在斜坡带可见大量的具有包卷层理的滑塌事件层、滑塌角砾岩和不同规模的沉积滑塌体（Vernhet *et al.*，2007；Zhu *et al.*，2007b）。另外，斜坡带沉积层序混乱，在斜坡上部，地层缺失明显，厚度减薄；而斜坡中下部，滑塌事件沉积层的叠加，导致厚度增加。

依据扬子克拉通中部和东南部完整沉积序列的沉积相分析，华南震旦系可以划分为四个主要的沉积层序（Zhu *et al.*，2007b，2013）。第一层序（S1）由陡山沱组下部沉积序列组成，第二层序位于陡山沱组中部沉积序列组成，第三层序由陡山沱组顶部与灯影组下部沉积序列组成，第四层序由灯影组中上部沉积序列组成。其中，第一层序与第二层序之间的层序界面（SB1）在地台的外边缘浅水较易识别，如贵州瓮安北斗山剖面陡山沱组中部白云岩段顶部，是一个典型的喀斯特侵蚀面。这个层序界面在扬子克拉通内较深水盆地，如三峡地区则不易识别。第二层序与第三层序之间的层序界面（SB2）在地台中部和东南部的浅水和较深水盆地的剖面上均可识别。在贵州瓮安北斗山剖面陡山沱组上部磷质白云岩段顶部，也是一个典型的喀斯特侵蚀面；在扬子克拉通内较深水盆地，如三峡地区为陡山沱组三段中上部。第二层序与第三层序之间的层序界面位于灯影组中段的底部，一般为一个明显的岩性快速转换面，如西部高家山段和旧城段底部以砂岩的出现与下部白云岩形成的岩性转换面，三峡地区石板滩段底部以深灰色纹层状灰岩出现与下部白云岩形成的岩性转换面。

依据沉积层序体系域代表的时间段，图5.7、图5.8通过七个时间段，展示了震旦系沉积相和环境的演变过程，为震旦系的划分和对比奠定了基础。

5.5.3　地层划分和对比

震旦系内部地层划分和对比的历史，最早可追踪到以峡东地区陡山沱组和灯影组为基础的两阶划分方案，即陡山沱阶和灯影峡阶（邢裕盛等，1999及参考文献），这种划分一直作为标准方案得到广泛使用（全国地层委员会，2002）。但是，由于这两个阶的界线是依据岩石地层单位的界线为标准确定，且陡山沱阶与陡山沱组重名，于是殷继成等（1993）修改了灯影峡阶的底界，将其置于灯影组中含动物化石的石板滩段底部，并将陡山沱阶改名为陡山沱村阶。后来，汪啸风等（2001）依据峡东地区震旦系剖面含生物化石特征，提出了两统四阶的划分方案，也将石板滩段底界作为震旦系上、下两统的界线，下统划分为田家园子阶和庙河阶，其中庙河阶底界以产庙河生物群的陡山沱组四段的底界为标志；上统划分为四溪阶和龙灯峡阶，其中灯峡阶底界以克劳德管壳类（Cloudiniids）化石的首现为标志，接近灯影组白马沱段底部。

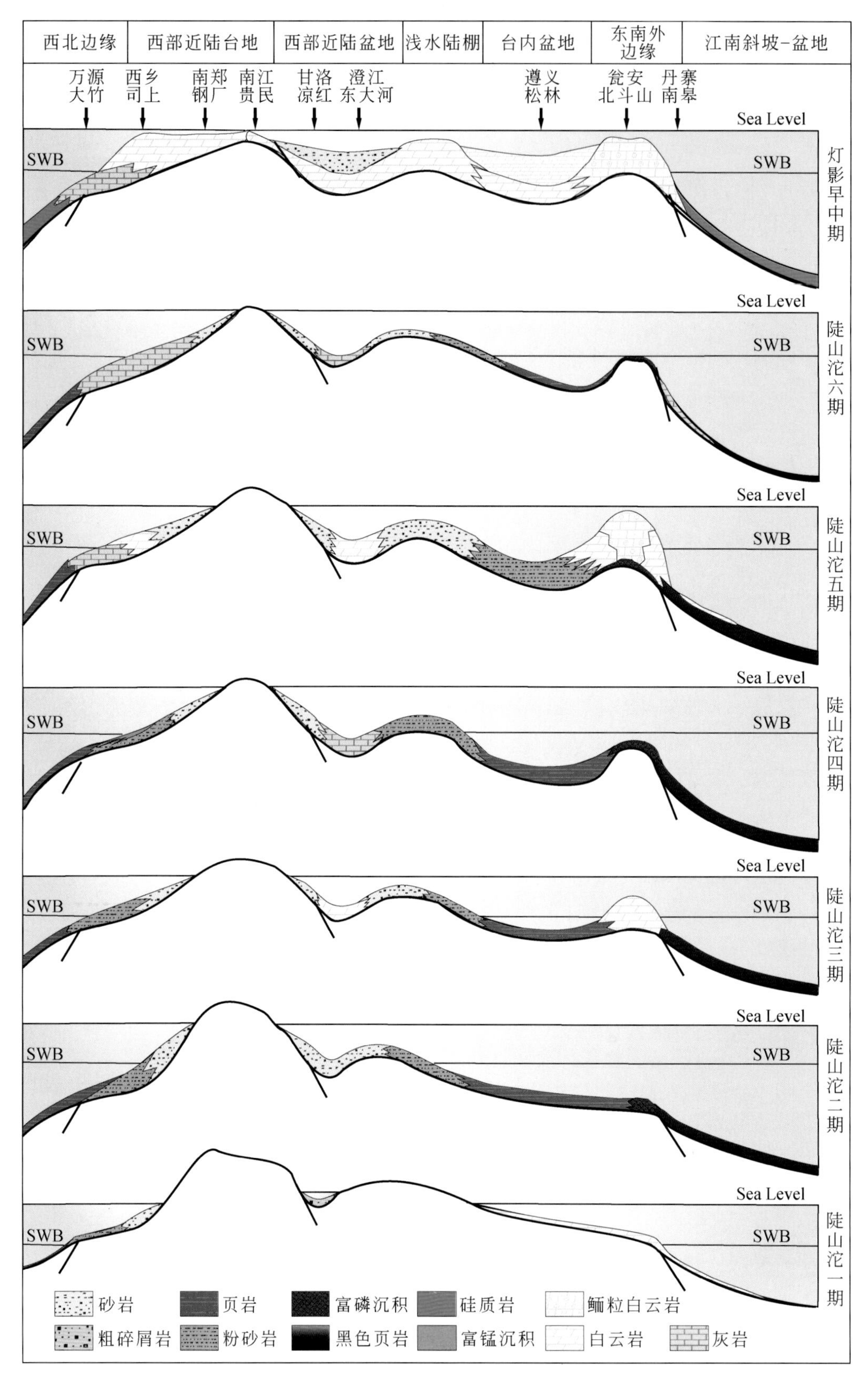

图 5.7　华南新元古代震旦纪地层序列的沉积模式解释图 A

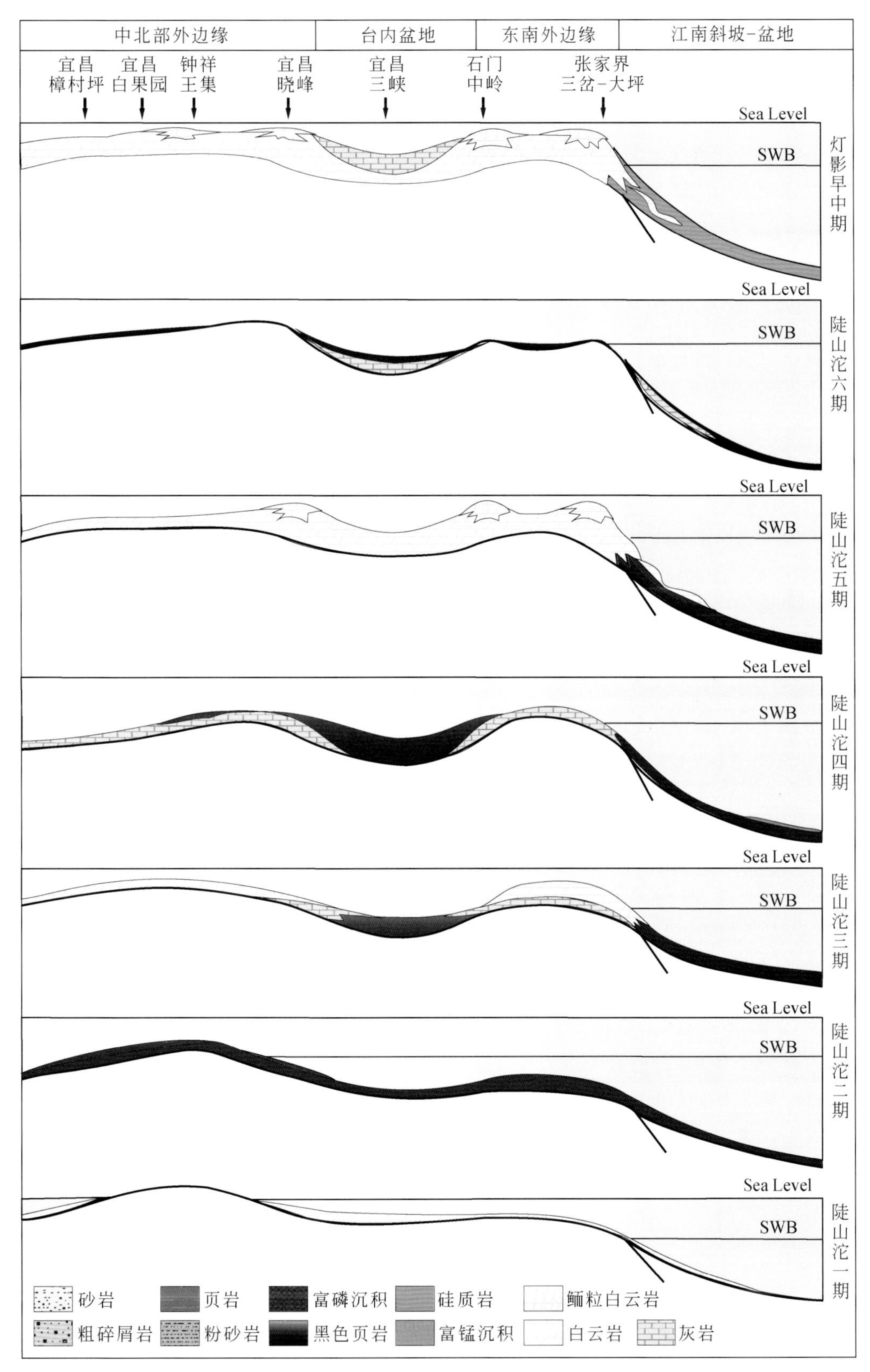

图5.8 华南新元古代震旦纪地层序列的沉积模式解释图B

但是，在陡山沱组顶部和底部年龄得到确定后，即底部为635 Ma，顶部为551 Ma（Condon *et al.*，2005），上述震旦系的划分方案需要彻底修改，因为地层厚度不及灯影组四分之一的陡山沱组，所代表的时间占整个震旦纪90%以上的时限。因而，尽管陡山沱组沉积层序高度凝缩，震旦系的内部划分主要还应该取决于陡山沱组的内部划分。正因为如此，考虑到同位素年代学成果，Zhu 等（2007b）依据层序地层、碳同位素化学地层和生物地层，将震旦系划分为两统五阶，这个方案的上统称为扬子统，下统称为峡东统，两统的界线以陡山沱组中部一个明显沉积层序界面为界。随着陡山沱组生物地层研究取得重要进展（Liu *et al.*，2013，2014），刘鹏举等（2012）对上述震旦系两统五阶的划分方案的统和阶的界线作了修订。

由于震旦系不同于寒武纪之后的地层，化石稀少，生物地层学应用于震旦系的划分和对比受到极大的限制，因此要想建立理想的震旦系划分和对比的年代地层学标准，需要采用包括层序地层学、化学地层学、生物地层学和同位素年代学的综合地层学方法。同时，从上述震旦系层序地层划分可以看出，震旦系的沉积序列受到明显的沉积相控制，沉积序列发育最完整的地区是扬子克拉通的中部和东南部地台内盆地（图5.6），而峡东地区经典的震旦系沉积层序发育在地台内较深水盆地环境，这种沉积层序与浅水陆棚区沉积层序的差异导致震旦系的对比困难。为解决这个问题，Zhu 等（2013）对鄂西地区不同沉积相的震旦系沉积层序进行详细的综合地层学分析，其中既有典型的浅水陆棚相沉积序列，又有典型的台内较深水盆地相沉积序列，研究结果澄清和修正了以前存在的对比问题，为解决震旦系的划分和对比提供重要的依据。这里作者综合最新近的研究材料，下面对华南震旦系地层学进行简要概述：

（1）层序地层学：依据上文震旦系沉积层序的划分和陡山沱组的年代学，灯影组中上部的沉积层序时限可能不超过五百万年，应该属于三级层序，而之下的三个层序的每个层序时限可能超过或接近三千万年，应该属于二级层序或超层序。

（2）化学地层学：自 Lambert 等（1987）最早开展震旦系的碳酸盐岩碳同位素地层研究以来，近几年来震旦系的化学地层研究进展非常显著（Jiang *et al.*，2007，2011；Zhou C. *et al.*，2007；Zhu *et al.*，2007a，2007b，2013；McFadden *et al.*，2008；Sawaki *et al.*，2010；Tahata *et al.*，2013）。依据 Zhu 等（2007a，2007b，2013）的研究，震旦系的碳同位素的演变以四个明显的负异常事件为特征，为区分这四个不同层位的负异常事件和避免在使用中发生混淆，每个负异常事件均被命名。它们分别是 CANCE（盖帽白云岩碳同位素负漂移）事件，位于陡山沱组底部盖帽碳酸盐岩段，相当于 Jiang 等（2007）的 N1 和 Zhou C. 等（2007）的 EN1 负异常；WANCE（瓮安生物群碳酸盐岩碳同位素负漂移）事件，位于陡山沱组中部第一层序与第二层序界面附近，峡东位于陡山沱组二段的中部；BAINCE（白果园碳同位素负漂移）事件，位于陡山沱组第二层序的中部，在峡东位于陡山沱组二段顶部，相当于 Jiang 等（2007）的 N2 和 Zhou C. 等（2007）的 EN2 负异常；DOUNCE（陡山沱碳同位素负漂移）事件，位于陡山沱组顶部，相当于 Jiang 等（2007）的 N3 和 Zhou 等（2007）的 EN3 负异常。

震旦系的锶同位素变化明显（Sawaki *et al.*，2010）。首先，锶同位素$^{87}Sr/^{86}Sr$值在震旦系具有一个明显的增加的趋势，从底部的0.7080增加到顶部的0.7085，这个增加过程主要发生在峡东陡山沱组三段的底部，但是之后又很快发生负漂移；$^{87}Sr/^{86}Sr$值在 DOUNCE 事件时间段内出现明显的正异常，达到0.7090。

（3）生物地层学：华南震旦系含有丰富的古生物化石，包括以磷酸盐化胚胎化石而著名的瓮安生物群，以宏体有机质碳膜化石为特征的蓝田生物群、瓮会生物群和庙河生物群等，灯影组中部以弱矿化管状化石和遗迹化石为特征的高家山生物群、西陵峡生物群等以及以大型具刺疑源类为代表的微体化石群等（朱茂炎，2010 及其中参考文献）。其中，大型具刺疑源类可以划分为两个特征的组合，即 *Tianzhushania spinisa* 组合和 *Hocosphaeridium scaberfacium-Hocosphaeridiumanozos* 组合（Liu *et al.*，2013，2014a）。

依据层序地层、化学地层、生物地层学和同位素年龄，作者建议保留震旦系两统五阶的年代地层划分方案，并对作者2007年的统阶底界的定义进行修订（表5.3）。震旦纪碳酸盐岩碳同位素的演变反映大洋表层海水的演化，可以用于大区域和全球地层划分和对比，因此在作者的划分方案中，除了顶部的第五阶以生物地层标准定义外，其余四个阶的底界均以碳酸盐岩碳同位素的负异常事件为标准确定，即：

表 5.3 华南震旦纪综合地层表

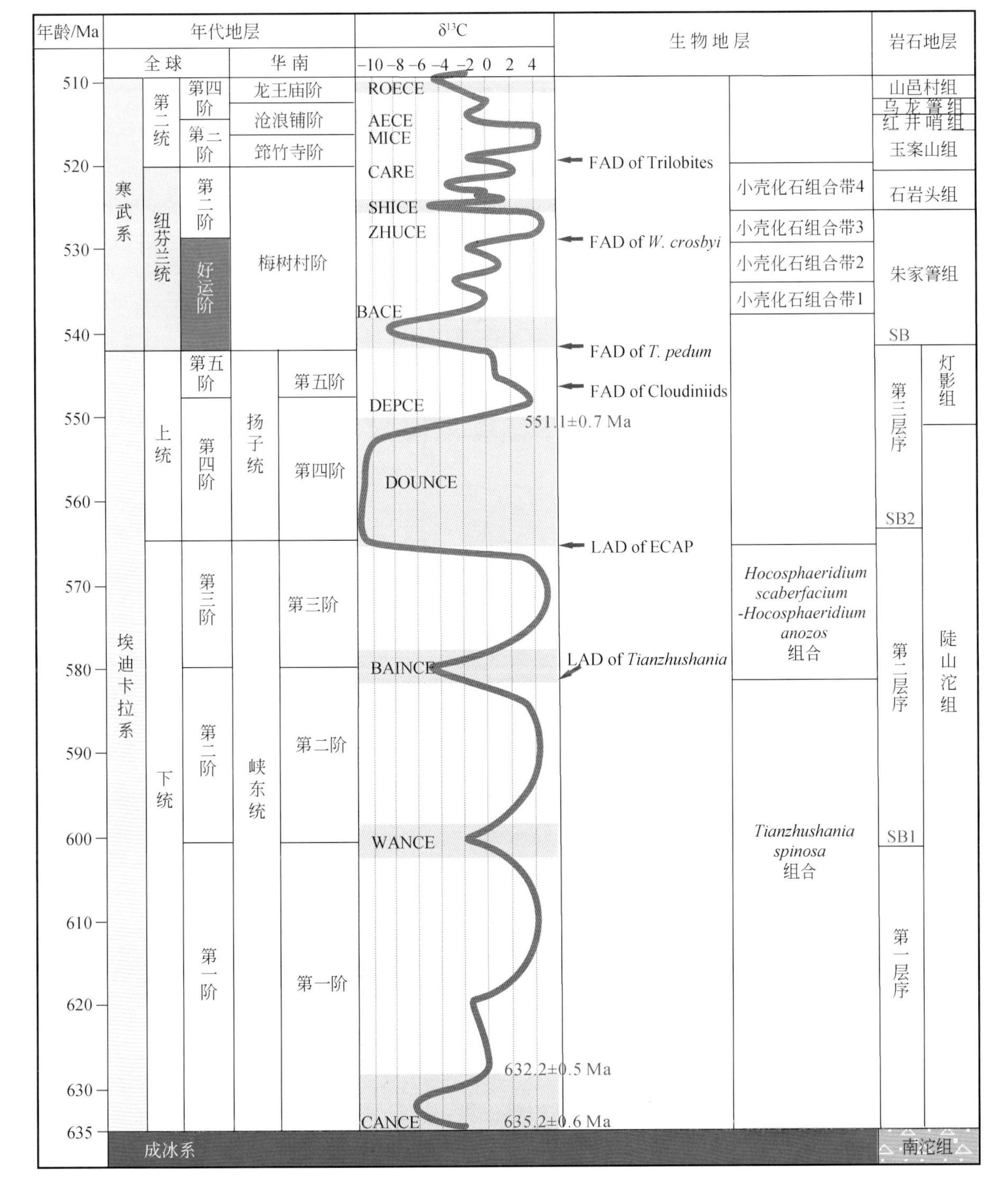

(1) 第一阶的底界与震旦系底界和全球埃迪卡拉纪底界一致，位于陡山沱组底部盖帽碳酸盐岩的底部（CANCE 事件）；

(2) 第二阶的底界以 WANCE 事件的出现为标志，这个界线与陡山沱组第一层序和第二层序之间的界线相一致；

(3) 第三阶的底界以 BAINCE 事件的出现为标志，这个界线与疑源类两个组合之间的界线相一致；

(4) 第四阶的底界以 DOUNCE（陡山沱碳同位素负漂移）事件的出现为标志，这个界线与陡山沱组的第二层序和第三层序之间的界线接近。由于 DOUNCE 事件在扬子克拉通的不同相区和江南盆地深水相区均有记录，代表了一次全球性的海洋演变事件，且与生物的演化在时间上密切相关，并与大型具刺疑源类的灭绝时间面相一致（Lu *et al.*, 2013），因而这个界线也被定义为下部峡东统和上部的扬子统之间的界线。

(5) 第五阶的底界以特征的矿化克劳德管状化石 (Cloudiniid 类) 的首现为标志，因为 Cloudiniid 类管状化石在全球的埃迪卡拉系顶部均有发现，是埃迪卡拉纪末期的标准化石，具有全球地层对比意义。这个阶的底界在层位上高于灯影组石板滩段的底界。

上述震旦系的年代地层划分方案 (表 5.3) 可以很好地应用于扬子克拉通上震旦系不同沉积相区地层序列的对比 (图 5.6)。但是，因为缺少海水沉积碳酸盐沉积物以及没有明显的、可以识别的层序界面，在较深水的沉积相区第二阶底界的识别较困难。例如，第二阶的底界位在贵州瓮安地区和黄陵背斜北部位于陡山沱组中部白云岩的层序界面上，较易识别。而在峡东地区则位于陡山沱组二段的中部，以一个较厚的白云岩的顶面为标志。这层白云岩顶面具有波状或低角度斜交层理，在这层白云岩上，硅质结核特别富集，标志一个沉积速率非常慢的凝缩层 (Zhu *et al.*, 2007b)。这个界面上、下地层明显的氧化还原状态的变化，也为确认峡东地区第二阶的底界提供了间接对比证据 (Li C. *et al.*, 2010)。尽管作为陡山沱组标准剖面的峡东田家园子剖面存在不少缺陷 (Lu *et al.*, 2012)，但是综合各种地层学资料，临近田家园子剖面的黄陵背斜南翼剖面均为潜在的建立震旦系内部划分标准的剖面，值得今后得到全面深入的研究。

华南震旦系是全球最好的由碳酸盐岩和细碎屑岩组成的复合型沉积序列，含有丰富的生物化石，因而震旦系的年代地层划分，可为全球埃迪卡拉系的划分和对比提供标准。但是，就目前看来，要想解决震旦系的全球对比问题，还存在如下几个方面的主要问题：① 碳酸盐岩碳同位素的负异常事件的全球性对比问题；② 碳同位素的负异常事件和阶的界限缺乏高精度同位素年代学控制；③ 因为缺少海水沉积的碳酸盐岩，这种以碳同位素的负异常事件为主要依据的地层划分，在深水相区沉积层序应用存在困难。

5.6 新元古代油气生-储-盖层的发育状况

华南新元古代，特别是震旦系是我国南方重要的海相含油气层位。威远、高石梯、磨溪气田的发现与勘探，在湖南南山坪和浙江泰山灯影组白云岩古油藏的存在以及川北、陕南一带灯影组白云岩中大量沥青显示，均表明华南新元古代是潜在的重要油气勘探层位。

5.6.1 新元古代潜在的富有机质烃源层

5.6.1.1 冰期之前富有机质层的分布

如上文所述，华南新元古代冰期之前的富沉积有机质地层，主要是在板溪群及其相当地层第一沉积旋回的中下部 (图 5.2、图 5.3)。这套由灰黑色的粉砂质泥岩构成的富有机质沉积序列，厚度达到几百米，主要分布于湘黔桂交界地区，包括下江群的乌叶组，高涧群的砖墙湾组下部，丹洲群的合桐组下部。

5.6.1.2 南华纪大塘坡组富含有机质层的分布

华南南华纪间冰期大塘坡组富含沉积有机质的黑色页岩是一套含锰的沉积序列。这套地层基本发育在扬子克拉通东南过渡区和江南盆地 (图 5.4、图 5.5)。过渡区的大塘坡组下部的黑色含锰页岩系一般厚 2 ~ 3 m，个别地区 (如松桃大塘坡地区) 可厚度达几十米，这个地区大塘坡组底部的锰矿层也最发育 (许效松等，1991；何明华，1997；黄道光等，2010)。在盆地区，大塘坡组含锰的黑色页岩和粉砂岩，厚度一般几米到几十米不等，局部地区底部发育成锰矿，如黔东南和湘西南地区的锰矿 (刘铁深、周旭林，2002；杨瑞东等，2010)。

5.6.1.3 震旦系烃源层的分布

震旦系主要的烃源岩为暗色泥页岩、碳酸盐岩和硅质岩；其中陡山沱组及同期的黑色细碎屑岩和泥页岩广泛分布，构成华南新元古代重要的潜在烃源层；局部地区灯影组富有机质地层也较为发育。

（1）陡山沱组：该组黑色碳质页岩、碳质泥岩、灰黑色含碳页岩和含碳泥岩可作为主要烃源岩。其次是灰黑色薄层状泥、微晶白云岩，泥、微晶石灰岩以及少量黑色薄层硅质岩。它们主要发育于震旦系三个层序的下部，即海侵体系域（图5.6～图5.8）。

这个时期的烃源层主要分布于中、下扬子克拉通内的台盆、斜坡和深水盆地，其厚度介于30～379 m,一般厚度为60～149 m。主要集中分布于宜昌峡区-鹤峰-石门-铜仁-遵义地区，德兴-开化-宁国地区以及黎平-三江-临桂-全州地区。其厚度一般大于60 m，在鹤峰最厚达379 m，在等厚图上呈SW-NE向延伸；在黎平-三江-临桂-全州地区，厚度等值线呈NW-SE向延伸。此外，在陕西宁强和万源-城口一带厚度较大，在宁强胡家坝厚579 m，万源大竹厚310 m，城口明月厚309 m。除上述地区外，其他地区烃源岩厚度小于60 m，而上扬子克拉通区烃源岩厚度为零。

（2）灯影组：该组烃源岩主要为黑、灰黑色含泥灰岩、沥青质含泥灰岩和黑、灰黑色薄层硅质岩。暗色灰岩主要发育于灯影组石板滩段，暗色硅质岩在过渡区发育在灯影组上部（相当于灯影组三段）。在深水盆地区，发育于留茶坡组、皮园村组和老堡组的上部；其中留茶坡组硅质岩的有机质类型为I型（腐泥型；黄第藩等，1984）。

灯影组同时期的烃源岩主要分布于中、下扬子克拉通周边的深水斜坡和盆地沉积相区。其厚度介于20～393 m，一般厚度为40～140 m。主要分布在怀化-常德-通山地区和休宁-淳安，厚度一般大于40 m，最厚在休宁蓝田166 m。其厚度等值线呈SW-NE向延伸。此外，在宜昌峡区灯影组二段灰黑、黑色灰岩烃源岩厚65～185 m，呈NW-SE向沿江延伸以及江西德兴、横峰一带烃源岩为黑色硅岩厚201～393 m。在广西全州-临桂-河池，烃源岩为黑色硅岩，厚78～230 m，其厚度等值线呈SW-NE向延伸。其他地区的烃源岩厚度均小于20 m。

5.6.2　新元古代潜在的储盖和盖层

华南新元古代储集岩的类型主要有碳酸盐岩和中-粗粒碎屑岩；其中，震旦系灯影组白云岩是主要的储层。根据刘树根等（2008）资料，川西南地区震旦系灯影组白云岩孔隙度为1.39%，渗透率为$0.61\times10^{-3}\mu m^2$；川中地区灯影组白云岩孔隙度为1.86%～2.05%，渗透率为0.01×10^{-3}～$8.02\times10^{-3}\ \mu m^2$；川东南丁山1井灯影组白云岩孔隙度为1.78 %，渗透率为$0.0746\times10^{-3}\ \mu m^2$。在威远、资阳地区震旦系灯影组中钻获天然气藏就说明了灯影组作为储层的重要性。震旦系有利于勘探目标的储集岩主要分布在灯影组一段和三段。

（1）灯影组灯一段储集岩的分布：灯一段有利勘探的储层主要分布在川滇黔碳酸盐岩台地，其次在湘鄂碳酸盐岩台地，川滇黔碳酸盐岩台地储层厚度为141～758 m，在长宁一带最厚900～1100 m，其次在禄劝-东川一带厚816～939 m。储集岩岩性为不同类型的白云岩，其中有晶粒白云岩，颗粒白云岩，层纹石白云岩。其中颗粒白云岩较发育的地区有贵州湄潭-福泉、遵义-金沙-大方一带、云南东川-会泽、四川盐边、峨嵋-乐山-资阳和南江-旺苍一带。这些地区灯影组一段颗粒白云岩组成准浅滩。在湘鄂碳酸盐岩台地储集岩厚度介于151～355 m，其中南漳和随州洪山地区最厚分别达到353 m和355 m。储集岩包含晶粒白云岩，颗粒白云岩和层纹石白云岩。颗粒白云岩最发育的地区在张家界三岔-慈利一带和湘鄂碳酸盐岩台地北缘房县东蒿坪一带，颗粒白云岩组成台地边缘浅滩。在宜昌峡东地区由鲕粒、核形石组成的台内准浅滩，其次在南京六合一带颗粒（内碎屑、核形石、鲕粒）白云岩厚30～150 m，也是有利的储层分布区。

（2）灯影组灯三段储集岩分布：灯三段储层主要分布在川滇黔和湘鄂两个碳酸盐岩台地，在川滇黔碳酸盐岩台地储层厚度在南江-宁强-南郑南部一带厚度介于146～365 m，勉县最厚达627 m。乐山-峨嵋-荥经-甘洛一带其厚度介于164～270 m。在普格-金阳-巧家-会东-会泽一带储集岩厚度介于180～259 m。在会理-华坪-盐边一带厚度介于162～410 m；在织金-大方-毕节-丁山1井-利1井白云岩厚度介于121～285 m；在长宁、威远、资阳、龙女寺一带灯三段大部分剥蚀，在长宁残留97 m，龙女寺残留58 m，资阳大多数井中已剥蚀，向西至绵竹王家坪，宝兴、卢山、天全、泸定一带灯三段已被剥蚀。灯三段白云岩以泥晶、微晶白云岩为主，硅化微晶白云岩较发育，颗粒白云岩不甚发育，但白云岩中裂缝较为发育，在南江、宁强灯三段白云岩中裂缝中充填黑色沥青，呈网状分布。作为储集空间裂缝的发育大大改善了白云岩的储集性能。在湘鄂碳酸盐岩台地灯三段白云岩，厚度介于88～410 m，房县东蒿坪和随州洪山白云岩厚度分别为547 m和555 m。储集岩为白云岩，其白云岩类型主要为泥微晶白云岩局部发育有颗粒白云岩，其中房县一带颗粒白云岩厚157 m，随州洪山一带厚63.6 m，其他地区如宜昌南沱颗粒白云岩以夹层产出。在湖南慈利南山坪和浙江余杭泰山古油藏赋存于灯三段，表明灯三段白云岩局部地区储集性能较好。

综上所述，中、上扬子克拉通区震旦系灯影组储集岩较发育，尤以灯一段晶粒白云岩，颗粒白云岩和层纹石白云岩其次生成岩结构发育孔洞和裂缝储集空间相应较发育，是优质的储层，主要分布在川中-川北、川南北部地区以及黔中、黔北地区。

盖层主要是指稳定覆盖在油气藏上方的区域性非渗透性岩层，一般具厚度大、分布面积广和稳定性好的岩层，岩性主要为泥岩、页岩和泥质粉砂岩。扬子克拉通沉积区震旦系灯影组上覆地层为寒武早期巨厚层的黑色岩系，如上扬子克拉通区筇竹寺组、郭家坝组和牛蹄塘组；中扬子克拉通区的水井沱组、小烟溪组、东坑组和下扬子克拉通区荷塘组等，其中有的盖层也是优质的烃源层，如威远气藏的盖层是以412 m厚的筇竹寺组黑色泥质岩系作为巨厚的区域性盖层，同时也是烃源层。

致　谢：本章的相关研究得到国家自然科学基金、科技部973项目（2013CB835000）和中国科学院相关基金的持续支持。本章是作者多年相关地层工作的总结，作者感谢国内外同行、特别是参与中德合作项目的德国同行对野外和室内研究中提供的建议和帮助，同时感谢参加作者课题组的研究生杨兴莲、赵美娟、赵鑫等为研究所做出的贡献。

参考文献

冯连君，储雪蕾，张启锐，张同钢，李禾，姜能．2004．湘西北南华系渫水河组寒冷气候成因的新证据．科学通报，49：1172～1178

高林志，戴传固，丁孝忠，王敏，刘燕学，王雪华，陈建书．2010a．侵入梵净山群白岗岩锆石U-Pb年龄及白岗岩底砾岩对下江群沉积的制约．中国地质，38（6）：1413～1420

高林志，戴传固，刘燕学，王敏，王雪华，陈建书，丁孝忠，张传恒，曹茜，刘建辉．2010b．黔东南-桂北地区四堡群凝灰岩锆石SHRIMP U-Pb年龄及其地层学意义．地质通报，29（9）：1259～1267

高林志，戴传固，刘燕学，王敏，王雪华，陈建书，丁孝忠．2010c．黔东地区下江群凝灰岩锆石SHRIMP U-Pb年龄及其地层意义．中国地质，37：1071～1080

高林志，丁孝忠，庞伟华，张传恒．2011．中国中—新元古代地层年表的修正-锆石U-Pb年龄对年代地层的制约．地层学杂志，35（1）：1～7

高林志，杨明桂，丁孝忠，刘燕学，刘训，凌联海，张传恒．2008．华南双桥山群和河上镇群凝灰岩中的锆石SHRIMP U-Pb年龄——对江南新元古代造山带演化的制约．地质通报，27：1744～1751

高维，张传恒．2009．长江三峡黄陵花岗岩及莲沱组凝灰岩锆石SHRIMP U-Pb年龄及其构造地层意义．地质通报，38（1）：36～45

葛文春，李献华，李正祥，周汉文．2001．龙胜地区镁铁质侵入体：年龄及其地质意义．地质科学，36（1）：112～118

关成国，万斌，陈哲，傅强．2012．皖南新元古代冰期地层再认识．地层学杂志，36：611～619

贵州省地质矿产局．1987．贵州省区域地质志．北京：地质出版社

何明华．1997．贵州东部及邻区震旦纪大塘坡期事件沉积与地层对比．贵州地质，14（1）：21～29

何明华．1998．贵州东部及邻区震旦纪铁丝坳期和南沱期沉积相与环境演化纪构造属性探讨．贵州地质，15（1）：26～31

黄第藩，李替超，张大江．1984．干酪根的类型及其分类参数的有效性、局限性和相关性．沉积学报，2（3）：18～33

黄道光，牟军，王安华．2010．贵州印江-松桃地区含锰岩系早期沉积环境演化．贵州地质，27（1）：13～21

黄建中，唐晓珊，张晓阳，郭乐群．1996．对峡东莲沱组与湖南板溪群对比问题的一点浅见．地层学杂志，20：232～236

江新胜，王剑，崔晓庄，史皆文，熊国庆，陆俊泽，刘建辉．2012．滇中新元古代澄江组锆石SHRIMP U-Pb年代学研究及其地质意义．中国科学（D辑），42：1496～1507

李献华，李武显，何斌．2012．华南陆块的形成与Rodinia超大陆聚合-裂解——观察、解释与检验．矿物岩石地球化学通，31（6）：543～559

林树基，卢定彪，肖加飞，熊小辉，李艳桃. 2013. 贵州南华纪冰期地层的主要特征. 地层学杂志，37：542～557
林树基，肖加飞，卢定彪，刘爱民，牟世勇，陈仁，易成兴，王兴理. 2010. 湘黔桂交界区富禄组与富禄间冰期的再划分. 地质通报，29：195～204
刘鸿允等. 1991. 中国震旦系. 北京：科学出版社
刘鸿允，郝杰，李曰俊. 1999. 中国中东部晚前寒武纪地层与地质演化. 北京：科学出版社
刘鹏举，尹崇玉，陈寿铭，李猛，高林志，唐烽. 2012. 华南峡东地区埃迪卡拉（震旦）纪年代地层划分初探. 地质学报，86：849～866
刘树根，马永生，王国芝等. 2008. 四川盆地震旦系-下古生界优质储层形成与保存机理. 油气地质与采收率，15（1）:1～5
刘铁深，周旭林. 2002. 湘西南地区早震旦世湘锰期沉积相特征与成矿模式. 湖南地质，21（1）：30～34
卢定彪，肖加飞，林树基，刘爱民，牟世勇，陈仁，易成兴，王兴理. 2010. 湘黔桂交界区贵州省从江县黎家坡南华系剖面新观察——一条良好的南华大冰期沉积记录剖面. 地质通报，29：1143～1151
陆松年. 2002. 关于中国新元古界划分几个问题的讨论. 地质论评，48（3）：242～248
陆松年，马国干，高振家，林蔚兴. 1985. 中国晚前寒武纪冰成岩系初探. 见：地质矿产部《前寒武纪地质》编辑委员会编. 前寒武纪地质，第1号，中国晚前寒武纪冰成岩论文集. 北京：地质出版社，1～86
吕苗，朱茂炎，赵美娟. 2009. 湖北宜昌茅坪泗溪剖面埃迪卡拉系岩石地层和碳同位素地层研究. 地层学杂志，33：359～372
马国干，李华芹，张自超. 1984. 华南地区震旦系时限范围的研究. 中国地质科学院宜昌地质矿产研究所所刊，8：1～29
马慧英，孙海清，黄建中，马铁球. 2013. 湘中地区高涧群凝灰岩 LA-ICP-MS 锆石 U-Pb 年龄及其地质意义. 矿产地质，4（1）:69～74
彭善池，汪啸风，肖书海，童金南，华洪，朱茂炎，赵亢龙. 2012. 建议在我国统一使用全球通用的正式年代单位——埃迪卡拉系（纪）. 地层学杂志，36：57～61
彭学军，刘耀荣，吴能杰，陈建超，李建清. 2004. 扬子陆块东南缘南华纪地层对比. 地层学杂志，28（4）：354～359
钱迈平，张宗言，姜杨，余明刚，阎永奎，丁保良. 2012. 中国东南部新元古代冰碛岩地层. 地层学杂志，36：587～589
全国地层委员会. 2002. 中国区域年代地层（地质年代）表说明书. 北京：地质出版社
施少峰，蒋传仁，张健康. 1985. 浙江省西部震旦纪冰成岩研究. 见：地质矿产部《前寒武纪地质》编辑委员会编. 前寒武纪地质，第1号，中国晚前寒武纪冰成岩论文集. 北京：地质出版社. 261～282
汪啸风，陈孝红，王传尚，陈立德. 2001. 震旦系底界及内部年代地层单位划分. 地层学杂志，23（增刊）：370～376
汪正江，王剑，谢渊，杨平，卓皆文. 2009. 重庆秀山凉桥板溪群红子溪组凝灰岩 SHRIMP 锆石测年及其意义. 中国地质，36（4）：761～768
汪正江，许效松，杜秋定，杨菲，邓奇，伍皓，周小琳. 2013. 南华冰期的底界讨论：来自沉积学与同位素年代学证据. 地球科学进展，28：477～489
王剑. 2000. 华南新元古代裂谷盆地沉积演化-兼论与 Rodinia 解体的关系. 北京：地质出版社
王剑. 2005. 华南"南华系"研究新进展—论南华系地层划分与对比. 地质通报，24：491～495
王剑，李献华，Duan T Z，刘敦一，宋彪，李忠雄，高永华. 2003. 沧水铺火山岩锆石 SHRIMP U-Pb 年龄及"南华系"底界新证据. 科学通报，48：1726～1731
王贤方，毕治国. 1985. 皖南震旦纪冰碛层. 见：地质矿产部《前寒武纪地质》编辑委员会编. 前寒武纪地质，第1号，中国晚前寒武纪冰成岩论文集. 北京：地质出版社. 245～260
王砚耕，谢志强，王来兴，陈德昌，朱顺才. 1986. 贵州东部及邻区铁丝坳组层序及沉积环境成因. 中国区域地质，4：341～348
王砚耕，尹崇玉，郑淑芬，秦守荣，陈玉林，罗其玲，朱士兴，王福星，钱逸. 1984. 贵州上前寒武系及震旦系-寒武系界限. 贵阳：贵州人民出版社
王曰伦，陆宗斌，邢裕盛，高振家，林蔚兴，马国干，张录易，陆松年. 1980. 中国上前寒武系的划分和对比. 见：中国地质科学院天津地质矿产研究所主编. 中国震旦亚界. 天津：天津科学技术出版社，1～32
王自强，尹崇玉，高林志，唐烽，柳永清，刘鹏举. 2006. 宜昌三斗坪地区南华系化学蚀变指数特征及南华系划分、对比的讨论. 地质论评，52：577～585
王自强，尹崇玉，高林志，唐烽. 2009. 黔南-桂北地区南华系化学地层特征. 地球学报，30：465～474
邢裕盛，尹崇玉，高林志. 1999. 震旦系的范畴、时限及内部划分. 现代地质，13（2）：202～203
许效松，黄慧琼，刘宝珺，王砚耕. 1991. 上扬子地块早震旦世大塘坡期锰矿成因和沉积学. 沉积学报，9（1）：63～71
许效松，刘伟，门玉澎，张海全. 2012. 对新元古代湘桂海盆及邻区构造属性的探讨. 地质学报，86：1892～1904

杨菲，汪正江，王剑，杜秋定，邓奇，伍浩，周小琳．2012. 华南西部新元古代中期沉积盆地性质及其动力学分析——来自桂北丹洲群的沉积学制约．地质论评，58（5）：854～864
杨瑞东，高军波，程玛莉，魏怀瑞，许利群，文雪峰，魏晓．2010. 贵州从江高增新元古代大塘坡组锰矿沉积地球化学特征. 地质学报，84：1781～1790
杨暹和．1987. 中国西南地区震旦系．见：中国地质科学院天津地质矿产研究所主编．中国震旦亚界．天津：天津科学技术出版社
殷继成，何廷贵，李世麟，蔡学林，温春齐，袁海华，叶祥华．1993. 四川盆地周边及其邻区震旦亚代地质演化与成矿作用. 成都：成都科技大学出版社
尹崇玉，高林志．2013. 中国南华系的范畴、时限及地层划分．地层学杂志，37（4）：534～541
尹崇玉，高林志，邢裕盛，王自强，唐烽．2004. 新元古界南华系及其候选层型剖面研究进展．地层古生物论文集，1～10
尹崇玉，刘敦一，高林志．2003. 南华系底界与古城冰期的年龄：SHRIMPⅡ定年证据．科学通报，48（16）：1721～1725
尹崇玉，刘鹏举，唐烽，高林志. 2006a. 国际埃迪卡拉系年代地层学研究进展与发展趋势. 地质论评，52：765～770
尹崇玉，王砚耕，唐烽，万渝生，王自强，高林志，邢裕盛，刘鹏举．2006b. 贵州松桃南华系大塘坡组凝灰岩锆石SHRIMPⅡ U-Pb年龄．地质学报，80：273～278
张启锐，储雪蕾．2006. 扬子地区江口冰期地层的划分对比与南华系层型剖面．地层学杂志，30：306～314
张启锐，储雪蕾．2007. 南华系建系问题探讨．地层学杂志，31：222～228
张启锐，储雪蕾，冯连君．2008. 南华系“渫水河组”的对比及其冰川沉积特征的探讨．地层学杂志，32：246～252
张启锐，黄晶，储雪蕾．2012. 湖南怀化新路河地区的南华系．地层学杂志，36：761～763
张世红，蒋干清，董进，韩以贵，吴怀春．2008. 华南板溪群五强溪组SHRIMP锆石U-Pb年代学新结果及其构造地层学意义．中国科学（D辑），38：1496～1503
赵自强，邢裕盛，马国干，余汶，王自强．1980. 湖北峡东震旦系．见：中国地质科学院天津地质矿产研究所主编．中国震旦亚界．天津：天津科学出版社．31～55
周传明，燕夔，胡杰，孟凡巍，陈哲，薛耀松，曹瑞骥，尹磊明，王金权，王金龙，肖书海，鲍惠铭，袁训来．2001. 皖南新元古代两次冰期事件．地层学杂志，25：247～258
朱金陵．1976. 贵州省各时代地层总结：贵州的前震旦系．1～66
朱茂炎．2009. 揭秘动物起源和寒武纪大爆发的历史过程以及地球环境背景．见：沙金庚主编．世纪飞跃——辉煌的中国古生物学，纪念中国古生物学会成立80周年．北京：科学出版社．81～95
朱茂炎．2010. 动物的起源和寒武纪大爆发：来自中国的化石证据．古生物学报，49（3）：269～287
Bahlburg H，Dobrzinski N. 2011. A review of the Chemical Index of Alternation（CIA）and its application to the study of Neoproterozoic glacial deposits and climate transitions. In：Arnaud E，Halverson G P，Shileds-Zhou G（eds）. The Geological Record of Neoprterozoic Glaciations. Geological Society. London：Memoirs，36：81～92
Bao H，Lyons J R，Zhou C. 2008. Triple oxygen isotope evidence for elevated CO_2 levels after a Neoproterozoic glaciation. Nature，453：504～506
Bristow T F，Bonifacie M，Derkowski A，Eiler J M，Grotzinger J P. 2011. A hydrothermal origin for isotopically anomalous cap dolostone cements from south China. Nature，274：68～71
Bristow T F，Kennedy M J，Derkowski A，Droser M L，Jiang G，Creaser R A. 2009. Mineralogical constraints on the paleoenvironments of the Ediacaran Doushantuo Formation. PNAS，106：13190～13195
Butterfield N J. 2011. Animals and the invention of the Phanerozoic Earth system. Trends in Ecology and Evolution，26：81～87
Chen J Y，Bottjer D J，Davidson E H，Dornbos S Q，Gao X，Yang Y，Li C，Li G，Wang X，Xian D，Wu H，Hwu Y，Tafforeau P. 2006. Phosphatized polar lobe-forming embryos from the Precambrian of Southwest China. Science，312：1644～1646
Chen J Y，Bottjer D J，Li G，Hadfield M G，Gao F，Cameron A R，Zhan C Y，Xian D C，Tafforeau P，Liao X，Yin Z. 2009. Complex embryos displaying bilaterian characters from Precambrian Doushantuo phosphate deposits，Weng'an，Guizhou，China. PNAS，106：19056～19060
Chen J，Bottjer D J，Oliveri P，Dornbos S Q，Gao F，Ruffins S，Chi H，Li C，Davidson E H. 2004. Small bilaterian fossils from 40 to 55 million years before the Cambrian. Science，305：218～222
Chen J，Oliveri P，Li C，Zhou G，Gao F，Hagadorn J W，Peterson K J，Davidson E H. 2000. Precambrian animal diversity：Putative phosphatized embryos from the Doushantuo Formation of China. PNAS，97：4457～4462
Condon D，Zhu M，Bowring S，Wang W，Yang A，Jin Y. 2005. U-Pb ages from the Neoproterozoic Doushantuo Formation，China. Science，308：95～98
Craig J，Biffi U，Galimberti R F，Ghori K A R，Gorter J D，Hakhoo N，Le Heron D P，Thurow J，Vecoli M. 2013. The

palaeobiology and geochemistry of Precambrian hydrocarbon source rocks. Marine and Petroleum Geology, 40: 1 ~ 47

Dobrzinski N, Bahlburg H, Strauss H, Zhang Q R. 2004. Geochemical climate proxies applied to the Neoproterozoic glacial succession on the Yangtze Platform, south China. In: Jenkins G, McMaenamin M, McKay C P, Sohl L (eds) . The extreme Proterozoic: Geology, Geochemistry and Climate. American Geophysical Union Monograph Series. 146: 13 ~ 32

Du Q, Wang Z, Wang J, Qiu Y, Jiang X, Deng Q, Yang F. 2013. Geochronology and paleoenvironment of the pre-Sturtian glacial strata: evidence from the Liantuo Formation in the Nanhua rift basin of the Yangtze Block, South China. Precambrian Research, 233: 118 ~ 131

Erwin D H, Valentine J W. 2013. The Cambrian Explosion: The Construction of Animal Biodiversity. Greenwood Village, Colorado: Roberts and Company Publisher

Erwin D H, Laflamm M, Tweedt S M, Sperling E A, Pisani D, Peterson K J. 2011. The Cambrian Conundrum: early divergence and later ecological success in the early history of animals. Science, 334: 1091 ~ 1097

Gaidos E, Dubuc T, Dunford M, Mcandrew P, Padilla- Ganino J, Studer B, Weersing K, Stanley S. 2007. The Precambrian emergence of animal life: a geobiological perspective. Geobiology, 5: 351 ~ 373

Gradstein F M, Ogg J G, Schmitz M D, Ogg G M. 2012. The Geologic Time Scale 2012. Oxford: Elsevier

Hoffman P F, Schrag D P. 2002. The snowball Earth hypothesis: testing the limits of global change. Terra Nova, 14: 129 ~ 155

Hoffmann K H, Condon D J, Bowring S A, Crowley J L. 2004. U- Pb zircon date from the Neoproterozoic Ghaub Formation, Namibia: constraints on Marinoan glaciation. Geology, 32: 817 ~ 820

International Commission on Stratigraphy. 2012. International Chronostratigraphic Chart. http: //www. stratigraphy. org

Jiang G, Kennedy M J, Christie- Blick N. 2003. Stable isotopic evidence for methane seeps in Neoproterozoic postglacial cap carbonates. Nature, 426: 822 ~ 826

Jiang G, Kaufman A J, Christie-Blick N, Zhang S, Wu H. 2007. Carbon isotope variability across the Ediacaran Yangtze platform in South China: Implications for a large surface- to- deep ocean $\delta^{13}C$ gradient. Earth and Planetary Science Letters, 261 (1-2): 303 ~ 320

Jiang G, Shi X, Zhang S, Wang Y, Xiao S. 2011. Stratigraphy and paleogeography of the Ediacaran Doushantuo Formation (ca. 635—551 Ma) in South China. Gondwana Research, 19: 831 ~ 849

Kendall B, Creaser R A, Selby D. 2006. Re- Os geochronology of postglacial black shales inAustralia: constraints on the timing of "Sturtian" glaciation. Geology, 34: 729 ~ 732

Knauth L P. 2005. Temperature and salinity history of the Precambrian ocean: implications for the course of microbial evolution. Palaeogeography Palaeoclimatology Palaeoecology, 219: 53 ~ 69

Knoll A H, Walter M R, Narbonne G M, Christie-Blick N. 2004. A new period for the geologic time scale. Science, 305: 621 ~ 622

Komiya T, Komiya T, Hirata T, Kitajima K, Yamamoto S, Shibuya T, Sawaki Y, Ishikawa T, Shu D, Li Y, Han J. 2008. Evolution of the composition of seawater through geologic time, and its influence on the evolution of life. Gondwana Research, 14: 159 ~ 174

Lambert I B, Walter M R, Zhang W, Lu S, Ma G. 1987. Paleoenvironment and carbon isotope stratigraphy of upper Proterozoic carbonates of the Yangtze platform. Nature, 325: 140 ~ 142

Lee L S, Chao Y T. 1924. Geology of the Gorge district of the Yangtze (from Ichang to Tzekuei) with special reference to the development of the Gorges. Bulletin of the Geological Society of China, 3 (3-4): 351 ~ 391

Li C, Love G D, Lyons T W, Fike D A, Sessions A L, Chu X. 2010. A stratified redox model for the Ediacaran ocean. Science, 328: 80 ~ 83

Li C W, Chen J, Hua T. 1998. Precambrian sponges with cellular structures. Science, 279: 879 ~ 882

Li X H, Li W X, Li Z X, Lo C H, Wang J, Ye M F, Yang Y H. 2009. Amalgamation between the Yangtze and Cathaysia Blocks in South China: constraints from SHRIMP U- Pb zircon ages, geochemistry and Nd- Hf isotopes of the Shuangxiwu volcanic rocks. Precambrian Research, 174: 117 ~ 128

Li Z X, Bogdanova S V, Collins A S, Davidson A, De Waele B, Ernst R E, Fitzsimons I C W, Fuck R A, Gladkochub D P, Jacobs J, Karlstrom K E, Lu S, Natapov L M, Pease V, Pisarevsky S A, Thrane K, Vernikovsky V. 2008. Assembly, configuration, and break-up history of Rodinia: a synthesis. Precambrian Research, 160: 179 ~ 210

Li Z X, Evans D A D, Halverson G P. 2013. Neoproterozoic glaciations in a revised global palaeogeography from the breakup of Rodinia to the assembly of Gondwanaland. Sedimentary Geology, 294: 219 ~ 232

Liu P, Chen S, Zhu M, Li M, Yin C, Shang X. 2014a. High-resolution biostratigraphic and chemostratigraphic data from the Chenjiayuanzi section of the Doushantuo Formation in the Yangtze Gorges area, South China: Implication for subdivision and global correlation of the Ediacaran System. Precambrian Research, 249: 199 ~ 214

Liu P, Xiao S, Yin C, Chen S, Zhou C, Li M. 2014b. Ediacaran acanthomophic acritarchs and other microfossils from chert nodules of the upper Doushantuo Formation in the Yangtze Gorges area, south China. Journal of Paleontology, 88 (sp72): 1 ~ 139

Liu P, Yin C, Chen S, Tang F, Gao L. 2013. The biostratigraphic succession of acanthomorphic acritarchs of the Ediacaran Doushantuo Formation in the Yangtze Gorges area, South China and its biostratigraphic correlation with Australia. Precambrian Research, 225: 29 ~ 43

Love G D, Grosjean E, Stalvies C, Fike D A, Grotzing J P, Bradley A S, Kelly A E, Bhatia M, Meredith W, Snape C E, Bowring S A, Condon D J, Summons R E. 2009. Fossil steroids record the appearance of Demospongiae during the Cryogenian. Nature, 457 (7230): 718 ~ 723

Lu M, Zhu M, Zhang J, Shields G A, Li G, Zhao F, Zhao X. Zhao M. 2013. The DOUNCE event at the top of the Ediacaran Doushantuo Formation of South China: wide stratigraphic occurrence and non-diagenetic origin. Precambrian Research, 225: 86 ~ 109

Lu M, Zhu M, Zhao F. 2012. Revisiting the Tianjiayuanzi section- the stratotype section of the Ediacaran Doushantuo Formation, Yangtze Gorges, South China. Bulletin of Geosciences, 87: 183 ~ 194

Lyons T W, Reinhard C T, Planavsky N J. 2014. The rise of oxygen in Earth' s early ocean and atmosphere. Nature, 506: 307 ~ 315

Maruyama S, Sawaki Y, Ebisuzaki T, Ikoma M, Omori S, Komabayashi T. 2014. Initiation of leaking Earth: an ultimate trigger of the Cambrian explosion. Gondwana Research, 25 (3): 910 ~ 944

McFadden K A, Huang J, Chu X, Jiang G, Kaufman A J, Zhou C, Yuan X, Xiao S. 2008. Pulsed oxidation and biological evolution in the Ediacaran Doushantuo Formation. PNAS, 105: 3197 ~ 3202

McFadden K A, Xiao S, Zhou C, Kowalewski M. 2009. Quantitative evaluation of the biostratigraphic distribution of acanthomorphic acritarchs in the Ediacaran Doushantuo Formation in the Yangtze Gorges area, South China. Precambrian Research, 173: 170 ~ 190

Sahoo S K, Planavsky N J, Kendall B, Wang X, Shi X, Scott C, Anbar A D, Lyons T W, Jiang G. 2012. Ocean oxygenation in the wake of the Marinoan glaciation. Nature, 489: 546 ~ 549

Sawaki Y, Ohno T, Tahata M, Komiya T, Hirata T, Maruyama S, Windley B, Han J, Shu D, Li Y. 2010. The Ediacaran radiogenic Sr isotope excursion in the Doushantuo Formation in the Three Gorges area, South China. Precambrian Research, 176 (1-4):46 ~ 64

Shields-Zhou G A, Och L. 2011. The case for a Neoproterozoic Oxygenation Event: geochemical evidence and biological consequences. GSA Today, 21: 4 ~ 11

Shields-Zhou G A, Hill A C, Macgabhann B A. 2012. Chapter 17: The Cryogenian Period. In: Gradstein F M, Ogg J G, Schmitz M D *et al* (eds). The Geologic Time Scale 2012. Oxford: Elsevier. 399 ~ 411

Smith M P, Harper D A T. 2013. Causes of the Cambrian Explosion. Nature, 341: 1355 ~ 1356

Tahata M, Ueno Y, Ishikawa T, Sawaki Y, Murakami K, Han J, Shu D, Li Y, Guo J, Yoshida N. 2013. Carbon and oxygen isotope chemostratigraphies of the Yangtze platform, South China: Decoding temperature and environmental changes through the Ediacaran. Gondwana Research, 23 (1): 333 ~ 353

Vernhet E, Heubeck E C, Zhu M Y, Zhang J M. 2007. Stratigraphic reconstruction of the Ediacaran Yangtze platform margin (Hunan province, China) from margin-originated large-scale olistolith. Palaeogeography, Palaeoclimatology, Palaeoecology, 254: 123 ~ 139

Wang J, Li Z X. 2003. History of Neoproterozoic rift basins in South China: implications for Rodinia break-up. Precambrian Research, 122: 141 ~ 158

Wang J, Deng Q, Wang Z J, Qiu Y S, Duan T Z, Jiang X S, Yang Q X. 2013. New evidences for sedimentary attributes and timing of the "Macaoyuan conglomerates" on the northern margin of the Yangtze block in southern China. Precambrian Research, 235: 57, 58

Wang X C, Li X H, Li Z X, Li Q L, Tang G Q, Gao Y Y, Zhang Q R, Liu Y. 2012. Episodic Precambrian crust growth: evidence from U-Pb ages and Hf-O isotopes of zircon in theNanhua Basin, central South China. Precambrian Research, 222-223: 386 ~ 403

Wang X L, Shu L X, Xing G F, Zhou J C, Tang M, Shu X J, Qi L, Hu Y H. 2012. Post-orogenic extension in the eastern part of the Jiangnan orogen: Evidence from ca 800—760 Ma volcanic rocks. Precambrian Research, 222-223: 404 ~ 423

Wang Y, Zhang A M, Cawood P A, Zhang Y Z, Fan W M, Zhang G W. 2013. Geochronological and geochemical fingerprinting of an early Neoproterozoic arc-back-arc system in South China and its accretionary assembly along the margin of Rodinia. Precambrian Research, 231: 343 ~ 371

Xiao S, Yuan X, Knoll A H. 2000. Eumetazoan fossils in terminal Proterozoic phosphorites? PNAS, 97: 13684 ~ 13689

Xiao S, Zhang Y, Knoll A H. 1998. Three- dimensional preservation of algae and animal embryos in a Neoproterozoic phosphorite. Nature, 391: 553 ~ 558

Yin L, Zhu M, Knoll A H, Yuan X, Zhang J, Hu J. 2007. Doushantuo embryos preserved inside diapause egg cysts. Nature, 446: 661 ~ 663

Yuan X, Chen Z, Xiao S, Zhou C, Hua H. 2011. An early Ediacaran assemblage of macroscopic and morphologically differentiated eukaryotes. Nature, 470: 390 ~ 393

Zhang Q R, Chu X L, Bahlburg H, Feng L J, Dobrzinski N, Zhang T G. 2003 The stratigraphic architecture of the Neoproterozoic glacial rocks in "Xiang- Qian- Gui" region of the centralYangtze Block, South China. Progress in Natural Science, 13 (10): 783 ~ 787

Zhang Q R, Chu X L, Feng L J. 2011. Neoproterozoic glacial records in the Yangtze Region, China. In: Arnaud E, Halverson G P, Shileds-Zhou G (eds) . The Geological Record of Neoprterozoic Glaciations. Geological Society, London, Memoirs 36, 357 ~ 366

Zhang Q R, Li X H, Feng L J, Huang J, Song B. 2008. A new age constraint on the onset of the Neoproterozoic glaciations in the Yangtze Platform, South China. Journal of Geology. 116: 423 ~ 429

Zhang S, Jiang G, Han Y. 2008. The age of the Nantuo Formation and Nantuo glaciation in South China. Terra Nova, 20: 289 ~ 294

Zhan X L, Shu D G, Han J, Zhang Z F, Liu J N, Fu D J, 2014. Triggers for the Cambrian explosion: Hypotheses and problems. Gondwana Research, 25 (3): 896 ~ 909

Zhou C, Xiao S. 2007. Ediacaran $\delta^{13}C$ chemostratigraphy of South China. Chemical Geology, 237: 89 ~ 108

Zhou C, Tucker R, Xiao S, Peng Z, Yuan X, Chen Z. 2004. New constraints on the ages of Neoproterozoic glaciations in south China. Geology, 32: 437 ~ 440

Zhou C, Xie G, McFadden K, Xiao S, Yuan X. 2007. The diversification and extinction of Doushantuo- Pertatataka acritarchs in South China: causes and biostratigraphic significance. Geological Journal, 42: 229 ~ 262

Zhou J, Li X H, Ge W, Li Z X. 2007. Age and origin of middle Neoproterozoic mafic magmatism in southern Yangtze Block and relevance to the break-up of Rodinia. Gondwana Resarch, 12: 184 ~ 197

Zhu M, Gehling J G, Xiao S, Zhao Y, Droser M L. 2008. An eight- armed Ediacara fossil preserved in contrasting taphonomic windows from China and Australia. Geology, 36: 867 ~ 870

Zhu M, Lu M, Zhang J, Zhao F, Li G, Zhao X, Zhao M. 2013. Carbon isotope chemostratigraphy and sedimentary facies evolution of the Ediacaran Doushantuo Formation in western Hubei, South China. Precambrian Research, 225: 7 ~ 28

Zhu M, Strauss H, Shields G A. 2007a. From Snowball Earth to the Cambrian bioradiation: calibration of Ediacaran-Cambrian Earth history in South China. Palaeogeography Palaeoclimatology Palaeoecology, 254: 1 ~ 6

Zhu M, Zhang J, Yang A. 2007b. Integrated Ediacaran (Sinian) Chronostratigraphy of South China. Palaeogeography Palaeoclimatology Palaeoecology, 254: 7 ~ 61

第6章　元古宙氧化–还原分层海洋与烃源岩的生物地球化学背景

储雪蕾

（中国科学院地质与地球物理研究所，北京，100029）

摘　要：世界上最老的油气田及烃源层可以追溯到元古宇。本章围绕前寒武纪海洋的氧化–还原变化与地球早期生物演化关系的主线，探讨元古代海洋的碳循环和烃源岩形成的生物地球化学背景。本章首先介绍指示古海洋氧化–还原的几种地球化学代指标；对很有影响的元古宙“硫化海洋”假说以及相关的“生物无机桥”假说进行了述评；最后介绍由华南埃迪卡拉纪（震旦纪）古海洋研究发展起来的新假说——“氧化–还原分层的前寒武纪海洋”。元古代海洋基本上缺氧，虽然有利于有机质埋藏和保存，但初级生产力低，不利于烃源岩形成。但是，大约1.3 Ga以后真核生物复杂化和多样化开始，特别是新元古代全球性冰期，生物和环境因素的变化有利于元古宙晚期烃源岩的形成。

关键词：元古宙，烃源岩，生物地球化学，碳循环，古海洋氧化–还原

6.1　引　　言

元古宙晚期地球表生环境和表生环境下的生物世界都发生了巨大变化。人们至少知道在那个时期，地球有两次长达数百万年广泛冰冻的时期，包括赤道附近的海面都被海冰覆盖，地球历史上出现最严酷的大冰期，被广泛地称为“雪球地球”时期。第一次是斯图特冰期（Sturtian），在中国南方称为江口冰期，大概发生在720～680 Ma；较晚的一次是马里诺冰期（Marinoan），也称为南沱冰期，结束于635 Ma（Hoffmann *et al.*，2004；Condon *et al.*，2005；张启锐等，2009）。海相沉积岩的各种不同的地球化学代指标表明，元古宙的深海盆地是缺氧的，而且在大陆边缘中间深度的水体是硫化的，直至“寒武纪大爆发”前夕海底开始通风（Cloud，1968；Des Marais *et al.*，1992；Canfield and Teske，1996；Canfield，1998；Anbar and Knoll，2002；Knoll *et al.*，2004；Fike *et al.*，2006；McFadden *et al.*，2008；Scott *et al.*，2008；Dahl *et al.*，2010；Li *et al.*，2010）。新元古代晚期埃迪卡拉纪（震旦纪）才观察到第一例宏体后生动物化石，紧随其后是生物的迅速多样化，至早寒武世出现了几乎所有现代动物的类群（Knoll and Carroll，1999）。从成冰纪到埃迪卡拉纪和早寒武世，不仅发生了从微体、简单原核和真核生物，向宏体复杂多细胞藻类和后生动物进化的转变，大气、海洋化学（特别是氧化–还原性质）及C、S和N的生物地球化学循环也发生了历史性的转变。

世界上已知最古老的产油地区之一——南阿曼盐盆地（South Oman Salt Basin）的烃源层，就是新元古界至寒武系的侯格夫超群（Huqf S-Gp.）碳酸盐岩–蒸发岩序列的地层。潜在的和已经开采的前寒武纪油气田，也主要集中在新元古代和埃迪卡拉纪（震旦纪）—寒武纪过渡期。包括潜在的与新元古代冰期有关的冰成烃源岩体系，如摩洛哥和阿尔及利亚廷杜夫盆地（Tindouf）、阿尔及利亚、马里、毛里塔尼亚陶代尼盆地（Taoudenni）和利比亚昔兰尼加–苏尔特裂谷边缘（Cyrenaica-Sirte）等。此外，同期利比亚阿尔库夫拉（Al Kufrah）盆地、巴基斯坦马贾利拉盆地（Majalar）、沙特阿拉伯鲁卜哈利沙漠盆地（Rub′al）和中国四川盆地也有潜在的成烃潜力。阿曼阿布马哈拉裂谷系（Abu Mahara）最吸引人，它是在新元古代冰

期结束之后开始发育的，跨越了埃迪卡拉纪（震旦纪）—早寒武世（Cozzi and Al-Siyabi，2004）。

本章将从古海洋氧化-还原的地球化学代指标介绍起，讨论元古宙海洋的氧化-还原变化与地球早期生物演化的关系，试图进一步认识元古宙的碳循环和那一地质时期烃源岩形成的生物地球化学背景。

6.2　古海洋氧化-还原代指标

各个地质时期都含富有机质的黑色页岩，通常认为这些沉积岩形成于缺氧的水体。海洋的氧化-还原状态的划分，主要依据水体中游离的 O_2 含量，大于 2 mL/L 为氧化（oxic）、小于 0.2 mL/L 为缺氧（anoxic）、在 0.2 ~2 mL/L 的称为贫氧或次氧化（dysoxic 或 suboxic）；像黑海深部不含 O_2 而含游离 H_2S 的则称为静海（euxinic；Tyson and Pearson，1991；Tribovillard *et al.*，2006），也即是硫化的水体。实际上，除了缺氧条件，还有很多其他因素也会造成沉积物中有机质富集，包括陆源输入速率与沉积速率等。陆源输入与沉积速率都高时，既能稀释有机质，又能加强有机质保存，有利于烃源岩的形成（Müller and Suess，1979；Henrichs and Reeburgh，1987；Sageman and Lyons，2003）。海洋的初级生产力是烃源岩形成的重要因素（Pedersen and Calvert，1990），黏土矿物影响有机质的保存（Müller and Suess，1979；Henrichs and Reeburgh，1987；Sageman and Lyons，2003），缺氧的深水盆地也有利于有机质保存（Demaison and Moore，1980；Hartnett *et al.*，1998）。烃源岩的形成与深海缺氧状态有着密切关系，但是黑色页岩，包括烃源岩的形成，并不能肯定盆地的水体一定是缺氧的或是硫化的。

由于沉积物中有机质丰富与否，并不能指示海洋深水的含氧状态，也区分不开同是缺氧的水体究竟是富铁的（含有游离的 Fe^{2+} 离子），还是硫化的。人们把视线日益转向地球化学方法，通过各种沉积地球化学方法来揭示古海洋的氧化-还原状态，区分是氧化还是缺氧，是富铁还是硫化。这首先要通过对现代海洋不同氧化-还原状态下沉积物的测试，来建立一些（古）氧化-还原代指标，并且经过大量的实践检验和验证，使之具有扎实的理论基础。黑海是当代世界上最大的静海盆地，很多学者是通过黑海研究来建立或检验这些氧化-还原代指标。

目前常用的重建古海洋氧化-还原条件的地球化学方法有：① 稀土元素：尤其是 Ce（铈）异常（German and Elderfield，1990；Shields and Stille，2001）；② C/S 值：指沉积物中有机碳的碳与黄铁矿的硫之比（Berner and Raiswell，1983；Raiswell and Berner，1985，1986；Lyons and Berner 1992）；③ 微量金属元素（Calvert and Pedersen，1993；Morford and Emerson，1999；Algeo and Maynard，2004；Brumsack，2006；McManus *et al.*，2006；Tribovillard *et al.*，2006）；④ 硫同位素体系：包括硫的非质量相关分馏（Calvert *et al.*，1996；Lyons，1997）；⑤ 有机生物标志物：如绿硫细菌、紫硫细菌的生物标志物（Sinninghe Damsté *et al.*，1993；Koopmans *et al.*，1996；Sinninghe Damsté and Schouten，2006）；⑥铁组分：包括早期的黄铁矿化度（Raiswell *et al.*，1988；Poulton and Canfield，2005）；⑦非传统同位素体系：包括 Fe 和 Mo 的同位素（Arnold *et al.*，2004；Rouxel *et al.*，2005；Pearce *et al.*，2008；Severmann *et al.*，2008；Johnson *et al.*，2008）。对所分析的对象每种方法都有要求，所获代指标能够从各自方面指示沉积水体的氧化-还原性质，不过各自也都存在局限性。

6.2.1　铁　组　分

铁组分是目前广泛采用的判别氧化-缺氧，还是硫化古海洋环境的重要手段，不仅适用于显生宙，也适用前寒武纪的古海洋环境研究，特别是用于区分究竟是含游离的 Fe^{2+}，还是 H_2S 的缺氧水体。这项研究是从黄铁矿化度（Dgree of Pyrisation，DOP）开始的（Berner，1970）。Berner（1970）定义 DOP 为

$$\mathrm{DOP}=\frac{\text{黄铁矿 Fe}}{\text{黄铁矿 Fe+HCl 可溶 Fe}} \tag{1}$$

式中，黄铁矿 Fe 是指 HCl 可溶 Fe，将沉积物与浓盐酸反应两分钟（前一分钟加热至盐酸沸腾，后一分钟保持沸腾），测定进入溶液的 Fe 量。这部分 Fe 包含原沉积物中赤铁矿、针铁矿、绿泥石和碳酸盐矿物的铁，是可能潜在形成黄铁矿的铁。

Raiswell 等（1988）研究侏罗纪、白垩纪和泥盆纪时期有氧的、局限的和恶劣底水的沉积盆地中黄铁矿化度 DOP 值的分布，发现正常有氧的 DOP<0.45，局限盆地 DOP 处于 0.45 ~0.8，而恶劣底水的 DOP 仅为 0.55 ~0.93。因此，DOP 能够区分缺氧与含氧的水体，但难限定硫化的水体，因为其间有相当部分重叠。据统计，90% 的 DOP 值属于大于 0.75 的沉积物样品，均来自硫化和恶劣环境（Raiswell *et al.*，1988）。

黑海研究建立了盆地深水硫化环境下 Fe 的沉积机制（Canfield *et al.*，1996）。陆源碎屑携带的 Fe，与生成黄铁矿所消耗的 Fe 不匹配，水体中微小草莓状黄铁矿的生成提高了 DOP 值，也提高了 Fe_{HR}/Fe_T 和 Fe_T/Al 的值（Raiswell and Canfield，1998；Lyons and Severmann，2006）。Fe_T 为沉积物中总铁的量；Fe_{HR} 为高反应铁的量，所谓高反应铁系指能够反应或相互转换的铁，包括黄铁矿中的铁。此外，还有一部分铁在硅酸盐矿物中，很稳定，不参加化学反应。这意味着铁能够从浅部氧化的陆架，逐渐向盆地缺氧的深部迁移，在硫化的水体或水-岩界面下形成黄铁矿，几乎被定量地消耗掉，造成铁的相对富集（Wijsman *et al.*，2001；Anderson and Raiswell，2004；Raiswell and Anderson，2005）。硫化水体中同生黄铁矿的形成提高了 Fe_{HR}/Fe_T、Fe_T/Al 和 DOP 值，这些代指标也能够用来指示沉积环境，通常氧化和次氧化条件下沉积物的 Fe_T/Al 值在 0.5 ~0.6，超过此范围则被判别为缺氧环境（Lyons and Severmann，2006；Poulton *et al.*，2010）。但是，仅凭 Fe_T/Al 值也不能区分富铁与硫化的环境。

如果水体已经含 H_2S，由于 H_2S 具有特别低的溶解度，优先与高反应铁 Fe_{HR} 形成黄铁矿，则造成黄铁矿 Fe 在沉积物的总铁 Fe_T 中占绝对优势。结合利用 Fe_{HR}/Fe_T 来判别海水是否缺氧，就形成了目前广泛使用的铁组分判别图（图 6.1；Poulton and Canfield，2005；Li *et al.*，2010；Poulton and Canfield 2011）。Poulton 和 Canfield（2005）考虑到沉积岩中铁的各种可能存在形式及生物或沉积地球化学反应，建立了一套新的连续提取各种铁组分的实验方法，使之得以实现。各种氧化-还原环境下，能够相互转变的沉积物中高反应铁基本以四种形式存在：① 碳酸盐矿物（Fe_{carb}，如菱铁矿、铁白云石）；② 氧化物和氢氧化物（Fe_{ox}，如水铁矿、纤铁矿、针铁矿、赤铁矿）；③ 磁铁矿（Fe_{mag}）；和④ 硫化物（Fe_{py}，黄铁矿）。因此，沉积岩中高反应铁总量等于这四种形式铁的总合，即 $Fe_{HR}=Fe_{carb}+Fe_{ox}+Fe_{mag}+Fe_{py}$。对现代海洋（Raiswell and Canfield，1998）和显生宙海洋（Poulton and Raiswell，2002）的研究证实，在正常海洋的氧化水体中，沉积物或沉积岩的 Fe_{HR}/Fe_T 值不超过 0.38；前寒武纪的沉积岩经历过热演化，这个阀值约为 0.15（Raiswell *et al.*，2008；Li *et al.*，2010）。黑海的观测给出了游离 Fe^{2+} 存在的 Fe_{py}/Fe_{HR} 值上线为 0.8（Anderson and Raiswell，2004），即超过 0.8 为硫化的水体。考虑到测定 Fe_{HR} 方法的改进和新的显生宙研究成果，采用 0.7 来区分富铁还是硫化的水体可能更适合（März *et al.*，2008；Poulton and Canfield，2011）。

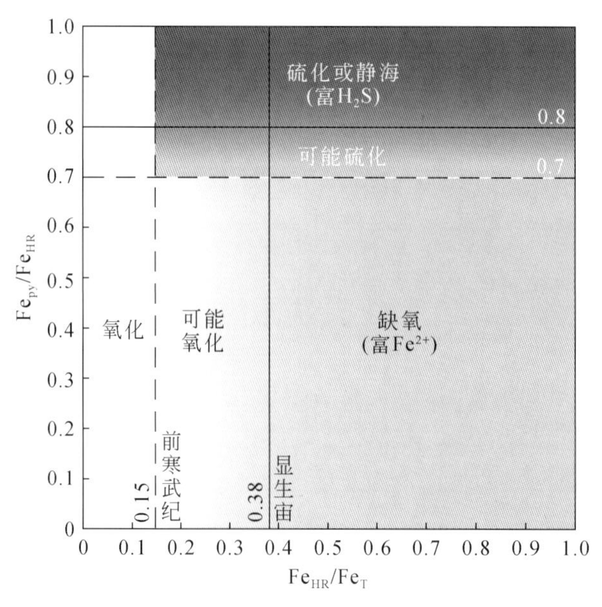

图 6.1　判别古海洋氧化-还原的 Fe_{py}/Fe_{HR} 对 Fe_{HR}/Fe_T 图

参考 Li *et al.*，2010；Poulton and Canfield，2011 图绘制

6.2.2 硫同位素

沉积黄铁矿的形成，是在缺氧条件下细菌（硫酸盐还原菌）将海水或孔隙水中溶解的硫酸盐还原为H_2S，所生成的H_2S优先与含铁矿物作用，最终形成黄铁矿。在这个过程中有机质（细菌）提供了能量并被氧化，而海洋中溶解的硫酸盐被还原为H_2S，所以在陆源硫酸盐输入有保障的情况下，缺氧的元古代海洋能够在近海普遍存在不同发育程度的硫化楔。细菌还原产生的H_2S或黄铁矿相对于反应物硫酸盐（SO_4^{2-}）更富集硫的轻同位素（^{32}S），而反应物相应地富集重的同位素（^{34}S）（Canfield，2001）。

除了细菌硫酸盐还原反应（Bacterial Sulfate Reduction，BSR）能够造成在产物H_2S或黄铁矿中相对富集^{32}S外，物源区的属性和其他细菌代谢途径，如硫的歧化作用（Canfield and Thamdrup，1994），也会造成明显的硫同位素分馏。前者取决于水体的硫酸盐体系封闭与否，即能否得到及时的硫酸盐补给。对于一个封闭的水体硫酸盐体系来讲，随着细菌还原作用对硫酸盐的消耗，水体中硫酸盐浓度会逐步降低，残余的硫酸盐会越来越富集^{34}S。因此，一方面，在封闭的硫酸盐体系中，晚期生成的硫化物比早期生成物更富集^{34}S，以致很晚期生成硫化物的硫同位素组成，甚至会超过当初海水硫酸盐的硫同位素组成，这就是常说的瑞利分馏过程。另一方面，硫酸盐还原产生的H_2S被氧化为元素硫（S^0），基本不发生同位素分馏，S^0的细菌歧化作用可以造成生成的硫酸盐富集^{34}S，分馏达12.6‰～15.3‰，而生成的H_2S则亏损^{34}S，分馏为7.3‰～8.6‰（Canfield and Thamdrup，1994）。只要不是极度缺氧，还原产生的H_2S又会被氧化，通过中间产物最后形成硫酸盐（Jørgensen，1990），包括亚硫酸盐（SO_3^{2-}）、元素硫（S^0）和硫代硫酸盐（$S_2O_3^{2-}$；Troelsen and Jørgensen，1982；Thamdrup *et al.*，1994）。此外，细菌硫酸盐还原产生的硫同位素分馏，还与水体中硫酸盐的浓度有关，当硫酸盐浓度大于1 mM时产生的同位素分馏在3‰～46‰，而小于1 mM时分馏受到显著的抑制会很小（Canfield and Teske，1996）。

图6.2为Canfield（2001）修改后的地球35亿年以来海相沉积的硫化物与海水的硫同位素组成，太古宙硫化物的$\delta^{34}S$都在地幔值的0附近，一般变化幅度在10‰以内，与海水分馏不到15‰，表明大气氧含量也很低，导致海水硫酸盐浓度很低。23亿年前一次明显增加，使硫酸盐浓度达到大约1 mM，之后硫同位素分馏增大，表明海水硫酸盐浓度超过1 mM。直到到7亿～8亿年前，分馏值才首次超过46‰，意味元素硫歧化作用发生，这是大气氧增加的结果（Canfield，2001）。沉积的碳酸盐岩矿物晶格中的硫酸盐，又称碳酸盐岩相关的硫酸盐（Carbonate-Associated Sulfate，CAS），硫能够反映沉积时海水中硫酸根的硫，Li等（2010）和Shen等（2011）对扬子和新疆埃迪卡拉纪（震旦纪）底界盖帽白云岩及陡山沱早期沉积物的碳酸盐岩晶格硫酸盐和黄铁矿的硫同位素研究表明它们之间的分馏近乎为零，因此限定南沱冰期之后海水的硫酸盐浓度曾小于1 mM。

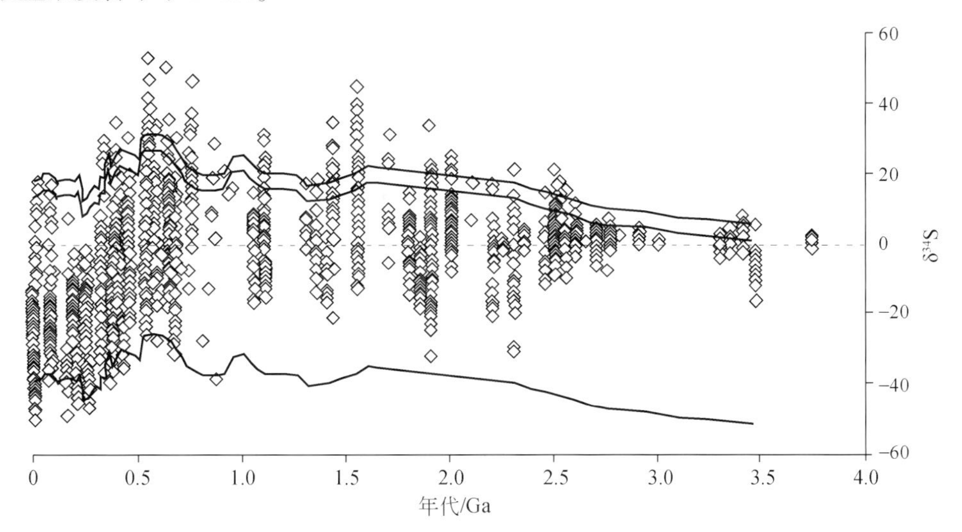

图6.2 地质时期海相沉积的硫化物与海水的硫同位素组成（据Canfield，2001）

6.2.3　钼同位素

Mo是现代海水中最丰富的过渡族金属元素，主要以MoO_4^{2-}溶解的形式存在于海水中（Emerson and Huested，1991；Morford and Emerson，1999）。当有游离的硫化氢存在（$H_2S>100$ μM），MoO_4^{2-}中的氧会逐个被取代，变为活性带电荷的$MoO_xS_{4-x}^{2-}$离子（Helz *et al.*，1996；Erickson and Helz，2000），易被硫化物或有机质捕获，或与它们反应（Helz *et al.*，1996；Erickson and Helz，2000；Tribovillard *et al.*，2004）。在现代的静海和显生宙沉积的黑色页岩中Mo往往富集，含量可达几十到几百ppm①，远高于地壳的平均值（1～2 ppm），与沉积物中总有机碳含量（TOC）呈正相关关系。硫化的水体中有机质与硫化物捕获沉降是海洋中Mo最主要的汇，所以黑色页岩中高的Mo含量或大范围变化都是判断硫化条件的重要依据（Lyons *et al.*，2009）。

在硫化的水体中Mo随有机质和硫化物沉淀埋藏，几乎定量地从溶液中清除（Erickson and Helz，2000）。Mo/TOC值能够反映盆地开放或局限的程度（Algeo and Lyons，2006），也能够反映地球大气圈氧气含量和海洋的氧化-还原状态变化（图6.3；Scott *et al.*，2008；Lyons *et al.*，2009）。从图6.3来看，全球海相黑页岩的Mo/TOC值大致有两次提升，第一次发生在23亿年前后，与第一次“大氧化事件”（Great Oxidation Event，GOE）关系密切，在GOE发生之后，大气氧水平上升到一个新的高度；第二次发生在埃迪卡拉纪（震旦纪）中期（大约5.8亿年前），与第二次大气氧升高、深海氧化和后生动物出现大致吻合。由于选取的黑色页岩都必须DOP≥0.45，表明它们基本上都是在硫化水体中沉积的，随着有机质和硫化物的沉淀，Mo被全部清除。图6.3中大约23亿年前的低Mo/TOC值，反映太古宙大气氧含量非常低，大陆化学风化很弱，输入海洋的Mo很有限。随着“大氧化事件”（GOE）的发生和流入海洋的Mo通量增加，Mo输入通量变成次要控制因素，海洋的氧化-还原状态成为主要控制因素。如果深海氧化，像今天那样硫化的海洋仅限于黑海、赤道附近的阿拉伯海、东太平洋沿岸的上升洋流区，分布非常有限。但在元古宙无论是Canfield（1998）主张的“硫化海洋”，还是最近提出的“分层海洋”（深海缺氧富铁；Li *et al.*，2010；Poulton and Canfield，2011），硫化的水体所占面积比例都远比显生宙大得多。因此，Scott等（2008）认为，埃迪卡拉纪时期显现的Mo/TOC值升高，可能是大气氧升高和深海氧化的结果。

同样，Mo同位素也是示踪古海洋氧化-还原的代指标（Anbar，2004；Anbar and Rouxel，2007）。这取决于：① 在氧化条件下，钼酸根被吸附在铁锰矿物上共沉淀时，二者之间的同位素分馏值；② 铁锰氧化物带出Mo的量；③ 缺氧条件下硫的不完全取代产生的同位素分馏（Lyons *et al.*，2009）。因此，根据沉积盆地性质（开放还是局限、缺氧还是硫化等）和其沉积物的Mo同位素组成，通过质量平衡计算方法，可估计全球古海洋的氧化-还原状态，即古海洋氧化-还原的代指标。

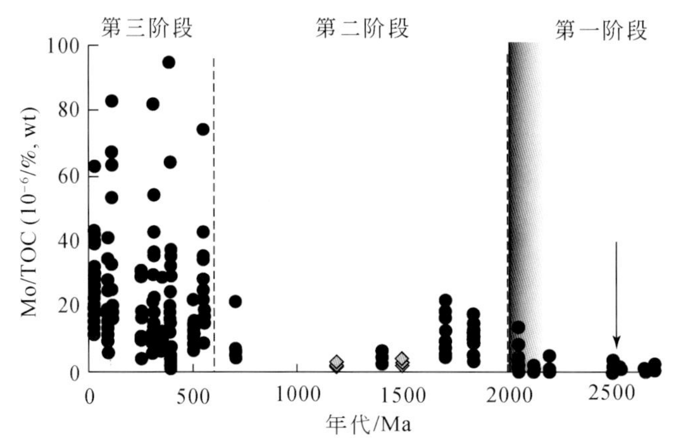

图6.3　地质时期黑色页岩的Mo/TOC值分布图（据Scott *et al.*，2008）

① $1ppm=1\times10^{-6}$。

Zheng等（2000）研究美国圣巴巴拉盆地（Santa Barbara）沉积物孔隙水中Mo含量与硫化物关系，以及Tossell（2005）的量子化学计算都表明，只有硫化氢总浓度超过100 μM时Mo全部定量地转变为MoS_4^{2-}，从理论上讲这样条件下沉积物的Mo同位素组成才与海水相当。与此一致，黑海的研究表明盆地深部沉积物的Mo同位素值等于海水，那里深度硫化，硫化氢总浓度超过400 μM（Barling *et al.*，2001；Arnold *et al.*，2004），但硫化水体上部沉积的沉积物Mo同位素组成偏离海水（Neubert *et al.*，2008），表明没有完全转化为MoS_4^{2-}。

6.2.4　氧化-还原敏感元素

一些微量金属元素存在着多种价态，它们的溶解度明显受沉积环境的氧化-还原状态控制，从而导致向还原性的水体和沉积物迁移而自生富集，因此称之为氧化-还原敏感元素（François，1988；Russell and Morford，2001）。目前常用的氧化-还原敏感元素包括U、V、Mo、Ni、Cu等。U在氧化的海水中呈+6价的铀酰离基与碳酸根离子结合，形成$[UO_2(CO_3)_3]^{4-}$离子稳定存在于水中。在还原水体中，+6价的U被还原为+4价和有机质形成有机金属配位体或沥青铀矿吸附在沉积物上一起沉淀（Algeo and Maynard，2004）。缺氧盆地、富含有机质的大陆架和大陆斜坡是自生U主要的沉积区（Klinkhammer and Palmer，1991；常华进等，2009）。

在氧化水体中，+5价V以稳定的钒酸根HVO_4^{2-}和$H_2VO_4^-$的形式存在，容易被Fe、Mn氢氧化物（Calvert and Piper，1984；Wehrly and Stumm，1989）和高岭石吸附（Breit and Wanty，1991）。在还原条件下，V先从+5价还原为+4并形成VO^{2+}、$VO(OH)_3^-$及不溶的$VO(OH)_2$，形成有机金属配位体，或被沉积物吸附沉淀（Emerson and Huested，1991；Morford and Emerson，1999）。在强还原（如硫化）的环境下，V转变为+3价，被周围的卟啉捕获或以V_2O_3、$V(OH)_3$形式沉淀（Breit and Wanty，1991；Wanty and Goldhaber，1992）。

Mo以MoO_4^{2-}形式存在于海水中（Broecker and Peng，1982）。在氧化条件下很容易被Mn的氢氧化物捕获而共沉淀（Bertine and Turekian，1973；Calvert and Pedersen，1993；Crusius *et al.*，1996；Erickson and Helz，2000；Zheng *et al.*，2000），进入还原环境又被释放出来（Crusius *et al.*，1996）。在硫化水体中，Mo是以硫化物形式沉淀，从水体中清除，是通过有机质的作用逐步取代钼酸根的氧来实现的（Helz *et al.*，1996；Erickson and Helz，2000）。

根据常见的U、V、Mo、Cu和Ni的地球化学性质差异（图6.4）能够大致区分氧化-次氧化、缺氧还是硫化。如果沉积物中U、V、Mo、Cu和Ni的含量，基本上与地壳或页岩平均值相当，可能是氧化或次氧化环境沉积。有机碳含量（TOC）较高，U、V、Mo、Cu含量也明显高于地壳或页岩平均值，且它们之间呈现较好的相关性，指示为缺氧水体中沉积的。只有当有机碳含量高，且U、V和Mo相对富集程度明显高于Cu、Ni时，才指示是硫化的水体。

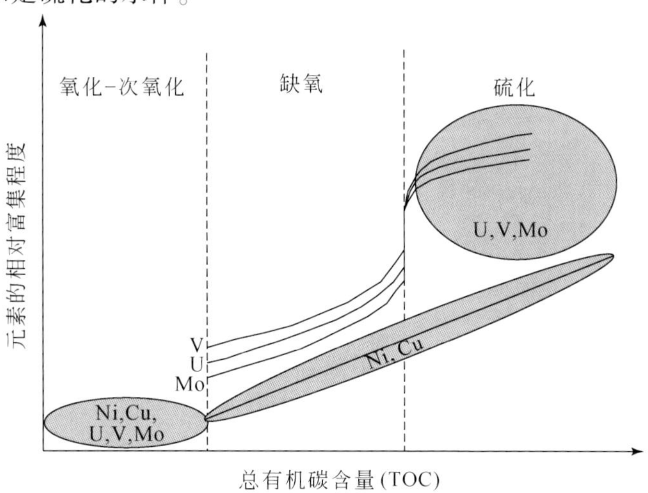

图6.4　微量金属元素（U、V、Mo、Cu和Ni）相对富集程度与TOC相关图
（据Tribovillard *et al.*，2006；常华进等，2009）

沉积岩中微量元素的富集与亏损，也可以作为判别古海洋氧化-还原的代指标，通常用地壳或页岩中的平均含量作为参照标准（McLennan，2001）。若沉积岩中某元素含量比地壳或页岩平均值高，表明该元素富集，反之则亏损。沉积岩物质成分变化大，仅根据高于或低于地壳或页岩平均值，认定微量元素富集或亏损会产生偏差，例如一些生物成因的碳酸盐岩和蛋白石等矿物可能会起稀释作用。为了消除这种影响，可以通过 Al 或 Ti、Th、Zr 标准化后的富集系数（Enrichment Factors，EF）来表征（Brumsack，1989；Calvert and Pedersen，1993；Morford and Emerson，1999；Piper and Perkins，2004）。某一微量元素的富集系数（EF）可表示为 $EF_{元素X}=(X/Al)_{样品}/(X/Al)_{平均页岩}$。如果富集系数大于 1，则表明该元素富集，反之则亏损。

6.3 元古宙古海洋的氧化-还原

古元古代初期发生的“大氧化事件（Great Oxidation Event，GOE）”使地球从贫氧的世界转变为具有一定的氧气，直接证据来自硫的非质量同位素分馏的消失（Farquhar and Wing，2003）。据 Rye 和 Holland（1998）的古土壤研究，估计 2.2 Ga 以后，大气中 O_2 含量超过 1% PAL（现在大气含量）。元古宙大气氧如何增加？海洋如何响应？尤其是到大约 6 亿年后生动物诞生之前又有一次氧的增加（Des Marais *et al.*，1992；Campbell and Allen，2008），古海洋沉积物可能记录这些变化。

传统的模式把 1.8 Ga 之后，全球的条带状含铁建造（Banded Iron Formation，BIF）的消失，解释为深海的氧化，随着海水中 Fe^{2+} 离子被氧化成+3 价不溶的 Fe 氢氧化物沉淀，以后的海洋沉积物中，铁的含量大大降低（Holland，2006）。Berry 和 Wilde（1978）就曾提出海洋的“逐步通风”造成条带状含铁建造在大约 18 亿年前消失，此前的深海可能一直持续缺氧。直到 1998 年，Canfield（1998）提出了“硫化（euxinic 或 sulfidic）海洋”的假说，即游离 H_2S 的存在，使深海依然处于非常缺氧的状态，这种状态持续长达 10 亿年之久，直到新元古代发生了第二次大气氧增加，深海才逐渐氧化。

6.3.1 “硫化海洋”假说

所谓“硫化海洋”又称“Canfield 海”，是指水体中含有游离 H_2S 的海洋，像现代的黑海。硫化的海洋必然是缺氧的，但是缺氧的海洋不一定是硫化的。太古宙和古元古代的海洋是缺氧的，由于水体中富含 Fe^{2+} 离子，就不可能有游离的 H_2S，它们是富铁的或含铁的。条带状含铁建造（BIF）的消失和硫化海洋的生成，被认为是大气氧增加及深海长期缺氧的共同结果（Canfield，1998；Lyons，2008）。大气氧升高后，海洋表层初级生产力增加，沉降、降解的有机质数量也增多，从而消耗掉向深海扩散的氧，导致深海继续缺氧。另一方面，大陆岩石中硫化物矿物被氧化，通过岩石风化经河流排放到海洋中硫酸盐（SO_4^{2-}）的数量从少到多。太古宙海水中硫酸盐含量很低，限制了细菌硫酸盐还原（BSR）的速度。发生在 2.4 Ga 的第一次大气氧升高，使深海溶解的硫酸盐浓度增加，有机质埋藏量也增加，从而导致硫酸盐还原速度加快，生成的 H_2S 量不断增加。一旦细菌硫酸盐还原速度超过高化学反应铁的补给速度，这些铁全部与 H_2S 反应生成黄铁矿沉淀，最终形成存在着游离 H_2S 的硫化海洋（Canfield，1998；Lyons，2008）。

硫化海洋的一个关键问题是大氧化事件（GOE）之后，输入到海洋的硫酸盐必须显著增加，这已经被硫同位素的证据所证实（Canfield，1998；Shen *et al.*，2001）。Cameron（1982）、Hayes 等（1992）已经发现，GOE 前后沉积黄铁矿的硫同位素有明显变化。Canfield（1998）根据元古宙沉积硫化物的 $\delta^{34}S$ 值分布变宽，偏离地幔的 0‰，普遍亏损 ^{34}S，而且与同时代海水的硫同位素分馏大于 15‰，推断 GOE 后输入到海洋的硫酸盐量显著增加。海洋中的硫酸盐是暴露在陆地的硫化物，被氧化风化并通过河流搬运到海洋的，大气氧的增加导致输入海洋的硫酸盐量增加，所以产生了硫化海洋。

加拿大苏必利尔克拉通（Superior）的阿尼米基盆地（Animikie）条带状含铁建造和上覆的罗维组（Rove Fm.）页岩的铁组分研究支持“硫化海洋”的假说（Poulton *et al.*，2004）。在地层剖面上，Poulton 等（2004）发现，从富高反应铁且贫黄铁矿（$Fe_{HR}/Fe_T \geq 0.5$ 和 Fe_{py}/Fe_{HR} 近于 0）的冈弗林特组

(Gunflint Fm.) 到罗沃组 (Rove Fm.) 上部的富 Fe_{HR}且这些高反应铁几乎全是黄铁矿 ($Fe_{Py}/Fe_{HR} \geq 0.8$) 的转变，就发生在 1.84 Ga。他们认为这是从富铁的海洋 (富 Fe^{2+}离子，非常贫 H_2S)，转变为硫化的海洋，BIF 消失之后的 1.84 Ga 正是这转折的地质年龄。硫化海洋的证据还来自有机生物标志物 (Brocks *et al.*, 2005)。Brocks 等 (2005) 在澳大利亚麦克阿瑟盆地 (McArthur) 的大约 1.64 Ga 的巴尼克里克组 (Barney Creek Fm.) 黑色页岩中，检测到绿硫菌和紫硫菌的生物标志物，证明那一时期盆地的海水是硫化，甚至透光带的水体都是硫化的。因为绿硫菌和紫硫菌是光养细菌，在缺氧的条件下它们利用光能氧化 H_2S。此外，海底喷流 (Sedex) 型的 Pb-Zn 硫化物矿床，开始出现在 BIF 消失的 1.8 Ga，时间也与硫化海洋吻合 (Lyons *et al.*, 2006)。

另一方面，中元古代沉积物和沉积矿床中黄铁矿往往富^{34}S (Canfield, 1998, Shen *et al.*, 2003, Lyons *et al.*, 2006)，从快速变化的硫同位素推算，那时海水硫酸盐浓度不会高。Shen 等 (2003) 通过对澳大利亚中元古代 (1.5 ~ 1.4 Ga) 的罗珀 (Roper) 盆地页岩的铁组分分析表明，那一时期的表层氧化海水之下是缺氧的，页岩中黄铁矿的硫同位素数据沿深度梯度呈强烈变化，提出中元古代海水硫酸盐浓度是低的。只有海洋中硫酸盐含量低、居留时间短，海洋输入和输出的硫量及同位素组成才会更敏感、易变。中元古代缺乏蒸发岩和白云岩发育，也表明海水硫酸盐浓度低 (Kah *et al.*, 2004)。现代海水的硫酸盐浓度大约为 28 mM，直到 1.3 Ga 海水硫酸盐的浓度还低于 2 mM (Kah *et al.*, 2004)。这可能是，第一次大气氧的增加导致可观数量的硫酸盐进入缺氧富铁的深海，BSR 作用产生的 H_2S 造成大量黄铁矿在深海形成和埋藏，最后随洋壳俯冲，如此没收的硫酸盐限制后来的硫循环，即阻止其进入风化重新回到海洋的再循环，因此到中元古代海洋保持低的硫酸盐水平 (Canfield, 2004)。这也与广泛的硫化海洋是吻合的。

6.3.2 "生物无机桥"假说

Anbar 和 Knoll (2002) 提出，真核细胞演化和真核生物的多样性，与元古代古海洋的氧化-还原环境有着密切联系。他们认为，持续的全球海洋硫化，可能损失生物必需的营养物，特别是 Mo 和 Fe。Mo、Fe 和其他氧化-还原敏感的金属元素都是重要的固氮酶，可将 N_2还原成生物可利用的氨 (Fraústo da Silva and Williams, 1991; Zerkle *et al.*, 2006) 和无机氮同化酶，有助于生物吸收 NO_3^-和 NO_2^- (Milligan and Harrison, 2000)。实际上这些金属是各种生物固氮酶和同化酶活性部分的重要组成 (Saito *et al.*, 2003; Dupont *et al.*, 2006; Buick, 2007; Anbar, 2008; Morel, 2008; Pecoits *et al.*, 2008)。这种联系可能是硫化条件对海洋中生物所必需的氧化-还原敏感金属元素的影响。因此，这些金属元素将古海洋的氧化-还原条件，与可为生物使用的 N 联系起来，即生物的固氮作用。在缺氧的太古宙海洋中 Fe 浓度可以高达 50 μM (Holland, 1973)，而在现代氧化的海洋和硫化的黑海深部，Fe 的浓度要低三个数量级 (Lewis and Landing, 1991; Wu *et al.*, 2001)。从太古宙到中元古代，无论深海变得更氧化还是硫化，可使用的 Fe 确实都减少了。在 H_2S 存在下，Mo 很容易被还原为不可溶的硫化物或转变为硫代钼酸盐 (MoS_4^{2-}) 活动的微粒进入沉积物。因此，地质历史上中元古代可能是海洋唯一同时缺 Fe、Mo 及其他生物必需的金属元素的时代 (Anbar and Knoll, 2002)。

已知的固氮金属酶体系都需要 Fe。但是 Mo 有着特别重要的作用，如 MoFe-固氮酶还原 N_2特别活泼，比 Fe-固氮酶更有效 (Eady, 1996)，在 30°C 时是 VFe-固氮酶效率的 1.5 倍 (Miller and Eady, 1988)。同时，Mo 作为钼蝶呤辅因子的一部分，被发现于硝酸还原酶中，是生物同化吸收 NO_3^-和用 NO_3^-呼吸，即反硝化作用所必需的 (Hille, 1996; Kroneck and Abt, 2002)。此外，氧化氨 (硝化作用) 的化能自养生物，利用亚硝酸的氧化酶也以 Mo 为媒介 (Kroneck and Abt, 2002)。可见海洋中 Fe 和 Mo 的供给，在生物圈 N 循环中占有重要地位，直接影响生物可利用的 N 的供给和利用。

在富铁的太古宙和古元古代海洋，Fe-固氮酶控制着生物固氮，MoFe-固氮酶可能并不重要，因为在极为贫氧的大气下，通过风化进入海洋的 Mo 很少。在海洋表面氧化之前，硝化和反硝化都是次要的 (Falkowski, 1997)。固定的 N 以铵离子 (NH_4^+) 形式相对富集，主要通过有机 N 埋藏在沉积物中，或是作为 NH_3挥发进入大气。那个时期磷酸盐可能是营养限制因素。大约 1.8 Ga 之后情况改变了，全球 N_2固定的速度不升反降了，因为硫化的海洋中 Fe 减少，Mo 也少了，限制了更有效的 MoFe-固氮酶。与此同时，上升的 PO_2 导致全球海洋表面生物的硝化和反硝化作用增强，使表面水体中的 NH_4^+ 转变为 NO_3^-、NO_2^-、N_2 和 N_2O。虽然 NO_3^- 和 NO_2^- 是固 N 生物可利用的形式，但 Mo 以及 Fe 缺乏使各种硝酸盐还原酶受限。此外，生成的 N_2 和 N_2O 从海洋中逃逸，表面海水中 NH_4^+ 浓度也会下降。因此，中元古代海洋整体较低的生产量是与生物可利用的 N 紧张、微量营养元素（如 Zn、Cd）的缺乏是吻合的（Anbar and Knoll, 2002）。

元古宙的“硫化海洋”假说之所以受到普遍支持和关注，在于它成功地解释了为什么需氧的真核生物进化长期停滞，直到新元古代“雪球地球”结束，才出现多细胞真核生物的多样化（Anbar and Knoll, 2002）。

6.3.3　深海氧化与真核生物辐射

新元古代（1.0～0.54 Ga）是整个地球系统发生重大转变的时期。发生在大约 8 亿～6 亿年前的两次全球性冰期（又称“雪球地球”时期）不仅改变了大气、海洋以及陆地的环境，也使多细胞真核生物的演化步入快车道（Canfield and Teske, 1996；Canfield, 1998；Anbar and Knoll, 2002；Bowring *et al.*, 1993；陈均远等，1996；袁训来等，2002；Fedonkin, 2003；Chen *et al.*, 2004）。

新元古代“雪球地球”消除了阻碍简单细胞生物向大型动物演化的“发育障碍”，环境的变化最终促进了物种演化、生物创新和生物迁移（Erwin, 1999）。“雪球地球”造成生物的生境压迫，特别对真核生物压力巨大，一些生物可能在冰期灭绝，而另一些生物本身的遗传物质可能发生质的变化，再加上广泛分布的冰川导致生物在地理上的隔离，冰期之后温暖浅海中可能存在多样化的生境，这些都是冰期之后生物多样性产生的重要原因（Knoll, 1994；Hoffman *et al.*, 1998；Chandler and Sohl, 2000；Hyde *et al.*, 2000；Hoffman and Schrag, 2002）。同时，“雪球地球”之后强烈的风化，造成大量陆源物质伴随着淡水注入海洋，使得在一个较短的时间内浅海海域可能形成一个温暖、低盐、富营养的环境，有利于浮游藻类繁盛（Hoffman, 1999；Hoffman and Schrag, 2000）。伴随着有机物质的快速埋藏和成岩作用，有机碳以黑色页岩的形式进入岩石圈，浮游低等藻类产生的氧气必定呈游离态大量进入大气圈，从而使大气中的氧含量在较短期又一次明显的升高，海洋深部由硫化转变为氧化的水体（Canfield and Teske, 1996；Canfield, 1998；Anbar and Knoll, 2002）。新元古代末期深海的氧化和固氮酶必需的微量金属 Mo、Cu 供给量的增加，都促进了整个海洋中多细胞真核生物的大发展。由于真核生物缺乏生物固 N_2 的能力，在营养受限制的条件下真核藻类难以与蓝细菌竞争，只有当周围可利用的 N 超过直接代谢的需要时，真核藻类才具有很强的竞争力（Anbar and Knoll, 2002）。此外，上涌洋流将较深海的富磷的海水带到了温暖富氧的浅海，对藻类（包括底栖多细胞藻类）的再度繁盛非常有利，也给后生动物的发展以及动物磷质骨骼的形成带来了契机（Xiao *et al.*, 1998a；袁训来等，2002；周传明等，2002）。而大约 5.2 亿年前，代表后生动物辐射的“寒武纪（生物）大爆发”也是全球深海逐步氧化的必然结果。

6.4　氧化-还原分层的前寒武纪海洋

一些地球化学和稳定同位素证据表明，在新元古代埃迪卡拉纪（震旦纪）晚期，全球的海洋已经达到充分氧化（Fike *et al.*, 2006；Canfield *et al.*, 2007；Scott *et al.*, 2008）。但是，另一些研究则提供了深水缺氧的看似矛盾的证据（Canfield *et al.*, 2008；Shen *et al.*, 2008），而且缺氧富铁（水体含有游离 Fe^{2+} 离子）的状况持续到寒武纪（Canfield *et al.*, 2008）。对宜昌三峡地区九龙湾剖面埃迪卡拉系陡山沱组碳和硫同位素的研究也表明，埃迪卡拉纪海洋曾经历了多阶段的“脉冲”式氧化，但是直到 551 Ma 深海仍是缺氧的（McFadden *et al.*, 2008）。

早在 2005 年，Shen 等（2005）就提出，新元古代冰期后，海洋的碳同位素的分层现象。他们发现从陆架到盆地深部，覆盖在中国南方南沱组冰成杂砾岩之上的盖帽白云岩的 $\delta^{13}C$ 值存在着大约 3‰的梯度变化，表明从浅海到深海海水化学组成的差异，从而提出“分层”海水的认识。Jiang 等（2007）对扬子地区埃迪卡拉系（震旦系）地层的碳同位素研究表明，台地与斜坡-盆地之间的 $\delta^{13}C$ 值相差大于10‰，也意味着埃迪卡拉纪海洋存在大的 $\delta^{13}C$ 变化梯度。这可能是由于长期的硫酸盐还原作用，使缺氧的深海保持有大的溶解有机碳（Dissolved Organic Carbon，DOC）库（Jiang *et al.*，2007）。此外，无论是“雪球地球”时期硫酸盐输入中止，还是冰期大量黄铁矿沉积，都难解释为什么新元古代冰期之后大气氧升高了，而表面海硫酸盐却短缺的现象。埃迪卡拉纪蒸发岩的出现和硫同位素分馏的数据都不支持这一时期海水的低硫酸盐浓度。越来越多的证据表明，这一时期的海洋可能是存在严重的滞留和分层，即含氧的、缺氧的（富铁的，甚至硫化的）水体，可能同时存在于不同深度的海洋或海域，完全不同于现代的开放大洋。

6.4.1 氧化-还原分层的埃迪卡拉纪（震旦纪）海洋

通过对扬子地区广泛分布的埃迪卡拉系陡山沱组黑色页岩的铁组分等研究，Li等（2010）提出“氧化-还原分层的埃迪卡拉纪海洋”模型。所研究的九龙湾（湖北宜昌）、中岭（湖南石门）、民乐（湖南花垣）和龙额（贵州黎平）四个剖面，分别代表由浅海陆架到深水斜坡、盆地相沉积，反映不同沉积相和水深的水体氧化-还原状态。根据这四个剖面页岩的铁组分（Fe_{HR}/Fe_T和Fe_{py}/Fe_{HR}）数据，能够判定它们沉积时水体的氧化-还原（氧化、硫化，还是铁化）状态［图6.5(a)］。图6.5(a)所显示的四个剖面数据是分散的，不在一个区域或端元，反映不同建造、不同时期的海水的氧化-还原状态是不同的，且随着时间变化。因此，没有理由认为埃迪卡拉纪海水是基本均匀的。为了探讨其变化规律，Li等（2010）根据Fe_{py}/Fe_{HR}对Al（%wt）数据的变化趋势，推断其离岸的远近［图6.5(b)］，从而获得氧化的、硫化的和富铁的水体在盆地的空间展布和变化。几乎所有内陆架的样品都显示随着Al的增加，Fe_{py}/Fe_{HR}也增加［图6.5(b)］，指示海平面高（离岸更远），水体普遍更硫化；而绝大部分远岸剖面的样品则呈相反的变化，且无论有机碳含量怎样，当Al含量高于1%（重量）时，Fe_{py}/Fe_{HR}值都是低的，指示深海基本上是富铁的且硫酸盐受限的海水。

将上述认识结合起来就形成了如图6.6所示的“氧化-还原分层的埃迪卡拉纪海洋”模式：① 埃迪卡拉纪深海是广泛富铁（缺氧且含有游离的Fe^{2+}离子）；② 硫化（缺氧并含有游离H_2S）的水体，成楔状分布在氧化的水体之下，插入铁化水体中，但它仅在陆架及斜坡相出现，远离大陆尖灭；③ 氧化的水体仅出现于表层海水或浅水，原因是新元古代“雪球地球”结束，化学风化作用加强，通过河流输入海洋的硫酸盐和营养物大大增加，陆架和斜坡有机质积累增加，在那里细菌硫酸盐还原作用增强，加上铁供给

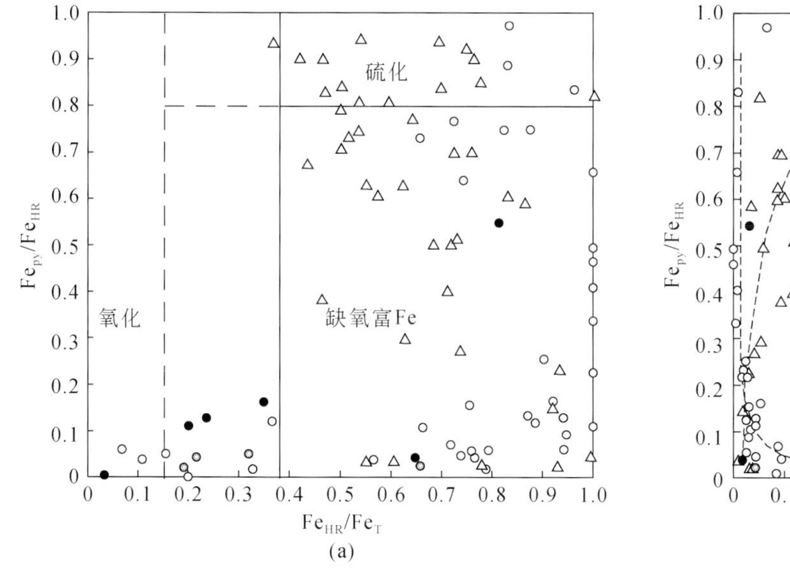

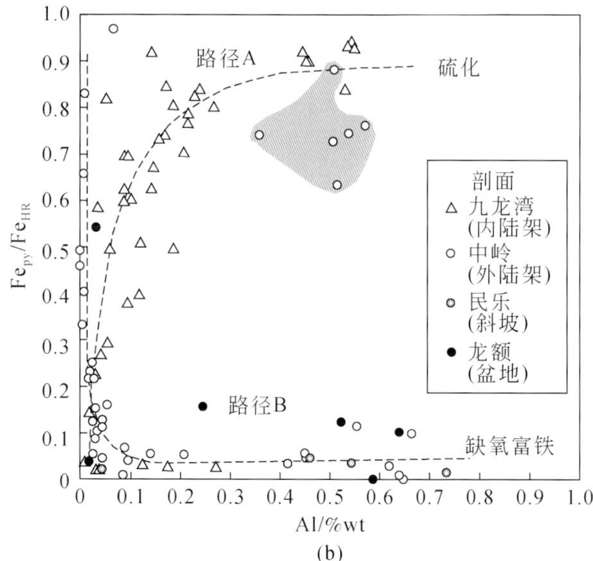

图6.5 Fe_{py}/Fe_{HR}-Fe_{HR}/Fe_T（a）和Fe_{py}/Fe_{HR}-Al图（b）（据Li *et al.*，2010）

不充足就形成发育的硫化楔，但远洋深海一直是铁化的。那一时期古海洋尽管深水是铁化的，但由于受大气氧、陆缘海、海平面变化及其他因素的影响，氧化的水体发育深度和硫化楔位置及延伸程度都可能是变化的。

分层海洋的模式实质是广阔的深海一直是缺氧和含 Fe^{2+} 的，硫化水体只是近岸的插入海洋的楔状体，因此又称“硫化楔”模式。它已经被埃迪卡拉纪生物化石的记录所证实。由于硫化楔在海侵过程和短期高生产力期间扩展到原来氧化的陆架，所以能够在大陆架观察到幕式保存的埃迪卡拉生物的记录（Xiao *et al.*，1998b；Yin *et al.*，2007；McFadden *et al.*，2008；Love *et al.*，2009；Cohen *et al.*，2009），包括三峡地区陡山沱组下部距南沱组界线大约 12 m 处，被认为是地球上目前发现最早的动物休眠卵化石（Yin *et al.*，2007）；皖南陡山沱组下部发现最早的宏体复杂多细胞藻类和可能后生动物化石的“蓝田生物群”等（Yuan *et al.*，2011），都反映那一时期陆架海水的氧化与缺氧，特别是硫化的波动，像底栖生活的“蓝田生物群”也会由于硫化楔扩展而瞬间绝灭，与“氧化-还原分层的埃迪卡拉纪海洋”模式是吻合的。

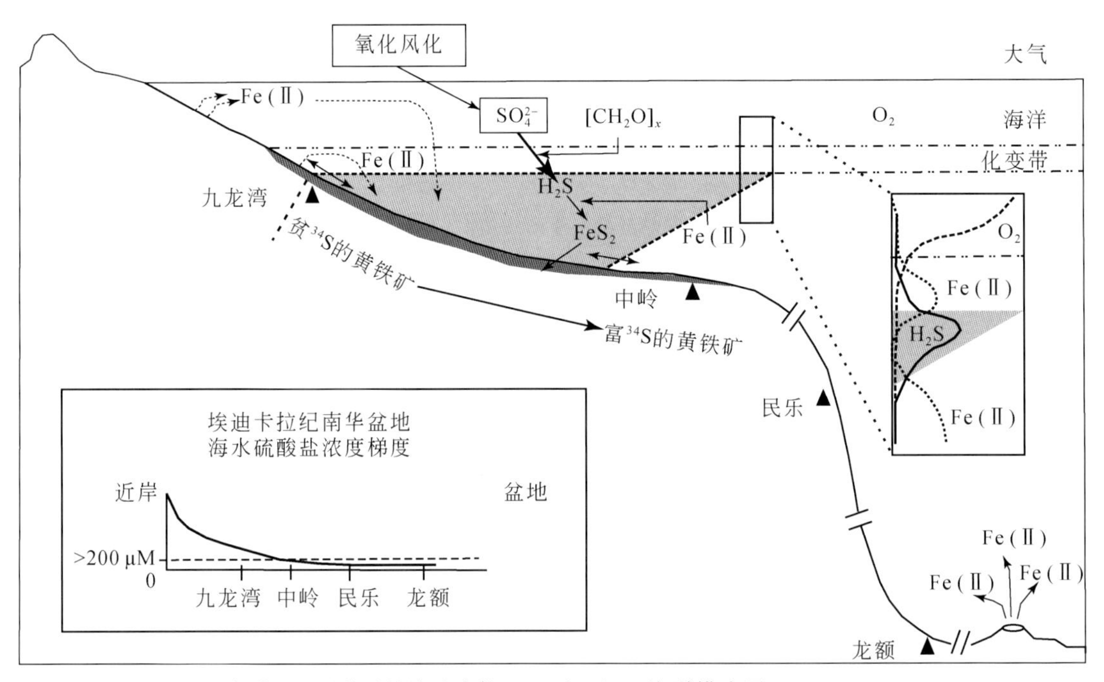

图 6.6　氧化-还原分层的埃迪卡拉纪（震旦纪）海洋模式图（据 Li *et al.*，2010）

6.4.2　富铁的前寒武纪深部海水

已经发表关于 1.8 ~ 0.8 Ga 期间硫化海洋的直接证据并不多，也面临着各方面的挑战。例如，在我国宣化地区的龙烟铁矿是典型的大约 1.8 Ga 以后沉积的鲕状赤铁矿，产在长城系串岭沟组地层中。蓟县中元古界串岭沟组中、上段以黑色页岩为主，可以明显地看到黑色页岩中夹有白云岩，且白云石中 Fe 含量比较高。如果这些黑色页岩是在水体较深的硫化条件下形成的，为什么又罕见黄铁矿，而形成铁白云石？更不可能想象在海水较浅的宣化地区还形成了一定规模的龙烟铁矿。同样，最近在加拿大的阿尼米基盆地（Animikie）发现大条带状含铁建造（Banded Iron Formation，BIF）铁矿，比原来限定的硫化海洋转变时间（大约 1.8 Ga）晚几千万年（Bekker *et al.*，2010；Wilson *et al.*，2010），而且在这个盆地深水富铁的条件，甚至持续到最大的 BIF 铁矿沉积之后（Bekker *et al.*，2010；Poulton *et al.*，2010）。这些都表明深海富铁的状况可能一直在持续。

Planavsky 等（2011）首先关注曾被证明曾是硫化的澳大利亚麦克阿瑟盆地，特别采集该盆地 1640 Ma 的巴尼克里克组和蒙特艾萨盆地（Mount Isa）的洛雷塔夫人组（Lady Loretta Fm.）的深水建造钻孔岩样，两地相距 2000 多公里，它们的年龄都是大约 1.64 Ga。此外，还采了华北地区大约 1.65 Ga 的串岭沟组、美国大约 1.45 Ga 的贝尔特超群（Belt S-Gp.）和加拿大北极圈博登盆地（Borden）1.2 Ga 的岩样。所有

这些岩石样品的 Fe_{HR}/Fe_T 都基本上大于0.38，表明是缺氧的；Fe_{py}/Fe_{HR} 绝大部分都小于0.8，指示是富溶解的 Fe^{2+} 的。显然与中元古代硫化海洋的假说矛盾。蒙特艾萨盆地、贝尔特超群和博登盆地的岩样有明显的Fe富集和 Fe_{py}/Fe_{HR} 接近0.8，表明水体中短暂的硫化过程，并且与盆地局部封闭和高的初级生产力密切相关（Lyons *et al.*，2000）。黄铁矿的硫同位素也显示与同时代海水接近，表明海水中硫酸盐含量很低，黄铁矿主要在成岩作用中形成（Planavsky *et al.*，2011）。此外，Mo同位素证据也表明中元古代海洋硫化的面积只是现代海洋（<1%）的几倍（Scott *et al.*，2008）。这些都表明中元古代深部海水的Fe供给超过硫酸盐的供给时，在缺氧的深海保持富铁环境，只有近海或局限盆地由于大陆营养和硫酸盐供给充足的地区，才会在表层氧化的水体之下发育硫化水体，那里有机碳埋藏量也高。

看来1.8 Ga以来的元古宙海洋也可以用“氧化-还原分层的埃迪卡拉纪海洋”模式（Li *et al.*，2010）来概括。Reinhard等（2009）研究加拿大的新太古代蒙特麦克雷伊（Mount McRae）页岩的铁组分，表明2.5 Ga之前海洋就存在硫化的水体。他们认为暴露在光合作用产生的少量氧的大气下，化学风化造成海洋硫酸盐浓度的增加，是产生硫化环境的原因，而当地有机质输出量的变异则限定硫化条件出现的范围与大小。不管怎样，在那个时代，已经在盆地边缘的适当水深处，出现随时-空变化的硫化楔。重新用铁和硫体系构筑1.88 Ga到1.83 Ga的阿尼米基群沉积时，海洋的氧化-还原条件，Poulton等（2010）发现表层海水是氧化的，中间是缺氧、硫化的，可延绵百公里，深水保持富铁。因此，Poulton和Canfield（2011）归纳出与Li等（2010）和Planavsky等（2011）同样的自新太古代以来的前寒武纪“氧化-还原分层”的海洋模式，简称“硫化楔”模式［图6.7(d)］。

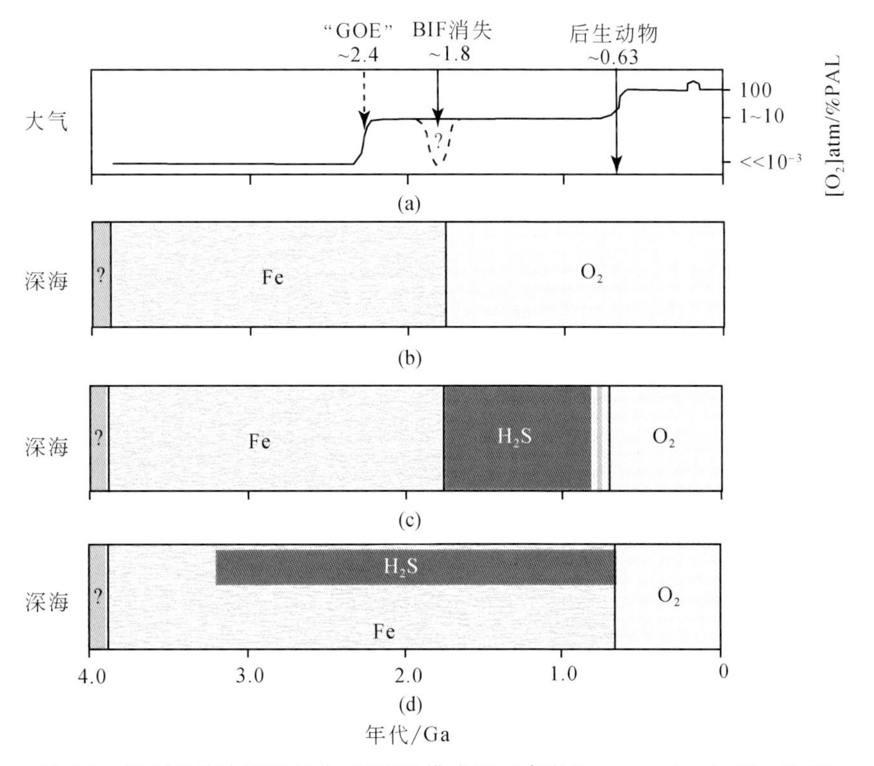

图6.7　地质时期古海洋氧化-还原的模式图（参考Lyons *et al.*，2009，绘制）

6.5　元古宙烃源岩及生物地球化学背景

6.5.1　元古宙的碳循环与生物地球化学

地质时期海相碳酸盐岩的碳同位素值（$\delta^{13}C_{碳酸盐岩}$）的长期变化趋势，反映随沉积物埋藏的有机碳对无机碳比值（*f*值）的变化。因此，当构造活动增强，有利于有机碳埋藏时*f*值增加，$\delta^{13}C_{碳酸盐岩}$ 值也升高

(Hayes *et al.*, 1999)。增强的构造活动也可能影响f值，即通过增加大陆输送到海洋的磷供给，刺激初级生产力，可以增加有机碳埋藏的比率（Garrels and MacKenzie，1971）。

由世界各地海相沉积岩碳同位素记录揭示的元古宙的碳循环变化，包括碳酸盐碳（又称无机碳）和有机碳。根据无机碳和有机碳的平均$\delta^{13}C$差值以及同位素漂移的大小，可以把元古宙的碳同位素演化可分为几个阶段（图6.8）。在早元古代第一次“雪球地球”前后，2.3～2.0 Ga期间，存在着大的碳同位素正偏移（Karhu and Holland，1996）；此后到大约1.3 Ga期间，全球碳酸盐岩的$\delta^{13}C_{碳酸盐岩}$值都在0‰附近，同位素漂移小于2‰（Buick *et al.*，1995；Knoll *et al.*，1995；Frank *et al.*，1997；Xiao *et al.*，1997；Lindsay and Brasier，2000；Chu *et al.*，2007）；晚中元古代地层的碳同位素记录为正的$\delta^{13}C_{碳酸盐岩}$值，可达+3.5‰，漂移幅度也达到4‰～5‰（Kah *et al.*，1999；Bartley *et al.*，2001；Chu *et al.*，2007）；到新元古代“雪球地球”时期前后，$\delta^{13}C_{碳酸盐岩}$值接近+6‰，漂移达到或超过10‰（Kaufman and Knoll，1995）。

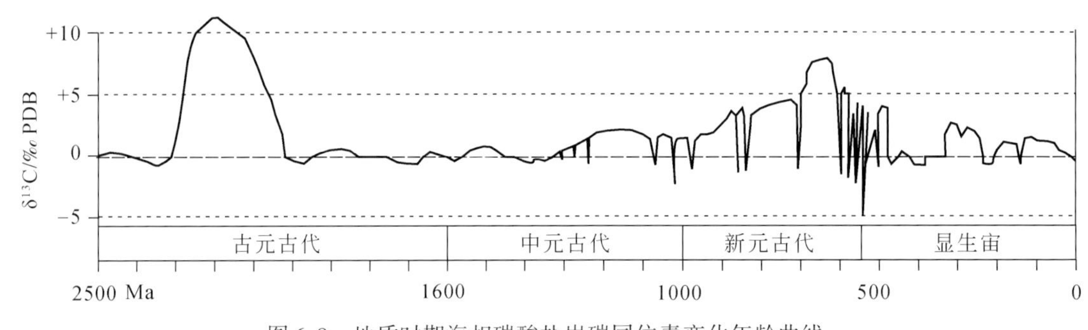

图6.8 地质时期海相碳酸盐岩碳同位素变化年龄曲线
（据Bartley and Kah，2004，改绘）

在古、新元古代期间发生不寻常的$\delta^{13}C_{碳酸盐岩}$大幅度变化并不令人奇怪（图6.8）。它们与两次全球性冰期-“雪球地球”事件和大气两次增氧以及海洋和生物世界的变化是一致的，反映前寒武纪地球环境与生物的相互作用和协同演化。在1.8～1.3 Ga期间，$\delta^{13}C_{碳酸盐岩}$仅呈0±2‰变化，碳循环经历了罕见的长达6亿年基本稳定时期。华北蓟县中—新元古界剖面地层的$\delta^{13}C_{碳酸盐岩}$值变化也基本在这个范围内（Chu *et al.*，2007）。有人提出中元古代的$\delta^{13}C_{碳酸盐岩}$值平静反映那个时期构造运动停滞，与元古宙起始和终结时期主要大陆经历了断裂与造山不同（Brasier and Lindsay，1998），这只是一种解释。也有人认为在1.25 Ga之前全球的$\delta^{13}C_{碳酸盐岩}$值还是有类似显生宙那样的变化幅度，长达数亿年的中元古代并不是没有构造活动的时期（Moores，2002；Chu *et al.*，2007），Zhang等（2012）据古地磁也揭示，那正是哥伦比亚超大陆伸展和开始裂解时期。看来，可能是构造活动与初级生产率关系的弱化是造成$\delta^{13}C_{碳酸盐岩}$值变化较小的原因，因为在这个时期磷不是营养元素限制（Anbar and Knoll，2002）。与太古宙和古元古代比较，中元古代海洋中磷实际是增加的，全球海洋从条带状含铁建造沉积结束到硫化的深海洋出现，磷会从Fe氧化物（Bjerrum and Canfield，2002）和富有机质的沉积物中释放出来（Van Cappellen and Ingall，1994；Colman and Holland，2000）。

中元古代发育的硫化海水，造成缺乏生物必需的微量金属Fe、Mo等，使生物固定N_2和同化吸收N_2的能力下降，造成了生产力实质性的下降（Anbar and Knoll，2002）。同古元古代、新元古代和显生宙相比，中元古代的$\delta^{13}C_{碳酸盐岩}$平均值低大约1.5‰（Veizer *et al.*，1992；Buick *et al.*，1995；Brasier and Lindsay，1998；Hayes *et al.*，1999；Kah *et al.*，1999），这可能由于初级生产力比那三个地质时代都低所致。这造成中元古代海洋沉积物有机碳埋藏比率减少。中元古代低生产速率也表现$\delta^{13}C_{碳酸盐岩}$值随水深梯度变化小，所以不同盆地的$\delta^{13}C_{碳酸盐岩}$数据一致（Anbar and Knoll，2002）。这与早古元古代与晚新元古代形成了鲜明的对照，地球上仅有的二次“雪球地球”造成大陆和海洋都被冰盖长期覆盖，营养限制造成生物碳泵难以工作，因此导致缺乏$\delta^{13}C_{碳酸盐岩}$的大幅度变化（Anbar and Knoll，2002）。每次退冰也是海洋表面浮游生物繁盛，是初级生产力最高的时期，加上退冰的快速埋藏，也必然造成大幅度的$\delta^{13}C_{碳酸盐岩}$正漂移。

元古代海洋的碳同位素变化与重大构造事件关系密切。罗迪尼亚超大陆的聚合和裂解，碳循环的响应反映到中元古代大约1.3 Ga前后的$\delta^{13}C_{碳酸盐岩}$值变化（Kah *et al.*，1999；Bartley *et al.*，2001）和新元

古代后期的 $\delta^{13}C$ 值上升（Knoll *et al.*, 1986；Kaufman *et al.*, 1993）。生物演化也同样影响着全球的碳循环。也许受到对氧化-还原环境敏感的生物所必需营养元素的驱动（Anbar and Knoll, 2002），在大约1.3 Ga年前真核生物的复杂性和多样性急剧增加（Knoll, 1994；Butterfield, 2000），可能刺激有机碳的生产和埋葬。可以确定的红藻化石就是出现在这个时间段浅海硅化的碳酸盐岩中（Butterfield, 2001）。大的真核浮游植物和分叉的底栖宏观多细胞藻类，如皖南的"蓝田生物群"出现在新元古代"雪球地球"结束后的大约6.3 Ga（Yuan *et al.*, 2011），表明陆架海底开始氧化，处在新元古代海洋碳同位素大幅摆动的后半期。

Bartley 和 Kah（2004）提出一个碳循环模式。她们认为整个元古宙海相碳酸盐岩的饱和度在逐渐降低，水体中溶解无机碳，溶解无机碳（Disssolved Inorganic Carbon, DIC）库的规模不断减小，造成海洋的碳同位素体系对短期生物地球化学扰动逐步灵敏；DIC库的减小也造成碳酸盐岩沉积逐渐向浅海和靠岸方向迁移，使无机碳与有机碳在空间上解耦，碳同位素体系变得更敏感。大约1.3 Ga之前的中元古代非常大的DIC库，无需其他因素（如没有全球构造运动等）足以缓冲生物地球化学的扰动，因此记录不下那些扰动信号。元古宙后半期，随着DIC库规模的减小，海洋碳同位素的系统演变，可能记录对生物和生物演化的影响，海洋碳同位素体系灵敏度提高。特别是真核生物复杂化和多样化开始后，可以维持较长的高 $\delta^{13}C_{碳酸盐岩}$ 值。只有到富含骨骼化生物的古生代以后，有机碳与无机碳耦合又重新建立，海洋的碳同位素变化又回到±2‰的变化幅度。此外，对新元古代间冰期和冰后的海水碳同位素大幅摆动，Rothman模式（Rothman *et al.*, 2003）也展现那个时期深海存在大的溶解有机碳库，与Bartley和Kah（2004）看法有相似之处。他们认为之所以形成这样一个大的溶解有机碳库是与冰后海洋充氧，特别是后生动物的出现和繁衍有关、那些微小的浮游动物遗体和排出的粪球可能最终转变为深海的DOC。这也得到了中国扬子地区和阿曼的马里诺冰期之后地层的碳同位素数据支持（Fike *et al.*, 2006；McFadden *et al.*, 2008）。

6.5.2 元古宙烃源岩

生物的演化与地球环境的变化息息相关，实际上生物也是改变地表环境的推手。元古代长达近20亿年，占去地球生命史的绝大时段。总体来讲，元古宙大部分时段是不利于生物生长与进化的，主要是海洋基本上是缺氧的，而且相当长时间硫化的水体也十分发育。这样的海洋化学条件直接影响氧化-还原敏感的生物所必需的金属，影响生物固氮能力，造成海洋的初级生产力低。尽管海洋缺氧有利于有机质埋藏和保存，但总体来讲对烃源岩形成来讲是不利的。

由海相碳酸盐岩的 $\delta^{13}C$ 记录表明，1.3 Ga以后真核生物复杂化和多样化开始，可能造成有机碳库的提升（Bartley and Kah, 2004）。特别是到了新元古代"雪球地球"时期（720～635 Ma）、埃迪卡拉纪以及埃迪卡拉纪-寒武纪过渡期，是寻找元古宙烃源岩的重要时间段。首先是第二次大气氧增加已经明显使海洋开始"通风"，深海氧化正多期次、幕式的向深部发展，宏体复杂多细胞藻类和后生动物都进入快速演化时期，从生物学角度讲有利于烃源岩物质供给。第二条更重要，就是全球性冰川作用不仅刺激浮游生物繁盛，也有利于有机质沉积，为掩埋和成岩提供重要条件，有利于烃源岩形成。归纳起来元古宙石油和烃源岩出现的地质年代与重大地质和生物事件、冰期的关系如图6.9所示。

众所周知，黑色页岩是在低氧的条件下形成，是潜在的烃源岩。冰期时期海平面低，冰席融化海平面要升高，伴随着海侵，产生了富有机质的海侵黑色页岩。冰川过后陆架上形成很多冰切谷，有利于海侵黑色页岩快速堆积，在低氧环境埋藏。Lüning等（2000）提出，从海侵到高体系域转变的最大泛洪面，是黑色页岩存在的主要位置，因为那里尽管碎屑输入物少，但缺氧，并有很多冰切谷。Lüning等（2000）还提出，退冰期间的上升流是富有机碳页岩形成的关键。上升流将深部丰富的营养物质带到近岸浅海，富含硝酸盐和磷酸盐（Mittelstaedt, 1986），刺激浮游植物的生长，反过来也为浮游动物提供食物，大大提高初级生产力。例如，毛里塔尼亚陶代尼（Taoudenni）盆地成冰纪晚期的烃源岩就在退冰时期的最大泛洪面位置形成（Deynoux *et al.*, 2006）。

澳大利亚北部麦克阿瑟盆地的最老油气被厘定是来自中元古代罗珀群的维尔克里组（Velkerri Fm.；

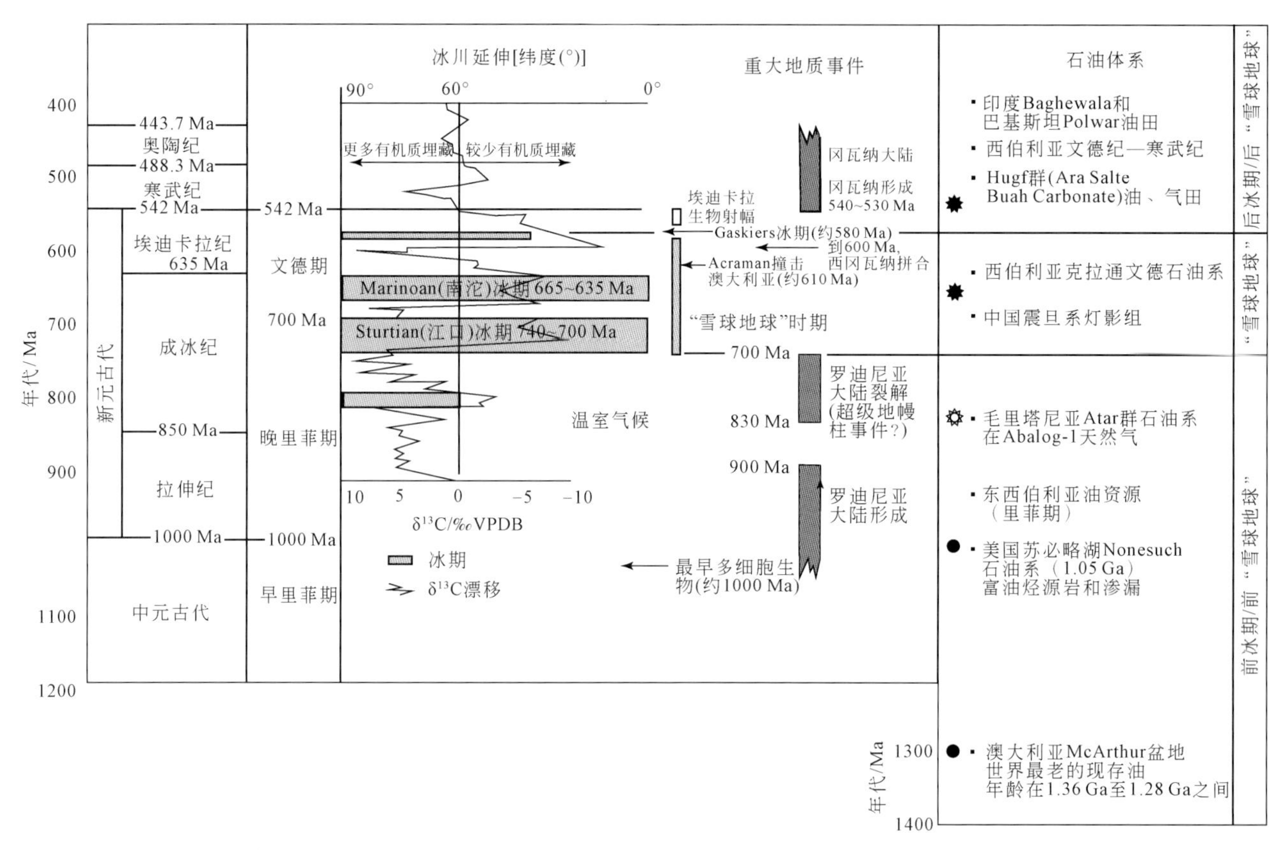

图 6.9　元古代石油和烃源岩出现的地质年代与重大地质和生物事件、冰期的关系（Craig *et al.*，2009）

1440 Ma）沉积岩（Jackson *et al.*，1986；Crick *et al.*，1988），Re-Os 年龄为 1361±21 Ma 和 1417±29 Ma，至少在 1280 Ma 以前已经初步成油和运移（Kendall *et al.*，2009）。美国密歇根的诺内萨奇（Nonesuch；1500 Ma）油苗也接近这个时期。但是真正工业开采的油气都比较年轻，有东西伯利亚的勒那-通古斯卡油气省（Lena-Tunguska Petroleum Province）的中—晚新元代（成冰纪—埃迪卡拉纪）的油气和阿曼的新元古代末—早寒武世的侯格夫超群（Huqf S-Gp.）的油气。

Craig 等（2009）调查了北非到中东一系列新元古代盆地的烃源层与沉积、构造的关系，划分为三种类型：①“冰期前”石油系统：在冈瓦纳古陆周边，主要局限于老克拉通地块。他们主要是由叠层石碳酸盐岩储层构成，从互层到黑色页岩，含藻来源的有机质。②“冰期”石油系统：受冰后海侵期间沉积的富有机质页岩的源岩控制，如毛里塔尼亚的陶代尼盆地。③“冰期后”石油系统：分布在中东和印度次大陆的冈瓦纳古陆边缘，与东冈瓦纳断陷盆地有关，盆地填充晚新元古代到早寒武世的碳酸盐岩、蒸发岩和页岩层序。例如，阿曼（是较晚的）、阿拉伯、印度次大陆纳瓜尔-根加纳格尔盆地（Naguar-Ganganagar）和中部的宋河谷（Son Valley），可能还包括北非摩洛哥的小阿特拉斯（Anti-Atlast）和利比亚的阿尔库夫拉（Al Kufrah）等一些盆地均属于这种类型。

在华南潜在的富有机碳的页岩、灰岩和硅岩主要是南沱冰期后的震旦系（又称埃迪卡拉系）和南华系（又称成冰系）的大塘坡组下段，它们主要属于 Craig 等（2009）划分的“冰期后”和“冰期”体系。像三峡地区陡山沱组（635～551 Ma）陡二段和陡四段 TOC 平均值分别接近 2% 和 8%（McFadden *et al.*，2008），灯影组（551～543 Ma）石板滩段灰岩也富含有机质都是可能烃源岩。往深水相，陡山沱组黑色页岩段更发育，碳酸盐岩被硅质岩或硅质条带取代，甚至消失。陡山沱组在华南出露广泛，从东部皖、浙、赣，到西部滇、黔、桂、渝，包括陕南、湖北和湖南广大地区。唯一不利的条件是该地区热演化程度高，可能破坏原来生成的油藏。

参 考 文 献

常华进，储雪蕾，黄晶，冯连君，张启锐. 2009. 氧化还原敏感微量元素对古海洋沉积环境的指示意义. 地质论评，55：

91 ~ 99

陈均远，周桂琴，朱茂炎等. 1996. 澄江生物群——寒武纪大爆发的见证. 台中：台湾自然科学博物馆出版

袁训来，肖书海，尹磊明，Knoll A H，周传明. 2002. 陡山沱期生物群：早期动物辐射前夕的生命. 合肥：中国科技大学出版社

张启锐，储雪蕾，冯连君. 2009. 关于华南板块新元古代冰川作用及其古纬度的讨论. 科学通报，54：978 ~ 980

周传明，袁训来，肖书海. 2002. 扬子地台新元古代陡山沱期磷酸盐化生物群. 科学通报，47：1734 ~ 1739

Algeo T J，Lyons T W. 2006. Mo-TOC covariation in modern anoxic marine environments：Implications for analysis of paleoredox and paleohydrographic conditions. Paleoceanography，21：PA1016

Algeo T J，Maynard J B. 2004. Trace- element behavior and redox facies in core shales of Upper Pennsylvanian Kansas – type cyclothems. Chem Geol，206：289 ~ 318

Anbar A D. 2004. Molybdenum stable isotopes：Observations，interpretations and directions. Rev Mineral Geochem，55：429 ~ 454

Anbar A D. 2008. Elements and evolution. Science，322：1481 ~ 1483

Anbar A D，Knoll A H. 2002. Proterozoic ocean chemistry and evolution：a bioinorganic bridge? Science，297：1137 ~ 1142

Anbar A D，Rouxel O. 2007. Metal stable isotopes in paleoceanography. Annu Rev Earth Planet Sci，35：717 ~ 746

Anderson T F，Raiswell R. 2004. Sources and mechanisms for the enrichment of highly reactive iron in euxinic Black Sea sediments. Am J Sci，304：203 ~ 233

Arnold G L，Anbar A D，Barber T，Lyons T W. 2004. Molybdenum isotope evidence for widespread anoxia in mid- Proterozoic oceans. Science，304：87 ~ 90

Barling J，Arnold G L，Anbar A D. 2001. Natural mass-dependent variations in the isotopic composition of molybdenum. Earth Planet Sci Lett，193：447 ~ 457

Bartley J K，Kah L C. 2004. Marine carbon reservoir，Corg-Ccarb coupling，and the evolution of the Proterozoic carbon cycle. Geology，32：129 ~ 132

Bartley J K，Semikhatov M A，Kaufman A J，Knoll A H，Pope M C，Jacobsen S B. 2001. Global events across the Mesoproterozoic-Neoproterozoic boundary：C and Sr isotopic evidence from Siberia. Precambrian Research，111：165 ~ 202

Bekker A，Slacack J F，Planavsky N，Krapapez B，Hoffmann A，Konhauser K O，Rouxel O J. 2010. Iron formation：the sedimentary product of a complex interplay among mantle，tectonic，oceanic，and biospheric processes. Economic Geology，105：467 ~ 508

Berner R A. 1970. Sedimentary pyrite formation. Am J Sci，268：1 ~ 23

Berner R A，Raiswell R. 1983. Burial of organic carbon and pyrite sulfur in sediments over Phanerozoic times：a new theory. Geochim Cosmochim Acta，47：855 ~ 862

Berry W B N，Wilde P. 1978. Progressive ventilation of the oceans—an explanation for the distribution of the lower Paleozoic black shales. Am J Sci，278：257 ~ 275

Bertine K K，Turekian K K. 1973. Molybdenum in marine deposits. Geochimica et Cosmochimica Acta，37：1415 ~ 1434

Bjerrum C J，Canfield D E. 2002. Ocean productivity before about 1.9 Gyr ago limited by phosphorus adsorption onto iron oxides. Nature，417：159 ~ 162

Bowring S，Grotzinger J，Isachsen C. 1993. Calibrating rates of Early Cambrian Evolution. Science，261：1293 ~ 1298

Brasier M D，Lindsay J F. 1998. A billion years of environmental stability and the emergence of eukaryotes：new data from northern Australia. Geology，26：555 ~ 558

Breit N B，Wanty R B. 1991. Vanadium accumulation in carbonaceous rocks：A review of geochemical controls during deposition and diagenesis. Chemical Geology，91：83 ~ 97

Brocks J J，Love G D，Summons R E，Knoll A H，Logan G A，Bowden S A. 2005. Biomarker evidence for green and purple sulphur bacteria in a stratified Palaeoproterozoic sea. Nature，437：866 ~ 870

Broecker W S，Peng T H. 1982. Tracers in the Sea. Palisades，NY：Eldigio Press，Columbia University

Brumsack H J. 1989. Geochemistry of recent TOC-rich sediments from the Gulf of California and the Black Sea. Geol Rundsch，78：851 ~ 882

Brumsack H J. 2006. The trace metal content of recent organic carbon- rich sediments：implications for Cretaceous black shale formation. Palaeogeogr Palaeoclimat Palaeoecol，232：344 ~ 361

Buick R. 2007. Did the Proterozoic ‘Canfield Ocean’ cause a laughing gas greenhouse? Geobiology，5：97 ~ 100

Buick R，Des Marais D J，Knoll A H. 1995. Stable isotopic compositions of carbonates from the Mesoproterozoic Bangemall Group，northwestern Australia. Chemical Geology，123：153 ~ 171

Butterfield N J. 2000. *Bangiomorpha pubescens* n. gen., n. sp.: implications for the evolution of sex, multicellularity, and the Mesoproterozoic/Neoproterozoic radiation of eukaryotes. Paleobiology, 26: 386～404

Butterfield N J. 2001. Paleobiology of the late Mesoproterozoic (ca. 1200 Ma) hunting formation, Somerset Island, Arctic Canada. Precam Res, 111: 235～256

Calvert S E, Pedersen T F. 1993. Geochemistry of recent oxic and anoxic marine sediments: implications for the geological record. Mar Geol, 113: 67～88

Calvert S E, Piper D Z. 1984. Geochemistry of ferromanganese nodules: multiple diagenetic metal sources in the deep sea. Geochim Cosmochim Acta, 48: 1913～1928

Calvert S E, Thode H G, Yeung D, Karlin R E. 1996. A stable isotope study of pyrite formation in the Late Pleistocene and Holocene sediments of the Black Sea. Geochim Cosmochim Acta, 60: 1261～1270

Cameron E M. 1982. Sulphate and sulphate reduction in early Precambrian oceans. Nature, 296: 145～148

Campbell I H, Allen C M. 2008. Formation of supercontinents linked to increases in atmospheric oxygen. Nat Geosci, 1: 554～558

Canfield D E. 1998. A new model for Proterozoic ocean chemistry. Nature, 396: 450～453

Canfield D E. 2001. Biogeochemistry of sulfur isotopes. Rev Mineral Geochem, 43: 607～636

Canfield D E. 2004. The evolution of the Earth surface sulfur reservoir. Am J Sci, 304: 839～861

Canfield D E, Teske A. 1996. Late Proterozoic rise in atmospheric oxygen concentration inferred from phylogenetic and sulphur isotope studies. Nature, 382: 127～132

Canfield D E, Thamdrup B. 1994. The production of ^{34}S- depleted sulfide during bacterial disproportionation of elemental sulfur. Science, 266: 1973～1975

Canfield D E, Lyons T W, Raiswell R. 1996. A model for iron deposition to euxinic Black Sea sediments. Am J Sci, 296: 818～834

Canfield D E, Poulton S W, Knoll A H, Narbonne G M, Ross G, Goldberg T, Strauss H. 2008. Ferruginous conditions dominated later Neoproterozoic deep-water chemistry. Science, 321: 949～952

Canfield D E, Poulton S W, Narbonne G M. 2007. Late-Neoproterozoic deep-ocean oxygenation and the rise of animal life. Science, 315: 92～95

Chandler M A, Sohl L E. 2000. Climate forcing and the initiation of low-latitude ice sheets during the Neoproterozoic Varanger glacial interval. J Geophys Res, 105: 20737～20756

Chen J Y, Bottjer D J, Oliveri P, Dornbos S Q, Gao F, Ruffins S, Chi H, Li C W, Davidson E H. 2004. Small Bilaterian Fossils from 40 to 55 Million Years Before the Cambrian. Science, 305: 218～222

Chu X, Zhang T, Zhang Q, Lyons T W. 2007. Sulfur and carbon isotope records from 1700 to 800 Ma carbonates of the Jixian section, northern China: Implications for secular isotope variations in Proterozoic seawater and relationships to global supercontinental events. Geochimica et Cosmochimica Acta, 71: 4668～4692

Cloud P. 1968. Atmospheric and hydrospheric evolution on the primitive Earth. Science, 160: 729～736

Cohen P A, Knoll A K, Kodner R B. 2009. Large spinose microfossils in Ediacaran rocks as resting stages of early animals. PNAS, 106: 6519～6524

Colman A S, Holland H D. 2000. The global diagentic flux of phosphorus from marine sediments to the oceans: redox sensitivity and the control of atmospheric oxygen levels. SEPM Special Publications, 66: 53～75

Condon D, Zhu M, Bowring S, Wang W, Yang A, Jin Y. 2005. U-Pb ages from the Neoproterozoic Doushantuo Formation, China. Science, 308: 95～98

Cozzi A, Al-Siyabi H A. 2004. Sedimentology and play potential of the Late Neoproterozoic Buah Carbonates of Oman. GeoArabia, 9: 11～36

Craig J, Thurow J, Thusu B, Whitham A, Abutarruma Y. 2009. Global Neoproterozoic petroleum systems: the emerging potential in North Africa. Geological Society, London: Special Publications, 326: 1～25

Crick I H, Boreham C J, Cook A C, Powell T G. 1988. Petroleum geology and geochemistry of Middle Proterozoic McArthur Basin, northern Australia II: Assessment of source rock potential. AAPG Bulletin, 72: 1495～1514

Crusius J, Calvert S, Pedersen T, Sage D. 1996. Rhenium and molybdenum enrichments in sediments as indicators of oxic, suboxic, and sulfidic conditions of deposition. Earth Planet Sci Lett, 145: 65～78

Dahl T W, Hmmarlund E U, Anbar A D, Bond D P G, Gill B C, Gordon G W, Knoll A H, Nielsen A T, Schovsbo N H, CanfieldD E. 2010. Devonian rise in atmospheric oxygen correlated to the radiations of terrestrial plants and large predatory fish. PNAS, 107: 17911～17915

Demaison G J, Moore G T. 1980. Anoxic environments and oil source bed genesis. Am Assoc Pet Geol Bull, 64: 1179～1209

Des Marais D J, Strauss H, Summons R E, Hayes J M. 1992. Carbon isotope evidence for the stepwise oxidation of the Proterozoic environment. Nature, 359: 605 ~ 609

Deynoux M, Affaton P, Trompette R, Villeneuve M. 2006. Pan – African tectonic evolution and glacial events registered in Neoproterozoic to Cambrian cratonic and foreland basins of West Africa. J Afr Earth Sci, 46: 397 ~ 426

Dupont C L, Yang S, Palenik B, Bourne P E. 2006. Modern proteomes contain putative imprints of ancient shifts in trace metal geochemistry. Proc Natl Acad Sci USA, 103: 17822 ~ 17827

Eady R R. 1996. Structure-function relationships of alternative nitrogenases. Chemical Reviews, 96: 3013 ~ 3030

Emerson S R, Huested S S. 1991. Ocean anoxia and the concentrations of molybdenum and vanadium in seawater. Mar Chem, 34: 177 ~ 196

Erickson B E, Helz G R. 2000. Molybdenum (VI) speciation in sulfidic waters: Stability and lability of thiomolybdates. Geochim Cosmochim Acta, 64: 1149 ~ 1158

Erwin D H. 1999. Biosphere perturbations during Gondwana times: frm the Neoproterozoic- Cambrian radiation to the end- Permian crisis. J African Earth Sciences, 28: 115 ~ 127

Falkowski P G. 1997. Evolution of the nitrogen cycle and its influence on the biological sequestration of CO_2 in the ocean. Nature, 387: 272 ~ 275

Farquhar J, Wing B A. 2003. Multiple sulfur isotopes and the evolution on the atmosphere. Earth Planet Sci Lett, 213: 1 ~ 13

Fedonkin M A. 2003. The origin of the Metazoa in the light of the Proterozoic fossil record. Paleontological Research, 7: 9 ~ 41

Fike D A, Grotzinger J P, Pratt L M, Summons R E. 2006. Oxidation of the Ediacaran Ocean. Nature, 444: 744 ~ 747

François R. 1988. A study on the regulation of the concentrations of some trace metals (Rb, Sr, Zn, Pb, Cu, V, Cr, Ni, Mn and Mo) in Saanich Inlet sediments, British Columbia, Canada. Mar Geol, 83: 285 ~ 308

Frank T D, Lyons T W, Lohmann K C. 1997. Isotopic evidence for the paleoenvironmental evolution of the Mesoproterozoic Helena Formation, Belt Supergroup, Montana, USA. Geochimica et Cosmochimica Acta, 61: 5023 ~ 5041

Fraústo da Silva J J R, Williams R J P. 1991. the Biological Chemistry of the Elememts: the Inorganic Chemistry of Life. Oxford: Clarendon Press

Garrels R M, Mackenzie F T. 1971. Evolution of Sedimentary Rocks. New York: Norton

German C R, Elderfield H. 1990. Application of the Ce- anomaly as a paleoredox indicator: the ground rules. Paleoceanography, 5: 823 ~ 833

Hartnett H E, Keil R G, Hedges J I, Devol A H. 1998. Influence of oxygen exposure time on organic carbon preservation in continental margin sediments. Nature, 391: 572 ~ 575

Hayes J M, Strauss H, Kaufman A J. 1999. The abundance of ^{13}C in marine organic matter and isotopic fractionation in the global biogeochemical cycle of carbon during the past 800 Ma. Chemical Geology, 161: 103 ~ 125

Hayes J, Lambert I, Strauss H. 1992. The sulfur- isotopic record. In: Schopf J W, Klein C (eds). The Proterozoic Biosphere: A Multidisciplinary Study. New York: Cambridge Univ Press. 129 ~ 134

Helz G R, Miller C V, Charnock J M, Mosselmans J F W, Pattrick R A D, *et al.* 1996. Mechanism of molybdenum removal from the sea and its concentration in black shales: EXAFS evidence. Geochim Cosmochim Acta, 60: 3631 ~ 3642

Henrichs S M, Reeburgh W S. 1987. Anaerobic mineralization of marine sediment organic matter: rates and the role of anaerobic processes in the oceanic carbon economy. Geomicrobiol J, 5: 191 ~ 237

Hille R. 1996. The mononuclear molybdenum enzymes. Chem Rev, 96: 2757 ~ 2816

Hoffman P F. 1999. The break-up of Rodinia, birth of Gondwana, true polar wander and the snowball Earth. J African Earth Sciences, 28: 17 ~ 33

Hoffman P F, Schrag D P. 2002. The snowball Earth hypothesis: testing the limits of global change. Terra Nova, 14: 129 ~ 155

Hoffman P F, Kaufman A J, Halverson G P, Schrag D P. 1998. A Neoproterozoic snowball Earth. Science, 281: 1342 ~ 1346

Hoffmann K H, Condon D J, Bowring S A, Crowley J L. 2004. U- Pb zircon date from the Neoproterozoic Ghaub Formation, Namibia: Constraints on Marinoan glaciation. Geology, 32: 817 ~ 820

Holland H D. 1973. Systematics of the isotopic composition of sulfur in the oceans during the Phanerozoic and its implications for atmospheric oxygen. Geochim Cosmochim Acta, 37: 2605 ~ 2616

Holland H D. 2006. The oxygenation of the atmosphere and oceans. Philos Trans R Soc B, 361: 903 ~ 915

Hyde W T, Crowley T J, Baum S K, Peltier W R. 2000. Neoproterozoic 'snowball Earth' simulations with a coupled climate/ice-sheet model. Nature, 405: 425 ~ 429

Jackson M J, Powell T G, Summons R E, Sweet I P. 1986. Hydrocarbon shows and petroleum source rocks in sediments as old as

1.7×10^9 years. Nature, 322: 727～729

Jiang G Q, Kaufman A J, Christie-Blick N, Zhang S, Wu H. 2007. Carbon isotope variability across the Ediacaran Yangtze platform in South China: Implications for a large surface-to-deep ocean $\delta^{13}C$ gradient. Earth and Planetary Science Letters, 261: 303～320

Johnson C M, Beard B L, Roden E E. 2008. The iron isotope fingerprints of redox and biogeochemical cycling in modern and ancient Earth. Annu Rev Earth Planet Sci, 36: 457～493

Jørgensen B B. 1990. A thiosulfate shunt in the sulfur cycle of marine sediments. Science, 249: 152～154

Kah L C, Lyons T W, Frank T D. 2004. Evidence for low marine sulphate and the protracted oxygenation of the Proterozoic biosphere. Nature, 431: 834～838

Kah L C, Sherman A B, Narbonne G M, Kaufman A J, Knoll A H, James N P. 1999. Isotope stratigraphy of the Mesoproterozoic Bylot Supergroup, Northern Baffin Island: Implications for regional lithostratigraphic correlations. Canadian Journal of Earth Sciences, 36: 313～332

Karhu J A, Holland H D. 1996. Carbon isotopes and the rise of atmospheric oxygen. Geology, 24: 867～870

Kaufman A J, Knoll A H. 1995. Neoproterozoic variations in the C-isotopic composition of seawater: stratigraphic and biogeochemical implications. Precamb Res, 73, 27～49.

Kaufman A J, Jacobsen S B, Knoll A H. 1993, The Vendian record of Sr and C isotopic variations in seawater: Implications for tectonics and paleoclimate. Earth and Planetary Science Letters, 120: 409～430

Kendall B, Creaser R A, Selby D. 2009. ^{187}Re-^{187}Os geochronology of Precambrian organic rich sedimentary rocks. Geological Society, London: Special Publications, 326: 85～107

Klinkhammer G P, Palmer M R. 1991. Uranium in the oceans: where it goes and why. Geochim Cosmochim Acta, 55: 1799～1806

Knoll A H. 1994. Noeproterozoic evolution and environmental change. In: Bengtson S (ed). Early Life on Earth. New York: Columbia University Press. 439～449

Knoll A H, Carroll S B. 1999. Early animal evolution: Emerging views from comparative biology and geology. Science, 284: 2129～2137

Knoll A H, Hayes J M, Kaufman A J, Swett K, Lambert I B. 1986. Secular variation in carbon isotope ratios from upper Proterozoic successions of Svalbard and East Greenland. Nature, 321: 832～838

Knoll A H, Kaufman A J, Semikhatov M A. 1995. The carbon isotopic composition of Proterozoic carbonates: Riphean successions from northwestern Siberia (Anabar massif, Turukhansk uplift). American Journal of Science, 95: 823～850

Knoll A H, Walter M R, Narbonne G M, Christie-Blick N. 2004. A new period for the geologic time scale. Science, 305: 621～622

Koopmans M P, Schouten S, Kohnen M E L, Sinninghe Damsté J S. 1996. Restricted utility of aryl isoprenoids as indicators for photic zone anoxia. Geochim Cosmochim Acta, 60: 4873～4876

Kroneck P M H, Abt D J. 2002. Molybdenum in nitrate reductase and nitrite oxidoreductase. In: Sigel A, Sigel H (eds). Metal Ions in Biological Systems, V. 39, Molybdenun and Tungsten: Their Roles in Biological Processes. New York: Marcel Dekker Inc

Lewis B L, Landing W M. 1991. The biogeochemistry of Mn and Fe in the Black Sea. Deep-Sea Research, 38 (Suppl 2): S773～S803

Li C, Love G D, Lyons T W, Fike D A, Sessions A L, Chu X. 2010. A stratified redox model for the Ediacaran Ocean. Science, 328: 80～83

Lindsay J F, Brasier M D. 2000. A carbon isotope reference curve for ca. 1700—1575 Ma McArthur and Mount Isa basins, northern Australia. Precambrian Research, 99: 271～308

Lüning S, Craig J, Loydell D K, Storch P, Fitches B. 2000. Lower Silurian 'hot shales' in North Africa and Arabia: regional distribution and depositional model. Earth Science Reviews, 49: 121～200

Love G D, Grosjean E, Stalvies C, Fike D A, Grotzinger J P, *et al*. 2009. Fossil Steroids record the appearance of Demospongiae during the Cryogenian Period. Nature, 457: 718～721

Lyons T W. 1997. Sulfur isotope trends and pathways of iron sulfide formation in the upper Holocene sediments of the anoxic Black Sea: Geochim Cosmochim Acta, 61: 3367～3382

Lyons T W. 2008. Ironing out ocean chemistry at the dawn of animal life. Science, 321: 923～924

Lyons T W, Berner R A. 1992. Carbon-sulfur-iron systematics of the uppermost deep-water sediments of the Black Sea. Chem Geol, 99: 1～27

Lyons T W, Severmann S. 2006. A critical look at iron paleoredox proxies based on new insights from modern euxinic marine basins. Geochim Cosmochim Acta, 70: 5698～5722

Lyons T W, Anbar A D, Severmann S, Scott C, Gill B C. 2009. Tracking euxinia in the ancient ocean: a multiproxy perspective and

Proterozoic case study. Annu Rev Earth Planet Sci, 37: 507 ~ 534

Lyons T W, Gellatly A M, McGoldrick P J, Kah L C. 2006. Proterozoic sedimentary exhalative (SEDEX) deposits and links to evolving global ocean chemistry. In: Kesler S E, Ohmoto H (eds). Evolution of early Earth's atmosphere, hydrosphere, and biosphere-constraints from ore deposits. Geol Soc Am Mem, 198: 169 ~ 184

Lyons T W, Luepke J J, Schreiber M E, Zieg G A. 2000. Sulfur geochemical constraints on Mesoproterozoic restricted marine deposition: Lower Belt Supergroup, northwestern United States. Geochim Cosmochim Acta, 64: 427 ~ 437

März C, Poulton SW, Beckmann B, Küster K, Wagner T, Kasten S. 2008. Redox sensitivity of P cycling during marine black shale formation: Dynamics of sulfidic and anoxic, non-sulfidic bottom waters. Geochim Cosmochim Acta, 72: 3703 ~ 3717

McFadden K A, Huang J, Chu X, Jiang G, Kaufman A J, *et al*. 2008. Pulsed oxidation and biological evolution in the Ediacaran Doushantuo Formation. Proc Natl Acad Sci USA, 105: 3197 ~ 3202

McLennan S M. 2001. Relationships between the trace element composition of sedimentary rocks and upper continental crust. Geochem Geophys Geosyst, 2 (4). doi: 10.1029/2000GC000109

McManus J, Berelson W M, Severmann S, Poulson R L, Hammond D E, *et al*. 2006. Molybdenum and uranium geochemistry in continental margin sediments: Paleoproxy potential. Geochim Cosmochim Acta, 70: 4643 ~ 4662

Miller R W, Eady R R. 1988. Molybdenum and vanadium nitrogenases of Azotobacter chroococcum. Low temperature favours N_2 reduction by vanadium nitrogenase. Biochem J, 256: 429 ~ 432

Milligan A J, Harrison P J. 2000. Effects of nonsteady-state iron limitation on nitrogen assimilatory enzymes in the marine diatom Thalassiosira weissflogii (Bacillariophyceae). J Phycol, 36: 78 ~ 86

Mittelstaedt E. 1986. Upwelling regions. In: Sündermann J (ed). Landoldt-Börnstein, New Series, 3. Oceanography, vol. 5. Berlin: Springer Verlag. 135 ~ 166

Morel F M M. 2008. The co-evolution of phytoplankton and trace element cycles in the ocean. Geobiology, 6: 318 ~ 324

Morford J L, Emerson S R. 1999. The geochemistry of redox sensitive trace metals in sediments. Geochim Cosmochim Acta, 63: 1735 ~ 1750

Moores E M. 2002. Pre-1 Ga (pre-Rodinian) ophiolites: Their tectonic and environmental implications. Geological Society of America Bulletin, 114: 80 ~ 95

Müller P J, Suess E. 1979. Productivity, sedimentation rate, and sedimentary organic matter in the oceans-I. Organic carbon preservation. Deep Sea Res Part A, 26: 1347 ~ 1362

Neubert N, Nägler T F, Böttcher M E. 2008. Sulphidity controls molybdenum isotope fractionation into euxinic sediments: evidence from the modern Black Sea. Geology, 36: 775 ~ 778

Pearce C R, Cohen A S, Coe A L, Burton K W. 2008. Molybdenum isotope evidence for global ocean anoxia coupled with perturbations to the carbon cycle during the Early Jurassic. Geology, 36: 231 ~ 234

Pecoits E, Lalonde S V, Konhauser K O. 2008. Ni in banded iron-formations: potential evolutionary implications. Astrobiology, 8: 412

Pedersen T F, Calvert S E. 1990. Anoxia vs productivity: What controls the formation of organic-carbon-rich sediments and sedimentary rocks? Am Assoc Pet Geol Bull, 74: 454 ~ 466

Piper D Z, Perkins R B. 2004. A modern vs. Permian black shale-the hydrography, primary productivity, and water-column chemistry of deposition. Chem Geol, 206: 177 ~ 197

Planavsky N J, McGoldrick P, Scott C T, Li C, Reinhard C T, Kelly A, Chu X, Bekker A, Love G D, Lyons T W. 2011. Widespread iron-rich conditions in the mid-Proterozoic ocean. Nature, 477: 448 ~ 451

Poulton S W, Canfield D E. 2005. Development of a sequential extraction procedure for iron: implications for iron partitioning in continentally derived particulates. Chemical Geology, 214: 209 ~ 221

Poulton S W, Canfield D E. 2011. Ferruginous conditions: a dominant feature of the ocean through Earth's history. Elements, 7: 107 ~ 112

Poulton S W, Raiswell R. 2002. The low-temperature geochemical cycle of iron: from continental fluxes to marine sediment deposition. American Journal of Science, 302: 774 ~ 805

Poulton S W, Fralick P W, Canfield D E. 2004. The transition to a sulphidic ocean ~ 1.84 billion years ago. Nature, 431: 173 ~ 177

Poulton S W, Fralick P W, Canfield D E. 2010. Spatial variability in oceanic redox structure 1.8 billion years ago. Nature Geoscience, 3: 486 ~ 490

Raiswell R, Anderson T F. 2005. Reactive iron enrichment in sediments deposited beneath euxinic bottom waters: constraints on supply by shelf recycling. In: McDonald I, Boyce A J, Butler I B, Herrington R J, Polya D A (eds). Mineral Deposits and

Earth Evolution. London: Geol Soc Spec Publ, 248: 179 ~ 194

Raiswell R, Berner R A. 1985. Pyrite formation in euxinic and semi-euxinic sediments. Am J Sci, 285: 710 ~ 724

Raiswell R, Canfield D E. 1998. Sources of iron for pyrite formation in marine sediments. Am J Sci, 298: 219 ~ 245

Raiswell R, Benning, L G, Tranter M, Tulacaczyk S. 2008. Bioavailable iron in the Southern Ocean: The significance of the iceberg conveyor belt. Geochemical Transactions, 9: 7

Raiswell R, Buckley F, Berner R A, Anderson T F. 1988. Degree of pyritisation of iron as a paleoenvironmental indicator of bottom-water oxygenation. J Sediment Petrol, 58: 812 ~ 819

Reinhard C T, Raiswell R, Scott C, Anbar A D, Lyons T W. 2009. A late Archean sulfidic sea stimulated by early oxidative weathering of the continents. Science, 326: 713 ~ 716

Rothman D H, Hayes J M, Summons R E. 2003. Dynamics of the Neoproterozoic carbon cycle. PNAS, 100: 8124 ~ 8129

Rouxel O, Bekker A, Edwards K J. 2005. Iron isotope constraints on the Archean and Paleoproterozoic ocean redox state. Science, 307: 1088 ~ 1091

Russell A D, Morford J L. 2001. The behavior of redox-sensitive metals across a laminated-massive-laminated transition in Saanich Inlet. British Columbia. Mar Geol, 174: 341 ~ 354

Rye R, Holland H D. 1998. Paleosols and the evolution of atmospheric oxygen: a critical review. American Journal of Science, 298: 621 ~ 672

Sageman B B, Lyons T W. 2003. Geochemistry fine-grained sediments and sedimentary rocks. In: Mackenzie F T (ed). Sediments, Diagenesis, and Sedimentary Rocks, Treatise on Geochemistry V7. Amsterdam: Elsevier. 115 ~ 158

Saito M A, Sigman D M, Morel F M M. 2003. The bioinorganic chemistry of the ancient ocean: the co-evolution of cyanobacterial metal requirements and biogeochemical cycles at the Archean-Proterozoic boundary? Inorg Chim Acta, 356: 308 ~ 318

Scott C, Lyons T W, Bekker A, Shen Y, Poulton S W, *et al*. 2008. Tracing the stepwise oxygenation of the Proterozoic ocean. Nature, 452: 456 ~ 459

Severmann S, Lyons T W, Anbar A, McManus J, Gordon G. 2008. Modern iron isotope perspective on Fe shuttling in the Archean and the redox evolution of ancient oceans. Geology, 36: 487 ~ 490

Shen Y, Buick R, Canfield D E. 2001. Isotopic evidence for microbial sulphate reduction in the early Archean era. Nature, 410: 77 ~ 81

Shen Y, Knoll A H, Walter M R. 2003. Evidence for low sulphate and anoxia in a mid-Proterozoic marine basin. Nature, 423: 632 ~ 635

Shen Y, Zhang T, Chu X. 2005. C-isotopic stratification in a Neoproterozoic postglacial ocean. Precambrian Research, 137: 243 ~ 251

Shen Y, Zhang T, Hoffman P F. 2008. On the coevolution of Ediacaran oceans and animals. Proc Natl Acad Sci USA, 105: 7376 ~ 7381

Shen B, Xiao S, Bao H, Kaufman A, Zhou C, Yuan X. 2011. Carbon, sulfur, and oxygen isotope evidence for a strong depth gradient and oceanic oxidation after the Ediacaran Hankalchough glaciation. Geochimica et Cosmochimica Acta, 75: 1357 ~ 1373

Shields G, Stille P. 2001. Diagenetic constraints on the use of cerium anomalies as palaeoseawater redox proxies: an isotopic and REE study of Cambrian phosphorites. Chem Geol, 175: 29 ~ 48

Sinninghe Damsté J S, Schouten S. 2006. Biological markers for anoxia in the photic zone of the water column. In: Volkman J K (ed). Marine Organic Matter: Biomarkers, Isotopes and DNA, the Handbook of Environmental Chemistry. Berlin: Springer, 2N. 128 ~ 163

Sinninghe Damsté J S, Wakeham S G, Kohnen M E L, Hayes J M, de Leeuw J W. 1993. A 6000-year sedimentary molecular record of chemocline excursions in the Black Sea. Nature, 362: 827 ~ 829

Thamdrup B, Fossing H, Finster K, Hansen J W, Jørgensen B B. 1994. Thiosulfate and sulfite distributions in porewater of marine sediments related to manganese, iron, and sulfur geochemistry. Geochim Cosmochim Acta, 58: 67 ~ 73

Tossell J A. 2005. Calculating the partitioning of the isotopes of Mo between oxidic and sulfidic species in aqueous solution. Geochim Cosmochim Acta, 69: 2981 ~ 2993

Tribovillard N, Algeo T J, Lyons T W, Riboulleau A. 2006. Trace metals as paleoredox and paleoproductivity proxies: an update. Chem Geol, 232: 12 ~ 32

Tribovillard N, Riboulleau A, Lyons T W, Baudin F. 2004. Enhanced trapping of molybdenum by sulfurized organic matter ofmarine origin in Mesozoic limestones and shales. Chem Geol, 213: 385 ~ 401

Troelsen H, Jørgensen B B. 1982. Seasonal dynamics of elemental sulfur in two coastal sediments. Estuarine, Coastal and Shelf

Science, 15: 255 ~ 266

Tyson R V, Pearson T H. 1991. Modern and ancient continental shelf anoxia: an overview. In: Tyson R V, Pearson T H (eds). Modern and Ancient Continental Shelf Anoxia. Geol Soc Spec Publ, 58. 1 ~ 26

Wanty R B, Goldhaber R. 1992. Thermodynamics and kinetics of reactions involving vanadium in natural systems: accumulation of vanadium in sedimentary rock. Geochim Cosmochim Acta, 56: 171 ~ 183

Wehrly B, Stumm W. 1989. Vanadyl in natural waters: adsorption, and hydrolysis promote oxygenation. Geochim Cosmochim Acta, 53: 69 ~ 77

Wijsman J W M, Middleburg J J, Heip C H R. 2001. Reactive iron in Black Sea sediments: implications for iron cycling. Mar Geol, 172: 167 ~ 180

Wilson J P, Fischer W W, Johnston D T, Knoll A H, Grotzinger J P, Walter M R, McNaughton N J, Simon M, Abelson J, Schrag D P, Summons R, Allwood A, Andres M, Gammamon C, Garvin J, Rashby S, Schweizer M, Wattattatters W A. 2010. Geobiology of the late Paleoproterozoic Duck Creek Formation, Western Australia. Precambrian Research, 179: 135 ~ 149

Wu J, Boyle E A, Sunda W G, Wen L. 2001. Soluble and colloidal iron in oligotrophic North Atlantic and North Pacific. Science, 293: 847 ~ 849

Van Cappellen P, Ingall E D. 1994. Benthic phosphorus regeneration, net primary production, and ocean anoxia: a model of the coupled marine biogeochemical cycles of carbon and phosphorus. Paleoceanography, 9: 677 ~ 692

Veizer J, Clayton R N, Hinton R W. 1992. Geochemistry of precambrian carbonates: IV. Early Paleoproterozoic (2.25±0.25 Ga) seawater. Geochimica et Cosmochimica Acta, 56: 875 ~ 885

Xiao S, Knoll A H, Yuan X. 1998b. Morphological reconstruction of Miaohephyton bifurcatum, a possible brown alga from the Doushantuo Formation (Neoproterozoic), South China, and its implications for stramenopile evolution. J Paleontology, 72: 1072 ~ 1086

Xiao S, Zhang Y, Knoll A H. 1998a. Three- dimensional preservation of algae and animal embryos in a Neoproterozoic phosphorite. Nature, 391: 553 ~ 558

Xiao X, Knoll A H, Kaufman A J, Yin L, Zhang Y. 1997. Neoproterozoic fossils in Mesoproterozoic rocks? Chemostratigraphic resolution of a biostratigraphic conundrum from the North China platform. Precambrian Research, 84: 197 ~ 220

Yuan X, Chen Z, Xiao S, Zhou C, Hua H. 2011. An early Ediacaran assemblage of macroscopic and morphologically differentiated eukaryotes. Nature, 470: 390 ~ 393

Yin L, Zhu M, Knoll A H, Yuan X, Zhang J, Hu J. 2007. Doushantuo embryos preserved inside diapause egg cysts. Nature, 446: 661 ~ 663

Zerkle A L, House C H, Cox R P, Canfield D E. 2006. Metal limitation of cyanobacterial N_2 fixation and implications for the Precambrian nitrogen cycle. Geobiology, 4: 285 ~ 297

Zhang S, Li Z X, Evans D A D, Wu H, Li H, Dong J. 2012. Pre-Rodinia supercontinent Nuna shaping up: a global synthesis with new paleomagnetic results from North China. Earth and Planetary Science Letters, 353-354: 145 ~ 155

Zheng Y, Anderson R F, van Geen A, Kuwabara J. 2000. Authigenic molybdenum formation in marine sediments: a link to pore water sulfide in the Santa Barbara Basin. Geochimica et Cosmochimica Acta, 64: 4165 ~ 4178

第7章　燕辽裂陷带中—新元古界层序地层、沉积相及生-储-盖组合配置研究

罗顺社[1,2]，高振中[1,2]，旷红伟[1,2]，吕奇奇[1,2]，邵　远[2]，席明利[2]

［1. 油气资源与勘探技术教育部重点实验室（长江大学），荆州，434023；
2. 长江大学地球科学学院，荆州，434023］

7.1　区域地质概况

燕辽裂陷带西起张家口以西，东到北票、阜新一带，横跨冀、京、津、辽四省市，呈一条主体呈近EW向展布，东段转为NE向延伸的带状山区，是中国目前勘探的最古老含油气构造单元。在大地构造区划上，燕辽裂陷带隶属于华北克拉通，是克拉通上的活动性构造单元，曾称为“燕山沉降带”（陈晋镳等，1980）。其北临内蒙地轴，南接华北平原。燕辽裂陷带内部的地质构造单元可划分为两个隆起和五个坳陷：山海关隆起、密怀隆起；宣龙坳陷、京西坳陷、冀东坳陷、冀北坳陷和辽西坳陷（图7.1）。

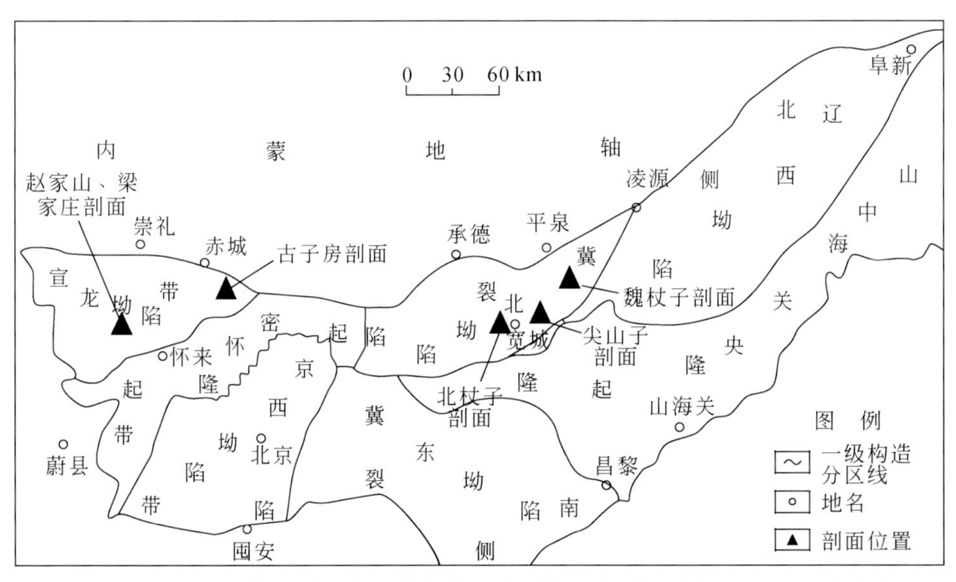

图7.1　燕辽裂陷带构造单元与元古宇实测剖面位置图（据王铁冠，1980，有改动）

中—新元古代至古生代时期，燕辽裂陷带为华北克拉通北缘的裂谷-坳陷带，构造活动基本上以断裂与升降运动为主，区内沉积了一套巨厚而横向稳定的中—新元古界海相碳酸盐岩夹碎屑岩地层，总厚度可达8000～9000 m以上。这套未经变质的沉积岩系出露良好，分布广泛，由下至上分为中元古界长城系常州沟组、串岭沟组、团山子组和大红峪组；蓟县系高于庄组、杨庄组、雾迷山组、洪水庄组、铁岭组和下马岭组；新元古界青白口系骆驼岭组和景儿峪组。本章主要涉及燕辽裂陷带的冀北坳陷（魏杖子剖面、尖山子剖面和北杖子剖面）和宣龙坳陷（古子房剖面、赵家山剖面和梁家庄剖面），共计五条地层剖面，剖面位置见图7.1，其中以高于庄组、杨庄组、雾迷山组、洪水庄组、铁岭组、下马岭组、骆驼岭组和景儿峪组为主要研究层位，冀北坳陷和宣龙坳陷实测剖面的地层厚度如表7.1所示。

表 7.1 燕辽裂陷带元古宇冀北、宣龙坳陷实测剖面与蓟县标准剖面地层表

宇	界	系	冀北坳陷剖面		冀东坳陷剖面		宣龙坳陷剖面	
显生宇	古生界	寒武系	府君山组		府君山组		府君山组	
元古宇	新元古界	青白口系	景儿峪组 9.2 m		景儿峪组 94 m		景儿峪组 2.64 m	
			骆驼岭组 2.6 m		骆驼岭组 138 m	骆二段 45 m	骆驼岭组 69.08 m	骆二段 32.6 m
						骆一段 93 m		骆一段 36.48 m
	中元古界	待建系	下马岭组 369.45 m		下马岭组 198 m		下马岭组 540.63 m	下四段 130.24 m
								下三段 214.92 m
								下二段 45.29 m
				下一段 369.45 m		下一段 198 m		下一段 150.18 m
		蓟县系	铁岭组 211.11 m	铁二段 123.54 m	铁岭组 290 m	铁二段 145 m	铁岭组 213.91 m	铁二段 131.18 m
				铁一段 87.57 m		铁一段 145 m		铁一段 82.73 m
			洪水庄组 101.66 m		洪水庄组 114 m		洪水庄组 41.6 m	
			雾迷山组 2947.15 m	雾八段 547.58 m	雾迷山组 2848 m	雾八段 443 m	雾迷山组 1874.92 m	雾八段 425.75 m
				雾七段 313.56 m		雾七段 320 m		雾七段 225.48 m
				雾六段 260.18 m		雾六段 490 m		雾六段 263.34 m
				雾五段 482.98 m		雾五段 345 m		雾五段 346.88 m
				雾四段 93.63 m		雾四段 310 m		雾四段 218.22 m
				雾三段 462.48 m		雾三段 506 m		雾三段 109.44 m
				雾二段 452.65 m		雾二段 244 m		雾二段 114.15 m
				雾一段 334.09 m		雾一段 190 m		雾一段 156.78 m
			杨庄组 322.37 m	杨三段 61.03 m	杨庄组 1048 m	杨三段 300 m	杨庄组 36.01 m	未分段
				杨二段 154.12 m		杨二段 547 m		
				杨一段 107.22 m		杨一段 201 m		
			高于庄组 938.62 m	高十段 64.26 m	高于庄组 1596 m	高十段 145 m	高于庄组 801.19 m	高十段 66.02 m
				高九段 44.36 m		高九段 84 m		高九段 56.42 m
				高八段 105.28 m		高八段 84 m		高八段 75.33 m
				高七段 49.91 m		高七段 145 m		高七段 47.15 m
				高六段 93.76 m		高六段 178 m		高六段 56.09 m
				高五段 96.58 m		高五段 185 m		高五段 69.2 m
				高四段 104.16 m		高四段 110 m		高四段 60.62 m
				高三段 124.37 m		高三段 257 m		高三段 235.41 m
				高二段 124.65 m		高二段 192 m		高二段 43.27 m
				高一段 131.29 m		高一段 140 m		高一段 91.68 m
		长城系	大红峪组		大红峪组		大红峪组	

7.2 层序地层学格架

本章以露头剖面的测量、描述与取岩样分析化验为基础，综合年代地层学、生物地层学、岩石地层学、化学地层学及露头层序地层学研究成果和前人资料，对冀北与宣龙坳陷中新元古代（高于庄组—景儿峪组）地层进行详细的层序地层学研究。

7.2.1　层序划分的依据

7.2.1.1　年代地层学

年代地层学是对沉积地层与层序作层序年龄检测，为地层划分提供界面同位素突变的依据。

本章在前人研究基础上，结合河北、北京、天津岩石地层以及近年的层序地层研究成果，根据岩石组合、地层接触关系及区域地层变化、同位素年代学等特征，从地质事件、古生物面貌和盆地演化的阶段性出发，将中—新元古代地层划分为四个系（群），划分结果如图 7.2 所示。

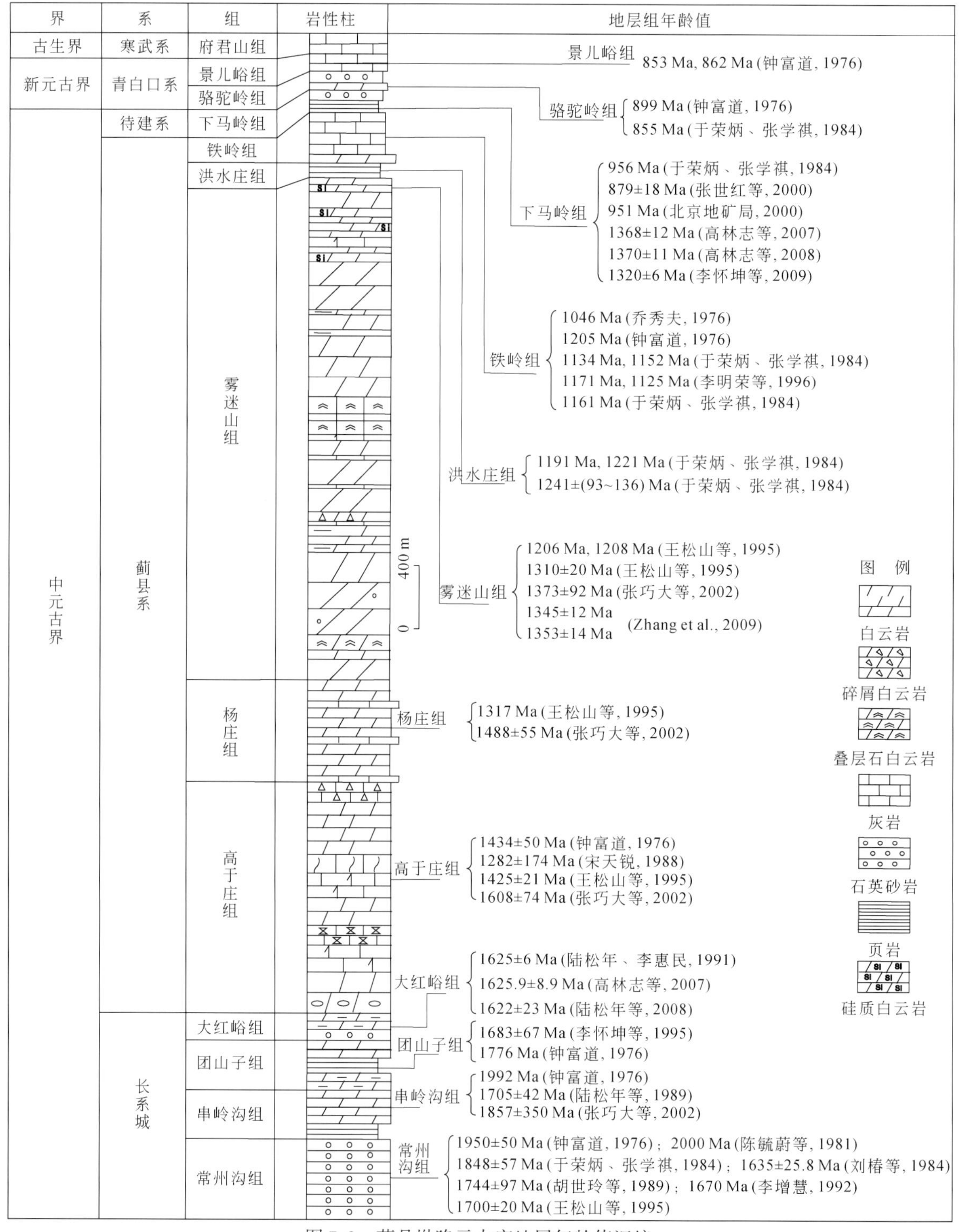

图 7.2　蓟县坳陷元古宇地层年龄值汇编

7.2.1.2 岩石地层学

不同的岩石类型或岩相组合，反映不同沉积层序类型，而沉积层序的变化是海平面升降变化与海水进退的沉积产物。特别是在副层序内部，不同岩相的叠置反映不同微旋回层序的叠加类型，它们的进一步组合构成体系域或更高级别的层序。因此，在层序地层的研究中，岩石地层单元是最基本最直接的研究对象。另外，一些特殊岩相的出现往往对层序的划分具有明显的指示意义，如雾迷山组基本旋回的组成、硅质结壳层的出现、岩溶角砾的产生，与其岩相伴生的具指相意义的沉积构造等（武铁山，2002）。

7.2.1.3 生物层序地层学

燕辽裂陷带中—新元古界地层地质年代久远，缺少硬体古生物化石，主要含有一些隐藻类化石和叠层石及其他非骨骼碳酸盐岩（如凝块石、核形石等），被称为微生物岩。在进行燕辽裂陷带地层层序划分时，可利用不同微生物岩产状或形态，如叠层石的属种及其组合类型的不同来区分水深的变化，从而辨别出海平面的变化，为层序的划分提供依据（闵隆瑞等，2002）。在燕辽裂陷带内发育的叠层石的种类很多（表7.2），以纹层状、缓波状叠层石、锥柱状叠层石为主，其间还发育凝块石和核形石等。通常认为，锥状叠层石的沉积水体环境最深，其次是柱状叠层石、凝块石和核形石，缓波状和纹层状叠层石发育在较浅的沉积水体环境中。当一个沉积序列中出现不同微生物岩及其组合时，它可以帮助我们有效地划分副层序，判断海平面的升降变化，成为体系域确定和各级层序划分和对比的重要标志。

表7.2 元古宙生物地层划分表

年代地层	岩石地层		生物地层			
	群	组	微古植物		宏体藻类	叠层石
			页岩相	燧石相		
新元古界	青白口系	景儿峪组				
		骆驼岭组	*Nucellodphaeridium* *Tasmanites*			
中元古界	待建系	下马岭组	*Microconcentrica* *Jixiania*		*Chuaria-Shouhsienia* 组合带	
	蓟县系	铁岭组	*Trachysphaeridiumacis*		*Chuaria irculars* 组合带	*Tielingella-Chihsienella* 组合带
		洪水庄组	*Orygmatosphaeridium* *Quadratimorpha*			
		雾迷山组	*Asperatopsophosphaera* *Umisharensis*		*Wumishania bifurcata* 组合带	*Conophyton-Pseudogymnosolen* 组合带，*Conophyton cylindricum* 组合带 *Conophyton?*
		杨庄组	*Asperatopsophosphaera* *Kildinella*	Eomycetopsis Bigeminococcus	*Sangshuania spiralis* 组合带	
		高于庄组	*Pseudofavososphaeca* *Gunflinta*			
	长城系	大红峪组	*Leiosphaeridiaparvula* *Stictosphaeridium*	Oscillatoriopsis Myxococcoides		
		团山子组	*Trachysphaeridium* *attenuatum*、*Eomycetopsis*	Gunflintia、Eomyce-topsis	*Tuanshanzia-Changchengia* 组合带	
		串岭沟组	*Trachysphaeridium* *Diplomembrana*、*Folio-morpha*		*Chuaria-Tyrasotaenia* 组合带	?*dahongyuense* 组合带，*Gruneria-Xiayingella* 组合带
		常州沟组	*Leiospheridid*、*Schizo-fusa*、*Foliomorpha*		*Chuaria-Shouhsienia-Tawuia* 组合带	

7.2.1.4　化学地层学

沉积环境中的各种化学信号随着沉积物的沉积、成岩过程而保存在沉积岩层中，这些化学信号能够提供有关岩石、生物和年代地层过程的重要信息。化学地层学即是化学信息在地层学中的应用，其主要内容是利用岩层中化学元素及其化合物的演变规律及含量分布特征进行地层的划分和对比，同时推断地层形成时的地球化学环境及其演变规律（吴智勇，1999）。

燕辽裂陷带中—新元古代有关化学地层学的研究主要集中在蓟县剖面。在测制野外露头剖面的同时，对宽城-凌源的中—新元古代地层剖面及延庆-赤城剖面、怀来下花园赵家山剖面进行 C、O、Sr 同位素（刘建清等，2007）及常量、微量元素、X 衍射的系统采样和测试分析（刘英俊等，1984）。通过对这些化学测试数据的分析，为我们准确划分层序边界提供了新的证据，根据所得结果对所划分出的三级层序进行校正和优化。如图 7.3、图 7.4 所示，在地层的层序界面处，元素或化合物含量均有突变显示。

地层层序界面处往往会经历沉积后期的剥蚀及后生成岩作用，岩石中的同位素组成会发生较大的变化，利用层序界面处碳、氧同位素的突变，来识别三级层序界面是一种较常用的方法（田景春等，2006）。根据冀北剖面杨庄组同位素岩样品的分析测试结果，作出地层剖面的碳、氧同位素分布变化曲线图（图 7.5），在层序界面处可见碳、氧同位素变化曲线均发生了较大的转折，对野外露头识别层序界面和划分的三级层序可以起到校正和优化的作用。

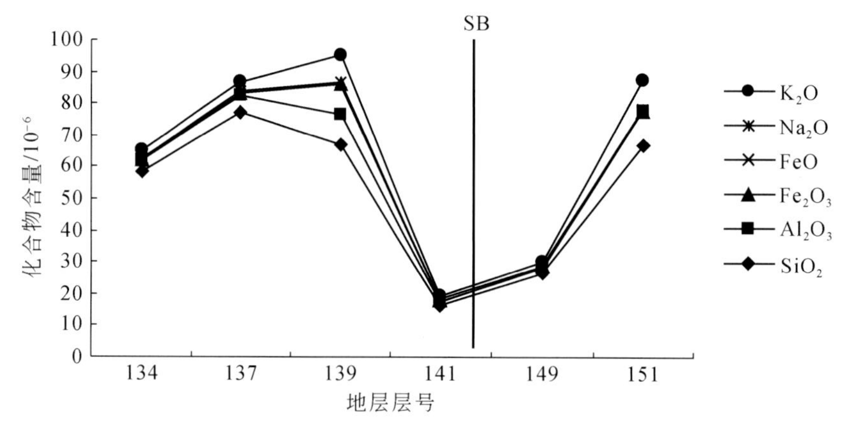

图 7.3　利用常量元素变化划分三级层序界面（冀北坳陷 SQ5 和 SQ6）

SQ. 层序；SB. 层序界面

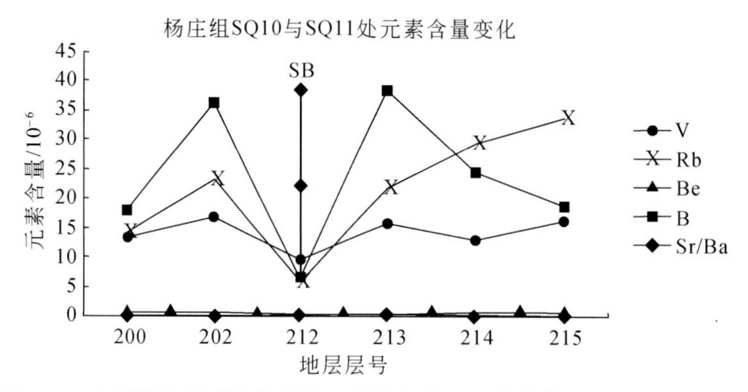

图 7.4　利用微量元素变化划分三级层序界面（冀北坳陷 SQ10 和 SQ11）

SQ. 层序；SB. 层序界面

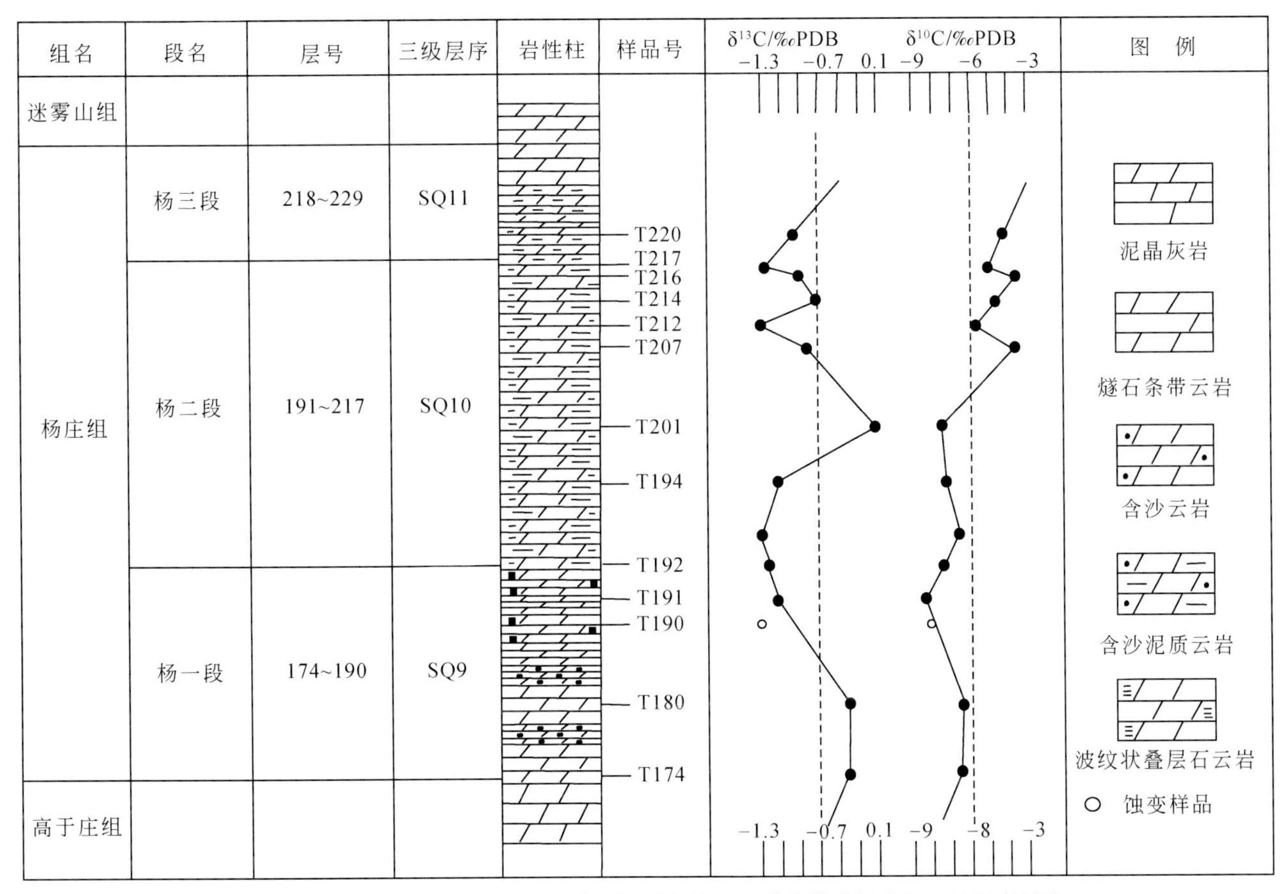

图7.5 利用碳、氧同位素变化划分三级层序界面（冀北坳陷杨庄组三级层序划分）

7.2.1.5 层序地层学

野外层序地层学研究中最核心的内容就是识别出不同级别的地层单元，而不同级别的地层单元又是以不同级别的地质界面加以区分的。因此一个很重要的研究内容，就是在露头上识别与层序有关的地质界面，包括层面、海泛面和不整合面（孟祥化等，2002）。

研究露头并对地层进行精细分层的过程首先是要识别层面。层序界面是指不整合面及与其可对比的整合面，是侧向上连续的、分布范围一般覆盖整个盆地的界面，而且可能具有全球可对比性。层序界面是在全球海平面下降阶段形成的，同时由于海平面下降幅度不同而分为Ⅰ型和Ⅱ型两类层序界面，二者特征各异，易于识别（王峰等，2011）。

深切谷是鉴别Ⅰ型层序界面的主要标志之一。在陆架上，深切谷以Ⅰ型层序界面为底界，以第一次最大海泛面或海进面为顶界。在深切谷之间的地区，与其侵蚀而相应的不整合面为陆表暴露面，以古土壤层或根土层为标志。

由于地质历史时期形成的Ⅱ型层序界面难以保存，现今对Ⅱ型层序界面的研究较少。因此，Ⅱ型层序界面的识别标志相对少一些。Ⅱ型层序边界不整合的识别标志有上覆层上超、海岸上超的向下迁移、轻微裁削的陆表暴露。这类界面在沉积滨线坡折的向陆一侧难以识别。

7.2.2 层序界面的识别

7.2.2.1 层序界面划分的标志

前人对沉积盆地构造背景分析及沉积层序划分表明，燕辽裂陷带各地层组基本处于陆架以上的沉积环境，沉积体系域普遍缺少低水位体系域，而以水进体系域向上变为高水位体系域为主，同时，沉积的水环境很少有深水盆地环境，凝缩段的凝缩程度很难达到理论上的要求。因此，依照碳酸盐岩环潮坪旋回层序叠加特点（柳永清等，1997），该区代表浅水环境，特别是含有暴露标志的沉积物及沉积构造，可作为层序界面的识别标志；而代表较深水环境的沉积物及沉积构造则可以是最大海泛期产物，而作为最大海泛面的标志。所以燕辽裂陷带以上两类界面标志的识别，对地层层序的划分具有重要意义。下面是野外观察到的这几类标志，可作为本章划分层序界面的主要依据（图 7.6）。其中，前七种代表浅水，第八种代表深水：

（1）平行不整合面，即界面以下地层有不同程度的缺失。

（2）在潮上带或滨岸带的干化现象，其中最常见的是干裂构造。

（3）硅质结壳层，是本区碳酸盐岩中常见的暴露标志，主要发育在雾迷山组、杨庄组和高于庄组潮

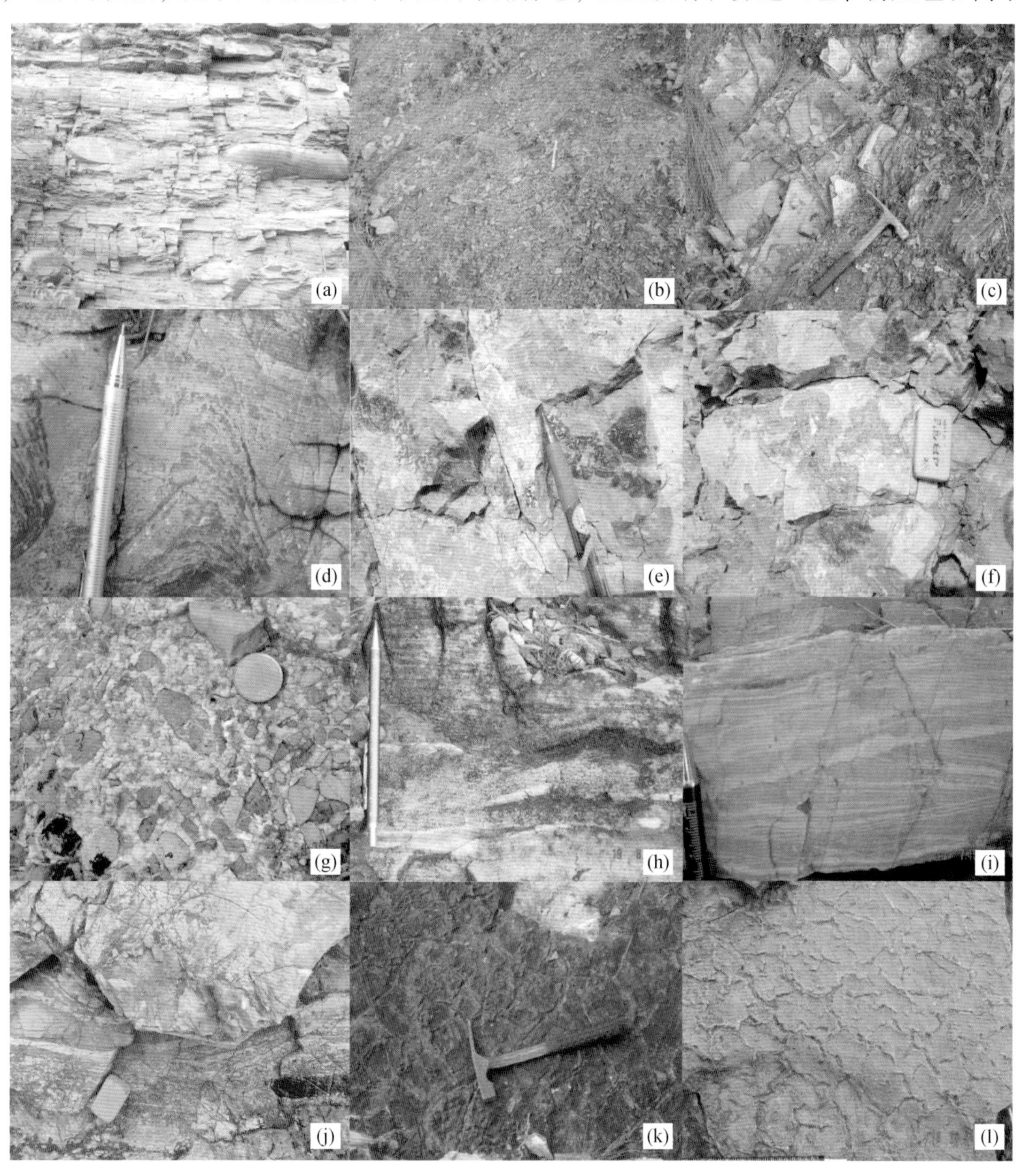

图 7.6　层序界面识别标志

（a）河北赤城古子房剖面高五段第 80 层大型瘤状灰岩；（b）辽宁凌源大河北何杖子剖面洪水庄组第五层深灰色页岩；（c）辽宁凌源大河北何杖子剖面洪水庄组第六层深灰色页岩；（d）辽宁凌源魏杖子剖面雾六段第 277 层锥状叠层石（4.5 cm×10 cm）；（e）河北赤城古子房剖面高九段第 128 层障积岩；（f）河北赤城古子房剖面高九段第 127 层障积岩；（g）辽宁凌源魏杖子剖面雾一段野外露头，岩溶角砾云岩；（h）河北宽城尖山子剖面杨庄组第 209 层岩层面上极其发育的波痕；（i）河北赤城古子房剖面高一段第三层灰白色石英砂岩；（j）辽宁凌源魏杖子剖面雾一段第 48 层顶部的冲刷面；（k）辽宁凌源魏杖子剖面雾迷山组雾八段第 356 层岩层表面的干裂痕；（l）辽宁凌源魏杖子剖面雾迷山组第 358 层岩层表面的干裂痕

坪碳酸盐岩中。它是由暴露在地表的碳酸盐岩，在淡水淋滤作用等因素影响下硅质聚集形成的，厚度很不稳定。

（4）波痕，一般代表水体比较浅的环境。

（5）鸟眼构造，一般是出现在潮上带标志，代表水体很浅，甚至暴露。

（6）古岩溶面和岩溶角砾岩，碳酸盐岩经暴露而形成的古岩溶面及其充填的岩溶角砾岩是很好的暴露标志。

（7）侵蚀冲刷面。

（8）较深水环境产物——最大海泛期标志，潮下凝块石白云岩，呈厚层至块状出现，主要沉积颗粒为凝块石和核形石，是潮下高能动荡环境的产物。锥状叠层石的出现，代表着潮下带上部较深的水体环境。臼齿构造的出现（Fairchild *et al.*，1997；Frank and Lyons，1998）。深色薄片状页岩的出现，如洪水庄组的黑灰色页岩。

7.2.2.2　沉积地球化学识别标志

地层中微量、常量元素的含量及有关比值的高低与海平面变化密切相关。目前，在沉积环境研究中，应用最广的微量元素主要为B、Sr、Ba、V、Ni及其相关的比值，不仅可以用于区分淡水和海水沉积物，而且可以用于测定古盐度和分析古气候（王随继等，1997），同时还可以判别沉积环境及其与海平面升降的关系。依据前人研究资料，总结出常量元素、微量元素与同位素数据变化与海平面升降的关系（表7.3）。本章对燕辽裂陷带目标层段按10 m间隔顺序采集岩样分析微量元素，以20 m间隔顺序采集岩样分析常量元素，以40 m间隔顺序采集岩样测试碳、氧同位素，岩样全部都经粉碎，然后选用新鲜样品，送交天津地质矿产研究所采用X光光谱仪进行测定。被检测的元素包括常量元素Al、Si、Fe、Mg、Ca、K、Mn、P、烧失量，微量元素V、Rb、Sr、Ba、Be、B，同位素元素测试包括C、O、Sr同位素（严兆彬等，2005）。

表7.3　常量、微量元素与同位素数据变化对海平面升降的影响

海平面上升	海平面下降
Al_2O_3、SiO_2、Fe_2O_3、K_2O、TiO_2降低	Al_2O_3、SiO_2、Fe_2O_3、K_2O、TiO_2增大
MnO升高	MnO降低
V、Rb、Be、B、Sr/Ba、Ca/Mg值增高	V、Rb、Be、B、Sr/Ba、Ca/Mg值降低
$\delta^{13}C$正漂移	$\delta^{13}C$负漂移
$\delta^{18}O$负漂移	$\delta^{18}O$正漂移
$^{87}Sr/^{86}Sr$降低	$^{87}Sr/^{86}Sr$增高

例如，野外分层表明，从岩性出发，杨庄组可分为三个岩性段，杨一段主要由灰白色泥质白云岩与紫红色夹灰白色泥质白云岩以及灰色硅质白云岩组成，向上变为厚层块状硅质白云岩、叠层石白云岩。杨二段底部为一套紫红色含泥硅质白云岩与泥质白云岩，向上以厚层-块状灰白色或紫红色泥晶白云岩、泥质白云岩为主体。杨三段则主要由灰白色和紫红色薄层泥晶或泥质白云岩、含砂白云岩组成，显示由下往上水体逐渐变浅的过程。微量元素的分析结果也显示了相同的特点（图7.7），每一段代表一次较大的海平面升降旋回，V、Rb、Sr/Ba、B、Be等的含量表现出低—高—低的变化，在每段界线处则表现为由低值向高值的突变，表征由海退向海进转化的转换面（范德廉等，1977）。而从这些微量元素的总的变化趋势看，整个杨庄组表现为一个由相对较高的海平面向相对较低海平面变化的过程。

冀北地层剖面沿地层序列由下至上，碳、氧同位素的变化表现出明显的旋回性规律，多数情况下为正相关关系，$\delta^{13}C$值变化范围在-3‰～3‰呈低幅高频振荡；$\delta^{18}O$值变化则在-8‰～-2‰范围呈高幅高频振荡。$\delta^{13}C$值的上升多与沉积环境由潮间带向潮下带演变，与海平面上升、海水变淡、生物量增多相联系；$\delta^{13}C$值降低则代表潮间带-潮上带环境，多与层序界面相对应。高于庄组瘤状灰岩及洪水庄组页岩具特殊性，其$\delta^{13}C$值为低负值，代表最大海泛期沉积，非层序界面的指示（储雪蕾等，1977）。氧同位素的变化表明燕辽裂陷带总体属于咸化环境，杨庄组沉积晚期和雾迷山组沉积早期海水盐度达到最高，其

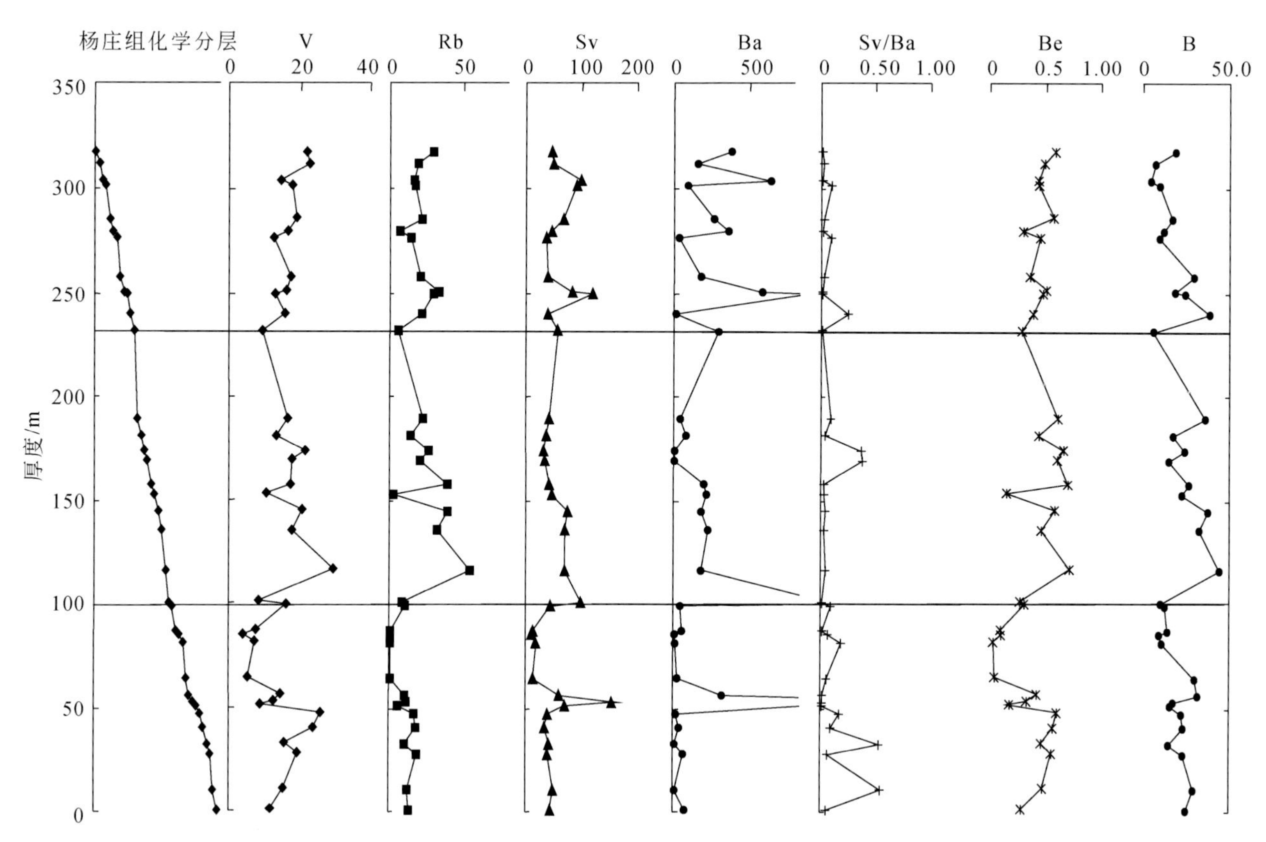

图 7.7　冀北坳陷宽城尖山子村杨庄组微量元素分布与地层层序的关系

后盐度逐渐降低，至雾迷山组沉积晚期又有所升高。

雾迷山组 60 个 $\delta^{13}C$ 值中，除三个岩样 $\delta^{13}C$ 值大于-1.5‰以外，其余均落在-1.53‰～1.56‰区间，其旋回性变化也很明显（田景春等，2006）。$\delta^{13}C$ 值周期性变化的低值拐点都基本对应着各段界面。雾迷山组氧同位素总体显负飘移。在 SQ12—SQ22 范围内，与碳同位素的变化趋势基本一致，呈正相关。雾迷山组 $\delta^{18}O$ 值总的趋势是向负向飘移，但变化趋势不如 $\delta^{13}C$ 值的变化那么有规律，$\delta^{18}O$ 值的变化与 $\delta^{13}C$ 值变化的协同性也较差。其一，在 $\delta^{13}C$ 值出现拐点处，并非每次都对应氧同位素值变化的拐点；二是，同高于庄期及杨庄期不同，当出现 $\delta^{13}C$ 负的极值时，$\delta^{18}O$ 往往出现较高值与其对应，而碳同位素高的极值对应的则是氧同位素的较低值；三是，雾迷山组碳同位素值每一周期内部一般都是稳定增高或降低，但氧同位素值即使是周期内部也表现为高频振荡。$^{87}Sr/^{86}Sr$ 值从 SQ12—SQ22 与氧同位素变化比较相似，但是 SQ2 与 SQ3 出现两次较大的正漂移，对应的 $^{87}Sr/^{86}Sr$ 值为 0.764 和 0.720，其余的 $^{87}Sr/^{86}Sr$ 取值范围主要为 0.700～0.710。对应到层序上，雾迷山组的三级层序界面处的碳、氧、锶同位素的变化幅度，明显没有高于庄组与杨庄组时期大，并且碳、氧变化规律也有所不同，说明雾迷山组时期为一个较稳定的沉积环境（图 7.8）。

7.2.3　地层层序划分结果

根据上面列举的层序划分原则及依据，将冀北坳陷中—新元古代高于庄组—景儿峪组地层划分为 13 个二级层序和 39 个三级层序（图 7.9～图 7.11）。

本章研究的地层从中元古界长城系高于庄组开始，直至新元古界青白口系景儿峪组结束，总体上为一套陆表海的碳酸盐岩沉积。通过研究发现，每个组中都有各自不同的岩石单元，这些岩石单元叠加构成了各个组中最基本的微旋回层序，而这些微旋回层序的不同叠加方式为三级层序中体系域的划分奠定了基础。

现对燕辽裂陷带冀北坳陷地层剖面分组段进行三级层序特征的描述：

高于庄组：高于庄组底部为一套厚 13.16 m 的石英砂岩，与下伏的大红峪组厚层滨岸相石英砂岩呈过

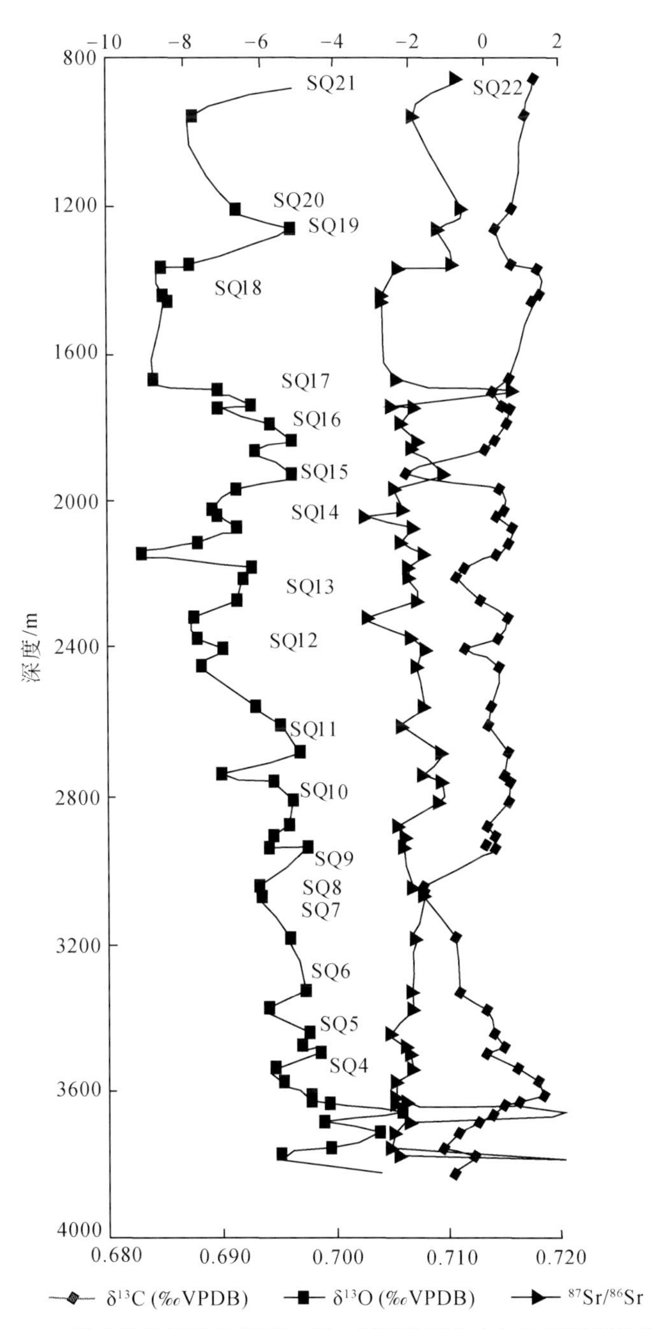

图7.8　冀北坳陷雾迷山组碳、氧、锶同位素分布与地层层序的关系

渡接触，其间未见明显的不整合面。通过野外系统实测及室内分析，特别是常量与微量元素分析以及碳、氧、锶同位素分析结果，将高于庄组划分为173层、10段以及八个三级层序（图7.9，表7.4）。根据微旋回叠加方式，划分出不同的体系域来（图7.12）。

杨庄组：在河北宽城县崖门子所实测的杨庄组与下伏高于庄组呈不整合接触关系。该区杨庄组分为三个段，共56层（图7.9，表7.5），在野外分层描述、室内薄片观察、沉积相研究、化学元素分析以及碳、氧、锶同位素分析结果的基础上，将其划分为56层、三段及三个三级层序。并且根据微旋回叠加方式的不同，划分出不同的体系域（图7.12）。该组基本以灰白、紫红色薄层含泥质白云岩为底，向上变为灰色含硅质条带或硅质结核泥晶白云岩，构成海进体系域（Transgressive System Tract，TST），以灰色厚层含紊乱锥状叠层石泥晶白云岩或棕红色厚层泥质白云岩的出现，代表最大海泛期。高位体系域（Highstand Systen Tract，HST）由灰白色含泥或硅质白云岩和硅质层组成。

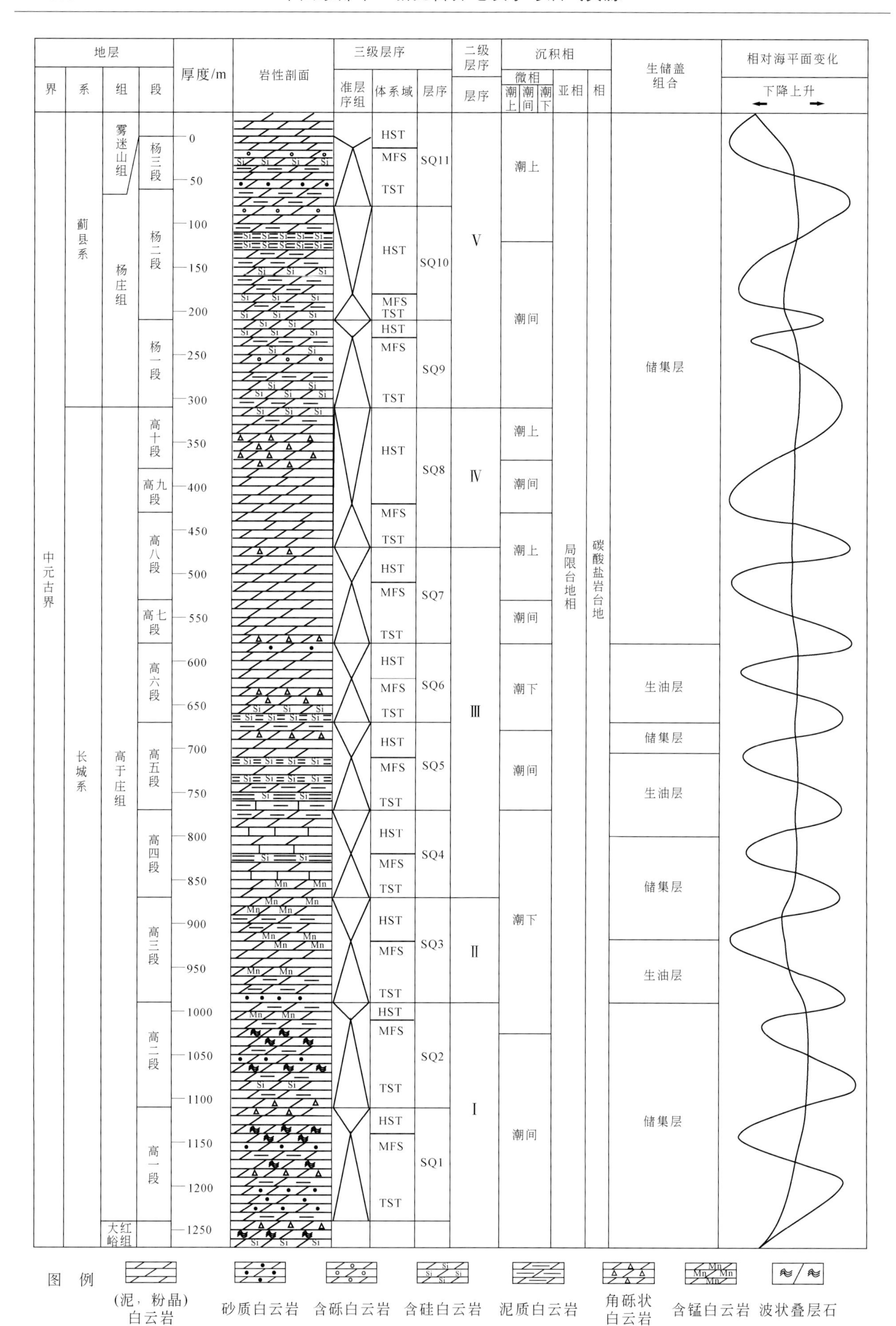

图 7.9 冀北坳陷高于庄组—杨庄组层序柱状剖面图

表 7.4　冀北坳陷高于庄组层序划分

组	三级层序	二级层序	层序岩性特征	层号
高于庄组	层序 8	Ⅳ	层纹状藻云质灰岩、层纹状藻灰质云岩、层纹状藻含灰白云岩构成海侵体系域；层纹状藻白云质灰岩、灰色硅质团块层纹状白云质灰岩为最大海泛期产物；硅质团块或结核和层纹状藻灰岩和藻白云岩构成高位体系域	165 ~ 173
	层序 7	Ⅲ	灰色厚-块状白云岩、灰色中层-块状含灰白云岩夹薄层白云岩构成海侵体系域；灰色层纹状藻白云岩与厚-块状含灰质白云岩互层为最大海泛期产物；灰色块-厚层灰质白云岩夹含藻屑泥-细晶灰质白云岩与深灰色厚层白云岩构成高位体系域	157 ~ 164
	层序 6		灰色厚-中层状含泥白云岩夹含粉砂页岩和硅质条带与深灰、灰色厚块状含灰质白云岩构成海侵体系域；深灰色薄层瘤状灰岩为最大海泛期产物；层纹状藻含灰白云岩、砂质粉泥晶砾屑含灰白云岩构成高位体系域	148 ~ 156
	层序 5		硅质层夹泥晶灰岩薄层或瘤体，向上为泥晶灰岩与硅质页岩互层构成海侵体系域；黑灰色中-薄层状泥晶白云岩与硅质层，硅质或白云质页岩互层为最大海泛期产物；灰色中层状纹层白云岩夹薄层白云质页岩构成高位体系域	134 ~ 147
	层序 4	Ⅲ	中薄层状含锰白云岩与中薄层状白云质灰岩不等厚互层及页状泥晶灰岩与厚层状白云质灰岩互层构成海侵体系域，深灰色瘤状灰岩与硅质页岩互层为最大海泛期产物，厚-块状粉晶灰岩与土黄色薄层状含灰泥质白云岩不等厚互层构成高位体系域	113 ~ 133
	层序 3	Ⅱ	海侵体系域主要由灰色含锰泥质白云岩、页岩和薄层泥质白云岩组成；中层含锰泥晶白云岩为最大海泛期产物，中厚层泥晶白云岩向上变为中薄层泥晶白云岩构成高位体系域	92 ~ 112
	层序 2	Ⅰ	海侵体系域主要由深灰色厚层硅质白云岩、灰色中层硅质白云岩、灰色厚层含层状叠层石白云岩组成；中厚层锥状叠层石白云岩为最大海泛期产物；波状叠层石白云岩与泥质白云岩互层构成高位体系域	57 ~ 91
	层序 1		海侵体系域主要由石英砂岩、砂质白云岩、薄层砂岩组成；深灰色厚层白云岩与薄层或页状白云岩为最大海泛期产物；厚层块状含叠层石白云岩与薄层泥质白云岩组成高位体系域	28 ~ 56

表 7.5　冀北坳陷杨庄组层序划分

组	三级层序	二级层序	层序岩性特征	层号
杨庄组	层序 11	Ⅴ	薄层石英砂岩，含粉砂泥质白云岩等构成海侵体系域，褐黄色中层状泥晶白云岩夹砂质泥晶白云岩垂向加积为最大海泛期产物；含砂屑、含砾屑、泥质白云岩等构成高位体系域	213 ~ 229
	层序 10		海侵体系域不发育，页片状泥质白云岩为最大海泛期产物，硅质泥粉晶白云岩和含砂泥质白云岩互层构成高位体系域	191 ~ 212
	层序 9		紫红色泥质白云岩和灰色硅质白云岩构成海侵体系域；小型锥叠层石白云岩和紊乱锥叠层石白云岩构成最大海泛期产物；中厚层含燧石团块、燧石结核、硅质白云岩构成高位体系域	174 ~ 190

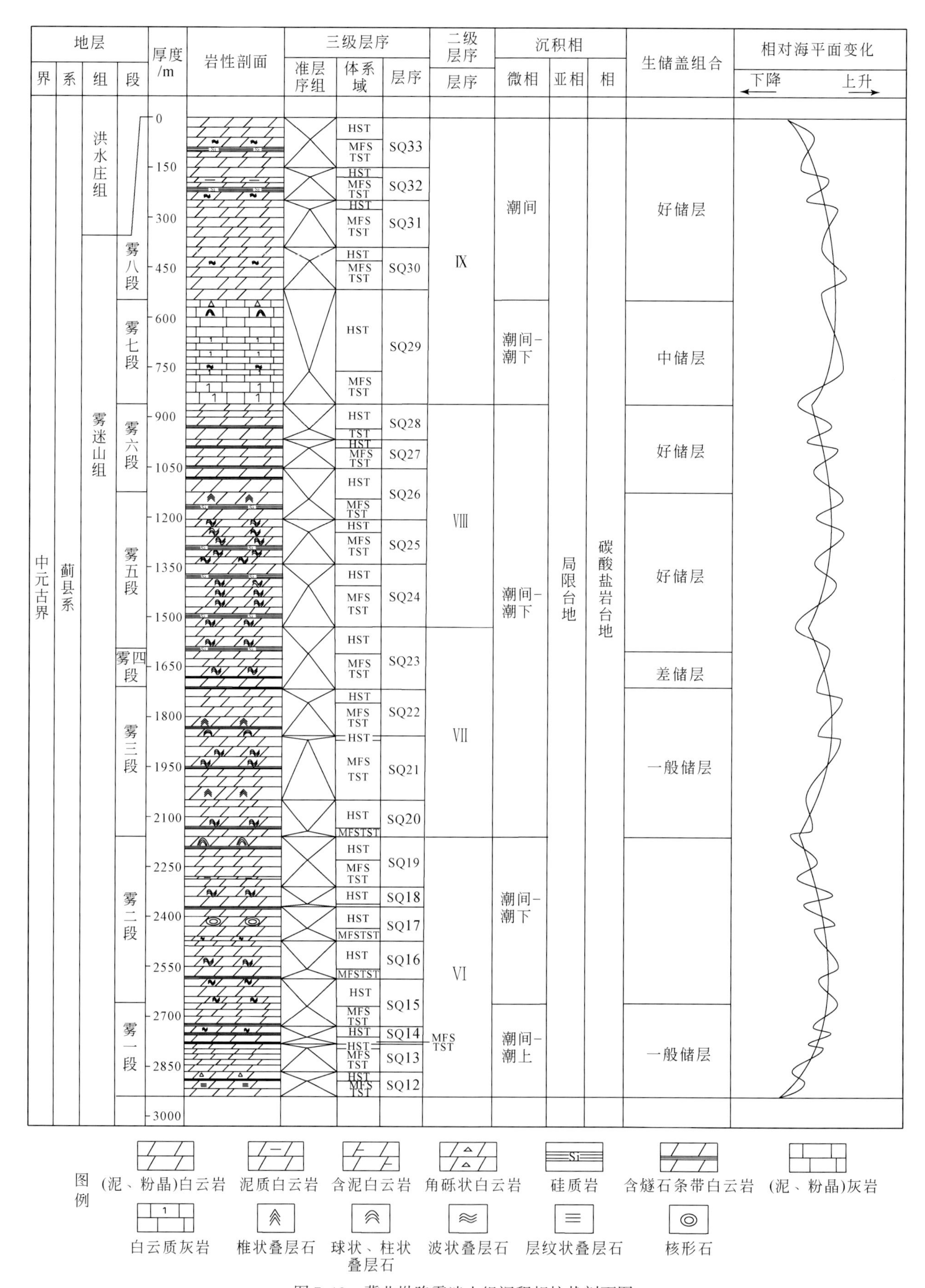

图 7.10　冀北坳陷雾迷山组沉积相柱状剖面图

表7.6　冀北坳陷雾迷山组层序划分

组	三级层序	二级层序	层序岩性特征	层号
雾迷山组	层序33	Ⅸ	灰色泥晶白云岩向上变为灰色硅质层、灰色纹层状含大型波状叠层石泥晶白云岩（最大海泛期产物）构成海侵体系域；含硅质条带深灰色泥晶白云岩构成高位体系域	393～411
	层序32		灰色纹层状泥晶云岩向上变为灰色中-厚层泥晶白云岩与灰白色硅质岩互层构成海侵体系域；灰色中厚层泥晶白云岩为最大海泛期产物；灰色中层泥晶白云岩向上变为灰色含硅质团块或条带的泥晶白云岩构成高位体系域	376～392
	层序31		灰色中层泥晶白云岩或含黑色硅质条带的泥晶白云岩向上变为黑色薄层硅质层等构成海侵体系域；巨厚的泥晶白云岩为最大海泛期产物；灰色中厚层含硅质团块或条带的泥晶白云岩向上变为灰色纹层状含叠层石的泥晶云岩构成高位体系域	354～375
	层序30		灰色略带肉红色的中薄层泥晶白云岩和灰色纹层状叠层石白云岩交替出现构成海侵体系域；灰色纹层发育的含大缓波状叠层石的泥粉晶云岩为最大海泛期产物；灰色纹层状泥晶叠层石白云岩，夹少量硅质条带和团块向上变为灰色含缓波状叠层石的纹层状灰色泥晶云岩构成高位体系域	331～354
	层序29		深灰色中层灰岩向上变为深灰色中层灰质白云岩向上变为灰色薄层泥质白云岩构成海侵体系域；深灰色薄层泥晶灰岩与页岩互层为最大海泛期产物；灰色薄层含叠层石的泥晶灰岩、岩溶角砾岩等构成高位体系域	294～330
	层序28	Ⅷ	灰色中层含砾泥晶白云岩、灰色薄层状藻纹层泥晶白云岩、灰色薄层状硅质岩等构成海侵体系域；灰色中厚层状粉晶藻纹层凝块石白云岩为最大海泛期产物；灰色中层状泥晶白云岩向上变为灰色中-厚层状藻纹层泥晶白云岩构成高位体系域	275～293
	层序27		灰色薄层状藻纹层泥晶白云岩夹硅质条带或硅质团块等构成海侵体系域；灰色中-薄层状凝块石粗粉晶白云岩为最大海泛期产物；灰色中层状泥晶白云岩向上变为灰色薄层状硅质岩构成高位体系域	260～274
	层序26		灰色藻纹层泥晶白云岩，夹硅质条带和灰色中厚层层状叠层石粉晶白云岩构成海侵体系域；灰色厚层状亮晶凝块石白云岩为最大海泛期产物；灰色中层状藻纹层泥晶白云岩等构成高位体系域	230～259
	层序25		中层藻纹层发育的含硅质条带的泥晶白云岩向上变为厚层含波状叠层石的泥粉晶白云岩构成海侵体系域；块状细晶白云岩为最大海泛期产物；灰色纹层发育的含硅质条带的白云岩向上变为灰色硅质岩构成高位体系域	213～229
	层序24		穹状叠层石的泥晶白云岩向上变为灰色中层藻纹层白云岩构成海侵体系域；厚层含波状、穹状叠层石的泥晶白云岩为最大海泛期产物；含硅质团块或条带的粉晶白云岩向上变为厚层含缓波状叠层石的泥晶白云岩构成高位体系域	191～212
	层序23	Ⅶ	灰色中层泥晶白云岩向上变为灰色厚层含缓波状、穹状和少量锥状叠层石的白云岩构成海侵体系域；巨厚层块状缓波状、锥状叠层石白云岩为最大海泛期产物；灰色中层泥晶白云岩向上变为含硅质条带的泥晶白云岩构成高位体系域	170～190
	层序22		硅质条带发育的灰色泥晶白云岩向上变为深灰色厚层含核形石的白云岩构成海侵体系域；深灰色厚层含核形石的白云岩为最大海泛期产物；灰色厚层泥晶白云岩向上变为灰色纹层发育的含硅质条带的泥晶白云岩构成高位体系域	158～169
	层序21		灰色中厚层含硅质团块或条带的泥晶白云岩和灰色薄层纹层发育的叠层石白云岩构成海侵体系域；灰色厚层状粉晶叠层石白云岩为最大海泛期产物；灰色中层泥晶白云岩向上变为灰色含硅质条带的泥晶白云岩构成高位体系域	129～157
	层序20		灰色中厚层泥晶白云岩向上变为灰色波状叠层石发育的泥晶白云岩构成海侵体系域；灰色厚层块状锥状叠层石白云岩为最大海泛期产物；灰色藻纹层发育的泥晶白云岩向上变为硅质条带异常发育的灰色泥晶白云岩或硅质岩构成高位体系域	121～128

续表

组	三级层序	二级层序	层序岩性特征	层号
雾迷山组	层序 19	Ⅵ	穹状叠层石发育的泥、粉晶白云岩构成海侵体系域；灰色厚层块状粉晶白云岩，底部含缓波状及小锥状叠层石为最大海泛期产物；灰色硅质团块或硅质条带发育的泥晶白云岩向上变为灰色硅质结壳层等构成高位体系域	100 ~ 120
	层序 18		灰色含硅质团块的泥晶白云岩、硅质条带发育的灰色白云岩或硅质层等构成海侵体系域；大型缓波状叠层石及小锥状叠层石为最大海泛期产物；灰色水平纹层发育的叠层石泥晶白云岩向上变为灰色硅质结壳层构成高位体系域	87 ~ 99
	层序 17		灰色中层泥晶白云岩、硅质条带发育的泥晶白云岩构成海侵体系域；厚层含核形石的白云岩为最大海泛期产物；灰色硅质层向上变为岩溶角砾岩构成高位体系域	75 ~ 86
	层序 16		灰色中层泥晶白云岩和灰色纹层状叠层石白云岩等构成海侵体系域；灰色厚层块状含缓波状或半球状叠层石云岩为最大海泛期产物；灰色中层泥晶白云岩向上变为硅质条带发育的灰色泥晶白云岩构成高位体系域	53 ~ 74
	层序 15		深灰色薄层含砾含砂泥晶白云岩等构成海侵体系域；深灰色厚层含缓波状、半球状叠层石的泥晶白云岩为最大海泛期产物；灰色中厚层泥晶白云岩向上变为灰色含硅质团块或条带的白云岩构成高位体系域	33 ~ 52
	层序 14		薄层岩溶角砾岩，向上为深灰色中、厚层泥、粉晶体白云岩等构成海侵体系域；深灰色含缓波状纹层状，小锥状叠层石的深灰色藻泥晶白云岩为最大海泛期产物；深灰色中层泥晶白云岩或含硅质条带白云岩构成高位体系域	24 ~ 32
	层序 13		黄灰色中-薄层含粉砂的泥质白云岩和纹层发育的泥晶白云岩等构成海侵体系域；灰色厚层的白云岩垂向加积形成最大海泛期的产物；岩溶角砾岩石，向上为黄灰色含砂泥质白云岩和白云质砂岩构成高位体系域	14 ~ 23
	层序 12		浅灰色中-薄层的含砂、含泥的白云岩和灰色中厚层泥晶白云岩和含硅质条带泥晶白云岩构成海侵体系域；厚层层纹状叠层石白云岩为最大海泛期产物；硅质条带异常发育的灰色白云岩构成高位体系域	1 ~ 13

雾迷山组：继杨庄期干旱气候下的沉积后，燕辽裂陷带气候逐渐向潮湿转化，但主要还是以潮坪相为主，以下为冀北雾迷山组微旋回叠加方式及沉积环境展示（图 7.13）：在雾迷山组中，共识别出 12 种成因岩石单元，它们是构成雾迷山微旋回层的基本单位。这些基本岩石单元的不同的沉积叠加组合，构成雾迷山组不同层序的海进体系域、最大海泛期、高位体系域的岩石沉积组合。通过化学分析及微量元素分析以及碳、氧、锶同位素分析结果，对划分出的三级层序进行了校正与优化，燕辽裂陷带雾迷山组共可划分出 22 个三级层序（图 7.10，表 7.6）。

洪水庄组：实测表明，洪水庄组与下伏雾迷山组呈沉积间断不整合接触，将其划分为 11 层、一段及一个三级层序（图 7.11，表 7.7）。洪水庄组底部为薄层泥质白云岩，向上变为页岩夹泥质白云岩组成海进体系域，第八层出现的黑灰色页岩为洪水庄组水浸最深的时期。然后有以灰白色含粉砂泥质白云岩的出现，表明水位开始下降，进入高水位体系域（图 7.14）。

铁岭组：实测表明，铁岭组与下伏洪水庄组呈整合接触。将其划分为 35 层、两个段（亚组）及两个三级层序（图 7.11，表 7.7）。铁一段（代庄子亚组）底部为含锰泥晶白云岩夹页状泥质白云岩，向上变为含粉砂泥质白云岩和硅质白云岩，反映水体逐渐变浅，与上覆铁二段（老虎顶亚组）的界面为铁质风化壳，说明铁一段与铁二段之间存在侵蚀面，此时期发生“铁岭上升”构造运动。铁二段以风暴砾屑灰岩、薄层泥晶灰岩、页岩为主，表明海平面升高，水体开始变深。通过化学分析、微量元素分析以及碳、氧、锶同位素分析结果，对露头划分出的三级层序进行校正与优化。

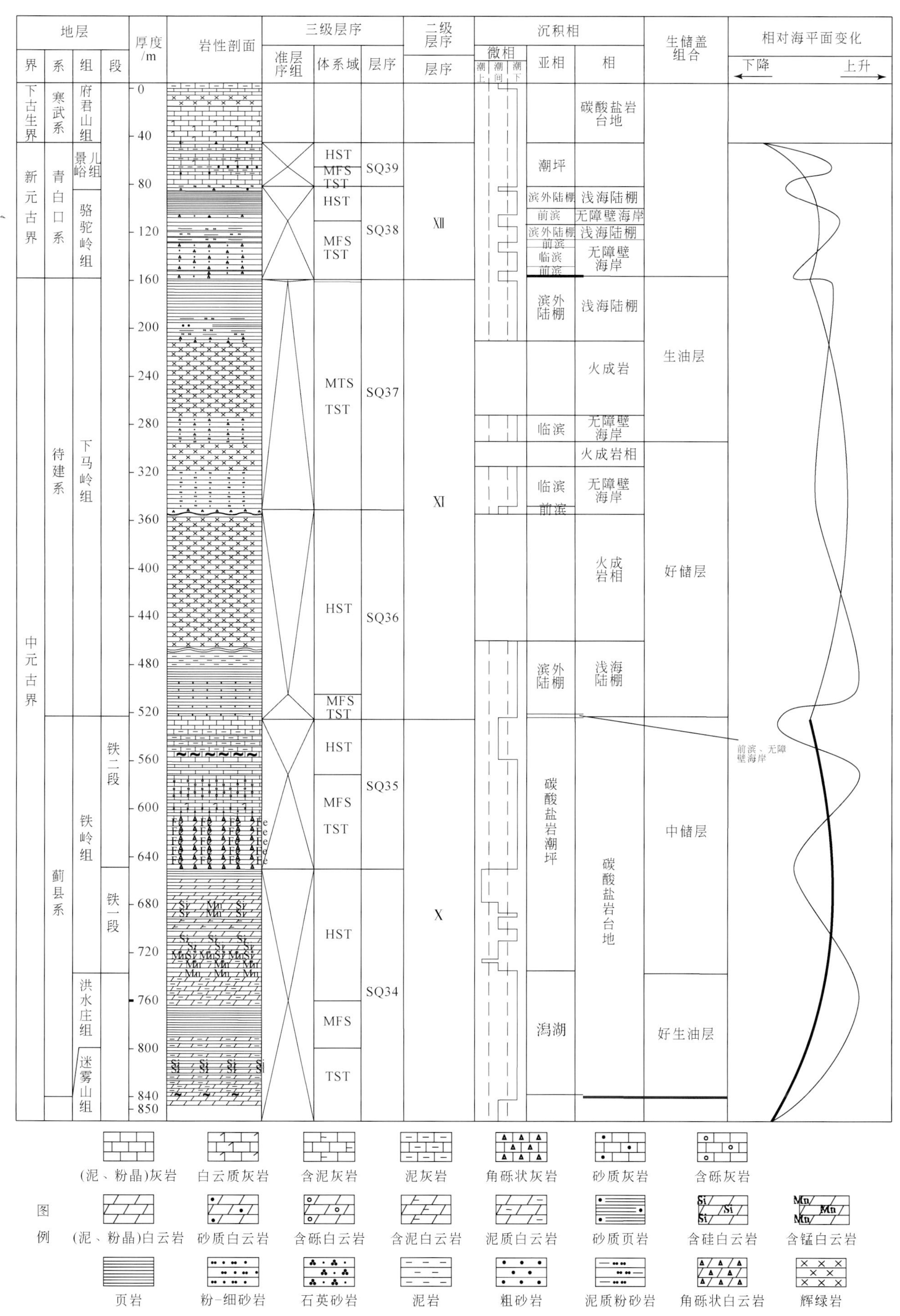

图7.11　冀北坳陷洪水庄组—景儿峪组层序柱状剖面图

表 7.7　冀北坳陷洪水庄组–景儿峪组层序划分

组	三级层序	二级层序	层序岩性特征	层号
景儿峪组	层序 39	XⅢ	薄层泥晶灰岩构成海侵体系域；中厚层黑灰色泥晶灰岩为最大海泛期的沉积物；泥晶灰岩与页岩互层，顶部出现豹皮灰岩构成高位体系域	70～74
骆驼岭组	层序 38	XⅡ	绿黄色粉砂质页岩夹薄层状细–中粒石英砂岩构成海侵体系域；黄灰色（风化色）薄层状泥质粉砂岩夹绿灰色页岩为最大海泛期产物；页岩与含海绿石砾屑灰岩构成高位体系域	64～69
下马岭组	层序 37	XI	薄层状细–粉砂岩与薄层状细–中粒石英砂岩构成海侵体系域；深灰色页岩为最大海泛期产物；灰黄色中–厚层状含砾石英粗砂岩构成高位体系域	55～63
	层序 36		含砾石英砂岩夹粉砂岩条带，页岩夹砂质条带构成海侵体系域；深灰色页岩夹少量泥质粉砂岩透镜体为最大海泛期产物；中薄层板岩、辉绿岩和石英砂岩等构成高位体系域	47～54
铁岭组	层序 35	X	白云质灰岩夹页岩或灰质白云岩夹页岩构成海侵体系域；黄绿色页岩夹瘤状（透镜状）灰岩为最大海泛期产物；藻席灰岩与泥晶灰岩薄互层同薄板状泥晶灰岩与页岩不等厚互层构成高位体系域	28～46
洪水庄组	层序 34		黑色硅质页岩与黑灰色薄层泥质白云岩不等厚互层构成海侵体系域；巨厚黑色页岩为最大海泛期产物；含粉砂泥质白云岩和含锰泥晶白云岩构成高位体系域	1～27

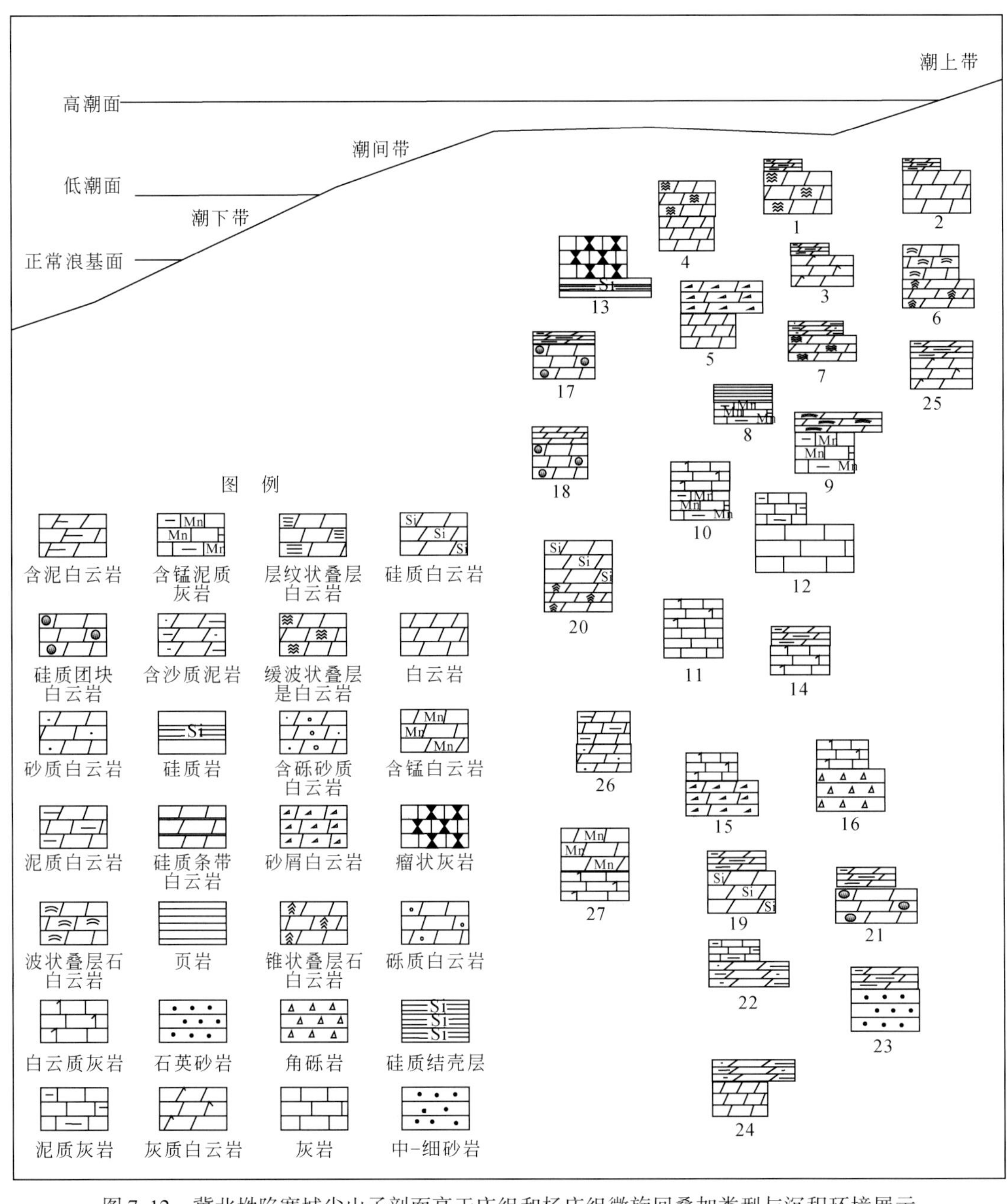

图 7.12　冀北坳陷宽城尖山子剖面高于庄组和杨庄组微旋回叠加类型与沉积环境展示

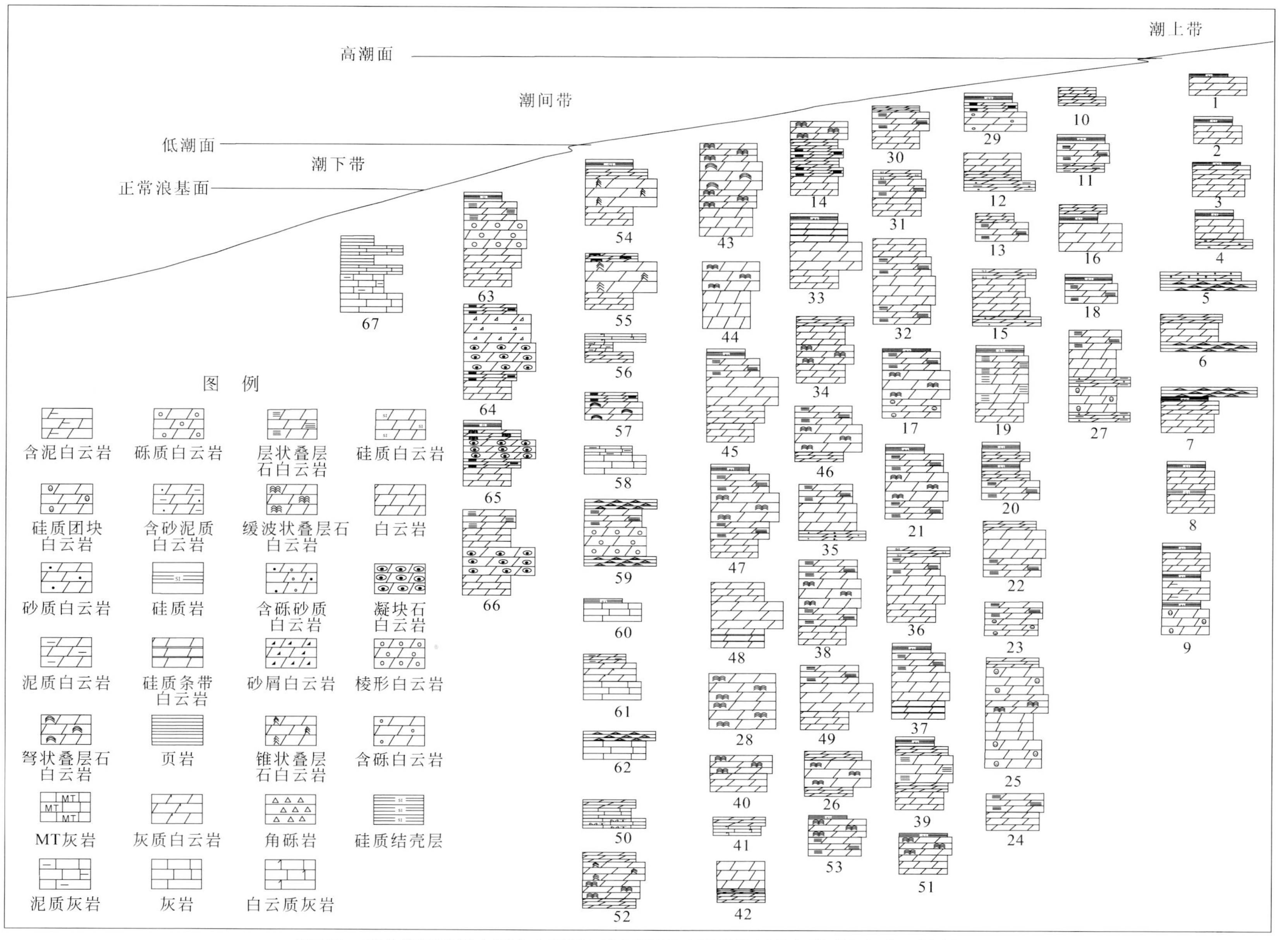

图7.13 冀北坳陷凌源大河北乡魏杖子剖面雾迷山组微旋回叠加类型与沉积环境展示

下马岭组：因“芹峪上升”构造运动，下马岭组下部为含沥青、含砾石英粗砂岩与下伏铁岭组铁二段（老虎顶亚组）顶部的薄板状泥晶灰岩呈平行不整合接触关系，将其划分为17层、一段及两个三级层序（图7.11，表7.7）。根据下马岭组到骆驼岭组微旋回叠加方式的不同，划分出不同的体系域（图7.15）。该组下部为含沥青、含砾石英粗砂岩，向上变为薄层状页岩夹薄层砂质条带，为海进体系域，以出现深灰色页岩代表最大海泛期，在冀北坳陷下马岭组中，普遍夹有2～4层辉长辉绿岩岩床侵入体。

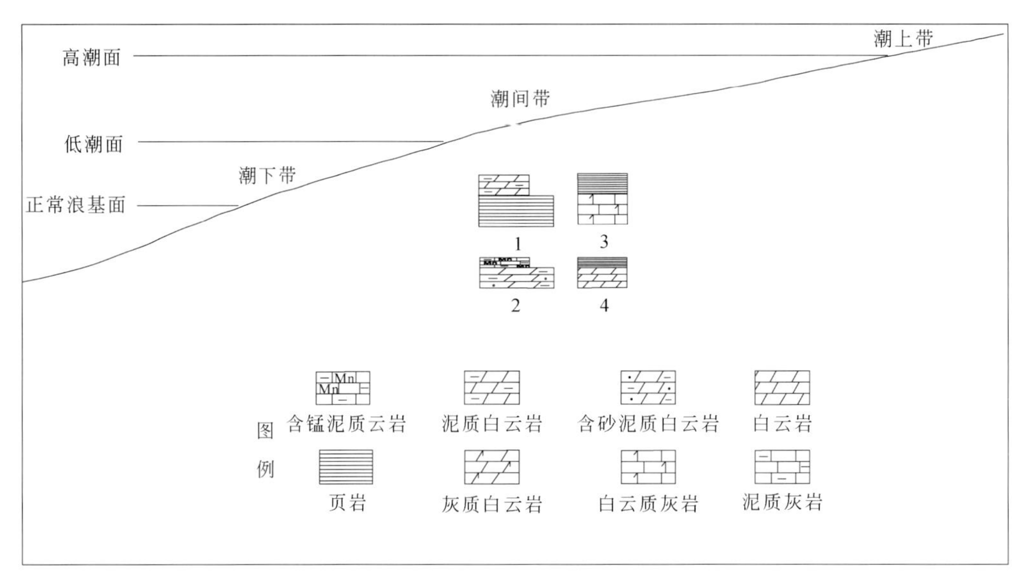

图7.14　冀北坳陷北杖子洪水庄组到铁岭组、景儿峪组微旋回叠加类型与沉积环境展示

骆驼岭组：底部灰黄色中-厚层状含铁质含砾石英粗砂岩，与下伏下马岭组顶部页岩呈平行不整合接触，将其划分为六层、一个三级层序（图7.11，表7.7）。该层整体上以石英砂岩为主，并且出现羽状交错层理，反映水体不是很深，主体为滨岸相沉积。

景儿峪组：与下伏骆驼岭组整合接触，将其划分为四层、一个三级层序（图7.11，表7.7）。该组呈砂质砾屑灰岩-薄层状的泥质粉砂岩-薄层泥晶灰岩岩性组合，表明水体加深。以薄板状紫灰色泥灰岩与泥晶灰岩互层，作为最大海泛期产物。随后地壳大规模抬升，海平面下降，到府君山组第76层豹皮灰岩的出现为止，结束了中—新元古代这段近4亿年期的沉积。其间以不整合面相接触。

根据上面列举的层序划分原则及依据，将宣龙坳陷中—新元古代高于庄组—景儿峪组地层划分为40个三级层序，有别于冀北坳陷总共39个三级层序（图7.16）。究其原因在于：冀东坳陷蓟县剖面杨庄

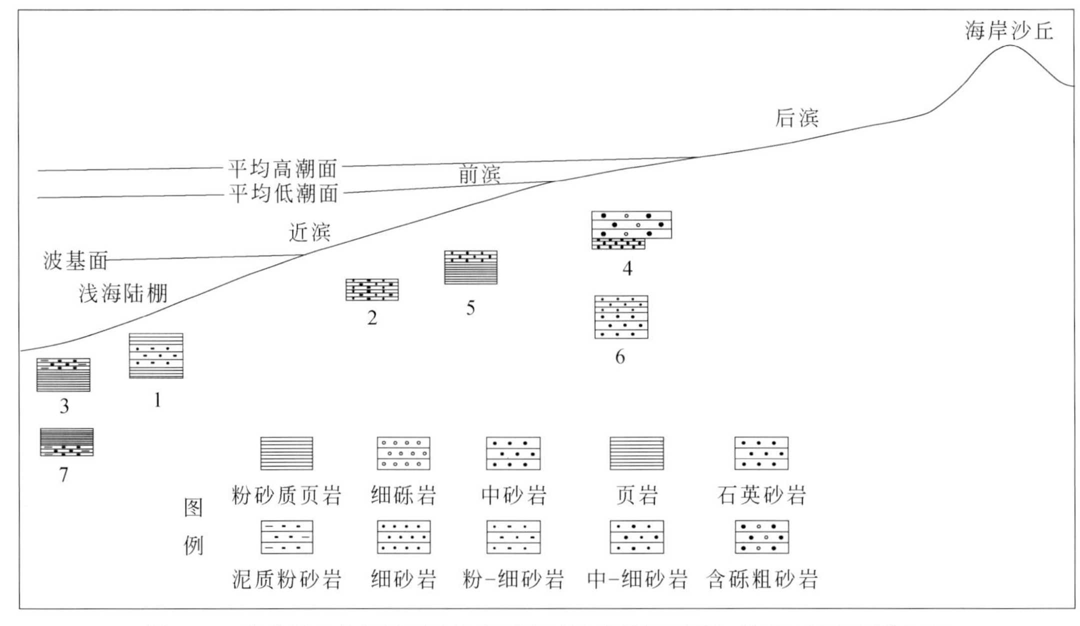

图7.15　冀北坳陷北杖子下马岭组到骆驼岭组微旋回叠加类型与沉积环境展示

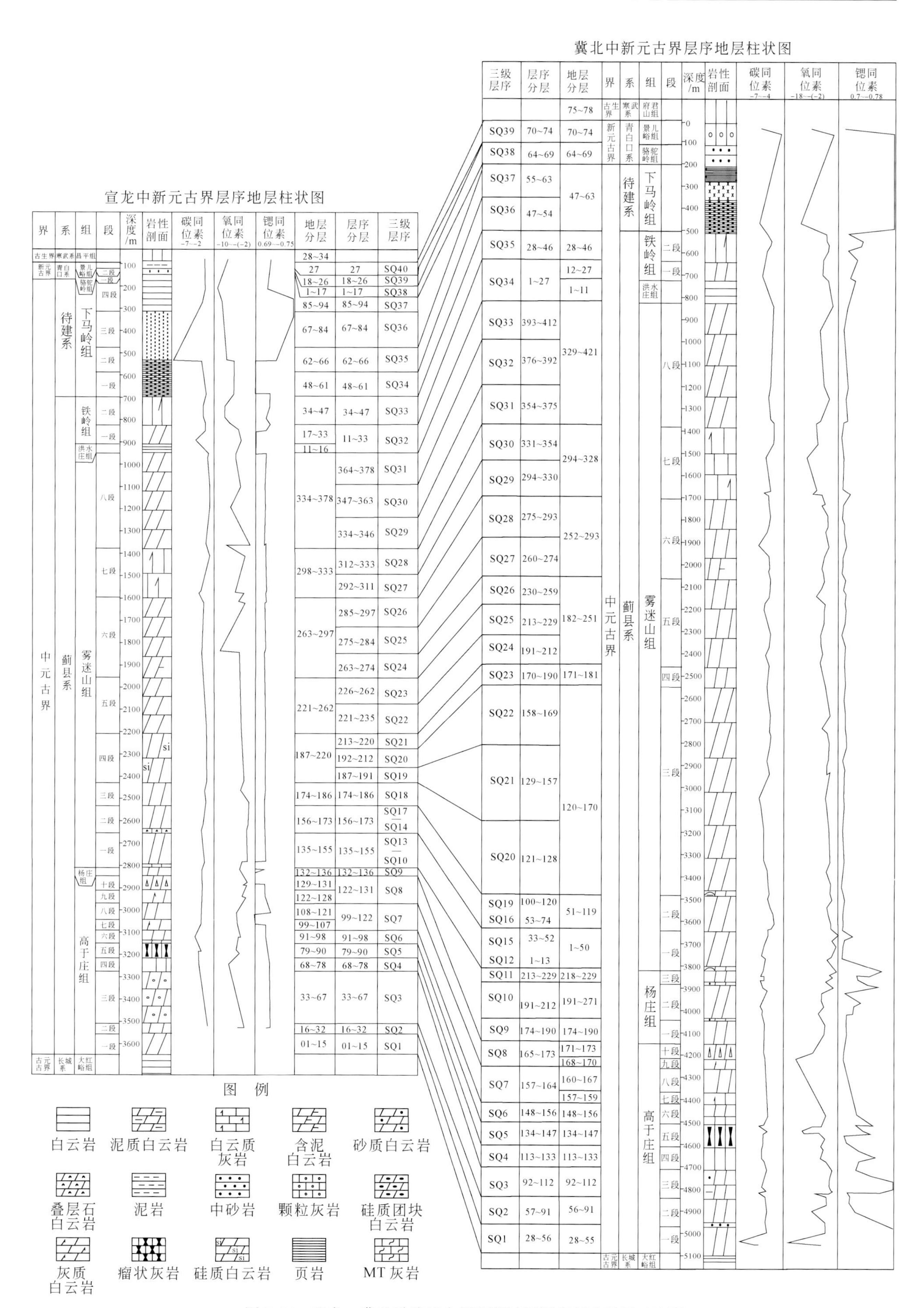

图7.16 宣龙、冀北坳陷元古界沉积地层层序划分结果对比图

组发育，地层厚达 1048 m，划分为三个岩性段，冀北坳陷杨庄组厚 322.37 m，参照蓟县剖面也可划分三段，均划分出三个三级层序，而宣龙坳陷杨庄组不发育，地层仅厚 36.01 m，未分段，而只作为一个三级层序（表 7.1）；冀北坳陷下马岭组只发育下一段（厚 369.45 m，含辉绿岩床），划分出二个三级层序，宣龙坳陷下马岭组划分出四段（厚 540.63 m，仅含辉绿岩脉；表 7.1），作为四个三级层序；冀北坳陷骆驼岭组划分出一个三级层序，而宣龙剖面划分出二个三级层序；两个坳陷其他组段的三级层序对应相等；因此两个坳陷的三级层序划分结果稍有不同，总体上宣龙坳陷地层剖面比冀北坳陷地层剖面仅多划一个三级层序。

7.3 沉积环境与沉积相

燕辽裂陷带中—新元古界地层剖面的地球化学研究始于 20 世纪 70 年代后期，早期工作主要是常量元素的地球化学研究。1980 年代中期，以石油地质学与油气地球化学研究为目的，对华北克拉通中—新元古界和下古生界碳酸盐岩开展了有机地球化学研究。随着燕辽裂陷带中—新元古界沉积地球化学分析资料的积累，数学地质和地球化学的研究进展，这些新兴学科的研究成果开始引入地层划分对比的研究。近年来研究表明，沉积物中常量元素、微量元素和稳定同位素对于分析古盐度、古气候、古海平面变化等诸多方面具有重要意义（邓宏文等，1973；李任伟等，1999）。

本章采集的常量、微量元素和锶同位素分析样品，大部分为白云岩，少数为灰岩（杨杰东等，2001），所取新鲜岩样，均未经蚀变、矿化或次生风化作用，分别采自冀北坳陷和宣龙坳陷中元古界碳酸盐岩地层，地层中岩样的分布见表 7.8。其中，由国土资源部天津地质矿产研究所采用 TRITON 质谱仪测试分析常量元素，微量元素采用 PW4400/40X 射线荧光光谱仪测试，检测的元素有 Ca、Mg、Si、Al、Fe、Mn、Na、K、B、Sr、Ba 以及锶同位素，从中选取若干含量较高且变化较大的元素作为研究对象，测试数据见表 7.9。

表 7.8　冀北坳陷、宣龙坳陷各组微量元素、氧化物采样统计表

构造单元	地层岩样数/件						
	高于庄组	杨庄组	雾迷山组	洪水庄组	铁岭组	下马岭组	骆驼岭组
冀北坳陷	84	23	251	5	15	11	5
宣龙坳陷	52	20	278	10	16	38	15

7.3.1 古水深变化

据研究，海水中锶的存留时间约 2.5×10^6 a，比海水的完全混合时间 10^3 年要长 3 个数量级。因此，在任何时代全球海水中的锶同位素组成都是均一的，这已经为现代海水中的 $^{87}Sr/^{86}Sr$ 值测定结果所证实。但是，显生宙以来海水中的 $^{87}Sr/^{86}Sr$ 值是随着时间的变化而改变的。通常沉积碳酸盐岩中 $^{87}Sr/^{86}Sr$ 初始值分布范围在 0.706～0.710。一般认为，海水中锶同位素组成，主要来源于陆壳的风化物质和洋中脊热液活动带出的幔源物质；相对幔源锶全球平均值 0.7035，壳源锶具有较高的 $^{87}Sr/^{86}Sr$ 值（全球平均值 0.7119），而且 $^{87}Sr/^{86}Sr$ 质量差很小，因此碳酸盐矿物沉淀时，锶同位素分馏可忽略不计，可以直接由海水的 $^{87}Sr/^{86}Sr$ 值标定矿物的锶同位素特征。当板块碰撞、构造隆升及其伴随的海平面下降时，古陆地暴露面积增大，由陆壳风化作用进入海洋的壳源锶增加，从而引起海水 $^{87}Sr/^{86}Sr$ 值的相对增高（蓝先洪等，2001）；而当海底火山活动、海底扩张及与之伴随的海平面上升时，一方面有大量幔源锶溶入海水，另一方面由于古陆地暴露面积减小而使壳源锶减少，这两方面的叠加效应，导致海水的 $^{87}Sr/^{86}Sr$ 值相对变小。由此可见，$^{87}Sr/^{86}Sr$ 值的高低与同期海平面的升降呈负相关关系；地史中海相碳酸盐岩的 $^{87}Sr/^{86}Sr$ 值正漂移意味着海平面下降和古陆扩大，负漂移则反映海平面上升和古陆收缩。因此，在没有大规模海底火山活动的影响下，全球海平面的变化是海水锶同位素组成最重要的控制因素（Pratt，1998a，1998b）。我国对显生宙海相碳酸盐地层的锶同位素研究取得一定的进展，演化曲线也越来越完善，然而对于前寒武纪的锶同位素研究较少，特别是中元古界锶同位素的研究成果更是零星。燕辽裂陷带内高于庄时期无大规模的海底火山作用，构造活动基本上以简单的升降为主。因此，可依据锶同位素特征判断同期海平面变化。

表7.9 冀北坳陷元古宇各组B、Mg/Al、Mg/Ca、$^{87}Sr/^{86}Sr$平均值

系	组	段	B	Mg/Al	Mg/Ca	$^{87}Sr/^{86}Sr$
青白口系	骆驼岭组		30.5	0.1084	2.0361	0.8001
待建系	下马岭组		28.3857	0.1937	1.0063	0.7299
蓟县系	铁岭组		12.06	7.4992	0.5655	0.7484
	洪水庄组		4.5	2.9190	1.635	0.7768
	雾迷山组	雾八段	9.8817	98.7366	0.6543	0.7081
		雾七段	21.011	5.7213	0.0750	0.7075
		雾六段	14.126	127.2517	0.7129	0.7082
		雾五段	10.016	134.5461	0.7143	0.7070
		雾四段	10.224	154.1057	0.7254	0.7079
		雾三段	11.7453	123.2116	0.7011	0.7073
		雾二段	6.3164	148.8813	0.7292	0.7069
		雾一段	7.6021	155.5438	0.7155	0.7058
		平均值	11.365	118.4998	0.6284	0.7075
	杨庄组	杨三段	18.925	9.6871	0.7292	0.7313
		杨二段	28.85	7.1092	0.7228	0.7323
		杨一段	30.675	8.4093	0.7014	0.7123
		平均值	26.15	8.4019	0.71784	0.7253
	高于庄组	高十段	15.3766	28.2537	0.4863	
		高九段	7.99	32.2190	0.1644	
		高八段	18.6333	8.5456	0.3066	
		高七段	15.34	9.2032	0.4322	
		高六段	23.18	6.0088	0.4322	
		高五段	52.3	3.9513	0.3376	0.7141
		高四段	48.716	4.5068	0.3456	0.7050
		高三段	50.85	14.6677	0.6407	0.7138
		高二段	51.714	63.2604	0.6426	0.7206
		高一段	20.3875	12.9791	0.6362	0.7375
		平均值	30.448	18.3595	0.4425	0.7182

由表7.9可见，从高一段到高三段，碳酸盐岩的$^{87}Sr/^{86}Sr$值整体上呈变小的趋势，而在高三段中后期，其值有相对增大的趋势，$^{87}Sr/^{86}Sr$最小值0.702247见于高三段中下部地层，这说明从高一段到高三段，海平面呈相对上升的趋势，而自高三段中期以后，海平面则呈下降态势，在高三段中前期海平面相对最高。高一段具有较高的$^{87}Sr/^{86}Sr$值说明其海平面相对较低，这与前人分析结论一致，高于庄初期基本上继承了大红峪期的浅水环境。整体上高于庄组$^{87}Sr/^{86}Sr$值波动较大，这反映出高于庄期间海平面的频繁变化（图7.17）。结合高于庄组沉积特征，由其$^{87}Sr/^{86}Sr$纵向演化特征可知，高于庄初期为发育范围广泛的浅水碳酸盐潮坪，中期区域海平面上升，盆地水域增大，形成较深水碳酸盐台盆相沉积，晚期海平面下降，水体有相对变浅的趋势。杨庄组$^{87}Sr/^{86}Sr$值总体呈增大趋势，表明杨庄组沉积期整体上为一个还退的过程（刘鹏举等，2005）。从图7.17雾迷山组$^{87}Sr/^{86}Sr$值的变化趋势可以得出，雾迷山组沉积期海平面整体呈现下降的趋势。其中高五段和高七段，$^{87}Sr/^{86}Sr$值变小，表明在此期间海平面上升。洪水庄组—骆

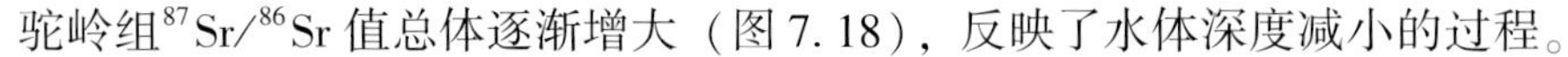
驼岭组 $^{87}Sr/^{86}Sr$ 值总体逐渐增大（图 7.18），反映了水体深度减小的过程。

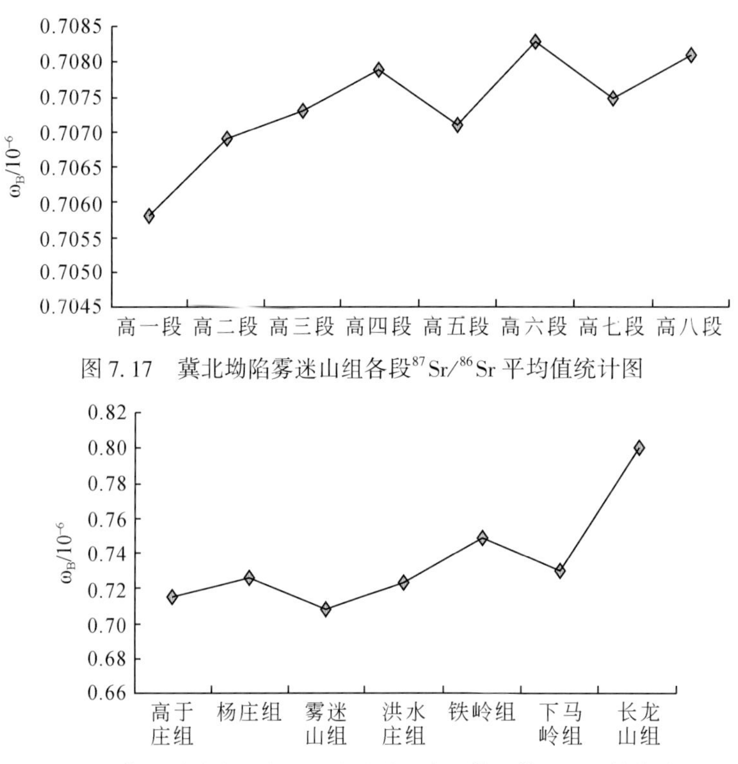

图 7.17　冀北坳陷雾迷山组各段 $^{87}Sr/^{86}Sr$ 平均值统计图

图 7.18　冀北坳陷高于庄组—骆驼岭组各段 $^{87}Sr/^{86}Sr$ 平均值统计图

7.3.2　古气候与古盐度

Mg/Ca 值可作为反映气候变化的良好指标：高值指示干热气候，低值指示潮湿气候；但碱性层位时则相反（旷红伟等，2005）。这是因为，碱层的成分是碳酸钠盐岩，当钠盐开始沉淀时，水介质中 Mg^{2+}、Ca^{2+} 由于充分沉淀浓度已很低，况且 Mg^{2+} 的活性比 Ca^{2+} 差得多，二者相比，前者几乎消耗殆尽，故岩层中 Mg/Ca 值表现为低值或极低值（宋明水，2005）。由此应该对 Mg/Ca 值的气候指标作一些必要补充，即当钠盐、钾盐等易溶性盐类不参与沉淀时，Mg/Ca 值高指示干热气候；而当它们参与沉淀时，Mg/Ca 低值和 K^+、Na^+ 的相对高值共同指示干热气候。

如图 7.19 所示，高于庄组 Mg/Ca 值变化极为特征，整体上呈先高后低、再升高的变化趋势，反映沉积期间气候从相对干热到逐渐潮湿、再转为干热的变化过程；海水古盐度逐渐减小再变大的变化过程。由 Mg/Ca 值的变化趋势可以得出（图 7.20），高于庄组、雾迷山组和铁岭组 Mg/Ca 值相对较低，平均值分别为 0.4425、0.632、0.5655，表明气候相对潮湿，海水古盐度相对较低，其中雾七段 Mg/Ca 值仅为 0.11，气候相对最为潮湿湿润，海水古盐度最低，与最大海侵有关。而杨庄组、洪水庄组、下马岭组及骆驼岭组的气候相对干燥，海水古盐度相对较高。

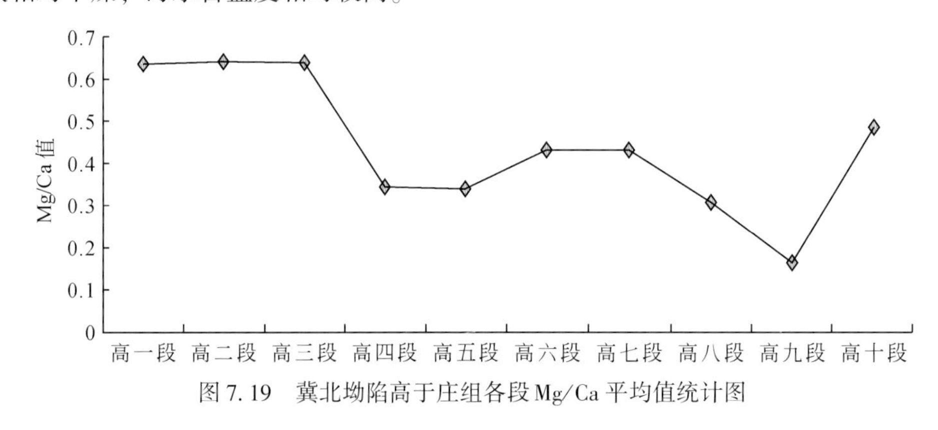

图 7.19　冀北坳陷高于庄组各段 Mg/Ca 平均值统计图

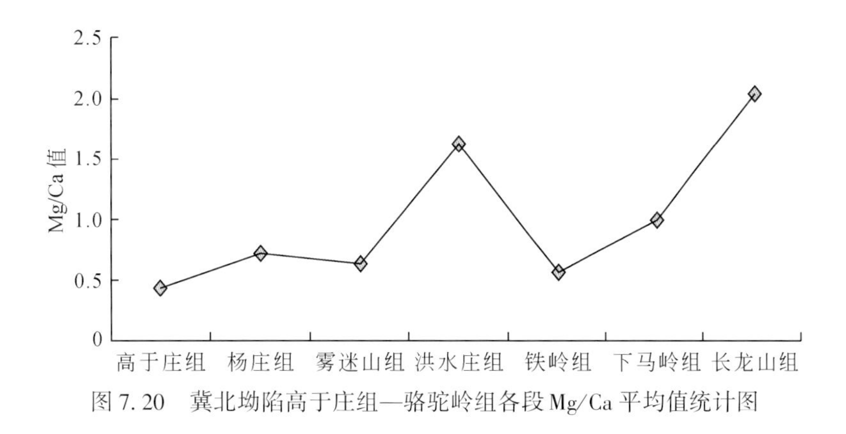

图7.20 冀北坳陷高于庄组—骆驼岭组各段Mg/Ca平均值统计图

7.3.3 沉积体系与沉积相类型

燕辽裂陷带中—新元古界地层岩石类型丰富多样，可划分为三种类型。第一类为碳酸盐岩类：以白云岩为主，还发育少量的灰岩，其中白云岩包括泥晶白云岩、结晶白云岩、泥质白云岩、叠层石白云岩、颗粒白云岩及过渡云岩类，灰岩包括泥晶灰岩、粉晶灰岩、颗粒灰岩、瘤状灰岩、条带状灰岩及过渡灰岩类；第二类为陆源碎屑岩类：主要为砂岩、砾岩和黏土岩；第三类为其他岩类：硅质岩、风暴岩、障积-黏结岩和角砾岩等。沉积构造主要发育水平层理、平行层理、交错层理、波状层理、波痕、冲刷面、干裂、叠层石等（图7.21）。

根据冀北坳陷和宣龙坳陷两条地层基干剖面（累计厚度约7000 m），辅以一定数量的观察剖面、观察点以及在1000多件岩石薄片鉴定、20件粒度分析和2000多件岩石地球化学分析资料（包括微量元素、常量元素、锶同位素、碳氧同位素、X衍射）的基础上，通过岩石颜色、自生矿物、粒度、成分、结构、沉积构造及古生物化石等相标志的研究，并结合本区的区域地质概况（宋天锐，2007），总结出燕辽裂陷带中—新元古界主要发育海相碳酸盐岩和海相碎屑岩两种沉积体系，沉积体系发育的相、亚相及微相详见表7.10。

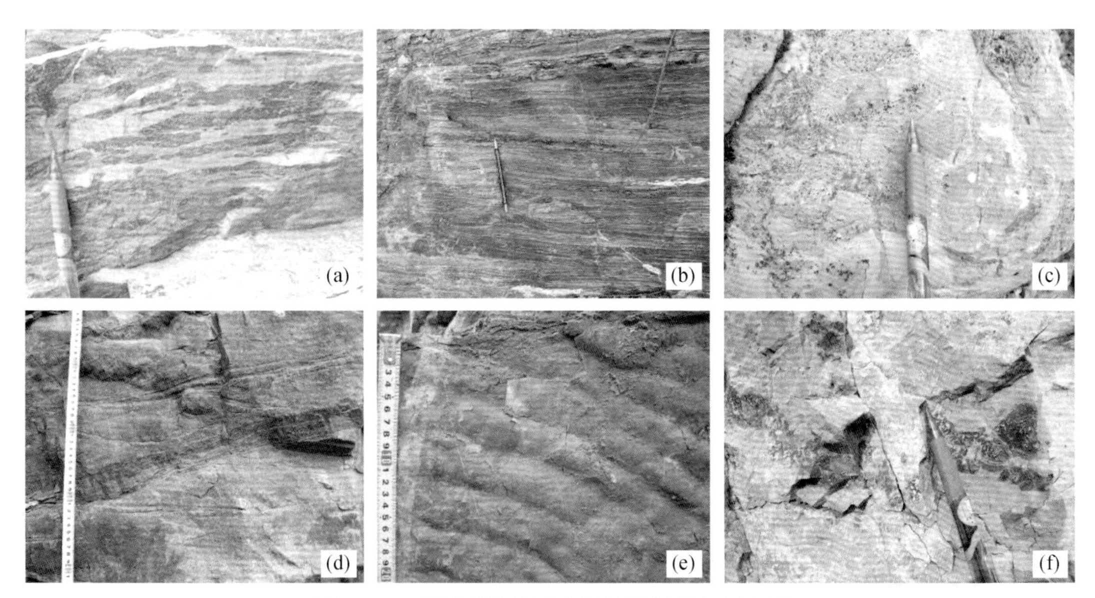

图7.21 燕辽裂陷带元古界地层沉积相标志图

（a）宣龙坳陷高于庄组高二段第74层条带状泥晶灰岩；（b）辽宁凌源魏杖子剖面雾二段第53层层纹状叠层石；（c）河北怀来赵家山剖面铁二段第39层柱状叠层石灰岩；（d）河北怀来梁家山剖面骆驼岭组第10层褐灰色中层状细粒石英砂岩，发育中型槽状交错层理；（e）河北宽城尖山子剖面杨庄组第209层岩层面波痕；（f）北京延庆县大石窑高于庄组高九段障积岩

7.3.3.1　碳酸盐岩台地相

燕辽裂陷带发育的碳酸盐岩台地为陆表海型碳酸盐岩台地，其地形平坦开阔，水体较浅，岩性、岩相无十分明显的变化，白云岩非常发育、陆源物质供应较少、具有形态多样而又数量丰富的叠层石和类型多样的砾屑云岩。海平面的升降变化显著，使沉积物具有明显的旋回性和韵律性。潜水动荡和干旱蒸发沉积标志说明，燕辽裂陷带中—元古代具有广阔的潮汐波浪作用带。其元素地球化学总体特征表现为以 CaO 和 MgO 为主，且 $\omega(CaO)>\omega(MgO)$，SiO_2、Al_2O_3、Fe_2O_3、FeO 和 K_2O 等含量较少；Sr、Sr/Ba 及 Sr/Ca 值随着水体的加深逐渐增大。而且碳酸盐岩台地相主要分布在长城系高于庄组、蓟县系杨庄组、雾迷山组、洪水庄组、铁岭组（王可法等，1993）和青白口系景儿峪组，由潮坪和潟湖两种亚相组成（表 7.10）。

表 7.10　燕辽裂陷带元古界地层沉积相划分表

沉积体系	相	亚 相	微 相	分布组段
陆表海碳酸盐岩沉积体系	碳酸盐岩台地	潮坪	潮上带	高于庄组、雾迷山组 杨庄组、洪水庄组 铁岭组、景儿峪组
			潮间带	
			潮下带	
		潟湖	潟湖泥	高于庄组、洪水庄组
	生物礁	障积-黏结礁	障积-黏结岩	宣龙坳陷高九、十段
陆缘海碎屑岩沉积体系	浅海陆棚	过渡带		下马岭组、骆驼岭组
		滨外陆棚		
	无障壁海岸	前滨		下马岭组、骆驼岭组
		临滨		下马岭组、骆驼岭组

1. 潮坪亚相

燕辽裂陷带地质营力主要受潮汐作用影响，波浪作用影响较弱，其影响范围非常宽广，横向上可达 100～1000 km。由于周期性的涨潮、落潮，在横向上该相带沉积物的分布具有分带性。依据水体能量相对强弱程度可细分为潮上带、潮间带和潮下带三个微相（赵震，1988）。

潮上带：位于平均高潮面和最大高潮面之间，常暴露于大气中，与潮间带上部常呈过渡关系，只有在大风暴和大潮汐时才被海水淹没。该地带白云化作用较强烈，白云岩为准同生作用，岩石类型主要以浅灰色、灰色、褐灰色薄-厚层状或纹层状泥-粉晶白云岩、泥晶灰岩、泥质白云岩为主，由于该带通常保持较干燥环境，藻叠层石沉积不太发育，有时掺杂少量的铁质，常有碎屑物质的混入形成黄灰、黄绿色、紫红色页岩以及碳酸盐岩与碎屑岩的过渡类型如含泥云岩，含砂云岩等，有时见干裂、石膏假晶、鸟眼构造等干旱蒸发沉积标志。其元素地球化学特征表现为：V、Rb、Be、P_2O_5 和 MnO 的含量值相对最低；SiO_2、Al_2O_3 的含量相对较大，是由于潮上带离海岸最近，陆源物质供应相对充足所致。且在潮上带 $\delta^{13}C$ 均值最小，仅为-0.78‰；$\delta^{18}O$ 均值最大，为 -5.10‰。

潮间带：位于平均高潮面与平均低潮面之间，以间歇能沉积为特点，为潮坪环境中最宽的地带。总体上泥质混入而形成泥质粉砂质云岩或灰岩。常见波状、层状叠层石发育，偶见锥柱状叠层石；主要为粉细晶白云岩、内碎屑白云岩，鲕粒白云岩夹黑灰色硅质白云岩、硅质页岩或硅质团块，局部含少量锰质，有时有少量陆源粉砂质；且由下至上依次由柱状变为波状、薄层状。一般沉积物颜色较浅，常见到泥裂、鸟眼构造和羽状交错层理等。潮间带可分为潮间低能带和潮间高能带；其中潮间低能带主要以纹层状、微波状叠层白云岩、竹叶状白云岩和低幅度波痕为特征；而潮间高能带以发育大波纹状、中小型锥（柱）状藻叠层白云岩、亮晶颗粒白云岩、颗粒白云岩（内碎屑、鲕粒、藻鲕及团粒）、角砾白云岩、交错层理等为特征。元素地球化学特征表现为：V、Rb、Be、P_2O_5 和 MnO 的含量介于潮上带与潮下带之间；SiO_2、Al_2O_3 的含量相对较小，是由于潮间带离海岸较远，陆源物质供应相对较少所致。潮间带 $\delta^{13}C$ 均值为 0.17 ‰，$\delta^{18}O$ 均值为-5.61‰，都介于潮上带和潮下带值之间。

潮下带：位于平均低潮面之下，可以进一步分为潮下高能带和潮下地能带。潮下高能带位于平均低潮面以下，浪基面以上，其水动力较强，岩石类型为砂砾屑白云岩（灰岩），鲕粒白云岩，凝块石白云岩等颗粒云岩。常见大型锥或柱状藻叠层白云岩以及藻礁等，局部含锰质和硅质条带，夹风暴岩，发育各种交错层理、平行层理和波痕等构造。潮下低能带位于浪基面以下，由于水体较深，光线微弱，藻类活动少，因此主要为贫藻迹的、化学沉淀为主的块状泥晶白云岩或灰岩、瘤状灰岩、页岩，有时含较多锰质，多呈厚层状，泥质含量高时可成为含泥和泥云岩，常见水平层理。元素地球化学特征表现为：V、Rb、Be、P_2O_5和 MnO 的含量值相对最高；SiO_2、Al_2O_3的含量值相对最小，是由于潮下带离海岸最远，几乎没有陆源物质供应所致。且潮下带 $\delta^{13}C$ 均值最大，达 0.59‰；$\delta^{18}O$ 均值最小，仅-6.36‰。

2. 潟湖亚相

当水流不断将潮下高能带的鲕、藻鲕、藻团等搬运到潮间带的中下部，形成浅滩型沉积。浅滩形成遮挡作用，使近岸海与广海相隔绝，致使海水流通受到一定程度的限制，使海水处于局限流通或半流通状态，向陆一侧形成了以潮汐为主要营力，而波浪作用不太明显的闭塞的潟湖沉积环境。潟湖中海水能量较低，沉积物主要以深色页岩为主，夹薄层泥晶白云岩，水平层理发育，含铁锰结核及黄铁矿。

7.3.3.2　生物礁相

生物礁相在燕辽裂陷带不甚发育，仅在宣龙坳陷古子房剖面和冀北坳陷西缘兴隆县潘家店剖面高于庄组高九—十段发现。为浅灰色巨厚块状粉-细晶藻白云岩，内部隐约可见藻丝体或宏观藻，呈垂直、分枝状原地固着生长，藻间为粉-细晶白云石充填，发育大量孔洞，孔洞方向大多垂直层面延伸，孔洞内被结晶白云石或硅质燧石、石英充填或半充填。该生物礁的造礁生物为蓝绿藻和宏观藻，由于对海水中沉积物进行障积和黏结，形成障积-黏结礁（肖传桃等，2001）。从区域展布分析，在其东侧的冀北坳陷宽城尖山子村高于庄组高九段和高十段均为藻灰结核或核形石灰岩和岩溶角砾岩，而西侧的宣龙坳陷宣化为含硅质条带的白云岩和叠层石云岩与厚层状角砾白云岩，但其沉积厚度较小，因此，外观呈丘状隆起（图 7.22）。

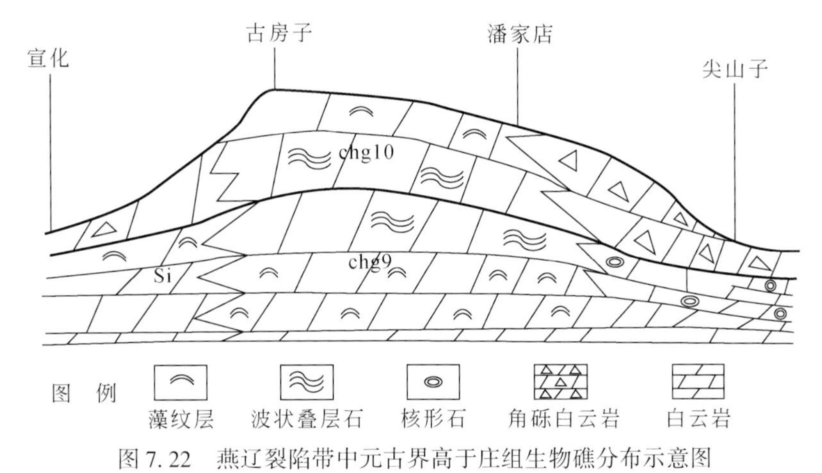

图 7.22　燕辽裂陷带中元古界高于庄组生物礁分布示意图

7.3.3.3　浅海陆棚相

该带位于波基面之上，水体与外界循环交换良好，地形平坦，坡度较小，水动力较弱，主要为悬浮质沉积。沉积物主要为大量页岩夹薄层状泥质粉砂岩、细砂岩或灰岩透镜体。其元素地球化学总体特征表现以SiO_2的含量占绝对优势，且 CaO 和 MgO 含量较低，Al_2O_3、Fe_2O_3、FeO 和 K_2O 等含量相对碳酸盐岩台地相明显较高；Sr、Sr/Ba 及 Sr/Ca 值也随着水体的加深逐渐增大。燕辽裂陷带发现的浅海陆棚相分布于待建系下马岭组与青白口系骆驼岭组。可进一步划分为滨外陆棚和过渡带两个亚相。

1. 滨外陆棚亚相

滨外陆棚位于过渡带外侧至大陆坡内边缘的浅海区，岩性主要为深灰色页岩，局部可见一些深灰色薄层状含硅泥岩、含铁灰岩透镜体、黄褐色（风化色）泥质白云岩。层理不发育，水动力条件较弱，且页岩的颜色较深，反映当时沉积环境为水体较深的还原环境。在该亚相中，碳酸盐岩少量发育主要是因为滨外陆棚离岸相对较远，陆源物质相对较少。与陆缘海碎屑岩沉积体系的其他亚相相比，元素地球化学特征表现为：SiO_2的含量值最高；V、Rb、Be等大多数微量含量值相对最高；Al_2O_3、Fe_2O_3、K_2O等大多数常量元素含量值相对最低。

2. 过渡带

过渡带是近滨与滨外陆棚之间的过渡沉积区，位于浪基面以下。岩性主要为灰绿色页岩，夹薄层状泥质粉砂岩、细砂岩，局部还含鲕绿泥石及海绿石自生矿物。常含有褐铁矿或菱铁矿结核及透镜体，其大小10～50 cm不等，顺层分布，透镜体长可达60 cm。页岩中黏土矿物及陆源物质都较高，且页理较发育，风化后呈书页状。发育微细有水平层理和砂纹层理，水动力条件相对较弱，其中菱铁矿结核及透镜体反映当时沉积环境为一种水体较安静的弱碱性的还原环境。元素地球化学特征表现为：SiO_2的含量值较高；V、Rb、Be等大多数微量含量值相对较高；Al_2O_3、Fe_2O_3、K_2O等大多数常量元素含量值相对较低。

7.3.3.4 无障壁海岸相

该类型海岸无障壁岛的遮挡，与大洋连通较好，受较明显的波浪和沿岸流作用，海水可以进行充分的流通和循环，因此又被称为广海型海岸。根据水动力状况、沉积物成分、结构和构造等因素，元素地球化学总体特征表现以SiO_2的含量较高，且CaO和MgO含量较低，Al_2O_3、Fe_2O_3、FeO和K_2O等含量相对碳酸盐岩台地相也明显较高；Sr、Sr/Ba及Sr/Ca值也随着水体的加深逐渐增大。燕辽裂陷带发现的无障壁型海岸相分布于的待建系下马岭组与青白口系骆驼岭组。可进一步划分为临滨和前滨两个亚相。

1. 临滨亚相

又称近滨亚相，位于平均低潮线和正常浪基面之间，地理位置相当于潮下带。岩性主要为灰-深灰色含铁细-粉砂岩和黄绿色页岩，由下自上砂岩颗粒由细变粗，砂岩层厚度逐渐变厚。砂岩中石英含量约80%以上，粒径一般在0.5～5 mm，分选磨圆较好，呈椭圆状-次圆状，常含黄铁矿和硅质，胶结物以泥质，硅质胶结为主，砂岩中常见海绿石自生矿物。砂岩中发育有平行层理、透镜状层理以及小型砂纹层理，水动力条件相对较强，MnO含量相对较大，指示了水体相对较浅的氧化环境。元素地球化学特征表现为：V、Rb、Be等大多数微量含量值在碎屑岩亚相中最低；Al_2O_3、Fe_2O_3、K_2O等大多数常量元素含量值相对较低。

2. 前滨亚相

前滨位于平均高潮面和平均低潮面之间，地理位置相当于潮间带。但沉积机理和沉积物特征与潮间带不同，前滨的水动力条件以波浪的冲洗为特征，因此沉积物有充分的时间磨蚀、淘洗。岩性以灰黄色中-厚层状含砾中-粗石英砂岩为主，局部含沥青，砾石主要为细砾，粒径在2～5 mm，石英含量约90%，分选磨圆较好，层理清晰，为铁泥质、硅质、海绿石质胶结，发育平行层理、冲洗层理和交错层理，其中冲洗层理为多组平行层理以低角度相互截切，细层厚约2～8 mm，层系厚约6～14 cm。元素地球化学特征表现为V、Rb、Be等大多数微量含量值较低；Al_2O_3、Fe_2O_3、K_2O等大多数常量元素含量值也相对较低。

7.3.4 剖面相分析

7.3.4.1 蓟县系高于庄组

伴随海平面的升降，高于庄组沉积经历了由潮间带—潮下带—潮间带—潮上带的演变过程（朱士兴等，2005）。

高一段：包含第28～55层，底部为厚约13 m的石英砂岩，向上为燧石条带、结核、叠层石白云岩夹泥质白云岩、薄层石英砂岩和中-厚层白云岩夹含砾屑白云质砂岩，以含陆屑和含锰为特征，可见平行层理，局部发育波状、穹状和柱状叠层石，属潮上带-潮间带沉积。

高二段：包含第56～91层，岩性以深灰、灰色（含）硅质白云岩、泥质白云岩、含锰白云岩和深灰、灰色薄层叠层石白云岩为主，叠层石发育层状、波状、锥柱状，属潮间带-潮下带沉积。

高三段：包含第92～112层，下部以薄层泥质粉砂岩与含锰页岩为主，向上以含锰白云岩、含锰粉砂质白云岩、含锰细晶白云岩为主，属潮间带-潮下带沉积。

高四段：包含第113～133层，岩性以深灰、浅灰色泥晶白云岩、白云质灰岩、泥质灰岩为主，以含锰、硅质条带和结核为特征。中下部发育少量瘤状灰岩，代表海浸过程的MFS。第四段经过间或出现的潮间带环境便进入了一个水流闭塞，不适于藻类生长的潮下带低能环境，属潮下带沉积。

高五段：包含第134～147层，底部为黑色硅质页岩与白云质页岩互层，夹瘤状灰岩，向上为厚层瘤状灰岩与硅质层互层、深灰色中-厚层状白云岩，顶部发育一层角砾状白云岩，局部可见水平纹层，属潮下带-潮间带沉积。

高六段：包含第148～156层，底部为深灰色中层块状砂屑灰岩，砂质灰岩和块状砂屑白云岩，可见灰岩条带和透镜体，局部砂屑灰岩底部隐约可见交错层理。中部为深灰色薄层状瘤状灰岩、白云质灰岩与厚-中层状含灰白云岩互层，层间夹页岩，组成多个韵律。本段开始，有短暂的海平面上升，继而海平面下降，属潮间带-潮下带沉积。

高七段：包含第157～159层，灰岩与白云岩多以互层形式出现，层间夹页岩，组成多个韵律。顶底部页岩夹层较多，白云岩单层较薄，中部页岩夹层相对较薄，白云岩较厚。白云岩中发育水平纹层，波状纹理，局部可见灰岩条带、透镜体、波痕构造等，砂屑灰岩底部隐约可见交错层理。属潮间带沉积。

高八段：包含第160～167层，底部以白云质灰岩，向上灰质逐渐减少；中下部为薄层含灰白云岩、可见灰质团块或条带；上部为深灰色厚层泥晶白云岩、灰质白云岩和白云质灰岩，可见硅质条带、团块，偶见硅镁结核。某些层面上露出较大的波痕、泥裂。第八段水体继续变浅，属潮上带沉积。

高九段：包含第168～170层，下部以深灰、黑灰色中厚层-块状泥粉晶灰岩和白云质灰岩为主，白云质灰岩中纹层发育；上部以深灰色中厚层泥粉晶灰岩为主，发育少量白云质灰岩，可见含纹层状（藻席）白云质细层，少量硅质团块、结核。总体来说泥晶灰岩发育较多，局部可见藻灰结核，粉晶灰岩较少，灰岩中常含砂质、粉砂质，偶含白云质，属潮间带沉积。

高十段：包含第171～173层，下部为灰、深灰色中厚层-块状泥晶灰岩、泥晶白云岩，其中含较多硅质，硅质岩呈团块、条带、结核状；上部为厚层-块状角砾岩，角砾成分为白云岩或灰质白云岩，棱角状，大小悬殊，大者可达数十厘米，一般为1～5 cm，顶部2 m含少量硅质团块或条带。表明水体又开始变浅，属潮间-潮上带沉积。

7.3.4.2 蓟县系杨庄组

杨庄组继承了高于庄晚期的海退趋势，为干热气候下的近岸陆表海沉积，有较多的陆源碎屑物质供应，以紫红色含粉砂泥质泥晶白云岩为主要特征，形成一套以潮间带-潮上带为主的沉积物。中段以后，岩石颜色以红色为主，红灰相间，反映周期性干旱气候条件和氧化的介质环境。

杨一段：下部为泥晶白云岩，夹燧石条带白云岩、凝块石白云岩；上部以灰色泥晶白云岩、波纹状叠层石白云岩为主，向上紫红色泥晶白云岩逐渐增多。本段以中层状泥晶白云岩为主，局部发育小型锥柱状、波纹状缓波状叠层石，可见干裂、收缩缝、鸟眼构造、低幅度不对称波痕、羽状交错层理等，属潮间带-潮上带沉积。

杨二段：以紫红、棕红色含砂泥白云岩为主，典型特征是陆源泥、砂增多，可见薄层石英砂岩与含砂泥质或泥晶白云岩构成的旋回，偶夹层状、波状叠层石白云岩，常见浅水波痕，有时可见干裂、石膏及石盐假晶等干旱蒸发沉积标志，表明以潮上带沉积为主。

杨三段：下部浅灰色燧石条带泥晶白云岩为主，夹含砂白云岩；中上部为红灰相间的泥晶白云岩，属潮间带-潮上带沉积。

7.3.4.3　蓟县系雾迷山组

雾迷山组以地层厚度大、沉积韵律十分发育（图 7.23）、具有大量生物碳酸盐岩为其显著特征。雾迷山组时期海底升降运动频繁，水体深浅多变。以冀北坳陷为例，整个雾迷山组沉积厚达 2947.15 m，几乎全部由 A、B、C、D、E 五个韵律要素，组合成 400 多个不同韵律层所构成（图 7.23）。韵律层之间多被小的沉积间断分开，这些韵律层表明海平面为小幅度但是十分频繁的震荡变化，盆地明显表现出颤动性下沉的特点。

雾迷山组自下而上可细分为八段，野外划分 411 层。雾一段至雾七段，总体海平面呈上升的趋势，雾七段水体最深，为潮下带沉积环境。雾迷山组末期，C 韵律层少见，以泥晶白云岩，硅质岩为主，局部含少量火山碎屑物，叠层石发育层状、缓波状，地壳较活动，沉积环境为潮间-潮上带，雾八段海水变浅。以冀北坳陷为例，简述雾迷山组各段的岩性-岩相特征如下：

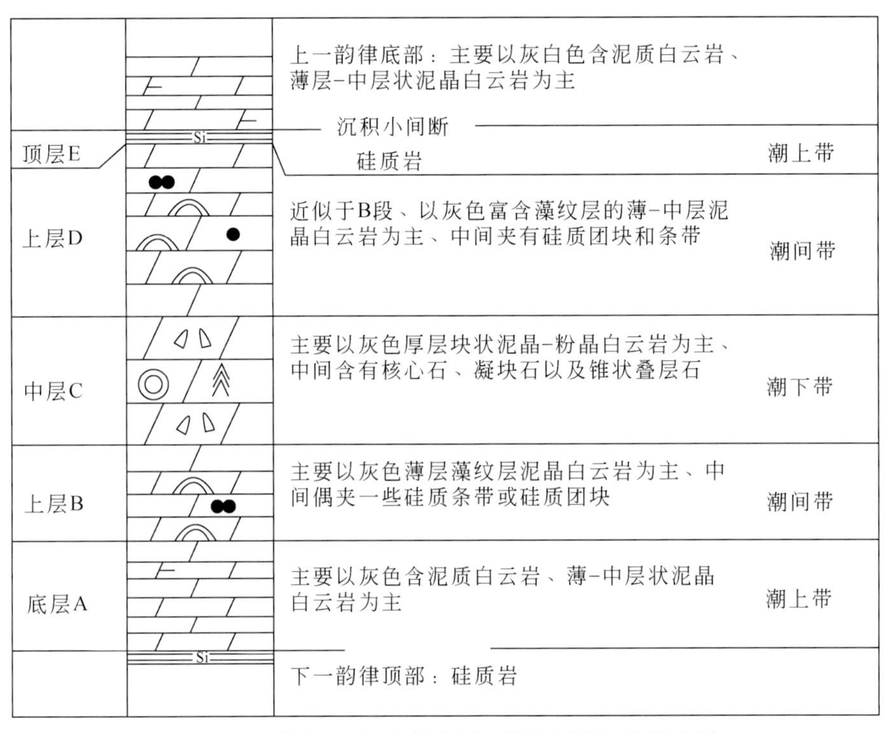

图 7.23　雾迷山组沉积韵律层五韵律要素组合模式图

雾一段：本段包含第 1 ~ 50 层，整体来看在前 30 层中 A-B-D-E 韵律要素都比较发育，C 要素不常见，即使见到的话厚度也不大，代表一个水体相对较浅的环境，属潮上低能沉积；第 30 层以后 C 要素才开始较多出现，厚度也有所加大，水体开始加深；从第 44 层开始到本段结束，C 要素基本消失，说明水体又开始变浅，属潮间带沉积。从底部到顶部，沉积环境由潮上低能带变化为潮间带，总体以潮间带沉积为主。

雾二段：包含第 51 ~ 119 层，以 A-B-D-E 韵律要素组合为主，C 要素基本不发育，反映一个浅水的环境。从第 61 ~ 82 层，以 B-C-D 组合为主，而且岩性多以粉晶为主，代表水体加深。第 83 ~ 102 层，C 要素开始减少，并且厚度减小，B-D-E 组合则大量出现，表明水体由深开始变浅。第 103 ~ 119 层，C 要素开始少量出现，D 要素大量出现，为水体缓慢上升的阶段。第二段总体仍以潮间带沉积为主。

雾三段：包含第 120 ~ 170 层，本段初始沉积时以 A-B-D-E 韵律要素组合为主，说明水体不是很深，从 128 层开始，C、D 要素开始增多，在第 129 ~ 134 层，出现锥状叠层石，特别是第 131 层，甚至出现了“炮弹锥”，代表了较深的水体环境，从第 135 层开始到本段的结束，B、C、D 要素都比较发育，说明还是处于较深的水体环境。雾三段总体以海进为主，柱状叠层石和锥状叠层石的产出说明此时期水体能量较强，沉积环境为潮间带-潮下带。

雾四段：包含第 171 ~ 181 层，本段继承雾三段的水体环境，地层还是以 B-C-D 韵律要素组合为主，反映了海平面基本没有发生大的变化，以潮下带沉积为主。

雾五段：包含第182～251层，从整体上来看，本段还是以B-C-D韵律要素组合大量出现为特征，表明依然是一个水体较深的环境。但中间偶夹几层A、B要素或B、E要素的组合。在本段的顶部，虽然C要素依然存在，可是它的厚度开始减小，而且A、B、E要素开始频繁出现，反映水体开始变浅。雾五段总体表现为水退，沉积环境以潮下-潮间为主，潮上带的沉积环境明显多于前几段。

雾六段：包含第252～293层，以A-B-E韵律要素组合为主，在第257层出现“鸟眼构造”，在第260层以A-E-A-E和A-B-A-B组合为主，表明水体较浅。从261层至本段顶部，基本上以A-B-E组合为主，中间偶有层出现C要素，整体看水体还是比较浅的。与雾五段、雾七段相比，雾六段$\delta^{13}C$值，明显较低，反映雾六段整体水体较浅，与岩性组合分析较吻合，以潮间带沉积为主。

雾七段：包含第294～328层，下部岩性主要由灰、深灰色薄层泥晶灰岩与泥质白云岩、灰质白云岩互层组成，灰岩颜色局部为肉红色和紫红色，层纹状、缓波状叠层石发育，可见水平层理、微型冲刷面；上部岩性灰岩颜色变深，层厚变薄，局部为页状，可见穹状、柱状、锥状叠层石，臼齿构造异常发育。本段$\delta^{13}C$值整体呈升高的趋势且高于其他段，这表明雾七段整体水体较深且地层从下至上海水逐渐加深，沉积环境以潮下带为主。

雾八段：包含第329～411层，以B-D-E韵律组合为主，局部见火山岩入侵，水体变浅，沉积环境为潮间带-潮下带。

7.3.4.4 蓟县系洪水庄组

继雾迷山期大规模海侵之后，到洪水庄期基底上升，海水退却，海域面积大幅度缩小。该组下部为灰黑色含硅质页岩与中薄层泥质云岩互层组成，向上泥质云岩消失，以灰黑色页岩为主，含黄铁结核；上部为含粉砂泥质页状白云岩、含砂白云岩及含锰泥晶白云岩组成，属潟湖相沉积。

7.3.4.5 蓟县系铁岭组

铁岭期再度小规模海侵，水体逐渐加深，从铁一段的潮间带-潮上带过渡为铁二段的潮下带。

铁一段（代庄子亚组）：白云岩中富含盆屑及页岩夹层，说明当时低能环境与较高能环境交替出现。砾屑、砂屑云岩见有斜层理、波痕，砾屑分选差，搬运距离不远，属潮间带-潮上带沉积。

铁二段（老虎顶亚组）：下部为灰色薄层泥晶灰岩与灰绿色页岩略等厚互层，局部夹中-薄层风暴砾屑灰岩；中部为薄板状灰质白云岩与页岩互层，由于差异压实，经常使灰质白云岩呈透镜状出现，薄板状云岩中经常出现交错层理，偶见硅质结核；上部缓波状叠层石灰岩与灰绿色页岩夹瘤状灰岩互层，沉积环境以潮下带为主。

7.3.4.6 待建系下马岭组

受铁岭末期的“芹峪上升”的影响，本区上升为陆，至中元古代末期下马岭组时期，海水由东北侵入北华北，形成面积不大的内陆海湾。下马岭组早期，海水较浅，海底处于弱还原-弱氧化条件；下马岭中后期，地壳差异沉降，海水不断加深，冀北坳陷宽城西南海域范围大大拓宽海底还原条件加强，使得下马岭组中后期沉积物富含有机质，沉积岩以深色页岩为主。

页岩以灰黑、深灰色为主，风化后呈绿灰、灰褐和黄绿色，为浅海陆棚沉积。砂岩仅见于底部和中部，底砂岩呈白、黄灰色中层状含砾含石英砂岩，厚1～3.8 m，砂岩粒度从细砂岩至粗砂不等，砂粒质纯，石英含量约90%以上，分选及磨圆好，呈次圆状-浑圆状，砂粒有溶蚀迹象，硅质胶结，见平行层理，交错层理，表明该砂岩沉积于水动力较强的环境，为一套前滨沉积。中部为一套灰黄、灰白色薄-中层状粉细砂岩，石英含量约80%以上，分选及磨圆好，呈次圆状-浑圆状，硅质及泥质胶结，常含黄铁矿和硅质，发育平行层理，为临滨沉积。

冀北坳陷中东部在平泉双洞背斜、凌源龙潭沟、宽城卢家庄等地，下马岭组底砂岩的粒间孔隙经常为黑色固体沥青所充填，成为沥青砂岩。在卢家庄一带下马岭组底部沥青砂岩的出露点可顺层断续追踪达8 km。甚至在龙潭沟经槽探可发现纯沥青胶结的沥青砂与硅质胶结的沥青砂岩的共生产状。

冀北坳陷下马岭组地层普遍夹有两至四层辉长辉绿岩岩床，尤以三层岩床为多见。据 11 条地层剖面统计，岩床总厚度可达 117.5（宽城正沟）~312.3 m（承德滴水岩），岩床与下马岭组地层沉积厚度比率为 0.5（凌源龙潭沟）~1.6（承德滴水岩），辉长辉绿岩岩床的侵入大体上导致下马岭组页岩普遍性地遭受到不同程度的围岩蚀变，使原来底砂岩油藏蚀变成为沥青砂岩。但是，宣龙坳陷的下马岭组页岩中辉绿岩体呈现薄层岩脉产状，在下一、三、四段均有岩脉侵入，但围岩蚀变与热烘烤的影响明显减弱，甚至在张家口下花园剖面的下马岭组未见辉绿岩岩脉。

7.3.4.7　青白口系骆驼岭组

该组岩性为一套富含海绿石的硅质碎屑岩。底部为灰黄色中-粗粒含砾石英砂岩，发育大量羽状层理、冲洗层理、大型板状、楔状、人字形交错层理，可见潮汐作用的反复冲刷，属前滨沉积；下部为灰绿色细-中粒海绿石石英砂岩，石英含量约 80% 以上，石英粒径一般在 1~2 mm，次圆状-浑圆状，分选磨圆较好，硅质及泥质胶结，常含黄铁矿和硅质，发育小型交错层理、平行层理，沉积物颗粒较细，水动力条件较弱，主要为临滨沉积；上部为紫红色粉砂质页岩与细粒海绿石石英砂岩互层，砂岩成分以石英为主，石英含量 85% 以上，胶结物为铁质及少量硅质，镶嵌式胶结为主，发育水平层理，主要为滨外陆棚沉积。

7.3.4.8　青白口系景儿峪组

该组底部由黄色中层石英粗砂岩、砂质砾屑灰岩、薄层状的泥质粉砂岩组成，砂质砾屑灰岩粒度较粗，砾屑最大 2.0 cm×1.5 cm，一般顺层分布，表明水动力条件较强；下部为灰色薄层泥晶灰岩或泥灰岩与页岩组成，向上由薄层泥灰岩与紫红色页岩组成，页岩增厚，白云岩化作用增强；上部发育薄层泥晶灰岩、泥灰岩、粉砂质灰岩，少量紫红色页岩，沉积环境较安静，发育的灰岩多为厚层，且厚度较大，为潮下带沉积。

7.3.5　沉积模式

燕辽裂陷带中—新元古代时期海相沉积的岩石类型，既有碎屑岩也有碳酸盐岩，为便于研究起见，将分别建立碎屑岩和碳酸盐岩两种沉积模式。

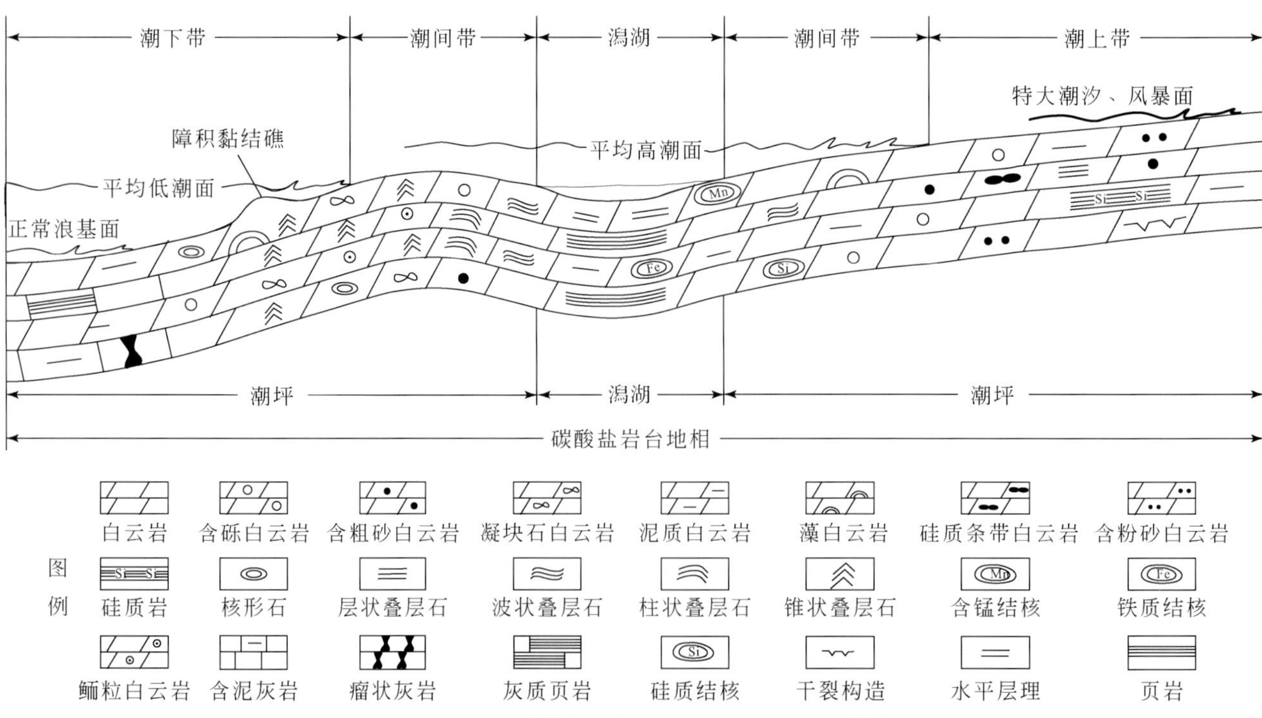

图 7.24　燕辽裂陷带中—新元古界碳酸盐岩沉积模式图

燕辽裂陷带碳酸盐岩地层的岩性、岩相较为单调，无明显的变化，但韵律性很强为其显著的特征，在数千米厚的剖面中发育大量的泥粉晶白云岩，颗粒云岩则少见；作为沉积构造，形态多样而数量丰富的藻叠层石非常发育，偶见波浪作用形成的交错层理；以上特征说明燕辽裂陷带中—新元古代沉积环境主要受潮坪作用控制，古地理背景教为平坦，属于延伸范围广、低坡度、浅水的陆表海碳酸盐沉积环境。

本章基于对燕辽裂陷带中—新元古界的实测地层剖面，通过大量的相标志资料收集和相分析的基础上，并利用相序规律或相变法则，参考欧文及杨等采取海水能量及潮汐作用划分相带的方法，建立了燕辽裂陷带的碳酸盐岩沉积模式（图7.24）和碎屑岩沉积模式（图7.25），它主要反映了沉积相在横向上的相变规律。

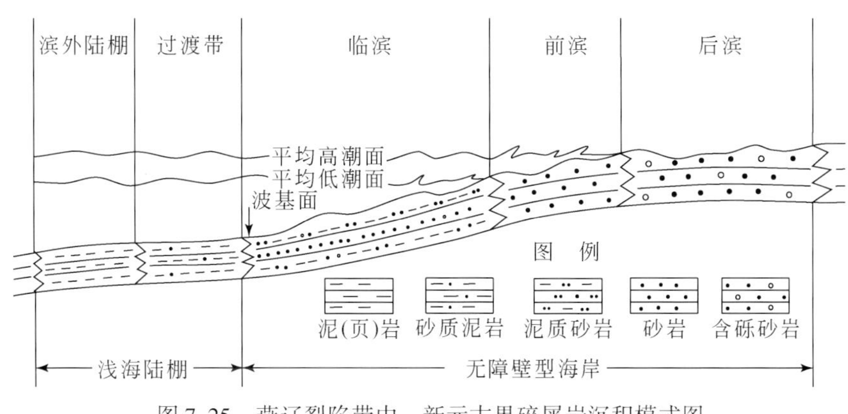

图7.25　燕辽裂陷带中—新元古界碎屑岩沉积模式图

7.4　层序地层格架内生-储-盖组合

基准面的升降导致可容纳空间的增加与减小，可容纳空间在基准面旋回内随地理位置的迁移使沉积物以不同比例堆积在不同的沉积环境中，由此导致沉积相的成因类型、几何形态、空间展布的变化乃至特定的生-储-盖组合的形成（赵澄林等，1977）。

7.4.1　层序对烃源岩、储集岩控制

一般而言，层序地层中大规模的烃源岩（生油岩）和盖层主要发育于层序格架的各三级层序的最大海泛期，优质储层发育的有利区带主要见于各层序海侵早期和高位体系域晚期，特别是层序边界附近。同一层序内部或相邻层序间可形成较为完整的生储盖组合（邹才能等，2004）。

7.4.1.1　沉积层序对烃源岩的控制

烃源岩一般发育在长期基准面旋回上升到下降的转换位置，因为该层位处于基准面旋回中可容纳空间最大位置。

高于庄组为长城纪最大海侵期，是大红峪期海侵的继续和发展，此期间燕辽裂陷带的海域面积大大扩展。在冀北坳陷高三段（SQ3）中下部、高四段（SQ4）上部、高五段（SQ5）下部和高六段（SQ6），岩性主要为含泥质白云岩和灰岩，夹少量页岩，叠层石十分发育，形态多样。颜色以灰、深灰色为主，沉积环境以潮下带的还原环境占优势，所属体系域为三级层序最大海泛面（Maximum Flooding Surface，MFS）和海进体系域（TST）。该层段有机碳含量（TOC）最高为2%左右，冀北坳陷以TOC 0.5%为下限的烃源岩累计厚度可达126 m，有机质类型好，成熟度达到过成熟阶段，为良好过成熟烃源岩。

洪水庄组下部（SQ34下部）岩性为黑色或黑褐色页岩段，沉积环境属泻湖相的强还原环境，所属体系域为三级层序MFS和TST。该层段烃源岩有机碳平均为1.41%，氯仿沥青含量平均为0.014%，丰度值较高，成熟度R^o接近1.0%，为良好的烃源岩。下马岭早期，海水较浅，海底处于弱还原-弱氧化条件；下马岭中后期（SQ37中上部），地壳呈差异性沉降，海水不断加深，冀北坳陷宽城西南海域范围大大拓

宽，海底还原条件加强，沉积环境为相对闭塞的滨外陆棚还原环境，使得下马岭组中后期沉积物富含有机质，沉积岩以深色页岩和砂岩为主，所属体系域为三级层序 MFS 和 TST。其中黑色页岩，富含有机质，页岩类有机碳平均为 1.59%，氯仿沥青含量平均达到 0.0152%，富含有机质，是良好的生油岩。浅钻结果也获得良好的油气显示。

总之，燕辽裂陷带中—新元古界地层生油岩主要发育于水体相对较深、沉积环境相对闭塞的潮下带、潟湖和滨外陆棚的还原环境（刘宝泉等，1985）。层序地层中大规模的烃源岩主要位于层序格架中的各三级层序的最大海泛期。

7.4.1.2　层序对储集岩的控制

有利沉积相带控制了储层的宏观分布，控制着岩石的岩性、结构和沉积构造，从而控制岩石原生孔隙的发育程度，并在很大程度上影响成岩作用的发生和演化。据钻井和露头资料统计，中—新元古界储层岩石类型主要为碳酸盐岩和砂岩储层。含油层岩性主要为藻结构碳酸盐岩和结晶白云岩和砂岩，其中藻结构碳酸盐岩储层岩石类型主要为凝块石、叠层石白云岩和灰岩、核形石白云岩和层纹石白云岩。另外，古岩溶和构造裂隙发育带也是重要储集区带。

从表 7.11 可见，冀北坳陷储集物性较好的层位主要分布在高于庄组、雾迷山组和下马岭组。高于庄组中高于庄组高一段（SQ1），高二段（SQ2），高九、十段（SQ8）储集性能好，岩性以泥晶-粉晶白云岩、藻叠层石白云岩及古风化壳白云岩为主，为潮间-潮下带的高能环境，所属体系域为 TST 早期和 HST 晚期；主要发育宏观储集空间类型包括构造缝、溶缝、溶洞（孔）和少量层间缝；古面孔率平均值约为 10 %。

雾迷山组中雾一段（SQ12—SQ15）、雾三段（SQ20—SQ22）及雾八段（SQ30—SQ33）储集性能好，岩性以粒屑白云岩、白云质砂岩、藻叠层石白云岩、泥晶-粉晶白云岩为主，为潮间带的高能环境，所属体系域为海进体系域（TST）早期和高位体系域（HST）晚期；主要发育宏观储集空间类型有构造缝、溶缝、溶洞等；古面孔率平均值约为 10%，最高可达 15%。

铁岭组中 SQ34 上部、SQ35 储集性能较好，岩性以粒屑白云岩、粉晶白云岩、灰岩为主；为潮间-潮下带的高能环境；所属体系域为三级层序最大海泛面（MFS）和海进体系域（TST）；主要宏观储集空间以裂缝为主，包括构造节理缝、层间缝、溶缝等，古面孔率约为 5% ~8%。

表 7.11　冀北剖面好储集层所在层位及岩性特征和沉积环境

<table>
<tr><th>组</th><th>所在层位</th><th>岩性</th><th>沉积相带</th><th>储层评价</th></tr>
<tr><td rowspan="3">高于庄组</td><td>SQ1
（高一段）</td><td>泥、粉晶白云岩，（白云质）砂岩；
粉屑云岩</td><td>潮上带及潮下带</td><td rowspan="8">好</td></tr>
<tr><td>SQ2
（高二段）</td><td>泥、粉晶白云岩，
藻叠层石白云岩；
（白云质）砂岩</td><td>潮上带及潮下带；
潮间-潮下带；
潮上-潮间带</td></tr>
<tr><td>SQ8
（高九、十段）</td><td>古风化壳白云岩</td><td>潮上暴露带</td></tr>
<tr><td rowspan="3">雾迷山组</td><td>SQ12—SQ15
（雾一段）</td><td>粒屑白云岩；
（白云质）砂岩</td><td>潮间-潮下带；
潮上-潮间带</td></tr>
<tr><td>SQ20—SQ22
（雾三段）</td><td>藻叠层石白云岩；
泥、粉晶白云岩</td><td>潮间-潮下带；
潮上带及潮下带</td></tr>
<tr><td>SQ30—SQ33
（雾八段）</td><td>泥、粉晶白云岩</td><td>潮上带及潮下带</td></tr>
<tr><td>铁岭组</td><td>SQ34 上部、SQ35</td><td>粒屑白云岩、粉晶白云岩、灰岩</td><td>潮间-潮下带</td></tr>
<tr><td>下马岭组</td><td>SQ36—SQ37</td><td>（白云质）砂岩</td><td>潮上-潮间带</td></tr>
</table>

下马岭组中SQ36底部储集性能好，岩性以石英砂岩为主；沉积环境为滨外陆棚；所属体系域为三级层序MFS和TST；主要储集空间为粒间孔和溶孔，古面孔率约为12%～18%。

总之，燕辽裂陷带中—新元古界地层烃源岩主要发育于水体相对较浅、沉积环境相对开阔的潮间-潮下带和滨外陆棚的高能环境。层序地层中大规模的储集岩主要各层序海侵早期和高位体系域晚期，特别是层序边界附近。

7.4.2 层序格架中的生-储-盖层空间配置关系

基准面的周期性升降运动导致可容空间的增减，可容空间在基准面旋回过程中，随地理位置的迁移使沉积物按不同的比例堆积在不同的环境中，由此导致沉积相类型、几何形态、内部结构和时空展布的变化，从而直接控制生-储-盖组合的特征及其配置关系。一般而言，在长期基准面旋回中，基准面上升的早期及下降的晚期，则为优质储层发育的有利区带，最大海泛面期间的地层往往发育较好的烃源岩和盖层，在多个基准面旋回升降过程中，同一个长期基准面旋回的内部，或相邻长期旋回之间，可形成较为完整的生储盖组合。

燕辽裂陷带中—新元古界具备形成原生油气藏的基本石油地质条件，有比较好的烃源岩、储层、盖层条件和有利的生-储-盖组合，坳陷内以洪水庄组深灰色泥岩和高于庄组深灰色叠层石白云岩为主要烃源层，纵向上形成了三套良好的生-储-盖组合：① 洪水庄组烃源层-铁岭组储层-下马岭组盖层；② 洪水庄组烃源层-下马岭组砂岩储层-下马岭组盖层；③ 高于庄组烃源层-雾迷山组储层-洪水庄组盖层（图7.26）。

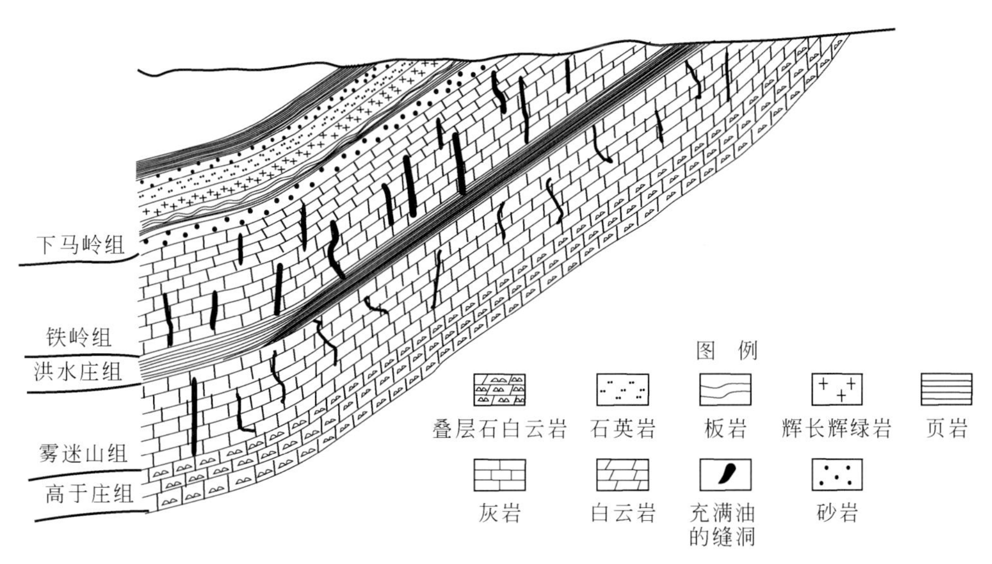

图7.26 冀北坳陷油气保存条件示意图

7.5 结 论

（1）根据岩石学地层学特征，运用层序地层学原理，并结合碳、氧、锶同位素和常量、微量元素等地球化学标志，对燕辽裂陷带两条中—新元古界地层剖面，进行详细的层序划分，确立了层序地层基本格架。认为在漫长的中—新元古代，从高于庄组到景儿峪组经历了多次较大级别的构造运动、沉积事件和海平面升降，据此划分出13个二级层序，且冀北坳陷划分出39个三级层序，宣龙坳陷划分出40个三级层序；在此基础上具体划分到体系域。

（2）燕辽裂陷带中—新元古界主要为一套巨厚的海相碳酸盐岩夹碎屑岩地层。根据研究认为，主要发育陆表海沉积体系和陆缘海沉积体系两种沉积体系，其中海相碳酸盐岩沉积体系可分为碳酸盐岩台地、生物礁两种沉积相以及碳酸盐岩潮坪、潟湖和障积-黏结礁三种亚相，潮上带、潮间带、潮下带、潟湖泥和障积-黏结岩五种微相；海相碎屑岩体系可分为浅海陆棚、无障壁型海岸两种沉积相以及滨外陆棚、过渡带、前滨和临滨四种亚相。

（3）碳酸盐岩台地相主要发育在燕辽裂陷带高于庄组、雾迷山组、杨庄组、洪水庄组、铁岭组、景儿峪组；生物礁相主要发育在宣龙坳陷高于庄组高九、十段。碎屑岩浅海陆棚相和无障壁型海岸相主要发育在燕辽裂陷带下马岭组和骆驼岭组。

（4）从冀北和宣龙坳陷优质烃源岩和较好的储集层在层序中的分布位置看，烃源岩主要发育于高于庄组、洪水庄组和下马岭组各三级层序的最大海泛期，而好的储集层主要发育在高于庄组、铁岭组、雾迷山组各层序海侵早期和高位体系域晚期，特别是层序边界附近。

（5）燕辽裂陷带中—新元古界具备形成原生油气藏的基本石油地质条件，有比较好的烃源、储集、盖层条件和有利的生-储-盖组合。坳陷内以洪水庄组深灰色泥岩和高于庄组深灰色叠层石白云岩为主要烃源层，纵向上形成了洪水庄组烃源岩-铁岭组储层-下马岭组盖层；洪水庄组烃源岩-下马岭组砂岩储层-下马岭组盖层；高于庄组烃源岩-雾迷山组储层-洪水庄组盖层等三套良好的生-储-盖组合。

致　谢：感谢国家自然科学基金项目（编号：40772078）和中石化股份有限公司海相前瞻性项目（编号：YPH08025）对于研究工作的鼎力资助和支持。

参考文献

陈晋镳，张惠民，朱士兴，赵震、王振刚．1980. 蓟县震旦亚界的研究．天津：天津科学技术出版社

陈毓蔚，钟富道，刘菊英，毛存孝，洪文兴．1981. 我国北方前寒武岩石铅同位素年龄测定——兼论中国前寒武地质年表．地球化学，10（3）：209～219

储雪蕾，张同钢，张启锐，冯连君，张福松．2003. 蓟县元古界碳酸盐岩的碳同位素变化．中国科学，33（10）：951～959

邓宏文，钱凯．1993. 沉积地球化学与环境分析．兰州：甘肃科技技术出版社

范德廉，杨红，代永定，张友南，王连城，张汝凡．1977. 蓟县等地震旦地层沉积地球化学．地球化学，6（3）：161～172

高林志，张传恒，史晓颖，周洪瑞，王自强．2007. 华北青白口系下马岭组凝灰岩锆石 SHRIMP U-Pb 定年．地质通报，26（3）:249～255

高林志，张传恒，尹崇玉，史晓颖，王自强，刘耀明，刘鹏举，唐烽，宋彪．2008. 华北古陆中、新元古代年代地层框架 SHRIMP 锆石年龄新依据．地球学报，29（3）：366～376

胡世玲，刘鸿允，王松山，胡文虎，桑海清，裘冀．1989. 据 $^{40}Ar/^{39}Ar$ 快中子年龄新资料讨论震旦系底界年龄．地质科学，29（1）：437～449

黄学光，朱士兴，贺玉贞．2001. 蓟县中新元古界剖面层序地层学研究的几个基本问题．前寒武纪研究进展，24（4）：201～219

旷红伟，刘燕学，孟祥化，葛铭．2005. 吉辽地区震旦系碳酸盐岩地球化学特征及其环境意义．天然气地球科学，16（1）：54～58

蓝先洪．2001. 海洋锶同位素研究进展，地质调查与研究，17（10）：1～3

李怀坤，李惠民，陆松年．1995. 长城系团山子组火山岩颗粒锆石 U-Pb 年龄及其地质意义．地球化学，24（1）：43～48

李怀坤，陆松年，李惠民，孙立新，相振群，耿建珍，周红英．2009. 侵入下马岭组的基性岩床的锆石和斜锆石 U-Pb 精确定年——对华北中元古界地层划分方案的制约．地质通报，28（10）：1396～1404

李明荣，王松山，裘冀．1996. 京津地区铁岭组、景儿峪组海绿 ^{40}Ar-^{39}Ar 年龄．岩石学报，12（3）：416～423

李任伟，陈锦石，张淑坤．1999. 中元古代雾迷山组碳酸盐岩碳和氧同位素组成及海平面变化．科学通报，44（16）：1697～1702

李增慧，林源贤，马来斌．1992. 蓟县常州沟组顶底界年龄的讨论．矿物岩石地球化学通讯，11（1）：43～44

刘宝泉，梁狄刚，方杰，贾蓉芬，傅家谟．1985. 华北地区中上元古界、下古生界碳酸盐岩有机质成熟度与找油远景．地球化学，14（2）：150～162

刘椿，王启超，张建中，陈伯延，袁相国，陈惠霞，刘海山．1984. 太行山区元古代早期和中期地层的古地磁学测定结果及其地质意义．地质科学，19（4）：455～460

刘建清，贾保江，杨平，陈玉禄，彭波，李振江．2007. 碳、氧、锶同位素在羌塘盆地龙尾地区层序地层研究中的应用．地球学报，28（3）：253～260

刘鹏举，王成文，孙跃武，张宝福，王连和，岳书范．2005. 河北平泉中元古代高于庄组和杨庄组地球化学特征．吉林大学

学报（地球科学版），35（1）：1 ~ 6
刘英俊，曹励明，李兆麟，王鹤年，储同庆，张景荣 . 1984. 元素地球化学，北京：科学技术出版社
柳永清，刘晓文，李寅 . 1997. 燕山中、新元古代裂陷槽构造旋回层序研究——兼论裂陷槽构造旋回概念及级序的划分 . 中国科学，18（2）：142 ~ 149
陆松年，李惠民 . 1991. 蓟县长城系大红峪组火山岩的单颗粒锆石 U-Pb 法准确定年 . 中国地质科学院院报，2：137 ~ 145
陆松年，李怀坤，王惠初，郝国杰，相振群 . 2008. 从超大陆旋回研究中-北亚地区中—新元古代地质演化特征 . 亚洲大陆深部地质作用与浅部地质-成矿响应学术研讨会论文摘要，24 ~ 26
陆松年，张学祺，黄承义，刘文兴 . 1989. 蓟县-平谷长城系地质年龄数据新知及年代格架讨论 . 中国地质科学院天津地质矿产研究所文集，23：11 ~ 21
孟祥化，葛铭 . 2002. 中朝板块旋回层序、事件和形成演化的探索 . 地学前缘，9（3）：125 ~ 140
闵隆瑞，迟振卿，朱关详，姚培毅，牛平山 . 2002. 河北阳原东目连第四纪叠层石古环境分析 . 地质学报，76（4）：446 ~ 453
乔秀夫 . 1976. 青白口群地层学研究 . 地质科学，11（3）：246 ~ 265
宋明水 . 2005. 东营凹陷南斜坡沙四段沉积环境的地球化学特征 . 矿物岩石，25（1）：67 ~ 73
宋天锐 . 1988. 北京十三陵前寒武纪碳酸盐岩地层中的一套可能的地震-海啸序列 . 科学通报，33（8）：609 ~ 611
宋天锐 . 2007. 北京十三陵地区中元古界长城系沉积相标志及沉积环境模式 . 古地理学报，9（5）：461 ~ 472
田景春，陈高武，张翔，聂永生，赵强，韦东晓 . 2006. 沉积地球化学在层序地层分析中的应用 . 成都理工大学学报（自然科学版），33（1）：30 ~ 35
王峰，陈洪德，赵俊兴，陈安清，苏中堂，李浩 . 2011. 鄂尔多斯盆地寒武系-二叠系层序界面类型特征及油气地质意义 . 沉积与特提斯地质，31（1）：6 ~ 12
王随继，黄杏珍，妥进才，邵宏舜，阎存凤，王寿庆，何祖荣 . 1997. 泌阳凹陷核桃园组微量元素演化特征及其古气候意义 . 沉积学报，15（S1）：65 ~ 69
王松山，桑海清，裘冀，陈孟莪，李明荣 . 1995. 蓟县剖面杨庄组和雾迷山组形成年龄的研究 . 地质科学，30（2）：166 ~ 173
王可法，陈锦石 . 1993. 燕山地区铁岭组稳定同位素组成特征及其地质意义 . 地球化学，22（1）：10 ~ 17
王铁冠 . 1980. 燕山地区震旦亚界油苗的原生性及其石油地质意义 . 石油勘探与开发，7（2）：34 ~ 53
武铁山 . 2002. 华北晚前寒武纪（中、新元古代）岩石地层单位及多重划分对比 . 中国地质，29（2）：147 ~ 154
吴智勇 . 1999. 化学地层学及其研究进展 . 地层学杂志，23（3）：234 ~ 240
肖传桃，李艺斌，胡明毅，龚文平，肖安成，林克湘，张存善 . 2001. 藏北巴青中侏罗世 Liostrea 障积礁的发现 . 中国区域地质，20（1）：90 ~ 93
严兆彬，郭福生，潘家永，郭国林，张曰静 . 2005. 碳酸盐岩 C，O，Sr 同位素组成在古气候、古海洋环境研究中的应用 . 地质找矿论丛，20（1）：53 ~ 56
杨杰东，郑文武，王宗哲，陶仙聪 . 2001. Sr、C 同位素对苏皖北部上前寒武系时代的界定 . 地层学杂志，25（1）：44 ~ 47
于荣炳，张学祺 . 1984. 燕山地区晚前寒武纪同位素地质年代学的研究 . 中国地质科学院天津地质矿产研究所文集，11：1 ~ 23
张巧大，宋天锐，和政军，丁孝忠 . 2002. 北京十三陵地区中—新元古界碳酸盐岩 Pb-Pb 年龄研究 . 地质论评，48（4）：416 ~ 423
张世红，李正祥，吴怀春，王鸿祯 . 2000. 华北地台新元古代古地磁研究新成果及其古地理意义 . 中国科学（D 辑）：地球科学，5（S1）：138 ~ 147
赵澄林，李儒峰，周劲松 . 1977. 华北中新元古界油气地质与沉积学 . 北京：地质出版社
赵震 . 1988. 一个陆表海的潮坪沉积模式 . 沉积学报，6（2）：68 ~ 75
钟富道 . 1976. 从燕山地区震旦地层同位素年龄论中国震旦地质年表 . 西北地质，13（4）：39 ~ 48
朱士兴，黄学光，孙淑芬 . 2005. 华北燕山中元古界长城系研究的新进展 . 地层学杂志，29（11）：437 ~ 449
邹才能，池英柳，李明，薛叔浩 . 2004. 陆相层序地层学分析技术-油气勘探工业化应用指南 . 石油工业出版社
Fairchild I J，Einsele G，Song T R. 1997. Possible seismic origin of molar-tooth structures in Neoproterozoic carbonate ramp deposits，north China. Sedimentology，44：611 ~ 636
Frank T D，Lyons T W. 1998. ‘Molar- tooth’ structures：a geochemical perspective on a Proterozoic enigma. Geology，26：683 ~ 686

Pratt B R. 1998a. Gas bubble and expansion crack origin of 'molar-tooth' calcite structures in the middle Proterozoic Belt Supergroup, western Montana-Discussion. Journal of Sedimentary Research, 68: 1136 ~ 1140

Pratt B R. 1998b. Molar-tooth structure in Proterozoic carbonates rocks: origin from synsedimentary earthquake and implications for the nature and evolution of basins and marine sedimentary. GSA Bulletin, 110 (8): 1028 ~ 1045

Zhang S H, Zhao Y, Liu X C, Liu D Y, Chen F K, Xie L W, Chen H H. 2009, Late Paleozoic to Early Mesozoic mafic-ultramafic complexes from the northern North China Block: constraints on the composition and evolution of the lithospheric mantle. Lithos, 110 (1-4): 229 ~ 246

第8章 南华北地区中—新元古代地层与沉积背景

周传明

（中国科学院南京地质古生物研究所资源地层学与古地理学重点实验室，南京，210008）

摘 要：华北克拉通南缘的中—新元古界地层主要分布在安徽和江苏北部地区以及河南西部、陕西东部和山西南部。该套地层通常不整合在太古宇或古元古界地层之上，被寒武系地层平行不整合覆盖，主要为一套未变质或浅变质的碎屑岩和海相碳酸盐沉积。生物地层学和化学地层学对比表明，豫晋陕地区的汝阳群和洛峪群以及高山河群和洛南群都是中元古代沉积地层。生物地层学和放射性同位素年龄资料表明，苏皖北部地区的淮南群、徐淮群和宿县群的形成时代应属于新元古代早期或中元古代晚期。华北克拉通南缘的罗圈组及相应地层可能是埃迪卡拉纪晚期的冰期沉积。

关键词：南华北地区，中—新元古代，地层，沉积背景

8.1 引 言

华北陆块是世界上最古老的克拉通之一，其南接秦岭-大别-苏鲁造山带，北邻中亚造山带，主要由太古宙—古元古代变质基底和其后的沉积盖层组成。华北克拉通在太古宙结束时（约2500 Ma）已基本形成，之后经历了一系列构造演化阶段，在约1800 Ma的裂解事件之后，进入了准地台的发展阶段（翟明国、彭澎，2007）。华北克拉通前寒武纪盖层沉积自下而上分为长城系（1800～1600 Ma）、蓟县系（1600～1400 Ma）、待建系（1400～1000 Ma）、青白口系（1000～800 Ma）、南华系（800～635 Ma）和震旦系（635～542 Ma；高林志等，2010）。

南华北地区胶辽徐淮区的元古代地层厚度约数千米，通常不整合在太古宇或古元古界之上，被寒武系地层平行不整合覆盖，主要为一套碎屑岩和海相碳酸盐沉积，通常不变质或浅变质。胶东一带的元古宙地层称为蓬莱群，从下而上包括豹山口组、铺子夼组、南庄组和香夼组，上覆寒武系青山组（杨清和等，1980）。在辽南一带，元古宙沉积序列的连续性和完整性较好，自下而上可划分为永宁群（松树组、朵子山组和庙山组）、细河群（钓鱼台组、南芬组和桥头组）、五行山群（长岭子组、南关岭组和甘井子组）和金县群（营城子组、十三里台组、马家屯组、崔家屯组、兴民村组和大林子组），上覆地层为寒武系碱厂组（常绍泉，1980；曹瑞骥等，1988）。

本章主要讨论华北克拉通南缘的中—新元古界地层，主要分布在安徽和江苏北部地区，以及河南西部、陕西东部和山西南部（图8.1）。

在苏皖北部的徐淮地区，中—新元古代地层覆于太古宙泰山群之上，从下而上包括淮南群的兰陵组、新兴组、岠山组和贾园组，徐淮群的赵圩组、倪园组、九顶山组、张渠组、魏集组、史家组、望山组以及宿县群的金山寨组和沟后组，上覆地层是寒武系猴家山组。在淮南地区，中—新元古代地层覆于古元古代凤阳群之上，从下而上包括淮南群的曹店组、伍山组、刘老碑组、寿县组和九里桥组，徐淮群的四顶山组，上覆地层是寒武系猴家山组（杨清和等，1980）。在寿县八公山和霍邱四十里长山地区，猴家山组之下可见一套杂砾岩，称为凤台组。

中—新元古界地层在华北克拉通南缘的豫陕晋交界地区，包括陕西陇县、洛南和河南灵宝、卢氏、

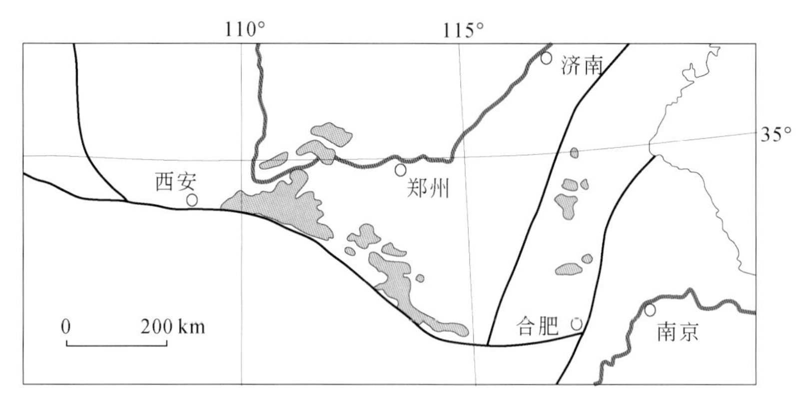

图 8.1 南华北地区中—新元古代地层分布

汝阳、鲁山一带，渭北岐山、礼泉、乾县以及中条山地区的永济、芮城等地广泛出露，代表性剖面有陕西洛南剖面、河南东秦岭北坡地区剖面和山西永济水幽沟剖面。在陕西洛南，在古元古界熊耳群火山岩之上（任富根等，2002；赵太平等，2004），中—新元古界盖层沉积自下而上包括高山河群，洛南群龙家园组、巡检司组、杜关组和冯家湾组，洛南群在部分地区上覆地层为大庄组。洛南群或大庄组被罗圈组杂砾岩覆盖，往上与寒武系辛集组平行不整合接触（李钦仲，1980）。在河南东秦岭北坡地区，在下伏古元古界西阳河群之上，中—新元古界地层自下而上包括汝阳群的小沟背组、云梦山组、白草坪组和北大尖组，洛峪群的崔庄组、三教堂组、洛峪口组以及黄连垛组、董家组和罗圈组，与寒武系辛集组平行不整合接触（关保德等，1980）。在山西永济水幽沟，中—新元古界下伏为太古宙涑水群，从下而上包括汝阳群的白草坪组和北大尖组，洛峪群的崔庄组、三教堂组和洛峪口组，以及黄连垛组和罗圈组，与寒武系辛集组平行不整合接触（Xiao *et al.*，1997）。

8.2 南华北地区中—新元古代地层

8.2.1 苏皖北部地区

8.2.1.1 苏皖北部淮南地区（杨清和等，1980；安徽省地质矿产局区域地质调查队，1985；钱迈平等，2002）

上覆地层：寒武系猴家山组灰黄色含磷砂质白云岩。

---------------平行不整合---------------

凤台组 粉红色白云质砾岩，厚约 10 余米。

---------------平行不整合---------------

青白口系徐淮群：

四顶山组：以中-厚层含叠层石礁白云岩为主，产叠层石 *Baicalia*、*Boxonia*、*Gymnosolen*、*Inzeria*、*Jurusania* 及 *Tungussia*。下部为灰白、粉红及粉灰色中-厚层含叠层石礁白云岩及泥质白云岩；中下部为灰、灰黄色中层含燧石结核白云岩，夹石英砂岩透镜体；中上部为粉红、灰紫色薄层含叠层石礁泥质白云岩、硅质白云岩及钙质粉砂岩；上部为浅灰、灰色含叠层石礁、含燧石结核及条带白云岩。该组底部以灰白色含叠层石礁白云岩与下伏九里桥组整合接触。分布于淮南地区，厚度 274～321 m。

———————整合接触———————

青白口系淮南群：

九里桥组：以泥质灰岩为主。下部以灰、深灰色中-薄层粉砂质灰岩；上部为灰、深灰色灰岩和泥灰岩，与下伏四十里长山组整合接触。岩性较稳定，在凤阳山区以浅灰色薄层泥灰岩为主。在霍邱四十里长山则白云质稍有增加，局部出现白云岩。产宏体碳质压膜化石 *Chuaria*、*Tawuia*、*Huaiyuanella*、

Anhuiella 及 *Protoarenicola*，以及叠层石 *Minjaria* 等。分布于淮南地区，厚度 26 ~ 119 m。

四十里长山组：浅灰色厚层含海绿石石英砂岩及长石石英砂岩。微细层理及交错层理发育，局部见涡卷状砂质团块。与下伏刘老碑组整合接触。岩性稳定，分布广泛，厚度一般为 35 ~ 90 m。

刘老碑组：该组以页岩及泥灰岩为主，岩性稳定。底部为紫红、灰白色中细粒石英砂岩，与下伏伍山组整合接触；下部为紫红夹黄绿色薄-中层泥质灰岩及紫红夹灰绿色钙质页岩；上部为黄绿色页岩夹薄层细粒含海绿石石英砂岩、钙质粉砂岩及粉砂质泥质灰岩，向上灰岩增多。页岩中产微生物化石 *Leiopsophosphaera* 及 *Trachyhystrichosphaera* 等，常见宏体碳质压膜化石 *Chuaria*、*Sinosabellidite* 和 *Tawuia*。主要分布于凤阳、淮南及霍邱四十里长山等地，东厚西薄。一般 685 ~ 837 m，局部大于 1000 m。

伍山组：岩性特征为灰白色中-厚层含海绿石、含砾石英砂岩及石英砂岩，底部为石英砾岩。岩性单一稳定，局部具交错层、波痕等沉积构造。该组厚度变化大，淮南地区 11 ~ >192 m；淮北、徐州及鲁南地区，自南向北变薄，从 536 m 减至 78 m。底部与曹店组整合-假整合接触，或直接超覆于凤阳群千枚岩及泰山群片岩上。

曹店组：下部为灰白-灰紫色厚层石英砾岩及铁质石英砾岩，砾石分选较差，砾径以 10 ~ 30 mm 者居多，磨圆度较好，成分以石英岩为主，千枚岩、片岩及大理岩为次；上部为紫色薄层铁质砂砾岩及铁质粉砂岩。总体为下粗上细，铁质增高时可形成透镜状赤铁矿贫矿体，有时具鲕状结构。该组厚度 0 ~ 21 m，仅分布于凤阳及霍邱一带，沿走向断续出露。

~~~~~~~~~~~~~~~~~~~~角度不整合~~~~~~~~~~~~~~~~~~~~

下伏地层：古元古界凤阳群紫红色千枚岩。

8.2.1.2 苏皖北部徐淮地区（杨清和等，1980；安徽省地质矿产局区域地质调查队，1985；钱迈平等，2002）

上覆地层：寒武系猴家山组：深灰色中层砂屑泥灰岩，纹层发育。底部为灰色薄皮状磷矿层，产软舌螺 *Hyolithes*，腕足类 *Obolella* 等。

····························平行不整合····························

青白口系宿县群：

沟后组：以页岩、石英砂岩及含大颗粒盐晶铸型白云岩为特征。底部为鲕状白云岩；下部以灰、灰黑、黄绿色页岩、粉砂质页岩为主，夹薄层石英细砂岩；中部以灰黄、紫红色薄层白云岩及页岩为主，夹砂质、泥质灰岩，盐晶铸型及干裂构造发育；上部以灰色薄-中层白云岩为主，含燧石结核及盐晶铸型构造。产宏体碳质压膜化石 *Chuaria* 及 *Tawuia* 等。与下伏金山寨组整合接触。分布于宿州市栏杆一带。在沟后村附近，厚度约 120 m。

金山寨组：以含海绿石灰岩夹叠层石礁透镜体及页岩为特征。底部以厚约 0.7 m 的含金刚石灰红、黑色砾岩与下伏望山组假整合接触；下部为灰色页岩夹薄层细砂岩，上部为灰黄、紫红色厚层含海绿石灰岩及叠层石礁灰岩透镜体；顶部为青灰色薄层灰岩。产宏体碳质压膜化石 *Chuaria* 及 *Tawuia*、微体化石 *Trachysphaeridium* 等以及叠层石 *Boxonia*、*Acaciella* 及 *Anabaria* 等。分布于宿州市夹沟、栏杆、褚兰及濉溪县蛮顶山等地，厚约 20 m 以上。

————————————整合接触————————————

青白口系徐淮群：

望山组：以含臼齿构造（Molar-Tooth Structrue，MT）白云岩、燧石结核及叠层石礁白云岩、灰岩及页岩为特征。底部以中层条带状泥质灰岩与下伏史家组整合接触；下部为灰、浅灰色薄层白云质灰岩与钙质页岩互层；中部以灰、浅灰色中层白云质灰岩夹泥质条带灰岩为主，局部微细层理及臼齿构造发育；上部为浅灰色薄-中层灰岩，常见燧石结核、条带及叠层石。产叠层石 *Anabaria*、*Baicalia*、*Linella*、*Gymnosolen* 及 *Jurusania* 等。分布于宿州市望山及金山寨一带，较厚处达 500 m 以上。

史家组：以含叠层石礁白云质灰岩、泥灰岩及页岩为特征。底部有 10 余米杂色页岩，与下伏魏集组整合接触；下部为浅黄色中-厚层条带状白云质灰岩及薄层泥灰岩，夹钙质页岩及灰岩透镜体；向上以黄绿色页岩为主，夹粉砂岩及灰岩透镜体；上部为黄绿、紫红色页岩夹少量含海绿石石英砂岩、粉砂岩及泥质灰
~~~~~~~~~~~~~~~~~~~~

岩。产宏体碳质压膜化石 *Chuaria*、*Tawuia*、*Huaiyuanella*，以及叠层石 *Katavia*、*Gymnosolen* 等。主要分布于淮北地区，在宿州史家村–黑峰岭厚度较大，达384m；向北至铜山魏集为寒武系所超覆，仅厚约20 m。

魏集组：以含叠层石灰岩、白云岩及页岩为特征，与下伏张渠组整合接触。下部为灰色中层白云岩、白云质灰岩、灰岩互层，夹黄绿色、灰色页岩及叠层石礁灰岩透镜体；上部为灰紫色叠层石礁灰岩为主。主要分布在江苏徐州、铜山、睢宁、安徽宿州及灵璧等地。产宏体碳质压膜化石 *Chuaria* 以及叠层石 *Baicalia*、*Colonnella*、*Conophyton*、*Gymnosolen*、*Jurusania* 及 *Tungussia* 等。厚度在灵璧县殷家寨达300余米，而在铜山县魏集则约为200 m。

张渠组：该组以含叠层石礁及鲕粒灰岩、泥灰岩及页岩为特征。底部竹叶状砾屑灰岩与下伏九顶山组整合接触；下部为灰色薄–中层灰岩夹紫红色钙质页岩及泥灰岩；上部为灰色中–厚层白云岩夹泥质灰岩、钙质页岩及鲕状灰岩，具波状层理及鸟眼构造。产叠层石 *Gymnosolen*、*Minjaria* 等。分布于灵璧县九顶、铜山县沈店及魏集一带，厚190～370 m。

九顶山组：以含叠层石礁及燧石白云岩为主。底部夹竹叶状砾屑灰岩，与下伏倪园组整合接触；下部为灰、深灰色块状灰岩及灰白色块状白云岩，夹少量泥质灰岩；上部为灰色中层含燧石条带白云岩与中–厚层灰岩互层。产叠层石 *Baicalia*、*Gymnosolen*、*Inzeria* 及 *Jurusania* 等。主要分布于淮北地区，由东向西厚度略减。在安徽省灵璧县陇山厚达370 m，而在宿州以北老山口则减为170 m。

倪园组：以含燧石及叠层石礁白云岩为主，与下伏赵圩组整合接触。下部为灰色薄–中层白云岩夹叠层石礁白云岩、白云质灰岩夹竹叶状砾屑白云岩，微层理发育；上部为灰黄、灰紫色薄–中层泥质白云岩，含燧石条带及结核。产叠层石 *Baicalia*、*Inzeria*、*Minjaria* 及 *Tungussia* 等化石。主要分布于徐州地区铜山及睢宁、淮北地区宿州及灵璧等地。在铜山县赵圩–沈店一带厚度为190～400 m，在宿州市青铜山则厚约370 m。

赵圩组：以叠层石礁透镜体灰岩为特征，与下伏贾园组整合接触。下部为灰色厚层灰岩夹叠层石礁灰岩透镜体；上部为灰色薄–中层泥质条带灰岩夹叠层石礁灰岩透镜体。产叠层石 *Baicalia*、*Jurusania* 等化石。分布范围与贾园组相同，在江苏徐州、铜山、邳州、睢宁及安徽宿州一带。厚度变化较大，在睢宁土山厚达640 m，而至宿州蛮顶山则仅厚约20 m。

————————————整合接触————————————

淮南群：

贾园组：灰色薄–中层灰岩、泥灰岩，钙质石英细砂岩、粉砂岩及黄绿色页岩，顶部夹叠层石礁灰岩透镜体。细砂岩及粉砂岩中波状微斜层理发育。产叠层石 *Baicalia* 等。该组仅分布于江苏省徐州铜山、邳州及睢宁一带，厚度变化较大，在邳州占城一带大于690 m，而至徐州贾汪一带变薄被寒武系超覆，在王埠仅厚30 m，未见底。

8.2.2　豫晋陕交界地区

8.2.2.1　豫西地区（关保德等，1980；左景勋，1997a，1997b）

上覆地层：寒武系辛集组白云岩、含砾粉砂岩、砂砾岩。产三叶虫 *Huaspis* sp. 等。

------------------平行不整合接触------------------

震旦系：

东坡组：底部透镜状钙质石英砂岩、含砾页岩和砂砾岩互层，中上部以灰绿、紫红色页岩为主，夹粉砂岩。与下伏罗圈组整合接触。厚约90 m。

罗圈组：以灰绿色泥砂砾岩、含砾泥岩为主，与下伏董家组平行不整合接触，并可超覆于不同时代地层之上。厚约180 m。

------------------平行不整合接触------------------

待建系：

董家组：以长石石英砂岩、石英砂岩和泥质白云质灰岩为主，与下伏黄连垛组呈平行不整合接触。

厚约 130 m。

黄连垛组：由石英砂岩和硅质条带白云岩组成，底部为灰白色砂砾岩，与下伏洛峪口组呈平行不整合接触，并有超覆现象。厚约 130 m 以上。

----------平行不整合接触----------

蓟县系洛峪群：

洛峪口组：分为四段，一段灰绿色页岩，局部夹含钙质砾屑褐铁矿透镜体；二段灰红色厚层状叠层石白云岩夹白云质泥岩，顶部为砾屑白云岩；三段灰白色厚层状叠层石白云岩，底部灰绿色页岩；四段灰白色薄–厚层状白云岩，局部含燧石团块。与下伏三教堂组整合接触，总厚约 200 m 以上。

三教堂组：主要由紫红色石英砂岩夹灰白色石英砂岩组成，顶部海绿石石英砂岩，下部灰白色粉砂岩。与下伏崔庄组整合接触。厚约 80 m。

崔庄组：主要为灰绿、紫红色页岩，下部浅紫红色、灰白色石英砂岩，底部薄层石英砂岩夹灰绿色页岩。与下伏地层汝阳群北大尖组呈整合接触。厚约 160 m。

——————整合接触——————

蓟县系汝阳群：

北大尖组：主要为灰白色石英砂岩、长石石英砂岩，夹少量灰绿色页岩。顶部白云岩和含砾白云岩。与下伏白草坪组整合接触。厚约 200 m。

白草坪组：紫红、灰绿色页岩与紫红、灰白色薄层石英砂岩互层。与下伏云梦山组整合接触。厚约 100 m。

云梦山组：灰、紫红色条带状石英砂岩，下部含砾粗砂岩、砂砾岩。与下伏小沟背组呈角度不整合接触。厚约 260 m。

小沟背组：以紫红色砾岩与紫红色含砾粗砂岩为主，发育单斜层理。厚度变化很大，在 1 km 的短距离内厚度可以从数米变化到数百米。与下伏地层西阳河群呈角度不整合接触。

~~~~~~~~角度不整合~~~~~~~~

下伏地层：西阳河群马家河组安山玢岩。

山西南部中条山地区的中新元古代地层序列与豫西地区相似。该区汝阳群白草坪组与下伏地层太古界涑水群片麻岩呈角度不整合接触，但其底部为砾岩和砂砾岩。中条山地区的白草坪组可能相当于豫西地区的小沟背组、云梦山组和白草坪组。

8.2.2.2　陕西小秦岭地区（李钦仲，1980）

上覆地层：寒武系辛集组褐红、灰黄色含胶磷矿砂质灰岩及角砾状胶磷矿。产 *Bergeronielus houniuensis*，*Obolus* sp.，*Hyolites* sp.。

----------平行不整合接触----------

震旦系：

东坡组　以灰白、灰绿、深灰色泥质–粉砂质板岩为主，中部灰色长石石英砂岩。厚约 60 余米。

罗圈组　深灰色层纹状含砾板岩，底部紫红、灰黄色层纹状砂砾岩及透镜状白云质角砾岩。厚约 30 m。

~~~~~~~~角度不整合~~~~~~~~

青白口系：

石北沟组　深灰色碳质、硅质板岩。厚约 20 m。

~~~~~~~~角度不整合~~~~~~~~

待建系–蓟县系洛南群：

冯家湾组：灰、灰白色中厚层状白云岩、硅质条带白云岩，顶部灰色绢云母板岩及细砂岩。厚约 90 m。

杜关组：上部紫红、浅灰绿色薄层泥质白云岩，中部浅灰色中厚层白云岩，下部灰色白云岩，底部夹板岩。厚约 100 m。

巡检司组：灰、深灰色白云岩、硅质条带白云岩，底部紫色板岩。产叠层石：*Conophyton*。厚约
~~~~~~~~

600 m以上。

龙家园组：灰色薄-中厚层硅质条带白云岩，中下部夹紫灰色板岩，底部紫红色含赤铁矿砂质白云岩。产叠层石 *Conophyton*。厚约650 m 以上。

-------------------------平行不接触-------------------------

蓟县系高山河群：

陈家涧组：上部灰白色厚层石英砂岩，中部紫、灰绿色板岩夹薄层石英砂岩，下部紫红色中厚层含赤铁矿石英砂岩，斜层理和波痕发育。总厚约400 m 以上。

二道河组：上部灰白色中-厚层白云岩、砂质白云岩夹粉砂质板岩，产叠层石。中、下部灰白色中-厚层状石英砂岩、长石石英砂岩，夹白云岩和绿色板岩。总厚约1200 m 以上。

鳖盖子组：紫红色中厚层石英砂岩及粉砂质板岩，波痕和干裂纹发育。总厚超过2000 m。

下伏地层：熊耳群火山岩。

~~~~~~~~~~~~~~~~~~~~角度不整合~~~~~~~~~~~~~~~~~~~~

下伏地层：长城系熊耳群火山岩。

8.3　南华北地区中—新元古代地层对比

在南华北地区，中—新元古代地层与下伏古元古代—太古宙地层呈角度不整合接触，上覆地层为寒武系沉积，其整体地层序列发育是一致的。但是，由于能够用于地层对比的化石材料和同位素绝对年龄数据的相对缺乏，该套地层的时代及区域对比一直存在不同认识。Xiao 等（1997）根据碳同位素化学地层学对比，认为洛峪群和黄连垛组是中元古代沉积地层；高林志等（2002）认为，华北克拉通南缘豫晋陕交界地区的熊耳群之上至寒武系辛集组之下的地层属于新元古界（1000 ~ 570 Ma）。在《中国地层典——新元古界》中，将苏皖北部地区刘老碑组至金山寨组地层划归震旦系，而其中的叠层石及其他化石组合表明该套地层至少是新元古代大冰期之前的沉积（详见下述）。

胡云绪等（1982）报道高山河群中产出的大型带刺疑源类 *Shuiyousphaeridium*。随后，以 *Dictyosphaera*、*Shuiyousphaeridium* 和 *Tappania* 为代表的疑源类组合，在汝阳群白草坪组和北大尖组陆续发现（图8.2；关保德等，1988；阎玉忠、朱士兴，1992；Yin，1997；Yin *et al.*，2005），该化石组合与澳大利亚罗珀群（Roper）产出的化石组合非常相似，而罗珀群的锆石 U-Pb 年龄为 1492±3 Ma（Javaux *et al.*，2001）。因此，生物地层学对比表明高山河群和汝阳群（约1500 Ma）为蓟县纪沉积。

碳同位素化学地层学研究支持上述生物地层学的对比。与新元古代剧烈而频繁的碳同位素波动不同，古元古代晚期至中元古代时期，海洋碳同位素组成长期处于相对稳定的时期，海水碳同位素值基本上处于0 ‰附近，上下波动范围不大（Bartley and Kah，2004）。山西永济剖面洛峪口组和黄连垛组、陕西洛南剖面龙家园组至冯家湾组以及天津蓟县剖面高于庄组至铁岭组的系统碳同位素组成分析均显示，上述地层的碳同位素值围绕0‰变化，波动范围基本在 -2‰ ~ 2‰（图8.3；Xiao *et al.*，1997；Guo *et al.*，2013），表明洛峪群、洛南群和黄连垛组都是中元古代的沉积。同位素化学地层学对比不支持洛峪群为青白口系、黄连垛组为震旦系沉积的对比方案（关保德等，1980）。

最近，苏文博等（2012）报道河南汝州阳坡村剖面洛峪口组中部凝灰岩夹层的激光剥蚀-多接收器-感应耦合等离子体质谱（Laser Ablation-Multiple Collecter-Inductively-Coupled Plasma Mass Spectro-mater，LA-MC-ICP-MS）锆石 U-Pb 年龄为 1611±8 Ma，并推测洛峪口组的顶界年龄约为1600 Ma，从而将汝阳群和洛峪群的时代限定为 1750 ~ 1600 Ma，即古元古代晚期长城纪。新的年龄数据与上述利用古生物资料和化学地层学方法厘定的地层时代不完全一致，因此其是否代表该套地层的沉积年龄需要进一步研究和深入探讨。

古生物学证据显示，苏皖北部的徐淮群在时代上很可能早于华南扬子区的震旦系和南华系。例如，刘老碑组的疑源类化石与世界其他地区（如欧洲和北美）的新元古代晚里菲期（850 ~ 700 Ma）的化石有很好的对比性（图8.2；尹崇玉，1985；Yin and Sun，1994）。特别值得提出的是，淮南地区刘老碑组产出的 *Trachyhystrichosphaera* 是新元古代早期地层的特征化石（Tang *et al.*，2013）。另外，刘老碑组至沟后
~~~~~~~~~~~~~~~~~~~~

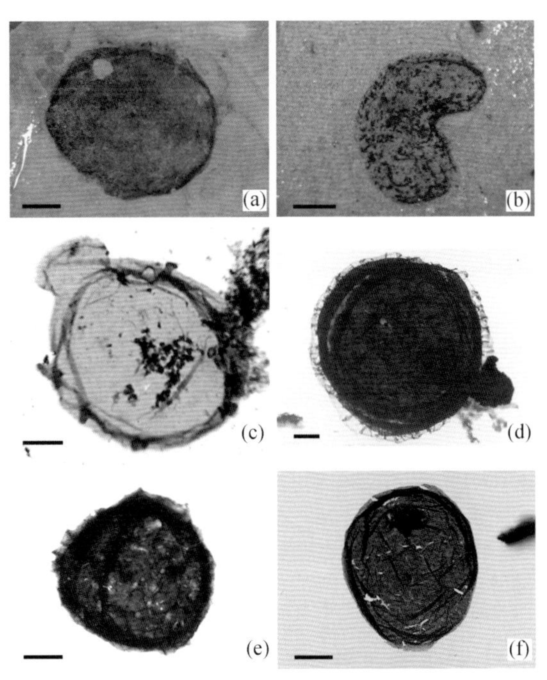

图8.2　南华北地区中—新元古代地层中代表性化石

(a) *Chuaria*，淮南寿县刘老碑组；(b) *Tawuia*，淮南寿县刘老碑组；(c) *Tappania*，山西永济水幽沟剖面北大尖组；(d) *Shuiyousphaeridium*，山西永济水幽沟剖面北大尖组；(e) *Trachyhystrichosphaera*，淮南寿县刘老碑组；(f) *Leiosphaeridium*，山西永济水幽沟剖面北大尖组。比例尺在(a)～(f)分别代表1 mm，1 mm，10 μm，20 μm，50 μm和20 μm；化石照片(a)、(b)、(e)由唐卿提供，(c)由尹磊明提供，(d)、(f)由庞科提供

组许多泥质岩层中广泛保存的宏体碳质压膜化石*Chuaria*、*Tawuia*等（尹崇玉，1985）以及该区碳酸盐岩地层中的叠层石组合（曹瑞骥等，1985；钱迈平，1991；曹瑞骥，2000）也表明苏皖北部徐淮群（不包括凤台组）的沉积时代早于新元古代大冰期。

汪贵翔等（1984）报道，刘老碑组的全岩Rb-Sr等时线年龄为840±72 Ma，但目前一般认为Rb-Sr年龄本身存在较大的误差。杨杰东等（2004）报道淮南地区四顶山组燧石夹层的Sm-Nd等时线年龄为801±46 Ma，表明徐淮群大部分地层的沉积时代早于南华系。柳永清等（2005）对安徽灵璧栏杆地区侵入于赵圩组—倪园组的巨型辉绿岩（床）群，测定锆石高灵敏度高分辨率离子微探针（Sensitive High Resolution Ion MicroProbe，SHRIMP）U-Pb年龄，结果为976±24 Ma和1038±26 Ma；王清海等（2011）报道该岩墙群的年龄为896.6±16.3 Ma和918.8±12 Ma；Gao等（2009）报道该岩墙群的年龄为930±10 Ma。它们代表苏皖北部徐淮群（不包括凤台组）沉积的最小年龄值，表明徐淮群可能为新元古代最早期或中元古代晚期的沉积地层。

曹瑞骥、袁训来（2006）对我国华北地区元古宙叠层石组合进行了深入研究，发现在胶辽徐淮地区，一套主要由叠层石灰岩（或白云岩）、泥岩和碎屑岩组成的红色岩系稳定地分布在十三里台组和魏集组中，厚度从数十米至百米不等。通过对红色岩系叠层石灰岩的切片研究，发现在叠层石的紫红色纹层中，经常夹有一些由长条形石膏假晶组成的透明纹层。这些原生石膏当时是沉淀在建造叠层石藻席之上的。此外，马家屯组和史家组叠层石礁的叠层石间隙和叠层石组构之中，也出现大量的岩盐和石膏假晶，表明这些叠层石礁是在剧烈蒸发环境下形成的。上述红色岩系和岩盐石膏假晶的出现，可能反映一次区域性的高温氧化，并伴随强蒸发作用的事件。在东秦岭北坡地区，洛峪群洛峪口组为一套以红色叠层石白云岩、紫红色白云岩和红色页岩为主的沉积，厚约百余米，在红色叠层石中，同样出现大量石膏假晶。洛峪口组亦可能是受此次高温氧化和强蒸发事件影响下的沉积。因此，如果华北地台南缘这次高温蒸发事件是一次区域性事件的话，那么它将为南华北地区元古宙地层对比提供一个事件地层学标志。

关于华北克拉通南缘罗圈组冰碛层的对比一直存在不同认识。第一种认识把它划归寒武系底部，第二种认为它与华南的南沱组可以对比，而第三种把它放在震旦纪晚期。在华北克拉通南缘和西缘、柴达木地块以及新疆库鲁克塔格地区，紧挨着寒武纪早期地层之下都发育一套冰期沉积地层，它们是新疆库

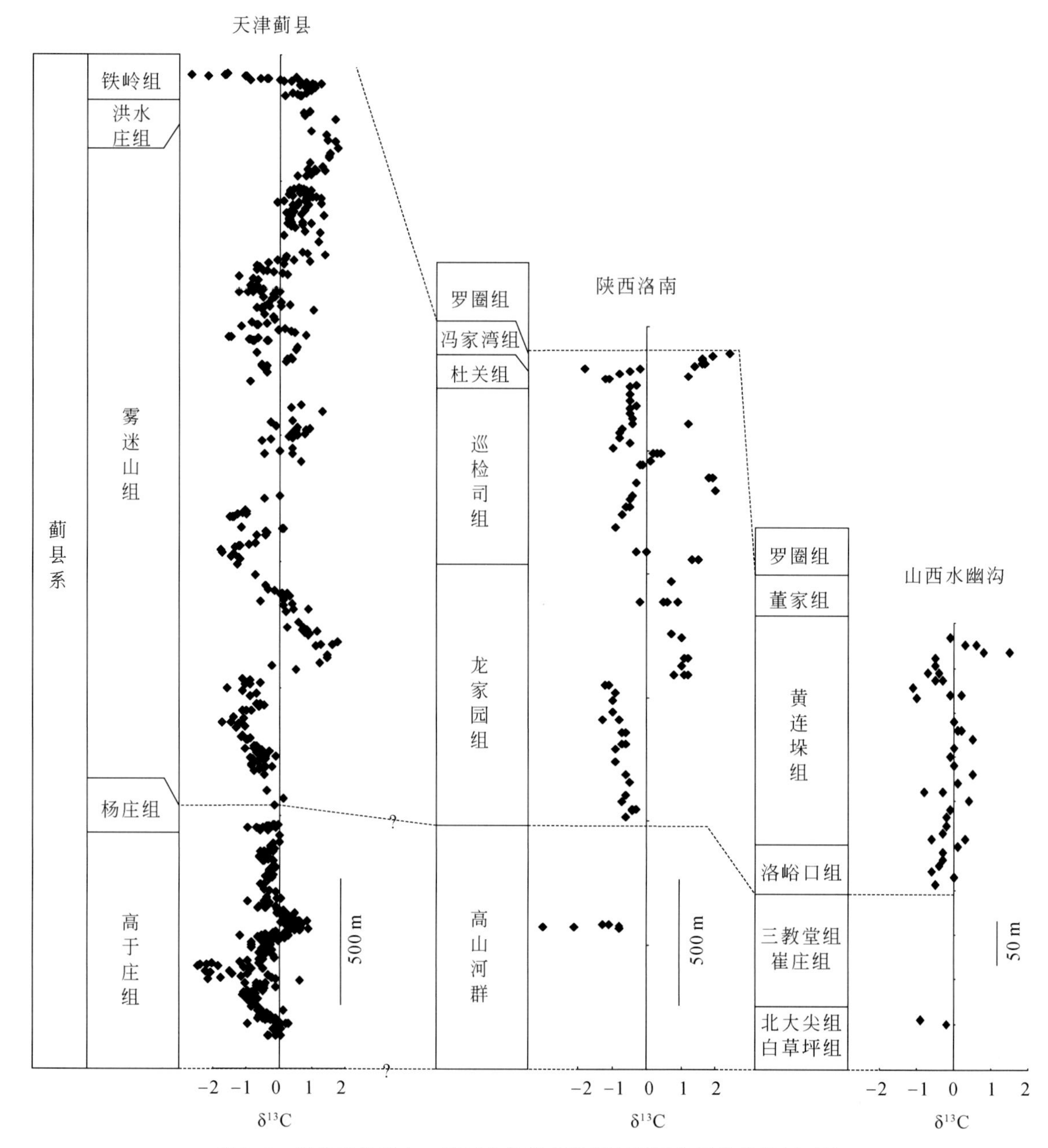

图 8.3　华北克拉通中—新元古代代表性剖面碳同位素化学地层对比

天津蓟县剖面据 Guo *et al.*，2013；陕西洛南和山西水幽沟剖面据 Xiao *et al.*，1997

鲁克塔格地区汉格尔乔克组、柴达木全吉山地区的红铁沟组、贺兰山的正目观组、华北克拉通西南缘的罗圈组以及皖北的凤台组。这些地区的冰碛杂砾岩层与上覆寒武纪早期地层形影不离，而与不同时代的下伏地层平行不整合接触，因此推测它们可能是同一时期的冰期记录。根据下伏地层董家组的疑源类化石组合面貌研究，发育于东秦岭北坡的罗圈组冰碛岩可能晚于南沱冰期（Yin and Guan，1999）。根据从汉格尔乔克组冰碛砾石和其间胶结物中所获得的微体植物化石，尹磊明等（2001）认为汉格尔乔克组和扬子区震旦系灯影上部可作对比。

Shen 等（2007）研究产于青海全吉山红铁沟组之上的皱节山组和宁夏贺兰山地区的正目观组上部地层中分类位置不明的实体化石组合：*Helanoichnus helanensis*、*Palaeopascichnus minimus*、*Palaeopascichnus meniscatus*、*Horodyskia moniliformis*? 和 *Shaanxilithes* cf. *ningqiangensis*。上述化石组合中的 *Palaeopascichnus* 和 *Shaanxilithes* 发现于华南埃迪卡拉系灯影组，因此如果 *Palaeopascichnus* 和 *Shaanxilithes* 具有地层学对比意义的话，那么皱节山组和正目关组上部地层应属于埃迪卡拉纪（震旦纪）晚期沉积（<551 Ma），其下伏的红铁沟组和正目关组冰碛岩就不可能是寒武纪冰期沉积。Shen 等（2010）分析柴达木盆地北缘全吉

山地区红铁沟组盖帽白云岩和下伏地层红藻山组白云岩的碳同位素组成，发现红铁沟组盖帽白云岩的碳同位素组成与新元古代马里诺（Marinoan）和斯图特（Sturtian）冰期盖帽白云岩的碳同位素组成都不相同，而红藻山组的碳同位素负漂移（−5‰～0）可以与新疆库鲁克塔格地区汉格尔乔克组之下水泉组的碳同位素变化相对比（Xiao *et al.*，2004），两者都可能对应于华南埃迪卡拉系（震旦系）陡山沱组上部的碳同位素负漂移。因此，碳同位素化学地层学对比表明红铁沟组和汉格尔乔克组的沉积时代是埃迪卡拉纪（震旦纪）晚期。综上所述，我们认为罗圈组及同期地层可能是埃迪卡拉纪晚期的冰期沉积。

南华北地区中—新元古代地层对比见图8.4。这里必需指出的是，这个对比方案是非常概略和初步的，其中存在很多不确定的对比关系，将随着今后新的生物地层学资料和放射性同位素年龄数据的获得而改变。

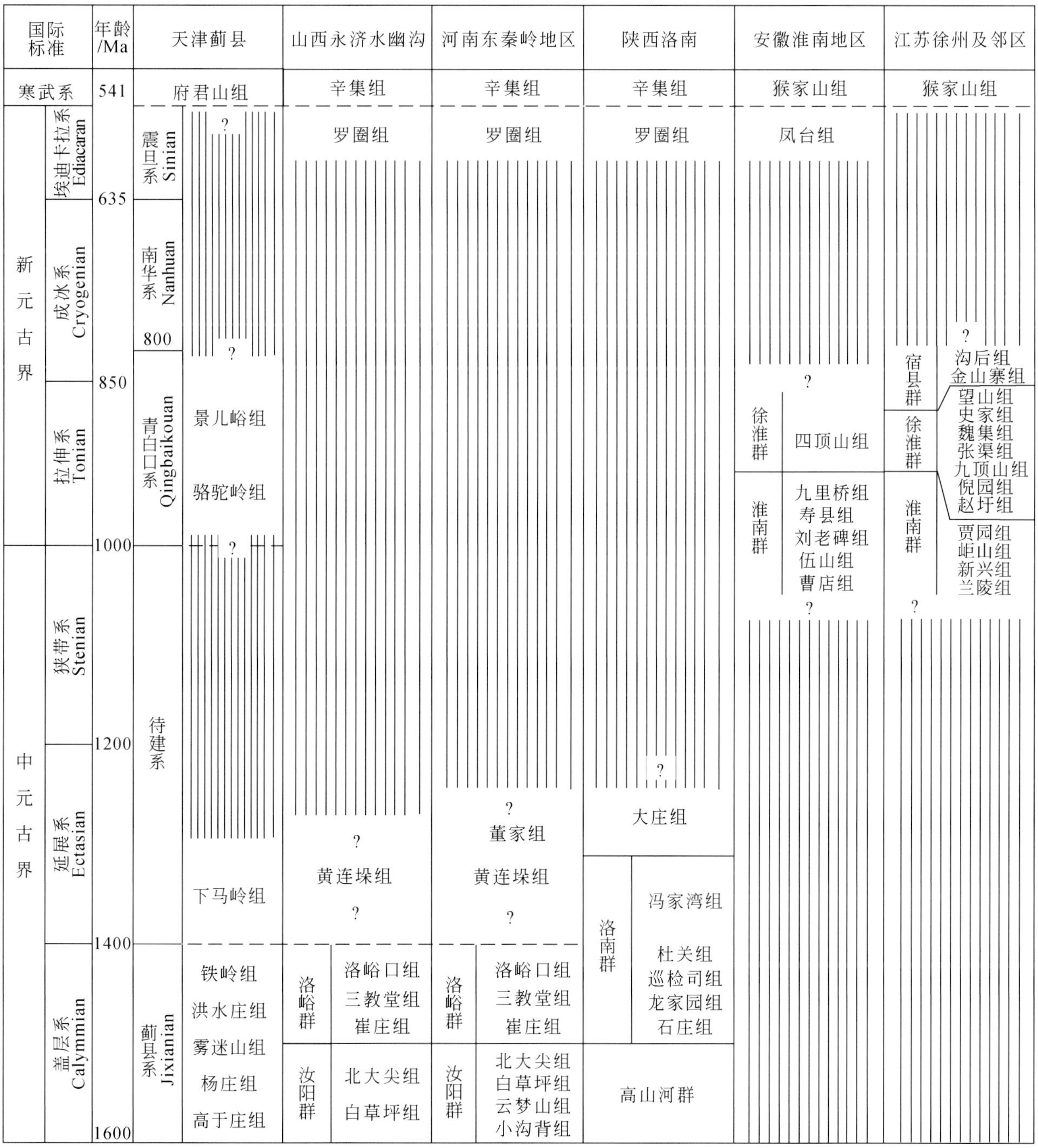

国际标准	年龄/Ma	天津蓟县	山西永济水幽沟	河南东秦岭地区	陕西洛南	安徽淮南地区	江苏徐州及邻区
寒武系	541	府君山组	辛集组	辛集组	辛集组	猴家山组	猴家山组
新元古界 埃迪卡拉系 Ediacaran	635	震旦系 Sinian ?	罗圈组	罗圈组	罗圈组	凤台组	
新元古界 成冰系 Cryogenian	850	南华系 Nanhuan 800 ?				?	? 宿县群：沟后组 金山寨组
新元古界 拉伸系 Tonian	1000	青白口系 Qingbaikouan：景儿峪组 骆驼岭组 ?				徐淮群：四顶山组；淮南群：九里桥组 寿县组 刘老碑组 伍山组 曹店组 ?	徐淮群：望山组 史家组 魏集组 张渠组 九顶山组 倪园组 赵圩组；淮南群：贾园组 岠山组 新兴组 兰陵组 ?
中元古界 狭带系 Stenian	1200	待建系			?		
中元古界 延展系 Ectasian	1400	待建系：下马岭组	? 黄连垛组 ?	? 董家组 黄连垛组 ?	大庄组；洛南群：冯家湾组		
中元古界 盖层系 Calymmian	1600	蓟县系 Jixianian：铁岭组 洪水庄组 雾迷山组 杨庄组 高于庄组	洛峪群：洛峪口组 三教堂组 崔庄组；汝阳群：北大尖组 白草坪组	洛峪群：洛峪口组 三教堂组 崔庄组；汝阳群：北大尖组 白草坪组 云梦山组 小沟背组	洛南群：杜关组 巡检司组 龙家园组 石庄组；高山河群		

图8.4　南华北地区代表性剖面中—新元古代地层对比简表

8.4 南华北地区中—新元古代沉积环境讨论

苏皖北部地区处于华北克拉通的东南缘，在古元古代—太古宙变质褶皱基底之上，该区中—新元古代地层总体上反映从海进到海退的沉积发展过程，并长期处于炎热气候下的浅海潮下或潮坪环境，微体和宏体生物群落繁盛，叠层石礁发育（厉建华等，2013）。

曹店组以一套紫红色铁质石英砾岩和砂砾岩为主，局部形成鲕状赤铁矿层，为滨岸砾屑滩沉积。往上伍山组以含海绿石石英砂岩为主，交错层理及波痕构造发育，反映强水动力条件下的滨浅海环境。随着海侵进一步扩大，形成了刘老碑组浅海潮下低能环境的泥岩和泥质灰岩的复合沉积，岩性稳定，水平层理发育。其上覆四十里长山组以含海绿石石英砂岩、长石石英砂岩为主，交错层理发育，为中低能潮坪环境沉积。九里桥组下部以薄层状泥质灰岩为主，上部为叠层石灰岩，反映从潮下到潮坪，水动力条件增加的环境变化。之后四顶山组（徐淮地区为倪园组和九顶山组）叠层石白云岩反映广泛海侵条件下的浅海潮下中高能环境。徐淮地区张渠组、魏集组、史家组和望山组总体上以碳酸盐岩沉积为主，叠层石礁发育，波痕、鸟眼构造发育，反映炎热气候条件下的潮下-潮坪沉积环境。至金山寨组和沟后组沉积期，海水明显退却，沉积区缩小，主要发育局限环境下的潮坪沉积（厉建华等，2013）。

在豫晋陕交界地区，太古界变质岩或古元古代熊耳群（西阳河群）火山岩之上，发育古风化壳，其上在若干地区发育一套厚度变化巨大的河流相砾岩，在空间上表现为带状或楔状沉积。之后该地区中—新元古代地层总体上反映了一次大规模海侵-海退的过程，在该过程中，小规模的海侵-海退频繁发生。

豫西地区的小沟背组和云梦山组下部、陕西小秦岭地区高山河群底部以及晋南地区的白草坪组底部，发育一套河流相和滨岸砾屑滩沉积（关保德等，1993；左景勋，1997b），往上随着海侵的进一步发展，出现高山河群和汝阳群白草坪组、北大尖组以砂岩、粉砂岩和泥岩交替出现为特征的碎屑岩潮坪环境沉积。崔庄组沉积期可能代表中元古代以来海水最深的时期，此后，豫晋陕交界地区进入了稳定的碳酸盐潮坪环境，内碎屑白云岩和叠层石发育，其中夹少量细碎屑岩。

8.5 南华北地区中—新元古代地层生烃潜力分析

在世界其他地区的前寒武纪地层中，已发现商业性油气藏及油气显示，证实元古宇海相地层可作为烃源岩。华北克拉通是全球海相地层最发育的地区之一，但其中—新元古界海相石油勘探至今尚未取得重大突破。目前华北克拉通中—新元古界的石油地质研究主要聚焦于燕山地区（王铁冠，1980；方杰等，2002），冀北、宣龙两坳陷中—新元古界海相地层中发现了多处油苗和沥青显示，油源对比证实均为“自生自储”的原生石油。南华北地区油气勘探程度较低。

李振生等（2012）通过地层特征、有机地化指标和岩相古地理的分析，探讨南华北地区东部徐淮地区元古宇作为烃源岩及形成原生油气藏的可能性。研究表明，徐淮地区自下而上可划分为刘老碑组和贾园组—魏集组两套烃源岩，后者又细分为贾园组—九顶山组和张渠组—魏集组两套烃源岩。总的来看，徐淮地区元古宇地层有机质含量低，有机碳含量仅达到较差烃源岩的标准，并且经受了变质作用影响，演化程度高（高成熟-过成熟）。氯仿沥青含量低于烃源岩标准，说明该套地层生油潜力较差。

参考文献

安徽省地质矿产局区域地质调查队 . 1985. 安徽省地层志——前寒武系分册 . 合肥：安徽科学技术出版社

曹瑞骥 . 2000. 我国中新元古代地层研究中若干问题的探讨 . 地层学杂志，24：1 ~ 7

曹瑞骥，袁训来 . 2006. 叠层石 . 合肥：中国科学技术大学出版社

曹瑞骥，唐天福，薛耀松 . 1988. 关于华北上前寒武系与华南震旦系之间衔接问题的讨论 . 地质论评，34（2）：173 ~ 178

曹瑞骥，赵文杰，夏广胜 . 1985. 安徽北部晚前寒武纪叠层石 . 中国科学院南京地质古生物研究所集刊，21：1 ~ 54

常绍泉 . 1980. 辽东半岛南部晚前寒武纪地层的划分与对比 . 见：中国地质科学院天津地质矿产研究所主编 . 中国震旦亚界 . 天津：天津科学技术出版社 . 266 ~ 287

方杰，刘宝泉，金凤鸣，刘敬强，鱼占文 . 2002. 华北北部中、上元古界生烃潜力与勘探前景分析 . 石油学报，23（4）：

18～23
高林志，丁孝忠，曹茜，张传恒.2010. 中国晚前寒武纪年表和年代地层序列. 中国地质，37（4）：1014～1020
高林志，尹崇玉，王自强.2002. 华北地台南缘新元古代地层的新认识. 地质通报，21（3）：130～135
关保德，耿午辰，戎治权，杜慧英.1988. 河南东秦岭北坡中—上元古界. 郑州：河南科学技术出版社
关保德，吕国芳，王耀霞.1993. 河南省地台区中—晚元古代构造沉积盆地演化分析. 河南地质，11（3）：181～191
关保德，潘泽成，耿午辰，戎治权，杜慧英.1980. 东秦岭北坡震旦亚界. 见：中国地质科学院天津地质矿产研究所主编. 中国震旦亚界. 天津：天津科学技术出版社.288～312
胡云绪，付嘉媛.1982. 陕西洛南上前寒武系高山河组的微古植物群及其地层意义. 中国地质科学院西安地质矿产研究所所刊，4：102～113
厉建华，钱迈平，姜杨.2013. 苏皖北部下寒武统对前南华系的超覆. 地层学杂志，37（2）：232～241
李钦仲.1980. 陕西省小秦岭地区震旦亚界. 见：中国地质科学院天津地质矿产研究所主编. 中国震旦亚界. 天津：天津科学技术出版社.314～331
李振生，刘德良，吴小奇，王广利，王铁冠.2012. 南华北东部徐淮地区新元古界生烃潜力分析. 地质科学，47（1）：154～168
柳永清，高林志，刘燕学，宋彪，王宗秀.2005. 徐淮地区新元古代初期镁铁质岩浆事件的锆石U-Pb定年. 科学通报，50：2514～2521
钱迈平.1991. 苏皖北部震旦纪叠层石及其沉积环境学意义. 古生物学报，30：616～629
钱迈平，袁训来，阎永奎，丁保良.2002. 苏皖北部新元古代微生物化石. 微体古生物学报，19（4）：363～381
任富根，李惠民，殷艳杰，李双保，丁士应，陈志宏.2002. 豫西地区熊耳群的地质年代学研究. 前寒武纪研究进展，25：41～47
苏文博，李怀坤，徐莉，贾松海，耿建珍，周红英，王志宏，蒲含勇.2012. 华北克拉通南缘洛峪群—汝阳群属于中元古界长城系—河南汝州洛峪口组层凝灰岩锆石LA-MC-ICPMS U-Pb年龄的直接约束. 地质调查与研究，35（2）：96～108
汪贵翔，张世恩，李尚湘等.1984. 苏皖北部上前寒武系研究. 合肥：安徽科学技术出版社
王清海，杨德彬，许文良.2011. 华北陆块东南缘新元古代基性岩浆活动：徐淮地区辉绿岩床群岩石地球化学、年代学和Hf同位素证据. 中国科学（D辑）：地球科学，41（6）：796～815
王铁冠.1980. 燕山地区震旦亚界油苗的原生性及其石油地质意义. 石油勘探与开发，7（2）：34～52
阎玉忠，朱士兴.1992. 山西永济汝阳群的微古植物. 微体古生物学报，2：190～195
杨杰东，郑文武，陶仙聪，王宗哲.2004. 安徽淮南群四顶山组燧石Sm-Nd年龄测定. 地质论评，50：413～417
杨清和，张友礼，郑文武，徐学思.1980. 苏皖北部震旦亚界的划分和对比. 见：中国地质科学院天津地质矿产研究所主编. 中国震旦亚界. 天津：天津科学技术出版社.231～265
尹崇玉.1985. 安徽淮南地区晚前寒武纪微古植物群及其地层意义. 地层古生物论文集，12：91～115
尹磊明，曹瑞骥，袁训来，王宗哲.2001. 上前寒武系. 见：周志毅主编. 塔里木盆地各纪地层. 北京：科学出版社.1～11
翟明国，彭澎.2007. 华北克拉通古元古代构造事件. 岩石学报，23（11）：2665～2682
赵太平，翟明国，夏斌，李惠民，张毅星，万渝生.2004. 熊耳群火山岩锆石SHRIMP年代学研究：对华北克拉通盖层发育初始时间的制约. 科学通报，49（22）：2342～2349
左景勋.1997a. 豫西汝阳中上元古界层序地层划分及其岩石地层格架. 河南地质，15（1）：29～35
左景勋.1997b. 汝州阳坡的洛峪口组. 河南地质，15（2）：116～123
Bartley J, Kah L. 2004. Marine carbon reservoir, C_{org}-C_{carb} coupling, and the evolution of the Proterozoic carbon cycle. Geology, 32: 129～132
Gao L, Zhang C, Liu P, Tang F, Song B, Ding X. 2009. Reclassification of the Meso- and Neoproterozoic chronostratigraphy of North China by SHRIMP zircon ages. Acta Geologica Sinica (English Edition), 83: 1074～1084
Guo H, Du Y, Kah L, Huang J, Hu C, Huang H, Yu W. 2013. Isotopic composition of organic and inorganic carbon from the Mesoproterozoic Jixian Group, North China: Implications for biological and oceanic evolution. Precambrian Research, 224: 169～183
Javaux E, Knoll A H, Walter M R. 2001. Morphological and ecological complexity in early eukaryotic Ecosystems. Nature, 412: 66～69
Shen B, Xiao S, Dong L, Zhou C, Liu J. 2007. Problematic macrofossils from Ediacaran successions in the North China and Chaidam blocks: implications for their evolutionary root and biostratigraphic significance. Journal of Paleontology, 81: 1406～1421
Shen B, Xiao S, Zhou C, Kaufman A J, Yuan X. 2010. Carbon and sulfur isotope chemostratigraphy of the Neoproterozoic Quanji Group of the Chaidam Basin, NW China: Basin stratification in the aftermath of an Ediacaran glaciation postdating the Shuram event? Precambrian Research, 177: 241～252

Tang Q, Pang K, Xaio S, Yuan X, Ou Z, Wan B. 2013. Organic- walled microfossils from the early Neoproterozoic Liulaobei Formation in the Huainan region of North China and their biostratigraphic significance. Precambrian Research, 236: 157 ~ 181

Xiao S, Bao H, Wang H, Kaufman A J, Zhou C, Li G, Yuan X, Ling H. 2004. The Neoproterozoic Quruqtagh Group in eastern Chinese Tianshan: evidence for a post-Marinoan glaciation. Precambrian Research 130, 1 ~ 26

Xiao S, Knoll A H, Kaufman A J, Yin L, Zhang Y. 1997. Neoproterozoic fossils in Mesoproterozoic rocks? Chemostratigraphic resolution of a biostratigraphic conundrum from the North China Platform. Precambrian Research, 84: 197 ~ 220

Yin L. 1997. Acanthomorphic acritarchs from Meso – Neoproterozoic shales of the Ruyang Group, Shanxi, China. Review of Palaeobotany and Palynol ogy, 98: 15 ~ 25

Yin L, Guan B. 1999. Organic- walled microfossils of Neoproterozoic Donjia Formation, Lushan County, Henan Province, North China. Precambrian Research, 94: 121 ~ 137

Yin L, Sun W. 1994. Microbiota from the Neoproterozoic Liulaobei Formation in the Huainan region, northern Anhui, China. Precambrian Research, 65: 95 ~ 114

Yin L, Yuan X, Meng F, Hu J. 2005. Protists of the upper Mesoproterozoic Ruyang Group in Shanxi Province, China. Precambrian Research, 141: 29 ~ 66

第 9 章　前寒武纪烃源岩特征与发育背景浅析

彭平安，贾望鲁

（中国科学院广州地球化学研究所有机地球化学国家重点实验室，广州，510640）

摘　要： 前寒武纪烃源岩在世界各地均有分布，时代主要集中在 2.6 ~ 2.7 Ga、2.0 Ga、1.4 ~ 1.5 Ga、1.0 Ga、0.7 ~ 0.6 Ga 以及 0.6 ~ 0.5 Ga 等时段。烃源岩的特征与水体蓝藻-真核藻类演化、选择性保存作用有关，真核藻类成为藻类主体后，真正有价值的烃源岩才有可能出现。风化作用、火山作用以及冰期是大规模烃源岩发育的主导因素。烃源岩的生物标志物是示踪前寒武纪微生物作用的良好工具，如 2.75 Ga 出现甲烷氧化古菌；1.64 Ga 地球建立硫酸盐还原细菌、绿硫细菌的微生物作用体系。前寒武纪地层生物标志物的多样性为油气源对比奠定了基础，如用 13α(正烷基)-三环萜烷、C_{19} A-降甾烷，分别厘定燕辽裂陷带油苗与阿曼原油的母源。前寒武纪地层的碳同位素体系与显生宙不同，主要受有机质的裂解过程控制，其规律需要人们进一步研究。前寒武系生物标志物研究的最大挑战是有机质的含量与原生性问题，随着技术的进步，这一问题会得到逐步解决。

关键词： 前寒武纪，烃源岩，生物标志物，有机质原生性

9.1　引　　言

太多的证据表明，前寒武纪（Precambrian）地球环境与今天的地球大不相同，其原因令人困惑与好奇。自地球科学诞生以来，人类就开始了前寒武纪地质的研究，并取得巨大进展，但由于其地质时代久远，地质背景也不同于显生宙，仍存在很多未解决的科学问题。就烃源岩发育而言，前寒武纪有机质含量高的地层很多，但对其类型、性质、母源与演化，至今仍在探索之中。前寒武纪富含有机质地层的形成机制，也可能与显生宙有较大差别。从有机质保存的角度看，前寒武纪较低的水体氧含量或硫酸盐含量，使得水柱与早期成岩作用过程中，有机质的氧化程度降低，从而有利于活性有机质（如纤维素、蛋白质等）的保存，并促进发酵与甲烷生成等生物化学过程的发生。但对于油气生成最为重要的类脂化合物等生烃母质而言，由于活性物质去除不完整，保存的有机质氧含量较高，有机质类型有可能较差。从有机质生产力的角度看，由于水体铁含量较高，生产力的控制因素可能并非氮，而可能是磷。不同时间与空间尺度的风化和火山作用仍是水体营养盐富集的主要过程。前寒武纪以蓝藻为主体的藻类系统，也决定了其有机质性质不同于显生宙，但这一局面可能在真核藻类出现后有所改观。这些有关前寒武纪烃源岩发育的推论，需要我们在今后的工作中加以证实。

前寒武纪地层的油气前景是十分广阔的（Craig *et al.*，2013），特别是新元古代地层，已经发现了一批大型的油气田。例如，阿曼的宰海班（Dhahaban）油气系统，年产油 3000 万吨；近年来，我国四川盆地震旦系灯影组与下寒武统龙王庙组地层发现了安岳大气田。加强前寒武系烃源岩的特征与发育背景研究，对于前寒武纪地层的油气勘探具有重要的意义。前寒武纪地层烃源岩的有机质特征，也与当时海洋水体生态系统的特征密切相关，所以，前寒武纪烃源岩研究也能为早期生命演化提供重要证据。

本章将总结全球已报道的前寒武纪烃源岩的地球化学特征，探讨这些烃源岩的发育机制；在此基础之上，分析前寒武纪烃源岩研究的若干重要问题。希望能为今后前寒武纪烃源岩研究提供有用信息。

9.2　烃源岩分布及特征

9.2.1　非　洲

9.2.1.1　南非开普法尔（Kaapvaal）克拉通盆地太古宙烃源岩

Buick 等（1998）发现开普法尔克拉通盆地 2.59 Ga 的布莱克里夫组（Black Reef Fm.）和 2.85 Ga 的威特沃特斯兰德群（Witwatersrand Gp.）均含有大量的焦沥青结核。虽然这些有机质的成熟度高，但从产状看，是从邻近页岩的有机质运移而来的。作为这些沥青结核的烃源岩，布莱克里夫组和威特沃特斯兰德群的页岩总有机碳含量（Total Organic Content，TOC）分别可达 9.1% 和 0.28%。Dutkiewicz 等（1998）进一步发现这两套地层含有油包裹体，并认为是地球上最早的原油聚集的证据。此外，盆地内 2.67 ~ 2.46 Ga 的德兰士瓦群（Transvaal Gp.）纳瓜组（Nauga Fm.）与克莱因瑙特组（Klein Naute Fm.）也发育厚度 10 m 到 100 m 不等的黑色页岩，TOC 值变化范围在 0.1% ~12%，平均值可达 3%（Kendall *et al.*, 2010）。

9.2.1.2　加蓬弗朗斯维利安（Franceville）盆地早元古代烃源岩

Dutkiewicz 等（2007）运用包裹体成分分析技术，研究弗朗斯维利安内克拉通盆地 2.1 ~ 1.7 Ga 弗朗斯维利安建造的 FA 层（2.1 Ga）砂岩包裹体有机质，认为这些有机质是由上覆地层 FB 层（1.9 Ga）黑色页岩的有机质运移而来的。FB 层作为很好的烃源岩，厚度 600 ~ 1000 m，TOC 最高可达 15%（Mossman *et al.*, 2005）；但其有机质成熟度相当高，H/C 和 O/C 原子比分别为 0.5 与 0.3。一般认为，包裹体这种存在形式能很好地保存原生有机质，且可避免地层中有机质污染，是研究前寒武系地层有机质的良好材料。Dutkiewicz 等（2007）从包裹体中鉴定出低碳数正烷烃、规则甾烷、C_{30}正丙基胆甾烷、藿烷、重排藿烷、2α-甲基藿烷、伽马蜡烷等化合物。从化合物的分布看，其主要的生烃母质为蓝藻。岩样的地质时代说明在大氧化事件（Great Oxidation Event，GOE）之后，地质体中出现了高有机碳含量的烃源岩，其中也出现常见的生物标志物。

9.2.2　北　美

9.2.2.1　早元古代烃源岩

很少有文献记载这一时代的北美烃源岩，Mancuso 等（1989）报道大湖区 1.9 ~ 2.0 Ga 地层中焦沥青的产出，推测是相同时代烃源岩充注的产物，但是目前尚不清楚这些焦沥青到底来自于哪一套烃源层。固体沥青的碳同位素组成在 -35‰ ~ -31‰。

9.2.2.2　中部裂谷系中元古代 1.1 Ga 诺内萨奇（Nonesuch）组烃源岩

诺内萨奇组页岩是研究较多的湖相烃源岩，在北美分布广泛（Imbus *et al.*, 1988）。萨斯东北一带的赖斯组（Rice Fm.）是这一时期典型的烃源岩（Newell *et al.*, 1993），其 TOC 可达 2.5%，热解烃峰顶温度 T_{max}值在 440 ~ 460℃，表明成熟度达到成熟-高成熟的演化阶段。有机岩石学分析结果表明，有机质主要呈 I/II 型，干酪根碳同位素组成在 -34‰ ~ -30‰。运用气相色谱-质谱/质谱（Gas Chromatography-Mass Spectrophy/Mass Spectrophy，GC-MS/MS，简称串联质谱）从这套烃源岩中，可检出藿烷、2α-甲基藿烷、3β-甲基藿烷、规则甾烷与重排甾烷等，但甾烷含量低（Pratt *et al.*, 1991）。

9.2.2.3　美国西部新元古代（900 ~ 850 Ma）楚尔群（Chuar）沃尔科特段（Walcott）烃源岩

沃尔科特段烃源岩在美国西部犹他州和亚利桑那州广泛分布（Summons *et al.*, 1988），TOC 可达9%，氢指数约255 mg/g_{TOC}，T_{max}值为433～449℃（Uphoff，1997），总体上该烃源层的成熟度还处于生油窗的范围之内，被认为是上覆泰皮特斯组（Tapeats Fm.）砂岩中原油的油源。该烃源层的生物标志物组成，除甾烷、藿烷外，还检出了重排藿烷与伽马蜡烷。

9.2.3　澳大利亚

9.2.3.1　皮尔巴拉（Pilbara）克拉通太古宙烃源岩

Buick等（1998）在澳洲皮尔巴拉克拉通盆地2.75 Ga的湖相沉积福尔托库埃群（Fortecue）、3.0 Ga拉来鲁克组（LallaRookh）、3.25 Ga莫斯基托克里克组（Mosquito Creak Fm.）、3.46 Ga沃拉乌纳群（Warrawoona Gp.）中，均发现沥青结核，认为是属于同时代的页岩有机质所生成的烃类。但这些地层的有机质成熟度高，TOC值低，约为0.21%～0.32%，能否生成这些沥青仍值得怀疑。Dutkiewicz等（1998）在拉来鲁克组和沃拉乌纳群中，还发现油包裹体，明确这套地层具有油气运移的迹象。

Brocks等（1999，2003a，2003b，2003c）、研究福尔托库埃群和其上2.5 Ga的哈默利斯群（Hamersley Gp.）的钻孔岩样，发现具有高TOC值页岩，福尔托库埃群的TOC高达11.4%，哈默利斯群也为7.9%，由此破解了这些地层能否生成沥青结核的疑问。通过甲基菲指数与镜状体反射率（Vitrinite-like Reflectance）测定，两套地层的等效镜质组反射率R^{o}值已达到2.6%左右，岩样的H/C原子比0.1。由于分析技术的进步，在这两套地层中均检测出大量生物标志物，如规则甾烷、藿烷、2α-甲基藿烷、3β-甲基藿烷等，其中2α-甲基藿烷是蓝藻的标志，而3β-甲基藿烷则是甲烷氧化古菌的标志物。

9.2.3.2　麦克阿瑟盆地早—中元古代烃源岩

麦克阿瑟盆地为克拉通内盆地，发育两套烃源岩：

一是古元古代1.64 Ga巴尼克里克组（Barney Creek Fm.）页岩。钻孔的数据显示，该组烃源岩TOC可达8%，氢指数（Hydrogen Index，HI）值高达500 mg/g_{TOC}，T_{max}值435～450℃；可见是一套高有机质丰度，而又成熟度适中的烃源岩（Lee and Brocks，2011）。这一层位产出油苗，被认为是最早的原油产出地。有机地球化学家从这套烃源岩中，检出大量的生物标志物，如丰富的支链烷烃、藿烷、重排藿烷、甾烷等。值得注意的是，Brocks等（2005）在这一地层中，检测到完整的芳基类异戊二烯烃，证明当时已有大规模硫酸盐还原作用的存在，形成的H_2S已扩散至真光层。

二是中元古代1.43 Ga维尔克里组（Velkerri Fm.）页岩（Crick *et al.*，1988；Volk *et al.*，2003），其TOC可达8%，氢指数变化范围大，最高可达600 mg/g_{TOC}，T_{max}值435～470℃。该烃源岩产出的生物标志物组成与巴尼克里克组接近，但伽马蜡烷含量较低。Dutkiewicz等（2003，2004）、Volk等（2005）对维尔克里组下部1.2 Ga的贝西克拉克组（Bessie Creek Fm.）砂岩含油包裹体，作详细的有机岩石学和地球化学研究，证明其油气来源于维尔克里组烃源层，属于高成熟凝析油气与正常原油混合充注的产物。

9.2.4　俄罗斯与欧洲

9.2.4.1　俄罗斯西北部古元古代烃源岩

奥涅加湖附近的前寒武纪2 Ga的扎奥涅兹卡亚组（Zaonezhskaya Fm.）地层厚600 m，含有大量的硬沥青（Melezhik *et al.*，1999），这些硬沥青的TOC值0.1%～50%，并含有微量N、O、S和H元素，有机质成熟度高。碳同位素组成$\delta^{13}C$值变化很大，处于-45‰～-17‰，并且其分布呈现双峰态，$\delta^{13}C$值主峰为-34‰。扎奥涅兹卡亚组属于半咸水的湖相沉积。研究表明，这些硬沥青是扎奥涅兹卡亚组页岩本身所生成的。

9.2.4.2　东欧克拉通中元古代烃源岩

据Bazhenova和Arefiev（1996）报道，莫斯科向斜具有多套烃源层，分别为里菲系下统顶部（约1.4

Ga）、中统（约 1.2 Ga）、上统（约 0.9 Ga）页岩，其 TOC 分别达到 3.0%、3.2% 和 1.2%，成熟度中等，T_{max}值约 435℃左右。文德系也含有两套烃源层（有人划为三套），分别为底部（约 0.65 Ga）和中部（约 0.63 Ga），TOC 分别达到 3.0% 和 1.1%，成熟度中等，T_{max}约为 430℃。

9.2.4.3 俄罗斯西伯利亚中—新元古代烃源岩

西伯利亚是举世闻名的油气富集区，包括西西伯利亚盆地和东西伯利亚克拉通两个构造单元（Ulmishek，2001a，2001b；Frolov *et al.*，2011；Kelly *et al.*，2011）。东西伯利亚克拉通以发育里菲系地层为主，与上述东欧克拉通相似，主要有三套烃源层，即下统顶部（约 1.4 Ga）、中统（约 1.2 Ga）、上统（约 0.9 Ga）的页岩烃源岩，TOC 分别达到 3.0%、0.7% 和 1.2%，但成熟度较高，T_{max}约为 500℃，氢指数在 100 mg/g_{TOC}以下。

Kelly 等（2011）对东西伯利亚里菲盆地里菲系和文德系产出的原油作生物标志物研究，发现规则甾烷、重排甾烷、C_{30}正烷基甾烷和 C_{30}异丙基甾烷等。三萜烷类除规则藿烷外，还检出 2α-甲基藿烷和 3β-甲基藿烷以及伽马蜡烷等。值得一提的是，C_{30}异丙基甾烷是海绵类动物的标志物。虽然作者没有进行油气源对比研究，但根据生物标志物组合推测，油源应来于里菲系和文德系本身。

9.2.5 亚 洲

9.2.5.1 阿曼新元古代—寒武纪侯格夫（Huqf）超群烃源岩

阿曼盖拜（Ghaba）、费胡德（Fahud）、南阿曼盐盆地（South Oman Salt Basin）的侯格夫超群（Hugf S-Gp.；0.81～0.53 Ga）含有多套富有机质的烃源层（Hold *et al.*，1999；Terken and Frewin，2000；Terken *et al.*，2001；Grosjean *et al.*，2009）。据文献报道，阿曼发育三套烃源层：一是奈丰群（Nafun Gp.）0.635 Ga 马西拉湾组（Masirah Bay Fm.）页岩，TOC 达 4.9%，T_{max}为 435℃，氢指数最高达 300～400 mg/g_{TOC}；二是奈丰群 0.56～0.55 Ga 舒赖姆组（Shuram Fm.）和布什组（Buah Fm.）页岩，TOC 含量可达 11%，T_{max}为 435℃，氢指数最高可达 300～600 mg/g_{TOC}；三是阿拉群（Ara Gp.）的 U 组和苏莱拉特组（Thuleilat Fm.）页岩（0.54 Ga），TOC 可达 11%，T_{max}为 425～430℃，氢指数最高达600 mg/g_{TOC}。

阿曼三个盐盆地中发现大量的前寒系—下寒武统油气田，统称宰海班油气系统，其中油气储量分别为 16×10^8 m^3、1×10^{12} m^3，其中 30% 油与 70% 气属于可采储量，成为世界上最著名的前寒武纪油气田之一。详细的油源对比认为，油主要来自于 U 组和苏莱拉特组页岩。成藏时间在 50 Ma 左右。

这一地区烃源岩的生物标志物研究十分详细，如中链烷烃、伽马蜡烷、三环萜烷、藿烷、2α-甲基藿烷、3β-甲基藿烷、规则甾烷与重排甾烷等。值得一提的是，Grosjean 等（2009）在这些烃源岩中发现 C_{19} A-降甾烷，提供了油源对比的关键指标。Love 等（2009）用氢解方法证实奈丰群 0.635 Ga 的马西拉湾组页岩中存在最早的海绵标志物，即 24-异丙基胆甾烷。

9.2.5.2 北印度克罗（Krol）地台的烃源岩

该地区前寒武纪烃源岩时代的较新（635～541 Ma），是马里诺冰期（Marinoan）后的沉积物，包括克罗群、因弗拉克罗组（Infra Krol Fm.）和布莱尼组（Blaini；Kaufman *et al.*，2006），盖帽碳酸盐岩之上的因弗拉克罗组页岩含有机质并非最高，克罗群 B，C 层页岩的 TOC 最高可达 1.85%。该区烃源岩的有机地球化学研究较少，但有原油生物标志物的研究结果报道。原油中检出常见的规则与重排甾烷、规则藿烷、伽马蜡烷、三环萜烷等生物标志物，还检出了甲基色满（methyl-chroman）等指示分层水体环境的生物标志物；规则甾烷中以 C_{29}为主，反映绿藻的显著贡献。正烷烃、姥鲛烷、植烷分子的碳同位素组成较轻，$\delta^{13}C$ 值分布于-37‰～-33‰。总体来看，这些原油的分子组成与碳同位素组成特征，与阿曼侯格夫群中产出的原油特征十分相似（Dutta *et al.*，2013）。

9.2.5.3　中国华北蓟县中—新元古代烃源岩

蓟县剖面含有三套烃源岩层（刘宝泉等，2000；王杰，2002；鲍志东等，2004；陈践发、发省利，2004；张水昌等，2007；罗情勇等，2013）：一是1.7 Ga串岭沟组页岩，TOC平均值1.47%，但T_{max}值相当高，氢指数相当低，属于过成熟烃源岩。二是1.42 Ga洪水庄组页岩，TOC平均值2.84%，T_{max}值443℃，氢指数可达134 mg/g_{TOC}，是高成熟度烃源岩。三是1.37 Ga下马岭组页岩，TOC平均值1.67%，T_{max}值447℃，氢指数最高可达500 mg/g_{TOC}，是成熟度较高烃源岩。

前人对燕山地区冀北坳陷下马岭页岩及其古油藏进行过详细研究。王铁冠等（1988）在下马岭组底发现中国最古老的沥青砂岩古油藏（王铁冠，1980）。刘岩等（2011）认为，该沥青砂岩的油源来自下马岭组，油气充注后遭岩浆侵入而破坏。陈践发、孙省利（2004）通过岩石微量元素的研究，认为下马岭组富有机质层的发育，可能与海底热水流体活动有关。

王铁冠（1990）、Wang和Simoneit（1995）在上述沥青砂岩中，检测发现13α(正烷基)-三环萜烷系列化合物，并用该系列化合物进行下马岭组古油藏的油源研究。虽然对其生源与成因尚欠详，但这一系列生物标志物迄今仅在多处元古界地层及其相关的原油和沥青中检测到，如张水昌等（2007）在燕辽裂陷带宣龙坳陷张家口下花园的下马岭组页岩中，黄苐藩、王兰生（2008）在川西北龙门山矿山樑注入下寒武统郭家坝组的大沥青脉中，均检测到13α(正烷基)-三环萜系列生物标志物。

此外，蓟县剖面的生物标志物研究已有不少报道（Peng *et al.*，1998；Li *et al.*，2003），已在长城系、蓟县系、青白口系地层中检出甾烷、重排甾烷、三环萜烷、三萜烷、伽马蜡烷、重排藿烷等化合物。

9.2.5.4　中国扬子区新元古代烃源岩

南华系和震旦系发育两套富有机质的烃源岩：一是663 Ma湘锰组或大塘坡组黑色页岩，TOC最高可达40%，平均为5.41%，处于过成熟演化阶段，与锰矿的形成关系密切（李美俊、王铁冠，2007）。二是小于635 Ma陡山沱组黑色页岩，TOC最高可达30%，平均值达3.6%（Li *et al.*，2010），处于过成熟阶段，由于成熟度太高，生物标志物研究少（Wang *et al.*，2008）。孟凡巍等（2003）仅在大塘坡组检测出甲藻甾烷，但从质谱图看，其丰度偏低。王兰生、韩克猷（2005）经孕甾烷与规则甾烷组成的初步对比，认为富有机质的陡山沱组是龙门山下寒武统大沥青脉的油源层。

9.2.5.5　塔里木盆地东部新元古代烃源岩

塔里木盆地的新元古代地层主要出露于盆地东部，在塔东地区发育两套潜在的烃源层。一是0.63 Ga阿拉通沟组顶部的富有机质页岩，TOC可达4%左右，成熟度极高，Rock-Eval岩石热解分析没有得到满意的结果。二是0.53 Ga水泉组烃源岩，野外剖面岩样的TOC可达0.6%，塔东2井寒武系页岩的TOC可达4%左右，这套烃源岩的成熟度也很高。这一地区的烃源岩研究较少，生物标志物数据几乎未见报道。

9.3　烃源岩发育的规律与可能机制

从上述前寒武纪烃源岩的发育情况看（图9.1综合资料），其发育过程具有阶段性，主要集中在2.76～2.67 Ga、2.0 Ga、1.5～1.4 Ga、1.0 Ga、0.7～0.6 Ga以及0.6～0.5 Ga等几个时间段。烃源岩阶段性发育与地壳的风化作用呈正相关关系（图9.2），相关系数可达70%（Condie *et al.*，2001），而地壳的风化作用首先与超大陆的形成与裂解有关联。人们普遍认为在前寒武纪可能存在四次重要的超大陆发育时期，包括古元古代2.5～2.1 Ga超大陆、中元古代1.5 Ga超大陆、1.3～1.0 Ga罗迪尼亚超大陆以及新元古代0.6 Ga文德古陆。超大陆的裂解与新超大陆形成前的过渡阶段，是地壳风化作用较为强烈时段，风化作用为水生生物提供大量的营养物质，营造烃源岩发育的有利条件。

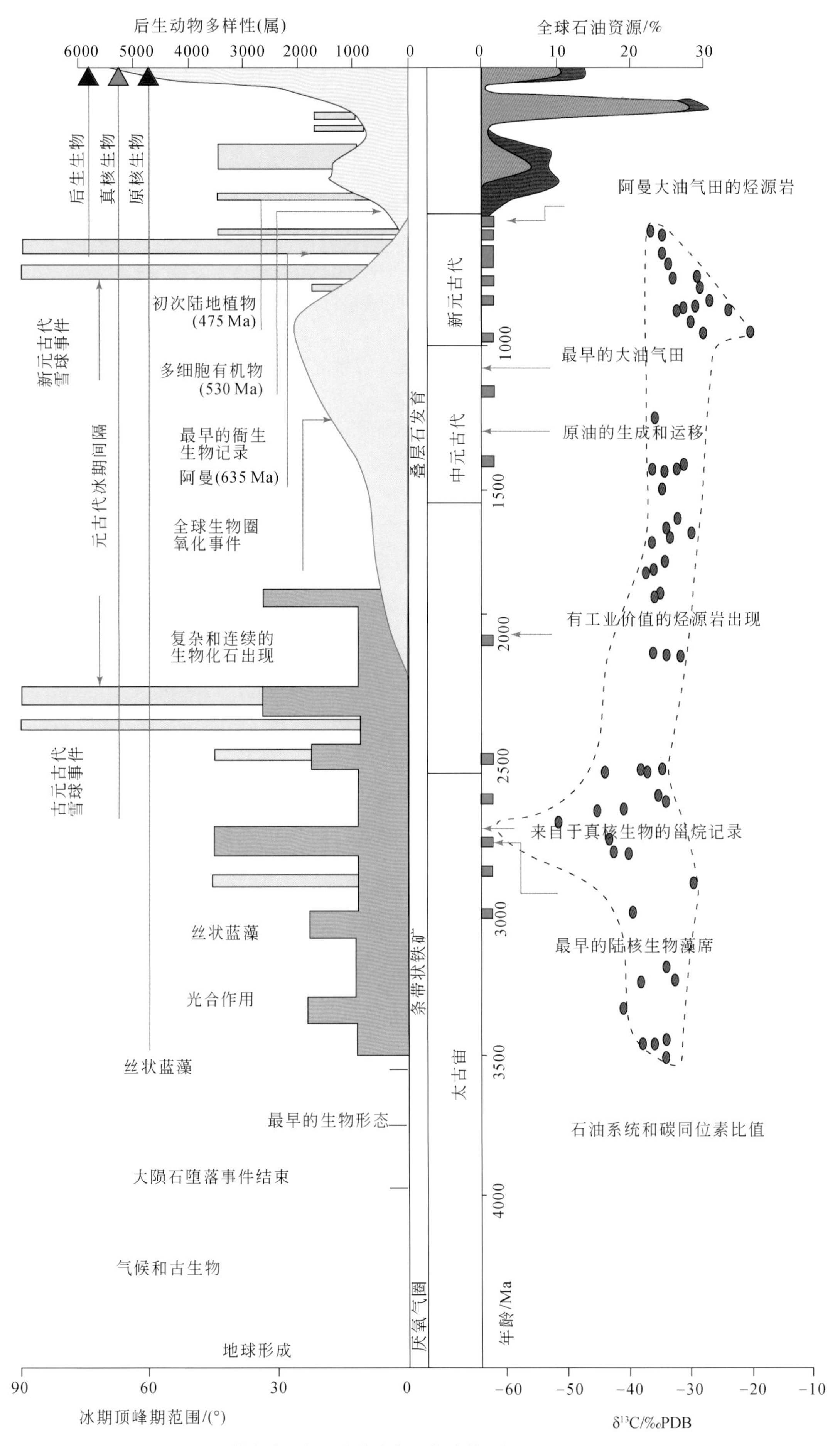

图 9.1　前寒武纪烃源岩分布与生物演化（据 Craig *et al.*, 2013）

如果说超大陆的形成与裂解，对风化作用的影响是长时间尺度的，那么冰期与暖期的变化和火山作用，可使水生生态系统中营养盐在较短时间内快速增加，有利于水体的富营养化，促进烃源岩阶段性发育。在前寒武纪烃源岩中，马里诺冰期与斯图特冰期的物理风化作用，可使大量的营养盐累积在陆上，在随后的暖期，大量的营养盐进入海洋，形成诸如大塘坡组与陡山沱组烃源岩。火山作用形成的熔岩与火山灰水解，也可形成大量的营养盐，促进烃源岩的发育。火山的另一个作用是导致冰期的结束。由于研究程度较低，前寒武纪烃源岩与火山作用的关系并不十分明确，但根据笔者研究，C_{30}重排藿烷的出现可作为火山作用标志，如果这一推论成立，则前寒武纪烃源岩中广泛存在的重排藿烷，表明其形成与火山作用相关。

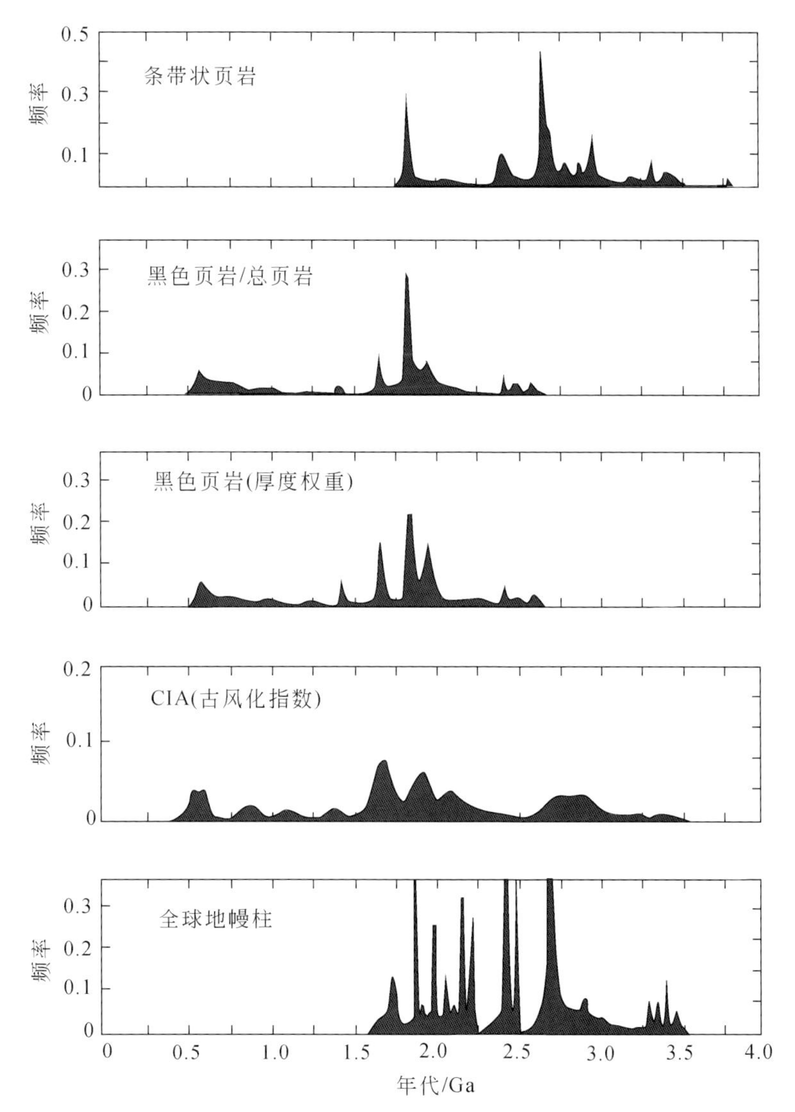

图9.2　前寒武黑色页岩发育与岩石风化指数之间的关系（据 Condie *et al.*，2001）

大部分黑色页岩是条带状铁矿形成之后，即大氧化事件之后沉积的

前寒武纪烃源岩的有机质性质由于成熟度高普遍较难识别，但从藻类演化角度看，早期有机质的生源母质应以蓝藻为主体，而后期有机质母质以真核藻类的贡献较大。真核藻类出现的时间是一个有争议的问题，从以上所谈到的生物标志物看，真核藻类可以在较早出现，但可能不会是有机质的主要母体。吴庆余等（1996）的热解研究证实，蓝藻可能是倾气性为主的藻类，而真核藻是倾油性藻类。从固体沥青、油砂、原油等的地层分布来看，1.5～1.4 Ga 是一个界线，之前只有固体沥青的出现，之后原油形成与保存的可能性增大，这种分布时限除与有机质成熟度有关外，也可能与真核藻类是否在生态系统中居主体地位有关。

要让前寒武纪烃源岩有机质类型成为Ⅰ、Ⅱ型，生物有机质必须经历一个所谓的“选择性保存”过程，这在显生宙是十分重要的改善有机质类型的过程，即藻类在水柱与成岩早期降解，藻质素（富油成分）被选择性地保存下来，烃源岩有机质类型就变好。然而，前寒武纪的海洋，早期可能属于还原性水体，有机质降解少、选择性保存作用弱、有机质类型较差。而后期，随着海洋的氧化，降解作用加强，选择性保存发挥作用，有机质类型变好，有利于原油的形成。

因此，前寒武纪有机质类型的变化除与成熟度有关外，也可能与藻类演化、水化学演化相关。

从生物标志物的分布，也可以看出微生物体系演化的脉络。甲基支链烷烃、2α-甲基藿烷是蓝藻的标志物，从2.75 Ga的地层中检出这类化合物，表明蓝藻在这一时代即已出现（Summons *et al.*，1999）。作为甲烷氧化古菌的标志物，3β-甲基藿烷也在同时代的地层中检出，表明地球表层系统很早即出现甲烷形成与氧化的过程。这一现象的出现表明，水体表层已氧化，水体底部或沉积物已经存在甲烷生成菌的繁衍。甲烷生成菌的大量繁衍是可以理解的，地球早期生物有机质不能彻底氧化，保留了大量的蛋白质与纤维素等物质，这些物质在水体底部或成岩早期形成大量的低分子有机质与氢气，可供甲烷生成菌生成甲烷。芳基类异戊二烯烃是绿硫细菌的标志物，从1.64 Ga地层中检出这类化合物（Brocks *et al.*，2005），表明此时海洋中硫库已开始增长，硫酸盐还原细菌已规模出现。24-异丙基胆甾烷在侯格夫超群中的出现（Love *et al.*，2009），表明海绵的出现是在0.81 Ga左右。前寒武纪地层中还检测出一些特殊的生物标志物，如13α(正烷基)-三环萜烷、C_{19} A-降甾烷等（王鉄冠，1990；Wang and Simoneit，1995；Grosjean *et al.*，2009），已在前寒武纪地层的油气源对比中发挥重要的作用。

9.4 几个重要问题的讨论

9.4.1 低HI值的原因?

从以上烃源岩的特征分析中可以看出，除了侯格夫超群沉积外，其他烃源岩的氢指数HI值都较低。对氢指数低的最佳解释是由于烃源岩的成熟度高。但是除成熟度之外，还可能有其他两方面的原因。一是前寒武纪藻类主要以蓝藻为主，氢指数偏低。二是前寒武纪水体还原性强，“选择性保存”作用不发育，使有机质的H/C原子比得不到较大提高，类型偏差。综合上述原因，可以看出，越接近显生宙，找油的可能性越大。因此，我们要特别注意成冰纪和伊迪卡拉纪后形成的烃源岩，它们生成和保存油气的可能性最大，是当前勘探的重点。

9.4.2 碳同位素组成倒转的原因?

前寒武纪烃源岩一个很重要的特征是正烷烃等低分子化合物的碳同位素组成$\delta^{13}C$值比干酪根重（图9.3）。早期的学者用有机质的混合来源来解释这一关系：① $\delta^{13}C_{正烷烃}>\delta^{13}C_{干酪根}$：可能一部分光合作用起源的正烷烃被水体中异养古细菌降解，并被其具有较重碳同位素组成的正烷烃所取代。② $\delta^{13}C_{类异戊二烯烷烃}>\delta^{13}C_{干酪根}$：部分较重碳同位素组成的喜盐等古细菌类脂混入光合作用起源的类异戊二烯烷烃中。③正烷烃和类异戊二烯烷烃在碳同位素组成上存在明显的相关性：异养古细菌可能就是喜盐古细菌。

对这一解释人们仍然存有质疑，而认为这种关系反映了低分子物质来自于年轻地层的污染。藻质体中的烷基链是很难在水柱中被降解的，异养古细菌降解很难造成这种碳同位素的异常关系。

我们可用裂解控制的碳同位素分馏体系合理解释这一碳同位素倒转。在高成熟阶段，低分子化合物不断裂解并被排出，造成残余体系中其同位素较重，而干酪根等大分子的结构稳定，热降解对同位素组成的影响较小，这种结构稳定性差异造成碳同位素比值的倒转。

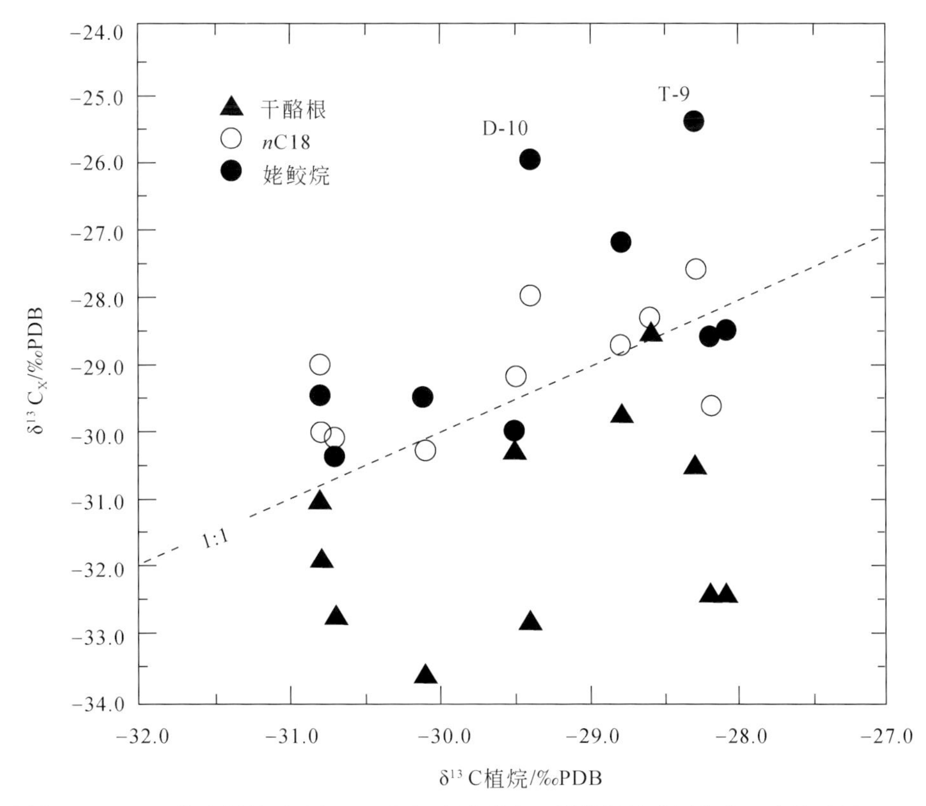

图9.3　蓟县剖面1.4 Ga以前岩样的干酪根、正烷烃和类异戊二烯烷烃的碳同位素组成关系图（Li *et al.*，2003）

9.4.3　有机质的原生性问题

如前所述，烃源岩中的生物标志物在生物演化，特别是微生物演化方面有重要的示踪作用。但这些示踪作用都是在生物标志物原生性没有问题的基础上推演的，前寒武纪生物标志物的原生性是研究者面临的严峻挑战。

问题之一是实验室污染。由于生物标志物含量低，实验室污染普遍存在，但只要我们的试剂足够干净，操作规范，实验室污染是可以避免的，世界上有不少实验室都能达到无污染的水平。加标样的空白实验是控制与检验实验室污染最好的方法。

问题之二是样品的野外污染问题。由于风化作用、现代植物的生长都可能对地面露头岩样造成污染。目前大家的共识是采用钻孔岩心样品进行生物标志物研究，可以大大降低野外地表污染的风险。

问题之三是新地层生物标志物污染老地层的生物标志物组成。这是发生在地质历史时期的事件，也是最难被克服与检验的。众所周知，游离态的生物标志物是很容易迁移的，不同地层之间的污染完全有可能发生。人们曾试图用包裹体中的有机质代表原始有机质，但也遭到质疑，因为大多包裹体有机质也是迁移来的。克服这问题的办法之一是研究干酪根结合的有机质，它迁移的可能性较少，但结合的有机质量低，信息少，想得到有用的信息也有一定的难度。

了解前寒武生物演化的好奇心，驱使研究人员不断地发展去除污染物的方法，其发展方向之一是剥离岩样的表层有机质。早期用溶剂淋洗、GC-MS/MS检测的方法，去除表层有机质；后来再用切割方法去除岩样的表层有机质，只分析样品内部的有机质（Sherman *et al.*，2007）。去除污染的另一发展方向是只对有机质含量高的样品进行研究，并且用与干酪根结合部分的有机质，或氢解产生的有机质进行生物标志物分析（Love *et al.*，2009）。虽然解决生物标志物原生性问题的难度很大，但随着技术的进步，还是有望得到完全解决的。

参考文献

鲍志东，陈践发，张水昌，赵洪文，张清海，李燕 . 2004. 北华北中上元古界烃源岩发育环境及其控制因素 . 中国科学（D辑），S1：114 ~ 119

陈践发，孙省利 . 2004. 华北新元古界下马岭组富有机质层段的地球化学特征及成因初探 . 天然气地球科学，15（2）：110 ~ 114

黄第藩，王兰生 . 2008. 川西北矿山梁地区沥青脉地球化学特征 . 石油学报，29（1）：23 ~ 28

李美俊，王铁冠 . 2007. 扬子区新元古代"雪球"时期古环境的分子地球化学证据 . 地质学报，81（2）：220 ~ 229

刘宝泉，秦建中，李欣 . 2000. 冀北坳陷中—上元古界烃源岩特片及油苗、油源分析 . 海相油气地质，5（1-2）：35 ~ 46

刘岩，钟宁宁，田永晶，齐雯，母国妍 . 2011. 中国最老古油藏——中元古界下马岭组沥青砂岩古油藏 . 石油勘探与开发，38（4）：503 ~ 512

罗情勇，钟宁宁，朱雷 . 2013. 华北北部中元古界洪水庄组埋藏有机碳与古生产力的相关性 . 科学通报，58（11）：1036 ~ 1047

孟凡巍，袁训来，周传明，陈致林 . 2003. 新元古代大塘坡组黑色页岩中的甲藻甾烷及其生物学意义 . 微体古生物学报，20（1）：97 ~ 102

王杰，陈践发，王大锐，张水昌 . 2002. 华北北部中、上元古界生烃潜力及有机质碳同位素组成特征研究 . 石油勘探与开发，29（5）：13 ~ 15

王兰生，韩克猷 . 2005. 龙门山推覆构造带北段油气田形成条件探讨 . 天然气工业，27（增刊）：1 ~ 5

王铁冠 . 1980. 燕山地区震旦亚界油苗的原生性及其石油地质意义 . 石油勘探与开发，7（2）：34 ~ 52

王铁冠 . 1990. 燕山东段上元古界含沥青砂岩中一个新三环萜烷系列生物标志物。中国科学（B辑），（10），1077 ~ 1085

王铁冠，黄光辉，徐中一 . 1988. 辽西龙潭沟元古界下马岭组底砂岩古油藏探讨 . 石油与天然气地质，9（3）：278 ~ 287

吴庆余，章冰，盛国英，傅家谟 . 1996. 藻类生物化学成分差异对其热解生烃产率和特征的影响 . 矿物岩石地球化学通报，15（2）：75 ~ 79

张水昌，张宝民，边立曾，金之钧，王大锐，陈践发 . 2007. 8 亿多年前由红藻堆积而成的下马岭组油页岩 . 中国科学（D辑），37（5）：636 ~ 643

Bazhenova O K，Arefiev O A. 1996. Geochemical peculiarities of Pre-Cambrian source rocks in the East European Platform. Organic Geochemistry，25（5-7）：341 ~ 351

Brocks J J，Buick R，Logan G A，Summons R E. 2003a. Composition and syngeneity of molecular fossils from the 2. 78 to 2. 45 billion-year-old Mount Bruce Supergroup，Pilbara Craton，Western Australia. Geochimica et Cosmochimica Acta，67（22）：4289 ~ 4319

Brocks J J，Logan G A，Buick R，Summons R E. 1999. Archean molecular fossils and the early rise of eukaryotes. Science，285（5430）：1033 ~ 1036

Brocks J J，Love G D，Snape C E，Logan G A，Summons R E，Buick R. 2003b. Release of bound aromatic hydrocarbons from late Archean and Mesoproterozoic kerogens via hydropyrolysis. Geochimica et Cosmochimica Acta，67（8）：1521 ~ 1530

Brocks J J，Love G D，Summons R E，Knoll A H，Logan G A，Bowden S A. 2005. Biomarker evidence for green and purple sulphur bacteria in a stratified Palaeoproterozoic sea. Nature，437（7060）：866 ~ 870

Brocks J J，Summons R E，Buick R，Logan G A. 2003c. Origin and significance of aromatic hydrocarbons in giant iron ore deposits of the late Archean Hamersley Basin，Western Australia. Organic Geochemistry，34（8）：1161 ~ 1175

Buick R，Rasmussen B，Krapez B. 1998. Archean oil：Evidence for extensive hydrocarbon generation and migration 2. 5—3. 5 Ga. AAPG Bulletin，82（1）：50 ~ 69

Condie K C，Marais D J D，Abbott D. 2001. Precambrian superplumes and supercontinents：a record in black shales，carbon isotopes，and paleoclimates? Precambrian Research，106（3-4）：239 ~ 260

Craig J，Biffi U，Galimberti R F，Ghori K A R，Gorter J D，Hakhoo N，Le Heron D P，Thurow J，Vecoli M. 2013. The Palaeobiology and geochemistry of Precambrian hydrocarbon source rocks. Marine and Petroleum Geology，40：1 ~ 47

Crick I H，Boreham C J，Cook A C，Powell T G. 1988. Petroleum geology and geochemistry of Middle Proterozoic Mcarthur Basin，Northern Australia. 2. assessment of source rock potential. AAPG Bulletin，72（12）：1495 ~ 1514

Dutkiewicz A，George S C，Mossman D J，Ridley J，Volk H. 2007. Oil and its biomarkers associated with the Palaeoproterozoic Oklo natural fission reactors，Gabon. Chemical Geology，244（1-2）：130 ~ 154

Dutkiewicz A，Rasmussen B，Buick R. 1998. Oil preserved in fluid inclusions in Archaean sandstones. Nature，395（6705）：885 ~ 888

Dutkiewicz A, Volk H, Ridley J, George S C. 2003. Biomarkers, brines, and oil in the Mesoproterozoic, Roper Superbasin, Australia. Geology, 31 (11): 981 ~ 984

Dutkiewicz A, Volk H, Ridley J, George S C. 2004. Geochemistry of oil in fluid inclusions in a middle Proterozoic igneous intrusion: implications for the source of hydrocarbons in crystalline rocks. Organic Geochemistry, 35 (8): 937 ~ 957

Dutta S, Bhattacharya S, Raju S V. 2013. Biomarker signatures from Neoproterozoic-Early Cambrian oil, Western India. Organic Geochemistry, 56: 68 ~ 80

Frolov S V, Akhmanov G G, Kozlova E V, Krylov O V, Sitar K A, Galushkin Y I. 2011. Riphean basins of the central and Western Siberian Platform. Marine and Petroleum Geology, 28 (4): 906 ~ 920

Grosjean E, Love G D, Stalvies C, Fike D A, Summons RE. 2009. Origin of petroleum in the Neoproterozoic-Cambrian South Oman Salt Basin. Organic Geochemistry, 40 (1): 87 ~ 110

Hold I M, Schouten S, Jellema J, Damste J S S. 1999. Origin of free and bound mid-chain methyl alkanes in oils, bitumens and kerogens of the marine, Infracambrian Huqf Formation (Oman) . Organic Geochemistry, 30 (11): 1411 ~ 1428

Imbus S W, Engel M H, Elmore R D, Zumberge J E. 1988. The origin, distribution and hydrocarbon generation potential of organic-rich facies in the Nonesuch Formation, Central North-American rift system-a regional study. Organic Geochemistry, 13 (1-3): 207 ~ 219

Kaufman A J, Jiang G Q, Christie-Blick N, Banerjee D M, Rai V. 2006. Stable isotope record of the terminal Neoproterozoic Krol platform in the Lesser Himalayas of Northern India. Precambrian Research, 147 (1-2): 156 ~ 185

Kelly A E, Love G D, Zumberge J E, Summons R E. 2011. Hydrocarbon biomarkers of Neoproterozoic to Lower Cambrian oils from Eastern Siberia. Organic Geochemistry, 42 (6): 640 ~ 654

Kendall B, Reinhard C T, Lyons T, Kaufman A J, Poulton S W, Anbar A D. 2010. Pervasive oxygenation along late Archaean ocean margins. Nature Geoscience, 3 (9): 647 ~ 652

Lee C, Brocks J J. 2011. Identification of carotane break down products in the 1.64 billion year old Barney Creek Formation, McArthur Basin, Northern Australia. Organic Geochemistry, 42 (4): 425 ~ 430

Li C, Peng P, Sheng G Y, Fu J M, Yan Y Z. 2003. A molecular and isotopic geochemical study of Meso-to Neoproterozoic (1.73–0.85 Ga) sediments from the Jixian section, Yanshan Basin, North China. Precambrian Research, 125 (3-4): 337 ~ 356

Love G D, Grosjean E, Stalvies C, Fike D A, Grotzinger J P, Bradley A S, Kelly A E, Bhatia M, Meredith W, Snape C E, Bowring S A, Condon D J, Summons R E. 2009. Fossil steroids record the appearance of Demospongiae during the Cryogenian period. Nature, 457 (7230): 718 ~ 721

Mancuso J J, Kneller W A, Quick J C. 1989. Precambrian vein pyrobitumen - Evidence for petroleum generation and migration 2-Ga ago. Precambrian Research, 44 (2): 137 ~ 146

Melezhik V A, Fallick A E, Filippov M M, Larsen O. 1999. Karelian shungite - an indication of 2.0-Ga-old metamorphosed oil-shale and generation of petroleum: geology, lithology and geochemistry. Earth-Science Reviews, 47 (1-2): 1 ~ 40

Mossman D J, Gauthier-Lafaye F, Jackson S E. 2005. Black shales, organic matter, ore genesis and hydrocarbon generation in the Paleoproterozoic Franceville Series, Gabon. Precambrian Research, 137 (3-4): 253 ~ 272

Newell K D, Burruss R C, Palacas J G. 1993. Thermal maturation and organic richness of potential petroleum source rocks in Proterozoic Rice Formation, North-American Midcontinent Rift system, Northeastern Kansas. AAPG Bulletin, 77 (11): 1922 ~ 1941

Peng P A, Sheng G Y, Fu J M, Yan Y Z. 1998. Biological markers in 1.7 billion year old rock from the Tuanshanzi Formation, Jixian strata section, North China. Organic Geochemistry, 29 (5-7): 1321 ~ 1329

Pratt L M, Summons R E, Hieshima G B. 1991. Sterane and triterpanebiomarkers in the Precambrian Nonesuch formation, North-American midcontinent rift. Geochimica et Cosmochimica Acta, 55 (3): 911 ~ 916

Sherman L S, Waldbauer J R, Summons R E. 2007. Improved methods for isolating and validating indigenous biomarkers in Precambrian rocks. Organic Geochemistry, 38 (12): 1987 ~ 2000

Summons R E, Brassell S C, Eglinton G, Evans E, Horodyski R J, Robinson N, Ward D M. 1988. Distinctive hydrocarbon biomarkers from fossiliferous sediment of the Late Proterozoic Walcott member, Chuar Group, Grand-Canyon, Arizona. Geochimica et Cosmochimica Acta, 52 (11): 2625 ~ 2637

Summons R E, Jahnke L L, Hope J M, Logan G A. 1999. 2-Methylhopanoids as biomarkers for cyanobacterial oxygenic photosynthesis. Nature, 400 (6744): 554 ~ 557

Terken J M J, Frewin N L. 2000. The Dhahaban petroleum system of Oman. AAPG Bulletin, 84 (4): 523 ~ 544

Terken J M J, Frewin N L, Indrelid S L. 2001. Petroleum systems of Oman: Charge timing and risks. AAPG Bulletin, 85 (10):

1817 ~ 1845

Ulmishek G F. 2001a. Petroleum geology and resources of the Baykithigh province, East Siberia. US Geological Survey Bulletin, 2201-F

Ulmishek G F. 2001b. Petroleum geology and resources of the Nepa-Botuoba High, Angara-Lena Terrace, and Cis-Patom Foredeep, Southeastern Siberian craton, Russia. U S Geological Survey Bulletin, 2201-C

Uphoff T L. 1997. Precambrian Chuar source rock play: An exploration case history in Southern Utah. AAPG Bulletin, 81 (1): 1 ~ 15

Volk H, Dutkiewicz A, George S C, Ridley J. 2003. Oil migration in the Middle Proterozoic Roper Superbasin, Australia: evidence from oil inclusions and their geochemistries. Journal of Geochemical Exploration, 78-79: 437 ~ 441

Volk H, George S C, Dutkiewicz A, Ridley J. 2005. Characterisation of fluid inclusion oil in a Mid-Proterozoic sandstone and dolerite (Roper Superbasin, Australia). Chemical Geology, 223 (1-3): 109 ~ 135

Wang T G, Simoneit B R T. 1995. Tricyclic terpanes in Precambrian bituminous sandstone from the eastern Yanshan region, North China. Chemical Geology, 120 (1-2): 155 ~ 170

Wang T G, Li M J, Wang CJ, Wang G L, Zhang W B, Shi Q, Zhu L. 2008. Organic molecular evidence in the Late Neoproterozoic Tillites for a palaeo-oceanic environment during the snowball Earth era in the Yangtze region, southern China. Precambrian Research, 162 (3-4): 317 ~ 326

第三篇

中—新元古代沉积盆地发育的地质构造背景与岩浆活动

第10章　元古宙中期（约1800～1300 Ma）全球伸展盆地及其与哥伦比亚超大陆演化的关系

张世红，任　强，李海燕，刘　钰，吕　静，杨天水，吴怀春

（中国地质大学生物地质与环境地质国家重点实验室，北京，100083）

摘　要：全球构造和古地磁证据表明，哥伦比亚超级大陆约形成于1800 Ma，在约1800～1350 Ma期间一直作为整体运动。尽管在约1600 Ma至约1350 Ma有一系列大型火山岩省或超级幔柱的活动，但没有证据表明这些深部作用导致哥伦比亚超级大陆的全面解体。这一时期的伸展盆地主要分布在西伯利亚、澳大利亚、印度、劳伦、波罗地和华北克拉通，不整合发育在约18亿年前的变质基地之上，并具有巨大的沉积厚度。多数盆地的深部保存裂谷盆地的岩浆作用、构造和沉积学特征，但缺乏典型的被动大陆边缘型盆地。全球约1800～1350 Ma期间地层记录的地球化学指标贫于变化，可能与超大陆长期存在、伸展盆地发育在大陆内部与大洋水体交流受到限制有关。

关键词：元古代中期（约1800～1350 Ma），伸展盆地，哥伦比亚，超大陆

10.1　引　　言

古元古代晚期（约1800 Ma）是地质历史上的一个重大转折时期，伴随着哥伦比亚超大陆（Columbia）或努纳超大陆（Nuna）的形成，在岩石圈、水圈、大气圈和生物圈都发生了显著的变化（Roger and Santosh，2009）。约在1800 Ma之前的太古宙和古元古代早期（习惯上称作早前寒武纪），应该已经出现了类似现代的板块构造模式，古元古代带状展布的活动区域和太古宙古老的穹隆构造或沉积盆地相伴生，形成了具有稳定陆核和活动陆缘组成较完整的大陆构造体系。早前寒武纪也许出现过超大陆的聚合和裂解，但对其形态、规模和存在时限的了解甚少。目前能够恢复的最古老的超级大陆是形成于约1800 Ma时期的哥伦比亚超大陆。

人们认识和恢复地质历史早期的超级大陆基于两个最基本的板块构造概念。第一，碰撞造山带意味着板块的汇聚和联合；第二，大陆裂谷和被动大陆边缘盆地指示大陆裂解和裂离板块的背向运动。如果能够识别出近乎等时的、具有全球规模的碰撞造山带，我们就有理由想象，当时全球的大陆以聚合的运动方式为主，其结果是可能形成规模巨大的超级大陆。对这些造山带的解剖，一方面，可以了解两个大陆是否最终联成一体以及联合的方式和时间等；另一方面，如果能够识别出近乎等时的、具有全球规模的被动大陆边缘盆地，那么毫无疑问，在盆地形成之初一定存在一个相同规模的超大陆，在这个位置上被打开了。进一步而言，如果全球规模的碰撞造山带和裂谷–被动大陆边缘盆地是相继出现的，就意味着全球的大陆经历了碰撞联合形成超级大陆，而后又裂解分离的一个完整旋回。巨大规模的碰撞造山带和其后的巨大规模的裂谷–被动大陆边缘盆地构成恢复超级大陆形成时间、存在时限、裂解方式的完整的证据链条（Bradley，2011）。最好的例子是冈瓦纳超大陆（Gondwana）和泛大陆（Pangea）。冈瓦纳超大陆形成于晚前寒武纪的泛非运动（Pan-African Orogeny；图10.1），540 Ma时碰撞造山作用停止，超大陆进入相对稳定阶段，白垩纪发生大规模裂解、离散，逐步形成了现今的南大西洋和印度洋介于澳大利亚和南极洲之间的南海等被动大陆边缘

盆地（图 10. 2），所以冈瓦纳大陆存在的时限是整个古生代和早中生代的约 400 Ma。古生代期间，除冈瓦纳以外的主要大陆以碰撞联合的运动方式为主，相应出现过劳俄古陆和劳亚古陆，泛大陆最终形成于劳亚古陆和冈瓦纳大陆在晚古生代的碰撞，即华力西（或海西）造山运动。泛大陆也是在白垩纪大规模裂解，形成了现今的包括北大西洋在内的世界规模的被动大陆边缘盆地。泛大陆存在的时限是晚古生代—早中生代的约 200 Ma。

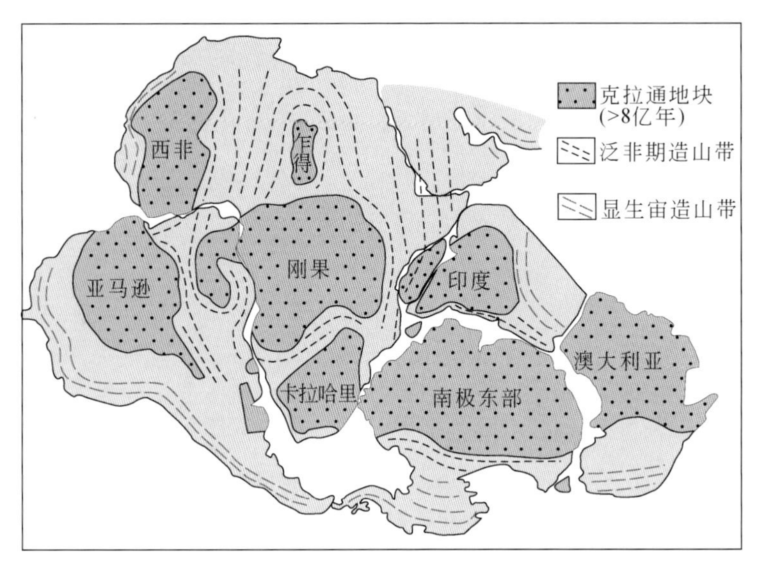

图 10. 1　冈瓦纳超大陆的构成

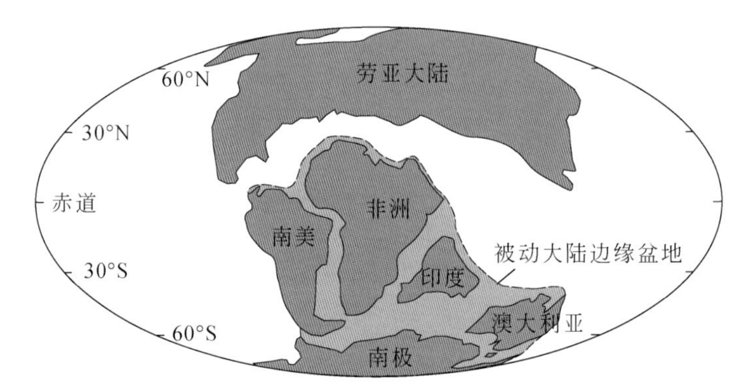

图 10. 2　冈瓦纳大陆裂解导致的白垩纪（约 100 Ma 时期）被动大陆边缘盆地（据 Seton *et al.*，2012）

另一个超大陆聚合和裂解的例子是罗迪尼亚（Rodinia）。这个超大陆形成于 13 亿 ~ 11 亿年前全球格林威尔造山运动（Grenville Orogeny），在约 850 Ma 时由于超级地幔柱活动而发生裂解（Li *et al.*，2011），至新元古代晚期时已发生全面裂解，裂解过程的标志就是新元古代晚期许多大陆上发育的被动大陆边缘盆地（Li *et al.*，2008）。

哥伦比亚超大陆是最近十年才被提出和逐渐成为研究热点的（Zhao *et al.*，2002，2004，2010；Rogers and Santosh，2002，2003，2006，2009；Condie，2002；Meert and Stuckey，2002；Wu *et al.*，2005；Zhang *et al.*，2012），尚存很多问题，其中最重要的，或言之最含糊不清的问题是关于其裂解过程。现在学术界比较公认，哥伦比亚超级大陆形成于遍布世界的约 18 亿年前的碰撞造山作用，但哥伦比亚什么时候开始裂解的？以什么方式裂解？裂解产生的裂谷盆地和被动大陆边缘盆地在哪里？这是本章要重点讨论的问题。

大量研究表明，地球约在 1300 Ma 已开始进入罗迪尼亚超大陆时期，那么哥伦比亚的大规模裂解，或构造模式转换，应该发生在约 1800 ~ 1300 Ma。这一时段在中国最好的地层记录是华北的蓟县剖面，从常州沟组到下马岭组之间。在下面的几节里，我们首先总结和评述全球范围内这一时期沉积盆地地层序列，在此基础上讨论全球盆地发育的地史学特征和板块构造性质。

10.2 西伯利亚古陆元古宙中期盆地

东西伯利亚克拉通出露两个主要的太古宙—早元古代陆核：阿尔丹（Aldan）、斯塔诺夫（Stanovoy）陆核和阿纳巴尔（Anabar）陆核（图10.3）。前寒武纪地层分布于南部和西部的周缘褶皱带内，如贝加尔（Baikal）褶皱带、东萨彦（East Sayan）褶皱带和叶尼塞（Yenesei）褶皱带（Zonenshain *et al.*，1990；Sengor and Natal'in，1996；Goodwin，1996）。被覆盖而未出露地表的基底部分位于通古斯卡（Tunguska）和维柳伊（Vilyuy）向斜以及其间的中西伯利亚台背斜地区（Goodwin，1996）。古元古代末期（1.95～1.90 Ga），沿现今一些绿岩带的碰撞作用，使东西伯利亚克拉通各陆核拼合固结形成统一的基底（Moralev，1981），这一时期也对应了地台最为强烈的花岗质岩浆活动时期（Sengor and Natal'in，1996）。地台的基底被里菲期—文德期（1.65～0.56 Ga）和显生宙地台沉积盖层所覆盖。

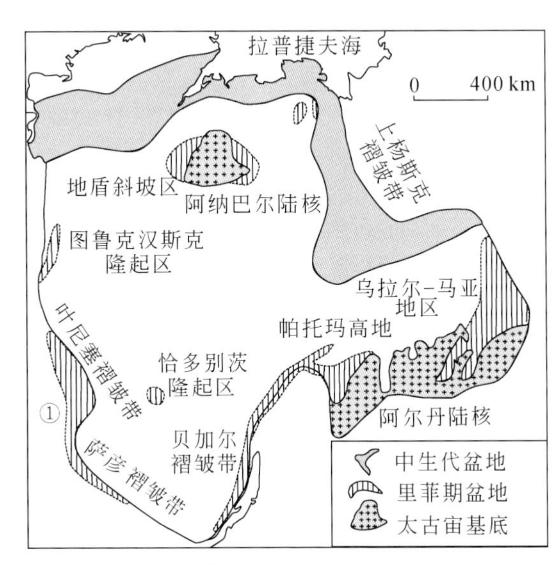

图10.3 东西伯利亚克拉通主要地质界线及划分（Goodwin，1996；Pisarevsky and Natapov，2003，修改）

阿纳巴尔陆核呈穹隆状，主要由NNW向的太古宙高级片麻岩-混合岩及其中的绿岩带、条带状含铁建造（Banded Iron Formation，BIF）和大理岩组成，于1.9 Ga发生不同程度的糜棱岩化和退变质作用。其周缘被里菲系-寒武系-奥陶系的盖层不整合覆盖（Goodwin，1996）。阿纳巴尔陆核的麻粒岩锆石U-Pb年龄为2.7 Ga，高Al片麻岩的锆石U-Pb年龄为2.9 Ga（Goodwin，1996）。

阿尔丹陆核主要由较老的太古宙（3.4～3.2 Ga）高级片麻岩-混合岩和散布其间的晚太古代（3.0～2.5 Ga）花岗岩-绿岩带所组成，这一结构与阿纳巴尔陆核相似。主要褶皱线呈NNW向，一些被早—中元古代的碎屑岩-火山岩充填的凹陷分布于基底之上，其上被缓倾斜的里菲期—文德期地层所覆盖。阿尔丹陆核广泛发育太古宙花岗岩类。Moralev（1981）认为，阿尔丹陆核和东西伯利亚克拉通东南部的演化十分相似，东南部的太古宙岩石也有大于3 Ga的片麻岩-麻粒岩基底，表现出由蛇绿岩和不成熟岛弧，向更富硅质岩石的演化特征，绿岩带也分隔了古老基底（Sengor and Natal'in，1996）。阿尔丹中部片麻岩的锆石U-Pb年龄有3.2 Ga、3.4 Ga、3.25 Ga和3.35 Ga，许多花岗岩类的年龄为2.9～3.1 Ga和2.5～2.6 Ga。阿尔丹陆核以南的斯塔诺夫断裂和蒙古-鄂霍次克构造带之间为斯塔诺夫带（图10.3），发育与阿尔丹陆核相似的太古宙岩石组合（阿尔丹-斯塔诺夫杂岩），最老同位素年龄为2.8 Ga，这些太古宙岩石不仅遭受了古元古代1.95～1.90 Ga时期变质作用的改造（Nutman *et al.*，1992），而且还受到大量侏罗纪—白垩纪的花岗岩类侵入。斯塔诺夫造山运动标志着东西伯利亚克拉通基底的完全固结（Goodwin，1996）。

东西伯利亚克拉通固结之后，开始发育地台型沉积，其最早年龄为1.6 Ga左右。里菲期地层出露于东西伯利亚克拉通的边缘，包括东北缘的奥列尼奥克-哈劳莱克（Olenek-Kharraulakh）隆起、东南缘的谢捷-达坂（Sette-Daban）山脉及其邻区、南缘的维季姆-帕托姆（Vitim-Patom）高地和北拜卡利亚（Cisbaikalia）以及西缘的普列-萨彦（Pre-Sayan）地区、叶尼塞山脉、通古斯卡（Turukhansk）和伊加卡

(Igarka) 隆起，在北缘仅见于阿纳巴尔地块的北坡 (Pisarevsky and Natapov, 2003)，主要岩性为碳酸盐岩、碎屑岩、砂岩、粗面玄武岩、流纹岩、英安岩等。地层厚度向地台边缘方向增厚，因而，东西伯利亚克拉通里菲期的盖层沉积，形成于被动大陆边缘环境 (Pisarevsky and Natapov, 2003)。但目前尚缺乏较精确的年代学数据，需要开展进一步工作。

1) 东北缘奥列尼奥克-哈克莱克隆起

东西伯利亚克拉通东北缘是由太古宙和古元古代的微陆块，于古元古代晚期 (2.0 ~ 1.8 G) 增生而形成的。经过剥蚀之后，于1650 Ma里菲期的地台盖层沉积开始发育。里菲系地层包括浅水海相碳酸盐岩和河流相-浅水相碎屑岩沉积。深水沉积出露于最东部；以最底层的里菲硅质碎屑岩萨吉那克塔克组 (Saginakhtakh Fm.) 不整合覆盖于古元古界之上，这一接触界线仅发现于奥列尼奥克隆起区 (图 10.4；Pisarevsky and Natapov, 2003)。

里菲系地层在北区自西向东由 1200 m 增厚至大于 2200 m。里菲系和文德系地层间以角度不整合接触，文德系最底部地层约为650 Ma。本区里菲系地层代表被动陆缘沉积序列。表现在地层向东增厚和由浅水向深水相的变化。

2) 东南缘谢捷-达坂山脉和邻区

由于鄂霍次克地块的增生，本区里菲系地层遭受白垩纪时期的变形，里菲系地层厚度超过 14 km。早里菲期乌丘尔群为河流-浅水碎屑岩沉积，不整合覆盖于太古宙—古元古代阿尔丹陆核基底之上 (图 10.5)。Khudoley 等 (2001) 认为乌丘尔群向东增厚，向西水变浅颗粒变粗，由含灰岩夹层的海相页岩变为有交错层理的河流相红色砂岩。

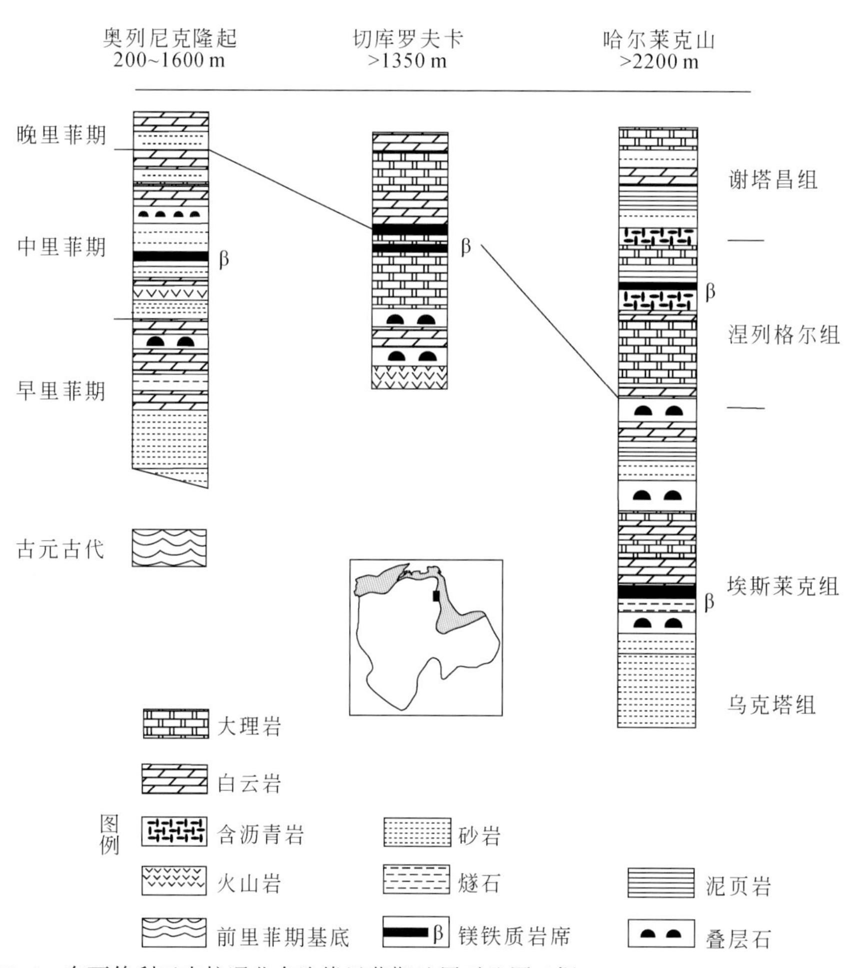

图 10.4 东西伯利亚克拉通北东边缘里菲期地层对比图 (据 Pisarevsky and Natapov, 2003)

艾姆昌群 (Aimchan Gp.) 不整合于乌丘尔群之上，下部为潮缘相碎屑岩，上部为潮下相碳酸盐岩，代表一期海进旋回；地层向东增厚，向西砂岩粒度变粗，古水流呈 SE 流向。克尔派群 (Kerpyl Gp.) 不整合于艾姆昌群之上，也为海侵旋回；其厚度和灰岩-白云岩值向东增加，底部碎屑岩向西变粗。在本区东部，拉坎达群（Lakhanda Gp.）覆盖于克尔派群之上，局部为不整合接触；岩性可区分为下部硅质碎屑岩-碳酸盐岩和上部碳酸盐岩；地层厚度、碳酸盐岩-页岩值、灰岩-白云岩值均向东增加。晚里菲期乌依群（Uy Gp.）整合于拉坎达群之上，仅发育于本区东部，岩性主要为碎屑岩，向上粉砂岩和泥岩有增加趋势。乌依群中部为深水相页岩，有重力流沉积特征；自西向东地层厚度由 400 m 增至 4500 m。文德系尤多马群（Yudoma Gp.）以角度不整合覆盖于乌依群之上（图 10.5）。

东西伯利亚克拉通东南缘里菲系地层向东增厚和古沉积的进积作用，表明具有被动陆缘性质，这一被动陆缘存在于自 1600 ~ 1500 Ma 至 1000 ~ 900 Ma 的时期。本区在新元古代没有碰撞事件发生，可能本区文德系和古生界也代表被动大陆边缘沉积。

导致被动大陆边缘发育的张裂作用发生于古元古代，以本区西南部乌尔坎（Ulkan）地堑内，乌丘尔群之下的火山-沉积岩系为代表，该火山-沉积序列包括：① 以石英砂岩为主的托罗佩金斯克组（Toropkinsk Fm.），厚 200 m；② 以粗面玄武岩为主，并含少量火山岩的乌尔卡昌组（Ulkachan Fm.），厚 750 m；③ 以流纹岩和英安岩为主，含粗面玄武岩、砾岩和砂岩的埃尔格泰斯克组（El'geteisk Fm.），厚 2140 m。这是一个具有双峰式碱性岩浆活动和粗碎屑沉积组合代表古元古代的裂谷环境（Pisarevsky and Natapov，2003）。

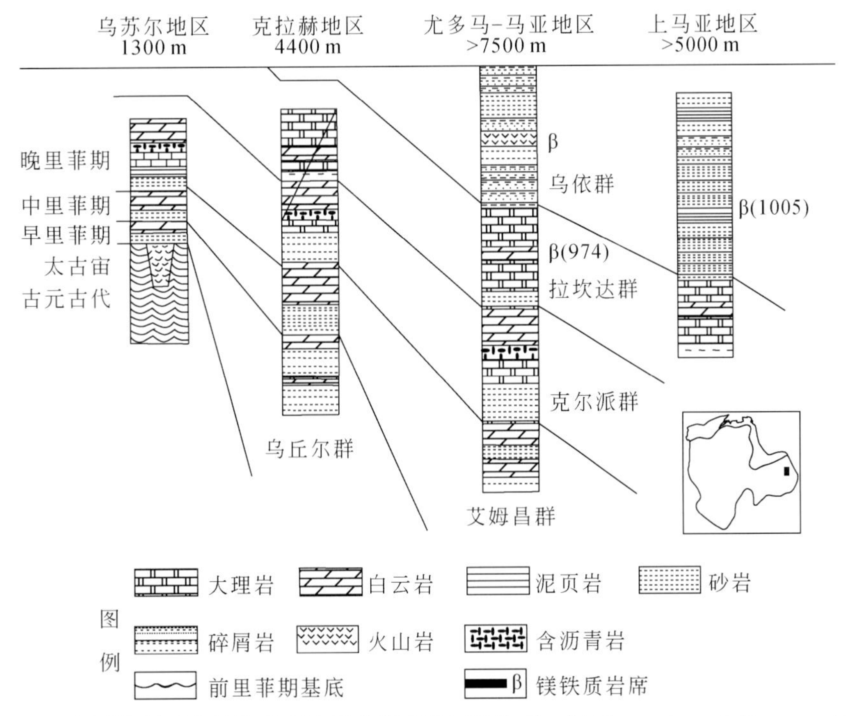

图 10.5 东西伯利亚克拉通南东边缘里菲系地层对比图（据 Pisarevsky and Natapov，2003）

综上所述，在早里菲期至 1000 ~ 900 Ma 时期，整个东西伯利亚克拉通东部边均属于被动陆缘环境。

3）南缘阿尔丹-斯塔诺夫地区

约在 1.93 Ga 时期，加阿尔丹陆核和斯塔诺夫地块沿现今的卡拉（Kalar）剪切带发生碰撞，此前它们具有不同的大地构造演化历史。古元古代时期它们被大洋分隔，阿尔丹陆核最西部奥廖克马（Olekma）地区约 2.2 Ga 的乌多坎群（Udokan Gp.）可能代表此时期的被动大陆边缘沉积。此后阿尔丹-斯塔诺夫地区成为正向构造单元（上升区），里菲期沉积受到剥蚀，仅存于地块北坡。中生代时期，由于亚洲的聚合碰撞，使南缘（包括斯特诺夫亚地块）发生构造变形改造，使得西伯利亚南缘里菲期的古地理环境无法识别。

4）南缘维季姆-帕托姆（Vitim-Patom）高地和北拜卡利亚（Cisbeikalia）

在 789 ~ 730 Ma 贝加尔期和 545 ~ 350 Ma 加里东期的构造事件中，维季姆-帕托姆高地的里菲系地层发生构造变形。这两期事件与东西伯利亚克拉通和巴尔古津（Barguzin）复合地体的碰撞有关，在前缘部分可见蛇绿岩和里菲期岛弧碎块。西伯利亚南缘地区包含西部的阿基特坎（Akitkan）火山岩带和东部的茹亚（Zhuya）右行断裂。尽管有变形，但里菲系地层保存良好、完整且连续（图 10.6）。早里菲期捷普托戈拉（Teptogora）群包括变质碎屑沉积岩以及含铁岩石和镁铁质火山岩，且被辉长岩、辉绿岩墙和岩床所侵入，但在其上覆地层中这些岩墙不发育。期捷普托戈拉群可能形成于被动大陆边缘发育的裂谷阶段。

维季姆-帕托姆高地中—晚里菲期包括几个组地层，每组的底部为粗沉积岩，上部为碳酸盐岩，代表一期海侵沉积旋回，地层厚度向S和SW方向增厚。

维季姆-帕托姆高地和北拜卡利亚地区（图10.7）的整个里菲系地层可能代表中—新元古代的被动大陆边缘沉积。

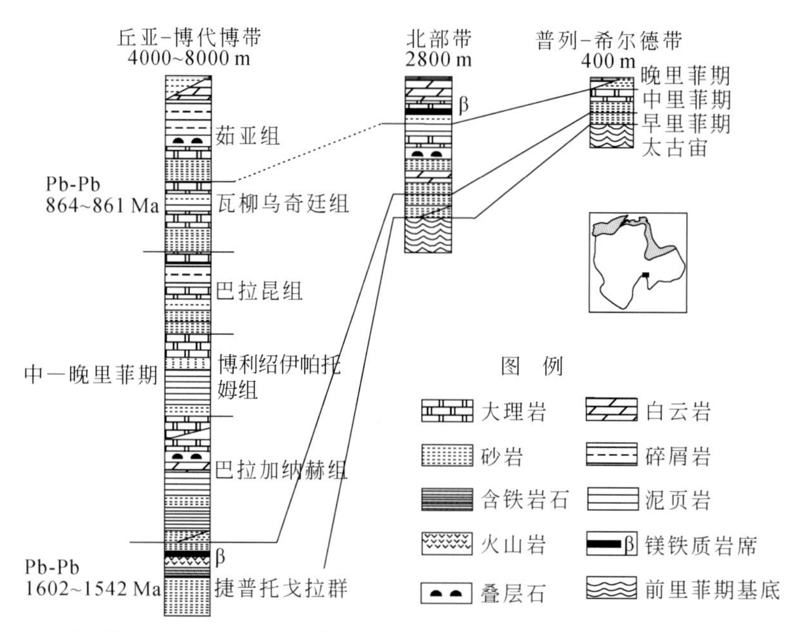

图10.6 帕托姆（Patom）高地里菲系地层对比图（据Pisarevsky and Natapov，2003）

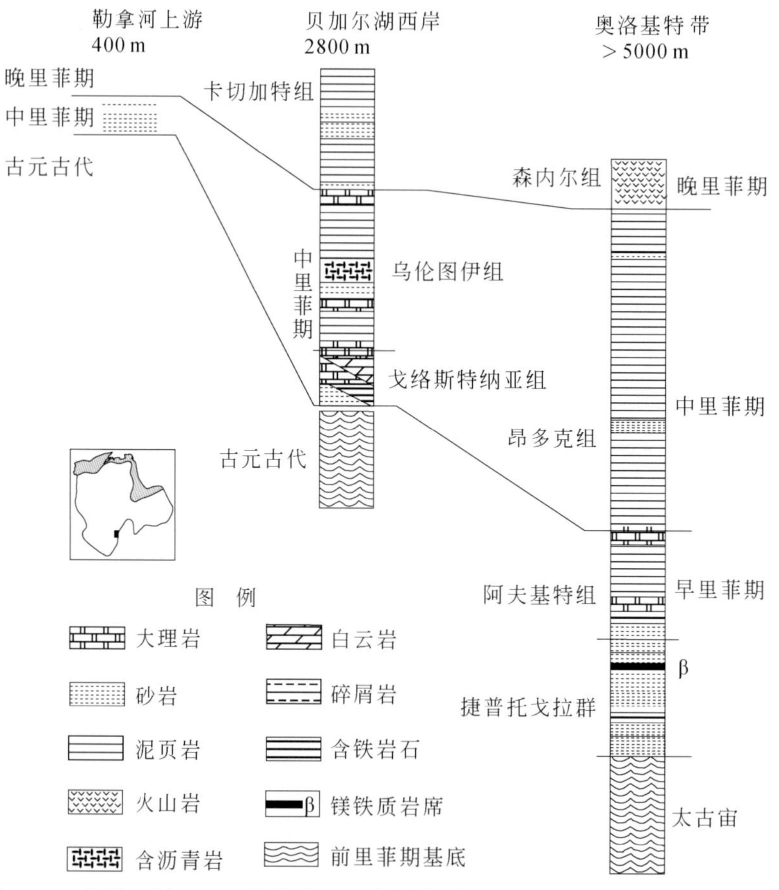

图10.7 北拜卡利亚地区里菲系地层对比图（据Pisarevsky and Natapov，2003）

5）西缘普列-萨彦地区

里菲系地层出露于NE向延伸10～50 km的狭窄带中；包括下部卡拉加斯群（Karagas Gp.）和上部奥谢尔科夫瓦亚群（Oselkovaya Gp.），地层向南西增厚。卡拉加斯群下部呈不整合覆盖了太古宙和古元古代基底之上，主要属于陆相和浅海相沉积；中部为碳酸盐岩；上部为浊积岩和硅质岩和碳酸盐岩。奥谢尔科夫瓦亚群以海相碎屑岩为主，上部为碳酸盐和浊积岩沉积；顶部与文德期的莫特组（Moty Fm.）呈不整合接触。

普列-萨彦地区里菲系地层代表中—新元古代的被动大陆边缘沉积，可能在新元古代晚期转变为主动大陆边缘。

6）西缘叶尼塞山脉

叶尼塞山地区的里菲系，地层已发生变形，并被花岗岩侵入，系由岛弧和其他地体与东西伯利亚克拉通在里菲晚期—文德期发生数次碰撞所导致的。

里菲系可划分为一个组、三个群（图10.8）。早里菲期科尔达组（Korda Fm.）为砂岩、泥页岩沉积，不整合于古元古代花岗片麻岩之上。中里菲期苏霍伊皮特群（Sukhoi Pit Gp.）为海相沉积，东部发育碎屑岩和碳酸盐沉积，西部变为深水相沉积，地层向西增厚。晚里菲前期通古锡克群（Tungusik Gp.）与苏霍伊皮特群（Sukhoi Pit Gp.）呈不整合接触，主要为深水相沉积，地层向西增厚。晚里菲后期奥斯雷扬卡群（Oslyanka Gp.）具有被动陆缘沉积特征（Pisarevsky and Natapov，2003）。

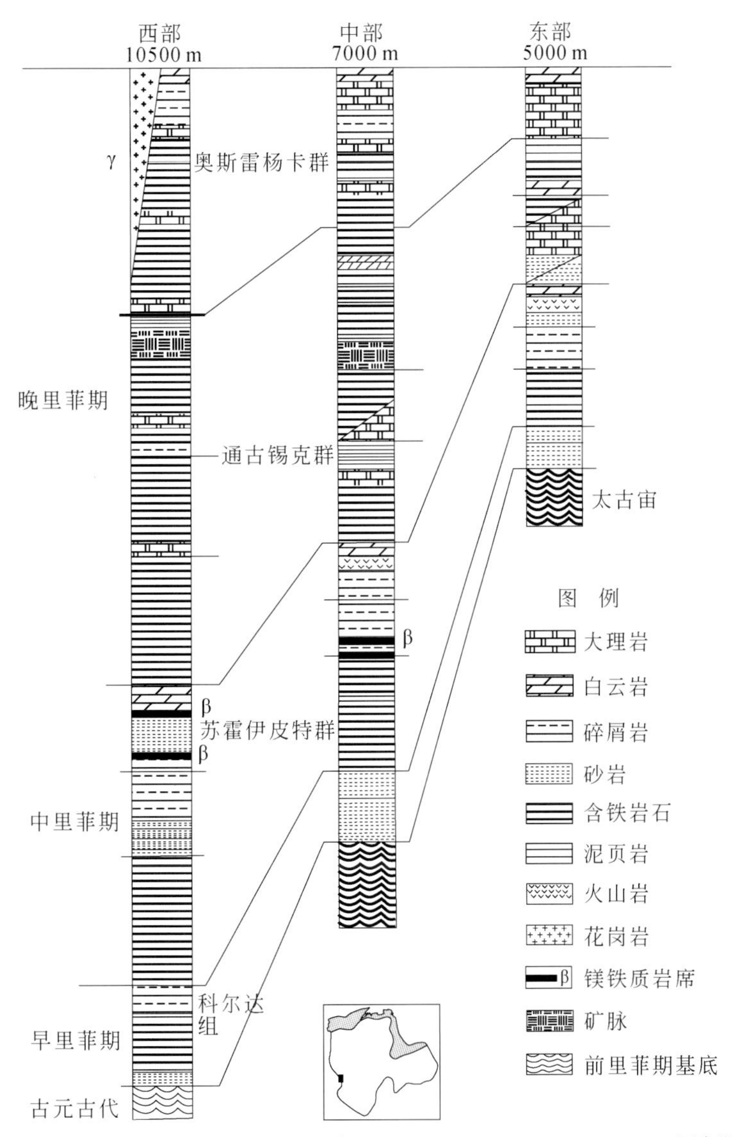

图10.8　叶尼塞山脉里菲系地层对比图（据Pisarevsky and Natapov，2003；图例同图10.4）

7）西缘通古斯卡和伊加卡隆起

通古斯卡隆起区发育4.5 km厚的里菲期硅质碎屑岩和碳酸盐岩，出露于三个东倾的逆掩断块上。下部为别济米扬尼组（Bezymyannyi Fm.）硅质碎屑岩，厚800～1000 m，沉积于风暴浪基面附近的开阔海盆环境，上覆与利诺克组（Linok Fm.）整合接触。利诺克组浅水相灰岩东部厚约140 m，西部厚约380 m，属于风暴浪基面附近，或浪基面以下的碳酸盐台地环境沉积。其上为苏哈亚通古斯卡组（Sukhaya Tunguska Fm.）碳酸盐岩，为潮下带上部至潮间带环境沉积，地层厚度自东向西由560 m增至680 m。这三个组年代均为中里菲期（Pisarevsky and Natapov，2003）。

上里菲系地层与中里菲系地层之间为区域性剥蚀面。上里菲系划分为五个组，均属大陆架环境沉积。文德系局部不整合覆盖于里菲系之上。

在向北90 km处的伊加卡（Igarka）隆起区，里菲系仅发育乔尔纳亚列奇卡组（Chernaya Rechka Fm.）（相当于通古斯卡隆起区的通古斯卡组），被文德期地层所覆盖。

西伯利亚西缘北部的里菲系地层为被动陆缘沉积。在里菲期晚期受不明地块的碰撞，导致地层的褶皱和逆冲。因此推断，在1000～750 Ma罗迪尼亚时期，整个西伯利亚西缘均面临大洋。

8）北缘

这一地区大部分被南泰米尔（South Taimyr）和叶尼塞-哈坦加（Khatanga）盆地的显生宙沉积所覆盖，里菲系仅见于 阿纳巴尔地块的北坡。本区的里菲期历史不明。

10.3　印度温迪彦（Vindhyan）盆地

在25 Ga前，印度板块的稳定克拉通基底成型；约在18亿年克拉通内部发育一些盆地沉积，统称“布拉纳（Purana）盆地”，主要分布在克拉通北部得的温迪彦盆地和东南部地区（图10.9）。这些盆地一般都大致沿NE-SW向构造带发育。

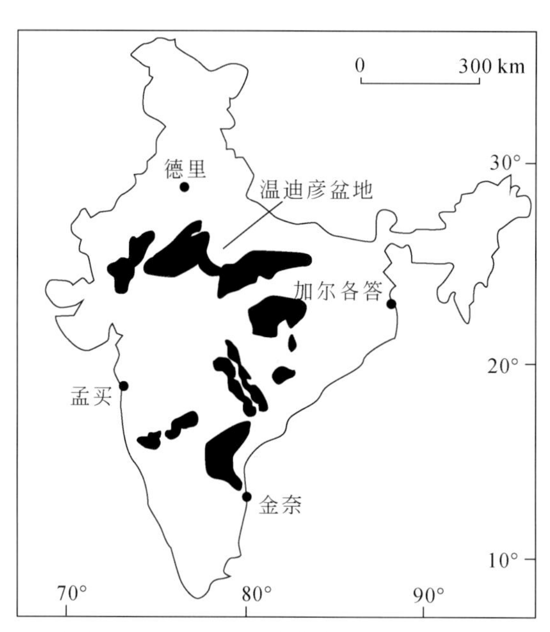

图10.9　印度板块中元古代盆地分布图（Conrad *et al.*，2011）

印度克拉通北部温迪彦盆地的中元古界不整合发育于25亿年前的阿拉瓦利（Aravalli）克拉通和本德尔肯德（Bundelkhand）克拉通基底纸上，盆地总面积104000 km^2，其中地层出露区约占60%，覆盖区约占40%，地层总厚度可达4500 m。盆地中元古代时期经历了两个阶段，一个角度不整合面将温迪彦超群分为上、下两个部分（图10.10）。以宋河谷（Son Valley）地区为例，下温迪彦超群包含四个群，由老到新，米尔扎布尔群（Mirzapur Gp.）底部为含砾的粗碎屑岩，上部是碳酸盐岩，没有直接的年龄数据；代奥纳群（Deonar Gp.）以细碎屑岩为主，夹大量凝灰岩、熔岩、火山碎屑岩地层，其中相当于博塞拉尼特组（Porcellanite Fm.）层位的锆石热电离质谱（Thermo-Ionization Mass Spectromater，TIMS）U-Pb年龄为

1630±0.4 Ma（Ray *et al.*, 2002），高灵敏度高分辨率离子微探针（Sensitive High Resolution Ion MicroProbe, SHRIMP）U-Pb 年龄 1628±8 Ma（Rasmussen *et al.*, 2002）；基恩久阿群（Khienjua Gp.）下部页岩，向上为砂页岩互层，夹碳酸盐岩层；罗赫达斯群（Rohtas Gp.）以碳酸盐岩为主，中上部发育页岩。

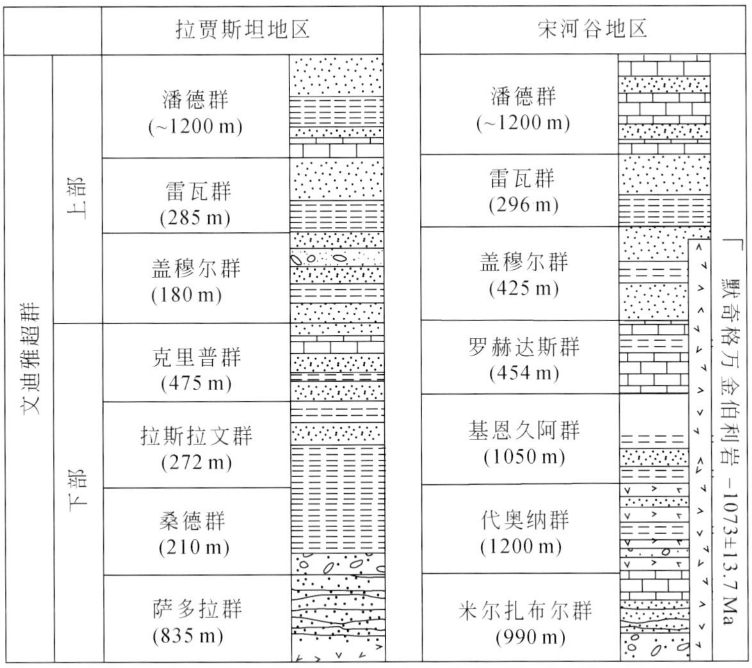

		拉贾斯坦地区	宋河谷地区
文迪雅超群	上部	潘德群 (~1200 m)	潘德群 (~1200 m)
		雷瓦群 (285 m)	雷瓦群 (296 m)
		盖穆尔群 (180 m)	盖穆尔群 (425 m)
	下部	克里普群 (475 m)	罗赫达斯群 (454 m)
		拉斯拉文群 (272 m)	基恩久阿群 (1050 m)
		桑德群 (210 m)	代奥纳群 (1200 m)
		萨多拉群 (835 m)	米尔扎布尔群 (990 m)

默齐格万金伯利岩－1073±13.7 Ma

图 10.10　温迪彦盆地地层柱状图（据 Malone *et al.*, 2008）

在上温迪彦超群沉积前盆地发育停滞，同时受到造山作用影响导致下温迪彦超群轻微变形并受到剥蚀与上温迪彦超群的盖穆尔群（Kaimur Gp.）形成区域角度不整合（Ray *et al.*, 2003）。上温迪彦群自下而上由盖穆尔群、雷瓦群（Rewa Gp.）和潘德（Bhande Gp.）群所构成的。盖穆尔群最底层发育粗碎屑岩，向上渐变细为石英砂岩和细砂岩，构成一个浅海陆棚海侵体系；盖穆尔群被 1073±13.7 Ma 的金伯利岩墙所侵入（Gregory *et al.*, 2006）。雷瓦群下部页岩，向上变粗为砂岩。最上部的潘德群属于新元古界，为一套碎屑岩-碳酸盐岩互层，含叠层石与鲕状碳酸盐岩。

对温迪彦盆地的类型一直是有较大争议，主流观点认为属裂谷型盆地，或周缘前陆盆地。Raza 等（2009）利用地球化学方法确认，盆地西部拉贾斯坦（Rajasthan）区铁镁质的火山岩是由低 Ti 的大陆溢流玄武岩（拉斑玄武岩）和高 Ti 的洋岛型玄武岩（碱性玄武岩）混合组成；同时用地震剖面数据表明，在盆地下部存在各种各样与裂谷作用相关的地堑系统；据此认为温迪彦盆地早期受拉伸作用形成裂谷型盆地中的线性凹陷，同时受造山带的影响和逆断层控制，演化历史似周缘前陆盆地。

10.4　北澳大利亚麦克阿瑟（McArthur）等盆地

澳大利亚的前寒武纪部分由三个主要克拉通组成，可以分别称为西澳大利亚、北澳大利亚和南澳大利亚克拉通（图 10.11）。其中西澳大利亚克拉通包含北面的皮尔巴拉（Pilbara）和南面的伊尔加尔（Yilgarn）两个更古老的太古宙—古元古代地块，这两个地块最早可能在 22～20 Ga 前已开始聚合，称为 Ophthalmian 造山作用；但一般认为其最终的联合约完成于 18 Ga 的 Capricorn 造山作用。北澳大利亚克拉通也包含两个主要构造域：西北部的金伯利（Kimberley）地块和派恩克里克-阿伦塔-蒙特艾萨（Pine Creek-Arunta-Mount Isa）构造域（即北部土地和昆士兰州的西部地区）。发生在约 1870～1840 Ma 的 Barramundi 造山旋回，对北澳大利亚基底固结起到了决定性的作用。随后在约 1840～1805 Ma 期间金伯利地块和派恩克里克-阿伦塔-蒙特艾萨构造域，通过 Halls Creek 造山作用完成拼合，形成北澳大利亚克拉通。北澳大利亚克拉通主要通过约 1790～1765 Ma 的 Yapungku 期造山作用完成了和西澳大利亚克拉通的拼合（de Vries *et al.*，2008）。

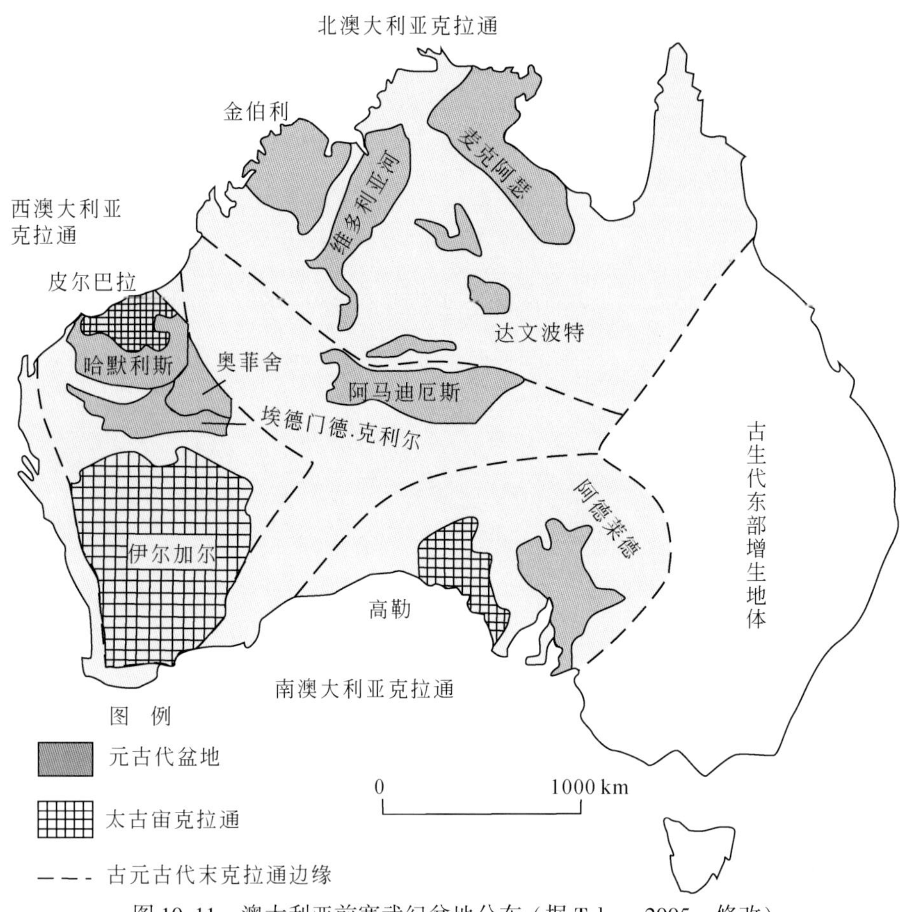

图 10.11　澳大利亚前寒武纪盆地分布（据 Tyler，2005，修改）

在整个澳大利亚克拉通基底上发育的沉积盆地，由于受到后期的造山运动的影响，出露局限且有较多的间断。1800～1400 Ma 时期盆地主要发育在北澳大利亚，有金伯利、维多利亚河（Victoria River）和麦克阿瑟三大盆地群，其中仅以 1815～1450 Ma 的麦克阿瑟盆地为代表，描述其盆地发育历史和构造间断（Rawlings，1999）。

麦克阿瑟盆地的沉积地层分布面积可达 18 万 km^2，分为四个群，由老到新分别是：塔瓦拉群（Tawallah Gp.）、麦克阿瑟群、内森群（Nathan Gp.）和罗珀群（Roper Gp.）。其中有两次大的构造事件使这套地层划分成三大套地层系统。最老的沉积地层是塔瓦拉群（图 10.12），不整合覆盖在古元古界的花岗片麻岩变质基底之上，底部沉积较粗的砾岩，往上以石英砂岩为主，中间夹有少量火山岩。Plumb 等（1990）认为，塔瓦拉群受 NE-SW 向伸展的裂谷盆地控制，呈相变较快的浅海相沉积。在塔瓦拉群沉积中期（约 1750～1730 Ma）受造山运动的影响，形成一个角度不整合，称为中-塔瓦拉构造反转（Mid-Tawallah inversion）。随后经 SN 向的伸展作用，盆地继续发育塔瓦拉群砂岩（图 10.12），顶部的塔南比里克（Tanumbirini）流纹岩中利用离子探针 U-Pb 锆石方法定年为 1713±6 Ma（Page *et al.*，2000）。北澳大利亚克拉通区域上在 1680 Ma 左右经历了抬升、剥蚀，再沉积下降形成一个平行不整合面，上覆岩层是麦克阿瑟群（图 10.12）。Gilbson 等（2008）认为，此时盆地经历了热沉降作用。麦克阿瑟群底部是砂岩沉积，往上是白云岩（含叠层石）、白云质粉砂岩、页岩的沉积交替出现，指示一个浅水环境。在上部的巴尼克里克组（Barney Creek Fm.）是一个沉积间歇期，其中凝灰岩根据离子探针 U-Pb 锆石测年为 1640±7 Ma（Page *et al.*，2000）。麦克阿瑟群上覆是内森群，地层厚度相对较小，约 1200 m，主要是碳酸盐沉积，以白云岩为主。

在约 1580～1500 Ma 时期，麦克阿瑟盆地又经历范围极广的 EW 向挤压的 Isan 造山运动，在内森群之上形成一个区域角度不整合，上覆盆地最年轻的罗珀群。不同于不整合面之下的碳酸盐岩沉积，罗珀群底部发育砂岩，向上以石英砂岩、粉砂岩、页岩为主的沉积序列交替出现，包括了陆缘海环境多样变化特征，反映盆地受到广泛的海侵和海退交替的影响。

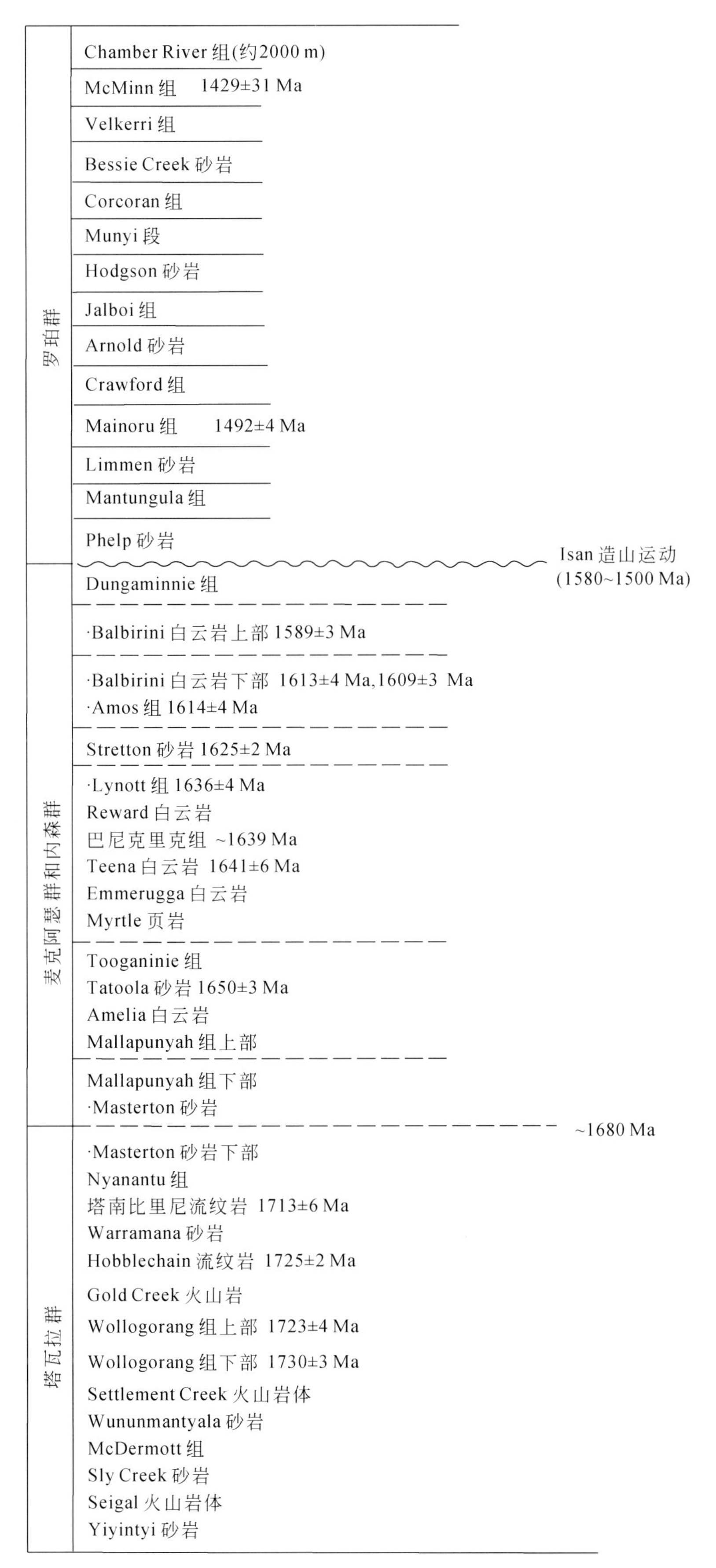

图 10.12　澳大利亚北部古元古代盆地年代地层单位（据 Idnurm，2000，修改）

10.5　北美贝尔特（Belt）盆地

中元古代北美地台西部贝尔特-珀塞尔（Belt-Purcell）盆地的大部分处于美国西北部，盆地北部的少部分属于加拿大南部（图 10.13），约在 18 ~ 16 Ga 时，盆地形成于克拉通变质变形片麻岩和铁镁质岩浆岩基底之上，西部有深埋变质的绿片岩出露。在 1470 ~ 1370 Ma 时，贝尔特盆地发育于大型地堑之上，受近 NW 和 NW-SE 向同沉积断层的控制，沉积厚度可达 16 km，地层西厚东薄，面积约 13000 km^2，可作为北美地台西部中元古代大陆边缘盆地的代表（Winston，1990）。

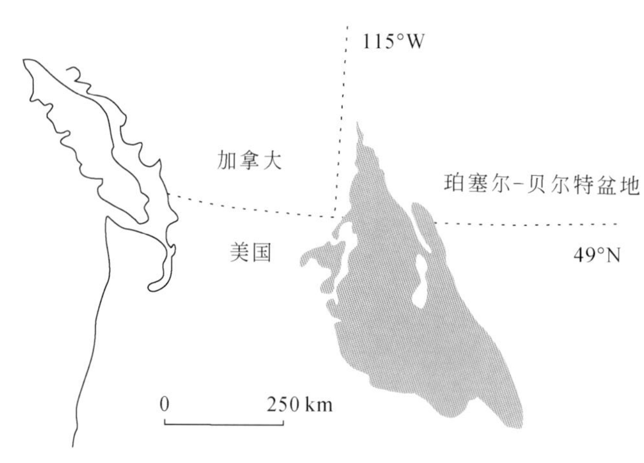

图 10.13　贝尔特-珀塞尔超群在美国-加拿大边境的出露（据 González-Álvarez and Kerrich，2011）

中元古代贝尔特-珀塞尔超群（Belt-Purcell S-Gp.）地层由老到新可划分为四个群：下贝尔特-珀塞尔群、雷瓦里群（Ravalli Gp.）、中贝尔特-珀塞尔群［即皮埃甘群（Piegan Gp.）和米苏拉群（Missoula Gp.；图 10.14］。该超群的顶、底部各为一个大角度不整合面所限制，早元古界和太古宇岩浆岩和变质基底与上覆贝尔特-珀塞尔超群呈区域角度不整合接触。

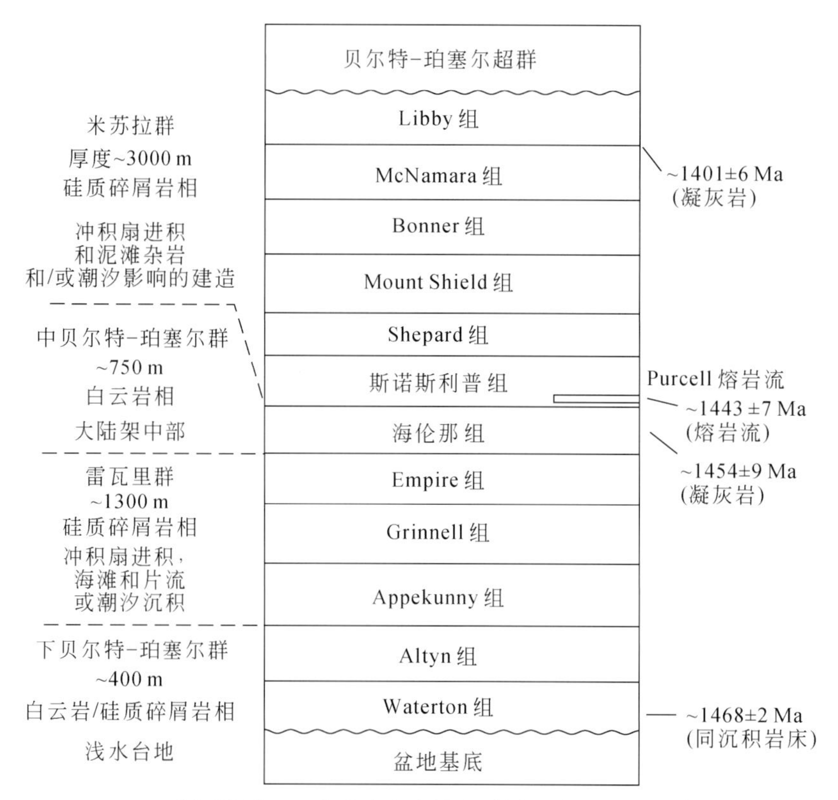

图 10.14　Waterton-Glacier 公园附近 Belt 盆地综合地层序列图（据 González-Álvarez and Kerrich，2011）

作为最老的沉积地层，下贝尔特-珀塞尔群厚度可达8 km，其最底部为双峰式岩浆岩，往上是一些较厚的泥质粉砂岩夹薄层泥岩和火山岩，并与砂岩体交互。在海伦娜恩贝门特（Helena Embayment）地区，下贝尔特-珀塞尔群顶部普雷查德组（Prichard Fm.）里有黑色页岩。根据C-S同位素研究（Luepke and Lyons，2001）推测盆地受到间歇性海水作用，由早先受到裂谷作用慢慢发育为克拉通内部的陆表海沉积环境，硫酸盐含量低，显示低硫状态。同时海绿石的保存也能为此结论提供了很好的证据，并非最早提出的湖泊环境。Sears等（1998）对下贝尔特群中间的火山岩夹层实测年龄为1469±3 Ma。

下贝尔特群上覆雷瓦里群的底部为泥岩沉积；向上逐渐变粗呈泥质粉砂岩、砂岩、长石石英砂岩；顶部又是薄层泥岩和碳酸盐岩。该群表现了一个先海退后海侵的一个过程。

雷瓦里群上覆中贝尔特碳酸盐岩（皮埃甘群）的下部海伦娜组发育有碳酸盐岩，发育臼齿状构造和叠层石，夹少量泥岩；上部沉积硅质泥岩；顶部是一层凝灰岩，Evans等（2000）的测年结果为1454±9 Ma，Aleinikoff等（1996）实测U-Pb锆石年龄1449±10 Ma。

盆地最新沉积为米苏拉群，其底部斯诺斯利普组（Snowslip Fm.）是一些硅质泥岩；顶部是一层熔岩体，Aleinikoff等（1996）对其定年为1443±5 Ma。再往上是沉积有厚度较小的碳酸盐岩，向上又是泥岩和硅质泥岩沉积，然后盖于其上的是成熟度不高的长石石英砂岩，Winston（2007）对其中间夹有的凝灰岩做了测年约为1400 Ma。约1400 Ma之后由于造山运动的影响导致沉积中断，形成一个大的区域角度不整合。

该盆地三分之二的地层都是在1470～1440 Ma期间沉积发育的，沉积速率很快，Pratt（2001）称其构成前寒武克拉通内部的海盆。

10.6　波罗的（Baltica）古陆元古宙中期盆地

前罗迪尼亚的波罗的克拉通，又称东欧克拉通，或俄罗斯克拉通，位于乌拉尔山以西，主要是在2.0～1.7 Ga时，由芬诺斯坎迪亚（Fennoscandia）、萨马蒂亚（Sarmatia）和伏尔加-乌拉尔（Volgo-Uralia）三个地块在碰撞组合而成（图10.15），此后没有发生大规模的裂解，但陆续有一些增生体。从16 Ga开始，克拉通东、西部分开始差异性的地质演化，地台西部主要发生一些造山作用（1.7亿～1.4亿年），东部主要由伸展作用导致发育一些裂谷盆地、拗拉槽（1.4亿～1.2亿年）。在中元古代时期，由于裂谷作用再次活动，三大地块的早元古代碰撞缝合带形成沃伦-奥尔沙（Volyn-Orsha）、中俄罗斯（Mid-Russian）和帕切尔马（Pachelma）几个拗拉槽。

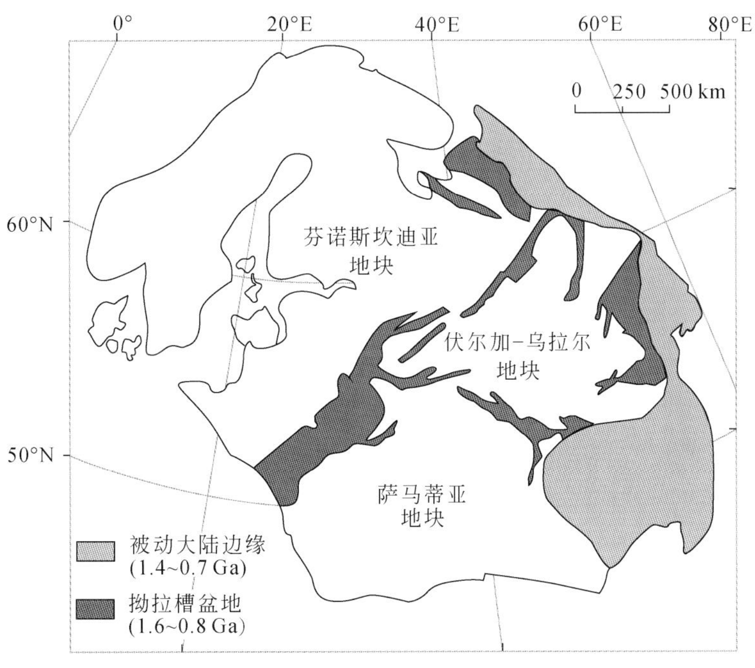

图10.15　东欧地台大地构造图（据Bogdanova *et al.*，2008）

由于在早元古代之前，三个地块位于各自不同的古地理位置，其间基底发育有所区别（Pesonen *et al.*，2003）。克拉通东部乌拉尔山西南侧，在伏尔加-乌拉尔地块上，以太古宇花岗岩-片麻岩和含科马提岩的绿岩以及古元古界类花岗岩侵入体形成穹隆状构造作为基底，发育一系列拗拉槽沉积盆地，地层厚度约6～10 km（图10.16），与上覆沉积盖层呈区域角度不整合接触。中元古代沉积盖层由约1400 Ma的一次大区域角度不整合面划分为两个大的群，即布济扬群（盖层纪）和尤尔马塔乌群（Yurmatau Gp.；延展纪—狭带纪）。

布济扬群不整合于古元古界变质基底上，底部是砾岩和含砾砂岩等粗碎屑岩，向上出现双峰式的火山岩，Krasnobayev（1986）从英安岩中测得锆石U-Pb法年龄1615±45 Ma。中部以含叠层石白云岩和灰岩为主，夹有少量薄层砂岩、粉砂岩和泥岩，在碳酸盐岩中有花岗岩侵入体。顶部发育黑色页岩，粉砂岩与碳酸盐岩（含叠层石白云岩和灰岩）互层。Semikhatov等（2002，2006）根据Sr同位素的比值偏低（0.70460～0.70480），认为中元古代早期地台东部可能是与开阔海有联系，可能经过裂谷作用，发育成被动大陆边缘。

尤尔马塔乌群底部发育粗碎屑岩（砂质砾岩），往上沉积有双峰式火山岩，Ernst等（2006）和Ronkin等（2006）用获得K-Ar法年龄1370 Ma和1386 Ma。上覆1000 m厚地层以泥灰岩为主，向上变为砂，顶部再次变为碳酸盐岩，构成一个海侵-海退旋回（图10.16）。

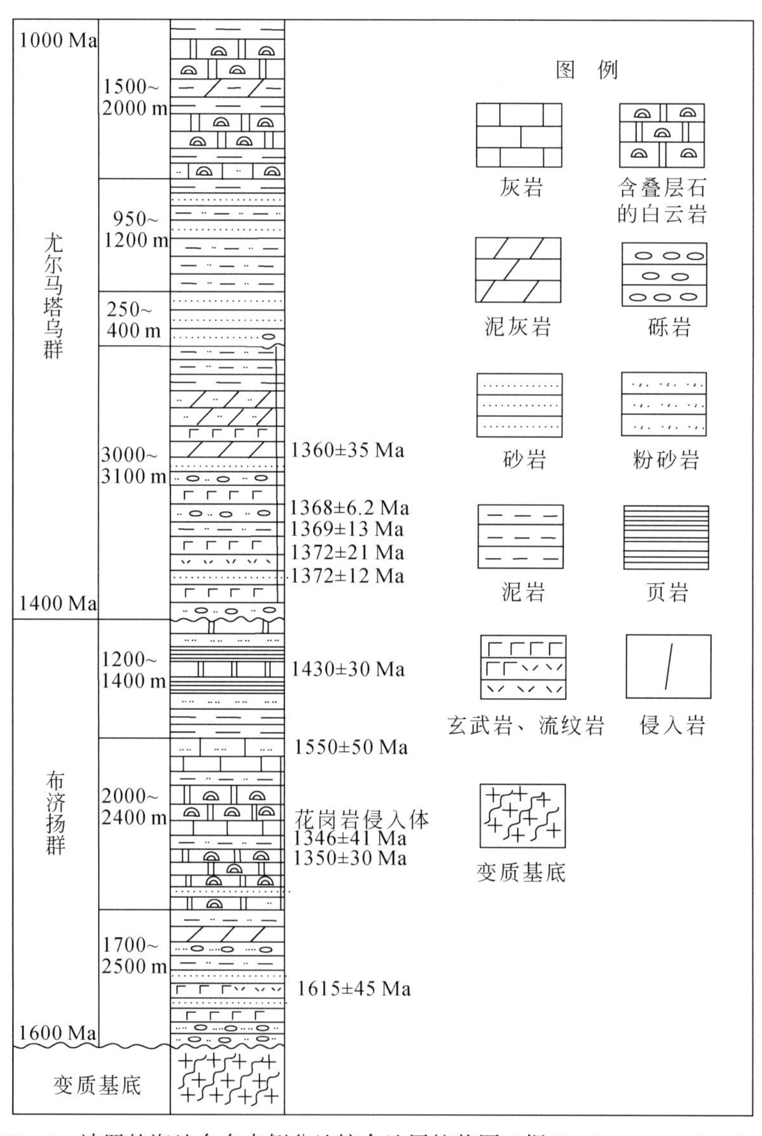

图10.16　波罗的海地台东南侧盆地综合地层柱状图（据Bogdanova *et al.*，2008）

10.7　华北克拉通元古宙中期盆地

华北克拉通的中—新元古代地层，在大部分地区是作为克拉通的盖层沉积，主要是未变质的浅海相碎屑岩和碳酸盐岩，其内含叠层石和微古植物，仅在甘肃、宁夏、内蒙古等局部地区，显轻微变质，或在个别层位夹有火山岩。其总厚度为数千米到万米。自下而上长城系以碎屑岩为主，局部夹火山岩，上部为含叠层石碳酸盐岩；蓟县系主要为富含叠层石的碳酸盐岩，夹少量砂岩及页岩；待建系为黑色页岩沉积；青白口系由碳酸盐岩和碎屑岩组成；震旦系以含冰碛层为特征，仅见于克拉通的南部。长城系普遍呈角度不整合覆盖于古元古界或太古宇之上；寒武系地层与新元古代地层（上前寒武系）呈微角度不整合或平行不整合接触（图10.17）。

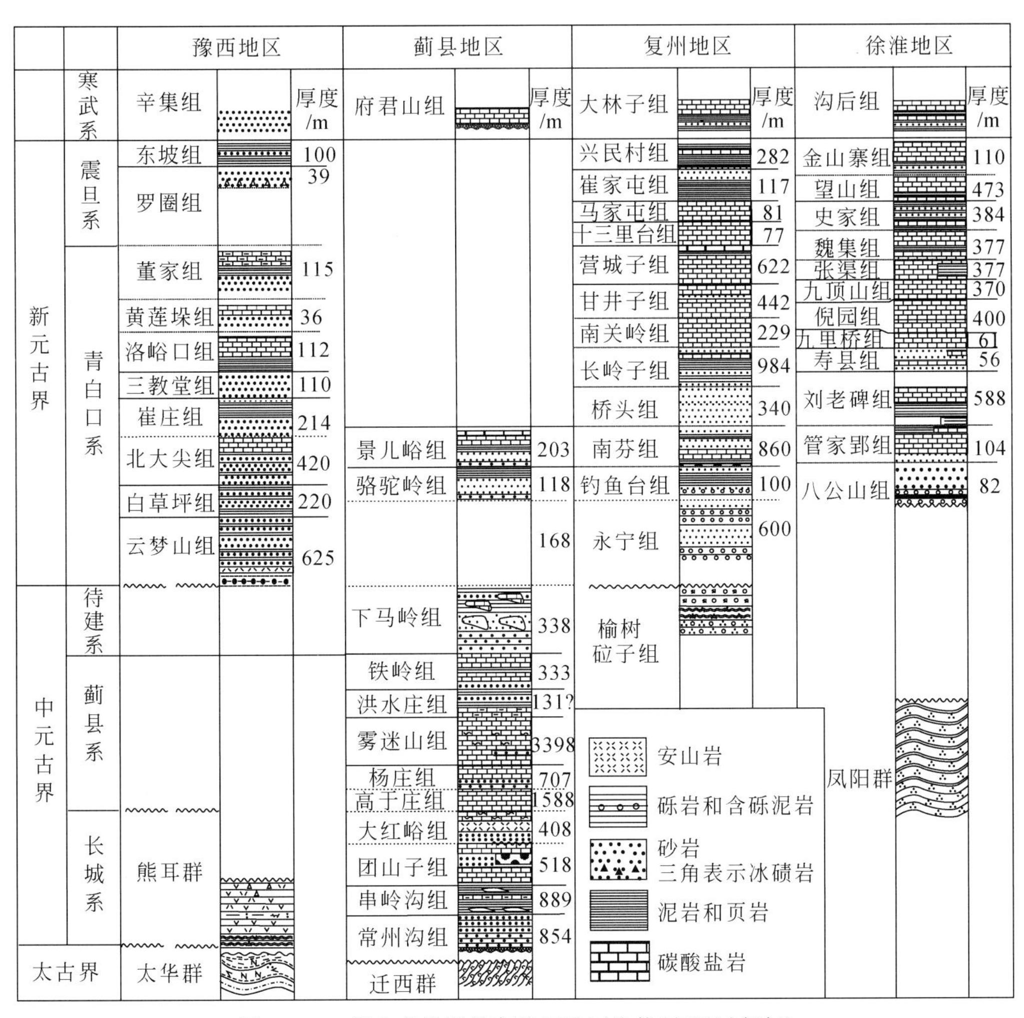

图10.17　华北克拉通前寒武纪地层柱状图和地层对比

10.7.1　华北克拉通北部燕辽裂陷带

中—新元古界蓟县剖面处于华北克拉通北缘的燕辽裂陷带东南带，地层发育完整，接触关系清楚，为世界上同时代地层中罕见的完整、连续剖面。燕辽裂陷带的中—新元古代包括长城系、蓟县系、待建系、青白口系，总厚近万米。蓟县剖面是这四个系的标准层型。其下界在区内普遍与古元古界或太古宇呈不整合，与上覆寒武统府君山组为假整合或不整合接触。

10.7.1.1 长城系

主要分布在燕山裂陷带东段的冀东蓟县、冀北宽城、兴隆和辽西朝阳、阜新等地，以蓟县、宽城、兴隆一带沉积厚度最大，层序最全，由下而上分为五个组，即常州沟组、串岭沟组、团山子组和大红峪组，总厚2687 m，向W、ES方向沉积厚度渐减至百米，甚至层序不全。该系各岩组的分布情况及特征由下而上分述如下：

1）常州沟组

该组主要由厚层-块状砾岩、粗砂岩、细砂岩、粉砂岩组成。在蓟县常州沟厚为1109 m。常州沟组底部砂砾岩明显不整合于太古界迁西群之上，往上由具有不同规模的交错层理、含长石的砂砾岩逐渐过渡为层理平直的厚层石英砂岩，代表山间急流、准平原河流-河口、滨海海湾环境。

2）串岭沟组

此岩组以滨、浅海的粉砂质页岩为主，颜色为黄、灰、灰黑色，并夹许多薄层或透镜状碳质白云岩，含鲕状或肾状赤铁矿（即铁质叠层石）层。中部有较多的平行或斜交层理的安山岩、玄武岩及凝灰角砾岩。本组在蓟县下营-船舱屿一带最为发育，厚达647 m，向西、向东变薄。串岭沟组与下伏常州沟组为整合关系。

3）团山子组

岩性以灰黑色砂质、泥质白云岩为主，夹砂岩、页岩及燧石结核白云岩。团山子组底部白云岩中含菱铁矿，中部常为紫红色和灰白色白云岩，上部为不厚的杂色砂质白云岩（图10.17），有时含叠层石礁，层面上常有泥裂、食盐假晶等暴露标志，显示了水体极浅的泥质碳酸盐岩潮坪环境。在蓟县团山子村一带该组最发育，厚达415 m，向东、西及北均变薄。该组与串岭沟组呈整合接触。

4）大红峪组

本剖面中团山子组与大红峪组基本为连续沉积，但区域上大红峪组形成明显的超覆，局部甚至与团山子组或串岭沟组呈角度不整合接触。大红峪组岩性复杂，主要由石英岩或石英岩状砂岩，高硅质燧石白云岩和火山岩组成。下部为含砂燧石条带白云岩、石英砂岩（图10.17），夹绿色富钾页岩，钙质砂岩中具有巨大斜层理及波痕，并夹白云岩透镜体，显系滨海环境；上部为灰白、灰黑色巨厚、块层状含叠层石燧石白云岩，褐灰绿、灰紫色富钾粗面岩或玄武岩及其碎屑岩，灰白色石英岩状砂岩或长石石英砂岩。燧石大多与叠层石伴生，沿叠层石基本层充填呈斑点状，形成鸟眼构造。大红峪组中的火山岩包括火山角砾岩，凝灰质砂岩和粉砂岩以及熔岩等，以熔岩及凝灰质砂岩为主。熔岩为富钾粗面岩。大红峪组火山岩剖面特点代表了一个由水下喷溢至陆上喷溢的过程，代表裂陷带发展的相对活跃期。本组岩性纵横向变化剧烈，白云岩、石英砂岩与火山岩三者迅速相变。在蓟县大红峪沟最为发育，厚达516 m，仅见一层火山岩。由此向东、向西到达蓟县系沉积盆地厚度渐小。

10.7.1.2 蓟县系

该系以碳酸盐岩类为主，与下伏长城系高于庄组，上覆青白口系下马岭组，均呈假整合接触。总厚6175 m。其内部分为五个组，包括高于庄组、杨庄组、雾迷山组、洪水庄组和铁岭组（图10.17）。

1）高于庄组

主要由厚、巨厚及薄层板状含砂、含锰质的燧石白云岩组成。底部有石英岩，下部的中薄层灰岩多含陆源碎屑，并含多层叠层石。高于庄组是广海碳酸盐沉积，白云岩中多含硅质和锰质，有燧石条带，顶部含沥青质，交错层理及冲刷面等发育，构成中元古代的最大一次海侵期。在蓟县剖面，厚为1596 m，向东向西变薄。该组与大红峪组呈假整合接触。

在很长一段时间里常州沟组沉积的时代被推测为18亿年左右，但最近Li等（2011）对密云大城子地区被常州沟组不整合覆盖的岩墙获得LA-MC-ICP-MS（激光剥蚀-感应耦合等离子体质谱）U-Pb年龄1673±10 Ma，从而限制常州沟组年龄约小于1670 Ma。彭澎等（2011）对密云地区被长城系不整合覆盖的大量岩墙的年代学研究也获得1731±4 Ma的斜锆石Pb-Pb年龄，据此推测常州组的年龄约不老于1730 Ma。张拴宏等（2013）新发表的锆石LA-ICP-MS U-Pb测年结果显示，平谷熊耳寨团山子组上部钾质火山岩的锆石加权平均年龄1637±15 Ma，一致年龄为1641±4 Ma，限定团山子组上部的沉积时代。蓟县青山岭侵位于串岭沟组地层内闪长玢岩脉的锆石加权平均年龄为1634±9 Ma，表明串岭沟组地层沉积发生在1634±9 Ma之前。

2）杨庄组

本组是典型的潮间-潮上带潟湖相沉积。主要由紫红色、白色含粉砂或砂的泥质白云岩及深灰色沥青质结晶白云岩组成，层面上可见岩盐假晶。厚度不大，约707 m，但横向变化显著，区域分布范围较局限，远离蓟县剖面则尖灭，致使雾迷山组超覆于长城群之上，在蓟县剖面其上覆地层为雾迷山组。杨庄组与下伏之长城系高于庄组为假整合接触关系。

3）雾迷山组

雾迷山组在蓟县剖面内分布最广，也是上前寒武系厚度最大的组，在蓟县剖面厚为3416 m。主要由含各种形态燧石（条带及层状者为主）的粗晶-微晶白云岩组成，含钙质白云岩次之，岩性基本稳定。岩层内各种沉积构造非常发育。包括竹叶状构造、叠层石及多种形态的滑塌构造。该组厚度变化不大，并常具有韵律，显现了钙质、硅质复理石特征，总体上反映了复杂地形环境中的滨海-浅海斜坡沉积环境。与下伏杨庄组成整合接触。

4）洪水庄组

该岩组分布范围不甚广泛，主要为潮下带的黄绿、灰绿、灰黑色粉砂质页岩为主，多为纹层状水平层理，富含碳质及铁、铝质，可能为残留盆地的较还原静水沉积。在蓟县剖面厚度为131 m，岩性变化不大。组内富含微古植物。该组与下伏雾迷山组呈整合关系。

5）铁岭组

铁岭组为潮间带含有大量叠层石藻礁的内碎屑白云岩、白云质灰岩夹页岩及含锰白云岩，其中夹有紫红色铁锰质页岩，白云岩中含有丰富的海绿石，比雾迷山组水体更浅的滨-浅海沉积，反映了燕山裂陷带沉降减弱并逐渐填满的过程。该组厚为325 m，其厚度向东减薄，与下伏洪水庄组为整合接触关系。

随着铁岭组沉积结束，华北地台整体抬升为陆，并在湿热气候条件下，于铁岭组顶部发育了富铁风化壳，以致与上覆下马岭组呈平行不整合接触，华北地区的这次抬升运动被称为“芹峪抬升”，传统观点将这个不整合面作为中元古代和新元古代的界线，但是近年来由于同位素定年技术的研究进展，下马岭组为1379±12 Ma，均早于公认的新元古代的起始年龄1000 Ma，所以本章将下马岭组单独建系，置于蓟县系之上，暂时称为待建系，属于中元古代范畴。

10.7.1.3　待建系

主要由下马岭组所组成，该组在燕山裂陷带西段河北北部张家口的赵家山、下花园等剖面地层发育最全，自下而上可划分为四段：下一段砂质页岩段、下二段红绿色页岩段、下三段黑色页岩段和下四段杂色页岩夹泥灰岩段，沉积厚度可达540.6 m。

底部与蓟县系铁岭组为假整合接触，称为“芹峪上升”。顶部与上覆青白口系骆驼岭组呈平行不整合接触，为“蔚县上升”。由于受到区域性的“蔚县上升”影响，在张家口以东地区下马岭组地层普遍遭受到不同程度的剥蚀，在宽城、平泉一带仅残留下一段地层厚度约369.5 m；至蓟县一带仅保留下一段与部分下二段，仅厚168 m；往东至遵化一带下马岭组则完全缺失。

10.7.1.4　青白口系

青白口系为新元古代，由下而上包括下长龙山组和景儿峪组。青白口系顶部为一个长期而重要的间断面，上覆地层为下寒武统的府君山组，呈假整合接触或不整合接触，缺失震旦系。其下与蓟县系下马岭组之间也呈假整合接触，而且可能存在较大的沉积间断。

1）骆驼岭组

该组地层在华北克拉通内岩性及厚度较为稳定，岩性以碎屑岩为主，由砾岩、石英砂岩、砂质及粉砂质页岩组成。下部为黄绿色板状、层状含海绿石石英砂岩及厚层含海绿石长石砂岩，底部为含砾石石英砂岩及砾岩；上部为绿色、紫红色夹灰黑色页岩。骆驼岭组砂岩广泛超覆于不同地层上，常含燧石角砾层和白云岩透镜体，属平缓滨海海滩至亚浅海沉积，反映了当时华北北部准平原化的地势。该组厚度为 118 m。

骆驼岭组与下伏地层呈区域性假整合接触，称为“蔚县上升”。受“蔚县上升”的影响，骆驼岭组可超覆假整合于待建系下马岭组与蓟县系铁岭组、雾迷山组、高于庄组和大红峪组之上，到秦皇岛以北，甚至超覆在太古宇片麻岩之上。

2）景儿峪组

本组岩性特征显著，主要以灰色、蛋青色为主，间或有紫色，呈板状、中厚板状致密泥质灰岩，底部泥质稍高，顶部灰质增多，中部则白云质成分偏高。厚度可达 112 m。底界以薄层海绿石砂岩透镜体与长龙山组呈整合接触。其上与下寒武统府君山组假整合或不整合接触。

10.7.2　华北克拉通西南部豫西地区

华北克拉通南部的豫西地区，出现一个相对稳定的陆棚浅海环境。中元古代后期，豫西陆棚海由于北侧古陆供应岩屑，由北往南依次形成了河流-三角洲砂质沉积带、钙泥质沉积带和碳酸盐沉积带，向南为秦岭海槽北缘断裂带所限，豫西沉积盆地一直延续至震旦纪中期才全面抬升。此外，中元古代时豫西、晋西南地区还存在 NNE 方向的板块内部裂陷带，其中发育熊耳群裂谷型火山岩。内部裂陷带的发育延续至新元古代末期结束，而边缘裂陷带的发育已有微体古生物和同位素年龄证据证实其可以延续至震旦纪和早古生代。

以渑池-确山地区为例，华北克拉通南缘的盖层发育情况概述如下：该地区的中—新元古界包括汝阳群、洛峪群和震旦系。

汝阳群主要为一套陆源碎屑沉积，不整合覆于熊耳群火山岩系之上，由下到上分为云梦山组、白草坪组、北大尖组三个岩组，总厚度 700 ~ 1500 m（周洪瑞，1999）。云梦山组主要岩性为紫红色砂砾岩、不等粒石英砂岩夹紫红色泥岩；白草坪组主要由一套呈互层状的紫红、紫灰色砂岩、页岩组成；北大尖组主要岩性是灰白色石英砂岩夹灰绿色页岩，顶部为砾屑、砂屑白云岩及叠层石白云岩。

洛峪群与下伏汝阳群为平行不整合接触，顶部被震旦系不整合覆盖，自下而上分为崔庄组、三教堂组和洛峪口组（周洪瑞，1999）。崔庄组下部为中细粒石英砂岩夹页岩，中上部为页岩、粉砂质页岩夹细砂岩和粉砂岩，与北大尖组呈平行不整合接触，厚 130 ~ 227 m；三教堂组主要由一套石英砂岩组成，厚 32 ~ 158 m；洛峪口组主要岩性是白云岩、叠层石白云岩，底部为页岩，本组厚度为 50 ~ 225 m。

震旦系自下而上由黄连垛组、董家组、罗圈组和东坡组构成。黄连垛组主要由白云岩、硅质白云岩组成，其底部为砾岩、砂岩，与下伏洛峪口组不整合接触，厚 134 ~ 443 m；董家组下部为砂砾岩、砂岩、粉砂岩，上部为泥质白云岩，与下伏黄连垛组呈平行不整合接触，厚 10 ~ 360 m；罗圈组由冰渍泥砂砾岩、含砾砂泥岩组成，与下伏董家组平行不整合接触，并可超覆于不用层位上，最大厚度 180 m；东坡组为细砂岩、粉砂岩和页岩，与下伏罗圈组整合接触，顶部被寒武系平行不整合覆盖，厚 94 m。

汝阳群和洛峪群中微古植物及叠层石面貌分别可与燕山地区蓟县纪和青白口纪地层对比（周洪瑞，1999）。另外，舞阳云梦山组下部所夹火山岩 Rb-Sr 等时线年龄为 1283 Ma（关保德等，1988），白草坪组泥质岩 Rb-Sr 等时线年龄为 1200 Ma，北大尖组海绿石砂岩中海绿石 K-Ar 年龄为 1140 ~ 1256 Ma（平均 1183±73 Ma），董家组下部海绿石石英砂岩中海绿石 K-Ar 年龄为 617 ~ 674 Ma（关保德等，1988）；洛峪口组上部碳酸盐岩的 U-Pb 等时线年龄为 855 Ma（周洪瑞，1999）。据此可以确定本区的时代归属中、新元古界。

10.8　哥伦比亚超大陆聚散过程及其对中元古代盆地性质的制约

主要基于21～18 Ga期间全球造山带的分布，在21世纪初前寒武纪地质学家提出前罗迪尼亚超大陆的构想（Zhao *et al.*，2002），后来这个超大陆被命名为哥伦比亚或努纳（Evans and Mitchell，2011）。在古元古代晚期，属于陆-陆碰撞型的造山带（Zhao *et al.*，2011）包括：① 榴英硅线变质岩带：位于华北克拉通北部，导致内蒙古地轴和鄂尔多斯陆核的拼合；② 胶-辽-冀带：位于郯城-庐江断裂以东，大体相当于传统意义上的辽吉岩套和胶北群分布区；③ 贯穿华北造山带：南北向展布于华北克拉通中部，导致华北东部地块和西部地块拼合［传统文献称"吕梁运动（Lvliang Orogeny）"］；④ 中印度构造带：位于印度大陆内部，导致南北印度块体的拼合；⑤ 林波波（Limpopo）带：位于非洲南部，导致津巴布韦克拉通和卡普瓦尔克拉通拼合；⑥ 南回归线（Capricorn）造山带：位于西澳大利亚，导致耶尔冈陆核和皮尔巴拉陆核的拼贴；⑦ 霍尔斯克里克（Halls Creek）造山带：位于澳大利亚西北部，代表北澳大利亚克拉通的聚合；⑧ 贯穿南极造山带：位于横贯南极山脉，代表东南极克拉通曾与其他陆块沿此造山带拼合；⑨ 阿基特坎（Akitkan）造山带：位于西伯利亚大陆的中部，代表西伯利亚东、西部陆核的拼合；⑩ 沃普梅（Wopmay）造山带：位于劳伦大陆的西北缘，也有人认为是怒（Slave）地块增生的部分；⑪ 托尔森-塞隆造山带：位于劳伦大陆西北部，导致怒（Slave）陆核和雷伊（Rae）陆核的拼合；⑫ 贯穿哈德孙（Hudson）造山带：是劳伦大陆最大规模的一条碰撞造山带，导致苏必利尔（Superior）陆核和赫恩（Hearne）陆核的拼合；⑬ 佩诺凯恩（Penokean）造山带：位于劳伦大陆中部，也有人认为是苏必利尔陆核的增生部分；⑭ 昂加瓦（Ungava）造山带：是贯穿哈德孙（Hudson）造山带的延伸部分；⑮ 新魁北克（New Quebec）造山带：位于劳伦大陆东部，导致苏必利尔陆核和雷伊陆核的拼贴；⑯ 托恩盖特（Torngat）造山带：劳伦大陆的东部，导致雷伊陆核和内恩（Nain）陆核的拼合；⑰ 努赫舒格托吉戴安（Nugssugtoqidian）造山带：位于格陵兰中部，导致劳伦大陆北部拼合的重要造山带；⑱ 科拉-卡雷利安（Kola-Karelian）造山带：位于波罗的古陆的北部，导致太古宙科拉克拉通和南部地块的拼合；⑲ 沃尔恩（Volhyn）-中俄罗斯造山带：位于东欧地台的中部，是波罗的古陆和伏尔加-乌拉尔-萨马蒂亚联合地块的拼合线；⑳ 帕切尔马造山带：伏尔加-乌拉尔和萨马蒂亚地块的缝合线；㉑ 贯穿亚马逊（Transamazonian）造山带：南美洲中部亚马逊古陆边缘发育的一条碰撞造山带，代表亚马逊古陆和其他古陆曾沿此造山带发生碰撞拼合；㉒ 伊本尼（Eburnean）造山带：位于非洲西部，代表西非克拉通和其他古陆曾沿此造山带发生碰撞拼合。

以上提到的是一些最重要的21～18 Ga期间形成的碰撞造山带，它们代表了劳伦、华北、澳大利亚、印度、东欧等大陆的克拉通化时期，也代表哥伦比亚超级大陆形成的重要地质事件。

目前对哥伦比亚构型和存在的时限有多种认识和再造方案。古地磁是研究地质历史时期超大陆构型、形成和裂解的重要手段，借助于极移曲线拟合可以检验超大陆地质模型的正确与否。但对于前寒武纪而言，可靠的古地磁数据极其稀少（图10.18）。Zhang等（2012）尽可能多地收集到已发表的世界各大陆古地磁成果，利用通用的古地磁数据判别标准进行筛选，在此基础上，建立了不同地块和大陆的中元古代古地磁极移曲线。

从华北熊耳群（约1780 Ma）、太行岩墙群（约1770 Ma）、杨庄组（约1500 Ma）、铁岭组（约1440 Ma）、下马岭组（约1380 Ma）、燕山裂陷带约1325 Ma岩床群等有同位素年代约束的岩石单元，获得可靠的古地磁数据，指示华北克拉通在这一时期处在赤道和30°以内的低纬度地区。这一结论与这些岩石地层单元中广泛发育的红层沉积、叠层石礁、白云岩等对古气候分带敏感的古地理学和沉积学标志相符合。将华北克拉通1780～1320 Ma的极移曲线和劳伦大陆、波罗的大陆、澳大利亚古陆块群以及西伯利亚大陆建立起来的极移曲线拟合，或与这些大陆上取得的可靠磁极比较，确定华北克拉通在哥伦比亚超大陆中的位置（图10.19）。与地质推测相一致的是，华北克拉通南缘（现今方位，下同）面向开阔的大洋，长期发育一条主动大陆边缘；华北的北缘则面向大陆内部，与印度、澳大利亚古陆相连接（Zhao *et al.*，2002）。华北克拉通1400 Ma前后的古地磁记，和劳伦大陆有相似的变化特征，可能揭示超大陆快速运动或真极移事件。而其他大陆这一时期的古地磁数据较少。

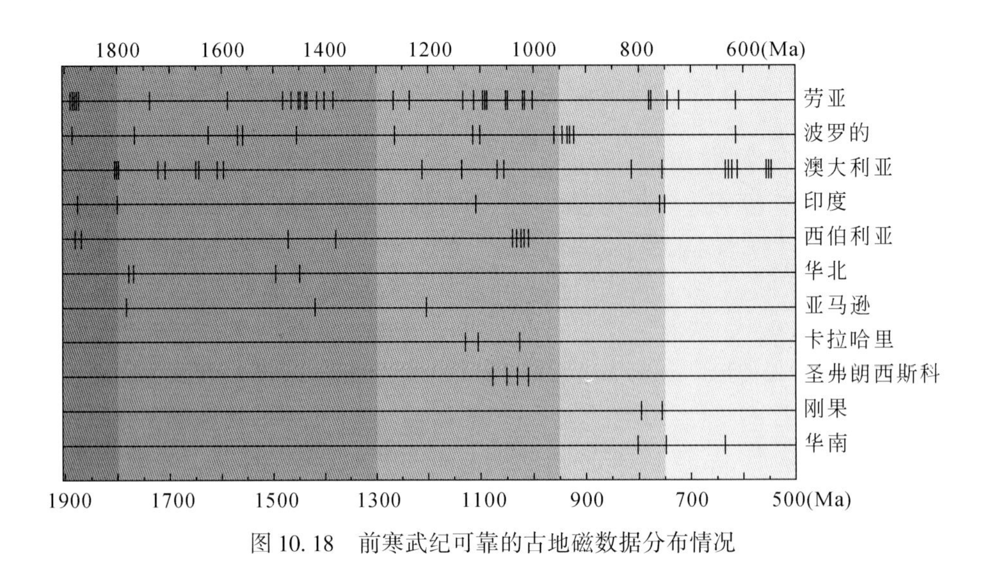

图 10.18　前寒武纪可靠的古地磁数据分布情况

在此再造方案中，采纳了多项区域性的连接关系，如亚马逊克拉通-西非克拉通-波罗的大陆连接的 SAMBA 模型（Johansson，2009）、劳伦-西伯利亚-波罗的连接的哥伦比亚核心模型（Evans and Mitchell，2011）、东南极-澳大利亚-北美连接的 Proto-SWEAT 模型（Payne *et al.*，2009）以及华北-印度连接模型（Zhao *et al.*，2002）。这些主要基于地质关系提出的古大陆再造方案，得到从古地磁学方法提供的独立证据的支持，而同样道理，其他的方案则受到古地磁独立证据的否定。

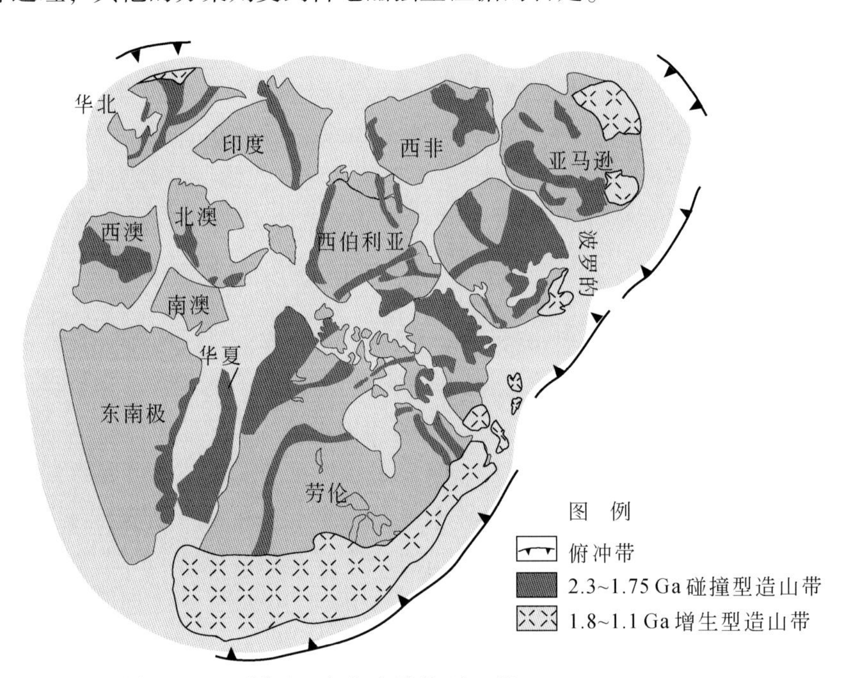

图 10.19　哥伦比亚超级大陆构型（据 Zhang *et al.*，2012）

目前的古地磁数据对比和解释表明，至少从 18 Ga 起，哥伦比亚超大陆开始大规模聚合，到 1780 Ma 时期已经具备全球性的规模。尽管随后出现大规模的基性岩浆活动（图 10.20），并发育裂谷盆地，但在 1400 Ma 之前，这些活动没有能够导致哥伦比亚大陆运动学意义上的裂解。西伯利亚、华北、印度、澳大利亚和北美北部出现具有半球规模的盆地群，为真核生物的出现和演化，提供了重要的盆地背景。但哥伦比亚超大陆复原的结果，显示这些盆地极可能发育在大陆内部，与大洋隔绝或局限连接（图 10.21）。这一古地理格局为解释中元古代时期富铁的大洋地球化学特征，提供了有意义的约束（Zhang *et al.*，2012）。1200 Ma 以后，劳伦等主要大陆的极移曲线，明显地指示了哥伦比亚的裂解特征。但由于华北地台以及世界其他许多的克拉通都缺少 12 ~ 14 Ga 的高质量的古地磁数据，目前还不能更准确的约束哥伦比亚裂解的时间。

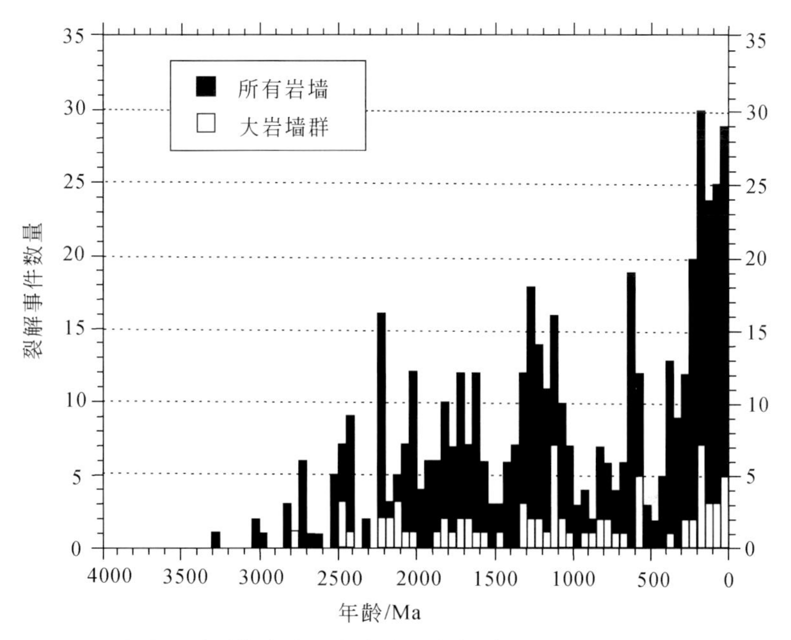

图 10. 20　全球不同时代岩墙和岩墙群的分布（据 Yale and Carpenter，1998）

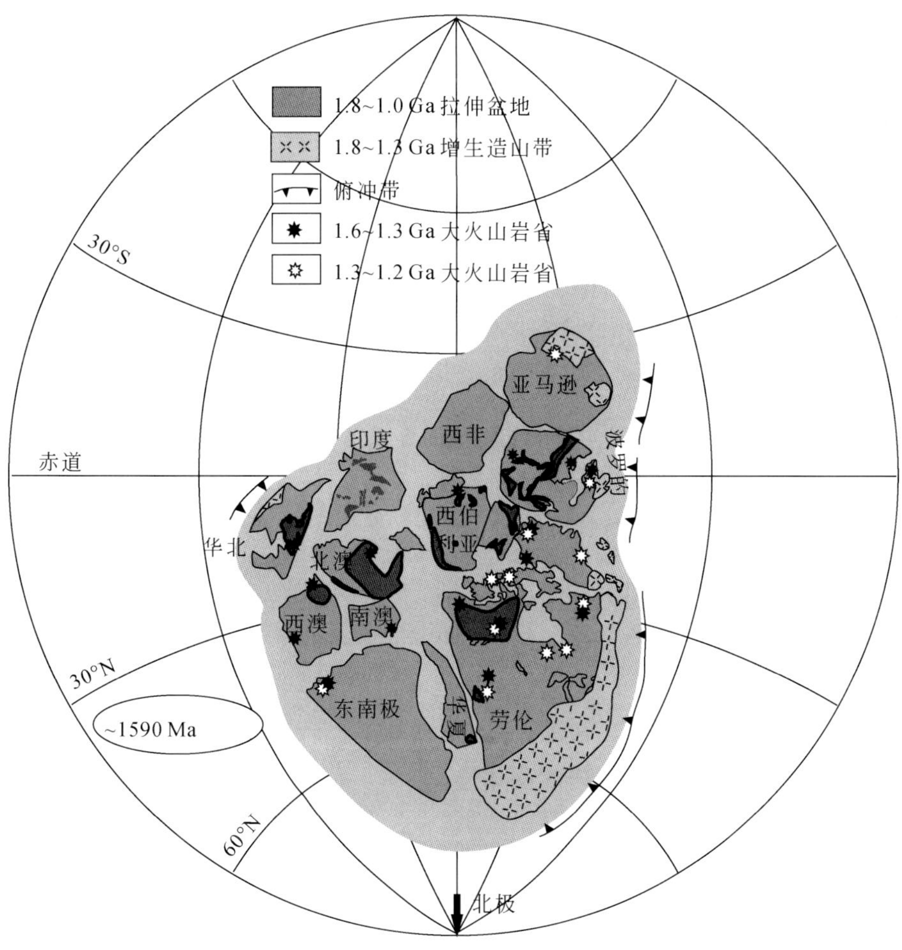

图 10. 21　中元古代时期哥伦比亚超级大陆的形状及全球盆地分布图（据 Zhang *et al.*，2012）

10.9 结 论

（1）古元古代末至中元古代早期的伸展盆地在世界主要克拉通广泛分布，不整合发育在大于18亿年的变质基地之上。多数盆地深部保存了裂谷盆地的岩浆作用、构造和沉积学特征，但缺乏典型的被动大陆边缘型盆地。

（2）全球古地磁证据表明，哥伦比亚超级大陆形成于约1800 Ma，约在1800～1350 Ma一直作为整体运动。尽管在约1600 Ma和约1450 Ma有一系列大型火山岩省或超级幔柱的活动，但没有证据表明这些深部作用导致了哥伦比亚超级大陆的全面解体。这一分析和全球约1800～1350 Ma的盆地性质相吻合。

（3）全球约1800～1350 Ma地层记录的地球化学指标贫于变化可能与超大陆长期存在、伸展盆地与大洋水体交流受到限制有关。

参考文献

关保德，耿午辰，戎治权. 1988. 河南东秦岭北坡中—上元古界. 郑州：河南科学技术出版社. 143～176

彭澎，刘富，翟明国，郭敬辉. 2011. 密云岩墙群的时代及其对长城系底界年龄的制约，科学通报，56（35）：2975～2980

张拴宏，赵越，叶浩，胡健民，吴飞，2013. 燕辽地区长城系串岭沟组及团山子组沉积时代的新制约. 岩石学报，29（7）：2481～2490

周洪瑞. 1999. 豫西地区中、新元古界层序地层研究及其区域地层对比意义. 现代地质，13（2）：221～222

Aleinikoff J N, Evans K V, Fanning C M, Obradovich J D, Ruppel E T, Zieg J A, Steinmetz J C. 1996. SHRIMP U-Pb ages of felsic igneous rocks, Belt Supergroup, western Montana. Geological Society of America, Abstracts with Programs, 28（7）

Bogdanova S V, Bingen B, Gorbatschev R, Kheraskova T N, Kozlov V I, Puchkov V N, Volozh Yu A. 2008. The East European Craton (Baltica) before and during the assembly of Rodinia. Precambrian Research, 160: 23～45

Bradley D C, 2011. Secular trends in the geologic record and the supercontinent cycle. Earth-Science Reviews, 108: 16～33

Condie K C, 2002. Breakup of a Paleoproterozoic Supercontinent. Gondwana Research, 5（1）: 41～43

Conrad J E, Hein J R, Chaudhuri A K, Patranabis-Deb S, Mukhopadhyay J, Kumar Deb G, Beukes N J. 2011. Constraints on the development of Proterozoic basins in central India from $^{40}Ar/^{39}Ar$ analysis of authigenic glauconitic minerals. GSA Bulletin, 123（1-2）: 158～167

de Vries S T, Pryer L L, Fry N. 2008. Evolution of Neoarchaean and Proterozoic basins of Australia. Precambrian Research, 166（1-4）: 39～53

Ernst R E, *et al*. 2006. Geochemical characterization of Precambrian magmatic suites of the southeastern margin of the East European Craton, Southern Urals, Russia. Geologichesky Sbornik (Geological Proceedings), 5: 119～161

Evans K V, Aleinikoff J N, Obradovich J D, Fanning C M, 2000. SHRIMP U-Pb geochronology of volcanic rocks, Belt Supergroup, Western Montana: evidence for rapid deposition of sedimentary strata. Can J Earth Sci, 37: 1287～1300

Evans D A D, Mitchell R N. 2011. Assembly and breakup of the core of Paleoproterozoic-Mesoproterozoic supercontinent Nuna. Geology 39: 443～446

Gibson G M, Rubenach M J, Neumann N L, Southgate P N, Hutton L J. 2008. Synand post-extensional tectonic activity in the Palaeoproterozoic sequences of Broken Hill and Mount Isa and its bearing on reconstructions of Rodinia. Precambrian Research, 166: 350～369

González-Álvarez I, Kerrich R. 2011. Trace element mobility in dolomitic argillites of the Mesoproterozoic Belt-Purcell Supergroup, Western North America. Geochimica et Cosmochimica Acta, 75: 1733～1756

Goodwin A M. 1996. Principles of Precambrina Geology. London: Academic Press. 1～327

Gregory L C Meert J G, Pradhan V, Pandit M K, Tamrat E, Malone S J. 2006. A paleomagnetic and geochronologic study of the Majhgawan kimberlite, India: Implications for the age of the Upper Vindhyan Supergroup. Precambrian Research, 149: 65～75

Idnurm M. 2000. Towards a high resolution Late Palaeoproterozoic-earliest Mesoproterozoic apparent polar wander path for northernAustralia. Australian Journal of Earth Sciences, 47（3）: 405～429

Johansson Å. 2009. Baltica, Amazonia and the SAMBA connection-1000 million years of neighbourhood during the Proterozoic? Precambrian Res, 175: 221～234

Khudoley A K, Rainbird R H, Stern R A, Kropachev A P, Heaman L M, Zanin A M, Podkovyrov V N, Belova V N, Sukhorukov V I. 2001. Sedimentary evolution of the Riphean-Vendian basin of southeastern Siberia. Precambrian Research, 111（1-4）: 129～163

Krasnobayev A A, 1986. Zircon as an Indicator of Geological Processes. Moscow: Nauka. 145(in Russian)

Li W X, Li X H, Li Z X, 2011. Ca. 850 Ma bimodal volcanic rocks in northeastern Jiangxi Province, south China: initial extension during the breakup of Rodinia? Am J Sci, 310: 951～980

Li Z X, Bogdanova S V, Collins A S, Davidson A, DeWaele B, Ernst R E, Fitzsimons I C W, Fuck R A, Gladkochub D P, Jacobs J, Karlstrom K E, Lu S, Natapov L M, Pease V, Pisarevsky S A, Thrane K, Vernikovsky V. 2008. Assembly, configuration, and break-up history of Rodinia: asynthesis. Pre-cambrian Res, 160: 179～210

Luepke J J, Lyons T W. 2001. Pre- Rodinian (Mesoproterozoic) supercontinental rifting along the western margin of Laurentia: geochemical evidence from the Belt-Purcell Supergroup. Precambrian Research, 111: 79～90

Malone S J, Meert J G, Banerjee D M, Pandit M K, Tamrat E, Kamenov G D, Pradhan V R, Sohl L E. 2008. Paleomagnetism and Detrital Zircon Geochronology of the Upper Vindhyan Sequence, Son Valley and Rajasthan, India: A ca. 1000 Ma Closure age for the Purana Basins? Precambrian Research, 164: 137～159

Meert J G, Stuckey W. 2002. Revisiting the paleomagnetism of the 1.476 Ga St. Francois Mountains igneous province, Missouri. Tectonics, 21: 1007

Moralev V M. 1981. Tectonics and petrogenesis of early Precambrian complexes of the Aldan Shield, Siberia. In: Kroner A (ed). Precambrian Plate Tectonics. Amsterdan. Elsevier. 237～260

Nutman A P, Chemyshev I V, Baadsgaard H. 1992. The Aldan Shield of Siberia, USSR: the age of its Archaean components and evidence for its widespread reworking in the mid-Proterozoic. Precambrian Research, 54: 1195～210

Page R W, Jackson M J, Krassay A A. 2000. Constraining sequence stratigraphy in north Australian basins: SHRIMP U-Pb zircon geochronology between Mt Isa and McArthur River. Australian Journal of Earth Sciences, 47: 431～459

Payne J L, Hand M, Barovich K M, Reid A, Evans D A D. 2009. Correlations and reconstruction models for the 2500—1500 Ma evolution of the Mawson Continent. In: Reddy S M, Mazumder R, Evans D A D, Collins A S (eds). Palaeoproterozoic Supercontinents and Global Evolution. Geological Society, London, Special Publications. 319～355

Pesonen L J, Elming S Å, Mertanen S, Pisarevsky S, D'Agrella-Filho M S, Meert J G, Schmidt P W, Abrahamsen N, Bylund G. 2003. Paleomagnetic configuration of continents during the Proterozoic. Tectonophysics, 375: 289～324

Pisarevsky S A, Natapov L M. 2003. Siberia and Rodinia. Tectonophysics, 375: 221～245

Plumb K, Ahmad M, Wygralak A S. 1990. Mid- Proterozoic basins of the North Australia Craton- regional geology and mineralisation. In: Hughes F (ed). Geology of the Mineral Deposits of Australia and Papua New Guinea, vol. 1. Australasian Institute of Mining and Metallurgy. 881～902, Monograph 14

Pratt B R. 2001. Oceanography, bathymetry and syndepositional tectonics of a Precambrian intracratonic basin: intergratiing sediments, storms, earthquakes and tsunamis in the Belt Supergroup (Helena Formation, ca. 1.45 Ga), western North America. Sedimentary Geology, (141-142): 371～394

Rasmussen B, Bose P K, Sakar S, Banerjee S, Fletcher I R, McNaughton N J. 2002. 1.6 Ga U-Pb zircon age for the Chorhat Sandstone, lower Vindhyan, India: possible implications for the early evolution of animals. Geology, 20: 103～106

Rawlings D J. 1999. Stratigraphic resolution of a multiphase intracratonic basin system: the McArthur Basin, northern Australia. Australian Journal of Earth Sciences, 46: 703～723

Ray J S, Martin M W, Veizer J, Bowring S A. 2002. U-Pb Zircon dating and Sr isotope systematic of the Vindhyan Supergroup, India. Geology, 30: 131～134

Ray J S, Veizer J, Davis W J. 2003. C, O, Sr and Pb isotope systematics of carbonate equences of the Vindhyan Supergroup, India: age, diagenesis, correlations, and implications for global events. Precambrian Research, 121: 103～140

Raza M, Khan A, Khan M S. 2009. Origin of Late Palaeoproterozoic Great Vindhyan basin of North Indian shield: Geochemical evidence from mafic volcanic rocks. Journal of Asian Earth Sciences, 34: 716～730

Rogers J J W, Santosh M. 2002. Configuration of Columbia, a Mesoproterozoic Supercontinent. Gondwana Res, 5: 5～22

Rogers J J W, Santosh M. 2003. Supercontinents in Earth history. Gondwana Research, 6 (3): 357～368

Rogers J J W, Santosh M. 2006. The Sino-Korean Craton and supercontinent history: Problems and perspectives. Gondwana Research, 9 (1-2): 21～23

Rogers J J W, Santosh M. 2009. Tectonics and surface effects of the supercontinent Columbia. Gondwana Research, 15: 373～380

Ronkin Y L, *et al*. 2006. The Boundary between the Early and Middle Riphean (S. Urals): 1350 + 10 Ma or Older? Moscow: Proceedings of the III Russian Conference on Isotope Geochronology, GEOS. 183～188 (in Russian)

Sears J W, Chamberlain K R, Buckley S N. 1998. Structural and U-Pb geochronological evidence for 1.47 Ga rifting in the Belt basin, westernMontana. Canadian Journal of Earth Sciences, 35 (4): 467～475

Semikhatov M A, *et al.* 2006. Isotopic age, Sr-and C-isotopic characteristics of the deposits of the Early Riphean key-section (the Burzyan Formation in the Southern Urals). Moscow: Proceedings of the III Russian Conference on Isotope Geochronology, GEOS. 249 ~ 254 (in Russian)

Semikhatov M A, Kuznetsov A B, Gorokhov I M, Konstantinova G V, Mel'nikov N N, Podkovyrov V N, Kutyavin E P. 2002. Low $^{87}Sr/^{86}Sr$ ratios in seawater of the Grenville and post-Grenville time: determining factors. Stratigr Geol Corr, 10 (1): 1 ~ 41 (MAIK, Russia)

Sengor A M C, Natal'in B A. 1996. Paleotectonies of Asia: fraglnents of a synthesis. In: Yin A, Harrison M (eds). The Tectonie Evolution of Asia. Cambridge: Cambridges University Press. 486 ~ 640

Seton M, Müller R D, Zahirovic S, Gaina C, Torsvik T, Shephard G, Talsma A, Gurnis M, Turner M, Maus S, Chandler M. 2012. Global continental and ocean basin reconstructions since 200 Ma. Earth-Science Reviews, 113 (3-4): 212 ~ 270

Tyler I M. 2005. Australia: Proterozoic. In: Selley R C, Cocks L R M, Plimer I R (eds). Encyclopaedia of Geology, vol. 1. Elsevier. 208 ~ 222

Winston D. 1990. Evidence for intracratonic, fluvial and lacustrine settings of Middle to Late Proterozoic basins of Western U. S. A. In: Gower C F, Rivers, R B (eds). Mid-Proterozoic Laurentia-Baltica. Geol Assoc Can, Spec Paper, 38. 535 ~ 564

Winston D. 2007. Revised stratigraphy and depositional history of the Helena and Wallace Formations, mid-Proterozoic Piegan Group, Belt Supergroup, Montana and Idaho, U. S. A. In: Link P K, Lewis R S (eds). Proterozoic Geology of Western North America and Siberia. Special Publication Society for Sedimentary Geology 86. 65 ~ 100

Wu H, Zhang S, Li Z X, Li H, Dong J. 2005. New paleomagnetic results from the Yangzhuang Formation of the Jixian System, North China, and tectonic implications. Chin Sci Bull, 50: 1483 ~ 1489

Yale L B, Carpenter S J. 1998. Large igneous provinces and giant dike swarms: proxies for supercontinent cyclicity and mantle convection. Earth and Planetary Science Letters, 163 (1): 109 ~ 122

Zhang S H, Li Z X, Evans D A D, Wu H C, Li H Y, Dong J. 2012. Pre-Rodinia supercontinent Nuna shaping up: A global synthesis with new paleomagnetic results from North China. Earth and Planetary Science Letters, 353-354: 145 ~ 155

Zhao G, Cawood P A, Wilde S A, Sun M. 2002. Review of global 2. 1—1. 8 Ga orogens: implications for a pre-Rodinia supercontinent. Earth-Sci Rev, 59: 125 ~ 162

Zhao G, Li S, Sun M, Wilde S A. 2011. Assembly, accretion, and break-up of the Palaeo-Mesoproterozoic Columbia supercontinent: record in the North China Craton revisited. International Geology Review, 53 (11-12): 1331 ~ 1356

Zhao G, Sun M, Wilde S A, Li S. 2004. A Paleo-Mesoproterozoics upercontinent: assembly, growth and breakup. Earth-Sci Rev, 67: 91 ~ 123

Zhao G C, Wilde S A, Guo J H, Cawood P A, Sun M, Li X P. 2010. Single zircon grains record two Paleoproterozoic collisional events in the North China Craton. Precambrian Research, 177 (3-4): 266 ~ 276

Zonenshain L, Kuzmin M I, Matapov L M, Page B M. 1990. Geology of the USSR: a plate-tectonic synthesis. American Geophysics Union, Geodynamics Series 24

第11章　华北元古宙的多期伸展与裂谷事件

翟明国[1]，胡　波[2]，彭　澎[1]，赵太平[3]

（1. 中国科学院地质与地球物理研究所，北京，100029；
2. 长安大学地球科学与资源学院，西安，710064；
3. 中国科学院广州地球化学研究所，广州，510640）

摘　要：经历古元古代晚期吕梁运动（或称中条运动）的变质事件之后，华北开始进入克拉通演化阶段，即从此开始了裂谷系的发育与演化。裂谷系可大致分为南、北两个地表没有完全连接的裂陷槽以及北缘、东缘各一个裂谷带。在华北的南部称为熊耳裂陷槽，熊耳群双峰式火山岩最古老的岩浆年龄约1800～1780 Ma，上覆的中—新元古代地层有汝阳群、洛峪群等。华北北部的裂陷槽称为燕辽裂陷槽，由长城系、蓟县系、待建系和青白口系组成。主要的火山岩分布在长城系的团山子组和大红峪组，锆石U-Pb年龄在1680～1620 Ma，是晚于熊耳群的火山岩；其中与长城系有关的非造山侵入岩（斜长岩-奥长环斑花岗岩-斑状花岗岩）的同位素年龄在约1700～1670 Ma。在待建系下马岭组的斑脱岩以及侵入下马岭组的基性岩床中，得到1380～1320 Ma的锆石和斜锆石U-Pb同位素年龄。在华北以及北朝鲜的中—新元古代地层中，已经识别出约900 Ma的基性岩墙。此外，对华北北缘的白云鄂博群、狼山-渣尔泰群和化德群的研究，证实在华北北缘的裂谷系与燕辽裂陷槽具有相同的层序与沉积历史；其中在渣尔泰群中识别出约820 Ma的火山岩。在东缘裂谷的沉积岩中也有1400 Ma和1300～1000 Ma的碎屑锆石。

盆地分析似乎表明，华北克拉通与相邻大陆的分离时间，对应于大红峪组—高于庄组沉积时间，结束后开始蓟县系沉积，为1600 Ma，也大致对应于哥伦比亚超大陆裂解的时间。值得注意的是，华北克拉通自古元古代末至新元古代，经历了多期裂谷事件，但是期间没有块体拼合构造事件的记录，这对于理解华北的中—晚元古代的演化历史，以及对于理解该时期全球的构造具有意义。

本章还认为，蓟县剖面由于长城系下部层位火山岩的缺失，不能构建中元古代早期约1800～1600 Ma的完整层序，熊耳地区是必要的补充剖面。如果按照中国地层委员会的划分标准，从熊耳群到青白口群，厘定了中元古代层序；如果对照国际地层的划分标准，则熊耳群（长城系）属古元古代，蓟县系—青白口系属中元古代。之上的南华系属新元古代，新元古代地层在华北的划分还有进一步工作的必要。西伯利亚的里菲系二、三段大致对应于华北的蓟县系—青白口系，四段对应于南华系，文德系的时代应对应于震旦系，它们的古元古代末至中元古代早期的沉积在西西伯利亚地区很可能都是缺失的。

关键词：华北克拉通，元古宙，伸展，多期裂谷，地质意义

11.1　引　　言

华北克拉通在约2500 Ma完成克拉通化，形成稳定的古陆。在经过约2500～2300 Ma期间约两亿年的构造静寂期后，则经历了一个裂谷过程。该过程与Condie和Krönor（2008）假设的新太古代末，超级克

拉通形成之后的第一次全球规模的裂解事件相对应。在华北表现为形成三个主要的活动带，它们是胶辽活动带、晋豫活动带和丰镇活动带，主要的地层分别是辽河群—粉子山群、滹沱群—吕梁群—中条群和二道洼群—上集宁群。它们都是双峰式火山-沉积建造，经历过中-低级变质作用（局部麻粒岩相），反映了由裂谷盆地-俯冲-碰撞的构造演化历史，可能代表了规模有限的初始板块构造。华北古元古代活动带的演化结束于1800 Ma。此后华北克拉通发生了一次区域性的整体抬升，伴随麻粒岩-高级角闪岩相的岩石抬升至中地壳水平，普遍发生角闪岩相退变质和混合岩化，紧接着是约1780 Ma的基性岩墙群，呈放射状分布于华北克拉通基底岩石中。上述地质事件的性质尚不清楚，笔者等已经假设这是与一个古元古代的地幔上隆（或地幔柱）相联系的壳-幔活动。

华北从此时起即开始了裂谷系的发育与演化。裂谷系可大致分为南、北两个在地表没有完全连接的裂陷槽以及北缘、东缘各一个裂谷带。在华北的南部称为熊耳裂陷槽，熊耳群的双峰式火山岩最古老的岩浆年龄约1800～1780 Ma，上覆的中—新元古界汝阳群、洛峪群等。华北北部的裂陷槽称为燕辽裂陷槽，由长城系、蓟县系、待建系和青白口系组成。主要的火山岩分布在长城系的团山子组和大红峪组，锆石U-Pb年龄在1680～1620 Ma，其中与长城系有关的非造山侵入岩，斜长岩-奥长环斑花岗岩-斑状花岗岩的同位素年龄在约1720～1670 Ma。最近在待建系下马岭组的斑脱岩以及侵入下马岭组的基性岩床中，得到1380～1320 Ma的锆石和斜锆石U-Pb同位素年龄，因此中国地层委员会已经提出了建立待建系的方案，即将下马岭组从原来的青白口系中分出，改称待建系，时代为1400～1000 Ma。待建系与青白口系仍以1000 Ma的芹峪隆起作为界限。在华北以及北朝鲜的中—新元古代地层中，已经识别出约900 Ma的基性岩墙。此外，对华北北缘的白云鄂博群、狼山-渣尔泰群和化德群的研究，证实在华北北缘的裂谷系与燕辽裂陷槽具有相同的层序与沉积历史。其中在渣尔泰群中识别出约820 Ma的火山岩。在东缘裂谷（含朝鲜）的沉积岩中，也有1400 Ma和1300～1000 Ma的碎屑锆石。

值得注意的是，华北克拉通自古元古代末至新元古代，经历了多期裂谷事件，但是期间没有块体拼合的构造事件记录，仅在华北克拉通的南缘边界即秦岭造山带的北缘，有约1000 Ma的格林威尔（四堡）期岩浆岩报道。另外华北克拉通的新元古代，虽有相当于南华裂谷的沉积，但是相当于扬子陆块的雪球事件以及埃迪卡拉（震旦）纪的沉积记录还需进一步确定。华北南缘的罗圈组和朝鲜平南盆地的飞狼洞组疑似冰碛岩的研究是很重要的。综合华北及其周边块体的研究，有可能推测华北克拉通在元古宙期间是比现今更大的陆块，现今保存的华北克拉通是处于陆块的中心部位。

本章将从古元古代晚期—新元古代的沉积地层对比和期间几期主要的岩浆事件入手，来讨论华北元古宙的多期裂谷事件的表现、过程以及地质意义。

11.2　华北克拉通的古元古代末—新元古代主要裂谷与沉积地层

华北克拉通古元古代末—新元古代地层的厚度巨大，出露广泛，没有经过明显的变质作用，变形作用以宽大的褶皱为主，构造简单，顶底界面清楚，地层的层序特征保留完整（赵宗溥，1993；白瑾等，1993）。一些学者认为，燕辽地区发育中国最好的、连续的中元古代地层剖面，并以此为据将其厘定为标准剖面，自下而上划分为长城系、蓟县系和青白口系，将沉积环境厘定为裂陷槽，中国的元古宙划分也将1.8 Ga作为中元古代的底界年龄（陈晋镳等，1980；邢裕盛，1989；王鸿祯、李光岑，1990）。华北克拉通南缘、北缘和东缘（包括朝鲜半岛）也有同时期的地层。翟明国和彭澎（2007）将华北的元古宙主要裂谷划分为燕辽裂谷、熊耳裂谷、北缘裂谷和东缘裂谷（图11.1）。虽然它们在裂谷的形成时代有先后，裂开的程度有差异，但它们是在成因上有联系的裂谷系，并在中元古代—新元古代又发生了多期伸展作用。

古元古代末—新元古代的地层主要有分布于华北克拉通中部和北部燕辽裂陷槽中的长城、蓟县、待建和青白口系（图11.2，左表）。南缘熊耳裂陷槽中的熊耳群及之上的汝阳群、洛峪口群、官道口群和栾川群，北缘裂谷盆地的狼山群、渣尔泰群、白云鄂博群和化德群及东缘平南（Phyongnam）裂谷盆地的相应地层（图11.3）。

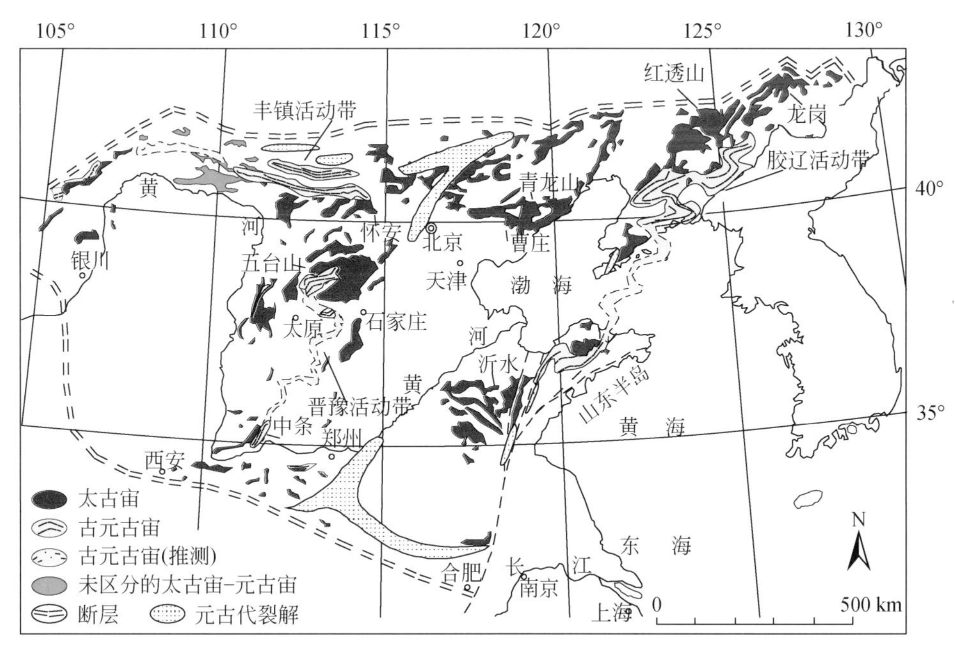

图 11.1　华北克拉通前寒武纪地质示意图

其中红色是太古宙岩石，黄色是古元古代活动带，

蓝色是太古宙-元古宙未分的岩石，灰色点状是古元古代末—新元古代裂谷系

系	组
青白口系	骆驼岭组—景儿峪组
待建系	下马岭组
蓟县系	铁岭组 洪水庄组
	雾迷山组
	杨庄组
	高于庄组
长城系	大红峪组
	团山子组
	串岭沟组 常州沟组

系	年龄	组	群
青白口系		景儿峪组	
		骆驼岭组	
	1.0 Ga		
待建系		下马岭组	
	1.4 Ga		
蓟县系		铁岭组	
		洪水庄组	
		雾迷山组	
		杨庄组	
		高于庄组	
	1.6 Ga		
长城系		大红峪组	南口群
		团山子组	长城群
		串岭沟组	
	1.8 Ga	常州沟组	

图 11.2　燕辽裂陷槽古元古代末—新元古代地层表

左据王铁冠，2012，香山会议报告；右据 Meng *et al.*，2011

11.2.1　燕辽裂陷槽

分布于华北北部燕辽裂陷槽中的长城系主要为一套碎屑岩，夹有碱性火山岩，自下而上分为四个组（图 11.3）：常州沟组不整合覆盖在新太古代迁西群之上，以河流相-海相的砾岩、含砾砂岩和砂岩为主；串岭沟组中-下部主要为页岩夹砂岩，上部主要为白云岩；团山子组以白云岩和粉砂质页岩为主；大红峪组主要由滨-浅海相的砂岩、页岩及富钾粗面岩组成，上部为燧石质白云岩。团山子组上部和大红峪组中-上部有超高钾的玄武岩和粗面玄武岩。岩石地球化学的研究指示这些火山岩是初始裂谷环境下的产物（邱家骧、廖群安，1998）。蓟县系主要为白云岩夹硅质岩，平行不整合于长城系之上，自下而上分为五个组：高于庄组；杨庄组；雾迷山组以含叠层石的白云岩为主夹硅质岩；洪水庄组主

要为一套黑色页岩，顶部为泥质白云岩；铁岭组主要由含锰白云岩、页岩及叠层石灰岩等组成（图11.3）。蓟县系中的白云岩多含有叠层石，是地层对比的标志之一。待建系下马岭组以页岩为主，平行不整合于铁岭组之上。青白口系自下而上分为两个组：骆驼岭组（长龙山组）为砂砾岩和页岩组合；景儿峪组以含泥质泥晶灰岩为主（图11.3）。中—新元古代呈现整体升降的特点，如有蓟县纪末铁岭组沉积后的芹峪上升，待建纪下马岭组沉积后的蔚县上升及青白口纪末的蓟县运动（陈晋镳等，1980）。

孟庆任等（2015）将中元古代早期的长城系划分为上、下两个地层单元，即下部的长城群（自下向上包括常州沟组、串岭沟组和团山子组）和上部的南口群（自下向上包括大红峪组；图11.2，右表）。这两个群的沉积序列都表现为由下部的碎屑岩逐渐过渡到碳酸盐岩，但长城群的沉积厚度远大于上覆的南口群。研究结果显示，华北克拉通北缘的构造-沉积过程经历了两个明显的发展阶段。长城群记录了受伸展断裂控制的裂谷盆地强烈沉降和河流-深水沉积充填过程，并伴随火山活动；南口群则记录了裂谷期后缓慢的沉降和大面积浅水碎屑岩-碳酸盐岩沉积过程。野外地质调查证实，长城群和南口群之间存在一个区域性穿时的超覆不整合面，大红峪组石英砂岩和高于庄组碎屑岩-碳酸盐岩分别向华北克拉通内部超覆沉积于不同时代的地层之上。南口群缓慢沉降和大面积浅水沉积作用代表了裂谷作用的停止，因此南口群与长城群之间的超覆不整合面的产生，应与华北克拉通和相邻大陆的完全分离有关，或者该不整合面从成因上应定义为“裂离不整合面”。

对于长城系底界的时代，早期的工作根据常州沟组和串岭沟组中页岩全岩Pb同位素年龄将其限制为1950～1800 Ma（钟富道，1977；陈毓蔚等，1981；于荣炳、张学祺，1984；李顺智等，1985；陆松年等，1989），也有根据下伏基底变质岩中变质矿物及常州沟组中脉石英砾石和铁质宇宙尘的^{40}Ar-^{39}Ar年龄，建议将长城系底界年龄划在1700 Ma（王松山，1989；李增慧、马来斌，1992；王松山等，1995）。地质矿产部中国同位素地质年表工作组（1987）采用国际地层表中造山纪（Orosirian）与固结纪（Statherian）分界年龄1800 Ma作为长城系底界年龄，并获得了地质学家广泛的认同与推崇（邢裕盛，1989；陈晋镳等，1999；王鸿祯、李光岑，1990；全国地层委员会，2001，2002；王鸿祯等，2006）。依据蓟县系顶部铁岭组中的化石及海绿石Ar-Ar测年数据1205～1010 Ma，以1000 Ma作为蓟县系与青白口系的年代分界（邢裕盛、刘桂芝，1973；杜汝霖等，1986；孙淑芬，1987；高林志、乔秀夫，1992；李明荣等，1996），相当于国际地层表中狭带纪（Stenian）的上限。根据中国地质学家长期研究的共识，全国地层委员会（2001）建议将长城、蓟县和青白口系的时限划为1.8～1.6 Ga、1.6～1.0 Ga和1.0～0.8 Ga。近年来，随着高精度同位素地质年代学工作的迅猛发展，对华北中部元古宙传统地层序列的认识和划分提出了挑战。根据常州沟组砂岩中最年轻碎屑锆石的U-Pb年龄约1.8 Ga（万渝生等，2003）、团山子组和大红峪组中富K火山岩的锆石U-Pb年龄1683～1622 Ma（陆松年、李惠民，1991；李怀坤等，1995；高林志等，2008；Lu *et al.*，2008）、侵入串岭沟组的辉绿岩墙的锆石U-Pb年龄1638 Ma（高林志等，2009）以及侵入基底太古宙片麻岩并被常州沟组不整合覆盖的花岗斑岩岩脉的锆石U-Pb年龄1673 Ma（李怀坤等，2011），提出长城系的沉积时代限定为1680～1600 Ma的意见。根据高于庄组中凝灰岩的锆石U-Pb年龄1559～1560 Ma（李怀坤等，2010）、铁岭组中钾质斑脱岩的锆石U-Pb年龄1437 Ma（苏文博等，2010）以及侵入雾迷山组的辉绿岩床中的锆石和斜锆石U-Pb年龄1345～1354 Ma（Zhang *et al.*，2009），可将蓟县系的上、下界定为1400 Ma和1600 Ma。在原划于青白口系下马岭组的钾质斑脱岩及侵入下马岭组的基性岩床中，得到1380～1320 Ma的锆石和斜锆石U-Pb同位素年龄（Gao *et al.*，2007；高林志等，2007；2008；Su *et al.*，2008；李怀坤等，2009；苏文博等，2010），从而将下马岭组的时代从早先的新元古代早期厘定为中元古代中期的延展纪（Ectasian）。据此，一些学者讨论了华北古—新元古界的重新划分方案（乔秀夫等，2007；高林志等，2009，2010a；李怀坤等，2009，2010；苏文博等，2010），建议将下马岭组从青白口系中分出，设立待建系，时代为1400～1000 Ma。待建系与青白口系仍以1000 Ma的芹峪隆起作为界限。以上新的研究得到共识的是建立待建系，其他问题依然存在争议。

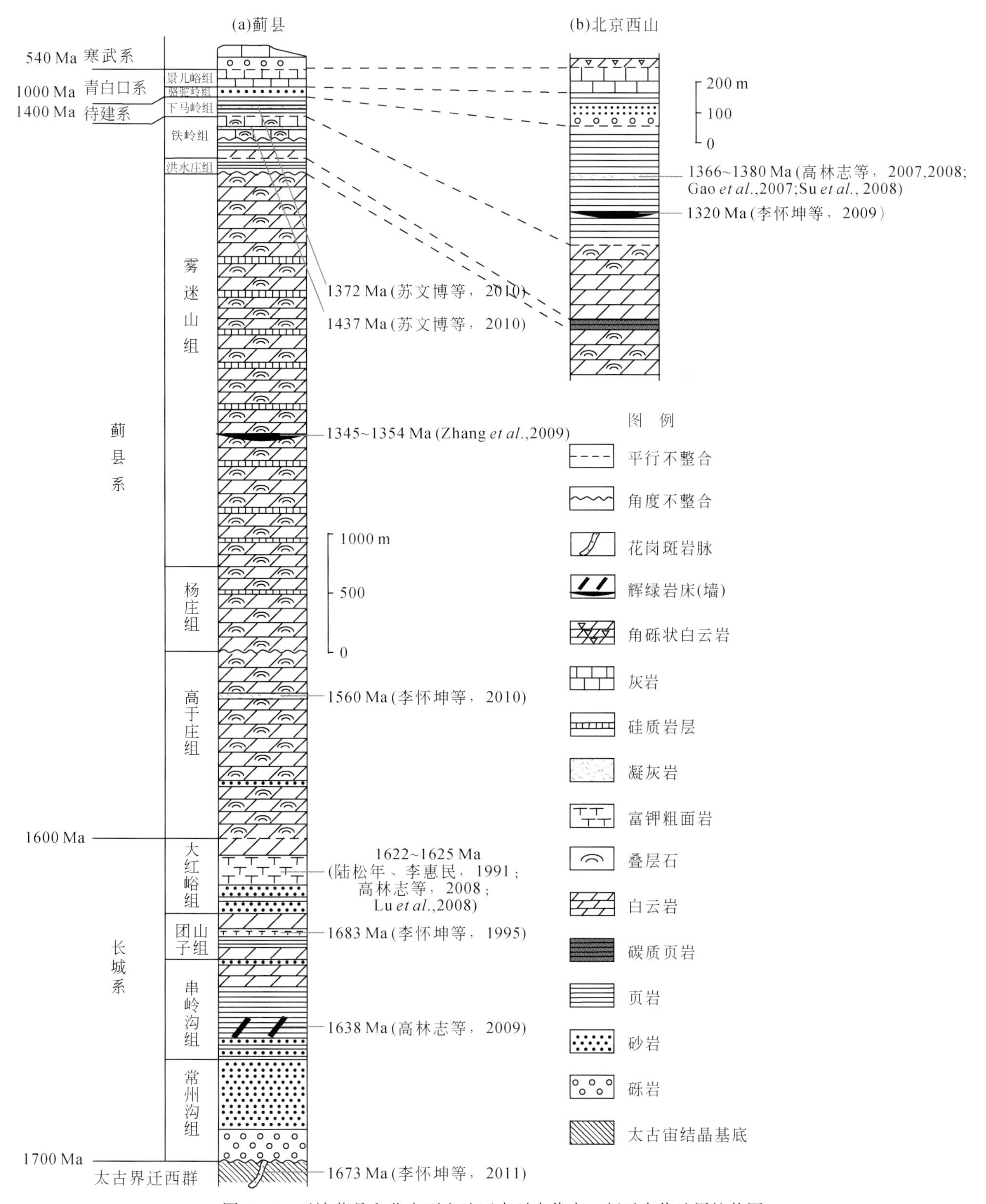

图11.3　天津蓟县和北京西山地区古元古代末—新元古代地层柱状图

（a）天津蓟县（据高林志等，2008修改）；（b）北京西山据北京市地质矿产局地质调查所测制，1994，1∶5万雁翅幅地质图

11.2.2　熊耳裂陷槽

位于华北克拉通南缘的熊耳裂陷槽横跨豫、晋、陕三省，分布着古元古代末的熊耳群及其上覆的中—新元古代地层。熊耳群在豫西王屋山和山西中条山一带又称西阳河群。熊耳群上覆的中—新元古代

地层，在三门峡-洛阳-信阳地区称为汝阳群和洛峪群；而邻近秦岭造山带北缘熊耳山地区被称为官道口群和栾川群；这些地层上覆为震旦系的黄莲垛组、董家组、罗圈组和东坡组（河南省地质矿产局，1989）。

熊耳群是一套以火山熔岩为主的火山-沉积岩系。地层自下而上分为四个组［图 11.4(a)］：大古石组呈角度不整合覆盖于下伏太古宙或古元古代基底之上，为一套河湖相砂岩和泥岩；许山组以玄武安山质和安山质熔岩为主；鸡蛋坪组以英安-流纹质熔岩为主，夹玄武安山质和安山质熔岩；马家河组以玄武安山质和安山质熔岩为主，有较多的正常沉积岩及火山碎屑岩夹层。熊耳群火山岩的锆石 U-Pb 年龄介于 1959 ~ 1445 Ma（孙大中、胡维兴，1993；赵太平等，2001，2004b；He *et al.*，2009），侵入熊耳群的深成岩和次火山岩的锆石和斜锆石 U-Pb 年龄介于 1789 ~ 1644 Ma（任富根等，2000；赵太平等，2001，2004b；崔敏利等，2010），熊耳群下伏太华群的变质时代为 1.84 Ga（赵太平等，2005），因而熊耳群的沉积时代可限制为 1800 ~ 1780 Ma，早于长城系。对于熊耳群的成因和构造背景有安第斯型大陆边缘（贾承造等，1988；胡受奚等，1988；He *et al.*，2009，2010；Zhao A. C. *et al.*，2009）和大陆裂谷环境两种观点（孙枢等，1985；Zhai *et al*，2000；赵太平等，2002，2005，2007；Peng *et al.*，2007，2008；Cui *et al.*，2011）。

分布于三门峡-洛阳-信阳地区的汝阳群和洛峪群以碎屑沉积岩为主，有少量白云岩。汝阳群呈角度不整合覆盖于熊耳群（西阳河群）之上，自下而上包括四个组［图 11.4(a)］：小沟背组主要为一套砾岩和含砾粗砂岩；云梦山组角度不整合在小沟背组之上，以条带状石英砂岩为主，下部夹火山岩；白草坪组以石英砂岩和页岩为主；北大尖组主要由石英砂岩和含叠层石白云岩组成。洛峪群整合覆盖于汝阳群之上，自下而上包括三个组［图 11.4(a)］：崔庄组以杂色页岩为主体，底部为石英砂岩；三教堂组为一套石英砂岩；洛峪口组主要由页岩和含叠层石白云岩组成。在中条山地区洛峪组被寒武系砾岩不整合覆盖，在鲁山地区被震旦系平行不整合覆盖［图 11.4(a)、(b)］。

分布于熊耳山地区的官道口群呈角度不整合覆盖于熊耳群之上，并被栾川群整合覆盖，自下而上包括五个组［图 11.4(d)］：高山河组以黏土岩和石英砂岩为主；龙家园组和巡检司组以燧石条带白云岩及厚层白云岩为主；杜关组主要由含砂砾页岩和白云岩组成；冯家湾组主要为泥质白云岩夹白云质板岩。栾川群自下而上包括四个组［图 11.4(d)］：白术沟组主要由碳质千枚岩和石英岩组成；三川组主要由变质中细粒砂岩、黑云大理岩、绢云大理岩和钙质片岩等组成；南泥湖组主要由石英岩、二云片岩和黑云母大理岩组成；煤窑沟组主体为白云岩和含叠层石大理岩，下部为变质细砂岩与云母片岩、大理岩互层。

赵澄林等（1997）、赵太平等（2005）和李钦仲等（1985）通过地层对比，推测汝阳群和官道口群高山河组与长城系层位相当。Zhu 等（2011）报道，高山河组的碎屑锆石最小年龄峰值约 1.85 Ga，限定了官道口群的最大沉积年龄。根据叠层石种类的对比，河南省地质矿产局（1989）认为，高山河组、龙园组和巡检司组及杜关组、冯家湾组，可分别与燕辽裂陷槽的团山子组、杨庄组、雾迷山组和铁岭组对比；白术沟组和煤窑沟组可与蓟县系上部及青白口系对比。根据地层中微古植物化石的对比，尹崇玉和高林志（1995，1997，1999，2000）、阎玉忠和朱士兴（1992）、Xiao 等（1997）、Yin（1997）、Yin 和 Guan（1999）、高林志等（2002）均将汝阳群和洛峪群划归新元古代。早期的一些同位素定年数据显示，北大尖组、崔庄组和三教堂组海绿石 K-Ar 年龄介于 1256 ~ 1013 Ma（马国干等，1980；关保德等，1988）；高山河组和白术沟组板岩 Rb-Sr 等时线年龄分别为 1394 Ma 和 902 Ma，侵入冯家湾组的花岗岩体锆石 U-Pb 同位素年龄为 999 Ma，侵入煤窑沟组的橄榄辉长岩全岩 K-Ar 年龄为 743 Ma（河南省地质矿产局，1989）。这些数据限制了地层的最小年龄应不小于约 1.3 Ga。最近苏文博等（2012）运用 LA-MC-ICP-MS（激光剥蚀-多接受器-感应耦合等离子体质谱）方法，对河南汝州阳坡村附近洛峪口组中部层凝灰岩夹层，开展锆石 U-Pb 同位素年代学研究，获得 1611±8 Ma 的高精度年龄。这一年龄第一次精确标定了该地区洛峪口组的形成时限，并显示该组顶界应接近 1600 Ma。由于洛峪口组位于华北克拉通南缘，原划归“新元古界青白口系”洛峪群的最顶部，洛峪群又覆于“中元古界蓟县系”汝阳群之上，因此，这一新的年代学进展，实际上同时也将洛峪群和汝阳群都下压到了中元古界长城系，并将洛峪群顶界限定为该地区长城系与蓟县系分界。结合区域资料，特别是近年来对下伏于汝阳群的熊耳群火山岩年代学标定，多集中于 1750 ~ 1780 Ma，可初步将该地区汝阳群—洛峪群的形成年代限定为 1750 ~ 1600 Ma，对应于国际固结纪

（Statherian，1800 ~ 1600 Ma），即中国长城纪中晚期。

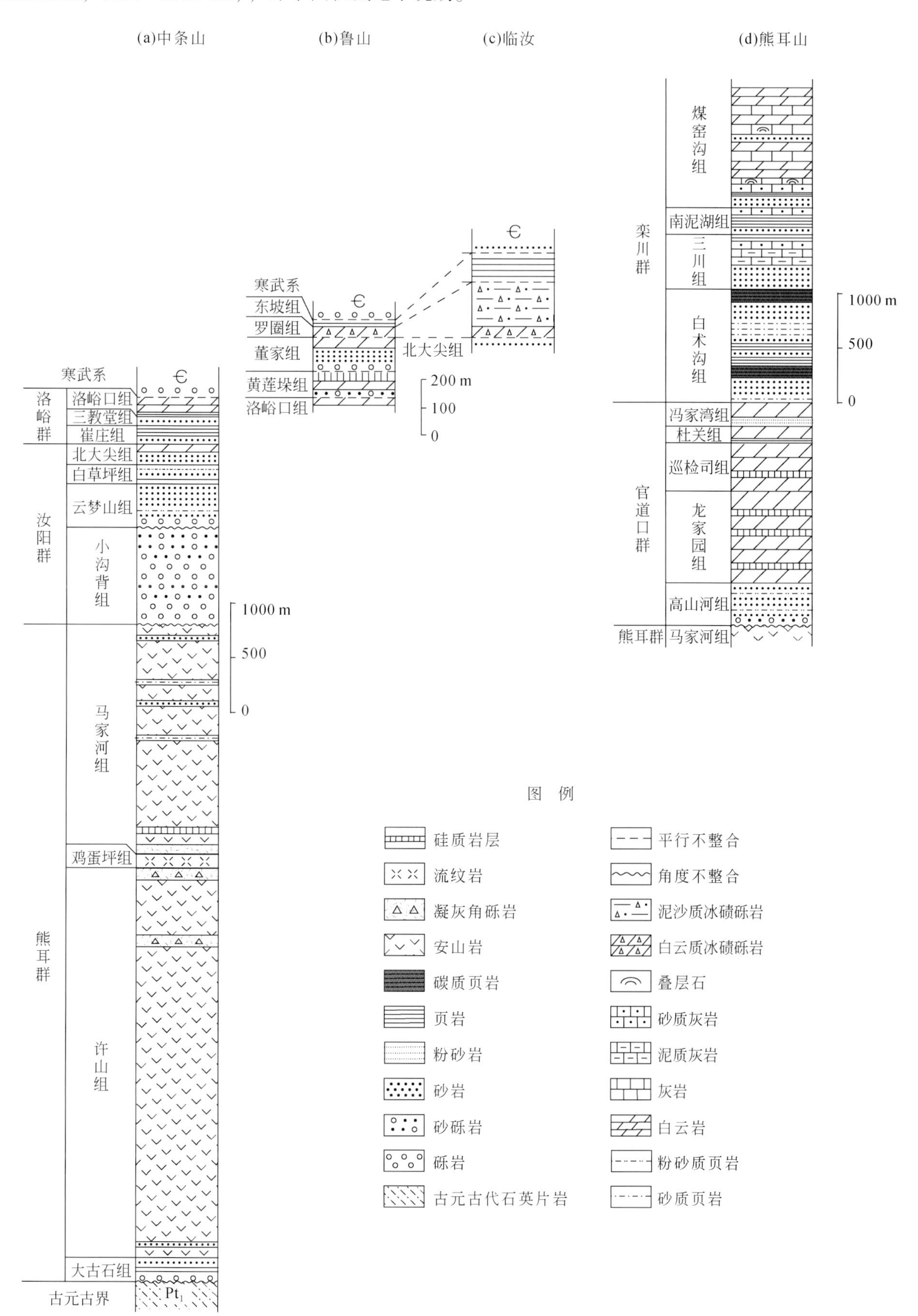

图 11.4　晋陕豫地区古元古代末—新元古代地层柱状图

（a）中条山据赵太平等，2005；（b）鲁山地区据河南省地质矿产局，1989；（c）临汝地区据河南省地质矿产局，1989；（d）熊耳山地区据河南省地质矿产局，1989

震旦系地层不整合于洛峪群、汝阳群及官道口群之上，自下而上包括四个组［图 11.4(b)、(c)］：黄莲垛组主要由含燧石结核白云岩和燧石岩组成；董家组主要由长石石英砂岩和泥质白云岩组成；罗圈组为一套冰碛岩和冰成杂砾岩；东坡组主要由页岩和粉砂岩组成。罗圈组冰碛岩和冰成杂砾岩可与华南的震旦系冰碛岩对比。董家组和罗圈组中的微古植物化石多见于华南南沱组及灯影组中（河南省地质矿产局，1989）。董家组和罗圈组中的页岩 Rb-Sr 和海绿石 K-Ar 及 Rb-Sr 年龄均介于 674 ~ 503 Ma（河南省地质矿产局，1989）。因此，河南省地质矿产局（1989）将黄莲垛组、董家组、罗圈组和东坡组归于震旦系。

11.2.3　华北北缘沉积盆地

华北北缘沉积盆地包括分布于狼山-内蒙古固阳地区的渣尔泰群、分布于内蒙古白云鄂博-四子王旗-商都一带的白云鄂博群和分布于内蒙古化德-河北康保一带的化德群。白云鄂博群在渣尔泰群以北，呈近 EN 向断续分布，在商都一带与化德群相连。狼山-渣尔泰群和白云鄂博群之间为太古宙变质岩系分隔。

渣尔泰群不整合于晚太古代固阳绿岩带之上，自下而上由四个组组成［图 11.5(a)］：书记沟组主要由变质砾岩、长石石英砂岩和石英岩组成；增隆昌组主要由白云质板岩、含叠层石结晶灰岩和白云岩组成；阿古鲁沟组以碳质板岩为主；刘洪湾组以石英岩为主。书记沟组上部有以碱性玄武岩为主的火山岩（王楫等，1992）。渣尔泰群书记沟组基性火山岩的锆石 U-Pb 年龄 1743 Ma 代表渣尔泰盆地开始裂陷的时间（Li *et al.*，2007a）。在狼山地区的渣尔泰群有少量双峰式火山岩，具有大陆裂谷的地球化学特征（王楫等，1992；彭润民、翟裕生，1997；彭润民等，2004，2007），其中钾质细碧岩 Sm-Nd 等时线年龄为 1824 Ma（彭润民，1998）。彭润民等（2010）对狼山西南段渣尔泰群识别出 817 ~ 805 Ma 的具大陆裂谷性质的酸性火山岩，确定华北北缘盆地新元古代地层的存在。

白云鄂博群的岩石组合以碎屑岩类和黏土岩类占绝对优势。自下而上可分为七个组［图 11.5(b)、(c)］：底部的都拉哈拉组角度不整合于晚太古代变质岩之上，主要由石英岩、砾岩和含砾长石石英砂岩等粗碎屑岩组成；中部尖山组、哈拉霍疙特组和比鲁特组，以泥质岩和浊积岩为主体；上部白音宝拉格组和呼吉尔图组以碎屑岩为主；顶部阿牙登组以结晶灰岩为主，夹粉砂质板岩。白云鄂博群下伏最年轻的基底岩石锆石 U-Pb 年龄约为 1.9 Ga，限制了白云鄂博群最老的沉积年龄（王凯怡等，2001；杨奎锋，2008）。白云鄂博群下部层位中玄武岩的锆石 U-Pb 年龄 1.73 Ga（Lu *et al.*，2002），可能代表白云鄂博群开始沉积的时间；侵入都拉哈拉组的火成碳酸岩脉的锆石 U-Pb 年龄 1.42 Ga（范宏瑞等，2006），限制了都拉哈拉组-比鲁特组的沉积时代不晚于 1.42 Ga。根据这些同位素年龄资料，白云鄂博群下部四个组的沉积时代可限制为 1.73 ~ 1.42 Ga，与长城系-蓟县系沉积时间一致。

化德群为一套浅变质或未变质的沉积岩系，主要由碎屑岩、钙硅酸盐岩和灰岩等组成，目前尚未发现火山岩夹层。部分岩石经历了低级变质作用。化德群下部四个组在化德县南连续出露［图 11.5(d)］，主要为碎屑岩组合：毛忽庆组为厚层的变质含砾长石砂岩夹变石英砂岩；头道沟组中下部以变质石英砂岩和碳质板岩为主，上部为钙硅酸盐岩；朝阳河组以石英片岩为主；北流图组主要为变质石英砂岩。上部两个组主要在康保县连续出露［图 11.5(e)］：戈家营组主要为大理岩和钙硅酸盐岩组合；三夏天组是一套变质碎屑岩组合。化德群与商都地区的白云鄂博群可对比。

化德群的沉积早期的时代有元古宙和早古生代之争。依据区域地层对比，早期的区域地质调查将化德群的时代定为元古宙（河北省地质矿产局，1989）。曾有文献报道，在化德群地层中发现寒武到奥陶纪的化石（陈从云，1993；谭励可、石铁铮，2000），但是对这些化石资料尚存争议（陈孟莪，1993；李勤、张江满，1993；张允平，1994）。对侵入化德群的花岗岩锆石 U-Pb 定年研究，支持化德群的时代为古元古代（郑建民等，2004；李承东等，2005）。化德群下部最年轻的碎屑锆石年龄 1.80 Ga，限制其下部四个组的沉积时代不早于 1.80 Ga（胡波等，2009）；化德县南侵入头道沟组-北流图组的花岗岩体锆石 U-Pb 年龄 1331 ~ 1313 Ma，限制化德群下部四个组的沉积时代不晚于 1330 Ma（Zhang *et al.*，2012b）。康保西北化德群上部三夏天组最年轻的碎屑锆石年龄 1.46 Ga 限制化德群上部的沉积时代不早于 1.46 Ga（胡波等，2009）。因此可将化德群的沉积时代限制为 1.8 ~ 1.3 Ga，与长城-蓟县系时代基本一致，上部两个组的沉积时代可能略晚于下部四个组，为 1.46 ~ 1.3 Ga，与蓟县系上部的沉积时代相当。

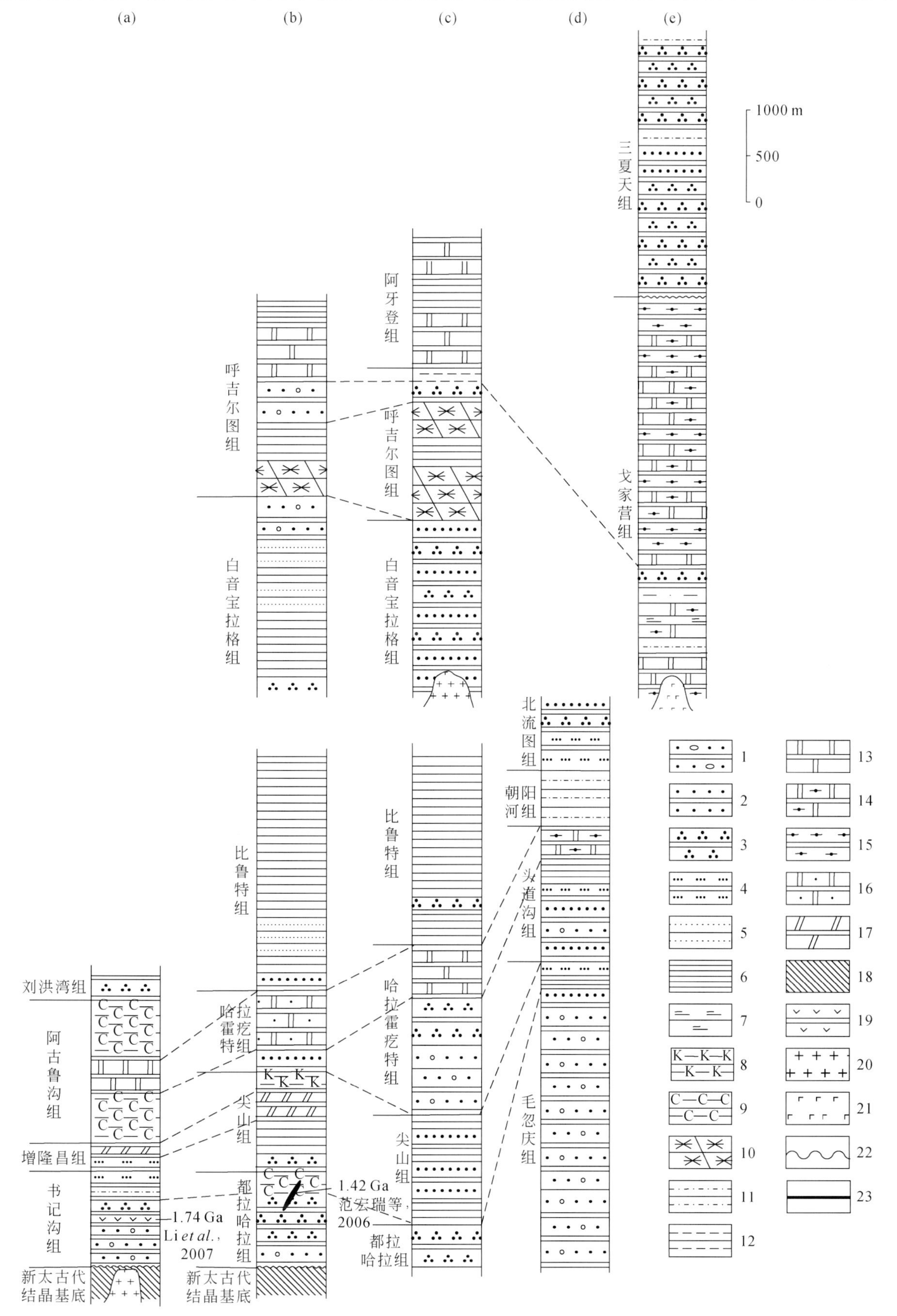

图 11.5　渣尔泰群、白云鄂博群和化德群地层柱状图

(a) 渣尔泰群；(b) 白云鄂博群（据王楫等，1989）；(c) 商都地区白云鄂博群；(d) 化德县南部化德群下部；(e) 康保地区化德群上部。1. 变质含砾砂岩；2. 变质砂岩；3. 石英岩；4. 变质细砂岩；5. 变质粉砂岩；6. 板岩；7. 千枚岩；8. 富钾板岩；9. 碳质板岩；10. 阳起石角岩；11. 石英片岩；12. 云母片岩；13. 大理岩（结晶灰岩）；14. 透辉（透闪）大理岩、石英大理岩；15. 方柱透辉岩、方解透辉（透闪）岩；16. 粉砂质结晶灰岩；17. 白云岩；18. 新太古代结晶基底；19. 变质安山岩；20. 花岗岩；21. 辉长岩；22. 不整合；23. 断裂接触

11.2.4　华北东缘中元古代末—新元古代坳陷盆地

华北东缘中元古代末—新元古代坳陷盆地（白瑾等，1993）包括朝鲜狼林地块（Nangrim）平南盆地、辽南的复州-大连盆地、山东半岛的蓬莱群和土门群以及徐淮盆地。狼林地块平南盆地由新元古代—三叠纪的地层组成，不整合沉积在太古宙和古元古代早期的基底之上。元古宙的沉积岩包括祥原系（Sangwon）和狗岘系（Kuhyon），是一套绿片岩相的变质沉积岩系。祥原系自下而上包括直岘统（Jikhyon）、司堂峪统（Sadangu）、墨川统（Mukchon）和灭恶山统（Myoraksan；图 11.6；Paek *et al.*，1993）。直岘统主要由砾岩、石英砂岩、片岩和千枚岩组成；司堂峪统主要由含叠层石的灰岩和白云岩组成；墨川统主要由石英砂岩、千枚岩和泥质灰岩组成；灭恶山统由下部的灰岩、白云岩以及上部的粉砂质千枚岩组成。狗岘系呈角度不整合覆盖在祥原系之上，包括下部的飞狼洞统（Pirangdong）和上部的绫里统（Rungri）。飞狼洞统主要由砾岩、片岩、白云岩、含砾灰岩和千枚岩组成。绫里统主要由含砾千枚岩、千枚岩和少量粉砂岩组成（图 11.6）。Paek 等（1993）认为，司堂峪统白云岩的叠层石与华北蓟县系的叠层石相似，狗岘系中的钙质砾岩与华南的南华系的冰碛岩相似，因而建议祥原系的直岘统和司堂峪统的时代应为中元古代，墨川统和灭恶山统归新元古代，而狗岘系与南华系同时代。据我们最近的研究，祥原系长寿山组（Jangsusan）石英砂岩中最年轻碎屑锆石的平均年龄 984 Ma，限制祥原系的沉积时代不早于 980 Ma（Hu *et al.*，2012），并且祥原系被 899 Ma 的镁铁质岩床侵入（Peng *et al.*，2011a），因此祥原系的沉积时代应该为 1000～900 Ma，属于华北地层表中的青白口系。而 899 Ma 的镁铁质岩床被狗岘系覆盖（Ryu *et al.*，1990；Paek *et al.*，1993），并且与该镁铁质岩床在约 400 Ma 时共同遭受了绿片岩相变质作用（Peng *et al.*，2011b）。

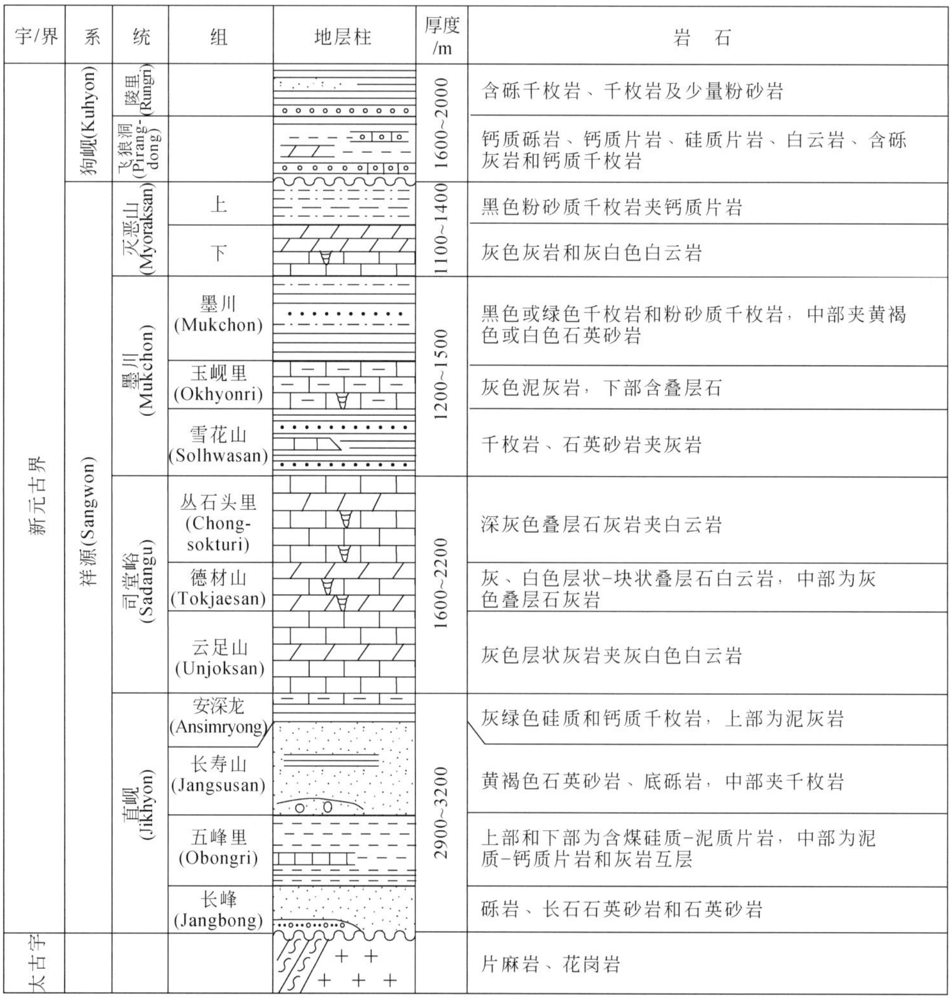

宇/界	系	统	组	地层柱	厚度/m	岩石
新元古界	狗岘(Kuhyon)	陵里(Rungri)			1600~2000	含砾千枚岩、千枚岩及少量粉砂岩
		飞狼洞(Pirang-dong)				钙质砾岩、钙质片岩、硅质片岩、白云岩、含砾灰岩和钙质千枚岩
	祥源(Sangwon)	灭恶山(Myoraksan)	上		1100~1400	黑色粉砂质千枚岩夹钙质片岩
			下			灰色灰岩和灰白色白云岩
		墨川(Mukchon)	墨川(Mukchon)		1200~1500	黑色或绿色千枚岩和粉砂质千枚岩，中部夹黄褐色或白色石英砂岩
			玉岘里(Okhyonri)			灰色泥灰岩，下部含叠层石
			雪花山(Solhwasan)			千枚岩、石英砂岩夹灰岩
		司堂峪(Sadangu)	丛石头里(Chong-sokturi)		1600~2200	深灰色叠层石灰岩夹白云岩
			德材山(Tokjaesan)			灰、白色层状-块状叠层石白云岩，中部为灰色叠层石灰岩
			云足山(Unjoksan)			灰色层状灰岩夹灰白色白云岩
		直岘(Jikhyon)	安深龙(Ansimryong)		2900~3200	灰绿色硅质和钙质千枚岩，上部为泥灰岩
			长寿山(Jangsusan)			黄褐色石英砂岩、底砾岩，中部夹千枚岩
			五峰里(Obongri)			上部和下部为含煤硅质-泥质片岩，中部为泥质-钙质片岩和灰岩互层
			长峰(Jangbong)			砾岩、长石石英砂岩和石英砂岩
太古宇						片麻岩、花岗岩

图 11.6　北朝鲜平南盆地新元古代地层综合柱状图（据 Paek *et al.*，1993，修改）

复州-大连盆地的新元古代地层，主要包括榆树砬子群、永宁组、细河群、五行山群和金县群。复州地区的榆树砬子群平行不整合覆盖在古元古代辽河群之上，为一套低绿片岩相变质的碎屑岩沉积；永宁组平行不整合于榆树砬子群之上，主要为中厚层长石石英砂岩和长石砂岩。细河群平行不整合于永宁组之上，自下而上包括三个组：钓鱼台组以中细粒石英砂岩为主；南芬组主要由泥晶灰岩和粉砂质页岩组成；桥头组主要为中厚层石英砂岩夹粉砂质页岩。五行山群自下而上包括三个组：长岭子组主要由页岩和粉砂岩组成；南关岭组主要为一套碎屑灰岩；甘井子组以中厚层灰质白云岩为主，夹叠层石白云岩［图 11.7(a)］。大连地区的金县群与五行山群为整合接触，主要包括六个组：营城子组和十三里台组主要为中厚层泥晶灰岩；马家屯组以薄层泥晶灰岩和钙质页岩为主；崔家屯组主要由粉砂质页岩和叠层石灰岩组成；兴民村组主要由粉砂岩、页岩和泥晶灰岩组成；大林子组主要由石英砂岩和薄层泥晶灰岩组成［图 11.7(b)］。辽宁省地质矿产局（1989）将榆树砬子群置于古元古代，将永宁组、细河群的钓鱼台组和南芬组置于青白口系，而降细河群的桥头组、五行山群和金县群划为震旦系。近年发表的榆树砬子群和细河群钓鱼台组最年轻的碎屑锆石年龄约 1.1 Ga（Luo *et al.*，2006；高林志等，2010b），限制了二者的最大沉积时代。Peng 等（2011b）、Yang 等（2004）对未发表的数据进行讨论后认为，复州-大连盆地中，基性岩床与朝鲜的沙里燕岩床（Sariwon）和徐淮地区的储栏岩床都是约 900 Ma 侵入的基性岩床。据此复州-大连盆地的沉积时代可被限制为中元古代末—新元古代。

蓬莱群分布于山东栖霞-蓬莱一带，为一套浅变质岩系，自下而上分为四个组［图 11.7(c)］：豹山口组呈角度不整合于古元古代粉子山群变质沉积岩系之上，以板岩和千枚岩为主；辅子夼组以石英岩为主夹硅质板岩；南庄组以板岩为主夹泥灰岩；香夼组主要为中厚层泥灰岩和灰岩。豹山口组千枚状板岩的全岩 Rb-Sr 等时线年龄为 446 Ma 和 500 Ma（朱光等，1994）；香夼组灰岩的全岩 Pb-Pb 等时线年龄为 1164 Ma（张文起，1995）。Li X. H. 等（2007）报道蓬莱群最年轻的碎屑锆石年龄峰值为约 1.2 Ga，由于缺失新元古代碎屑锆石，他们推测蓬莱群的沉积时代为中元古代末到新元古代（1.1 ~ 0.8 Ga）。

土门群分布于山东沂沭断裂带及其西侧地区，与下伏新太古代泰山杂岩呈角度不整合接触。土门群从老到新被分为五个组［图 11.7(e)］：最下部的黑山官组主要由石英砂岩和页岩组成；二青山组与黑山官组呈平行不整合接触，主要由石英砂岩、灰岩和钙质页岩组成；佟家庄组与二青山组呈平行不整合接触，主要为石英砂岩、藻灰岩、页岩夹泥灰岩；浮来山组以细-粉砂岩为主，夹页岩和泥灰岩；石旺庄组以灰岩和白云岩为主，夹页岩。山东省第四地质矿产勘查院（2003）根据土门群中的古生物组合以及地层对比研究，将黑山官组和二青山组划归青白口系，佟家庄组和浮来山组划归南华系，石旺庄组划归震旦系。土门群中海绿石的 K-Ar 等时线年龄在 447 ~ 751 Ma，伊利石的 Rb-Sr 等时线年龄为 578 ~ 807 Ma，叠层石灰岩的全岩 Rb-Sr 等时线年龄为 910 Ma（周建波、胡克，1998；山东省第四地质矿产勘查院，2003）。土门群中最年轻碎屑锆石的平均年龄为 1.1 Ga（Hu *et al.*，2012），这些年龄数据限制了土门群的沉积时代基本上为中元古代末—新元古代。

徐淮中—新元古代地层主要出露于山东枣庄东-江苏徐州-安徽淮北一带。徐州 1∶20 万区域地质调查①将这套地层自下而上分为十三个组［图 11.7(d)］：兰陵组、新兴组和岠山组主要由砾岩、石英砂岩、细砂岩、粉砂岩和页岩等碎屑岩组成；贾园组、赵圩组、倪园组、九顶山组、张渠组和魏集组主要由砂质泥灰岩、灰岩和白云岩等碳酸盐岩组成；史家组以页岩、粉砂岩和海绿石砂岩为主；望山组以灰岩和泥灰岩为主；金山寨组和沟后组主要由页岩和白云岩组成。基于古生物、地层对比和少量同位素测年资料，研究者们对徐淮盆地的沉积时代和地层划分有不同认识：一种看法认为，地层上下层序正常，沉积时代从青白口纪到震旦纪，可与辽南、山东、淮南地区同时代地层对比，部分可与峡东地区震旦系对比（姚仲伯、张世恩，1983；朱士兴等，1994；牛绍武，1996；邢裕盛等，1996；曹瑞骥，2000；薛耀松等，2001；武铁山，2002）；另一种看法认为，出露于不同地区的不同层位地层，时代上有重叠衔接，经拆分后归诸于蓟县系—震旦系，可与燕山、辽南、山东、淮南地区及峡东震旦系同时代地层对比（张丕孚，1985，1993，2001；乔秀夫等，1996）。一些海绿石 K-Ar 同位素测年数据集中在 738 ~ 647 Ma（姚仲伯、张世恩，1983；张丕孚，1985）。杨杰东等（2001）、郑文武等（2004）、刘燕学等（2005，2006）将

① 江苏省地质局区测队，1977，1∶20 万徐州幅地质图。

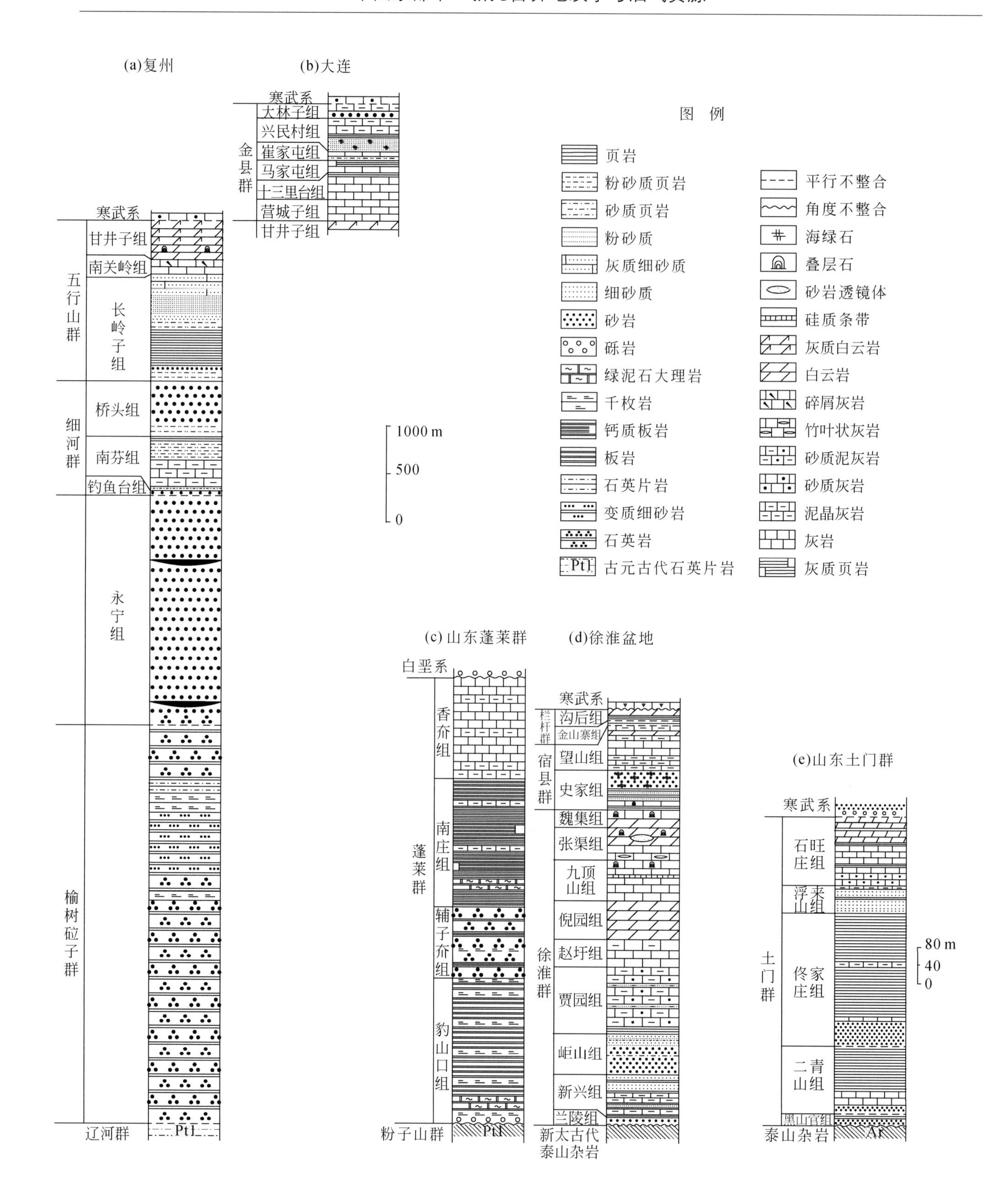

图 11.7　华北东缘中元古代末—新元古代坳陷盆地地层柱状图

(a) 复州地区据辽宁省地质矿产局，1989，修编；(b) 大连地区据辽宁省地质矿产局，1989，修编；(c) 山东蓬莱群据山东省第四地质矿产勘查院，2003，修编；(d) 徐淮盆地；(e) 山东土门群地据山东省第四地质矿产勘查院，2003，修编

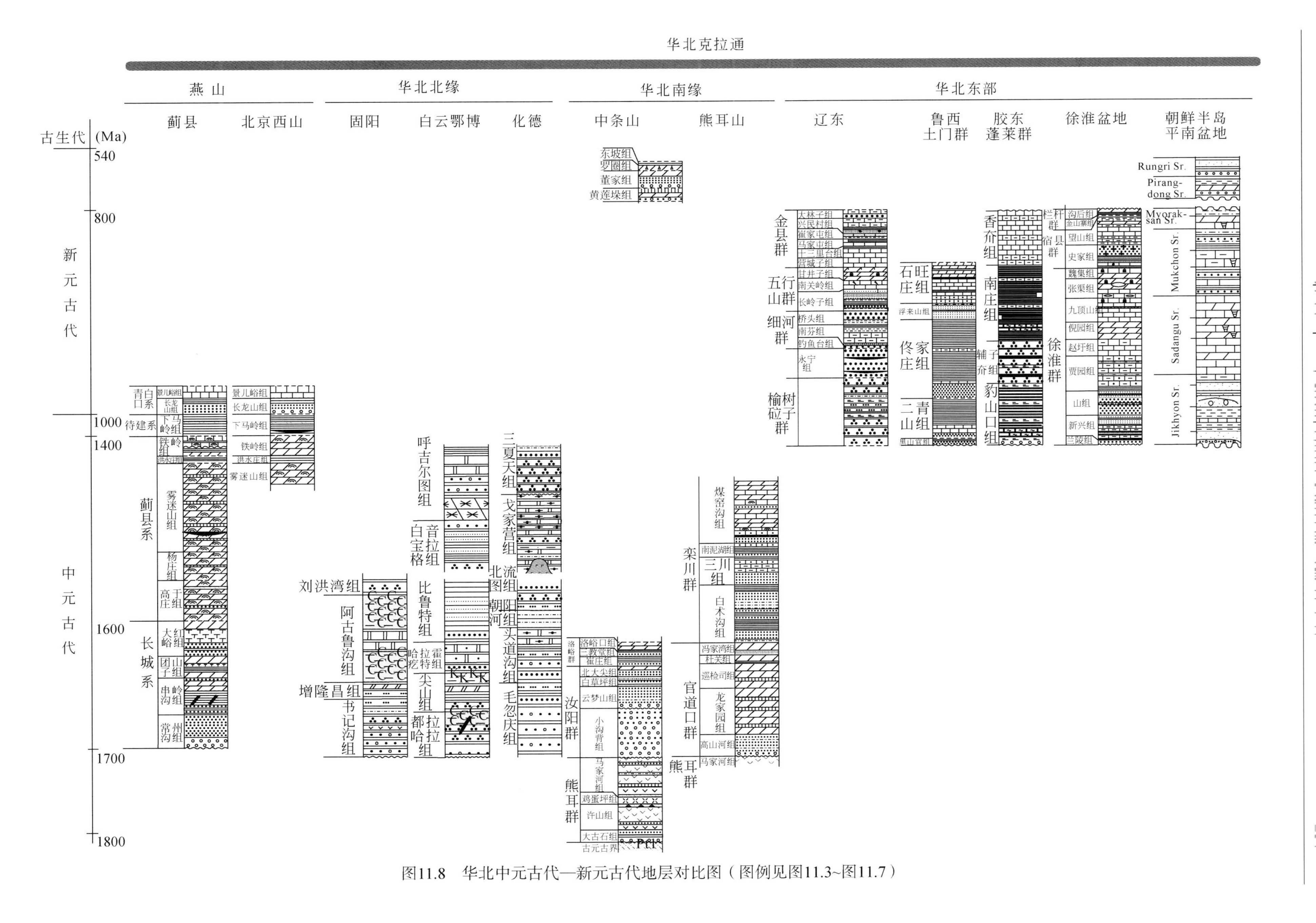

图11.8　华北中元古代—新元古代地层对比图（图例见图11.3~图11.7）

徐淮盆地沉积岩的 Sr、C 同位素，与全球新元古代海水 Sr、C 同位素组成演变曲线相对比，认为徐淮盆地的地层与淮南群和辽南的细河群、五行山群及金县群是跨越北方青白口系与南方震旦系之间的一段连续地层，沉积时限从 900～700 Ma，形成于南沱冰期或斯图特冰期（Sturtian）之前。Liu Y. Q. 等（2006）报道侵入赵圩组、倪园组及史家组的辉绿岩床锆石 SIMS（二次离子质谱）$^{207}Pb/^{206}Pb$ 年龄为 1038 Ma 和 976 Ma，但 Peng 等（2011b）认为该岩床的锆石$^{207}Pb/^{206}Pb$ 年龄比较分散，而锆石的$^{206}Pb/^{238}U$ 平均年龄 918±8 Ma 应该代表该岩床的结晶年龄。结合土门群碎屑锆石的年龄（Hu *et al.*，2012），可将徐淮盆地的地层时代限制为中元古代末—新元古代。

根据上述华北克拉通古元古代末—新元古代各沉积盆地地层岩石组合、沉积序列和沉积时代的对比，列出地层对比图（图 11.8），以燕辽裂陷槽的长城系、蓟县系、待建系和青白口系为对比标准。华北南缘的熊耳群是最开始沉积的，火山活动发生早于长城系。汝阳群和洛峪群、官道口群和栾川群，北缘的渣尔泰群、白云鄂博群和化德群与长城系和蓟县系基本上属同时沉积。华北克拉通东缘朝鲜境内平南盆地祥原系、辽南的榆树砬子群、细河群、五行山群和金县群、山东的蓬莱群、土门群及徐淮盆地是与青白口系大体同时代的地层。华北南缘的震旦系和平南盆地的狗岘系是与华南的南华系—震旦系基本上同时代的。

以上地层和西伯利亚对比，显然要更古老（图 11.9）。里菲系的 R1 段年龄不清，如果将其底界定在小于 1.6 Ga，则相当于燕辽裂陷槽高于庄组结束和杨庄组的开始，作为与国际地层对比的中元古代底界。那么汝阳群可以与大红峪组对比，熊耳群应老于大红峪组，长城系没有明确的火山岩来确定年龄。推测熊耳裂陷槽的发育要早于燕辽裂陷槽。长城系的常州沟组的沉积时代早于 1.6 Ga。

11.3 沉积岩碎屑锆石年龄与物源

近年来，华北的元古宙沉积岩已有大量的碎屑锆石 U-Pb 年龄数据以及 Pb 同位素和 Hf 同位素分析数据，对于进一步理解沉积作用和物源提供了基础。

11.3.1 主要前寒武纪沉积盆地碎屑锆石年龄

长城系碎屑锆石年龄主要分布于 2.6～2.35 Ga，少量分布在 2.2～2.0 Ga 和 1.92～1.8 Ga［图 11.10(d)］；蓟县系杨庄组碎屑锆石年龄主要分布在 2.05～1.8 Ga，少量分布在约 2.5 Ga 和 2.3～2.1 Ga［图 11.10(c)］；杨庄组含砂岩条带碳酸盐岩的碎屑独居石年龄主要分布于 1.9～1.8 Ga，少量分布在 2.0～1.9 Ga，只有两个约 2.5 Ga 的年龄［图 11.10(b)］；青白口系碎屑锆石年龄主要分布在 2.65～2.3 Ga 和 2.0～1.65 Ga，少量分布在 2.2～2.1 Ga 和 2.8～2.72 Ga［图 11.10(a)］。我们对北京西山地区的寒武系和侏罗系中细砂岩和粉砂质泥岩进行了碎屑锆石 LA-ICP-MS 定年，结果显示，寒武系徐庄组细砂岩中碎屑锆石除约 507 Ma 的年龄记录（中寒武世）外，还记录了前寒武纪约 1.56 Ga、约 1.38 Ga、约 1.14 Ga、约 912 Ma、约 814 Ma、约 740 Ma 和约 630 Ma 中—新元古代的年龄信息以及少量约 2.5 Ga、约 2.1Ga 和 1801～1657 Ma 的年龄记录，一颗 3556 Ma 的岩浆锆石是该地区目前发现最古老的锆石年龄［图 11.10(f)；胡波等，2013］；侏罗系细砂岩和粉砂质泥岩的碎屑锆石中，除约 188 Ma 和约 241 Ma（中生代）及约 267 Ma 和约 484 Ma（古生代）的年龄记录之外，还记录了前寒武纪约 2.5 Ga、约 1.78 Ga、约 1.6 Ga 的年龄峰值，以及少量约 2.77 Ga、约 2.0 Ga、约 1.2 Ga 和 848 Ma 的年龄信息［图 11.10(e)；胡波等，2013］。

Zhu 等（2011）报道豫西熊耳裂陷槽中，官道口群高山河组砂岩和细砂岩的碎屑锆石 LA-ICP-MS U-Pb 年龄。碎屑锆石年龄主要分布于 2.6～2.45 Ga 和 1.9～1.75 Ga，形成约 2.5 Ga 和约 1.85 Ga 的峰值；少量分布于 2.35～2.25 Ga 和 2.1～1.9 Ga［图 11.11(a)］。

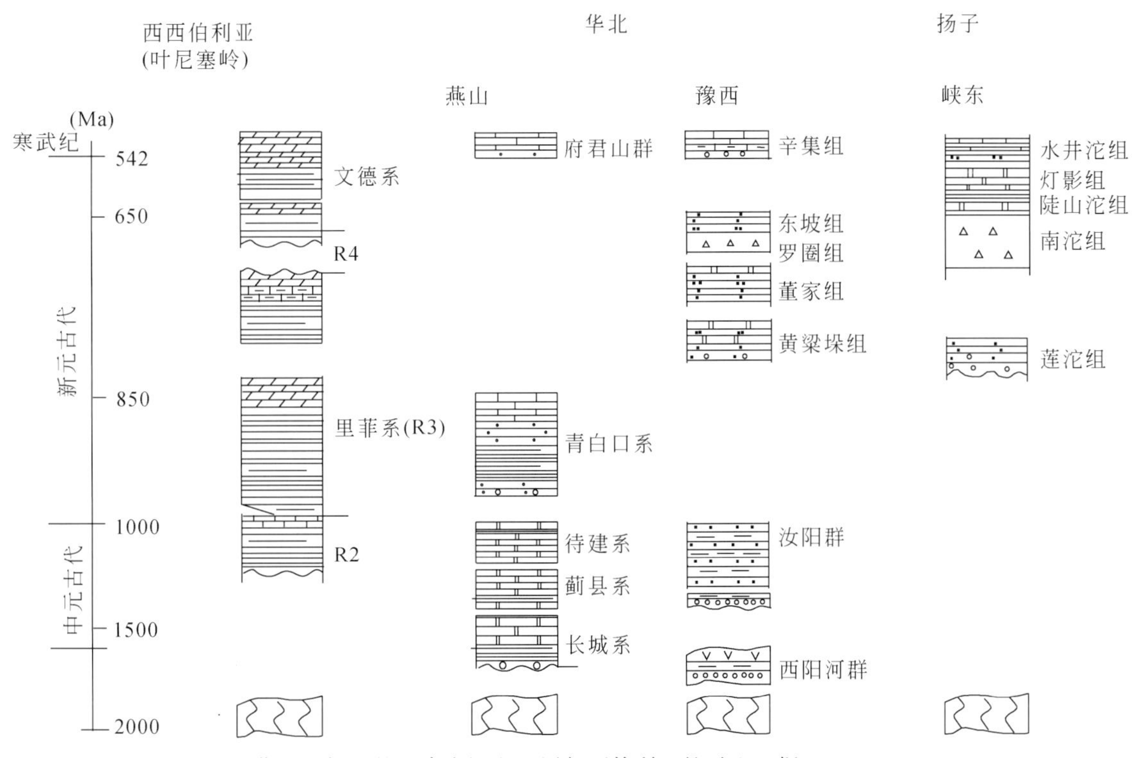

图 11.9　华北和扬子的元古宙沉积地层与西伯利亚的对比（据 Zhai *et al.*，2003）

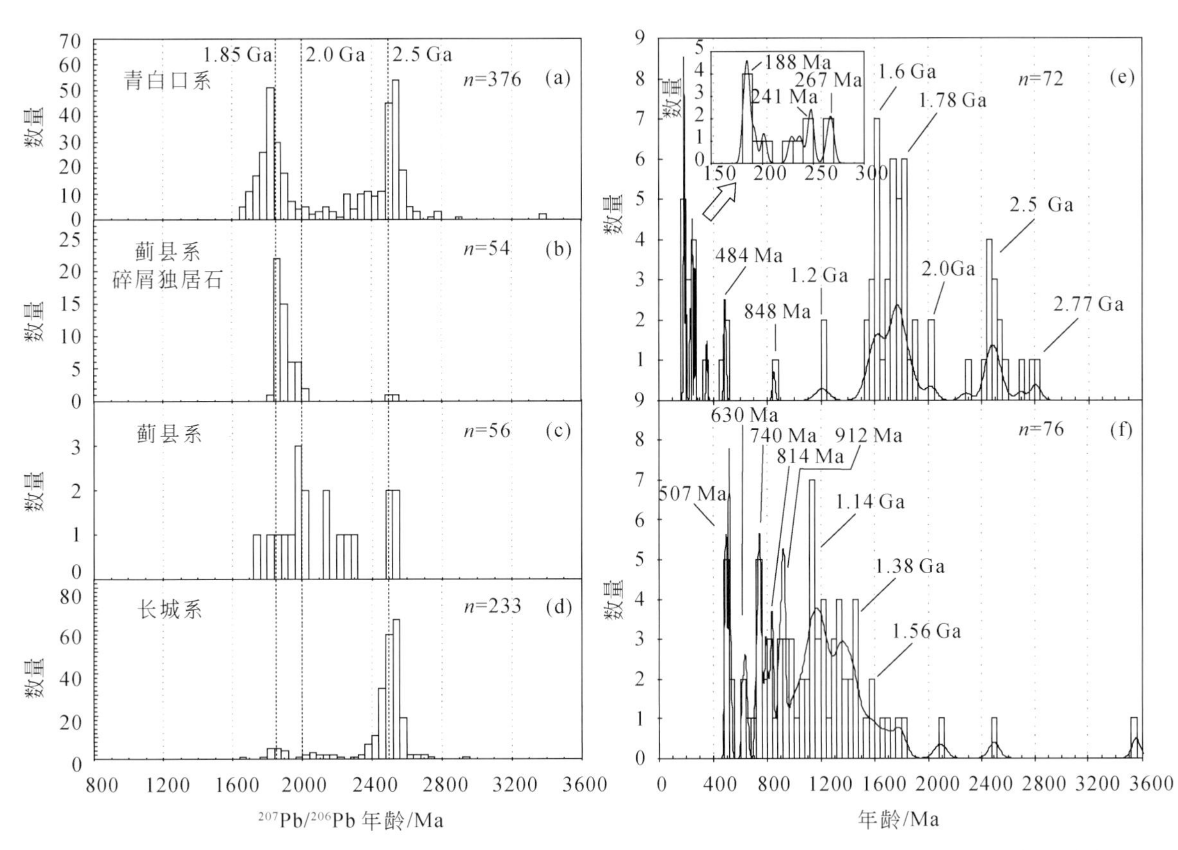

图 11.10　燕辽裂陷槽古元古界—新元古界、寒武系和侏罗系碎屑锆石和碎屑独居石 U-Pb 年龄分布

(a) 青白口系长龙山组碎屑锆石 $^{207}Pb/^{206}Pb$ 年龄，数据据 Wan *et al.*，2011；Gao *et al.*，2011；第五春荣等 2011；任荣等 2011。(b) 蓟县系杨庄组碎屑独居石 $^{207}Pb/^{206}Pb$ 年龄，数据据 Wan *et al.*，2011。(c) 蓟县系杨庄组碎屑锆石 $^{207}Pb/^{206}Pb$ 年龄，数据据 Wan *et al.*，2011；(d) 长城系碎屑锆石 $^{207}Pb/^{206}Pb$ 年龄，数据据 Wan *et al.*，2011；Gao *et al.*，2011；任荣等，2011；万渝生等，2003。(e) 北京西山侏罗系碎屑锆石 U-Pb 年龄。(f) 北京西山寒武系碎屑锆石 U-Pb 年龄，数据据胡波等，2013。(e)、(f) 中<1000 Ma 的数据点采用 $^{206}Pb/^{238}U$ 年龄；>1000 Ma 的数据点采用 $^{207}Pb/^{206}Pb$ 年龄。仅选取不谐和度<10% 的数据参与统计

华北北缘沉积盆地中，渣尔泰群书记沟组石英砂岩的碎屑锆石 U-Pb 年龄，只有一组约 2.5 Ga 的年龄峰值［图 11.11(b)；Li Q. L. *et al.*，2007］，白云鄂博群的碎屑锆石也只有一组约 1.95 Ga 的年龄峰值(范宏瑞等，未发表数据)。化德群变质砂岩碎屑锆石 U-Pb 年龄主要分布于 2.56 ~ 2.46 Ga 和 2.1 ~ 1.8 Ga，还有少数分布于 2.8 ~ 2.7 Ga、1.8 ~ 1.63 Ga 和约 1.46 Ga［图 11.11(c)；胡波等，2009］。

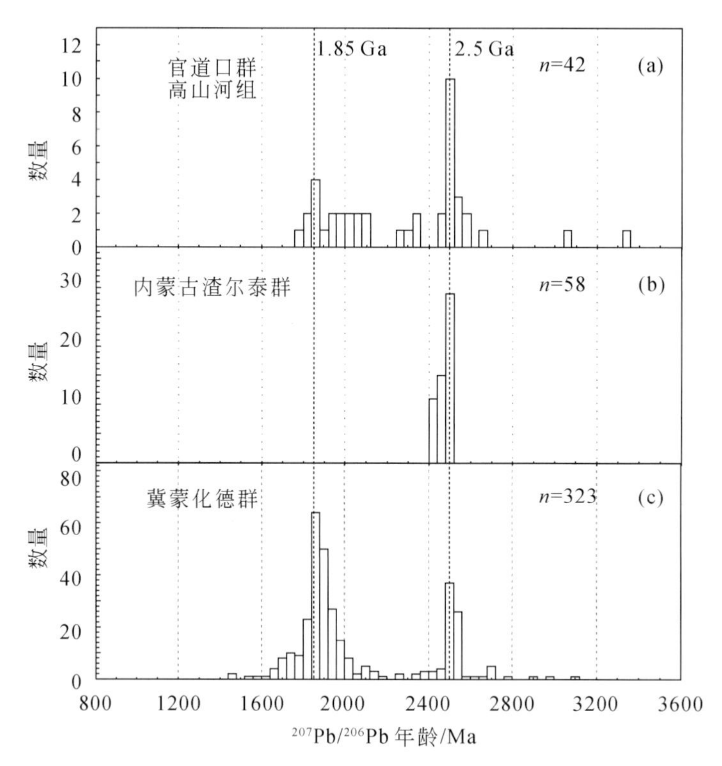

图 11.11　熊耳裂陷槽和华北北缘盆地

古元古代末—新元古代沉积岩碎屑锆石$^{207}Pb/^{206}Pb$ 年龄分布

(a) 熊耳裂陷槽官道口群高山河组，数据据 Zhu，2011；(b) 华北北缘盆地渣尔泰群，数据据 Li Q. L.，2007；(c) 华北北缘盆地化德群，数据据胡波等，2009；仅统计不谐和度<10% 的数据

华北东缘裂谷系中，朝鲜半岛平南盆地祥原系石英砂岩的碎屑锆石 U-Pb 年龄，主要分布于 1.88 ~ 1.32 Ga 和 1.3 ~ 1.0 Ga，峰值分别为约 1.6 Ga 和约 1.17 Ga，少数分布于约 2.5 Ga 和约 980 Ma［图 11.12(a)；Hu *et al.*，2012］。辽南的榆树砬子群碎屑锆石 U-Pb 年龄，主要分布于 1.5 ~ 1.05 Ga，少量分布于 2.7 ~ 2.5 Ga 和 2.4 ~ 2.1 Ga［图 11.12(c)；Luo *et al.*，2006］；细河群碎屑锆石 U-Pb 年龄，主要分布在 1.7 ~ 1.5 Ga，峰值为约 1.6 Ga，少量分布在 1.85 ~ 1.75 Ga、1.32 ~ 1.25 Ga 和 1.15 ~ 1.05 Ga［图 11.12(b)；高林志等，2010b］。山东半岛蓬莱群碎屑锆石 U-Pb 年龄主要分布于 2.5 ~ 2.1 Ga、2.04 ~ 1.88 Ga、1.8 ~ 1.35 Ga 和 1.3 ~ 1.1 Ga，峰值分别在约 2.4 Ga、约 1.9 Ga、约 1.6 Ga 和约 1.2Ga［图 11.12(d)；Li X. H. *et al.*，2007b；Zhou *et al.*，2008］。山东半岛土门群碎屑锆石 U-Pb 年龄主要分布于 2.8 ~ 2.4 Ga、1.95 ~ 1.65 Ga、1.6 ~ 1.45 Ga、1.4 ~ 1.3 Ga 和 1.3 ~ 1.05 Ga，峰值分别在约 2.5 Ga、约 1.85 Ga、约 1.58 Ga、约 1.36 Ga 和约 1.2 Ga［图 11.12(e)；Hu *et al.*，2012］。另外，据 Darby 和 Gehrels (2006) 报道，贺兰山系桌子山地区新元古代沉积岩中碎屑锆石的 U-Pb 年龄，主要分布于 2.8 ~ 2.65 Ga、2.6 ~ 2.45 Ga、2.45 ~ 2.2 Ga 和 2.15 ~ 1.9 Ga，峰值分别在约 2.7 Ga、约 2.55 Ga、约 2.35 Ga 和约 1.95 Ga［图 11.12(f)］。

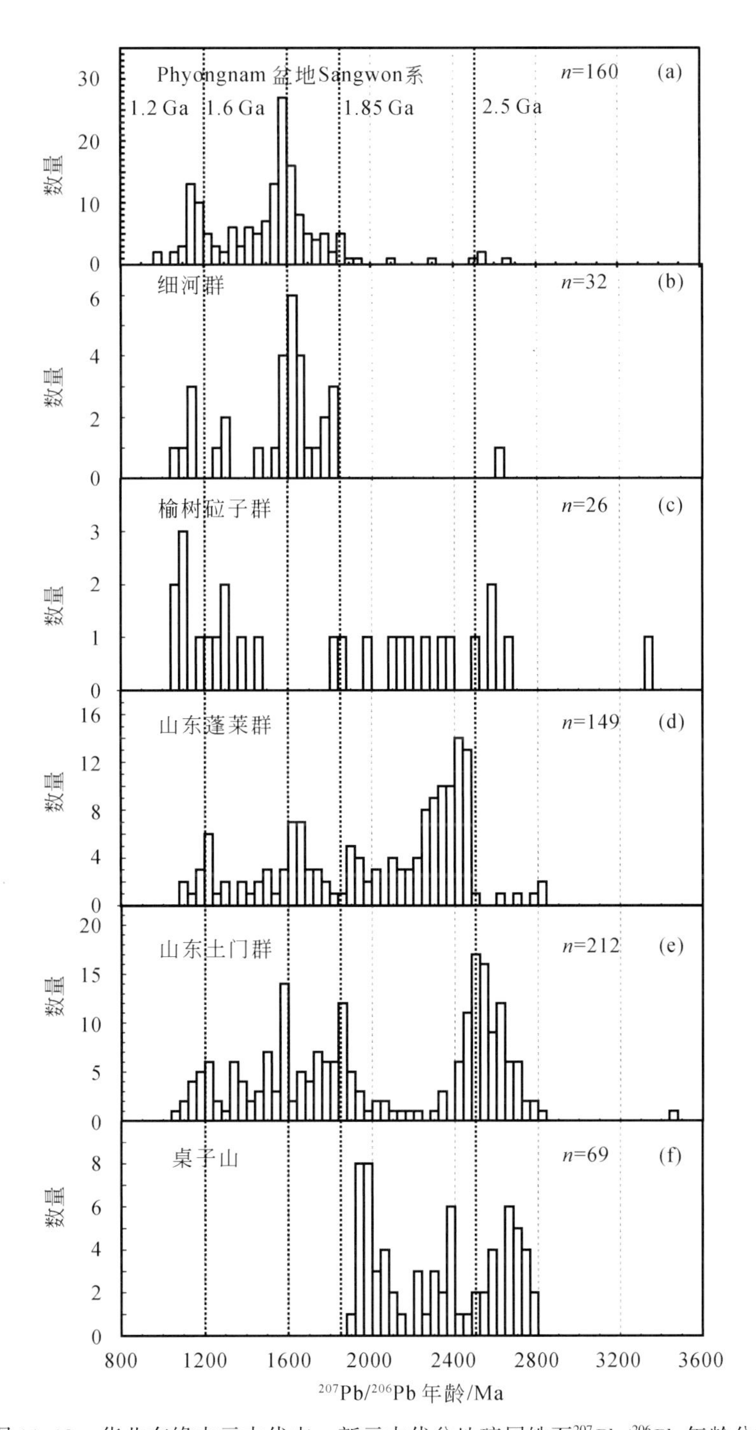

图 11.12　华北东缘中元古代末—新元古代盆地碎屑锆石$^{207}Pb/^{206}Pb$年龄分布

(a) 平南盆地祥原系，数据据 Hu *et al.*, 2012。(b) 细河群，数据据高林志等，2010b。(c) 榆树砬子群，数据据 Luo *et al.*, 2006。(d) 山东蓬莱群，数据据 Li X. H. *et al.*, 2007b；Zhou *et al.*, 2008。(e) 山东土门群，数据据 Hu *et al.*, 2012。(f) 桌子山地区新元古界，数据据 Darby and Gehrels, 2006。仅选取不谐和度<10%的数据参加统计

11.3.2　沉积岩碎屑锆石的物源区

综合对比研究上述古元古代末—新元古代沉积岩碎屑锆石数据发现，华北克拉通各个裂谷盆地沉积岩中，前寒武纪基底构造热事件的碎屑锆石年龄记录以约 2.5 Ga 和约 1.85 Ga 为主，但是 2.9～2.7 Ga、1.8～1.6 Ga 及约 1.2 Ga 中元古代的事件也较为显著的（图 11.13）：其中约 2.7 Ga、约 2.5 Ga 和约 1.85 Ga 均对应于华北克拉通前寒武纪发生重要构造-岩浆-热事件的时代（伍家善等，1991；Zhai *et al.*, 2000, 2005, 2010；Zhao *et al.*, 2001；Zhai and Liu, 2003；翟明国，2004；Kusky *et al.*, 2007a, 2001b；

Zhai, 2011)。2.9~2.7 Ga 是华北克拉通重要的地壳生长时期(Jahn and Zhang, 1984; Jahn and Ernst, 1990; Zhang, 1998; Wu *et al.*, 2005; Zhai *et al.*, 2010; Zhai, 2011); 约2.5 Ga 和2.0~1.8 Ga 是华北发生克拉通化和活化再改造的时期(翟明国、卞爱国, 2000; Zhai and Liu., 2003; 翟明国, 2004; Zhai *et al.*, 2005, 2010; Zhai, 2011), 有大量该时期的变质岩和岩浆岩出露(Liu *et al.*, 1990; Song *et al.*, 1996; Kröner *et al.*, 1998, 2005a, 2005b; Guo and Zhai, 2001; Wilde, 2002; Guan *et al.*, 2002; Wang *et al.*, 2003; Zhao A. C. *et al.*, 2002, 2008a, 2008b; Wilde *et al.*, 2004, 2005; Guo *et al.*, 2005; Peng *et al.*, 2005; Liu S. W. *et al.*, 2006; Wan *et al.*, 2006a, 2006b; Xia *et al.*, 2006a, 2006b; Tang *et al.*, 2007; Jahn *et al.*, 2008)。在已报道的沉积岩约2.7Ga、约2.5 Ga 和约1.85 Ga 年龄的碎屑锆石中, 既有岩浆锆石, 又有变质锆石, 正是对华北克拉通这些重要地质事件的记录。因而基本上这些盆地都是以华北克拉通内部前寒武纪结晶基底作为物源区的。在华南陆块内元古宙沉积岩中, 特征性的1.0~0.9 Ga 和0.82~0.75 Ga(以及部分地区记录的0.55~0.5 Ga)的大量碎屑锆石, 在华北克拉通的元古宙沉积岩以及古生代沉积岩中几乎没有发现, 说明在此时期华北克拉通很少有岩浆活动。

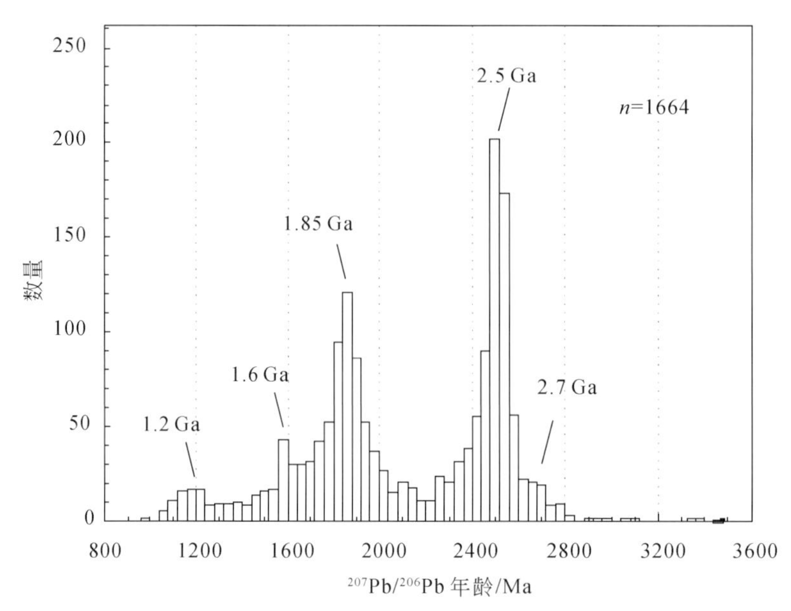

图 11.13 华北克拉通古元古代末—新元古代沉积岩碎屑锆石^{207}Pb/^{206}Pb 年龄分布图

碎屑锆石数据据万渝生, 2003; Darby and Gehrels, 2006; Luo *et al.*, 2006; Li Q. L. *et al.*, 2007; Li X. H. *et al.*, 2007; Zhou *et al.*, 2008; 胡波等, 2009; Wan *et al.*; 2011, Gao *et al.*, 2011; Zhu *et al.*, 2011; 第五春荣等, 2011; 任荣等, 2011; Hu. *et al.*, 2012

11.4 主要的岩浆活动

华北克拉通在古元古代末—新元古代有一系列的岩浆活动。主要的岩浆事件有1.78 Ga 大岩浆岩事件、1.72~1.62 Ga 非造山岩浆活动、1.37~1.32 Ga 基性岩床群以及约0.9 Ga 基性岩墙群对岩浆事件的研究, 特别是其构造背景的研究, 对于理解华北克拉通元古宙的演化具有很重要的意义。

11.4.1 约1.78 Ga 大岩浆岩事件非岩浆

故1.78 Ga 大岩浆岩事件主要包括太行-吕梁基性岩墙群、熊耳裂谷火山岩系以及稍晚些的1.76~1.73 Ga 密云-北台基性岩墙群(图11.14)。

太行-吕梁岩墙群和密云-北台岩墙群主要由分布在华北克拉通中部, 岩墙主要由辉绿岩和辉长辉绿岩组成, 主要矿物成分为斜长石和单斜辉石, 玄武质-玄武安山质, 少量安山质, 属于拉斑系列, 他们的产状特征基本一致, 但是岩相学和地球化学特征存在一定差异(Peng, 2010)。1.78~1.73 Ga 岩墙单体出露长度达60 km, 宽度达100 m, 通常约15 m; 岩墙直立或者近直立, 与围岩常具有明显的边界, 发育冷

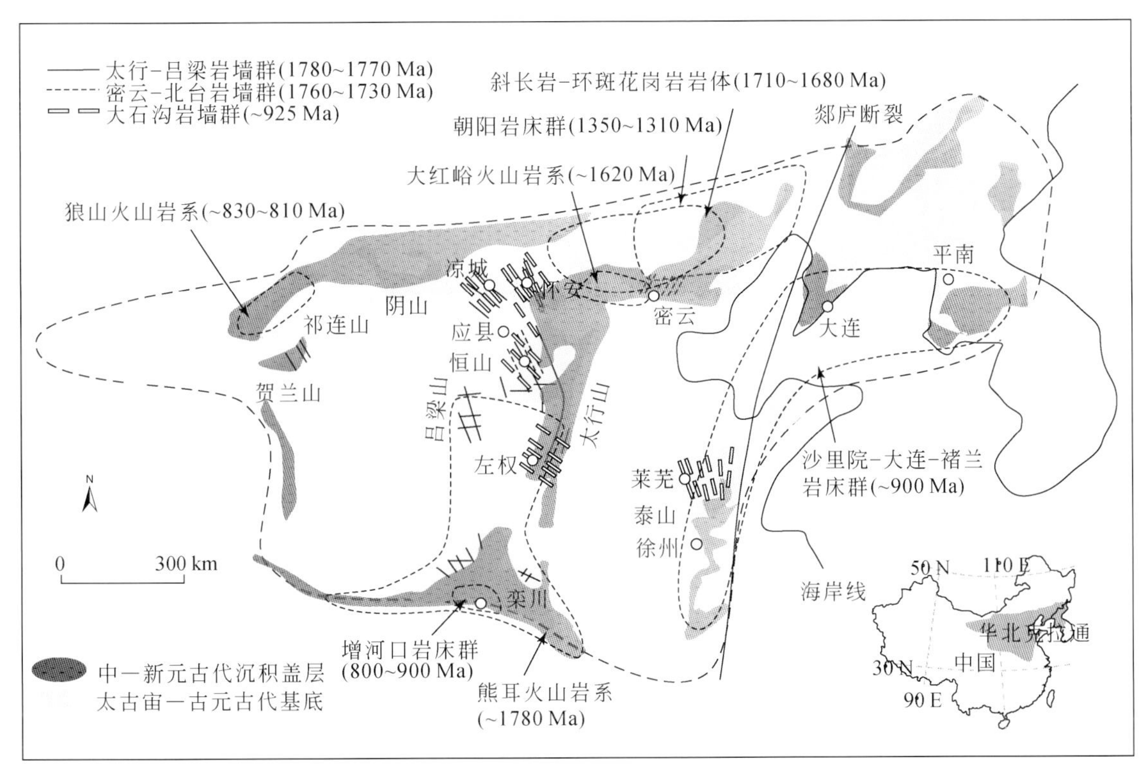

图 11.14　华北克拉通元古宙主要岩墙（床）群与火山岩系分布图（据 Peng *et al.*，2011b）

凝边。这些岩墙以 NNW 走向（315°～345°）为主，有少量 EW 向（250°～290°）和 NE 向（20°～40°）的岩墙（图 11.15）。NE 走向的岩墙主要分布在南太行（Wang *et al.*，2004）和燕山密云地区（Peng *et al.*，2012），在华北南缘也有少量分布（Hou *et al.*，2006）。EW 向岩墙主要分布在吕梁、南太行、霍山、中条山地区，其中呈 250°～270°走向的主要分布在吕梁和太行地区，而 270°～290°走向的主要分布在中条山和霍山地区。排除中生代以来华北克拉通内部块体的相对运动，这些岩墙主体上构成了一个放射状几何学形态，其岩浆中心位于华北南缘熊耳裂谷系（Peng *et al.*，2006）。

部分年龄包括：1769±3 Ma（锆石 TIMS U-Pb 年龄；Halls *et al.*，2001）、1778±3 Ma（锆石 SHRIMP U-Pb 年龄；Peng *et al.*，2005）、1777±3 Ma（锆石和斜锆石 TIMS U-Pb 年龄）、1789±28 Ma（斜锆石的热电离质谱 TIMS U-Pb 年龄）和 1754±74 Ma（锆石 TIMS U-Pb 年龄；Peng *et al.*，2006）、1731±3 Ma（斜锆石 TIMS U-Pb 年龄；Peng *et al.*，2012）。另外，Wang 等（2004）获得了一些 1780～1760 Ma 的全岩 ^{40}Ar-^{39}Ar 年龄。

熊耳裂谷火山岩系包括原华北南缘熊耳群和西阳河群中的火山岩系以及华北中部吕梁山地区的小两岭组、汉高山组等，厚度 3000～7000 m，主体分布于华北克拉通南缘，呈三岔裂谷系："三岔"的两支基本与华北克拉通南缘边界一致，另一支从中条山地区一直延续到华北中部（王同和，1995；赵太平等，2004b；徐勇航等，2007）。

熊耳群自下而上分为大古石组、许山组、鸡蛋坪组和马家河组［图 11.16(a)］，其中大古石组以陆源碎屑岩建造为主，其他三个组以火山岩为主，火山岩又以安山岩为主体［图 11.16(b)、(c)］。大古石组下部为黄、黄绿色及紫红色含砾长石石英砂岩；上部为紫红色砂岩、页岩。砂岩中常含砾石，砂岩或页岩多为红色，岩性和厚度变化大，分选差。厚度 40～289 m。该套沉积岩系代表搬运不远，形成于气候干燥及不稳定的环境中。许山组为一套安山岩、辉石安山岩、安山玄武岩夹流纹岩及火山碎屑岩，以富含斜长石大斑晶、辉石和夹数层火山碎屑岩为特征。底部夹有极少量的长石石英砂岩和紫红色页岩等。与下伏大古石组呈整合接触，或不整合于太华群之上，厚度 2400～3000 m。鸡蛋坪组为一套酸性火山岩系，主要岩性为紫红、灰黑色流纹岩、英安岩、石英斑岩，夹火山碎屑岩。部分地区有枕状熔岩，局部有透镜状大理岩等。与下伏许山组火山岩整合接触，厚度百余米至千余米不等。马家河组岩性为安山岩、玄武安山岩、辉石安山岩夹流纹岩、英安岩、火山碎屑岩及砂岩、页岩、灰岩等，以沉积岩夹层厚而多为

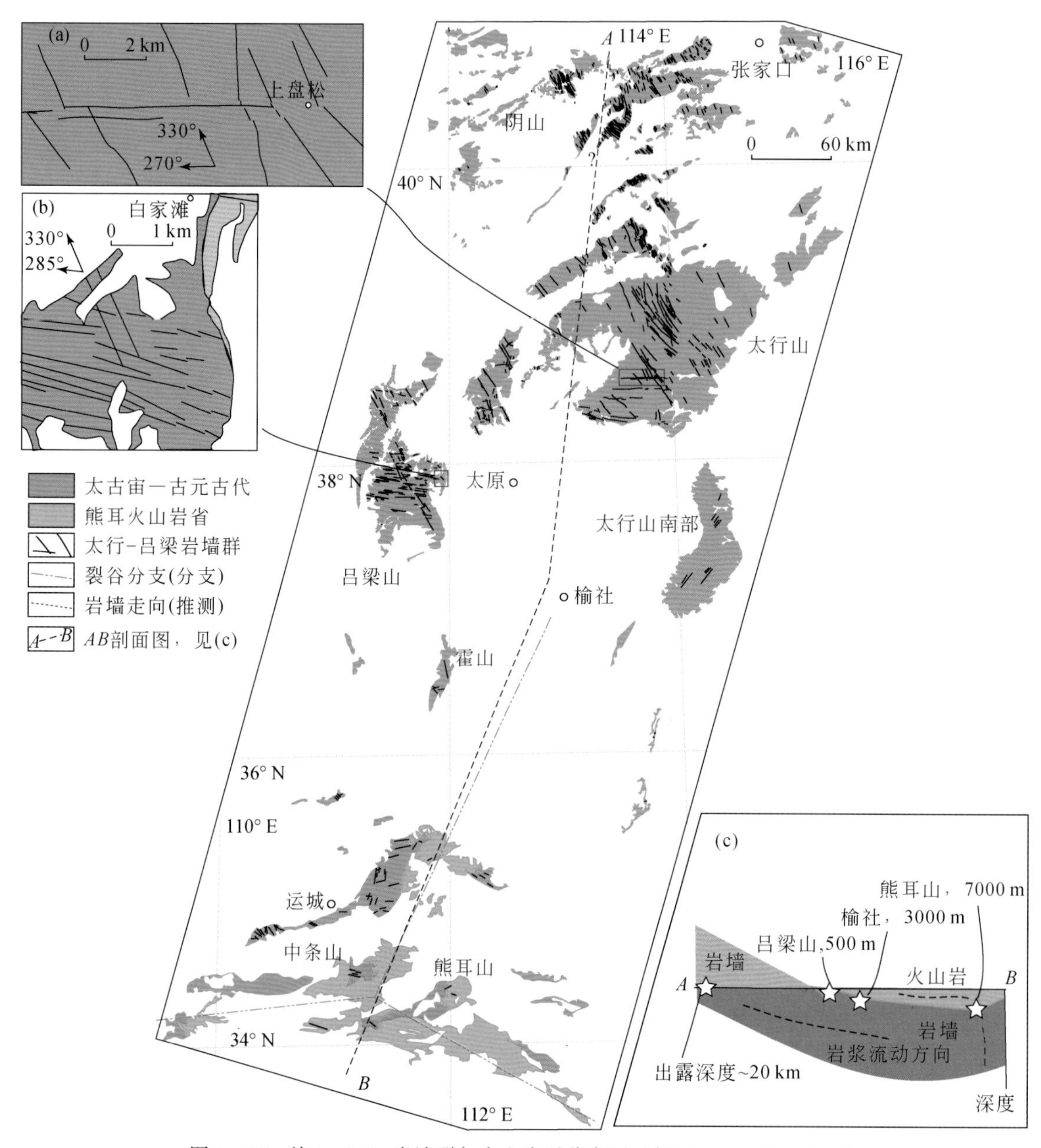

图 11.15 约 1.78 Ga 岩墙群与火山岩系分布图（据 Peng *et al.*，2008）

（a）显示 NW 和 EW 走向的两组岩墙呈网状产出，可能形成于同时代的裂隙系统；（b）显示岩墙作为吕梁地区火山岩系的火山通道；（c）为华北中部岩墙出露深度及其与火山岩系出露的几何关系的剖面示意图

特征，以其下部安山岩大量出现为标志。厚约 2000 m，熊耳山地区达 3910 m。

归纳而言，熊耳火山岩系主要由厚层的熔岩流组成，火山岩系中夹少量薄层碎屑沉积岩和火山碎屑岩（Zhao T. P. *et al.*，2002）。火山岩中有少量枕状熔岩。火山岩包括玄武岩、玄武安山岩、安山岩、英安岩和流纹岩，主体成分为安山质。孙枢等（1985）认为，这一火山岩系为双峰式拉斑系列火山岩系，杨忆（1990）定为拉斑系列；Jia（1987）、胡受奚等（1988）和 He 等（2009）认为，熊耳火山岩系为岛弧相关的钙碱系列火山岩系（Andes 型）。另外，也有一些研究者如夏林圻等（1991）提出，熊耳火山岩系属于细碧角斑岩系列；而张德全等（1985）则反对这种观点。韩以贵等（2006）通过对火山岩系中长石的研究，发现它们普遍经历了同岩浆期钠长石化。Peng 等（2008）讨论同岩浆期钠长石化过程，强调钠长石化对岩石系列的划分以及类型的鉴别有很大影响，并认定火山岩系属于拉斑系列。熊耳火山岩系中发育一些块状 Pb-Zn 硫化物和金矿，这些矿床可能部分与岩浆晚期流体-岩石相互作用有关（赵嘉农等，2002；张汉成等，2003；任富根等，2003；侯万荣等，2003；瓮纪昌等，2006），尤其是在一些火山机构附近（裴玉华等，2007）。一般认为，熊耳火山岩系经历了低压条件下地壳混染和分离结晶作用，岩浆的

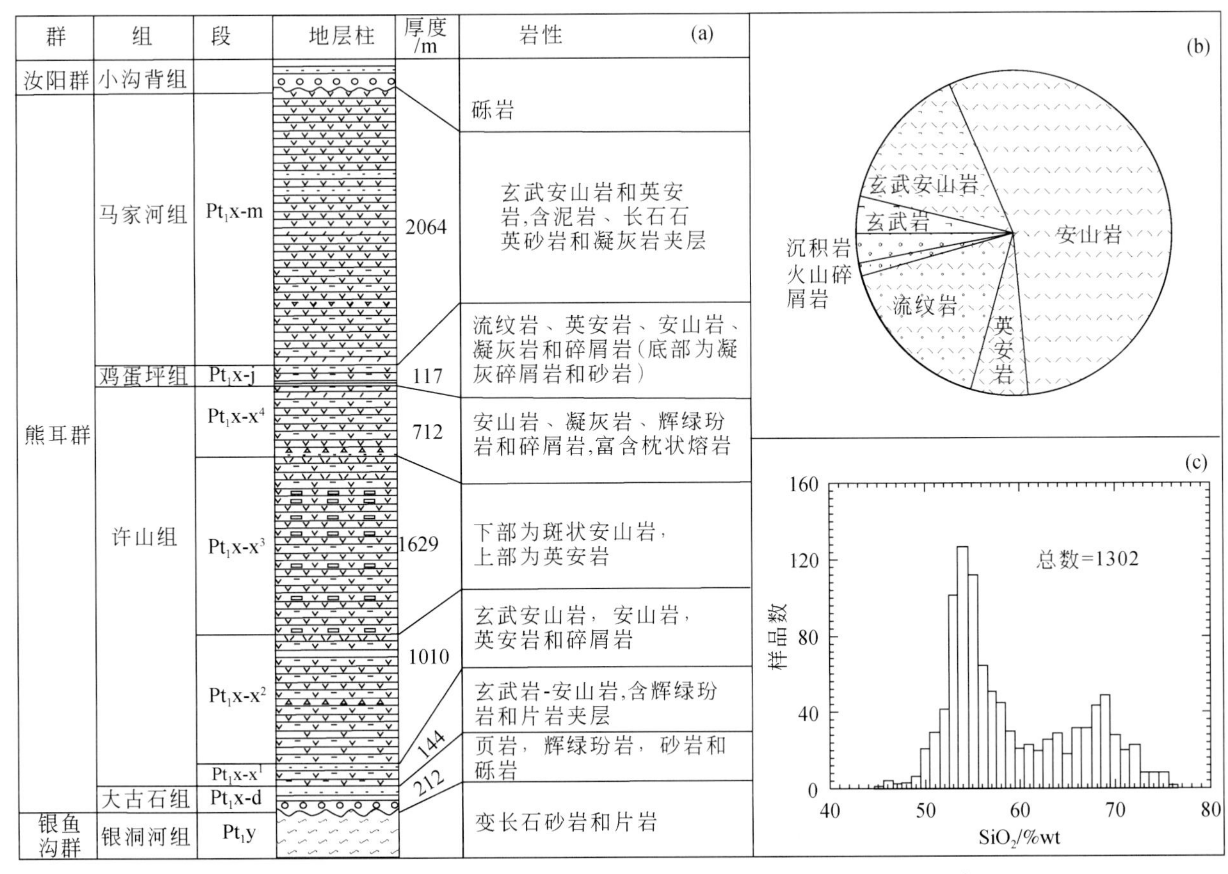

图 11.16　熊耳火山岩系地层柱（a）、各种火山岩含量饼图（b）以及 SiO_2 含量柱状图（c）（据 Zhao T. P. *et al.*, 2002b）

源区是大陆岩石圈（Zhao T. P. *et al.*, 2002）。

熊耳群火山岩以及侵位于马家河组顶部的石英闪长岩次火山岩的时代均约为 1780 Ma（赵太平等，2004b；He *et al.*, 2009；崔敏利等，2010；Cui *et al.*, 2011）；而大古石组的最大沉积时限也在 1800 Ma 左右（赵太平等，2002），因此，一般认为熊耳群的形成时代在 1800～1750 Ma，火山岩作用峰期在约 1780 Ma。

Peng 等（2008）认为熊耳火山岩系与 1780～1770 Ma 基性岩墙群为同成因，即熊耳火山岩系是基性岩墙群的岩浆通道，主要依据包括：① 熊耳火山岩系的岩浆通道、岩墙与岩墙群、部分岩墙时代和成分特征完全一致；② 岩墙群的几何学特征与熊耳火山岩系所在三岔裂谷系的几何学可以完全匹配，具有一致的岩浆中心；③ 岩墙群出露深度和熊耳火山岩系的分布在空间上可以对应；④ 岩墙群和火山岩系具有重叠的岩石学、地球化学变化特征。另外，出露较浅的岩墙与火山岩系大多经历同岩浆期的钠长石化。因此，熊耳火山岩系和岩墙群属于同一岩浆来源，只不过在通过岩浆通道到达地表的过程中，岩浆经历过明显的结晶分异以及不同程度的地壳混染作用（Peng *et al.*, 2008；Peng，2010）。

1780～1770 Ma 基性岩墙群的展布面积约达 0.3 Mkm^2，产生的岩浆量达 0.02 Mkm^3，加上熊耳火山岩系的展布范围和岩浆量，两者构成了一个大岩浆岩省（Peng，2010）。对于太行-吕梁岩墙群和熊耳火山岩系的成因，存在几种不同的观点，如造山后或者同造山环境（Zhao G. C. *et al.*, 1998，2009；Wang *et al.*, 2004，2008；He *et al.*, 2008，2009；图 11.17，模式 A）；非造山环境（Li *et al.*, 2000；Zhai *et al.*, 2000；Kusky and Li，2003；Peng *et al.*, 2005，2008；Hou *et al.*, 2006，2008a；图 11.17，模式 B、C）；其中，同造山观点的提出主要是基于岩墙群和火山岩系具有与俯冲带相关岩浆岩亲缘的地球化学特征。Peng（2010）认为太行-吕梁岩墙群具有放射状几何学形态，并且岩墙个体的特征也不同于造山带岩墙的特征；同时，熊耳火山岩系形成于三岔裂谷系，并且具有河湖相沉积夹层，这些特征支持这些岩浆活动形成于非造山环境。

Peng 等（2008）提出地幔柱模式，主要是根据 Campbell（2001）提出的五点地幔柱相关岩浆岩的判

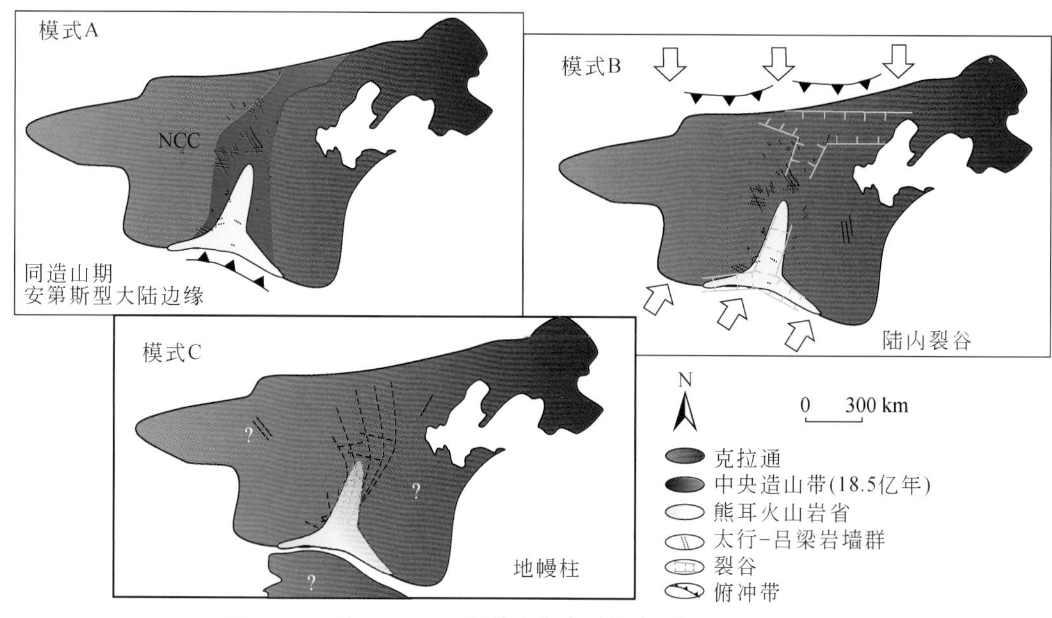

图 11.17　约 1.78Ga 大岩浆岩省成因模式（据 Peng, 2010）

模式 A 认为，岩墙群形成于造山后背景，与华北中央造山带的垮塌有关，而火山岩系形成于华北南缘岛弧背景（Zhao A. C. *et al.*, 1998, 2009a; Wang *et al.*, 2004, 2008; He *et al.*, 2008, 2009）；模式 B 认为，岩墙群形成于陆内裂谷环境，并且可能与该时期华北北缘存在的古俯冲带活动有关（Hou *et al.*, 2006, 2008a）；模式 C 认为，岩墙群和火山岩系为同成因产物，形成于大陆裂解过程，并且可能和地幔柱相关（Peng *et al.*, 2005, 2008）

别标准中的四点：① 火山作用前存在抬升事件；② 大型基性岩墙群具有放射状几何学形态；③ 在很大的空间尺度上火山岩层具有对比性；④ 岩浆作用晚期出现具有地幔柱产物特征的岩墙群（北台-密云岩墙群）。由于 1780 Ma 岩浆作用以华北克拉通南缘为活动中心，因此，可以根据这一时代岩浆岩的识别和对比，确定当时与华北克拉通相连的古陆块。而同时期的岩浆作用在南美，如里奥杜-普拉特克拉通（Rio de Plata）的乌拉圭岩墙群 1（Uruguayan; Halls *et al.*, 200）、圭亚那地盾（Guyana）的阿沃纳贝罗岩墙群（Avanavero; Norcross *et al.*, 2000）、克里波里岩床/岩墙群（Crepori; Santos *et al.*, 2002）；在澳大利亚，如哈茨伦奇火山岩/岩床（Harts Range）和东克里克火山岩（Eastern Creek; Sun, 1997）、蒂温盖火山岩（Tewinga; Page, 1988）、蒙特艾萨岩墙群（Parker *et al.*, 1987）、哈特岩床裙（Hart; Page and Hoatson, 2000）；以及其他一些陆块，如印度塔尔瓦尔岩墙群（Dharwar; Srivastava and Singh, 2004）等。Peng 等（2005）和 Hou 等（2008b）也提出华北克拉通与印度古陆相连的模式（图 11.17，模式 C）。

11.4.2　约 1.72 ~1.62 Ga 的非造山岩浆岩活动

约在 1.72 ~ 1.62 Ga，在华北北部发育大庙岩体型斜长岩杂岩体、密云环斑花岗岩、长城系大红峪组火山岩，在华北南部发育龙王幢 A 型花岗岩和一些基性岩墙群、碱性岩类，这些岩石共同构成典型的非造山岩浆岩组合。本节扼要介绍大庙岩体型斜长岩杂岩体、密云环斑花岗岩、大红峪组火山岩和龙王幢 A-型花岗岩的地质地球化学特征、岩浆成因与构造环境。

11.4.2.1　河北大庙岩体型斜长岩杂岩体

岩体型斜长岩是由>90% 斜长石组成的岩浆岩，具独立岩体的产出特征；它们的形成时代仅限于元古宙（2.1 ~0.9 Ga），且常赋存有 Fe-Ti 氧化物矿床，是世界上 Fe、Ti、P 和 V 的重要来源。一直以来，岩体型斜长岩被作为了解元古宙地幔性质、地壳演化、壳幔相互作用以及成矿作用的重要窗口而备受关注。位于华北克拉通北缘的河北大庙斜长岩杂岩体是中国唯一的岩体型斜长岩，规模虽不大（约 100 km^2），但各类岩石齐全，包括斜长岩 85%、苏长岩 10%、纹长二长岩 4%、橄长岩小于 1% 以及小部分铁闪长质和辉长质脉体，也赋存有 Fe-Ti-P 矿床（解广轰、王俊文，1988；解广轰，2005）。

赵太平等（2004b）从杂岩体主要组成岩石苏长岩、纹长二长岩中，选取锆石用单颗粒锆石同位素稀释法，获得结晶年龄分别是 1693±7 Ma 和 1715±6 Ma。Zhang 等（2007）用 SHRIMP 锆石 U-Pb 定年法，获得斜长岩的结晶年龄 1726±9 Ma。随后，Zhao T. P. 等（2009）利用锆石 LA-ICP-MS 和 SHRIMP U-Pb 定年方法，分别测定杂岩体中苏长岩和纹长二长岩的年龄值 1742±17 Ma 和 1739±14 Ma，均说明大庙杂岩体形成于古元古代晚期（或中元古代早期），杂岩体的侵位可能持续 10～20 Ma。

在大庙斜长岩类中，巨晶斜长石的出溶特征以及斜方辉石的高 Al_2O_3 含量（5.5%～9.0%）表明，它们在最终侵位之前结晶于高压环境（>10 kbar），而出溶特征则显示最终压力的降低（约 4 kbar），体现了杂岩体变压结晶（polybaric crystallization）特点。杂岩体中不同岩相具相似的 Nd-Hf 同位素组成［全岩 $\varepsilon_{Nd}(t)$ 大部分处于-4.0 与-5.4 之间；锆石 $\varepsilon_{Hf}(t)$ = -4.7～-7.5；Zhang *et al.*，2007；Zhao T. P. *et al.*，2009b］，结合它们的全岩主、微量元素以及矿物成分连续变化的特点，说明它们由同一岩浆演化形成。Zhang 等（2007）认为，太古宙地壳物质的再循环导致陆下岩石圈地幔的富集，大庙斜长岩正是由于这样的富集地幔部分熔融形成的母岩浆结晶分异而形成的。而 Zhao T. P. 等（2009）对比大庙的高铝辉长岩脉（$Mg^{\#}$=56～73）和世界上可代表斜长岩体母岩浆成分的高铝辉长岩，发现两者无论在矿物组成、稀土元素（REE）和 Sr 组成上等均非常相似，因此判断大庙杂岩体的母岩浆也应为高铝辉长质。大庙高铝辉长岩脉具高 Sr（约 1000 ppm）、低 Cr（23～301 ppm）、低 La/Yb（约 10）和 Zr/Nb（约 12）的特征，明显不同于华北克拉通源于 1 型富集地幔（Enriched Mantle 1，EM1）的同期基性火山岩及基性岩墙群，而与下地壳成分相似；再结合岩脉较负的 Nd-Hf 同位素特征，认为该辉长质母岩浆应主要来源于下地壳，受上地幔组分的影响较小。推测基性下地壳在大于 75% 的高度部分熔融条件下，才能形成如此基性程度的高铝辉长质岩浆，温度大于 1271℃，压力约 12 kbar。

11.4.2.2　北京密云环斑花岗岩

密云环斑花岗岩体是华北最典型的环斑花岗岩杂岩体之一，它与河北大庙斜长岩、古北口富钾花岗岩、怀柔古洞沟富钾花岗岩、兰营石英正长岩、新地斜长岩、赤城环斑花岗岩等，共同构成华北克拉通北部古元古代晚期的一条斜长岩-环斑花岗岩岩带（解广轰，2005）。近年来，国内外学者从不同方面对密云环斑花岗岩体进行研究，取得了不少成果（Rämö *et al.*，1995；郁建华等，1996；解广轰，2005；杨进辉等，2005；Zhang *et al.*，2007；高维等，2008）。

密云环斑花岗岩体侵位于太古宙片麻岩、麻粒岩、斜长角闪岩和磁铁石英岩等变质岩系中。岩体东西长 12 km，宽约 2～3 km，出露面积约 25 km^2。岩体与变质岩呈明显的侵入接触关系，并斜截围岩片理；岩体北侧与变质岩呈断裂接触，南侧则侵位于变质岩之中，可见明显的烘烤边（杨进辉等，2005）。岩体主要由环斑角闪石黑云母花岗岩和斑状黑云母花岗岩组成。环斑花岗岩主要分布于岩体西部，约占岩体面积的 1/4；斑状黑云母花岗岩是密云岩体的主要岩相，出露于岩体中部和东部；二者之间呈渐变过渡关系。此外，还有少量中细粒黑云母花岗岩、中粒二云母花岗岩和浅色的细粒花岗岩，主要分布于岩体边部。岩体南北两侧发育有许多脉岩，主要有环斑花岗岩脉、细粒黑云母花岗岩脉和辉绿岩脉等（郁建华等，1996；解广轰，2005）。环斑花岗岩中 30% 以上的钾长石斑晶具有斜长石外环，构成典型的环斑结构。

许多学者用不同的同位素测年方法测定密云环斑花岗岩体年龄，结果变化范围很大，其中锆石 TIMS U-Pb 年龄多数集中在 1679～1735 Ma。杨进辉等（2005）以 LA-ICP-MS 锆石 U-Pb 法，获得环斑花岗岩形成于 1681±10 Ma 和 1679±10 Ma 以及围岩片麻岩的原岩形成于 2521±14 Ma。高维等（2008）获得 SHRIMP 锆石 U-Pb 年龄 1685±15 Ma。杨进辉等（2005）主要根据其中的锆石 Hf 同位素组成为 $\delta_{Hf}(t)$= -5，两阶段模式年龄为 T_{DM2}=2.6～2.8 Ga，认为它们来源于太古宙新生地壳的部分熔融。而 Zhang 等（2007）结合其全岩的主微量和 Sr-Nd-Pb 同位素特征以及锆石 Hf 同位素特征，认为其是由 1 型富集地幔（EM1）形成的基性岩浆，经过分离结晶作用和地壳物质的混染而形成的。Jiang 等（2011）报道赤城县温泉具有环班结构的 A 型花岗岩（Alkaline，Anhydrate，Anorogenic Gramite，碱性、贫水、非造山花岗岩）形成年龄是 1697±7 Ma。温泉花岗岩、密云环斑花岗岩以及在华北克拉通出露的相同时期的花岗岩，具有相同的 Nd-Hf 同位素特征（图 11.18）、相同的地球化学特征和相同的氧化程度，表明它们具有相同的源区和成因，华北克拉通新太古代结晶基底是它们的源区岩石。

11.4.2.3　北京密云环斑花岗岩

长城系大红峪组主要分布于冀东、平谷、蓟县、遵化及滦县等地，在北京平谷和天津蓟县地区，最大厚度分别为718 m和490 m，出露面积约600 km^2。大红峪组上部火山岩的锆石U-Pb年龄为1625.3±6.2 Ma（陆松年、李惠民，1991）和1625.9±8.9 Ma（高林志等，2008）。大红峪组以沉积岩为主，火山岩只占其中较少的一部分。火山活动在空间上沿东西方向延展，产出的岩石类型复杂多样，除熔岩外，还有火山角砾岩（集块岩）、凝灰岩。西部火山活动较为强烈，持续时间长，熔岩比例大，总厚度近500 m；东部以火山角砾岩为主。此外在大红峪组下伏的团山子组中，富钾安山岩的单颗粒锆石U-Pb年龄1683± 67 Ma，其中捕获的锆石年龄是1823±68 Ma（李怀坤等，1995）；而大红峪组上覆的高于庄组凝灰岩的锆石SHRIMP年龄是1559±12 Ma（李怀坤等，2010），据此也大致限定了大红峪组火山岩的时限。

图11.19选取几个典型的大红峪组地层剖面，直观地展示由西到东火山活动的喷发类型、厚度、岩性等的区域变化特征。根据火山活动的产物以及其间赋存的石英岩，大红峪组火山岩可分为四期火山活动（见图11.19中V_1、V_2、V_3、V_4熔岩），其间分别被三层石英岩所隔开（见图11.19中Ⅰ、Ⅱ、Ⅲ）。其中第四期熔岩（V_4）最为发育，遍布全区；而其下的大红峪组火山岩是一套超钾质火山岩，以高钾碱性玄武岩和响岩为最多，另有少量火山碎屑岩，如富钾凝灰岩、凝灰角砾岩等（胡俊良等，2007）。在地球化学特征上显示富集轻稀土元素（Light Rare-Earth Elements，LREE）和大离子亲石元素（Large Ion Lithophile Elements，LILE；如Rb、Ba、K等）、贫高场强元素（High Field Strength Element，HFSE；如Th、Zr、Hf、HREE等）和弱的Nb、Ta亏损等微量元素特征。稀土元素配分模式为右倾，有轻微的Eu正异常，类似于洋岛玄武岩（Ocean-Island Baslts，OIB）的特征；具较稳定的La/Nb值和$\varepsilon_{Nd}(t)$值，说明岩浆在上升过程并未遭受过明显的地壳混染作用，Nb、Ta弱亏损以及$\varepsilon_{Nd}(t)$值为 -0.66～0.63，更多的是其地幔源区特征的反映。胡俊良等（2007）认为，其岩浆来源于被地壳物质改造过的富集地幔成分，并有OIB特征的软流圈成分加入。

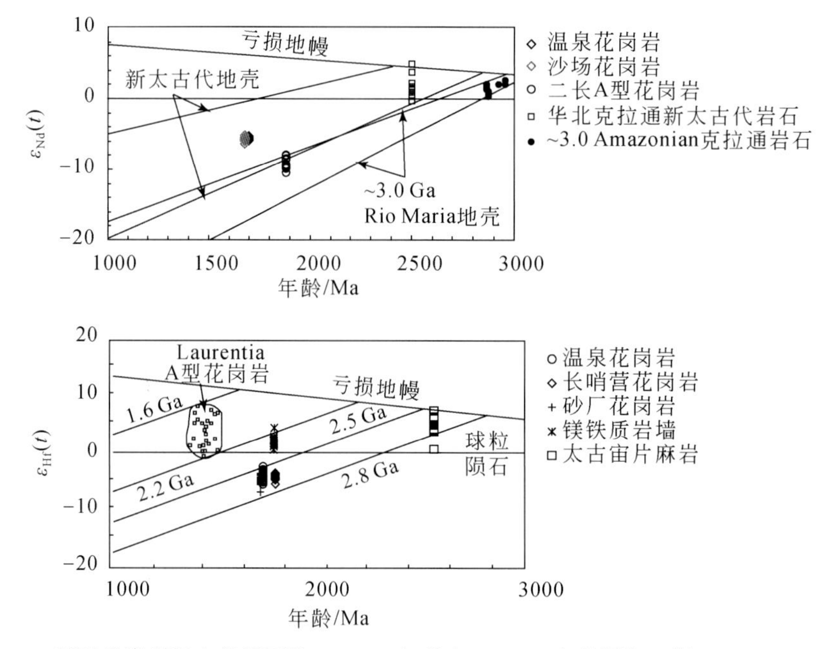

图11.18　环斑花岗岩及有关岩石的$\varepsilon_{Nd}(t)$-年龄和$\varepsilon_{Hf}(t)$-年龄图解（据Jiang *et al.*，2011）

11.4.2.4　河南龙王幢A型花岗岩

古元古代晚期在华北南缘分布有一条EW向的碱性岩-碱性花岗岩带。该带西起陕西洛南，经河南卢氏、栾川和方城等地，东到舞阳，长达400余km，其中，位于栾川县境内的龙王幢岩体是规模最大而又典型的A型花岗岩体（卢欣祥，1989）。

龙王幢岩体东西长20 km，南北宽10 km，面积约140 km^2，长轴近EW，与区域构造线方向一致。岩体侵入到太古宇太华群中，东部为燕山期伏牛山斑状黑云母花岗岩。岩体是由钠铁闪石花岗岩、霓辉石花岗岩、黑云母钾长花岗岩等岩石类型构成的杂岩体。其主体为灰白色的钠铁闪石花岗岩，在岩体南北两侧及周边由红色黑云母钾长花岗岩构成一个红色镶边，岩体西部边缘有霓辉石花岗岩呈包律存在。此外，局部可见晚期脉岩，如辉长辉绿岩和碱性黑云母正长岩脉、霓石正长岩脉、花岗斑岩脉、石英二长岩脉等。

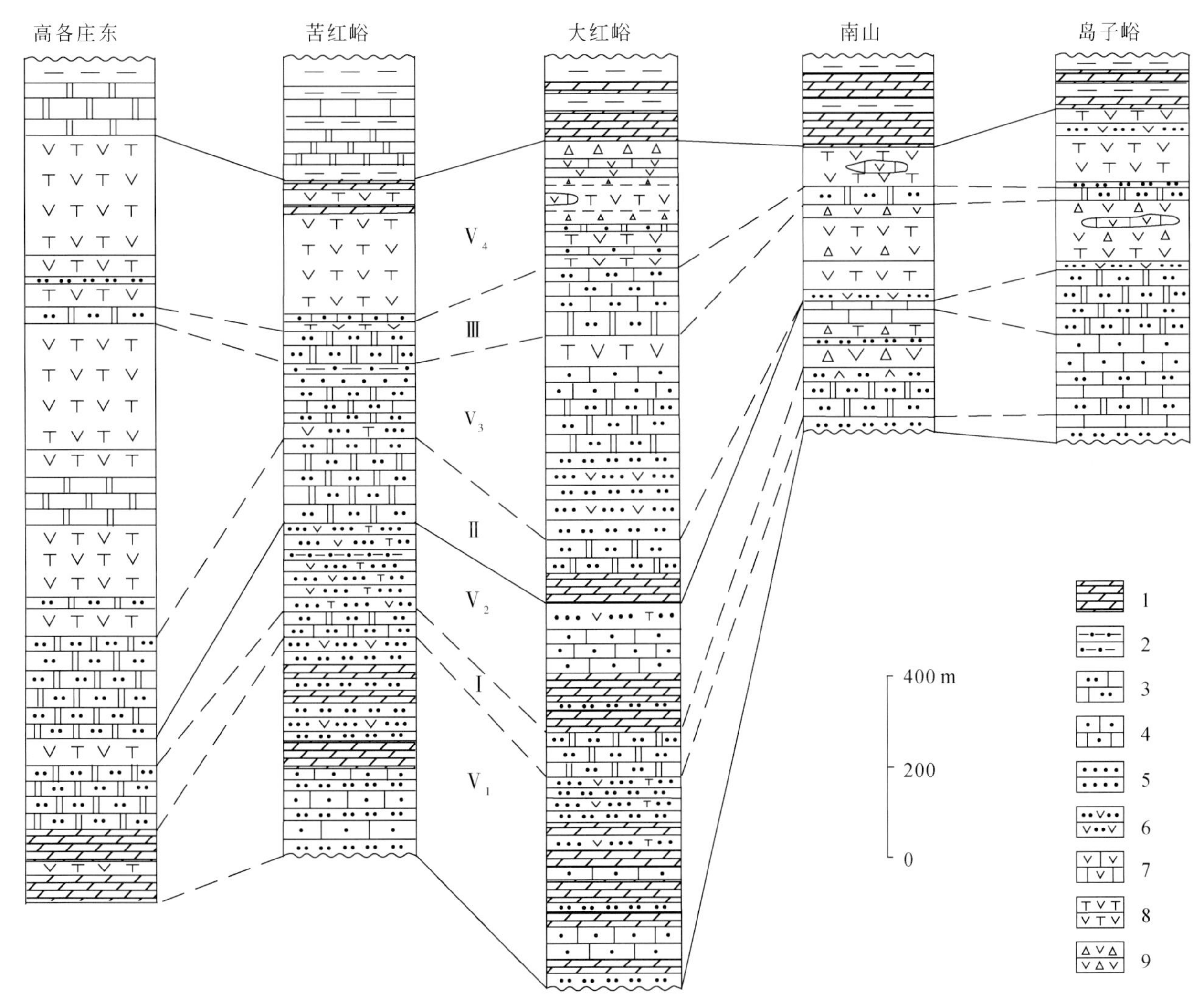

图11.19　蓟县大红峪组柱状对比图（引自胡俊良等，2007）

1. 白云岩；2. 硅质岩；3. 石英岩；4. 含砂灰岩、含凝灰质白云岩；5. 石英砂岩、砂砾岩；6. 砂质混积岩、凝灰岩；7. 碳酸盐质混积岩；8. 钾质熔岩；9. 火山角砾岩、集块岩；V_1—V_4. 火山熔岩；Ⅰ—Ⅲ. 石英岩层

陆松年等（2003）以SHRIMP锆石U-Pb法获得1625±16 Ma的结晶年龄，而包志伟等（2009）和Wang X. L. 等（2012）以LA-ICP-MS锆石U-Pb法，分别获得1602±6 Ma和1616±20 Ma的结晶年龄，二者的年龄数据基本一致。岩体以高硅（SiO_2 = 72.2% ~ 76.8%）、富碱（K_2O+Na_2O = 8.3% ~ 10.2%，$K_2O/Na_2O>1$），分异指数DI = 95 ~ 97，铝指数ASI = 0.96 ~ 1.13，含铁指数高［$FeO^*/(FeO^*+MgO)$值0.90 ~ 0.99］为特征。岩石属于准铝质至弱过铝质、碱性-碱钙性、铁质A型花岗岩。岩石富集大离子亲石元素，稀土元素含量很高（854 ~ 1572 ppm）；高场强元素Nb、Ta、Zr、Hf的富集程度明显低于大离子亲石元素；岩石显著亏损Ba、Sr、Ti、Pb；$\varepsilon_{Nd}(t)$ = −4.5 ~ −7.2，Nd模式年龄为2.3 ~ 2.5 Ga；$\varepsilon_{Hf}(t)$ = −1.11 ~ −5.26，相应的二阶段模式年龄T_{DM}^{C} = 2.4 ~ 2.6 Ga。

对龙王幢花岗岩的成因认识不一致，卢欣祥（1989）、Wang X. L. 等（2012）认为是下地壳物质部分熔融形成，而包志伟等（2009）认为是富集地幔部分熔融的玄武质岩浆经强烈结晶分异的产物。

11.4.2.5 非造山岩浆岩的成因与构造环境

对非造山岩浆的大地构造背景已有一些文章进行讨论（Wang *et al.*, 2013 及其中的参考文献），目前一些学者将华北的此类岩石，与地幔柱和哥伦比亚超大陆聚合后的裂解相联系（Zhao T. P. *et al.*, 2002b; Zhang *et al.*, 2007, 2012a; Hou *et al.*, 2008b）。对于以下几个问题需要关注：

（1）此时期的岩浆岩大多具有“类岛弧地球化学特征”，如 Nb-Ta 等高场强元素的亏损和大离子亲石元素的富集，全岩 $\varepsilon_{Nd}(t)$ 和锆石 $\varepsilon_{Hf}(t)$ 值都表现出富集地幔成分的特征，或是其地幔源区经受古俯冲组分的改造，或表明有大量的地壳物质的加入（图 11.20）。

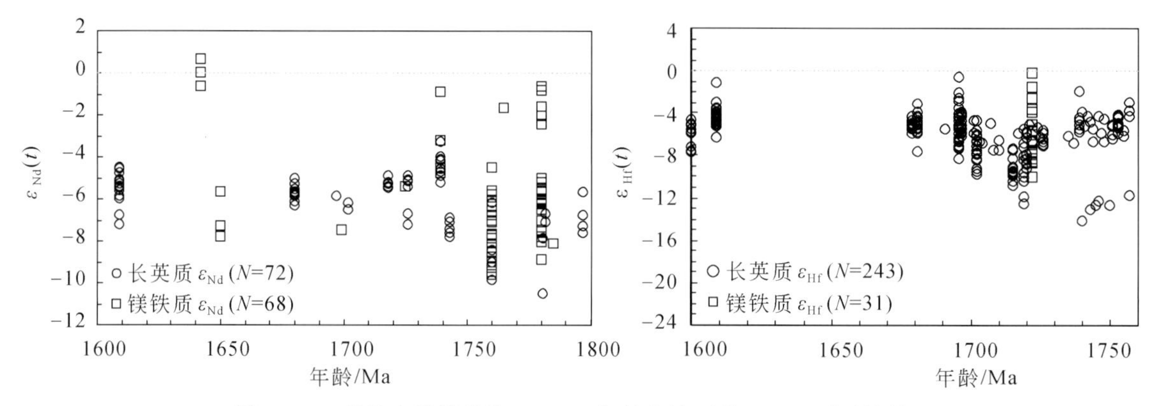

图 11.20 非造山岩浆岩的-$\varepsilon_{Nd}(t)$ 年龄和锆石的-$\varepsilon_{Hf}(t)$ 年龄图解

（2）此时期的岩浆岩普遍富铁、富钾，其成因一直没有得到很好的解释。例如，熊耳群的中基性熔岩及其同期侵入岩普遍含铁 10% 左右（FeO+Fe_2O_3或全铁作为 Fe_2O_3），少数达到 15%，而镁铁质岩墙群的铁含量普遍在 10% 以上，多数在 15% 左右，有的甚至高达 20% 左右；TiO_2 含量普遍在 1% 左右，只有少数岩样大于 2%。此外，多数的中基性岩（包括基性岩墙群）都显示高度分异和拉斑质系列火山岩的演化趋势和矿物学特征，其 SiO_2 含量大多高于 52%，铁镁矿物主要是单斜辉石，几乎不含角闪石。

（3）在华北本期岩浆岩中迄今没有发现苦橄岩、洋岛型玄武岩或其他直接来自于软流圈亏损地幔的岩浆岩；而且岩浆活动并非短时期巨量发育，而是“持续的、脉动的”，成岩时代在 1720 ~ 1620 Ma。

（4）与约 1.78 Ga 的岩浆作用相比，此期岩浆活动持续的时间长，其地球化学特征也是逐步变化的，明显不同于与地幔柱相关的岩浆岩组合。该期岩浆作用在华北发育的地方广泛（图 11.21），而它们的分布特征总体是沿南部的熊耳裂谷（孙枢等，1985）、北部的燕辽裂谷分布。因此推测它们属于在约 1.78 Ga 的大火成岩事件或地幔柱之后引发的裂谷持续过程的岩浆作用。

11.4.3 约 1.37 ~1.32Ga 基性岩席（床）群

继在燕辽裂陷槽待建系下马岭组发现有锆石 U-Pb 年龄在 1368±12 ~ 1372±18 Ma 的细粉状层凝灰岩（斑脱岩），并在铁岭组发现的斑脱岩锆石 U-Pb 年龄在 1437±21 Ma 后（高林志等，2009；苏文博等，2010），不少研究者注意到 1400 Ma 前后发生的岩浆事件及其地质意义。其中最重要的进展，是在河北平泉、兴隆、宽城、下板城、怀来，辽宁凌源、朝阳以及京西地区等地发现一组辉绿岩席（床）（李怀坤等，2009；Zhang *et al.*, 2009, 2012b），它们主要侵入在下马岭组和雾迷山组，少量见于串岭沟组、高于庄组、洪水庄组和铁岭组（Zhang *et al.*, 2009）。在一些出露区，可以观察到三至五层岩席（床），构成辉绿岩席群。如在宽城县化皮溜子乡黄家庄附近的下马岭组碎屑岩地层中见三个基本顺层侵入的基性岩席（床），以辉长辉绿岩为主，部分为辉绿岩，局部呈中晶辉长岩，它们自下而上的厚度分别为 110 m、22 m 和 62 m，辉绿岩遭受强烈风化破碎，球形风化特征明显（李怀坤等，2009）。在平泉以西的下马岭组的泥质岩-碎屑岩中，也可区别出四个顺层侵入的岩席（床）。有时还可以观察到岩席（床）与地层的接触带上有很薄的烘烤边。在朝阳附近的雾迷山组的白云岩中，辉绿岩席有数十米至数百米厚，几公里甚至数十公里长（Zhang *et al.*, 2009）。辉绿岩席（床）通常都有典型的辉绿结构，大约辉石量在 40% ~60%，斜长石在 40% ~55%，另有一些磁铁矿（3% ~10%）和角闪石（0 ~5%）。图 11.22 是地质剖面图，显示辉绿岩席（床）与围岩下马岭组的关系（Zhang *et al.*，2009）。

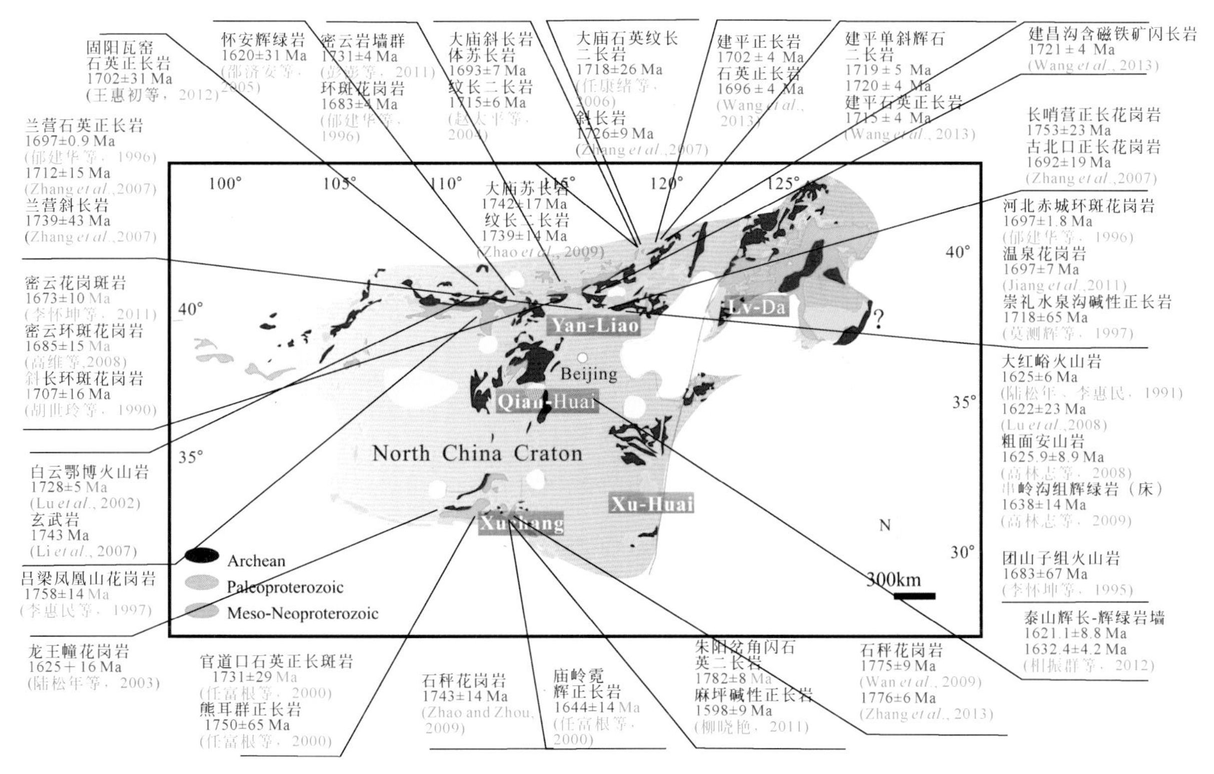

图 11.21　非造山岩浆岩分布与年龄示意图

图 11.23 是辉绿岩岩系的 Zr/Y-Zr（a）和 Ti-Zr-Y * 3 图解（b），所有的样品都落在大陆玄武岩的范围内。Zhang 等（2009）选取朝阳地区侵入雾迷山组的辉绿岩锆石，进行 LA-ICP-MS U-Pb 定年，得到 1345±12 Ma 的年龄。李怀坤等（2009）采得宽城地区侵入下马岭组的辉绿岩样品，选取斜锆石进行 ID-TIMS（Isotope Dilution-Thermo-Ionization-mass Spectrometer，同位素稀释-热电离质谱）测定，得到 1320±6 Ma 的 U-Pb 年龄，将同一岩样的斜锆石和锆石放在一起，得到不一致线与谐和线的上交点年龄为 1323±21 Ma。而后，Zhang 等（2012b）又采集到多个侵入到中元古代地层中的辉绿岩，以及在化德地区侵入到白云鄂博群相应下马岭组中的花岗岩。辉绿岩的锆石和斜锆石的年龄在 1313 ~ 1331 Ma，辉绿岩的初始 $^{143}Nd/^{144}Nd$ 值为 0.510933 ~0.511026，$\varepsilon_{Nd}(t)$ 值 0.14 ~ 1.96，它们的 T_{DM} 模式年龄为 1.90 ~2.18 Ga。辉绿岩中锆石的 $^{176}Hf/^{177}Hf$ 初始值 0.282023 ~0.282179，$\varepsilon_{Hf}(t)$ 值 2.93 ~8.48，T_{DM} Hf 模式年龄为 1.49 ~1.75 Ga，T_{DM}^{C} 年龄为 1.57 ~1.93 Ga。斜锆石的 $^{176}Hf/^{177}Hf$ 初始值为 0.281997 ~0.282085，具高的正 $\varepsilon_{Hf}(t)$ 值 2.00 ~5.13，T_{DM} Hf 模式年龄为 1.60 ~1.73 Ga，T_{DM}^{C} 年龄为 1.79 ~1.99 Ga。花岗岩得到 1331 ± 11 Ma 和 1324±14 Ma 的锆石 U-Pb 年龄，其 $^{143}Nd/^{144}Nd$ 值为 0.510565 ~0.510595，$\varepsilon_{Nd}(t)$ 为 -6.94 ~ -6.35，T_{DM} 模式年龄为 2.28 ~2.37 Ga。花岗岩中锆石的 $^{176}Hf/^{177}Hf$ 初始值 0.281690 ~0.281804，$\varepsilon_{Hf}(t)$ 值 -8.76 ~ -4.73，Hf 的 T_{DM} 模式年龄为 2.00 ~2.16 Ga，T_{DM}^{C} 年龄为 2.42 ~2.67 Ga，显示辉绿岩与花岗岩有不同的源区。

图 11.24 显示辉绿岩的 $\varepsilon_{Nd}(t)$ 和 $\varepsilon_{Hf}(t)$ 值随年龄的变化关系（Zhang *et al.*，2012b）。为了便于比较，图中还投入了该区的太古宙基底岩石、大庙斜长岩的样品。可以看出，花岗岩与大庙斜长岩与古老的太古宙基底具有同源性，显示了它们主要是太古宙基底重熔的产物。而辉绿岩具有地幔来源的特征。此外，据范宏瑞等（2006）报道，白云鄂博矿区有 1.4 ~1.2 Ga 的火成碳酸岩脉，和 1.31 ~1.35 Ga 的辉绿岩时代相当，代表该期大陆裂谷事件中的大陆地幔熔融的岩浆作用。并假设 Nb-铁矿和稀土矿的成矿与该期大陆裂谷事件有关，很可能是地幔上隆以及火成碳酸岩造成的元素富集的结果。

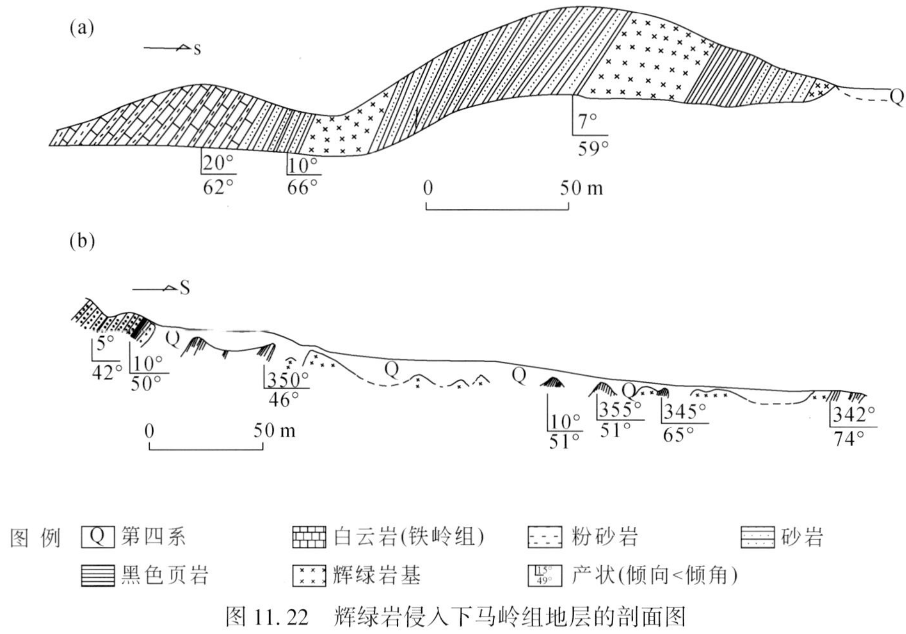

图 11.22　辉绿岩侵入下马岭组地层的剖面图

（a）下板城乌龙矶；（b）平泉双洞子（据 Zhang *et al.* 2009）

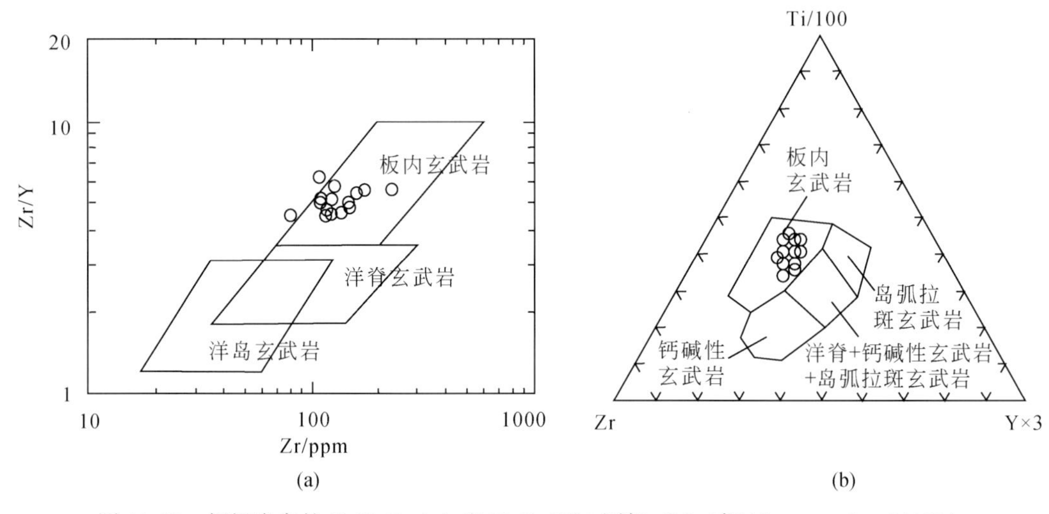

图 11.23　辉绿岩席的 Zr/Y-Zr（a）和 Ti-Zr-Y*3 图解（b）（据 Zhang *et al.*，2012b）

11.4.4　约 0.9 Ga 基性岩墙群

华北克拉通 925～890 Ma 岩浆活动，主要包括大石沟基性岩墙群以及东南缘栾川、储兰、大连和朝鲜沙里院的基性岩床群（图 11.25）。大石沟基性岩墙群主要分布在晋冀蒙地区，另外鲁西可能也存在同时代的岩墙（Peng *et al.*，2011a）。这些岩墙通常宽 10～50 m，长达 10～20 km，走向从约 305°～340°（华北克拉通中部）变化到约 10°（鲁西地区），构成一个放射状几何学分布。岩墙主要由辉长岩和辉绿岩组成，矿物组合主要为斜长石（约 65%）、单斜辉石（约 25%）以及少量角闪石、钾长石和磁铁矿，有些还有橄榄石，有些见石英，未变质。例如，怀安羊窖沟一条岩墙由 5%～10% 的橄榄石组成。斜锆石 TIMS U-Pb 年代学揭示这些岩墙侵位于 925～920 Ma。

华北东南缘的栾川（Wang *et al.*，2011）、徐淮（柳永清等，2005；Wang Q. H. *et al.*，2012）、旅大以及朝鲜的平南盆地（Peng *et al.*，2011b）都发育一些岩床，这些岩床的时代均为约 900 Ma，稍年轻于大石沟基性岩墙群。如果恢复显生宙时期郯庐断裂引起断裂两边的块体走滑，华北克拉通的这些岩床群的分布范围连起来形成了一个约 120°的夹角，因此，Peng 等（2011b）猜想，这些盆地可能属于一个三岔裂

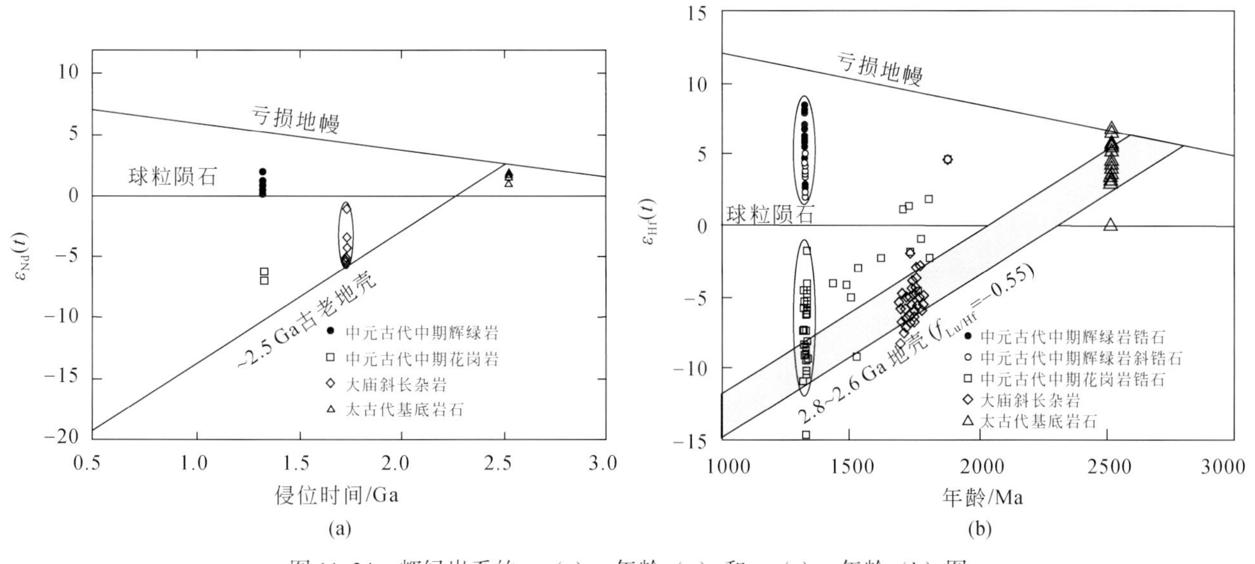

图 11.24　辉绿岩系的 $\varepsilon_{Nd}(t)$ -年龄（a）和 $\varepsilon_{Hf}(t)$ -年龄（b）图

谷系的一部分。这些岩床厚度从几米到 150 m，延伸数公里，主要岩石组成为粗玄岩，轻微变质，最高达绿片岩相（如平南盆地；Peng *et al.*，2011a）。主要矿物组成为长石、残留的单斜辉石（常部分变为角闪石）和一些副矿物以及一些变质矿物如绿帘石、绿泥石、钠长石和角闪石。岩墙部分有轻微变形。平南盆地同一条岩床内获得斜锆石年龄为约 900 Ma，锆石年龄为约 400 Ma，指示变质时代为约 400 Ma（Peng *et al.*，2011b）。

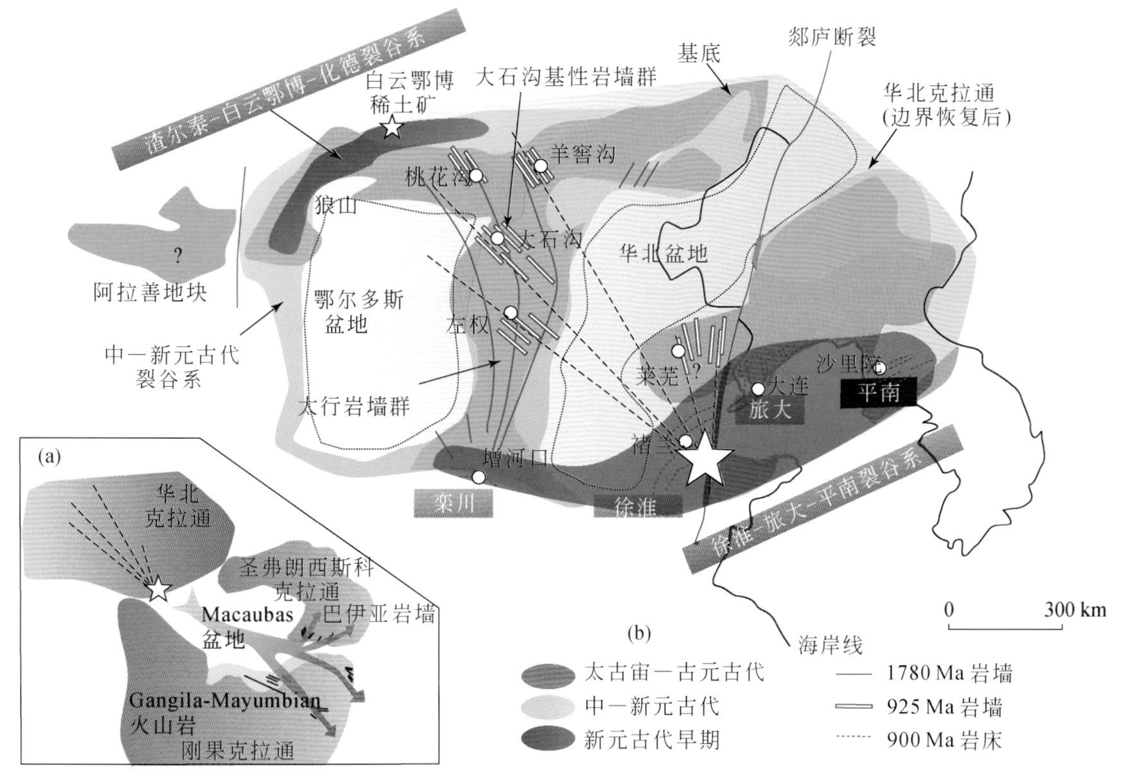

图 11.25　约 925 Ma 大石沟基性岩墙群和约 900 Ma 岩床群分布及其与中—新元古代沉积盆地关系
（a）展示 9 亿年前华北克拉通与刚果-圣弗朗西斯科克拉通联合古陆的复原假想图（据 Peng *et al.*，2011a）

由于岩墙群几何学分布具有放射状形态，其发散中心位于徐淮盆地，而岩墙和岩床具有相似或者相关的成分特征，Peng 等（2011a）认为这些岩墙群和火山岩系成因相关。全球约 9 亿年的岩浆活动比较稀少，然而在刚果和弗朗西斯科克拉通具有时代完全一致的火山岩系和岩墙群，如巴西巴利亚（Bahia）岩墙群（Correa-Gomes and Oliveira，2000；Evans *et al.*，2010），因此，Peng 等（2011a）提出9亿年前华北克拉通与刚果-圣弗朗西斯科克拉通相连成为一个联合古陆的构想（图 11.25）。

11.5　华北克拉通多期裂谷事件及其地质意义

华北克拉通内古元古代末—新元古代沉积岩的碎屑锆石以及岩浆岩记录了这个时期的地壳演化。图 11.26 假想在地球演化的不同时期对可能存在的超大陆图示，图中把主要的地质事件分成超大陆拼合和超大陆裂解（即超级地幔柱）；除了太古宙末有一个超大陆（超级克拉通）形成外，紧接着发生一次古元古代早期的裂解事件；其后又有陆块拼合形成新的哥伦比亚（图 11.26 中 C）；再后即为罗迪尼亚（图 11.26 中 R）和泛大陆（Pangea，图 11.26 中 P）等超大陆的形成和裂解。图中还标注了在泛大陆形成前，冈瓦纳（图 11.26 中 G）准大陆的形成。以上假说是在分析和总结了地球历史上各陆块中可以识别的造山带和裂谷带的基础上得出的。而超大陆的形成是一个全球规模的拼合事件，超大陆的裂解是全球范围的伸展事件，前者借助板块构造，后者借助于地幔柱构造。华北自太古宙末假设有一个拼合微陆块事件形成现代规模后（翟明国、卞爱国，2000；Zhai and Santosh，2011），也被假设在古元古代早期发生裂解，经历了裂谷-俯冲-碰撞过程，推测与哥伦比亚超大陆的形成有关。但是在后来的元古宙演化中，记录的都是伸展过程，表现出多次裂谷事件。华北克拉通在 18 亿年至新元古代，经历了多期裂谷事件。不少学者试图将这些裂谷事件的发生和哥伦比亚超大陆、罗迪尼亚超大陆的演化相联系，但在其他古大陆中找不到与熊耳群相同时代的火山岩系，在华北克拉通也没有块体拼合的构造事件和大陆裂解开或洋盆发育的记录（翟明国，2012）。

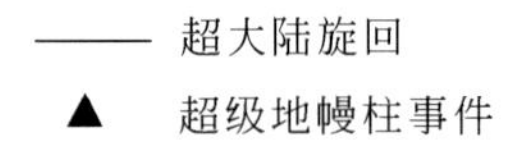

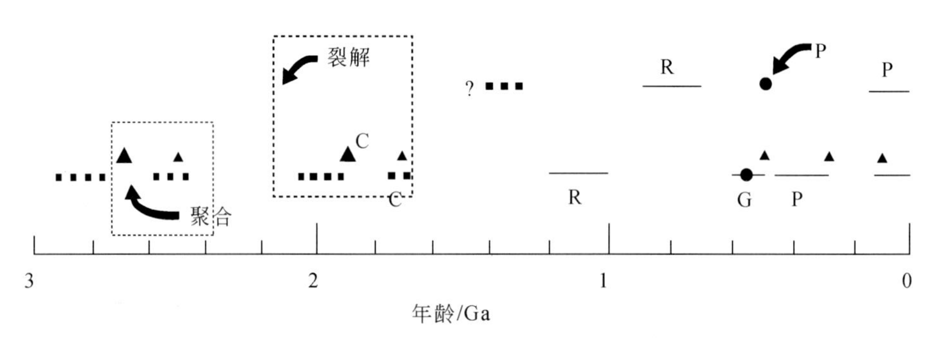

图 11.26　超大陆演化图解（据 Condie，2004）

C. 哥伦比亚超大陆；R. 罗迪尼亚超大陆；P. 泛大陆；G. 冈瓦纳准大陆

11.5.1　碎屑锆石记录的岩浆作用信息

本章前面已提到过，在华北克拉通中—新元古代地层，特别是新元古代地层中的碎屑锆石主要记录 1.85 ~ 1.6 Ga 的岩浆-变质事件，局部并有约 1.2 Ga 岩浆记录（图 11.27）。1.85 ~ 1.65 Ga 代表大陆裂解的镁铁质岩墙群、裂谷型火山岩和非造山的斜长岩-纹长二长岩-紫苏花岗岩-花岗岩组合（Anorthosite-Mangerite-Charnockite-Rapakivi-Grante，AMCG）在华北克拉通大量出露（陆松年等，1995，2003；李江海等，2001；Lu *et al.*，2002，2008；赵太平等，2004a，2004b；Peng *et al.*，2005；杨进辉等，2005；刘振锋等，2006；任康绪等，2006；Zhai *et al.*，2007；高维等，2008；高林志等，2009），它们是沉积岩中锆石的来源。在燕辽拗拉槽里还陆续发现了 1.56 Ga、1.43 Ga、1.37 Ga 和 1.32 Ga 的火山岩或者基性岩床（墙），这些岩浆的锆石也发现于中—新元古代的沉积岩（高林志等，2007，2008；Gao *et al.*，2007；Su *et al.*，2008；李怀坤等，2009，2010；Zhang *et al.*，2009；苏文博等，2010）。1.2 Ga 的岩浆岩在华北克拉通出露很少，如在朝鲜与中国交界处的含角闪石花岗岩体，具有 1195±4 Ma 的岩浆年龄（Zhao *et al.*，2006）。

图 11.27 是化德群和土门群碎屑锆石中，岩浆锆石的地壳模式年龄分布和 $\varepsilon_{Hf}(t)$ $-^{207}Pb/^{206}Pb$ 年龄图。化德群和土门群中 2.4～2.8 Ga 的岩浆锆石 $\varepsilon_{Hf}(t)$ 值多为正值，且接近亏损地幔演化线［图 10.27(b)、(d)］，它们的 Hf 地壳模式年龄峰值约为 2.85 Ga［图 11.27(a)、(c)］，指示该时期有大规模的新生地壳形成，但多数存留时间较短，在约 2.5 Ga 时受到改造，这与华北克拉通现今出露的太古宙基底岩石多形成于约 2.5 Ga 相对应。化德群中 1.7～2.05 Ga 的岩浆锆石 $\varepsilon_{Hf}(t)$ 值多数为-3～+4，较远离亏损地幔演化线［图 11.27(b)］，它们的 Hf 地壳模式年龄峰值为约 2.5 Ga［图 11.27(a)］，体现出对 2.5 Ga 已有地壳改造的性质；1.7～2.05 Ga 的岩浆锆石有少数具更低的 $\varepsilon_{Hf}(t)$ 值，仅为-6～-3，与土门群中大多数 1.7～2.05 Ga 的岩浆锆石 $\varepsilon_{Hf}(t)$ 值-13～-5 基本一致，它们的 Hf 地壳模式年龄介于 2.6～3.3 Ga［图 11.27(d)］，体现出对约 2.85 Ga 地壳的改造。土门群和化德群 1.05～1.7 Ga 中元古代的岩浆锆石的 $\varepsilon_{Hf}(t)$ 值，大多介于球粒陨石演化线和亏损地幔演化线之间，Hf 地壳模式年龄多数介于 1.6～2.3 Ga［图 11.27(b)、(d)］，指示该时期岩浆岩的源区受到古元古代基底和地幔的共同作用，这与华北克拉通中元古代发育大陆裂谷型岩浆岩相一致。

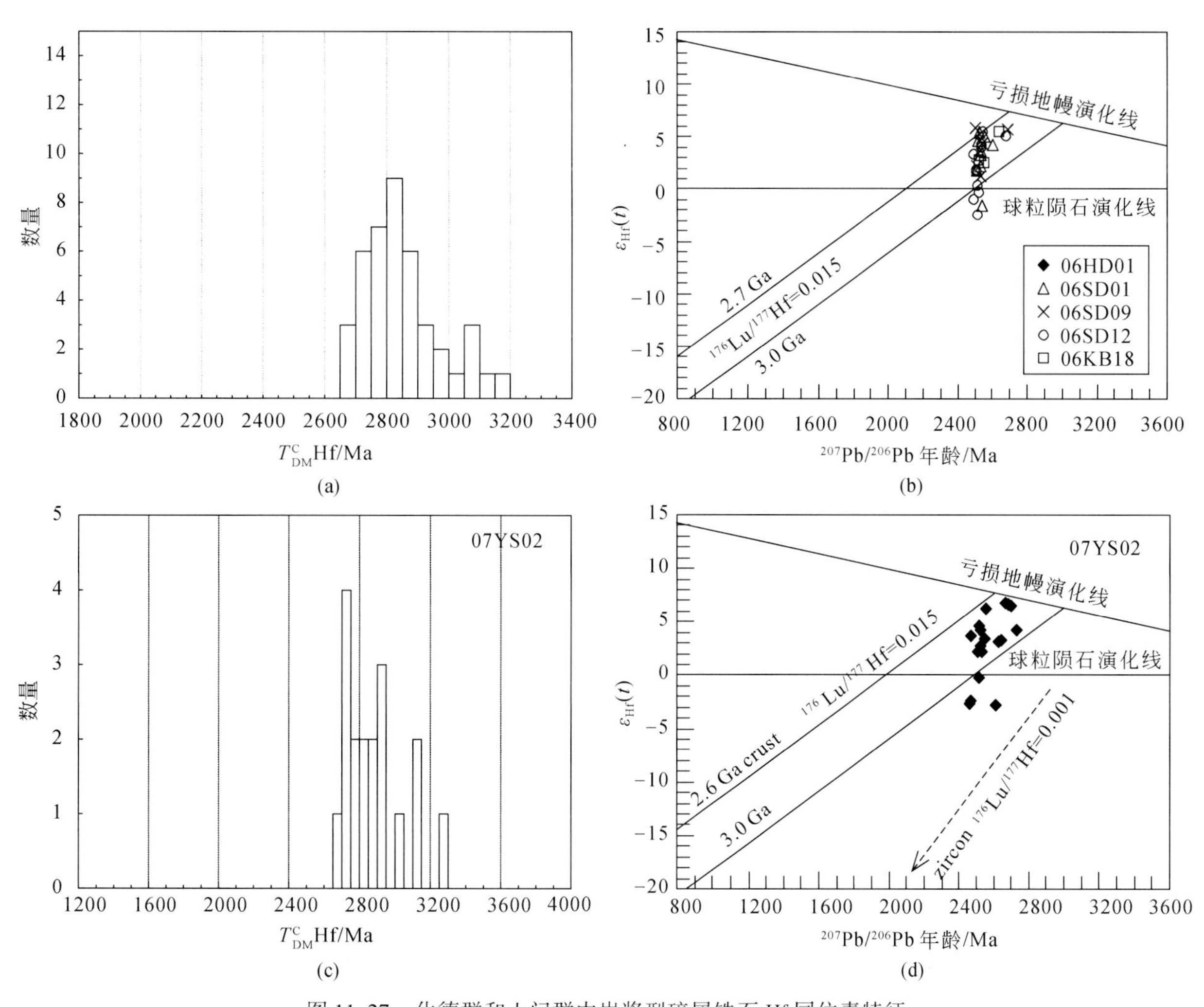

图 11.27　化德群和土门群中岩浆型碎屑锆石 Hf 同位素特征

(a)、(b) 化德群岩浆型碎屑锆石的地壳模式年龄分布和 $\varepsilon_{Hf}(t)$ $-^{207}Pb/^{206}Pb$ 年龄图（胡波，2009）；
(c)、(d) 土门群中岩浆型碎屑锆石的地壳模式年龄分布和 $\varepsilon_{Hf}(t)$ $-^{207}Pb/^{206}Pb$ 年龄图（Hu *et al.*，2012）

11.5.2　四期岩浆作用及其地质含义

古老沉积岩中的碎屑锆石记录的岩浆作用信息与四期岩浆作用是相同的，即约 1.78 Ga 基性岩墙群-熊耳火山岩事件、1.7～1.6 Ga 非造山岩浆作用、约 1.35 Ga 辉绿岩床（席）群、约 0.9 Ga 基性岩墙群。

一些学者假设华北克拉通参与了哥伦比亚超大陆的演化（Zhao A. C. *et al.*，2002；Li and Zhao，2007），但是对超大陆裂解的响应时间存在争议，基于对上述岩浆活动性质的不同理解，大体有三种认识：古元古代晚期—中元古代早期（约 1.78 Ga；Zhao T. P. *et al.*，2002；赵太平等，2004b；Peng *et al.*，2008）、中元古代中期（约 1.62 Ga；杨进辉等，2005；高林志等，2008）和中元古代中晚期（1.35～1.31 Ga；Zhang *et al.*，2009，2012b）。另外，900～800 Ma 的岩浆活动由于峰期时代与罗迪尼亚超大陆裂解的时限可以对应，部分学者提出这一岩浆活动可能记录了相关过程（彭润民等，2010；Peng *et al.*，2011a，2011b），狼山地区形成伸展构造体制下的拉张盆地，并有酸性火山岩的活动及一些与热水喷流成矿作用密切相关的大型-超大型 Pb、Zn、Cu 矿床形成（彭润民等，2000，2010；Zhai *et al.*，2004）；华北东北和中部亦有约 900 Ma 基性岩床（墙）的报道（Peng *et al.*，2011a，2011b）。尽管前寒武纪沉积岩尚未发现该时期的锆石记录，但是北京西山地区寒武系砂岩的碎屑锆石却很好地保存了该时期的岩浆和变质事件信息（胡波等，2013）。这几期岩浆活动的出现，指示华北克拉通在古元古代末—新元古代可能经历了一个多期的持续性裂谷事件，并有一些相关的与大陆裂谷和非造山岩浆有关的成矿记录，如大庙大型钒钛磁铁矿、白云鄂博超大型稀土矿床和狼山铅锌铜铁硫化物矿床等。

1.3～1.0 Ga 的岩浆锆石记录很少，少量出现在华北东缘和北缘的沉积岩碎屑锆石（Luo *et al.*，2006；Li X. H. *et al.*，2007；Gao *et al.*，2011；Hu *et al.*，2012）和侵入岩的捕获锆石中（Yang *et al.*，2004；张华锋等，2009）。目前发现地表出露的约 1.2 Ga 岩浆岩，只有朝鲜狼林地块北部的一个结晶年龄为 1195 Ma 的含角闪石的花岗岩体（Zhao *et al.*，2006），没有明确的代表大陆聚合过程的岩浆岩记录。

11.6　结　　论

（1）华北克拉通从约 1800 Ma 的区域变质事件之后，进入地台型演化阶段。形成了晚古元古代—新元古代熊耳裂陷槽、燕辽裂陷槽以及北缘裂谷系、东缘裂谷系。熊耳裂陷槽的形成最早，起始时间以约 1780 Ma 的熊耳群火山岩为代表。燕辽裂陷槽中没有此期火山岩，长城系底部沉积岩的沉积年龄难以确定，团山子组有约 1680 Ma 的火山岩，大红峪组双峰式火山岩与熊耳裂陷槽中的汝阳群大致相当。推测燕辽裂陷槽的形成时代略晚于熊耳裂陷槽。在此后各裂谷系的发育中都鲜有火山岩。

（2）华北克拉通中元古代四期岩浆事件都是区域性的，它们的构造背景都是伸展环境，表现较强烈的地幔隆升的特征，出现了相应的大火成岩省、非造山岩浆组合、镁铁质岩系群和岩墙群，形成了有特色的金属矿产。

（3）值得注意的是，从约 1800 Ma 至新元古代以来，华北克拉通内没有发现与聚合事件有关的岩浆岩，盆地分析也表明该期出现过多次裂谷盆地，不同沉积阶段的构造面都是伸展的抬升性质。换言之，华北在该期是处于一拉到底的构造环境。

（4）虽然不少研究者假设元古宙期间有全球性的多次超大陆旋回，华北并没有明确的对应关系。可能的解释或是元古宙的超大陆演化不具全球性，或者是因为华北克拉通在当时处于超大陆的边缘（Zhang *et al.*，2012a）。不管怎样，这个地质事实的识别对华北古元古代末—新元古代的构造演化的研究具有很重要的意义。

致　谢：本章是作者及其研究集体的共同研究成果，其中有些意见尚不成熟，有待进一步研究。作者还感谢香山会议的主持者，特别是孙枢院士和王铁冠院士的鼓励。除了署名的作者外，未署名的许多本课题组的同事和学生为本章的写作和图件的绘制花费了很大心血，他们是王芳、王伟、祝禧艳博士和赵磊、钟焱、王浩铮等博士研究生。此外，孟庆任、郭敬辉、赵越、范宏瑞研究员，李铁胜、张艳斌、张晓晖、刘富、杨奎峰、周艳艳博士等都参与了研究和讨论，在此一并致谢。本项研究得到科技部 973 项目（2012CB4166006）和基金重点目（41030316）和重大国际合作项目（41210003）的资助。

参考文献

白瑾，黄学元，戴凤岩，吴昌华.1993. 中国前寒武纪地壳演化. 北京：地质出版社

包志伟，王强，资锋，唐功建，杜凤军，白国典.2009. 龙王幢 A 型花岗岩地球化学特征及其地球动力学意义. 地球化学，38（6）：509～522

曹瑞骥.2000. 我国中新元古代地层研究中若干问题的探讨. 地层学杂志，24（1）：1～7

陈从云.1993. 白云鄂博群渣尔泰群和化德群的时代隶属. 中国区域地质，1：59～67

陈晋镳，张鹏远，高振家，孙淑芬.1999. 中国地层典：中元古界. 北京：地质出版社

陈晋镳，张惠民，朱士兴，赵震，王振刚.1980. 蓟县震旦亚界的研究. 见：中国地质科学院天津地质矿产研究所主编. 中国震旦亚界. 天津：天津科学技术出版社. 56～114

陈孟莪.1993. 对清河镇动物群和昌图动物群的质疑. 地质科学，28（2）：199～200

陈毓蔚，钟富道，刘菊英，毛存孝，洪文兴.1981. 我国北方前寒武岩石铅同位素年龄测定：兼论中国前寒武地质年表. 地球化学，10（3）：209～219

崔敏利，张宝林，彭澎，张连昌，沈晓丽，郭志华，黄雪飞.2010. 豫西崤山早元古代中酸性侵入岩锆石/斜锆石 U-Pb 测年及其对熊耳火山岩系时限的约束. 岩石学报，26（5）：1541～1549

第五春荣，孙勇，刘养杰，韩伟，戴梦宁，李永项.2011. 秦皇岛柳江地区长龙山组石英砂岩物质源区组成——来自碎屑锆石 U-Pb-Hf 同位素的证据. 岩石矿物学杂志，30（1）：1～12

地质矿产部中国同位素地质年表工作组.1987. 中国同位素地质年表. 北京：地质出版社

杜汝霖，田立富，李汉棒.1986. 蓟县长城系高于庄组宏观生物化石的发现. 地质学报，2：115～120

范宏瑞，胡芳芳，陈福坤，杨奎峰，王凯怡.2006. 白云鄂博超大型 REE-Nb-Fe 矿区碳酸岩墙的侵位年龄——兼答 Le Bas 博士的质疑. 岩石学报，22（2）：519～520

高林志，乔秀夫.1992. 浑江末前寒武纪丝状藻及其环境意义. 地质论评，2：140～148

高林志，丁孝忠，曹茜，张传恒.2010a. 中国晚前寒武纪年表和年代地层序列. 中国地质，37（4）：1014～1020

高林志，尹崇玉，王自强.2002. 华北地台南缘新元古代地层的新认识. 地质通报，21（3）：130～135

高林志，张传恒，陈寿铭，刘鹏举，丁孝忠，刘燕学，董春燕，宋彪.2010b. 辽东半岛细河群沉积岩碎屑锆石 SHRIMP U-Pb 年龄及其地质意义. 地质通报，29（8）：1113～1122

高林志，张传恒，刘鹏举，丁孝忠，王自强，张彦杰.2009. 华北-江南地区中、新元古代地层格架的再认识. 地球学报，30（4）：433～446

高林志，张传恒，史晓颖，周洪瑞，王自强.2007. 华北青白口系下马岭组凝灰岩锆石 SHRIMP U-Pb 定年. 地质通报，26（3）：249～255

高林志，张传恒，尹崇玉，史晓颖，王自强，刘耀明，刘鹏举，唐烽，宋彪.2008. 华北古陆中、新元古代年代地层框架——SHRIMP 锆石年龄新依据. 地球学报.29（3）：366～376

高维，张传恒，高林志，史晓颖，刘耀明，宋彪.2008. 北京密云环斑花岗岩的锆石 SHRIMP U-Pb 年龄及其构造意义. 地质通报，27（6）：793～798

关保德，耿午辰，戎治权，杜慧英.1988. 河南东秦岭北坡中—上元古界. 郑州：河南科学技术出版社

韩以贵，张世红，白志达，董进.2006. 豫西地区熊耳群火山岩钠长石化研究及其意义. 矿物岩石，26（1）：35～42

河北省地质矿产局.1989a. 河北省区域地质志. 北京：地质出版社

河南省地质矿产局.1989b. 河南省区域地质志. 北京：地质出版社

侯万荣，肖荣阁，张汉成，高亮，曹殿华.2003. 熊耳裂谷火山岩系金——多金属矿床成矿模式. 黄金地质，9：22～27

胡波.2009. 化德群和土门群沉积岩碎屑锆石研究：对华北克拉通基底及元古宙盆地演化的指示意义. 中国科学院地质与地球物理研究所博士论文

胡波，翟明国，郭敬辉，彭澎，刘富，刘爽.2009. 华北克拉通北缘化德群中碎屑锆石的 LA-ICP-MS U-Pb 年龄及其构造意义. 岩石学报，25（1）：193～211

胡波，翟明国，彭澎，刘富，第五春荣，王浩铮，张海东.2013. 华北克拉通古元古代末—新元古代地质事件——来自北京西山地区寒武系和侏罗系碎屑锆石 LA-ICP-MS U-Pb 年代学的证据. 岩石学报，29（7）：2508～2536

胡俊良，赵太平，徐勇航，陈伟.2007. 华北克拉通大红峪组高钾火山岩的地球化学特征及其岩石成因. 矿物岩石，27（4）：70～77

胡受奚，林潜龙，陈泽铭，黎世美. 1988. 华北与华南古板块拼合带地质和成矿. 南京：南京大学出版社
胡世玲，王松山，桑海清，裘冀，叶东虎，崔人合，戚长谋. 1990. 大庙斜长岩同位素地质年龄、稀土地球化学及其地质意义. 地质科学，(04)：332～343
贾承造，施央申，郭令智. 1988. 东秦岭板块构造. 南京：南京大学出版社
李承东，郑建民，张英利，张凯，花艳秋. 2005. 化德群的重新厘定及其大地构造意义. 中国地质，32（3）：353～362
李怀坤，李惠民，陆松年. 1995. 长城系团山子组火山岩颗粒锆石 U-Pb 年龄及其地质意义. 地球化学，24（1）：43～48
李怀坤，陆松年，李惠民，孙立新，相振群，耿建珍，周红英. 2009. 侵入下马岭组的基性岩床的锆石和斜锆石 U-Pb 精确定年——对华北中元古界地层划分方案的制约. 地质通报，28（10）：1396～1404
李怀坤，苏文博，周红英，耿建珍，相振群，崔玉荣，刘文灿，陆松年. 2011. 华北克拉通北部长城系底界年龄小于 1670 Ma：来自北京密云花岗斑岩岩脉锆石 LA-MC-ICPMS U-Pb 年龄的约束. 地学前缘，18（3）：108～120
李怀坤，朱士兴，相振群，苏文博，陆松年，周红英，耿建珍，李生，杨锋杰. 2010. 北京延庆高于庄组凝灰岩的锆石 U-Pb 定年研究及其对华北北部中元古界划分新方案的进一步约束. 岩石学报，26：2131～2140
李江海，侯贵廷，钱祥麟，Halls H C，Davis D. 2001. 恒山中元古代早期基性岩墙群的单颗粒锆石 U-Pb 年龄及其克拉通构造演化意义. 地质论评，47（3）：234～238
李明荣，王松山，裘冀. 1996. 京津地区铁岭组、景儿峪组海绿石^{40}Ar-^{39}Ar 年龄. 岩石学报，12（3）：416～423
李钦仲，杨应章，贾金昌. 1985. 华北地台南缘（陕西部分）晚前寒武纪地层研究. 西安：西安交通大学出版社
李勤，张江满. 1993. 冀北"清河镇动物群"质疑. 中国区域地质，4：365～371
李顺智，林源贤，张学祺. 1985. 燕山地区长城系常州沟组、串岭沟组的年龄. 前寒武纪地质，2：129～134
李增慧，马来斌. 1992. 河北蓟县常州沟组宇宙尘落地年龄. 地质论评，38（5）：449～456
辽宁省地质矿产局. 1989. 辽宁省区域地质志. 北京：地质出版社
刘燕学，旷红伟，孟祥化，葛铭，蔡国印. 2005. 吉辽徐淮地区新元古代地层对比格架，29（4）：387～396
刘燕学，旷红伟，孟祥化，葛铭. 2006. 锶、碳同位素演化在新元古代地层定年中的应用——以胶辽徐淮地层分区为例. 岩石矿物学杂志，25（4）：299～304
刘振锋，王继明，吕金波，郑桂森. 2006. 河北省赤城县温泉环斑花岗岩的地质特征及形成时代. 中国地质，33（5）：1052～1058
柳晓艳. 2011. 华北克拉通南缘古—中元古代碱性岩岩石地球化学与年代学研究及其地质意义. 中国地质科学院硕士论文，28～29
柳永清，高林志，刘燕学，宋彪，王宗秀. 2005. 徐淮地区新元古代初期镁铁质岩浆事件的锆石 U-Pb 定年，50（21）：2514～2521
陆松年，李惠民. 1991. 蓟县长城系大红峪组火山岩的单颗粒锆石 U-Pb 法准确测年. 中国地质科学院院报，22：137～146
陆松年，李怀坤，李惠民，宋彪，王世炎，周红英，陈志宏. 2003. 华北克拉通南缘龙王幢碱性花岗岩 U-Pb 年龄及其地质意义. 地质通报，22（10）：762～768
陆松年，张学祺，黄承义，刘文兴. 1989. 蓟县-平谷长城系地质年龄数据新知及年代格架讨论. 中国地质科学院天津地质矿产研究所所刊，23：11～23
卢欣祥. 1989. 龙王（石童）A 型花岗岩地质矿化特征. 岩石学报，(1)：67～77
马国干，刘树林，邓祝琴. 1980. 豫西晚前寒武纪汝阳群的海绿石钾-氩年龄与地层对比. 中国地质科学院院报，宜昌地质矿产研究所分刊，1（2）：103～112
牛绍武. 1996. 上前寒武系划分与国内外对比. 国外前寒武纪地质，4：8～20
裴玉华，严海麒，马雁飞. 2007. 河南嵩县-汝州熊耳群古火山机构与矿产的关系. 华南地质与矿产，1：51～58
彭澎，刘富，翟明国，郭敬辉. 2011. 密云岩墙群的时代及其对长城系底界年龄的制约. 科学通报，56（35）：2975～2980
彭润民. 1998. 内蒙古狼山炭窑口一带钾质细碧岩的发现. 科学通报，43（2）：212～216
彭润民，翟裕生. 1997. 内蒙古东升庙矿区狼山群中变质"双峰式"火山岩夹层的确认及其意义. 中国地质大学学报：地球科学，22（6）：589～594
彭润民，翟裕生，韩雪峰，王志刚，王建平，刘家军. 2007. 内蒙古狼山-渣尔泰山中元古代被动陆缘裂陷槽裂解过程中的火山活动及其示踪意义. 岩石学报，23（5）：1007～1017
彭润民，翟裕生，王志刚，韩雪峰. 2004. 内蒙古狼山炭窑口热水喷流沉积矿床钾质"双峰式"火山岩层的发现及其示踪意义. 中国科学（D 辑），34（12）：1135～1144
彭润民，翟裕生，王志刚. 2000. 内蒙古东升庙、甲生盘中元古代 SEDEX 矿床同生断裂活动及其控矿特征. 中国地质大学学报：地球科学，25（4）：404～409
彭润民，翟裕生，王建平，陈喜峰，刘强，吕军阳，石永兴，王刚，李慎斌，王立功，马玉涛，张鹏. 2010. 内蒙古狼山新

元古代酸性火山岩的发现及其地质意义. 地质通报, 55 (26): 2611 ~ 2620
乔秀夫, 高林志, 张传恒. 2007. 中朝板块中、新元古界年代地层柱与构造环境新思考. 地质通报, 26 (5): 503 ~ 509
乔秀夫, 季强, 高林志, 章雨旭, 高振家. 1996. 北中国板块东部震旦系对比. 中国区域地质, 2: 135 ~ 142
邱家骧, 廖群安. 1998. 北京地区中元古代与中生代火山岩的酸度系列构造环境及岩浆成因. 岩石矿物学杂志, 17 (2): 104 ~ 117
全国地层委员会. 2001. 中国地层指南及中国地层指南说明书 (修订版). 北京: 地质出版社
全国地层委员会. 2002. 中国区域年代地层 (地质年代) 表说明书. 北京: 地质出版社
任富根, 李惠民, 殷艳杰, 李双保, 丁士应, 陈志宏. 2000. 熊耳群火山岩系的上限年龄及其地质意义. 前寒武纪研究进展, 23 (3): 140 ~ 146
任富根, 李双保, 赵嘉农, 丁士应, 陈志宏. 2003. 熊耳群火山岩系金矿床中的碲 (硒) 地球化学信息. 地质调查与研究, 26: 45 ~ 51
任康绪, 阎国翰, 蔡剑辉, 牟保磊, 李凤棠, 王彦斌, 储著银. 2006. 华北克拉通北部地区古—中元古代富碱侵入岩年代学及意义. 岩石学报, 22 (2): 377 ~ 386
任荣, 韩宝福, 张志诚, 李建锋, 杨岳衡, 张艳斌. 2011. 北京昌平地区基底片麻岩和中—新元古代盖层锆石 U-Pb 年龄和 Hf 同位素研究及其地质意义. 岩石学报, 27 (6): 1721 ~ 1745
山东省第四地质矿产勘查院. 2003. 山东省区域地质. 济南: 山东省地图出版社
邵济安, 翟明国, 张履桥, 张大明. 2005. 晋冀蒙交界地区五期岩墙群的界定及其构造意义. 地质学报, 79 (1): 56 ~ 67
苏文博, 李怀坤, Huff W D, Ettensohn F R, 张世红, 周红英, 万渝生. 2010. 铁岭组钾质斑脱岩锆石 SHRIMP U-Pb 年代学研究及其地质意义. 科学通报, 22: 2197 ~ 2206
苏文博, 李怀坤, 徐莉, 贾松海, 耿建珍, 周红英, 王志宏, 蒲含勇. 2012. 华北克拉通南缘洛峪群—汝阳群属于中元古界长城系——河南汝州洛峪口组层凝灰岩锆石 LA-MC-ICPMS U-Pb 年龄的直接约束. 地质调查与研究, 35 (2): 96 ~ 108
孙大中, 胡维兴. 1993. 中条山前寒武纪年代构造格架和年代地壳结构. 北京: 地质出版社
孙枢, 张国伟, 陈志明. 1985. 华北断块地区南部前寒武纪地质演化. 北京: 冶金工业出版社
孙淑芬. 1987. 河北宽城长城系下统微古植物群. 地质科学, 3: 236 ~ 243
谭励可, 石铁铮. 2000. 内蒙古商都白云鄂博群小壳化石的发现及其意义. 地质论评, 46 (6): 573 ~ 583
万渝生, 张巧大, 宋天锐. 2003. 北京十三陵长城系常州沟组碎屑钻石 SHRIMP 年龄: 华北克拉通盖层物源区及最大沉积年龄的限定. 科学通报, 48 (18): 1970 ~ 1975
王鸿祯, 李光岑. 1990. 国际地层时代对比表. 北京: 地质出版社
王鸿祯, 何国琦, 张世红. 2006. 中国与蒙古之地质. 地学前缘, 13 (6): 1 ~ 13
王惠初, 相振群, 赵凤清, 李惠民, 袁桂邦, 初航. 2012. 内蒙古固阳东部碱性侵入岩: 年代学、成因与地质意义. 岩石学报, 28 (9): 2843 ~ 2854
王楫, 李双庆, 王保良, 李家驹. 1992. 狼山-白云鄂博裂谷系. 北京: 北京大学出版社
王楫, 王保良, 徐成海, 梁玉左, 李家驹, 马云平, 李双庆. 1989. 内蒙古渣尔泰山群与白云鄂博群时代对比及含矿性. 呼和浩特: 内蒙古人民出版社
王凯怡, 范宏瑞, 谢奕汉, 李惠民. 2001. 白云鄂博超大型 REE-Fe-Nb 矿产基底杂岩的锆石 U-Pb 年龄. 科学通报, 46 (16): 1390 ~ 1394
王松山. 1989. 硅质岩及其流体包体的定年——兼论长城系和郭家寨亚群层位关系. 第四届同位素地质年代学学术讨论会论文 (摘要) 汇编, 24 ~ 25
王松山, 桑海清, 裘冀, 陈孟莪, 李明荣. 1995. 天津地区长城系下伏变质岩系变质年龄及长城系底界年龄的厘定. 地质科学, 30 (4): 348 ~ 354
王同和. 1995. 晋陕地区地质构造演化与油气聚集. 华北地质矿产杂志, 10 (3): 283 ~ 421
瓮纪昌, 李战明, 杨志强, 李文智. 2006. 热水沉积-热液改造成因铅锌矿床——河南熊耳群火山岩中一种新的矿床类型. 地质通报, 25 (4): 502 ~ 505
伍家善, 耿元生, 沈其韩, 刘敦一, 厉子龙, 赵敦敏. 1991. 华北陆台早前寒武纪重大地质事件. 北京: 地质出版社
武铁山. 2002. 华北晚前寒武纪 (中、新元古代) 岩石地层单位及多重划分对比. 中国地质, 29 (2): 147 ~ 154
夏林圻, 夏祖春, 任有祥等. 1991. 祁连、秦岭山系海相火山岩. 武汉: 中国地质大学出版社
邢裕盛. 1989. 中国的上前寒武系: 中国地层 (3). 北京: 地质出版社
邢裕盛, 刘桂芝. 1973. 燕辽地区震旦纪微古植物群及其地质意义. 地质学报, 1: 1 ~ 64
邢裕盛, 高振家, 王自强, 高林志, 尹崇玉. 1996. 中国地层典——新元古界. 北京: 地质出版社
解广轰. 2005. 大庙斜长岩和密云环斑花岗岩的岩石学和地球化学——兼论全球岩体型斜长岩和环斑花岗岩类的时空分布及

其意义．北京：科学出版社
解广轰，王俊文．1988. 大庙斜长岩杂岩体侵位年龄的初步研究．地球化学，1：13 ~ 17
相振群，李怀坤，陆松年，周红英，李惠民，王惠初，陈志宏，牛健．2012. 泰山地区古元古代末期基性岩墙形成时代厘定——斜锆石 U-Pb 精确定年．岩石学报，28（9）：2831 ~ 2842
徐勇航，赵太平，彭澎，翟明国，漆亮，罗彦．2007. 山西吕梁地区古元古界小两岭组火山岩地球化学特征及其地质意义．岩石学报，23（5）：1123 ~ 1132
薛耀松，曹瑞骥，唐天福，尹磊明，俞从流，杨杰东．2001. 扬子地区震旦纪地层序列和南、北方震旦系对比．地层学杂志，25（3）：207 ~ 216
阎玉忠，朱士兴．1992. 山西永济白草坪组具刺疑源类的发现及其地质意义．微体古生物学报，9（3）：267 ~ 282
杨杰东，郑文武，王宗哲，陶仙聪．2001. Sr、C 同位素对苏皖北部上前寒武系时代的界定．地层学杂志，25（1）：44 ~ 47
杨奎锋．2008. 内蒙古白云鄂博地区元古宙构造-岩浆演化史与超大型 REE-Nb-Fe 矿床成因．中国科学院研究生院博士研究学位论文
杨进辉，吴福元，柳小明，谢烈文．2005. 北京密云环斑花岗岩锆石 U-Pb 年龄和 Hf 同位素及其地质意义．岩石学报，21（6）：1633 ~ 1644
杨忆．1990. 华北地台南缘熊耳群火山岩特点及形成的构造背景．岩石学报，（2）：20 ~ 29
姚仲伯，张世恩．1983. 徐淮地区前寒武系的对比．地层学杂志．7（2）：119 ~ 124
尹崇玉，高林志．1995. 中国早期具刺疑源类的演化及生物地层学意义．地质学报，69（4）：360 ~ 371
尹崇玉，高林志．1997. 华北地台南缘豫西鲁山洛峪群洛峪口组宏观后生植物的新发现．地质论评，43（4）：355
尹崇玉，高林志．1999. 华北地台南缘汝阳群白草坪组微古植物及地层时代探讨．地层古生物论文集，27：81 ~ 94
尹崇玉，高林志．2000. 豫西鲁山洛峪口组宏观藻类的发现及地质意义．地质学报，74（4）：339 ~ 343
于荣炳，张学祺．1984. 燕山地区晚前寒武纪同位素地质年代学的研究．中国地质科学院天津地质矿产研究所所刊，11：1 ~ 23
郁建华，付会芹，哈巴拉 I，拉莫 O T，发斯乔基 M，莫坦森 J K. 1996. 华北克拉通北部 1. 70 Ga 非造山环斑花岗岩岩套．华北地质矿产杂志，11（3）：9 ~ 18
翟明国．2004. 华北克拉通 2100 ~ 1700 Ma 地质事件群的分解和构造意义探讨．岩石学报，20：1343 ~ 1354
翟明国．2012. 华北克拉通的形成以及早期板块构造．地质学报，86（9）：1335 ~ 1349
翟明国，卞爱国．2000. 华北克拉通新太古代末超大陆拼合及古元古代末—中元古代裂解．中国科学（D 辑），30：129 ~ 137
翟明国，彭澎．2007. 华北克拉通古元古代构造事件．岩石学报，23（11）：2665 ~ 2682
张德全，乔秀夫，周科子．1985. 山西垣曲中元古代枕状熔岩的研究．岩石矿物及测试，4（1）：1 ~ 22
张汉成，肖荣阁，安国英，张龙，侯万荣，费虹彩．2003. 熊耳群火山岩系金银多金属矿床热水成矿作用．中国地质，34（4）：400 ~ 405
张华锋，周志广，刘文灿，李真真，章永梅，柳长峰．2009. 内蒙古中部白乃庙地区格林威尔岩浆事件记录：石英二长闪长岩脉锆石 LA-ICP-MS U-Pb 年龄证据．岩石学报，25：1512 ~ 1518
张丕孚．1985. 关于辽南及苏皖地区震旦系与青白口系的关系．中国地质科学院院报，11：139 ~ 148
张丕孚．1993. 苏皖北部晚前寒武纪地层层序的厘定．地层学杂志，17（1）：40 ~ 51
张丕孚．2001. 辽南、苏皖北部、鲁西鲁东晚前寒武纪地层的划分与对比．地质与资源，10（1）：11 ~ 17
张文起．1995. 胶东地区粉子山群及蓬莱群地层铅同位素组成探讨．山东地质，11（1）：18 ~ 24
张允平．1994. 清河镇动物群之否定．地质科学，29（2）：175 ~ 185
赵澄林，李儒峰，周劲松．1997. 华北中新元古界油气地质与沉积学．北京：地质出版社
赵嘉农，任富根，李双保．2002. 河南汝阳大摄坪铜矿杏仁组构矿石的特征及其意义．前寒武研究进展，25（2）：97 ~ 104
赵太平，陈福坤，翟明国，夏斌．2004a. 河北大庙斜长岩杂岩体锆石 U-Pb 年龄及其地质意义．岩石学报，20（3）：685 ~ 690
赵太平，金成伟，翟明国，夏斌，周美夫．2002. 华北陆块南部熊耳群火山岩的地球化学特征与成因．岩石学报，18（1）：59 ~ 69
赵太平，王建平，张忠慧等．2005. 中国王屋山及邻区元古宙地质研究．北京：中国大地出版社
赵太平，徐勇航，翟明国．2007. 华北陆块南部元古宙熊耳群火山岩的成因与构造环境：事实与争议．高校地质学报，13（2）：191 ~ 206
赵太平，翟明国，夏斌，李惠民，张毅星，万渝生．2004b. 熊耳群火山岩锆石 SHRIMP 年代学研究：对华北克拉通盖层发育初始时间的制约．科学通报，49（22）：2342 ~ 2349

赵太平，周美夫，金成伟，关鸿，李惠民 . 2001. 华北陆块南缘熊耳群形成时代讨论 . 地质科学，36（3）：326 ~ 334

赵宗溥 . 1993. 中朝准地台前寒武纪地壳演化 . 北京：科学出版社

郑建民，刘永顺，陈英富，高雄 . 2004. 冀北康保花岗岩锆石 U-Pb 年龄及化德群的时代探讨 . 地质调查与研究，27（1）：14 ~ 17

郑文武，杨杰东，洪天求，陶仙聪，王宗哲 . 2004. 辽南与苏皖北部新元古代地层 Sr 和 C 同位素对比及年龄界定，10（2）：165 ~ 178

钟富道 . 1977 从燕山地区震旦地层同位素年龄论中国震旦地质年表 . 中国科学（D 辑），6（2）：151 ~ 161

周建波，胡克 . 1998. 沂沭断裂晋宁期的构造活动及性质 . 地震地质，20（3）：208 ~ 212

朱光，徐嘉炜，Fitches W R，Fletcher C J N. 1994. 胶北蓬莱群的同位素年龄及其区域大地构造意义 . 地质学报，68（2）：158 ~ 172

朱士兴，邢裕盛，张鹏远 . 1994. 华北地台中、上元古界生物地层序列 . 北京：地质出版社

Campbell I H. 2001. Identification of ancient mantle plume. In：Ernst R E，Buchan K L（eds）. Mantle Plumes：Their Identification through Time. Geological Society of America，Special Papers，352：5 ~ 21

Condie K C. 2004. Precambrian superplume event. In：Eriksson P G，Altermann W，Nelson D R，Mueller W U，Catuneanu O（eds）. The Precambrian Earth Tempos and Events：Development in Precambrian Geology. Amsterdam：Elsevier. 163 ~ 172

Condie K C，Kröner A. 2008. When did plate tectonics begin? Evidence from the geologic record. Geological Society of America Special Paper，440：281 ~ 294

Correa-Gomes L C，Oliveira E P. 2000，Radiating 1. 0 Ga mafic dyke swarms of eastern Brazil and western Africa：evidence of post-assembly extension in the Rodinia supercontinent? Gondwana Research，3：325 ~ 332

Cui M L，Zhang B L，Zhang L C. 2011. U-Pb dating of baddeleyite and zircon from the Shizhaigou diorite in the southern margin of North China craton：constrains on the timing and tectonic setting of the Paleoproterozoic Xiong'er group. Gondwana Research，20：184 ~ 193

Darby B J，Gehrels G. 2006. Detrital zircon reference for the North China block. Journal of Asian Earth Sciences，26：637 ~ 648

Evans D A D，Heaman L M，Trindade R I F，D'Agrella-Filho M S，Smirnov A V，Catelani E L. 2010. Precise U-Pb baddeleyite ages from Neoproterozoic mafic dykes in Bahia，Brazil，and their paleomagnetic/paleogeographic implications. Abstract，GP31E-07，American Geophysical Union，Joint Assembly，Meeting of the Americas，Iguassu Falls，August，2010

Gao L Z，Liu P J，Yin C Y，Zhang C H，Ding X Z，Liu Y X，Song B. 2011. Detrital zircondating of Meso- and Neoproterozoic rocks in North China and its implications. Acta Geologica Sinica（English Edition），85（2）：271 ~ 282

Gao L Z，Zhang C H，Shi X Y，Zhou H R，Wang Z Q，Song B. 2007. A new SHRIMP age of the Xiamaling Formation in the North China Plate and its geological significance. Acta Geologica Sinica，81（6）：1103 ~ 1109

Guan H，Sun M，Wilde S A，Zhou X H，Zhai M G. 2002. SHRIMP U-Pb zircon geochronology of the Fuping Complex：implications for formation and assembly of the North China Craton. Precambrian Research，113：1 ~ 18

Guo J H，Sun M，Chen F K，Zhai M G. 2005. Sm-Nd and SHRIMP U-Pb zircon geochronology of high-pressure granulites in the Sanggan area，North China Craton：Timing of Paleoproterozoic continental collision. Journal of Asian Earth Sciences，24：629 ~ 642

Guo J H，Zhai M G. 2001. Sm-Nd age dating of high-pressure granulites and amphibolite from Sanggan area，North China craton. Chinese Science Bulletin，46：106 ~ 111

Halls H C，Campal N，Davis D W，Bossi J. 2001. Magnetic studies and U-Pb geochronology of the Uruguayan dyke swarm，Rio de la Plata craton，Uruguay：Paleomagnetic and economic implications. Journal of South American Earth Sciences，14：349 ~ 361

He Y H，Zhao G C，Sun M，Wilde S. 2008. Geochemistry，isotope systematics and petrogenesis of the volcanic rocks in the Zhongtiao Mountain：An alternative interpretation for the evolution of the southern margin of the North China Craton. Lithos，102：158 ~ 178

He Y H，Zhao G C，Sun M，Xia X P. 2009. SHRIMP and LA-ICP-MS zircon geochronology of the Xiong'er volcanic rocks：implications for the Paleo-Mesoproterozoic evolution of the southern margin of the North China Craton. Precambrian Research，168（3-4）：213 ~ 222

He Y H，Zhao G C，Sun M. 2010. Geochemical andisotopic study of the Xiong'er volcanic rocks at the southern margin of the North China Craton：Petrogenesis and tectonic implications. the Journal of Geology，118（4）：417 ~ 433

Hou G T，Li J H，Yang M H，Yao W H，Wang C C，Wand Y X. 2008a. Geochemical constraints on the tectonic environment of the late Paleoproterozoic mafic dyke swarms in the North China Craton. Gondwana Research，13：103 ~ 116

Hou G T，Liu Y L，Li J H. 2006. Evidence for ~ 1. 8 Ga extension of the Eastern Block of the North China Craton from SHRIMP U-Pb dating of mafic dyke swarms in Shandong Province. Journal of Asian Earth Sciences，27：392 ~ 401

Hou G T, Santosh M, Qian X L, Lister G S, Li J H. 2008b. Configuration of the Late Paleoproterozoic supercontinent Columbia: Insights from radiating mafic dyke swarms. Gondwana Research, 14: 395 ~ 409

Hu B, Zhai M G, Li T S, Li Z, Peng P, Guo J H, Kusky T M. 2012. Mesoproterozoic magmatic events in the eastern North China Craton and their tectonic implications: Geochronological evidence from detrital zircons in the Shandong Peninsula and North Korea. Gondwana Research, 22: 828 ~ 842

Jahn B M, Ernst W G. 1990. Late Archean Sm- Nd isochron age for mafic- ultramafic supracrustal amphibolites from the northeastern Sino- Korean Craton China. Precambrian Research, 46: 295 ~ 306

Jahn B M, Zhang Z Q. 1984. Radiometric ages (Rb-Sr, Sm-Nd, U-Pb) and REE geochemistry of Archaean granulite gneisses from eastern Hebei Province, China. In: Kröner A, Hanson G N, Goodwin A M (eds). Archaean Geochemistry. Berlin: Springer. 183 ~ 204

Jahn B M, Liu D Y, Wan Y S, Song B, Wu J S. 2008. Archean crustal evolution of the Jiaodong Peninsula, China, as revealed by zircon SHRIMP geochronology, elemental and Nd-isotope geochemistry. American Journal of Science, 308: 232 ~ 269

Jia C Z. 1987. Geochemistry and tectonics of the Xiong'er Group in the eastern Qinling Mountains of China-A Mid-Proterozoic Volcanic Arc Related to Plate Subduction. Geological Society, London, Special Publication, 33. 437 ~ 448

Jiang N, Guo J H, Zhai M G. 2011. Nature and origin of the Wenquang granite: Implications for the provenance of Proterozoic A-type granites in the North China Craton. Journal of Asia Earth Science, 42: 76 ~ 82

Kröner A, Cui W Y, Wang W Y, Wang C Q, Nemchin A A. 1998. Single zircon ages from high- grade rocks of the Jianping Complex, Liaoning Province, NE China. Journal of Asian Earth Sciences, 16: 519 ~ 532

Kröner A, Wilde S A, Li J H, Wang K Y. 2005a. Age and evolution of a late Archaean to early Palaeozoic upper to lower crustal section in the Wutaishan/Hengshan/Fuping terrain of northern China: Journal of Asian Earth Sciences, 24: 577 ~ 595

Kröner A, Wilde S A, O'Brien P J, Li J H, Passchier C W, Walte N P, Liu D Y. 2005b. Field relationships, geochemistry, zircon ages and evolution of a late Archean to Paleoproterozoic lower crustal section in the Hengshan Terrain of Northern China. Acta Geologica Sinica (English edition), 79: 605 ~ 629

Kusky T M, Li J H. 2003. Paleoproterozoic tectonic evolution of the North China craton. Journal of Asian Earth Sciences, 22: 383 ~ 397

Kusky T M, Li J H, Santosh M. 2007a. The Paleoproterozoic North Hebei Orogen: North China Craton's collisional suture with the Columbia supercontinent. In: Zhai M G, Xiao W J, Kusky T M, Santosh M (eds). Tectonic Evolution of China and Adjacent Crustal Fragments. Special Issue of Gondwana Research, 12. 4 ~ 28

Kusky T M, Windley B F, Zhai M G. 2007b. Tectonic evolution of the North China Block: from orogen to craton to orogen. In: Zhai M G, Windley B F, Kusky T M, Meng Q R (eds). Mesozoic Sub-Continental Lithospheric Thinning Under Eastern Asia. Geological Society, London, Special Publications, 280. 1 ~ 34

Li J H, Qian X L, Huang X N, Liu S W. 2000. The tectonic framework of the basement of North China craton and its implication for the early Precambrian cratonization. Acta Geologica Sinica, 16: 1 ~ 10

Li Q L, Chen F K, Guo J H, Li X L, Yang Y H, Siebel W. 2007. Zircon ages and Nd-Hf isotopic compositon of the Zhaertai Group (Inner Mongolia): Evidence for early Preoterozoic evolution of the northern North China Craton. Journal of Asia Earth Sciences, 30: 573 ~ 590

Li S Z, Zhao G C. 2007. SHRIMP U- Pb zircon geochronology of the Liaqji granitoids: Constraints on the evolution of the paleoproterozoic Jiao-Liao-Ji belt in the eastern block of the North China Craton. Precambrian Research, 158: 1 ~ 16

Li X H, Chen F K, Guo J H, Li Q L, Xie L W, Siebel W. 2007. South China provenance of the lower-grade Penglai Group north of the Sulu UHP orogenic belt, eastern China: Evidence from detrital zircon ages and Nd- Hf isotopic composition. Geochemical Journal, 41: 29 ~ 45

Liu D Y, Shen Q Y, Zhang ZQ, Jahn B M, Auvray B. 1990. Archean crustal evolution in china: U-Pb geochronology of the Qianxi Complex. Precambrian Research, 48: 223 ~ 244

Liu S W, Zhao G C, Wilde S A, Shu G M, Sun M, Li Q G, Tian W, Zhang J. 2006. Th- U- Pb monazite geochronology of the Lüliang and Wutai Complexes: constraints on the tectonothermal evolution of the Trans-North China Orogen. Precambrian Research, 148: 205 ~ 225

Liu Y Q, Gao L Z, Liu Y X, Song B, Wang Z X. 2006. Zircon U-Pb dating for the earliest Neoproterozoic mafic magmatism in the southern margin of the North China Block. Chinese Science Bulletin, 51 (19): 2375 ~ 2382

Lu S N, Yang C L, Li H K, Li H M. 2002. A Group of Rifting Events in the Terminal Paleoproterozoic in the North China Craton. Gondwana Research, 5 (1): 123 ~ 131

Lu S N, Zhao G C, Wang H C, Hao G J. 2008. Precambrian metamorphic basement and sedimentary cover of the North China Craton: A review. Precambrian Research, 160: 77 ~ 93

Luo Y, Sun M, Zhao G C. 2006. LA-ICP-MS U-Pb Zircon Geochronology of the Yushulazi Group in the Eastern Block, North China Craton. International Geology Review, 48: 828 ~ 840

Meng Q R, Wei H H, Qu Y Q, Ma S X. 2011. Stratigraphic and sedimentary records of the rift to drift evolution of the northern North China craton at the Paleo- to Mesoproterozoic transition. Gondwana Research, 20: 205 ~ 218

Norcross C, Davis D W, Spooner E T C, Rust A. 2000. U-Pb and Pb-Pb age constraints on Paleoproterozoic magmatism, deformation and gold mineralization in the Omai area, Guyana Shield. Precambrian Research, 10: 69 ~ 86

Paek R J, Kan H G, Jon G P, Kim Y M, Kim Y H. 1993. Geology of Korea. Pyongyang: Foreign Languages Books Publishing House

Page R W. 1988. Geochronology of Early to Middle Proterozoic fold belts in northern Australia: A review. Precambrian Research, (40-41): 1 ~ 19

Page R W, Hoatson D M. 2000. Geochronology of mafic-ultramafic intrusions. In: Hoatson D M, Blake D H (eds). Geology and economic potential of the Paleoproterozoic layered mafic- ultramafic layered intrusions in the East Kimberley, Western Australia. Australian Geological Survey Organisation Bulletin, 246: 163 ~ 172

Parker A J, Rrckwood P C, Baillie P W, Mcclenaghan M P, Boyd D M, Freeman M J, Pietsch B A, Murray C G, Myers J S. 1987. Mafic dyke swarms of Australia. In: Halls H C, Fahrig W F (eds). Mafic Dyke Swarms. Geological Association of Canada Special Paper, 34. 401 ~ 417

Peng P. 2010. Reconstruction and interpretation of giant mafic dyke swarms: a case study of 1.78 Ga magmatism in the North China Craton. In: Kusky T, Zhai M G, Xiao W J (eds). The Evolving Continents: Understanding Processes of Continental Growth. Geological Society, London, Special Publications, 338. 163 ~ 178

Peng P, Bleeker W, Ernst R E, Söderlund U, McNicoll V. 2011a. U-Pb baddeleyite ages, distribution and geochemistry of 925 Ma mafic dykes and 900 Ma sills in the North China Craton: evidence for a Neoproterozoic mantle plume. Lithos, 127: 210 ~ 221

Peng P, Liu F, Zhai M, Guo J. 2012. Age of the Miyun dyke swarm: constraints on the maximum depositional age of the Changcheng System. Chinese Science Bulletin, 57: 105 ~ 110

Peng P, Zhai M G, Ernst R E, Guo J H, Liu F, Hu B. 2008. A 1.78 Ga large igneous province in the North China craton: the Xiong'er Volcanic Province and the North China dyke swarm. Lithos, 101: 260 ~ 280

Peng P, Zhai M G, Guo J H. 2006. 1.80—1.75 Ga mafic dyke swarms in the central North China craton: implications for a plume-related break- up event. In: Hanski E, Mertanen S, Rämö T, Vuollo J (eds). Dyke Swarms- Time Markers of Crustal Evolution. London: Taylor & Francis. 99 ~ 112

Peng P, Zhai M G, Guo J H, Kusky T, Zhao T P. 2007. Nature of mantle source contributions and crystal differentiation in the petrogenesis of the 1.78 Ga mafic dykes in the central North China Craton. Gondwana Research, 12: 29 ~ 46

Peng P, Zhai M G, Li Q L, Wu F Y, Hou Q L, Li Z, Li T S, Zhang Y B. 2011b. Neoproterozoic (~900 Ma) Sariwon sills in North Korea: Geochronology, geochemistry and implications for the evolution of the south-eastern margin of the North China Craton. Gondwana Research, 20: 243 ~ 354

Peng P, Zhai M G, Zhang H F, Guo J H. 2005. Geochronological constraints on the Paleoproterozoic evolution of the North China Craton: SHRIMP zircon ages of different types of mafic dikes. International Geology Review, 47: 492 ~ 508

Rämö O T, Haapala I, Vaasjoki M, Yu J H, Fu H Q. 1995. 1700 Ma Shachang complex, northeast China: Proterozoic rapakivi granite not associated with Paleoproterozoic orogenic crust. Geology, 23 (9): 815 ~ 818

Ryu J P, Kang M S, Kim J P, Tongbang G U, Jang T G, Song Y P, Kwon J R. 1990. Geological Constitution of Korea, 4. Pyeongyang: Industrial Publishing House

Santos J O S, Hartmann L A, McNaughton N J, Fletcher I R. 2002. Timing of mafic magmatism in the Tapajos Province (Brazil) and implications for the evolution of the Amazon craton: evidence from baddeleyite and zircon U-Pb SHRIMP geochronology. Journal of South American Earth Sciences, 15 (4): 409 ~ 429

Song B, Nutman A P, Liu D Y, Wu J S. 1996. 3800 to 2500 Ma crustal evolution in Anshan area of Liaoning Province, Northeastern China. Precambrian Research, 78: 79 ~ 94

Srivastava K R, Singh R K. 2004. Trace element geochemistry and genesis of Precambrian sub-alkaline mafic dikes from the central Indian craton: evidence for mantle metasomatism. Journal of Asian Earth Sciences, 23: 373 ~ 389

Su W B, Zhang S H, Huff W D, Li H K, Ettensohn F R, Chen X Y, Yang H M, Han Y G, Song B, Santosh M. 2008. SHRIMP U-Pb ages of K-bentonite beds in the Xiamaling Formation: Lmplications for revised subdivision of the Meso- to Neoproterozoic history of the North China Craton. Gondwana Research, 14: 543 ~ 553

Sun S S. 1997. Chemical and isotopic features of Paleoproterozoic mafic igneous rocks of Australia: Lmplications for tectonic processes. In: Rutland R W R, Drummond B J (eds). Paleoproterozoic tectonics and metallogenesis: Comparative analysis of parts of the Australian and Fennoscandian Shields. Australian Geological Survey Organization Record, 44: 119 ~ 122

Tang J, Zheng Y F, Wu Y B, Gong B, Liu X M. 2007. Geochronology and geochemistry of metamorphic rocks in the Jiaobei terrane: Constraints on its tectonic affinity in the Sulu orogen. Precambrian Research, 152: 48 ~ 82

Wan Y S, Liu D Y, Wang W, Song T R, Kröner A, Dong C Y, Zhou H Y, Yin X Y. 2011. Provenance of Meso- to Neoproterozoic cover sediments at the Ming Tombs, Beijing, North China Craton: An integrated study of U-Pb dating and Hf isotopic measurement of detrital zircons and whole-rock geochemistry. Gondwana Research, 20: 219 ~ 242

Wan Y S, Song B, Liu D Y, Wilde S A, Wu J S, Shi Y R, Yin X Y, Zhou H Y. 2006a. SHRIMP U-Pb zircon geochronology of Palaeoproterozoic metasedimentary rocks in the North China Craton: Evidence for a major Late Palaeoproterozoic tectonothermal event. Precambrian Research, 149: 249 ~ 271

Wan Y S, Wilde S A, Liu D Y, Yang C X, Song B, Yin X Y. 2006b. Further evidence for ~ 1. 85 Ga metamorphism in the Central Zone of the North China Craton: SHRIMP U-Pb dating of zircon from metamorphic rocks in the Lushan area, Henan Province. Gaondwana Research, 9: 189 ~ 197

Wang Q H, Yang D B, Xu W L. 2012. Neoproterozoic basic magmatism in the southeast margin of North China Craton: Evidence from whole-rock geochemistry, U-Pb and Hf isotopic study of zircons from diabase swarms in the Xuzhou-Huaibei area of China. Science China Earth Sciences, 55 (9): 1461 ~ 1479

Wang W, Liu S W, Bai X, Li Q G, Yang P T, Zhao Y, Zhang S H, Guo R R. 2013. Geochemistry and zircon U-Pb-Hf isotopes of the late Paleoproterozoic Jianping diorite-monzonite-syenite suite of the North China Craton: Implications for petrogenesis and geodynamic setting. Lithos, 162-163: 175 ~ 194

Wang X L, Jiang S Y, Dai B Z, Griffin W L, Dai M N, Yang Y H. 2011. Age, geochemistry and tectonic setting of the Neoproterozoic (ca. 830 Ma) gabbros on the southern margin of the North China Craton. Precambrian Research, 190 (1-4): 35 ~ 47

Wang X L, Jiang S Y, Dai B Z, Kern J. 2012. Lithospheric thinning and reworking of Late Archean juvenile crust on the southern margin of the North China Craton: evidence from the Longwangzhuang Paleoproterozoic A-type granites and their surrounding Cretaceous adakite-like granites. Geological Journal. doi: 10. 1002/gj. 2464

Wang Y J, Fan W M, Zhang Y H, Guo F. 2003. Structural evolution and $^{40}Ar/^{39}Ar$ dating of the Zanhuang metamorphic domain in the North China Craton: constraints on Paleoproterozoic tectonothermal overprinting. Precambrian Research, 122: 159 ~ 182

Wang Y J, Fan W M, Zhang Y H, Guo F, Zhang H F, Peng T P. 2004. Geochemical, $^{40}Ar/^{39}Ar$ geochronological and Sr-Nd isotopic constraints on the origin of Paleoproterozoic mafic dikes from the southern Taihang Mountains and implications for the ca. 1800 Ma event of the North China craton. Precambrian Research, 135: 55 ~ 77

Wang Y J, Zhao G C, Cawood P A, Fan W M, Peng T P, Sun L H. 2008. Geochemistry of Paleoproterozoic (~ 1770 Ma) mafic dikes from the Trans-North China Orogen and tectonic implications. Journal of Asian Earth Sciences, 33: 61 ~ 77

Wilde S A. 2002. SHRIMP U-Pb zircon ages of the Wutai Complex. In: Kröner A, Zhao G C, Wilde S A, Zhai M G, Passchier C W, Sun M, Guo J H, O'Brien P J, Walte N (eds). A Neoarchaean to Palaeoproterozoic Lower to Upper Crustal Section in the Hengshan-Wutaishan Area of North China (Guidebook for Penrose Conference Field Trip). Beijing: Chinese Academy of Sciences, 32 ~ 34

Wilde S A, Cawood P A, Wang K Y, Nemchin A, Zhao G C. 2004. Determining Precambrian crustal evolution in China: a case-study from Wutaishan, Shanxi Province, demonstrating the application of precise SHRIMP U-Pb geochronology. In: Malps J, Fletcher C J, Ali J R, Aitchison J C (eds). Aspects of the Tectonic Evolution of China. London: Geological Society Special Publication, 226. 5 ~ 26

Wilde S A, Cawood P A, Wang K Y, Nemchin A A. 2005. Granitoid evolution in the late Archean Wutai Complex, North China Craton. Journal of Asian Earth Sciences, 24: 597 ~ 613

Wu F Y, Zhao G C, Wilde S A, Sun D Y. 2005. Nd isotopic constraints on crustal formation in the North China Craton. Journal of Asian Earth Sciences, 24: 523 ~ 545

Xia X P, Sun M, Zhao G C, Luo Y. 2006a. LA-ICP-MS U-Pb geochronology of detrital zircons from the Jining Complex, North China Craton and its tectonic significance. Precambrian Research, 144: 199 ~ 212

Xia X P, Sun M, Zhao G C, Wu F Y, Xu P, Zhang J H, Luo Y. 2006b. U-Pb and Hf isotopic study of detrital zircons from the Wulashan khondalites: Constraints on the evolution of the Ordos Terrane, Western Block of the North China Craton. Earth and Planetary Science Letters, 241: 581 ~ 593

Xiao S H, Knoll A H, Kaufman A J, Yin L M, Zhang Y. 1997. Neoproterozoic fossils in Mesoproterozoic rocks? Chemostratigraphic resolution of a biostratigraphic conundrum from the North China Platform. Precambrian Research, 84: 197 ~ 220

Yang J H, Wu F Y, Zhang Y B, Zhang Q, Wilde S A. 2004. Identification of Mesoproterozoic zircons in a Triassic dolerite from the Liaodong Peninsula, Northeast China. Chinese Science Bulletin, 49: 1958 ~ 1962

Yin L M. 1997. Acanthomorphic acritarchs from Meso- Neoproterozoic shales of the Ruyang Group, Shanxi, China. Review of Palaeobotany and Palynology, 98: 15 ~ 25

Yin L M, Guan B D. 1999. Organic- walled microfossils of Neoproterozoic Dongjia Formation, Lushan County, Henan Province, North China. Precambrian Research, 94: 121 ~ 137

Zhai M G. 2011. Cratonization and the Ancient North China Continent: a summary and review. Science China Earth Sciences, 54 (8): 1110 ~ 1120

Zhai M G, Liu W J. 2003. Palaeoproterozoic tectonic history of the North China craton: a review. Precambrian Research, 122: 183 ~ 199

Zhai M G, Santosh M. 2011. The early Precambrian odyssey of the North China Craton: A synoptic overview. Gondwana Research , 20: 6 ~ 25

Zhai M G, Bian A G, Zhao T P. 2000. The amalgamation of the supercontinent of Noth China Craton at the end of Neo-Archaean and its breakup during late palaeoproterozoic and Meso-Proterozoic. Science in China (Series D), 43: 219 ~ 232

Zhai M G, Guo J H, Liu W J. 2005. Neoarchean to Paleoproterozoic continental evolution and tectonic history of the North China Craton. Journal of Asian Earth sciences, 24 (5): 547 ~ 561

Zhai M G, Guo J H, Peng P, Hu B. 2007. U- Pb zircon age dating of a rapakivi granite batholith in Rangnim massif, North Korea. Geological Magazine, 144: 547 ~ 542

Zhai M G, Li T S, Peng P, Hu B, Liu F, Zhang Y B. 2010. Precambrian Key Tectonic Events and Evolution of the North China Craton. Geological Society, London, Special Publications, 338. 235 ~ 262

Zhai M G, Shao J A, Hao J, Peng P. 2003 Geological signature and possible position of the North China block in the Supercontinent Rodinia. Gondwana Research, 6: 171 ~ 183

Zhai Y S, Deng J, Tang Z L, Xiao R G, Song H L, Peng R M, Sun Z S, Wang J P. 2004. Metallogenic systems on the paleocontinental margin of the North China Craton. Acta Geologica Sinica, 78 (2): 592 ~ 603

Zhang S H, Li Z X, Evans D A D, Wu H C, Li H Y, Dong J. 2012a. Pre- Rodinia supercontinent Nuna shaping up: a global synthesis with new paleomagnetic results from North China. Earth and Planetary Science Letters, 353-354: 145 ~ 155

Zhang S H, Liu S W, Zhao Y, Yang J H, Song B, Liu X M. 2007. The 1. 75—1. 68 Ga anorthosite- mangerite- alkali granitoid-rapakivi granite suite from the northern North China Craton: magmatism related to a Paleoproterozoic orogen. Precambrian Research, 155: 287 ~ 312

Zhang S H, Zhao Y, Santosh M. 2012b. Mid-Mesoproterozoic bimodal magmatic rocks in the northern North China Craton: implications for magmatism related to breakup of the Columbia supercontinent. Precambrian Research, 222-223: 339 ~ 367

Zhang S H, Zhao Y, Yang Z Y, He Z F, Wu H. 2009. The 1. 35 Ga diabase sills from the northern North China Craton: Implications for breakup of the Columbia (Nuna) supercontinent. Earth and Planetary Science Letters, 288: 588 ~ 600

Zhang Z Q. 1998. On main growth epoch of early Precambrian crust of the North China craton based on the Sm-Nd isotopic characteristics. In: Cheng Y Q (ed) . Corpus on Early Precambrian Research of the North China Craton. Beijing: Geological Publishing House. 133 ~ 136

Zhao G C, Cao L, Wilde S A, Sun M, Choe W J, Li S Z. 2006. Implications based on the first SHRIMP U-Pb zircon dating on Precambrian granitoid rocks in North Korea. Earth and Planetary Science Letters, 251: 365 ~ 379

Zhao G C, He Y H, Sun M. 2009. The Xiong'er volcanic belt at the southern margin of the North China Craton: petrographic and geochemical evidence for its outboard position in the Paleo- Mesoproterozoic Columbia Supercontinent. Gondwana Research, 16: 170 ~ 181

Zhao G C, Wilde S A, Cawood P A, Lu L Z. 1998. Thermal evolution of the Archean basement rocks from the eastern part of the North China craton and its bearing on tectonic setting. International Geological Review, 40: 706 ~ 721

Zhao G C, Wilde S A, Cawood P A, Sun M. 2001. Archaean blocks and their boundaries in the North China Craton: Lithological, geochemical, structural and P-T path constraints and tectonic evolution. Precambrian Research, 107: 45 ~ 73

Zhao G C, Wilde S A, Cawood P A, Sun M. 2002. SHRIMP U-Pb zircon ages of the Fuping Complex: Implications for late Archean to Paleoproterozoic accretion and assembly of the North China Craton. American Journal of Science, 302: 191 ~ 226

Zhao G C, Wilde S A, Sun M, Guo J H, Kröner A, Li S Z, Li X P, Zhang J. 2008a. SHRIMP U-Pb zircon geochronology of the

Huai'an complex: Constraints on late Archean to Paleoproterozoic magmatic and metamorphic events in the Trans-North China Orogen. American Journal of Science, 308: 270 ~ 303

Zhao G C, Wilde S A, Sun M, Li S Z, Li X P, Zhang J. 2008b. SHRIMP U-Pb zircon ages of granitoid rocks in the Lüliang Complex: Implications for the accretion and evolution of the Trans-North China Orogen. Precambrian Research, 160: 213 ~ 226

Zhao T P, Chen W, Zhou M F. 2009. Geochemical and Nd-Hf isotopic constraints on the origin of the ~ 1.74 Ga Damiao anorthosite complex, North China Craton. Lithos, 113 (3-4): 673 ~ 690

Zhao T P, Zhou M F, Zhai M G, Xia B. 2002. Paleoproterozoic rift-related volcanism of the Xiong'er group, North China craton: implications for the breakup of Columbia. International Geology Review, 44: 336 ~ 351

Zhou J B, Wilde S A, Zhao G C, Zheng C Q, Jin W, Zhang X Z, Cheng H. 2008. SHRIMP U-Pb zircon dating of the Neoproterozoic Penglai Group and Archean gneisses from the Jiaobei Terrane, North China, and their tectonic implications. Precambrian Research, 160: 323 ~ 340

Zhu X Y, Chen F K, Li S Q, Yang Y Z, Nie H, Siebel W, Zhai M G. 2011. Crustal evolution of the North Qinling terrain of the Qinling Orogen, China: Evidence from detrital zircon U-Pb ages and Hf isotopic composition. Gondwana Research, 20: 194 ~ 204

第12章　华北克拉通北缘中元古代沉积盆地演化

孟庆任，武国利，曲永强，马收先，段　亮

（中国科学院地质与地球物理研究所，北京，100029）

摘　要：本章通过分析华北克拉通北缘中元古代盆地构造演化和沉积历史，认为常州沟组碎屑岩记录裂谷发育的初始阶段，其沉积中心受同沉积断裂的控制。串岭沟组主体为海相深水沉积，反映盆地加速沉降。团山子组浅海沉积相指示裂谷沉降速率降低。沉积于盆地边缘的大红峪组下部石英砂岩指示盆地扩张和广泛海侵，记录华北北缘从裂谷向后裂谷或热沉降阶段的过渡。后裂谷期持续海侵在大红峪组—高于庄组底部形成一个穿时性海侵不整合面。白云鄂博群和渣尔泰山群下部可与燕山-辽西裂谷长城系对比，为同裂谷沉积，而白云鄂博群和渣尔泰山群上部地层代表后裂谷期沉积。华北克拉通北缘中元古代的构造-沉积演化，指示其经历了一个由大陆裂谷向大洋扩张的发展过程。常州沟组、串岭沟组和团山子组为大陆裂谷期沉积，大红峪组和高于庄组代表大陆裂谷向被动陆缘的转换，蓟县系浅海碎屑岩和碳酸盐岩为被动大陆边缘沉积。大红峪组—高于庄组底界为一个裂解不整合面，指示华北克拉通在1600 Ma左右与相邻陆块发生分离。

关键词：华北克拉通，中元古代，大陆裂谷，沉积作用，不整合面

12.1　引　　言

目前研究结果认为，在元古宙存在两个超大陆，即较老的哥伦比亚超大陆和较新的罗迪尼亚超大陆（Rogers and Santosh，2003；Santosh *et al.*，2009；Santosh，2010a）。哥伦比亚超大陆存在于2.1～1.8 Ga期间（Rogers and Santosh，2002；Zhao *et al.*，2002；Hou *et al.*，2008b），但对其内部不同陆块之间的关系目前尚不十分清楚（Condie，2002）。哥伦比亚超大陆从约1.6 Ga开始裂解，裂解过程可能一直持续到1.2 Ga（Zhao *et al.*，2003；Hou *et al.*，2008b）。根据对华北克拉通、印度大陆南部以及北美陆块约1.85 Ga基性岩墙群的重建，推测华北克拉通可能曾经与印度克拉通在一起（Zhao *et al.*，2004；Hou *et al.*，2008b）。

华北克拉通东部块体和西部块体被认为在2.5 Ga到1.85 Ga期间，沿中央造山带拼接在一起（Wilde *et al.*，2002；Zhao *et al.*，2003；Kusky and Li，2003；Kusky *et al.*，2007a，2007b；Kusky and Santosh，2009；Santosh，2010b）。自古元古代末开始，华北克拉通的南、北边缘出现裂谷盆地，发育以长城系中、下部为代表的断陷沉积地层。中元古代早期沉积地层开始在华北克拉通内部广泛发育（Zhai *et al.*，2000；Lu *et al.*，2002，2008）。华北克拉通南、北边缘断陷盆地的形成时间，与哥伦比亚超大陆的裂解时间大体一致。然而，现有研究没有揭示华北克拉通是在何时与相邻印度克拉通发生分离，或者说两个克拉通之间的洋壳是在何时形成。由于缺乏可以判断洋壳存在的蛇绿岩，所以要确定华北克拉通和印度克拉通之间由裂谷盆地到大陆漂移的转换过程和时间非常困难。

Falvey（1974）提出一种可以判断洋壳形成时间的间接方法，即根据大陆边缘沉积层序中裂离不整合（breakup unconformity）形成的时间。裂离不整合所反映缺失地层的时间代表了邻近洋底最老的年龄。许多相关研究支持裂离不整合的时间与洋底扩张开始时间大致相同的这一认识。海洋磁异常条带的年龄被证明与相邻大陆边缘裂离不整合的形成时代大致相同，如在澳大利南部陆缘（Veever，1986）、纽芬兰陆

缘（Enachescu，1987）、拉布拉多陆缘（Balkwill，1987）以及北极的美亚盆地（Embry and Dixon，1990）等地区。裂离不整合面出现在裂谷隆起较高的肩部。裂谷肩部在同裂谷期遭受剥蚀，在后裂谷期由于热沉降，又发生沉降和接受沉积，从而形成了一个不整合面（Falvey，1974；Braun and Beaumont，1989）。因此，裂离不整合面实际上将同裂谷沉积物，与后裂谷沉积物分割开来。由于后裂谷期热沉降区域远大于裂谷阶段沉降范围，因此年轻沉积物通常向陆内超覆，在裂离不整合面之上广泛沉积。裂离不整合面成因和空间分布的概念，已得到广泛应用（Bond *et al.*，1984；Embry and Dixon，1990），成为重建大陆裂谷和被动大陆边缘演化的一种重要方法。

目前有许多热构造模型解释为什么裂谷翼部会经历隆升和剥蚀，如与深度相关的岩石圈伸展模型（Royden and Keen，1980）、侧向热传导转换模型（Cochran，1983）、岩石圈伸展导致的小尺度对流模型（Keen，1985；Buck，1986）以及岩石圈缩颈模型（Zuber and Parmentier，1986；Braun and Beaumont，1989）。另外，沉积物不断堆积所造成的沉积负荷也可能导致低黏度的下地壳物质从裂谷中心向外流出，从而促使裂谷肩部隆起（Burov and Cloetingh，1997）。

华北克拉通北缘广泛发育古元古代晚期和中元古代早期沉积地层，如长城系和蓟县系。长城系由下至上划分为常州沟组、串岭沟组、团山子组和大红峪组，而蓟县系自下而上分为高于庄组、杨庄组、雾迷山组、洪水庄组和铁岭组（图12.1）。下马岭组被单独归到一个新的地层单位或“待建系”的最底部（乔秀夫、高林志，2007）。上述沉积序列中的许多地层界线被解释为不整合接触，并被归因于构造挤压-抬升的结果。例如，大红峪组之下的不整合面被认为是“兴城运动”的结果（常绍泉等，1984；张焕翘，1986）；高于庄组之下的不整合被认为是“青龙运动”的产物（朱士兴等，2005）。我们野外调查证明，华北克拉通北缘元古宙沉积层序内的不整合面并非都与地壳缩短有关，一些不整合面很可能是海平面相对升降的结果（曲永强等，2010）。本章研究结果认为，长城系形成于大陆裂谷阶段，而蓟县系属于被动大陆边缘沉积。大红峪组和高于庄组下伏的不整合面是由海侵而形成的一个穿时性裂离不整合。该不整合的年龄代表了华北克拉通与相邻陆块分离的时间。下马岭组应是被动大陆边缘进一步发展的结果，其内部大量火山岩和黑色岩系的发育指示华北克拉通北缘当时处于强烈断陷和深水沉积环境。

12.2 区域地质背景

华北克拉通北缘在中生代经历了多期构造变形。中侏罗世挤压构造变形导致早期地层发生强烈褶皱和逆冲推覆（Davis *et al.*，2001），而晚中生代岩石圈伸展形成广泛的断陷盆地（Meng，2003）并导致大规模岩浆活动（Wu *et al.*，2005）。中生代多期构造作用的叠加，强烈地改造了华北克拉通北缘前寒武纪的构造格局，但元古宙沉积地层仍有很好的保存和出露。

华北克拉通北缘古元古代晚期—中元古代地层沉积于太古宙和古元古代变质杂岩之上，被认为发育于两个独立的裂谷带中，即北部的白云鄂博-渣尔泰裂陷带和南部的燕辽裂陷带（王楫等，1992；洪作民，1997；Lu *et al.*，2002；Kusky *et al.*，2007a）。对燕辽裂陷带已开展广泛的研究，如地层序列（陈晋镳等，1980；Chen *et al.*，1981；朱士兴等，1994；黄学光等，2001）、沉积过程（温献德，1989；和政军等，1994；李儒峰，1998）、盆地构造（温献德，1997；和政军等，2000；朱士兴等，2005）、火山活动（Yu *et al.*，1994；和政军等，2000）和构造演化（邵济安等，2002；Hou *et al.*，2006）。相比之下，对白云鄂博-渣尔泰裂陷带沉积和构造演化的研究较少，原因主要在于该裂谷带元古宙沉积地层大多经历过绿片岩相变质和强烈的变形，并且出露较少（王楫等，1992）。早期研究认为，白云鄂博-渣尔泰裂陷带与燕辽裂陷带是同期形成的，长城系、白云鄂博群和渣尔泰群大致从1800～1700 Ma开始沉积（Lu *et al.*，2008；Hou *et al.*，2008b），与哥伦比亚超大陆的裂解有关（Lu *et al.*，2002；Kusky *et al.*，2007a；Kusky and Santosh，2009）。

中元古代地层序列被认为形成于被动大陆边缘（乔秀夫等，1991；白瑾等，1996；曲永强等，2010）。新元古代地层与下伏地层之间的区域性不整合面表明，华北克拉通和相邻陆块在1.3～1.0 Ga期间可能发生了碰撞，导致华北克拉通北部隆升和剥蚀（杜汝霖等，1979；曲永强等，2010）。中元古代末期地壳的挤压收缩事件，与罗迪尼亚超大陆拼合时间相一致（Zhang，2004）。新元古代沉积物被认为形成于伸张构

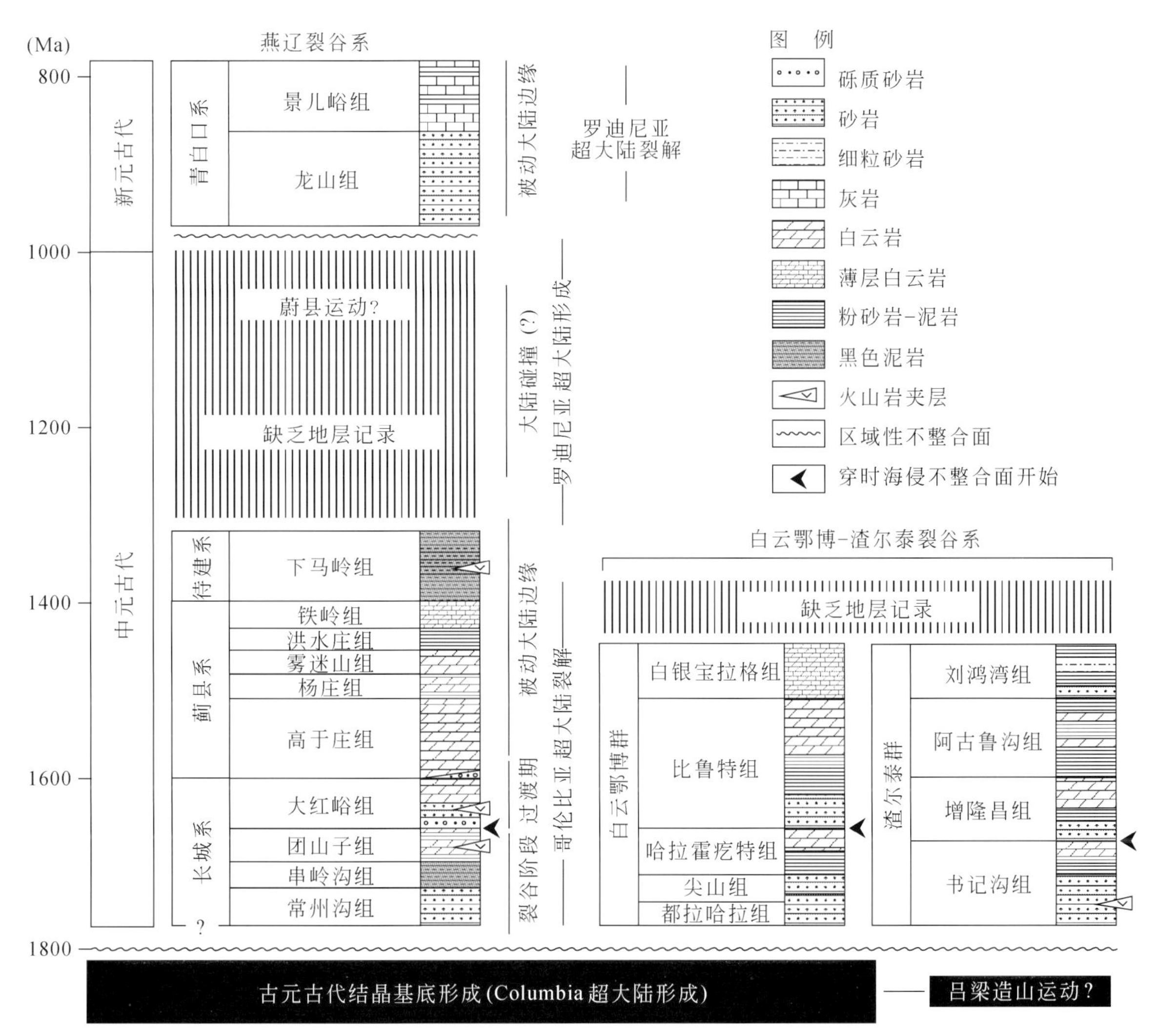

图 12.1　燕辽裂陷带和白云鄂博-渣尔泰裂陷带地层序列和对应关系以及沉积演化和区域构造过程之间的可能关系

地层划分和年龄数据主要依据 Zhong，1977；陈晋镳等，1980；王楫等，1992；Hong，1995；乔秀夫等，2007；李怀坤等，2010

造环境，可能与罗迪尼亚超大陆裂解有关（Zhai *et al.*，2003；曲永强等，2010）。图 12.1 总结华北克拉通北部元古宙地层和沉积序列及其地层发育和沉积作用与区域构造过程之间的联系。值得注意的是，中生代地壳缩短和伸展等构造作用导致深部结晶基底剥露，华北克拉通北部元古宙地层发生不同程度的剥蚀。因此，分布于现今华北克拉通北缘的元古宙地层仅代表它们的残余部分。

12.3　地层格架

对华北克拉通北部燕辽裂陷带元古宙序列已有深入研究。整个元古宙由老到新被划分为长城系、蓟县群、待建系和青白口系（图 12.1）。构成长城系的四个岩性组分别为常州沟组、串岭沟组、团山子组和大红峪组；蓟县系由四个岩性单元组成，分别为高于庄组、杨庄组、雾迷山组、洪水庄组和铁岭组。青白口系原来包括三个地层单元，由老到新分别为下马岭组、骆驼岭组组和景儿峪组，但下马岭组被证明与上覆骆驼岭组之间存在一个约 200 Ma 的时间间断（乔秀夫、高林志，2007），所以已从青白口系中划出，归属于待建系。

长城系形成于晚元古代晚期，沉积在华北克拉通太古宙和早元古代结晶基底之上。由于缺乏火山岩或其他适合同位素定年的地层，对常州沟组的年龄还不能精确限定。常州沟组砂岩中碎屑锆石的 U-Pb 年龄为 1805±25 Ma（Wan *et al.*，2003），表明常州沟组年龄不老于 1800 Ma。李怀坤等（2011）对被常州沟组所覆盖的花岗质岩脉进行了定年，获得 U-Pb 年龄 1673±10 Ma。这一结果指示常州沟组石英砂岩最初沉积时代可能在 1650 Ma 左右。和政军等（2011）对北京密云常州沟组底部风化壳中的碎屑锆石进行了定年，获得锆石 U-Pb 年龄 1682±20 Ma。这一结果也指示常州沟组的最老年龄可能在 1650 Ma 左右。因此，华北克拉通晚元古代最早沉积要比以前认为的 1800 Ma 年轻。串岭沟组目前尚无火山岩年龄的制约。团山子组中的安山岩 U-Pb 年龄为 1683±67 Ma（李怀坤等，1995），但年龄误差值较大，可信度不高。大红峪组含大量富钾火山岩，火山岩中给出锆石 SHRIMP 年龄 1626±9 Ma（高林志等，2007）和锆石 TIMS 年龄 1625±6 Ma（陆松年、李惠民，1991）。

最近对蓟县系最下部高于庄组凝灰岩的锆石进行 U-Pb 同位素定年，两个锆石的 U-Pb 年龄分别为 1559±12 Ma 和 1560±5Ma（李怀坤等，2010）。锆石年龄很好限定了高于庄组的形成时代，即高于庄组碳酸盐岩沉积可能开始于约 1600 Ma，即在古元古代与中元古代的过渡时期。杨庄组和雾迷山组碳酸盐岩的年龄还不清楚。考虑到上覆铁岭组凝灰岩锆石 U-Pb 年龄为 1440 Ma（Su *et al.*，2010），杨庄组和雾迷山组的年龄应该老于 1440 Ma。侵入到蓟县系最上部铁岭组中辉绿岩岩床的年龄为 1320±6 Ma（李怀坤等，2009）。

下马岭组曾被认为属于新元古代，置于青白口系中（陈晋镳等，1980）。最近对下马岭组火山岩进行了同位素定年，其锆石 U-Pb 年龄为 1368±12 Ma（高林志等，2007）、1366±9 Ma（高林志等，2008），1380±36～1379±12 Ma（Su *et al.*，2008）和 1622±23 Ma（Lu *et al.*，2008）。这些年龄指示下马岭组应形成于中元古代。另外，对侵入下马岭组的辉绿岩也进行定年，其锆石和斜锆石的 $^{207}Pb/^{206}Pb$ 加权平均年龄为 1345±12 Ma（Zhang *et al.*，2009）。该年龄限定了下马岭组年龄的上限。前人曾报道铁岭组和下马岭组之间存在一个区域性不整合（乔秀夫，1976），但燕山构造带中部（承德地区）的实地观察显示两者之间为整合接触。下马岭组与其上覆地层之间存在一个区域性平行不整合或者角度不整合。依据骆驼岭组自生海绿石矿物 810～900 Ma 的 ^{40}Ar-^{39}Ar 年龄（陆松年，1992；李明荣等，1996），骆驼岭组和景儿峪组应属于新元古代地层。

与燕辽裂陷带相比，对白云鄂博–渣尔泰裂陷带元古宙地层的研究则非常薄弱。白云鄂博–渣尔泰裂陷带元古宇在不同地区被划分命名为不同的地层单元（乔秀夫等，1991；王楫等，1992）。白云鄂博群、渣尔泰群和华德群被认为大致同期，代表古元古代晚期—中元古代早期沉积（王楫等，1992）。每个群依据岩性或岩相的相似性被划分成若干地层单元（图 12.1）。目前白云鄂博–渣尔泰裂陷带元古宇还没有可靠的同位素年龄数据。图 12.1 显示白云鄂博–渣尔泰裂陷带元古宙地层和沉积序列与燕辽陷带元古宙地层之间的可能关系。

12.4　沉积特征

燕辽裂陷带中元古代晚期到新元古代沉积序列由碎屑岩和碳酸盐岩组成，并且可以识别出由粗碎屑岩向上变为陆棚泥岩–台地碳酸盐岩的几个沉积序列（图 12.1）。第一个序列由常州沟组、串岭沟组、团山子组组成。常州沟组以含平行和交错层的石英砂岩为特征［图 12.2(a)］，为滨岸沉积。常州沟组底部发育一些侧向不连续的砾岩层，代表早期河流冲刷和冲积扇沉积（和政军等，1994）。上覆串岭沟组由暗色水平层状泥岩组成［图 12.2(b)］，含具正粒序的细粒砂岩夹层。泥岩为缺氧外陆棚环境沉积，而薄层粒序砂岩是风暴岩或风暴成因的外陆棚沉积。这些细粒硅质碎屑岩向上过渡为团山子组浅色白云岩［图 12.2(b)］，指示沉积环境从碎屑陆棚转变为浅水碳酸盐台地。值得注意的是，长城系分布在由断层限定的地堑和半地堑沉积带内。

第二个序列由大红峪组构成，也是以粗粒碎屑岩开始（图 12.1）。石英质粗碎屑岩和砾岩是大红峪组下部主要岩性，其中粗碎屑岩具有平行层理和交错层理。砾岩显示颗粒支撑结构，由磨圆良好石英质砾石和变质岩砾石组成。砂岩和泥岩、粉砂岩组成了大红峪组的中间部分，以发育丘状交错层理和出现火山岩夹层为特征［图 12.2(c)］，如凝灰岩［图 12.2(d)］、玄武岩和粗面玄武岩。大红峪组上部以中厚层状灰色泥质白云岩为主，含大量叠层石。大红峪组底部的石英质粗碎屑岩被解释为在海进过程中形成的滨岸沉积（曲永强，2010），上覆广泛分布的浅海碳酸盐岩代表了陆表海沉积。大红峪组序列代表一个与海平面上升相关的沉积序列。大红峪组砂岩向南的延伸明显超过其下伏地层的沉积范围［图 12.3(c)］。

蓟县系的其他岩性组由碳酸盐岩和泥岩组成，构成下、中、上三个沉积序列（图 12.1）。下部沉积序

图12.2　晚古元古代—中元古代典型沉积岩相特征

(a) 常州沟组交错层石英砂岩；(b) 串岭沟组黑色泥岩与上覆团山子组白云岩整合接触；(c) 大红峪组砂岩内的丘状交错层；(d) 大红峪组石英砂岩含高钾凝灰岩；(e) 高于庄组厚层白云岩；(f) 高于庄组下部石英砂岩向上过渡为白云岩

列为高于庄组，以厚层白云岩和灰质泥岩［图12.2(e)］为主，含大量叠层石和燧石团块（朱士兴等，1978），底部在一些地区也发育石英质粗碎屑岩和含砾砂岩［图12.2(f)］，高于庄组沉积范围比下伏蓟县系大红峪组更大［图12.3(c)、(d)］。中部沉积序列由杨庄组—雾迷山组组成，杨庄组以紫色泥质白云岩为典型特征，底部出现少量的砾质砂岩；上覆雾迷山组由单一岩性的白云岩组成，富含各种叠层石和燧石团块，以频繁的韵律性沉积为特征，地层巨厚，构成蓟县系层序主体，覆盖几乎整个华北克拉通的北部。上部序列由洪水庄组—铁岭组组成，洪水庄组下部为黑色页岩，风化后呈黄绿、灰绿色，连续沉积在雾迷山组碳酸盐岩之上，上部为灰白色含粉砂泥质白云岩；上覆铁岭组以薄-中厚层状灰岩、白云质灰岩为典型特征，并出现大量的叠层石。杨庄组白云岩形成于潟湖潮间或潮上带（陈晋镳等，1980；梅冥相等，2000），而厚层雾迷山组白云岩反映陆表海环境（李儒峰，1998；黄学光，2006）。洪水庄组黑色泥岩

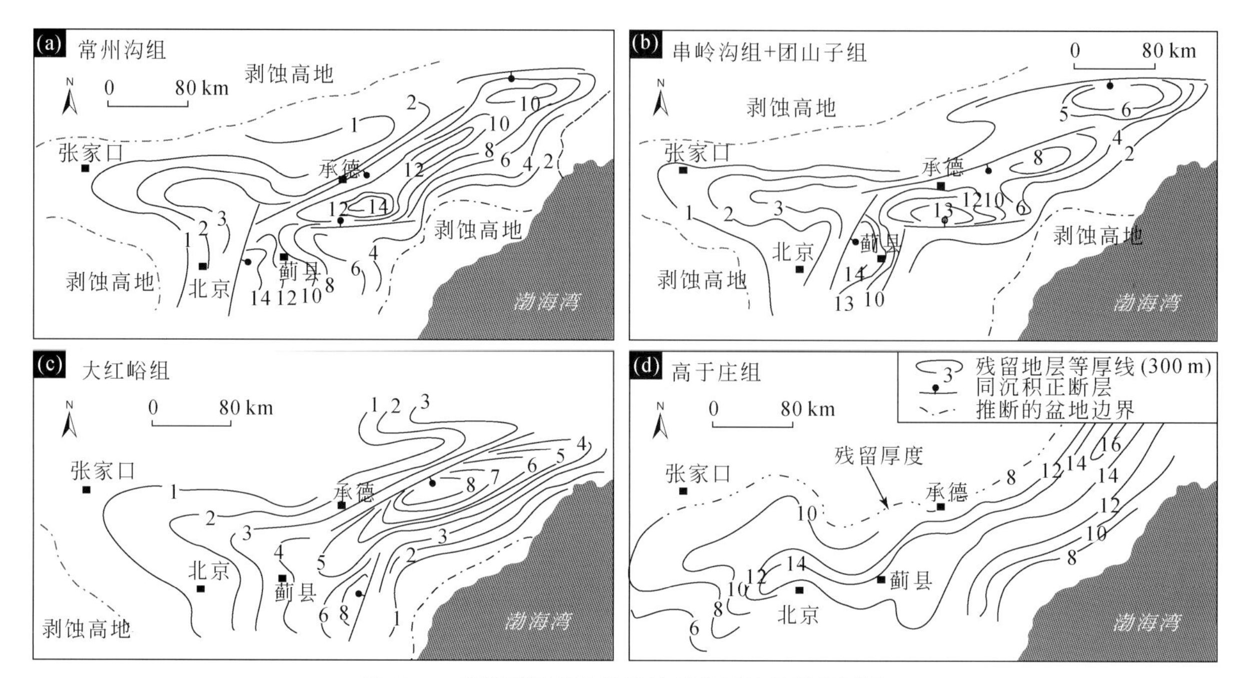

图 12.3 燕辽裂陷带内关键地层单元的沉积等厚图

(a) 常州沟组；(b) 串岭沟组和团山子组；(c) 大红峪组；(d) 高于庄组

形成于外陆棚环境，可能与相对海平面快速升高有关。铁岭组浅色灰岩和丰富叠层石指示浅水碳酸盐台地环境（曲永强等，2010）。

待建系下马岭组整合沉积在铁岭组之上，但被新元古代地层不整合覆盖。下马岭组上部的剥蚀量以及被剥蚀的地层岩相目前难以确定。下马岭组下部普遍发育粗粒砂岩，但地层主体为水平纹层状深色泥岩、粉砂岩和细粒砂岩。另外，下马岭组含火山碎屑岩，大部分已风化为膨润土（高林志等，2007）。下马岭组深色细粒岩相代表当时缺氧深海环境（曲永强等，2010）。

骆驼岭组和景儿峪组构成了新元古代青白口系沉积序列，主要由碎屑岩和碳酸盐岩组成（乔秀夫，1976）。骆驼岭组底部由砾岩和长石砂岩组成，向上相变为交错层及平行层状石英质和长石质碎屑岩。海绿石在新元古代层序中非常丰富，以至于骆驼岭组砂岩在露头经常表现为绿色。灰岩出现在新元古代层序的上部。青白口系被下寒武统府君山组白云质灰岩不整合覆盖，不整合面代表的时间间断约为 200 Ma。骆驼岭组底部砾岩和长石砂岩记录早期河流沉积，而海绿石砂岩则代表滨海沉积环境。另外，海绿石砂岩的广泛发育通常指示大范围海进过程，因为海绿石在高位体系域中非常富集（Amorosi，1995）。

12.5 不整合面分析

华北克拉通元古宙沉积序列中存在多个不整合面（曲永强等，2010）。早期研究将这些不整合面的形成归因为地壳抬升，但却没有给出地壳抬升的构造机制。我们的研究结果显示，一些不整合面可以用海平面相对变化来解释（曲永强等，2010）。华北克拉通在元古代发生过两次重要的挤压构造事件，一次是在 2.0 ~ 1.9 Ga 期间，对应于哥伦比亚超大陆拼合（Zhao *et al.*，2002）。这次构造事件在文献中也称为吕梁运动（Lvliang Orogeny）。吕梁运动导致华北克拉通早期东、西两部分的联合（Zhao *et al.*，2002）或华北克拉通统一结晶基底的形成。长城系是华北克拉通北缘变质基底之上的第一个沉积序列（图 12.1）。下马岭组和新元古代序列之间的区域不整合记录了第二次构造抬升事件（图 12.1）。全球不同克拉通地块在 1.0 Ga 开始汇聚拼贴，形成罗迪尼亚超大陆。不同陆块之间的碰撞导致华北克拉通地壳缩短和抬升（Zhai and Liu，2003）。本章重点关注大红峪组和高于庄组下部不整合面的成因，探索其所反映的构造过程。

早期研究将大红峪组底部不整合归于一次构造事件（常绍泉等，1984）。我们的野外观察证明，大红峪组与下伏常州沟组-串岭沟组之间为平行不整合，或直接超覆在太古宙结晶岩之上。大红峪组与常州沟组之间不存在角度不整合。另外，一些地方团山子组与大红峪组为连续沉积。图 12.4(a) 展示大红峪组与下伏地层不整合和整合两种接触关系的空间分布。例如，大红峪组在图中E处整合沉积在团山子组之上，但向南却直接覆盖在常州沟组和太古宙结晶杂岩之上［图12.4(a)］。大红峪组与下伏地层之间向南由整合变为不整合的现象，暗示大红峪组是一套海进沉积。大红峪组下部席状碎屑岩和砾岩指示海岸碎屑沉积不断向陆迁移，其上部白云岩反映碳酸盐台地在后期逐渐形成。

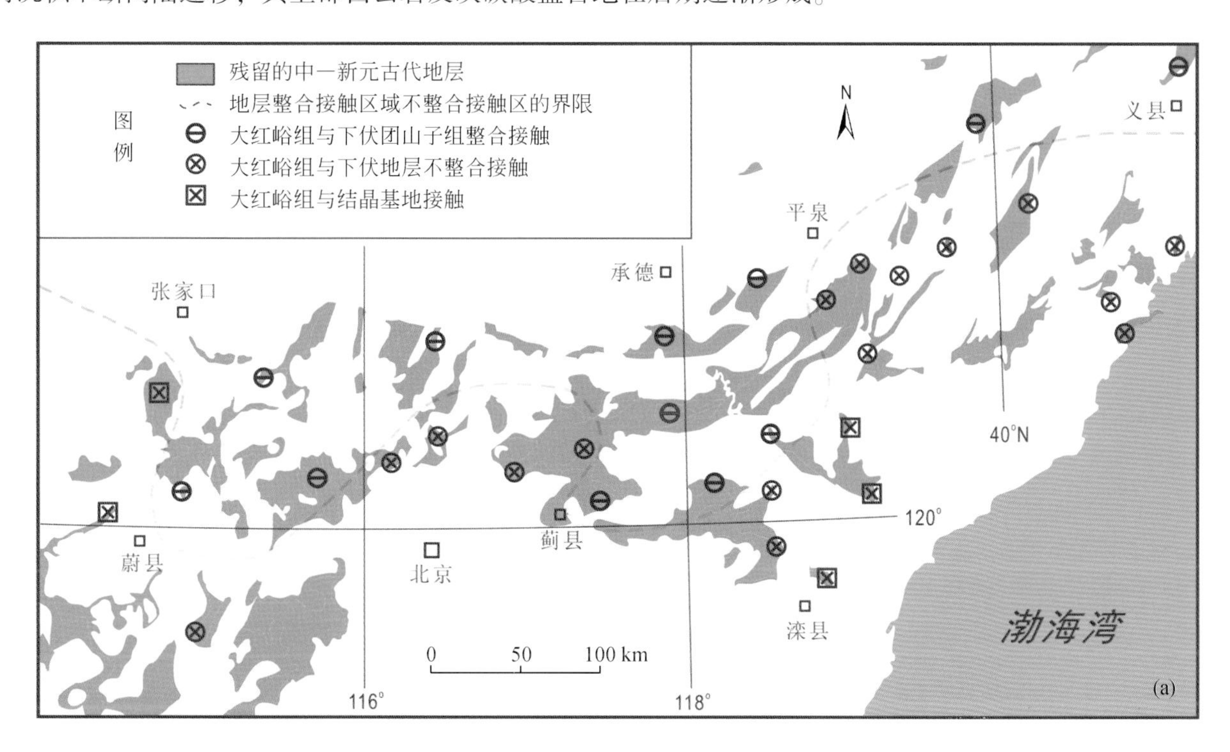

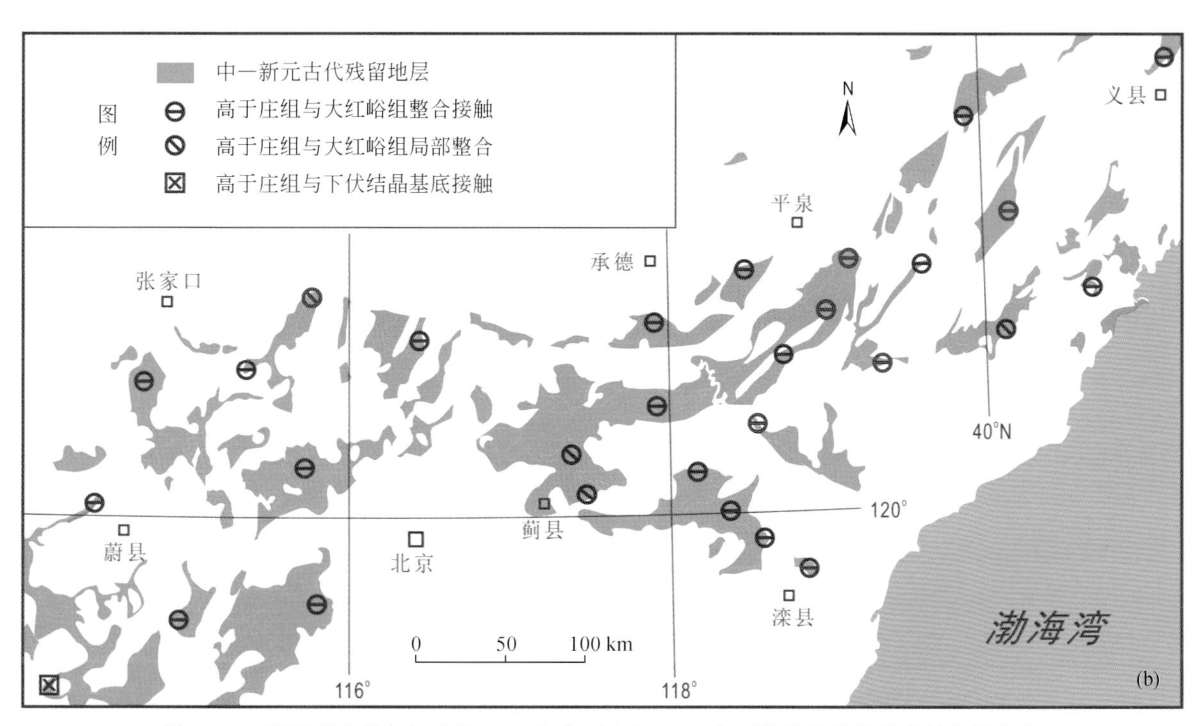

图12.4 燕辽裂陷带大红峪组（a）和高于庄组（b）与下伏地层接触关系的空间变化

高于庄组下伏不整合面也是一个重要的地层界面（陈晋镳等，1980；朱士兴等，2005）。确定该不整合面或沉积间断的主要根据如下：①大红峪组白云岩与高于庄组碎屑岩之间为岩性突变面；②大红峪组顶部柱状叠层石与高于庄组底部碎屑岩为冲蚀接触；③高于庄组碎屑岩直接沉积在变质岩基底之上；④大红峪组顶部发育风化层、赤铁矿层以及钙结壳层，指示其长期出露于地表。然而，大红峪到组与高于庄组在燕辽裂陷带内部为连续沉积［图12.4(b)］。高于庄组沉积序列应是在连续海进过程中形成的，因为其分布范围比大红峪组要宽广（黄学光，2006）。高于庄组底部碎屑岩可归因于海进过程中障壁后退或海岸线向陆迁移（图 12.5）。障壁岛后退导致滨面上部遭受侵蚀，剥蚀的砂质和砾质碎屑会被风暴搬运到外陆棚地带形成风暴岩，或者搬运到潟湖形成冲溢扇［图 12.5(a)、(b)；Heward，1981；Reinson，1992；Cattaneo and Steel，2003］。由于海平面不断上升和海洋面积的扩张，碎屑沉积被限定在滨岸地带，从而促使远滨带碳酸盐岩的发育［图 12.5(c)］。图 12.5 所显示的沉积模式可解释高于庄组沉积序列的时空变化。大红峪组和高于庄组碳酸盐岩在不受风暴沉积或碎屑沉积影响的远端呈连续沉积［图 12.5(c) 位置 X］。高于庄组底部砂岩很可能与风暴沉积有关，这不仅解释了大红峪组之上碎屑沉积的突然出现，而且说明接触面的侵蚀特征。同样，大红峪组顶部柱状叠层石的削截现象也是风暴作用的结果。图 12.5(c) 中 Y 位置指示高于庄组砂岩开始出现的地方。大红峪组与高于庄组在一些地方的平行不整合并不代表一个长期沉积间断，而是海进序列的一部分。海平面上升引起海岸线不断向陆方向移动，最终导致高于庄组滨岸碎屑岩直接超覆在结晶基底之上（图 12.5 位置 Z）。浅海陆棚的逐渐扩展也导致碳酸盐岩的广泛沉积，高于庄组中部表现出向海方向水体加深的趋势［图 12.5(c) 中 X 处］。

以上分析表明，大红峪组和高于庄组代表一次大规模海进过程，导致华北克拉通北缘海域面积明显扩大。大红峪组和高于庄组之下的不整合面正是这次海侵过程的结果。需要注意的是，这个海侵超覆不整合是穿时的，形成时间在 1630 ~ 1560 Ma，由大红峪组和高于庄组的年代所限定。

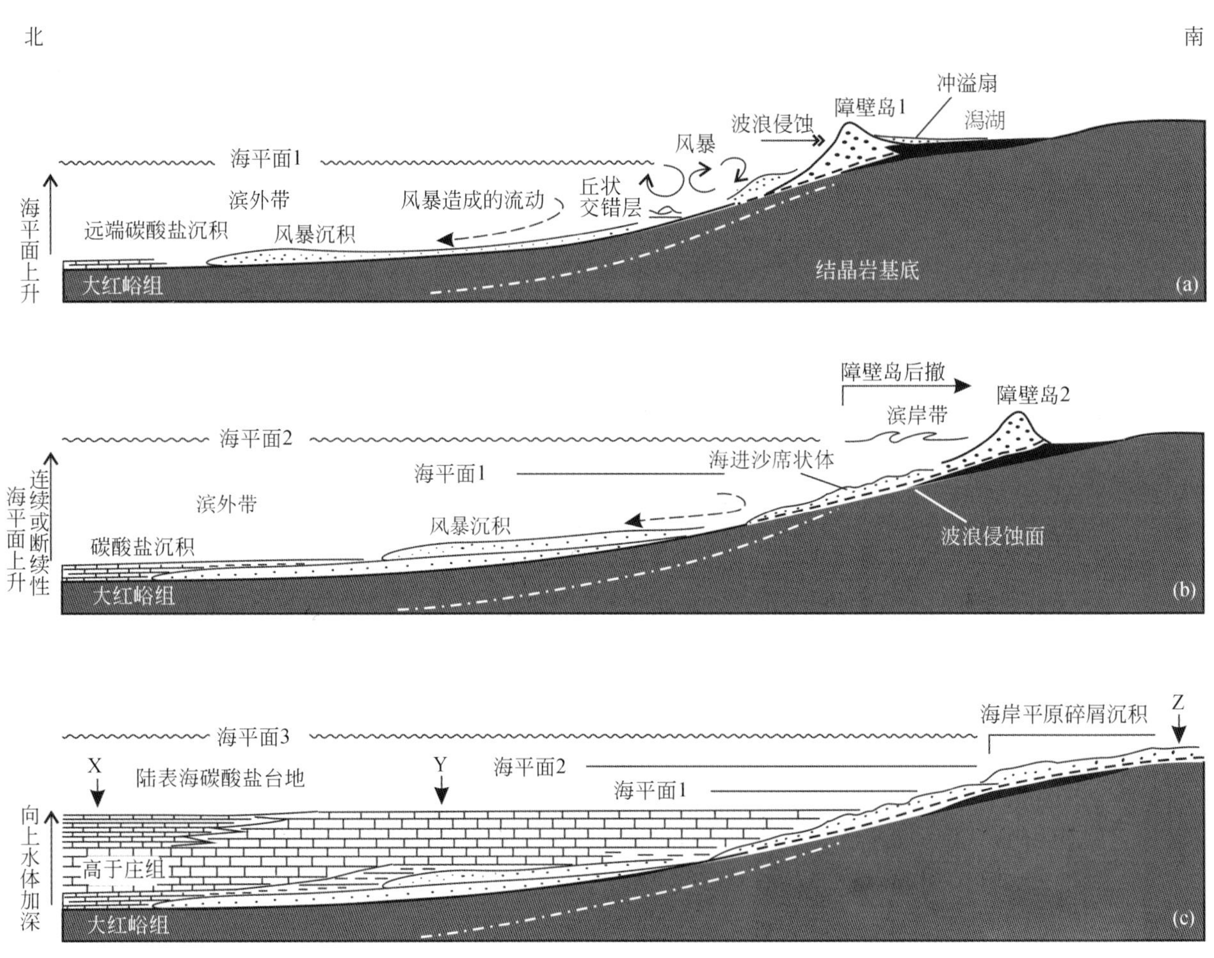

图 12.5　高于庄组岩相侧向变化和沉积过程恢复

12.6　构 造 意 义

华北克拉通北缘古元古代层序发育于大陆裂谷盆地（王楫等，1992；和政军等，1994；Lu *et al.*，2008）。正断层控制断陷盆地的沉积作用（和政军等，2000），造成地层厚度在侧向发生快速变化［图 12.3(a)、(b)］。大红峪组沉积厚度相对较薄，且侧向变化不大，反映大红峪组沉积期伸展作用逐步减弱。

高于庄组在区域广泛分布且厚度侧向变化较小，说明中元古代初期裂谷作用已趋于结束。

伸展盆地一般会经历同裂谷和后裂谷两个演化阶段。盆地在同裂谷期受断层控制，盆地基底沉降迅速。在受深部热收缩控制的后裂谷期，盆地沉降相对缓慢。后裂谷期的热沉降一般影响范围广泛，导致盆地沉积范围明显扩张。考虑到受同生断层控制和伴随火山活动，长城系的主体应形成于同裂谷期。大红峪组形成于同裂谷向后裂谷的过渡期，而分布广泛的高于庄组则发育于后裂谷时期。

图 12.6 恢复长城系的构造–沉积演化历史，解释大红峪组与高于庄组底部穿时不整合面的形成过程。常州沟组碎屑岩记录了裂谷发育的初始阶段，沉积中心受同沉积断裂的控制［图 12.6(a)］。串岭沟组为

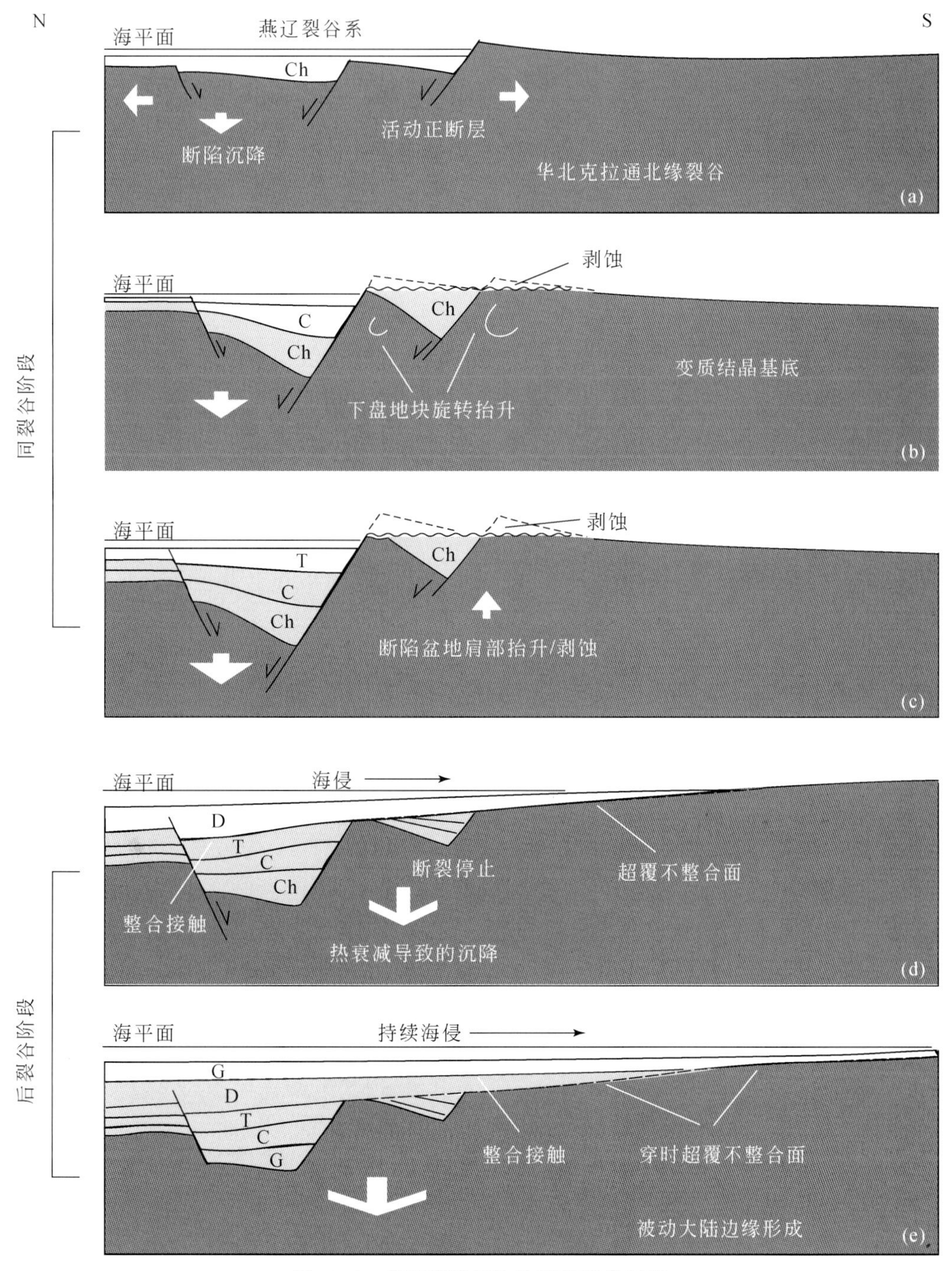

图 12.6　燕辽裂陷带构造沉积演化过程

(a) 常州沟组为断陷沉积；(b) 快速沉降导致串岭沟组深水沉积，裂谷肩部发生抬升和剥蚀；(c) 团山子组发育于裂谷后期阶段，盆地近源区继续抬升和剥蚀；(d) 盆地发生拗陷，海平面上升造成海侵，大红峪组石英砂岩不整合沉积超覆在下伏地层之上；(e) 持续海侵使高于庄组进一步向克拉通内部超覆，形成大红峪组和高于庄组下伏穿时性海侵不整合面。Ch. 常州沟组；C. 串岭沟组；T. 团山子组；D. 大红峪组；G. 高于庄组

深海沉积，记录了盆地的加速沉降。裂谷盆地在发育过程中，由于地壳均衡反弹和下盘断块的旋转，裂谷肩部发生抬升和遭受侵蚀［图 12.6(b)］。团山子组泥质灰岩的出现指示裂谷沉降速率降低，浅海环境开始发育［图 12.6(c)］。大红峪组下部石英砂岩沉积于盆地边缘，指示盆地扩张、广泛海侵以及热沉降的开始［图 12.6(d)］。在大红峪组沉积阶段，虽然断陷和火山作用仍在继续，但其强度显著下降。因此，大红峪组记录了从同裂谷到后裂谷的过渡阶段［图 12.6(d)］。盆地的热沉降在中元古代初期逐渐增强，导致大范围海侵和高于庄组沉积［图 12.6(e)］。断裂活动和火山作用在这一阶段停止，以发育浅海碳酸盐岩为特征。后裂谷期持续海侵导致大红峪组—高于庄组底部穿时性不整合面的形成［图 12.6(e)］。

大红峪组碎屑岩沉积厚度达 400 m，而高于庄组下部砂岩较薄，仅有 1 ~ 5 m。厚层海侵碎屑岩通常指示盆地边缘具有高梯度地形，障壁岛向陆方向的迁移相对缓慢（Cattaneo and Steel，2003）。如果海平面上升速率较慢，大规模的滨岸侵蚀就会发生（Heward，1981）。大红峪组形成于同裂谷和后裂谷的过渡时期，前期断层形成的地貌高地在盆地边缘可能依然存在。这种地形环境为后撤障壁沉积物提供了更大的可容空间，因此接受了较厚的碎屑沉积体。在低梯度地形环境下，海岸线能够向陆方向快速移动，尤其是在海平面快速上升时（Cattaneo and Steel，2003）。相对较薄和分布广泛的沉积相是低梯度地形环境下海侵沉积的特点。由于继承性海岸高地的地形差随时间逐渐削弱，不断上升的海平面造成的海侵便形成了高于庄组下部的席状砂岩体。

白云鄂博群和渣尔泰群经历过低级变质作用和强烈变形，同时遭受强烈剥蚀（王楫等，1992），因此很难重建白云鄂博-渣尔泰裂陷带的构造和沉积演化历史。已有研究结果显示，白云鄂博群下部都拉哈拉组、尖山组和拉霍疙特组以及渣尔泰群的书记沟组在地层序列上可与燕辽裂陷带的长城系对比（洪作民，1995），因为它们与长城系具有类似的相序结构和发育火山岩（王楫等，1992；洪作民，1995）。白云鄂博群和渣尔泰群上部地层多与蓟县群的下部对比，如白云鄂博群的比鲁特组下部和增隆昌组下部岩性与大红峪组一致（图 12.1），均以石英砂岩为主。另外，渣尔泰群的增隆昌组石英砂岩超覆于不同地层单元之上（洪作民，1995），表明其为海侵沉积。因此，我们认为白云鄂博群和渣尔泰群下部与燕辽裂陷带的长城系一样，为同裂谷沉积。白云鄂博群和渣尔泰群上部地层则代表后裂谷期沉积。

图 12.7 是一个古元古代晚期至中元古代华北克拉通北缘构造-沉积演化模型。哥伦比亚超级大陆约形成于 1900 Ma［图 12.7(a)］，然后在 1750 ~ 1650 Ma 期间开始裂解，导致了华北北缘裂谷系的形成［图 12.7(b)］。裂谷体系的发育与华北克拉通内部同期镁铁质岩墙群发生的时间一致（Peng *et al.*，2007；Hou *et al.*，2008a）。由于地壳伸展作用向大洋方向移，华北克拉通北缘断裂活动停止［图 12.7(c)］。岩石圈深部的热衰减导致后裂谷期沉降，盆地向大陆方向扩张。大规模海侵导致大红峪组石英砂岩直接沉积在太古宙基底之上［图 12.7(c)］。大陆裂解和洋壳扩张使得裂解大陆开始漂离［图 12.7(d)］。华北克拉通北缘在中元古代演化为被动大陆边缘。高于庄组代表被动大陆边缘的早期演化阶段，发育海侵成因的席状碎屑岩。蓟县系其他岩石地层单元也应为被动大陆边缘沉积。

大红峪组—高于庄组底部海侵不整合，可以看作区域构造演化背景下的裂解不整合面［图 12.7(c)、(d)］。如果该认识正确的话，那么该不整合可用来限定华北克拉通与周围大陆的分离时间。根据大红峪组和高于庄组的地层年代，该裂解不整合的发育时限为 1630 ~ 1560 Ma，华北克拉通与相邻大陆之间的漂离应发生在 1600 Ma 左右。这一时间与哥伦比亚超大陆裂解时间一致（Rogers and Santosh，2002；Zhao *et al.*，2003；Hou *et al.*，2008b）。对哥伦比亚超大陆已进行了许多研究和建立了各种模型（Wilde *et al.*，2002），但目前仍不清楚华北克拉通北缘在超大陆聚合期是与那个大陆相连。蓟县系浅海相沉积所代表的被动大陆边缘一直持续到 1400 Ma 或者一直延续到下马岭组沉积期。

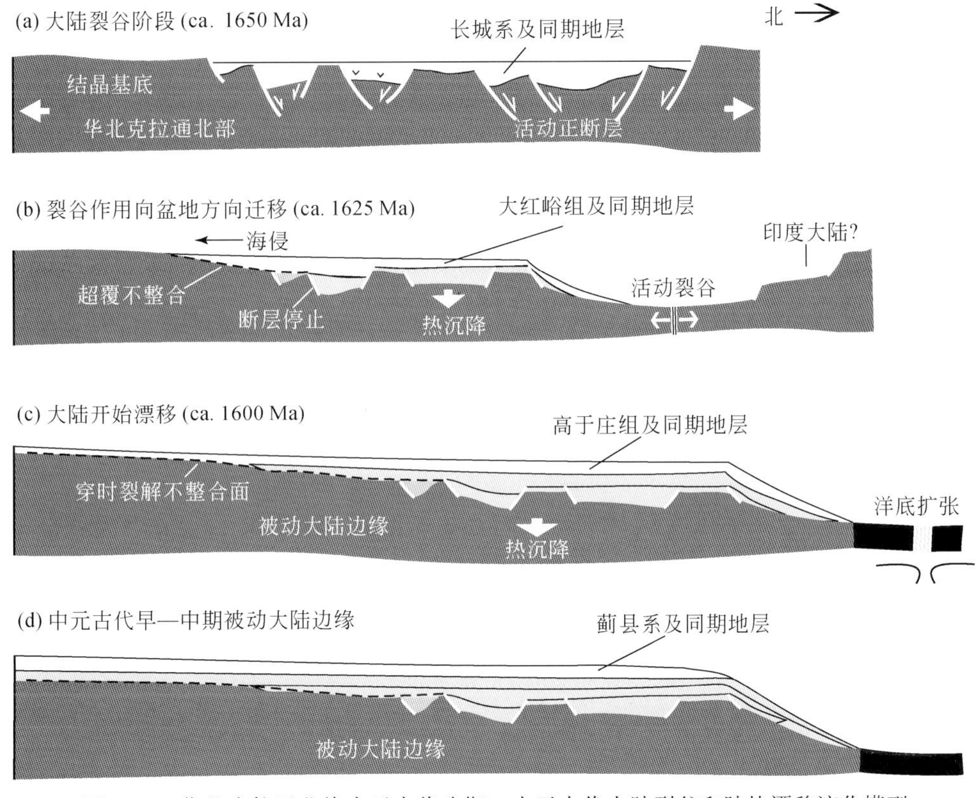

图 12.7　华北克拉通北缘古元古代晚期—中元古代大陆裂谷和陆块漂移演化模型

参考文献

白瑾，黄学光，王慧初，郭进京，颜耀阳，修群业，戴凤岩，徐文蒸，王官福．1996．中国前寒武纪地壳演化，第二版．北京：地质出版社

常绍泉，张维芳，汪风鸣．1984．辽宁锦西葫芦岛的中元古界并论兴城运动及其意义．辽宁地质学报，1（1）：201～221

陈晋镳，张惠民，朱士兴．1980．蓟县震旦亚界研究．中国震旦亚界．天津：天津科学技术出版社

杜汝霖，李培菊，吴振山．1979．燕山西段震旦亚界．河北地质学院学报，4（4）：1～17

高林志，张传恒，史晓颖，周洪瑞，王自强．2007．华北青白口系下马岭组凝灰岩锆石 SHRIMP U-Pb 定年．地质通报，26（3）：249～255

高林志，张传恒，史晓颖，周洪瑞，王自强．2008．华北古陆下马岭组归属中元古界的锆石 SHRIMP 年龄新证据．科学通报，53（21）：2617～2623

和政军，孟祥化，葛铭．1994．燕山地区长城纪沉积演化及构造背景．沉积学报，12（02）：10～12

和政军，牛宝贵，张新元，赵磊，刘仁燕．2011．北京密云元古宙常州沟组之下环斑花岗岩古风化壳岩石的发现及其碎屑锆石年龄．地质通报，30（05）：798～802

和政军，宋天锐，丁孝忠，张巧大．2000．北京及邻区长城纪火山事件的沉积记录．沉积学报，18（04）：510～514

洪作民．1995．白云鄂博群、渣尔泰群与辽北中上元古界对比．化工矿产地质，17（03）：158～164

洪作民．1997．华北陆台北缘中、新元古代坳拉谷．化工矿产地质，19（1）：43～48

黄学光．2006．燕山中、新元古代沉积盆地构造演化．地质调查与研究，29（4）：263～270

黄学光，朱士兴，贺玉贞．2001．蓟县中、新元古界剖面层序地层学研究的几个基本问题．前寒武纪研究进展，24（4）：201～221

李怀坤，李惠民，陆松年．1995．长城系团山子组火山岩颗粒锆石 U-Pb 年龄及其地质意义．地球化学，24（1）：43～48

李怀坤，陆松年，李惠民，孙立新，相振群，耿建珍，周红英．2009．侵入下马岭组的基性岩床的锆石和斜锆石 U-Pb 精确定年——对华北中元古界地层划分方案的制约．地质通报，28（10）：1396～1404

李怀坤，苏文博，周红英，耿建珍，相振群，崔玉荣，刘文灿，陆松年．2011．华北克拉通北部长城系底界年龄小于1670Ma：来自北京密云花岗斑岩岩脉锆石 LA-MC-ICPMS U-Pb 年龄的约束．地学前缘，18（03）：108～120

李怀坤，朱士兴，相振群，苏文博，陆松年，周红英，耿建珍，李生，杨锋杰．2010．北京延庆高于庄组凝灰岩的锆石 U-

Pb 定年研究及其对华北北部中元古界划分新方案的进一步约束．岩石学报，26（07）：2131～2140
李明荣，王松山，裘冀．1996. 京津地区铁岭组、景儿峪组海绿石^{40}Ar-^{39}Ar 年龄．岩石学报，12（03）：416～423
李儒峰．1998. 华北中、新元古界层序地层分析及其应用．石油大学学报（自然科学版），22（01）：11～16
陆松年．1992. 蓟县中—上元古界剖面同位素地质年代学进展．见：李清波，戴金星，刘如琦主编．现代地质学研究文集．南京：南京大学出版社．122～129
陆松年，李惠民．1991. 蓟县长城系大红峪组火山岩的单颗粒锆石 U-Pb 法准确定年．中国地质科学院院报，22（01）：137～146
梅冥相，周洪瑞，杜本明，罗志清．2000. 天津蓟县中新元古代沉积层序的初步研究——前寒武纪（1800～600 Ma）一级层序划分及其与显生宙的一致性．沉积与特提斯地质，20（04）：47～59
乔秀夫．1976. 青白口系地层学研究．地质科学，4（03）：246～265
乔秀夫，高林志．2007. 燕辽裂陷槽中元古代古地震与古地理．古地理学报，9（04）：337～352
乔秀夫，高林志，张传恒．2007. 中朝板块中、新元古界年代地层柱与构造环境新思考．地质通报，26（05）：503～509
乔秀夫，姚培毅，王成述，谭琳，朱绅玉，周盛德，张玉清．1991. 内蒙古渣尔泰群层序地层及构造环境．地质学报，65（01）：1～16
曲永强，孟庆任，马收先，李林，武国利．2010. 华北地块北缘中元古界几个重要不整合面的地质特征及构造意义．地学前缘，17（04）：112～127
邵济安，张履桥，李大明．2002. 华北克拉通元古代的三次伸展事件．岩石学报，18（02）：152～160
王楫，李双应，王保良．1992. 狼山-白云鄂博裂谷系．中国北方板块构造丛书．北京：北京大学出版社
温献德．1989. 华北北部中晚元古代岩相古地理及其演化．石油大学学报（自然科学版），13（02）：13～21
温献德．1997. 华北北部中、上元古界的大陆裂谷模式和地层划分．前寒武纪研究进展，20（03）：21～28
张焕翘．1986. 关于兴城运动．辽宁地质，（2）：129～135
朱士兴，曹瑞骥，赵文杰，梁玉左．1978. 中国震旦亚界蓟县层型剖面迭层石的研究概要．地质学报，52（03）：209～221
朱士兴，黄学光，孙淑芬．2005. 华北燕山中元古界长城系研究的新进展．地层学杂志，29（S1）：437～449
朱士兴，刑裕盛，张鹏远．1994. 华北地台中、上元古界生物地层序列．北京：地质出版社
Amorosi A. 1995. Glaucony and sequence stratigraphy: a conceptual framework of distribution in siliciclastic sequences. Journal of Sedimentary Research, 65 (4): 419～425
Balkwill H R. 1987. Labrador Basin: structural and stratigraphic style. In: Beaumont C, Tankard A J (eds). Sedimentary Basins and Basin-Forming Mechanism. Canadian Society of Petroleum Geologists Memoir, 12. 17～43
Bond G C, Nickeson P A, Kominz M A. 1984. Breakup of a supercontinent between 625 Ma and 555 Ma: new evidence and implications for continental histories. Earth And Planetary Science Letters, 70 (2): 325～345
Braun J, Beaumont C. 1989. A physical explanation of the relation between flank uplifts and the breakup unconformity at rifted continental margins. Geology, 17 (8): 760～764
Buck W R. 1986. Small-scale convection induced by passive rifting: the cause for uplift of rift shoulders. Earth And Planetary Science Letters, 77 (3-4): 362～372
Burov E, Cloetingh S. 1997. Erosion and rift dynamics: new thermomechanical aspects of post-rift evolution of extensional basins. Earth And Planetary Science Letters, 150 (1): 7～26
Cattaneo A, Steel R J. 2003. Transgressive deposits: a review of their variability. Earth-Science Reviews, 62 (3): 187～228
Chen J B, Zhang H M, Xing Y S, Ma G G. 1981. On the Upper Precambrian (Sinian Suberathem) in China. Precambrian Research, 15 (3-4): 207～228
Cochran J R. 1983. Effects of finite rifting times on the development of sedimentary basins. Earthand Planetary Science Letters, 66: 289～302
Condie K C. 2002. Breakup of a Paleoproterozoic supercontinent. Gondwana Research, 5 (1): 41～43
Davis G A, Zheng Y D, Wang C, Darby B J, Zhang C H, Gehrels G. 2001. Mesozoic tectonic evolution of the Yanshan fold and thrust belt, with emphasis on Hebei and Liaoning provinces, northern China. In: Hendrix M S, Davis G A (eds). Paleozoic and Mesozoic Tectonic Evolution of Central and Eastern Asia: from Continental Assembly to Intracontinental Deformation. Geological Society of America Memoir, 194: 171～198
Embry A F, Dixon J. 1990. The breakup unconformity of the Amerasia basin, Arctic Ocean: evidence from Arctic Canada. Geological Society of America Bulletin, 102 (11): 1526～1534
Enachescu M E. 1987. Tectonic and structural framework of the northeast Newfoundland continental margin. In: Beaumont C, Tankard A J (eds). Sedimentary Basins and Basin-Forming Mechanism. Canadian Society of Petroleum Geologists Memoir, 12: 117～146

Falvey D A. 1974. The development of continental margins in plate tectonic theory. Journal of the Australian Petroleum Exploration Association, 14 (1): 95 ~ 106

Heward A P. 1981. A review of wave-dominated clastic shoreline deposits. Earth-Science Reviews, 17 (3): 223 ~ 276

Hong Z M. 1995. Stratigraphic correlation of the Bayan Obo and Zhaertai Groups with middle-late Proterozoic strata of the Yanshan belt in the northern Liaoning. Geology of Chemical Minerals, 17: 35 ~ 43

Hou G T, Li J H, Yang M, Yao W H, Wang C C, Wang Y X. 2008a. Geochemical constraints on the tectonic environment of the Late Paleoproterozoic mafic dyke swarms in the North China Craton. Gondwana Research, 13 (1): 103 ~ 116

Hou G T, Santosh M, Qian X L, Lister G S, Li J H. 2008b. Configuration of the Late Paleoproterozoic supercontinent Columbia: Insights from radiating mafic dyke swarms. Gondwana Research, 14 (3): 395 ~ 409

Hou G T, Wang C C, Li J H, Qian X L. 2006. Late Paleoproterozoic extension and a paleostress field reconstruction of the North China Craton. Tectonophysics, 422 (1): 89 ~ 98

Keen C E. 1985. The dynamics of rifting: deformation of the lithosphere by active and passive driving mechanisms. Royal Astronomical Society Geophysical Journal, 80: 95 ~ 210

Kusky T M, Li J H. 2003. Paleoproterozoic tectonic evolution of the North China Craton. Journal of Asian Earth Sciences, 22 (4): 383 ~ 397

Kusky T M, Santosh M. 2009. The Columbia connection in North China. In: Reddy S M, Mazumder R, Evans D A D, Collins A S (eds). Palaeoproterozoic Supercontinents and Global Evolution. Geological Society of London Special Publication, 323: 49 ~ 71

Kusky T M, Li J G, Santosh M. 2007a. The Paleoproterozoic North Hebei orogen: North China craton's collisional suture with the Columbia supercontinent. Gondwana Research, 12 (1-2): 4 ~ 28

Kusky T M, Windley B F, Zhai M G. 2007b. Tectonic Evolution of the North China Block: from Orogen to Craton to Orogen. In: Zhai M G, Windley B F, Kusky T M, Meng Q R (eds). Mesozoic Sub- Continental Lithospheric Thinning Under Eastern Asia. Geological Society of London Special Publication, 280. 1 ~ 34

Lu S N, Yang C L, Li H K, Li H M. 2002. A group of rifting events in the terminal Paleoproterozoic in the North China Craton. Gondwana Research, 5 (1): 123 ~ 131

Lu S N, Zhao G C, Wang H C, Hao G J. 2008. Precambrian metamorphic basement and sedimentary cover of the North China Craton: a review. Precambrian Research, 160 (1-2): 77 ~ 93

Meng Q R. 2003. What drove late Mesozoic extension of the northern China-Mongolia tract? Tectonophysics, 369 (3-4): 155 ~ 174

Peng P, Zhai M G, Guo J H, Kusky T M, Zhao T P. 2007. Nature of mantle source contributions and crystal differentiation in the petrogenesis of the 1.78 Ga mafic dykes in the central North China craton. Gondwana Research, 12: 29 ~ 46

Reinson G E. 1992. Transgressive barrier island and estuarine systems, In: Walker R G, James N P (eds). Facies Models-Response to Sea Level Change. Geological Association of Canada Publications. 179 ~ 194

Rogers J, Santosh M. 2002. Configuration of Columbia, a Mesoproterozoic supercontinent. Gondwana Research, 5 (1): 5 ~ 22

Rogers J, Santosh M. 2003. Supercontinents in earth history. Gondwana Research, 6 (3): 357 ~ 368

Royden L, Keen C E. 1980. Rifting processes and thermal evolution of the continental margin of eastern Canada determined from subsidence curves. Earth and Planetary Science Letters, 51 (2): 343 ~ 361

Santosh M. 2010a. A synopsis of recent conceptual models on supercontinent tectonics in relation to mantle dynamics, life evolution and surface environment. Journal of Geodynamics, 50 (3-4SI): 116 ~ 133

Santosh M. 2010b. Assembling North China Craton within the Columbia supercontinent: the role of double- sided subduction. Precambrian Research, 178 (1-4): 149 ~ 167

Santosh M, Maruyama S, Yamamoto S. 2009. The making and breaking of supercontinents: some speculations based on superplumes, super downwelling and the role oftectosphere. Gondwana Research, 15 (3-4): 324 ~ 341

Su W B, Li H K, Huff W D, Ettensohn F R, Zhang S H, Zhou H Y, Wan Y S. 2010. SHRIMP U-Pb dating for a K-bentonite bed in the Tieling Formation, North China. Chinese Science Bulletin, 55 (29): 3312 ~ 3323

Su W B, Zhang S H, Huff W D, Li H K, Ettensohn F R, Chen X Y, Yang H M, Han Y G, Song B A, Santosh M. 2008. SHRIMP U-Pb ages of K-bentonite beds in the Xiamaling Formation: Implications for revised subdivision of the Meso- to Neoproterozoic history of the North China Craton. Gondwana Research, 14 (3): 543 ~ 553

Veever J J. 1986. Breakup ofAustralia and Antarctica estimated as mid-Cretaceous (95±5 Ma) from magnetic and seismic data at the continental margin. Earth And Planetary Science Letters, 77 (1): 91 ~ 99

Wan Y S, Zhang Q D, Song T R 2003. SHRIMP ages of detrital zircons from the Changcheng System in the Ming Tombs area, Beijing: Constraints on the protolith nature and maximum depositional age of the Mesoproterozoic cover of the North China

Craton. Chinese Science Bulletin, 48 (22): 2500 ~ 2506

Wilde S A, Zhao G C, Sun M. 2002. Development of the North China Craton during the late Archaean and its final amalgamation at 1. 8 Ga: Some speculations on its position within a global Palaeoproterozoic supercontinent. Gondwana Research, 5 (1): 85 ~ 94

Wu F Y, Lin J Q, Wilde S A, Zhang X O, Yang J H. 2005. Nature and significance of the Early Cretaceous giant igneous event in eastern China. Earth And Planetary Science Letters, 233 (1-2): 103 ~ 119

Yu J H, Fu H Q, Zhang F L, Wan F Q. 1994. Petrogenesis of potassic alkaline volcanism and plutonism in a Proterozoic rift trough nearBeijing. Regional Geology of China, 2: 115 ~ 122

Zhai M G, Liu W J. 2003. Palaeoproterozoic tectonic history of theNorth China craton: a review. Precambrian Research, 122 (1-4): 183 ~ 199

Zhai M G, Bian A G, Zhao T P. 2000. Amalgamation of the supercontinent of the North China Craton and its break up during late-middle Proterozoic. Science in China (Series D), 43: 219 ~ 232

Zhai M G, Shao J A, Hao J, Peng P. 2003. Geological signature and possible position of theNorth China block in the supercontinent Rodinia. Gondwana Research, 6 (2): 171 ~ 183

Zhang C. 2004. Hot tectonic events and evolution of northern margin of theNorth China Craton in Mesoproterozoic. Acta Scientiarum Natralium, 40: 232 ~ 240

Zhang S H, Zhao Y, Yang Z Y, He Z F, Wu H. 2009. The 1. 35 Ga diabase sills from the northern North China Craton: implications for breakup of the Columbia (Nuna) supercontinent. Earth And Planetary Science Letters, 288 (3-4): 588 ~ 600

Zhao G C, Cawood P A, Wilde S A, Sun M. 2002. Review of global 2. 1—1. 8 Ga orogens: implications for a pre-Rodinia supercontinent. Earth Science Reviews, 59 (1-4): 125 ~ 162

Zhao G C, Sun M, Wilde S A, Li S Z. 2003. Assembly, accretion and breakup of the paleo- mesoproterozoic Columbia supercontinent: Records in the North China Craton. Gondwana Research, 6 (3): 417 ~ 434

Zhao G C, Sun M, Wilde S A, Li S Z. 2004. A Paleo-Mesoproterozoic supercontinent: assembly, growth and breakup. Earth Science Reviews, 67 (1-2): 91 ~ 123

Zhong F D. 1977. On the Sinian time scale as based on the isotopic ages of the Sinian strata in the Yanshan region. Scientia Sinica, 2: 151 ~ 161

Zuber M T, Parmentier E M. 1986. Lithospheric necking: a dynamic model for rift morphology. Earth And Planetary Science Letters, 77 (3-4): 373 ~ 383

第13章　华南新元古代岩浆作用与构造演化

李献华[1]　李武显[2]

（1. 中国科学院地质与地球物理研究所，北京，100029；2. 中国科学院广州地球化学研究所，广州，510640）

摘　要：华南广泛发育新元古代岩浆岩，根据岩浆岩的形成时代及其与区域构造、变质和盆地演化的关系，可以将华南新元古代岩浆岩分为三个主要时期：① 同造山期（1.0～0.9 Ga）；② 裂谷早期（0.85～0.80 Ga）；③ 裂谷峰期（0.79～0.75 Ga）。目前学术界对这些岩浆岩的成因及其大地构造意义还存在争议。花岗岩的地球化学特征，通常受到源岩性质、岩浆的形成和演化等多种因素的影响，没有明确的构造指示意义。玄武岩的地球化学组成，通常可以反映其地幔源区的组成特征和热结构，因此具有良好的岩浆–构造组合意义。本章综合近十多年来华南前新元古代结晶基底和玄武质岩石（包括玄武岩和基性岩脉）的时代、地球化学组成和成因及其地幔的组成和潜能温度特征的研究结果，结合其他地质记录，探讨区域岩浆作用与构造演化的关系。

同造山期（约1.0～0.9 Ga）玄武质岩石，包括扬子陆块西缘盐边群玄武岩、扬子陆块西北缘的西乡群玄武岩和东南缘的平水群细碧岩，与区域钙碱性中酸性火山岩/花岗岩共生，均有明显的变形。西乡群和平水群玄武质岩石均为钙碱性系列，具有明显的岛弧玄武岩（Island Arc Basalt，IAB）地球化学特征；盐边群拉班玄武岩和钙碱性玄武岩共生，与弧后盆地玄武岩组合（Back-Arc Basin Basalt，BABB）及地球化学特征相似。因此，扬子陆块周缘的同造山期岩浆岩形成于洋壳俯冲的活动大陆陆缘。裂谷早期（约0.85～0.80 Ga）玄武质岩石以拉斑玄武岩和碱性玄武岩为主，约0.85 Ga玄武质岩石包括扬子东南缘的神坞辉绿岩和珍珠山双峰式火山岩中的碱性玄武岩；约0.83～0.82 Ga玄武质岩石分布范围广，包括扬子南缘的益阳科马提质玄武岩、广丰盆地碱性玄武岩和鹰扬关细碧岩，扬子西–西北缘约0.82～0.80 Ga苏雄组碱性玄武岩、碧口群玄武岩和铁船山组拉斑玄武岩以及华夏陆块闽西北约0.82 Ga马面山碱性玄武岩，大多形成于裂谷盆地的火山–沉积岩系底部。裂谷早期玄武质岩石的地球化学组成与典型的洋岛玄武岩（Ocean-Island Baslts，OIB）相似，或由于岩石圈地幔–地壳物质混染介于洋岛玄武岩（OIB）和岛弧玄武岩（IAB）之间。裂谷峰期（约0.79～0.75 Ga）玄武质岩石，主要包括扬子东南缘上墅玄武岩和道林山辉绿岩，桂北的细碧岩和湘西辉绿岩以及广泛分布于扬子西缘康滇裂谷的基性岩墙群，以拉斑系列和碱性系列组合为特征，地球化学组成与洋岛玄武岩相似。

同造山期玄武岩和约0.85 Ga神坞辉绿岩地幔源区潜能温度 T_p 约1355～1420℃，与新元古代洋中脊玄武岩（Mid-Ocean Ridge Basalt，MORB）的地幔源区 T_p（约1350～1450℃）相当；益阳科马提质玄武岩地幔源区的 T_p 高达约1618℃，比洋中脊玄武岩–地幔高约260℃，很可能是异常高温地幔柱大比例部分熔融的产物；其他裂谷早期和裂谷峰期玄武质岩石的地幔源区的 T_p 比洋中脊玄武岩–地幔源区高约25～140℃，显示出高温地幔柱物质不同程度的贡献。玄武质岩石的岩石类型、地球化学组成特征及其地幔潜能温度的变化，揭示了华南新元古代经历了约1.0～0.9 Ga四堡造山期的岩浆弧、约0.85～0.80 Ga裂谷早期和约0.79～0.75 Ga裂谷峰期的地幔岩浆作用，地幔柱/超级地幔柱活动对裂谷期地幔岩浆活动有重要贡献。玄武质岩石的地球化学研究结果与区域构造、变质和盆地演化记录基本一致，指示扬子和华夏陆块在约0.9 Ga最终聚合形成统一的华南大陆，标志着罗迪尼亚超大陆的最终聚合并成为超大陆的“核心”；约0.83～0.75 Ga期间的地幔柱–超级地幔柱活动导致华南大规模的新元古代中期裂谷作用和非造山岩浆活动。

关键词：华南，新元古代，岩浆作用，造山带，裂谷，罗迪尼亚超大陆

13.1 引　　言

华南大陆由华夏和扬子陆块拼合形成，目前大多数学者认为华夏和扬子陆块在新元古代拼合形成统一的华南大陆，但是对两个陆块的拼合时限和演化历史仍存在较大的分歧。近十几年来大量的研究结果表明，华南大陆的形成演化与罗迪尼亚超大陆聚合-裂解有密切的关系，因此，华南大陆的形成与演化不仅是一个区域地质问题，而且对深入理解罗迪尼亚超大陆的演化也有非常重要的意义。本章通过综合近十余年来华南前新元古代结晶基底和新元古代岩浆岩的研究成果，特别是对玄武质岩浆岩的时代、地球化学组成和成因及其地幔的组成和潜能温度特征的研究结果，探讨区域岩浆作用与构造演化的关系，为华南新元古代地质构造演化及其与超大陆聚合-裂解的关系提供约束。

13.2 华南前新元古代结晶基底

13.2.1 扬子陆块

扬子陆块的变质结晶基底零星出露于峡东地区的太古宙崆岭杂岩、扬子西北缘的早古元古代后河杂岩、扬子陆块西南部的晚古元古代—中元古代变质火山-沉积岩系、扬子陆块东南缘的“田里片岩”以及扬子南缘-西南缘的少量中元古代晚期双峰式火山岩（Bimodal volcanic rock；图 13.1）。

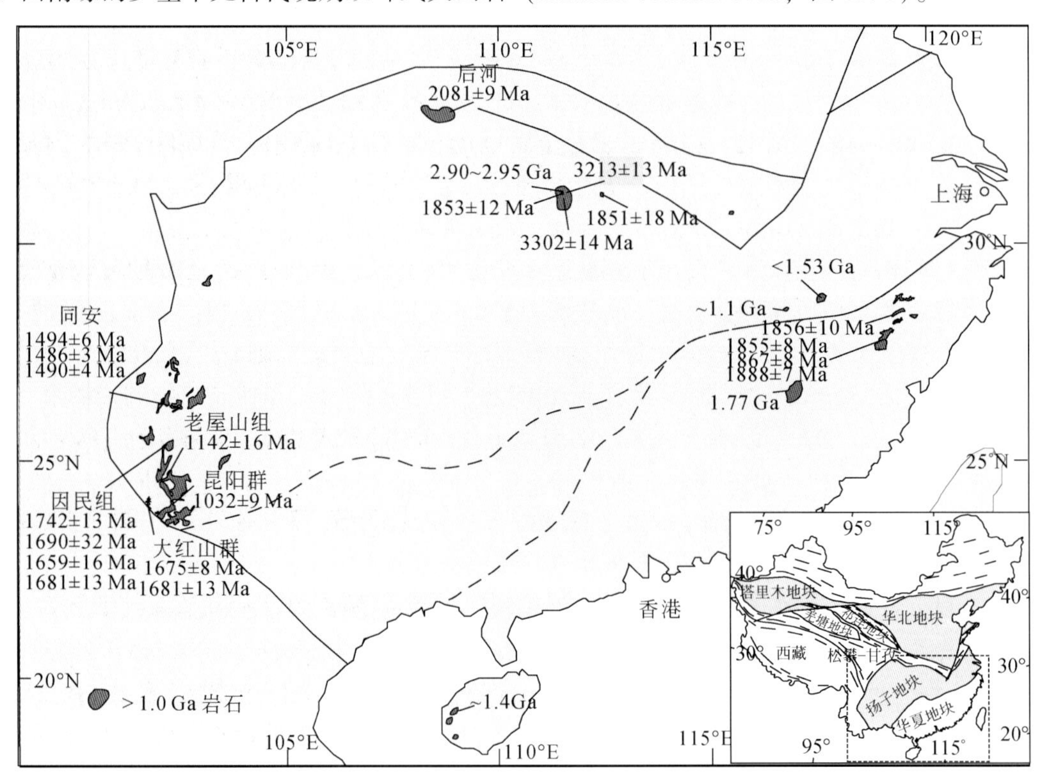

图 13.1　华南前新元古代变质结晶基底岩石分布图

位于扬子陆块北部峡东地区的崆岭群高级变质杂岩是华南目前已知的最古老基底，主要由英云闪长岩-奥长花岗岩-花岗岩组合（Tonalite-Trondhjemite-Grante，TTG）的片麻岩、变沉积岩和斜长角闪岩（局部有基性麻粒岩）组成。Qiu 等（2000）最早用 SHRIMP（Sensitive High Resolution Ion MicroProbe，高灵敏度高分辨率微探针）锆石 U-Pb 法，确定崆岭群 TTG 的片麻岩结晶年龄为 2.90 ~ 2.95 Ga；焦文放等（2009）用激光剥蚀-感应耦合等离子体质谱（Laser Ablation-Inductively Coupled Plasma Mass Spectromater，

LA-ICP-MS）锆石 U-Pb 定年方法，测得崆岭杂岩的一个黑云母斜长片麻岩的结晶年龄为 3218±13 Ma（2σ）；而 Gao 等（2011）最近则报道一个奥长花岗质片麻岩的 LA-ICP-MS 锆石 U-Pb 年龄为 3302±14 Ma，这是迄今为止报道的扬子陆块最老的岩石。总体上看，崆岭杂岩的 TTG 片麻岩主体形成于约 2.9 Ga 的中太古代，存在少数约 3.2～3.3 Ga 的古太古代老花岗质岩石。崆岭杂岩的变质锆石年龄集中在 1.9～2.0 Ga（Qiu *et al.*，2000），与大别山黄土岭麻粒岩相变质作用时代一致（Sun M. *et al.*，2008；Wu Y. B. *et al.*，2008），表明在古元古代经历了区域性高级变质作用，可能与哥伦比亚超大陆聚合引起的古元古代造山运动有关（Wu Y. B. *et al.*，2008）。在约 1.85 Ga，扬子陆块北缘发育了华山观环斑花岗岩（张丽娟等，2011）和侵入崆岭杂岩的圈椅埫 A 型花岗岩（Alkaline，Anhydrate，Anorogenic Gramite，碱性、贫水、非造山花岗岩；熊庆等，2008），标志着扬子陆块古元古代造山运动的结束。

位于扬子陆块西北缘的后河杂岩，由英云闪长质片麻岩和少量斜长角闪岩及大理岩组成，经历过高角闪岩相变质和混合岩化作用。锆石定年结果表明，英云闪长质片麻岩形成于约 2.08 Ga（Wu Y. B. *et al.*，2012），代表后河杂岩的形成时代，是目前扬子陆块西北缘出露的最老基底岩石。

扬子陆块西南部广泛出露晚古元古代—中元古代变质火山-沉积岩，包括大红山群及相当地层（如河口群、东川群和下昆阳群）和会理群及相当地层（如上昆阳群和盐边群等）。大红山群及相当地层经历了高绿片岩-低角闪岩相变质和构造变形，其中的火山岩形成时代为约 1.74～1.66 Ga（Greentree and Li，2008；Zhao X. F. *et al.*，2010；Zhao X. F. and Zhou M. F.，2011），是目前扬子西南缘已知的最古老基底岩石。会理群上部天宝山组变质火山岩的锆石 U-Pb 年龄为约 1.03 Ga（耿元生等，2007），与上昆阳群的变质火山岩的时代约 1.03～1.00 Ga 相当（Greentree *et al.*，2006；Zhang C. H. *et al.*，2007）。在同安地区有大量的约 1.5 Ga 辉长质岩株和岩脉侵入会理群下部的黑山组页岩和白云岩（Fan *et al.*，2013），表明会理群下部的形成时代老于 1.5 Ga。

田里片岩是目前扬子陆块东南缘唯一已知的中元古代晚期高绿片岩相变质岩。作为广丰裂谷盆地的基底，田里片岩与上覆的约 825 Ma 未变质变形的裂谷盆地火山-沉积岩呈角度不整合（Li *et al.*，2008b）。田里片岩经历高绿片岩相变质和两期变形作用。对两期变形白云母激光原位 Ar/Ar 定年结果显示，田里片岩的变质年龄为 1042～1015 Ma，并经历过 968～942 Ma 的构造活化事件（Li Z. X. *et al.*，2007）。田里片岩最年轻的碎屑锆石 U-Pb 年龄为 1.53 Ga，因此田里片岩母岩的沉积时代介于 1.53Ga 和 1.04 Ga 之间（Li Z. X. *et al.*，2007）。

Li L. M. 等（2013）最近报道，扬子陆块南缘江西弋阳铁砂街群变质双峰式火山岩形成年龄为 1.16 Ga，与云南老屋山组变质双峰式火山岩的形成时代 1.14 Ga（Greentree *et al.*，2006；张传恒等，2007）在误差范围内一致。这些双峰式火山岩的玄武岩均为典型的碱性玄武岩，形成于裂谷盆地。

另外，在扬子陆块北缘神农架地区出露了一套约 1.1 Ga 的碱性和钙碱性和火山岩，形成于活动大陆边缘，可能与扬子-澳大利亚大陆在格林威尔期的聚合相关（Qiu X. F. *et al.*，2011）。

13.2.2　华夏陆块

华夏陆块的结晶基底岩石主要有出露在浙西南地区八都杂岩、浙北诸暨陈蔡杂岩和闽西北天井坪斜长角闪岩以及海南岛西北部抱板杂岩（图 13.1）。

浙西南八都杂岩主要由变质沉积岩、斜长角闪岩、混合岩和片麻状花岗岩组成，其中片麻状花岗岩侵入变质沉积岩。变质沉积岩中岩浆碎屑锆石年龄主要集中在约 2.5 Ga，并经历过约 1.88 Ga 和 0.26～0.23 Ga 两期高级变质作用（Xiang *et al.*，2008；Yu *et al.*，2012）。侵入八都杂岩的花岗岩锆石 U-Pb 年龄为 1.89～1.83 Ga（Liu *et al.*，2009；Yu *et al.*，2009；Li Z. X. *et al.*，2010；Xia *et al.*，2012），这些花岗岩是目前华夏陆块出露的最古老结晶岩石，其结晶年龄 1.89～1.83 Ga 限定了八都变质沉积岩的最小沉积时代。因此八都变质沉积岩的沉积时代应在约 2.5～1.9 Ga。浙西南-闽西北天井坪组的斜长角闪岩以及陈蔡杂岩中的斜长角闪岩的结晶年龄形成于约 1.78～1.77 Ga（Li X. H.，1997；Li Z. X. *et al.*，2010），其中斜长角闪岩的地球化学特征与洋岛玄武岩（OIB）和富集型洋中脊玄武岩（E-MORB，Enriched-Mid-Ocean Ridge Basalt）类似，初始 ε_{Nd} 值高达+8.5（远高于同时期全球亏损地幔值+5），来源于极度亏损地幔源区，是典型的陆内裂谷型玄武岩（Intracontinental Rift Basalt；Li X. H. *et al.*，2000）。华夏陆块可能经历 1.89～1.88 Ga 同造山 S 型花岗岩、1.87～1.83 Ga 晚造山 A 型花岗岩和 1.78～1.77 Ga 的板内裂谷基性岩浆作用。

海南岛西北部出露的抱板杂岩是华夏陆块西南部已知的最老基底，由角闪岩相变质的片麻状花岗岩、沉积岩和火山岩组成。Li Z. X. 等（2002，2008b）的研究表明，抱板片麻状花岗岩和变质火山岩的形成年龄集中在约 1.43 Ga；而相邻的“石碌群”也形成于约 1.43 Ga，与抱板杂岩的火山–沉积岩同时代，而不是以往认为的形成于新元古代。抱板杂岩经历约 1.3～1.0 Ga 格林威尔期变质作用（Li Z. X. *et al.*，2002）。碎屑锆石 U-Pb 年龄分析结果表明，不整合覆盖在“石碌群”之上的“石灰顶组”石英岩和石英片岩的沉积时代大致为约 1.2～1.0 Ga，可能形成于格林威尔造山带的前陆盆地（Li Z. X. *et al.*，2008b）。

13.3　新元古代岩浆作用的时空分布

与前新元古代岩浆岩零星分布相反，华南大陆广泛出露了新元古代侵入岩和火山–沉积岩系（图 13.2），特别是扬子陆块新元古代花岗岩大面积分布。这些新元古代岩浆岩为研究华南新元古代地质构造演化提供了重要的岩石记录。

本章综合了近十多年来发表的高质量岩浆岩的形成年龄数据资料，对扬子和华夏两个陆块的岩浆岩分布特征分别予以论述。

13.3.1　扬子陆块

扬子陆块新元古代侵入岩的形成时代跨越了新元古代早期（1.0～0.9 Ga）到中新元古代晚期（约 0.63 Ga），其中大规模的岩浆活动主要集中在中新元古代中期（0.83～0.75 Ga；图 13.3）。

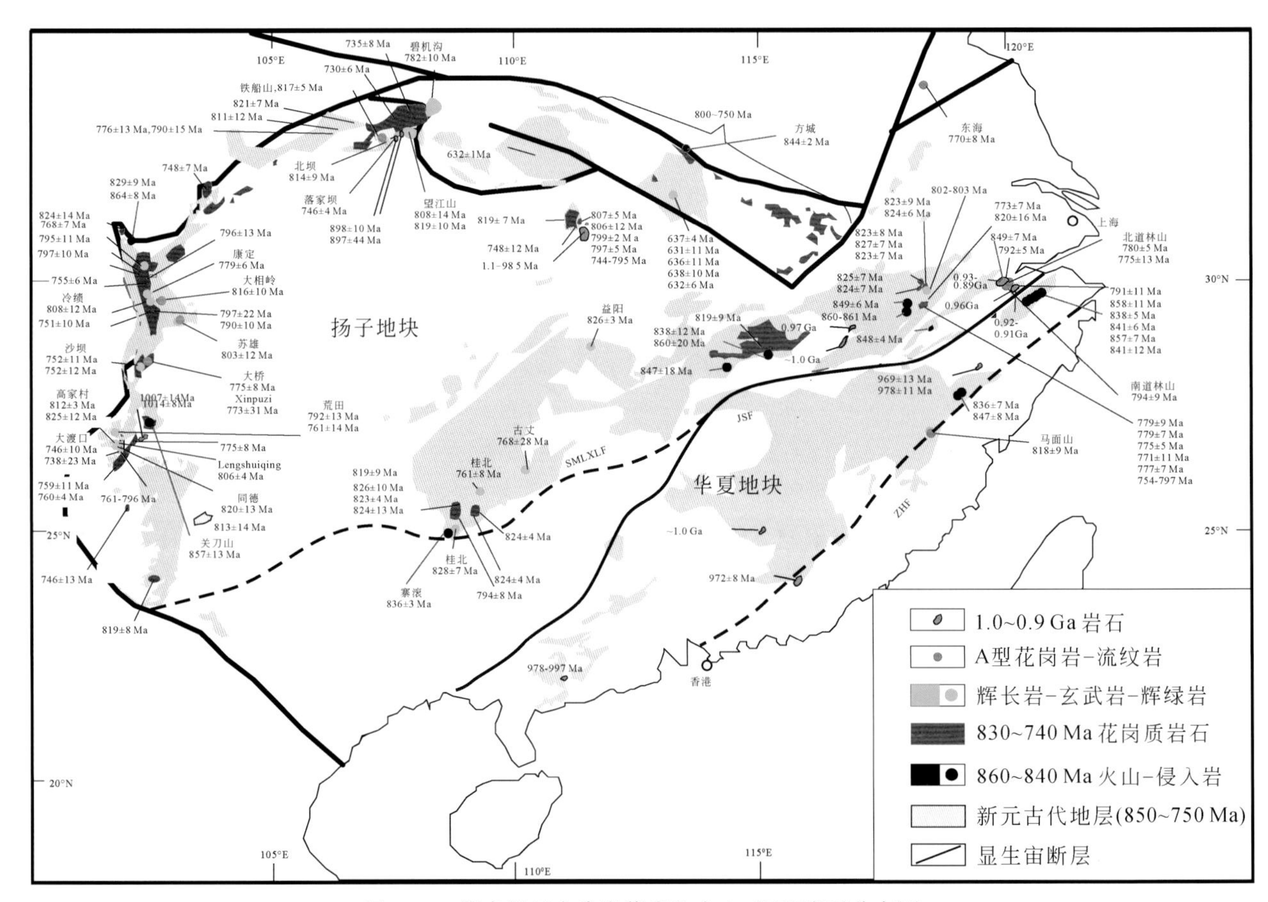

图 13.2　华南新元古代岩浆岩和火山–沉积岩系分布图

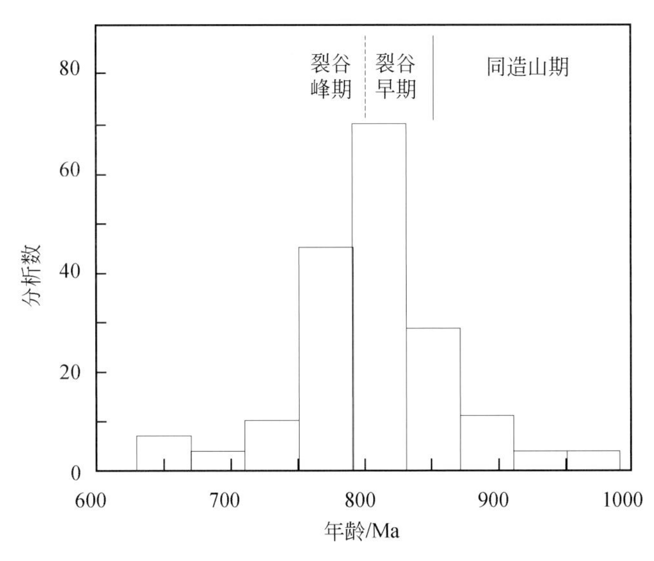

图13.3　华南新元古代岩浆岩年龄统计图

13.3.1.1　新元古代早期

新元古代早期岩浆岩零星出露于扬子陆块周边。在扬子陆块东南缘沿江绍断裂带北侧，浙江绍兴平水–富阳双溪坞出露一套钙碱性基性、中性和酸性火山岩和花岗质侵入岩，其中火山岩和火山碎屑岩经历了绿片岩相的变质和变形。绍兴平水地区平水组火山岩以玄武质安山岩–安山岩为主，形成时代为约0.96 Ga（陈志洪等，2009；Li X. H. *et al.*，2009），被0.92～0.91 Ga的英云闪长岩–花岗闪长岩侵入（Ye *et al.*，2007）；富阳双溪坞群自下而上由北坞组安山岩–英安岩、岩山组火山碎屑岩和章村组流纹岩组成，其中北坞组和章村组火山的形成时代分别为约0.93 Ga和约0.89 Ga（Li X. H. *et al.*，2009）。

在扬子陆块西南缘厘定出两个四堡期（或格林威尔期）的同构造花岗岩，分别是攀枝花北东回箐沟的片麻状花岗岩（Li Z. X. *et al.*，2002）和米易垭口的变质变形二长花岗岩（杨崇辉等，2009），两个花岗岩的形成年龄均为约1.0 Ga。

在扬子陆块北缘汉南–米仓山地区也有少量的新元古代早期侵入岩和火山岩，包括约0.90 Ga柳树店辉长岩（Dong *et al.*，2011）、约0.90 Ga光雾山花岗岩（Dong *et al.*，2012）。西乡群变质火山岩由下部约0.95 Ga低Ti拉斑玄武岩–高镁安山岩和上部约0.90 Ga钙碱性玄武岩–安山岩–英安岩–流纹岩组成，前者可能代表了一套弧前玻安岩组合，而后者可能是活动大陆边缘弧岩浆组合（Ling *et al.*，2003），明显不同于上覆的铁船山组—孙家河组双峰式火山岩。

13.3.1.2　新元古代中期

新元古代中期岩浆岩广泛分布于扬子陆块周缘和内部。根据岩浆岩的形成时代，大致可以分为约860～840 Ma、约830～800 Ma、约790～730 Ma和约700～630 Ma四个主要阶段。

第一阶段约860～840 Ma岩浆岩出露相对较少，主要出露在扬子东南地区，包括浙东南地区侵入双溪坞群的约0.85 Ga神坞辉绿岩墙（Li X. H. *et al.*，2008），赣东北地区约0.85 Ga港边正长岩（Li X. H. *et al.*，2010），德兴地区约0.85 Ga珍珠山双峰式火山岩（Li X. H. *et al.*，2010），赣东北婺源–德兴地区约0.86 Ga浅变质玄武岩、英安岩和流纹岩（刘树文等，2013），赣北庐山地区约0.84 Ga细碧–角斑岩（董树文等，2010）。在扬子陆块西缘的康滇地区出露约0.86 Ga关刀山闪长岩（Li X. H. *et al.*，2003b；Sun W. H. *et al.*，2008），约0.86 Ga格宗花岗岩（Zhou M. F. *et al.*，2002b）和约0.85 Ga泸定桥头辉长岩。扬子地块北缘也有少量的840～860 Ma岩浆岩报道，包括汉南天平河岩体（凌文黎等，2006）、米仓山地区的几个闪长岩和花岗闪长岩岩体（Dong *et al.*，2012）以及东秦岭造山带的约0.84 Ga方城碱性正长岩（包志伟等，2008）。

第二阶段约830～800 Ma岩浆岩广泛出露于扬子周缘和内部，包括大规模的花岗岩基、大陆溢流玄武岩和酸性火山岩。花岗岩主要分布在扬子陆块南缘，包括皖南歙县和休宁岩体、赣北九岭岩体，桂北本洞、元宝山、三防（摩天岭）、寨滚等岩体，云南峨山岩体等（Li X. H.，1999；Li X. H. *et al.*，2003b；Wu R. X. *et al.*，2006；Wang X. L. *et al.*，2006；Zheng *et al.*，2008），陆块内部有三峡地区的黄陵花岗岩（马国干等，1989；Zhang S. B. *et al.*，2009），陆块北缘有米仓山西河、碑坝花岗岩（Dong *et al.*，2012）等；同时代的玄武岩和基性侵入体虽然出露面积较小，但也广泛分布在整个扬子陆块，包括皖南许村复合岩墙群（Wang X. L. *et al.*，2012）、湖南益阳科马提质玄武岩（Wang X. L. *et al.*，2007），湖南沧水铺中酸性火山集块岩（王剑等，2003；Zhang Y. Z. *et al.*，2013）、桂北基性岩脉（Li Z. X. *et al.*，1999）、贵州梵净山基性-超基性岩（Zhou J. C. *et al.*，2009），扬子西缘康滇地区的高家村、冷水箐基性-超基性杂岩以及同德、冷碛辉长岩（Sinclair，2001；李献华等，2002；Zhu *et al.*，2007），扬子西北缘汉南地区的望江山、刁家坝辉长岩（Zhou M. F. *et al.*，2002a；Dong *et al.*，2011）、碧口群溢流玄武岩（Wang X. C. *et al.*，2008）和汉南地区铁船山、西乡孙家河组双峰式火山岩（Ling *et al.*，2003；夏林圻等，2009）等。

第三阶段约 790 ~ 730 Ma 岩浆岩出露范围广，包括扬子陆块东南缘的道林山花岗岩（Li X. H. *et al.*，2008；Wang Q. *et al.*，2010）、石耳山花岗岩（Li *et al.*，2003），扬子西缘康滇地区大面积分布的花岗质侵入岩（Zhou M. F. *et al.*，2002b；Li Z. X. *et al.*，2003；Zhao and Zhou，2007a，2007b；Huang *et al.*，2008；Zhao J. H. *et al.*，2008；Zhao X. F. *et al.*，2008；Huang *et al.*，2009），扬子西北缘的汉南杂岩中的花岗质侵入岩（凌文黎等，2006），以及大别-苏鲁造山带中超高压变质片麻岩的母岩（见 Zheng Y. F. *et al.*，2009b 总结）等。同期的火山岩和基性侵入岩包括浙北的上墅组双峰式火山岩（Li X. H. *et al.*，2008；Wang X. L. *et al.*，2012），皖南铺岭组双峰式火山岩（Wang X. L. *et al.*，2012），桂北-湘南地区的辉绿岩（Wang X. L. *et al.*，2004；Zhou J. B. *et al.*，2007），川西地区广泛出露的辉绿岩墙（Li Z. X. *et al.*，2003；Zhu *et al.*，2008，2010；Lin *et al.*，2007），汉南地区刁家坝、酉水、望江山、毕机沟基性-超基性侵入岩及共生的一些花岗岩体（Zhou M. F. *et al.*，2002b；Dong *et al.*，2011；Zhao and Zhou，2008，2009；Zhao *et al.*，2010），黄陵地区的晓峰复合岩墙群（Li Z. X. *et al.*，2004）以及南秦岭武当山群火山岩（凌文黎等，2007）。

第四阶段 700 ~ 630 Ma 岩浆岩规模较小、主要出露在扬子陆块北缘，包括汉南地区的刁家坝和西乡花岗岩（Dong *et al.*，2012）、南秦岭耀岭河群火山岩与基性侵入岩群（凌文黎等，2007）、周庵超基性岩（王梦玺等，2012）以及随州-枣阳地区的基性-超基性岩（薛怀民等，2011）等。

13.3.2 华夏陆块

由于大规模古生代和中生代岩浆作用和沉积盖层，华夏陆块新元古代岩浆岩只有零星出露，主要形成于新元古代早期（约 1.0 ~ 0.9 Ga）和中期（约 0.85 ~ 0.72 Ga）。

13.3.2.1 新元古代早期

新元古代早期岩浆岩只有零星出露，包括约 1.0 ~ 0.98 Ga 云开大山斜长角闪岩（Zhang A. M. *et al.*，2012；Wang Y. J. *et al.*，2013）、约 0.98 ~ 0.97 Ga 武夷山斜长角闪岩和辉绿岩（Wang Y. J. *et al.*，2013）、约 1.0 Ga 赣南鹤仔片麻状花岗岩（刘邦秀等，2001）以及约 0.97 Ga 粤东径南变流纹岩（舒良树，2008）。

13.3.2.2 新元古代中期

华夏陆块东部零星出露了一些 0.86 ~ 0.84 Ga 基性侵入体，包括绍兴地区的四个约 0.86 ~ 0.84 Ga 辉长岩（Shu *et al.*，2006，2011；Li Z. X. *et al.*，2010）和闽西北政地区的两个约 0.85 ~ 0.84 Ga 片麻状辉长岩（Shu *et al.*，2011）。另外，在陈蔡和绍兴两地也有同时期的玄武岩和双峰式火山岩（Li Z. X. *et al.*，2010；Shu *et al.*，2011）。

虽然在以往的文献中将陈蔡（群）杂岩和麻原（群）杂岩均划分为古元古代，马面山群为中元古代，但是最近的年代学研究表明，陈蔡杂岩和麻源杂岩中的正变质岩源岩均形成于新元古代中期约 0.84 ~ 0.72 Ga（Wan *et al.*，2007；Li Z. X. *et al.*，2010），变质作用时代主要为早古生代；马面山群双峰式火山岩的形成时代为约 0.82 Ga（Li W. X. *et al.*，2005）。最近 Yao 等（2012）在诸暨厘定出约 0.83 Ga 的花岗岩。

表 13.1 为根据现有的同位素地质年代学研究资料综合的扬子和华夏陆块前寒武纪地质年代学格架，可以看出两个陆块在前新元古代演化历史上有较大的差异，但在新元古代中期约 0.85 Ga 之后，两者的岩浆岩形成时代和组合十分相似。

表 13.1　扬子和华夏陆块前寒武纪地质年代学格架

时代	华夏陆块	扬子陆块
新元古代		0.70 ~ 63 Ga：少量花岗岩、火山岩和基性-超基性侵入岩
	0.83 ~ 0.72 Ga：少量花岗岩、双峰式火山岩和正片麻岩	0.83 ~ 0.73 Ga：大规模酸性火山岩和花岗岩，伴随科马提质玄武岩、溢流玄武岩、双峰式火山岩、基性侵入体；南华裂谷盆地，康滇裂谷盆地； 约 0.82 Ga："伏川蛇绿岩"？
	0.86 ~ 0.84 Ga：少量基性侵入岩、玄武岩和双峰式火山岩	0.86 ~ 0.84 Ga：双峰式火山岩、辉绿岩脉、辉长岩、碱性岩和花岗岩
		约 0.96 ~ 0.89 Ga：subduction-related calc-alkaline agmatism； 约 1.0 Ga："赣东北蛇绿岩"
中元古代	1.0 ~ 0.97 Ga：斜长角闪岩（与俯冲有关的钙碱性基性岩浆岩）	1.04 ~ 0.94 Ga：东南缘田里高绿片岩相变质与两期变形作用；西南缘前陆盆地
		约 1.1 Ga：碱性和钙碱性中-基性火山岩； 约 1.15 Ga：碱性玄武岩、双峰式火山岩； 约 1.1 ~ 0.99 Ga："庙湾蛇绿岩"？
	1.3 ~ 1.0 Ga：抱板杂岩记录的高级变质作用	
	1.43 Ga：抱板杂岩中的非造山花岗岩和火山岩	
古元古代		约 1.5 Ga：辉长-辉绿岩脉、岩株（钒钛磁铁矿化）
	1.78 ~ 1.77 Ga：斜长角闪岩（源岩为 OIB 型和 MORB 型玄武岩，Nd 同位素极度亏损）	约 1.7 Ga：火山岩
	1.89 ~ 1.88 Ga：麻粒岩相变质 1.89 ~ 1.83 Ga：花岗岩	1.85 Ga：A 型花岗岩和基性岩脉
		2.0 ~ 2.1 Ga：TTG 和麻粒岩相变质作用
太古代		2.7 ~ 2.6 Ga：A 型花岗岩 3.3 ~ 2.9 Ga：TTG 和角闪岩相变质作用

13.4　新元古代岩浆作用与构造演化

新元古代早期至中期，华南发育各类岩浆岩和火山-沉积盆地，特别是新元古代中期（0.85 ~ 0.75 Ma），扬子陆块发育大规模的花岗岩和酸性火山岩，并伴随同期的玄武岩和基性侵入体。这个时期的花岗质岩石包括过 S 型、I 型、A 型和“埃达克质”不同的岩石类型，不同研究人员对这些酸性岩浆岩的成因和形成的构造背景解释有很大的争议。例如，对扬子南缘广泛发育的约 0.82 Ga 花岗岩的形成环境就有同造山（陆-陆或陆-弧-陆碰撞）、晚造山-造山后（造山带垮塌）和非造山（与地幔柱活动有关的板内裂谷）等不同的解释（Li X. H. *et al.*，1997，2003a；Li，1999；Wang X. L. *et al.*，2004，2006；Zheng *et al.*，2007，2008；Zhang S. B. *et al.*，2012）。对康滇地区 0.75 ~ 0.80 Ga 的 A 型花岗岩和埃达克质岩的形成环境也有陆内裂谷和俯冲带两种不同的解释（Zhou M. F. *et al.*，2006a；Zhao and Zhou，2007b；Huang *et al.*，2008，2009；Zhao X. F. *et al.*，2008）。由于花岗质岩石的地球化学特征，通常受到源岩性质、岩浆的形成和演化等多种因素的影响，因此花岗质岩石的地球化学特征通常没有明确的构造环境指示意义。相对而言，幔源基性岩浆，特别是能够代表岩浆成分的玄武岩和一些快速冷却的基性岩脉-岩席的地球化学组成，则能够比较好地反映其地幔组成和热结构，比花岗岩有更好的构造指示意义。我们将对华南新元古代玄武岩和快速冷却的基性岩脉（不包括辉长岩等基性-超基性堆晶岩）的地球化学组成特征分析，探讨其成因及其与构造演化的关系。

13.4.1 新元古代早期约1.0 ~0.9 Ga玄武质岩石地球化学特征

13.4.1.1 岩石地球化学特征

新元古代早期扬子陆块的玄武质岩石，主要包括陆块西缘盐边群玄武岩、西北缘的西乡群玄武岩和东南缘的平水群细碧岩。这些玄武质岩石均发生了明显的变质或变形。在Winchester和Floyd（1976）的 Zr/TiO_2-Nb/Y分类图上［图13.4(a)］，这些玄武质岩石的Nb/Y值较低，介于0.05 ~0.7，落在亚碱性玄武岩区域。在Miyashiro（1974年的 FeO_T/MgO-TiO_2 图解上，平水细碧岩、西乡群玄武岩和少数轻稀土元素（LREE）富集的盐边群玄武岩样品，具有较低的 TiO_2 含量，且随着 FeO_T/MgO 的增高略有降低，呈现钙碱性玄武岩的演化趋势；LREE亏损的盐边群玄武岩具有较高的 TiO_2 含量（>1.5%），TiO_2 随着 FeO_T/MgO 的升高而增高，显示出拉斑玄武岩的演化趋势［图13.4(b)］。西乡和平水玄武质岩石显示出富集Th、U和LREE等强不相容元素，具有显著的Nd-Ta、Zr-Hf和Ti负异常（Ling *et al.*，2003；Li X. H. *et al.*，2009），非常类似于典型的岛弧玄武岩。盐边玄武岩的微量元素组成明显分成两组：第一组钙碱性玄武岩样品的Th、U和LREE富集，Nb-Ta和Ti明显亏损，Zr-Hf弱亏损，总体上与西乡和平水玄

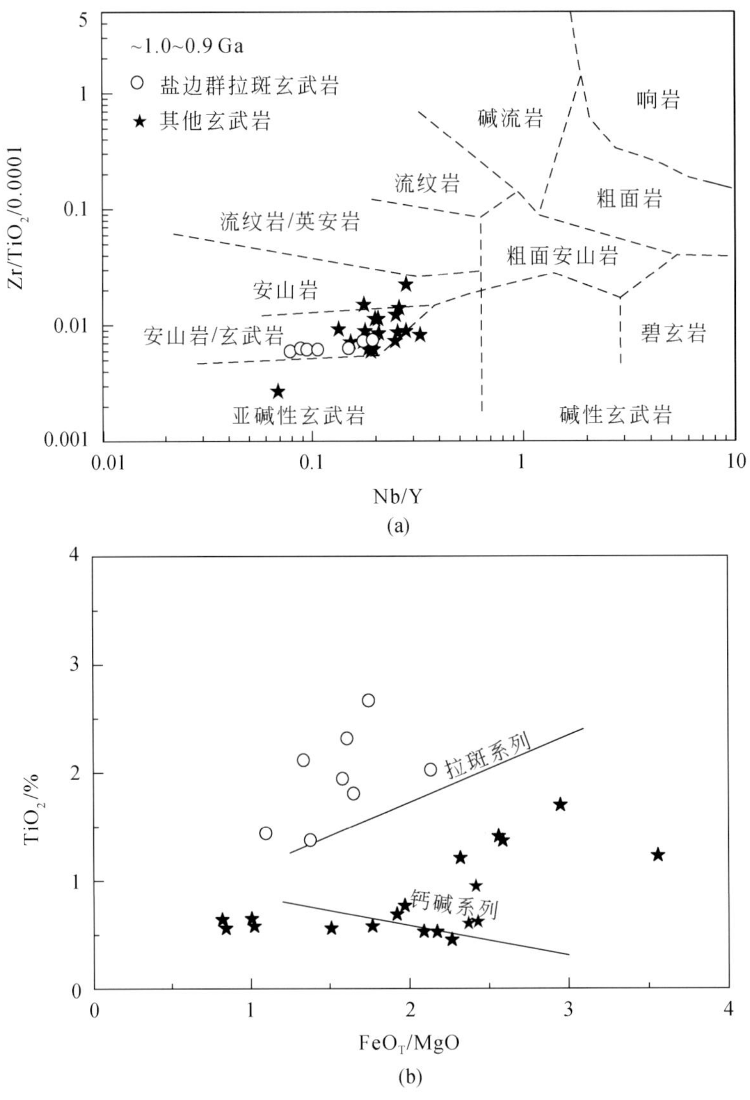

图13.4　扬子新元古代早期玄武质岩石分类图（据李献华等，2008）
(a) Zr/TiO_2-Nb/Y分类图；(b) FeO_T/MgO-TiO_2 分类图

武质岩石类似；第二组拉斑玄武岩样品的强不相容元素（Th、U、Nb、Ta 和 LREE）明显亏损，和正常洋中脊玄武岩（N-MORB，Normai-Mid-Ocean Ridge Basalt）类似（Li X. H. *et al.*，2006）。在 Vermeesch（2006）的玄武质岩石形成构造背景的 Ti-Sm-V 判别图上，平水群细碧岩、西乡群玄武岩和盐边群钙碱性玄武岩均投入岛弧玄武岩（IAB）区域内，只有盐边群拉斑玄武岩投入洋中脊玄武岩（MORB）区域（图 13.5）。总体上看，扬子陆块新元古代早期的玄武质岩石与活动陆缘岩浆弧玄武岩非常相似，形成于大陆岩浆弧环境，盐边群拉斑玄武岩有可能形成于弧后盆地，是地幔大比例部分熔融的产物。

华夏陆块新元古代早期的玄武质岩石主要包括云开大山和武夷山地区的斜长角闪岩。在 Zr/TiO_2-Nb/Y 分类图上［图 13.6(a)］，这些斜长角闪岩的 Nb/Y 值较低，介于 0.05 ~ 0.67，落在亚碱性玄武岩区域；在 FeO_T/MgO-TiO_2 图解上，所有样品的 TiO_2 含量随着 FeO_T/MgO 的升高而增高，显示出拉斑玄武岩的演化趋势［图 13.6(b)］。根据微量元素和 Nd 同位素组成特征，Wang Y. J. 等（2013）将这些斜长角闪岩划分为四组：第一组为弧前洋中脊型玄武岩、第二组为 E 型洋中脊玄武岩、第三组为富 Nb 玄武岩、第四组为火山弧玄武岩。在 Ti-Sm-V 判别图上，前三组斜长角闪岩均落入洋中脊玄武岩的区域，而第四组的六个样品中有四个落入岛弧玄武岩区域，其余两个样品落入洋中脊玄武岩区域（图 13.7）。综合元素和同位素特征，Wang Y. J. 等（2013）认为，这些玄武质岩石形成于岛弧和弧后盆地环境。值得注意的是，华夏新元古代早期玄武质岩石总体上缺乏钙碱性系列岩石，而且绝大多数样品的微量元素类似于洋中脊玄武岩，与活动大陆边缘以钙碱性系列岩石为主的岩石组合不同。

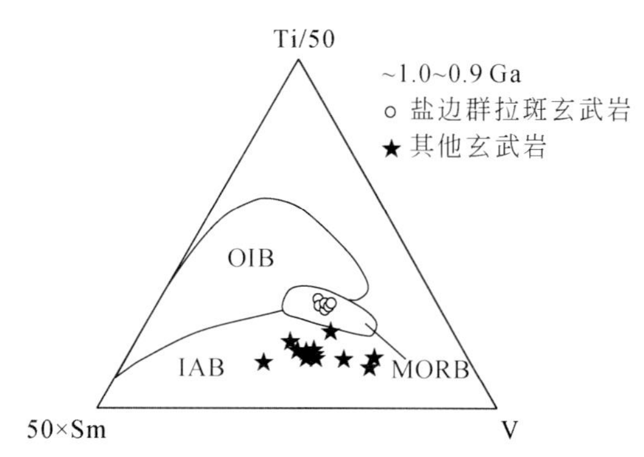

图 13.5　扬子新元古代早期玄武质岩石的 Ti-Sm-V 判别图（据李献华等，2008）

OIB. 洋岛玄武岩；IAB. 岛弧玄武岩；MORB. 洋中脊玄武岩

13.4.1.2　地幔潜能温度与源区组成特征

玄武岩的原始岩浆成分是其对应部分熔融条件的函数（Albarède，1992；Sugawara，2000；Herzberg and O'Hara，2002；Herzberg *et al.*，2007）。部分熔融条件主要包括地幔潜能温度（T_p）、熔体温度、压力以及熔融程度，其中 T_p 是描述地幔热状态最为重要的参数。

李献华等（2008）采用 Herzberg 等（2007）的方法，计算扬子新元古代早期代表性玄武质岩石的原始岩浆成分（表 13.2），从表中可见，西乡群和盐边群钙碱性玄武岩的原始岩浆具有相对富硅（49% ~ 50%）、贫 MgO（12.3% ~ 13.6%）和 FeO（7.8% ~ 8.4%）的特征；而盐边群拉斑玄武岩的原始岩浆具有中等程度的 MgO（14.3%）、FeO（8.9%）含量，而相对贫硅（46%）。根据原始岩浆的成分计算出西乡群玄武岩的熔体温度约 1300℃，盐边群钙碱性玄武岩的融体温度约 1260℃，相应的地幔源区潜能温度 T_p 介于 1355℃ 和 1399℃ 之间，表明这些玄武岩来源于俯冲带之上富水的地幔楔；而盐边群拉斑玄武岩的 T_p 较高，约为 1470℃，与洋中脊玄武岩的软流圈地幔源区相似（表 13.2）。这些拉斑玄武岩具有较大范围的 Nd 同位素组成，$\varepsilon_{Nd}(t)$ 值 5.7 ~ 10.7，并且与 MgO 呈正相关关系 Nb/Th 与 Nb/La 呈明显的正相关关系，最低的 Nb/Th<14，表明这些玄武岩在形成过程中有硅铝质地壳物质的加入（Li *et al.*，2006）。结合这些拉斑玄武岩较高的熔体温度（约 1420℃）和地幔源区 T_p（1470℃），它们应该形成于弧后盆地的环境，来源于减薄的大陆岩石圈下软流圈地幔。

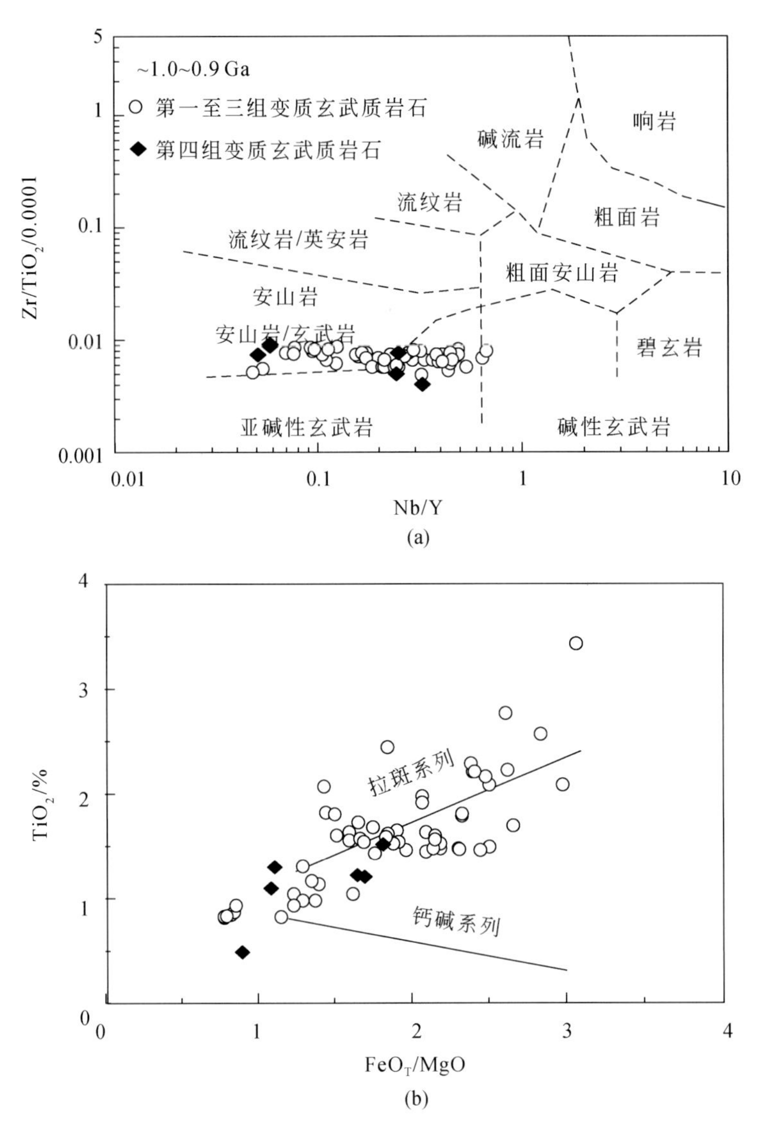

图 13.6 华夏新元古代早期玄武质岩石分类图（数据据 Zhang A. M. *et al.*，2012；Wang Y. J. *et al.*，2013）

(a) Zr/TiO_2-Nb/Y 分类图；(b) TiO_2-FeO_T/MgO 分类图

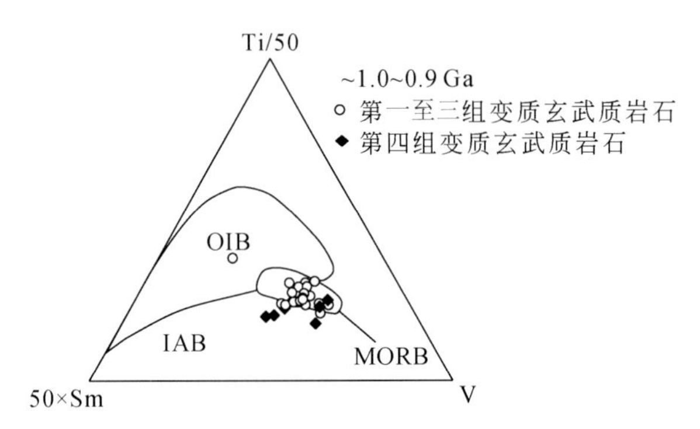

图 13.7 华夏新元古代早期玄武质岩石形成环境的 Ti-Sm-V 判别图

（数据据 Zhang A. M. *et al.*，2012；Wang Y. J. *et al.*，2013）

OIB. 洋岛玄武岩；IAB. 岛弧玄武岩；MORB. 洋中脊玄武岩

表13.2　华南新元古代玄武质岩石原始熔体成分、压力、熔体温度和地幔潜能温度
（据李献华等，2008）

	原始熔体成分			熔体温度		地幔潜能温度	
	SiO_2/%	FeO/%	MgO/%	T/℃	±1σ	Tp/℃	±1σ
新元古代早期（约1.0～0.9 Ga）							
盐边钙碱性玄武岩	50	7.8	12.6	1262	9	1355	45
盐边弧拉斑玄武岩	46	9.5	15	1417	10	1470	11
西乡玄武岩	49	8.4	13.8	1302	8	1399	44
新元古代中期							
前裂谷期（约0.85 Ga）							
神坞辉绿岩	49	7.9	12	1284	7	1353	19
裂谷早期（约0.83～0.80 Ga）							
碧口群下部玄武岩	48	9.9	15	1369	9	1457	25
碧口群上部玄武岩	47	10.8	17	1453	11	1535	26
铁船山玄武岩	49	7.9	13.8	1342	8	1425	20
益阳科马提质玄武岩	47	10.3	20	1521	18	1618	46
马面山玄武岩	47	9.8	15	1382	9	1457	23
苏雄玄武岩	44	10.7	16	1445	13	1505	21
裂谷峰期（约0.79～0.75 Ga）							
盐边LREE富集型岩脉	48	10.4	16	1386	11	1485	33
道林山辉绿岩	48	9.5	14	1353	8	1429	17
上墅玄武岩	47	10.2	16	1414	10	1494	22
康定LREE富集型岩脉	48	10.7	17	1428	13	1529	32
康滇LREE亏损型岩脉	47	11	18	1475	14	1565	33
盐边LREE亏损型岩脉	47	10	18	1470	14	1562	33
湘西辉绿岩	48	10.9	19	1446	18	1573	54
桂北细碧岩	46	10.6	19	1507	16	1588	37

13.4.2　新元古代中期玄武质岩石的地球化学特征与地幔源区特征

13.4.2.1　岩石地球化学特征

除碧口群大规模溢流玄武岩外，扬子陆块新元古代中期其他玄武质岩石规模较小，这些玄武质岩石（特别是0.83～0.75 Ga的玄武质岩石）和大规模的花岗质岩石在时空上密切共生。根据Wang和Li（2003）提出的玄武质岩石与南华及康滇裂谷盆地演化的关系，可将新元古代中期的玄武质岩石划分为三期：① 前裂谷期（约0.85 Ga），② 裂谷早期（约0.83～0.80 Ga），③ 裂谷峰期（约0.79～0.75 Ga）。

在Zr/TiO_2-Nb/Y分类图上［图13.8(a)］，除了华夏陆块的约0.82 Ga马面山和扬子陆块的苏雄玄武岩以及湘西辉绿岩具有高的Nb/Y值（>0.7），落在碱性玄武岩区域内，其裂谷峰期玄武质岩石的微量元素特征可以分成三类：第一类包括约790 Ma上墅玄武岩、约790 Ma道林山辉绿岩、约760 Ma桂北细碧岩、约790～760 Ma康定和盐边地区的LREE富集型辉绿岩脉，这些玄武质岩石富集不相容元素，具弱至中等程度的Nb-Ta亏损，与裂谷早期的第一类岩石的微量元素组成非常类似；第二类为湘西辉绿岩脉，不相容微量元素富集，没有Nb-Ta亏损，显示出OIB的地球化学组成特征，和第二组的第二类岩石的微量元素组成非常类似；第三类是康定和盐边地区的辉绿岩脉，不同程度地亏损LREE和其他强不相容元素（Nb-Ta显示弱亏损；李献华等，2008）。

在 Ti-Sm-V 判别图上，新元古代中期的玄武质岩石绝大多数投入到 OIB 和 MORB 的范围，显示出从 OIB 向 V 富集的分布趋势（图 13.9），与板内玄武质岩石类似，而明显不同于岛弧玄武岩。这些玄武质岩石的 Ti/V 值>20，并和 Nb/La 值呈现出正相关关系（图略），其 V 的富集与低 Nb/La 值组分的加入（即地壳混染）有关。

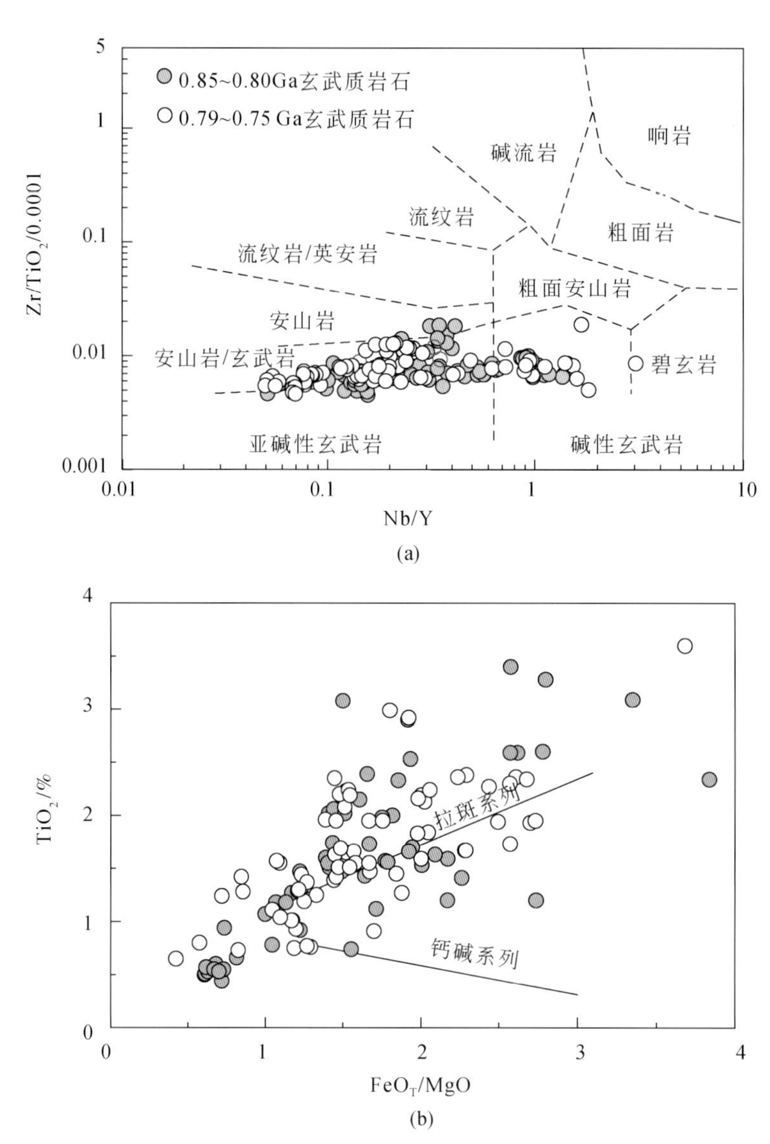

图 13.8　华南新元古代中期玄武质岩石分类图（据李献华等，2008）

（a）Zr/TiO_2-Nb/Y 分类图；（b）TiO_2-FeO_T/MgO 分类图

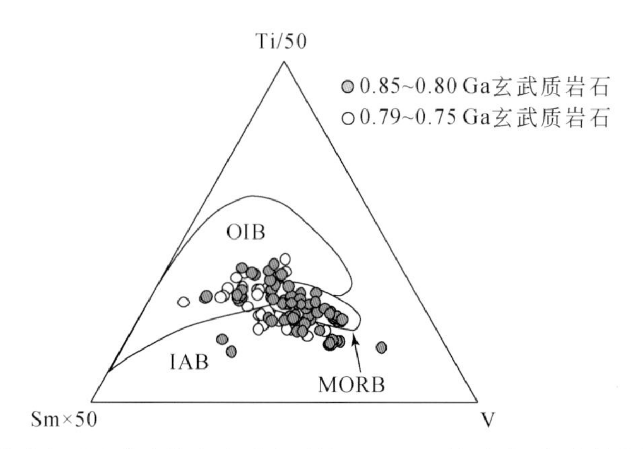

图 13.9　华南新元古代中期玄武质岩石的 Ti-Sm-V 判别图（据李献华等，2008）

OIB. 洋岛玄武岩；IAB. 岛弧玄武岩；MORB. 洋中脊玄武岩

13.4.2.2　地幔潜能温度与源区组成特征

前裂谷期玄武质岩石出露规模很小，以约0.85 Ga神坞辉绿岩为代表，其原始熔体的MgO、FeO含量较低（分别为12%和7.9%），而SiO_2含量较高（达49%），计算得到的熔体温度约为1300℃，地幔潜能温度T_p为1353℃（表13.2）。

裂谷早期（约0.83～0.80 Ga）玄武质岩石出露规模和范围均较大，包括扬子陆块的益阳科马提质玄武岩、碧口群玄武岩、苏雄玄武岩和铁船山玄武岩等。在这些玄武岩中，益阳科马提质玄武岩原始熔体的MgO含量最高（约20%），熔体温度>1500℃，具有最高的地幔潜能温度T_p约为1618℃（表13.2）；其次是苏雄组和碧口群上部玄武岩，原始熔体的MgO含量16%～17%，熔体温度1445～1453℃，地幔潜能温度T_p为1505～1535℃；华夏陆块马面山、玄武岩铁船山和碧口群下部玄武岩原始熔体的MgO含量13.8%～15%，熔体温度1342～1382℃，地幔潜能温度T_p为1425～1457℃。

裂谷峰期（约0.79～0.75 Ga）玄武质岩石主要出露在扬子陆块东南缘的上墅双峰式火山岩、南缘的湘西辉绿岩和西缘的大量基性岩脉。较早期（约790～780 Ma）的玄武质岩石（盐边LREE富集型岩脉、道林山辉绿岩和上墅玄武岩）的原始熔体MgO含量相对较低（14%～16%），熔体温度1353～1414℃，地幔潜能温度T_p也较低（1429～1494℃）；较晚期（约760 Ma）的玄武质岩石（康定基性岩脉、盐边LREE亏损型岩脉、湘西辉绿岩和桂北细碧岩）的原始熔体MgO含量相对较高（17%～19%），熔体温度（1428～507℃）和地幔潜能温度T_p（1529～1588℃）也较高（表13.2）。

13.4.3　新元古代岩浆作用：从四堡造山到南华裂谷

13.4.3.1　约1.0～0.9 Ga四堡造山期

新元古代早期扬子陆块南缘和北缘的玄武质岩石均为钙碱性系列，与活动大陆边缘的岩浆弧类似，记录了扬子板块南北两侧洋壳俯冲形成的岩浆弧。俯冲作用改变扬子大陆岩石圈下伏地幔（SCLM）的组成，导致SCLM选择性的富集强不相容元素和一些含水矿物。扬子西南缘的盐边群拉班玄武岩很可能形成与岩浆弧的弧后盆地。

与新元古代早期（四堡期）俯冲增生造山运动相关的其他地质记录包括以下几个方面：

（1）田里片岩记录的变质作用（Li Z. X. *et al.*，2007）。田里片岩的变质年龄为1042～1015 Ma，并经历了968～942 Ma的构造活化事件，是目前扬子陆块南缘唯一出露的四堡期变质岩。田里片岩与上覆约825 Ma的未变质变形的裂谷盆地火山-沉积岩（Li W. X. *et al.*，2008a）

呈角度不整合，不整合面之上是裂谷盆地底部的翁家岭组底砾岩。该不整合面不仅显示出上、下岩石在变质变形作用方面的巨大差异，而且还指示该地区超过约200 Ma的沉积缺失，记录了>0.9 Ga的造山运动和<0.83 Ga的裂谷盆地演化。

（2）赣东北约1.0 Ga蛇绿混杂岩（Chen *et al.*，1991）及侵入其中的约0.97 Ga埃达克质花岗岩（Li W. X. and Li X. H.，2003）和约0.88 Ga“仰冲型”花岗岩（Li W. X. *et al.*，2008a）。这套蛇绿混杂岩形成于双溪坞岩浆弧的弧后盆地，最终在约0.88 Ga闭合，很可能代表四堡期造山运动的终结。

（3）扬子西缘康滇裂谷盆地的下伏晚中元古代—新元古代早期基底普遍发育近EW向构造（Li Z. X. *et al.*，2002；Li X. H. *et al.*，2006），而侵入其中的新元古代中期岩体以及上覆的康滇裂谷火山-沉积岩则基本未变质变形。

（4）扬子陆块西南缘新元古代早期上昆阳群（及相当地层）沉积岩中，含有相当数量的约1.4 Ga的碎屑锆石（图13.10），扬子陆块自身没有约1.4 Ga花岗岩，只有华夏西南部的海南岛抱板花岗岩属于这个时代。因此上昆阳群（及相当地层）很可能是一套前陆盆地沉积，表明约在1.0 Ga时，华夏和扬子在西部已经聚合（Li Z. X. *et al.*，2002）。

（5）扬子陆块西南缘厘定的约1.0 Ga同构造花岗岩，包括攀枝花北东回箐沟的片麻状花岗岩（Li Z. X. *et al.*，2002）和米易垭口的变质变形二长花岗岩（杨崇辉等，2009），代表扬子与华夏陆块在西南

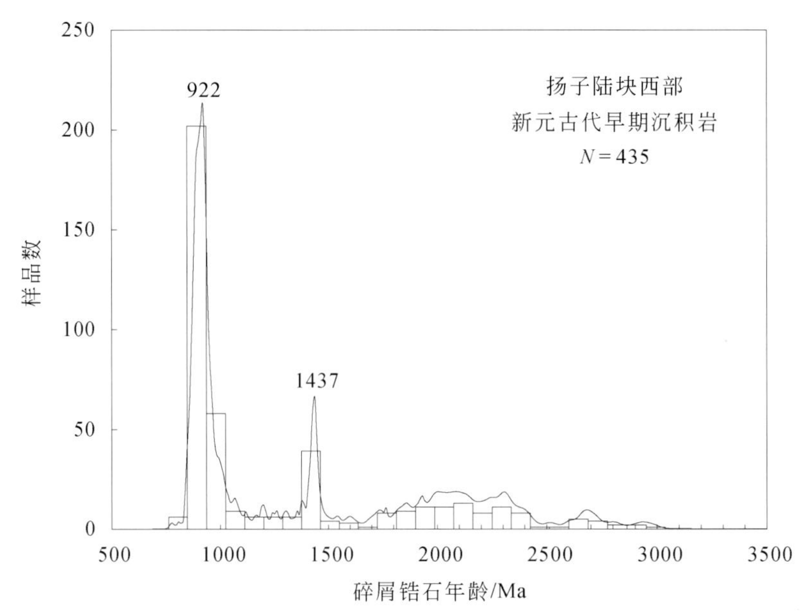

图 13.10　扬子陆块西部新元古代早期沉积岩碎屑锆石年龄谱图
（数据引自 Li Z. X. *et al.*，2002；Greentree and Li，2008；Sun W. H. *et al.*，2008）

部碰撞拼贴时形成的同构造花岗岩。

目前学术界的基本共识是，华南陆块在新元古代通过四堡造山运动由华夏和扬子两个块体拼合形成，但不同的研究人员对最终的拼合时间有不同的认识。综合四堡期的玄武质岩浆岩形成的构造环境以及同时期的构造-变质-沉积作用和蛇绿岩的研究成果，华南四堡造山运动的时限约为 1.0 ~ 0.9 Ga。华夏与扬子块体最初在扬子西南缘发生拼贴，其前陆盆地（昆阳群及相当地层）沉积了来自华夏块体碎屑沉积物（以 1.43 Ga 抱板花岗岩的锆石为特征）；洋壳向扬子块体俯冲在扬子东南缘形成高绿片岩相变质（田里片岩）、双溪坞岩浆弧以及赣东北弧后盆地（赣东北蛇绿岩）；弧后盆地的俯冲形成西湾埃达克质花岗岩、最终闭合导致蛇绿岩仰冲、形成西湾“仰冲型”花岗岩的形成，并在约 0.88 Ga 前形成统一的华南陆块。

华夏陆块上出露的大多数约 1.0 ~ 0.97 Ga 斜长角闪岩类似于弧后盆地玄武岩，表明在华夏陆块的南侧（Zhang A. M. *et al.*，2012）或北侧（Wang Y. J. *et al.*，2013）可能存在一个格林威尔期的岩浆弧。舒良树等（2008）在华夏块体东部粤东兴宁县径南的厘定变流纹岩年龄约 0.98 Ga。这些流纹岩与变杂砂岩互层，两者同褶皱、同变质，地球化学上以高钾钙碱性为特征，与形成于活动大陆边缘的酸性火山岩类似。刘邦秀等（2001）也报道，在赣南鹤仔的片麻状花岗岩体年龄约 1.0 Ga。另外，华夏块体各个时代的沉积岩中，含有大量的格林威尔期（1.2 ~ 0.96 Ga）岩浆成因的碎屑锆石，表明在华夏陆块或其外围，曾有大量格林威尔期岩浆岩出露（Wu L. *et al.*，2010）。由于华夏陆块出露的新元古代早期的岩石很少，且遭受到显生宙构造岩浆活动的强烈改造，华夏陆块新元古代早期的构造演化还有待于进一步研究。

13.4.3.2　约 0.9 ~ 0.85 Ga 从四堡造山向裂谷转换

虽然这个时期的岩浆活动记录较少，但是在扬子和华夏两个陆块上均有报道。目前学术界对这个时期岩浆岩形成的构造环境仍有争议。一种观点认为，这些岩浆岩形成于陆内非造山-裂谷环境（Li X. H. *et al.*，2003a，2008；包志伟等，2008；Li W. X. *et al.*，2010）；另一种观点认为，扬子陆块东南缘和西缘早新元古代的岩浆活动，形成于活动大陆边缘（Zhou M. F. *et al.*，2002b；沈渭洲等，2002；Sun W. H. *et al.*，2008；董树文等，2010）。这个时期扬子陆块的岩浆活动，以双峰式火山岩和碱性杂岩组合为特征，中性岩浆岩很少，不同于典型的活动大陆边缘岩浆岩组合。值得注意到的是，扬子西部新元古代早期地层的近 EW 走向穿透性褶皱构造线，与推测的扬子西缘近 SN 走向的活动大陆边缘明显直交，不支持康滇地区新元古代早期存在向东的洋壳俯冲和及活动大陆边缘（Li X. H. *et al.*，2006）。华夏陆块约 0.85 Ga 的辉长岩和变质基性岩，均显示出板内玄武质岩石的地球化学特征（Shu *et al.*，2006，2011）。综合这些岩石组合和地球化学特征，特别是在扬子和华夏两个陆块同时出现这个时期的板内玄武质岩浆活动，我们认为该期的岩浆作用，应该形成于非造山或陆内裂谷环境。如果这个解释正确，那么华夏和扬子陆块拼合形成统一的华南大陆，应早于约0.85 Ga（Li X. H. *et al.*，2008，2009；Shu *et al.*，2011）。

13.4.3.3 约0.83~0.75 Ga板内岩浆作用与裂谷盆地

扬子陆块上广泛发育了大规模的0.83~0.75 Ga岩浆活动，但如前所述，对0.83~0.82 Ga期间的岩浆岩形成的构造背景争议很大，除了对一些岩浆岩地球化学特征解释的不同之外，另一个重要的问题是如何理解四堡群（及相当地层）和上覆板溪群（及相当地层）之间约0.82 Ga的角度不整合的构造意义。

从岩浆岩组合看，广泛分布的0.83~0.82 Ga玄武岩-英安/流纹岩双峰式岩浆活动，以及同期的花岗岩-基性-超基性侵入岩组合，很少有或缺失中性火成岩，仅湖南益阳苍水铺等地有少量安山岩的报道（王剑等，2003；Wang Y. J. *et al.*，2013）。这个时期的玄武质岩石以（益阳）科马提质玄武岩、（碧口）溢流玄武岩等高温熔岩以及一些拉班-偏碱性玄武岩为主，基本上没有钙碱性系列玄武岩，具有典型的板内玄武岩特征。华南新元古代沉积盆地，主要分为南华裂谷系、康滇裂谷和扬子北缘火山-沉积盆地（Wang J. and Li Z. X.，2003），尤其以对南华裂谷的研究最为详细。沉积学研究表明，南华裂谷系具典型裂谷盆地沉积演化特征（王剑，2000；Wang J. and Li Z. X.，2003），裂谷盆地经历岩相古地理的五个重要的演化阶段，呈现出由陆变海、由地堑-地垒相间盆地变广海盆地、由浅海变深海、盆地由小变大的演化过程。裂谷盆地的形成经历裂谷基的形成、地幔柱作用下裂谷体的形成、被动沉降与裂谷盖的形成三个阶段（王剑，2000；Wang J. and Li Z. X.，2003）。在南华裂谷盆地底部，约0.83~0.82 Ga的玄武岩喷发代表裂谷早期的岩浆作用。值得注意的是，这些玄武岩的年龄，与其上覆不整合的花岗岩和基性岩脉（侵入四堡群及相当地层）的年龄非常接近，约为0.83~0.82 Ga。从而表明，华南约在0.83~0.82 Ga期间，发生过大规模的地壳抬升、去顶，随后近乎同时发育裂谷盆地（Li Z. X. *et al.*，1999；Wang J. and Li Z. X.，2003）。虽然许多文献把约0.83~0.82 Ga的区域不整合作为新元古代造山运动的重要证据，但这种解释并非是唯一的，特别是许多地区不整合面下伏地层并没有发生变质和褶皱变形，与造山带“基底”不同。

新元古代中期岩浆作用的另一个特征是，扬子陆块北缘发育了大量的低^{18}O值岩浆岩；在扬子南缘虽然还没有低^{18}O值岩浆岩的报道，但是有相当一部分沉积岩中0.86~0.75 Ga碎屑锆石的^{18}O值也低于正常地幔值（$\delta^{18}O$ = 5.3‰），表明这些锆石也是来自于低^{18}O值岩石风化沉积的碎屑。低^{18}O值岩浆岩是经历过高温热液蚀变的低^{18}O值源岩部分熔融形成的，或者岩浆同化混染了低^{18}O值围岩，这种情况通常需要裂谷构造带破火山口的垮塌来实现（Zheng Y. F. *et al.*，2009b），与同时期陆内裂谷型玄武质岩浆岩形成的构造背景研究结果一致。

华夏陆块由于经历了显生宙强烈的造山运动和岩浆作用改造，新元古代沉积地层层序鲜有完整保存。闽北约0.82 Ga马面山双峰式火山岩，与南华裂谷盆地底部的火山岩在时代、岩石组合及地球化学特征上非常相似（Li W. X. *et al.*，2005），表明南华裂谷发育在统一的华南大陆上。

13.4.3.4 华南新元古代岩浆-构造演化模型

根据新元古代玄武质岩石的成因研究，结合区域地质构造与盆地演化，李献华等（2008）和Wang X. C. 等（2009）提出华南新元古代早—中期的地球动力学演化模型（图13.11）。

约1.0~0.9 Ga期间，扬子板块两侧同时发生洋壳俯冲，形成了活动陆缘岩浆弧。俯冲作用改变扬子大陆岩石圈下伏地幔（SCLM）的组成，导致SCLM选择性的富集强不相容元素和一些含水矿物。软流圈来源的流体/熔体长期渗透作用，也可能导致SCLM成分的改变。这些过程会形成新的单斜辉石、石榴子石以及少量的金红石、磷灰石，还有可能在SCLM内部形成少量变质成因的石榴辉石岩。因此，改造后的SCLM具有较低的固相线温度。

0.9~0.85 Ga期间，区域构造域从四堡造山运动，向陆内非造山-裂谷作用转化。约在825 Ma，华南岩石圈底部受到地幔柱冲击，引起岩石圈内部的热传导，诱发含水的SCLM发生部分熔融，沿着早期的构造薄弱带发生幔源岩浆侵位，如约0.85 Ga神坞辉绿岩等。地幔柱活动的直接证据是约825 Ma的益阳科

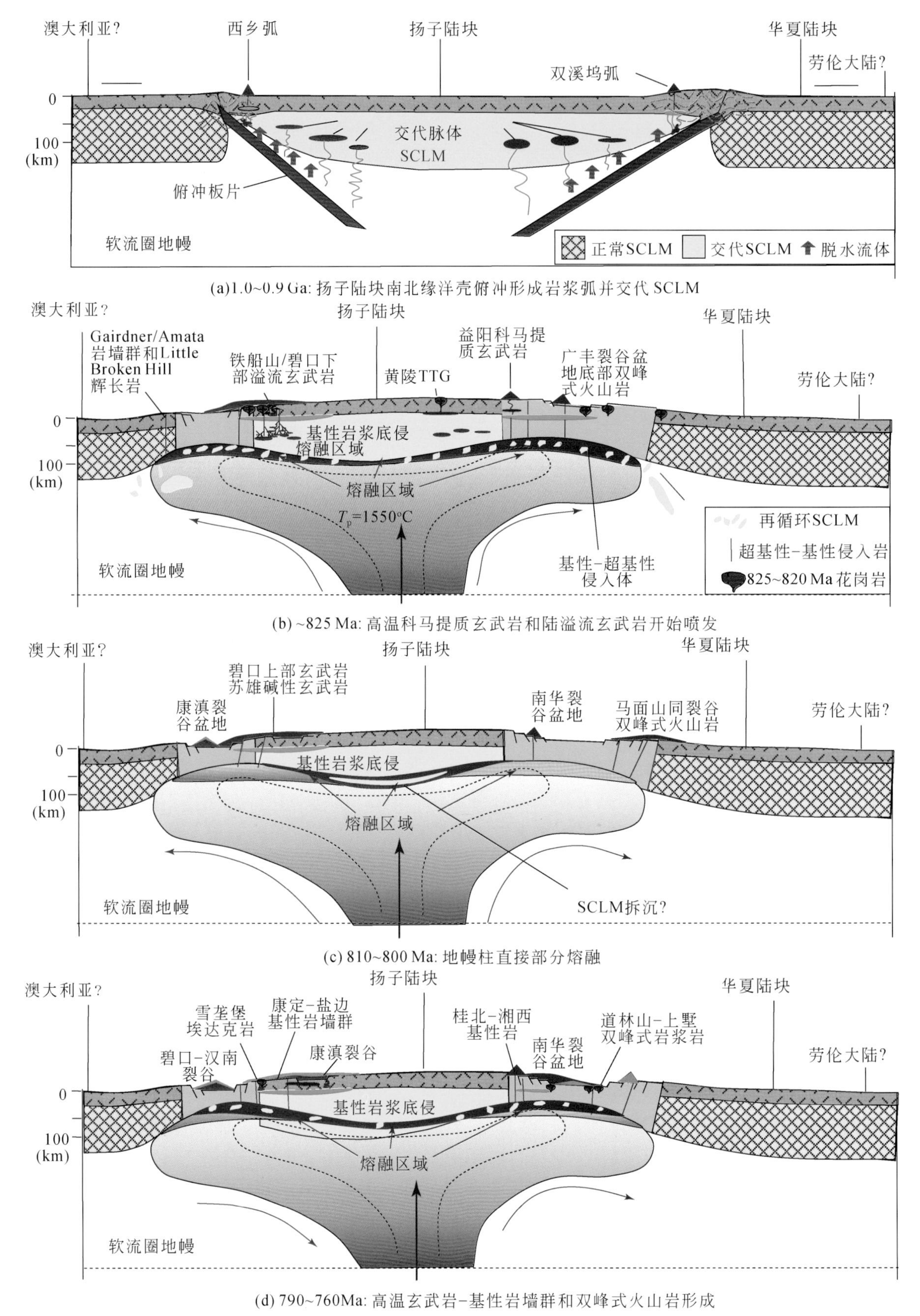

图 13.11 华南新元古代早—中期地球动力学演化模型（据李献华等，2008；Wang X. C. *et al.*，2009）

SCLM. 大陆岩石圈下伏地幔

马提质玄武岩和大规模的地壳区域性抬升和去顶。地幔柱头部的上升会造成岩石圈的热侵蚀和抬升，最终导致岩石圈沿着早期缝合带减薄；地幔柱提供的热会诱发地壳深熔而形成大范围的花岗岩化。这一时期形成的玄武岩大多具有贫 FeO_T、亏损高场强元素（HFSEs）的特征，主要来源于SCLM，与卡鲁（Karoo）和西伯利亚大陆溢流玄武岩特征非常相似（Lassiter and DePaolo，1997）。

约0.82～0.80 Ga期间，华南岩石圈的厚度可能从100 km左右，减薄到≤70 km左右，同时伴随着强烈的大陆裂谷作用。大量820～810 Ma的大陆溢流玄武岩，以碧口群溢流玄武岩省为代表，可能底侵在壳幔过渡带，造成这一时期地壳的加厚。

约0.79～0.75 Ma期间，岩石圈的厚度进一步变薄。这个时期地幔源区处于异常热的状态，T_p的峰值约为1520℃。在伸展背景下，岩石圈底部和软流圈顶部发生大规模部分熔融。这一时期地幔柱活动的证据，主要来自扬子西缘的苦橄质基性岩墙群以及桂北细碧岩等高温玄武质岩石。

13.5 华南与罗迪尼亚超大陆演化的关系

虽然绝大多数研究人员认为，在新元古代扬子和华夏两个陆块拼合形成统一的华南大陆，华南属于罗迪尼亚超大陆的一部分；但是对于两个陆块拼合的具体时间以及华南在罗迪尼亚超大陆中的位置，仍存在三种主要的不同认识。一种观点（图13.12）认为，扬子和华夏陆块在西部的拼合时间为约1.0 Ga（Li Z. X. *et al.*，2002，2007；Li X. H. *et al.*，2006），约0.89～0.88 Ga两个陆块在东部最终聚合（Ye *et al.*，2007；Li W. X. *et al.*，2008b；Li X H *et al.*，2009）。华南及其他大陆约0.83～0.75 Ga大规模岩浆作用与超级地幔柱活动有关，标志着罗迪尼亚超级大陆的裂解及最终分离（Li Z X. *et al.*，2003；Wang X. C. *et al.*，2007，2008）。

另一种观点认为，扬子和华夏在约0.83～0.82 Ga通过陆-陆，或陆-弧-陆碰撞，形成统一的华南大陆（Li，1999；Wang X. L. *et al.*，2006，2007，2008；Zheng Y. F. *et al.*，2007，2008；Zhao J. H. *et al.*，2011；Wang Y. J *et al.*，2013），华南可能位于罗迪尼亚超大陆的北缘（Zhou M. F. *et al.*，2006；Yu *et al.*，2008；Wang Y. J. *et al.*，2013）。

还有一种折中的模式认为，约0.82 Ga的地幔柱和扬子陆块东南缘的岩浆弧共存，导致在同一地区同时出现地幔柱和岛弧岩浆作用（Zhang C. L. *et al.*，2013）。需要指出的是，某个具体的大陆或陆块在超大陆中的重建位置，需要多学科研究资料的综合约束，如大陆-陆块在超大陆聚合前基底的组成与演化、造山带和盆地演化历史、高质量的同位素年代学和古地磁数据、超大陆裂解时对应的裂谷边界、地幔柱以及与地幔柱有关的火山作用和基性岩墙群等（Li Z. X. *et al.*，2008b）。我们将从从扬子和华夏陆块的结晶基底演化历史、岩浆作用、盆地演化等几个方面进行综合约束。

从表13.1总结的华夏与扬子陆块的前新元古代结晶基底岩石的年代记录上可以看出，华夏陆块的一个独特记录是海南岛出露约1.43 Ga非造山花岗岩（Li Z. X. *et al.*，2002，2008a），与劳伦大陆南部的约1.4 Ga非造山岩浆岩带（Nyman *et al.*，1994）相一致。相反，扬子陆块没有这期岩浆作用记录，而且其发育约2.1～2.0 Ga的TTG岩石组合有别于华夏陆块。当两个陆块聚合拼贴时，这些特征性的岩石碎屑将有可能搬运、沉积在前陆盆地中。在扬子西南部约1.0 Ga的上昆阳群（及相当地层）的变沉积岩中，有大量约1.43 Ga的碎屑锆石，与海南岛约1.43 Ga花岗岩年龄完全一致，表明扬子和华夏两个陆块的西部约在1.0 Ga时已经拼合（Li Z. X. *et al.*，2002）。这个结论与扬子西南部形成的约1.0 Ga的同构造花岗岩以及区域同时期的近东西向变形作用一致。

扬子陆块东南缘田里片岩的变质时代约1.04～0.94 Ga，与变质变形的双溪坞岩浆弧的岩浆活动时代（约0.96～0.89 Ga）基本一致（Ye *et al.*，2007；Li Z. X. *et al.*，2008a；Li X. H. *et al.*，2009）。双溪坞岩浆弧被未变质变形的约0.85神坞辉绿岩脉侵入（Li X. H. *et al.*，2008），后者与邻区的珍珠山双峰式火山岩（Li W. X. *et al.*，2010）和港边碱性岩（Li X. H. *et al.*，2010）以及华夏陆块北部的板内基性岩浆岩（Shu *et al.*，2006，2011）属同时代产物，表明约在0.85 Ga时期，该区域已经从四堡造山运动的挤压环境，转换为陆内非造山的伸展环境。扬子南缘的约0.85～0.83 Ga的四堡群及相关地层（高林志等，2010）应沉积形成于非造山伸展盆地。

根据IGCP440项目“罗迪尼亚超大陆聚合与裂解”工作组的项目总结（Li Z. X. *et al.*，2008a），华南位于冈瓦纳和劳伦两大古陆之间，四堡造山运动导致华夏-扬子块体最终约在0.9 Ga时，拼合形成华南陆

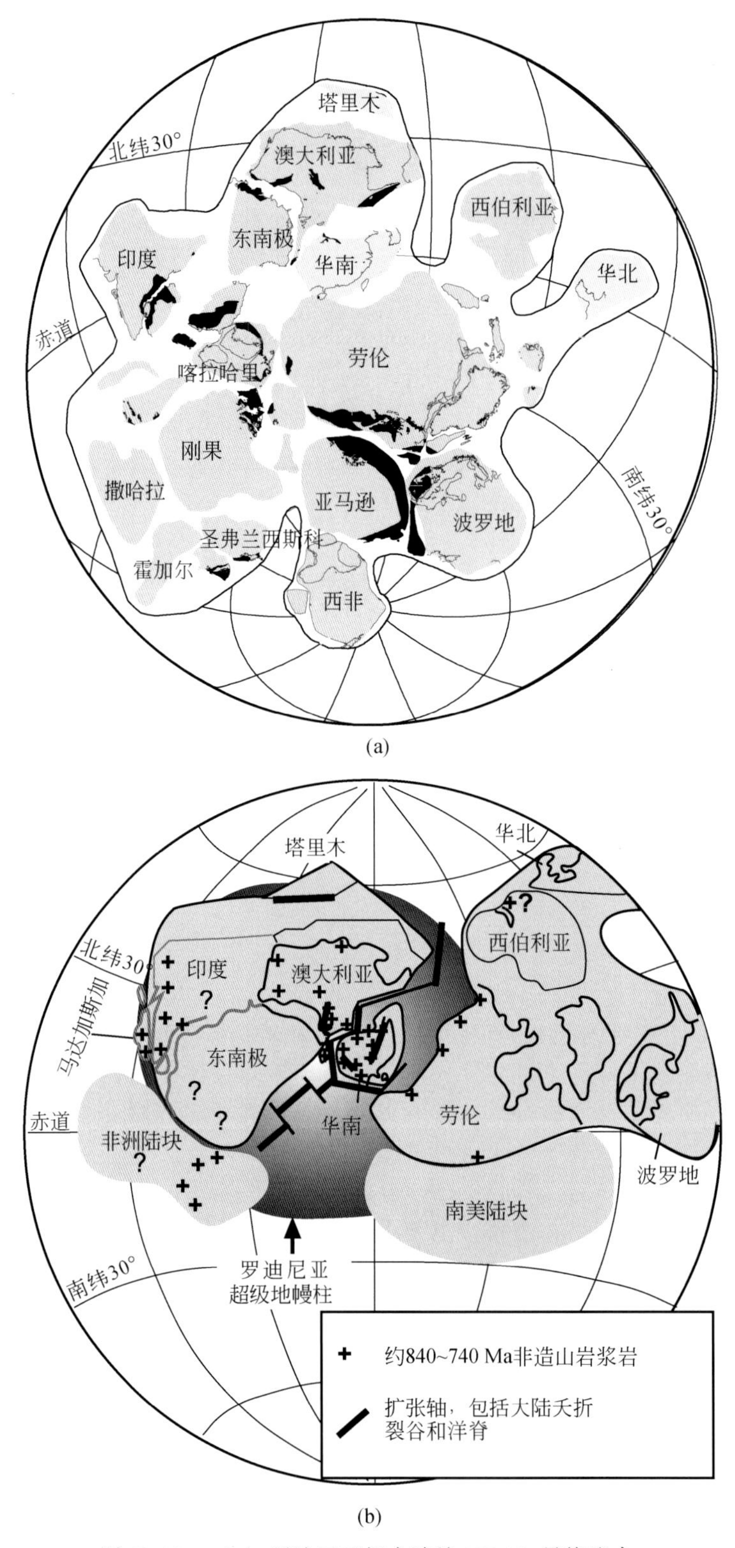

图 13.12　（a）罗迪尼亚超大陆约 900 Ma 最终聚合；
（b）约 825 ~ 750 Ma 超级地幔柱活动导致超大陆裂解（据 Li Z. X. *et al.*，2003，2008a）

块，完成了冈瓦纳和劳伦两大古陆的最终聚合。华南四堡造山运动与印度东部的东高止山脉构造带（Eastern Ghats Belt）及相应的东南极 Rayner Province 造山运动的时限（0.99 ~ 0.90 Ga）一致，标志着罗迪尼亚超大陆的最终聚合［图 13.12(a)］；约 825 ~ 750 Ma 的地幔柱/超级地幔柱活动，导致了全球范围大规模的新元古代中期的裂谷作用和非造山岩浆活动［图 13.12(b)］。华南保存着这个时期地幔柱活动的完整记录，很可能位于地幔柱活动的中心，在约 0.75 Ga 与罗迪尼亚超大陆分离。

参考文献

包志伟，王强，白国典，赵振华，宋要武，柳小明.2008. 东秦岭方城新元古代碱性正长岩形成时代及其动力学意义. 科学通报，53：684～694

陈志洪，邢光福，郭坤一，董永观，陈荣，曾勇，李龙明，贺振宇，赵玲.2009. 浙江平水群角斑岩的成因：锆石 U-Pb 年龄和 Hf 同位素制约. 科学通报，54：610～617

董树文，薛怀民，项新葵，马立成.2010. 赣北庐山地区新元古代细碧-角斑岩系枕状熔岩的发现及其地质意义. 中国地质，37：1021～1033

高林志，戴传固，刘燕学，王敏，王雪华，陈建书，丁孝忠，张传恒，曹茜，刘建辉.2010. 黔东南桂北地区四堡群凝灰岩锆石 SHRIMP U/Pb 年龄及其地层学意义. 地质通报，29：1259～1267

耿元生，杨崇辉，杜利林，王新社，任留东，周喜文.2007. 天宝山组形成时代和形成环境——锆石 SHRIMP U-Pb 年龄和地球化学证据. 地质论评，53：556～563

焦文放，吴元保，彭敏，汪晶，杨赛红.2009. 扬子板块最古老岩石的锆石 U-Pb 年龄和 Hf 同位素组成. 中国科学（D 辑），39：972～978

李献华，李正祥，周汉文，刘颖，梁细荣.2002. 川西新元古代玄武质岩浆岩的锆石 U-Pb 年代学、元素和 Nd 同位素研究：岩石成因与地球动力学意义. 地学前缘，9：329～338

李献华，王选策，李武显，李正祥.2008. 华南新元古代玄武质岩石成因与构造意义：从造山运动到陆内裂谷. 地球化学，37：382～298

凌文黎，高山，程建萍，江麟生，袁洪林，胡兆初.2006. 扬子陆核与陆缘新元古代岩浆事件对比及其构造意义—来自黄陵和汉南侵入杂岩 ELA-ICPMS 锆石 U-Pb 同位素年代学的约束. 岩石学报，22：387～396

凌文黎，任邦方，段瑞春，柳小明，毛新武，彭练红，刘早学，程建萍，杨红梅.2007. 南秦岭武当山群、耀岭河群及基性侵入岩群锆石 U-Pb 同位素年代学及其地质意义. 科学通报，52：1445～1456

刘邦秀，刘春根，邱永泉.2001. 江西南部鹤仔片麻状花岗岩类 Pb-Pb 同位素年龄及地质意义. 火山地质与矿产，22：264～268

刘树文，杨朋涛，王宗起，罗平，王永庆，罗国辉，王伟，郭博然.2013. 赣东北婺源-德兴地区新元古代浅变质火山岩的地球化学和锆石 U-Pb 年龄. 岩石学报，29：581～593

马国干，张自超，李华芹，陈平，黄照先.1989. 扬子地台震旦系同位素年代地层学研究. 宜昌地质矿产研究所所刊，14：83～123

沈渭洲，高剑峰，徐士进，周国庆.2002. 扬子板块西缘泸定桥头基性杂岩体的地球化学特征和成因. 高校地质学报，8：380～389

舒良树，邓平，于津海，王彦斌，蒋少涌.2008. 武夷山西缘流纹岩的形成时代及其地球化学特征. 中国科学（D 辑），38：950～959

王剑.2000. 华南新元古代裂谷盆地演化-兼论与 Rodinia 解体的关系. 北京：地质出版社

王剑，李献华，Duan，T Z.，刘敦一，宋彪，李忠雄，高永华.2003. 沧水铺火山岩锆石 SHRIMP U-Pb 年龄及“南华系”底界新证据. 科学通报，48：1726～1731

王梦玺，王焰，赵军红.2012. 扬子板块北缘周庵超镁铁质岩体锆石 U/Pb 年龄和 Hf-O 同位素特征：对源区性质和 Rodinia 超大陆裂解时限的约束. 科学通报，57：3283～3294

夏林圻，夏祖春，马中平，徐学义，李向民.2009. 南秦岭中段西乡群火山岩岩石成因. 西北地质，42：1～37

熊庆，郑建平，余淳梅，苏玉平，汤华云，张志海.2008. 宜昌圈椅埫 A 型花岗岩锆石 U-Pb 年龄和 Hf 同位素与扬子大陆古元古代克拉通化作用. 科学通报，53：2782～2792

薛怀民，马芳，宋永勤.2011. 扬子克拉通北缘随（州）-枣（阳）地区新元古代变质岩浆岩的地球化学和 SHRIMP 锆石 U-Pb 年代学研究. 岩石学报，27：1116～1130

杨崇辉，耿元生，杜利林，任留东，王新社，周喜文，杨铸生.2009. 扬子地块西缘 Grenville 期花岗岩的厘定及其地质意义. 中国地质，26：647～657

张丽娟，马昌前，王连训，佘振兵，王世明.2011. 扬子地块北缘古元古代环斑花岗岩的发现及其意义. 科学通报，56：44～57

Albarède F. 1992. How deep do common basaltic magmas form and differentiate? Journal of Geophysical Research，97：10997～11009

Chen J，Foland K A，Xing F，Xu X，Zhou T. 1991. Magmatism along the southeastern margin of the Yangtze block：Precambrian collision of the Yangtze and Cathaysia blocks of China. Geology，19：815～818

Dong Y P，Liu X M，Santosh M，Chen Q，Zhang X，He D，Zhang G W. 2012. Neoproterozoic accretionary tectonics along the northwestern margin of the Yangtze Block，China：Constraints from zircon U-Pb geochronology and geochemistry. Precambrian

Research, 196-197: 247 ~ 274

Dong Y P, Liu X M, Santosh M, Zhang X N, Chen Q, Yang C, Yang Z. 2011. Neoproterozoic subduction tectonics of the northwestern Yangtze Block in South China: Constrains from zircon U-Pb geochronology and geochemistry of mafic intrusions in the Hannan Massif. Precambrian Research, 189: 66 ~ 90

Fan H P, Zhu W G, Li Z X, Zhong H, Bai Z J, He D F, Chen C J, Cao C Y. 2013. Ca. 1. 5 Ga mafic magmatism in South China during the break-up of the supercontinent Nuna/Columbia: The Zhuqing Fe-Ti-V oxide ore-bearing mafic intrusions in western Yangtze Block. Lithos, 168-169: 85 ~ 98

Gao S, Yang J, Zhou L, Li M, Hu Z C, Guo J L, Yuan H L, Gong H J, Xiao G Q, Wei J Q. 2011. Age and growth of the Archean Kongling terrain. South China, with emphasis on 3. 3 Ga granitoid gneisses. American Journal of Science, 311: 153 ~ 182

Greentree M R, Li Z X. 2008. The oldest known rocks in south-western China: SHRIMP U-Pb magmatic crystallisation age and detrital provenance analysis of the Paleoproterozoic Dahongshan Group. Journal of Asian Earth Sciences, 33: 289 ~ 302

Greentree M R, Li Z X, Li X H, Wu H. 2006. Late Mesoproterozoic to earliest Neoproterozoic basin record of the Sibao orogenesis in western South China and relationship to the assembly of Rodinia. Precambrian Research, 151: 79 ~ 100

Herzberg C, Asimow P D, Arndt N, Niu Y, Lesher C M, Fitton J G, Saunders A D. 2007. Temperature in ambient mantle and plumes: Constraints from basalts, picrites, and komatiites. Geochemistry Geophysics Geosystems, 8: Q02006

Herzberg C, O'Hara M J. 2002. Plume-associated Ultramafic magmas of Phanerozoic age. Journal of Petrology, 43: 1857 ~ 1883

Huang X L, Xu Y G, Lan J B, Yang Q J, Luo ZY. 2009. Neoproterozoic adakitic rocks from Mopanshan in the western Yangtze Craton: Partial melts of a thickened lower crust. Lithos, 112: 367 ~ 381

Huang X L, Xu Y G, Li X H, Li W X, Lan J B, Zhang H H, Liu Y S, Wang Y B, Li H Y, Luo Z Y, Yang Q J. 2008. Petrogenesis and tectonic implications of Neoproterozoic, highly fractionated A-type granites from Mianning, South China. Precambrian Research, 165: 190 ~ 204

Lassiter J C, DePaolo D J. 1997. Plume/lithosphere interaction in the generation of continental and oceanic flood basalts: chemical and isotopic constraints. Geophysical monograph, 100: 335 ~ 355

Li L M, Lin S F, Xing G F, Davis D W, Davis W J, Xiao W J, Yin C Q. 2013. Geochemistry and tectonic implications of late Mesoproterozoic alkaline bimodal volcanic rocks from the Tieshajie Group in the southeastern Yangtze Block, South China. Precambrian Research, 230: 179 ~ 192

Li W X, Li X. H. 2003. Adakitic granites within the NE Jiangxi Ophiolites, South China: geochemical and Nd isotopic evidence. Precambrian Research, 122: 29 ~ 44

Li W X, Li X H, Li Z X. 2005. Neoproterozoic bimodal magmatism in the Cathaysia block of South China and its tectonic significance. Precambrian Research, 136: 51 ~ 66

Li W X, Li X H, Li Z X. 2008a. Middle Neoproterozoic syn-rifting volcanic rocks in Guangfeng, South China: petrogenesis and tectonic significance. Geological Magazine, 145: 475 ~ 489

Li W X, Li X H, Li Z X, Lou F S. 2008b. Obduction-type granites within the NE Jiangxi Ophiolite: implications for the final amalgamation between the Yangtze and Cathaysia Blocks. Gondwana Research, 13: 288 ~ 301

Li W X, Li X H, Li Z X. 2010. Ca. 850 Ma bimodal volcanic rocks in northeastern Jiangxi Province, South China: initial extension during the breakup of Rodinia? American Journal of Science, 310: 951 ~ 980

Li X H. 1997. Timing of the Cathaysia Block Formation: Constraints from SHRIMP U-Pb Zircon Geochronology. Episodes, 30: 188 ~ 192

Li X H. 1999. U-Pb zircon ages of granites from the southern margin of the Yangtze Block: timing of Neoproterozoic Jinning Orogeny in SE China and implications for Rodinia assembly. Precambrian Research, 97: 43 ~ 57

Li X H, Li W X, Li Z X, Liu Y. 2008. 850—790 Ma bimodal volcanic and intrusive rocks in northern Zhejiang, South China: a major episode of continental rift magmatism during the breakup of Rodinia. Lithos, 102: 341 ~ 357

Li X H, Li W X, Li Z X, Lo C H, Wang J, Ye M F, Yang Y H. 2009. Amalgamation between the Yangtze and Cathaysia Blocks in South China: Constraints from SHRIMP U-Pb zircon ages, geochemistry and Nd-Hf isotopes of the Shuangxiwu volcanic rocks. Precambrian Research, 174: 117 ~ 128

Li X H, Li W X, Li Z X, Lo C H, Wang J, Ye M F, Yang Y H. 2010. Petrogenesis and tectonic significance of the ~ 850 Ma Gangbian alkaline complex in South China: evidence from in situ zircon U-Pb dating, Hf-O isotopes and whole-rock geochemistry. Lithos, 114: 1 ~ 15

Li X H, Li Z X, Ge W, Zhou H, Li W, Liu Y, Wingate M T D. 2003a. Neoproterozoic granitoids in South China: crustal melting above a mantle plume at ca. 825 Ma? Precambrian Research, 122: 45 ~ 83

Li X H, Li Z X, Sinclair J A, Li W X, Carter G. 2006. Revisiting the "Yanbian Terrane": implications for Neoproterozoic tectonic evolution of the western Yangtze Block, South China. Precambrian Research, 151: 14 ~ 30

Li X H, Li Z X, Zhou H W, Liu Y, Liang X R, Li W X. 2003b. SHRIMP U-Pb zircon age, geochemistry and Nd isotope of the Guandaoshan pluton in SW Sichuan: Petrogenesis and tectonic significance. Sciiecne in China (Series D), 46 (Supplement): 73 ~ 83

Li X H, Sun M, Wei G J, Liu Y, Lee C Y, Malpas J G. 2000, Geochemical and Sm-Nd isotopic study of amphibolites in the Cathaysia Block, SE China: evidence for extremely depleted mantle in the Paleoproterozoic. Precambrian Research, 102: 251 ~ 262

Li Z X, Bogdanova S V, Collins A S, Davidson A, De Waele B, Ernst R E, Fitzsimons I C W, Fuck R A, Gladkochub D P, Jacobs J, Karlstrom K E, Lu S, Natapov L M, Pease V, Pisarevsky S A, Thrane K, Vernikovsky V. 2008b. Assembly, configuration, and break-up history of Rodinia: a synthesis. Precambrian Research, 160: 179 ~ 210

Li Z X, Evans D A D, Zhang S. 2004. A 90°spin on Rodinia: possible causal links between the Neoproterozoic supercontinent, superplume, true polar wander and low-latitude glaciation. Earth and Planetary Science Letters, 220: 409 ~ 421

Li Z X, Li X H, Kinny P D, Wang J. 1999. The break up of Rodinia: did it start with a man the plume beneath South China. Earth and Planetary Science Letters, 173: 171 ~ 181

Li Z X, Li X H, Kinny P D, Wang J, Zhang S. Zhou H. 2003. Geochronology of Neoproterozoic syn-rift magmatism in the Yangtze Craton, South China and correlations with other continents: evidence for a mantle superplume that broke up Rodinia. Precambrian Research, 122: 85 ~ 109

Li Z X, Li X H, Li W X, Ding S J. 2008a. Was Cathaysia part of Proterozoic Laurentia? new data from Hainan Island, south China. Terra Nova, 20: 154 ~ 164

Li Z X, Li X H, Zhou H W, Kinny P D. 2002. Grenvillian continental collision in south China: new SHRIMP U-Pb zircon results and implications for the configuration of Rodinia. Geology, 30: 163 ~ 166

Li Z X, Li X H, Wartho J A, Clark C, Li W X, Zhang C L, Bao C M. 2010. Magmatic and metamorphic events during the early Paleozoic Wuyi-Yunkai orogeny, southeastern South China: New age constraints and pressure-temperature conditions. Geological Society of America Bulletin, 122: 772 ~ 793

Li Z X, Wartho J A, Occhipinti S, Zhang C L, Li X H, Wang J, Bao C. 2007. Early history of the eastern Sibao Orogen (South China) during the assembly of Rodinia: New mica $^{40}Ar/^{39}Ar$ dating and SHRIMP U-Pb detrital zircon provenance constraints. Precambrian Research, 159: 79 ~ 94

Lin G C, Li X H, Li W X. 2007. SHRIMP U-Pb zircon age, geochemistry and Nd-Hf isotopes of the Neoproterozoic mafic dykes from western Sichuan: Petrogenesis and tectonic implications. Science in China (Series D), 50: 1 ~ 16

Ling W, Gao S, Zhang B, Li H, Liu Y, Cheng J. 2003. Neoproterozoic tectonic evolution of the northwestern Yangtze craton South China: implications for amalgamation and break-up of the Rodinia Supercontinent. Precambrian Research, 122: 111 ~ 140

Liu R, Zhou H, Zhang L, Zhong Z, Zeng W, Xiang H, Jin S, Lu X, Li C. 2009. Paleoproterozoic reworking of ancient crust in the Cathaysia Block, South China: evidence from zircon trace elements, U-Pb and Lu-Hf isotopes. Chinese Science Bulletin, 54: 1543 ~ 1554

Miyashiro A. 1974. Volcanic rock series in island arc and active continental margins. American Journal of Sciences, 274: 321 ~ 355

Nyman M W, Karlstrom K E, Kirby E, Graubard C M. 1994. Mesoproterozoic contractional orogeny in western North America: Evidence from ca 1. 4 Ga plutons. Geology, 22: 901 ~ 904

Qiu X F, Ling W L, Liu X M, Kusky T, Berkana W, Zhang Y H, Gao Y J, Lu S S, Kuang H, Liu C X. 2011. Recognition of Grenvillian volcanic suite in the Shennongjia region and its tectonic significance for the South China Craton. Precambrian Research, 191: 101 ~ 119

Qiu Y M, Gao S, McNaughton NJ, Groves D I, Ling W L. 2000. First evidence of ~ 3. 2 Ga continental crust in the Yangtze craton of south China and its implications for Archean crustal evolution and Phanerozoic tectonics. Geology, 28: 11 ~ 14

Shu L S, Faure M, Jiang S Y, Yang Q, Wang Y J. 2006. SHRIMP zircon U-Pb age, litho- and biostratigraphic analyses of the Huaiyu Domain in South China—evidence for a Neoproterozoic orogen, not Late Paleozoic Early Mesozoic collision. Episodes, 29: 244 ~ 252

Shu L S, Faure M, Yu J H, Jahn B M. 2011. Geochronological and geochemical features of the Cathaysia block (South China): new evidence for the Neoproterozoic breakup of Rodinia. Precambrian Research, 187: 263 ~ 276

Sinclair J A. 2001. A re-examination of the "Yanbian Ophiolite Suite": evidence for western extension of the Mesoproterozoic Sibao Orogen in South China. Geological Society of Australia, Abstract Volume, 65: 992100.

Sugawara T. 2000. Empirical relationships between temperature, pressure, and MgO content in olivine and pyroxene saturated liquid. Journal of Geophysical Research, 105: 8457 ~ 8472

Sun M, Chen N S, Zhao G C, Wilde S A, Ye K, Guo J H, Chen Y, Yuan C. 2008. U-Pb zircon and Sm-Nd isotopic study of the Huangtuling granulite, Dabie- Sulu belt, China: implication for the Paleoproterozoic tectonic history of the Yangtze Craton. American Journal of Science, 308: 469 ~ 483

Sun W H, Zhou M F. 2008. The 860- Ma, Cordilleran- type Guandaoshan Dioritic Pluton in the Yangtze Block, SW China: Implications for the Origin of Neoproterozoic Magmatism. Journal of Geology, 116: 238 ~ 253

Sun W H, Zhou M F, Yan D P, Li J W, Ma Y X. 2008. Provenance and tectonic setting of the Neoproterozoic Yanbian Group, western Yangtze Block (SW China). Precambrian Research, 167: 213 ~ 236

Vermeesch P. 2006. Tectonic discrimination diagrams revisited. Geochemistry Geophysics Geosystem, 7: Q06017

Wan Y S, Liu D Y, Xu M, Zhuang J, Song B, Shi Y, Du L. 2007. SHRIMP U- Pb zircon geochronology and geochemistry of metavolcanic and metasedimentary rocks in Northwestern Fujian, Cathaysia block, China: Tectonic implications and the need to redefine lithostratigraphic units. Gondwana Research, 12: 166 ~ 183

Wang J, Li Z X. 2003. History of Neoproterozoic rift basins in South China: implications for Rodinia break-up. Precambrian Research, 122: 141 ~ 158

Wang Q, Wyman D A, Li Z X, Bao Z W, Zhao Z H, Wang Y X, Jian P, Yang Y H, Chen L L. 2010. Petrology, geochronology and geochemistry of ca. 780 Ma A-type granites in South China: Petrogenesis and implications for crustal growth during the breakup of the supercontinent Rodinia. Precambrian Research, 178: 185 ~ 208

Wang X C, Li X H, Li W X, Li Z X. 2007. Ca. 825 Ma komatiitic basalts in South China: First evidence for >1500 °C mantle melts by a Rodinian mantle plume. Geology, 35: 1103 ~ 1106

Wang X C, Li X H, Li W X, Li Z X, Liu Y, Yang Y H, Liang X R, Tu X L. 2008. The Bikou basalts in northwestern Yangtze Block, South China: remains of 820-810 Ma continental flood basalts? Geological Society of America Bulletin, 120: 1478 ~ 1492

Wang X C, Li X H, Li W X, Li Z X. 2009. Variable involvements of mantle plumes in the genesis of mid- Neoproterozoic basaltic rocks in South China: A review. Gondwana Research, 15: 381 ~ 395

Wang X L, Shu L S, Xing G F, Zhou J C, Tang M, Shu X J, Qi L, Hu Y H. 2012. Post-orogenic extension in the eastern part of the Jiangnan orogen: Evidence from ca 800-760 Ma volcanic rocks. Precambrian Research, 222-223: 404 ~ 423

Wang X L, Zhao G C, Zhou J C, Liu Y S, Hu J. 2008. Geochronology and Hf isotopes of zircon from volcanic rocks of the Shuangqiaoshan Group, South China: implications for the Neoproterozoic tectonic evolution of the eastern Jiangnan orogen. Gondwana Research, 14: 355 ~ 367

Wang X L, Zhou J C, Griffin W L, Wang R C, Qiu J S, O'Reilly S Y, Xu X S, Liu X M, Zhang G L. 2007. Detrital zircon geochronology of Precambrian basement sequences in the Jiangnan orogen: dating the assembly of the Yangtze and Cathaysia blocks. Precambrian Research, 159: 117 ~ 131

Wang X L, Zhou J C, Qiu J S, Gao J F. 2004. Geochemistry of the Meso- to Neoproterozoic basic- acid rocks from Hunan Province South China: implications for the evolution of the western Jiangnan orogen. Precambrian Research, 135: 79 ~ 103

Wang X L, Zhou J C, Qiu J S, Zhang W, Liu X, Zhang G. 2006. LA- ICP- MS U- Pb zircon geochronology of the Neoproterozoic igneous rocks from Northern Guangxi, South China: implications for tectonic evolution. Precambrian Research, 145: 111 ~ 130

Wang Y J, Zhang A M, Cawood P A, Fan W M, Xu J, Zhang G, Zhang Y. 2013. Geochronological, geochemical and Nd-Hf-Os isotopic fingerprinting of an early Neoproterozoic arc-back-arc system in South China and its accretionary assembly along the margin of Rodinia. Precambrian Research, 231: 343 ~ 371

Winchester J A, Floyd P A. 1976. Geochemical magma type discrimination: application to altered and metamorphosed basic igneous rocks. Earth and Planetary Science Letters, 28: 459 ~ 469

Wu L, Jia D, Li H, Deng F, Li Y. 2010. Provenance of detrital zircons from the late Neoproterozoic to Ordovician sandstones of South China: implications for its continental affinity. Geological Magazine, 147: 974 ~ 980

Wu R X, Zheng Y F, Wu Y B, Zhao Z F, Zhang S B, Liu X M, Wu F Y. 2006. Reworking of juvenile crust: element and isotope evidence from Neoproterozoic granodiorite in South China. Precambrian Research, 146: 179 ~ 212

Wu Y B, Gao S, Zhang H F, Zheng J P, Liu X C, Wang H, Gong H J, Zhou L, Yuan H L. 2012. Geochemistry and zircon U-Pb geochronology of Paleoproterozoic arc related granitoid in the Northwestern Yangtze Block and its geological implications. Precambrian Research, 200 ~ 203: 26 ~ 37

Wu Y B, Zheng Y F, Gao S, Jiao W F, Liu Y S. 2008. Zircon U- Pb age and trace element evidence for Paleoproterozoic granulite facies metamorphism and Archean crustal rocks in the Dabie Orogen. Lithos, 101: 308 ~ 322

Xia Y, Xu X S, Zhu K Y. 2012. Paleoproterozoic S-and A-type granites in southwestern Zhejiang: Magmatism, metamorphism and implications for the crustal evolution of the Cathaysia basement. Precambrian Research, 216 ~ 219: 177 ~ 207

Xiang H, Zhang L, Zhou H W, Zhong Z Q, Zeng W, Liu R, Jin S. 2008. U-Pb zircon geochronology and Hf isotope study of metamorphosed basic-ultrabasic rocks from metamorphic basement in southwestern Zhejiang: The response of the Cathaysia Block to Indosinian orogenic event. Science in China (Series D: Earth Sciences), 51: 788 ~ 800

Yao J L, Shu L S, Santosh M, Li J Y. 2012. Precambrian crustal evolution of the South China Block and its relation to supercontinent history: Constraints from U-Pb ages, Lu-Hf isotopes and REE geochemistry of zircons from sandstones and granodiorite. Precambrian Research, 208 ~ 211: 19 ~ 48

Ye M F, Li X H, Li W X, Liu Y, Li Z X. 2007. SHRIMP U-Pb zircon geochronological and geochemical evidence for early Neoproterozoic Sibaoan magmatic arc along the southeastern margin of Yangtze Block. Gondwana Research, 12: 144 ~ 156

Yu J H, O'Reilly S Y, Wanf L, Griffin W L., Zhang M, Wang R, Jiang S, Shu L. 2008. Where was South China in the Rodinia supercontinent? Evidence from U-Pb geochronology and Hf isotopes of detrital zircons. Precambrian Research, 164: 1 ~ 15

Yu J H, O'Reilly S Y, Zhou M F, Griffin W L, Wang L J. 2012. U-Pb geochronology and Hf-Nd isotopic geochemistry of the Badu Complex, Southeastern China: Implications for the Precambrian crustal evolution and paleogeography of the Cathaysia Block. Precambrian Research, 222-223: 424 ~ 449

Yu J H, Wang L J, Griffin W L, O'Reilly S Y, Zhang M, Li C Z, Shu L S. 2009. A Paleoproterozoic orogeny recorded in a long-lived cratonic remnant (Wuyishan terrane), eastern Cathaysia Block, China. Precambrian Research, 174: 347 ~ 363

Zhang A M, Wang Y J, Fan W M, Zhang Y Z, Yang J. 2012. Earliest Neoproterozoic (ca. 1.0 Ga) arc-back-arc-basin nature along the northern Yunkai Domain of the Cathaysia Block: geochronological and geochemical evidence from the metabasite. Precambrian Research, 220-221: 217 ~ 233

Zhang C H, Gao L Z, Wu Z J, Shi X Y, Yan Q R, Li D. 2007 SHRIMP U-Pb zircon age of tuff from the Kunyang Group in central Yunnan: Evidence for Grenvillian orogeny in South China. Chinese Science Bulletin, 52: 1517 ~ 1525

Zhang C L, Li H K, Santosh M. 2013. Revisiting the tectonic evolution of South China: interaction between the Rodinia superplume and plate subduction? Terra Nova, 25: 212 ~ 220

Zhang S B, Wu R X, Zheng Y F. 2012. Neoproterozoic continental accretion in South China: geochemical evidence from the Fuchuan ophiolite in the Jiangnan orogen. Precambrian Research, 220-221: 45 ~ 64

Zhang S B, Zheng Y F, Zhao Z F, Wu Y B, Yuan H L, Wu F Y. 2009. Origin of TTG-like rocks from anatexis of ancient lower crust: Geochemical evidence from Neoproterozoic granitoids in South China. Lithos, 113: 347 ~ 368

Zhang Y Z, Wang Y J, Fan W M, Zhang A M, Ma L Y. 2013. Geochronological and geochemical constraints on the metasomatised source for the Neoproterozoic (similar to 825 Ma) high-mg volcanic rocks from the Cangshuipu area (Hunan Province) along the Jiangnan domain and their tectonic implications. Precambrian Research, 220: 139 ~ 157

Zhao J H, Zhou M F. 2007a. Geochemistry of Neoproterozoic mafic intrusions in the Panzhihua district (Sichuan Province, SW China): implications for subduction related metasomatism in the upper mantle. Precambrian Research, 152: 27 ~ 47

Zhao J H, Zhou M F. 2007b. Neoproterozoic adakitic plutons and arc magmatism along the western margin of the Yangtze block, South China. Journal of Geology, 115: 675 ~ 689

Zhao J H, Zhou M F. 2008. Neoproterozoic adakitic plutons in the northern margin of the Yangtze block, China: partial melting of a thickened lower crust and implications for secular crustal evolution. Lithos, 104: 231 ~ 248

Zhao J H, Zhou M F. 2009. Secular evolution of the Neoproterozoic lithospheric mantle underneath the northern margin of the Yangtze Block, South China. Lithos, 107: 152 ~ 168

Zhao J H, Zhou M F, Yan D P, Zheng J P, Li J W. 2011. Reappraisal of the ages of Neoproterozoic strata in South China: No connection with the Grenvillian orogeny. Geology, 39: 299 ~ 302

Zhao X F, Zhou M F. 2011. Fe-Cu deposits in the Kangdian region, SW China: a Proterozoic IOCG (iron-oxide-copper-gold) metallogenic province. Mineralium Deposita, 46: 731 ~ 747

Zhao X F, Zhou M F, Li J W, Sum M, Gao J F, Sun W H, Yang J H. 2010. Late Paleoproterozoic to early Mesoproterozoic Dongchuan Group in Yunnan, SW China: Implications for tectonic evolution of the Yangtze Block. Precambrian Research, 182: 57 ~ 69

Zhao X F, Zhou M F, Li J W, Wu F Y. 2008. Association of Neoproterozoic A-and I-type granites in South China: implications for generation of A-type granites in a subduction-related environment. Chemical Geology, 257: 1 ~ 15

Zheng Y F, Chen R X, Zhao Z F. 2009a. Chemical geodynamics of continental subduction-zone metamorphism: insights from studies of the Chinese Continental Scientific Drilling (CCSD) core samples. Tectonophysics, 475: 327 ~ 358

Zheng Y F, Gong B, Zhao Z F, Wu Y B, Chen F K. 2009b. Zircon U-Pb age and o isotope evidence for neoproterozoic low-^{18}O magmatism during supercontinental rifting in South China: Implications for the snowball earth event. American Journal of Science, 308: 484 ~ 516

Zheng Y F, Wu R X, Wu Y B, Zhang S B, Yuan H L, Wu F Y. 2008. Rift melting of juvenile arc-derived crust: Geochemical evidence from Neoproterozoic volcanic and granitic rocks in the Jiangnan Orogen, South China. Precambrian Research, 163: 351 ~ 383

Zheng Y F, Zhang S B, Zhao Z F, Wu Y B, Li X H, Li Z X, Wu F Y. 2007. Contrasting zircon Hf and O isotopes in the two episodes of Neoproterozoic granitoids in South China: Implications for growth and reworking of continental crust. Lithos, 96: 127 ~ 150

Zhou J B, Li X H, Ge W C, Li Z X. 2007. Age and origin of middle Neoproterozoic mafic magmatism in southern Yangtze Block and relevance to the break-up of Rodinia. Gondwana Research, 12: 184 ~ 197

Zhou J C, Wang X L, Qiu J S. 2009. Geochronology of Neoproterozoic mafic rocks and sandstones from northeastern Guizhou, South China: coeval arc magmatism and sedimentation. Precambrian Research, 170: 27 ~ 42

Zhou M F, Kennedy A K, Sun M, Malpas J, Lesher C M. 2002a. Neoproterozoic arc-related mafic intrusions along the northern margin of South China: Implications for the accretion of Rodinia. Journal of Geology, 110: 611 ~ 618

Zhou M F, Yan D P, Kennedy A K, Li Y, Ding J. 2002b. SHRIMP U-Pb zircon geochronological and geochemical evidence for Neoproterozoic arc-magmatism along the western margin of the Yangtze block, South China. Earth and Planetary Science Letters, 196: 51 ~ 67

Zhou M F, Yan D P, Wang C L, Qi L, Kennedy A. 2006a. Subduction-related origin of the 750 Ma Xuelongbao adakitic complex (Sichuan province, China): implications for the tectonic setting of the giant Neoproterozoic magmatic event in South China. Earth and Planetary Science Letters, 248: 286 ~ 300

Zhu W G, Li X H, Zhong H, Wang X C, He D F, Bai Z J, Liu F. 2010. The Tongde picritic dykes in the Western Yangtze Block: evidence for ca. 800 Ma mantle plume magmatism in South China during the breakup of Rodinia. Journal of Geology, 118: 509 ~ 522

Zhu W G, Zhong H, Li X H, Liu B G, Deng H L, Qin Y. 2007. ^{40}Ar-^{39}Ar age, geochemistry and Sr-Nd-Pb isotopes of the Neoproterozoic Lengshuiqing Cu-Ni sulfide-bearing mafic-ultramafic complex, SW China. Precambrian Research, 155: 98 ~ 124

Zhu W G. Zhong H, Li X H, Deng H L, He D F, Wu K W, Bai Z J. 2008. SHRIMP zircon U-Pb geochronology, elemental, and Nd isotopic geochemistry of the Neoproterozoic mafic dykes in the Yanbian area, SW China. Precambrian Research, 164: 66 ~ 85

第14章　燕辽裂陷带中元古界下马岭组辉长辉绿岩岩床成岩机制与侵入时间

苏　梨[1]，王铁冠[2]，李献华[3]，宋述光[4]，杨树文[1]，张红雨[1]，钟林汐[1]

［1. 中国地质大学（北京）科学研究院，地质过程与成矿作用国家重点实验室，北京，100083；
2. 中国石油大学（北京），油气资源与探测国家重点实验室，北京，102249；
3. 中国科学院地质与地球物理研究所，北京，100029；
4. 北京大学地球与空间科学学院和造山带与地壳演化教育部重点实验室，北京，100871］

摘　要：在燕辽裂陷带北部沿东西向约400 km以上的跨度范围内，下马岭组地层中普遍见有基性侵入体，尤其是冀北拗陷，最多可见βμ1—βμ4四个顺层侵入的辉绿岩-辉长辉绿岩岩床，累计厚度达117.5～312.3 m，约占地层总厚度的50%；而燕辽裂陷带南部下马岭组地层内则少见基性岩体，显示出该时期燕辽裂陷带北部处于特定构造体制下的幔源熔浆上涌活动的高峰期。岩体分布与规模显示该期基性熔浆上侵中心部位应该位于冀北坳陷，玄武质熔浆活动受控于裂陷带北缘的边界深大断裂。

岩石学和地球化学特征反映冀北拗陷侵入于下马岭组地层的βμ1—βμ4辉长辉绿岩岩床具有典型板内玄武岩（Whithuin Plate Basalt，WPB）的成分特征；离子探针（SIMS）斜锆石年代学研究揭示，辉长辉绿岩岩床的$^{207}Pb/^{206}Pb$：βμ1 1327.5±2.4 Ma，βμ3 1327.3±2.3 Ma，指示它们形成于中元古界，表明华北克拉通北缘侵入于下马岭组中的辉长辉绿岩岩床的成因，与造成哥伦比亚泛大陆裂解的裂谷岩浆活动密切相关。综合分析华北北缘下马岭组地层中斑脱凝灰岩（1366～1372 Ma）、辉绿岩（约1345 Ma）岩墙（群）的分布及成岩时限，认为华北克拉通北缘约1327 Ma幔源熔浆大规模上侵至上部地壳岩浆房，形成燕辽裂陷带广阔区段内的多层辉长辉绿岩或辉绿岩岩床，标志着裂谷发育逐渐成熟，华北克拉通北缘从哥伦比亚泛大陆裂离。

关键词：辉绿辉长岩岩床，下马岭组，华北克拉通，大陆裂谷，1400～1300 Ma

14.1　区域地质背景

华北克拉通北邻内蒙-兴安造山带、西接秦岭-大别-苏鲁造山带、东界郯庐断裂，为一巨大的似三角形古陆块。吕梁运动（Lvliang Orogeny）导致华北克拉通发育多个中—新元古代裂陷带，包括北缘的白云鄂博裂陷带、燕辽裂陷带和泛河裂陷带，西南的豫陕（熊耳）裂陷带、东侧的辽鲁皖裂陷带，裂陷带内均发育巨厚的早元古代晚期-新元古代沉积（乔秀夫、高林志，1999）。

华北克拉通燕辽裂陷带由宣龙、冀北、辽西、京西、冀东五个坳陷与山海关、密怀两个隆起所组成（图14.1），坳陷内元古宇沉积盖层可划分为中元古界Pt_2^1长城系、Pt_2^2蓟县系和Pt_2^{3-4}待建系，新元古界Pt_3^1青白口系四个系，地层总厚度4095～9260 m。在五个坳陷内部，长城系—青白口系地层层序、岩性、岩相的同一性，标志元古宙燕辽裂陷带整体上具有统一的构造-沉积环境，各沉积坳陷之间无明显的古隆起分隔；从地层厚度分布状况分析，燕辽裂陷带元古界沉积地层中、东部坳陷沉积巨厚，西部坳陷地层厚度相对较薄，其沉降中心处于冀东-冀北坳陷一带，沉积沉积厚度可达8143～9260 m（图

14.1）；因此，山海关、密怀隆起的形成，主要属于中元古代时期构造运动的产物。

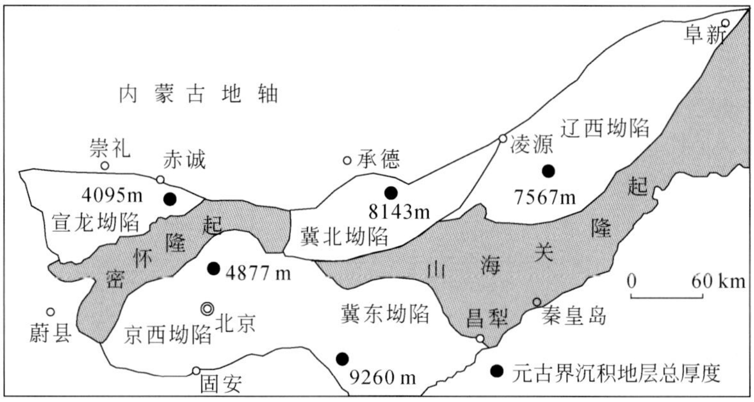

图 14.1　华北北缘燕辽裂陷带构造分区与沉积厚度分布示意图（据王铁冠，1980，修改）

燕辽裂陷带中元古界 Pt_2^3 待建系下马岭组上部以薄-中厚层状白云岩夹薄层泥岩、石英砂岩为主；下部为黑色页岩，地表风化后呈黄灰、黄绿、黄褐色；底部 2 ~ 4 m 厚的底砂岩为质纯的硅质胶结石英砂岩，与下伏中元古界蓟县系铁岭组灰岩呈平行不整合接触，命名为“芹峪上升”。顶部受到不同程度的剥蚀，上覆为新元古界 Pt_3^1 青白口系骆驼岭组砂岩，二者也呈平行不整合接触，称为“蔚县上升”。因此，燕辽裂陷带的不同坳陷中，下马岭组地层的残余厚度变化甚大，从 540.6 m（宣龙坳陷）至 168 m（冀东坳陷）不等（表 14.1）。

表 14.1　燕山裂陷带下马岭组地层厚度分布

地层单元	地层厚度/m				
	辽西坳陷	冀北坳陷	宣龙坳陷	冀东坳陷	京西坳陷
Pt_2^3 待建系下马岭组	303.4	369.5	540.6	168	249

在待建系下马岭组地层中，区域性大范围出露年龄为 14 ~ 13 Ga 的凝灰岩以及辉长辉绿岩岩床（高林志等，2007，2008a，2008b；李怀坤等，2009；苏文博等，2010；Zhang *et al.*，2009，2012），显示出这一时期燕辽裂陷带处于特定构造体制下的幔源熔浆活动高峰期。沿着燕辽裂陷带北部的宣龙-冀北坳陷一线，从河北张家口至辽宁朝阳，东西长约 400 km 以上的跨度范围内，普遍可见下马岭组辉绿岩岩体的侵入，尤其是冀北坳陷，下马岭组普遍见到 1 ~ 4 层顺层侵入的辉长辉绿岩岩床，自下而上依次命名为 βμ1—βμ4 岩床。据冀北坳陷中部承德、平泉、宽城、凌源四县境内 11 条下马岭组地层剖面统计，仅承德滴水岩剖面具有 4 层岩床，其他发育 3 层和 1 层岩床的剖面各占 5 条；岩床的单层厚度为 13.3 m（宽城苇子沟 βμ2）~143.5 m（平泉双洞 βμ1）不等，尤以 βμ1 岩床的厚度为最，单层厚达 63.5 m 以上；岩床累计厚度可达 117.5（宽城正沟）~312.3 m（承德滴水岩），分别占下马岭组地层厚度的 42.7% ~ 62.2%（表 14.2）。图 14.2 为宽城化皮一带五条下马岭组地层剖面的岩床栅状对比图，展示 βμ1-βμ3 辉长辉绿岩床产状的横向变化。

宣龙坳陷下马岭组的辉绿岩侵入体层数明显增多，岩体规模显然变薄，多以岩脉或薄层岩床形式产出。以河北怀来赵家山剖面为例，下马岭组总计产出七层辉绿岩脉（床），岩体厚度 0.85 ~ 31.5 m 不等，累计厚度仅 91 m，而且岩体顶、底板围岩蚀变带的厚度也不大。因此，对下马岭组黑色页岩的烘烤作用明显减弱。此外还有三个凝灰岩薄层。

燕辽裂陷带南部的京西-冀东坳陷下马岭组则基本上未发现基性岩侵入体。因此，从基性火成岩体的出露规模与分布状况来看，燕辽裂陷带中元古代晚期基性熔浆上侵中心理应处于冀北坳陷一带，该期基性熔浆的活动显然应受到裂陷带北缘的边界深大断裂的制约。

表 14.2 冀北坳陷中部下马岭组辉长辉绿岩岩床层数与厚度（m）统计①

岩性	承德	宽城						平泉			凌源
	滴水岩	老爷庙	山岔口	二道沟	正沟	苇子沟	窑顶沟	上庄	小金杖子	双洞	龙潭沟
围岩	1.3										
βμ4	**67.1**	44.4				70.5	67.7			缺失	61.2
围岩	74.8										
βμ3	**47.2**	**54.4**	250.3	136.1	122	**58.7**	**83**	222.5	221.6	**66.7**	**65.9**
围岩	47.0	28.3				66.7	43.76			79.1	38.9
βμ2	**113.9**	**33.3**				**13.3**	**66**			**32.5**	**19.0**
围岩	22.1	100.1				42.8	44.74			111.6	150.2
βμ1	**84.1**	**116.3**	**81.1**	**109.4**	**63.5**	**97.0**	**77.0**	**69.5**	**78.9**	**143.5**	**79.6**
围岩	45.6	43.5	33.8	87.6	89.9	112.5	126.21	33.9	45.9	44.9	37.5
βμ 总厚度	**312.3**	**204.0**	**231.2**	**142.2**	**117.5**	**169.0**	**226.0**	**161.6**	**165.4**	**242.7**	**164.5**

注：粗体字为辉长辉绿岩床厚度。

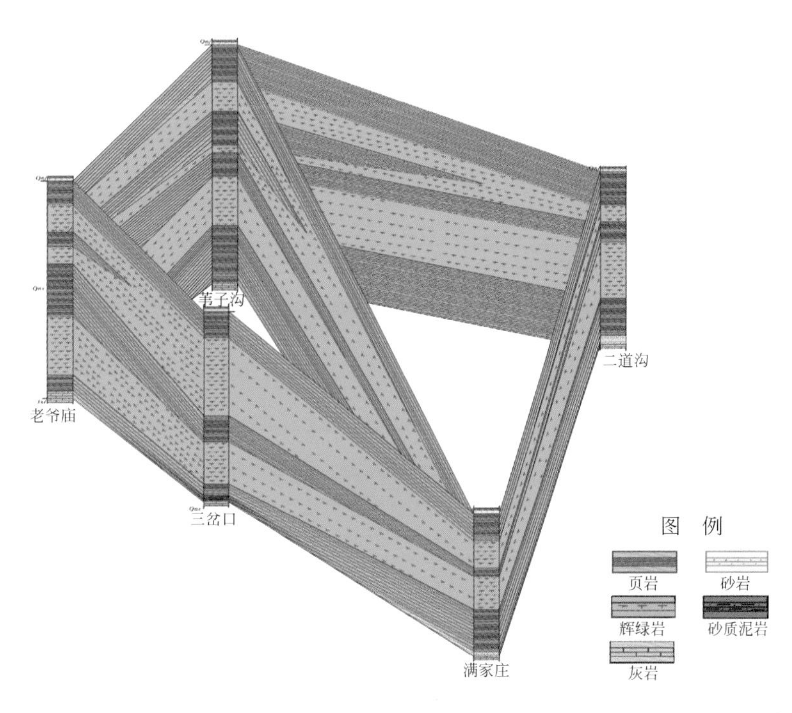

图 14.2 宽城化皮构造下马岭组辉长辉绿岩岩床产状横向变化栅状对比图①

以冀北坳陷凌源龙潭沟剖面为例，βμ1—βμ3 岩床均导致顶、底板明显的围岩蚀变，其中尤以最厚的 βμ1 岩床蚀变最为显著，底板蚀变带厚 16.1 m，页岩均变成板岩和角岩，砂质、灰质条带分别变成石英岩和大理岩条带；而顶板蚀变带的厚度虽可达 60 m 以上，但蚀变强度较弱，蚀变程度也不均一，页岩蚀变成板岩或碳质页岩。该剖面上三层岩床的岩浆侵入活动，导致下马岭组黑色页岩的有机质均达到过成熟的高演化状态，生烃潜力基本丧失殆尽（图 14.3）。

在宽城县化皮溜子乡北杖子村，即郭杖子单斜带北缘，部署冀浅 2 井取心钻进（图 14.4），从地表下

① 王铁冠，刘怀波，高振中等. 1979，燕山地区中段震旦亚界石油地质基本特征（科研报告）. 江汉石油学院燕山地区地质勘查三大队，102 页。

马岭组中部砂岩露头开钻，钻穿厚 115 m 的 βμ1 隐晶质辉绿岩岩床，岩床局部也受到蚀变；其顶板呈 24.2 m 厚的灰白色蚀变石英砂岩与灰质-硅质板岩，底版为深灰、黑灰色板岩；在 βμ1 岩床内部井深 109.8 m 和 155.0 m 处，岩性由隐晶质辉长辉绿岩，局部相变为中晶辉长岩（图 14.5）。

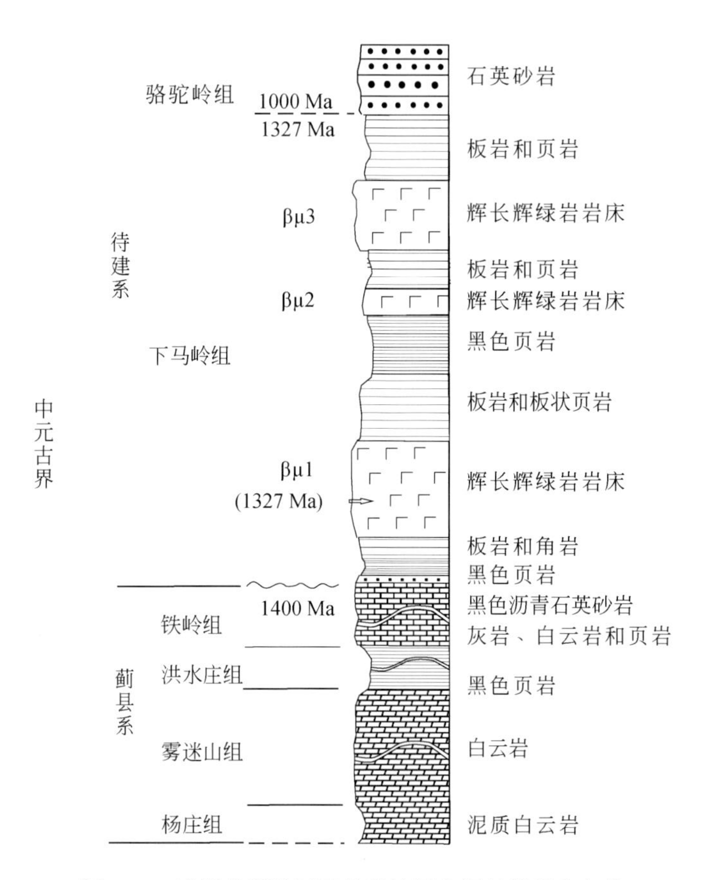

图 14.3　凌源龙潭沟下马岭组地层中辉长岩岩床产状

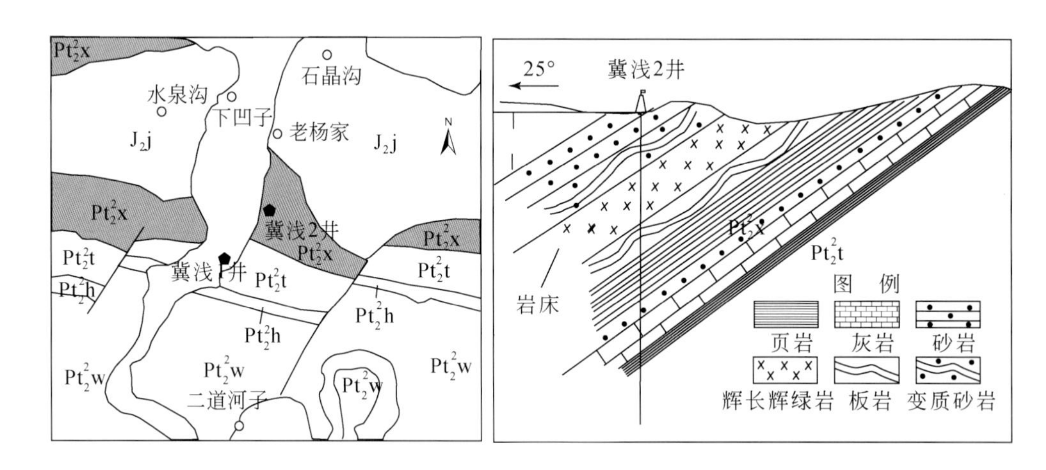

图 14.4　冀浅 2 井位置与钻井地质剖面（据王铁冠，未发表资料）

Pt_2^2w. 雾迷山组；Pt_2^2h. 洪水庄组；Pt_2^2t. 铁岭组；Pt_2^2x. 下马岭组；J_2j. 九龙山组

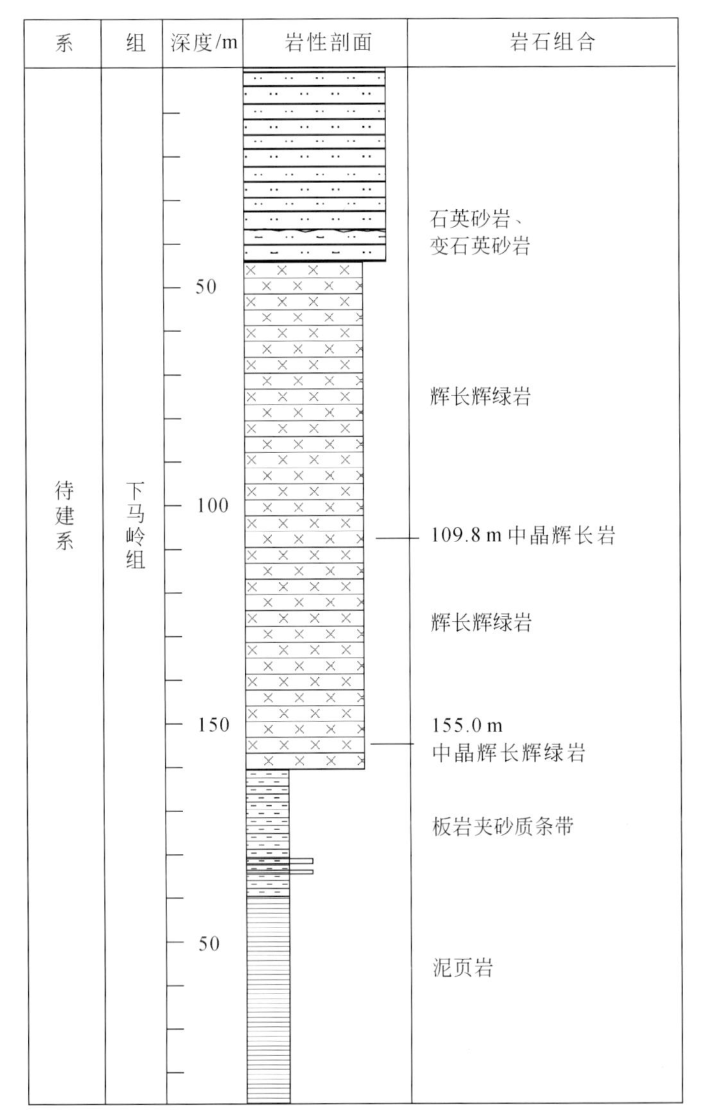

图 14.5　冀浅 2 井地层柱状图（据王铁冠未发表资料，修改）

14.2　辉长辉绿岩岩床的岩石学

14.2.1　围岩蚀变带的岩石学特征

由冀浅 2 井钻探岩心和地表露头的岩石学观察揭示，冀北坳陷区出露的辉长辉绿岩岩床顶、底板均为围岩蚀变带，主要是受热烘烤蚀变改造所致，热蚀变带厚度约 16 ~ 60 m 不等，随着与岩床距离增加，蚀变程度渐次递降（图 14.5）。岩体向围岩呈顺层整合侵入产状［图 14.6(a)、(b)］，与围岩接触部位的蚀变带岩石主要为板岩和角岩，系硅质泥岩、长石石英粉砂岩、钙质泥岩、薄层灰岩等沉积岩层，系随熔浆侵入而发生热接触变质的产物，形成薄层状硅质板岩、钙质板岩［图 14.6(d)、(e)］和角岩以及绢云母、绿泥石和钙质、铁质微粒集合体，呈卵圆形斑点状分布于重结晶矿物中，形成斑点板岩［图 14.6(f)、(g)］，部分硅质板岩内也见有石英聚晶构成的变斑状结构［图 14.6(h)］。

辉长辉绿岩岩床顶、底板围岩受到热烘烤的蚀变程度，明显有别于下马岭组页岩，而岩体与围岩的接触关系显示，岩体以顺层侵入就位为特征［图 14.7(a)、(b)］，除了岩体与围岩的穿层接触带之外，玄武质熔浆的侵入，并未明显造成下马岭组页岩的脆性破裂，表明该期玄武质熔浆的侵入与下马岭组地层的埋藏成岩作用是近于同期发生的。基性岩体与围岩的内接触带，主要由细粒辉长岩、辉长辉绿岩为主组成，岩石中见有长石石英砂岩等围岩捕虏体［图 14.7(e)］。

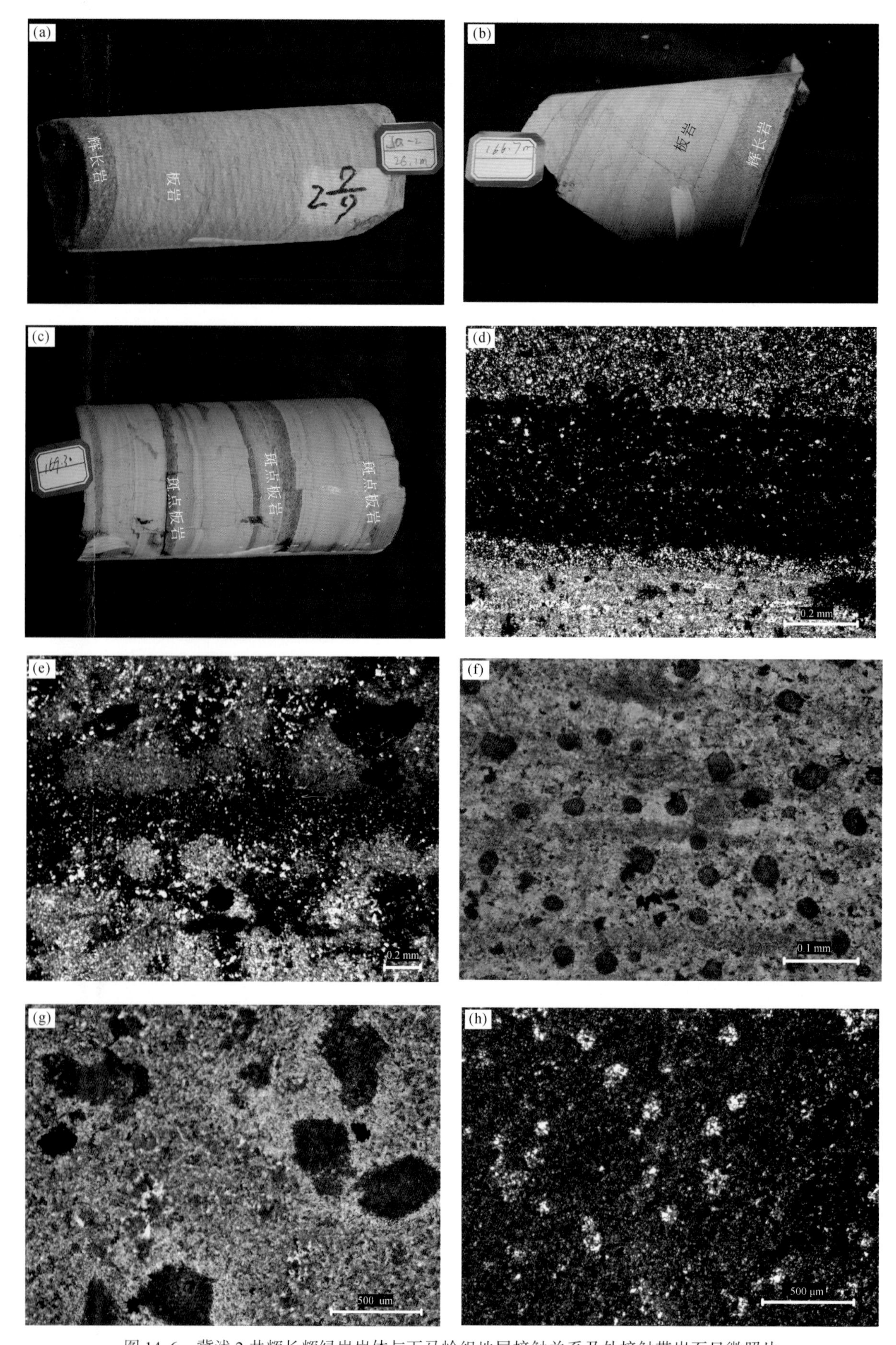

图 14.6　冀浅 2 井辉长辉绿岩岩体与下马岭组地层接触关系及外接触带岩石显微照片

（a）辉长辉绿岩顶板与下马岭组地层接触关系；（b）辉长辉绿岩底板与下马岭组地层接触关系；（c）底板外接触带斑点板岩；（d）顶板钙质-硅质板岩显微照片；（e）底板硅质-钙质板岩；（f）底板钙质-硅质斑点板岩显微照片；（g）顶板硅质斑点板岩的显微照片；（h）顶板硅质板岩中石英聚斑

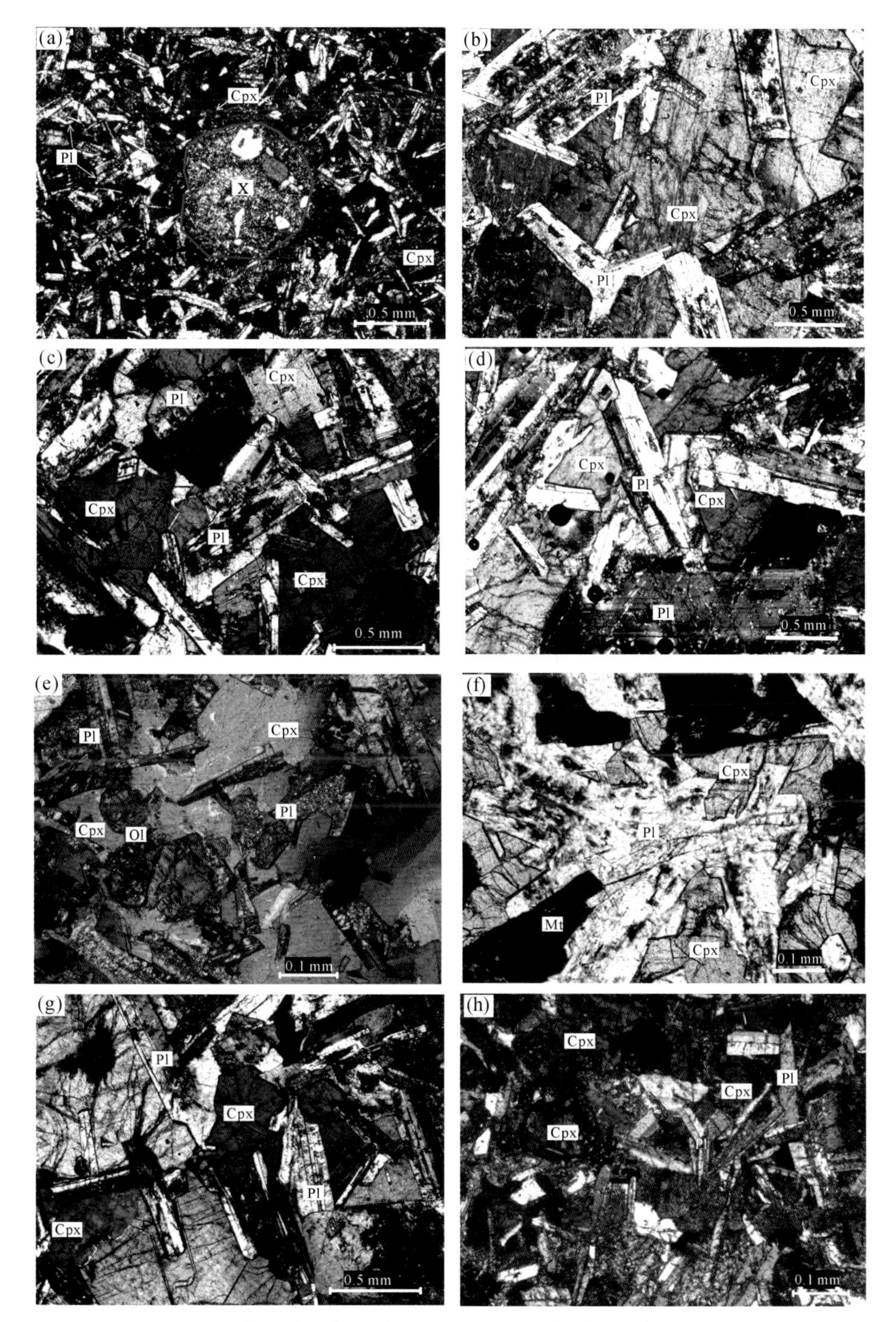

图14.7　辉长辉绿岩、辉长岩显微照片，从接触带到内部结晶粒度增大

Cpx. 单斜辉石；Pl. 斜长石；Mt. 磁铁矿；X. 捕虏体

14.2.2　辉长岩类的岩矿特征

冀北坳陷下马岭组基性岩床的矿物组成稳定，属于结晶程度不等的辉长岩类［图14.7(a)、(c)、(d)］。岩床的内接触带为细粒辉长辉绿岩［图14.7(g)］、辉绿岩［图14.7(h)］和角闪辉长辉绿岩。主要造岩矿物为单斜辉石、基性斜长石，部分岩石中含少量斜方辉石、角闪石，个别岩样中还见有1%～5%磁铁矿［图14.7(f)］。岩石普遍呈现出辉长辉绿结构［图14.7(a)、(c)、(d)］，呈隐晶质至细晶-粗晶结构，发育由晶粒大小变化构成的粒序层理，呈现韵律层状构造［图14.7(d)］，其中可见辉长岩的粒序层理产状与围岩下马岭组地层层理产状一致［图14.6(a)、(b)］。

从冀浅 2 井 βμ1 岩床的岩心样以及平泉双洞、宽城化皮辉长辉绿岩岩床的地表露头岩样中分选出大量锆石、斜锆石晶体（表 14.3），可供同位素年代学研究使用。特别是冀浅 2 井 βμ1 岩床中部 JQ2-6 中晶辉长岩与平泉双洞 βμ3 岩床 PQ-SD-1 中-细晶辉长岩中，分别分选获得 310 粒和 650 粒斜锆石晶体。斜锆石（Baddeleyite）是锆的氧化矿物 ZrO，其与锆石不同，只结晶形成于贫硅岩石，来源于岩浆房，不受围岩同化作用的影响，因此是辉长岩等基性岩体中最佳、最可靠的年代学研究样品。

表 14.3 冀北坳陷下马岭组辉长辉绿岩岩床锆石、斜锆石分选统计

岩样编号	采样地点	岩性	采样重量	锆石分选情况
JQ2-3	冀浅 2 井 47.61 m	蚀变辉绿岩 βμ1 岩床	约 4 kg	锆石 20 粒
JQ2-6	冀浅 2 井 109.8 m	中晶辉长岩 βμ1 岩床	约 5 kg	锆石 40 粒 斜锆石 310 粒
JQ2-4	冀浅 2 井 155.0 m	中晶辉长辉绿岩 βμ1 岩床	约 5 kg	锆石 16 粒
PQ-SD-1	平泉双洞	中-细晶辉长岩 βμ3 岩床	约 11 kg	锆石 1000 余粒 斜锆石 650 粒
KC-HP4-3	宽城化皮	中-细晶辉长辉绿岩	约 6 kg	锆石 100 粒

14.3 地球化学特征

14.3.1 分析方法

在中国地质大学（北京）科学研究院实验中心“元素地球化学实验室”完成全岩常量元素和痕量型等离子体光谱仪（Inductively Coupled Plasma-Optical Emission Spectrometry，ICP-OES）进行定量测定，以美国地质调查局（US Geological Survey，USGS）岩石标样 AGV-2 和中国地质测试中心岩石标样 GSR-1、GSR-3 监控检测结果，检测误差：TiO_2<1.5%、P_2O_5<2.0%、其他元素<1.0%。

岩石微量元素丰度测定，采用两酸（HNO_3+HF）高压反应釜法进行岩样的化学预处理，用 Agilent 7500a 型等离子体质谱仪（Inductively Coupled Plasma-Mass Spectromater，ICP-MS）进行定量检测，检测工作曲线采用美国标准局标准溶液 STD-1、STD-2、STD-4 的多个浓度稀释液检测值，选用美国地质调查局（USGS）岩石标样 AGV-2、W-2 和中国地质测试中心岩石标样 GSR-2 监控检测结果，检测误差：Ta、Tm、Gd 小于 15%，Cu、Sc、Nb、Er、Th、U、Pb 小于 10%，其他元素小于 5%。

冀北坳陷下马岭组辉长岩岩床岩样采自河北宽城冀浅 2 井不同深度的 βμ1 岩床中晶辉长岩（图 14.5）、平泉双洞背斜 βμ3 岩床蚀变辉绿辉长岩，主要氧化物含量、微量元素丰度分析结果见表 14.4。

表 14.4 冀北坳陷下马岭组地层中辉长岩、辉长辉绿岩岩石化学组成

样品号	JQ2-16B	JQ2-6	JQ2-19B	JQ2-20B	JQ2-25B	JQ2-26B	JQ2-4	KC-HP4-3	PQ-SD-2
岩性	辉长岩	辉长岩	辉长岩	辉长岩	辉长岩	辉长岩	中粒辉长岩	辉长辉绿岩	辉长辉绿岩
取样位置	冀浅 2 井 107.55 m	冀浅 2 井 109.80 m	冀浅 2 井 125.10 m	冀浅 2 井 128.90 m	冀浅 2 井 151.95 m	冀浅 2 井 152.65 m	冀浅 2 井 155.03 m	宽城化皮乡 （地表）	平泉双洞乡 （地表）
SiO_2	47.64	47.66	48.65	47.04	48.66	47.53	47.82	49.44	46.76
TiO_2	1.78	1.66	1.79	1.83	2.09	2.14	2.28	2.3	2.66
Al_2O_3	14.81	14.28	14.45	14.1	13.38	13.42	13.06	13.67	14.36

续表

样品号	JQ2-16B	JQ2-6	JQ2-19B	JQ2-20B	JQ2-25B	JQ2-26B	JQ2-4	KC-HP4-3	PQ-SD-2
Fe_2O_{3T}	14.76	14.03	14.6	15.72	15.94	15.96	16.18	15.79	13.68
MnO	0.19	0.18	0.19	0.18	0.19	0.2	0.23	0.2	0.1
MgO	6.62′	6.86	6.21	6.59	6.46	6.18	5.66	4.94	8.85
CaO	9.17	9.03	8.7	8.58	8.1	8.22	8.3	7.38	2.31
Na_2O	2.28	2.35	2.08	2.45	1.98	1.95	2.03	1.95	3.71
K_2O	0.98	0.73	0.88	0.66	1.32	1.32	0.89	0.91	0.34
P_2O_5	0.17	0.2	0.17	0.18	0.18	0.18	0.23	0.23	0.24
LOI	1.76	2.12	1.59	2.01	2.04	2.12	1.75	3.39	6.33
SiO2 *	48.49	48.70	49.44	48.01	49.67	48.57	48.69	51.17	49.94
TiO2 *	1.81	1.70	1.82	1.87	2.13	2.19	2.32	2.38	2.84
$Mg^{\#}$	51	53	50	49	49	47	45	42	60
Li	12.65	17.36	13.67	13.61	15.76	16.48	16.56	20.38	76.84
Sc	32.92	33.78	32.52	32.56	34.64	37.36	37.28	36.52	43.32
Ti	10193	9818.0	11581	11954	13140	13864	13406.0	13352.0	15064.0
V	322.6	336.8	346.4	348.2	385.6	406.2	426.0	416.6	479.4
Cr	189.5	187.2	104.1	96.10	95.66	100.3	97.54	85.74	120.5
Co	52.06	58.86	54.74	56.58	53.58	55.00	56.80	51.88	56.98
Ni	101.9	120.3	114.3	121.2	108.6	111.6	109.5	84.84	100.4
Cu	82.58	97.08	93.72	96.38	104.4	109.6	129.9	119.7	136.6
Zn	101.0	139.2	109.8	106.8	97.40	117.1	125.1	129.2	257.6
Ga	21.72	21.42	22.74	21.56	21.82	21.44	22.50	22.06	24.74
Rb	33.74	29.14	27.06	29.20	42.80	40.48	31.88	35.80	19.91
Sr	276.0	229.8	262.4	271.6	244.6	252.4	195.1	210.2	58.22
Y	25.44	24.60	27.98	28.62	33.32	33.14	33.30	33.30	27.22
Zr	113.9	120.2	127.7	132.3	166.8	151.2	155.4	156.5	167.9
Nb	12.53	10.37	14.15	14.74	16.95	17.10	16.12	16.21	17.74
Cs	0.943	4.820	1.320	3.022	1.571	1.580	1.717	1.862	2.942
Ba	171.2	148.9	174.7	208.6	393.0	412.8	340.2	443.4	133.2
La	13.85	13.22	14.53	15.30	18.30	17.82	17.50	17.96	17.15
Ce	30.52	29.38	32.44	33.82	40.06	39.18	39.30	39.50	38.36
Pr	4.070	3.914	4.370	4.522	5.300	5.212	5.196	5.264	5.098
Nd	17.70	17.17	19.10	19.74	22.94	22.72	23.38	23.38	22.12
Sm	4.440	4.378	4.838	4.994	5.746	5.710	5.868	5.880	5.388
Eu	1.463	1.458	1.603	1.607	1.798	1.824	1.875	1.868	1.135
Gd	4.860	4.688	5.306	5.480	6.268	6.244	6.322	6.384	5.578
Tb	0.761	0.734	0.828	0.847	0.975	0.969	0.996	0.991	0.892

续表

样品号	JQ2-16B	JQ2-6	JQ2-19B	JQ2-20B	JQ2-25B	JQ2-26B	JQ2-4	KC-HP4-3	PQ-SD-2
Dy	4.740	4.700	5.158	5.288	6.108	6.040	6.362	6.234	5.588
Ho	0.960	0.929	1.042	1.063	1.240	1.217	1.271	1.266	1.119
Er	2.694	2.650	2.904	2.972	3.458	3.428	3.552	3.530	3.166
Tm	0.372	0.359	0.397	0.410	0.484	0.470	0.491	0.487	0.449
Yb	2.366	2.374	2.548	2.600	3.092	2.988	3.154	3.104	2.950
Lu	0.346	0.348	0.374	0.381	0.447	0.438	0.465	0.466	0.421
Hf	3.034	2.896	3.300	3.422	4.305	3.868	3.868	3.823	4.142
Ta	0.804	0.715	0.857	0.928	1.098	1.052	1.064	1.135	1.171
Pb	3.396	3.300	4.806	4.156	3.744	3.932	4.184	4.188	59.30
Th	2.258	2.092	2.392	2.528	3.332	2.866	2.876	2.980	3.128
U	0.480	0.404	0.482	0.508	0.660	0.589	0.568	0.417	0.613
ΣREE	89.14	86.30	95.44	99.03	116.2	114.3	115.7	116.3	109.4
(La/Yb)*N*	4.2	4.0	4.1	4.2	4.2	4.3	4.0	4.2	4.2
δEu	0.96	0.98	0.96	0.93	0.91	0.93	0.94	0.93	0.63

注：元素含量值单位 ug/g；氧化物为%，wt；＊扣除烧失量后含量。

14.3.2　常量元素地球化学

由表14.3可见，下马岭组地层中的辉长岩岩床 SiO_2、AL_2O_3 含量稳定，SiO_2^* 含量介于48.01% ~1.17%，在岩石成分分类TAS图解中分布于玄武岩区［图14.8(a)］；$Mg^\#$变化较大，介于0.16 ~0.65，显示具有富 Fe_2O_3，贫MgO特征；TiO_2^* 含量均大于1.5%，部分样品的 TiO_2^* 含量高达3.0%以上，且由冀浅2井βμ1岩床辉长岩样的系统对比，还可见由下部层位（除近底板接触带外）向上部，TiO_2^* 和 Fe_2O_3 含量呈现明显增高趋势，反映母岩浆富含 TiO_2，结晶晚期随氧逸度的改变，磁铁矿和钛磁判别图［图14.8(b)］上，所有岩样点都落在拉斑玄武岩区，指示其母岩浆属亚碱性拉斑玄武质熔浆。

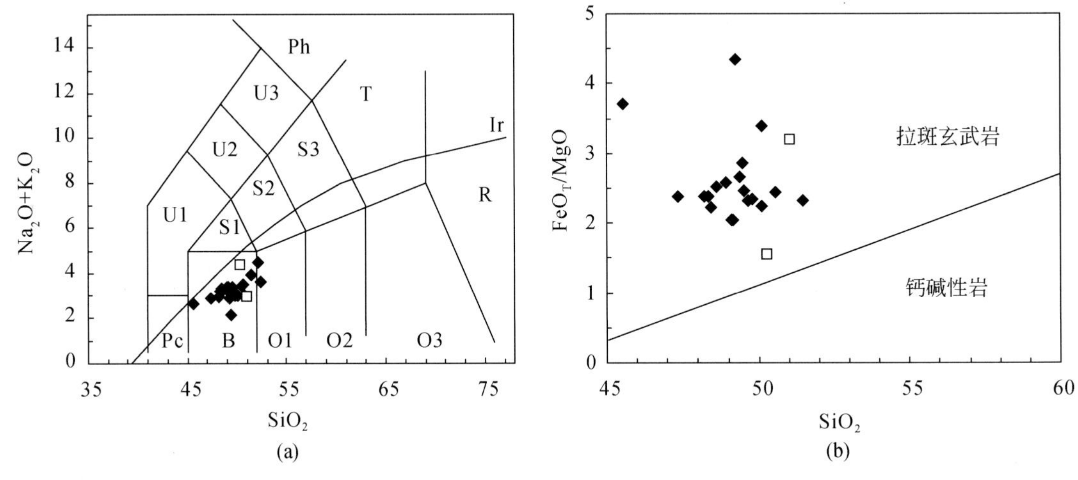

图14.8　下马岭组辉长辉绿岩岩石成分分类图解

(a) $SiO_2-Na_2O+K_2O$（TAS）成分分类图解（据 Le Bas and Streckeisen，1991）；(b) SiO_2-FeO_T/MgO（据 Miyashiro，1974）；Pc. 苦橄岩；B. 玄武岩；O1. 安山玄武岩；O2. 安山岩；O3. 英安岩；R. 流纹岩；S1. 粗玄岩；S2. 玄武质粗安岩；S3. 粗安岩；T. 粗面岩；U1. 碧玄岩；U2. 响质碱玄岩；U3. 碱玄质响岩；Ph. 响岩；Ir. 碱性岩和亚碱性岩分界线

14.3.3　微量元素地球化学

由岩样的微量元素含量分析结果（表14.4）可见，岩石的稀土元素（Rare Earth Element，REE）丰度较高，ΣREE值介于86.3～226.4 ug/g。冀浅2井结晶层序明确的βμ1岩床辉长岩样，具有基本一致的右倾REE配分模式[图14.9（a）]，轻稀土元素（Light Rare Earth Element，LREE）明显富集，$(La/Yb)_N$值（镧/镱）：3.8～4.4；岩体上部的岩样呈现不同程度的Eu（铕）弱负异常，δEu值：0.84～0.98，尤以岩体上部含磁铁矿辉长岩的Eu亏损最为明显；ΣREE值自岩体下部向上部呈增高趋势，其中有磁铁矿堆晶的JQ2-8B、10B、11B岩样，ΣREE值显著高于其他岩样（最高可达190 ug/g），δEu值也明显降低（小于0.9），且这类岩样的Th（钍）含量明显偏高，可达0.967～1.217 ug/g，可能与岩浆结晶晚期存在壳源物质的混染，或岩浆房氧逸度的明显改变相关。平泉地区的βμ3岩床的辉长岩，也具有与βμ1岩床基本一致的右倾REE配分模式，但Eu呈明显亏损，δEu值为0.63。在微量元素蛛网图［图14.9（b）］上，所有岩样也均呈大离子亲石元素含量较高的右倾模式，呈现Pb含量正异常与Sr（锶）含量负异常。岩样的稀土和微量元素丰度特征，反映该期玄武质岩浆明显不同于正常型洋中脊玄武岩（Normal-Mid-Ocean Ridge Basalt，N-MORB）和富集型洋中脊玄武岩（Enriched-Mid-Ocean Ridge Basalt，E-MORB），而与洋岛型玄武岩（Ocean-Island Basalt，OIB）具有相似性，但其高含量Pb，较弱的Nb（铌）-Ta（钽）亏损特征反映有地壳物质的混染，而低含量Sr、Eu的特征则反映可能有早期斜长石的分离结晶。冀浅2井βμ1岩床与平泉βμ3岩床微量元素的一致性，反映它们具有同源同期的成因特征。

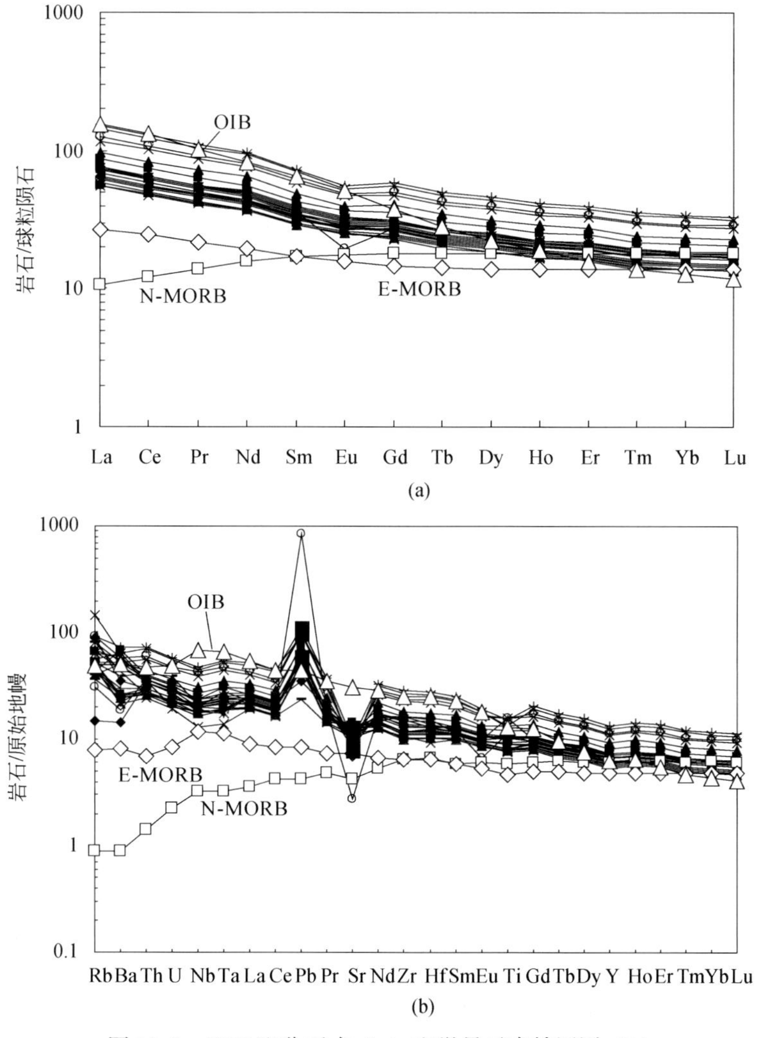

图14.9　REE配分型式（a）和微量元素蛛网图（b）

微量元素曲线：据Niu *et al.*，2004；Boudinier *et al.*，2003。球粒陨石和原始地幔数据源自Sun *et al.*，1989。

■钻孔样品；●地表样品；×含磁铁矿样品；OIB. 洋岛型玄武岩；E-MORB. 富集型洋中脊玄武岩；N-MORB. 正常型洋中脊玄武岩

由 Zr/Y-Zr 构造环境判别图［图 14.10(a)］上，在图解上成分点均落在板内玄武岩（Within Plat Basalt，WPB）区；在 Ti/1000-V 图解上［图 14.10(b)］，除个别成分点落入洋岛型玄武岩（OIB）区之外，也集中于大陆溢流玄武岩（Continental Flood Basalt，CFB）区，反映该期岩浆活动与由板内裂解事件引发的幔源玄武质熔浆活动相关。

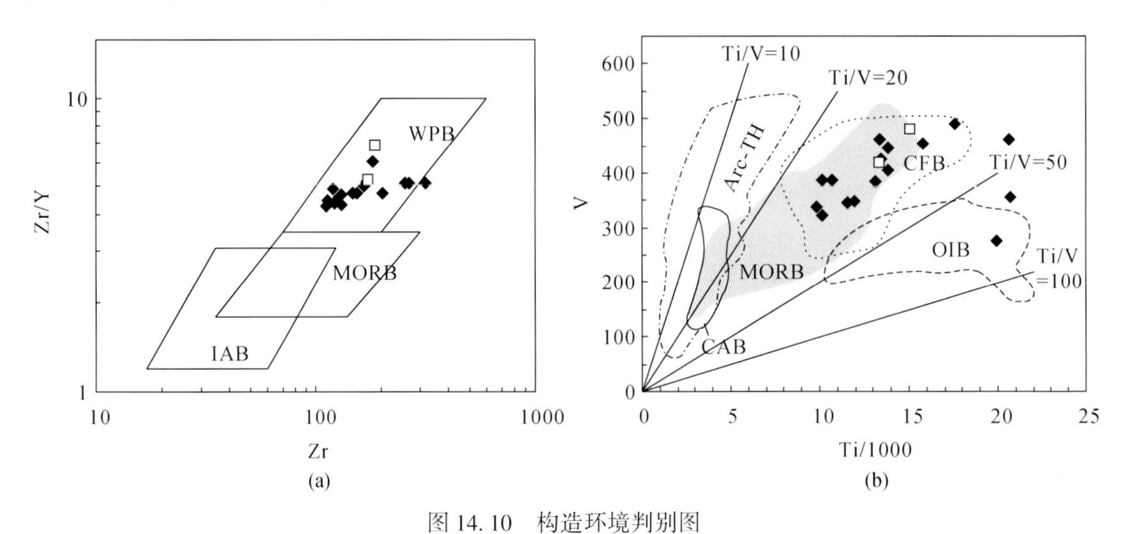

图 14.10　构造环境判别图

（a）Zr-Zr/Y 图解（据 Pearce and Norry，1979）；（b）$Ti\times10^{-6}/1000-V\times10^{-6}$图（据 Shervais，1982）。
◆钻孔样品；□地表样品；WPB. 板内玄武岩；MORB. 洋中脊玄武岩；IAB. 岛弧玄武岩；CAB. 大陆碱性玄武岩；Arc-TH. 弧拉斑玄武岩；CFB. 大陆溢流玄武岩；OIB. 洋岛型玄武岩

14.4　成岩年龄：斜锆石年代学

测定侵入于下马岭组地层的基性岩床（群）和斑脱凝灰岩（层）的锆石、斜锆石 U-Pb 年龄，可厘定其成岩年龄，也有助于厘定下马岭组地层年龄的上限。从冀浅 2 井井深 109.8 m 下马岭组 βμ1 岩床的 JQ2-6 岩样中晶辉长岩，以及河北平泉双洞地表露头 βμ3 岩床的 PQ-SD-1 岩样中-细粒辉长岩中，均分选获得大量斜锆石晶体（表 14.3），提供 U-Pb 年代学测定。

在北京大学物理学院电镜室进行斜锆石阴极发光（Cathodoluminescence，CL）图像分析，测试方法同 Chen 等（2006），使用 Quanta 200F 型场发射环境扫描电镜-Gatan Mono CL3 型阴极荧光光谱仪构成的高分辨阴极荧光光谱分析仪。在北京大学地球与空间科学学院拉曼光谱实验室，使用 Ranisow RM-100 型拉曼光谱仪，进行斜锆石拉曼谱特征的分析。

在中国科学院地质与地球物理研究所 SIMS 实验室，运用 Cameca IMS-1280 型高分辨二次离子质谱仪（Secondary Ion Mass Spectrometer，SIMS），进行斜锆石的$^{207}Pb/^{206}Pb$ 年龄的系统测定。测试方法同于 Li X. H. 等（2009）。

14.4.1　斜锆石的晶体特征

斜锆石是锆的氧化矿物 ZrO_2。与锆石不同，斜锆石只结晶形成于贫硅岩石，其来源于岩浆房，不受围岩同化作用的影响，是辉长岩等基性火成岩最可靠的年代学研究样品。

冀浅 2 井 βμ1 岩床的 JQ2-6 中粒辉长岩样，以及河北平泉双洞乡地表 βμ3 岩床的 PQ-SD-1 中-细粒辉长岩样中，分别分选获得 310 粒和 650 粒斜锆石。两个岩样的斜锆石多呈四方柱状，长宽比普遍大于 2，颗粒粒度细小；在透射光下 JQ2-6 斜锆石呈棕褐色，CL 图像不显现明显的结晶振荡环带，多呈灰黑色［图 14.11(a)、(c)］，PQ-SD-1 斜锆石多呈棕绿色，CL 图像也不显现结晶振荡环带［图 14.11(b)、(d)］。

14.4.2　斜锆石的拉曼光谱研究

由 JQ2-6 和 PQ-SD-1 两个辉长岩样品的斜锆石拉曼光谱与斜锆石标样拉曼光谱对比图（图 14.12）可见，两个辉长岩样的斜锆石，具有与斜锆石标样基本一致的拉曼谱图；与标样的拉曼谱峰和拉曼谱计数强度相比，JQ2-6 斜锆石的晶体结构［图 14.12(b)］更接近于纯的斜锆石［图 14.12(a)］，PQ-SD-1 斜锆石主体成分为斜锆石，但含有相对较多的锆石分子团［图 14.9(c)］，在斜锆石的 CL 图像［图 14.11(d)］上也可见含有细小的锆石包裹体。

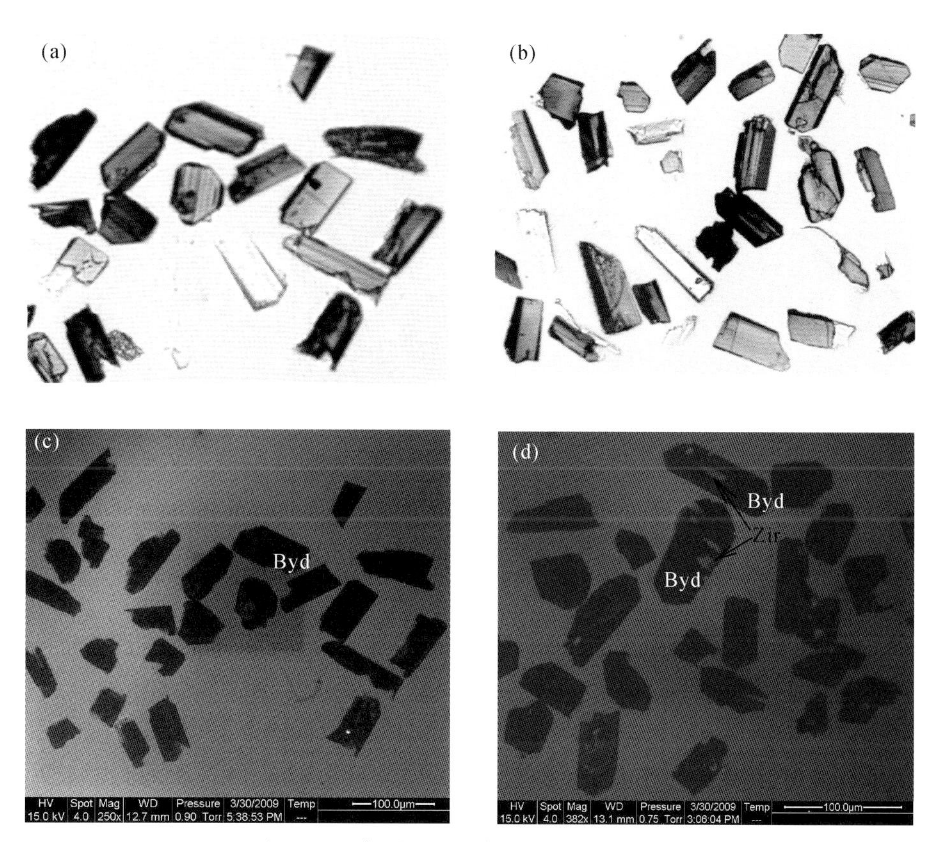

图 14.11　斜锆石的透射光和阴极荧光图像

(a) JQ2-6 斜锆石的透射光照片；(b) PQ-SD-1 斜锆石的透射光照片；(c) JQ2-6 斜锆石的 CL 图像；(d) PQ-SD-1 斜锆石的 CL 图像。Byd. 斜锆石；Zir. 锆石

14.4.3　斜锆石^{207}Pb/^{206}Pb 年龄测定

对冀北坳陷顺层侵入于下马岭组的 βμ1 岩床 JQ2-6 和 βμ3 岩床 PQ-SD-1 两个辉长岩岩样的斜锆石，进行 SIMS 离子探针^{207}Pb/^{206}Pb 年龄测定，每个岩样分别实测 19 粒和 17 粒晶体，总计测试 36 粒中-细晶斜锆石晶体，其一致年龄系统测定数据列于表 14.5，一致年龄的计算结果见图 14.13。

斜锆石^{207}Pb/^{206}Pb 年龄测定结果揭示，每个岩床年龄谱的测试数据均非常一致，冀浅 2 井 βμ1 岩床中晶辉长岩的成岩年龄为 1327.5±2.4 Ma［图 14.13(a)］，平泉双洞露头 βμ3 岩床中-细晶辉长岩的成岩年龄为 1327.3±2.3 Ma［图 14.13(b)］，二者的成岩年龄也相同，从而证明冀北坳陷下马岭组 βμ1-βμ3 岩床属于同一岩浆活动期的产物。因此在 13.68 Ma 时期的大陆裂解，使燕辽裂陷带形成较大规模的玄武质火山岩和次火山岩（高林志等，2007，2008a，2008b）之后，在约 1327 Ma，又发生了一期更大规模的、具有大陆溢流玄武岩（Continental Flood Basalt，CFB）特征的幔源玄武质熔浆上侵事件。

燕辽裂陷带宣龙坳陷的下马岭组地层沉积最厚，层序发育最为完整，构成下马岭组的沉积-沉降中心，河北怀来赵家山剖面地层厚达 540.6 m，完整地保存下一段至下四段地层层序（表 14.1），其中辉绿岩床（脉）遍布于下一、三、四段，辉绿岩体总厚度 91 m，仅占地层总厚度 16.8%，尤以下三段的辉绿岩体相对富集，而且伴随 4 层辉绿岩体，还发育三个薄层凝灰岩层，凝灰岩层均见于辉绿岩体的底板，二者相距不足 5 m。然而，由于“蔚县上升”引起的地层剥蚀，冀北坳陷下马岭组主要残留下一段地层，辽宁龙潭沟剖面下马岭组残余地层厚度仅 369.5 m（表 14.1），其中辉绿岩岩床总厚度达 164.5 m，可占地层总厚度 44.5%。由此可见，燕辽裂陷带约 13.27 Ma 时期基性幔源熔浆的上侵中心部位在冀北坳陷，该期岩浆侵入活动范围贯穿整个下马岭组地层，并导致顶、底板的围岩蚀变，因此上述实测约 13.27 Ma 斜锆石 $^{207}Pb/^{206}Pb$ 年龄的地层学意义在于提供了一个精确厘定下马岭组地质时代上限年龄的证据。

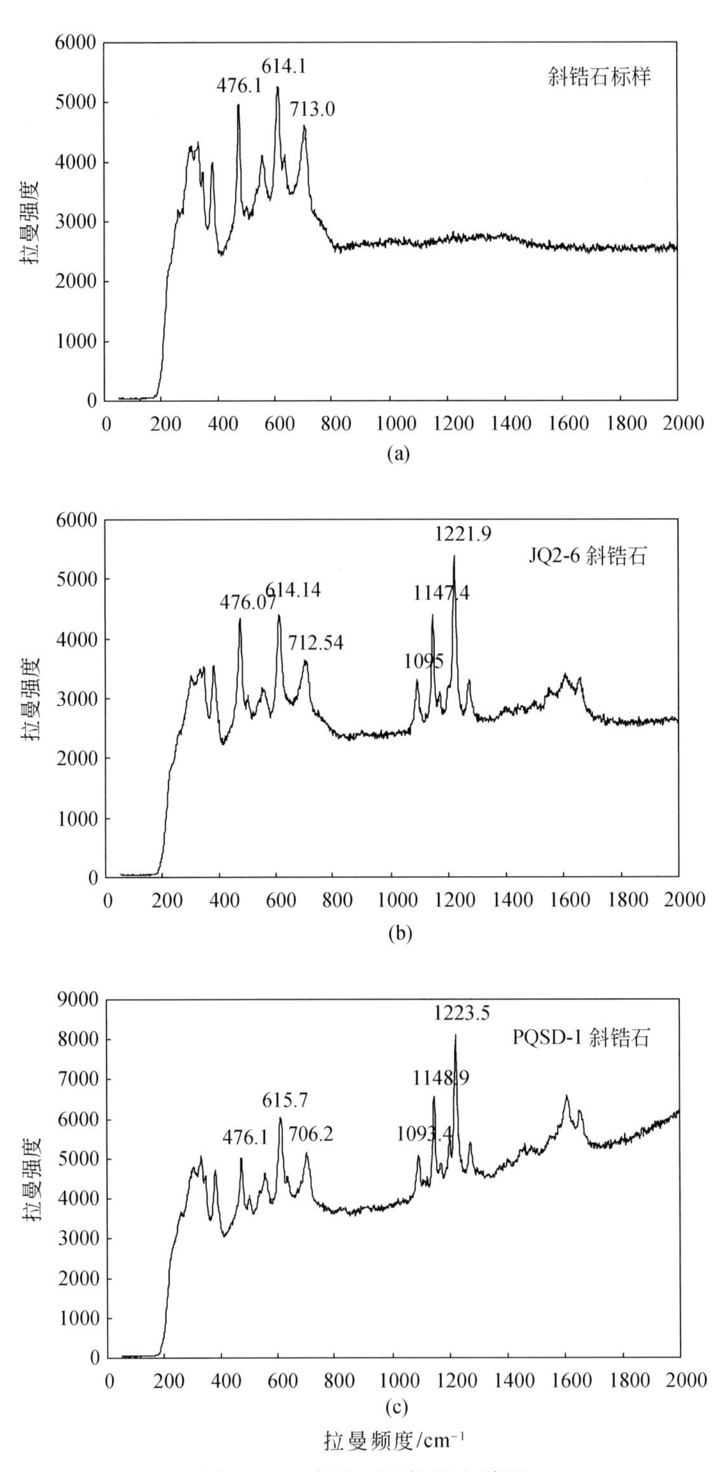

图 14.12　斜锆石的拉曼光谱图

（a）斜锆石标样；（b）βμ1 岩床中晶辉长岩的斜锆石；（c）βμ3 岩床中-细晶辉长岩的斜锆石

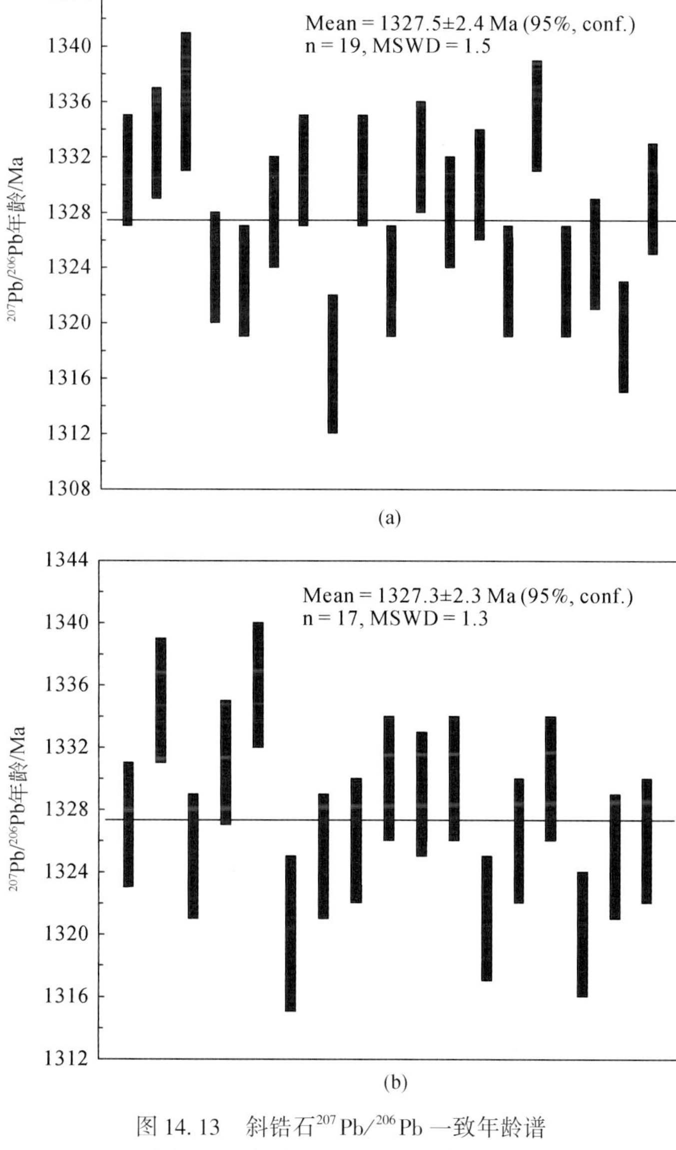

图 14.13　斜锆石^{207}Pb/^{206}Pb 一致年龄谱

(a) βμ1 岩床 JQ2-6 斜锆石；(b) βμ3 岩床 PQ-SD-1 斜锆石。

Mean. 加权平均年龄值；MSWD. 加权均方差均值

14.5　燕辽裂陷带 1400～1300 Ma 基性火成岩成岩机制

1380～1360 Ma 火山岩和岩床（或岩席，sills）也广泛分布于非洲和加拿大地盾，如非洲刚果克拉通（Congo Craton）的安哥拉一带，发育 1380～1370 Ma 的火成岩体（Ernst *et al.*，2013），形成库内内（Kunene 或 Cunene）基性-超基性杂岩体和同时代的 A 型花岗岩（Alkaline，Anhydrate，Anorogenic Granite，碱性、贫水、非造山花岗岩）（如 Nayer *et al.*，2004；Ernst and Bleeker，2010；Ernst *et al.*，2013）；在加拿大地盾区出露有成岩年龄 1386～1380 Ma 的哈特河（Hart River）玄武岩岩墙，以及成岩年龄为 1379 Ma 的鲑鱼河（Salmon River，又名不归河）辉长岩岩床，它们的成分特征指示其形成于裂谷构造环境（Ernst and Bleeker，2010）。

近年来的研究表明，华北克拉通北缘是 1400～1300 Ma 岩浆活动强烈地区之一，已见报道的有：燕辽裂陷带中段冀北坳陷 1366～1372 Ma 的斑脱凝灰岩（高林志等，2007，2008，2009）、1320 Ma 辉绿岩“岩墙”（李怀坤等，2009）、1345 Ma 的辉绿岩（Zhang *et al.*，2009、2012）和 1327 Ma 的多层顺层侵入辉长岩岩床（本章研究）；白云鄂博和渣尔泰裂陷带的狼山-白云鄂博-化德-渣尔泰山一带，出露有

1354±59 Ma碳酸岩脉（Yang *et al.*，2011）、1313～1231 Ma 辉绿岩（Yang *et al.*，2011；Zhang *et al.*，2012）和 1331～1324 Ma 花岗岩（Zhang *et al.*，2012）等。目前认为，1400～1300 Ma 期间全球范围的幔源岩浆活动与哥伦比亚泛大陆的裂解事件相关。

燕辽裂陷带 1400～1300 Ma 岩浆活动，早期以间歇式火山喷发为主，形成多层凝灰岩，如铁岭组和雾迷山组地层中 1485 Ma（李怀坤等，2011）和 1437 Ma（Su *et al.*，2008）的斑脱凝灰岩层；下马岭组地层中 1366～1372 Ma 的斑脱凝灰岩（高林志等，2007，2008，2009）。大约在 1350 Ma 时期，华北克拉通从哥伦比亚超大陆裂解分离出来，形成多条陆内或陆缘裂谷带，伴随伸展作用的发展，受无热点活动影响，具有大陆裂谷玄武岩属性的幔源玄武质熔浆上侵至地壳上部岩浆房，进一步形成大范围、多个顺层侵入的辉长辉绿岩岩床和近地表的辉绿岩岩墙等次火山岩。

表 14.5　SIMS 离子探针斜锆石$^{207}Pb/^{206}Pb$年龄测定结果

测点	$^{206}Pb/^{204}Pb_m$	±1σ /%	$^{207}Pb/^{206}Pb_m$	±1σ /%	$^{207}Pb/^{206}Pb_c$	±1σ /%	$^{207}Pb/^{206}Pb_c$ 甲烷/Ma	±1σ /%
JQ2-6-1	$2.6×10^4$	6	0.08621	0.13	0.08569	0.13	1331	4
JQ2-6-2	$5.0×10^4$	7	0.08602	0.10	0.08575	0.10	1333	4
JQ2-6-3	$1.2×10^4$	12	0.08700	0.19	0.08591	0.24	1336	5
JQ2-6-4	$1.1×10^4$	6	0.08666	0.14	0.08537	0.17	1324	4
JQ2-6-5	$9.0×10^4$	8	0.08548	0.09	0.08533	0.09	1323	4
JQ2-6-6	$4.5×10^4$	8	0.08586	0.14	0.08556	0.14	1328	4
JQ2-6-7	$7.9×10^4$	7	0.08586	0.08	0.08569	0.08	1331	4
JQ2-6-8	$2.0×10^5$	27	0.08512	0.25	0.08505	0.26	1317	5
JQ2-6-9	$1.6×10^5$	15	0.08578	0.13	0.08570	0.14	1331	4
JQ2-6-10	$8.6×10^4$	12	0.08550	0.15	0.08534	0.15	1323	4
JQ2-6-11	$3.5×10^4$	10	0.08611	0.19	0.08572	0.20	1332	4
JQ2-6-12	$6.2×10^5$	28	0.08556	0.12	0.08554	0.12	1328	4
JQ2-6-13	$1.2×10^5$	12	0.08574	0.15	0.08563	0.15	1330	4
JQ2-6-14	$1.8×10^5$	15	0.08542	0.12	0.08535	0.12	1323	4
JQ2-6-15	$1.3×10^5$	19	0.08597	0.21	0.08586	0.21	1335	4
JQ2-6-16	$1.9×10^5$	17	0.08540	0.14	0.08533	0.14	1323	4
JQ2-6-17	$7.7×10^5$	48	0.08542	0.19	0.08540	0.19	1325	4
JQ2-6-18	$2.1×10^5$	17	0.08523	0.13	0.08516	0.13	1319	4
JQ2-6-19	$4.4×10^5$	24	0.08561	0.14	0.08558	0.14	1329	4
PQ-SD-1-1	$3.0×10^5$	19	0.08556	0.12	0.08551	0.12	1327	4
PQ-SD-1-2	$6.5×10^4$	14	0.08608	0.20	0.08587	0.21	1335	4
PQ-SD-1-3	$6.5×10^4$	16	0.08561	0.22	0.08540	0.22	1325	4
PQ-SD-1-4	$1.1×10^5$	17	0.08581	0.17	0.08569	0.17	1331	4
PQ-SD-1-5	$1.2×10^4$	7	0.08703	0.20	0.08588	0.22	1336	4
PQ-SD-1-6	$2.5×10^4$	11	0.08572	0.27	0.08518	0.28	1320	5
PQ-SD-1-7	$5.6×10^4$	9	0.08565	0.14	0.08541	0.14	1325	4

续表

测点	$^{206}Pb/^{204}Pb_m$	±1σ /%	$^{207}Pb/^{206}Pb_m$	±1σ /%	$^{207}Pb/^{206}Pb_c$	±1σ /%	$^{207}Pb/^{206}Pb_c$ 甲烷/Ma	±1σ /%
PQ-SD-1-8	4.8×10^4	10	0.08574	0.14	0.08546	0.15	1326	4
PQ-SD-1-9	7.3×10^5	27	0.08566	0.12	0.08564	0.12	1330	4
PQ-SD-1-10	2.3×10^5	22	0.08567	0.19	0.08561	0.19	1329	4
PQ-SD-1-11	2.8×10^4	5	0.08611	0.10	0.08563	0.11	1330	4
PQ-SD-1-12	2.4×10^5	22	0.08528	0.17	0.08522	0.17	1321	4
PQ-SD-1-13	4.7×10^5	24	0.08547	0.13	0.08544	0.13	1326	4
PQ-SD-1-14	3.0×10^5	25	0.08568	0.15	0.08564	0.15	1330	4
PQ-SD-1-15	2.1×10^5	27	0.08528	0.22	0.08521	0.22	1320	4
PQ-SD-1-16	4.1×10^5	24	0.08547	0.17	0.08543	0.17	1325	4
PQ-SD-1-17	4.5×10^5	23	0.08550	0.13	0.08547	0.13	1326	4

注：$^{204}Pb/^{206}PbM$ 和 $^{207}Pb/^{206}PbM$ 为实测值；$^{207}Pb/^{206}Pb_c$ 为普通铅校正的计算值；分析流程同于 Li *et al.*，2009。

中—新元古代华北克拉通裂解事件，导致沉积层序中出现不少于五个沉积间断和不整合面，这些不整合面的产生机理与哥伦比亚超大陆裂解过程各阶段华北克拉通的响应相呼应，这一时期的岩浆活动和沉积间断伴有相关矿产的形成，如白云鄂博稀土矿等。需要指出的是，近年来，在燕辽裂陷带和鄂尔多斯盆地西南缘（李荣希等，2011）等地的铁岭组—下马岭组地层中，陆续发现有含沥青的白云岩层，它们与华北克拉通北缘的裂解事件，以及幔源玄武质熔浆上侵之间存在的联系，有待更深入的研究。

华北克拉通北缘，特别是燕辽裂陷带中部的冀北坳陷，对 1327 Ma 辉长辉绿岩、辉长岩岩床的地质-地球化学研究新认识还揭示：① 由于玄武质熔浆顺层侵入下马岭组地层，并造成岩床顶、底板围岩蚀变带（图 14.3、图 14.5），可提供精确厘定的下马岭组地层沉积上限时间应早于 1327 Ma；② 冀北坳陷大规模的 βμ1-βμ4 基性岩床顺层侵入下马岭组地层，导致下马岭组高有机质丰度黑色页岩遭受强烈的热蚀变，生烃潜力丧失殆尽。

参 考 文 献

高林志，张传恒，史晓颖，周洪瑞，王自强 . 2007. 华北青白口系下马岭组凝灰岩锆石 SHRIMP U-Pb 定年 . 地质通报，26（3）：249～255

高林志，张传恒，史晓颖，宋彪，王自强，刘耀明 . 2008a. 华北古陆下马岭组归属中元古界的锆石 SHRIMP 新证据 . 科学通报，53（21）：2617～2623

高林志，张传恒，尹崇玉，史晓颖，王自强，刘耀明，刘鹏举，唐烽，宋彪 . 2008b. 华北古陆中、新元古代年代地层框架 SHRIMP 锆石年龄新依据 . 地球科学，29（3）：366～376

高林志，张传恒，刘鹏举，丁孝忠，王自强，张彦杰 . 2009. 华北江南地区中元古代地层格架的再认识 . 地球学报，30（4）：433-446

李怀坤，苏文博，周红英，耿建珍，相振群，崔玉英，刘文灿，陆松年 . 2011. 华北克拉通北部长城系底界年龄小于 1670 Ma——来自北京密云花岗斑岩岩脉锆石 La-ICP-MS U-Pb 年龄的约束 . 地学前边，18（3）：122-124

李怀坤，陆松年，李惠民，苏文博，陆松年，周红英，耿建珍，李生，杨锋杰 . 2009. 侵入下马岭组基型岩床的锆石和斜锆石 U-Pb 精确定年——对华北中元古界地层划分方案的制约 . 地质通报，28（10）：22～29

李怀坤，苏文博，周红英，相振群，田辉，杨立公，Huff W D，Frank E R. 2014. 中—新元古界标准剖面蓟县系首获高精度年龄制约——蓟县剖面雾迷山组和铁岭组斑脱岩锆石 SHRIMP U-Pb 同位素定年研究 . 岩石学报，30（10）：2999～3012

李荣希，梁积伟，翁凯 . 2011. 鄂尔多斯盆地西南部蓟县系古油藏沥青 . 石油勘探与开采，38（2）：168～172

乔秀夫，高林志 . 1999. 华北中新元古代及早古生代地震灾变事件及与 Rodinia 的关系 . 科学通报，44（16）：1753～1758

邵济安，张履桥，李大明 . 2002. 华北克拉通元古代三次伸展事件 . 岩石学报，18（2）：52～60

苏文博，李怀坤，Huff W D，Ettensohn F R，张世红，周红英，万渝生 . 2010. 铁岭组钾质斑脱岩锆石 SHRIMP U-Pb 年代学研究及其地质意义 . 科学道报，55（22）：2197～2206

Chen L，Xu J，Su L. 2006. Application of cathodoluminescence to zircon in FEG-ESEM. Prog Nat Sci，16：919～924

Ernst R E，Bleeker W. 2010. Large igneous provinces（LIPs），giant dyke swarms，and mantle plumes：significance for breakup events within Canada and adjacent regions from 2. 5 Ga to present. Canadian Journal of Earth Sciences，47：695～739

Ernst R E，E. Pereira M A，Hamilton S A，Pisarevsky J，Rodriques C C G. Tassinari W，Teixeira V，Van-Dunem V. 2013. Mesoproterozoic intraplate magmatic ‘barcode’ record of the Angola portion of the Congo craton：newly dated magmatic events at 1500 and 1110 Ma and implications for Nuna（Columbia） supercontinent reconstructions. Precambrian Research，230：103～118

Le Bas M J，Streckeisen A L. 1991. The IUGS systematics of igneous rocks. Journal of the Geological Society. 148：825～833

Li X H，Liu Y，Li Q L，Guo C H，Chamberlain K R. 2009. Precise determination of Phanerozoic zircon Pb/Pb age by multi-collector SIMS without external standardization. Geochemistry，Geophysics，Geosystems，10：Q04010. doi：10. 1029/2009GC002400

Miyashiro A. 1974. Volcanic rock series in island arc and active continental margin. America Journal of Science，247：321～355

Nayer A，Hofmann A W，Sinigoi S，Morais E. 2014. Mesoproterozoic Sm-Nd and U-Pbage for the Kunene anorthosith complex of S W Angole. Precambrian Research，133：187～206

Niu Y L. 2004. Bulk-rock major and trace element complsitions of abyssal-peridotites：Implications for mantle melting，melt extraction and past melting process beneath Mid-Ocean Ridge. Journal of Petrology，45（12）：2423～2458

Pearce J A，Norry M J. 1979. Petrogenetic implications of Ti，Zr，Y and Nb variations in volcamc rocks. Contributions to Mineralogy and Petrology，69：33～47

Shervais J W. 1986. Ti-V plots and the petrogenesis of modern and ophiolitic lavas. Earth and Planetary Science Letters，59：101～118

Su W B，Zhang S H，Huff W D，Li H，Ettensohn F R，Chen X，Yang H，Han Y，Song B，Santosh M. 2008. SHRIMP U-Pb ages of K-bentonite beds in the Xiamaling Formation：Implications for revised subdivision of the Meso-to Neoproterozoic history of the North China Craton. Gondwana Research 14：543～553

Sun S S，McDonough W F. 1989. Chemical and isotope systematics of oceanic basalts：implication for mantle composition and processes，In：Saunders A D，Norry M J（eds）. Magmatism in the Ocean Basins. Special Publications，London：Geological Society，42. 313～345

Yang K F，Fan H R，Santosh M，Hu F F，Wang K Y. 2011. Mesoproterozoiccarbonatitic magmatism in the Bayan Obo deposit，Inner Mongolia，North China：Constraints for the mechanism of super accumulation of rare earth elements. Ore Geology Reviews，40：122～131

Zhang S H，Zhao Y，Santosh M. 2012. Mid-Mesoproterozoic bimodal magmatic rocks in the northern North China Craton：implications for magmatism related to breakup of the Columbia supercontinent. Precambrian Research，222：339～367

Zhang S H，Zhao Y，Yang Z Y，He Z F，Wu H. 2009. The 1. 35 Ga diabase sills from the northern North China Craton：Implications for breakup of the Columbia（Nuna） supercontinent. Earth and Planetary Science Letters，288：588～600

第15章　哥伦比亚超大陆裂解与华北克拉通烃源岩发育的耦合关系

张水昌[1]，王华建[1]，王晓梅[1]，张宝民[1]，边立曾[2]，张　斌[1]

（1. 中国石油勘探开发研究院油气地球化学重点实验室，北京，100083；
2. 南京大学地球科学学院，南京，210093）

摘　要：华北克拉通北缘发育的燕山–辽西裂陷带厚达万米的连续沉积完整记录了哥伦比亚超大陆裂解事件的进程。自1.8 Ga至1.2 Ga，燕辽裂陷带依次经历了大陆裂谷、被动大陆边缘、活动大陆边缘和地块碰撞等阶段。超大陆裂解导致的海侵在华北克拉通形成被动大陆边缘背景下的裂谷、克拉通内坳陷盆地、克拉通边缘坳陷盆地和弧后盆地等大范围的陆架盆地，为烃源岩的发育提供了最佳场所。同时，频繁的地壳构造运动和低纬度的古地理位置，使得中元古代的华北克拉通不仅有着强烈的陆地风化作用，而且可能存在区域性上升洋流的贡献，为当时的陆缘海或陆表海带来丰富的营养物质输入，一方面促进了初级生产力的爆发，另一方面也使得当时海洋中的还原性硫化水体的广泛发育，十分有利于烃源岩的发育。华北地区中—新元古代烃源岩是在哥伦比亚超大陆裂解背景下的生物，化学和地质环境等因子相互耦合的产物。

关键词：哥伦比亚超大陆，裂解，华北克拉通，烃源岩

15.1　引　　言

纵观地球发展演化的历史，周期性张开（超大陆裂解成小大陆）和闭合（小大陆会聚成超大陆）构成了地壳构造运动的主要表现（Nance *et al.*，1988）。目前研究成果认为，地球板块运动旋回可能起始于3.0 Ga（Eyles，2008；Shirey and Richardson，2011）。由此推算，在整个地球演化历史中，至少有过五次超大陆的汇聚和裂解，包括2.7～2.4 Ga凯诺兰超大陆（Kenorland）、1.8～1.5 Ga哥伦比亚超大陆（Columbia）、1.1～0.8 Ga罗迪尼亚超大陆（Rodinia）、0.6～0.4 Ga冈瓦纳超大陆（Gondwana）和0.3～0.1 Ga泛大陆（Pangaea）。通过生物地球化学循环，超大陆旋回对生物繁育和进化有着直接影响（Santosh，2010）。以科的数目衡量生物多样性的变化周期，与超大陆旋回有很好的一致性（Reddy and Evans，2009）。大陆解体时，海洋环境被隔离，形成被水面或陆地隔开的、与不同气候带相融合的生物区，生物出现爆炸式进化，如埃迪卡拉纪和寒武纪生物的快速演化，一般认为与罗迪尼亚超大陆全球性裂解，以及冈瓦纳超大陆早期组合有关（Meert and Lieberman，2008）。作为地球上生物勃发与灭绝的直接反映，地史上几次主要的达到有机碳峰值的时期，即2.3～1.9 Ga、1.5～1.2 Ga、0.8～0.6 Ga、0.4～0.3 Ga、0.15 Ga至今，均与历次的超大陆裂解有关（Och and Shields-zhou，2012）。在地质演化过程中，富含有机质的黑色或暗色页岩可以形成烃源岩，并在地质条件允许的情况下形成油藏或气藏。因此超大陆的裂解、生物的快速繁育演化，与优质烃源岩的全球发育构成很好的耦合关系。

近年来，前寒武纪地层中潜在的和未开发的油气资源引起广泛关注。目前在除南极洲以外的各大洲，前寒武系油气资源均有所发现。东西伯利亚与阿曼两地的中—新元古界至下寒武统原生油气的探

明储量业已达到十亿吨级油当量的规模（Bhat *et al.*，2012；Craig *et al.*，2013）。我国华北克拉通燕辽裂陷带的中—新元古界地层中，同样蕴含着巨大的油气资源潜力（王铁冠、韩克猷，2011），并发育了洪水庄组和下马岭组等优质烃源岩（张水昌等，2007），按照烃源岩的沉积年代与层序关系，其发育背景正好处于哥伦比亚超大陆的全球裂解期。因此深入研究哥伦比亚超大陆事件，对华北地区沉积序列和构造演化的影响，为我们全面了解超大陆裂解与烃源岩发育之间的耦合关系，对于综合立体的认识烃源岩形成的生物、化学和地质背景等有着重要的指导意义。本章将从哥伦比亚超大陆裂解事件在华北地区的响应入手，结合下马岭组烃源岩发育的地质、海洋及生物背景，探讨超大陆裂解对区域盆地构造、古海洋化学环境和生物演化的影响作用，最后提出超大陆裂解进程中可能的烃源岩形成机制及发育模式。

15.2　哥伦比亚超大陆裂解事件在华北克拉通的响应

15.2.1　哥伦比亚超大陆的形成和裂解

中元古代的西伯利亚、波罗地和劳伦西亚三大古陆相毗邻，称之为努纳超大陆（Nuna）。Karlstrom 等（2001）提出在 1.8～1.0 Ga 前有一期跨度长达 10000 km 的汇聚造山运动，同时覆盖劳伦西亚、波罗的和澳大利亚三大古陆；但他们认为这次长时间大规模的造山运动可能仍归属于罗迪尼亚超大陆事件。而 Meert（2002）依据劳伦西亚、波罗的、西伯利亚和澳大利亚等古陆的古地磁证据，认为在 1.8～1.5 Ga 的早中元古代，罗迪尼亚超大陆形成之前应该存在另一个超级大陆，称之为哥伦比亚超大陆。同时，Rogers 和 Santosh（2002，2010）依照 1.9～1.5 Ga 时全球裂谷和造山运动的发育情况，建立哥伦比亚超大陆的复原模型，认为该大陆是由劳伦西亚、波罗的、澳大利亚、西伯利亚等古陆，联合乌克兰地盾和亚马逊、华北、喀拉哈里等众多原始克拉通所组成的。而 Zhao 等（2002，2004）基于 2.1～1.8 Ga 全球造山带的发育情况和太古宙克拉通的地质重建，提出哥伦比亚超大陆的另外一种假设，即印度、东南极和澳大利亚同样与劳伦等几大古陆相连。Meert（2012）结合前人关于哥伦比亚和努纳超大陆的研究成果，认为哥伦比亚超大陆的覆盖范围更为广泛，努纳大陆仅是前者的组成部分，并基本认可 Rogers 和 Santosh（2002）、Santosh（2010）的哥伦比亚超大陆模型，仅在劳伦西亚古陆的定位上有所改动。至此，哥伦比亚超大陆的概念及覆盖范围基本成型（图 15.1）。

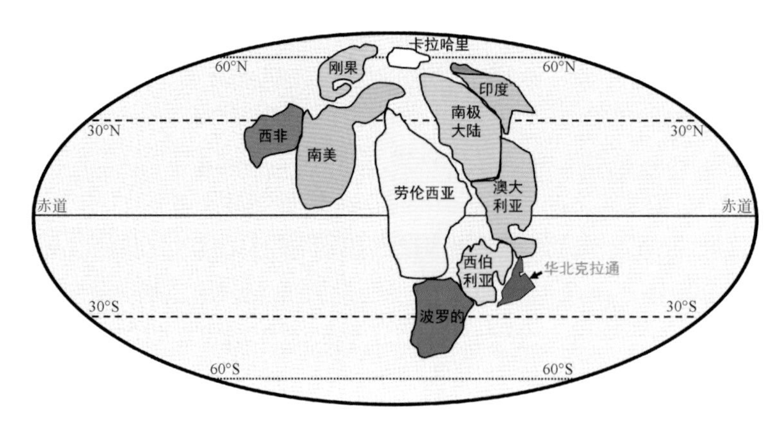

图 15.1　哥伦比亚超大陆 1.5 Ga 时的复原模型图及华北克拉通的位置

复原模型图引自 Meert，2012，华北克拉通的位置引自 Zhao *et al.*，2004

按照超大陆的旋回理论，任何一个超级大陆都不可能永久存在。1.6 Ga 后，北美洲、波罗的古陆、亚马逊克拉通和华北陆块大量出现的火成碳酸岩与基性岩墙群，预示地球历史上存在时间最久的超级大陆开始分裂（Ernst *et al.*，2008；Goldberg，2010；Yang *et al.*，2011）。目前认为，哥伦比亚超大陆的分裂原因是由非造山的岩浆活动，即源于核幔边界，或上下地幔边界的超级地幔柱上涌所致（Hou *et al.*，

2008）。大量热异常物质的上涌导致岩石圈拱张、伸展，使顶部岩层脆性增大，形成大陆裂谷，随后的大规模基性岩浆活动形成沿裂谷带分布的基性岩浆群。华北克拉通基性岩墙群的岩石化学研究证明，这些基性岩墙群为板内玄武岩（Whithuin Plate Basalt，WPB）系列，源于富集型地幔的岩浆，形成于大陆板内裂谷环境，与拗拉谷的形成密切相关（Hou *et al.*，2008）。

15.2.2　哥伦比亚超大陆裂解对华北克拉通地质环境、古海洋化学及生物演化的影响

在经历2.5～1.8 Ga的一系列聚合碰撞事件后，华北克拉通的东、西地块于1.85 Ga时，沿中部带最终碰撞形成统一的克拉通，作为一个统一块体并入哥伦比亚超大陆，且长期处于相对稳定的状态，使得华北克拉通完整地记录了哥伦比亚超大陆的裂解进程（Zhai and Liu，2003）。根据目前国内外学者的共同研究，华北克拉通对哥伦比亚超大陆事件的响应，主要体现在东部的胶辽吉造山带、南缘的熊耳裂陷带、北部的白云鄂博-渣尔泰裂陷带和中部的燕辽裂陷带四个构造区域（图15.2；Zhao *et al.*，2009，2011；Meng *et al.*，2011；Yang *et al.*，2011；Zhao *et al.*，2011）。这四个地区先后于1.78～1.35 Ga期间发育的造山带或裂陷带，被认为是华北克拉通在哥伦比亚超大陆裂解事件中的地质响应记录；其中，燕辽裂陷带厚达万米的连续沉积，被认为是超大陆裂解事件最为完整的记录。自常州沟组底部超覆的1.77 Ga基性岩墙群及后期1.7 Ga斜长岩套和1.72 Ga环斑花岗岩的侵位，至大红峪组1.62 Ga发育的碱性火山岩、再至下马岭组底部1.38 Ga钾质斑脱岩和1.32 Ga辉绿岩的侵入等，一系列地质事件完整记录了中元古哥伦比亚超大陆裂解相关的地质事件（Songnian *et al.*，2002；Su *et al.*，2008；Zhang *et al.*，2009，2011）。大量的同位素年龄数据的获得，为哥伦比亚超大陆的裂解进程提供了精确的地质年龄标定，边缘裂陷带的形成始于1.72 Ga，持续的裂解事件可能一直延续至1.3 Ga，与克拉通西北缘的白云鄂博裂陷带的发育进程基本吻合。通过厚达万米的连续地层的沉积记录分析，也可以发现燕辽裂陷带中元古代的沉积模式，与哥伦比亚超大陆裂解进程也几乎一致，可归结为早期裂谷发育时的长城系海相碎屑岩沉积、中期裂谷扩展期的蓟县系碳酸盐岩沉积和晚期裂谷稳定时的下马岭组砂质泥岩沉积三阶段。下马岭组沉积结束后的“蔚县运动”可能是相邻大陆地块碰撞作用的产物，意味着哥伦比亚超大陆的裂解进程结束，新的超大陆开始形成（朱士兴等，2012）。

15.2.2.1　大陆裂谷阶段（1.8～1.6 Ga）

大约自1.8 Ga开始，哥伦比亚超大陆开始裂解，华北克拉通北缘地壳伸展，形成裂谷盆地，在长城系地层中形成大套的陆源碎屑岩堆积。古元古代的吕梁期原岩建造为砾岩、砂岩、黏土岩、镁质碳酸岩和中基性火山岩系列，因此在短短的50 Ma期间，华北克拉通北缘中元古界发育厚达2830 m的沉积建造，并不整合于基底变质岩系之上，裂陷作用明显（翟明国，2004）。当时的古构造和古地理环境是，地槽型沉积基本结束，古陆中间“厂”字形的三角地带强烈坳陷，沉积盆地具有大陆裂谷和狭长坳拉海槽的性质（图15.3）。随着大陆进一步伸展和洋壳的形成，华北克拉通北缘逐步向被动大陆边缘演化。由于被动大陆边缘不断沉降和海平面的上升，海水开始向华北克拉通内部大规模的入侵，至长城纪末的大红峪组，出现超钾质火山岩的爆发，造成该时期的石英砂岩向华北地块内部超覆，沉积在下伏地层之上（图15.4）。大红峪组火山岩岩性的双峰式分布也说明，该火山岩形成时区内构造环境已处于显著的伸展引张环境（胡俊良等，2007）。

依据古地磁证据，长城纪时的华北克拉通位于赤道附近，属亚热带到热带性气候，温度较高，空气湿润（Halls *et al.*，2000）。强烈的风化剥蚀作用以及活跃的地壳运动，并且通过生物地球化学循环作用，使当时华北克拉通北缘的岩石圈、水圈、气圈也发生重大变化。大量硫酸盐矿物的风化入海，极大地提升了海水中的硫酸盐含量，硫酸盐还原菌代谢旺盛，一方面将沉积有机质代谢，降低氧消耗量，促进大气氧含量的上升（Parnell *et al.*，2010）；另一方面也生成大量的H_2S，使中元古代水体中硫化环境开始发育，为有机质埋藏保存提供绝佳的还原环境（Lyons *et al.*，2009）。按照Canfield等（1998）的观点，海

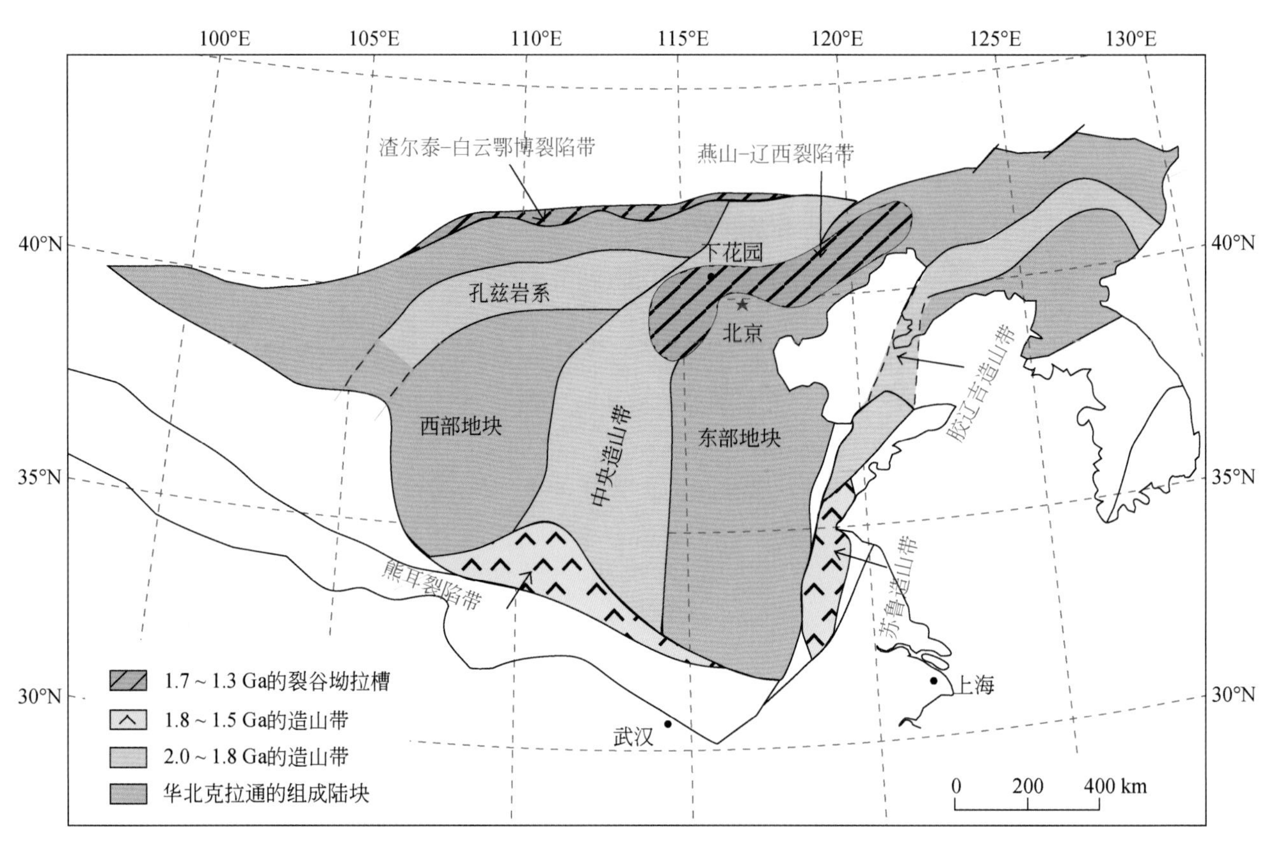

图 15.2　华北克拉通 2.0 ~ 1.3 Ga 期间主要的地质构造运动（据 Lu *et al.*，2008，修改）

水中 H_2S 含量的上升，使 Fe^{-2}以黄铁矿的形式沉积，也是导致 1.8 Ga 时条状带含铁建造沉积终止的重要原因。还原性铁的沉积及有机质的埋藏有效地降低了氧消耗量，促进大气氧含量积累上升（Scott *et al.*，2008；Pufahl and Hiatt，2011）。至中元古代时，全球大气氧含量已达 10% PAL（Kah and Bartley，2011）。氧含量上升促进需氧代谢生物的进化，生物由隐形走向显生，真核生物由单细胞发展为多细胞，并向后生生物转变（Decker and Van Holde，2011）。目前在长城系的常州沟组、串岭沟组及团山子组等地层中，均已发现大量的宏体生物和胞囊生物，或为疑源类，或为最早期的多细胞真核生物（Zhu and Chen，1995；Lamb *et al.*，2007，2009；Peng *et al.*，2009）。哥伦比亚超大陆的初始裂解，不仅是地质构造发展的重要分界，也是生物进化的里程碑。

15.2.2.2　被动大陆边缘阶段（1.6 ~ 1.4 Ga）

长城纪末期，伴随着大陆的进一步伸展和洋壳的形成，华北克拉通北缘逐步向被动大陆边缘演化，燕辽裂陷带向凹陷区转化，构造环境趋于稳定，燕辽盆地逐步进入陆表海阶段（吉利明等，2001）。高于庄期发生的“滦县上升”使得太行高地扩大，燕辽海向北退缩，陆表海盆地面积缩小，面状浅海沉积体系发育，形成蓟县系以滨岸和陆棚环境为主的碳酸盐岩和细碎屑岩沉积体系（图 15.3）。高于庄组和雾迷山组出现两次大范围的海泛期沉积，陆表海遍布于坳陷区，并向周围有所漫延（图 15.4）。这两期海侵时的古纬度均处于赤道附近，陆源物质输入量较大，有利于形成巨厚的硅质白云岩（见图 15.5）。但杨庄组和洪水庄组的两次海平面下降导致沉积覆盖面积大幅缩小，沉积相多为水下浅滩。

浅水陆表海环境使水体中的原始有机质能够迅速搬运、沉积而被埋藏，减少被异养生物降解的机会，因此洪水庄组页岩有机质含量较高，层理极平直，表明当时为极为稳定的还原水体下的沉积（罗情勇等，2013）。至铁岭组沉积时期，海侵范围比洪水庄期略有扩大，地壳相对稳定，下降幅度较小，以碳酸盐岩沉积为主。蓟县纪时的华北陆块北缘仍属炎热湿润的气候条件，陆表海的广泛发育对碳酸盐岩的形成和菌藻类生物的生长极为有利，岩性组合以各种类型的碳酸盐岩占绝对优势，其次为黏土岩，碎屑岩极少。

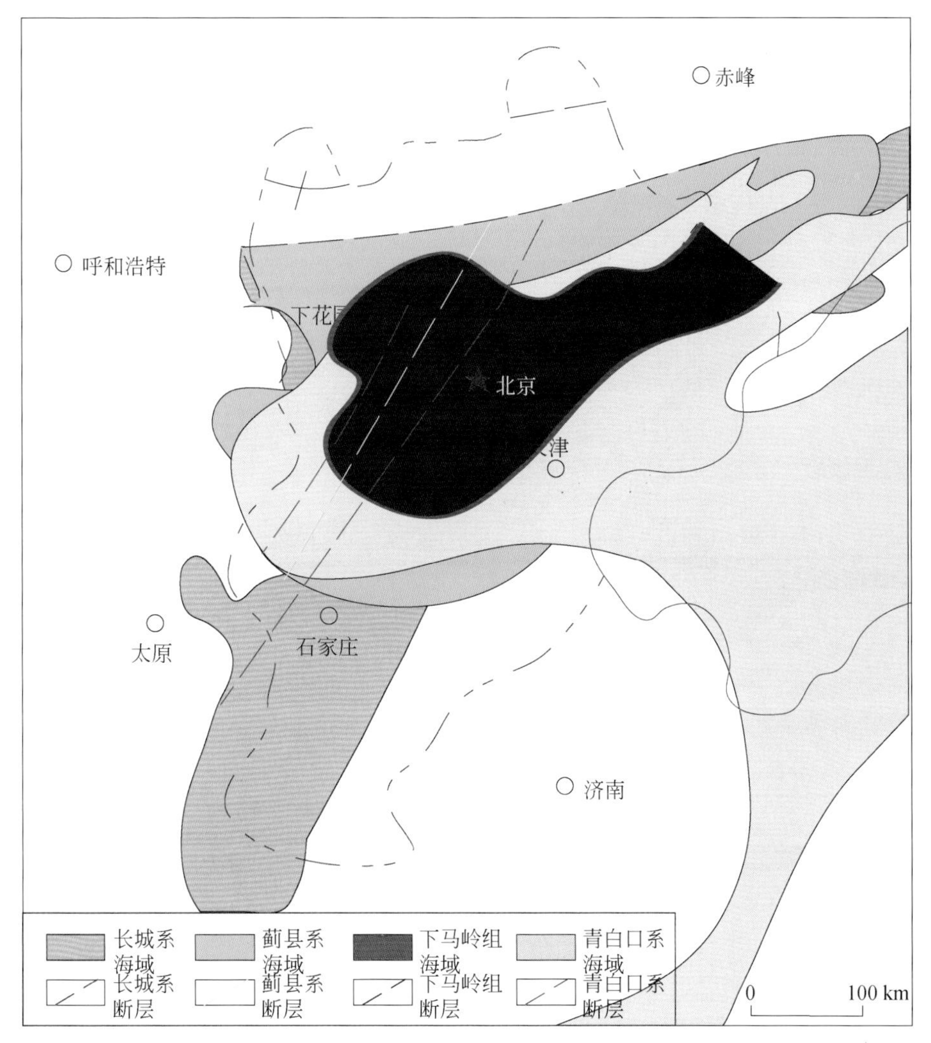

图 15.3　华北地区元古宙的断层及海侵面积变化图（据河北省地质矿产勘查开发局，2006）

碳酸盐岩的沉积在全球碳循环中起到至关重要的作用，地球早期大规模碳酸盐岩的形成能够降低大气 CO_2 的浓度，一定程度上起到了地球冷却的作用（Bekker *et al.*，2003）。中元古代蓟县纪的大规模碳酸盐岩沉积不仅表明当时的华北陆块处于稳定克拉通的陆表海盆沉积模式，而且全球温室气体含量开始下降，自早元古代的 100% PAL 以上降至 10% PAL 左右，全球温度可能处于生物繁育的舒适阶段（Kah and Riding，2007）。蓟县系地层中碳酸盐岩无机碳同位素的稳定表明，蓟县纪生物演化在有条不紊地进行，并未出现大的爆发性增长，如高于庄组的单列细胞丝状体真核藻类和宏体化石，雾迷山组的分支体真核藻类、多细胞组织藻类等，说明真核生物已发展到显生阶段（Cheng，1982；Joo *et al.*，1999；Kumar，2001；Tang *et al.*，2013）。

15.2.2.3　活动大陆边缘阶段（1.4 ~ 1.2 Ga）

蓟县纪末期的“芹峪上升”导致地壳再次抬升，陆表海面积进一步萎缩，随后的下马岭组沉积范围局限于太行山北段至燕山地区，中心向西偏移。乔秀夫等（1976）认为，这次上升运动可能与洋壳低角度俯冲造成弧后发生挤压和抬升有关。同时下马岭组内广泛出现的辉绿岩岩床侵入和钾质斑脱岩，也指示这一时期华北地块处于明显的伸展状态，代表了燕辽裂陷带形成后的抬升运动，此时的华北克拉通北缘可能演化为活动大陆边缘（苏文博等，2006；刘岩等，2011）。斑脱岩源于同碰撞岛弧背景的火山喷发活动，与板块边缘的俯冲碰撞密切相关。因此，下马岭组可能是在活动大陆边缘沟-弧-盆构造体系的框架下，洋壳发生高角度俯冲，在伸展性弧后盆地沉积的一套富有机质砂泥岩地层（图 15.4）。

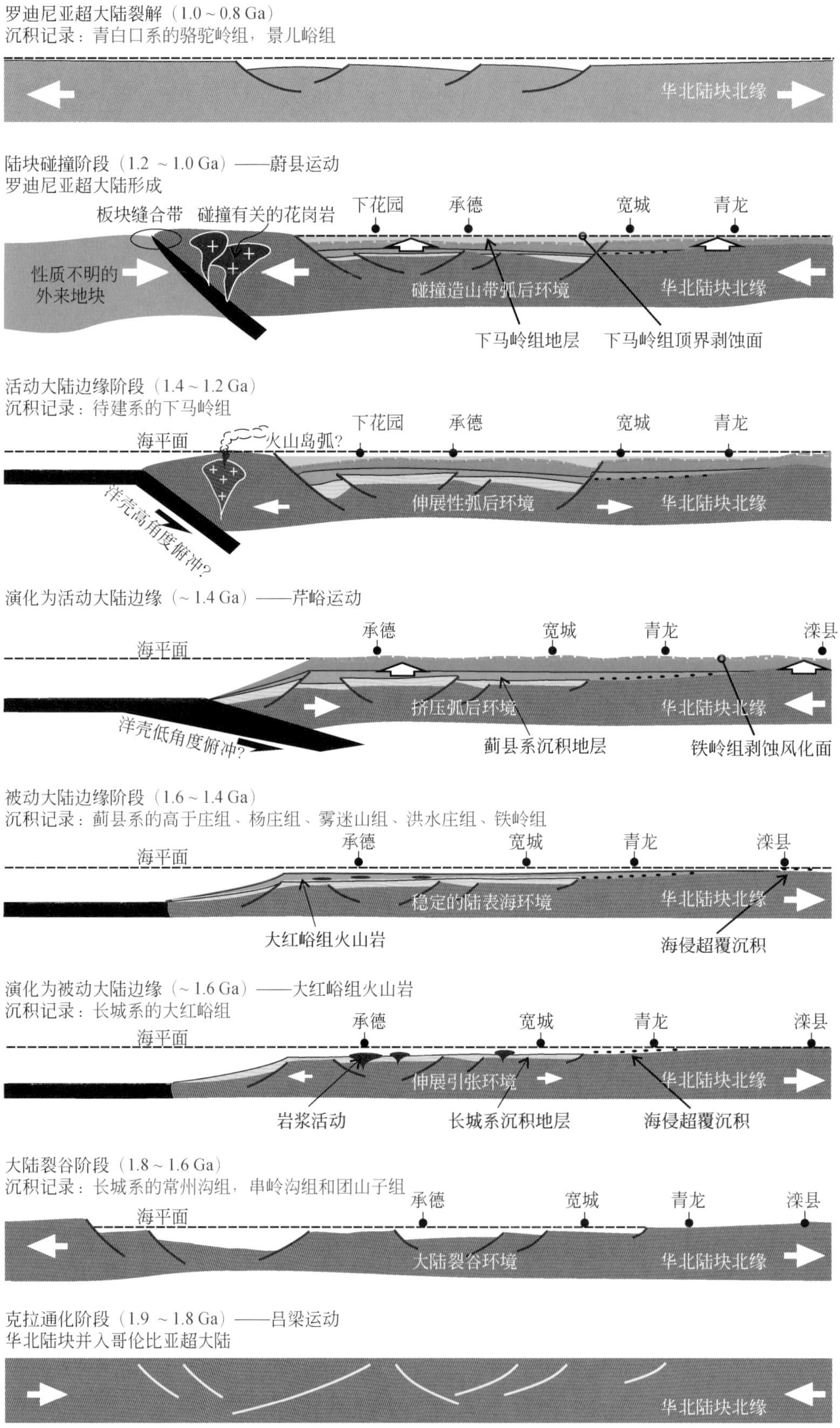

图 15.4　华北陆块北缘与哥伦比亚超大陆裂解相关的构造运动（据潘建国等，2013）

下马岭组沉积时期，华北克拉通位于南半球低纬度区域，气候炎热，陆源风化作用强烈。但下马岭组最典型的特征是沉积物中有机质含量的大幅上升，甚至部分层段总有机碳含量（Total Organic Content，

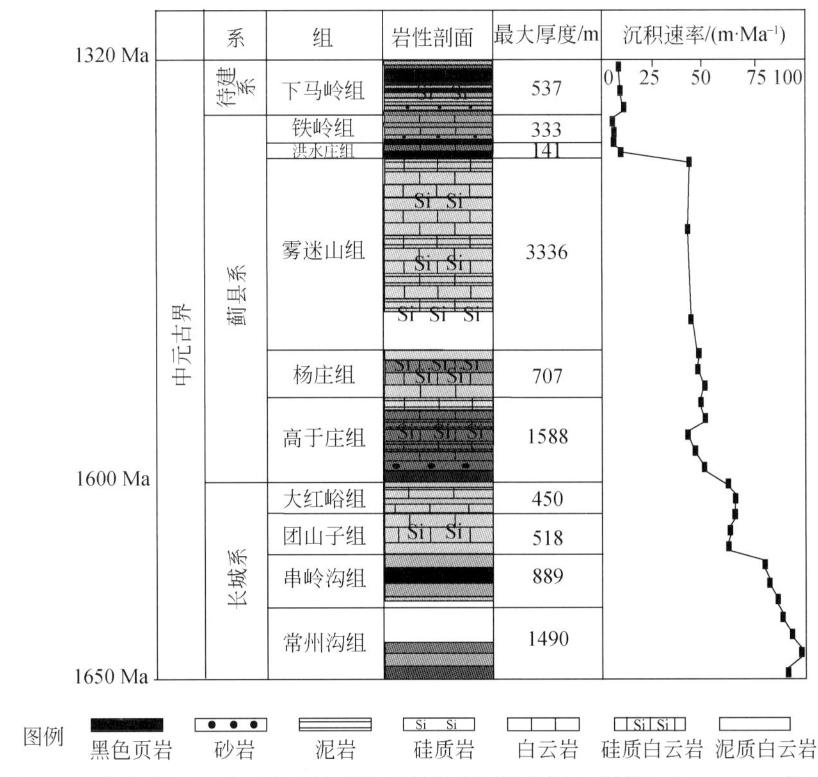

图15.5　华北燕山地区元古宙地层序列及沉积厚度简图（据郝石生，1990，修改）

TOC）高达24%，黑色页岩含油率可高达10%，达到油页岩的标准（张水昌等，2007）。这表明，下马岭组沉积时华北古陆不仅有着极大的生物量，而且海洋底部广泛发育还原环境。在生物组成方面，虽然朱士兴等（1994）从下马岭组黑色页岩中，发现丰富的底栖宏观藻类和浮游型球状体生物化石，但生物标志物的证据显示，生物类型仍以原核生物为主，真核生物虽已开始繁育，但并未占据主角地位（张水昌等，2007）。相比于长城纪的生物组成，虽然真核生物进化趋势仍在继续，但变化不大，中元古代生物进化停滞现象在华北地区表现的极为特征（Anbar and Knoll，2002）。

15.2.2.4　陆块碰撞阶段（1.2～1.0 Ga）

下马岭组沉积后的“蔚县运动”使华北地块发生地壳抬升和挤压变形，在骆驼岭组沉积之前遭受长时期的剥蚀、侵蚀和夷平作用。朱士兴等（2012）认为，这次运动属于轻微的褶皱造山运动或准造山运动，与1.2～1.0 Ga期间形成罗迪尼亚超大陆的格林威尔造山运动（Grenville Orogeny）相对应，代表当时的华北地块与相邻地体之间的碰撞事件（图15.4）。联系到1.1～1.0 Ga白云鄂博-渣尔泰的什那干抬升运动，1.04 Ga阜新魏家沟岩群的钙碱性火山岩以及1.13～1.11 Ga内蒙古白乃庙地区火山岛弧建造等北缘造山带的发育（张臣，2004），表明中元古代晚期，华北克拉通北缘已转入活动大陆边缘火山弧，或碰撞造山带环境，哥伦比亚超大陆的裂解进程结束，转而走向罗迪尼亚超大陆的组合进程。

蔚县运动不仅造成下马岭组时期与骆驼岭组时期之间，沉积盆地构造格架和古地理面貌的巨大改变，也引起了古磁极、古纬度、古气候和古生物群落等各方面的巨大变化。例如，在下马岭组-骆驼岭组-景儿峪组沉积时期，古地磁发生过极性倒置和纬度的显著改变，下马岭期古纬度S16.6°处，到骆驼岭组-景儿峪组期的古纬度则变成N18.0°至N49°（张文治，2002）。下马岭组的宏体藻类化石仍属于形态相对简单的类型，与中元古代早期的化石组合类型并无太大出入。但骆驼岭组的微古植物和宏体藻类均出现仅见于新元古代的新类型（朱士兴等，2012），意味着此时期地球上的生物进化已经进入快速演变期。而且1.0 Ga后沉积的骆驼岭组，刚好对应于新元古代氧爆发阶段，在超大陆旋回中处于罗迪尼亚超大陆的裂解期末，因此骆驼岭组的沉积意味着一个新的超大陆的旋回和一个新的生物时代的开始（Och and Shields-zhou，2012）。

综上所述可以看出，早元古代末期，经吕梁运动，华北地区最早固结成为华北原克拉通。从中元古代早期开始，在华北原克拉通内出现了大规模的破裂，形成燕辽裂陷带。长城纪常州沟组至大红峪组中期是裂陷带的发生阶段，大红峪组末期，裂陷作用消亡，至高于庄组、杨庄组、雾迷山组沉积时期，是裂陷作用消亡后向克拉通盆地转化的过渡阶段，此阶段以大规模海侵开始，形成巨厚的沉积物。从洪水庄期开始，全区进入了克拉通盆地阶段，抬升时全区整体抬升，沉积时全区普遍沉积，沉积区域大体相似，表现出十分稳定的克拉通型沉积特点，这段时期也是烃源岩发育的最佳时期。其中洪水庄组和下马岭组在沉积时具有很好的盆地构造环境和还原水体条件，高有机质丰度的黑色泥页岩普遍发育，基本覆盖宣龙、冀北、辽西、京西、冀东和冀中等坳陷区域（图 15.6）。这两套地层虽然沉积厚度并不是很大，但具有高的有机质丰度和良好的岩性组合规律，仍使得下马岭组和洪水庄组成为华北克拉通中—新元古界的主要烃源层。

15.3 燕辽裂陷带宣龙坳陷下马岭组烃源岩的发育背景

1.4 Ga 时的“芹峪运动”使华北克拉通北部的部分地区暴露地表遭受剥蚀，于下马岭期再次下沉接受沉积，地层总体上由泥页岩、砂质泥岩和硅质岩组成，典型的沉积特征为上部夹透镜状叠层石灰岩，下部夹海绿石砂岩，并含菱铁矿和黄铁矿透镜体。被动大陆边缘到活动大陆边缘的转化使得华北陆块在下马岭期的沉降中心从东向西转移（图 15.4、图 15.6）。从厚度分布来看，燕辽裂陷带西段宣龙坳陷下花园地区夏家沟-赵家山一带为下马岭组沉积时期的沉降中心，地层最大厚度达 537 m，并在下马岭组的中后期沉积一套富含有机质的黑色页岩，其中赵家山剖面下马岭组烃源层厚约 200 m，并向东、向西两端减薄（赵澄林等，1997）。作者等对夏家沟地区的下马岭组油页岩的前期研究结果表明，其 TOC 最高可达 24%，氯仿沥青含量达 8787 ppm，低温干馏实验结果显示含油率最高可达 10% 以上，属于好的生油岩范畴；而且自显生宙以来宣龙坳陷的中—新元古界始终未经历过深埋过程，因此，未遭受过岩浆活动围岩蚀变影响的下马岭组黑色页岩，等效镜质组反射率 R^o 值仅为 0.5% ~0.6%，热解烃峰顶温度 T_{max} 值 440 ~453℃，基本保持低成熟优质烃源岩的特征（边立曾等，2005；张水昌等，2005，2007）。根据岩石类型组合和沉积层序分析，这套含油页岩的碳-硅质泥岩建造，应发育在活动大陆边缘阶段的伸展性弧后深水盆地环境中。

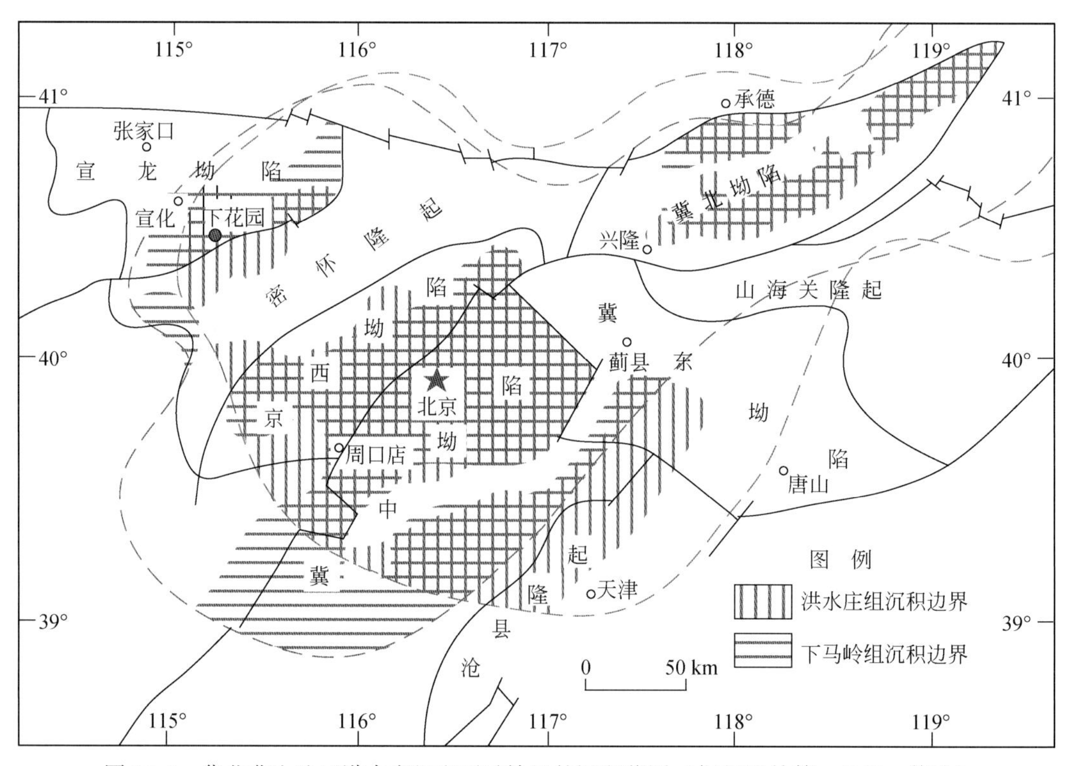

图 15.6 华北燕山地区洪水庄组和下马岭组的沉积范围（据赵澄林等，1997，修改）

15.3.1　野外露头特征

燕辽裂陷带西段宣龙坳陷下马岭组分布广泛，基本分布于张家口附近的夏家沟-古城梁地区，地层出露厚度可达325 m，自下而上可分为四个岩性段（图15.7），并与下伏铁岭组和上覆侏罗系地层呈不整合接触。

下一段为黄绿、褐红、灰色等杂色砂泥岩的间互沉积，厚约35 m；以夹紫红、灰绿色等杂色泥质砂岩为特征，并含有黄褐色或黑色的铁锰结核，反映当时的沉积环境为滨海的富铁质沉积。下二段为红绿色粉砂质泥页岩段，厚约98 m；从底向上分布为海绿石砂岩、黄绿色砂质泥岩和频繁间互的紫红色与灰绿色砂质泥岩，表明下二段水体比下一段加深，整体表现为海进过程。下三段为黑色硅质页岩段，厚约146 m；以绿灰、灰色页岩与灰黑、黑色碳-硅质页岩间互沉积、尖棱褶皱极为发育为特征，高有机质丰度的黑色页岩与油页岩即赋存于该段，成下马岭组主要的烃源层段，黑色页岩类的大量发育表明，与下二段比较，下三段的沉积水体继续加深，持续海侵过程，并在其上部沉积时达到最大海侵范围。下四段主要为绿灰色纸片状页岩夹灰黑、黑色碳-硅质页岩，厚约46 m，顶部含饼状泥灰岩，绿灰色岩系及顶部饼状泥灰岩的出现表明，下四段的水深较下三段变浅，呈现出海退过程。

从整体来看，下花园地区下马岭组的地层沉积序列的岩性频繁间互，为典型的陆表海相沉积。从下一段到下四段显示出海侵-海退的层序变化，自下而上由下一段到下三段是海进过程，下三段上部黑色页岩连续段反映水体最深，属最大海侵时期的沉积，下四段则为水退过程。

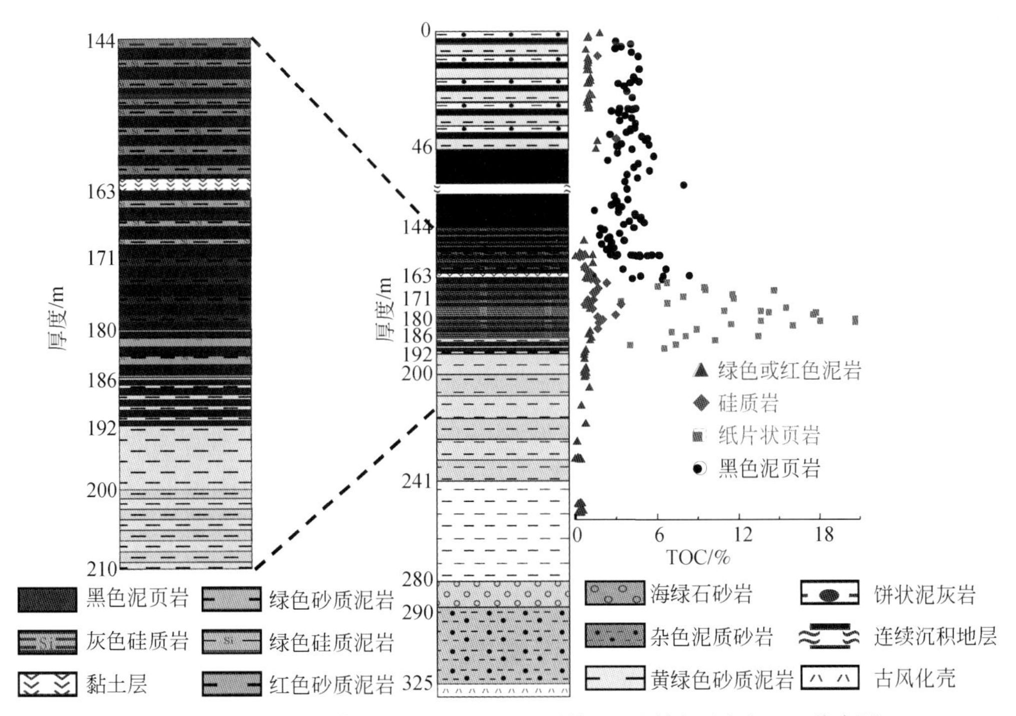

图15.7　燕辽裂陷带西段下花园地区下马岭组地层剖面图及TOC分布图

从古海洋沉积环境分析可见，自下而上下马岭组的沉积序列展现为：风化壳-滨海的富铁质浅水相海绿石砂岩-较深水相绿色与红色砂质泥岩-深水相黑色页岩与硅质岩-较深水的绿色硅质泥岩沉积；并具有氧化或弱氧化环境（绿色或红色岩系）和还原环境（黑色或灰色岩系）两种反映古海洋环境沉积物特征。此外，一方面不同岩性的频繁间互表明，下马岭组沉积时期海平面及物源输入量的变化较为频繁；另一方面也表明中元古代的氧化还原界面同样处于动态变化中，特别是下三段属于浪基面以下的沉积，由此才可能发育毫米以下分辨率的且层理性极好的富有机质页岩。

在该套碳-硅泥质烃源岩的有机质丰度和含油率，尤其以下三段底部发育的褐色纸片状页岩（页片厚0.05～1.0 cm）为最高。纸片状页岩夹于绿色或灰色含泥硅质岩、硅质泥岩中，页岩抗风化能力强，凸出于围岩，层面凹凸不平，可剥离成较大面积的、极富弹性的、可弯曲的页片，而且密度极轻，用打火机烧之冒浓烟，继而自燃发出红色火焰，伴随有爆裂声和滋滋燃烧声，远在 3 ~ 5 m 处就可嗅到浓烈的沥青味，因此基本可以断定该纸片状页岩已达到油页岩标准。而下三段上部发育的黑色泥岩在炭火中同样可燃，冒浓烟，有红色火焰，可嗅到浓烈的沥青味，但燃烧时间较短，表明其有机质丰度和含油量相对低于纸片状页岩。同时，野外露头观察还在下三段上部黑色泥岩连续沉积段的层理缝中，发现大量粉沫状硫黄（污手，将手染成黄色），或石膏，推测可能来自于黄铁矿的风化产物，因此该段黑色泥页岩的沉积环境可能为还原富硫环境。

15.3.2　生烃潜力

TOC 是反映原始海洋中初级生产力的最佳指标。下马岭组下一、二段沉积物的 TOC 都很低，下一段杂色泥质砂岩 TOC 值 0.1% ~0.5%，下二段红色绿色砂质泥岩 TOC 值 0.1% 左右。下三段中下部绿色岩类 TOC 也较低，均值为 0.3%，但黑色岩类薄夹层 TOC 较高，均值可达 7% 以上；而黑色岩类与硅质岩间互的褐色或黑色纸片状（0.05 ~ 1.0 cm）页岩 TOC 值很高，均值达 10% 以上，最高值达到 24%；相比于下部黑色页岩夹层，下三段上部连续沉积黑色页岩的 TOC 含量显著降低，在 1.5% ~6.2%，均值约为 3%。下四段绿、灰色页岩的 TOC 含量都很低，均值约为 0.3%，黑色页岩夹层 TOC 值与下三段上部类似，均值约为 3%。下马岭组几乎所有的黑色岩类，无论是含泥硅质岩、硅质泥页岩，还是碳质页岩，其有机质丰度均达可到烃源岩评价标准（TOC>1%），其中下三段下部与硅质岩互层的褐色或黑色纸片状页岩的 TOC 可高达 20% 以上，含油率最高可达 10%，达到油页岩的标准。绿色或红色岩类 TOC 一般低于 1%，可能与沉积环境有关。在氧化环境下生成的有机质在沉降和成岩过程中，多被降解破坏，导致沉积物的 TOC 较低。

按照 TOC 差异，可以将下马岭组剖面的沉积岩可划分为三类，分别为氧化环境沉积的绿色或红色岩类（TOC 值为 0.1% ~1.0%），以下二段为典型（图 15.7 剖面深度 280 ~ 192 m）；弱氧化-弱还原环境下沉积的黑色页岩（TOC 值为 6.0% ~20.0%），以下三段下部最典型（图 15.7 剖面深度 192 ~ 144 m）；还原硫化环境下沉积的黑色泥岩（TOC 值为 2.0% ~6.0%），以下三段上部为典型（图 15.7 剖面深度 144 ~ 46 m）。由于生物母源与后期成岩过程中有机质降解程度的不同，三种环境下的沉积岩的生烃潜力有着明显差异（图 15.8）。氧化环境下绿色或红色岩类的氢指数基本上多在 200 mg/g_{TOC} 以下，全部低于 300 mg/g_{TOC}，生烃潜力较差；而还原硫化环境和弱氧化-弱还原环境下的黑色泥岩-页岩的氢指数，基本上多在 300 mg/g_{TOC} 以上，生烃潜力较好。同时还可以看出，下马岭组沉积岩氢指数的最高值约 430 mg/g_{TOC}，即使是 TOC>10% 的黑色纸片状页岩，其氢指数也并未超过该值，表明其有机质母体可能为海相浮游藻类或光合作用细菌，为 II-1 型有机质。

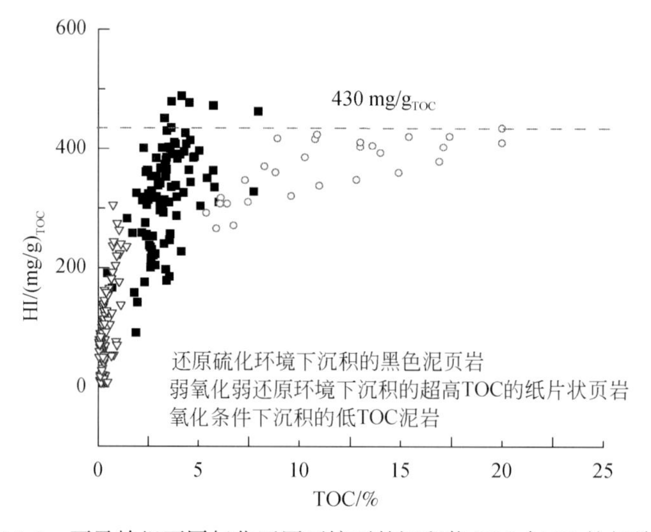

图 15.8　下马岭组不同氧化还原环境下的沉积物 TOC 与 HI 的相关性

15.3.3　沉积环境

15.3.3.1　硅质岩的物源输入

硅质含量较高（可大于50%）是下马岭组页岩的一个典型沉积特征，尤其是在下三段下部，硅质岩与高TOC纸片状黑色页岩和绿色岩类组成频繁的互层，表明该区沉积时期具有重要的硅质输入物源；其硅质输入物源的确定，对了解当时华北克拉通的地质环境和生物繁育有着重要意义。关于海相沉积岩中硅质的物质来源，前人曾提出热液成因和硅藻生物成因两种解释（赵澄林等，1997；陈践发、孙省利，2004）。据作者的显微镜下观察发现，在下马岭组页岩的硅质主要赋存形式为SiO_2，而非硅酸盐，黑色页岩中含有大量纹层状的隐晶质SiO_2，表明其沉积盆地水体具有大量溶解态SiO_2的输入。

沉积岩主量、微量和稀土元素的分析，可为下马岭组沉积时的硅质输入源提供地球化学的判识依据。在主量元素分布特征方面，Fe、Mn的富集主要与热液沉积有关，而Al、Ti的相对富集多与陆源物质的介入相关，并且随着热水对硅质沉积贡献的增加，Al/(Al+Fe+Mn)值将变小，而Fe/Ti值则相应会变大（Borstorm，1983）。因此，通过建立主量元素Al/(Al+Fe+Mn)-Fe/Ti图版，可分辨海底热液、生物成因与陆源输入三种沉积硅质岩的物质来源。Meylan等（1981）、Gurvich（2006）提出，以Al/(Al+Fe+Mn)值<0.30和Fe/Ti值>20作为海相热水沉积硅质物源的判识标准。据Adachi等（1986）对北太平洋硅质岩的统计，海底喷发的纯热水沉积的硅质岩Al/(Al+Fe+Mn)值最低仅为0.01；而不具热水沉积贡献，纯远海生物沉积硅质岩的Al/(Al+Fe+Mn)值可高达0.60。因此，可以将Al/(Al+Fe+Mn)值<0.60和Fe/Ti值<20作为为生物成因硅质物源的标准；Al/(Al+Fe+Mn)值>0.35和Fe/Ti值<20作为陆源输入的标准[图15.9（a）]。

下马岭组硅质岩的Al/(Al+Fe+Mn)值和Fe/Ti值的分布范围分别为0.49～0.7（均值0.63）和8.18～32.46（均值16.0），因此，从主量元素组成特征来看，下马岭组硅质岩明显有别于海底热液成因硅质岩，但是难以完全排除其硅质的海洋生物来源。鉴于在1.2～1.4 Ga的中元古代晚期下马岭组沉积时期，能够提供生物成因硅质的硅藻和放射虫等含硅质生物尚未出现，或尚未大量繁衍，显然不可能提供如此规模的硅质来源。事实上，在下马岭组地层中，也缺乏中-酸性岩浆热液活动的地质记录。在Al/(Al+Fe+Mn)-Fe/Ti图上，39件下马岭组硅质岩样的数据点中，绝大部分处于陆源输入的物源范畴，仅4件岩样的Fe/Ti值>20，属于未知物源[图15.9(a)]。总体上主量元素Al和Ti组成支持下马岭组硅质岩与页岩的硅质成分属于陆源输入成因的认识。

元素Zr（锆）、Hf（铪）均属于难迁移的微量元素，二者在地幔和地壳中具有不同的Zr/Hf值，可用于区分沉积岩中幔源或壳源物质的输入（Wang *et al.*，2010）。就Zr/Hf值而言，地壳岩样约为41.4，地幔岩样约50.5（Rudnick and Gao，2003；Workman and Hart，2005）。下马岭组硅质岩的Zr/Hf值40.5±0.5，更接近于地壳物质，明显地有别于地幔物质，表明下马岭组沉积岩的主要物源，应来自上地壳陆源物质的风化产物。沉积母源物质的风化程度可采用化学蚀变指数（Chemical Index of Alteratio，CIA）来表征。下马岭组沉积岩的CIA值介于56～76，标志中等程度的化学风化产物，说明当时华北克拉通燕辽裂陷带的气候条件应属于温暖湿润型（Nesbitt and Young，1982）。

在稀土元素的分布特征方面，海底热液沉积的稀土元素（Rare-Earth Elements，REE）总量（∑REE）明显较低，仅约20 ppm，且不具备轻稀土元素的优势，即轻稀土元素（Light Rare-Earth Elements，LREE）总量∑LREE与重稀土元素（Heavy Ravre-Eanth Elements，HREE）总量∑HREE的比值（∑LREE/∑HREE）不大于1（Bau，1991；Monecke *et al.*，2011）。此外，由于Eu^{2+}与Ca^{2+}的晶体化学性质相似，Ca^{2+}容易在岩浆作用过程中对Eu^{2+}发生晶格置换，进而在熔体中形成“正铕异常”，即$\delta Eu>1$（Olivarez and Owen，1991）。因此热液成因硅质岩类似于原始地幔或亏损地幔的稀土元素分布特征，呈现出低的∑REE值，平缓的元素分布特征和可能的正铕异常（Workman and Hart，2005）；而陆源沉积硅质岩的稀土元素特征表现为高的∑REE值，明显的轻稀土优势和可能的负铕异常（$\delta Eu<1$；German *et al.*，1990；Danielson *et al.*，1992）。

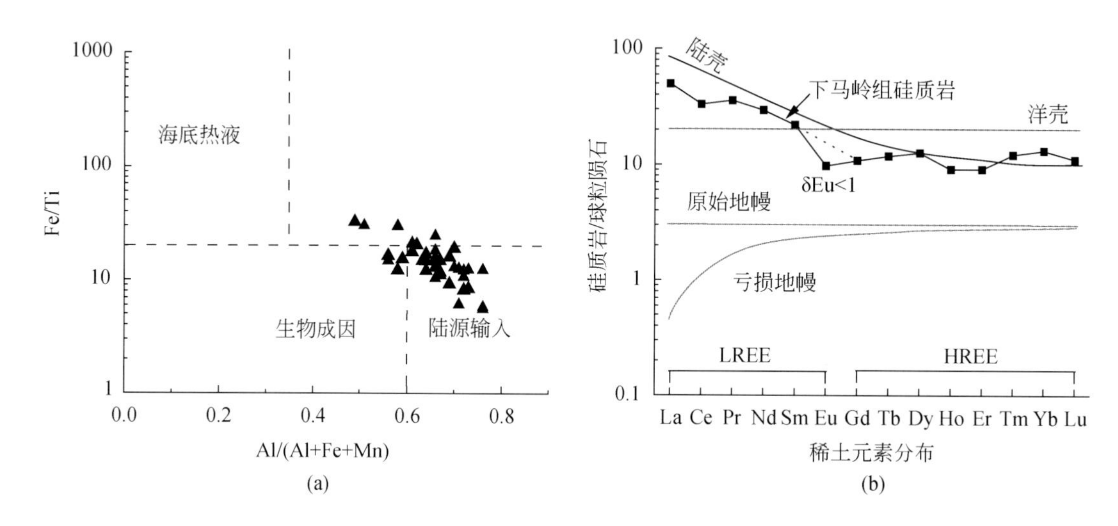

图 15.9　下花园地区下马岭组硅质岩的成因图解

（a）据 Meylan *et al.*，1981；Gurvich，2006；Adachi *et al.*，1986 数据绘制。

（b）中陆壳、洋壳、原始地幔、亏损地幔等数据引自 Workman and Hart，2005，

下马岭组硅质岩数据为 39 个岩样的均值

下马岭组硅质岩 ∑REE 值 81.3 ~ 109.3ppm（均值 91.4ppm），显著高于热液成因硅质岩（约 20ppm），从稀土元素的分配型式来看，∑LREE 值 54.6 ~ 74.1ppm（均值 62.3ppm），∑HREE 值 25.4 ~ 35.2ppm（均值 29.1ppm），∑LREE/∑HREE 值 2.04 ~ 2.29（均值 2.14），与陆壳的 ∑REE 值较高、轻稀土相对富集的特征类似［图 15.9（b）］。以球型陨石和北美页岩对下马岭组硅质岩进行标准化后，δEu 值分别为 0.59 ~ 0.66（均值 0.62）和 0.81 ~ 0.87（均值 0.84），均呈现出负铕异常，与陆源沉积硅质岩的稀土元素特征相符。

综合上述主量、微量与稀土元素的分析数据，可以证明下马岭组硅质岩并非热液成因，而属于陆源输入沉积。

15.3.3.2　沉积盆地构造背景

乔秀夫（1976）在下马岭组中发现斑脱岩，认为当时的构造沉积环境为弧后盆地，燕辽裂陷带西段宣龙坳陷，特别是在河北涞水-京西下马岭-河北下花园、八宝山、庞家堡一带，下马岭组的含碳-硅质的泥质岩，均属被动陆缘的典型沉积建造组合。通过常量元素的分配函数也可以看出，黑色页岩的沉积环境多为弧后盆地、陆内裂谷或大陆边缘弧，而非陆相克拉通盆地和大洋弧环境（图 15.10）。同时，在涞源-宣化北一带的神仙山、灵丘、驿马岭、鸡鸣山、杏林堡、大岭堡等地，构成 SW-NE 向的逆冲推覆构造带。处于该构造带中段的下花园-杏林堡构造带，由一系列 SE 倾向的逆断层组成，断面呈弧形向 NW 突出。

由于下马岭组沉积时期恰好对应于哥伦比亚超大陆的裂解末期，南靠华北古陆，北向古蒙古洋，与构造带中的主逆冲推覆方向相同，因此下花园地区的弧后盆地可能是大陆岩石圈下的地幔物质上拱，和弧后微型扩张作用而形成的拉张型盆地。这类盆地以具有陆壳结构特征，往往以生长断层为边界相间形成地堑或箕状构造和地垒，显示其拉张性的构造特点。大陆边缘的裂谷盆地不仅有着丰富的陆源物质输入，和活跃的上升洋流活动，异常显著地提高其有机质的初级生产力，为烃源岩发育提供了足够的生物母质来源，而且浪基面之下较深的海底环境可保持良好的还原条件，利于有机质的保存，利于生油母质向烃类的转化，形成很大的生油潜力，因此在中元古代末期大陆边缘弧后裂谷盆地的构造背景下，造就了下马岭组优质烃源岩的发育条件。

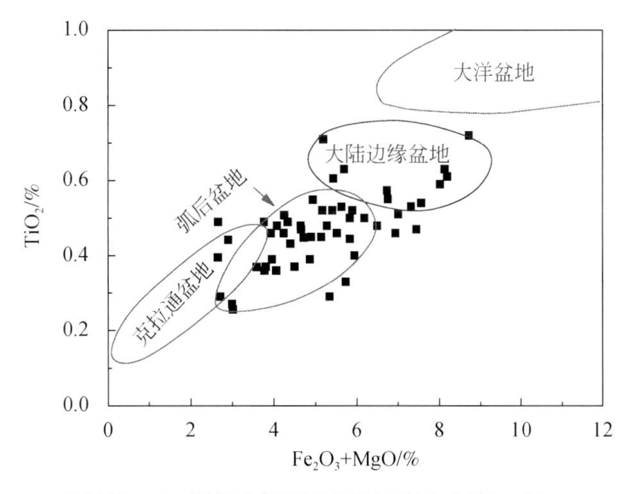

图 15.10　下马岭组下三段黑色泥页岩沉积环境解析图（据 Condie，1989）

15.3.4　有机质生物来源探讨

15.3.4.1　有机岩石学

在下马岭组下三段黑色泥页岩垂直层理的岩石薄片中，可见极为发育的两类水平微细层理。一类呈连续或不连续的波纹状和褶皱状，层厚约 0.01 ~0.15 mm，在透射光下呈棕黄、棕褐色，甚至为黑色，或者棕黄色和黑色互层，而在正交偏光下为黑褐色或者黄褐色，显示富含有机质的纹层特征。另一类在透射光下呈灰色，而在正交偏光下可见密集顺层排列的黏土矿物纹层，含细小而圆度欠佳的石英颗粒和黄铁矿立方体晶粒，悬浮在不连续的波纹状和褶皱状有机质之上。在荧光下有机质纹层发亮黄色和浅黄色荧光，含有密集扭曲的或褶皱的褐色团块，且在透射光和正交偏光下褐色团块颜色不变，这些特征非常像现代或者古代的生物席纹层，表明当时的生物量足够大，且沉积环境足够稳定，能够形成毫米尺度以下的藻纹层（张水昌等，2005，2007；边立曾等，2005）。

在作者的前期研究中，应用 HCl-HF 浸解技术，获得高 TOC 纸片状页岩的超微切片（边立曾等，2005）。在垂直与平行层面上，均可见大量的藻类残片和类生殖组织状结构，应属于红藻的皮层、囊果和果孢子囊（边立曾等，2005）。这些生物组织残片在透射光下呈红棕色或黄色，显示出类似结构镜质体的特征；在荧光下发暗黄色荧光或亮黄色荧光，表明这些显微组分可能是下马岭组烃源岩主要的富氢生烃组分。干酪根组分以腐殖型无定形体为主，可能源于藻类的营养器官，少量的腐泥型无定形体和类镜质体则可能来自藻类的生殖器官或遭受氧化的营养残片。

15.3.4.2　生物标志物

烃源岩的生物标志物组合特征的变化是地史时期生物演化阶段性的反映。下马岭组暗色页岩具有丰富且种类繁多的饱和烃生物标志物，且在地层沉积序列中有着很大差异，反映其有机质的生源构成的复杂性（表 15.1）。具体表现在：① 正烷烃碳数分布范围从 nC_{12} 至 nC_{32}，以低碳数正烷烃的丰度占绝对优势；② 异构烷烃丰度较低，低碳数类异戊二烯烷烃和单甲基支链烷烃相对较为丰富；③ 发育大量长链正烷基单环、双环和三环萜烷；④ 绿色岩类与下三段上部的黑色泥页岩中，藿烷丰度高，含一定量甾烷及少量伽玛蜡烷；⑤ 下三段底部高 TOC 纸片状页岩中的生物标志物种类相对较少，甾烷和伽马蜡烷丰度极低，几乎消失。下马岭组烃源岩生物标志物组成反映以细菌和藻类作为有机质的主要生源（表 15.1）：在细菌或微生物生源的烃类中，包含类异戊二烯烷烃、三环萜烷、藿烷等系列化合物，二环倍半萜类则也可能是细菌活动的产物；藻类生源输入，如占优势的中等分子量 C_{15}—C_{21} 正烷烃以及较高含量的 C_{29} 甾烷，可能与海洋浮游生物及某些藻类生源有关。

表 15.1　下马岭组黑色页岩中饱和烃生物标志物分布特征

化合物类型	分子结构类型	生源意义	分布情况		
			绿色岩类	下三段下部纸片状页岩	下三段上部黑色泥岩
正烷烃类	$<C_{22}$	藻类、细菌	丰富	极丰富	极丰富
	$>C_{22}$	细菌、植物	丰富	极丰富	极丰富
支链烷烃类	规则类异戊二烯烃 $\leq C_{20}$	叶绿素	丰富	丰富	丰富
	规则类异戊二烯烃 $>C_{20}$	细菌	丰富	丰富	丰富
倍半萜烷类	补身烷系列	微生物	丰富	丰富	丰富
三萜烷类	伽马蜡烷	原生动物	少量	少量	几乎没有
	藿烷、新藿烷、重排藿烷系列	细菌	丰富	极丰富	极丰富
三环萜烷	三环萜烷系列	微生物	丰富	极丰富	极丰富
四环萜烷	四环萜烷系列		丰富	极丰富	极丰富
甾烷类	重排甾烷	藻类	丰富	几乎没有	少量
	C_{27}、C_{28} 甾烷		丰富	几乎没有	少量
	C_{29} 甾烷		丰富	几乎没有	少量

在下三段下部高 TOC 纸片状页岩的抽提物中，生物标志物的分布明显有别于其他页岩抽提物，其主要特征是：甾烷含量几乎消失，萜烷却十分丰富（图 15.11、图 15.12）。甾烷来源于真核生物，在藻类生源的生烃母质中十分丰富，一些甾类化合物也成为藻类生源专属性很强的指示物（Brocks *et al.*，1999；Zhang *et al.*，2002）；而三萜烷类藿烷、新藿烷及其重排藿烷均源自原核生物细菌（Brocks and Summons，2003；Brocks and Pearson，2005）。在 m/z 191 质量色谱图上，除了 17α(H)-藿烷系列之外，还可清晰地检出 C_{29}—C_{30}17α(H)-重排藿烷，($^{*}C_{29}$-$^{*}C_{30}$)18α(H)-新藿烷(Ts)系列，Ts 与 Tm 之间的 C_{30} 流出物也以较高的丰度相伴出现（图 15.11）。另一类特征性标志物是长链正烷基三环萜烷系列，这个新的三环萜烷系列是王铁冠首次在新元古界下马岭组底砂岩古油藏沥青砂岩中检出，并定名为 C_{18}—C_{23} 13α(正烷基)-三环萜烷系列（王铁冠，1989）。而下花园地区的这个系列的碳数分布范围甚至可达 C_{29}。迄今为止，这类化合物未见更多报道，由于 13α(正烷基)-三环萜烷常与 17α(H)-重排藿烷伴生，所以它们可能具有相同的成因，即来自原核动物的细胞膜。烃源对比结果可见，下马岭组沥青的生物标志物的组成特征，与下三段黑色硅质泥岩和高 TOC 纸片状页岩的生标组成特征极其相似，而与绿色岩类中的生标组成特征差异较大，该结果不仅表明这些沥青的烃源可能来自于下三段黑色页岩。

综上所述，下马岭组页岩应该是沉积于哥伦比亚超大陆裂解末期的活动大陆边缘阶段，洋壳的高角度俯冲产生火山岛弧，使得燕辽裂陷带宣龙坳陷下花园赵家山以西地区的古地理环境成为拉伸的弧后盆地。而当时的华北克拉通位于南半球低纬度地区，气候炎热、风化作用较强，陆源物质输入及火山活动都给当时受限制的弧后盆地带来大量富营养盐物质，使上层海水中的菌藻类大量繁殖，发育数量及种类均较为丰富。因氧化环境下的沉积使得原始有机质大部分被氧化，使得下马岭组下一段和下二段页岩的 TOC 值不高，但生物标志物种类仍较丰富。而到下三段沉积时，宣龙坳陷海水变深，风浪潮汐作用难以将上部的营养物质输送至深部海洋。只能依靠底部上升流活动携带 P、Ni、W、Mo 等营养盐上涌，促进海洋原核菌类等初级生产力的爆发，沉积高 TOC 含量的黑色或褐色纸片状页岩，且生物种类较为单一，几乎没有真核耗氧代谢生物的贡献。当上升洋流作用较弱时，富 SiO_2 胶体的底部海水较易沉积硅质岩，因此下马岭组下三段下部发育一套黑色泥岩与硅质岩的交互沉积。

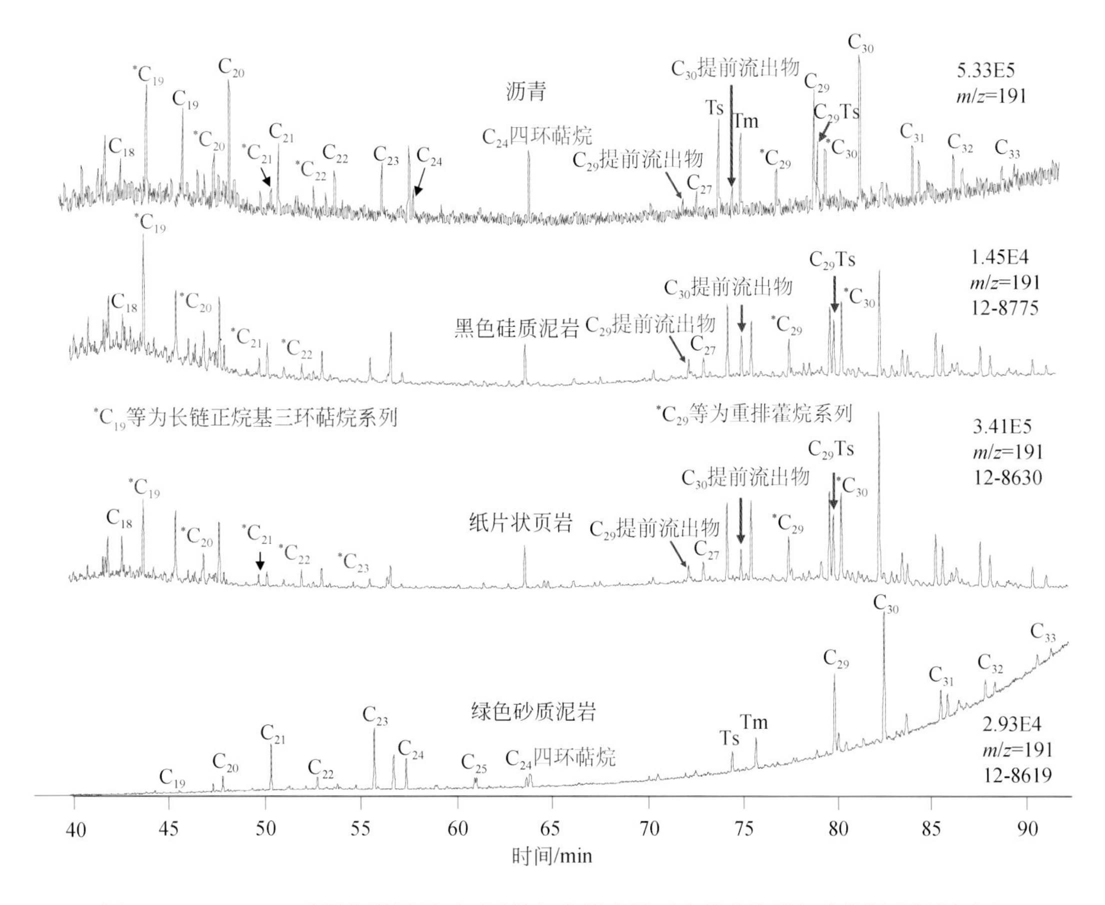

图 15.11 *m/z* 191 质量色谱图展示下马岭组各类岩泥页岩的萜烷类组成特征及烃源对比

C_{18}—C_{25}. 三环萜烷系列；C_{27}—C_{33}. 藿烷系列

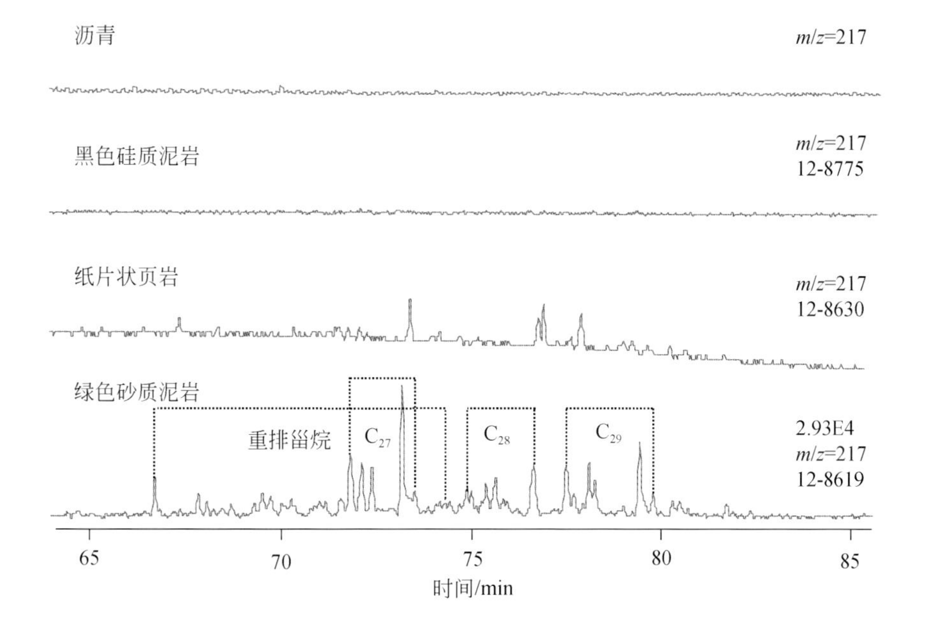

图 15.12 *m/z* 217 质量色谱图展示下马岭组各类泥页岩的甾烷类组成特征及烃源对比

C_{27}—C_{29}. 规则甾烷系列

15.4　超大陆裂解与烃源岩发育的耦合关系

近年来，随着交叉学科研究的深入发展，对超大陆事件、海平面升降、大气氧含量变化、古气候、黑色页岩沉积、生命的勃发和灭绝等一系列地质事件也开始了综合性立体研究，使得大陆裂解事件、雪球地球事件、大氧化事件（Great Qxidation Event，GOE）与烃源岩全球性发育的研究具呈现出良好的耦合关系（图 15.13；Canfield *et al.*，2008；Pufahl and Hiatt，2011；Planavsky *et al.*，2011；Och and Shields-zhou，2012；Craig *et al.*，2013）。

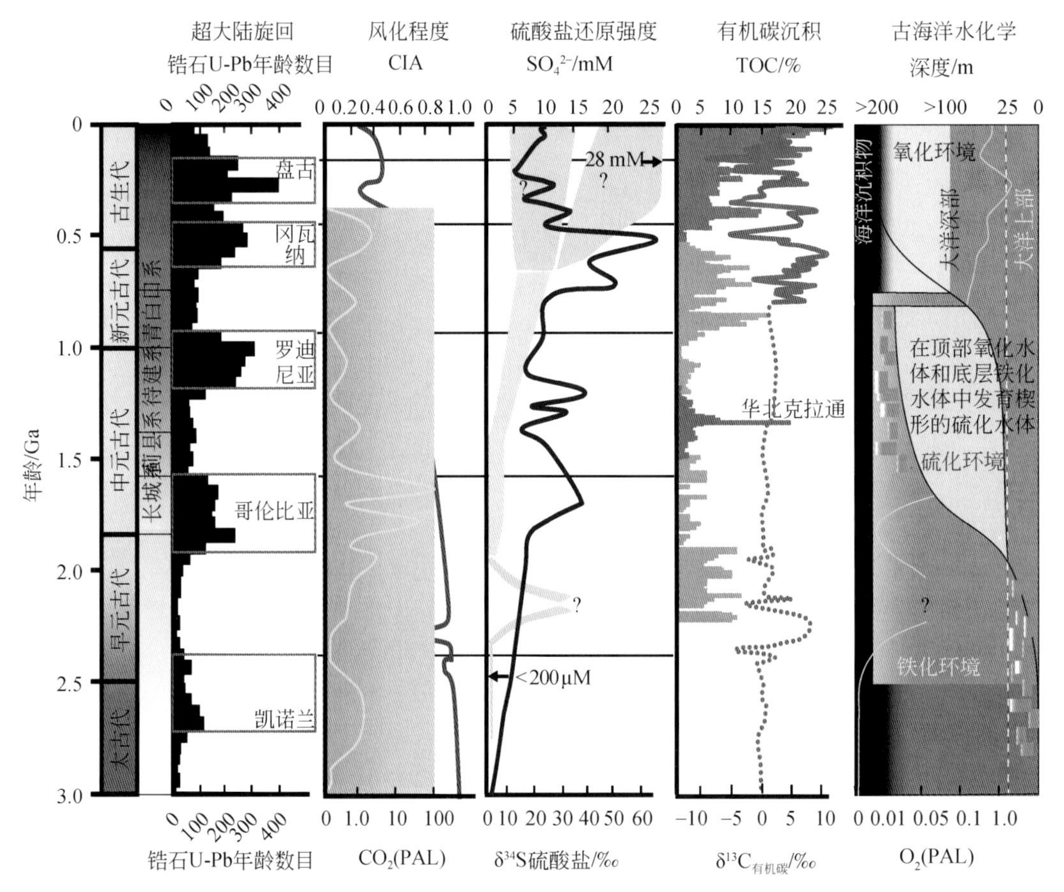

图 15.13　超大陆旋回与风化指数（CIA）、大气 CO_2 浓度、海水硫酸盐浓度、有机碳沉积、无机碳同位素、大气氧浓度和古海洋化学演变等的耦合关系图

相关数据据 Canfield *et al.*，2008；Pufahl and Hiatt，2011；Planavsky *et al.*，2011；Och and Shields-zhou，2012；Craig *et al.*，2013；PAL. 现代大气氧含量

15.4.1　超大陆裂解导致裂陷盆地发育和陆源风化强度的增加

Santosh（2010）、Yoshida 和 Santosh（2011）指出，超大陆裂解事件基本上都是由超级地幔柱动活动所导致。根据国内外学者对地幔热柱的研究，对比华北克拉通东部的地质演化及构造特征，作者认为，华北克拉通北部的盆山构造属于典型地幔亚热柱，在中元古代地幔发生一系列强烈隆升，并呈半球形顶冠向外伸展扩张（Zhao *et al.*，1999；Zhai *et al.*，2000；Menzies *et al.*，2007）。地幔柱运动将大量的 CO_2 释放进入大气-海洋系统，加剧了地球表面的温室效应，使得岩石风化强度增大。尤其是在亚热柱顶部，轻质地幔物质以基性岩墙侵入或玄武岩浆喷溢形式上涌，使上部地壳增温裂陷，导致形成一系列铲状断裂控制的大型裂陷盆地［图 15.14(a)、(b)；Rogers and Santosh，2009；Santosh *et al.*，2009；Santosh，2010］。华北克拉通裂陷带的形成与演化。虽然裂陷带的发育主要受区域性大断裂与深部热隆的控制，这

些大断裂也有自身的演化特征，对次级堑垒构造起着控制作用。通过盆地的钻井岩心对比可以发现，盆地堆积层序与山脉物源区母岩剥蚀产物呈现反序相关性，即山脉物源区早期上部地层岩石的剥蚀产物堆积在盆地下层，而山脉物源区晚期下部地层岩石的剥蚀产物则堆积在盆地的上层。这表明风化剥蚀作用可以将造山带上部物质，通过搬运介质迁移至裂陷盆地中，形成盆-山四维空间上的物质调整。

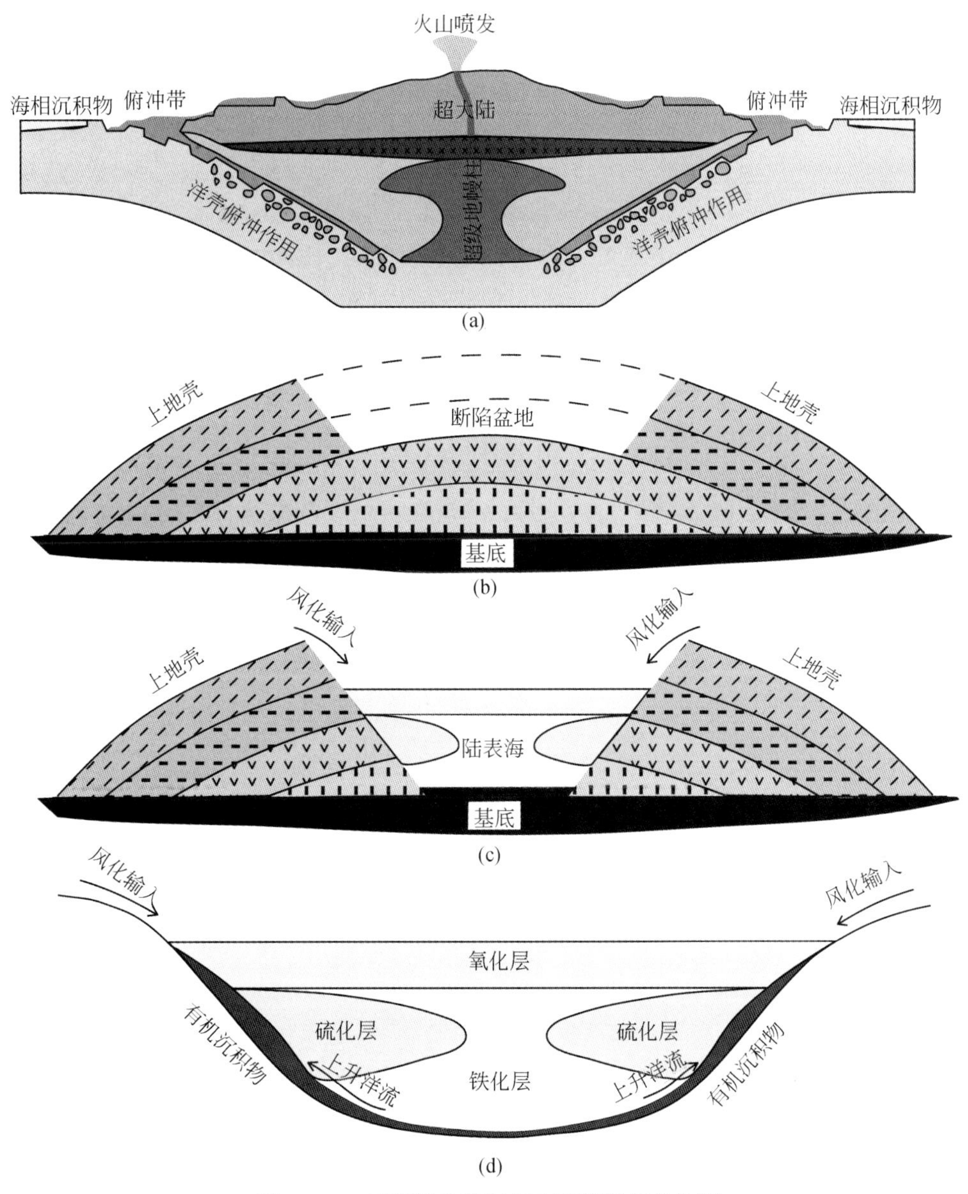

图 15.14 烃源岩发育与超大陆裂解相关性图

地壳上升运动使得古海洋沉积物露出水面成为陆壳，而风化剥蚀作用则将这些古沉积物搬运入海。当地壳下降导致的裂陷盆地遭遇海侵时，古风化壳表面将再次接受沉积，进而形成不整合面。这些不整合面将早期沉积物，甚至是远古大陆的古老基岩的剥蚀产物，与相对年轻的海洋沉积结合在一起，二者之间可能具有上亿年的时间差。这种地层缺失伴随着强烈的风化剥蚀作用。地表遭受风和水流的严重剥蚀，化学风化作用将其中的一些成分如 SiO_2 及钙、铁、钾等金属离子释放到海水里，使得古海洋深部化学条件发生剧烈变化，而海水化学组成的变化可能是生命大爆发的驱动力，如寒武纪的生命大爆发即可能与“大不整合面”的形成有关。当“大不整合面”最终形成时，大量的陆源物质入海，使海水的化学组成发生了改变，生物必须适应海洋化学成分的改变，寒武纪生物骨骼的出现即是对体内过量无机盐的矿化作用结果（Peters and Gaines，2012）。

15.4.2 超大陆裂解事件影响古海洋演化进程

古中元古代海洋演化的最大变化是条状带含铁建造（Banded Iron Formation，BIF）的缺失。前人认为2.2 Ga左右的大氧化事件，使得古海洋深部的还原性铁被氧化，进而终结了BIF在全球范围内的沉积（Derry and Jacobsen，1990）。而Canfield（1998）依据硫、钼同位素、铁组分等多方面的研究，提出中元古代海洋的硫化可能是导致BIF缺失的重要原因。近年来的大量研究证明，Canfield提出的古海洋演化模式主体框架是正确的，但也注意到海洋从无氧、富铁、贫硫酸盐，到有氧、贫铁、深海硫化状态的重大转变，明显滞后于第一次大气成氧事件，约始于1.8 Ga（Canfield and Rauswell，1999；Kah *et al.*，2004；Johnston *et al.*，2005；Canfield *et al.*，2006，2007，2008，2010；Johnston *et al.*，2006，2008；Scott *et al.*，2008；Reinhard *et al.*，2009；Li *et al.*，2010；Poulton *et al.*，2010；Poulton and Canfield，2011）。

Planavsky等（2010，2011）对1.7 Ga的华北克拉通串岭沟组的硫同位素和铁组分分析结果表明，在当时燕辽裂陷带水体仍属富铁海洋，海水硫酸盐含量极低，可能尚不足以形成陆缘硫化水体。但Parnell等（2010）在苏格兰地区1.18 Ga的斯托尔组（Stoer Fm.）红层和黑色页岩中，按照硫同位素偏移值“$\Delta^{34}S=\delta^{34}S_{硫酸盐}-\delta^{34}S_{硫化物}$”的内在关系，计算硫同位素偏移值$\Delta^{34}S$，发现异常高的$\Delta^{34}S$值可大于35‰，此偏移值与现代海洋环境接近，由此推论当时古海洋中的硫酸盐浓度已经很高，且有一定的含氧量。只有十分旺盛的硫代谢循环才可能导致如此大的同位素漂移，而旺盛的硫循环必然需要相当高的硫酸盐浓度和一定的氧含量来维系此种代谢背景。从1.7～1.2 Ga的时间段，恰恰与哥伦比亚超大陆的裂解时间相吻合，且海水中的硫酸盐一般来自于陆源硫化矿物的氧化输入（Reinhard *et al.*，2009），因此硫同位素变化越剧烈，意味着陆源风化作用导致的硫酸盐输入量越大，与超大陆裂解相关的地质事件也越活跃。

虽然海洋的硫化进程终结了早元古代BIF的沉积，但并不意味着深部海洋已被完全硫化。研究表明，中元古代古海洋深部的氧化还原状态，仍具有明显的过渡性质，虽然氧含量很低，并存在高的硫酸盐还原，但仍处于一种不含H_2S的富铁状态，这种现象在古、中、新元古代三个时段的地层中均可识别，推测这种现象可能一直持续至新元古代BIF的重新出现（Canfield *et al.*，2008；Poulton *et al.*，2010；Poulton and Hiatt，2011；Planavsky *et al.*，2011），甚至在进入寒武纪之前的埃迪卡拉纪（震旦纪），深部海洋仍未被彻底氧化，而是处于动态的氧化-还原状态（Li *et al.*，2010；图15.13）。受陆源输入的控制，硫化海洋水体主要发育在大陆边缘海，并呈楔形位于上部氧化层和底部富铁层之间，向外海的延伸距离可达120 km［Poulton *et al.*，2010；图15.14(c)、(d)］。沉积于哥伦比亚超大陆裂解过程中的华北中—新元古代地层，其所处的陆表海盆地或弧后盆地，为硫化海洋环境的发育提供了绝佳的构造背景。高通量的陆源输入大大增加了海水中的硫酸盐浓度，硫细菌大量发展，硫酸盐还原作用启动，在近大陆一侧发育大体积的硫化水体。

海洋深部硫化还原水体的广泛发育，一方面使得有机质得以保存，有机质在氧化分解时的耗氧量大幅减少；另一方面海水中高浓度的硫酸盐，使产甲烷菌的代谢受到抑制，降低了还原性气体甲烷的产量，也降低了对自由氧的消耗（Jørgensen，1982；Orphan *et al.*，2001）。上述两种效应的叠加，使得氧产生与消耗平衡后的净增量增大，进而导致大气氧含量的增加。在太古宙极低的硫酸盐浓度条件下，硫酸盐还原作用极其微弱，有利于甲烷菌的发展，2.4 Ga后的海水硫酸盐浓度明显上升，有效抑制了甲烷菌的发展，减少了CH_4产量（Bebout *et al.*，2004）。古元古代“大氧化事件”（Great Oxygen Events，GOE）即可能是蓝细菌等产氧细菌的兴起，与海洋细菌硫酸盐还原作用增强，抑制甲烷菌发展，导致CH_4排量减少的共同作用结果（Goldblatt *et al.*，2006）。华北克拉通中—新元古代地层中，白云岩等碳酸盐岩大量发育，也表明当时的古海洋中的产甲烷菌代谢受到了严重抑制，这是由于在海洋富有机质沉积物中，白云石的形成一定程度上是受到甲烷厌氧氧化作用和产甲烷作用，这两个过程的相互竞争所制约的（Cavagna *et al.*，1999；Moore *et al.*，2004）。甲烷厌氧氧化与硫酸盐还原的耦合能提高CO_3^{2-}的浓度，促进白云石的形成；而产甲烷作用能提高孔隙水中CO_2的浓度，抑制白云石的形成（Orphan *et al.*，2001）。中元古代海洋演化期对应着哥伦比亚超大陆的裂解期，相比于太古宙和古元古代，产氧生物的制氧能力有着明显的增加，有机质的大量埋存和甲烷产量的下降，理应使得中元古代大气氧含量明显上升。事实上，地质历史上几次主要的黑色页岩沉积以及大气氧含量上升均对应着超大陆的裂解期，如古元古代和新元古代两次氧化事件，分别对应凯诺兰超大陆和罗迪尼亚超大陆的裂解（Och and Shields-zhou，2012）。这两次超大陆事件改变了元古宙的海洋模式，深刻影响了地球上生物圈的演化。但中元古代地球是否也存在一次大氧化事件呢？从目前的研究程度来看，尚未找到中元古代发生大氧化事件的证据，我们猜测哥伦比亚超大陆的裂解给地球带来可能不是氧化，而是硫化。

15.4.3　超大陆裂解事件影响生物繁育及进化

古元古代凯诺兰超大陆、中元古代哥伦比亚超大陆和新元古代罗迪尼亚超大陆是地球历史上最早期的三个超大陆，它们在元古宙不同时期的裂解，最终导致元古代海洋形成了深部富铁水体、中部硫化水体和上部氧化水体三种氧化还原状态水体动态共存的分层模式。这种元古宙特有的分层式海洋对于生物演化具有重要意义。能进行光合作用的真核浮游藻类的最早出现时代目前尚无定论，但毫无疑问的是真核浮游藻类的出现及分化时间均在元古宙（Schopf，2006；Knoll *et al.*，2006）。而元古宙海洋中，有可能在相当长的一段时间内，仍是原核生物占据统治地位，这个猜测可以从元古宙相对稳定的碳同位素和大气氧含量中得到证据（Anbar and Knoll，2002；Catling and Claire，2005；Decker and Van Holde，2011）。但到了新元古代，大陆边缘地区海洋的三明治分层为生物演化提供了最好契机（Knoll，2003）。上部的氧化层主要为能够进行光合作用的真核浮游藻类和一些异养生物所占据，是重要的初级生产力来源；中部的还原层则主要由进行光合作用或化能作用的产氧厌氧细菌，应是当时最主要的有机质生源和大气自由氧来源；底部硫化层的生物种类相对单一，主要是绿硫细菌、紫硫细菌、硫酸盐还原菌等用硫或硫酸盐进行生命代谢的原核生物，有机质生产力较弱。由于氧化层与硫化层，或还原层与硫化层之间，化学跃变层的存在，使得上下水体交换减弱，上部有机质沉降后使水体中营养元素相对匮乏，一定程度上限制了上部水体的初级生产力。大陆边缘地区上升洋流的存在则可突破化学跃变层，将深部富营养水体带至上部，对生物的繁殖演化极为有利。这种海洋模式为1.8 Ga左右的团山子组、常州沟组和串岭沟组的宏体多细胞生物和真核生物化石的出现提供了有利支持（Zhu and Chen，1995；Zhu *et al.*，2000；Lamb *et al.*，2009；Peng *et al.*，2009）。

然而在1.8～0.8 Ga的连续地层中，燕辽裂陷带的多细胞生物和真核生物虽有演化趋势，但并未表现出强烈差异（Rulin，1982；Schopf *et al.*，1984；Pengyuan *et al.*，1989；Cao，1991；Zhu and Chen，1995；Zhu *et al.*，2000；Lamb *et al.*，2009；Peng *et al.*，2009）。“中元古代真核生物演化停滞”的一认识对这段长达十亿年的连续地层作出了极好的诠释。我们推测，可能是由于中—新元古代陆缘水体的氧化还原状态存在强烈波动，进而阻碍了进一步的生物演化。但对这一时期的地层和海洋记录鲜有报道，近期对下花园地区下马岭组的研究明确指示中元古代陆缘水体中多种氧化还原状态的共存，而且这种共存状态可能一直持续至埃迪卡拉纪（震旦纪），因此将生物进化的爆发点推迟至新元古代末期（Von Bloh *et al.*，2003）。

15.4.4　超大陆裂解事件对应全球烃源岩的发育

当超大陆发生裂解时，海底扩张，海底热液事件增加，内大洋开始俯冲，构造环境因而发生根本的改变。洋底插入大陆之下破坏了原先平静的超大陆边缘，导致广泛的周边火山作用，造山运动时期开始，产生大量的CO_2和SO_2。CO_2浓度的升高产生温室效应，使地球温度升高，岩石风化加重，陆源碎屑岩的入海量大大增加。还原性SO_2的溶解使得海水pH降低，碎屑岩溶解程度增加，使海水中生物必需的无机元素浓度增加。同时，超大陆分裂产生的温度较高、密度较低的海洋地壳向上抬升，导致海平面上升，形成大面积浅海，引起蒸发量和降雨量增加，加快裸露岩石的风化。在开阔型陆表海中，上升流带来富硅、富氧和富营养盐的低温底层海水，使各种菌藻类生物繁衍发育。海洋表层的高初级生产力消耗大气中的CO_2，并制造大量的自由氧，同时有机质大量埋藏，减少有机质降解时对氧的消耗和二氧化碳的生产，二者的叠加效应使得大气中的氧浓度不断上升，而 CO_2 浓度不断下降。富轻同位素的有机质大量埋藏，使大气中 CO_2 更富 ^{13}C，表现为该时期无机碳酸盐矿物的碳同位素正漂移（图 15.13）。大量沉积有机质在降解过程中耗氧，并由此引发深部海洋的缺氧事件，导致缺氧环境的形成，沉积大量富含有机质的灰黑色-黑色页岩、黑色硅质泥岩等优质烃源岩。

大气层氧的增加使空气的温室气体甲烷以氧化的方式被大量消耗，被氧化为 CO_2 和水，也使大陆各地的降雨量增加，从而加速风化侵蚀。岩石风化时，对 CO_2 的吸收进一步使大气中的 CO_2 浓度降低。温室气体的减少和太阳辐射能的降低，使整个地球的各地气温快速下降至结冰，开始形成冰室环境，严重时可能导致“雪球地球事件”。尤其是超大陆形成时，大洋壳增生停滞，海平面下降，气候变干冷，以大陆性气候为主，较易出现冰期。但即使在这种情况下，海洋水体中仍有光合作用进行，使地球上的各圈层能在一个新的状态下维持平衡，在某些合适的环境下沉积黑色页岩。

综合来看，相比于超大陆的组合期，超大陆裂解期的强风化作用使向海洋中输送陆源物质的能力大大增强，被动大陆边缘和裂谷形成也更有利于有机质的大量埋藏，更容易在全球范围内形成烃源岩的广泛发育。

15.5　结　　论

作为油气形成的基础，海相优质烃源岩的形成是各地质环境因子和生物协调控制的产物，与地球系统岩石圈-水圈-生物圈等各圈层的相互作用有关。促进有机碳埋藏和烃源岩形成的因素包括：大量的营养物质的输入、发育大体积的还原水体以及光合生物的繁盛等。然而在不同的地球演化阶段，海洋水化学条件与生烃母质构成发生同步演化，由于区域构造运动或超大陆事件，地质环境也存在区域性和全球性的差异，因此沉积环境与生物演化、有机质埋藏等的相互制约，使得通常烃源岩发育与超大陆裂解等地质事件相伴发生，华北克拉通中—新元古界烃源岩的发育，就是在哥伦比亚超大陆裂解的背景下沉积的一套海相优质烃源岩。

早元古代末期，哥伦比亚超大陆进入裂解进程，在初步固结的基础上，华北克拉通产生断裂坳陷，出现稳定地台浅海，燕辽裂陷带即是其中之一。活跃的地壳上升及沉降运动，影响岩石风化及后期沉积作用，使陆源物质的入海通量大大增加，为生物发展和演化准备了物质条件，中元古代的华北克拉通的生物圈经历从原核生物到真核生物，从单细胞到多细胞的进化，海洋中的初级生产力大大增加；同时元古代海洋中硫酸盐浓度的升高启动硫酸盐还原作用，在陆缘浅海区形成还原的硫化水体，为有机质的大量埋藏与保存提供空间。哥伦比亚超大陆在华北地区的裂解进程，标志着在地球发展史和生命演化过程中一个新阶段的开始，并在此基础上沉积了一套优质的海相烃源岩，为我们研究海相烃源岩的发育模式以及全球烃源岩的时空分布提供了绝佳范例。

参考文献

边立曾，张水昌，张宝民，王大锐. 2005. 河北张家口下花园地区新元古代下马岭组油页岩中的红藻化石. 微体古生物学报，22（3）：209～216

陈践发，孙省利. 2004. 华北新元古界下马岭组富有机质层段的地球化学特征及成因初探. 天然气地球科学，15（2）：110～114

郝石生. 1990. 华北北部中—上元古界石油地质学. 北京：石油大学出版社

河北省地质矿产勘查开发局. 2006. 河北省地质、矿产、环境. 北京：地质出版社

胡俊良，赵太平，徐勇航，陈伟. 2007. 华北克拉通大红峪组高钾火山岩的地球化学特征及其岩石成因. 矿物岩石，27（4）：70～77

吉利明，陈践发，郑建京，王杰. 2001. 华北燕山地区中新元古代沉积记录及其古气候，古环境特征. 地球科学进展，16（6）：777～784

刘岩，钟宁宁，田永晶，齐雯，母国妍. 2011. 中国最老古油藏——中元古界下马岭组沥青砂岩古油藏. 石油勘探与开发，38（4）：503～512

罗情勇，钟宁宁，朱雷，王延年，秦婧，齐琳，张毅，马勇. 2013. 华北北部中元古界洪水庄组埋藏有机碳与古生产力的相

关性．科学通报，58（11）：1036～1047

潘建国，曲永强，马瑞，潘中奎，王海龙．2013. 华北地块北缘中新元古界沉积构造演化．高校地质学报，19（1）：109～122

乔秀夫．1976. 青白口群地层学研究．地质科学，3（1）：246～265

苏文博，李志明，史晓颖，周洪瑞，黄思骥，刘晓茗，陈晓雨，张继恩，杨红梅，贾柳静．2006. 华南五峰组—龙马溪组与华北下马岭组的钾质斑脱岩及黑色岩系——两个地史转折期板块构造运动的沉积响应．地学前缘，13（6）：82～95

王铁冠．1989. 一种新发现的三环萜烷生物标志物系列．江汉石油学院学报，11（3）：117～118

王铁冠，韩克猷．2011. 论中—新元古界的原生油气资源．石油学报，32（1）：1～7

翟明国．2004. 华北克拉通2.1～1.7 Ga地质事件群的分解和构造意义探讨．岩石学报，20（6）：1343～1354

张臣．2004. 华北克拉通北缘中段中新元古代热-构造事件及其演化．北京大学学报（自然科学版），40（2）：232～240

张水昌，张宝民，边立曾，王大锐．2005. 河北张家口下花园青白口系下马岭组红藻石的发现．微体古生物学报，22（2）：121～126

张水昌，张宝民，边立曾，金之钧，王大锐，陈践发．2007. 8亿多年前由红藻堆积而成的下马岭组油页岩．中国科学（D辑）：地球科学，37（5）：636～643

张文治．2002. 新元古时期中国华南和华北陆块的相对位置及构造意义．前寒武纪研究进展，25（2）：120～128

赵澄林，李儒峰，周劲松．1997. 华北中新元古界油气地质与沉积学．北京：地质出版社

朱士兴，刘欢，胡军．2012. 论燕山地区青白口系的解体．地质调查与研究，35（2）：81～95

朱士兴，邢裕盛，张鹏远．1994. 华北地台中，上元古界生物地层序列．北京：地质出版社

Adachi M, Yamamot K, Sugisaki R. 1986. Hydrothermal chert and associated siliceous rocks from the Northern Pacific their geological significance as indication od ocean ridge activity. Sedimentary Geology, 47（1）: 125～148

Anbar A D, Knoll A. 2002. Proterozoic ocean chemistry and evolution: a bioinorganic bridge? Science, 297（5584）: 1137～1142

Bau M. 1991. Rare-earth element mobility during hydrothermal and metamorphic fluid-rock interaction and the significance of the oxidation state of europium. Chemical Geology, 93（3-4）: 219～230

Bebout B M, Hoehler T M, Thamdrup B, Albert D, Carpenter S P, Hogan M, Turk K, Des Marais D J. 2004. Methane production by microbial mats under low sulphate concentrations. Geobiology, 2（2）: 87～96

Bekker A, Karhu J, Eriksson K, Kaufman A. 2003. Chemostratigraphy of Paleoproterozoic carbonate successions of the Wyoming Craton: tectonic forcing of biogeochemical change? Precambrian Research, 120（3）: 279～325

Bhat G, Craig J, Hafiz M, Hakhoo N, Thurow J, Thusu B, Cozzi A. 2012. Geology and hydrocarbon potential of Neoproterozoic-Cambrian Basins in Asia: an introduction. London: The Geological Society

Borstorm K. 1983. Genesis of ferromanganese deposits-diagnosis criteria for recent and old deposits. In: Rona P A, Boström K, Laubier K, Smith K L（eds）. Hydrothermal Processes at Seafloor Spreading Centers. New York: Plenum Press. 473～483

Brocks J J, Pearson A. 2005. Building the biomarker tree of life. Reviews in Mineralogy and Geochemistry, 59（1）: 233～258

Brocks J J, Summons R. 2003. Sedimentary hydrocarbons, biomarkers for early life. Treatise on Geochemistry, 8（1）: 63～115

Brocks J J, Logan G A, Buick R, Summons R E. 1999. Archean molecular fossils and the early rise of eukaryotes. Science, 285（5430）: 1033～1036

Canfield D E. 1998. A new model for Proterozoic ocean chemistry. Nature, 396（6710）: 450～453

Canfield D E, Raiswell R. 1999. The evolution of the sulfur cycle. American Journal of Science, 299（7-9）: 697～723

Canfield D E, Poulton S W, Knoll A H, Narbonne G M, Ross G, Goldberg T, Strauss H. 2008. Ferruginous conditions dominated later neoproterozoic deep-water chemistry. Science, 321（5891）: 949～952

Canfield D E, Poulton S W, Narbonne G M. 2007. Late-Neoproterozoic deep-ocean oxygenation and the rise of animal life. Science, 315（5808）: 92～95

Canfield D E, Rosing M T, Bjerrum C. 2006. Early anaerobic metabolisms. Philosophical transactions of the Royal Society of London. Series B, Biological Sciences, 361（1474）: 1819

Canfield D E, Stewart F J, Thamdrup B, De Brabandere L, Dalsgaard T, Delong E F, Revsbech N P, Ulloa O. 2010. A cryptic sulfur cycle in oxygen-minimum-zone waters off the Chilean coast. Science, 330（6009）: 1375～1378

Cao R. 1991. Origin and order of cyclic growth patterns in matministromatolite bioherms from the Proterozoic Wumishan Formation, North China. Precambrian Research, 52（1）: 167～178

Catling D C, Claire M W. 2005. How Earth's atmosphere evolved to an oxic state: a status report. Earth and Planetary Science Letters, 237（1）: 1～20

Cavagna S, Clari P, Martire L. 1999. The role of bacteria in the formation of cold seep carbonates: geological evidence from

Monferrato（Tertiary，NW Italy）. Sedimentary Geology，126（1）：253 ~ 270

Cheng H D. 1982. Late Precambrian algal megafossils Chuaria and Tawuia in some areas of eastern China. Alcheringa，6（1）：57 ~ 68

Condie K C. 1989. Plate Tectonics and Crustal Evolution. New York：Pergamon Press

Craig J，Biffi U，Galimberti R，Ghori K，Gorter J，Hakhoo N，Le Heron D，Thurow J，Vecoli M. 2013. The palaeobiology and geochemistry of precambrian hydrocarbon source rocks. Marine and Petroleum Geology，40（1）：1 ~ 47

Danielson A，Möller P，Dulski P. 1992. The europium anomalies in banded iron formations and the thermal history of the oceanic crust. Chemical Geology，97（1）：89 ~ 100

Decker H，Van Holde K E. 2011. Oxygen and the Evolution of Life. Berlin Heidelberg：Springer Verlag

Derry L A，Jacobsen S B. 1990. The chemical evolution of Precambrian seawater：Evidence from REEs in banded iron formations. Geochimica et Cosmochimica Acta，54（11）：2965 ~ 2977

Ernst R，Wingate M，Buchan K，Li Z. 2008. Global record of 1600—700 Ma Large Igneous Provinces（LIPs）：Implications for the reconstruction of the proposed Nuna（Columbia） and Rodinia supercontinents. Precambrian Research，160（1）：159 ~ 178

Eyles N. 2008. Glacio-epochs and the supercontinent cycle after ~ 3. 0 Ga：tectonic boundary conditions for glaciation. Palaeogeography，Palaeoclimatology，Palaeoecology，258（1）：89 ~ 129

German C，Klinkhammer G，Edmond J，Mura A，Elderfield H. 1990. Hydrothermal scavenging of rare- earth elements in the ocean. Nature，345（6275）：516 ~ 518

Goldberg A S. 2010. Dyke swarms as indicators of major extensional events in the 1. 9—1. 2 Ga Columbia supercontinent. Journal of Geodynamics，50（3）：176 ~ 190

Goldblatt C，Lenton T M，Watson A J. 2006. Bistability of atmospheric oxygen and the Great Oxidation. Nature，443（7112）：683 ~ 686

Gurvich E. 2006. Metalliferous Sediments of the World Ocean：Fundamental Theory of Deep-sea Hydrothermal Sedimentation. Verlag Berlin Heidelberg：Springer

Halls H C，Li J，Davis D，Hou G，Zhang B，Qian X. 2000. A precisely dated Proterozoic palaeomagnetic pole from the North China Craton，and its relevance to palaeocontinental reconstruction. Geophysical Journal International，143（1）：185 ~ 203

Hoffman P. 1997. In Earth Structure：An Introduction to Structural Geology and Tectonics. New York：McGraw-Hill

Hou G，Santosh M，Qian X，Lister G S，Li J. 2008. Tectonic constraints on 1. 3—1. 2 Ga final breakup of Columbia supercontinent from a giant radiating dyke swarm. Gondwana Research，14（3）：561 ~ 566

Johnston D T，Farquhar J，Habicht K S，Canfield D E. 2008. Sulphur isotopes and the search for life：strategies for identifying sulphur metabolisms in the rock record and beyond. Geobiology，6（5）：425 ~ 435

Johnston D T，Poulton S W，Fralick P W，Wing B A，Canfield D E，Farquhar J. 2006. Evolution of the oceanic sulfur cycle at the end of the Paleoproterozoic. Geochimica et Cosmochimica Acta，70（23）：5723 ~ 5739

Johnston D T，Wing B A，Farquhar J，Kaufman A J，Strauss H，Lyons T W，Kah L C，Canfield D E. 2005. Active microbial sulfur disproportionation in the Mesoproterozoic. Science，310（5753）：1477 ~ 1479

Joo L S，Golubic S，Verrecchia E. 1999. Epibiotic relationships in Mesoproterozoic fossil record：Gaoyuzhuang Formation，China. Geology，27（12）：1059 ~ 1062

Jørgensen B B. 1982. Mineralization of organic matter in the sea bed-the role of sulphate reduction. Nature，296（1）：643 ~ 645

Kah L C，Bartley J K. 2011. Protracted oxygenation of the Proterozoic biosphere. International Geology Review，53（11-12）：1424 ~ 1442

Kah L C，Riding R. 2007. Mesoproterozoic carbon dioxide levels inferred from calcified cyanobacteria. Geology，35（9）：799 ~ 802

Kah L C，Lyons T W，Frank T D. 2004. Low marine sulphate and protracted oxygenation of the Proterozoic biosphere. Nature，431（7010）：834 ~ 838

Karlstrom K E，Åhäll K I，Harlan S S，Williams M L，McLelland J，Geissman J W. 2001. Long-lived（1. 8—1. 0 Ga） convergent orogen in southern Laurentia，its extensions to Australia and Baltica，and implications for refining Rodinia. Precambrian Research，111（1-4）：5 ~ 30

Knoll A H. 2003. Biomineralization and evolutionary history. Reviews in Mineralogy and Geochemistry，54（1）：329 ~ 356

Knoll A H，Javaux E J，Hewitt D，Cohen P. 2006. Eukaryotic organisms in Proterozoic oceans. Philosophical Transactions of the Royal Society B：Biological Sciences，361（1470）：1023 ~ 1038

Kumar S. 2001. Mesoproterozoic megafossil *Chuaria- Tawuia* association may represent parts of a multicellular plant，Vindhyan Supergroup，Central India. Precambrian Research，106（3）：187 ~ 211

Lamb D，Awramik S，Chapman D，Zhu S. 2009. Evidence for eukaryotic diversification in the ~ 1800 million-year-old Changzhougou

Formation, North China. Precambrian Research, 173 (1): 93 ~ 104

Lamb D, Awramik S, Zhu S. 2007. Paleoproterozoic compression- like structures from the Changzhougou Formation, China: Eukaryotes or clasts? Precambrian Research, 154 (3): 236 ~ 247

Li C, Love G D, Lyons T W, Fike D A, Sessions A L, Chu X. 2010. A stratified redox model for the Ediacaran ocean. Science, 328 (5974): 80 ~ 83

Lu S, Zhao G, Wang H, Hao G. 2008. Precambrian metamorphic basement and sedimentary cover of the North China Craton: are-view. Precambrian Research, 160 (1-2): 77 ~ 93

Meert J G. 2002. Paleomagnetic evidence for a Paleo-Mesoproterozoic supercontinent Columbia. Gondwana Research, 5 (1): 207 ~ 215

Meert J G. 2012. What's in a name? The Columbia (Paleopangaea/Nuna) supercontinent. Gondwana Research, 21 (4): 987 ~ 993

Meert J G, Lieberman B S. 2008. The Neoproterozoic assembly of Gondwana and its relationship to the Ediacaran- Cambrian radiation. Gondwana Research, 14 (1): 5 ~ 21

Meng Q R, Wei H H, Qu Y Q, Ma S X. 2011. Stratigraphic and sedimentary records of the rift to drift evolution of the northern North China craton at the Paleo- to Mesoproterozoic transition. Gondwana Research, 20 (1): 205 ~ 218

Menzies M, Xu Y, Zhang H, Fan W. 2007. Integration of geology, geophysics and geochemistry: a key to understanding the North China Craton. Lithos, 96 (1-2): 1 ~ 21

Meylan M, Glasby G, Knedler K, Johnston J. 1981. Handbook of Strata-bound and Stratiform Ore Deposits. Amsterdam: Elsevier

Monecke T, Kempe U, Trinkler M, Thomas R, Dulski P, Wagner T. 2011. Unusual rare earth element fractionation in a tin-bearing magmatic-hydrothermal system. Geology, 39 (4): 295 ~ 298

Moore T S, Murray R, Kurtz A, Schrag D. 2004. Anaerobic methane oxidation and the formation of dolomite. Earth and Planetary Science Letters, 229 (1): 141 ~ 154

Nance R, Worsley T, Moody J. 1988. The supercontinent cycle. Scientific American, 259 (1): 72 ~ 79

Nesbitt H, Young G. 1982. Early Proterozoic climates and plate motions inferred from major element chemistry of lutites. Nature, 299 (5885): 715 ~ 717

Och L M, Shields-Zhou G A. 2012. The Neoproterozoic oxygenation event: Environmental perturbations and biogeochemical cycling. Earth-Science Reviews, 110 (1-4): 26 ~ 57

Olivarez A M, Owen R M. 1991. The europium anomaly of seawater: implications for fluvial versus hydrothermal REE inputs to the o-ceans. Chemical Geology, 92 (4): 317 ~ 328

Orphan V, Hinrichs K U, Ussler W, Paull C K, Taylor L, Sylva S P, Hayes J M, DeLong E. 2001. Comparative analysis of methane-oxidizing archaea and sulfate-reducing bacteria in anoxic marine sediments. Applied and Environmental Microbiology, 67 (4): 1922 ~ 1934

Parnell J, Boyce A J, Mark D, Bowden S, Spinks S. 2010. Early oxygenation of the terrestrial environment during the Mesoproterozoic. Nature, 468 (7321): 290 ~ 293

Peng Y, Bao H, Yuan X. 2009. New morphological observations for Paleoproterozoic acritarchs from the Chuanlinggou Formation, North China. Precambrian Research, 168 (3): 223 ~ 232

Pengyuan Z, Mu Z, Wu S. 1989. Middle Proterozoic (1200—1400 Ma) microfossils from the Western Hills near Beijing, China. Canadian Journal of Earth Sciences, 26 (2): 322 ~ 328

Peters S E, Gaines R R. 2012. Formation of the/Great Unconformity/'as a trigger for the Cambrian explosion. Nature, 484 (7394): 363 ~ 366

Planavsky N J, McGoldrick P, Scott C T, Li C, Reinhard C T, Kelly A E, Chu X, Bekker A, Love G D, Lyons T W. 2011. Widespread iron-rich conditions in the mid-Proterozoic ocean. Nature, 477 (7365): 448 ~ 451

Planavsky N J, Rouxel O J, Bekker A, Lalonde S V, Konhauser K O, Reinhard C T, Lyons T W. 2010. The evolution of the marine phosphate reservoir. Nature, 467 (7319): 1088 ~ 1090

Poulton S W, Canfield D E. 2011. Ferruginous conditions: a dominant feature of the ocean through Earth's history. Elements, 7 (2): 107 ~ 112

Poulton S W, Fralick P W, Canfield D E. 2010. Spatial variability in oceanic redox structure 1. 8 billion years ago. Nature Geoscience, 3 (7): 486 ~ 490

Pufahl P, Hiatt E. 2011. Oxygenation of the Earth's atmosphere-ocean system: A review of physical and chemical sedimentologic re-sponses. Marine and Petroleum Geology, 32 (1): 1 ~ 20

Reddy S M, Evans D. 2009. Palaeoproterozoic supercontinents and global evolution: correlations from core to atmosphere. Geological

Society, London, Special Publications, 323 (1): 1 ~ 26

Reinhard C T, Raiswell R, Scott C, Anbar A D, Lyons T W. 2009. A late Archean sulfidic sea stimulated by early oxidative weathering of the continents. Science, 326 (5953): 713 ~ 716

Rogers J J W, Santosh M. 2002. Configuration of Columbia, a Mesoproterozoic supercontinent. Gondwana Research, 5 (1): 5 ~ 22

Rogers J J W, Santosh M. 2009. Tectonics and surface effects of the supercontinent Columbia. Gondwana Research, 15 (3): 373 ~ 380

Rudnick R, Gao S. 2003. Treatise on Geochemistry. Amsterdam: Elsevier

Rulin D. 1982. The discovery of the fossils such as Chuaria in the Qingbaikou System in Northwestern Hebei and their significance. Geological Review, 28 (1): 1 ~ 7

Santosh M. 2010. Supercontinent tectonics and biogeochemical cycle: A matter of 'life and death'. Geoscience Frontiers, 1 (1): 21 ~ 30

Santosh M, Maruyama S, Yamamoto S. 2009. The making and breaking of supercontinents: some speculations based on superplumes, super downwelling and the role of tectosphere. Gondwana Research, 15 (3-4): 324 ~ 341

Schopf J W. 2006. Fossil evidence of Archaean life. Philosophical Transactions of the Royal Society B: Biological Sciences, 361 (1470): 869 ~ 885

Schopf J W, Zhu W Q, Xu Z L, Hsu J. 1984. Proterozoic stromatolitic microbiotas of the 1400—1500 Ma-old Gaoyuzhuang formation near Jixian, northern China. Precambrian research, 24 (3): 335 ~ 349

Scott C, Lyons T, Bekker A, Shen Y, Poulton S, Chu X, Anbar A. 2008. Tracing the stepwise oxygenation of the Proterozoic ocean. Nature, 452 (7186): 456 ~ 459

Shirey S B, Richardson S H. 2011. Start of the Wilson cycle at 3 Ga shown by diamonds from subcontinental mantle. Science, 333 (6041): 434 ~ 436

Songnian L, Chunliang Y, Huaikun L, Humin L. 2002. A group of rifting events in the terminal Paleoproterozoic in the North China Craton. Gondwana Research, 5 (1): 123 ~ 131

Su W, Zhang S, Huff W D, Li H, Ettensohn F R, Chen X, Yang H, Han Y, Song B, Santosh M. 2008. SHRIMP U-Pb ages of K-bentonite beds in the Xiamaling Formation: implications for revised subdivision of the Meso-to Neoproterozoic history of the North China Craton. Gondwana Research, 14 (3): 543 ~ 553

Tang D, Shi X, Jiang G. 2013. Mesoproterozoic biogenic thrombolites from the North China platform. International Journal of Earth Sciences, 102 (2): 1 ~ 13

Von Bloh W, Bounama C, Franck S. 2003. Cambrian explosion triggered by geosphere- biosphere feedbacks. Geophysical Research Letters, 30 (18): 1963 ~ 1967

Wang X, Griffin W, Chen J. 2010. Hf contents and Zr/Hf ratios in granitic zircons. Geochemical Journal, 44 (1): 65 ~ 72

Workman R K, Hart S R. 2005. Major and trace element composition of the depleted MORB mantle (DMM). Earth and Planetary Science Letters, 231 (1): 53 ~ 72

Yang K F, Fan H R, Santosh M, Hu F F, Wang K Y. 2011. Mesoproterozoic mafic and carbonatitic dykes from the northern margin of the North China Craton: implications for the final breakup of Columbia supercontinent. Tectonophysics, 498 (1): 1 ~ 10

Yoshida M, Santosh M. 2011. Supercontinents, mantle dynamics and plate tectonics: A perspective based on conceptual vs. numerical models. Earth-Science Reviews, 105 (1): 1 ~ 24

Zhai M, Liu W. 2003. Palaeoproterozoic tectonic history of the North China craton: a review. Precambrian Research, 122 (1): 183 ~ 199

Zhai M, Bian A, Zhao T. 2000. The amalgamation of the supercontinent of North China Craton at the end of Neo-Archaean and its breakup during late Palaeoproterozoic and Meso-Proterozoic. Science in China Series D: Earth Sciences, 43 (1): 219 ~ 232

Zhang S, Moldowan J M, Li M, Bian L, Zhang B, Wang F, He Z, Wang D. 2002. The abnormal distribution of the molecular fossils in the pre-Cambrian and Cambrian: its biological significance. Science in China Series D: Earth Sciences, 45 (3): 193 ~ 200

Zhang S H, Zhao Y, Santosh M. 2011. Mid-Mesoproterozoic bimodal magmatic rocks in the northern North China Craton: Implications for magmatism related to breakup of the Columbia supercontinent. Precambrian Research, 222-223 (1): 339 ~ 367

Zhang S H, Zhao Y, Yang Z Y, He Z F, Wu H. 2009. The 1. 35 Ga diabase sills from the northern North China Craton: Implications for breakup of the Columbia (Nuna) supercontinent. Earth and Planetary Science Letters, 288 (3-4): 588 ~ 600

Zhao G, Cawood P A, Wilde S A, Sun M. 2002. Review of global 2. 1—1. 8 Ga orogens: implications for a pre- Rodinia supercontinent. Earth-Science Reviews, 59 (1): 125 ~ 162

Zhao G, He Y, Sun M. 2009. The Xiong'er volcanic belt at the southern margin of the North China Craton: Petrographic and geochemical evidence for its outboard position in the Paleo- Mesoproterozoic Columbia Supercontinent. Gondwana Research, 16 (2): 170 ~ 181

Zhao G, Li S, Sun M, Wilde S A. 2011. Assembly, accretion, and break-up of the Palaeo-Mesoproterozoic Columbia supercontinent: record in the North China Craton revisited. International Geology Review, 53 (11-12): 1331 ~ 1356

Zhao G, Sun M, Wilde S A, Li S. 2004. A Paleo- Mesoproterozoic supercontinent: assembly, growth and breakup. Earth- Science Reviews, 67 (1): 91 ~ 123

Zhao G, Wilde S A, Cawood P A, Lu L. 1999. Thermal evolution of two textural types of mafic granulites in the North China craton: evidence for both mantle plume and collisional tectonics. Geological Magazine, 136 (3): 223 ~ 240

Zhu S, Chen H. 1995. Megascopic multicellular organisms from the 1700- million- year- old Tuanshanzi Formation in the Jixian area, North China. Science, 270 (5236): 620 ~ 622

Zhu S, Sun S, Huang X, He Y, Zhu G, Sun L, Zhang K. 2000. Discovery of carbonaceous compressions and their multicellular tissues from the Changzhougou Formation (1800 Ma) in the Yanshan Range, North China. Chinese Science Bulletin, 45 (9): 841 ~ 847

第四篇

中—新元古界油气富集成藏、保存条件与资源前景

第 16 章　全球与中国东部中—新元古界油气资源

王铁冠，宋到福

［中国石油大学（北京），油气资源与探测国家重点实验室，北京，102249］

摘　要：最近 50 ~60 年以来对于元古宙地球早期生命以及生物多样性研究的重大进展，中—新元古界古老富含有机质的暗色页岩与碳酸盐岩形成极佳的烃源层，为中—新元古界沉积有机质与含油气性奠定物质基础，并具备提供规模性油气资源的条件，迄今在前寒武系地层中，全球至少已发现数十处原生油气藏。中国是全球中—新元古界沉积地层发育最为完整的国家之一，也是最早研究中—新元古界沉积地层的国家。但是，我国中—新元古界油气资源的研究与勘探又面临地层更古老、地质条件更复杂、科研创新空间更宽阔的挑战性现实，如何研究与评价我国中—新元古界的油气资源，业已成为一个迫在眉睫的问题。据不完全统计，全球总共有四个国家或地区，即俄罗斯、阿曼、印度和中国，已具有规模性的中—新元古界油气储量与产量，并进行商业性开发；有七个国家或地区已发现具有中—新元古界油气。本章汇总东西伯利亚克拉通、东欧克拉通、阿曼苏丹国、印度-巴基斯坦、北非、澳大利亚、北美以及中国四川、华北等地中—新元古界的油气资源分布现状与勘探、开发进展，结合我国的石油地质研究，探讨中—新元古界地层的含油性问题。

关键词：中—新元古界，油气资源，乐山-龙女寺古隆起，燕辽裂陷带，龙门山大沥青脉

16.1　引　　言

作为化石燃料，石油可以赋存于不同地质时代、不同类别的孔隙性或裂隙性的储集岩中，但是石油只形成于富含有机质的沉积地层（即烃源层）。全球具有商业价值的原生油气田也仅见于沉积盆地之中，唯有地质时期古代生物的存在，才能提供沉积有机质的物质来源。就距今 1800 ~542 Ma 之久的中—新元古界地层而言，作为地球上最早的沉积地层，在 20 世纪 50 年代及其以前，由于一直未确认具备可靠的生命形式（古生物化石）与储集层，普遍被认为不可能含有生成烃类的烃源层，因而从未考虑过其中存在原生油气的可能性，也未考虑将中—新元古界作为油气勘探的目的层（Dickes，1986）。

最近 50 ~60 年以来，科学界对于元古宙地球早期生命以及生物多样性的研究取得重大进展（Dickes，1986；陈均远等，1996；侯先光，1999；陈均远，2004；孙淑芬，2006；杜汝霖等，2009）。同期的石油地质学与地球化学研究，不仅揭示了中—新元古界古老的暗色页岩与碳酸盐岩中，可含有丰富的有机质，甚至形成极佳的烃源层，而且其沉积有机质的成熟度，仍可跨越未成熟-过成熟等不同的热演化阶段，有些地区至今仍处于生烃“液态窗”的范畴之内，其中还发现众多原生的油气苗，完全具备形成规模性油气富集的条件，从而为中—新元古界含油气性与油气资源的研究，提供了有关其物质基础的科学依据。

事实上，从 20 世纪 60 年代以来，在前寒武系地层中，全球至少已发现数十处原生油气藏（北京石油勘探开发科学研究院、华北石油管理局，1992；IHS Energy Group，2005；Craig *et al.*，2009）。但是，自 20 世纪 90 年代以来，石油地质家们发表的全球油气资源分布的统计数据中，元古宇所占的油气份额也仅占 1% ~2%（Hunt，1991；Klemme and Ulmishek，1991），至今已发表的我国油气储量份额统计数据中，

中—新元古界仍是空白（图 16.1）①。

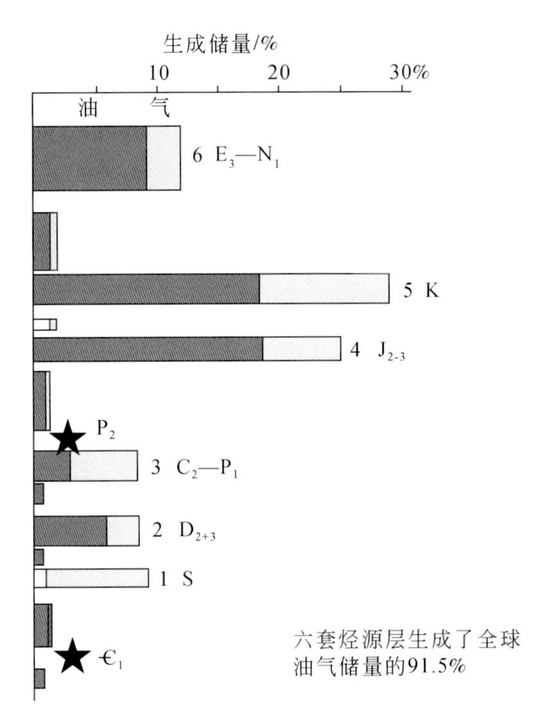

图 16.1　不同时代烃源层生成油气储量所占份额统计数据①

西方学者曾习惯于将寒武系下部（含三叶虫层位以下）至岩浆岩或变质岩结晶基底的地层剖面，整体上称之为“始寒武系”（Eocambrian）或“底寒武系”（Infracambrian），其中包含中元古界—下寒武统下部的地层层序（Pruvost，1951；Smith，2009）。2006 年英国伦敦地质学会召开“全球底寒武系油气系统会议”，会后出版专著《全球新元古界油气系统：北非萌现的（油气）潜力》（*Global Neoproterozoic Petroleum Systems*：*The Emerging Potential in North Africa*），其旨在总结当前对世界各地有关新元古界—下寒武统油气的研究成果，论证对北非的新元古界是否值得予以更多的关注，并以多种方式表明“底寒武系”（Infracambrian）将会是北非、西亚油气勘探的一个新篇章（Craig *et al.*，2009）。

中国是全球中—新元古界沉积地层发育最为完整的国家之一，也是研究中—新元古界沉积地层最早的国家，有相当大的中—新元古界地层分布面积，处于复杂地质构造与沉积有机质高演化的地域，对其原生油气的保存与勘探增加了难度。因此，对我国中—新元古界油气资源的研究，既具有地层发育齐全、前人科研积淀深厚等有利条件，又面临地层更古老、地质条件更复杂、科研创新空间更宽阔的挑战性现实，如何研究与评价我国中—新元古界的油气资源也成为一个迫在眉睫的问题。本章试图汇总迄今已知的全球中—新元古界油气资源的分布状况，结合石油地质学研究，探讨我国内中—新元古界地层的油气资源问题。

16.2　全球中—新元古界的油气资源

据 Craig 等（2009）和的不完全统计，全球总共有四个国家或地区，即俄罗斯东西伯利亚、阿曼、印度和中国四川，具有规模性的中—新元古界原生油气储量与产量，并业已进行商业化开发生产；还有七个国家或地区已证实具有中—新元古界原生油气，包括俄罗斯伏尔加-乌拉尔、巴基斯坦旁遮普地台、澳大利亚中央盆地群、美国密歇根、利比亚、摩洛哥-阿尔及利亚、马里-毛里塔尼亚-阿尔及利亚；此外，还有巴基斯坦博德瓦尔盆地、沙特阿拉伯（?）、利比亚、巴西、阿根廷-玻利维亚-巴拉圭以及中国川西北、燕辽裂陷带等国家或地区，具有潜在的中—新元古界油气资源（图 16.2；童晓光、徐树宝，1992；

① 梁狄刚，2008，我国南方海相生烃成藏研究的若干新进展（学术报告）。

Craig *et al.*, 2009; Ghori *et al.*, 2009; Lottaroli *et al.*, 2009; 王铁冠、韩克猷, 2011)。

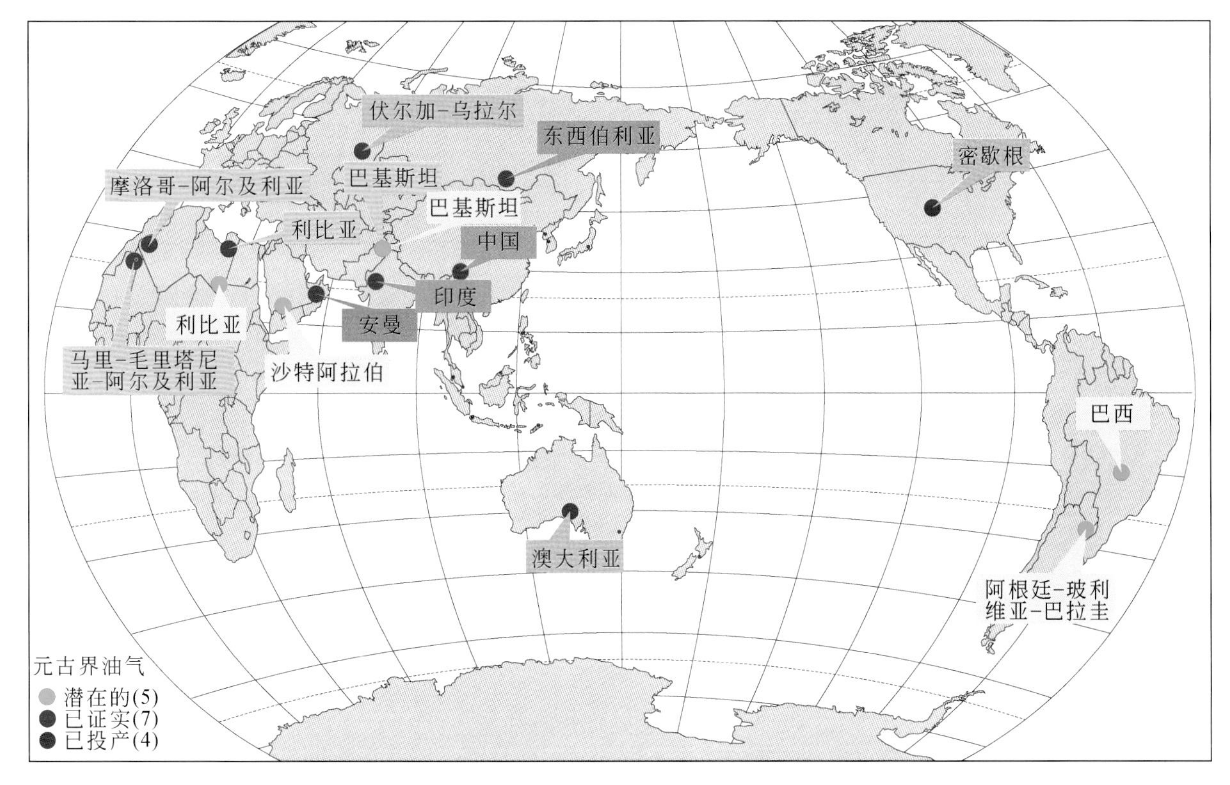

图 16.2 全球已证实-投产与潜在的中—新元古界油气资源(据 Lottaroli *et al.*, 2009, 补充)
图中未标注中国川西北龙门山与华北燕辽裂

16.2.1 俄 罗 斯

16.2.1.1 东西伯利亚克拉通(勒拿-通古斯卡油气省)

勒拿-通古斯卡(Lena-Tunguska)地区是目前全球最重要的中—新元古界原生油气的产区,早在 1954~1964 年期间,该区业已发现七个中—新元古界原生油气田,从 20 世纪 70 年代起陆续勘探、开发与生产。据 Meyerhoff(1982)测算,勒拿-通古斯卡地区油气资源总潜力为原油 2000 Mbbl(百万桶),气 83 Tcf(万亿立方英尺①),合计相当于 21.7×10^8 $t_{油当量}$(Meyerhoff, 1982; Ghori *et al.*, 2009);据 HIS 能源集团 2005 年发布的数据库统计,勒拿-通古斯卡地区总共已有 64 个中—新元古界-寒武系油气田,含 168 个油气藏,以产天然气为主,原油"探明+预测"储量 5.52×10^8 t,凝析油 0.76×10^8 t,天然气 20270.90×10^8 m^3,油气总储量达到 22.36×10^8 $t_{油当量}$,与 Meyerhoff(1982)测算的数据大体相近。

在地理上区划,东西伯利亚克拉通的中—新元古界油气田群,分布于勒拿河流域和通古斯卡地区;在区域地质构造上,属于克拉通西南部的五个一级构造单元,俄罗斯与苏联的石油地质家称之为"勒拿-通古斯卡石油省"(Lena-Tunguska Petroleum Province),其 86.2% 的油气储量集中于涅普-鲍图奥滨隆起(Nepa-Botuoba Arch, 占总储量 44.3%)和安加拉-勒拿阶地(Angara-Lena Terrace, 占 41.9%),7.0% 的油气分布于巴依基特隆起(Baykit Arch),5.4% 见于卡坦格鞍部(Khatenga Saddle),而滨萨彦坳陷(Cis-Sayan Basin)仅占 0.03%(图 16.3;据童晓光、徐树宝,1992;IHS Energy Group, 2005 基础数据统计;王铁冠、韩克猷,2011)。

从烃源层与储层分析,这些油气储量的 48.3% 属于中元古界里菲系烃源层的贡献,37.6% 源自新元

① 1 ft = 3.048×10^{-1} m。

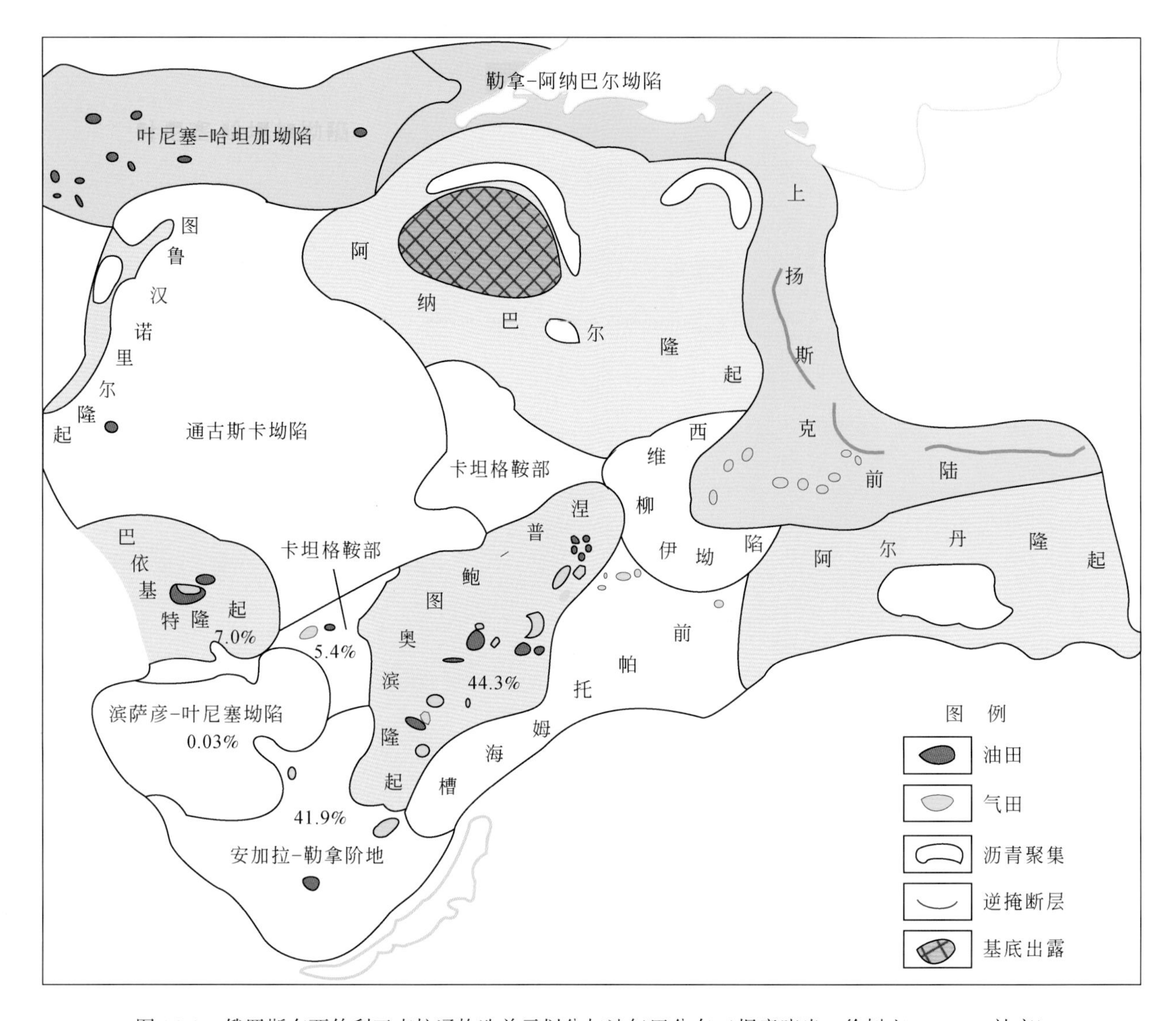

图 16.3 俄罗斯东西伯利亚克拉通构造单元划分与油气田分布（据童晓光、徐树宝，2004，补充）
图中标注的百分数系每个构造单元中—新元古界油气储量的份额油气储量的

古界文德系烃源层，只有 5.5% 来自寒武系烃源层，另有 8.6% 烃源欠详。但是，以文德系（Vendian）砂岩作为中—新元古界油气的主要储层，其油气储量份额却达到 86.8%，里菲系（Riphean）仅占 6.6%，寒武系占 5.3% 的油气储量（IHS Energy Group，2005 基础数据统计）。

以中鲍图奥滨（Srednebotuobinskoye）油气田为例，该凝析气田位于涅普-鲍图奥滨隆起北部，为复杂化的长轴背斜型带有油环的块状凝析气田，构造面积 1570 km^2，油气田面积 800 km^2，其中油环面积 600 km^2（图 16.4），发现于 1970 年 7 月，整整十年后才投入开发，至少已钻油井 108 口，天然气“探明+控制”储量 7447×10^8 m^3，探明石油可采储量 6672.8×10^4 t。其中 64% 储存于文德系砂岩中，寒武系砂岩占储量份额 36%；油气均来源于文德系页岩烃源层。油气藏驱动类型以水驱与气驱为主，部分为溶解气驱，单井油产量 24 t/d，气产量 $24 \times 10^4 \sim 26 \times 10^4$ m^3（童晓光、徐树宝，2004；IHS，2005）。

再如，尤罗勃钦-托霍姆（Yurubcheno-Tokhomskoye）带油环的凝析气田是巴依基特隆起上的特大型古潜山油气田，属于地层不整合面与断层遮挡的岩溶-裂缝型碳酸盐岩油气藏（图 16.5、图 16.6）。1982 年 Ю-2 预探井首获高产油气流后，至少已钻探井 101 口，探明含油面积 3100 km^2，烃源层为中里非系泥质碳酸盐岩；在文德系形成油气藏，上里非系形成溶解气藏。“探明+控制”石油可采储量约 4.0×10^8 t，探明天然气储量约 3500×10^8 m^3（童晓光、徐树宝，2004；IHS，2005）。

东西伯利亚克拉通的寒武系地层中，含有厚层的盐岩层，构成一个区域性的超级封盖层，与里菲系、文德系的烃源层、储集层组成良好的生-储-盖组合，有利于古老油气资源的保存。

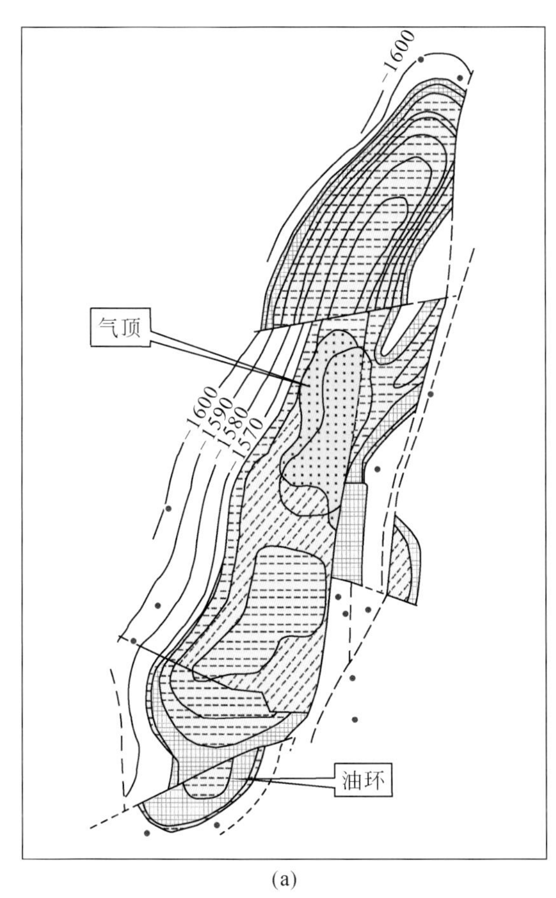

(a)

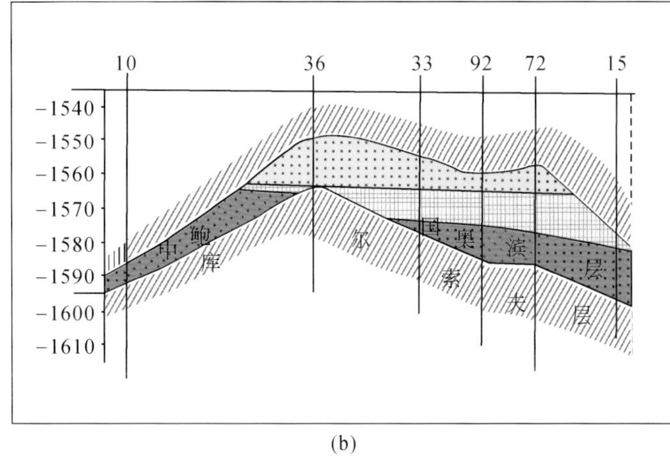

(b)

图 16.4　中鲍图奥滨凝析气田构造图（a）与油藏剖面图（b）（据童晓光、徐树宝，2004）

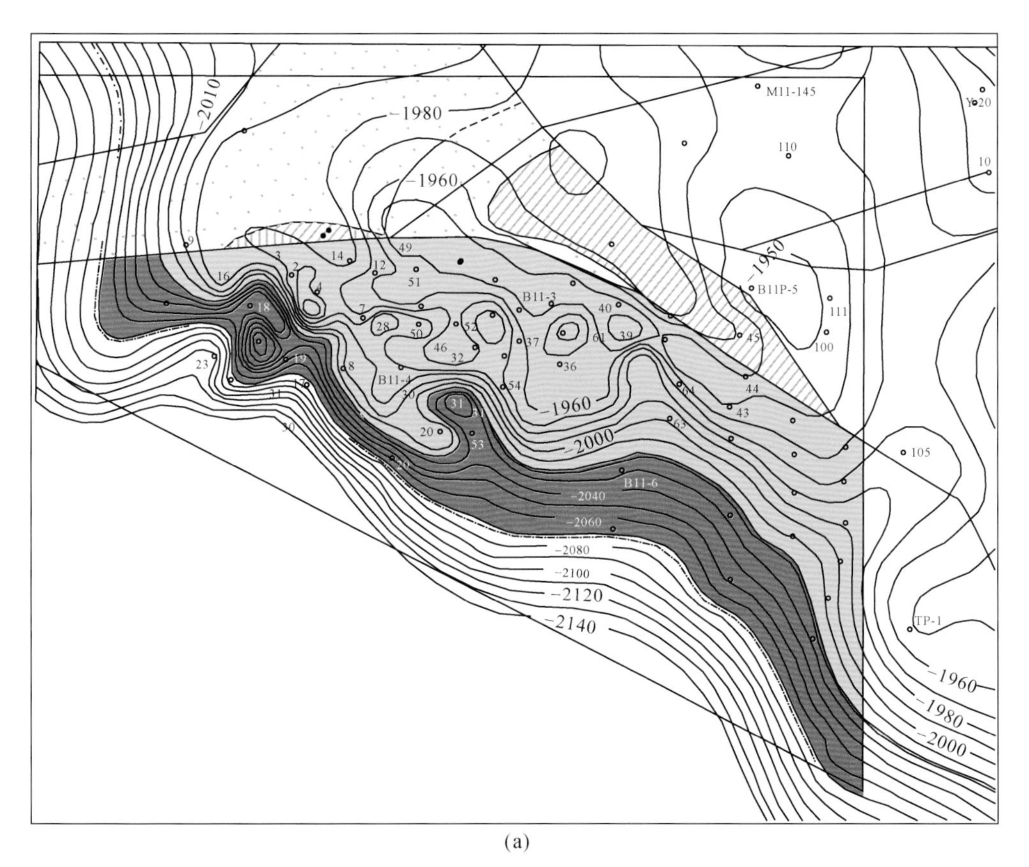

(a)

图 16.5　尤罗勃欣-托霍姆油气田构造图（a）与油藏剖面图（b）

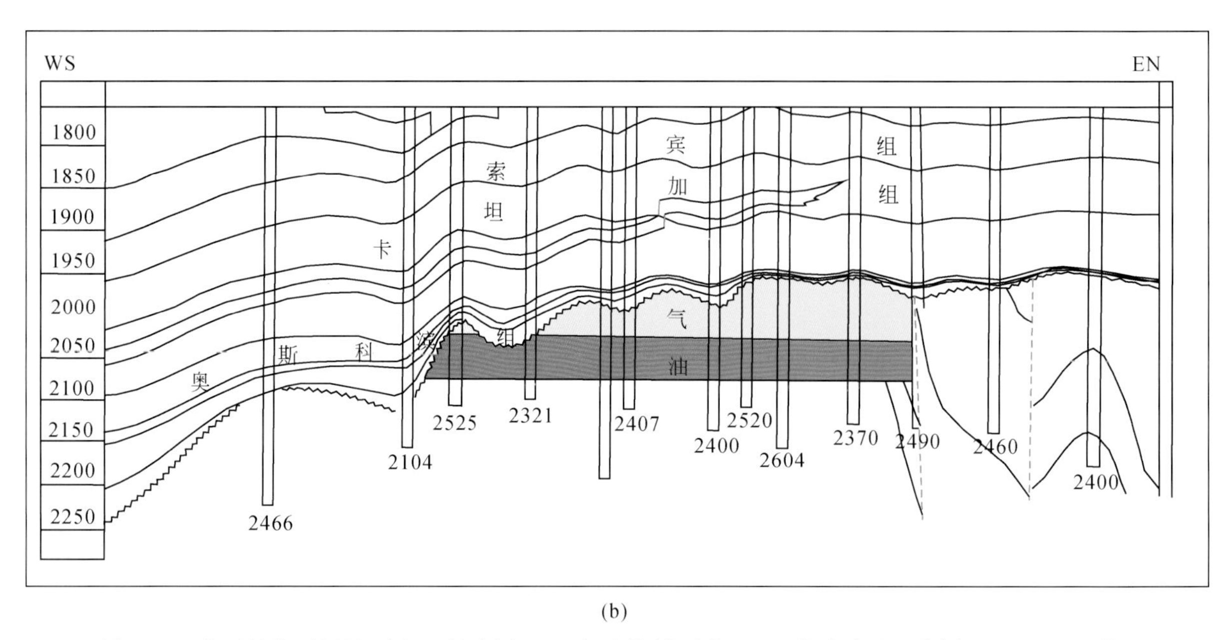

(b)

图 16.5　尤罗勃欣-托霍姆油气田构造图（a）与油藏剖面图（b）（据童晓光、徐树宝，2004）（续）

对于东西伯利亚尚未发现的潜在油气资源量，美国地质调查局（USGS）曾前后作过两次评估，评估结果为：原油 45×10^8 t；天然气 1.38×10^{12} m^3，油气资源总量为 56.13×10^8 $t_{油当量}$（Masters *et al.*，1997）；原油 180×10^8 t；天然气 5.0×10^{12} m^3，油气资源总量达 220.32×10^8 $t_{油当量}$（Ulmishek，2001）。仅时隔四年，这两次评估的油气资源总量竟增长 3.9 倍之多。对如此大的资源量差别，Ulmishek 等（2002）认为，油气资源量如此增长的原因在于此期间勒拿-通古斯卡油气省新发现了 30 多个油气田（大部分是气田和凝

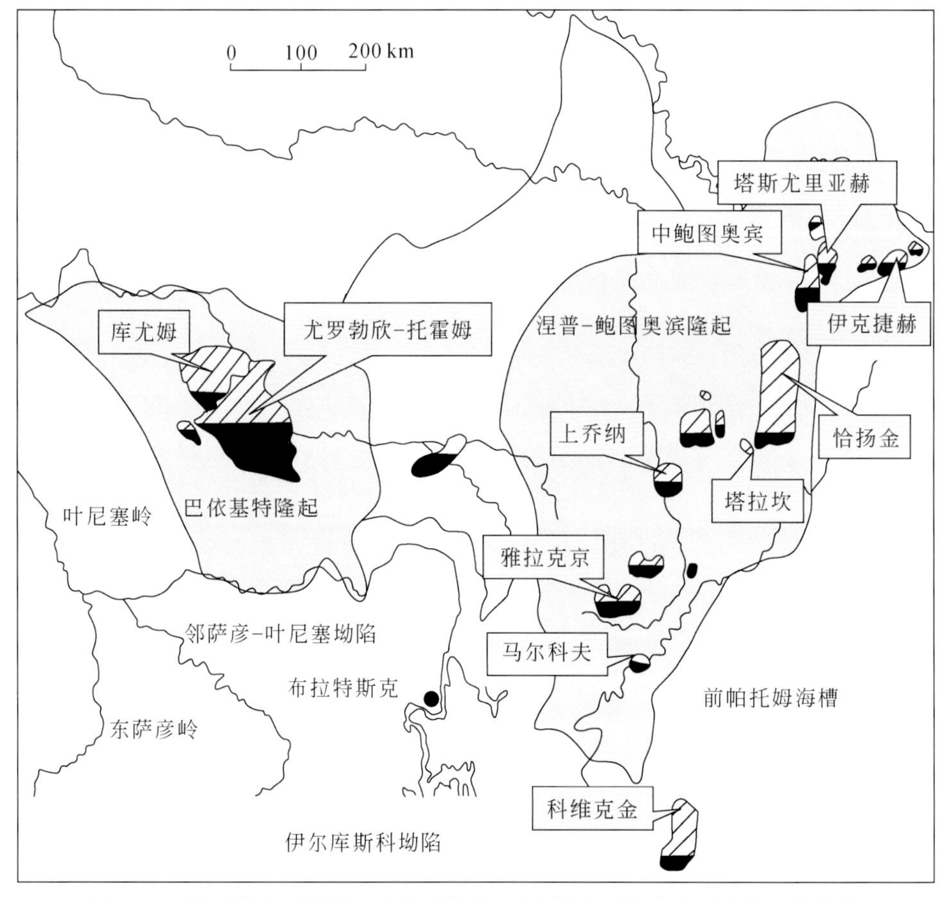

图 16.6　俄罗斯东西伯利亚克拉通勒拿-通古斯卡石油省主要油气田的分布
（据 E. M. Galimov 来华讲学资料，2014）

析油田），尤其是其中两个大型油气田，即尤罗勃欣-托霍姆和科维克金（Kovyktin）油气田的发现（图 16.6），导致油气储量的大幅度增长。此外，该区沿着发育巨厚烃源层的古裂谷带中央部位，具有里菲-文德系储集岩，构成主要的油气勘探前景区（北京石油勘探开发科学研究院、华北石油管理局，1992；Posinikov *et al.*，2004）。

2014 年 5 月中国与俄罗斯两国签署协议，合建西伯利亚东、西两条天然气管线，向中国输气；其中东线在俄方境内命名为"西伯利亚力量"输气管线，已于 2015 年 8 月开工铺设，计划 2018 年的年供气量可达 380×10^8 m^3（约 3000×10^4 $t_{油当量}$）。这些天然气即采自东西伯利亚克拉通即将开发的两个中—新元古界特大型油气田，恰扬金（Chayandin）油气田和科维克金（Kovyktin）（图 16.6）；按照"A+B+C_1"级三级储量计算，恰扬金油气田的石油储量 1×10^8 t，天然气储量 1.2×10^{12} m^3；科维克金油气田的石油储量 1.15×10^8 t，天然气储量 1.9×10^{12} m^3，二者均具备万亿方级的天然气储量规模（据 E. M. Galimov 来华讲学资料，2014）。

16.2.1.2　东欧克拉通（伏尔加-乌拉尔地区）

东欧克拉通又称为俄罗斯克拉通，伏尔加-乌拉尔（Volgo-Uralia）地区是东欧克拉通大油气区的一部分，早在 19 世纪就有油苗和固体沥青发现，目前在古生界泥盆系、石炭系和二叠系地层中已发现 1040 个油气田，中—新元古界地层中也具有油显示，少数探井获得低产油流。

中元古界里菲系是东欧克拉通沉积盖层的最低层位，其下部同位素年龄 1650～1350 Ma，以碎屑岩为主，厚达数千米；上部同位素年龄 1350～1000 Ma，为几千米厚的碳酸盐岩与碎屑岩沉积。部分里菲系砂岩孔隙度可达 10%～20%，具有油气储集性能。

新元古界文德系超覆于里菲系之上，同位素年龄 1000～650 Ma，以碎屑岩沉积为主，厚数百米。其泥岩与碳酸盐岩 TOC 值 0.1%～9.9%，含有烃源岩；60% 的文德系砂岩、粉砂岩符合储集层标准，七个地区储层孔隙度达 20%；具有连续 40～60 m 厚的泥岩-粉砂岩、泥岩-碳酸盐岩可构成局部性或区域性盖层；因此，具备良好的生-储-盖组合，利于油气成藏（Clarke，2000）。

伏尔加-乌拉尔地区 35×10^4 km^{2}的范围内，已有 35 口井钻达里菲系，235 口井钻达文德系。已发现里菲系地震局部构造高点 57 个，文德系局部高点 277 个。全区已有 40 多口井各层位见油气显示，但是仅获得低产油流，油产量一般为 1～3 t/d 不等。

在东欧克拉通，从文德系获得两种成因类型的原油：

一种是重油，如在卡马-别利斯科（Kama-Belsk）盆地的锡温斯科（Sivinsk）-1 井、锡温斯科-2 井、拉里诺夫（Larionov）-52 井、沙尔坎（Sharkan）-1060 井均从文德系砂岩中，获得日产重油 1 m^3/d 或 7 t/d（北京石油勘探开发科学研究院、华北石油管理局，1992；Fedorov，1997）；这些重油大部分属于环烷基油，原油密度可达 0.97 g/cm^3，汽油馏分含量低，"非烃+沥青质"含量可达 30%，类似于生物降解油，考虑到储层的年代与成藏时间，其生物降解作用可能发生于前泥盆纪构造隆起遭受剥蚀的时期（Vysotsky *et al.*，1993）。

另一种是轻质的烷基-环烷基油，如在莫斯科盆地丹尼洛夫（Danilov）地区获得的液态原油汽油馏分含量高，低密度的馏分得以保留，或在晚近时期（可能在新生代中期）有低密度的原油馏分注入。由于局限性的沉降，例如，在格里亚佐韦兹克（Gryzovetsk）和加利奇（Galich）坳陷以及季马（Timan）前渊，生烃时间可能发生在中生代—新生代（Vysotsky *et al.*，1993）。

初步评价全区里菲系-文德系的油气资源量为石油 700×10^6～1500×10^6 t；天然气 308×10^{12} m^3（Clarke，2000）。

16.2.2　阿曼苏丹国

阿曼苏丹国位于阿拉伯半岛东南沿岸，国土面积 30×10^4 km^2，其最古老的沉积地层为新元古界成冰系—埃迪卡拉系（725～540 Ma）侯格夫超群（Huqf S-Gp.），由碎屑岩、碳酸盐岩与蒸发岩互层组成（Ghori *et al.*，2009；图 16.7）。侯格夫超群顶部的阿拉群（Ara Gp.）属于在封闭海盆的较低海平面缺氧分层水体条件下，富含有机质的含盐盆地沉积，盐层厚度达1000 m，形成南阿曼（South Oman）、费胡德（Fahud）、盖拜（Gheba）三个盐盆地，其间被中央阿曼（Central Oman）、马卡伦-马布鲁克（Makaren-Mabrouk）两个凸起所分隔（Edgell，1991；图16.8）；而且纵、横向上也广泛发育烃源层与储集层，构成良好的生-储-盖组合。

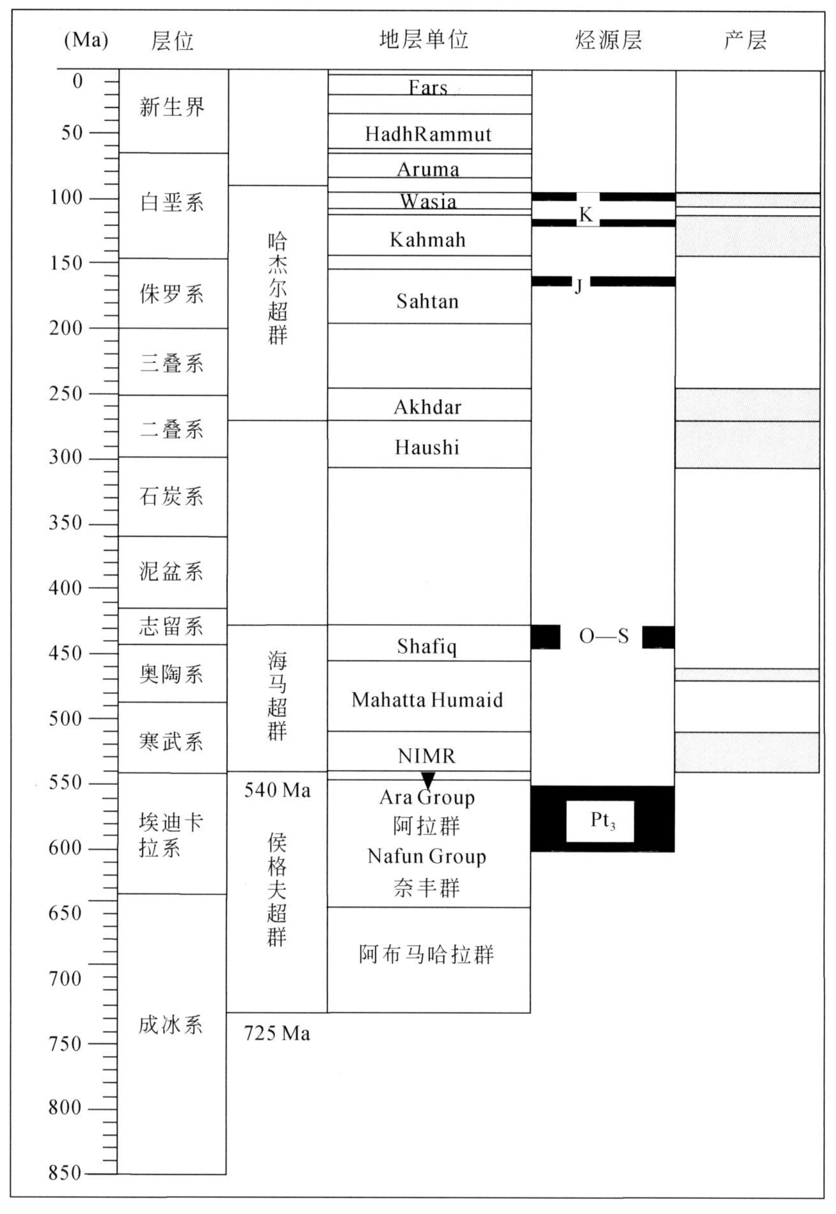

图16.7 阿曼苏丹国地层简表与烃源层、产油气层分布（据Ghori *et al.*，2009）

南阿曼盐盆地是阿曼目前的最主要的产油盆地。1997～2002年期间，仅哈韦尔-克卢斯特（Harweel-Cluster）地区在达法格（Dafaq）、盖费尔（Ghafeer）、哈韦尔-迪普（Harweel Deep）、拉巴布（Rabab）、萨希亚（Sakhiya）、萨尔马德（Sarmad）、扎儿扎拉（Zalzala）七个油田的阿拉群A2C和A3C两个含盐碳酸盐岩层位中，发现九个新元古界含盐碳酸盐岩油藏（仅盖费尔与萨希亚油田具有A2C和A3C两个油藏），其中六个属弹性压力驱动油藏，三个为水动力驱动油藏，油层埋藏深，一般均为低渗透率油层（1～10 mD），地层压力大，气油比高，原油物性变化范围大，产出凝析油至具有中等气油比（185 m^3/m^3）的黑油；该地区总计探明石油储量达3.5×10^8 t（20×10^9桶），油气中含15% CO_2和5% H_2S；油源来自侯格夫超群烃源层，并且还可向二叠系、白垩系油藏供油（O'Dell and Lamers，2003）。

在阿曼北部的费胡德、盖拜两个盐盆地中，宰海班（Dhahaban）油气系统分布范围达5×10^4 km^2，具有地下原油储量至少1.6×10^9 m^3，天然气1000×10^9 m^3，原油可采储量0.35×10^9 m^3，天然气700×10^9 m^3。

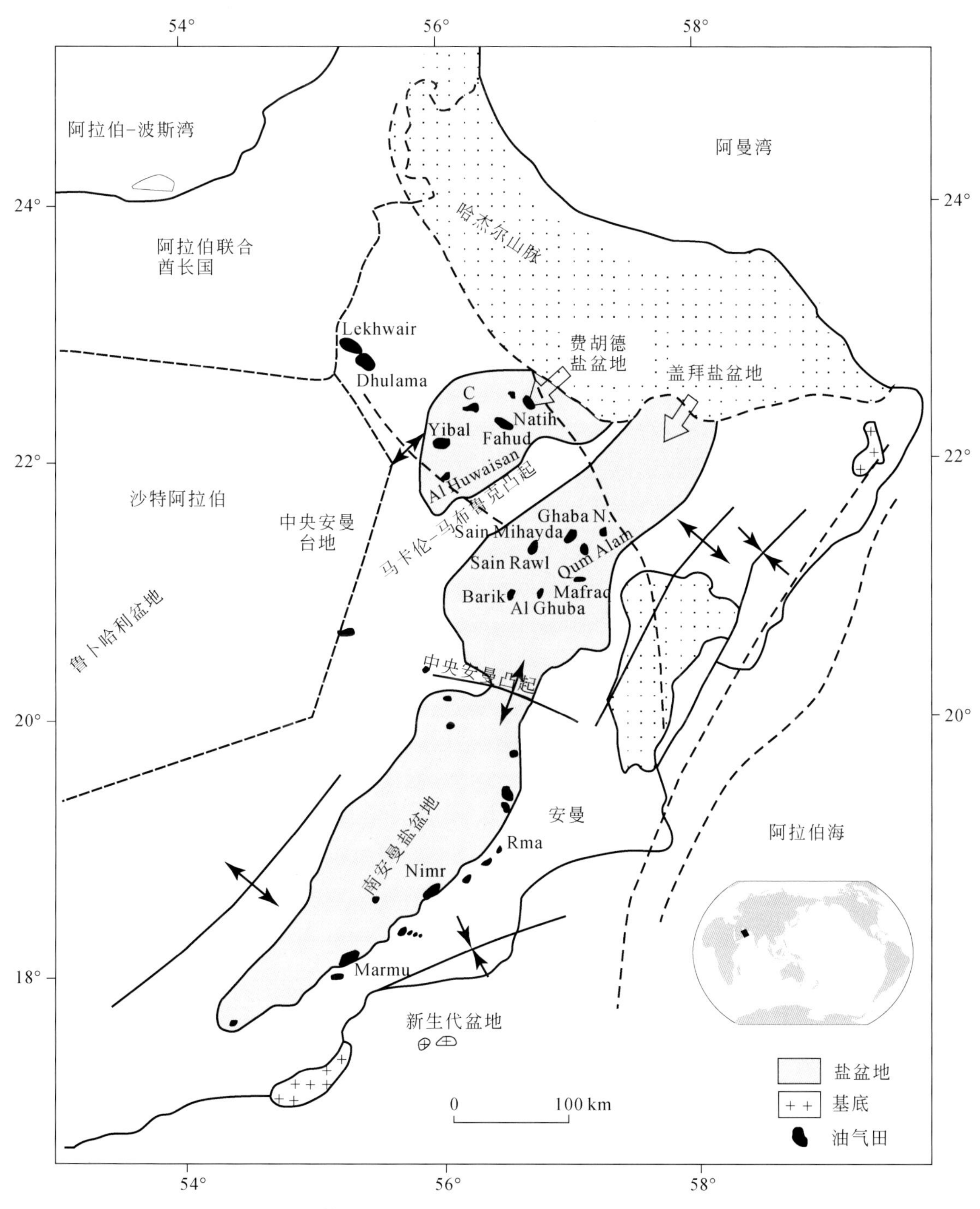

图 16.8　阿曼苏丹国沉积盆地与油气田分布（据 Ghori *et al.*，2009）

原油类型属于 Q 型油，油源来自新元古界侯格夫超群盐层顶部阿拉群班宰海组（Dhahaban Fm.）烃源层。但是，原油主要储集在较年轻的二叠系盖里夫组（Gharif Fm.）和白垩系舒艾卜组（Shu'aiba Fm.）储层，天然气和凝析油出现于更深的古生界海马组（Haima Fm.）储层（Terken and Frewin，2000）。

除了阿拉群之外，志留系、上侏罗统和白垩系也具有生烃条件（Terken *et al.*，2001）。在阿曼的三个盐盆地中，原油具有五种地球化学类型，分别与上述四个烃源层具有可比性，其中侯格夫型与 Q 型两类原油均源自侯格夫超群烃源层（Terken and Frewin，2000；Ghori *et al.*，2009）。Grosjean 等（2009）也已证明，南阿曼盐盆地的大部分石油的生物标志物、碳同位素组成，均与新元古界—寒武系侯格夫超群的烃源岩密切相关，并且主要源自阿拉群的薄层状碳酸盐岩或页岩烃源岩（O'Dell and Lamers，2003）。南阿曼盐盆地原油以侯格夫型与“Q”型原油为主，侯格夫型原油与侯格夫超群烃源岩特征相似；从特殊生物标志物以及空间、地层分布情况推测，“Q”型原油属于前寒武系油源，且聚集南阿曼盆地北部以及阿曼北部诸盆地（O'Dell and Lamers，2003；Grosjean *et al.*，2009）。Terken 和 Frewin（2000）指出，阿曼北部宰海班油气系统 Q 型原油的烃源灶主要位于费胡德盐盆地的浅层，其次为盖拜盐盆地的西缘。

据 Grantham 等（1987）、Edgell（1991）、Terken 等（2001）研究，侯格夫超群烃源层是埃迪卡拉系及其上覆古生界、中生界油藏约 16.4 亿吨石油与不明数量天然气主要的烃源。

16.2.3　印度与巴基斯坦

目前印、巴两国接壤地区的新元古界地层与区域构造单元，尚缺乏统一的区划。在巴方境内的旁遮普（Punjab）地台，向东延伸至印度境内则称为比卡内尔-纳高尔（Bikaner-Nagaur）盆地［图 16.9(a)］，旁遮普地台的新元古界均归属于盐山组（Salt Range Fm.）一个地层单元，而在比卡内尔-纳高尔盆地则自下而上细分成焦特布尔组（Jodhpur Fm.）、比拉腊组（Bilara Fm.）、汉塞伦组（Hanseran Fm.）三个地层单元［图 16.9(b)］，旁遮普地台与比卡内尔-纳高尔盆地的新元古界地层均与邻区阿曼苏丹国侯格夫超群（Huqf S-Gp.）层位相当（Skeikh *et al.*，2003；Ghori *et al.*，2009）。

1959 年巴基斯坦境内旁遮普地台格拉姆布尔-1 井的新元古界盐山组白云岩裂隙中，产出沥青质重油［图 16.9(a)］。1991 年印度境内比卡内尔-纳高尔盆地巴克尔瓦拉-1（Baghewala-1）井 1103～1117 m 井段埃迪卡拉系焦布特尔组首次发现砂岩油藏［图 16.9(a)］，产出 0.95 t 重质油，密度达到 0.9497 g/cm^3，属于非生物降解成因的含硫重质油。依据生物标志物对比，确认比卡内尔-纳高尔盆地巴克尔瓦拉-1 井重质油的烃源层为新元古界比拉腊组地成熟的纹层状白云岩［图 16.9(b)］，生成高含硫的重油（密度范围 0.9042～

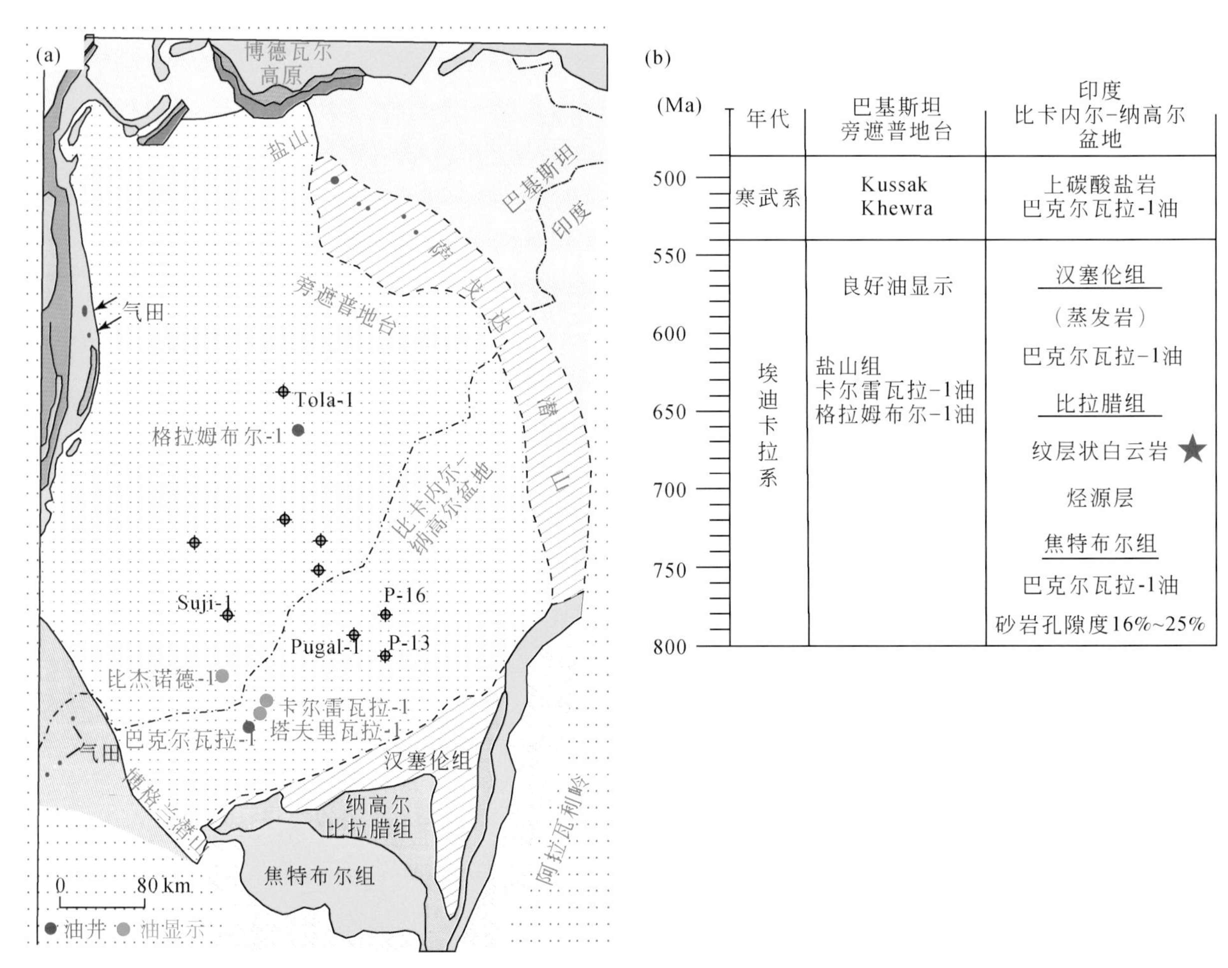

图 16.9　巴基斯坦旁遮普地台与印度比卡内尔-纳高尔盆地油井井位（a）与始寒武系地层、烃源层、产油层位（b）（据 Ghori *et al.*，2009）

"油". 产油层位；★. 烃源层

0.9529 g/cm^3；Peters *et al.*，1995）。

现已探明巴克尔瓦拉（Baghewala）油田具有四个油藏，其中最古老的是埃迪卡拉系焦特布尔组砂岩油藏，其孔隙度为16%～25%，含油饱和度达65%～80%；最年轻的为下寒武统上碳酸盐岩组白云岩油藏，孔隙度7%～15%；该油田的原油储量为86×10^6 t（Sheikh *et al.*，2003；Peters *et al.*，1995），属于中等储量规模的油田［图16.9(a)］。

同期，在相互毗邻的旁遮普地台比杰诺德-1（Bijnot-1）井和比卡内尔-纳高尔盆地卡尔雷瓦拉-1（Kalrewala-1）井、塔夫里瓦拉-1（Tavriwala-1）井等3口探井中，也获得良好的油显示。在巴基斯坦旁遮普地台和博德瓦尔（Potwar）高原也发现有较高成熟度的轻质油，印度比卡内尔-纳高尔盆地至少也有一口井见到低含硫量、低密度（0.78～0.82 g/cm^3）的轻质油［图16.9(a)；Ghori *et al.*，2009］。

值得注意的是，上述格拉姆布尔-1（Karampue-1）井与巴克尔瓦拉-1（Baghewala-1）井所产重质油的地球化学特征，与阿曼侯格夫超群的烃源岩、原油非常相似，从而对印、巴两国的比卡内尔-纳高尔盆地与旁遮普地台的含油气前景以及进一步的油气勘探，提供了强有力的依据（Grantham *et al.*，1987；Sheikh *et al.*，2003；Grosjean *et al.*，2009）。

16.2.4 北非盆地群

北非盆地群在地理上处于非洲西北部，在区域地质构造上属于西非克拉通的一部分，作为潜在的底寒武系含油气盆地，主要涉及陶代尼（Taoudenni）、廷杜夫（Tindouf）两个沉积盆地。

陶代尼盆地属于宽阔的克拉通内坳陷，分布于现今的东南毛里塔尼亚、西马里、西南阿尔及利亚三国境内，作为西非最大的沉积盆地，面积达1.8×10^6 km^2。环绕盆地周缘出露新元古界地层，盆地内部发育以新元古界-石炭系的沉积层系，沉积中心的地层总厚度可达5～6 km。在盆地北缘广泛出露底寒武系（Infracambrian）阿塔尔群（Atar Gp.）碳酸盐岩地层，其地质时代相当于拉伸纪—成冰纪早期（约1000～750 Ma），属于前“雪球地球”时期（Deynoux，1980；Clauer and Deynoux，1987）；在盆地内部阿塔尔群上覆厚约3000 m的中—新生界薄沉积盖层。阿塔尔群发育叠层石灰岩与黑色页岩互层，平均地层厚度3000 m，黑色含黄铁矿页岩富含有机质，TOC达10%～20%，可作为良好的烃源岩；叠层石灰岩是潜在的储集岩相带，露头剖面的沉积特点与探井井下地层剖面一致。陶代尼盆地中央的斯特克蒂拉（Structural）凸起，将盆地分隔成东部的陶代尼坳陷与西部的马克泰里（Maqteir）坳陷（Kolonic *et al.*，2004；Ghori *et al.*，2009；图16.10）。

1974年在该盆地的毛里塔尼亚境内，斯特克蒂拉凸起的南、北侧，两家石油公司曾分别钻过两口深探井，即阿博拉格-1（Abolag-1）井和夸萨-1（Quasa-1）井（图16.10）。阿博拉格-1井在2300～3000 m井段见气显示，并在井深约3000 m的阿塔尔群叠层石灰岩中，经钻杆测试短期放喷天然气，折算产量1.36×10^8 m^3/d（Geiger *et al.*，2004；Ghori *et al.*，2009）。对阿博拉格-1井含气层段的岩心、岩屑进一步的地球化学分析表明，该段地层有机质丰度偏低，但是地层成熟度偏高，处于“凝析气窗”的成熟度范畴（Kolonic *et al.*，2004）。然而，夸萨-1井未能钻达叠层石灰岩目的层，井位部署也不在有效的圈闭范围内，因而钻探失利。但是，此后勘探活动停止。近期在陶代尼盆地的马里境内又有了新的作业公司，新元古界成为油气勘探的主要勘探目标（Lottaroli *et al.*，2009）。

陶代尼盆地的北面为廷杜夫盆地。在摩洛哥境内的廷杜夫（Tindouf）盆地的北缘曾钻过AZ-1探井，该井的底寒武系灰岩层系中也发现天然气显示（Geiger *et al.*，2004）。

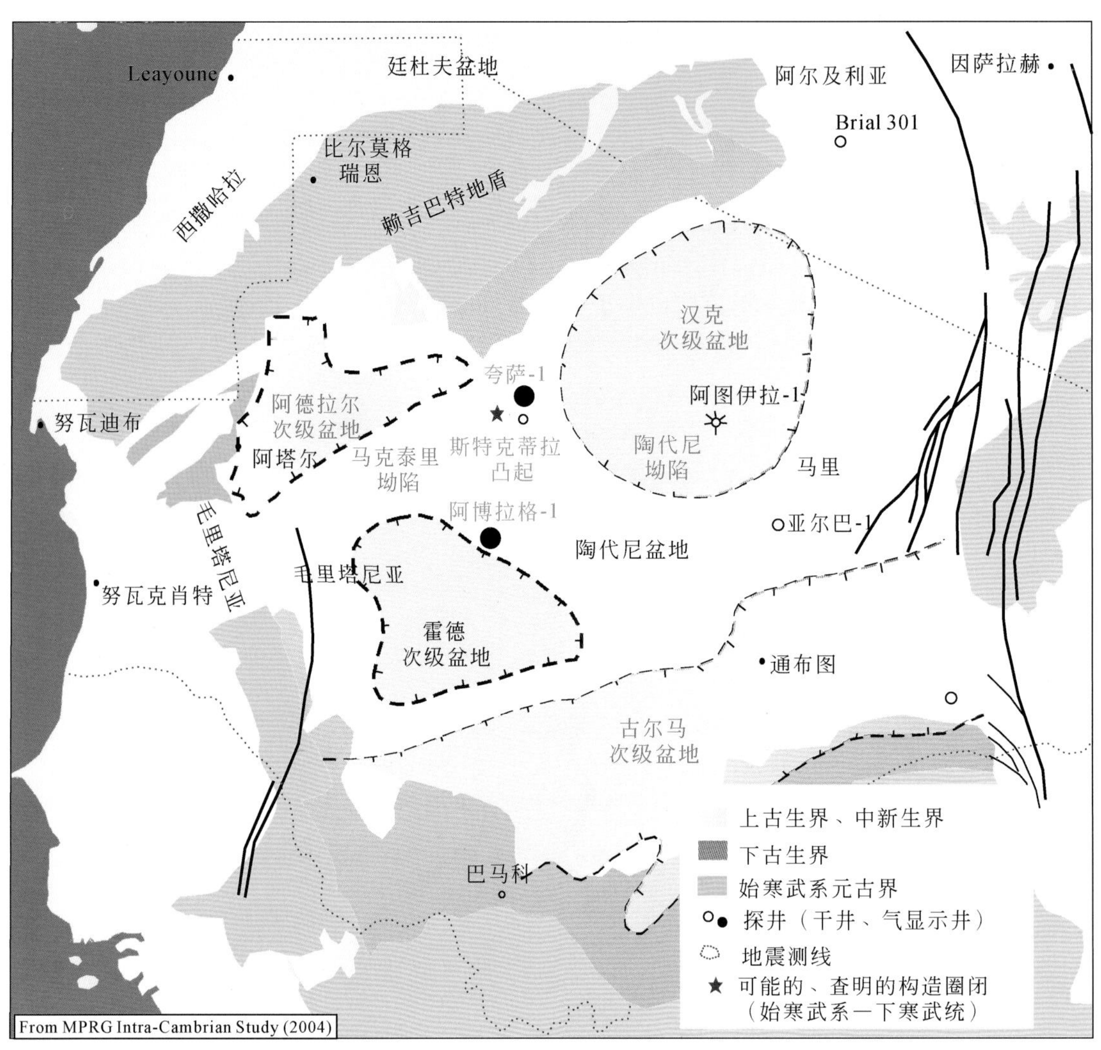

图 16.10 北非毛里塔尼亚-马里-阿尔及利亚的陶代尼、廷杜夫盆地地质简图
（据 Lottaroli *et al.*，2009；Ghori *et al.*，2009）

16.2.5 澳大利亚

澳大利亚境内元古宇地层发育，其中古—中元古界分布于北部的麦克阿瑟（McArthur）盆地，新元古界分布于中央盆地群（Centralian systems）和南部的阿德莱德褶皱带（Adelaide），中央盆地群包含乔治那（Georgina）、恩加利亚（Ngalia）、阿马迪厄斯（Amadeus）、奥菲舍（Officer）等盆地（Ghori *et al.*，2009；图 16.11）。新元古代（840～545 Ma）时期中央盆地群是一个统一的沉积体系，其底寒武系（即新元古界—下寒武统）划分为四个超级层序：超级层序Ⅰ属于成冰系下部的前“雪球地球”时期沉积，由砂岩、碳酸盐岩、蒸发岩组成，是最有油气勘探前景的层系；超级层序Ⅱ、Ⅲ构成成冰系中、上部，分别包含斯图特（Sturtian）和马里诺（Marinoan）两个冰期的冰川沉积；超级层序Ⅳ为后“雪球地球”时期的埃迪卡拉系-下寒武统沉积。后来经历 Petermann（600～540 Ma）和 Alice（400～300 Ma）两期造山运动，被分隔成为不同的构造盆地（Walter *et al.*，1995）。澳大利亚的中—新元古界发育有良好的烃源岩，油气显示分布也较广，但至今尚无商业性油气开采。

麦克阿瑟盆地面积达 20×10^4 km^2，中元古界最富含有机质的烃源层，属于 1640 Ma 巴尼克里克组（Barney Creek Fm.）湖相沉积，以及 1440 Ma 维尔克里组（Velkerri Fm.）海相沉积。这两套中元古界的烃源岩，具有与显生宇烃源层相当的烃源岩厚度与生烃潜力，TOC 可达 7%，干酪根类型为Ⅰ和Ⅱ型，成熟度范围从临界成熟至过成熟（Crick *et al.*，1988）。

20 世纪 70 年代在几口铅锌矿探井中，均见到油滴与气喷现象，并观察到两种不同的原油类型，即侵

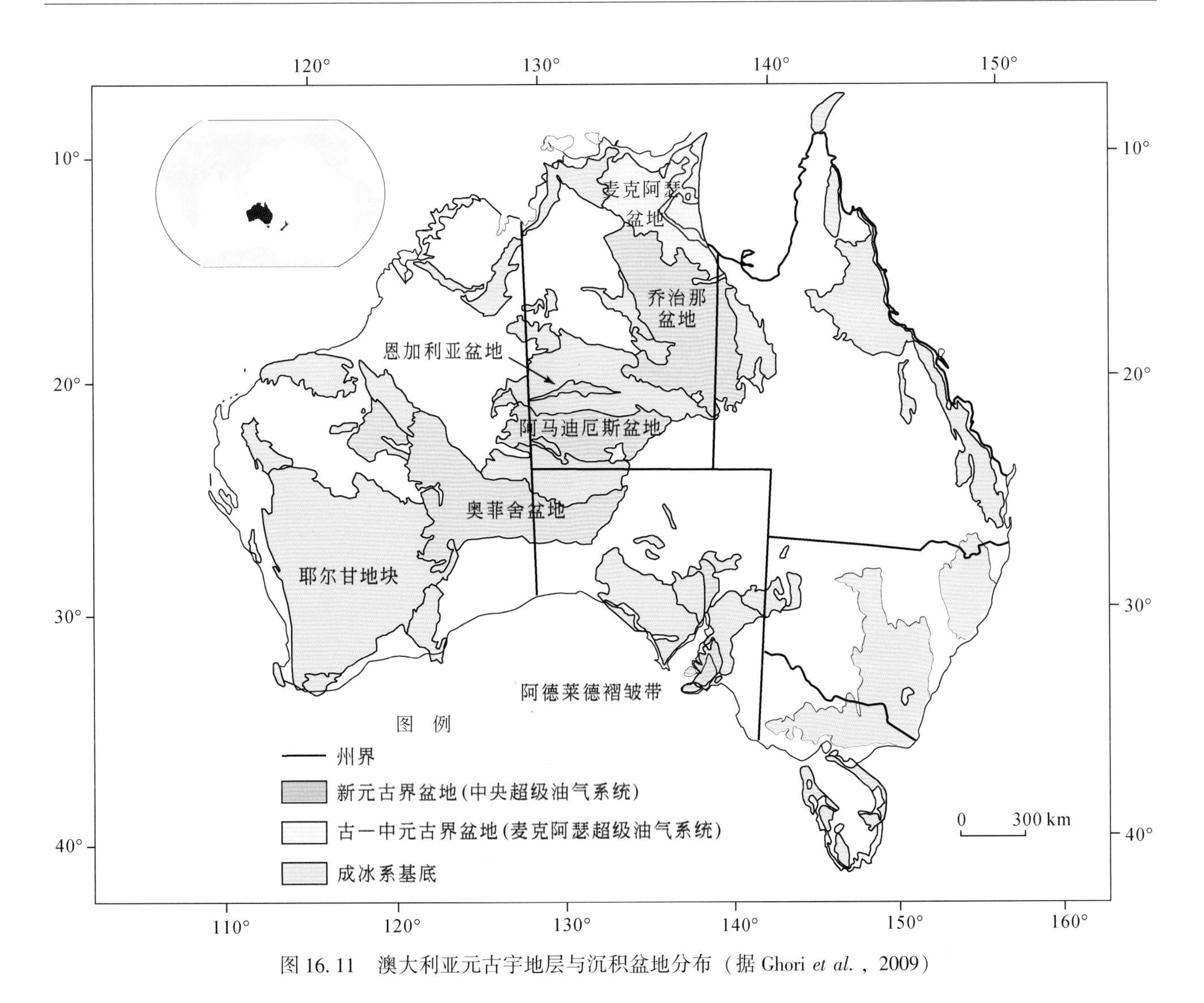

图 16.11　澳大利亚元古宇地层与沉积盆地分布（据 Ghori *et al.*，2009）

染着生物降解重质油的方铅矿、闪锌矿、重晶石以及“金黄蜂蜜色”的挥发性油；20 世纪 80 年代在地层钻井与石油探井中，也广泛报道发现油气苗（Ghori *et al.*，2009）。

中央盆地群以奥菲舍盆地为例，该盆地呈 NW-SE 向延伸，新元古界地层厚度达 8000 m 以上，20 世纪 60 年代晚期至 20 世纪 90 年代晚期总共钻 16 口油气探井，揭示在超级层序 I 中，有五个层段发育烃源岩，其中干酪根类型大多属于 Ⅱ 型，并具有良好的生-储-盖组合，最具有油气勘探前景，已经有 9 口探井不同程度地见到油气显示（Ghori *et al.*，2009；图 16.12）。

16.2.6　北美克拉通盆地

北美克拉通的前寒武系地层主要分布于中央大陆裂谷系（Midcontinent Rift system）、亚利桑那州北部的大峡谷（Grant Canyon）、蒙大拿州西北部的尤尼塔（Unita）与落基山脉（Rocky）等地区。

中央大陆裂谷系是北美克拉通的主要构造单元，发育厚达 15 km 以基性火山岩为主的地层，上覆 10km 厚的碎屑沉积岩，出露于美国东北部的苏必利尔湖区，并且在地下往 SW 方向可延伸 1500 km，到达美国中部的堪萨斯州（Kansas）东北部，构成一系列不对称盆地，充填巨厚的中—新元古界碎屑岩系，其上部的奥伦图群（Oronto Gp.）自下而上包含库珀港组（Copper Harbor Fm.）砾岩、诺内萨奇组（Nonesuch Fm.）页岩（1.05 Ga）、弗雷达组（Freda Fm.）砂岩（Ghori *et al.*，2009；图 16.13）。苏必利尔湖区的怀特派恩（White Pine）铜矿的诺内萨奇组粉砂质页岩薄层段产出原生油苗，即为著名的诺内萨奇油苗（Nonesuch oil seeps）。诺内萨奇组页岩富含有机质，TOC 高达 3%，属于临界成熟-成熟有机质，处于生烃液态窗范畴（Mauk and Hieshima，1992）。

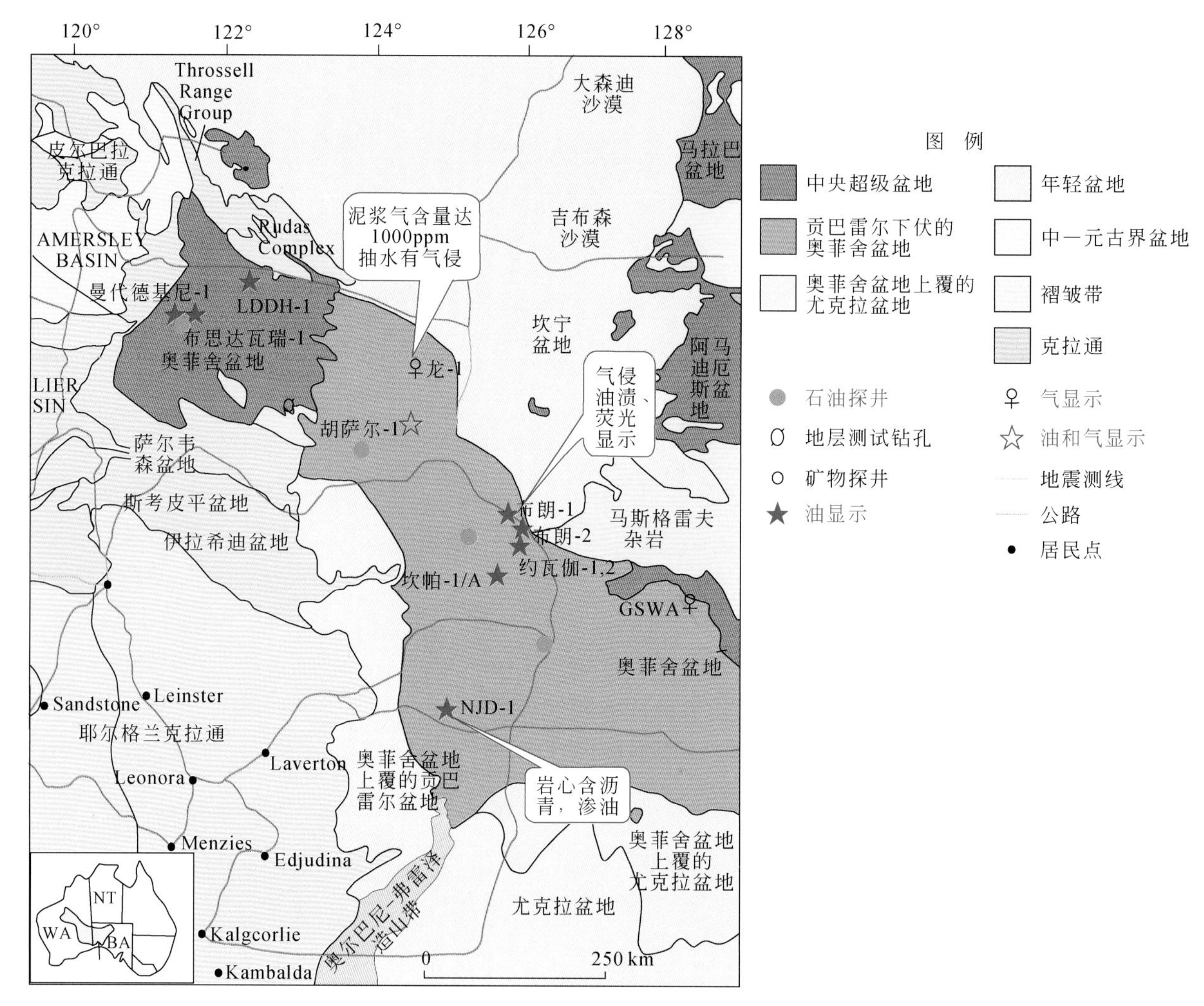

图 16.12　澳大利亚奥菲舍盆地构造单元与油气显示井的分布
（据 Ghori *et al.*，2009）

主要地层单位的中–英文对照

中文名称	英文名称
楚尔群	Chuar Group
奥伦图群	Oronto Group
弗雷达组砂岩	Freda Fm. Sandstone
诺内萨奇组页岩	Nonesuch Fm. Shale
库珀港组砾岩	Copper Harbor Fm. Conglomerate

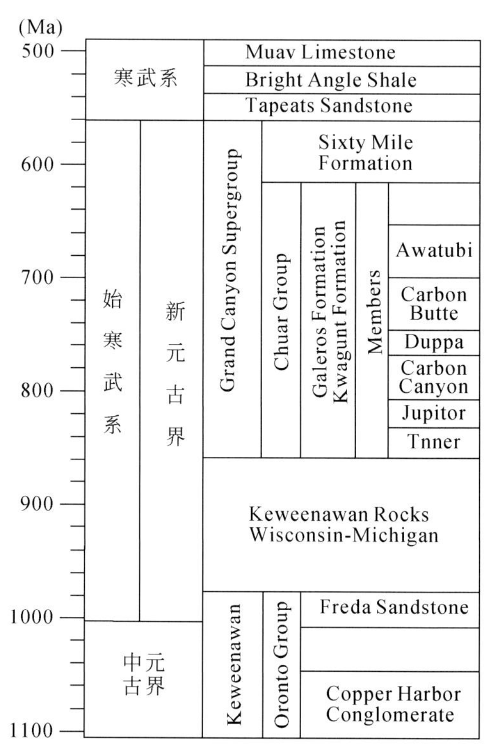

图 16.13　北美克拉通中—新元古界地层简表（Ghoi *et al.*，2009）
展示大陆中央裂谷诺内萨奇组页岩与大裂谷地区楚尔群页岩的地层层位关系

大峡谷地区东部亚利桑那州新元古界楚尔群（Chuar Gp.）页岩是含有机质最丰富的成熟烃源岩，TOC高达10%，生烃潜力局部高达16 $mg_{烃}/g_{岩石}$，有机抽提物含量达4000ppm，可能成为亚利桑那州北部和犹他州南部新元古界—古生界潜在油藏的油源（Palacas，1997）。

16.3　中国东部中—新元古界油气资源

本章仅论及华北克拉通与杨子克拉通元古宇—下寒武统（即底寒武系）已知油气的分布与资源潜力。我国中—新元古界沉积主要分布于华北克拉通北部的燕辽裂陷带，其地层单元区划为中元古界长城系、蓟县系、待建系与新元古界青白口系共计四个系级单位（图16.14），新元古界南华系与震旦系发育于扬子克拉通，华北克拉通南部的南华北裂陷带则仅发育青白口系与震旦系（图16.14）。

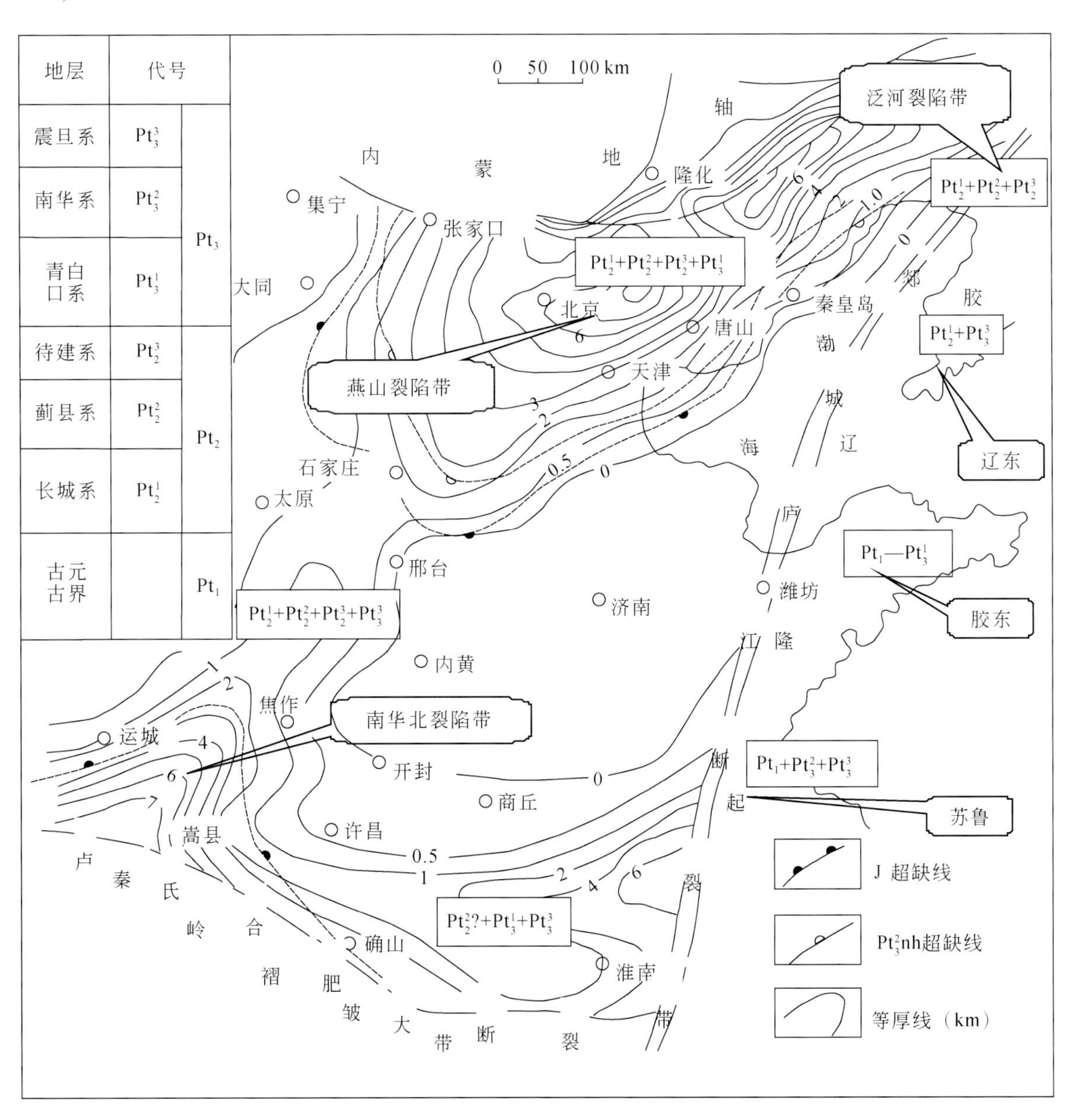

图16.14　华北克拉通东部中—新元古界地层等厚图（据郝石生等，1990，补充修改）

16.3.1　华北克拉通燕辽裂陷带

燕辽裂陷带处于华北克拉通北缘，呈EW向延伸，横跨冀、京、津、辽四省、市，总面积约为

10.6×10⁴ km²。在区域构造轮廓上，中央部位为山海关隆起和密怀隆起，主要由太古界变质岩与多期花岗岩的结晶基底所组成；在隆起的南、北两侧各发育一个中—新元古界的沉积坳陷带，自东而西可进一步区划为北带的辽西、冀北、宣龙坳陷以及南带的冀东、京西坳陷（图16.15）。沉积坳陷中发育巨厚的中元古界长城系、蓟县系、待建系与新元古界青白口系地层，上覆为古生界和中生界沉积盖层。

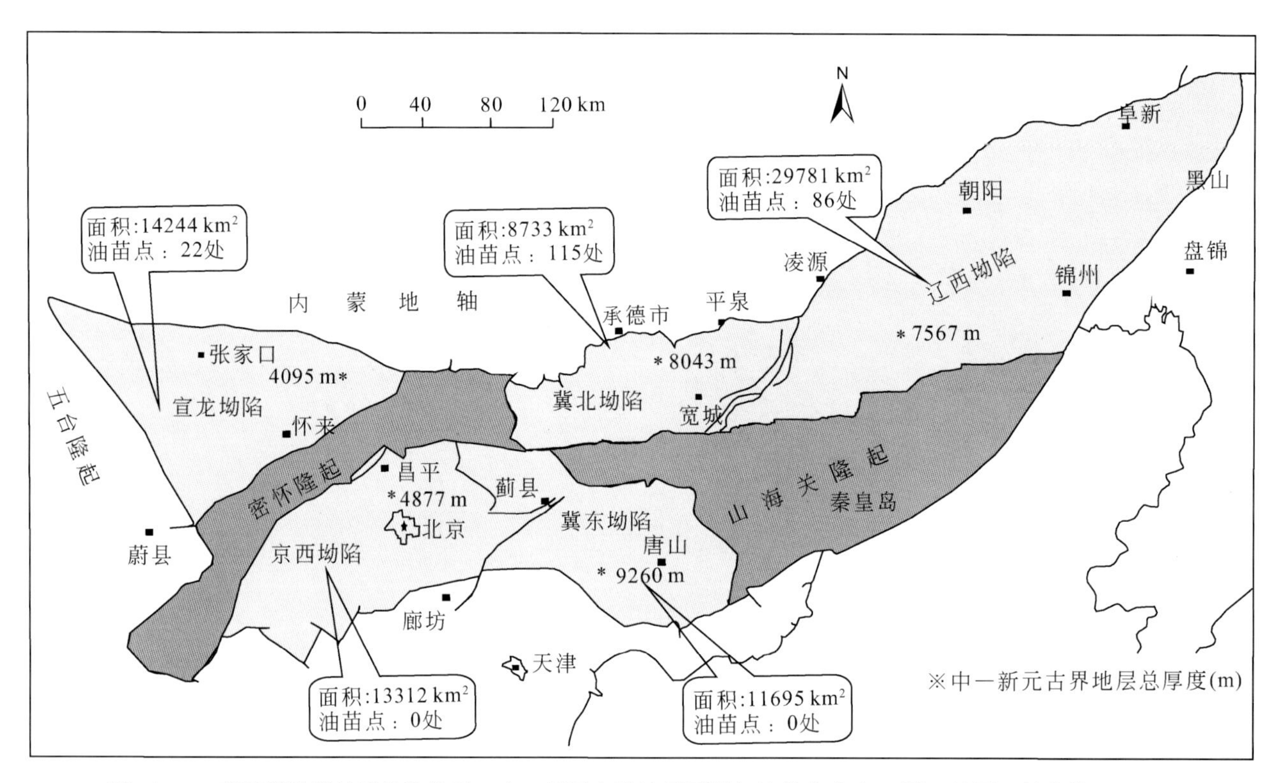

图16.15　燕辽裂陷带地质构造单元、中—新元古界地层厚度与油苗点分布（据王铁冠、韩克猷，2011）

燕辽裂陷带中—新元古界地层总体上呈东厚西薄，在冀东坳陷沉积最厚可达9260 m，冀北坳陷厚8043 m，辽西坳陷厚7567 m，宣龙坳陷最薄仅4095 m（图16.15）。显然，中—新元古界地层的沉降中心处于裂陷带东段的冀东-冀北-辽西坳陷一带。整个燕辽裂陷带五个沉积坳陷中—新元古界地层的古生物组合、岩性-岩相特征与地层划分，显示高度的一致性，表明在中—新元古代时期各个坳陷的海域整体上是连通的，古海洋沉积环境是统一的，目前分隔南、北坳陷带的山海关隆起与密怀隆起主要是后期隆起单元，并未完全分隔燕辽裂陷带中—新元古代时期的海域（图16.15）。

在燕辽裂陷带北部坳陷带的三个沉积坳陷中，油苗、固体沥青点广泛分布。以冀北坳陷为例，迄今共计发现115处油苗、沥青点，其中有98处产于中—新元古界，占油苗、沥青点总数的85.2%，且以液态油苗为主［图16.16（b）］；而在燕裂陷带南部坳陷带的冀东、京西坳陷中，竟然几十年来未发现一处中—新元古界油苗（张长根、熊继辉，1979；王铁冠，1980；王铁冠、韩克猷，2001；图16.15、图16.16，表16.1）①②③。

① 王铁冠，赵澄林，关德范等，1978，燕山地区寻找震旦亚界原生油气藏的良好前景，石油化学工业部《中国东部石油地质、地震勘探科学大会》大会报告，42页。

② 燕山地区地质勘查三大队（王铁冠，高振中，刘怀波等），1979，燕山地区中段冀北坳陷石油地质基本特征，江汉石油学院，102页。

③ 王铁冠，钟宁宁，朱士兴，罗顺社，王春江等，2009，华北地台下组合含油性及区带预测，北京：中国石油大学（北京），345页。

表 16.1　燕山裂陷带冀北坳陷油苗类型与产层分布（据王铁冠、韩克猷，2011）

序号	油苗产状			油苗类型	油苗数目 ∑115 处		占油苗点总数/%		
	界	系	组						
1	中生界	白垩系	西瓜园组 K_1x	油、沥青	2		1.7		
2	下古生界	奥陶系	马家沟组 O_2m	沥青	1	3	0.9	2.6	
3			治里组 O_1y	油、沥青	2		1.7		
4		寒武系	长山组 $\in_3c$	沥青	1	12	0.9	10.5	
5			馒头组 $\in_1m$	油、沥青	8		7		
6			府君山组 $\in_1f$	沥青、油	3		2.6		
7	中元古界	待建系	下马岭组 Pt_2^2x	沥青、油	20		17.4		85.2
8		蓟县系	铁岭组 Pt_2^1t	油、沥青	60	77	52.2	66.9	
9			洪水庄组 Pt_2^1h	油	2		1.7		
10			雾迷山组 Pt_2^1w	油、沥青	15		13		
11			高于庄组 Pt_2^1g	沥青	1		0.9	0.9	

燕辽裂陷带中元古界高于庄组黑色泥晶白云岩与洪水庄组黑色页岩，均具有高有机质丰度，TOC 均值分别为 1.16% 和 4.65%，最高值可达 4.29% 和 7.21%；氯仿沥青含量均值分别为 63ppm 和 265ppm，最高值达到 152ppm 和 4510ppm；实测的等效镜质组反射率分别为 1.38% ~ 1.75% 和 0.9% ~ 1.42%；属于高成熟-过成熟（高于庄组）和成熟-高成熟（洪水庄组）的高丰度烃源岩。若以 TOC 值 0.5% 作为有效烃源岩的标准，则高于庄组与洪水庄组的有效烃源岩累计厚度分别达到 164 m 和 60 m（表 16.2）①。

表 16.2　燕山裂陷带冀北坳陷有效烃源岩地球化学参数①

评价指标	高于庄组	洪水庄组
有机碳含量 TOC/%	0.50 ~ 4.29/1.16（69）*1	0.50 ~ 7.21/4.65（36）
氯仿沥青含量/ppm	26 ~ 152/63（11）	34 ~ 4510/2650（10）
氢指数 HI/(mg_{HC}/g_{TOC})	11 ~ 45/21（61）	97 ~ 311/233（36）
产油潜量 S_1+S_2/($mg_{HC}/g_{岩}$)	0.09 ~ 2.39/0.32（61）	0.52 ~ 18.23/12.2（36）
等效镜质组反射率 R^o/%	1.38 ~ 1.75/1.59	0.90 ~ 1.42/1.19
有效烃源岩累计厚度*2/m	164	60

*1 最低值 ~ 最高值/均值（样品数）；*2 有效烃源岩以 TOC≥0.5% 为标准，统计其累计厚度。

因此，就燕辽裂陷带中—新元古界而言，仅保存高于庄组与洪水庄组两个主要烃源层，特别是洪水庄组的烃源岩有机质丰度，完全可以与渤海湾盆地古近系、新近系的最佳烃源岩相媲美。至于其他层位，如铁岭组、雾迷山组等，其碳酸盐岩和泥质岩的有机质丰度总体上均未达到有效烃源岩的标准，均属非烃源岩范畴。

此外，由于燕辽裂陷带东段，特别是冀北、辽西坳陷，下马岭组早期基性岩浆的顺层侵入，形成二至四层辉长辉绿岩-辉长岩岩床，累计厚度可达 117.5 ~ 312.3 m，使沉积厚度仅 369 m 的下马岭组黑色页岩的有机质遭受到热烘烤围岩蚀变，达到过成熟高演化阶段而丧失生烃能力（参阅本书第 14 章）。但在

① 王铁冠，钟宁宁，朱士兴，罗顺社，王春江等，2009，华北地台下组合含油性及区带预测，北京：中国石油大学（北京），345 页。

裂陷带的西段宣龙坳陷基性岩浆侵入活动明显减弱，仍有作为烃源层的可能性①。

下马岭组底部发育中-薄层石英砂岩层或透镜体，砂粒质纯，由石英、燧石组成，粒径粗细不一，硅质胶结，孔隙度可达15% ~25%，呈致密坚硬的白色硅质石英砂岩。部分砂体孔隙中充填沥青，呈黑色硅质-沥青质胶结的沥青砂岩［图16.16(a)、(c)、(d)］，甚至还有的呈未经胶结的松散状沥青砂产出，在冀北坳陷中央向斜带（即党坝向斜带）的南、北两翼均有发现。在南翼见于辽宁凌源凌源龙潭沟的沥青砂岩厚3.8 m，河北宽城卢家庄沥青砂岩出露点地面可追踪10 km（图16.17）。下马岭组沥青砂岩的这种呈规模性的发现，标志着一个迄今已知的最为古老的中元古代古油藏的存在（王铁冠等，1988；Wang，1991a，1991b；Wang and Simoneit，1995）。

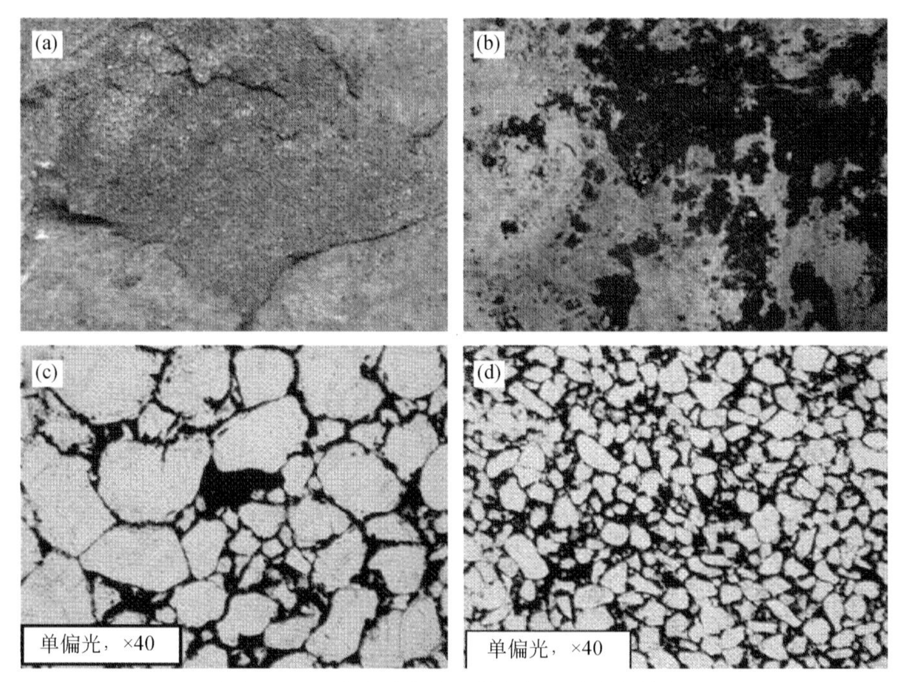

图16.16　燕山裂陷带油苗与沥青砂岩产状②

（a）下马岭组沥青砂岩；（b）雾迷山组白云岩液态油苗；（c）、（d）沥青砂岩镜下照片

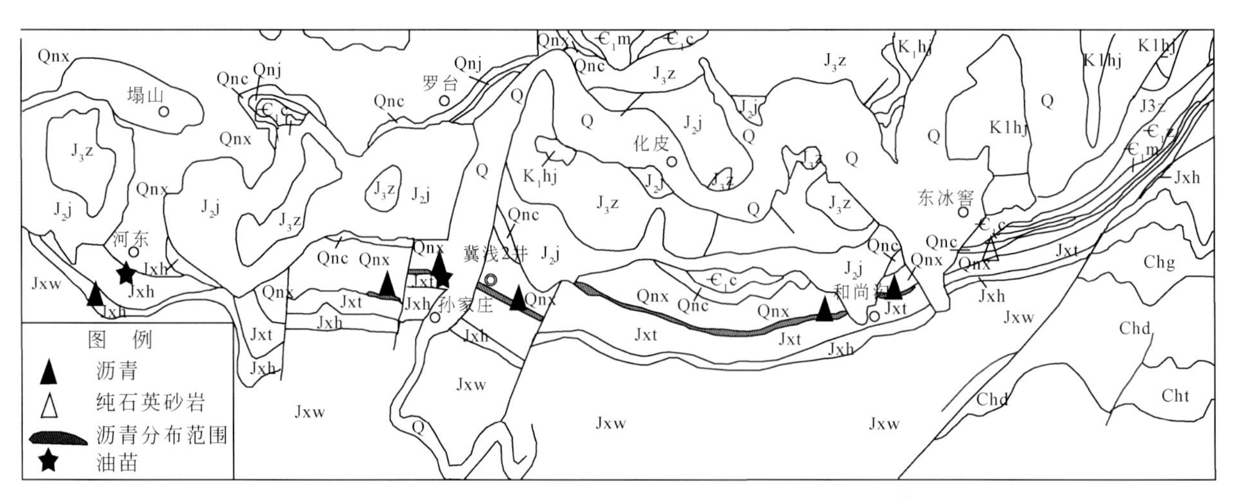

图16.17　冀北宽城卢家庄沥青砂岩古油藏出露点的分布①

① 王铁冠，钟宁宁，朱士兴，罗顺社，王春江等，2009，华北地台下组合含油性及区带预测，北京：中国石油大学（北京），345页。

② 王铁冠，钟宁宁，朱士兴，罗顺社，王春江等，2009，华北地台下组合含油性及区带预测，北京：中国石油大学（北京），345页。

在冀北坳陷中—新元古界各层位产出的液态油苗以及下马岭组底部沥青砂岩中，均检测到一种新的生物标志物 C_{18}—C_{23}13α(正烷基)-三环萜烷系列（图16.18右侧图谱），目前该生物标志物系列仅在元古宇地层、原油（苗）和沥青中有所报道。对燕辽裂陷带三个潜在烃源层（即高于庄组黑色泥晶白云岩、洪水庄组黑色页岩与下马岭组黑色页岩）进行干酪根人工加氢催化反应获得干酪根降解产物。在三者降解产物中，只有在洪水庄组黑色页岩的干酪根中，检测出 C_{18}—C_{22}13α(正烷基)-三环萜烷系列，成为洪水庄组黑色页岩独有的生物标志物，与各产层的油苗、沥青均具有良好的可比性；高于庄组与下马岭组烃源岩的干酪根的降解产物均未检出 C_{18}—C_{22}13α(正烷基)-三环萜烷，因而与油苗、沥青不具可比性(图16.18右侧图谱)，从而提供了洪水庄组黑色页岩作为燕辽裂陷带中—新元古界油苗、沥青唯一烃类来源的分子级水平依据①。

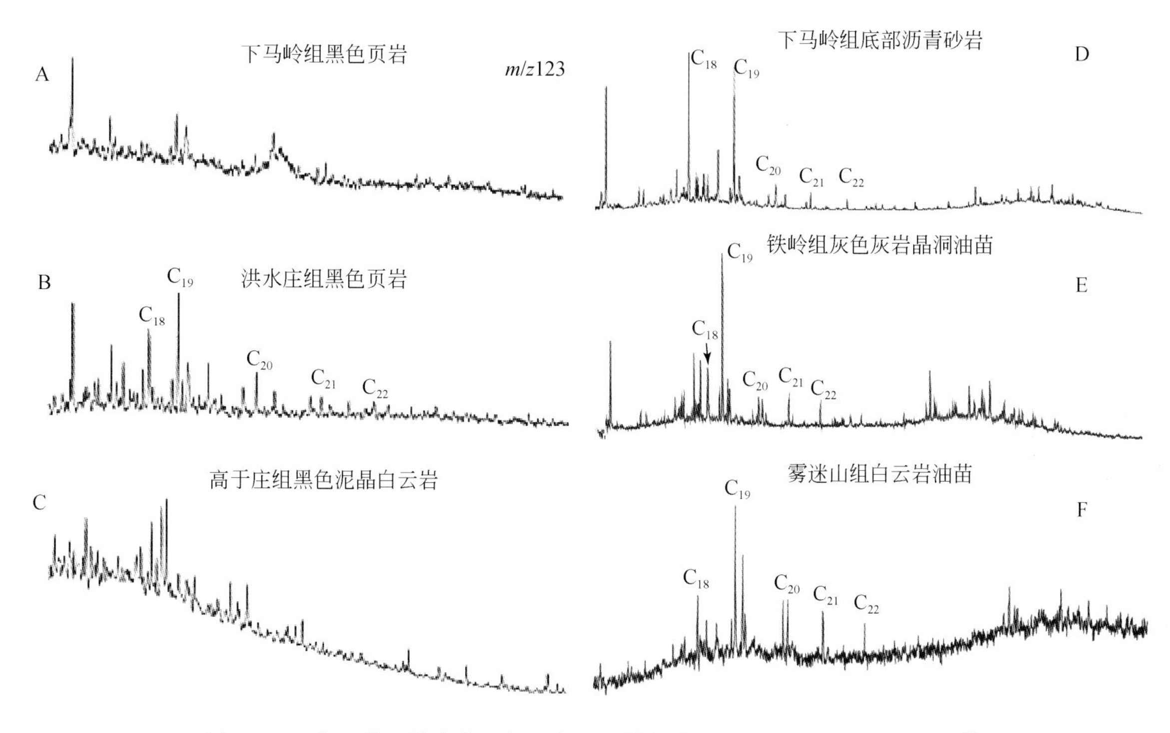

图16.18 燕山冀北坳陷中—新元古界油苗与洪水庄组黑色页岩油-岩对比①

C_{18}—C_{23}. 13α(正烷基)-三环萜烷系列

显然，固体沥青不是流体，难以直接注入下马岭组底砂岩微细的粒间孔隙［图16.16(a)、(c)、(d)］，此沥青砂岩原先理应是古油砂或含油砂岩，由于遭受后期的热蚀变，才形成沥青砂岩。因此沥青砂岩本身即是古油藏的存在标志。特别是辽宁凌源龙潭沟的下马岭组底砂岩的野外露头上，经人工槽探施工，还发现新鲜未经胶结的沥青砂，表明在下马岭组底砂岩成岩作用的初期，砂层胶结作用尚未完成之时，液态石油即已开始充注成藏。由于已知下马岭组底砂岩开始沉积的时间，即相当于中元古界待建系底界的年龄1400 Ma（高林志等，2008），因此，这个时间也是下马岭组底部沥青砂岩开始充注，形成古油藏成藏的年龄。

鉴于燕辽裂陷带东段冀北、辽西坳陷的中—新元古界，仅有高于庄组与洪水庄组两个有效烃源层，下马岭组沥青砂岩底界与洪水庄组顶界之间，只间隔318.8 m的地层厚度，显然，在1400 Ma下马岭组底砂岩古油藏充注成藏时，洪水庄组黑色页岩还远未达到生烃门限，尚未成熟不可能为下马岭组底砂岩供油，不能作为古油藏的主要烃源层。然而，此时高于庄组与下马岭组底界的地层间距却已达到3682 m，应当已经跨入生烃门限深度，因此高于庄组黑色泥晶白云岩烃源岩完全具备向下马岭组底砂岩供油的生、排烃条件，从而成为沥青砂岩的油源。

① 王铁冠，钟宁宁，朱士兴，罗顺社，王春江等，2009，华北地台下组合含油性及区带预测，北京：中国石油大学（北京），345页。

采用中国科学院地质与地球物理研究所 Cameca SIMS-1280 型高分辨二次离子质谱仪，对冀浅 2 井以及平泉双洞地表露头的下马岭组新鲜的辉长岩岩心中挑选出的 36 粒斜锆石，采用 U-Pb 法离子质谱定年的结果，厘定下马岭组辉长辉绿岩岩床侵入时间为 1327 Ma① （参阅本书第 14 章），从而也提供了下马岭组地层上限的年龄以及古油藏蚀变的时间，即在下马岭组沉积结束后，基性岩浆顺层侵入，不仅破坏了下马岭组黑色页岩的生烃潜力，而且导致下马岭组底砂岩油藏的围岩蚀变，形成分布较为广泛的沥青砂岩古油藏①。

近年来大地电磁测深（Megneto Tellurics，MT）探测出中国大陆上地幔第一高导层的埋深（图 16.19），高导层的物理成因是地幔含水物质熔融所致，因此根据上地幔高导层的埋深可推断岩石圈的热状态（徐常芳，1996）。上地幔第一高导层之上的地壳与地幔部分，应属于固体岩石圈的范畴，第一高导层的埋深可表征岩石圈的厚度，并影响地温梯度。对比图 16.15 和图 16.19 可见，黑山位于燕山裂陷带北部的宣龙-冀北-辽西坳陷的东端，秦皇岛处在山海关隆起上，秦皇岛以南则属于燕山裂陷带南部的京西-冀东坳陷范畴。在黑山一带第一高导层的埋深超过 140 km，表明宣龙-冀北-辽西坳陷带的深部结构具有“冷圈、冷盆”、低地温梯度的属性，而山海关隆起与南部京西-冀东坳陷带则属“热圈、热盆”、高地温梯度属性。因而导致燕辽裂陷带南、北坳陷带油气资源保存条件的重大差异性，这也是燕山裂陷带中元古界的全部液态油苗点均集中分布于北部的宣龙-冀北-辽西坳陷，而南部的京西-冀东坳陷迄今未见到任何油苗点的内在缘由（图 16.15）。显然，燕山裂陷带北部的北部宣龙-冀北-辽西坳陷是保存与寻找中—新元古界原生油气的有利地带（徐常芳，1996；王铁冠、韩克猷，2001）①。

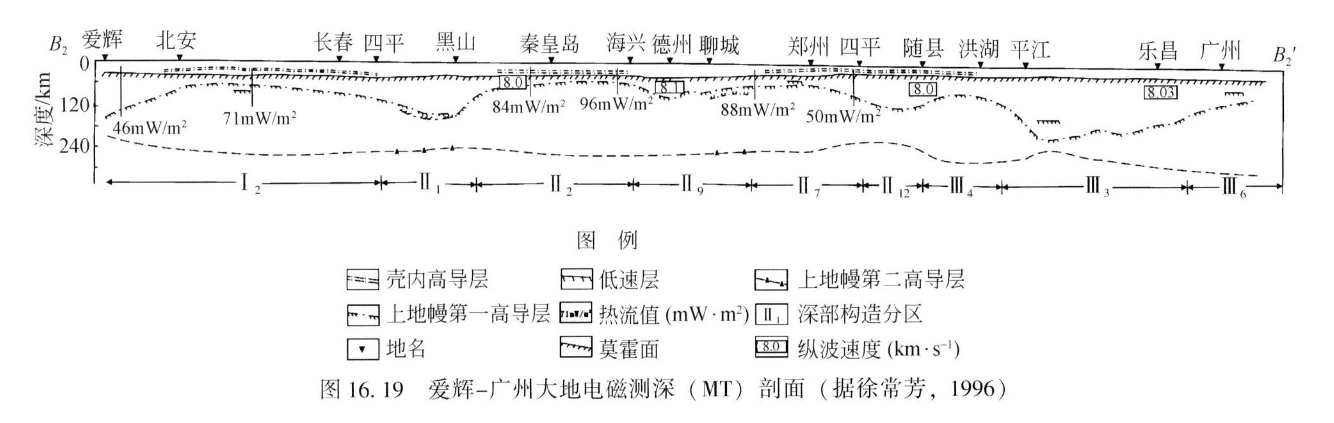

图 16.19　爱辉-广州大地电磁测深（MT）剖面（据徐常芳，1996）

16.3.2　扬子克拉通龙门山前山带

中国川西北龙门山地区沥青脉与油苗广泛分布。据王兰生等（2005）统计，在龙门山前山带北段的下古生界地层（主要是下寒武统）中，共发现沥青脉 138 条，集中分布于广元附近的田坝（37 条）、矿山梁（100 条）和天井山（1 条）三个地面背斜构造。据 1966 年韩克猷等野外调查结果，田坝构造耳厂梁 1 号、2 号大沥青脉的厚度分别达到 7.9 m 和 8.6 m，均顺沿断层破碎带侵入下寒武统郭家坝组杂色页岩中［图 16.20(a)］。同年，在田坝构造钻田 1 井，于 149～164.3 m 井段下寒武统郭家坝组见 15.3 m 厚的沥青脉，与上述地表构造的大沥青脉露头可作追踪对比；此外，还在 333.0～335.5 m 井段产出 30 L 密度为 0.882 g/cm³，50℃黏度为 12.8 mPa·s 的中质原油。此后历经 40 年民间采掘，目前仅剩余一条宽度不足 4 m 的沥青脉，仍见到顺沿杂色页岩光滑剪切节理面侵入的沥青脉产状［图 16.20(b)］。

① 王铁冠，钟宁宁，朱士兴，罗顺社，王春江等，2009，华北地台下组合含油性及区带预测，北京：中国石油大学（北京），345 页。

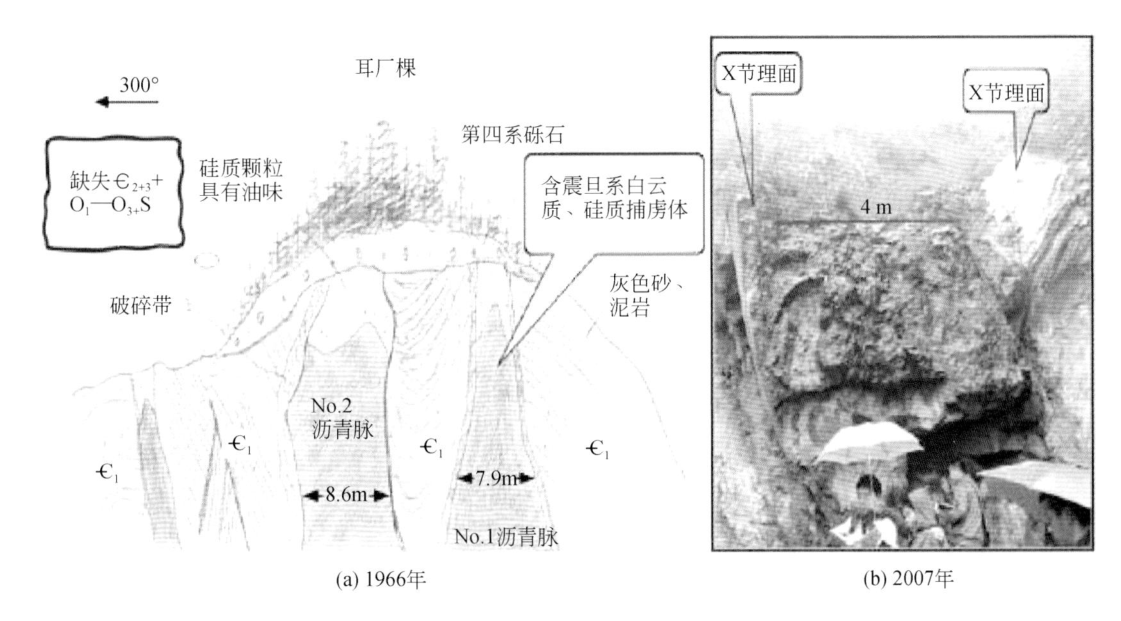

图 16.20　田坝构造耳厂梁 1 号与 2 号大沥青脉产状（据王铁冠、韩克猷，2001）

从黄第藩等 1969 年在野外地质图上填绘的沥青脉分布可见，在矿山梁背斜的纵断层逆掩推覆构造背景上，展示出约 72 条沥青脉的平面分布［图 16.21(a)；黄第藩、王兰生，2008］。结合矿山梁构造应力分析［图 16.21(b)］，沥青脉呈三组走向：即两组顺沿 X 剪切节理面，一组沿横向张性裂隙分布。据此判断三组沥青脉侵入上述构造裂隙的运移动力，与推覆构造地应力密切相关。特别是沿 X 剪切节理面竟然能形成厚达 8 m 的大沥青脉［图 16.21(a)］，显然是在地应力的液压驱动下，将充足的原油持续挤入 X 剪切节理缝，并导致其不断张裂所致。这种成因机制所造成的大沥青脉，其油源理应来自被挤压应力所破坏的古油藏，而非直接来自烃源岩（王铁冠、韩克猷，2011）。

郭家坝组杂色页岩的有机质丰度极低，TOC 值仅 0.3%，不可能成为沥青脉的烃源岩。而且，沥青脉内部夹带有岩性与下伏震旦系相似的白云质与硅质捕虏体［图 16.20(a)］，暗示沥青脉的烃源可能来自下伏新元古界地层。研究表明，南华系陡山沱组的黑色页岩厚度为 30 ~ 40 m，干酪根中腐泥组分含量高达 89%（均值为 81%），TOC 值达 1.81% ~ 2.46%（均值 1.96%），属于潜在的高有机质丰度的 Ⅰ 型烃源岩（王兰生等，2005；黄第藩、王兰生，2008）。

特定生物标志物的油-岩对比表明，矿山梁沥青脉与新元古界南华系陡山沱组灰黑色页岩具有可比性，表现在二者均显示异常的甾烷系列分布型式，即具有 C_{20} 孕甾烷与 C_{21} 升孕甾烷相对于 C_{27}—C_{29} 规则甾烷的丰度优势［图 16.22(a)、(b)；谢邦华等，2003；黄第藩、王兰生，2008］。这种甾烷系列的异常分布型式，在显生宇的正常原油、固体沥青与烃源岩中是罕见的，应与其有机质生源输入密切相关，却可以反映沥青脉与陡山沱组灰黑色页岩的烃源关系（韩克猷等，2015）。同时，从沥青脉中还检测出特征性的 13α(正烷基)-三环萜烷系列生物标志物［图 16.22(c)；黄第藩、王兰生，2008］，这种生物标志物还发现于燕山中—新元古界的油苗与烃源岩中，但在显生宇地层中仍未见有报道，从而也提供了矿山梁沥青脉烃源来自元古宇烃源岩的旁证。

在龙门山周边地带，陡山沱组页岩等效镜质组反射率 R^o 值为 1.94% ~ 4.24%（均值 3.16%），处于过成熟阶段。但龙门山前山带田坝、矿山梁和天井山一带，长期处于古构造隆起部位，缺失中—上寒武统、下奥陶统、上奥陶统和志留系沉积，上覆地层累计厚度仅约 1000 m，表明该地带未曾被深埋过，因此新元古界与古生界的热演化程度均不高。例如，田坝下寒武统郭家坝组页岩实测 R^o 值为 0.99%，与矿山梁上二叠统的 R^o 值 0.69% 相匹配，均处于成熟烃类的“液态窗”范畴。因此，沉积盖层相对较薄的古隆起，可望作为有利于保存中—新元古界原生油气的部位。

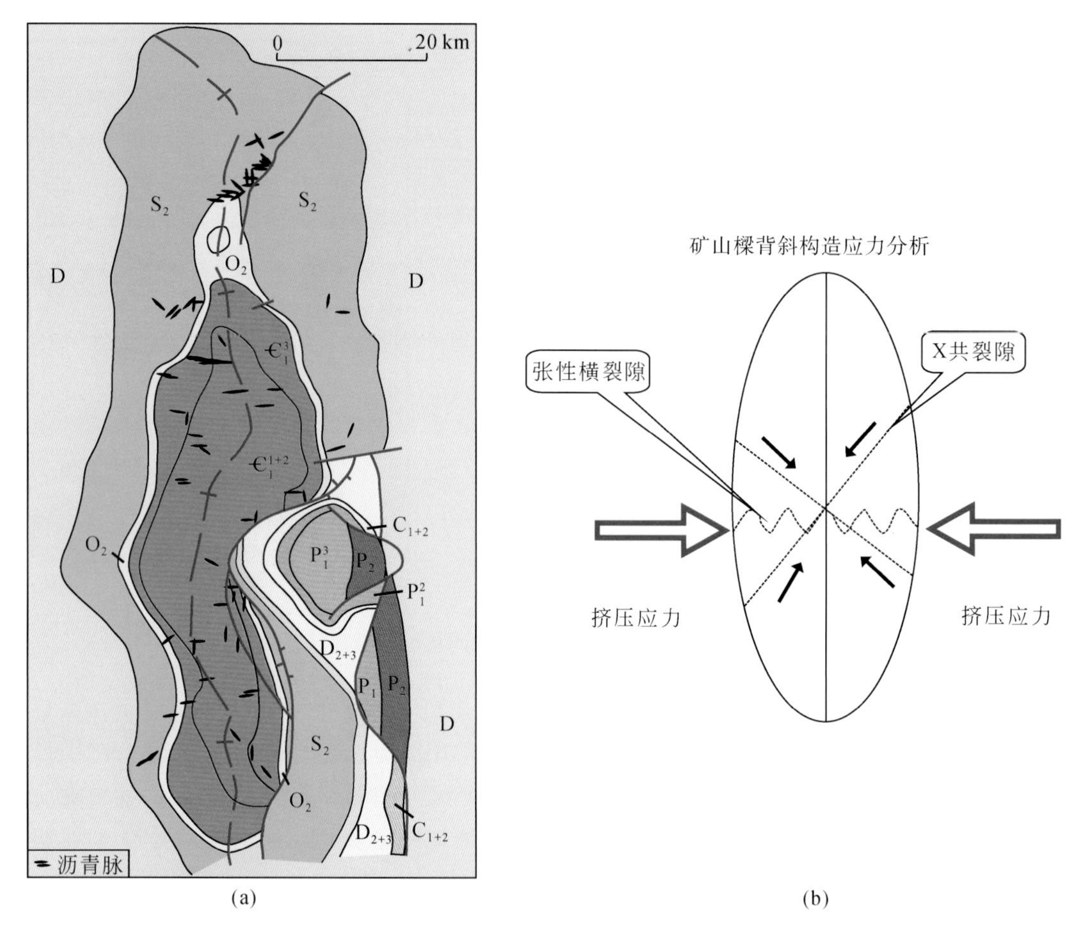

图 16.21　矿山梁背斜构造地质略图、沥青脉分布（a）（据黄第藩、王兰生，2008）以及构造应力分析（b）

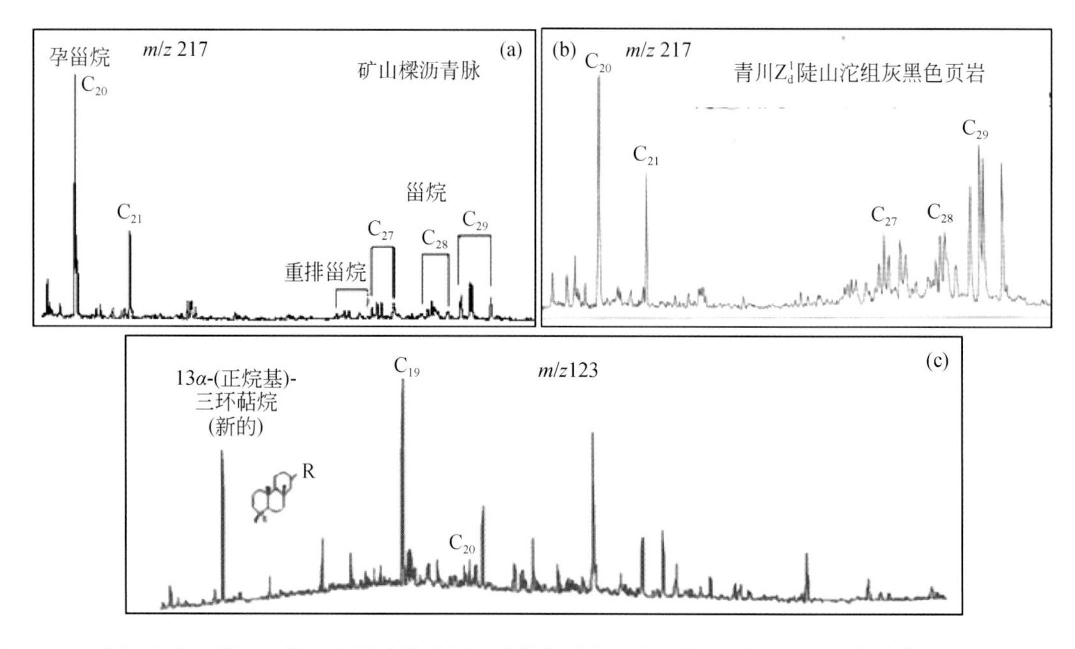

图 16.22　龙门山矿山梁沥青脉中检测出的特征性生物标志物（据谢邦华等，2003；黄第藩、王兰生，2008）

16.3.3　扬子克拉通乐山-龙女寺古隆起

在地理区划上，扬子克拉通已知的底寒武系天然气田均分布于四川盆地的中部和南部，在区域地质构造上，属于乐山-龙女寺古隆起，现已发现和探明威远、安岳两个大型或特大型气田（图16.23）。乐山-龙女寺古隆起系震旦系-泥盆系构成的NEE向延伸，向东倾伏，南陡北缓的巨型鼻状构造，并具有多排、多高点的复式构造格局，系早古生代发育的隆起单元，其志留系地层被剥蚀殆尽的区域面积超过 6×10^4 km^3。威远气田位于古隆起南斜坡的西部，成为现今隆起幅度最高的背斜构造；安岳气田处于古隆起东南坡接近轴部，包含高石梯与磨溪两个毗邻连续的背斜高点，高石梯背斜在南，而磨溪背斜在北，高石梯的今构造略高于磨溪构造①（图16.23、图16.24；邹才能等，2014）。

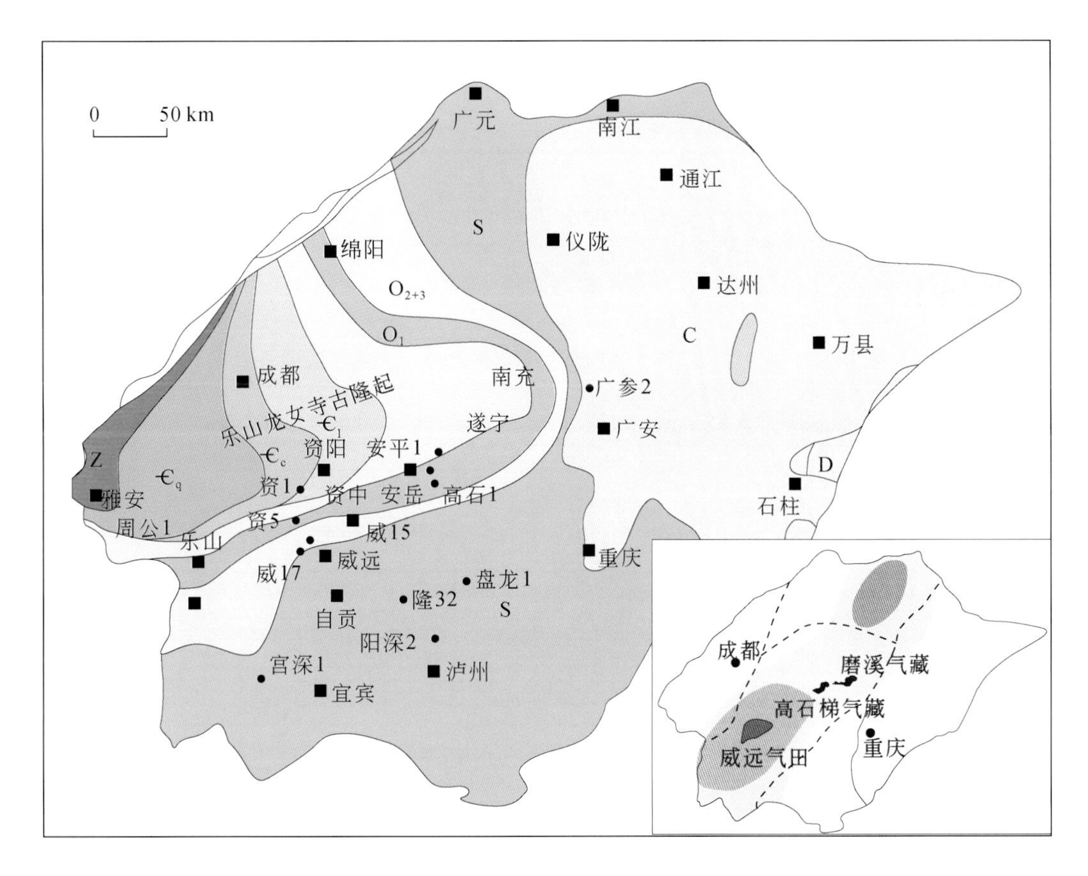

图16.23　四川盆地乐山-龙女寺古隆起前二叠系古地质图

乐山-龙女寺古隆起及其周缘地区底寒武系由震旦系陡山沱组和灯影组以及下寒武统麦地坪组、筇竹寺组、沧浪铺组和龙王庙组组成。陡山沱组发育暗色页岩；灯影组以白云岩为主，可划分为四个岩性段，仅灯三段以暗色泥岩为主；下寒武统岩性麦地坪组为暗色硅磷岩段，筇竹寺组与沧浪铺组系砂页岩沉积，龙王庙组则以白云岩为主，含灰岩（表16.3）；下寒武统与灯影组呈平行不整合接触。底寒武系发育三套主要烃源层：① ϵ_1m 麦地坪组与 ϵ_1q 筇竹寺组暗色泥页岩厚20～80 m，TOC值1.7%～3.6%，均值2.8%。② 灯影组 Z_2dn_3 灯三段暗色泥页岩厚10～30 m，TOC值0.5%～4.73%，均值0.87%。③ Z_2ds 陡山沱组黑色页岩厚10～30 m，TOC值0.56%～4.64%，均值2.06%；其镜质组反射率 R^o 值均达到2.5%～3.5%，属于含高丰度有机质的过成熟烃源岩范畴（图16.25；文龙等，2014①）。

特别是在威远气田与安岳气田之间，早寒武世时期发育一条呈近SN向穿越乐山-龙女寺古隆起的“德阳-安岳古裂陷槽”（图16.26、图16.27）。据高17井揭示，该裂陷槽内部，麦地坪组与筇竹寺组暗

① 文龙，沈平，蒋雄伟等，2014，四川盆地乐山-龙女寺古隆起油气成藏与区带评价研究，中石油西南油田分公司勘探开发研究院（内部报告），192页。

色泥质沉积厚达 695 m，可构成下寒武统的主要烃源灶（图 16.26、图 16.27；邹才能等，2014）。

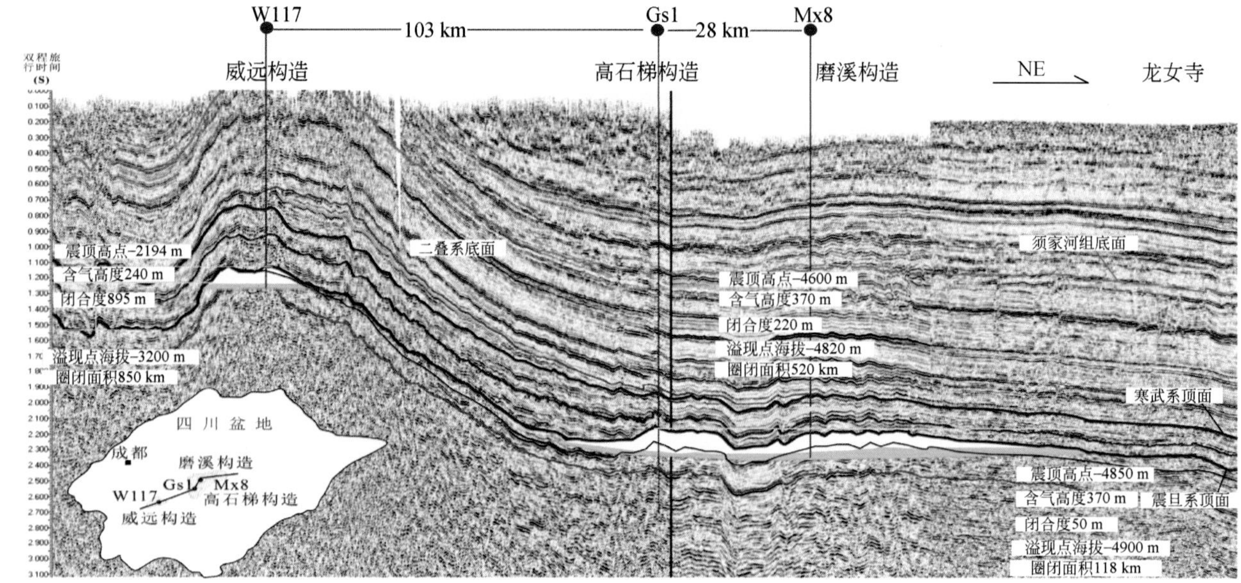

图 16.24　乐山-龙女寺古隆起地震地质剖面图

引自刘树根 2014 年内部报告

表 16.3　四川盆地乐山-龙女寺古隆起震旦系—下寒武统地层简表

地层					厚度/m	岩性
系	统	组	段	亚段		
寒武系	下统	€$_1$l 龙王庙组			0 ~ 300	灰色颗粒白云岩、泥质白云岩、灰岩
		€$_1$ch 沧浪铺组			0 ~ 300	灰黄、黄绿色砂质页岩、页岩、砂岩
		€$_1$q 筇竹寺组			170 ~ 560	以灰、黑色泥质粉砂岩、碳质页岩为主
		€$_1$m 麦地坪组			0 ~ 200	深灰、黑色硅磷岩段
震旦系		灯影组	Z$_2$dn$_4$ 灯四段	Z$_2$dn$_4^2$	110 ~ 200	凝块石白云岩夹纹层状云岩，夹砂屑白云岩、泥质白云岩
				Z$_2$dn$_4^1$	100 ~ 170	砂屑白云岩、泥质白云岩、藻白云岩
			Z$_2$dn$_3$ 灯三段		50 ~ 100	深色泥页岩和蔓灰色泥岩，夹白云岩、凝灰岩
			Z$_2$dn$_2$ 灯二段		440 ~ 520	上部微晶白云岩，下部葡萄-花边构造藻格架白云岩
			Z$_2$dn$_1$ 灯一段		20 ~ 70	含泥质泥-粉晶白云岩、藻纹层白云岩，局部含膏盐岩
		Z$_2$ds 陡山沱组			10 ~ 50	深灰、黑色页岩，灰质页岩夹白云岩

乐山-龙女寺古隆起的天然气产自龙王庙组、灯四段和灯二段的白云岩储层，储集岩的主要岩性为砂屑白云岩（龙王庙组）和白云岩化藻纹层白云岩、颗粒云岩或灰岩（灯影组）（表 16.3）。受桐湾运动的影响，灯二、四段以及龙王庙组白云岩储层顶部均有剥蚀面，与上覆地层呈平行不整合接触，表生岩溶的溶蚀风化作用，有利于改善与优化天然气储层。

16.3.3.1　威远气田

威远气田位于四川省自贡市境内，在地质构造上是发育在乐山-龙女寺古隆起上的一个轴线呈 NEE 向的震旦系—三叠系短轴背斜构造（图 26.23），具有东、西两个高点，以东高点为主高点，背斜构造闭合面积达 850 km^2，闭合度 1080 m [图 16.28(a)]。以震旦系灯影组储层以 Z$_2$dn$_2$灯二段藻白云岩、颗粒白云岩为主，Z$_2$dn$_4$灯四段储层多有剥蚀（表 16.3，图 16.26），具有多个白云岩孔、洞、缝储集层，单层厚度小（仅 1 ~ 2 m），有效储层的累计厚度可达 90 m，产出的天然气以干气为主，含微量乙烷，天然气中含有稀有气体氦气，属于受多期岩溶改造的藻白云岩、颗粒白云岩气藏，天然气充满程度不高，具有统一的油水界面，形成底水块状弱水驱-弹性气驱混合型气藏，气藏高度 844 m，天然气探明地质储量

$408.61\times10^4\ m^3$［图16.28(b)；戴金星等，2003］。

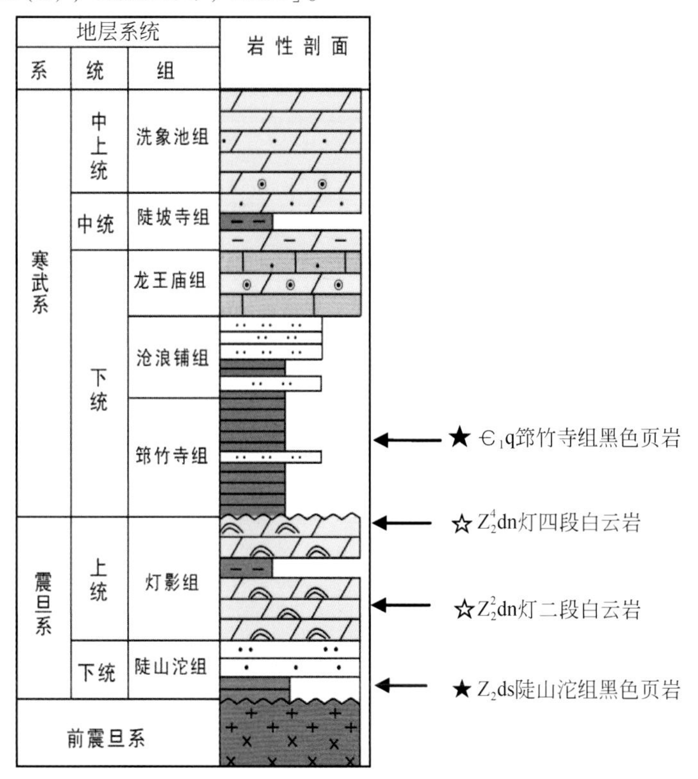

图16.25 乐山-龙女寺古隆起震旦系—下寒武统烃源层（★）与储层（☆）的层位分布

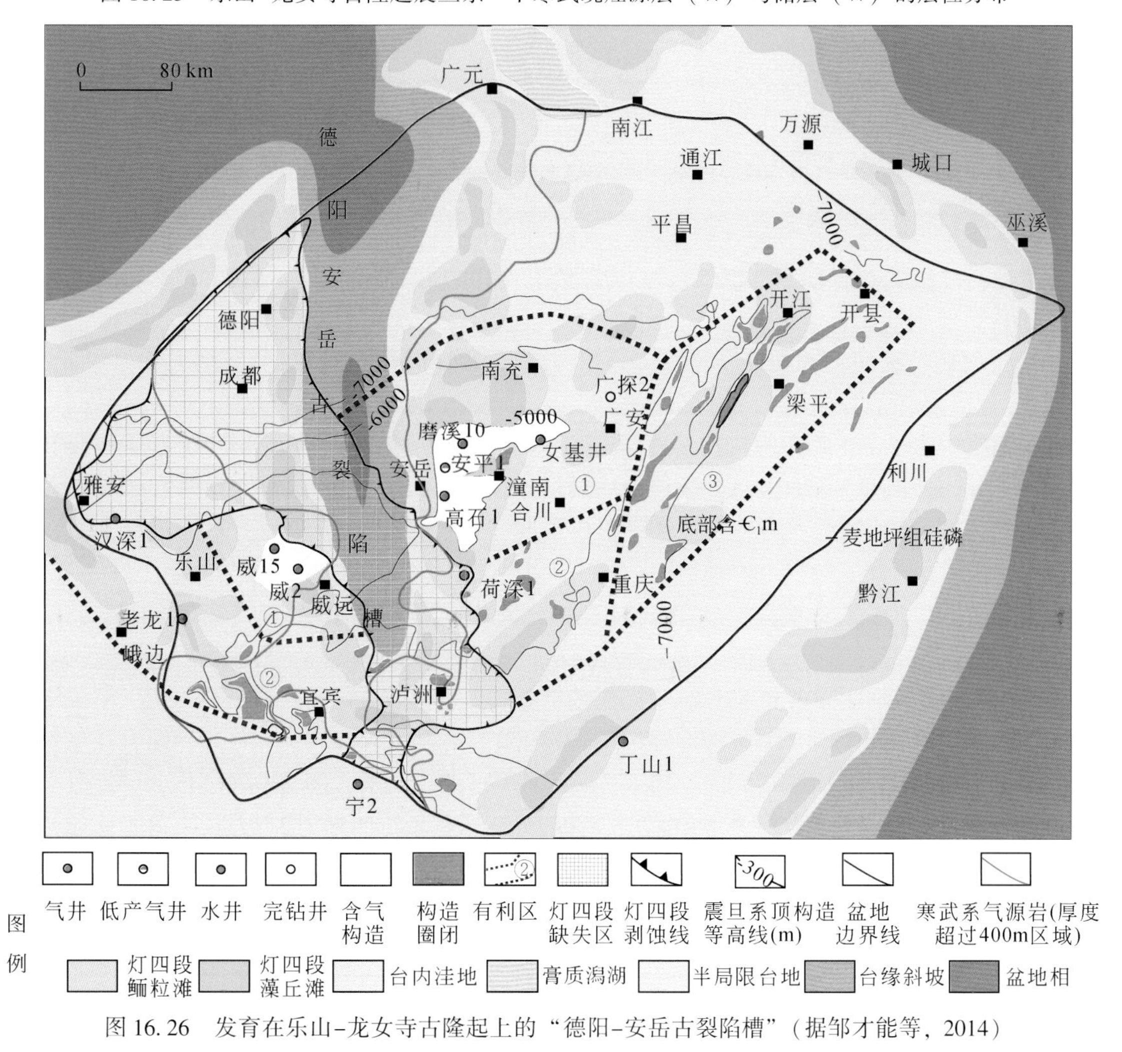

图16.26 发育在乐山-龙女寺古隆起上的“德阳-安岳古裂陷槽”（据邹才能等，2014）

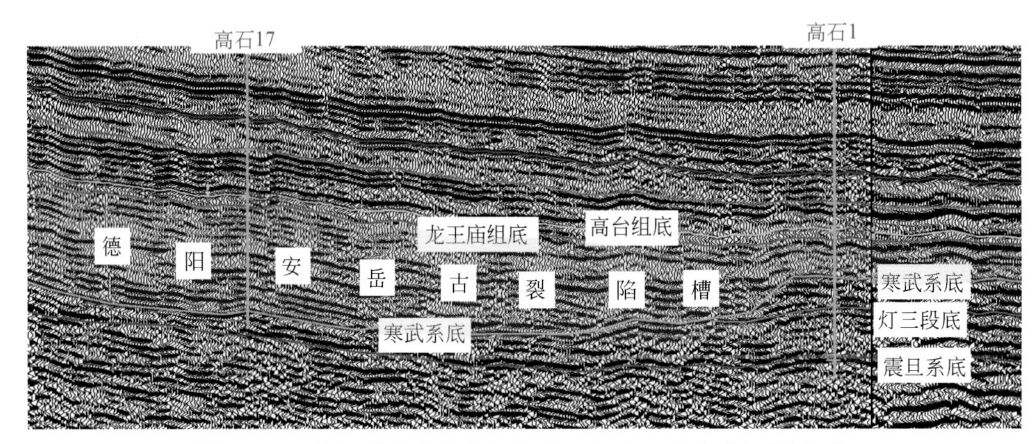

图 16.27　乐山-龙女寺古隆起高石 1-高石 17 井地震解释剖面①

展示下寒武统“德阳-安岳古裂陷槽”产状

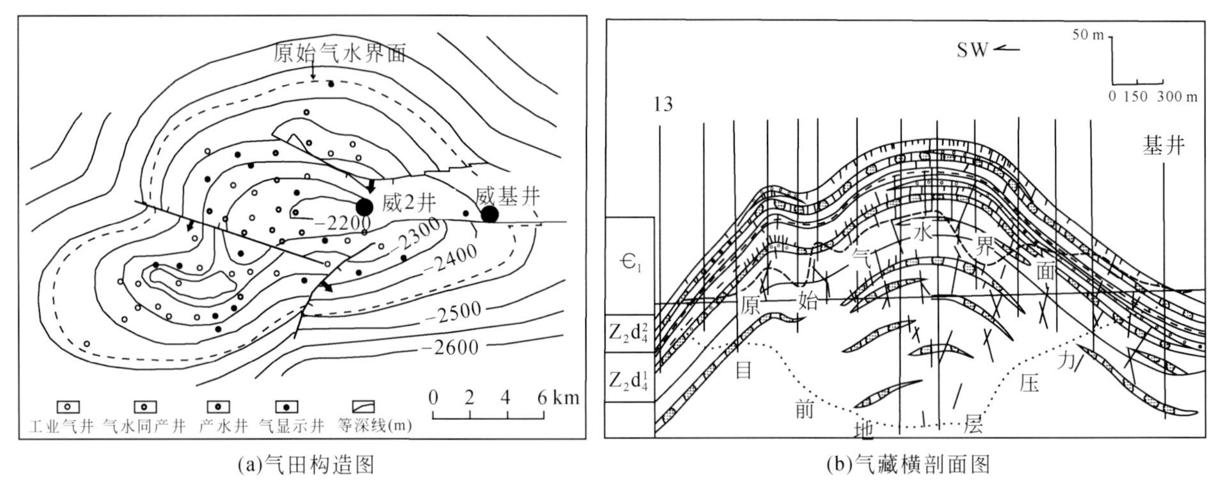

(a)气田构造图　　　　(b)气藏横剖面图

图 16.28　威远气田构造图（a）与气藏剖面图（b）（转引自戴金星等，2003，修改）

多年来，对于威远天然气的气源问题，研究者们提出三种观点：包茨（1998）指出，威远气田属于自生自储型，气源来自震旦系灯影组自身；陈文正（1992）、黄藉中等（1993）、王顺玉等（1999）、戴金星等（2003）等则认为，主要气源层为ϵ_1q 筇竹寺组深灰、黑色页岩（表 16.3，图 16.25）。

1942 年威远气田钻探威 1 井未果，1956～1958 年在原井场井口位移 18 m，部署威基井钻入寒武系，直至 1964 年 9 月威基井加深进入震旦系，产天然气 14.5×10^4 m^3/d，从而发现灯影组白云岩底水气藏。1965 年在距威基井 8.5 km 处的构造东高点（主高点）再钻威 2 井，于 2835.5～3005 m 井段获得高产气流，产气 74.5×10^4 m^3/d，进一步探明天然气地质储量 408.61×10^8 km^3，为当时我国发现的最大气田（图 16.28）。威远气田开采 17 年后，因气产量低，含硫量高，生产效益差而停产，总计采气 143.88×10^8 m^3，天然气采收率仅 36%，目前仅有少数气井保持生产，以开采天然气中的氦气资源为生产目的。

16.3.3.2　安岳气田

安岳气田位于乐山-龙女寺古隆起东南坡接近轴部处，从今构造属于高石梯-安平店-磨溪潜伏构造带的一部分，在侏罗纪时期，震旦系顶面的圈闭面积达 1200 km^2，闭合高度为 400 m，闭合高度低于威远构造（图 16.24）。磨溪构造东部主高点轴向 NEE，圈闭面积 510.9 km^2，闭合高度 145 m，此外其周缘还有 13 个局部高点①。安岳气田的天然气主要赋存在 Z_2dn_2灯二段、Z_2dn_4灯四段以及ϵ_1l 龙王庙组顶部的岩溶型白云岩中，构成三套主要的工业性天然气产层（表 16.3，图 16.25）。

安岳气田灯影组灯二、四段均发育藻丘与颗粒滩相的藻白云岩、砂屑白云岩储层，成大面积相互叠

① 文龙、沈平、蒋雄伟等，2014，四川盆地乐山-龙女寺古隆起油气成藏与区带评价研究，中石油西南油田分公司勘探开发研究院（内部报告）。

置广覆式分布，受表层岩溶作用改造，高石梯与磨溪两个局部构造储集性能均发育良好，其灯四段的上亚段预测含气面积达 763.5 km^2。在 1964 年发现威远气田 47 年后，2011 年 7 月高石 1 井在高石梯构造 Z_2dn_2 灯二段测试产气 102.14×10^4 m^3/d，首次获得安岳气田震旦系天然气勘探的重大突破。

下寒武统龙王庙组具有环绕古隆起发育的颗粒滩相白云岩储层，且多层叠置大面积席状分布，且储层连续性好，气产量高，含气面积大于现今构造圈闭面积，形成构造-岩性气藏（文龙等，2014[①]）。2012 年 9 月磨 8 井在磨溪构造 $Є_1l$ 龙王庙组下段与上段颗粒白云岩储层测试，均获得高产天然气流，合计产气 190.68 m^3/d，成为磨溪龙王庙组气藏的发现井，现已探明含气面积 779.86 km^2，探明天然气地质储量 4403.83 km^3，成为我国单体规模最大的特大型海相碳酸盐岩气藏[①]（邹才能等，2014）。

16.3.3.3　乐山-龙女寺古隆起天然气田（藏）的启迪意义

对于威远、安岳高产天然气田的天然气来源，具有三套富含高丰度有机质的潜在烃源层：南华系陡山沱组黑色页岩、震旦系灯三段灯影组暗色页岩与泥质白云岩以及下寒武统筇竹寺组与麦地坪组黑色页岩（图 16.25）。目前三套烃源层的实测等效镜质组反射率 R^o 值已高达 2.5% ~3.5%，均达到过成熟烃源岩的热演化程度。在烃源层有机质处于过成熟的热演化条件下，仍然可以形成、保存与找到单井天然气产能达到数百万方级，天然气地质储量达到数千亿平方米级以上的特大型气田，为判识规模性天然气富集的地层热溶化下限提供了依据，因此，这项油气勘探进展对于我国元古宙—早古生代高成熟-过成熟海相地层的油气勘探，具有重要的启示意义，大大拓宽了我国的油气勘探的思路、空间与研究领域，无论对于常规油气勘探，还是非常规的页岩气勘探，都具有现实意义。

16.4　结　　论

（1）无论从全球范围，或是从中国东部来看，中—新元古界沉积地层中，确实具有优质烃源层以及相对规模的油气资源。

（2）中国中—新元古界地层的有机质热演化程度一般均偏高，适于关注天然气的勘探，如四川盆地乐山-龙女寺古隆起控制下，威远、安岳（含高石梯、磨溪）已有始寒武系天然气大型气田或特大型的发现。此外，在中—新元古界分布区，仍有地层热演化程度不算过高的区带，其勘探目的层在地史上埋藏不过深，上覆沉积盖层不太厚的古隆起单元（如扬子克拉通龙门山前山带），或者地壳（或岩石圈）明显增厚的“冷圈、冷壳、冷盆”单元（如华北克拉通燕辽裂陷带），对于中—新元古界，乃至下古生界，古老油气资源的保存十分有利，均可能成为石油勘探的有利区带。

（3）中国海相地层分布面积广阔，油气勘探回旋余地较大；沉积地层巨厚，地质历史漫长，油气成藏期次多，保存条件不均衡。因此元古宇与下古生界的海相油气勘探不能急于求成，要针对具体地区，做扎实细致的研究，才能找对、找准有利的勘探区带。

（4）中国的海相油气勘探选区的前提，不仅要关注烃源条件，而且也必须重视地层中油气的热演化条件。在有机质高成熟-过成熟的地区，优先选择成熟度不太高的层位与区带，在复杂地区找相对稳定的地带，有利于尽早取得油气勘探的突破；对于有机质过成熟的地层分布区，只要具有高有机质丰度的烃源层，仍然可能具备发现大型常规天然气田或者勘探非常规天然气资源的有利地质条件。

致　谢：本章的研究与撰写过程中，得到中石油四川油田分公司韩克猷高级工程师、成都理工大学刘树根教授、中国石油大学（北京）白国平教授、王志欣副教授等专家的支持与帮助，参与本章有关燕山裂陷带研究工作的还有天津地质矿产研究所朱士兴研究员、中国石油大学（北京）钟宁宁教授和王春江副教授、长江大学罗顺社教授、王正允教授等，对此深表谢忱。

---

① 文龙、沈平、蒋雄伟等，2014，四川盆地乐山-龙女寺古隆起油气成藏与区带评价研究，中石油西南油田分公司勘探开发研究院（内部报告），192 页。

参考文献

包茨．1998. 天然气地质学．北京：科学出版社．402

北京石油勘探开发科学研究院，华北石油管理局．1992. 深层油气藏储集层与相态预测（冀中坳陷和里海盆地南部为例）．北京：石油工业出版社．273～357

陈均远．2004. 动物世界的黎明．南京：江苏科学出版社．366

陈均远，周桂琴，朱茂炎，葉贵玉．1996. 澄江生物群：寒武纪大爆发的见证．台湾：国立自然科学博物馆．222

陈文正．1992. 再论四川盆地威远震旦系1气藏的气源．天然气工业，12（6）：28～32

戴金星．2003. 威远气田成藏期及气源．石油实验地质，25（5）：473～480

戴金星，陈践发，钟宁宁，庞雄奇，秦胜飞．2003. 中国大气田及其气源．北京：科学出版社．199

杜汝霖，田立富，胡华斌，孙黎明，陈洁．2009. 中国前寒武纪古生物研究成果：新元古代青白口纪龙凤山生物群．北京：科学出版社．155

高林志，张传恒，史小颖，宋彪，王自强，刘耀明．2008. 华北古陆下马岭组归属中元古界的锆石 SHBIMP 年龄新证据．科学通报，53（21）：2617～2623

郝石生，高耀斌，张有成．1990. 华北北部中-上元古界石油地质学．东营：石油大学出版社．163

侯先光．1999. 澄江动物群：5.3 亿年前的海洋动物．昆明：云南科技出版社．170

黄第藩，王兰生．2008. 川西北矿山梁地区沥青脉地球化学特征．石油学报，29（1）：23～28

黄藉中，陈盛吉．1993. 震旦系气藏形成的烃源地球化学条件分析．天然气地球化学，（4）：16～30

孙淑芬．2006. 中国蓟县中、新元古界微古植物．北京：地质出版社．180

童晓光，徐树宝．2004. 世界石油勘探开发图集：独联体地质分册．北京：石油工业出版社．138～163

王兰生，韩克猷，谢邦华，张鉴，杜敏，万茂霞，李丹．2005. 龙门山推覆构造带北段油气田形成条件探讨．天然气工业，27（增刊）：1～5

王顺玉，王兴甫．1999. 威远和资阳震旦系天然气地球化学特征与含气系统．天然气地球化学，10（3-4）：63～69

王铁冠．1980. 燕山地区震旦亚界油苗的原生性及其石油地质意．石油勘探与开发，7（2）：34～52

王铁冠，韩克猷．2011. 论中—新元古界油气资源．石油学报，31（1）：1～7

王铁冠，黄光辉，徐中一．1988. 辽西龙潭沟元古界下马岭组底砂岩古油藏探讨．石油与天然气地质，9（3）：278～287

魏国齐，沈平，杨威，张健，焦贵浩，谢武仁，谢增业．2013. 四川盆地震旦系大气田形成条件与勘探远景区．石油勘探与开发，40（2）：129～138

谢邦华，王兰生，张鉴，陈盛吉．2003. 龙门山北段烃源岩纵向分布及地化特征研究．天然气工业，25（5）：21～23

徐常芳．1996. 中国大陆地壳上地幔电性结构及地震分布规律．地震学报，18（2）：254～261

张长根，熊继辉．1979. 燕山西段震旦亚界油气生成问题探讨．华东石油学院学报，（1）：88～102

邹才能，杜金虎，徐春春，汪泽成，张宝民，魏国齐，王铜山，姚根顺，邓胜徽，刘静江，周慧，徐安姚，杨智，姜华，谷志东．2014. 四川盆地震旦系-寒武系大型油气田形成分布、资源潜力及发现．石油勘探与开发，41（3）：278～293

Clauer N, Deynoux M. 1987. New information on the probable isotopic age of the Late Proterozoic glaciation in West Africa. Precambrian Research, 37: 89～94

Craig J, Thurow J, Thusu B, Whitham A, Abutarruma Y. 2009. Global Neoproterozoic Petroleum System: The Emerging Potential in North Africa. In: Craig J, *et al* (eds). Global Neoproterozoic Petroleum Systems. Geological Society Special Publication 326, London: The Geological Society. 1～25

Crick I H, Boreham C J, Cook A C, Powell T G. 1988. Petroleum geology and geochemistry of Middle Proterozoic McArthur Basin, Northern Australia II: assessment of source rock potential. AAPG Bulletin, 72: 1495～1514

Deynoux M. 1980. Les formationd glaciaires du Prβ←cambrien terminal et de la fin de l'Ordovicien en afrique de l'ouest. In: Travaux des laboratoires des sciences de la terre, series B, 17: 544

Dickes A B. 1986a. Precambrian as a hydrocarbon exploration target. Geoscience Wisconsin, 11: 5～7

Dickes A B. 1986b. Worldwide distribution of Precambrian hydrocarbon deposit. Geoscience Wisconsin, 11: 8～13

Edgell H S. 1991. Proterozoic salt basins of the Persian Gulf area and their hydrocarbon generation. Precambrian Research, 54: 1～14

Fedorov D L. 1997. The stratigraphy and hydrocarbon potential of the Riphean-Vendian (Middle-Late Protrozoic) succession on the Russian Platform. Journal of Petroleum Geology, 20 (2): 205～222

Geiger M, Lüning S, Thusu B. 2004. Infracambrian hydrocarbon potential of Morocco. Scouting Fieldtrip to the Anti-Atlas, September

2004. Maghreb Petroleum Research Group（MPRG），University College，London（unpublished）

Ghori K A R，Craig J，Thusu B，Lüning S，Geiger M. 2009，Global Infracambrian petroleum systems：a review. In：Craig K A R，*et al*（eds）. Global Neoproterozoic Petroleum Systems. Geological Society Special Publication 326，London：The Geological Society. 110～136

Grantham P J，Lijmbach G W M，Posthuma A J，Hughes Clark M W，Willink R J. 1987. Origin of crude oils in Oman. Journal of Petroleum Geology，11：61～80

Grosjean E，Love G D，Stalvies C，Fike D A，Summons R E. 2009. Origin of petroleum in the Neoproterozoic-Cambrian South Oman Salt Basin. Organic Geochemistry，40：87～110

Hunt J. 1991. Generation of gas and oil from coal and other terrestrial organic matter. Organic Geochemistry，17（6）：673～680

IHS Energy Group. 2005. International petroleum exploration and production database. Colorado

Klemme H D，ULmishek G F. 1991. Effective petroleum source rocks of the world：stratigraphic distribution and controlling factors. AAPG Bulletin，75（12）：1809～1851

Kolonic S，Gelger M，Peters H，Thusu B，Lüning S. 2004. Infracambrian hydrocarbon potential of the Taoudenni basin（Mauritania-Algeria-Mali）. Maghreb Petroleum Research Group（MPRG），London-Bremen，51（unpublished）

Lottaroli F，Craig J，Thusu B. 2009. Neoproterozoic-Early Cambrian（Infracambrian）hydrocarbon Prospectivity of North Africa：a synthesis. In：Craig K A R，*et al*（eds）. Global Neoproterozoic Petroleum Systems. Geological Society Special Publication 326，London：The Geological Society. 137～156

Masters C D，Root D H，Turner R M. 1997. World of resource statistic geared for electronic access. Oil and Gas Journal，95：98～104

Mauk J L，Hieshima G B. 1992. Organic matter and copper mineralization at White Pine，Michigan. Chemical Geology，99：189～211

Meyerhoff A A. 1982. Hydrocarbon resources in arctic add sub-arctic regions. Arctic Geology and Geophysics. Canadian Society of Petroleum，Memoir 8. 451～552

O'Dell M，Lamers E. 2003. Subsurfacen uncertainty management in the Harweel Cluster，South Oman. SPE 84189，Richardson：Society of Petroleum Engineerings

Palacas J G. 1997. Source-rock potential of Precambrian rocks in selected basins of the United States. United States Geological Survey Bulletin，2147J：125～134

Peters K E，Clark M E，Gupta Das U，McCaffrey M A，Lee C Y. 1995. Recognition of an Infracambrian source rock based on biomarkers in the Baghewala 1 oil，India. AAPG Bulletin，79：1481～1494

Posinikov A V，Postnikova O V. 2004. Vendian-Riphan deposits as main objective of hydrocarbon exploration on the Siberian Platform. In：International Conference on Global Infracambrian and the Emerging Potential in North Africa. London：Geological Society. 39～40

Pruvost P L. 1951. Infracambrian. Bulletin de La Societe Belogie Palaentologie et Hygrologie，43～65

Sheikh R A，Jamil M A，McCann J，Saql M I. 2003. Distribution of Infracambrian reservoir on Punjab Platform and central Indus Basin of Pakistan. ATC 2003 Conference and Oil Show，3—5 October，Istanbad：Society of Petroleum Engineers（SPE）and Pakistan Association of Petroleum Geologists（PAGG），1～17

Smith A G. 2009. Neoproterozoic timescales and stratigraphy. In：Craig K A R，*et al*（eds）. Global Neoproterozoic Petroleum Systems. Geological Society Special Publication 326，London：The Geological Society. 27～54

Terken J M J，Frewin N L. 2000. Dhahaban petroleum system of Oman. AAPG Bulletin，84（4）：523～544

Terken J M J，Frewin N L，Indrelid S L. 2001. Petroleum systems of Oman：charging timng and risks. AAPG Bulletin，85：1817～1845

Ulmishek G F. 2001. Petroleum geology and resources of the Baykit High Province，East Siberia，Russia. United States Geological Survey Bulleitin，2201-F：1～18

Ulmishek G F，Lindquist S J，Smith-Rouch L S. 2002. Region Ⅰ Former Soviet Union-Summary. U. S. Geological Survey Digital Data Series，60. United State Geological Survey 2002 World Petroleum Assessment

Vysotsky I V，Korchagina Yu I，Sokolov B A. 1993. Genetic aspects of assessment of the petroleum potential of the Moscow syeclise. Geologiya Nefit I Gaza，12：26～29

Walter M R，Veevers C R，Calver C R，Grey K. 1995. Neoproterozoic stratigraphy of the Centralian Superbasin，Australia. Precambrian Research，73：173～195

Wang T G. 1991a. A novel tricyclic terpane biomarker series in the Upper Proterozoic bituminous sandstone, eastern Yanshan region. Science in China (Sci Sinic) Ser B, 34 (4): 479 ~ 489

Wang T G. 1991b. Geochemical characteristics of Longtangou bituminous sandstone in Lingyuan, eastern Yanshan region, north China-approach to a Precambrian reservoir bitumen. J SE Asia Earth Sci, 5 (1-4): 373 ~ 379

Wang T G, Simoneit B R T. 1995. Tricyclic Terpanes in Precambrian bituminous sandstone from the eastern Yanshan rogion, North China. Chemical Geology, 120: 155 ~ 170

第17章 燕辽裂陷带中元古界烃源层与油源

王春江，王铁冠，王 猛，李永利，王 军，董 亭，黄士鹏，
张晓宇，许 锦，余 雁，熊小峰

［中国石油大学（北京），油气资源与探测国家重点实验室，北京，102249］

摘 要：燕辽裂陷带1.6～1.3 Ga的中元古界地层发育完整，还有众多油苗、沥青分布，虽然油气勘探尚未获得实质性突破，但作为我国前寒武系油气地质研究的重要对象，依然引起石油地球化学与地质家们的密切关注。本章主要论述多年来对燕辽裂陷带中元古界烃源层和油源问题的系统研究成果，首次明确厘定并系统描述三套主要烃源层（高于庄组、洪水庄组和下马岭组）的有机质丰度、烃源发育层段、演化程度和分布规律。高于庄组烃源层是迄今为止国内发现的中元古界最佳碳酸盐岩型烃源岩，主要分布于高三段中下部、高四段上部、高五段中下部和高六段，有机质丰度高，现今成熟度已达到过成熟阶段。洪水庄组黑色页岩型烃源层在洪一段连续分布，有机质丰度高，多属优质烃源岩，演化程度尚处于生油高峰阶段。下马岭组富有机质深灰、黑色页岩主要分布于下三、四段，黑色页岩属于优质烃源岩范畴，其成熟度跨越成熟—高成熟—过成熟等不同演化阶段。但是，在燕辽裂陷带冀北坳陷，由于辉长辉绿岩岩床的区域性侵入活动，致使下马岭组遭到围岩蚀变作用，生烃潜力几乎丧失殆尽，仅在宣龙坳陷部分地带或层段，仍残留有限的生油潜力。同时，本章也首次明确巨厚的雾迷山组白云岩均属非烃源层段；铁岭组含薄层泥质白云岩和白云质页岩，厚度有限，横向变化大，实际烃源贡献也非常有限。

燕辽裂陷带中—新元古界的地表油苗、沥青与钻井岩心的稠油显示，主要分布于铁岭组，次为雾迷山组、下马岭组，少量见于在洪水庄组。油源对比揭示，以洪水庄组黑色页岩为主要油源层；冀北坳陷下马岭组底部的沥青砂岩是早期油藏遭受辉长辉绿岩岩床热蚀变而形成的，依据间接的地质-地球化学分析，其烃源应来自高于庄组黑色白云岩，但尚缺乏直接的分子有机地球化学证据。

宽城地区洪水庄组烃源层-铁岭组（或雾迷山组）缝洞储层-下马岭组（或洪水庄组）泥页岩盖层的良好组合，以及铁岭组与雾迷山组油苗富集的事实，均表征燕辽裂陷带中元古界具备良好的油气成藏条件，对雾迷山组顶部至铁岭组云岩缝洞型碳酸盐岩原生油藏的探寻及对高于庄组油源的追溯，应是今后油气勘探与地质-地球化学研究的重点。

关键词：燕山裂陷带，冀北坳陷，宣龙坳陷，中元古界，烃源岩

17.1 引 言

华北克拉通北部的燕辽裂陷带发育系统而又完整的中元古代沉积序列。根据对下马岭组中部页岩段凝灰岩夹层（高林志等，2007，2008；Su *et al.*，2008）以及下马岭组基性岩床（李怀坤等，2009）的同位素测年结果，下马岭组的年龄上限应不晚于1320 Ma①。根据对大红峪组和串岭沟组的最新锆石年龄数据1626±9 Ma和1638±14 Ma（高林志等，2008），可以估算高于庄组的底界年龄不早于1600 Ma。因此，

① 王铁冠，钟宁宁，朱士兴等，2009，华北地台下组合含油性研究及区带预测，中国石油大学（北京）（科研报告），347页。

从高于庄组到下马岭组的时限应为 1600 ~ 1320 Ma，按国际地层划分方案，属于中元古代早—中期，本章所讨论的烃源层即分布于这段地质时限内。

在世界范围内，中元古界烃源岩分布与油气产出并不算罕见：中元古代早期，印度中部温迪彦盆地（Vindhyan）1600 Ma 的温迪彦超群中，发育富有机质黑色页岩段（Banerjee *et al.*，2006）。中元古代中期，澳大利亚北部罗珀（Roper）超级盆地发育 1420 ~ 1360 Ma 的维尔克里组（Velkerri Fm.）和麦克敏组（McMinn Fm.）富有机质页岩（Jackson *et al.*，1986；Crick *et al.*，1988；Summons *et al.*，1988），并广泛分布具有流动性的油苗及固体沥青显示（Jackson *et al.*，1986；Dutkiewicz *et al.*，2005，2007）；北美 1400 Ma 的贝尔特超群（Belt S-Gp.）也含富有机质的黑色页岩（Schieber，1990；Luepke and Lyons，2001）。中元古代末期（1100 ~ 1050 Ma），通古斯卡统（Tungusike）维德雷舍夫组（Vedreshev Fm.）和马德拉组（Madra Fm.）黑色页岩，可作为东西伯利亚克拉通的富有机质沉积代表，并且被认为是东西伯利亚克拉通元古界油藏的烃源层（Craig *et al.*，2013）；西北非毛里塔尼亚的陶代尼盆地（Taoudeni）阿尔塔群（Atar Gp.）托伊瑞斯特组（Touirist Fm.）黑色油页岩层段极富有机质，TOC 值可高达 20%，平均值为 10%（Blummberg *et al.*，2012；Craig *et al.*，2013）；另外，北美中部大陆裂谷系约 1100 Ma 的诺内萨奇组（Nonesuch Fm.）页岩，以含有机质丰度较低（TOC 均值 0.6%）的粉砂质页岩为主（Palacas，1997），但也含有大量液体油苗（Pratt *et al.*，1991；Hieshima and Pratt，1991）。由此可见，在 1600 ~ 1000 Ma 的整个中元古代早、中、晚期三个阶段中，富有机质页岩具有阶段性发育的规律。上述有关中元古界的含油气例证中，除了中元古代末期东西伯利亚克拉通的富有机质页岩之外，其他地区很少发现商业意义的油气聚集。尽管麦克阿瑟盆地 1420 ~ 1360 Ma 的罗珀群（Roper Gp.）油苗被认为是目前世界范围已知的最古老“活油苗”，但在该盆地尚未发现油气的工业聚集。本章所论述的华北克拉通 1450 ~ 1320 Ma的雾迷山组-洪水庄组-铁岭组-下马岭组油苗，主要来源于 1450 Ma 的洪水庄组富有机质黑色页岩，其年龄与罗珀群维尔克里组非常接近。

燕辽裂陷带的野外石油地质勘查与地质-地球化学研究始于 20 世纪 70 年代末，早期的石油地质勘查与研究，发现了中—新元古界的众多液态油与固体沥青组成的油苗点，并论证了油苗的原生性，还对潜在的烃源岩进行初步研究[①~⑦]；王铁冠，1980；郝石生等，1982；刘宝泉等，1989，2000）。从 1978 年至 2015 年的 27 年间，前石油工业部华北油田（1978 年冀北平泉双 1 井，井深 1729.5 m）、中石油辽河油田（2010 年杨 1 井，井深 3995 m；韩 1 井，井深 2667 m；2015 年兴隆 1 井，井深 2079 m）、中石化中原油田（2010 年冀北宽城宽 1 井，井深 1157 m）与国土资源部地调局（2013 年冀北宽城冀元 1 井，井深 2800 m），曾先后在冀北、辽西坳陷钻六口探井，由于定井位缺乏地震资料依据，或者地震资料品质太差，对地下地层、构造认识有误，均导致勘探失利，但是多口探井中都有大量原油、沥青显示。2007 ~ 2010 年在中石化的海相油气勘探前瞻性项目的支持下，对冀北、宣龙坳陷再度深入进行石油地质学-地球化学研究，取得了对中元古界烃源层段分布、油源及油气生成演化历史的系统研究进展，本章主要论述其中有关烃源层和油源的研究成果。

---

① 李崇焕，方炳旺，余波，潘祖英，1977，河北省平泉县双洞背斜油苗调查总结报告，华北石油会战指挥部石油勘探开发设计研究院（内部报告），50 页。

② 李崇焕，方炳旺，余波，潘祖英，1977，张家口市下花园区青白口系下马岭组油苗调查报告，华北石油会战指挥部石油勘探开发设计研究院（内部报告），12 页。

③ 王铁冠，赵澄林，关德范等，1978，燕山地区寻找震旦亚界原生油气藏的良好前景，石油化学工业部中国东部石油地质地震科学大会报告材料，涿县，42 页。

④ 陈章明等，1978，辽西朝阳区石油地质调查报告，华北石油会战指挥部石油勘探开发设计研究院、大庆石油学院燕山地区石油地质勘查二大队（科研报告），118 页。

⑤ 王铁冠，高振中，刘怀波等，1979，燕山地区东段冀北坳陷石油地质基本特征，江汉石油学院燕山地区地质勘查三大队（科研报告），102 页。

⑥ 张一伟等，1979，燕山地区西段震旦亚界、下古生界石油地质专题研究报告，华东石油学院燕山找油会战北京勘探一大队（内部报告），50 页。

⑦ 卢学军，刘宝泉等，1992，冀北坳陷油苗调查报告，华北油田石油管理局勘探开发研究院（内部报告），75 页。

17.2　中元古界烃源层段

燕辽裂陷带包含冀东坳陷（天津蓟县-唐山）、冀北坳陷（河北兴隆-承德-宽城-平泉-辽宁凌源）、辽西坳陷（辽宁朝阳-北票-阜新）、京西坳陷（北京门头沟-延庆-昌平）和宣龙坳陷（宣化-张家口-延庆）五个元古宇的沉积单元（图 17.1）。燕辽裂陷带发育连续完整的中元古界高于庄组-下马岭组地层，无论地层总厚度，还是分组地层厚度，总体上中元古界均呈现出西薄（宣龙、京西坳陷），东厚（冀北、辽西、冀东坳陷）的变化趋势（表 17.1）。唯独下马岭组地层的厚度出现西北厚（宣龙坳陷），东南薄（冀东坳陷）的反向变化趋势，究其原因在于：一方面总体上中元古界的沉积-沉降中心长期处于东部的冀东、冀北、辽西坳陷一带，地层厚度变化范围从 3508 m（宣龙坳陷）至 6343 m（冀东坳陷），但是下马岭组时期的沉积-沉降中心却转移到西北部，宣龙坳陷的下马岭组从下一段至下四段连续发育，且保存完整，地层厚达 540 m；另一方面受中元古代末期“蔚县上升”构造运动的影响，下马岭组遭受不同程度的剥蚀，燕辽裂陷带西北部下马岭组地层完整剥蚀少，而东部该组地层剥蚀幅度增大，以致在冀北、冀东坳陷仅残留下一段至下二段底部，残余厚度仅分别为 369 m 和 168 m（表 17.1）。

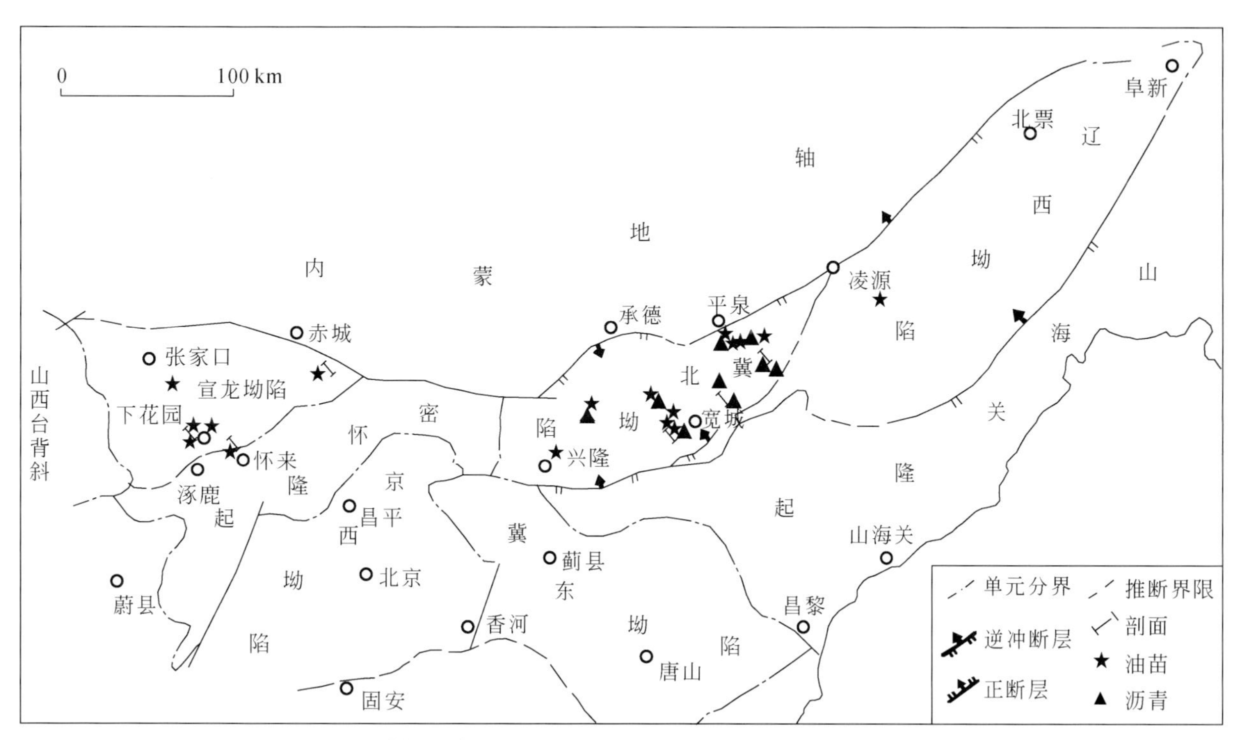

图 17.1　燕辽裂陷带构造单元区划、油苗点分布与野外实测地层剖面烃源岩剖面位置（据王铁冠，1980，修改）

表 17.1　燕辽裂陷带各坳陷中元古界地层厚度[①]（2009 年）

地层单元		地层厚度/m				
		宣龙坳陷[①]	京西坳陷[②]	冀北坳陷[①]	辽西坳陷[③]	冀东坳陷[④]
中元古界	下马岭组	540	249	369	303	168
	铁岭组	214	210	211	329	325
	洪水庄组	42	101	102	92	131
	雾迷山组	1875	2160	2947	2935	3416
	杨庄组	36	78	322	256	707
	高于庄组	801	891	939	951	1596

续表

地层单元	地层厚度/m				
	宣龙坳陷①	京西坳陷②	冀北坳陷①	辽西坳陷③	冀东坳陷④
合计厚度/m	3508	3697	4890	4866	6343

资料来源：① 王铁冠，钟宁宁，朱士兴等，2009，华北地台下组合含油性研究及区带预测，中国石油大学（北京）（科研报告），347 页。

② 张一伟等，1979，燕山地区西段震旦亚界、下古生界石油地质专题研究报告，华东石油学院燕山找油会战北京勘探一大队（科研报告），50 页。

③ 陈章明等，1978，辽西朝阳区石油地质调查报告，大庆石油学院燕山地区石油地质勘查二大队（科研报告），118 页。

④ 朱士兴，黄学光，孙立新，2007，蓟县中、新元古界简介，天津地质矿产所（内部资料），72 页。

总有机碳含量（Total Organic Content，TOC）是烃源岩评价的最重要指标，对于高成熟-过成熟烃源岩而言，甚至是唯一的有效评价指标。本章采用0.5%作为烃源岩TOC下限值（Peters and Cassa，1994；梁狄刚等，2000；钟宁宁，2004），并采用烃源岩TOC分级评价标准为：TOC值小于0.5%非烃源岩，TOC值为0.5%～1.0%差烃源岩，TOC值为1%～2%中等烃源岩，TOC值≥2%好烃源岩。

从TOC的分布来看，燕辽裂陷带有三套地层具有TOC≥0.5%的有效烃源层段，即高于庄组、洪水庄组、下马岭组；其中洪水庄组和下马岭组均属黑色页岩型烃源层，具有高TOC值；高于庄组属碳酸盐岩型烃源层，地层较厚，深灰、黑色白云岩的TOC值总体偏低，但其中TOC值大于0.5%的以上的有效烃源层段累计厚度仍可达164 m。

此外，铁岭组的碳酸盐岩与页岩TOC值偏低，总体上属非烃源岩范畴，仅顶部有5 m厚的深灰色页岩TOC平均值可达0.67%，属差烃源岩。雾迷山组地层巨厚（冀北坳陷厚2947 m），据443件白云岩样的分析数据统计，全部TOC值小于0.03%，属于非烃源岩范畴。

下文依据高于庄组、洪水庄组、下马岭组三套地层的烃源岩评价数据，并以TOC值为主要参数，对烃源岩层段做出详细评价与划分。

17.2.1　高于庄组烃源层

17.2.1.1　冀北坳陷高于庄组

冀北坳陷出露发育完整的高于庄组地层剖面，以宽城尖山子剖面为代表，地层总厚度达939.2 m，可细分为十个岩性段；岩性以白云岩类为主，在有机质高丰度层段，灰质成分增加，呈灰黑、黑色白云岩、灰质白云岩或白云质灰岩。对露头地层剖面按照1∶1000比例尺分层丈量，逐层采样，总共采集180件潜在烃源岩样，平均采样间距5.1 m。

图17.2展示宽城高于庄组地层露头的地球化学剖面，按十个岩性段分段统计，高一段至高三段TOC值大多小于0.3%，高一段顶部含有TOC值大于0.5%的夹层；高三段下部含有TOC值较高的含锰薄层云岩段；高四段至高六段TOC值较高，相当一部分达到0.5%，甚至超过2%，高六段上部TOC值向上逐渐降低；高七段至高十段TOC值为0.2%～0.4%。根据地层露头剖面180件岩样的普查可知：在高三段至高六段发育有机质高丰度的烃源层段。

在图17.2中，除了TOC值之外，还列有其他常用烃源岩有机质丰度参数，如产油潜量（S_1+S_2）、热解烃峰顶温度T_{max}、氢指数HI、氯仿沥青含量以及H/C原子比等，作为评价烃源岩的参考指标。由于高于庄组地层热演化程度偏高，实测等效镜质组反射率R^o值达到1.38%～1.79%，平均值为1.59%，已处于过成熟阶段，相应的氯仿沥青含量普遍偏低，大多小于0.01%，已不适于作为有效的烃源岩评价参数。此外，图17.2所示露头岩样的各项有机质丰度参数（如TOC值等）均受到地表风化作用的影响，因此，烃源岩的确切评价，应以未受风化的新鲜岩心样为准。

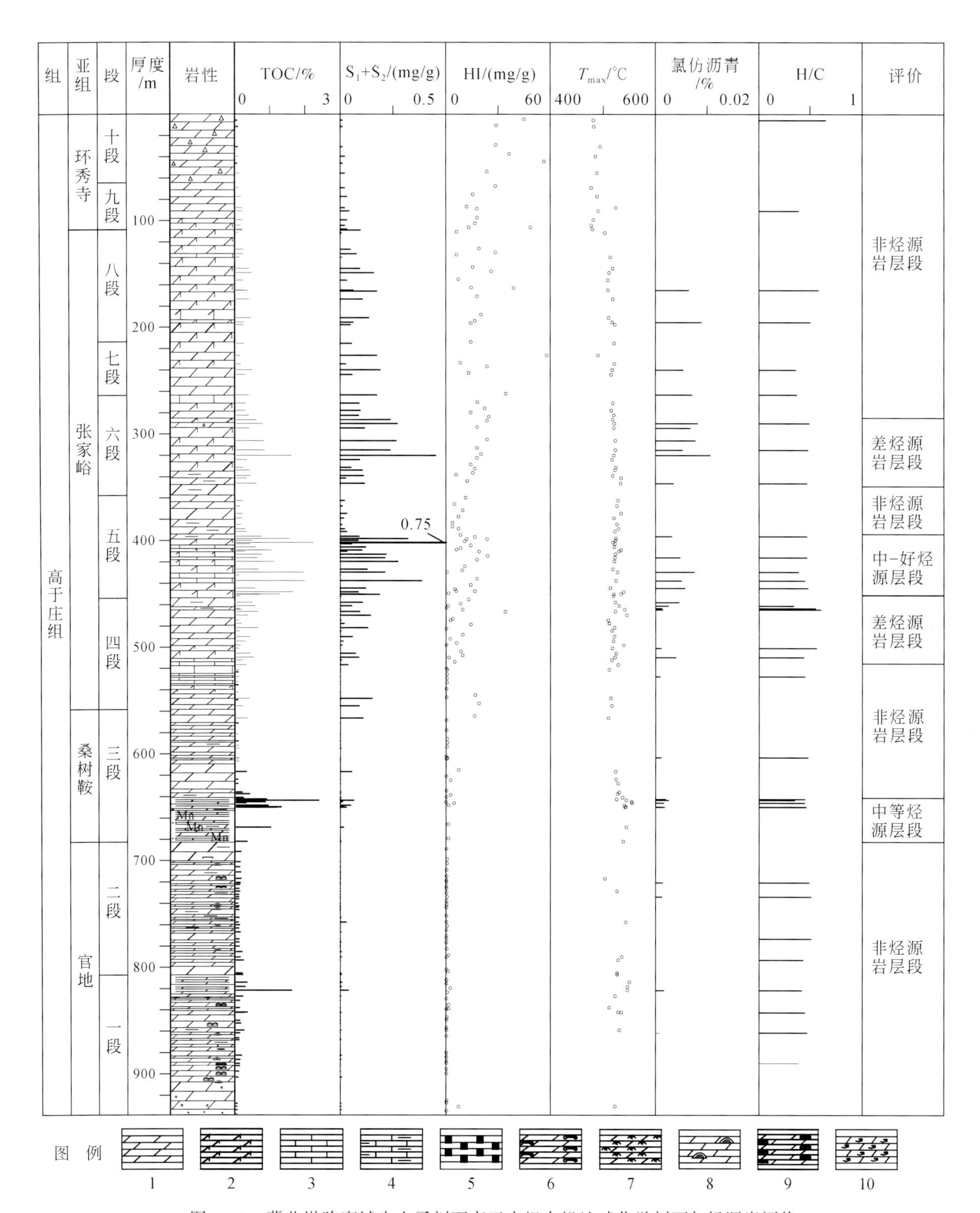

图17.2　冀北坳陷宽城尖山子剖面高于庄组有机地球化学剖面与烃源岩评价

1. 灰色白云岩；2. 深灰色灰质白云岩；3. 灰白色灰岩；4. 深灰色含泥灰岩；5. 灰色瘤状灰岩；6. 燧石条带白云岩；7. 灰色藻纹层岩；8. 叠层石白云岩；9. 褐色藻纹层白云岩；10. 深灰含黄铁矿白云岩

为了对高于庄组烃源岩的有机质丰度作出确切的地球化学评价，在邻近地面露头剖面处，部署地质浅钻冀浅3井，连续获取高三段上部至高七段底部的岩心，并按照1∶500比例尺分层描述，逐层采样，总共取得157件岩心样进行地球化学分析，平均采样间距3.8 m，图17.3为冀浅3井高于庄组的有机地球化学剖面与烃源岩评价结果。

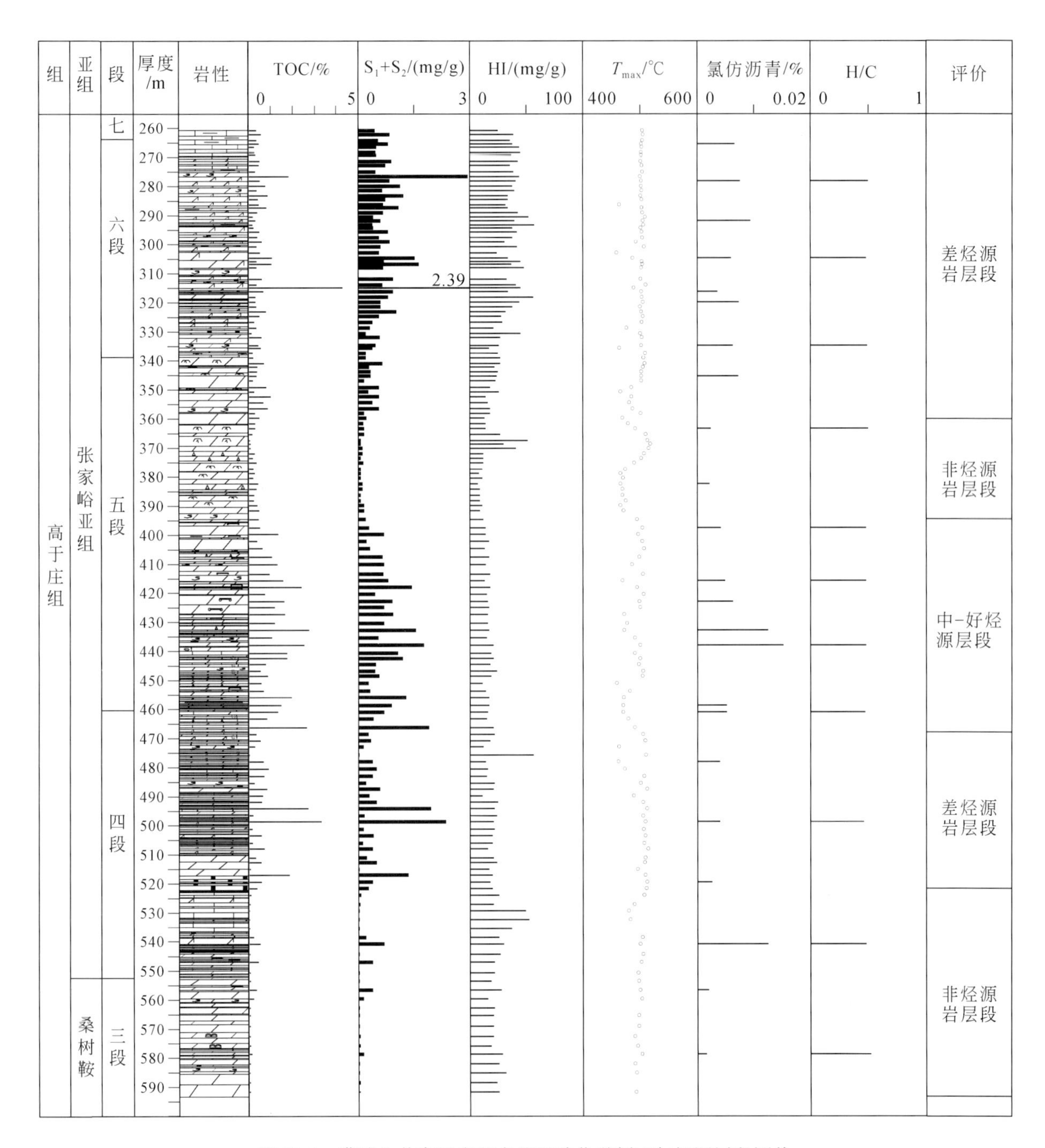

图17.3　冀浅3井高于庄组有机地球化学剖面与烃源层段评价

图例与图17.2相同

按照 10 个岩性段分段统计，冀浅 3 井高于庄组各段烃源岩的分段评价结果见表 17.2 及图 17.3，其中有效烃源层段集中于高三段中下部、高四段上部、高五段中下部和高六段，特别是高五段中下部发育中等-好烃源岩。从总体上看，在冀浅 3 井高于庄组岩心剖面中，达到烃源岩有机质丰度下限值以上（即 TOC 值≥0.5%）的灰黑、黑色白云岩、灰质白云岩或白云质灰岩烃源层的累计厚度达到 164 m，总计 69 件岩心样的 TOC 值分布范围为 0.5% ~3.11%，平均值为 1.45%，达到中等-好烃源岩的标准；实测等效镜质组反射率 R^{o} 值达 1.38% ~1.75%，平均值为 1.59%，处于过成熟阶段；因此，冀北坳陷高于庄组灰黑、黑色白云岩、灰质白云岩或白云质灰岩应属于过成熟中等-好烃源岩范畴。

表 17.2　冀北坳陷宽城尖山子剖面与冀浅 3 井高于庄组有机质丰度分段统计

层段		TOC/%		S_1+S_2/(mg烃/g岩)		氯仿沥青/%		评价
		范围	均值	范围	均值	范围	均值	
高十段		0.02 ~0.09	0.04（6）	0.01 ~0.02	0.01（6）	0.004	0.004（1）	非烃源层段
高九段		0.07 ~0.18	0.15（7）	0.02 ~0.04	0.03（7）	0.003	0.003（1）	
高八段		0.06 ~0.45	0.26（14）	0.01 ~0.17	0.08（14）	0.006 ~0.009	0.008（2）	
高七段		0.11 ~0.47	0.26（6）	0.03 ~0.18	0.11（6）	0.005 ~0.007	0.006（2）	
高六段	露头	0.21 ~1.59	0.54（15）	0.02 ~0.44	0.15（15）	0.003 ~0.011	0.007（6）	差-好烃源层段
	岩心	0.11 ~4.29	0.54（47）	0.05 ~2.39	0.29（47）	0.004 ~0.010	0.007（7）	
高五段	露头	0.08 ~2.23	0.73（27）	0 ~0.63	0.13（27）	0.003 ~0.007	0.005（5）	
	岩心	0.04 ~2.72	0.75（58）	0.03 ~0.60	0.16（58）	0.002 ~0.015	0.007（9）	
高四段	露头	0.04 ~0.62	0.24（27）	0 ~0.15	0.04（27）	0.001 ~0.004	0.002（7）	
	岩心	0.02 ~3.31	0.62（37）	0.01 ~0.80	0.15（37）	0.003 ~0.012	0.006（5）	
高三段		0.04 ~2.38	0.46（24）	0 ~0.11	0.02（24）	0.001 ~0.003	0.002（6）	非烃源层段
高二段		0.04 ~0.21	0.10（30）	0 ~0.03	0.003（30）	0.001 ~0.001	0.001（2）	
高一段		0.02 ~1.60	0.18（24）	0 ~0.04	0.004（24）	0.001 ~0.002	0.001（2）	

注：括弧中数字为分析岩样的数量。

17.2.1.2　宣龙坳陷高于庄组

宣龙坳陷也发育完整的高于庄组地层，以北京延庆大石窑剖面作为典型剖面，沉积特征与冀北坳陷宽城尖山子剖面相符，同样可划分成十个岩性段，图 17.4 展示延庆大石窑剖面高于庄组的有机地球化学剖面，地层总厚 801 m，逐层采集的 116 件露头岩样，采样间距 6.9 m。

大石窑剖面高于庄组 TOC 值分布范围为 0.01% ~3.11%，平均值为 0.24%，跨越非-好烃源岩的评价级别。按照十个岩性段统计，高于庄组具有高一段下部、高二段、高四段上部至高五段、高七段中部四个有机质丰度相对较高的层段，主要岩性为暗色中薄层白云质灰岩。但是，宣龙坳陷高于庄组有机地球化学剖面图上，依然可以划分出两个较高有机质丰度烃源岩集中层段，即高二段中部、高五段中下部，二者 TOC 最高值都达到 3% 左右，平均值分别为 0.66%（18 件岩样）和 0.72%（10 件岩样），分段评价结果，跨越差-中等-好烃源岩的评价范畴（图 17.4，表 17.3）。

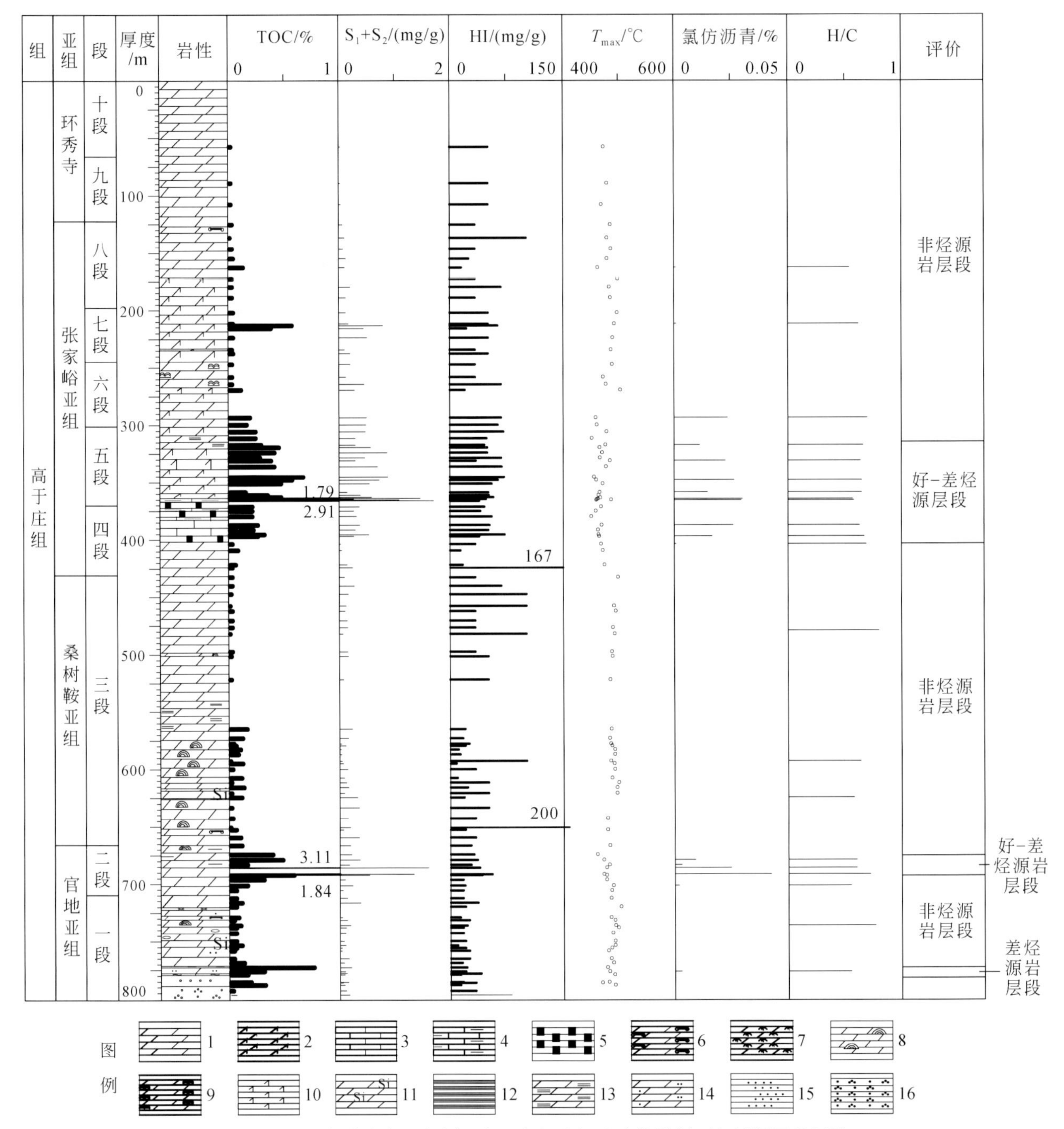

图 17.4　宣龙坳陷大石窑剖面高于庄组有机地球化学剖面与烃源层段评价

1. 灰色白云岩；2. 深灰色灰质白云岩；3. 灰白色灰岩；4. 深灰色含泥灰岩；5. 灰色瘤状灰岩；6. 燧石条带白云岩；7. 灰色藻纹层岩；8. 叠层石白云岩；9. 棕色藻纹层白云岩；10. 深灰色白云质灰岩；11. 灰色硅质白云岩；12. 黑色页岩；13. 灰色页状白云岩；14. 灰色粉沙质白云岩；15. 灰白色细砂岩；16. 灰白色石英砂岩

表 17.3　宣龙坳陷区大石窑剖面高于庄组有机质丰度分段统计

层位	TOC/%		S_1+S_2/($mg_{烃}/g_{岩}$)		氯仿沥青/%		评价
	范围	平均值	范围	平均值	范围	平均值	
高十段	0.02～0.02	0.02（1）	0.03	0.03（1）	/	/	
高九段	0.02～0.02	0.02（2）	0.03～0.04	0.04（2）	/	/	
高八段	0.01～0.13	0.04（8）	0.07～0.21	0.12（8）	0.001～0.001	0.001（1）	非烃源层段
高七段	0.03～0.56	0.16（7）	0.11～0.80	0.34（7）	0.001～0.001	0.001（1）	
高六段	0.03～0.18	0.09（6）	0.13～0.50	0.35（6）	0.024～0.024	0.024（1）	

续表

层位	TOC/%		S_1+S_2/($mg_{烃}/g_{岩}$)		氯仿沥青/%		评价
	范围	平均值	范围	平均值	范围	平均值	
高五段	0.14～2.91	0.66（18）	0.15～1.71	0.66（18）	0.011～0.030	0.023（6）	差-好烃源层段
高四段	0.03～0.32	0.17（11）	0.03～0.54	0.27（11）	0.017～0.026	0.021（2）	非烃源层段
高三段	0.01～0.15	0.05（30）	0.03～0.36	0.15（30）	/	/	
高二段	0.06～3.11	0.72（10）	0.06～1.61	0.49（10）	0.002～0.042	0.016（5）	差-好烃源层段
高一段	0.03～0.75	0.12（23）	0.01～0.38	0.12（23）	0.003～0.003	0.003（1）	非-差烃源层段

注：括弧中数字为分析岩样的数量。

但是，从总体上来看，大石窑地层露头剖面高于庄组达到烃源岩有机质丰度下限值（即 TOC 值≥0.5%）以上的暗色中薄层云质灰岩，累计厚度 37 m，其 TOC 值分布范围 0.5%～4.29%，跨越差烃源岩至好烃源岩的不同评价级别，TOC 平均值为 1.16%，即平均属于中等烃源岩范畴；实测等效镜质组反射率 R^o 值为 1.20%～1.40%，平均值为 1.34%，处于过成熟演化阶段。

值得注意的是，宣龙坳陷大石窑剖面岩样的新鲜程度，明显低于冀北坳陷宽城尖山子剖面。大石窑剖面的烃源岩遭受更强的风化作用，导致更多 TOC 的丧失。依照冀北坳陷宽城尖山子剖面露头岩样与新鲜的岩心样对比关系推算，大石窑剖面 TOC 值约为 0.4% 的露头岩样，其遭受风化作用前的 TOC 原始值应能达到 0.5% 的左右。显然，大石窑剖面实际达到 TOC 下限值标准的烃源层段厚度，也应大于现有的实测分析结果（图 17.4，表 17.2）。但是，宣龙坳陷高于庄组烃源层段的评价，有机质丰度总体上仍应低于冀北坳陷，大石窑剖面有效烃源层段累计厚度也明显小于冀浅 3 井和尖山子剖面，但是纵向上二者烃源层段的分布规律基本上是一致的。

从区域上看，高于庄组沉积厚度的横向变化大：在燕辽裂陷带西北部的宣龙-京西坳陷，高于庄组地层厚度较薄（801～890 m），中部的冀北-辽西坳陷地层较厚（939～951 m），至东南部冀东坳陷地层厚度增大到 1596 m（表 17.1）。从岩性变化和有机质丰度来看，碳酸盐岩台地发育的环境应属高沉积速率区，而燕辽裂陷带的冀北-辽西-冀东坳陷则具有沉积水体更深更加还原的沉积环境，如宽城一带高于庄组相对发育富有机质碳酸盐岩。综合各方研究成果来看，高于庄组烃源岩主要发育于陆架较深水或深水环境。

17.2.2　洪水庄组烃源层

燕辽裂陷带洪水庄组是一套富含黑色页岩的沉积，以宽城一带最为典型，纵向上分为上、下两段，中下部（洪一段）地层厚度较大，主要岩性为黑色页岩及灰黑色硅质页岩，夹中薄层灰色泥质白云岩；上部（洪二段）为灰白色贫有机质的薄层白云岩（图 17.5）。

洪水庄组与下伏雾迷山组白云岩呈整合或假整合接触，与上覆铁岭组白云岩、灰岩则属连续沉积，常呈相变过渡关系。洪水庄组地层较为稳定，西部厚度较薄（如宣龙坳陷怀来赵家山剖面），而中北部较厚（如冀北坳陷宽城至辽西坳陷凌源一带）。洪水庄组的沉积环境属于受限浅海，但沉积环境是否与裂陷作用的构造背景相关尚待研究。冀北坳陷洪水庄组的厚度以坳陷中部宽城一带为最厚，北部平泉-凌源一带的厚度相应变薄。

17.2.2.1　冀北坳陷洪水庄组

图 17.5 为冀浅 1 井洪水庄组的有机地球化学剖面。该井按 1∶500 比例尺分层采样，每层采样一件，总计采集 53 件岩心样，平均采样间距 1.3 m。从 53 件岩心样品的分析数据来看，TOC 值小于 0.5% 的岩样占 32.1%，这些有机质低丰度岩样基本全部都属于上部（洪二段）的白云岩段，构成非烃源层段；而中下部（洪一段）的页岩层段中，TOC 值小于 1.0% 的深灰色泥质白云岩或白云质页岩仅占 7.5%，属于差烃源岩；TOC 值 1.0%～2.0% 的中等烃源岩占 1.9%；TOC 值≥2.0% 的好烃源岩却占 58.5%，构成洪水庄组烃源层段的主体部分。总体来说，洪水庄组中、下部洪一段（黑色页岩段）TOC 值全部达到烃源岩标准；据统计，TOC 值≥0.5% 的烃源层段累计厚度 64.5 m，具有高有机质丰度，TOC 值分布范围为

0.5% ~ 7.21%，平均值达到 4.65%，达到好烃源岩标准；实测等效镜质组反射率 R^o 值为 0.90% ~ 1.42%，平均值为 1.19%，仍处于成熟烃源岩生烃高峰阶段；因此，冀北坳陷洪水庄组黑色页岩全部属于成熟的好烃源岩范畴。

从图 17.5 上还可见，据 36 件岩心样分析数据统计，洪水庄组黑色页岩的产油潜量（S1+S2）值、氯仿沥青含量两项参数也都呈现出高值，分别达到 0.76 ~ 18.23 $mg_{烃}/g_{岩}$，平均值为 12.18 $mg_{烃}/g_{岩}$ 以及 0.121% ~0.451%，平均值为 0.290%，同样属于成熟烃源岩生烃高峰范畴。从氯仿沥青的族组成看，洪水庄组黑色页岩的饱和烃含量为 21.4% ~53.9%，芳烃含量为 25.0% ~37.3%，“非烃+沥青质”含量 19.4% ~44.2%，并显示出低饱芳比特征。

17.2.2.2　宣龙坳陷洪水庄组

宣龙坳陷洪水庄组具有三条代表性的地层露头剖面，即在坳陷南部的怀来赵家山剖面和张家口下花园剖面，以及北部的赤城古子房剖面。

宣龙坳陷南部怀来赵家山剖面和张家口下花园剖面的洪水庄组地层厚约 40 m，下部的黑色薄层硅质页岩与泥质白云岩构韵律性沉积，反映沉积水体不深，属潮间带的沉积环境；中部变为黑色页岩段，岩性单一，含铁质结核，含有少量海绿石，属于较深水体的潮下带低能环境；上部发育大量薄层含粉砂泥质白云岩，顶部发育泥晶白云岩，反映水体变浅，由潮下带变为潮间带环境。

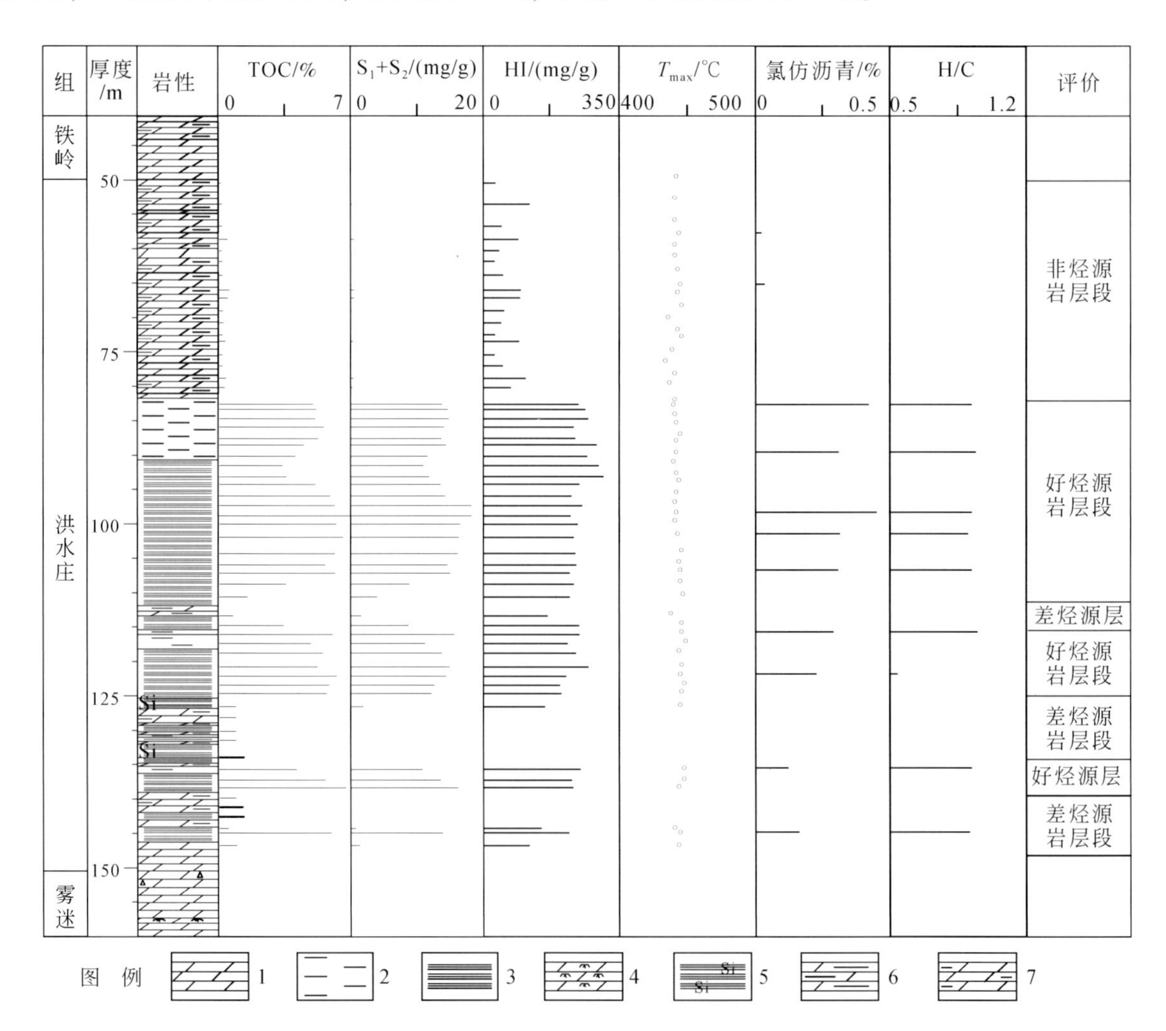

图 17.5　冀浅 1 井洪水庄组有机地球化学剖面与烃源岩评价

1. 灰色白云岩；2. 黑色泥岩；3. 黑色页岩；4. 灰色藻纹白云岩；5. 硅质页岩；6. 深灰色白云质泥岩；7. 灰色泥质白云岩

表 17.4 列出赵家山剖面洪水庄组中部黑色页岩段的烃源岩评价数据，并与其他几个剖面对比。该剖面的各项有机质丰度参数均偏低，这里的灰黑色页岩夹灰、灰绿色页岩段的 TOC 值平均仅为

0.44%，氯仿沥青含量平均值仅为 0.008%，产油潜量（S_1+S_2）平均值为 0.57 $mg_{烃}/g_{岩}$。上述几项有机质丰度参数值偏低的原因，其一可能是受岩样新鲜程度的影响，即赵家山剖面地层风化程度严重；其二是受沉积环境的影响，从岩性组合来看，该剖面处于较浅水沉积环境，且水体深浅变化频繁，其富含硅质的灰色薄页岩夹层的有机质丰度甚低，且有机质类型较差。参照冀浅 1 井岩心样与剖面露头岩样之间的 TOC 差值推算，赵家山剖面洪水庄组页岩的新鲜岩样 TOC 值应介于 0.6% ~1.2% 的范围内。因此，宣龙坳陷南部洪水庄组烃源岩综合评价仍属于差烃源岩范畴，可代表浅水相洪水庄组的特点。

表 17.4　宣龙坳陷洪水庄组烃源岩有机质丰度统计表

地区	剖面名称	厚度/m	TOC/%		氯仿沥青/%		S_1+S_2/($mg_{烃}/g_{岩}$)		评价
			范围	均值	范围	均值	范围	均值	
宣龙坳陷	古子房	30.0	1.35 ~4.44	3.13（6）	0.046 ~0.117	0.077（6）	1.07 ~5.69	3.26（6）	好烃源层
	赵家山	15.9	0.31 ~0.60	0.44（4）	0.004 ~0.019	0.008（4）	0.12 ~1.26	0.57（4）	差烃源层

注：括弧中数字为分析岩样的数量。

宣龙坳陷北部的古子房剖面洪水庄组地层厚 30.0 m，主要岩性为黑色页岩及灰黑色硅质页岩，很少见浅色薄层页岩，上部也不含薄层白云岩段。该黑色页岩层段的 TOC 均值为 3.13%，氯仿沥青含量平均值为 0.077%，产油潜量（S_1+S_2）平均值 3.26 $mg_{烃}/g_{岩}$，各项有机质丰度参数均较高，综合评价属于好烃源岩范畴。

17.2.3　下马岭组烃源层

基于地层同位素年代学最新的定年数据，下马岭组地层的地质年代时限已被厘定为 1.4 ~1.32 Ga，成为华北克拉通地区中元古代晚期唯一的地层记录，其地层学意义受到高度重视。同时，下马岭组的黑色页岩，也是长期以来石油地质-地球化学家关注的对象。

宣龙坳陷北部古子房剖面大多只保存下一段至下三段下部地层，缺失下四段①；由于下马岭组地层之上存在近 3 亿年左右的地层缺失，因此，下马岭组地层的发育程度与分布受同期沉积-沉降中心与后期剥蚀作用双重因素的影响。下马岭组的沉积层序以宣龙坳陷南部怀来赵家山剖面发育相对完整，自下而上分为四段：即下一段砂质页岩段、下二段灰绿色页岩段、下三段黑色页岩段以及下四段杂色页岩夹泥灰岩段，地层总厚达 537 m（杜汝霖等，1980）或 540 m②。但实际沉积地层厚度应更薄，因为赵家山剖面地层剖面中包含七层厚度不一的辉长辉绿岩岩床或岩脉。

17.2.3.1　冀北坳陷下马岭组

冀北坳陷下马岭组主要岩性以暗色页岩为主夹薄层砂岩，地层厚 369 m；普遍夹有 2 ~4 层暗灰绿色辉长辉绿岩床，例如，宽城北杖子剖面下马岭组地层的下（βμ1）、中（βμ2）、上部（βμ3）各夹一层岩床，厚度依次为 105.8 m、22.2 m 和 63.7 m，导致下马岭组地层中的辉长辉绿岩床的累计厚度达 191.7 m，约占下马岭组地层厚度的一半，使下马岭组地层几乎大部分遭受到不同程度的围岩蚀变作用，即黑色页岩蚀变为角岩或板岩，砂岩变成石英岩或变质砂岩，灰岩条带变成大理岩条带。该剖面下马岭组底部为一层 1.9 ~4.32 m 厚的含沥青砂岩，向上为灰黑色和灰绿色泥岩，夹泥质粉砂岩透镜体，再向上为灰白色板岩。在 βμ1、βμ2 岩床之间以及 βμ2、βμ3 岩床之间，分别有厚约 50 m 和 20 m 的围岩蚀变带，岩性为灰、灰白色粉砂质板岩，黑色角岩；在 βμ3 岩床之上为下三段底部的残余地层，主要岩性为灰、灰白色粉砂质板岩，向上变为灰、灰黑、灰绿色页岩，顶部与骆驼岭组砂岩呈平行不整合接触。

① 朱士兴，孙淑芬，孙立新等，2009，燕山地区中元古界碳酸盐岩古生物学研究，天津地质矿产所（科研报告），399 页。
② 罗顺社，旷红伟等，2009，燕山地区中新元古界层序地层学与沉积相研究，长江大学，（科研报告），332 页。

表 17.5 列出三条剖面的有机质丰度统计数据，冀北坳陷宽城北杖子剖面下一、二段泥页岩及粉砂质泥岩的 TOC 平均值仅为 0.04%，加之受到辉绿岩床的围岩蚀变影响，因此俱属于非烃源层范畴；但是下三段依然残留蚀变程度较低的黑、灰黑色页岩，TOC 均值可达 1.11%，而产油潜量（S_1+S_2）平均值仅为 0.07 $mg_{烃}/g_{岩}$，氯仿沥青平均值为 0.002%，已不具有生烃潜力，仍属非烃源层范畴。

17.2.3.2 宣龙坳陷下马岭组

作为地层的沉积-沉降中心，宣龙坳陷下马岭组地层层序发育最为完整，沉积厚度也最大（达 540 m），现以张家口下花园剖面和怀来赵家山剖面为代表，其沉积层序特征表现为：下一段碎屑岩沉积，以灰、灰绿色粉砂质泥页岩为主，顶部为厚层中-细砂岩；下二段以灰绿色泥页岩为主，岩性较细腻，厚度较薄，属较深水沉积，中上部含黑色薄层页岩夹层，向上夹层厚度和层数逐渐增加；下三段逐渐过渡为岩性以黑色页岩占主导，下部深灰或黑色页岩富含硅质，中部黑色页岩为主，向上变为灰绿色页岩或粉砂质页岩与黑色页岩互层，顶部为一段 5 ~8 m 厚的灰绿色及灰黑色页岩夹泥灰岩透镜体的岩性段，可作为区域性标志层；下四段下部为灰绿色页岩或粉砂质页岩与黑色页岩互层段，向上逐次为柱状叠层石灰岩、灰黑色页岩夹砂岩透镜体、灰黑色页岩及深灰色页岩互层段、指状叠层石灰岩或泥灰岩段，顶部是灰黑色页岩夹少量粉砂岩透镜体段。

表 17.5 冀北、宣龙坳陷下马岭组烃源层有机质丰度数据统计

地区	剖面	层段	TOC/%		S_1+S_2/($mg_{烃}/g_{岩}$)		氯仿沥青/%		烃源层评价
			范围	平均值	范围	平均值	范围	平均值	
冀北	北杖子	三段	0.02 ~ 2.69	1.11 (8)	0.04 ~ 0.11	0.07 (8)	0.001 ~ 0.003	0.002 (4)	非烃源层*
		一二段	0.00 ~ 0.20	0.04 (16)	0.04 ~ 0.22	0.06 (16)	0.001 ~ 0.004	0.002 (6)	
宣龙坳陷	赵家山	四段	0.24 ~ 2.79	1.55 (5)	0.04 ~ 6.49	2.59 (5)	0.0116		差-中等烃源层*
		三段	2.20 ~ 4.71	3.16 (8)	0.35 ~ 17.6	9.11 (8)	0.012 ~ 0.241	0.156 (3)	好烃源层
			0.14 ~ 1.91	0.87 (5)	0.03 ~ 0.59	0.17 (4)	0.008 (1)		非-差烃源层*
		二段	0.05 ~ 1.22	0.61 (5)	0.02 ~ 0.19	0.09 (5)	0.001 (1)		
		一段	0.04 ~ 0.20	0.14 (7)	0.02 ~ 0.34	0.12 (7)	0.001 (1)		
	下花园	四段	0.25 ~ 11.8	4.92 (11)	0.18 ~ 72.7	24.4 (11)	0.126 ~ 0.490	0.265 (11)	好烃源层
		三段	0.03 ~ 19.5	4.20 (32)	0.01 ~ 101.3	19.5 (32)	0.001 ~ 1.246	0.280 (28)	好烃源层
		二段	0.28 ~ 8.52	4.40 (2)	0.41 ~ 26.5	13.5 (2)	0.076 ~ 0.263	0.17 (2)	非-好烃源层*
		一段	0.14 ~ 0.16	0.16 (3)	0.06 ~ 0.11	0.08 (3)	0.000 ~ 0.005	0.003 (3)	非烃源层*

* 受辉长辉绿岩岩床围岩蚀变影响。

图 17.6 展示宣龙坳陷怀来赵家山剖面下马岭组有机地球化学剖面与烃源岩评价，表 17.5 列出赵家山剖面下马岭组有机质丰度的分段统计结果：下一段 TOC 值小于 0.20%，平均值为 0.14%，产油潜量平均值为 0.12 $mg_{烃}/g_{岩}$，氯仿沥青含量仅为 0.001%，均属非烃源岩特征；下二段至下三段下部以灰绿色页岩为主，夹有黑色页岩，TOC 值变化大（0.05% ~1.91%），平均值达 0.61% 和 0.87%，热解烃峰顶温度与氯仿沥青含量都甚低，总体评价属于非-差烃源岩（表 17.5）；下三段中上部以黑色页岩为主，估计黑色页岩纯厚度在 45 m 左右，仅最底部的两件岩样受到岩浆围岩蚀变影响，呈现出 T_{max} 高值，产油潜量（S_1+S_2）低值，其余的分析岩样基本未受辉长辉绿岩体影响，TOC 值普遍较高，为 2.20% ~4.71%，平均值为 3.16%，产油潜量也保持较高的水平，"S_1+S_2" 平均值达到 9.11 $mg_{烃}/g_{岩}$，氯仿沥青含量平均值为 0.156%，总体评价属于好烃源岩范畴；下四段岩性组合较复杂，黑色页岩数量减少，估计黑色页岩纯厚度约为 35 m，TOC 平均值仍为 1.15%，"S_1+S_2" 值为 2.59 $mg_{烃}/g_{岩}$，氯仿沥青含量平均值为 0.0116%，属于差-中等烃源岩级别。

宣龙坳陷张家口下花园剖面下马岭组未受侵入体热蚀变影响，下三、四段黑色页岩发育，层间夹有薄层黑色油页岩，甚至有机质丰度高于赵家山剖面的下三段中上部，据 43 件岩样统计，TOC 平均值高达 4.20% ~4.92%，S_1+S_2 值为 19.5 ~24.4 $mg_{烃}/g_{岩}$，氯仿沥青含量平均值为 0.265% ~0.280%，均属于好烃源岩范畴（表 17.5）。

由于岩浆围岩蚀变程度的差异，宣龙坳陷下马岭组烃源层段的成熟度参数分布范围跨度相当大，实测等效镜质组反射率 R^o 值从 0.68% 至 2.03% 不等，平均值为 1.39%，成熟度变化范围跨越低成熟–过成熟范畴，总体上以过成熟烃源层为主。

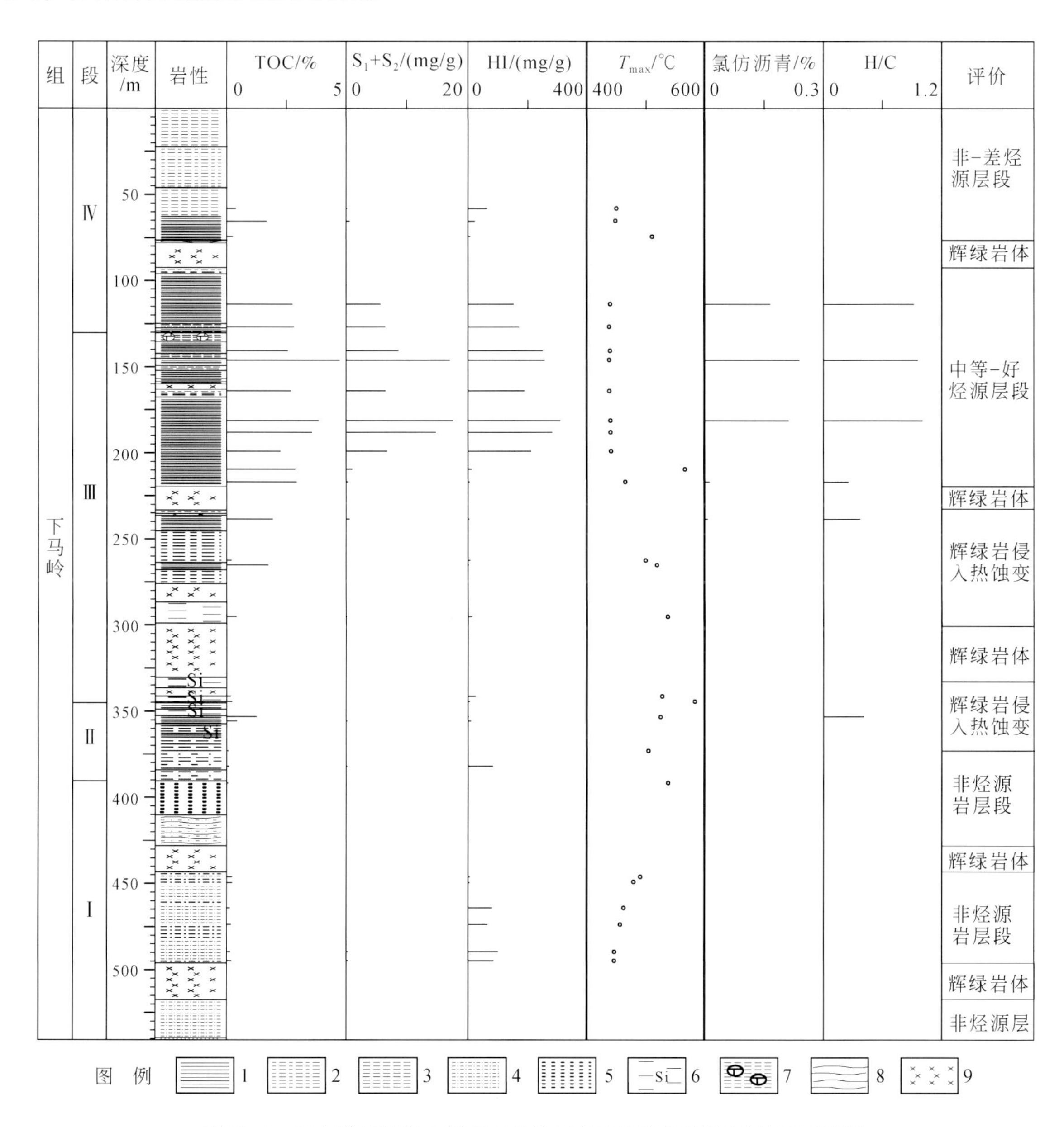

图 17.6　宣龙坳陷赵家山剖面下马岭组有机地球化学剖面与烃源岩评价

1. 黑色页岩；2. 灰色页岩；3. 灰绿色页岩；4. 灰色粉砂质泥岩；5. 灰色粗砂岩；6. 灰色硅质泥岩；7. 灰岩透镜体；8. 灰白色板岩；9. 灰色辉绿岩

17.3　有机质类型与热演化

沉积有机质类型是制约烃源岩生成烃类“质量”的主导因素，也是烃源岩地球化学评价的一项重要依据。前寒武系海相沉积有机质的主要生源输入来自细菌和藻类，有机质的类型及其富氢程度应取决于沉积环境和热演化程度，对于高演化沉积岩的有机质类型分析，最有效的方法是干酪根元素组成分析及全岩热解评价分析。

17.3.1 冀北坳陷有机质类型及热演化

图17.7展示冀北坳陷中元古界烃源岩干酪根元素组成的范氏图解，干酪根H/C和O/C原子比的变化反映了各烃源岩层有机质类型及其热演化程度。

17.3.1.1 高于庄组热演化程度

宽城高于庄组烃源岩干酪根H/C值主要分布于0.55～0.45，等效镜质组反射率R^o值大体上为1.8%～2.3%，平均值为2.1%左右，即已达到过成熟阶段。图中O/C值较高的数据点均为露头岩样，而新鲜的钻井岩心样则普遍呈O/C低值，反映风化作用对干酪根O/C值影响较大，而对H/C值影响较小。因此，岩心样较准确地反映干酪根的成熟程度。依据冀浅3井O/C值极低的新鲜岩心样，并结合其岩性特征、TOC值及生物标志物组成，判断高于庄组原始有机质类型应属于Ⅰ型有机质。

高于庄组白云岩的实测等效镜质组反射率R^o值为1.38%～1.75%，平均值为1.59%，较之干酪根H/C原子比推算的等效R^o值（2.1%）偏低，但二者均属过成熟阶段。

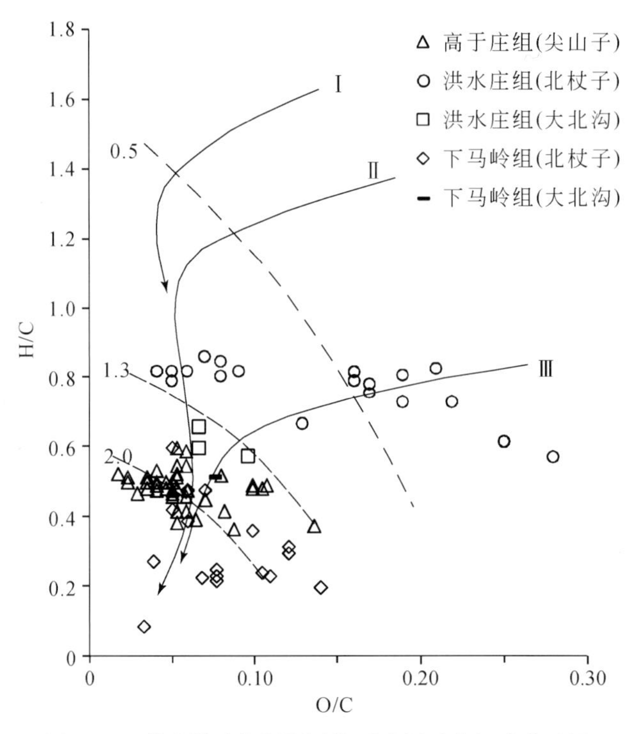

图17.7 冀北坳陷各烃源层的干酪根元素组成范氏图

17.3.1.2 洪水庄组热演化程度

冀北坳陷宽城冀浅1井洪水庄组洪一段黑色页岩岩心样的H/C值为0.79～0.86，平均值为0.82，其成熟程度相当于R^o值为1.0%～1.2%，即处于成熟阶段生油高峰期。与之毗邻的宽城北杖子剖面露头岩样的干酪根H/C均值为0.73，但是由于O/C值偏高，在图17.7中，使得岩样点分布在Ⅲ型有机质区域，与岩心样比较，明显受到风化影响。

从图17.8烃源岩热解参数的氢指数HI–热解烃峰顶温度T_{max}（HI-T_{max}）图版可见，洪水庄组洪一段黑色页岩仍然具有较高的生烃潜力，氢指数HI值为120.4～310.8 $mg_{烃}/g_{TOC}$，平均值为234.6 $mg_{烃}/g_{TOC}$。结合干酪根元素范氏图（图17.8），可确定冀北坳陷宽城一带的洪水庄组黑色页岩属于Ⅱa型有机质。洪水庄组烃源岩热解烃峰顶温度T_{max}值范围434～449℃，平均值443℃，也反映其成熟度处于生油高峰阶段。总的来看，在冀北坳陷大部分区域，洪水庄组烃源岩都处于液态窗高峰期范围。另外，洪水庄组洪二段白云岩的HI均值63.8 $mg_{烃}/g_{TOC}$，明显低于洪一段黑色页岩，呈现出典型的Ⅲ型有机质特征，也反映其具有浅水碳酸盐岩的氧化沉积环境。

冀北坳陷凌源西部大北沟剖面洪水庄组露头岩样的 H/C 值小于 0.7，等效 R^o 值约为 1.3%，显示更高的演化阶段，即达到生油高峰期的下限，这与岩样的烃类组分呈现出以低碳数链烷烃为主的特征相吻合。总体上冀北坳陷洪水庄组烃源岩成熟度展现出南低北高的区域性变化趋势，即宽城一带成熟度偏低，烃源岩处于生油高峰阶段，并已结束主排烃期，成为雾迷山组-铁岭组-下马岭组大量油苗的烃源层；烃源岩成熟度向北有增高趋势，至凌源大北沟一带，成熟度已达到生油高峰的轻质油阶段。

洪水庄组页岩的等效 R^o 值为 0.90% ~1.42%，平均值为 1.19%，与宽城北杖子剖面干酪根 H/C 原子比推算的等效 R^o 值 1.0% ~1.2% 相当，均属于成熟烃源岩的生烃高峰阶段；但稍微低于凌源大北沟剖面按干酪根 H/C 原子比推算的等效 R^o 值为 1.3%。

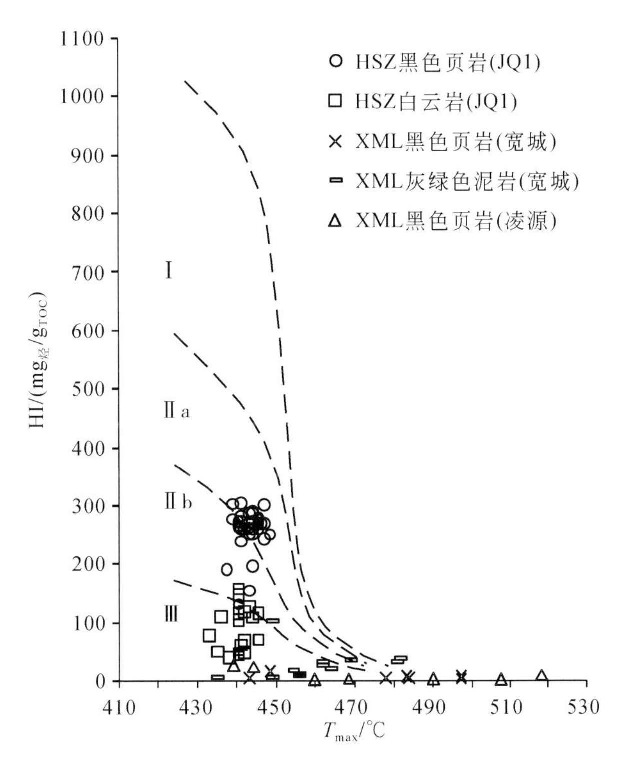

图 17.8　冀北坳陷洪水庄组和下马岭组烃源岩热解参数 HI-T_{max} 图版

HSZ. 洪水庄组；XML. 下马岭组

17.3.1.3　下马岭组热演化程度

冀北坳陷凌源龙潭沟剖面提供了解释下马岭组地层异常热演化现象的一个例证。由于遭受辉长辉绿岩床的围岩蚀变作用，下马岭组黑色页岩呈现极低的 HI 值和极高的 T_{max} 值（图 17.8），其成熟度业已进入过成熟阶段，生油能力业已丧失殆尽。在图 17.8 中，冀北坳陷宽城一带的下马岭组黑色与灰绿色页岩同样具有极低的 HI 值和极高的 T_{max} 值，均与凌源龙潭沟剖面下马岭组地层的热演化程度相近，成熟度明显地超越下伏的洪水庄组地层，也同样反映辉长辉绿岩床的围岩蚀变作用的影响。

此外，从图 17.8 也可见，在冀北坳陷，无论是宽城北杖子剖面，还是凌源大北沟剖面，下马岭组页岩的干酪根 H/C 与 O/C 原子比，均显著地高于其下伏的洪水庄组页岩；但也有一部分下马岭组页岩的 H/C与 O/C 原子比，明显地低于埋藏更深的高于庄组白云岩，反映下马岭组页岩的成熟度显著超过下伏处于成熟阶段生烃高峰期的洪水庄组页岩，甚至还略微超过处于过成熟阶段的高于庄组白云岩，表明下马岭组地层的热演化程度业已达到过成熟阶段。

总体上冀北坳陷下马岭组页岩实测等效镜质组反射率 R^o 值为 0.89% ~1.81%，平均值为 1.28%，跨越成熟—高成熟阶段，具体的等效 R^o 值高低取决于辉长辉绿岩岩床的围岩蚀变作用的影响程度。

17.3.2　宣龙坳陷有机质类型及热演化

17.3.2.1　高于庄组热演化程度

在图 17.9 中，宣龙坳陷高于庄组的 H/C 原子比主要分布于 0.6 左右，按照Ⅰ型有机质的热演化轨迹，则其成熟度大体上相当于等效 R^o 值为 1.4% ~1.7% 范围，显然应处于高演化阶段，但演化程度明显地低于冀北坳陷宽城一带的高于庄组（R^o 值为 1.8% ~2.3%）。

总体上，宣龙坳陷高于庄组白云岩的实测等效率 R^o 值为 1.24% ~1.40%，平均值为 1.34%，接近于干酪根氢碳原子比 H/C 推算的等效 R^o 值范围为 1.4% ~1.7% 的下限，属于过成熟阶段的下限，比冀北坳陷高于庄组的等效 R^o 值为 1.59% 的热演化程度要略低。

17.3.2.2　洪水庄组热演化程度

在图 17.9 中，宣龙坳陷南部赵家山剖面的洪水庄组灰、灰黑色硅质页岩分布于Ⅱ-Ⅲ型有机质类型的分布区间，其 O/C 值异常偏高，H/C 值明显偏低；而且在图 17.11 中，热解参数 HI 和 T_{max} 值也都很低，仅依据这种 H/C-O/C、HI-T_{max} 的参数组合特征，难以判定洪水庄组地层的实际成熟度。

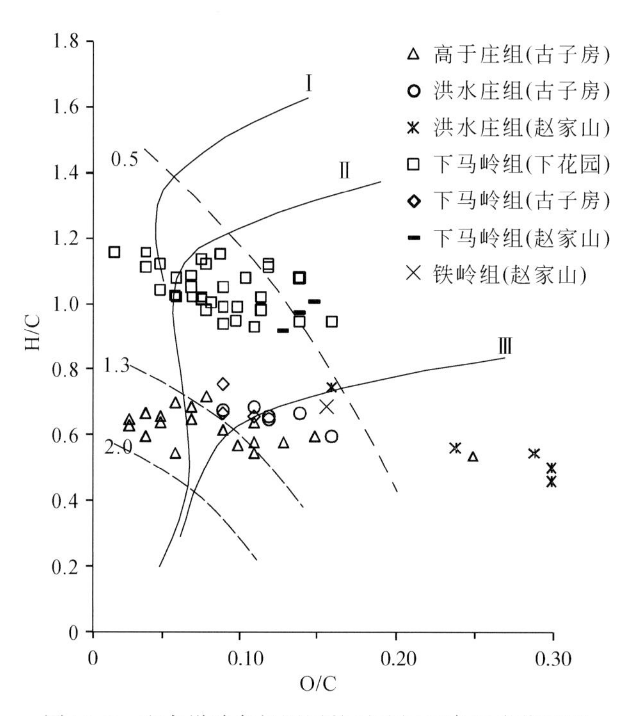

图 17.9　宣龙坳陷各烃源层的干酪根元素组成范氏图

宣龙坳陷北部古子房剖面洪水庄组黑色含硅质页岩的 O/C 值偏高（图 17.9），可能与岩样受到的风化作用影响有关，若参照 H/C-O/C 的反相关变化趋势，恢复洪水庄组页岩的原始 H/C 值，可能在 0.7 左右，对应于等效 R^o 值为 1.3%，与洪水庄组页岩的链烷烃组成以低碳数烃类居优势的特征非常吻合。

总体上，宣龙坳陷洪水庄组页岩的实测等效镜质组反射率 R^o 值为 0.89% ~1.81%，平均值为 1.28%，古子房剖面干酪根 H/C 原子比推算的等效 R^o 值为 1.3% 相当，属于高成熟阶段的上限。

17.3.2.3　下马岭组热演化程度

宣龙坳陷南部下花园剖面发育有良好的未受辉长辉绿岩体蚀变影响的下马岭组地层，其下三段黑色页岩 H/C 值较高，为 0.9 ~1.1，平均值为 1.0。根据图 17.9 中 H/C-R^o 的相关性判定，其成熟度范围相当于等效 R^o 值为 0.7% ~0.8%；值得注意的是，图中部分下马岭组页岩样分布于Ⅰ型有机质区，而大部分岩样分布于Ⅱa 型有机质区，但后者的 O/C 值偏高，可能是露头岩样的风化作用所致。在图 17.10 中同样呈现出下马岭组页岩的 HI 值仅少部分见于Ⅰ型有机质区，而绝大部分 HI 值分布于Ⅱa 型有机质区。

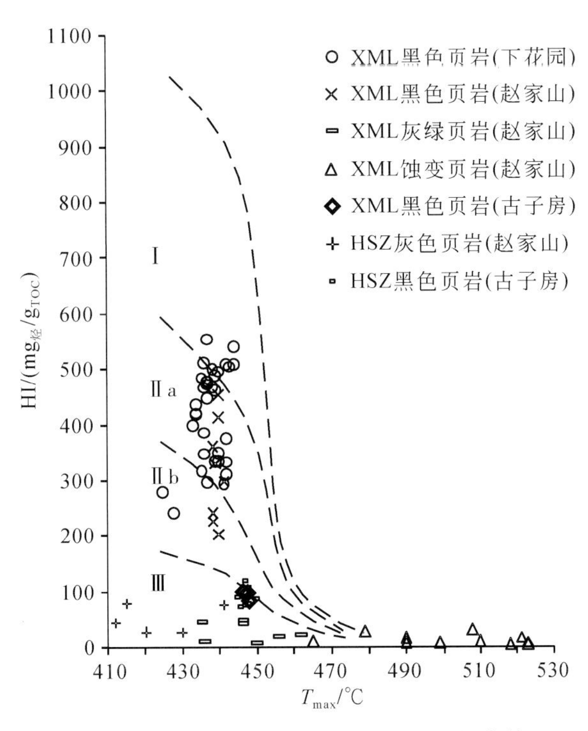

图 17.10　宣龙坳陷洪水庄组与下马岭组烃源岩热解参数 HI-T_{max}图版

HSZ. 洪水庄组；XML. 下马岭组

宣龙坳陷南部赵家山剖面未遭受或较少遭受辉绿岩影响的下马岭组页岩，其 H/C 值约 1.0 左右，HI 值尚在Ⅱ型有机质范围，表明其成熟度与下花园地区接近。遭受围岩蚀变页岩的 HI 值低于 50 $mg_{烃}/g_{TOC}$，T_{max}值达 460 ~ 520℃，有机质成熟度高。宣龙坳陷北部古子房剖面，下马岭页岩的 H/C 值较低，相当于等效 R^o 值为 1.1% ~ 1.3% 的水平。

总体上，下马岭组页岩的实测等效镜质组反射率 R^o 值为 0.68% ~ 2.03%，平均值为 1.39%，跨越低成熟-成熟-过成熟演化阶段。实际的下马岭组页岩成熟度完全决定于辉长辉绿岩的围岩蚀变作用的强度。但总体上宣龙坳陷下马岭组页岩的等效 R^o 值变化范围大于冀北坳陷，以致宣龙坳陷还可具有低成熟的下马岭组页岩，也是我国境内成熟度最低的海相烃源岩。

17.4　中元古界油苗、沥青的烃源分析

在燕辽裂陷带中元古界地层中，液态油苗与固体沥青广泛分布。从油苗、沥青的区域分布上看，主要分布于冀北坳陷，其次分布于宣龙、辽西坳陷（图 17.1）。以冀北坳陷为例，总计发现液态油和固体沥青组成的油苗点达 115 处，其中在中元古界地层中发现 98 处，占 85.2%；从产层层位上看，油苗点主要见于铁岭组（60 处，占总数的 52.2%）、其次是下马岭组（20 处，占 17.4%）和雾迷山组[①]（15 处，占 13.0%；表 17.6；王铁冠，1980）。在这些油苗点中，以平泉双洞背斜雾迷山组油苗［图 17.11(a)］、凌源龙潭沟下马岭组沥青砂岩［图 17.11(c)、(d)］及宽城冀浅 1 井铁岭组稠油显示［图 17.11(b)］为代表在宽城卢家庄发现的下马岭组底部沥青砂岩断续出露横向分布范围可达 10 km（王铁冠、韩克猷，2011），对宽城地区冀浅 1、2 井上述三组地层中的稠油显示也已做过系统的油源对比研究[②~④]。

① 卢学军，刘宝泉等，1992，冀北坳陷油苗调查报告，华北油田石油管理局勘探开发研究院（内部报告），75 页。

② 王铁冠，钟宁宁，朱士兴等，2009，华北地台下组合含油性研究及区带预测，中国石油大学（北京）（科研报告），347 页。

③ 钟宁宁，张枝焕，黄志龙等，2009，燕山地区中—新元古界热演化生烃与油气成藏史，中国石油大学（北京）（科研报告），250 页。

④ 王春江，王军，董亭等，2009，燕山地区中新元古界烃源层、油源及资源潜力，中国石油大学（北京）（科研报告），302 页。

表 17.6　燕辽裂陷带油苗、沥青点的地层分布统计①

序号	地层			油苗类型	油苗点数目/处			占油苗点总数/%		
	界	系	组		总计 115 处					
1	中生界	白垩系	K_1x 西瓜园组	油、沥青	2			1.7		
2	古生界	奥陶系	O_2m 马家沟组	沥青	1	3		0.9	2.6	
3			O_1y 治里组	油、沥青	2			1.7		
4		寒武系	ϵ_3c 长山组	沥青	1	12		0.9	10.5	
5			ϵ_1m 馒头组	油、沥青	8			7.0		
6			ϵ_1c 昌平组	沥青、油	3			2.6		
7	中元古界	待建系	Pt_2^2x 下马岭组	沥青、油	20		98	17.4		85.2
8		蓟县系	Pt_2^1t 铁岭组	油、沥青	60	77		52.2	66.9	
9			Pt_2^1h 洪水庄组	油	2			1.7		
10			Pt_2^1w 雾迷山组	油、沥青	15			13.0		
11			Pt_2^1w 高于庄组	沥青	1			0.9		

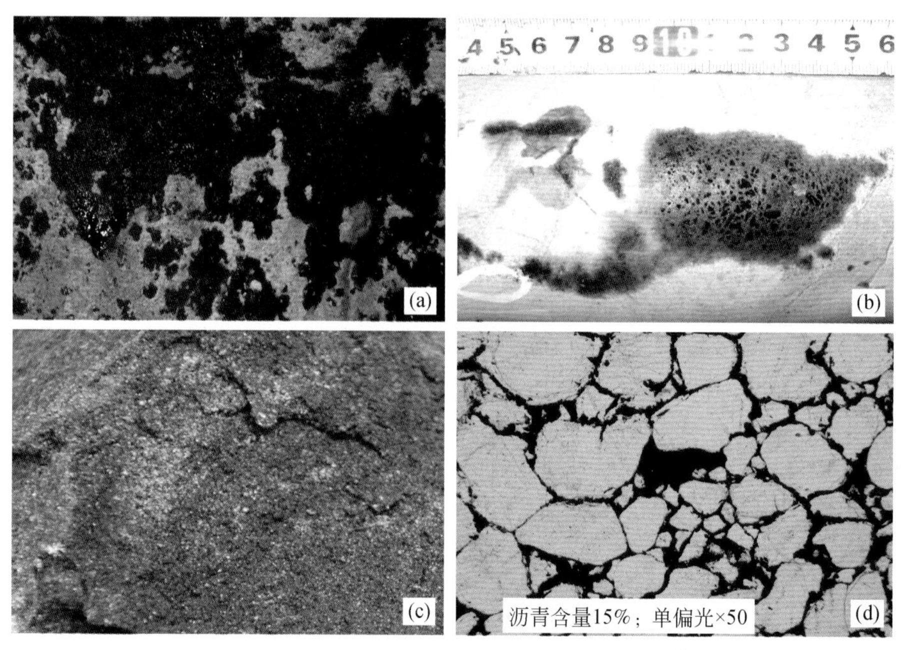

图 17.11　冀北坳陷中元古界油苗、沥青产状①

（a）雾迷山组白云岩缝洞渗出液体油苗，平泉双洞 805 矿坰；（b）铁岭组含砂白云岩岩心孔洞渗出原油，宽城冀浅 1 井；（c）下马岭组底部沥青砂岩露头产状，凌源龙潭沟；（d）下马岭组底部沥青砂岩产状，凌源龙潭沟，显微照片

17.4.1　烃源层生物标志物组成

在地球早期生命演化历史上，以细菌为代表的原核生物起源于太古宙，以藻类为代表的真核生物始于元古代。迄今对前寒武系地层各类甾、萜烷生物标志物组成，前人已多有报道（吴庆余等，1987；Summons *et al.*，1988；Wang，1991，2009；Wang and Simoneit，1995；Peng *et al.*，1998；李超等，2001；Logan *et al.*，2001；Dutkiewicz *et al.*，2006；Banerjee *et al.*，2006；Wang *et al.*，2011；Blumenberg *et al.*，2012），尤其是关于元古宙多样化生物标志物的报道，与这一时期地层中多细胞藻类化石多样性的认识②

① 王铁冠，钟宁宁，朱士兴等，2009，华北地台下组合含油性研究及区带预测，中国石油大学（北京）（科研报告），347 页。
② 朱士兴，孙淑芬，孙立新等，2009，燕山地区中元古界碳酸盐岩古生物学研究，天津地质矿产所（科研报告），399 页。

是吻合的。地球早期生命的多样性，不仅为元古宙烃类资源的形成奠定了物质基础，而且为油气源的对比研究提供了科学前提。

烃类生物标志物组合是进行油-油、油-岩对比与油源研究的主要依据。通过冀北坳陷的野外考察与地质浅钻取岩心（冀浅 1、2、3 井），采集到高于庄组黑色白云岩、洪水庄组黑色页岩、下马岭组黑色页岩等代表性烃源岩的露头岩样与新鲜岩心样，进行精细的分子有机地球化学研究，为油苗、沥青的油源研究提供了依据。

冀北坳陷的三套潜在烃源岩中，检测到了较为完整的正烷烃、类异戊二烯烷烃（植烷、姥鲛烷）、三环萜烷、四环萜烷、规则甾烷、藿烷、新藿烷、重排藿烷等系列生物标志物，现总结下述四类生物标志物，作为分辨冀北坳陷高于庄组、洪水庄组和下马岭组烃源层的特征性标志。

17.4.1.1　藿烷与四环萜烷类

藿烷是原核生物（如细菌）的标志物，其前身物细菌藿烷多醇，来源于原核生物细胞膜的组分（Ourisson，1982）；新藿烷也属于细菌生源产物，重排藿烷主要是成岩阶段早期，由细菌藿烷类前身物经酸性黏土矿物催化重排形成的（Moldowan，1991），其相对丰度与沉积-有机相和成熟度都有一定关系（王春江等，2000）。四环萜烷则是藿烷的降解产物（Trendel *et al.*，1982）。

冀北坳陷中元古界高于庄组黑色白云岩、洪水庄组与下马岭组黑色页岩等三套烃源层，均含有四环萜烷与藿烷类生物标志物，反映原核生物对有机质的生源贡献［图 17.12(a)、(c)］。但是，在 m/z 191 质量色谱图上，这三套烃源层的四环萜烷与藿萜烷类，各自具有特殊性的分布型式：与 $C_{30}17\alpha(H)$-藿烷（图 17.12 中 $C_{30}H$）的丰度相比较，洪水庄组和下马岭组黑色页岩的 C_{24} 四环萜烷（TeC_{24}）、C_{27}、$C_{29}18\alpha(H)$-新藿烷系列（Ts、$C_{29}Ts$）及 $C_{30}17\alpha(H)$-重排藿烷（$C_{30}RAH$），均呈现出异常高的丰度优势［图 17.12(a)、(b)］，甚至洪水庄组页岩 TeC_{24}、Ts、$C_{29}Ts$ 和 $C_{30}RAH$ 的丰度，还超过 C_{30} 藿烷（$C_{30}H$）；而高于庄组黑色白云岩却以 $C_{30}17\alpha(H)$-藿烷系列的丰度居优势，保持 $C_{30}H$ 峰作为基峰［图 17.12(c)］。

四环萜烷与藿烷类的分布型式，显示出高于庄组白云岩与洪水庄及下马岭组页岩的重要差异：高于庄组藿烷类展示出常规的藿烷分布型式；而洪水庄组至下马岭组的页岩则完全不同，其展现出 C_{24} 四环萜烷、$18\alpha(H)$-新藿烷系列和 $C_{30}17\alpha(H)$-重排藿烷相对丰度异常高的特征，成熟度较高的页岩则重排类藿烷的相对丰度也更高。显然，四环萜烷与藿烷类的分布型式与沉积环境和沉积相具有密切关系，上述分布型式的差异，可作为区别高于庄组与洪水庄组及下马岭组烃源岩的重要标志。

17.4.1.2　规则甾烷系列

C_{27}—C_{29} 规则甾烷系列是真核生物的生物标志物，其前身物甾醇是真核生物细胞膜的组分（Ourisson *et al.*，1979），甾烷分布在反映藻类组成方面具有重要应用。在冀北坳陷过成熟的高于庄组黑色白云岩（等效镜质组反射率 R^o 值为 1.38% ~1.75%）中，普遍检测到 C_{27}—C_{29} 规则甾烷系列，例如，冀浅 3 井高于庄组新鲜岩心样中，呈现出 $C_{27}>C_{28}<C_{29}$ 的甾烷“V”字型分布型式［图 17.12(f)］；相应的剖面样品的 C_{27}—C_{29} 规则甾烷分布也呈 $C_{27}>C_{28}<C_{29}$ 的“V”字型，但样品 $C_{27}:C_{28}:C_{29}$ 甾烷比率多有畸变，可能是地表风化所致（图 17.13）。但是，与高于庄组白云岩不同，成熟的洪水庄组与中低成熟的下马岭组页岩中，基本上未能检到甾烷系列［图 17.12(d)、(e)］。尽管钟宁宁等（2009）应用加氢催化热降解技术发现洪水庄组和下马岭组黑色页岩干酪根也不同程度地含有 C_{27}—C_{29} 规则甾烷系列化合物，但考虑到这两套地层成熟度远低于高于庄组，可推测洪水庄组与下马岭组黑色页岩原始有机质中即使存在甾烷化合物，其含量也应该远低于高于庄组白云岩①。

总之，在上述三套烃源层中，甾烷化合物丰度的差异表明高于庄组白云岩中真核藻类对有机质的贡献远高于洪水庄组和下马岭组页岩。因此，甾烷的有无或丰度高低是分辨高于庄组与洪水庄组及下马岭组烃源层的又一项重要依据。

---

① 钟宁宁，张枝焕，黄志龙等，2009，燕山地区中—新元古界热演化生烃与油气成藏史，中国石油大学（北京）（科研报告），250 页。

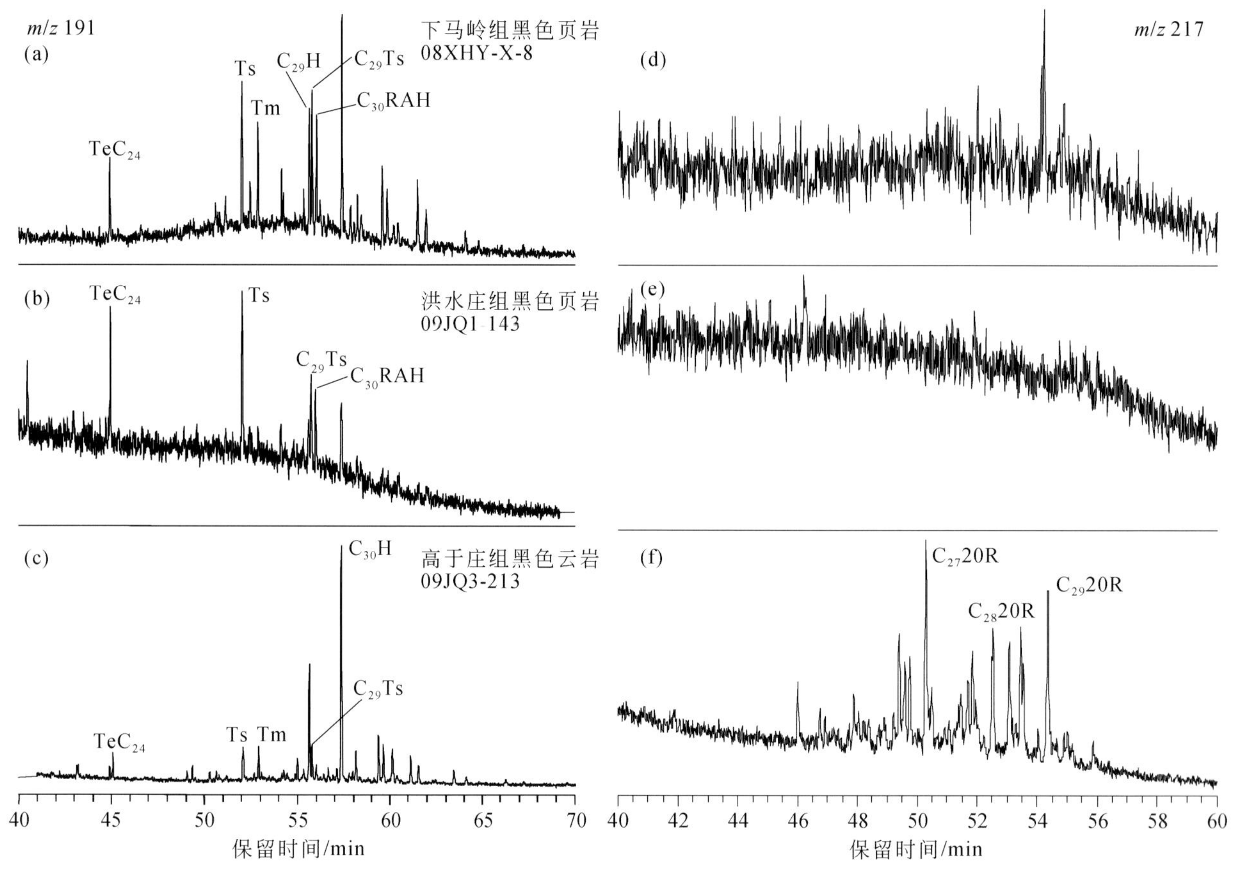

图 17.12　冀北坳陷中元古界三套烃源层的四环萜烷、藿烷与规则甾烷系列分布

m/z 191、217 质量色谱图分别检测萜烷和规则甾烷系列

TeC_{24}. C_{24}四环萜烷；Ts. C_{27}、$C_{29}18\alpha$（H）-新藿烷系列；C_{30}RAH. $C_{30}17\alpha$(H)-重排藿烷；Tm. $C_{27}17\alpha$(H)-三降藿烷；C_{29}H、C_{30}H. $C_{29}17\alpha$(H)-降藿烷、$C_{30}17\alpha$(H)-藿烷；S. C_{27}—C_{29}（20R）规则甾烷系列

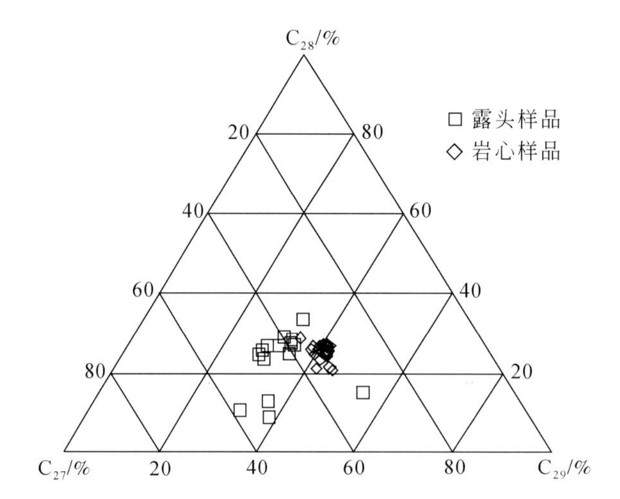

图 17.13　冀北坳陷高于庄组黑色白云岩规则甾烷组成三角图

17.4.1.3　13α(正烷基)-三环萜烷系列

通常，常规的三环萜烷系列与四环萜烷系列、藿烷类相伴生，高于庄组、雾迷山组和铁岭组碳酸盐岩中都含有常规的三环萜烷系列分布，但在冀北坳陷洪水庄及下马岭组页岩烃源岩中，常规三环萜烷系列的丰度甚微，而普遍存在另一个新的 C_{18}—$C_{23}13\alpha$（正烷基）-三环萜烷系列［图 17.14(d)、(e)］。这个极为特殊的生物标志物系列是王铁冠从龙潭沟下马岭底部沥青砂岩中发现并鉴定的（Wang，1991），并

对其生源和成因进行了研究（Wang and Simoneit，1995）。张水昌等（2007）在宣龙坳陷下花园的下马岭组黑色页岩（油页岩）中检测到了 C_{20}—C_{23}13α(正烷基)–三环萜烷系列。另外，在川西北龙门山大沥青脉中曾检出 C_{19}—C_{20}13α(正烷基)–三环萜烷，但 C_{20}化合物含量极低，未形成系列化合物（黄第藩和王兰生，2008）。我们对燕山地区中元古界的地层进行了系统研究，发现 13α(正烷基)–三环萜烷系列仅见于洪水庄组至下马岭组页岩氯仿沥青中［图 17.14(d)、(e)］，而高于庄组、雾迷山组和铁岭组碳酸盐岩氯仿沥青都缺乏这类化合物①［图 17.14(f)］。

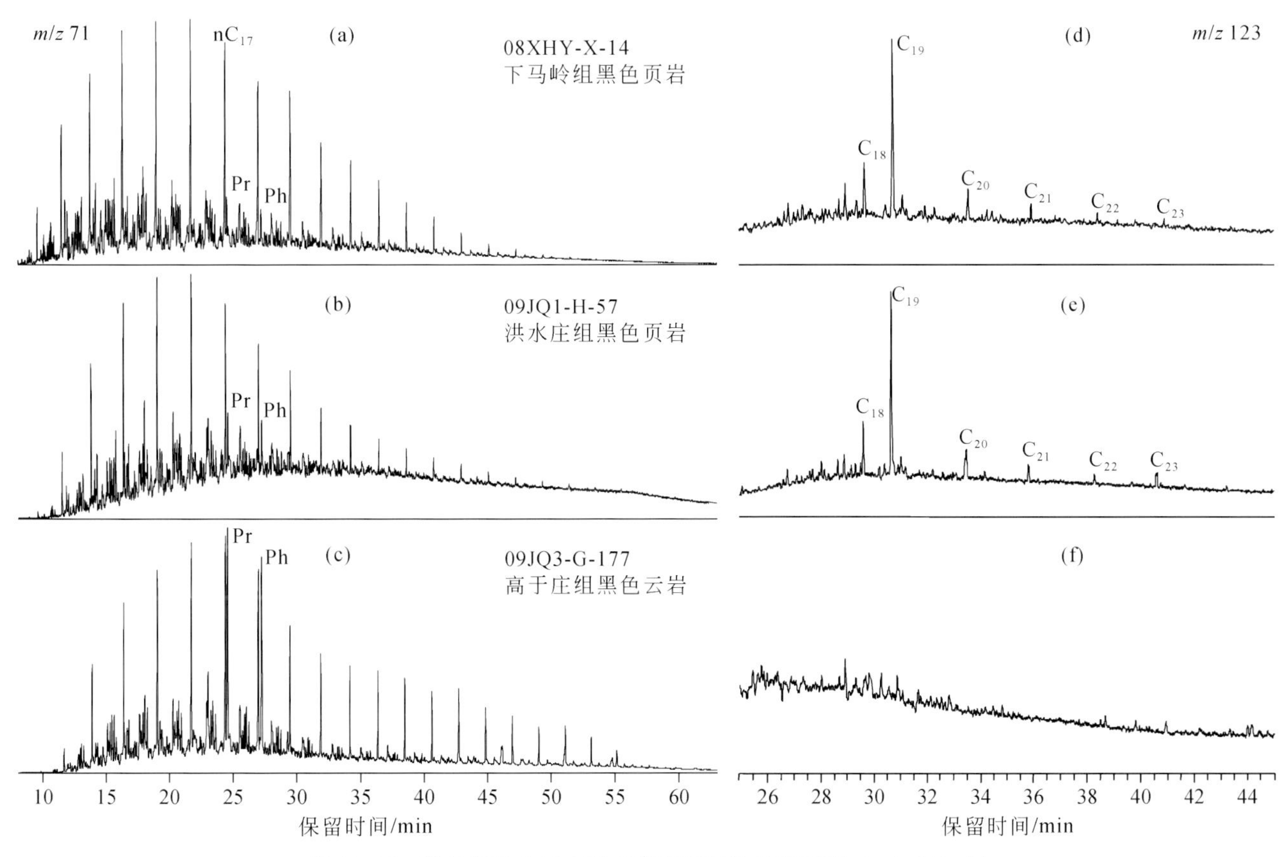

图 17.14　冀北坳陷中元古界三套烃源层的植烷系列（m/z 71）与 C_{18}—C_{23}13α(正烷基)–三环萜烷系列（m/z 123）分布

Pr. 姥鲛烷；Ph. 植烷；C_{18}—C_{23}. C_{18}—C_{23}13α(正烷基)–三环萜烷系列

近二十多年来，在国内外的显生宇地层中从未见有这类生物标志物的报道，我们对多套显生宇地层的进一步检测结果，也未发现该系列化合物的存在。因此，从地层分布来看，13α(正烷基)–三环萜烷系列很可能是元古宇专属性的生物标志物，至少可以作为区分高于庄组碳酸盐岩与洪水庄组及下马岭组页岩的最关键的烃源标志物①（Wang *et al.*，2011）。

17.4.1.4　植烷系列

植烷系列，即 C_{15}—C_{20}规则类异戊二烯烷烃系列，通常在沉积有机质中均可检测出 C_{19}姥鲛烷和 C_{20}植烷，植烷系列的主要生源来自光合生物（如光合细菌、藻类）的叶绿素–a（Bendoraitis *et al.*，1962；Brooks *et al.*，1969）。在冀北坳陷中元古界烃源层中，异戊二烯烷烃的相对丰度也成为区分高于庄组白云岩与洪水庄组、下马岭组页岩的一项辅助标志，即在高于庄组白云岩［图 17.14(c)］中，姥鲛烷及植烷的相对丰度要远远高于洪水庄组和下马岭组页岩［图 17.14(a)、(b)］，反映了黑色页岩与碳酸盐岩有机质生源输入的差别。

① 王春江，王军，董亭等，2009，燕山地区中新元古界烃源层、油源及资源潜力，中国石油大学（北京）（科研报告），302 页。

17.4.2　油苗、沥青生物标志物组成与烃源分析

冀北坳陷中元古界地表油苗、沥青点广布，主要集中于铁岭组（60 处油苗）、雾迷山组（15 处油苗）以及下马岭组底部砂岩（20 处沥青砂岩）中，合计有 95 处油苗点，占油苗点总数的 82.6%（表 17.6）。

在宽城一带的冀浅 1、2 井连续取得下马岭组、铁岭组、洪水庄组和雾迷山组岩心样品，其中铁岭组大部分层段、雾迷山组顶部及洪水庄组局部，含有裂缝或晶洞流动性稠油［图 17.11(b)］，并且含稠油显示岩心的井深均在 200 ~ 250 m 以下，可避免当代风化壳的影响，比露头岩样更适于烃源研究。下马岭组底部沥青砂岩以凌源龙潭沟［图 17.11(c)、(d)；王铁冠等，1988；Wang and Simoneit，1995］以及宽城卢家庄沥青砂岩的野外调查与实验分析研究最为深入①②。本节以上述稠油样和沥青砂岩的氯仿沥青氯仿沥青为代表，与高于庄组、洪水庄组、下马岭组烃源层岩心样进行烃源对比。

17.4.2.1　铁岭组、雾迷山组油苗

(1) 四环萜烷与藿烷类。

冀浅 1、2 井的雾迷山组与铁岭组岩心稠油显示，均呈现出 C_{24} 四环萜烷（C_{24}Te）、C_{27}、C_{29}18α(H)-新藿烷系列（Ts、C_{29}Ts）和 C_{30}17α(H)-重排藿烷（C_{30}RAH）的丰度优势，三者的丰度均明显地超过 C_{30}17α(H)-藿烷［C_{30}H；图 17.15(a)、(d)］，这些四环萜烷和重排型藿烷类相对含量异常高的特征性分布型式，完全不同于高于庄组白云岩［图 17.12(a)］，而与下马岭和洪水庄组页岩是类似的，且从成熟度差异来看，这些稠油与洪水庄组黑色页岩［图 17.12(b)］最为接近。

(2) 规则甾烷系列。

冀北坳陷地表油苗以及冀浅 1、2 井雾迷山组与铁岭组岩心稠油显示中，均未检测到 C_{27}—C_{29} 规则甾烷系列。与高于庄组云岩、洪水庄组和下马岭组页岩三套烃源层相比较，油苗与稠油贫乏 C_{27}—C_{29} 规则甾烷的特征，与洪水庄组、下马岭组页岩缺乏 C_{27}—C_{29} 规则甾烷，或洪水庄组页岩干酪根加氢催化降解产物仅含微量 C_{27}—C_{29} 规则甾烷的特征相符合，而与高于庄组白云岩普遍含有高丰度规则甾烷的特征不具可比性。

(3) 13α(正烷基)-三环萜烷系列。

雾迷山组与铁岭组岩心稠油显示中，均检测出 C_{18}—C_{23}13α(正烷基)-三环萜烷系列［图 17.15(e)、(h)］，与洪水庄组、下马岭组页岩氯仿沥青［图 17.14(d)、(e)］具有可比性，只是稠油与页岩中 13α(正烷基)-三环萜烷系列分布形式略有差异，这可能与差异生物降解作用有关。基于上述 13α(正烷基)-三环萜烷系列的对比，完全可以排除雾迷山组与铁岭组的稠油与高于庄组白云岩的烃源关系，但是不能区分洪水庄组与下马岭组页岩对原油的贡献。

钟宁宁等（2009）应用加氢催化热降解技术处理烃源岩干酪根、下马岭组沥青砂岩沥青、雾迷山组和洪水庄组固体沥青样品，发现雾迷山组固体沥青和下马岭组沥青砂岩沥青中都含有 C_{18}—C_{23}13α(正烷基)-三环萜烷系列，而高于庄组白云岩与下马岭组页岩的干酪根加氢催化降解产物中均未检测到该系列化合物②。因此，进一步证实了氯仿沥青所展示的油源关系，即这些下马岭组底砂岩的沥青、洪水庄组及雾迷山组固体沥青都来源于洪水庄组页岩，而与高于庄组烃源岩无关。

(4) 植烷系列。

冀浅 1、2 井雾迷山组与铁岭组稠油的植烷、姥鲛烷相对丰度均较低（图 17.16），与下马岭组、洪水庄组页岩相似［图 17.14(a)、(b)］，而有别于高于庄组白云岩，后者具有植烷、姥鲛烷相对丰度的优势［图 17.14(c)］，这一差异也为排除高于庄组白云岩与稠油的烃源关系，提供了一项佐证。

(5) 正烷烃系列与 25-降藿烷系列。

冀浅 1、2 井雾迷山组与铁岭组岩心稠油与地表露头晶洞油苗的色谱总离子流图（TIC）均呈现基线

---

① 王春江，王军，董亭等，2009，燕山地区中新元古界烃源层、油源及资源潜力，中国石油大学（北京）（科研报告），302 页。

② 钟宁宁，张枝焕，黄志龙等，2009，燕山地区中—新元古界热演化生烃与油气成藏史，中国石油大学（北京）（科研报告）. 250 页。

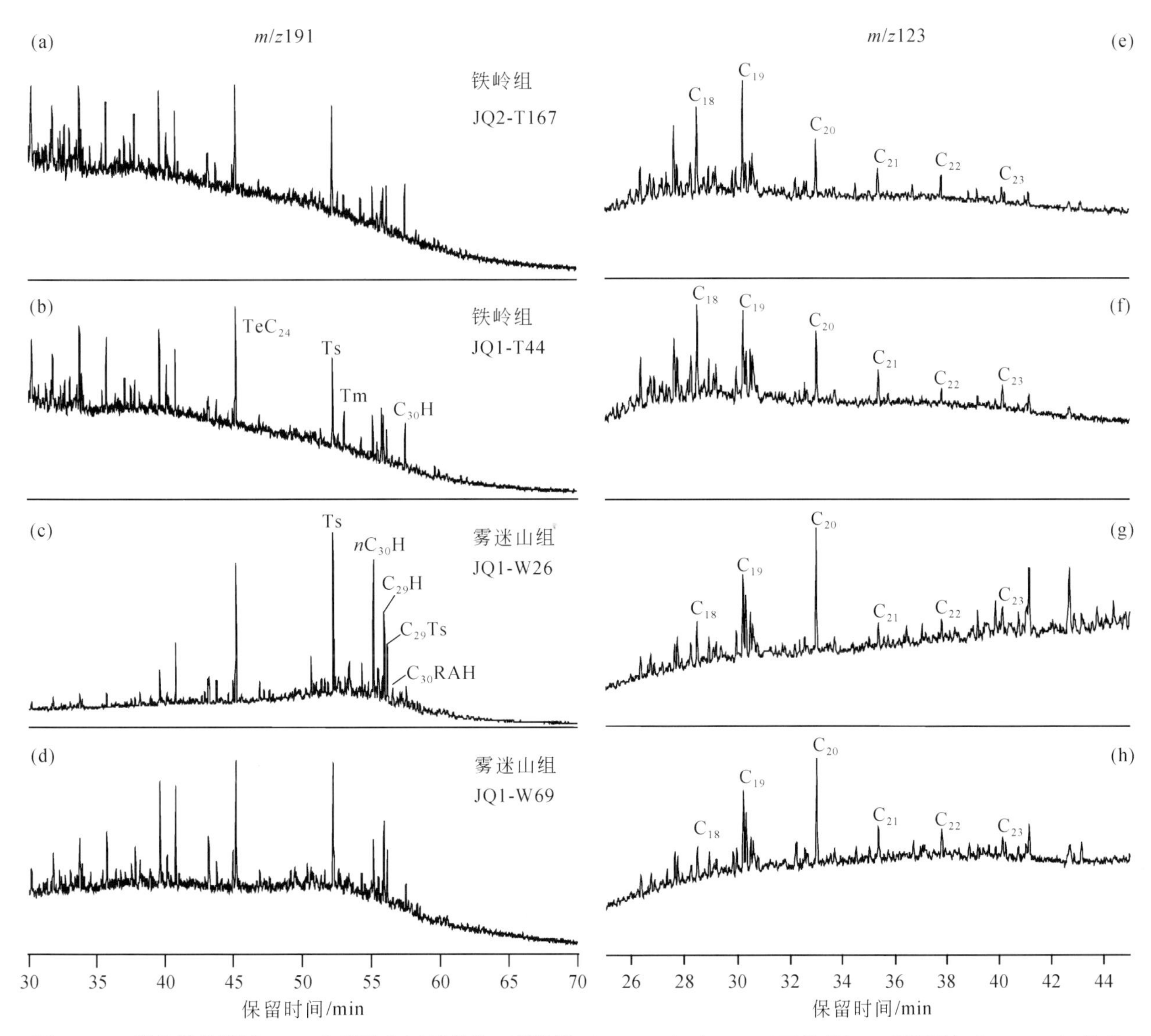

图 17.15　冀北坳陷冀浅 1、2 井稠油中四环萜烷、藿烷类（m/z 191）与 13α（正烷基）-三环萜烷（m/z 123）分布

C_{24}Te. C_{24}四环萜烷；Ts、C_{29}Ts. C_{27}、C_{29}18α(H)-新藿烷系列；C_{30}RAH. C_{30}17α(H)-重排藿烷；Tm. C_{27}17α(H)-三降藿烷；H. C_{29}—C_{35}17α(H)-藿烷系列；C_{18}—C_{20}. C_{18}—C_{20}13α(正烷基)-三环萜烷系列

“鼓包”特征，称之为未分辨的复杂混合物（unresolved complex mixture，UCM），其中显示含有 nC_{11}—nC_{28}正烷烃系列且其相对丰度变化很大，如图 17.16 所示；同时，相应地存在生物降解成因的 25-降藿（萜）烷类，这是原油遭受过严重降解作用的表征。

鉴于各种烃类的抗生物降解作用的强度差异，直链分子结构的正烷烃系列只能抗拒轻微生物降解，环状萜烷具有较强的抗降解能力，在链烷烃（正烷烃与异构烷烃）降解殆尽之后，微生物才开始降解环状萜烷（Peters and Moldowan，1993）。因此，正烷烃系列与 25-降萜烷类的伴生共存，可以作为经历过两期烃类充注历史的标志，因此，如图 17.16 所示，那些含有较高丰度的正构烷烃完整系列的原油可能存在后期烃类的充注。

图 17.17 是平泉双洞矿雾迷山组的残余油苗及凌源龙潭沟、宽城卢家庄剖面下马岭底砂岩沥青的烷烃总离子流图及 m/z 177 质量色谱图，可以看出，这些分布特征与冀浅 1、2 稠油类似，或有更强烈的生物降解与水洗特征，而双洞油苗下马岭组沥青砂岩氯仿沥青显然存在后期轻质油的混染。

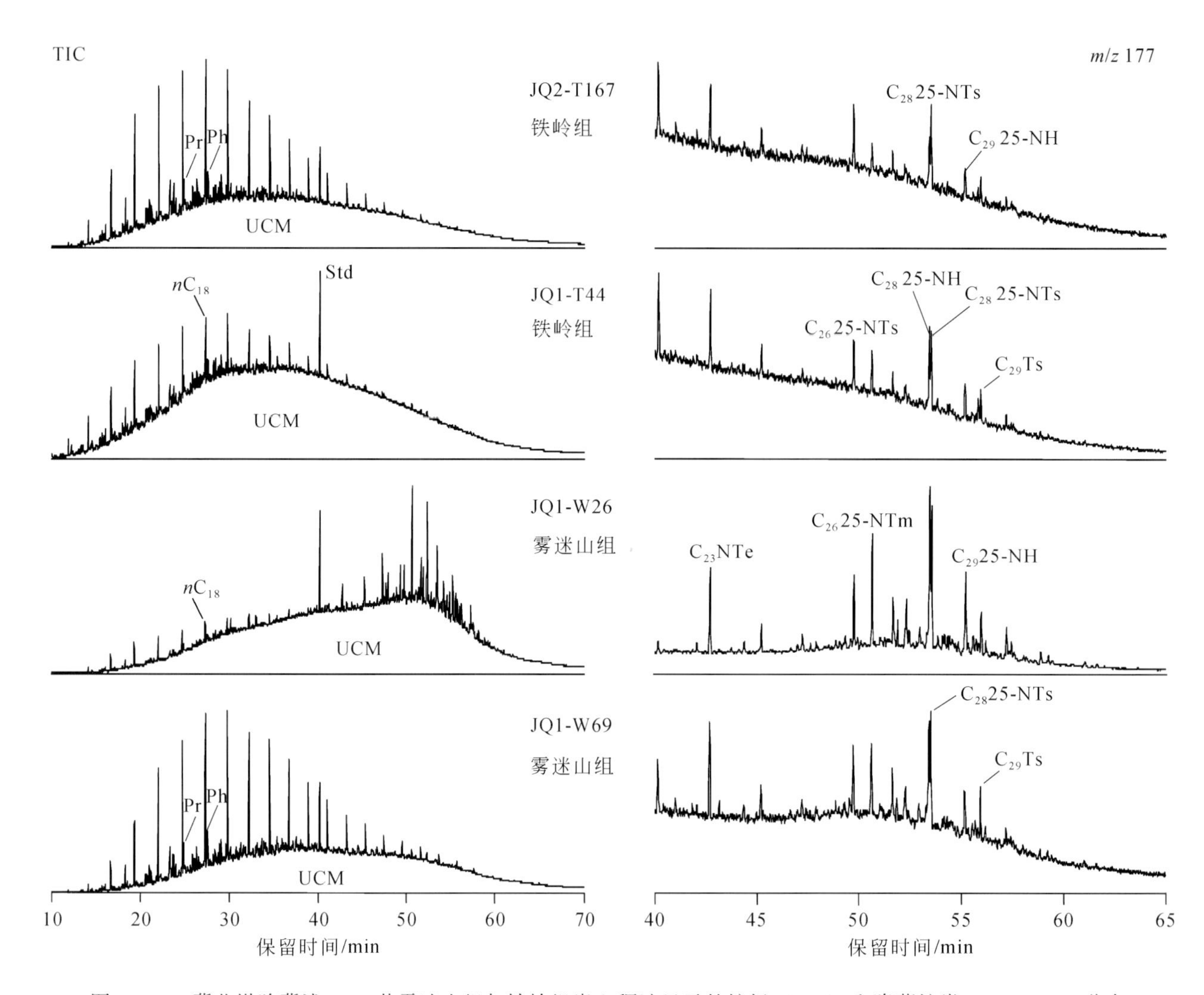

图 17.16　冀北坳陷冀浅 1、2 井雾迷山组与铁岭组岩心稠油显示的烷烃（TIC）和降藿烷类（m/z 177）分布

nC$_{18}$. 正十八烷；Pr. 姥鲛烷；Ph. 植烷；C$_{23}$NTe. C$_{23}$降四环萜烷；C$_{29}$Ts. C$_{29}$–三降新藿烷；

C$_{26}$、C$_{28}$25–NTs. C$_{26}$、C$_{28}$25–降–三降新藿烷；C$_{26}$25NTm. C$_{26}$25–降–三降藿烷；

C$_{28}$、C$_{29}$25NH. C$_{28}$、C$_{29}$25–降藿烷

总的来看，冀北坳陷中元古界地表油苗、固体沥青、岩心稠油显示以及下马岭组沥青砂岩可溶烃组分具有大体上相互一致的生物标志物组成，其中三环萜烷、四环萜烷、新藿烷、藿烷、重排藿烷、规则甾烷与植烷等系列均显示出特征性的分布型式，可作为冀北坳陷烃源对比的标志。冀浅 1、2、3 井埋深在 200～250 m 之下的未风化新鲜岩心与稠油，提供了高于庄组、洪水庄组和下马岭组三套烃源岩与原油可靠的地球化学信息。烃源剖析对比表明，雾迷山组、洪水庄组与铁岭组的地表油苗、沥青、稠油显示和下马岭组沥青砂岩的氯仿沥青的生物标志物组成，均与洪水庄组与下马岭组黑色页岩具有烃源可比性，而与高于庄组黑色白云岩基本上无可比性。但考虑到下马岭组页岩在早期遭受辉绿岩体热蚀变作用，其对原油的贡献可能受限。其共生的可溶烃组分保存的概率有限，在沥青砂岩的氯仿沥青中所占数量甚微。而油–岩的烃源对比尚不能完全回答下马岭组沥青砂岩固体沥青的烃源问题。

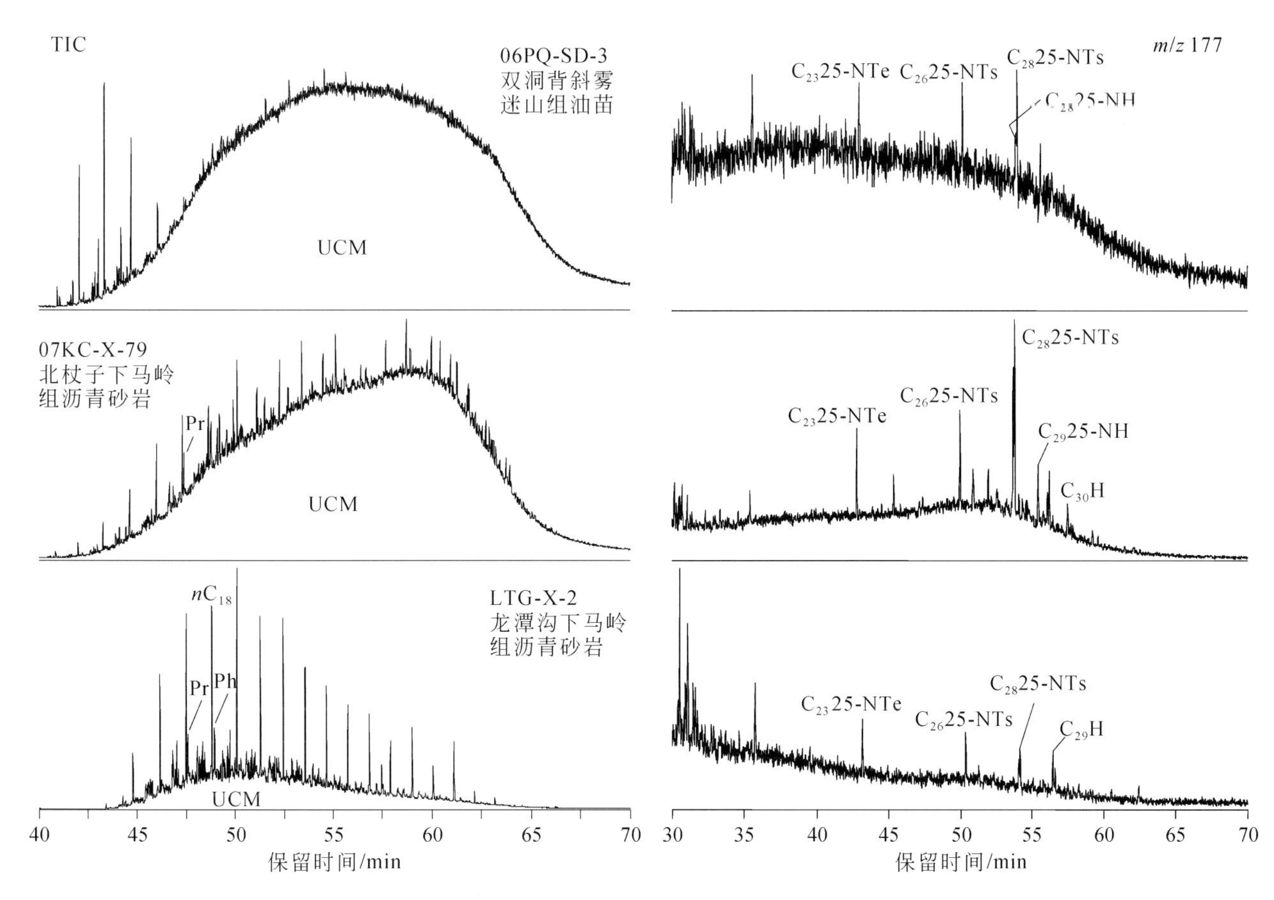

图 17.17　冀北坳陷雾迷山组、铁岭组晶洞稠油与下马岭组沥青砂岩氯仿沥青的烷烃（TIC）与 25-降藿烷类（m/z 177）分布

nC_{18}. 正十八烷；Pr. 姥鲛烷；Ph. 植烷；C_{23}NTe. C_{23}降四环萜烷；C_{26}25-NTs. C_{26}25-降-三降新藿烷；C_{26}、C_{28}25-NTs. C_{26}、C_{28}25-降-三降新藿烷；C_{29}25-NH. C_{29}25-降藿烷；C_{29}H. C_{29}降藿烷；UCM. 未分辨的复杂混合物

17.4.2.2　下马岭组底砂岩沥青的油源分析

冀北坳陷下马岭组沥青砂岩集中分布于凌源龙潭沟、宽城卢家庄以及平泉双洞三地，均具有一定的分布规模，构成冀北坳陷的三个古油藏[①②]（王铁冠等，1988）。鉴于古油藏复杂的地质演化历史，下马岭组沥青砂岩的氯仿沥青（可溶烃组分）的生物标志物组成，呈现具有与雾迷山组、洪水庄组、铁岭组等油苗、岩心稠油显示等相似的成熟有机质特征，而沥青砂岩中不可溶固体沥青则多具有过成熟的等效镜质组反射率 R^o 值，与其自身的氯仿沥青（可溶烃组分）成熟度不相匹配，从而导致对该砂岩沥青的烃源研究呈现复杂性。下面对下马岭组砂岩沥青的油源做进一步分析。

1. 早、晚两期固体沥青产物

以龙潭沟下马岭组砂岩古油藏为例，透射光显微镜下薄片观测，发现兔子山剖面下马岭组沥青砂岩中，存在着两类产状和光性特征迥异的固体沥青：第一类呈灰白色，沿裂隙分布，数量较多，实测沥青反射率 R^b 值甚高，平均值达 1.68% ~2.52%，表明经历过高温热演化作用；第二类呈青灰色，沿裂隙分布，或分布于裂隙之间，数量较少，实测沥青反射率 R^b 较低，平均值为 0.81% ~1.01%，反映热演化程

① 钟宁宁，张枝焕，黄志龙等，2009，燕山地区中—新元古界热演化生烃与油气成藏史，中国石油大学（北京）（科研报告），250 页。

② 王春江，王军，董亭等，2009，燕山地区中新元古界烃源层、油源及资源潜力，中国石油大学（北京）（科研报告），302 页。

度较低。

按照 Jacob（1989）和 Riediger（1993）建立的沥青反射率 R^b 与等效镜质组反射率 R^o 的换算关系：“R^o=0.618×R^b+0.40”（R^b>0.72% 适用），计算出两类固体沥青的等效 R^o 值分别为：第一类为 1.42% ~ 1.96%，处于过成熟阶段；第二类为 0.90% ~ 1.02%，处于成熟生烃高峰阶段。这种固体沥青成熟度的明显差异，意味着下马岭组沥青砂岩中，具有两期固体沥青产物，即第一类属过成熟沥青，第二类是成熟沥青。

等效 R^o 值为 0.90% ~ 1.02% 的成熟固体沥青，与冀北坳陷中元古界的油苗、稠油显示的成熟度相当，也处于洪水庄组黑色页岩的实测等效 R^o 值为 0.90% ~ 1.42% 的分布范围之内，该组固体沥青应属于晚期成因；并且下马岭组沥青砂岩氯仿沥青（可溶烃组分）的生物标志物组成与上述油苗、稠油以及洪水庄组黑色页岩具有良好的可比性。因此下马岭组沥青砂岩氯仿沥青中的可溶烃类，应与晚期形成的成熟固体沥青具有共生关系，而不属于过成熟固体沥青的可溶烃组分。

令人感兴趣的是，沥青砂岩的过成熟固体沥青的等效镜质组反射率 R^o 值，又恰好与其上覆下马岭组黑色页岩的实测等效 R^o 上限值 1.81% 相近，表明过成熟固体沥青与下马岭组黑色页岩具有同步性的过成熟演化经历，属于早期形成的固体沥青，而且如前文所述，辉长辉绿岩岩床的围岩蚀变是导致该黑色页岩高演化的原因。

2. 两期固体沥青的成因

作为一种古油藏，下马岭组沥青砂岩的固体沥青赋存于该组底部硅质胶结纯石英砂岩的裂隙与粒间孔隙之内［图 17.11(d)］，显然这种沥青砂岩的前身应当是液态石油充注进入下马岭组底砂岩层，所形成的砂岩油层或油砂层，油砂层最厚达 3.8（凌源龙潭沟）~4.32 m（宽城卢家庄），横向连续分布范围最长可达 10 km（宽城卢家庄）。

（1）下马岭组松散沥青砂的发现意义：对龙潭沟下马岭组沥青砂岩地面露头做人工槽探时，在沥青砂岩层中，发现尚存有未经胶结的松散状黑色沥青砂，或由纯沥青质胶结的黑色疏松沥青砂岩。沥青砂的存在可提供一项非常重要的信息，即在下马岭组底砂岩沉积-成岩作用的早期，砂粒胶结过程尚未终结之际，黑色石油就已经开始往下马岭组底部纯石英砂中充注成藏。因此，可依据下马岭组地层底界年龄，厘定砂岩古油藏的成藏起始年龄，即成藏年龄始于 1400 Ma，为中元古代中期。

（2）沥青反射率反向热异常变化的意义：从地质背景分析，凌源龙潭沟下马岭组地层中夹有三层辉长辉绿岩床（图 17.18 中 βμ1 ~ βμ3），以 βμ1 岩床为最厚，可达 79.6 m，底板围岩蚀变带厚 16.1 m，致使其中的黑色页岩蚀变成角岩或板岩；βμ1 岩床底界距沥青砂岩底界的最大间距为 33.7 m，虽然此石英砂岩自身的岩矿成分未遭受围岩蚀变，但是其中所含原油则经受到热烘烤而蚀变成固体沥青，油砂层终于变成沥青砂岩（图 17.18）。

在龙潭沟剖面的沥青砂岩中，厚度间隔 1.1 m 的上、下两件沥青砂岩样的沥青反射率 R^b 均值分别为 2.52%（上部）和 1.68%（下部），二者相差高达 0.82%，且上部高于下部，呈现反向热异常变化。对此热异常现象的唯一解释是：底砂岩 R^b 值反向异常变化，是由上覆的局部热源造成，即上覆间距 33.1 m 以上厚达 79.6 m 的 βμ1 岩床正是将油砂层蚀变成沥青砂岩的“局部热源”。

作为局部热源的一个重要旁证，龙潭沟剖面的 βμ1 辉长辉绿岩床的底板围岩蚀变带的地层厚度有 16.1 m，在此范围内暗色页岩业已蚀变成为深灰色红柱石板岩，此蚀变板岩下伏为 17.6 m 厚的未遭蚀变的深灰色页岩，页岩之下即为 3.8 m 厚的沥青砂岩。显然 βμ1 岩床侵入造成的岩石蚀变范围仅 17.6 m，但是岩浆余热对于有机质的烘烤蚀变范围却可达到 37.5 m 以上，致使底砂岩的油层全部变成沥青砂岩（图 17.18）。

（3）天然焦的发现意义：在龙潭沟沥青砂岩剖面，实测 R^b 值为 2.52% 的过成熟固体沥青，在正交偏光显微镜下，呈现出含有镶嵌状雏晶结构的天然焦（图 17.19），而实测 R^b 值为 1.68% 的下部成熟固体沥青却不具有天然焦，冀北坳陷元古宇的所有其他层位也未见有天然焦。因此，天然焦的发现，指示上方可靠的局部岩浆热源存在，可作为引起古油藏围岩蚀变的重要佐证。

（4）辉长辉绿岩侵位年龄的意义：为了厘定下马岭组古油砂层发生围岩蚀变的时间，在宽城冀浅 2

井岩心以及平泉双洞地面露头中，分别采集到下马岭组 βμ1 与 βμ3 岩床内部的中晶辉长岩的新鲜岩样，从中发现并挑选出了 36 颗斜锆石晶体。在中科院地质与地球物理研究所，采用 Cameca IMS-1280 型高分辨二次离子质谱，李献华研究员对斜锆石晶体进行 U-Pb 法年龄测定，获得的年龄数据为 1327.5±2.4 Ma（βμ1）和 1327.3±2.3 Ma（βμ3），即岩床的侵位时间[①]（苏犁等，2015）。辉长辉绿岩的岩浆侵位时间（1327 Ma）实际上就是下马岭组沥青砂岩早期固体沥青的形成时间，也是下马岭组沉积终结时间的下限。

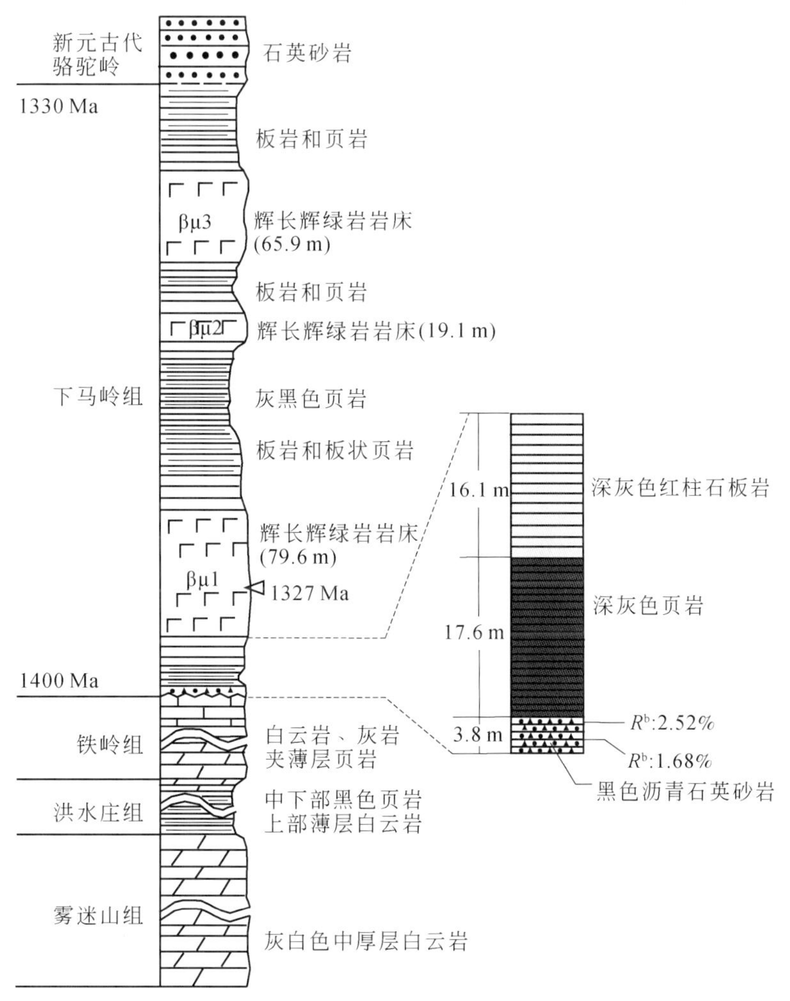

图 17.18　凌源龙潭沟下马岭组地层与底部沥青砂岩产状剖面[①]（据王铁冠等，1988，修改）

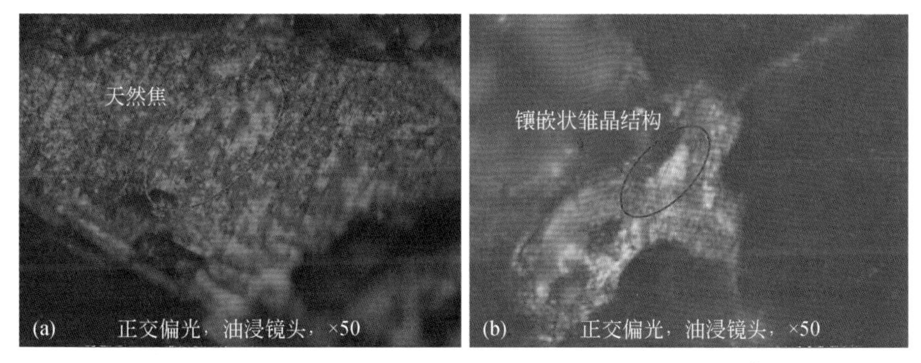

图 17.19　下马岭组沥青砂岩中的镶嵌状雏晶结构天然焦[②]

① 王铁冠，钟宁宁，朱士兴等，2009，华北地台下组合含油性研究及区带预测，中国石油大学（北京）（科研报告），347 页。

② 钟宁宁，张枝焕，黄志龙等，2009，燕山地区中—新元古界热演化生烃与油气成藏史，中国石油大学（北京）（科研报告），250 页。

（5）围岩蚀变带中稠油油苗的意义：从宣龙坳陷到冀北坳陷，辉长辉绿岩岩床在下马岭组地层中广泛广布，大部分下马岭组页岩均遭受到热蚀变。值得注意的是，在下马岭组辉长辉绿岩岩床的顺层与穿层围岩蚀变带中，常发现黑色液态稠油油苗［图 17.20（a）、（b）］。既然在距岩床下伏 33.1 m 处的早期下马岭组底部油砂层，尚且在 1327 Ma 岩浆侵位时，遭受围岩蚀变形成沥青砂岩古油藏，则直接存在于围岩蚀变带的稠油，最可能是岩体冷却之后的晚期石油充注所致。因此，这些围岩蚀变带的油苗显示，应是在 1327 Ma 岩床侵位后，晚期石油运移注入的证据，这与下马岭组底砂岩中低演化沥青可能具有一致的来源。

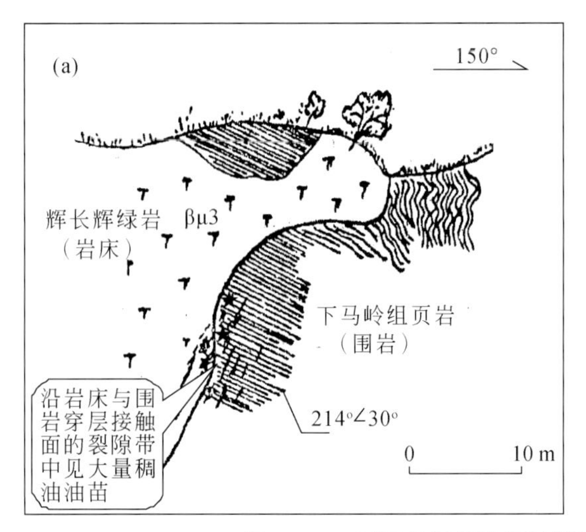

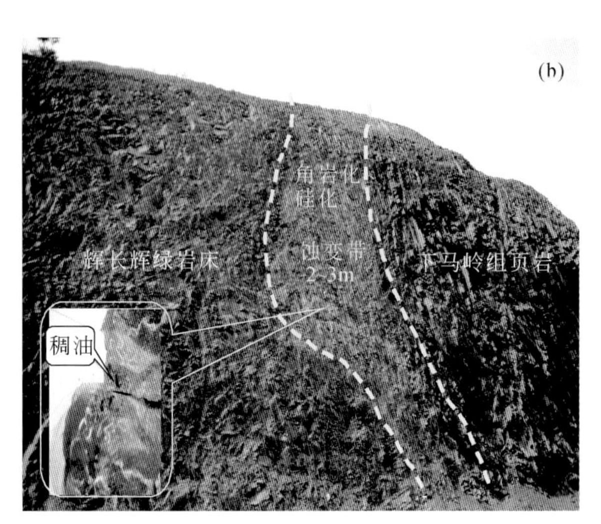

图 17.20　下马岭组辉长辉绿岩岩床穿层围岩蚀变带的稠油油苗产状

（a）与围岩穿层接触的蚀变带，宽城化皮背斜大东沟①（据王铁冠，1979）；

（b）与围岩顺层接触的蚀变带，兴隆三岔口北公路旁②

3. 下马岭组沥青砂岩的烃源分析

1327 Ma 岩体侵位前大规模充注石英砂层的早期石油，因岩浆烘烤而蚀变成过成熟固体沥青，其固体沥青数量大，而残余的可溶烃组分含量甚微；岩体侵位之后注入的晚期石油，虽然规模有限，叠覆于沥青砂岩中，形成晚期成熟固体沥青，但是晚期的可溶烃组分在沥青砂岩的氯仿沥青中，足以掩盖早期过成熟固体沥青的可溶烃生物标志物信息。据前述下马岭组沥青砂岩氯仿沥青（可溶烃组分）的烃源对比结果，晚期成熟固体沥青及其可溶烃组分的烃源，无疑应来自洪水庄组黑色页岩烃源层。因此，下马岭组沥青砂岩的烃源，实质上就是过成熟固体沥青的油源问题，也就是沥青砂岩古油藏的油源问题。如前文所述，沥青砂岩具有早、晚两期固体沥青，其中以早期过成熟固体沥青为主，在分析其早期固体的烃源时，必须充分考虑以下列的基本地质背景条件：

（1）冀北坳陷中元古界具有三套有效的烃源层，即高于庄组黑色白云岩（有效烃源岩累计厚度 164 m）、洪水庄组黑色页岩（有效烃源岩累计厚度 60 m）、下马岭组黑色页岩（大部分已遭受岩浆围岩蚀变）。

（2）下马岭组底砂岩，岩性为硅质胶结纯石英砂岩，但是胶结物含量分布不均，局部发现有黑色沥青砂，或沥青胶结英砂岩的存在，证明在下马岭组底砂岩早期成岩胶结作用尚未终结之时，石油充注成藏业已开始，因此，该底砂岩古油藏开始充注成藏的时间与其沉积时间相近，大体上可以下马岭组底界的年龄近似地厘定沥青砂岩古油藏的成藏年龄，即 1400 Ma。

（3）显而易见，对于探究下马岭组底砂岩古油藏在 1400 Ma 时期的烃源问题，实际上有研究意义的潜在烃源层只有高于庄组黑色白云岩与洪水庄组黑色页岩两套烃源岩。

① 王铁冠，钟宁宁，朱士兴等，2009，华北地台下组合含油性研究及区带预测，中国石油大学（北京）（科研报告），347 页。

② 钟宁宁，张枝焕，黄志龙等，2009，燕山地区中—新元古界热演化生烃与油气成藏史，中国石油大学（北京）（科研报告），250 页。

(4) 烃源岩埋藏-热演化史的分析是确定油源的关键：已知冀北坳陷中元古界包含高于庄组（厚 939 m）、杨庄组（厚 322 m）、雾迷山组（厚 2947 m）、洪水庄组（厚 102 m）、铁岭组（厚 211 m）、下马岭组（厚 369 m）共六个组地层，总厚度为 4890 m（表 17.1）。以代表 1400 Ma 时间界面的下马岭组底界为基准，可以测算高于庄组与洪水庄组两套有效烃源层在 1400 Ma 时的古埋藏深度（表 17.7）。如表 17.7 所示，在 1400 Ma 时期，石油向下马岭组底砂岩充注之时，洪水庄组烃源层的埋藏于 211 ~ 313 m 的深度范围内，其中的有机质远未达到任何可能的生烃门限深度。显然，洪水庄组烃源岩的有机质尚未达到成熟生烃的阶段，不可能作为供油充注下马岭组沥青砂岩古油藏的有效烃源岩。

表 17.7　冀北坳陷下马岭组古油藏成藏期两套烃源层的埋藏深度

<table>
<tr><td colspan="3">地层单元</td><td>铁岭组</td><td>洪水庄组</td><td>雾迷山组</td><td>杨庄组</td><td>高于庄组</td></tr>
<tr><td colspan="3">地层厚度/m</td><td>211</td><td>102</td><td>2947</td><td>322</td><td>939</td></tr>
<tr><td rowspan="4">埋藏深度
/m</td><td rowspan="2">洪水庄组</td><td>顶界</td><td colspan="2">211</td><td colspan="3">—</td></tr>
<tr><td>底界</td><td colspan="2">313</td><td colspan="3">—</td></tr>
<tr><td rowspan="2">高于庄组</td><td>顶界</td><td colspan="5">3582</td></tr>
<tr><td>底界</td><td colspan="5">4521</td></tr>
</table>

然而在 1400 Ma 时期，高于庄组黑色白云岩烃源层的埋藏深度处于 3582 ~ 4521 m 的范围内，无论参考世界上任何一个含油气盆地的烃源岩生烃门限深度，3600 ~ 4500 m 的埋藏深度肯定业已达到其生烃门限深度。因此，高于庄组黑色白云岩是下马岭组沥青砂岩古油藏唯一可能的烃源层。

再考虑到燕辽裂陷带北侧的宣龙-冀北-辽西坳陷处于地下深部岩石圈的深埋地带，岩石圈顶界埋深可达到 148 km 以深，属于中国东部唯一埋藏最深的“冷圈”、“冷盆”范畴（参见本书第 18 章），这一地带可能具有中国东部最大的生烃门限深度，因此大致 3600 m 的埋深作为冀北坳陷高于庄组的生烃门限是可能成立的，足以保证高于庄组烃源层在 1400 Ma 时期，作为向下马岭组古油藏供应石油的烃源层。

由于地质背景无明显变化，参考高于庄组烃源层的门限深度约 3600 m，结合冀北坳陷中元古界—古生界—中生界的地层发育背景，并借助于油气盆地地层埋藏-热历史的数值模拟，也可以进一步推论冀北坳陷洪水庄组黑色页岩烃源层的生烃和供油时间。由于在新元古代、古生代中期（中奥陶世—早石炭世初）以及三叠纪的一段时期内，华北克拉通长期处于抬升隆起状态，大约直到在古生代之后，至中侏罗世的时间段内，洪水庄组烃源层才得以进入生烃门限深度，大量生烃供油。恐怕这也是中元古界油气资源（以雾迷山组—铁岭组稠油为代表）得以保存至今的重要缘由。

17.5　结　　论

(1) 燕辽裂陷带高于庄组地层发育，尤以冀北坳陷沉积最厚，地层厚达 2947 m，可分为十个岩性段；碳酸盐岩型烃源岩有机质丰度高，属于过成熟烃源岩范畴；TOC 值大于 0.5% 的烃源层段累计厚度高达 164 m，集中发育于高三段中下部、高四段上部、高五段中下部和高六段。宣龙坳陷高于庄组烃源层段的垂向分布与冀北坳陷相似，但 TOC 值大于 0.5% 的烃源层段仅厚 37 m。高于庄组烃源岩是迄今为止国内所发现的最好的一套中元古界碳酸盐岩型烃源岩。

(2) 冀北坳陷洪水庄组以黑色含硅质或云质页岩为主，黑色页岩型烃源岩 TOC 平均值为 4.5%，TOC 值大于 0.5% 的烃源层段累计厚度可达 60 m，属于成熟烃源岩范畴，尚处于生油高峰阶段。宣龙坳陷洪水庄组页岩厚度变薄，累计厚度仅 32.5 m，TOC 平均值可达 5.3%，但分布范围相对较小。

(3) 宣龙坳陷下马岭组地层层序发育最全，沉积厚度最大，可达 540 m 厚，可分为四个岩性段，富机质黑色页岩主要集中发育于下三、四段，对 TOC 值大于 1.0% 的烃源岩统计，TOC 平均值为 6.2%，其成熟度处于成熟-高成熟-过成熟不等。就燕辽裂陷带全区而言，因遭受区域性辉长辉绿岩岩床（脉）的围岩蚀变，下马岭组烃源层丧失大部分生油潜力，仅在宣龙坳陷局部地段或部分层段仍残留部分生油潜力。

(4) 沉积厚度可达 3000 m 左右的雾迷山组地层有机质贫乏，属于非烃源岩范畴；而铁岭组含薄层泥质白云岩，总体有机质丰度不高，地层厚度有限，实际油源贡献甚微。

（5）油源对比研究揭示了铁岭组、洪水庄组、雾迷山组的地表油苗、固体沥青以及钻井岩心稠油显示都主要源于洪水庄组黑色页岩烃源层，属成熟阶段生油高峰的产物。

（6）冀北坳陷下马岭组底砂岩沥青具有早、晚两期固体沥青，早期过成熟固体沥青数量大是下马岭组原生底砂岩油藏遭受辉长辉绿岩床侵位时围岩蚀变的产物，其油源应来自高于庄组白云岩烃源层；晚期成熟固体沥青源自洪水庄组页岩烃源层，沥青砂岩中可溶烃组分也主要来自晚期生烃的洪水庄组烃源层。

（7）洪水庄组烃源层-铁岭组与雾迷山组缝洞储层-下马岭组泥页岩盖层构成良好的生-储-盖组合，是冀北坳陷油气的重要成藏条件，对雾迷山组顶部至铁岭组云岩缝洞型储层发育研究及对高于庄组油源的追溯是今后油气勘探与研究的重点。

致　谢：该研究得到中国石油化工股份有限公司海相油气勘探前瞻性项目（合同号：YPH08027）和国家自然科学基金项目（批准号：40972021）的资助。研究过程中得到牟书令、关德范、王国力、焦大庆、王德仁、朱士兴、张中宁、罗顺社、李献华、苏犁等专家、教授的帮助与协作，本章中多处引用钟宁宁教授的成果，参加该项工作的研究生还有白洁、王磊、盖海峰、贯红妮、蒋小龙及周璐等，在此一并致谢！

参考文献

杜汝霖，李培菊. 1980. 燕山西段震旦亚界——中国震旦亚界. 天津：天津科学技术出版社. 341～355

高林志，张传恒，史晓颖，周洪瑞，王自强. 2007. 华北青白口系下马岭组凝灰岩锆石 SHRIMP U-Pb 定年. 地质通报，26（3）：249～255

高林志，张传恒，史晓颖，宋彪，王自强，刘耀明. 2008. 华北古陆下马岭组归属中元古界的锆石 SHRIMP 新证据. 科学通报，53（21）：2617～2623

郝石生. 1984. 冀辽坳陷中—上元古界原生油气远景. 石油与天然气地质，5（4）：342～348

郝石生，冯石. 1982. 渤海湾盆地（华北地区）震旦亚界原生油气藏的形成条件及远景初探. 石油勘探与开发，（5）：3～12

黄醒汉，张一伟. 1979. 燕山西段震旦亚界、下古生界含油性. 华东石油学院学报，（1）：103～114

黄第藩，王兰生. 2008. 川西北矿山梁地区沥青脉地球化学特征及其意义. 石油学报，29（1）：23～28

李超，彭平安，盛国英，傅家谟，阎玉忠. 2001. 蓟县剖面元古宙沉积物（1.8～0.85 Ga）中的生物标志化合物特征. 地学前缘，8（4），453～462

李怀坤，陆松年，李惠民，孙立新，相振群，耿建珍，周红英. 2009. 华北克拉通侵入下马岭组的1320 Ma 基性岩床的地质意义. 地质通报，28（10）：1396～1404

梁狄刚，张水昌，张宝民，王飞宇. 2000. 从塔里木盆地看中国海相生油问题. 地学前缘，7（4）：534～547

刘宝泉，方杰. 1989. 冀北宽城地区中上元古界、寒武系有机质热演化特征及油源探讨. 石油实验地质，11（1）：16～32

刘宝泉，秦建中，李欣. 2000. 冀北坳陷中—上元古界烃源特征及油苗、油源分析. 海相油气地质，5（1-2），35～46

苏文博，李怀坤，Huff W D，Ettensohn F R，张世红，周红英，万渝生. 2010. 铁岭组钾质斑脱岩锆石 SHRIMP U-Pb 年代学研究及其地质意义. 科学通报，55（22）：2197～2206

王春江，傅家谟，盛国英，肖乾华，李金有，张亚丽，朴明植. 2000. 18α(H)-新藿烷及 17α(H)-重排藿烷类化合物的地球化学属性与应用. 科学通报，45（13）：1366～1372

王铁冠. 1980. 燕山地区震旦亚界油苗的原生性及其石油地质意义. 石油勘探与开发，（2）：34～52

王铁冠，韩克猷. 2011. 论中—新元古界油气资源. 石油学报，31（1）：1～7

王铁冠，黄光辉，徐中一. 1988. 辽西龙潭沟元古界下马岭组底砂岩古油藏探讨. 石油与天然气地质，9（3）：278～287

吴庆余，刘志礼，盛国英，傅家谟. 1987. 前寒武纪富藻燧石层中的生物标志化合物. 中国科学院地球化学研究所有机地球化学开放研究实验室研究年报（1986）. 贵阳：贵州人民出版社. 111～121

张长根，熊继辉. 1979. 燕山西段震旦亚界油气生成问题探讨. 华东石油学院学报，（1）：88～102

张水昌，张宝民，边立曾，金之钧，王大锐，陈践发. 2007. 8 亿多年前由红藻堆积而成的下马岭组油页岩. 中国科学（D辑），地球科学，37（5）：636～643

钟宁宁，卢双舫，黄志龙，张有生，薛海涛，潘长春. 2004. 烃源岩生烃演化过程 TOC 值的演变及其控制因素. 中国科学

（D 辑）：地球科学，34（增刊）：120 ~ 126

Banerjee S，Dutta S，Paikaray S，Mann U. 2006. Stratigraphy，sedimentology and bulk organic geochemistry of black shales from the Proterozoic Vindhyan Supergroup（central India）. Journal of Earth System Science，115：37 ~ 47

Bendoraitis J G，Brown B L，Hapner L S. 1962. Isoprenoid hydrocarbons in petroleum-isolation of 2，6，10，14-tetramethylpentadecane by high temperature gas-liquid chromatography. Anal Chem，34：49 ~ 53

Blumenberg M，Thiel V，Riegel W，Kah L C，Reitner J. 2012. Biomarkers of black shales formed by microbial mats，Late Mesoproterozoic（1.1 Ga）Taoudeni Basin，Mauritania. Precambrian Research，196-197：113 ~ 127

Brooks J D，Gould K，Smith J W. 1969. Isoprenoid hydrocarbons in coal and petroleum. Nature，222：257 ~ 259

Craig J，Biffi U，Galimberti R F，Ghori K A R，Gorter J D，Hakhoo N，Le Heron D P，Thurowe J，Vecoli M. 2013. The palaeobiology and geochemistry of Precambrian hydrocarbon source rocks. Marine and Petroleum Geology，40：1 ~ 47

Crick I H，Boreham C J，Cook A C，Powell T G. 1988. Petroleum geology and geochemistry of the Middle Proterozoic McArthur Basin，Northern Australia. II：Assessment of Source Rocks. Amer Assoc Petrol Geol Bull，72（12）：1495 ~ 1514

Dutkiewicz A，George S C，Mossman D J，Ridley J，Volk H. 2007. Oil and its biomarkers associated with the Palaeoproterozoic Oklo natural fission reactors，Gabon. Chemical Geology，244：130 ~ 154

Dutkiewicz A，Volk H，George S C，Ridley J，Buick R. 2006. Biomarkers from Huronian oil- bearing fluid inclusions：An uncontaminated record of life before the Great Oxidation Event. Geology，34：437 ~ 440

Hieshima G B，Pratt L M. 1991. Sulfur-carbon ratios and extractable organic matter of the Middle Proterozoic Nonesuch Formation，North American Midcontinent rift. Precambrian Research，54：65 ~ 79

Jackson M J，Powell T G，Sweet I P. 1986. Hydrocarbon shows and petroleum source rocks in sediments as old as 1.7×10^9 years. Nature，322：727 ~ 729

Jacob H. 1989. Classification，structure，genesis and practical importance of natural solid oil bitumen（“migrabitumen”）. International Journal of Coal Geology，11，65 ~ 79

Logan G A，Hinman M C，Walter M R，Summons R E. 2001. Biogeochemistry of the 1640 Ma McArthur River（HYC）lead-zinc ore and host sediments，Northern Territory，Australia. Geochimica et Cosmochimica Acta，65（14），2317 ~ 2336

Luepke J J，Lyons T W. 2001. Pre-Rodinian（Mesoproterozoic）supercontinental rifting along the western margin of Laurentia：Evidencefrom the Belt-Purcell Supergroup. Precambrian Research，111：79 ~ 90

Moldowan J M，Fago F J，Carlson R M K，Carlson R M K，Young L C，Duyne G V，Clardy J，Schoell M，Pillinger C T，Watts D S. 1991，Rearranged hopanes in sediments and petroleum. Geochimica et Cosmochimica Acta，55：3333 ~ 3353

Palacas J G. 1997. Source-Rock Potential of Precambrian Rocks in Selected Basins of the United States Washington. U. S. Geological Survey Bulletin 2146. J United States Government Printing Office. 126 ~ 134

Peng P，Sheng G，Fu J，Yan Y. 1998. Biological markers in 1.7 billion year old rock from the Tuanshanzi Formation，Jixian strata section，North China. Organic Geochemistry，29：1321 ~ 1329

Peters K E，Cassa M R. 1994. Applied Source Rock Geochemistry. In：Magoon L B，Dow W G（eds）. The Petroleum System-from Source to Trap. AAPG Memoir 60. 93 ~ 120

Peters K E，Moldowan J M. 1993. The Biomarker Guide. Interpreting Molecular Fossils in Petroleum and Ancient Sediments. Prentice Hall，Englewood Cliffs，New Jersey，363

Pratt L M，Summons R E，Hieshima G B. 1991. Sterane and triterpane biomarkers in the Precambrian Nonesuch Formation，North American Midcontinent Rift. Geochimica et Cosmochimica Acta，55：4911 ~ 4916

Riediger C L. 1993. Solid bitumen reflectance and Rock-Eval T_{max} as maturation indices：an example from the “Nordegg Member”，Western Canada Sedimentary Basin. International Journal of Coal Geology，22（3-4）：295 ~ 315

Schieber J. 1990. Significance of styles of epicontinental shale sedimentation in the Belt basin，Mid-Proterozoic of Montana，USA. Sedimentology，36：297 ~ 312

Su W，Zhang S，Huff W D，Li H，Ettensohn F R，Chen X，Yang H，Han Y，Song B，Santosh M. 2008. SHRIMP U-Pb ages of K-bentonite beds in the Xiamaling Formation：implications for revised subdivision of the Meso-to Neoproterozoic history of the North China Craton. Gondwana Research 14：543 ~ 553

Summons R E，Powell T G，Boreham C J. 1988. Petroleum geology and geochemistry of the Middle Proterozoic McArthur Basin，northern Australia：Ⅲ. Composition of extractable hydrocarbons. Geochimica Cosmochimica Acta，52：1747 ~ 1763

Trendel J M，Restle A，Connan J，Albrecht P. 1982. Identification of a novel series of tetracyclic terpene hydrocarbons（C_{24}—C_{27}）in sediments and petroleums. J C S Chem Comm，304 ~ 306

Ourisson G，Albrecht，Rohmer M. 1982. Predictive microbial biochemistry-from molecular fossils to procaryotic membranes. Trends in

Biol Sciences, 7: 236 ~ 239

Ourisson G, Albrecht P, Rohmer M. 1979. The Hopanoids: palaeochemistry and biochemistry of a group of natural products. Pure and Applied Chemistry, 51: 709 ~ 729

Wang C. 2009. Biomarker evidence for eukaryote algae flourishing in a Mesoproterozoic (1.6 ~ 1.5 Ga) stratified sea on the North China Craton. Geochimica et Cosmochimica Acta, 73 (13): 1407

Wang C, Wang M, Xu J, Li Y, Yu Y, Bai J, Dong T, Zhang X, Xiong X, Gai H. 2011. 13α (*n*-alkyl) -tricyclic terpanes: A series of biomarkers for the unique microbial mat ecosystem in the middle Mesoproterozoic (1.45 ~ 1.30 Ga) North China Sea. Mineralogical Magazine, 75: 2114

Wang T G. 1991. A novel tricyclic terpane biomarker series in the Upper Proterozoic bituminous sandstone, eastern Yanshan region. Science in China (Sci Sinic) Ser B, 34 (4): 479 ~ 489

Wang T G, Simoneit B R T. 1995. Tricyclic terpanes in Precambrian bituminous sandstone from the eastern Yanshan region, North China. Chemical Geology, 120: 155 ~ 170

第18章　冀北坳陷中元古界油气成藏史重建

钟宁宁[1]，刘　岩[1,2]，张枝焕[1]，黄志龙[1]，赵峰华[3]，田永晶[1,2]，

［1. 中国石油大学（北京）油气资源与探测国家重点实验室，北京，102249；
2. 长江大学计算机科学学院，荆州，434023；
3. 中国矿业大学（北京）资源与安全工程学院，北京，100083］

摘　要：燕辽裂陷带中—新元古界地层发现大量原生液态油苗和沥青，以致形成全球最古老的古油藏。从几轮野外地质勘查与研究查明，燕辽裂陷带中元古界共具有蓟县系高于庄组高三至六段黑色泥晶白云岩、洪水庄组中-下部黑色页岩以及待建系下马岭组以下三段为主的黑色页岩三套高有机质丰度的优质烃源层。冀北坳陷下马岭组下三、四段俱被剥蚀，残留的下一段及部分下二段也因辉长辉绿岩的热烘烤围岩蚀变，生烃潜力丧失殆尽。本章从构造演化综合分析入手，尝试恢复冀北坳陷中—新元古界地层的沉积埋藏史，在此基础上，通过高于庄组和洪水庄组两套烃源层的热历史、生烃历史恢复，重建冀北坳陷的油气成藏过程。冀北坳陷中—新元古界烃源层的发育演化与构造演化密切相关，经历过四个关键性的演化阶段：

第一阶段：>1400 Ma，缘起蔚县运动之前的沉积埋藏过程。在下马岭组沉积之前，高于庄组烃源层的埋藏深度为3630～4560 m，古地温可达约90～120℃，导致高于庄组有机质的等效镜质组反射率R^o值达0.8%以上，烃源岩有机质演化进入“生油窗”范畴，生成一定数量的烃类。与此同时，洪水庄组烃源层的埋藏深度仅211 m，相应的古地温约为30℃$^+$，等效R^o值也只有0.3%左右，有机质热演化阶段仍停留在未成熟阶段，尚未开始热解生烃。

第二阶段：1400～1320 Ma，冀北坳陷下马岭组沉积与基性岩浆大范围侵入时期，普遍形成2～4层辉长辉绿岩岩床，导致局域性地温场增高，下马岭组页岩直接受热烘烤而产生围岩蚀变，黑色页岩变成角岩、板岩，等效R^o值可高达2.52%，从而丧失生烃潜力，并造成其有机质热演化程度明显高于上覆和下伏地层，使下马岭组底砂岩油藏蚀变成沥青砂岩古油藏。这一时期，高于庄组和洪水庄组烃源层在岩浆活动的热背景下，有机热演化程度进一步提高，高于庄组的经历的最高温度达150～160℃，等效R^o增加至1.3%以上，生油阶段基本结束，进入高成熟阶段；但是洪水庄组的有机热演化程度仍然处于未成熟阶段。

第三阶段：1320～99.6 Ma，新元古代中—晚期至中生代早白垩世时期。本阶段又可分为三期：前期为新元古代中—晚期（1320～541 Ma），即下马岭组沉积之后，至寒武纪之前，华北克拉通长期隆起，处于沉积间断或隆升剥蚀阶段，中—新元古界有机质热演化作用基本处于停滞状态；中期从寒武纪—三叠纪末（541～199.6 Ma），在华北克拉通缓慢而稳定的整体升降背景下，中元古界的古地温再次上升，在晚三叠世达到最高值，致使高于庄组过成熟烃源层的生烃潜力消耗殆尽，不能提供新油气贡献，而洪水庄组烃源层在二叠系末期埋深可以达到3100 m，开始进入“生油窗”，至早三叠世末期的埋深可达3910 m以深，温度达到约115℃，等效R^o值达到0.75%左右；后期侏罗纪—早白垩世初（199.6～99.6 Ma），洪水庄组烃源层在早侏罗世晚

期—中侏罗世到生油高峰阶段，开始大量供油，形成了分布很广的各类油藏，并在中侏罗晚期之后不断遭受调整破坏。

第四阶段：晚白垩世至今（99.6 Ma 至今）。燕山运动和喜马拉雅运动使中—新元古界遭到更为强烈的迴返抬升，中—新元古界的浅层油气藏出露地表，遭到不同程度破坏，形成多处古油藏，只有在古生界—中生界区域性盖层良好保存的地域，中元古界油气藏才得以保存。

关键词：中—新元古界，燕辽裂陷带，冀北坳陷，油苗、沥青，油气成藏

18.1 引 言

20 世纪 70 年代以来，在国内外一些地区（主要是俄罗斯东西伯利亚、西亚阿曼、印度、澳大利亚以及我国四川等），中—新元古界的沉积地层学与石油天然气地质学研究取得重要进展，油气勘探也有重要发现①（王铁冠，1980，1984；Murray *et al.*，1980；Jackson *et al.*，1986；Fowler and Douglas，1987；Bazhenova and Apefye，1996；Kuznetsov，1997；Terken and Frewin，2000；Kontorovich *et al.*，2005）。中—新元古界作为一个潜在的油气勘探新领域，日益引起国际石油地质界的关注（王铁冠、韩克猷，2011）。

中国中—新元古界沉积地层发育较为完整，其中以蓟县标准剖面为代表的燕辽裂陷带是我国中元古界最发育的地区之一（陈晋镳等，1980；郝石生等，1990）。从 1970 年代后期起，燕辽裂陷带曾经历多次油气地质勘查，频频发现液态油苗和沥青①②（张长根、熊继辉，1979；王铁冠，1980，1984；刘宝泉等，2000；秦建中，2005）。仅以冀北坳陷为例，在 8733 km^{2}的面积范围内，累计发现油苗、沥青点多达 115 处，其中 85.2% 油苗、沥青点产于中元古界的雾迷山组、洪水庄组、铁岭组、下马岭组等海相地层，不仅具有原生性的特征（王铁冠，1980，1984；郝石生、冯石，1984；郝石生等，1990；秦建中，2005），而且集中形成平泉双洞、凌源龙潭沟、宽城芦家庄和化皮四个古油藏，成为目前全球年代最为古老的油苗和古油藏③（图 18.1；王铁冠等，1988；欧光习、李林强，2006；刘岩等，2011）。本章试图通过对冀北坳陷古油藏的地质-地球化学精细剖析，探索重建燕辽裂陷带冀北坳陷中—新元古界的油气成藏历史，展望其含油前景。

18.2 石油地质背景

中—新元古代燕辽裂陷带处于华北克拉通的北缘，面积约 10.6×10^4 km^2，具有“五坳两隆”构造格局，即宣龙、冀北、辽西、京西、冀东坳陷与密怀、山海关隆起；其中—新元古代沉积是我国最为古老的未变质的沉积地层，系由巨厚的海相碳酸盐岩夹碎屑岩沉积所组成，地层厚度 4095（宣龙坳陷）~9260 m（冀东坳陷；图 18.1）。以冀东坳陷蓟县标准剖面为例，自下而上分为四个系十二个组，底界与下伏太古界迁西群结晶基底呈角度不整合接触，顶界被下寒武统府君山组假整合覆盖（图 18.2）。

古元古代末期吕梁运动之后，华北克拉通内部及边缘形成多个裂谷盆地-裂陷带，其中燕辽裂陷带的中—新元古界较为发育，是哥伦比亚超大陆裂解及进一步演化过程中的产物（李怀坤等，2009）。崔盛芹等（2000）指出，燕山地区先后经过中元古代的拗拉槽阶段、新元古代到古生代的克拉通盖层阶段、中生代-新生代的陆内造山阶段四个关键性的构造演化阶段。燕辽裂陷带在长城纪前期主要发育一套巨厚的

① 王铁冠，赵澄林，关德范，王尔伟，徐伦勋，1978，燕山地区寻找震旦亚界原生油气藏的良好前景，石油化学工业部中国东部石油地质、地震勘探科学大会报告，42 页。

② 卢学军，刘宝泉，吴继龙，王兴世，1992，冀北坳陷油苗调查报告（地调报告），华北油田石油管理局勘探开发研究院，75 页。

③ 钟宁宁，张枝焕，黄志龙，赵峰华，宋涛，刘岩，2010，燕山地区中—新元古界热演化生烃与油气成藏史（科研报告），中国石油大学，250 页。

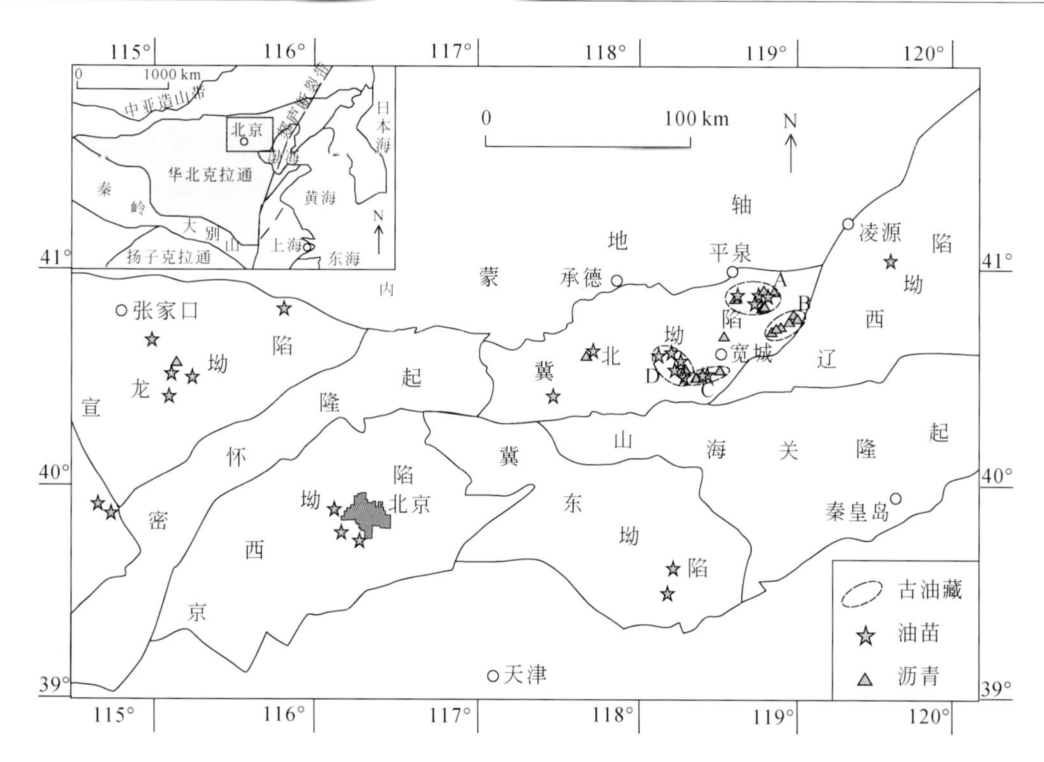

图 18.1 燕辽裂陷带位置及油苗、沥青分布示意图

A. 双洞古油藏；B. 龙潭沟古油藏；C. 芦家庄古油藏；D. 化皮古油藏

拗拉槽碎屑岩沉积，其中常州沟组-串岭沟组均以砂岩、粉砂岩为主，团山子组为含铁白云岩、粉砂质泥晶白云岩含砂岩、粉砂岩，三组地层累计厚度可达2100（冀东、辽西坳陷）~2600 m（冀北坳陷）。大红峪组含有偏碱性中基性海底火山喷发与侵入，呈现裂谷活动的构造发育特征。从中元古代蓟县纪初期高于庄组沉积期起，直至古生代时期，燕山裂陷带的构造演化由裂谷期转化进入克拉通发育期，中—新元古界与早古生代地层均以碳酸盐岩为主，含有黑色页岩沉积，发育高于庄组、洪水庄组两套富有机质沉积，各时期的构造背景、沉积环境与地层分布，均与华北克拉通构成一体；其间在1400 ~ 1320 Ma的中元古代待建纪（延展纪）时期，发育下马岭组黑色页岩富有机质沉积，但是在冀北-辽西坳陷该组页岩中，夹有160 ~ 312 m厚辉长辉绿岩岩床侵入，造成大面积围岩热烘烤蚀变，标志哥伦比亚超大陆的裂解其后罗迪尼亚超大陆的聚合（图18.2）。

通过几轮野外地质勘查与研究查明，燕辽裂陷带中元古界共具有三套高有机质丰度的优质烃源层，即蓟县系高于庄组高三—六段黑色泥晶白云岩、洪水庄组中—下部黑色页岩以及待建系下马岭组以下三段为主的黑色页岩。但是，由于中元古代末期“蔚县上升”构造运动的影响，冀北坳陷下马岭组下三、四段俱被剥蚀，残留的下一段与部分下二段也因辉长辉绿岩的热烘烤围岩蚀变，生烃潜力丧失殆尽。作为下马岭组的沉积-沉降中心，宣龙坳陷下马岭组发育齐全，含有下三段黑色页岩、油页岩烃源层①②③（刘宝泉等，2000；陈践发、孙省利，2004；张水昌等，2007）。

燕辽裂陷带北部的宣龙-冀北-辽西坳陷一带，处于岩石圈增厚地带，若以“上地幔第一高导层”顶面作为岩石圈底界的话，则岩石圈底界的埋藏深度可超过140 km，成为中国中、东部之最，因此这一地带的大地热流值与古、今地温梯度也均偏低，具有“冷圈、冷盆”的特征（徐常芳，1996），因此中元古

① 王铁冠，高振中，刘怀波等，1979，燕山地区东段冀北坳陷石油地质基本特征（科研报告），江汉石油学院燕山地区地质勘查三大队，75页。

② 卢学军，刘宝泉，吴继龙，王兴世，1992，冀北坳陷油苗调查报告（地调报告）。华北油田石油管理局勘探开发研究院，75页。

③ 王春江，王军，董亭，王猛等，2009，燕山地区中—新元古界烃源层、油源及资源潜力（科研报告），中国石油大学（北京），302页。

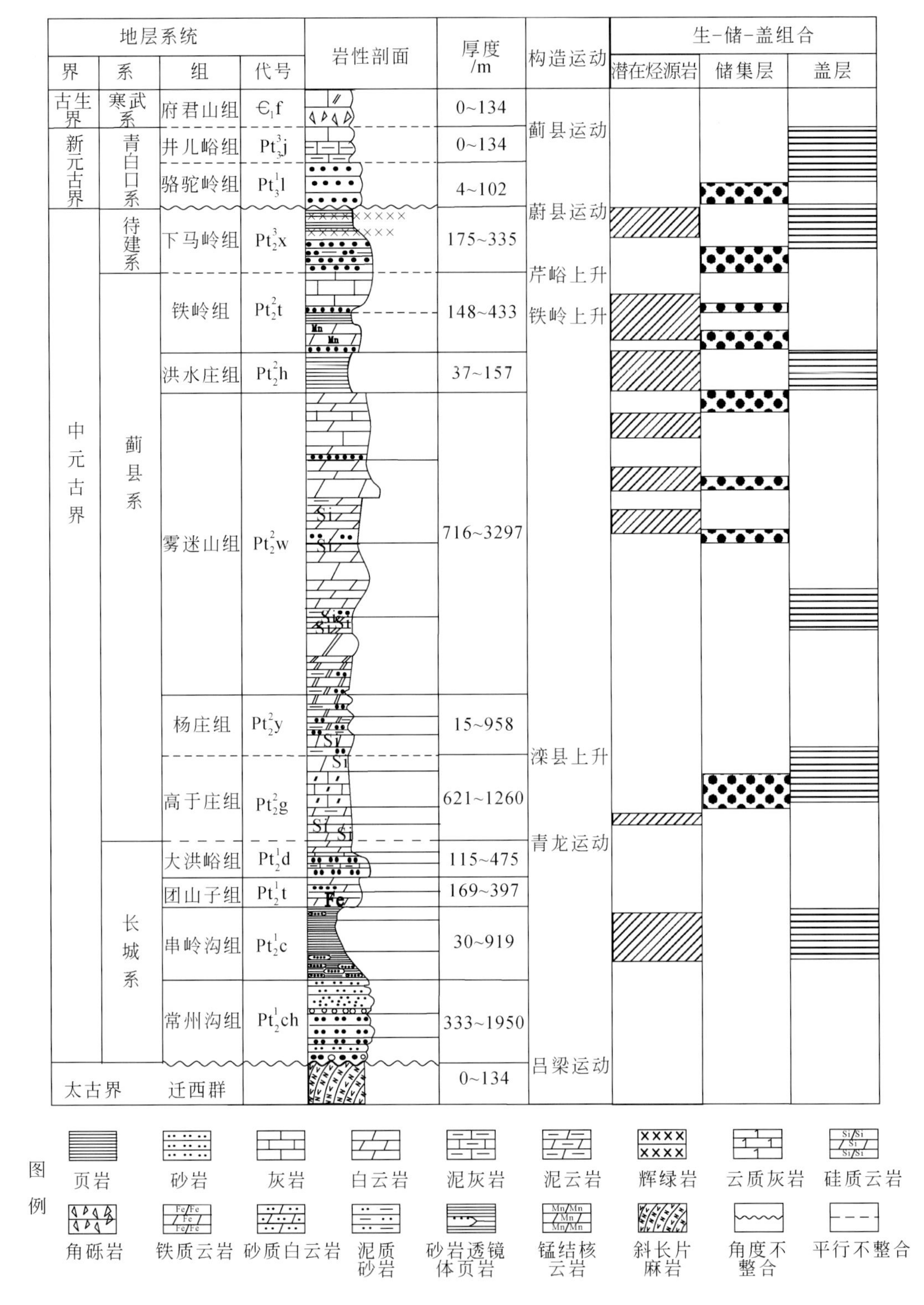

图 18.2　冀东坳陷蓟县元古宇沉积地层柱状剖面图①

界地层的有机质热演化程度也偏低，利于液态石油的保存②（王铁冠，韩克猷，2011）。而在燕辽裂陷带南部的京西-冀东坳陷一带，岩石圈埋深明显变浅，大地热流值与古、今地温梯度随之升高。这可能就是燕辽裂陷带中元古界油苗集中分布于北部宣龙-冀北-辽西坳陷一带的深层内在缘由，而南部的京西-冀

① 朱士兴，孙淑芬，2009，燕山地区中元古界碳酸盐岩古生物学研究（科研报告），天津地质矿产研究所，245 页。

② 王铁冠，钟宁宁，朱士兴，罗顺社，王正允，王春江，杨业洲等，2009，华北地台下组合含油性及区带预测（科研报告），中国石油大学（北京），347 页。

东坳陷则未见任何中元古界液态油苗[①]（王铁冠、韩克猷，2011）。

依据特征性生物标志物的油-岩对比，确认冀北坳陷中元古界液态油苗的油源均来自洪水庄组黑色页岩烃源层；而下马岭组底部沥青砂岩古油藏，则以高于庄组黑色泥晶白云岩作为主要油源（参阅本书第16、17 章）。作为“冷圈、冷盆”，厘定冀北坳陷中元古界烃源层的生烃门限深度约为 3600 m（参阅本书第 16、17 章）。依据下马岭组底砂岩古油藏中，发现未曾胶结的沥青砂的事实，证明在下马岭组底砂岩的沉积-成岩早期，高于庄组烃源层已向下马岭组底砂岩供油，即古油藏的成藏起始时间约在 1400 Ma；并在 1327 Ma 时，因基性岩浆大面积侵入，下马岭组的底砂岩油层遭受到热烘烤蚀变，而演变成为沥青砂岩古油藏；以后又曾受到洪水庄组供油的烃类污染[②③]（刘岩等，2011）。

从区域地质演化历史分析，自 1320 Ma 下马岭组沉积之后，燕辽裂陷带长期处于隆升状态，中元古代末期待建纪缺失 1320 ~ 1000 Ma 时期的沉积，新元古代青白口系地层厚度也仅为 72（宣龙坳陷） ~230 m（冀东坳陷）；古生界的总厚度约 2220（宣龙坳陷） ~2765 m（冀北坳陷）。因此，从地质时期的埋藏深度分析，在中—新元古代至古生代的漫长地质时期内，洪水庄组沉积有机质的热演化基本处于停滞状态。本章试图通过对冀北坳陷古油藏的地质-地球化学精细剖析，探索重建中元古界的油气成藏历史，展望其含油前景。

18.3 冀北坳陷中—新元古界地层沉积-埋藏史重建

18.3.1 中—新元古界及上覆沉积地层柱框架

华北克拉通的沉积盖层具有多个构造层，各个构造层的叠置构成构造-沉积的复杂演化历史。可靠的年代地层框架是进行沉积构造演化史恢复的前提。由于年龄测试技术和数据积累程度的原因，存在众多研究者对华北地块北缘中—新元古代地层的原始分布和演化过程认识的分歧。对于华北地块北缘中—新元古代地层进行重新梳理，明确其地层组成及年代框架，为后续沉积构造演化奠定基础。

根据近年来的一些新测得的同位素年龄测试结果，如大红峪组年龄值 1625±6 Ma（Ludwig，2001）和 1622±23 Ma（Lu and Li，1991）、团庄子组年龄值 1683±67 Ma（Ludwig，2003）以及铁岭组的锆石高灵敏度高分辨率离子微探针（Sensitive High Resolution Ion MicroProbe，SHRIMP）U-Pb 年龄值 1437±21 Ma（Su *et al.*，2010）。尤其值得注意的是，近年来也获得多个下马岭组的测年结果，其锆石的 SHRIMP U-Pb 年龄值 1368±12 Ma（高林志等，2007）、1366±9 Ma（高林志等，2008）、1380±36 ~ 1379±12 Ma（Su *et al.*，2008）、1327±2 Ma[②]（苏犁等，2015）。依据前述年龄值，显然下马岭组应属于中元古代晚期沉积，而非原来划归的新元古代青白口系地层。

因此，基于近年来燕辽裂陷带中—新元古界年代地层学研究的进展，本章采用图 18.3 的年代地层学框架，作为重建沉积埋藏史的依据。其与之前主要更改之处在于：高于庄组与大江峪组之间年代值取 1600 Ma，将高于庄组划入到蓟县系，而下马岭组由于其 1400 ~ 1320 Ma 的年代值分布，从青白口系中单列出来，放在“待建系”的下部。

参照前人报道的燕辽裂陷带地层柱的实测与推测厚度记录，经综合分析本章采用表 18.1 所列的地层厚度数据，作为重建沉积埋藏史的基础。应该指出的是，实测厚度为地层的残余厚度，需对剥蚀厚度作必要的恢复。

① 王铁冠，钟宁宁，朱士兴，罗顺社，王正允，王春江，杨业洲等，2009，华北地台下组合含油性及区带预测（科研报告），中国石油大学（北京），347 页。

② 王春江，王军，董亭，王猛等，2009，燕山地区中—新元古界烃源层、油源及资源潜力（科研报告），中国石油大学（北京），302 页。

③ 王铁冠，钟宁宁，朱士兴，罗顺社，王正允，王春江，杨业洲等，2009，华北地台下组合含油性及区带预测（科研报告），中国石油大学（北京），347 页。

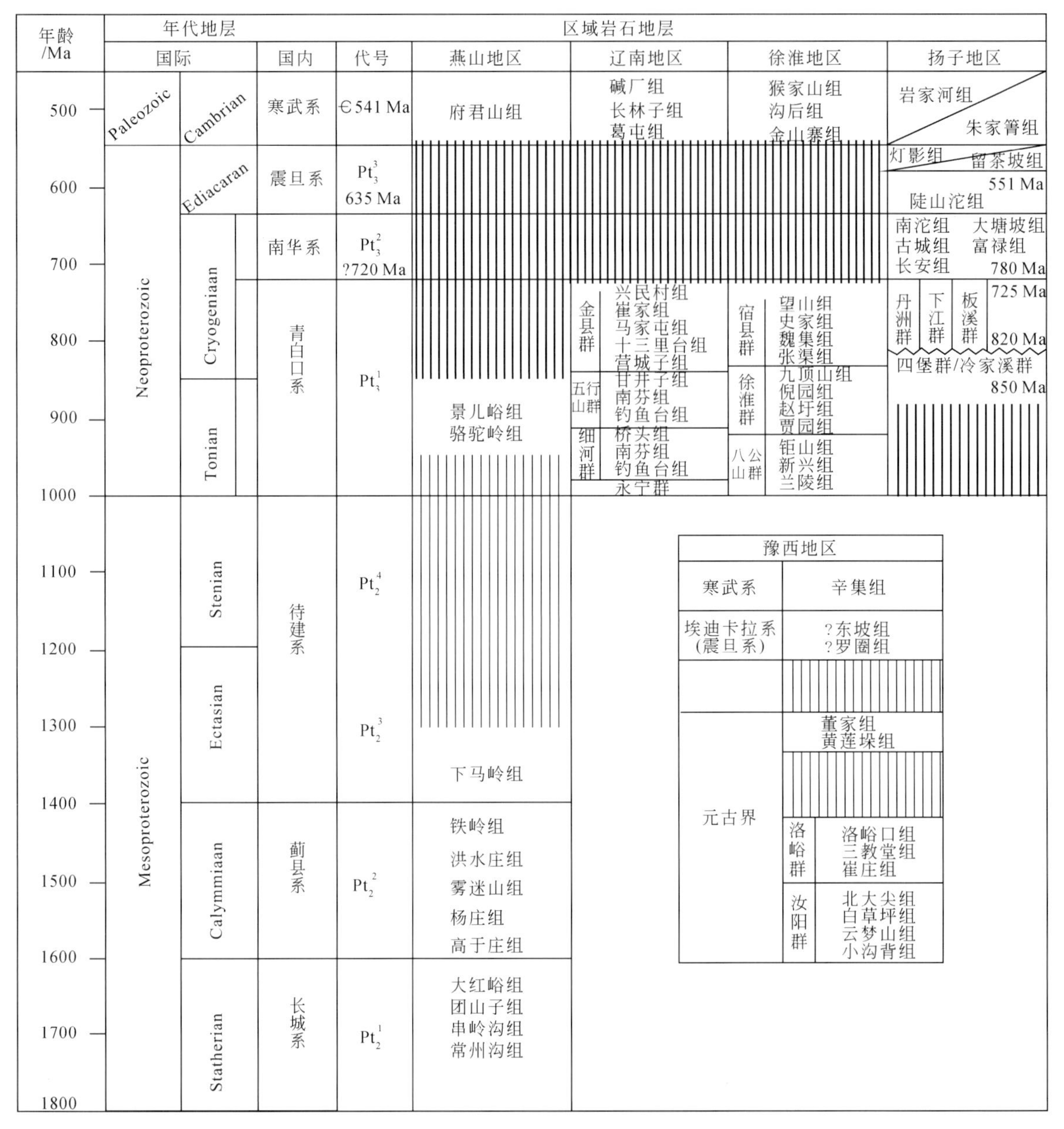

图 18.3　中国东部元古宇沉积地层划分简表

18.3.2　中—新元古界构造-沉积演化分析

18.3.2.1　构造演化历史分析

从区域地质来看，高于庄期燕辽裂陷带北部地形平坦，气候温暖。地壳广泛而又平稳的沉降，导致海域面积进一步扩大，沉积物也由陆源碎屑岩，转变为碳酸盐岩①。高于庄期为一次大规模海侵期，在兴隆-宽城一带水体较深，形成局部深水碳酸盐沉积。从高三段沉积期开始，海侵作用增强，水体进一步加深；高五、六段沉积于最大海侵时期；高于庄组沉积期末，海域中东部山海关古陆一侧再次上升（即滦县上升），沉积水体变浅，其表现为以泥晶灰岩及泥晶白云岩为主，见硅质条带或团块，属潮下带（局部潮间带）向潮上带过渡的水退沉积①。

杨庄组沉积期，燕辽裂陷带继承高于庄晚期的海退趋势。雾迷山组沉积期海域迅速扩大，该期海侵

① 罗顺社，旷红伟，2010，燕山地区中新元古界层序地层学与沉积相研究（科研报告），中国石油大学（北京）、长江大学，332页。

是燕辽裂陷带中—新元古代规模最大的海侵，表现为雾迷山组发育了安静环境饱和状态条件下的浅海相沉积。雾迷山组沉积末期，地壳抬升，相对海平面下降，海域面积大幅减小，地壳活动大大减弱，华北克拉通北部广阔的浅海变成一个狭小闭塞、水底滞流还原的滨海海湾，致使洪水庄组地层退覆于雾迷山组之上。铁岭组沉积时期，海侵范围比洪水庄期略有扩大，地壳相对稳定，下降幅度较小，以碳酸盐岩沉积为主。

从全区来看，铁岭组与下马岭组的地层产状都是一致，二者仅呈典型的平行不整合接触，其间的构造运动前人称为“芹峪上升”。在铁岭组沉积末期的“芹峪上升”时，该区域发生整体抬升，使铁岭组地层上部地层发生大规模抬升，并经历风化剥蚀，表现为铁岭组灰岩顶部存在明显的红土型风化壳与褐铁矿“铁帽”。然后整体下降，在相同的区域沉积下马岭组表现为二者间的典型平等不整合。

表18.1　燕山地区地层厚度数据

<table>
<tr><th rowspan="2">地层</th><th colspan="6">文献资料厚度数据/m</th><th rowspan="2">本章采用的厚度数据/m</th></tr>
<tr><th>平泉①</th><th>平泉②</th><th>兴隆②</th><th>蓟县②</th><th>冀北坳陷③</th><th>冀北坳陷④</th></tr>
<tr><td>白垩系</td><td>—</td><td>—</td><td>—</td><td>—</td><td>270～2057</td><td></td><td>500</td></tr>
<tr><td>侏罗系</td><td>810</td><td>—</td><td>1200</td><td>(1500)</td><td>1962</td><td></td><td>1962</td></tr>
<tr><td>三叠系</td><td>937</td><td>937</td><td>—</td><td>—</td><td>1243</td><td></td><td>1243</td></tr>
<tr><td>二叠系</td><td>492</td><td rowspan="2">492</td><td rowspan="2">270
(180)</td><td rowspan="2">500
(100)</td><td>334</td><td></td><td>334</td></tr>
<tr><td>石炭系</td><td>—</td><td>178</td><td></td><td>178</td></tr>
<tr><td>志留系</td><td rowspan="2">—</td><td rowspan="2">—</td><td rowspan="2">—</td><td rowspan="2">—</td><td rowspan="2">—</td><td></td><td rowspan="2">—</td></tr>
<tr><td>泥盆系</td><td></td></tr>
<tr><td>奥陶系</td><td>754</td><td></td><td>754</td><td>800</td><td>791</td><td></td><td>791</td></tr>
<tr><td>寒武系</td><td>597</td><td></td><td>597</td><td>473</td><td>472</td><td></td><td>472</td></tr>
<tr><td>震旦系</td><td>—</td><td>—</td><td>—</td><td>—</td><td>—</td><td></td><td>—</td></tr>
<tr><td>景儿峪组</td><td>327</td><td rowspan="2">70</td><td rowspan="2">242</td><td>114</td><td></td><td>39.20</td><td>39.20</td></tr>
<tr><td>骆驼岭组</td><td></td><td>118</td><td></td><td>72.60</td><td>72.60</td></tr>
<tr><td>下马岭组</td><td></td><td>150</td><td>264</td><td>117</td><td></td><td>369.45</td><td>369.45</td></tr>
<tr><td>铁岭组</td><td>307</td><td>367</td><td>432</td><td>325</td><td></td><td>211.11</td><td>211.11</td></tr>
<tr><td>洪水庄组</td><td>101</td><td>77</td><td>156</td><td>131</td><td></td><td>101.66</td><td>101.66</td></tr>
<tr><td>雾迷山组</td><td>2869</td><td>—</td><td>—</td><td>3416</td><td></td><td>2947.15</td><td>2947.15</td></tr>
<tr><td>杨庄组</td><td>—</td><td>—</td><td>—</td><td>—</td><td>—</td><td>322.37</td><td>322.37</td></tr>
<tr><td>高于庄组</td><td>—</td><td>—</td><td>—</td><td>—</td><td>—</td><td>936.62</td><td>936.62</td></tr>
</table>

注：括号内为恢复的剥蚀厚度。资料来源：①秦建中等，2005；②郝石生等，1990；③河北省、天津市区域地层表，1979；④罗顺社，旷红伟，2010，燕山地区中新元古界层序地层学与沉积相研究（科研报告），中国石油大学（北京）、长江大学，332页。

下马岭组沉积期在“芹峪上升”沉积间断面之上沉积下马岭组黑色页岩。柳永清等（1997）认为，残留下马岭组的黑色页岩说明当时的深水环境，很可能代表了弧后的一次伸展活动。乔秀夫等（2007）根据下马岭组含有斑脱岩，认为下马岭组沉积时的构造环境为弧后伸展盆地。辽西坳陷魏家沟岩群上岩组为一套变质火山岩建造，形成于活动大陆边缘的岛弧环境（潘建国等，2013）。另外辽西旧庙的基性杂岩全岩等时线年龄为1297 Ma（刘正宏，1997），这个年龄数据相当于中元古代蓟县期末期，基性杂岩被证明来自地幔物质，是在挤压陆缘构造环境中形成的，反映板块边缘挤压岛弧构造环境。

下马岭组与上覆骆驼岭组之间，呈区域性超覆不整合接触关系。下马岭组沉积物岩性单一，相变小，主要由黑色泥页岩组成，而骆驼岭组为含海绿石石英砂岩、砾岩和粉砂岩，两个组在岩相特征方面的明显差异，标志下马岭组沉积后曾发生过抬升和剥蚀。燕辽裂陷带西段宣龙坳陷张家口赵家山、下花园等地，下马岭组的沉积-沉降中心，地层发育最全，自下而上可划分为四段，地层厚度达540.6 m；往东至冀北坳陷宽城、平泉一带，下马岭组仅残留下一段与部分下二段，地层厚度约369.5 m；至冀东坳陷蓟县一带，仅残留下一段地层，仅厚168 m；往东至遵化一带，下马岭组则完全缺失，骆驼岭组直接超覆到蓟县系地层之上。图 18.4 即展示燕辽裂陷带骆驼岭组与下伏不同时代地层之间的区域性超覆不整合接触关系。中—新元古代之间如此明显的超覆不整合，不仅反映不整合面下伏地层存在着一个明显的舒缓褶皱与一期强烈的地壳隆升，而且下伏地层巨大的地层剥蚀幅度差异，还隐含着一个长达 300 Ma 以上的地表剥蚀-夷平-准平原化的过程（乔秀夫等，2007），前人将这一期构造变迁命名为“蔚县运动”。这一期构造运动通常被认为是反映全球范围内哥伦比亚超大陆裂解与罗迪尼亚超大陆汇聚在华北克拉通内的响应。

青白口系与上覆寒武系府君山组之间以及古生界内部的地层接触关系，呈现出多期假整合接触，反映华北克拉通地壳的稳定升降运动，其间最大的假整合面当属中奥陶统与上覆中石炭统之间存在着的长达约 135 Ma 的沉积间断。

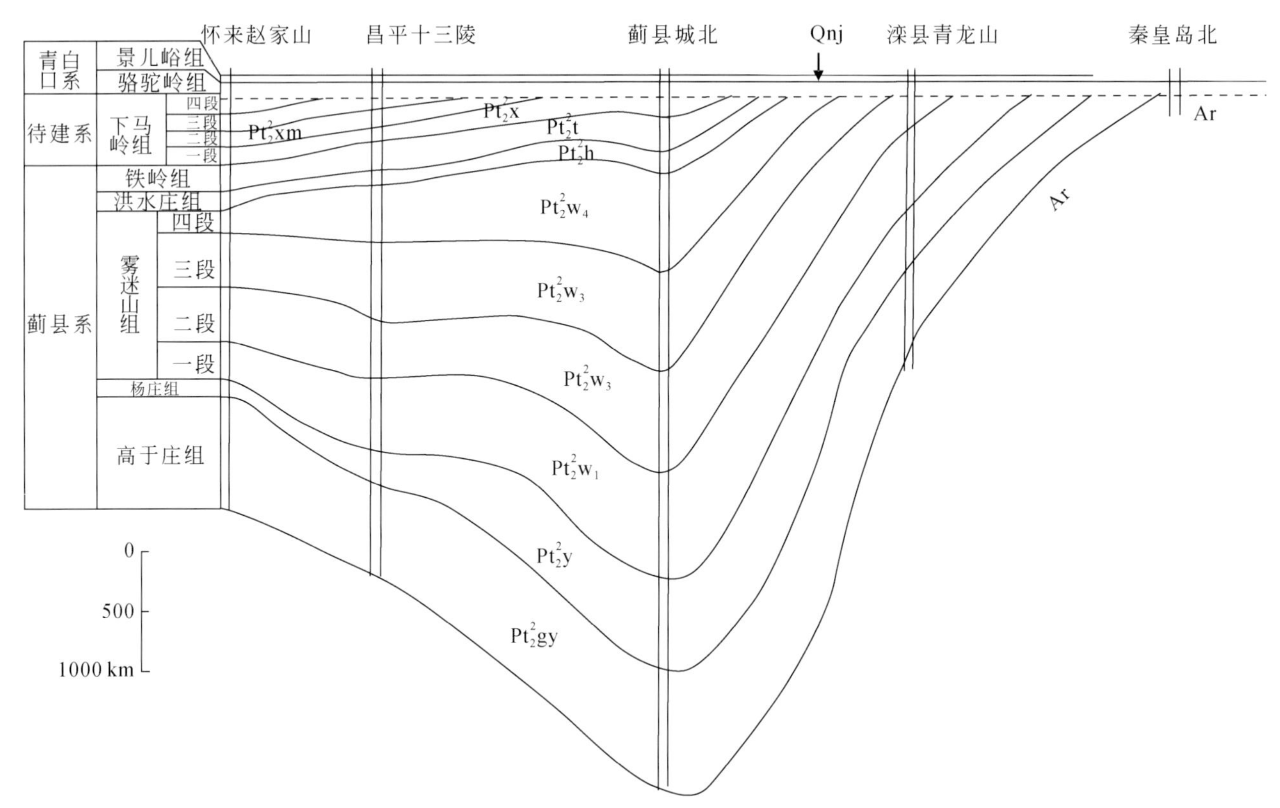

图 18.4　燕山地区骆驼岭组与下伏地层的区域不整合接触关系①

中生代的印支运动影响广泛，以褶皱作用为主，表现为下侏罗统、上三叠统与下伏地层的角度不整合关系。在整个华北克拉通三叠系与上覆侏罗系之间也存在明显的不整合。在燕辽裂陷带下侏罗统覆盖于中—新元古界和古生界组成的紧密褶皱上，所有下伏地层近乎直立。在冀北坳陷承德县饽椤树东山剖面中，上三叠统杏石口组明显不整合覆盖于近乎直立的下部地层之上（郭绪杰、焦贵浩，2002；图 18.5）。

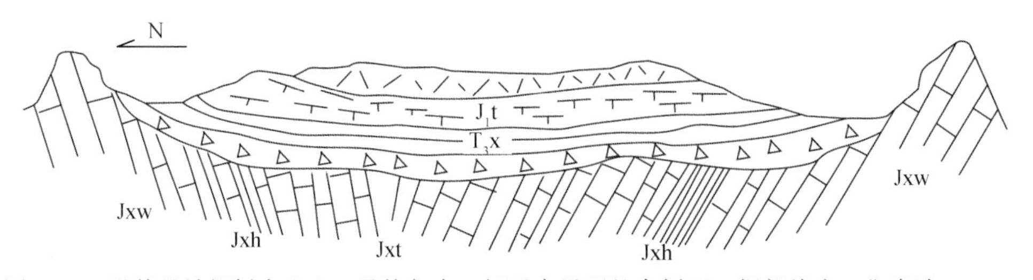

图 18.5　承德县饽椤树东山上三叠统与中—新元古界不整合剖面（据郭绪杰、焦贵浩，2002）

① 朱士兴，孙淑芬，2009，燕山地区中元古界碳酸盐岩古生物学研究（科研报告），天津地质矿产研究所，245 页。

燕山运动发生在侏罗纪—白垩纪，以断裂、褶皱活动和强烈的岩浆活动为主，可分为五个构造幕，每个构造幕由前期的拉张阶段和后期的挤压阶段组成。拉张阶段断裂强烈活动，形成断陷盆地并导致火山作用，堆积厚度较大的陆相碎屑岩建造，对中—新元古界的褶皱构造起破坏作用；挤压阶段以褶皱作用为主，岩浆侵入活动和冲断活动相伴出现。

新生代期间华北克拉通的喜马拉雅运动以拉张和扭张为主，有玄武岩喷发活动。由于张性或张扭性断裂的差异活动，导致了断块升降的显著差异。相对于南部的华北平原主要为沉降，形成第四系覆盖区，燕辽裂陷带及太行山北段主要表现为抬升。

18.3.2.2 重建沉积埋藏史

基于上述构造演化历史分析，根据元古宇实测的分组地层厚度，采用 Petromod 盆地模拟软件，重建冀北坳陷的沉积埋藏历史。从图18.6可见，从高于庄组地层沉积开始，冀北坳陷经历栾县运动（约1550 Ma）及杨庄组沉积之后，最大埋深在1000 m左右，从1500 Ma开始，由于巨厚的雾迷山组碳酸盐沉积，高于庄组地层快速埋深至4000 m以下。在洪水庄组沉积之后，经历铁岭上升（约1450 Ma）与芹峪上升（约1400 Ma）两次强度有限的构造运动，高于庄组埋藏深度在下马岭组沉积末期达到4800 m。

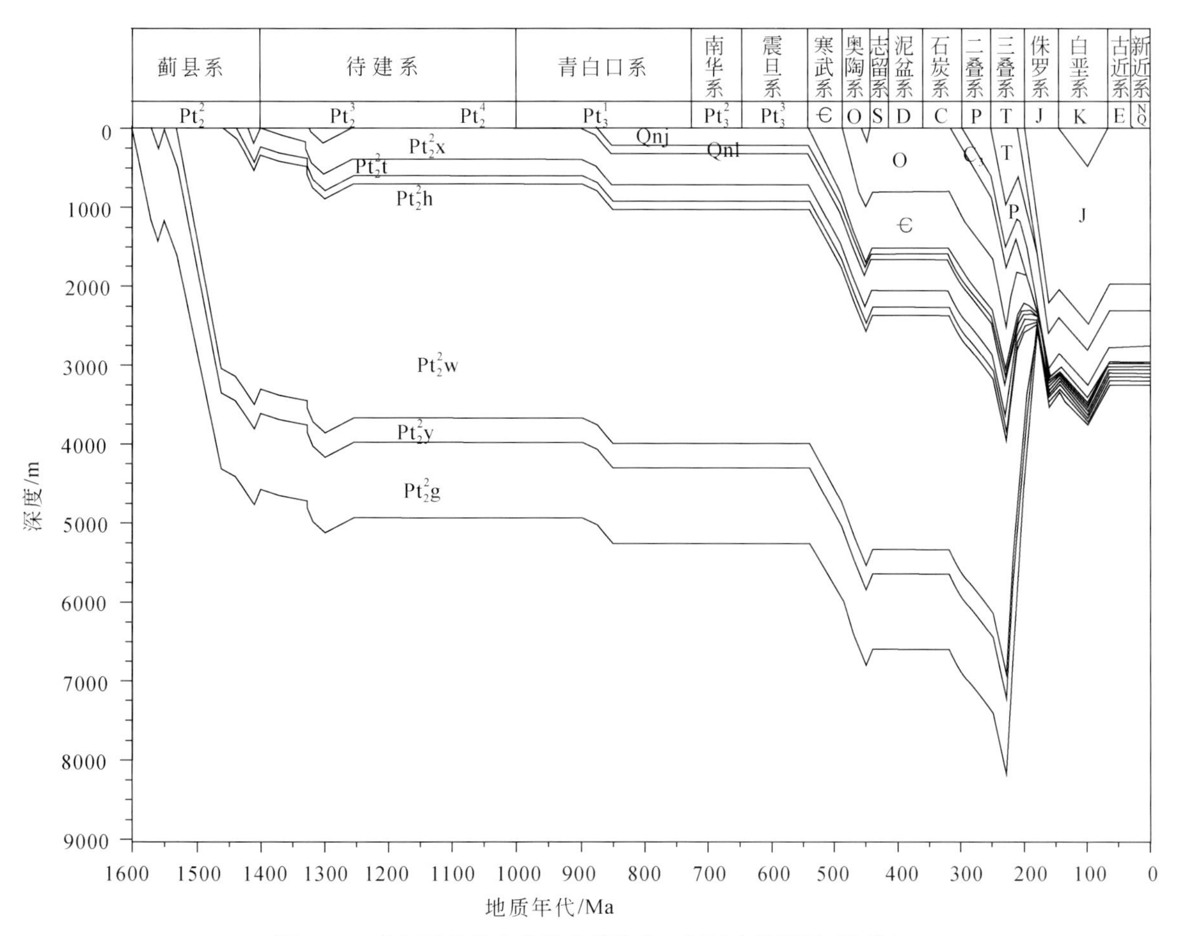

图18.6 燕辽裂陷带东段冀北坳陷中—新元古界沉积-埋藏史

1327 Ma下马岭组辉长辉绿岩侵入之后，一直到1320 Ma，冀北坳陷接受了一定厚度的沉积，但在此之后直到骆驼岭组沉积之前已经剥蚀殆尽，从1000 Ma开始沉积骆驼岭组和景儿峪组，但沉积厚度不大，各地层埋藏深度变化也不大。从震旦纪开始，一直到下寒武统筇竹寺组沉积时期，冀北坳陷处于一次长时间的沉积间断，直到早寒武世中晚期，才开始沉积下寒武统府君山组及其以上地层。由于寒武系和奥陶系地层的沉积，地层埋深迅速增大，高于庄组埋深一度超过6000 m，但志留纪到泥盆纪再次进入一次长时期的沉积间断期，直到中石炭世之后才开始再次接受沉积，由于中—上石炭统、二叠系及中—下三叠统地层的沉积覆盖，高于庄组在晚三叠世达到最大埋深，其底部最大埋深超过 7670 m；最晚从晚三叠世开始，由于燕山期强烈的构造运动，使得下部地层倒转直立，与上三叠统杏石口组及侏罗系以高角度不整合的方式相接触，白垩纪以后则区域内隆起抬升，以剥蚀为主，因而只有局部存在厚度不大的白垩系、古近系、新近系及第四系地层。

18.4　冀北坳陷中—新元古界地层热演化史

18.4.1　现今地温场特征

燕辽裂陷带现今地温场较低。从地球内部圈层结构上来看，高导层埋深越大，岩石圈地温梯度越低。据徐常芳等（1996）对大地电磁测深（Megneto Tellurice，MT）研究结果，燕山地区北部宣龙-冀北-辽西坳陷一带，处于上地幔高导层的坳陷带内，具备岩石圈“冷圈、冷盆”地球深部结构特点。

油气探井的实测温度也可证实上述认识。1978 年冀北坳陷钻探双 1 井，至井底深度 1792.5 m 完钻，关井 20 天后，实测井底温度才 34℃，折算地温梯度约为 1.5℃/100 m，低于地壳平均地温梯度一倍①（王铁冠，1988）。

冀北坳陷具有较低的古、今地温梯度，尽管地层年代相对古老，中—新元古界地层的热演化程度并不算很高，其中洪水庄组有机质成熟度至今仍处于成熟-高成熟范畴，总体上仍然处于生烃“液态窗”的范围内；目前高于庄组有机质已达到过成熟阶段；下马岭组因辉长辉绿岩岩床的大规模、大面积侵入，受到岩浆局域性热场的烘烤而蚀变，也达到高成熟演化阶段。因此，冀北坳陷总体上仍是一个勘探石油与天然气的有利地区。

而古地温场特征要从整个华北克拉通构造演化来进行分析。胡波等（2013）通过寒武系和侏罗系中的碎屑锆石年龄，分析华北克拉通前寒武纪重要的地质事件。认为约 2.77 Ga、约 2.5 Ga、2.1 ~ 2.0 Ga 和 1.88 ~ 1.8 Ga 的年龄组，分别对应华北克拉通早前寒武纪发生地壳生长、克拉通化、裂谷和造山等重要地质事件，约 1.74 Ga、约 1.6 Ga、约 1.56 Ga、约 1.38 Ga、约 912 Ma 和约 814 Ma 的年龄组，记录华北克拉通最终克拉通化后开始的古元古代末—新元古代的多期裂谷事件。

根据造背景分析和潘建国（2013）原型盆地恢复结果来看，从高于庄期之后，到下马岭组沉积期之前，华北克拉通北缘虽然也有裂谷发育阶段，但整体上来看仍为稳定克拉通发育阶段，整体地温梯度应该较低。而下马岭沉积期发育的黑色页岩所代表的深水环境，以及辽西坳陷旧庙魏家沟群火山岩建造等，这些证据表明下马岭黑色页岩代表了弧后的一次伸展活动（潘建国等，2013）。此时的地温梯应度应较高于庄期到下马岭期的稳定克拉通阶段要高。

从 1300 ~ 600 Ma 的岩浆岩和变质岩在华北克拉通也出露较少来看，这一时期华北克拉通处于相对稳定的阶段。此时地温场应该比较稳定。直到燕山期岩浆活动的活化使区域地温场活化，地温梯度再次明显升高；随着燕山期的岩浆活动的停止，地温梯度逐渐降低至现今水平。

18.4.2　冀北坳陷现今地层热演化特征

依据实测的核磁共振芳碳率 f_a、氢碳 H/C 原子比、沥青反射率 R^b 以及等效镜质组反射率 R^o 四项有机质成熟度参数，评价冀北坳陷中—新元古界地层现今的热演化程度，下马岭组、高于庄组已深地层的热演化程度已达到达到过成熟演化阶段，其间以及下马岭组上覆地层大体处于成熟-高成熟早期阶段（表 18.2）。

① 王铁冠，高振中，刘怀波等，1979，燕山地区东段冀北坳陷石油地质基本特征（科研报告），江汉石油学院燕山地区地质勘查三大队，75 页。

表 18.2　燕山地区中—新元古界成熟度评价①

层位	芳碳率 f_a		H/C 原子比		实测 R^o/R^b/%		等效 R^o/%		热演化阶段
	范围	均值	范围	均值	范围	均值	范围	均值	
下花园组（煤）	0.58～0.66	6.23	0.73～0.87	0.8	0.63～1.30	0.88	—	—	低成熟-成熟
太原组（煤）	0.62～0.63	0.63	0.79～0.80	0.8	0.66～1.19	0.85	—	—	低成熟-成熟
寒武系 奥陶系	0.8	0.8	0.5	0.5	0.50～1.74	0.87	0.97～1.82	1.28	高成熟早期
下马岭组	0.61～0.95	0.82	0.26～0.87	0.52	0.51～7.05	1.84	0.96～7.53	1.87	过成熟
洪水庄组	0.50～0.93	0.7	0.28～0.88	0.65	0.45～2.55	1.01	0.96～2.13	1.43	成熟-高成熟
雾迷山组	—	—	—	—	0.48～1.42	0.65	1.13～1.56	1.2	高成熟早期
高于庄组	0.71～0.9	0.81	0.34～0.66	0.48	0.78～2.39	1.4	1.16～1.92	1.75	高成熟-过成熟

如果不考虑岩浆侵入的局域性热场对下马岭组的影响，从连续实测的等效镜质组反射率 R^o 剖面可见，冀北坳陷中元古宇—古生界地层的热演化程度，总体上呈现出明显的随埋深加大，时代变老，有机质热演化程度逐渐增大的特点。雾迷山组地层剖面中，实测的等效镜质组反射率偏低，推测可能与雾迷山组地层贫原始有机质，而测试显微组分可能主要受运移沥青的影响所致。综合 R^o 演化剖面显示出，下马岭组的辉长辉绿岩侵入对整个地层热演化史造成了明显的影响（图 18.7）。

18.4.3　异常热事件及其影响程度

燕山地区具有多期岩浆活动，岩体分布也多具方向性，且受区域断裂控制。从时间上分析，主要有六期岩浆活动：太古宙、中元古代、海西期、印支期、燕山期和喜马拉雅期（郝石生等，1990）。

元古代火山岩主要集中出现在中元古代早期的长城纪，长城系串岭沟组下部软沉积岩层中有辉绿岩床的侵入（高林志等，2009），大红峪组也含有偏碱性中基性海底火山喷发与侵入，反映裂谷发育期的岩浆活动特点。

蓟县纪仅雾迷山组有岩浆活动。但从 1620 Ma 之后，华北克拉通中—新元古代时期则鲜有岩浆事件发生（李怀坤等，2009）。但在中元古代末期，下马岭组页岩沉积后，1327 Ma 冀北坳陷普遍发育 2～4 层辉绿岩岩床的侵入，岩床累计厚度可达 117.5（宽城正沟）～312.3 m（承德滴水岩），与全球哥伦比亚超大陆裂解与罗迪尼亚超大陆汇聚事件相应。

关于下马岭组辉长辉绿岩侵入对沉积有机质的影响，田永晶等（2012）采用层状侵入体散热模型，模拟计算下马岭组侵入体的影响程度及范围。影响程度采用 Easy%R^o 模型（Sweeney and Burnham，1990）来表示，模拟结果与实测结果相吻合，计算结果表明，若辉绿岩侵入深度在 500 m 以浅，侵入体会在 1 Ma 时间内就快速冷却下来，下马岭组辉长辉绿岩侵入对围岩造成明显影响，但影响范围基本限于下马岭组本身，并且导致在 1400 Ma 液态石油充注形成的平泉双洞、凌源龙潭沟、宽城卢家庄等一系列下马岭组底砂岩古油藏均遭到热烘烤而破坏，变成沥青砂岩古油藏（图 18.8）。

① 钟宁宁，张枝焕，黄志龙，赵峰华，宋涛，刘岩，2010，燕山地区中—新元古界热演化生烃与油气成藏史（科研报告），中国石油大学，250 页。

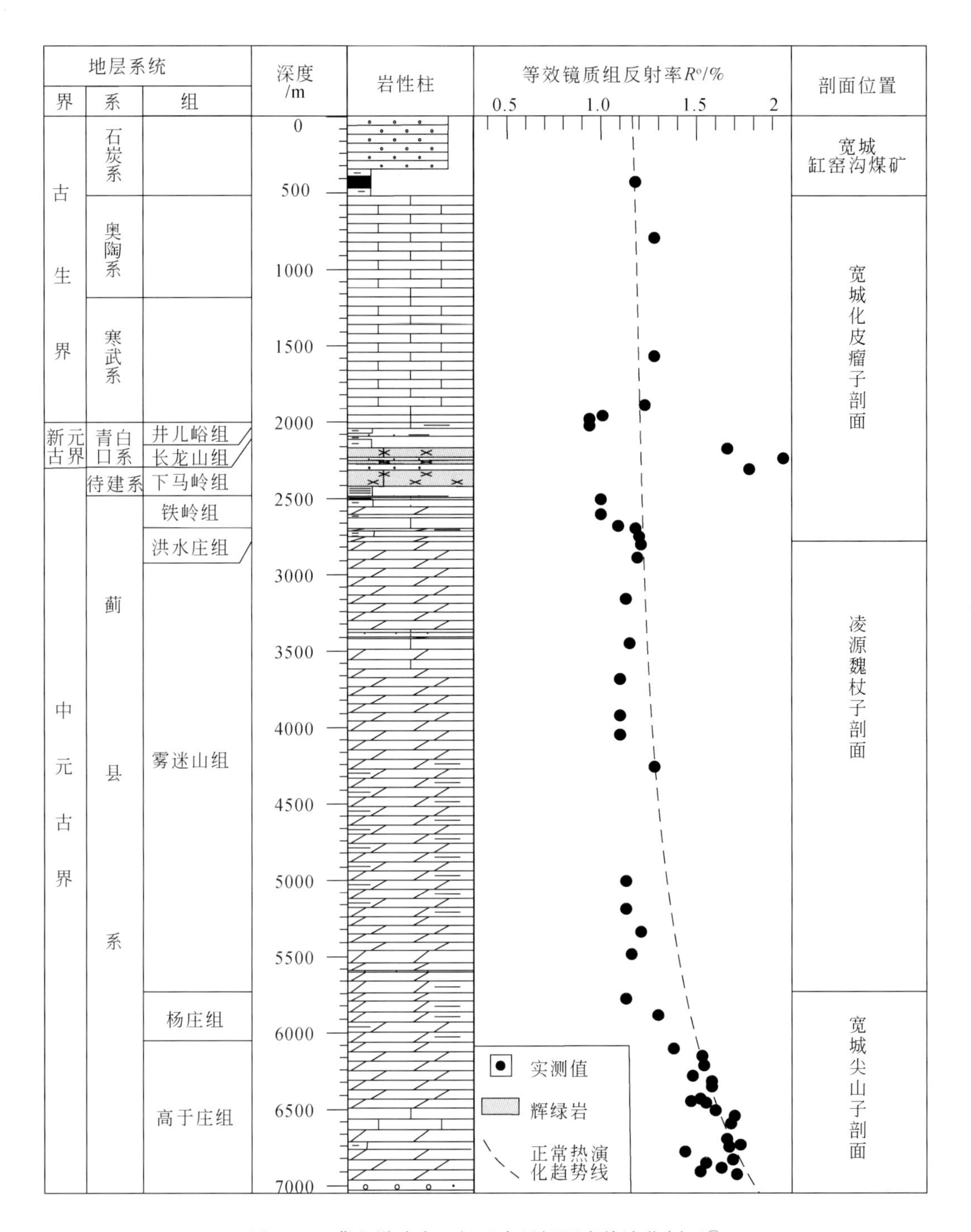

图 18.7　冀北坳陷中—新元古界烃源岩热演化剖面①

18.4.4　中—新元古界地层热演化史分析

根据图 18.6 建立的冀北坳陷中—新元古界沉积埋藏历史框架，并参考构造背景分析所确定地温梯度，以沥青砂岩固体沥青反射率 R^b 换算得到的等效镜质组反射率 R^o，及经压力校正之后的包裹体均一化温度为约束，可以反演重建地层埋藏-热演化史（图 18.9）。依据地层埋藏-热演化史，采用 Easy% R^o 软件，通过盆地数值模拟获得每个层位相应的模拟的计算镜质组反射率 R^c，并绘制出 R^c 的反射率曲线，调试数

① 钟宁宁，张枝焕，黄志龙，赵峰华，宋涛，刘岩，2010，燕山地区中—新元古界热演化生烃与油气成藏史（科研报告），中国石油大学，250 页。

值模拟参数（主要是地层剥蚀厚度与地温梯度），力求 R^c 曲线与实测的 R^o 值相拟合（图 18.10），即保证 R^c 值与地层实际的热演化结果一致，从而验证重建地层埋藏–热演化史的可靠性。

图 18.9 盆地数值模拟结果表明，冀北坳陷中—新元古界地热和有机质热演化史分为四个关键性的演化阶段：

第一阶段：>1400 Ma，缘起蔚县运动之前的沉积埋藏过程。在下马岭组沉积之前，高于庄组的埋藏深度在 3630 ~ 4560 m。古地温亦可达约 90 ~ 120℃，导致了高于庄组有机质的等效 R^o 可达 0.8% 以上，烃源岩有机质从未成熟进入“生油窗”，开始生成一定数量的烃类。与此同时，洪水庄组烃源岩由于埋藏深度仅 211 m，所经历的古地温仅 30℃+，等效 R^o 仅 0.3% 左右，有机质热演化阶段仍停留在未成熟阶段，尚未开始热解生烃。

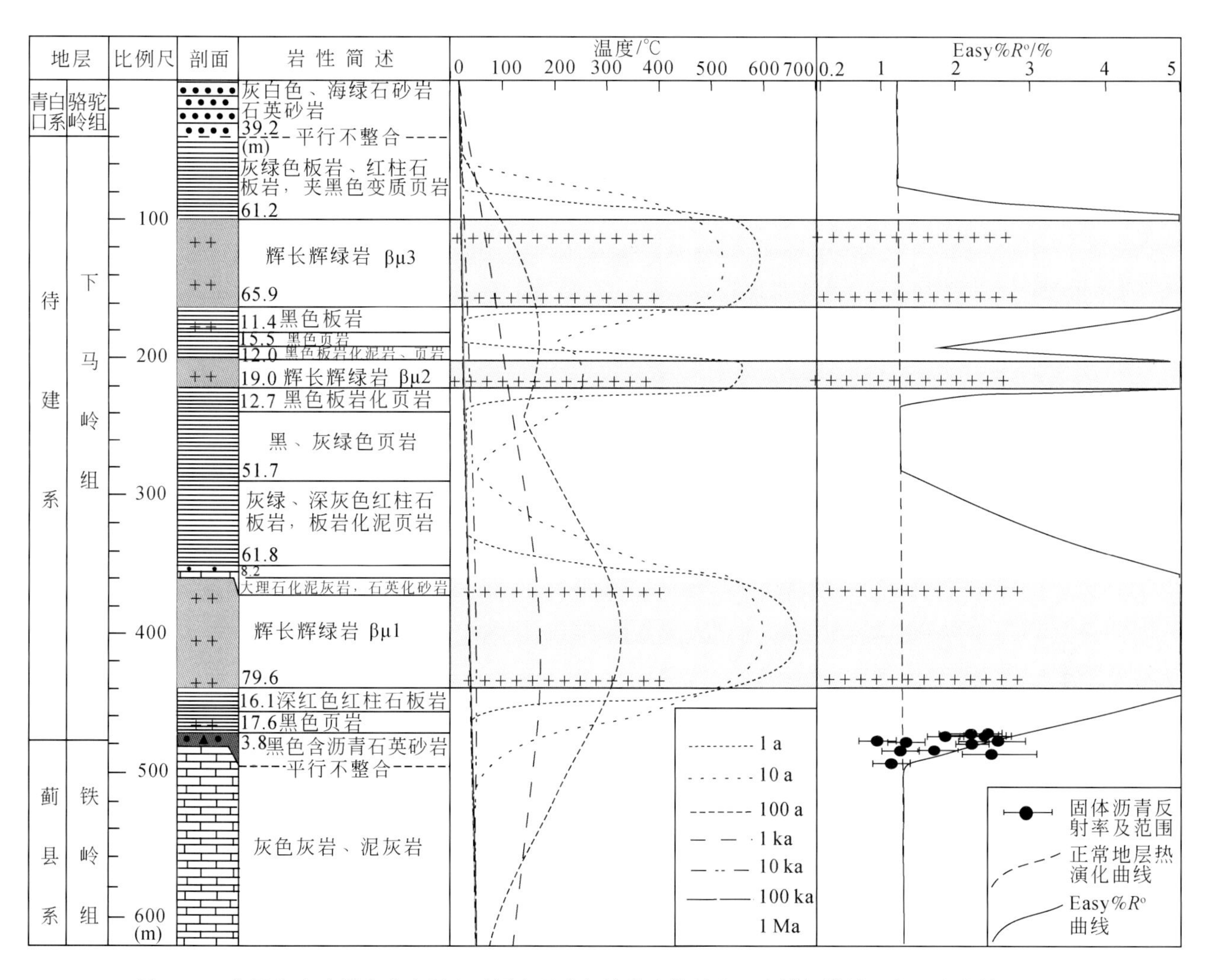

图 18.8　龙潭沟古油藏火成岩侵入后围岩温度场演化和热蚀变程度模拟结果（据田永晶等，2012）

第二阶段：1400 ~ 1320 Ma，下马岭组沉积与辉长辉绿岩侵入时期。岩浆大规模、大面积的侵入，导致区域地温场增高，冀北坳陷下马岭组地层直接遭受热烘烤围岩蚀变，等效 R^o 高达 2.52% 以上，有机质进入过成熟的热演化阶段，不仅致使下马岭组黑色页岩变成角岩、板岩，完全丧失生烃潜力，其热演化程度明显高于上覆和下伏地层；而且使底部砂岩油层蚀变成沥青砂岩古油藏。这一时期，高于庄组和洪水庄组烃源岩在岩浆活动的热背景下，有机热演化程度进一步提高，高于庄组的经历的最高温度达 150 ~ 160℃，等效 R^o 增加至 1.3% 以上，生油阶段基本结束，进入高成熟阶段；但是洪水庄组仍然处于未成熟阶段的热演化程度。

第三阶段：1320 ~ 99.6 Ma，新元古代中—晚期至中生代早白垩世时期。该阶段又可分为三期：前期为新元古代中—晚期（1320 ~ 541 Ma），即下马岭组沉积之后，至寒武纪之前，华北克拉通长期隆起，处于沉积间断或隆升剥蚀阶段，中—新元古界有机质热演化作用基本处于停滞状态；中期从寒武纪开始，至三叠纪末（541～199.6 Ma），在华北克拉通缓慢而稳定的整体升降背景下，中元古界的古地温再次上升，在三叠纪晚期达到最高值，此时高于庄组过成熟烃源层的生烃潜力业已消耗殆尽，不可能提供新油气贡献，而洪水庄组烃源层在二叠系末期埋深可以达到 3100 m，热演化成度进入“生油窗”范畴，至早三叠世末期的埋深可达 3910 m 以深，温度达到约 115℃，等效镜质组反射率 R^o 达到 0.75% 左右；后期是从侏罗纪至早白垩世初（199.6～99.6 Ma），洪水庄组烃源层在早侏罗世晚期到中侏罗世时。达到生油高峰，并开始大量排油，形成分布很广的各类油藏，并在中侏罗晚期之后不断遭受调整破坏。

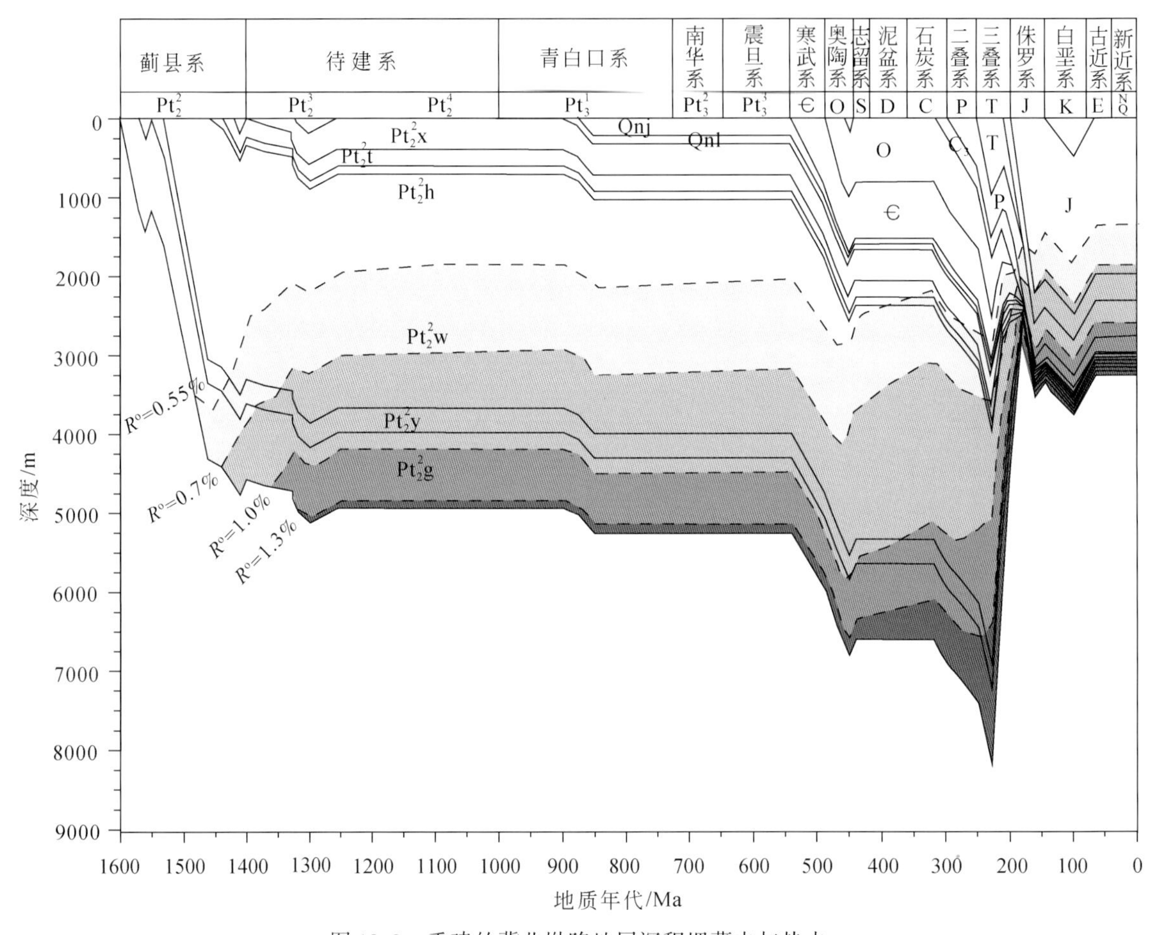

图 18.9　重建的冀北坳陷地层沉积埋藏史与热史

第四阶段：白垩世至今（99.6 Ma 至今）。在该阶段，燕山运动和喜马拉雅运动使中—新元古界遭到更为强烈的回返褶皱，中—新元古界的浅层油气藏出露地表，遭到不同程度破坏，成为古油藏，具有古生界—中生界盖层，保存条件良好的中元古界油气藏得以保存。

18.5　结　　论

本章基于综合地质研究分析，重建了燕山地区的沉积埋藏历史框架，在此基础上，进行了烃源岩热史分析，重建了燕山地区中—新元古界的油气成藏历史过程。结果表明，对油气成藏有现实意义的两套烃源岩（高于庄组和洪水庄组烃源岩）在地质历史时期有效供烃时机并不相同。在下马岭沉积末期之前主要是高于庄组烃源岩的贡献；而洪水庄组烃源岩直到燕山期才开始大量生烃，其有效供烃时间晚，供烃效率也更高，应该对晚期大面积分布液态油气苗、沥青甚至油气藏的贡献更大。

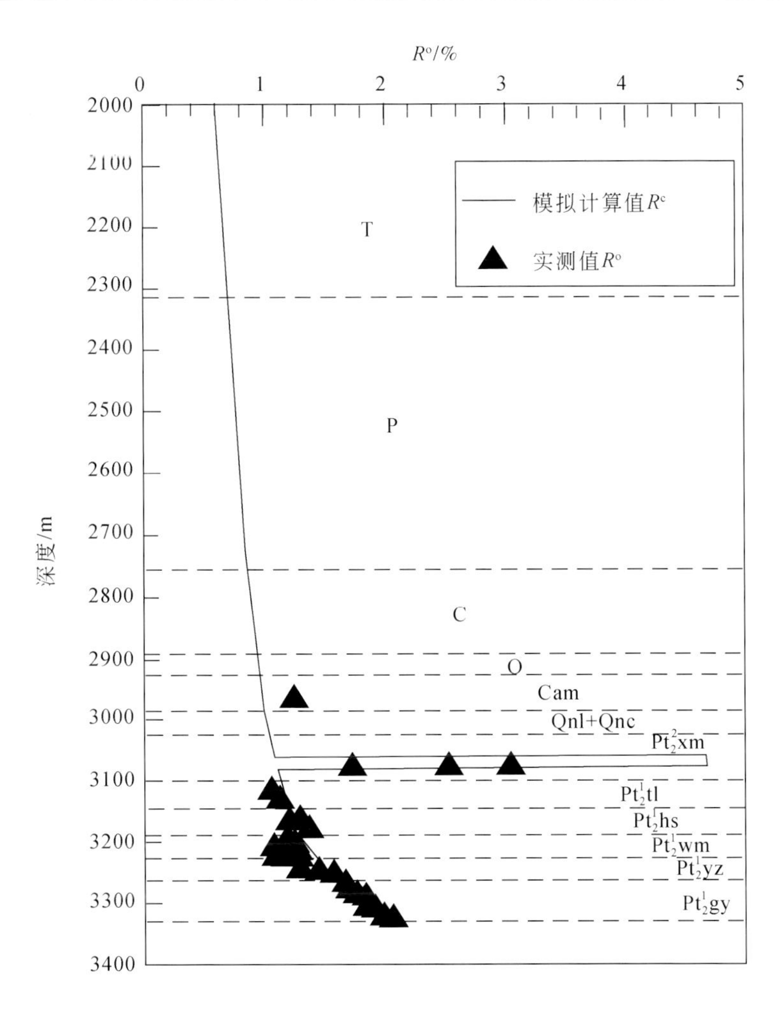

图18.10　冀北坳陷数值模拟的计算镜质组反射率R^c与实测等效镜质组反射率R^o的拟合

致　谢：本章的主要研究工作得到了王铁冠院士、王春江副教授及长江大学、中国矿业大学（北京）和天津地质矿产研究院等单位的帮助，在此一并表示衷心感谢。

参考文献

陈践发，孙省利．2004．华北新元古界下马岭组富有机质层段的地球化学特征及成因初探．天然气地球科学，15（2）：110～114

陈晋镳，张惠民，朱士兴，赵震，王振刚．1980．蓟县震旦亚界的研究，中国震旦亚界．天津：天津科学技术出版社．56～114

崔盛芹，李锦蓉，孙家树，王建平，吴珍汉，朱大岗．2000．华北陆块北缘构造运动序列及区域构造格局．北京：地质出版社．100～116

高林志，张传恒，刘鹏举，丁孝忠，王自强，张彦杰．2009．华北-江南地区中、新元古代地层格架的再认识．地球学报，30（4）：433～446

高林志，张传恒，史晓颖，周洪瑞，王自强．2007．华北青白口系下马岭组凝灰岩锆石SHRIMP U-Pb定年．地质通报，26（3）：249～255

高林志，张传恒，史晓颖，宋彪，王自强，刘耀明．2008．华北古陆下马岭组归属中元古界的SHRIMP锆石新证据．科学通报，53（11）：2617～2623

郭绪杰，焦贵浩．2002．华北古生界石油地质．北京：地质出版社

郝石生，冯石．1982．渤海湾盆地（华北地区）震旦亚界原生油气藏的形成条件及远景初探．石油勘探与开发，（5）：3～12

郝石生，高耀斌，张有成，陆克政．1990．华北北部中、上元古界石油地质学．东营：石油大学出版社

河北省、天津市区域地层表编写组．1979．华北地区区域地层表，河北省、天津市分册．北京：地质出版社

胡波，翟明国，彭澎，刘富，第五春荣，王浩铮，张海东．2013．华北克拉通古元古代末—新元古代地质事件——来自北京西山地区寒武系和侏罗系碎屑锆石LA-ICP-MS U-Pb年代学的证据．岩石学报，29（7）：2508～2536

李怀坤，陆松年，李惠民，孙立新，相振群，耿建珍，周红英. 2009. 侵入下马岭组的基性岩床的锆石和斜锆石 U-Pb 精确定年——对华北中元古界地层划分方案的制约. 地质通报，28（10）：1396～1404

刘宝泉，秦建中，李欣. 2000. 冀北坳陷中、上元古界烃源特征及油苗、油源分析. 海相油气地质，5（1-2）：35～45

刘岩，钟宁宁，田永晶，齐雯，母国妍. 2011. 中国最老古油藏——中元古界下马岭组沥青砂岩古油藏. 石油勘探与开发，38（4）：503～512

刘正宏. 1997. 华北板块北缘中元古代大陆边缘构造活动带及成矿. 长春：长春科技大学

柳永清，刘晓文，李寅. 1997. 燕山中、新元古代裂陷槽构造旋回层序研究——兼论裂陷槽构造旋回概念及级序的划分. 地球学报，18（2）：142～149

欧光习，李林强. 2006. 辽西-冀北坳陷中—上元古界油源及成藏期分析. 矿物岩石地球化学通报，25（1）：87～91

潘建国，曲永强，马瑞，潘中奎，王海龙. 2013. 华北地块北缘中新元古界沉积构造演化. 高校地质学报，19（1）：109～122

乔秀夫，高林志，张传恒. 2007. 中朝板块中、新元古界年代地层柱与构造环境新思考. 地质通报，26（5）：503～509

秦建中. 2005. 中国烃源岩. 北京，科学出版社. 570～603

田永晶，刘岩，钟宁宁，朱雷，王民. 2012. 冀北坳陷龙潭沟古油藏下马岭组辉绿岩侵入定量评价. 石油天然气学报，34（11）：20～25

王铁冠. 1980. 燕山地区震旦亚界油苗的原生性及其石油地质意义. 石油勘探与开发，7（2）：34～52

王铁冠. 1984. 论燕山地区震旦亚界油苗的原生性. 沉积学和有机地球化学学术会议论文选集. 北京：科学出版社. 250～262

王铁冠，韩克猷. 2011. 论中—新元古界的原生油气资源. 石油学报，32（1）：1～7

王铁冠，黄光辉，徐中一. 1988. 辽西龙潭沟元古界下马岭组底砂岩古油藏探讨. 石油与天然气地质，9（03）：278～287

徐常芳. 1996. 中国大陆地壳上地幔电性结构及地震分布规律. 地震学报，18（2）：254～261

张长根，熊继辉. 1979. 燕山西段震旦亚界油气生成问题探讨. 华东石油学院学报，（1）：88～102

张水昌，张宝民，边立曾，金之钧，王大锐，陈践发. 2007. 8 亿多年前由红藻堆积而成的下马岭组油页岩. 中国科学（D辑）：地球科学，37（5）：636～643

Bazhenova O K，Apefyev O A. 1996. Genetic features of Upper Proterozoic oils. Transaction（Doklady）of the Russian Academy of Science Sections，339（9）：133～139

Fowler M G，Douglas A G. 1987. Saturated hydrocarbon biomarkers in oils of Late Precambrian age from Eastern Siberia. Organic Geochemistry，11（3）：201～213

Jackson M J，Powell T G，Summons R E，Sweet I P. 1986. Hydrocarbon shows and petroleum source rocks in sediments as old as 1.7×10^9 years. Nature，322：727～729

Kontorovich A E，Kashirtsev V A，Melenevskii V H，Timoshina I D. 2005. Composition of biomarker-hydrocarbons in genetic families of Precambrian and Cambrian oils of the Siberian platform. Doklady Earth Sciences，403（5）：715～718

Kuznetsov V G. 1997. Riphean hydrocarbon reservoirs of the Yurubchen-Tokhom Zone，Lena-Tunguska Province，NE Russia. Journal of Petroleum Geology，20（4）：459～474

Lu S N，Li H M. 1991. A precise U-Pb single zircon age determination for the volcanics of the Dahongyu Formation，Changcheng System in Jixian（in Chinese）. Bull CAGS，22：137～145

Ludwig K R. 2001. SQUID ver.：1.02，A user's Manual. Berkeley Geochronol Center Spec Publ，2：1～19

Ludwig K R. 2003. User's manual forIsoplot/Ex，version 3.00. A Geochronological Toolkit for Microsoft Excel. Berkeley Geochronol Center Spec Publ，4：1～70

Murray G E，Kaczor M J，McArthur R E. 1980. Indigenous Precambrian petroleum revisited. AAPG Bulletin，64（10）：1681～1700

Su W B，Li H K，Huff W D，Ettensohn F R，Zhang S H，Zou H Y，Wan Y S. 2010. SHRIMP U-Pb dating for a K-bentonite bed in the Tieling Formation，North China. Chinese Sci Bull，55：3312～3323

Su W B，Zhang S H，Huff W D，Li H K，Ettensohn F R，Chen X Y，Yang H M，Han Y G，Song B，Santosh M. 2008. SHRIMP U-Pb ages of K-bentonite beds in the Xiamaling Formation：Implications for revised subdivision of the Meso-Neoproterozoic history of the North China Craton. Gondwana Research，14：543～553

Sweeney J J，Burnham A K. 1990. Evaluation of a simple model of vitrinite reflectance based on chemical kinetics. AAPG Bulletin，74（10）：1559～1570

Terken J M J，Frewin N L. 2000. Dhahaban petroleum system of Oman. AAPG Bulletin，84（4）：523～544

第19章 辽西坳陷中—新元古界生-储-盖组合与油气成藏条件分析

陈振岩[1]，毛俊莉[2]，代宗仰[3]，陈星州[4]

［1. 中石油辽河油田分公司勘探项目经理部，盘锦，124010；
2. 中石油辽河油田分公司勘探开发研究院，盘锦，124010；
3. 西南石油大学，成都，610500；4. 中国石油大学（北京），北京，103349］

摘　要：本章以辽西坳陷中—新元古界作为研究对象，通过野外踏勘落实和发现的大量油苗，结合野外露头和钻井资料系统分析其石油地质条件，从而明确中元古界洪水庄组与下马岭组两套烃源层，其中以洪水庄组的生油指标为最，具备大规模生烃的地质条件；多套储集层作为油气聚集的有利储集场所，储层呈现为两种类型：碳酸盐岩型和砂岩型，雾迷山组及铁岭组碳酸盐岩型储层的储集性能最为优越，可作为重要的勘探目的层；多套泥岩与储层配置构成四套生-储-盖组合，尤其以洪水庄组-雾迷山组以及洪水庄组-铁岭组-下马岭组两套生-储-盖组合最为有利。油气成藏地质条件分析认为，辽西地区中—新元古界油气成藏具有原生性与多期成藏特征，对油气勘探具有重要意义的最晚一期成藏应为早白垩世。目前在该区业已进行油气钻探尚无重大发现，但在钻井过程中已有多个层段见油气显示，证实其油气勘探前景。资源量计算结果表明，冀北-辽西坳陷油气资源潜力巨大，具有良好的勘探潜力。勘探实践证实由于该区中元古界地层古老、多期构造叠加，寻找有利的油气保存区带是该区油气勘探的关键。

关键词：辽西坳陷，中—新元古界，原生油气藏，油气成藏条件，勘探潜力

19.1 引　　言

随着油气勘探开发的不断进展，我国东部地区已经步入高勘探成熟阶段，发现大油气田概率明显降低，因此开辟新的接替资源领域已经迫在眉睫。通过大量踏勘和石油地质综合研究认为，辽西坳陷是寻找中—新元古界原生油气资源的有利地区之一，其理由如下：① 在新生代辽河坳陷的元古宇基底中，已发现规模性的基岩内幕油藏，中元古界灰岩潜山油藏已有多口探井获得产量达千吨以上的高产油气流，已探明石油储量 1.18×10^{8} t，据现有地质资料分析认为属于“新生古储”型油藏，油源虽来自古近系，但毋庸置疑中—新元古界具备良好油气储集条件是肯定的。② 据文献不完全统计，东西伯利亚克拉通中元古界里菲系—新元古界文德系—下寒武统已发现 64 个油气田，含 168 个油气藏（HIS Energy Croup，2005）。里菲系原生油藏自 1973 年起开始商业性石油生产，巨大的科维克金（Kovyktin）凝析油藏帕尔费诺夫（Parfenov）砂岩产层的凝析油气储量，估计可达 $2.5\times10^{12}\sim3\times10^{12}$ m^3（Kuznetsov，1997），充分证实中—新元古界是一个值得关注的能源领域。③ 辽西坳陷中—新元古界广泛发育，地层厚度达 6000～14000 m，沉积岩体积巨大，其中洪水庄组、下马岭组富含有机质，为主要的有利烃源层，且演化程度较高；雾迷山组、铁岭组碳酸盐岩及下马岭组石英砂岩构成主要储集层。④ 在冀北、辽西坳陷的多个区带见中—新元古界油苗显示（王铁冠、韩克猷，2011），辽河油田钻探的韩 1 井于新元古界骆驼岭组石英砂岩中见油气显示，证实骆驼岭组也应为一套有利储集层。⑤ 多期构造运动造成裂缝、空洞发育，有利于油气运移聚，改善了储集空间，多旋回发展的沉积历史形成多套有利生-储-盖组合。⑥ 通过油源对比，

认为中—新元古界油气显示具有原生性特征。这些特点使人们有理由相信，中—新元古界辽西坳陷形成原生油气藏条件是存在的，勘探潜力是巨大的。

19.2　区域地质背景

在地理范围上，辽西坳陷位于辽宁省西部朝阳、建昌、喀左、凌源四县及其周边的中—新元古界地表露头区，大致处于东经 119°00′ ~ 120°40′，北纬 40°20′ ~ 41°50′之间。在区域构造上，辽西坳陷隶属于华北克拉通北缘燕辽裂陷带的东段，西侧接连冀北坳陷，东端倾伏于新生代辽河裂谷盆地之下。辽西坳陷的地层发育比较齐全，以太古界—古元古界中、深变质岩系为结晶基底，主要出露在燕辽裂陷带北面的“内蒙地轴”上，在裂陷带内也少有零星出露；由碎屑岩-碳酸盐岩所组成的巨厚中—新元古界沉积以及上覆古生界和三叠系地层则集中发育在燕辽裂陷带之内，构成辽西坳陷；其上叠置有中生界碎屑岩和火山岩系组成的小型沉积盆地。

19.3　辽西坳陷中元古界具备大规模成藏基本条件

19.3.1　油苗广布提供油气大规模运移依据

截至 2009 年年底，燕山裂陷带总计发现油苗、沥青点约 223 处；冀北坳陷发现油苗/沥青点 115 处，其中，中元古界油苗点占 98 处，且以液态油苗为主（王铁冠、韩克猷，2011）；辽西坳陷也发现 86 处油苗、沥青点[①]。中—新元古界的油气显示主要集中分布于中元古界雾迷山组白云岩、铁岭组灰岩与下马岭组底砂岩以及新元古界骆驼岭组（前称“龙山组”或“长龙山组”）石英砂岩中（表 19.1）。从油气显示的相态看，一是固体沥青，发现于铁岭组、雾迷山组白云岩的缝、洞以及骆驼岭组和铁岭组底部石英砂岩的粒间孔中；二是重质油，多出现于铁岭组砂岩和白云岩，韩 1 井骆驼岭组砂岩也以重质油为主；三是轻质油，见于铁岭组底部砂岩、灰岩缝洞、韩 1 井骆驼岭组石英砂岩、雾迷山云岩缝洞以及寒武系张夏组鲕粒灰岩中。

表 19.1　辽西坳陷中—新元古界油气显示统计表

地层	新元古界	中元古界		
剖面位置	骆驼岭组	铁岭组底部砂岩	铁岭组灰岩	雾迷山组白云岩
韩 1 井	★▼荧光、油迹、油斑共 22 m		★	▼★▽荧光 13 m
杨 1 井	4 m 荧光		铁一段 3 m 荧光	
辘轳井			★	▼★
梅素斋			▼	★
瓦房子		▼★	▼★	★
老达杖子				★
老庄户	★			
冰沟		▽▼★		

轻质油▽　重油▼　沥青★

不同相态的油气同时出现在同一套储层中，说明油气的来源和成藏呈现多期成藏、多期运聚的特征，同时固体沥青的出现也说明油气藏曾遭受过降解和破坏，沥青与重油、轻质油的伴生产状，也说明油气藏被破坏后，又有新的油气进入，形成新的聚集，重新成藏。

据辽西坳陷野外剖面和井下岩心 81 个岩样的荧光薄片观察，显微镜下白云岩与砂岩储层中的有机质的荧光显示主要有三种类型：一是不发光或极暗的褐色光，通常是储层孔隙或裂缝中焦沥青的特征；二是亮绿色光或蓝色光，一般是孔隙中或裂缝内可动油的特征；三是亮黄色光，显示轻烃组分较多的高成

① 欧光习，夏毓亮等，2004，辽西-冀北地区中新元古界油气运聚史研究，核工业北京地质研究院，辽河油田分公司勘探处项目部（科研报告），159 页。

熟度油气的特征。

已经发现的油苗、沥青具有三个特点：分布范围大，几乎在辽西坳陷不同地带都见到油苗，说明在中元古界曾经发生过大规模油气运聚；分布层位多，表明曾经发生多次油气运聚，很多层位都可能作为勘探层系；油苗、沥青层位相对较为集中，主要集中分布于雾迷山组白云岩、铁岭组底部砂岩、铁岭组灰岩，可能成为辽西坳陷最为重要的勘探层系，最近在辽西坳陷钻探韩1井，在骆驼岭组砂岩也见到油气显示，这是野外露头没有发现过的，说明中元古界油气运聚远比我们现在认知的要复杂，同时也说明勘探层系多，面对最古老的沉积岩，有很多领域有待进一步认识。

19.3.2 多套大面积分布的烃源岩为油气生成提供物质基础

辽西坳陷中—新元古界地层厚度约达8000 m，其中长城系常州沟组至大红峪组厚约3500 m，主要以碎屑岩为主，并夹有白云岩、泥质白云岩及少量的页岩，但因年代久远和埋藏较深，热演化程度过高，鲜有有效烃源岩发育。蓟县系至青白口系是区内主要的烃源岩发育层位，包括碳酸盐岩和海相页岩两大类烃源岩，地层厚度逾4000 m。前人曾提出中元古界的雾迷山组、洪水庄组、铁岭组与下马岭组作为辽西坳陷，乃至燕山裂陷带的潜在烃源层。

19.3.2.1 潜在烃源层的厚度与分布

（1）Pt_2^2w 雾迷山组碳酸盐岩：该组地层厚度巨大，一般厚约2000 m以上，其沉降中心主要在凌源大河北和喀左镰铲井一带，厚度可达2935 m。岩性以灰、深灰色白云岩为主，部分呈浅灰及灰黑色；以岩性相似、沉积韵律发育、富含硅质岩而贫泥为显著特征；层状、波状、锥状、柱状、丛状叠层石极为发育，表明沉积时期藻类相当繁盛；凝块石和核形石较为发育，反映其沉积时水动力条件较强。

（2）Pt_2^2h 洪水庄组页岩：以黑灰、灰黑色页岩为主。在底部夹薄层暗色白云岩与下伏雾迷山组逐渐过渡，顶部陆源石英砂含量逐渐增加，与上覆铁岭组下部云质砂岩段逐渐过渡。地面露头出露于辽宁凌源大河北、老庄户、喀左北洞、镰铲井一带，地层厚度一般在50 m左右，在瓦房子乡从杖子一带地层缺失。沉降中心在老庄户一带，地层厚度约125 m；韩1井钻遇83 m（有断层缺失），杨1井钻遇112 m，推测在辽西坳陷内部洪水庄组页岩厚度应该在150 m左右，至盆地周边露头区逐渐减薄缺失。

（3）Pt_2^2t 铁岭组灰岩与页岩：主要为灰、浅灰色泥灰岩，灰色盆屑灰岩夹页岩，局部见柱状叠层石。岩性组合特征反映当时沉积环境是低能与较高能环境交替出现。据地面剖面观测，铁岭组地层最厚的区带位于凌源三家子-喀左镰铲井一带，厚约300 m；杨1井揭示铁岭组地层270 m，韩1井因断层缺失仅揭示62 m。据地震资料测算，辽西坳陷内部可厚达300 m以上。铁岭组地面和井下油苗与沥青显示发育。自下而上可划分为三个段，其中铁一段以云质石英砂岩、灰岩为主，铁二段以泥质岩为主，系可能的烃源层段，其中烃源岩厚约50 m；铁三段以泥晶灰岩为主。

（4）Pt_2^3x 下马岭组页岩：由深灰色页岩及云质泥岩组成，夹灰色泥灰岩及少许薄层砂岩和白云岩；地面剖面以老庄户一带下马岭组地层最厚，可达223 m；韩1、杨1井因断层复杂化，地层厚度较薄，推测坳陷内部厚度约200 m；在朝阳瓦房子一带甚至缺失下马岭组（图19.1）。下马岭组含有辉绿岩侵入体，造成其围岩蚀变和烃源岩的变质。

19.3.2.2 烃源岩有机质丰度评价

烃源岩的生烃潜力主要取决于生烃母质（有机质）的丰度、类型及其演化程度，常用的有机质丰度评价参数主要是总有机碳含量（TOC）、氯仿沥青含量和产油潜量（S_1+S_2）等，本章采用以TOC为主，其他评价参数为辅的综合评价方法。目前对碎屑岩有机质丰度评价下限的认识已基本上趋于一致，本章采用的泥质岩与碳酸盐岩有机质丰度评价标准见表19.2、表19.3。据辽西坳陷七个区带地层剖面露头岩样与韩1井岩心样的分析结果，试对上述四套潜在烃源层的有机质丰度作一初步评价。

（1）Pt_2^2w 雾迷山组：地面剖面白云岩露头岩样的TOC值分布范围0.02%～0.33%，16件岩样的均值仅0.08%；氯仿沥青含量分布范围1～88ppm，11件岩样的均值38ppm；产油潜量（S_1+S_2）值0.01～

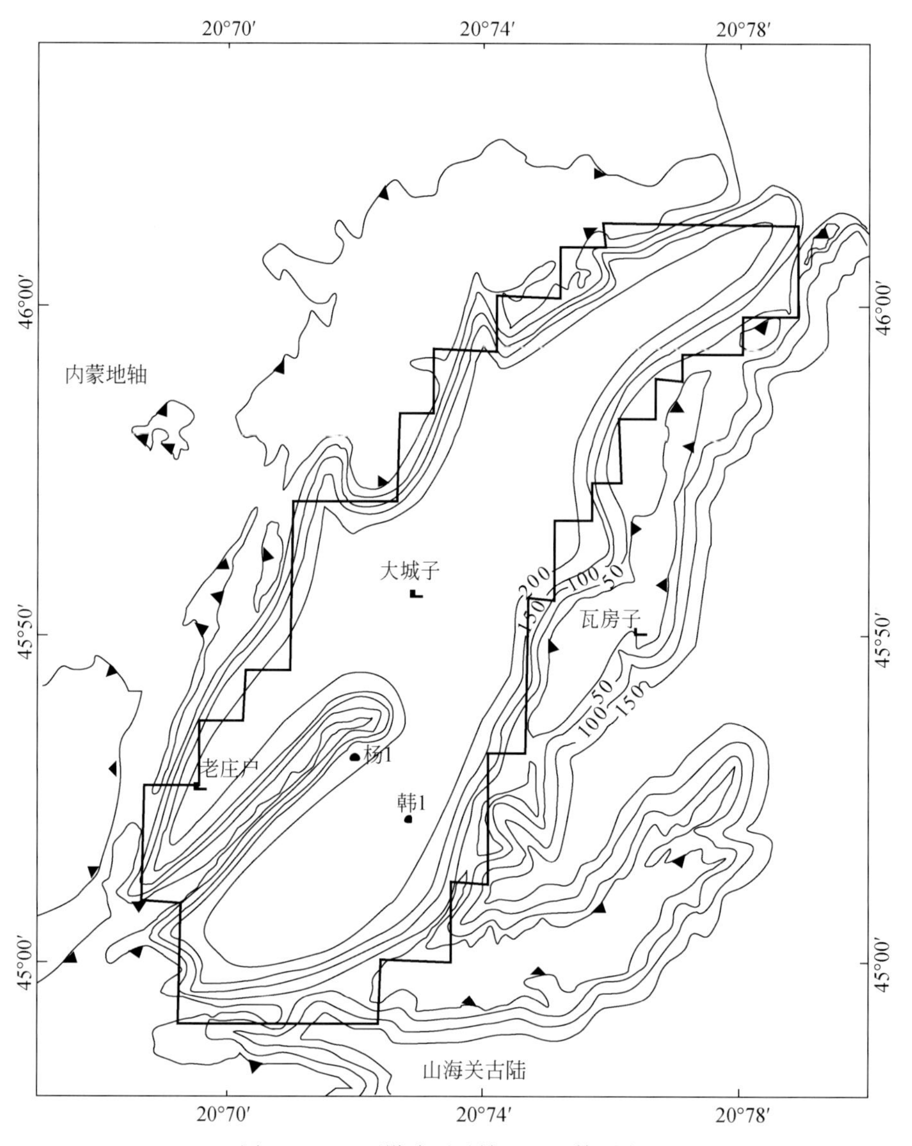

图 19.1　辽西坳陷下马岭组地层等厚度图

0.34 mg/g，22 件岩样均值 0.10 mg/g；在凌源大河北剖面 TOC 最高值仅为 0.33%，平泉双洞剖面氯仿沥青含量最高值也只有 88ppm（表 19.4）。若按照表 19.2、表 19.3 碳酸盐岩的烃源岩评价标准，均属于非烃源岩范畴。

韩 1 井揭示雾迷山组 351 m 巨厚层灰色含灰质白云岩，钻井岩心的 TOC 值分布范围 0～0.4%，均值 0.02%，约 98% 的 TOC 值小于 0.1%；产油潜量（S_1+S_2）值分布范围 0.003～5.038 mg/$g_{岩}$，平均 0.25 mg/$g_{岩}$，近 90% 的产油潜量（S_1+S_2）值小于 0.5 mg/$g_{岩}$，也属于非烃源岩范畴（图 19.2）。

表 19.2　泥质岩烃源岩有机质丰度评价标准①

评价级别	TOC/%	氯仿沥青/ppm	产油潜量（S_1+S_2）/（mg/$g_{岩}$）	总转化率/%
好	>1.0	>1000	>6.0	>8
较好	1.0～0.6	1000～500	6.0～2.0	8～3
较差	0.6～0.5	500～100	2.0～0.5	3～1
非	<0.5	<100	<0.5	<1

① 黄第藩，陶国立，王铁冠等，1990，酒东盆地石油地质地球化学综合研究和远景评价，北京石油勘探开发研究院等（科研报告），183 页。

表 19.3 碳酸盐岩烃源岩 TOC 评价标准（据金之均、王清晨，2007，简化）

评价级别		非	差	中	好	很好
TOC	油源岩	<0.5	0.5～0.8	0.8～1.5	>1.5	
	气源岩	<0.4	0.4～0.7	0.7～1	1～1.5	>1.5

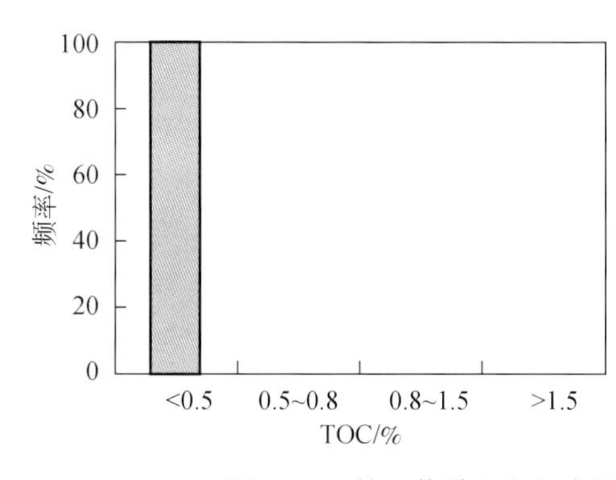

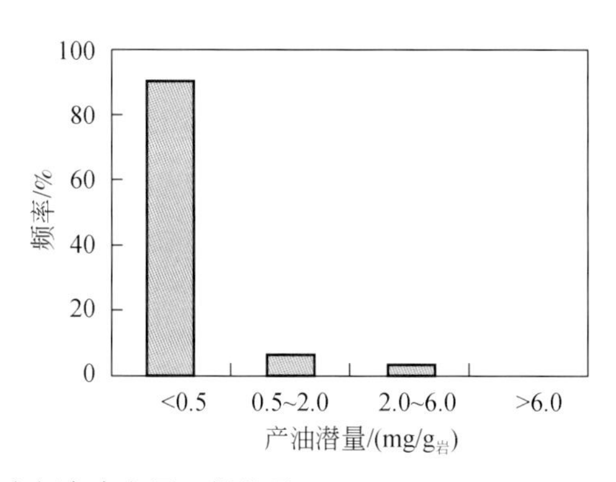

图 19.2 韩 1 井雾迷山组有机质丰度频率直方图（据韩霞，2011）

雾迷山组地层的平面分布上，在平泉-凌源大河北-喀左一带，岩性较为稳定，以贫泥富硅的白云岩沉积为特点，呈韵律性沉积，各类叠层石发育，有机质丰度参数均值变化不大，沉积环境相近，凝块石和核形石较为发育，表明高能沉积环境不利于有机质的保存，因此无论地面露头岩样，抑或井下岩心样，有机质丰度偏低，有机质丰度评价结果均属于非烃源岩（表 19.4，图 19.2）。

（2）Pt_2^2h 洪水庄组：地面露头页岩样的 TOC 值分布范围 0.01%～6.22%，较好和好烃源岩样已占总岩样数的 60%（图 19.3 左图），24 件岩样的均值 1.41%，基本达到好烃源岩级别；氯仿沥青含量分布范围 1～624ppm，11 件岩样均值 140ppm，属于较差烃源岩级别；产油潜量（S_1+S_2）值分布范围 0.02～2.47 mg/g$_{岩}$，21 件岩样均值 0.56 mg/g$_{岩}$，约 30% 的岩样属较好烃源岩级别（表 19.4）。

但是，井下岩心样品的有机质丰度数据明显高于地面露头岩样。韩 1 井揭示厚约 60 m 的洪水庄组黑、灰黑色页岩，分析 44 件岩心样，TOC 值介分布范围 0.07%～2.78%，均值 1.11%，52.3% 的岩样基本上属于好烃源岩级别，中-好级别的烃源岩约占 30%；产油潜量（S_1+S_2）值分布范围 0.1～7.0 mg/g$_{岩}$；10% 的岩样达到较好-好烃源岩的级别，均值 2.24 mg/g$_{岩}$，为一套好-较好生油岩层，韩 1 井有机质丰度分布剖面也表明洪水庄组为该区主力烃源岩层［图 19.3(b)］。

（3）Pt_2^2t 铁岭组：包含前人提出的页岩与灰岩两类潜在烃源岩，但是其有机质丰度参数值基本上均属于非烃源岩范畴。

潜在的页岩烃源岩地面露头岩样的 TOC 分布范围较宽，从 0.02% 至 2.92%，其中仅 21.4% 的岩样 TOC>1.0%，达到好烃源岩级别，10 件岩样的均值为 0.67%，属于差烃源岩级别。而且，氯仿沥青含量分布范围 2～51ppm，也属于非烃源岩级别；产油潜量（S_1+S_2）值分布范围 0.01～2.07 mg/g$_{岩}$，多数岩样（S_1+S_2）值小于 0.2 mg/g$_{岩}$，92.3% 的产油潜量（S_1+S_2）值均属非烃源岩级别（表 19.4）。韩 1 井区铁岭组揭示的黑色页岩很薄，未获得页岩样的分析数据。

潜在的灰岩烃源岩 TOC 分布范围 0.01%～0.85%，约 40% 以上的岩样 TOC 值不足 0.1%，仅不足 10% 的岩样达到较差-较好烃源岩级别，TOC 均值 0.20%（46 件岩样）亦属非烃源岩范畴［图 19.4(a)］。特别值得注意的是，野猪沟-老庄户、平泉双洞以及凌源大河北的铁岭组灰岩样中，TOC 均值分别为 0.06%、0.33% 和 0.15%，均为非烃源岩，而氯仿沥青含量均值却可高达 249ppm、695ppm，或者最高值达到 46ppm，显然应属于运移烃类污染所呈现出的高氯仿沥青含量的假象。

（4）Pt_2^3x 下马岭组：下马岭组页岩烃源岩露头样品以高 TOC、低氯仿沥青含量与低产油潜量（S_1+S_2）值为主体特征，其（S_1+S_2）值是中元古界各组地层中最低的，10 件岩样的均值仅为 0.08 mg/g$_{岩}$，最高值仅 0.24 mg/g$_{岩}$，（S_1+S_2）值的频率分布显示出非烃源岩级别（图 19.5）。这主要由于该组普遍存在 2～4 层辉长辉绿岩床的侵入，受高温烘烤造成有机质所处演化程度较高，T_{max} 多数在 500℃左右，最

表 19.4　辽西坳陷中元古界潜在烃源岩地面剖面露头岩样有机质丰度统计

区带	岩性	Pt_2^3x 下马岭组			Pt_2^2t 铁岭组			Pt_2^2h 洪水庄组			Pt_2^2w 雾迷山组		
		TOC/%	氯仿沥青/ppm	产油潜量(S_1+S_2)/($mg/g_{岩}$)	TOC/%	氯仿沥青/ppm	产油潜量(S_1+S_2)/($mg/g_{岩}$)	TOC/%	氯仿沥青/ppm	产油潜量(S_1+S_2)/($mg/g_{岩}$)	TOC/%	氯仿沥青/ppm	产油潜量(S_1+S_2)/($mg/g_{岩}$)
平泉双洞	页岩	0.59~1.54 1.17(4)	88~717 299(3)	—	0.3~2.92 1.61(2)	—	0.07~2.07 1.07(2)	0.43~0.61 0.53(3)	93~326 210(2)	—	—	—	—
	碳酸盐岩	0.33	—	—	0.23~0.59 0.33(14)	235~905 695(5)	0.43~2.65 1.15(8)	—	—	—	0.09~0.19 0.14(3)	77~88 83(2)	
凌源大河北	页岩	0.03~5.53 1.67(8)	1~12 6(2)	0.01~0.24 0.9(8)	0.11~1.53 0.73(4)	20~51 16(4)	0.01~0.27 0.09(4)	0.26~6.22 1.60(7)	11~11 11(2)	0.03~1.89 0.31(7)	—	—	—
	碳酸盐岩	—	—	—	0.02~0.42 0.15(15)	6~124 46(6)	0.02~0.26 0.09(15)	—	—	—	0.02~0.33 0.09(3)	6~45 13(6)	0.01~0.34 0.13(13)
野猪沟-老庄户	页岩	0.38~3.83 2.11(2)	19(1)	0.02~0.05 0.04(2)	—	—	—	0.17~1.68 1.0(3)	137(1)	0.17~0.89 0.49(3)	—	—	—
	碳酸盐岩	—	—	—	0.01~0.21 0.06(8)	2~496 249(2)	0.01~0.14 0.04(8)	—	—	—	—	—	—
马头山	页岩	—	—	—	0.19(1)		0.03(1)	0.01~5.58 2.07(4)	63~247 155(2)	0.02~1.52 0.54(4)	—	—	—
	碳酸盐岩	—	—	—	0.31(1)	5(1)	0.03(1)	—	—	—	0.02~0.19 0.07(4)	—	0.01~0.11 0.05(4)
喀左北洞	页岩	—	—	—	—	—	—	0.33~3.5 1.82(2)		0.16~3.16 1.89(2)	—	—	—
	碳酸盐岩	—	—	—	0.01~0.85 0.43(2)	1(1)	0.11~0.17 0.14(2)	—	—	—	0.17(1)		
瓦房子	页岩	—	—	—	0.02(1)	4(1)	0.01(1)	0.01~5.55 2.78(2)	9~624 316(2)	0.03~2.47 1.25(2)	—	—	—
	碳酸盐岩	—	—	—	0.08~0.14 0.11(2)	6(1)	0.04(2)	—	—	—	—	—	—
辘轳井	页岩	—	—	—	0.03~0.3 0.17(2)	5~9 7(2)	0.01~0.05 0.3(2)	0.18~0.61 0.37(3)	1~19 10(2)	0.03~0.03 0.03(3)	—	—	—
	碳酸盐岩	—	—	—	0.01~0.18 0.11(4)	59(1)	0.01~0.38 0.13(4)	—	—	—	0.01~0.06 0.03(5)	1~3 2(2)	0.03~0.05 0.05(5)
辽西坳陷	页岩	1.59(14)	152(6)	0.08(10)	0.67(10)	12(7)	0.26(10)	1.41(24)	140(11)	0.56(21)	—	—	—
	碳酸盐岩	0.33(1)	—	—	0.20(46)	252(17)	0.29(40)	—	—	—	0.08(16)	38(10)	0.10(22)

注：表格中数字表示方式为最小值~最大值、平均值(分析样品数目)。

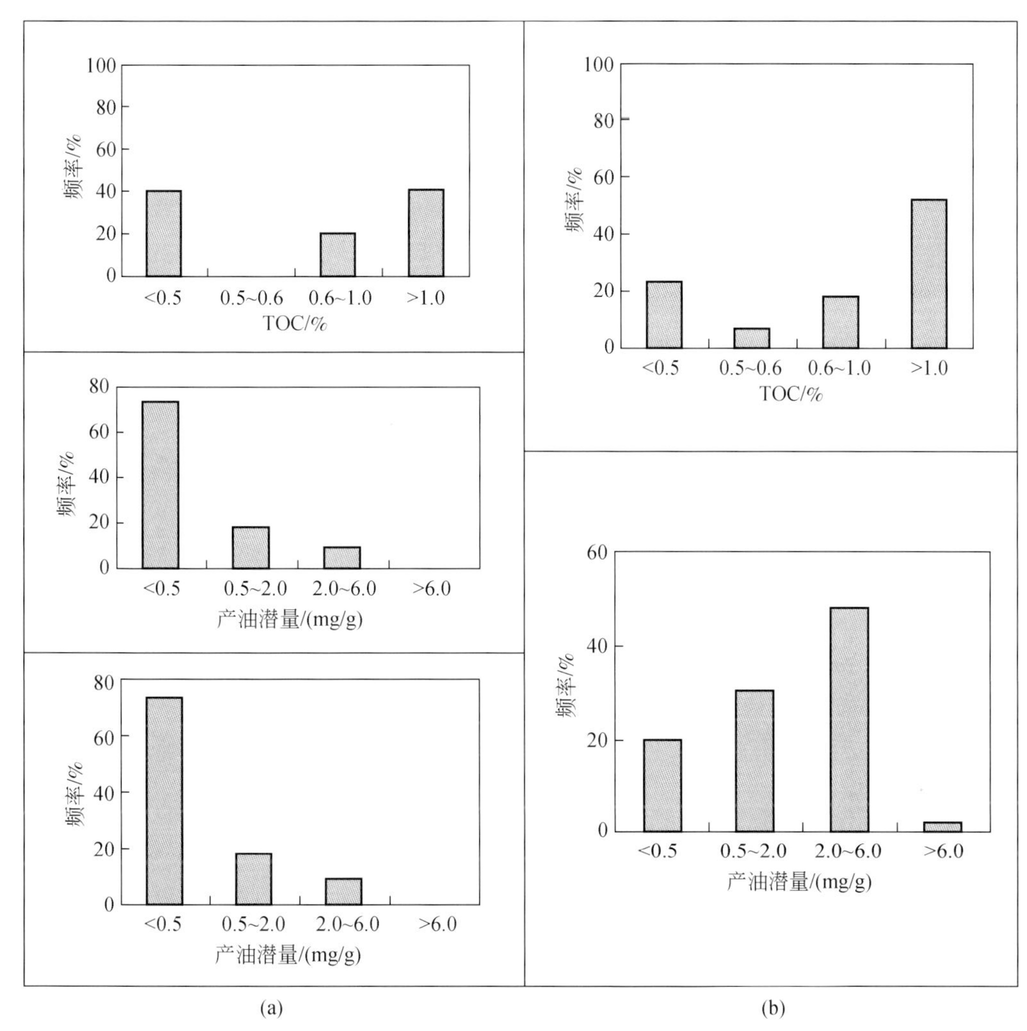

图 19.3　洪水庄组烃源岩有机质丰度分布直方图

(a) 露头岩样；(b) 韩 1 井岩心

高达到 596℃，已达到过成熟阶段，干酪根已丧失生烃能力。凌源龙潭沟剖面辉长辉绿岩单层岩床的厚度，自下而上依次为 79.6 m、19 m、65.9 m，由于辉长辉绿岩的高温烘烤，岩床顶低部页岩已板岩化，刘宝泉等（1996）对其影响程度和范围进行了系统的采样研究，指出一套辉长辉绿岩床对有机质的热烘烤影响范围可达 40 m 以上。尽管处于如此高的热演化阶段，但 TOC 分布范围 0.03% ~5.53%，均值仍可保持 1.34%；其中 TOC 值大于 1.0% 的好烃源岩级别占 53.3%，小于 0.4% 的非烃源岩级别仅占 33%。氯仿沥青含量与（S_1+S_2）值一样，以非烃源岩级别为主，大于 500ppm 的较好烃源岩仅占 16.7%，氯仿沥青含量均值 152ppm 相当于差烃源岩。因此，在辽西坳陷受辉长辉绿岩床侵入影响较小的区带，下马岭组仍可能为一套好烃源岩。韩 1 井揭示的下马岭组黑色页岩很薄，未采集到合适的岩心分析样品。

综合辽西坳陷地面露头剖面与韩 1 井岩心烃源岩样品的有机质丰度分析数据（图 19.2 ~ 图 19.5，表 19.4），洪水庄组黑色页岩是辽西坳陷最重要的一套有效烃源岩层，其有机质含量高，韩 1 井 70% 样品达到较好–好的烃源岩级别，约 50% 的岩样达到好烃源岩标准。在受辉长辉绿岩侵入体影响较小的区带，下马岭组黑色页岩也是值得关注的一个潜在烃源层。

19.3.2.3　烃源岩有机质类型

中元古界的沉积有机质以真核生物来源占绝对优势，生烃母质主要来源于菌藻类低等水生生物，干酪根为典型藻腐泥型。

(1) 干酪根镜鉴。

从热演化程度相对较低的中元古界烃源岩的干酪根，多呈棕黄、深棕色，以云雾状和絮状无定形结

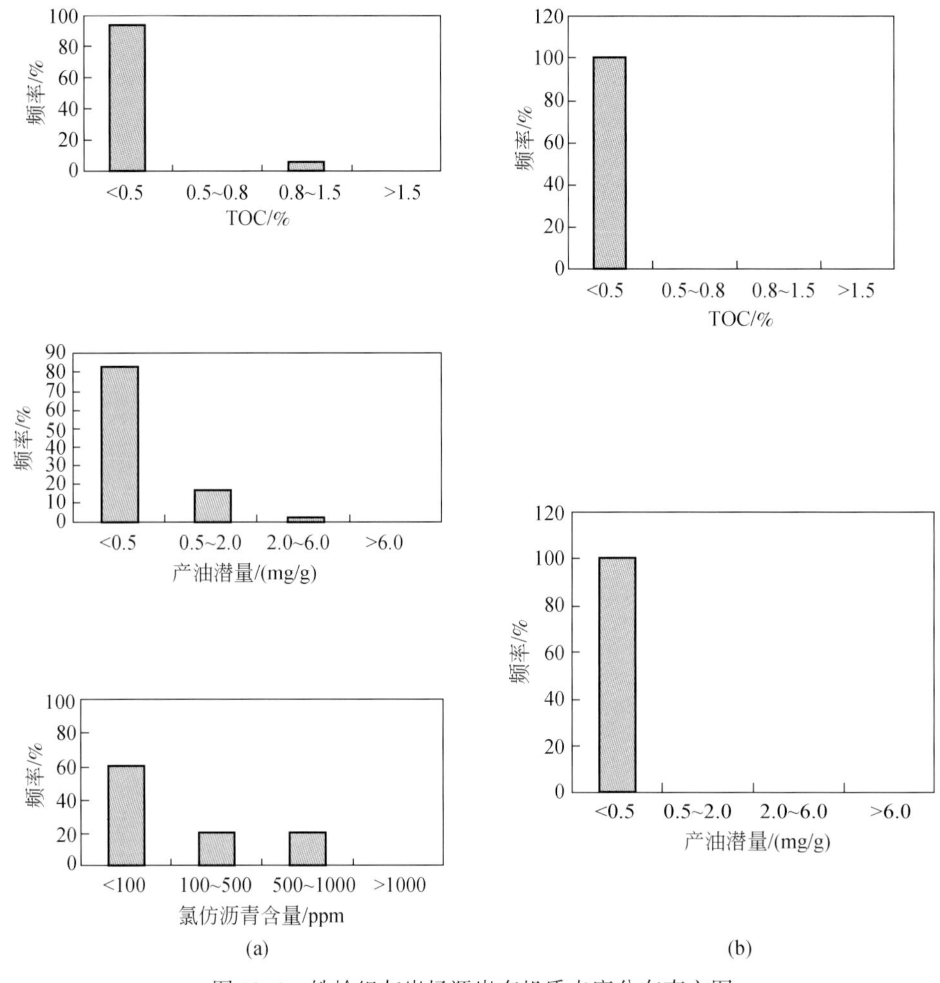

图 19.4　铁岭组灰岩烃源岩有机质丰度分布直方图

（a）露头岩样；（b）韩 1 井岩心

构为主要特征。

Pt_2^2h 洪水庄组：其形态特征呈深棕色云雾状无定形，类脂组含量大于 85%，类型指数大于 70，类型为 $Ⅱ_1$-Ⅰ型。

Pt_2^3x 下马岭组：干酪根呈棕黄和深棕色无定形结构，类脂组含量在 60% 左右，类型指数分布在 10 ~ 70，类型多数为 $Ⅱ_1$ 型，少数属于 $Ⅱ_2$ 型。

（2）干酪根扫描电镜检测。

Pt_2^2h 洪水庄组：多呈团块状和球状无定形腐泥和藻腐泥结构，属于腐泥型。

Pt_2^3x 下马岭组：镜下呈藻腐泥和球粒状无定形结构，在一些无定形腐泥结构中夹有少许块状类镜质体或类惰质体，电镜样品基本为腐泥型和腐殖-腐泥型。镜下见到的“类镜质体”和“类惰质体”系某些腐泥型有机质的纤维素演化形成的，其光学性质与镜质体相近，也有人称之为“镜状体”或“海相镜质体”，并非源自高等植物的组分。

（3）干酪根碳同位素检测。

由 $\delta^{13}C$ 值确定烃源岩原始母质类型：$\delta^{13}C$<-28‰PDB 为Ⅰ型母质；$\delta^{13}C$ 值-27‰ ~ -24‰PDB 为Ⅱ型母质；$\delta^{13}C$>-24‰PDB 为Ⅲ型母质。中元古界烃源岩的干酪根碳同位素 $\delta^{13}C$ 值多分布在-33.5‰ ~ -32.5‰，均小于-28‰属Ⅰ型母质，应来源于低等水生生物。而侏罗系和石炭系的干酪根碳同位素都较重，$\delta^{13}C$ 值在-28‰ ~ -23‰，属Ⅲ型母质，与中元古界相比差别显著（表 19.5）。

由干酪根碳同位素和“饱和烃+芳烃”含量（即总烃含量）关系图上看出，中元古界各组段烃源岩的有机质类型属Ⅰ-$Ⅱ_1$ 型，而侏罗系和石炭系源岩有机质类型落在 $Ⅱ_2$ 和Ⅲ区域内（图 19.6）。

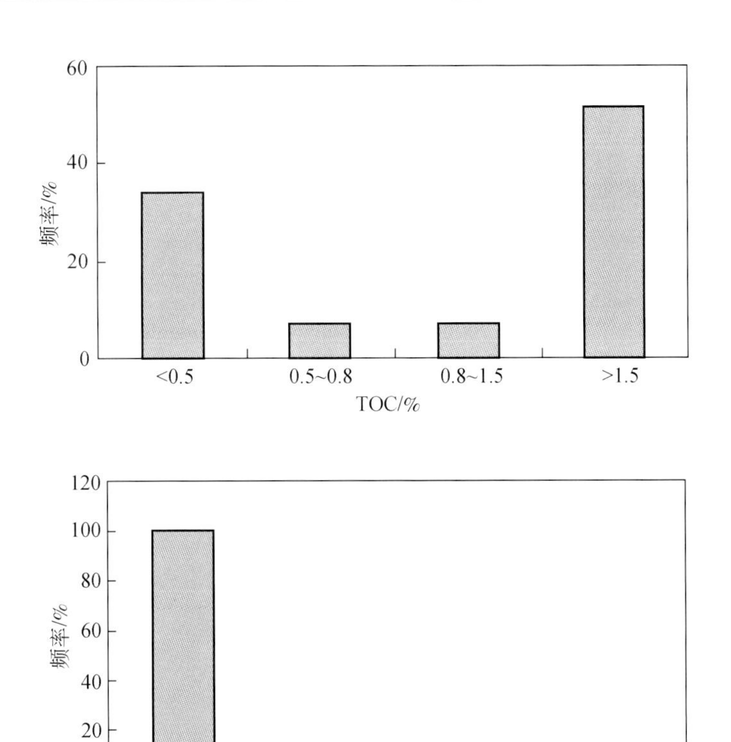

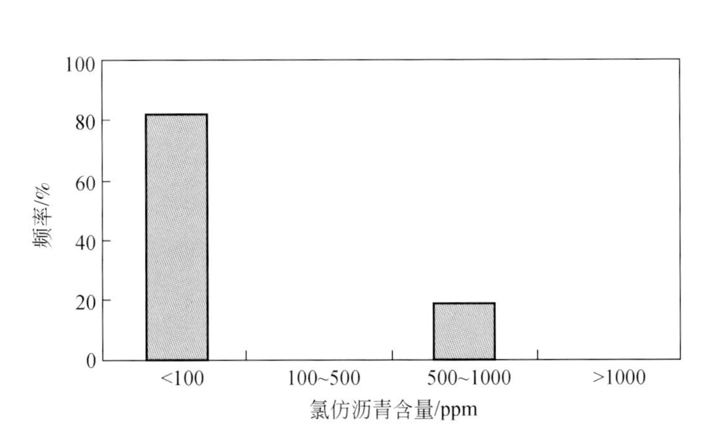

图 19.5 下马岭组页岩烃源岩有机质丰度直方图

表 19.5 辽西坳陷潜在烃源岩干酪根同位素组成对比

井号/剖面	层位	$\delta^{13}C$/‰	干酪根类型
辽西露头	K_1j 九佛堂组下段	-28.35	Ⅰ-Ⅱ$_1$
乐古 2	P_1s 山西组	-23.17	Ⅲ
辽西露头	$Є_1m$ 馒头组	-31.84	Ⅰ
	Pt_2^3x 下马岭组	-31.79	Ⅰ
	Pt_2^2t 铁岭组	-33.85	Ⅰ
	Pt_2^2h 洪水庄组	-33.00	Ⅰ
		-32.64	Ⅰ
		-32.25	Ⅰ

(4) 氯仿沥青的族组成。

中元古界烃源岩的氯仿沥青族组成，总体上具有高饱和烃、高非烃、低芳烃的特征。在氯仿沥青族组成三角图上，中元古界潜在烃源岩的族组成与其油苗的族组成相近，饱和烃含量大都大于 30%，属于

Ⅰ-Ⅱ$_1$型有机质的范畴，仅少数≤30%，属于Ⅱ$_2$型有机；而石炭-二叠系及侏罗系煤系潜在烃源岩的饱和烃含量<18%，与中元古界油苗的差别十分显著（图 19.6）。

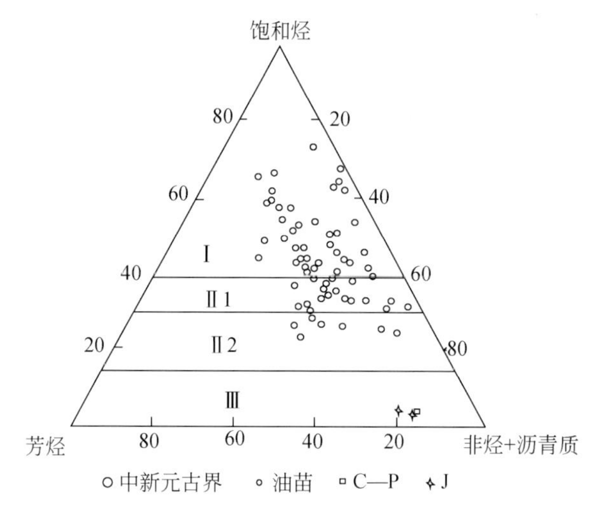

图 19.6　潜在烃源岩氯仿沥青族组成三角图 δ^{13}C 值相关图

19.3.2.4　烃源岩有机质成熟度

以热解参数 T_{max} 值作为主要的成熟度指标，依据郝石生、刘宝泉等结合 HI、H/C 原子比及干酪根颜色等辅助指标，提出的有机质热演化阶段划分标准（表 19.6；郝石生，1984；郝石生、张长根，1987；刘宝泉、方杰，1989；刘宝泉等，2000），分析中元古界烃源岩的热演化程度（表 19.7、表 19.8）。

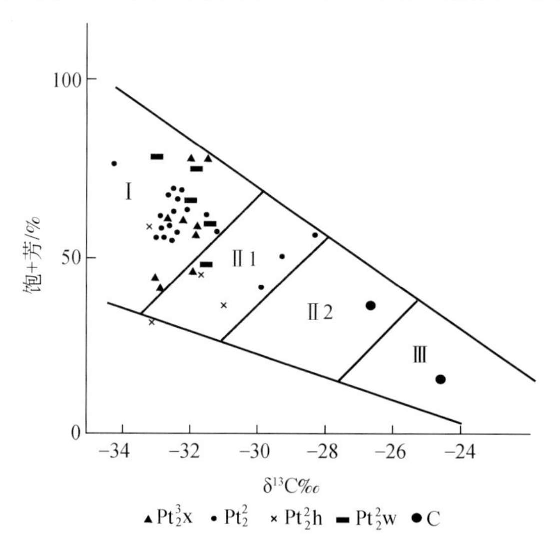

图 19.7　潜在烃源岩总烃含量-碳同位素组成

由不同地区的热解烃峰顶温度 T_{max} 分布可以看出（图 19.8），雾迷山组总体上处于有机质高成熟阶段，洪水庄组-铁岭组一般处于成熟阶段至或高成熟早期阶段，下马岭组整体上由于受侵入岩体的烘烤，大多进入高成熟的湿气阶段。

表 19.6　有机质热演化阶段划分标准（据郝石生，1984；郝石生、张长根，1987；刘宝泉、方杰，1989；刘宝泉等，2000）

指标及界限	成熟	高成熟		过成熟
	生油	凝析油	湿气	干气
干酪根 H/C 原子比	>0.7	0.7～0.6	0.6～0.45	<0.45
干酪根颜色	黄-深棕	深棕-棕黑	棕黑-黑	黑
热解峰温 T_{max}/℃	<455	455～485	485～530	>530
沥青反射率 R^b/%	<1.3	1.3～1.6	1.6～2.2	>2.2

表 19.7　辽西坳陷中元古界烃源岩演化阶段厘定（据韩霞，2011）

井号（地点）	层位	岩性		有机碳/%	T_{max}/℃	PI S1/(S1+S2)	演化阶段
韩 1	铁岭组	泥质白云岩	最小值-最大值	0.01～0.85	438～500	0.5	成熟-高熟
			平均值	0.20（46）	472		
	洪水庄组	泥质页岩	最小值-最大值	0.07～2.78	412～524	0.2	成熟-高熟
			平均值	1.11（44）	459		
	雾迷山	白云岩	最小值-最大值	0～0.40	310～486	0.25	成熟-高熟
			平均值	0.02（197）	393		
辽西露头	下马岭组	灰黑色页岩	最小值-最大值	0.3～5.53	444～596	0.17～1.40	成熟-高熟
			平均值	1.59（14）	488	0.22	
	铁岭组	黑色页岩	最小值-最大值	0.02～2.92	423～538	0-0.07	成熟-高熟
			平均值	0.67（10）	436	0.03	
	洪水庄组	页岩	最小值-最大值	0.01～6.22	425～519	0.01～0.24	成熟
			平均值	1.41（24）	431	0.07	

辽西坳陷洪水庄组-铁岭组 T_{max} 值的分布，与构造活动及构造部位密切相关，图 19.8 反映冀北坳陷宽城、平泉双洞区带中元古界 T_{max} 值较低，尚处于成熟阶段，说明化皮、双洞等背斜隆起较早，至少其印支期以后的埋藏深度比较浅。辽西坳陷中元古界的热演化成熟度平面分布上存在一定的差异：西部大河北和野猪沟区带处于高成熟阶段；中部喀左北洞区带则是辽西坳陷内演化程度最高区，已进入过成熟的干气阶段；东部瓦房子区带仍处于成熟阶段，其南部建昌老庄户烃源岩 T_{max} 值、甲基菲指数、等效镜质组反射率等均揭示，洪水庄组烃源岩处于成熟阶段。建昌韩 1 井中元古界烃源岩主要为高成阶段（图 19.8，表 19.7），可望在该区带寻找凝析油和湿气。

沿辽西坳陷的 SN 向上，有机质的热演化成熟度分布基本一致，北部的辘轳井区带 T_{max} 值 456℃，南部的野猪沟和马头山区带 T_{max} 值分别为 459℃和 453℃。热演化程度的区带效应直接制约着每个区带的油气勘探是以找油为主，还是以找气为主。

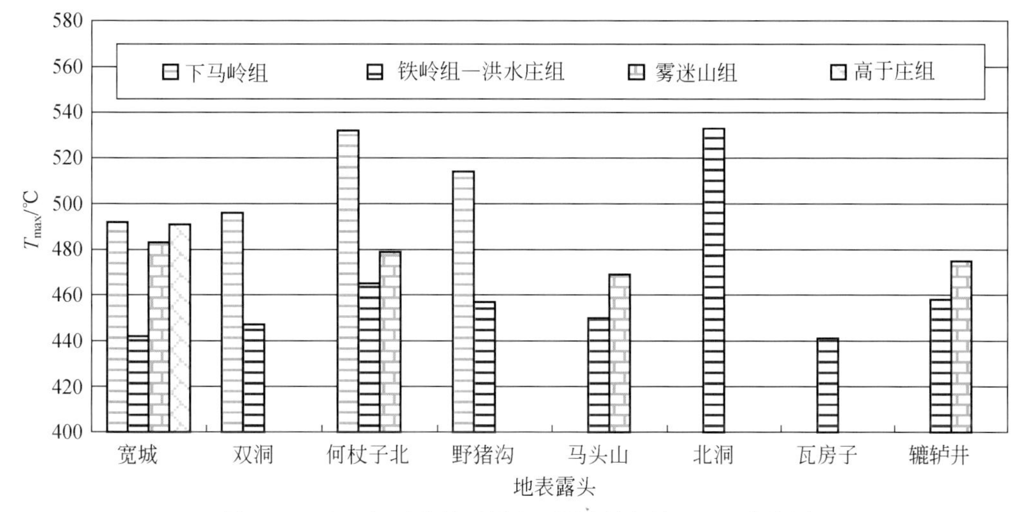

图 19.8　中—新元古界不同地区源岩热解峰温 T_{max} 分布图

19.3.2.5　烃源岩综合评价

根据前述烃源岩有机质厚度及分布、类型、丰度和成熟度指标的分析，对研究区中元古界烃源岩作出如下评价（表 19.8）：

表 19.8　中元古界潜在烃源岩综合评价表

井号（剖面）	层位	岩性	有机碳/%	T_{max}/℃	类型	评价
韩 1	Pt_2^1h 洪水庄组	页岩	0.01～6.22 1.41（20）	412～524 459	Ⅰ-Ⅱ$_1$	Ⅰ-Ⅱ$_1$ 型成熟–高成熟 好烃源岩
	Pt_2^1w 雾迷山组	白云岩	0～0.4 0.02	310～486 393	Ⅰ-Ⅱ$_1$	非烃源岩
辽西露头	Pt_2^2x 下马岭组	页岩	0.03～5.53 1.59（14）	444～524 488	Ⅰ-Ⅱ$_1$	Ⅰ-Ⅱ$_1$ 型成熟好烃源岩
	Pt_2^1t 铁岭组	页岩	0.02～2.92 0.67（10）	423～457 436	Ⅰ-Ⅱ$_1$	Ⅰ-Ⅱ$_1$ 型成熟–高成熟 好烃源岩
	Pt_2^1h 洪水庄组	页岩	0.01～6.22 1.41（24）	425～437 431	Ⅰ-Ⅱ$_1$	Ⅰ-Ⅱ$_1$ 型成熟好烃源岩

Pt_2^2w 雾迷山组：该组沉积巨厚，主要发育灰色的燧石条带白云岩、层纹石白云岩、凝块石白云岩、核形石白云岩及锥状叠层石白云岩。TOC 均值 0.04%～0.10%，有机质丰度甚低，而氯仿沥青含量 20～168 ppm，为非烃源岩，较高值的氯仿沥青含量可能指示运移烃的污染。

Pt_2^2t 铁岭组：下部主要为灰、浅灰色泥灰岩，灰色盆屑灰岩夹页岩。该组灰岩的有机质丰度偏低，TOC 均值仅 0.2%，氯仿沥青均值 252ppm，属非烃源岩。页岩有机质丰度较高，TOC 值 0.02%～2.92%，均值 0.67%，氯仿沥青含量 2～51ppm，为较差烃源岩。

Pt_2^2h 洪水庄组：总体上以为深灰、灰黑色页岩为主，其 TOC 均值达 1.41%，氯仿沥青含量均值 140 ppm，丰度值较高，为好烃源岩。

Pt_2^3x 下马岭组：除辉绿岩岩床外，主要由黑色页岩、角岩及板岩组成，夹少量泥灰岩及砂岩薄层。黑色页岩具有良好的生油条件，TOC 均值可达 1.59%，氯仿沥青均值 152ppm，属较好烃源岩。板岩的生油条件显然已被破坏。

19.3.3　多套储集层提供良好的油气储集空间

辽西坳陷中—新元古代地层由碳酸盐岩与碎屑岩组成。所以可以储集层分为碳酸盐类和碎屑岩类两大类。

19.3.3.1　沉积岩石学特征

辽西坳陷中—新元古界地层的主要岩石类型包括白云岩类、灰岩类、砂岩类和页岩类。白云岩类主要有叠层石白云岩类、粒屑白云岩类、泥晶–微晶白云岩类。灰岩类有泥晶–隐晶灰岩、白云质灰岩及遂石条带灰岩。砂岩类有石英砂岩和含长石岩屑石英砂岩；泥页岩类包含各种杂色泥页岩，页岩中多含粉砂。

1. 碳酸盐类

（1）叠层石白云岩。

叠层石白云岩是一种生物化学成因的岩石，是由低等的蓝绿藻生物活动和沉积因素共同作用的结果。它具有成双出现亮暗相间的“层纹对”构成基本层。这种“层纹对”结构由藻类繁殖促使碳酸盐沉淀，或黏结碳酸盐颗粒而形成的。亮、暗层的反复交替形成叠层石构造。

常见的叠层石白云岩类型有：层状、波状、柱状、锥状和球状叠层石白云岩及凝块石白云岩。前人研究结果表明，雾迷山组地层发育大量叠层石白云岩，各段地层的叠层石显示出各自的特色，即雾二段下部发育有黑色密纹层状叠层石白云岩、藻团细晶白云岩；雾二段上部发育着凝块石白云岩；雾三段、四段、五段发育着薄层状凝块石白云岩；雾三段、六段发育柱状、锥状叠层石；雾八段中下部发育层状、柱状叠层石。此外，在冰沟发现单体柱状叠层石白云岩，在瓦房子见锥状叠层石，在辘轳井、韩 1 井、老达杖子均发育层状叠层石。与雾迷山组相比铁岭组叠层石白云岩较少，仅在铁岭组一段下部有柱状叠层石白云岩，在杨1井铁岭组发育黑色密纹层状叠层石白云岩。

（2）泥晶白云岩。

泥晶白云岩在雾迷山组、铁岭组一段发育。泥晶白云岩是由泥、微晶白云石组成的泥晶白云岩，岩石可呈薄层至块状等几何形态产出，雾迷山组含有燧石条带和结核。泥晶-微晶白云岩与叠层石白云岩构成沉积韵律。泥晶-微晶白云岩中还发育各种沉积构造，如水平纹层、波痕、缝合线等。

（3）粒屑白云岩类。

在粒屑碳酸盐岩中，粒屑含量占10%～90%、颗粒直径小于2 mm，中元古界常见的颗粒类型有砂屑和藻球粒等。在辘轳井、梅素斋、老达杖子等地均有雾迷山组粒屑白云岩分布，在辘轳井、梅素斋和冰沟等地铁岭组中也有分布。其中辘轳井的粒屑白云岩含陆源砂屑，表明辘轳井离古陆物源区较近。

（4）灰岩类。

该类岩石主要分布在铁岭组三段、雾迷山组七段，以及残余景儿峪组全段。在铁三段岩性为隐晶-泥晶灰岩、含燧石条带灰岩、白云质灰岩、砂屑灰岩；景儿峪组为薄层泥晶灰岩，有缝合线构造，夹0.5 m厚的磷酸盐结核层，结核直径为0.5～2 cm。野外该类岩石新鲜面一般呈灰、深灰或肉红色，呈几十厘米至1 m的中厚层状产出，层间常夹有页岩。该类岩石岩性较脆，裂缝较为发育，在隐晶-泥晶灰岩的裂缝、溶孔中见到多处油苗。

2. 碎屑岩类

（1）页岩类。

该类岩石在洪水庄组、下马岭组非常发育，铁二段也较为发育。洪水庄组以黑、灰黑色薄板状、纸片状页岩为主，并含有钙质页岩、硅质页岩，局部发育砂质页岩和含铁质结核。下马岭组以灰黑、深灰色为主，部分为绿灰、褐灰和黄绿色，含硅质、钙质、粉砂质页岩。

（2）砂岩类。

该类岩石在骆驼岭组中下部非常发育，洪水庄组、铁岭组和下马岭组仅局部发育。骆驼岭组砂岩包括含长石岩屑石英砂岩和海绿石石英砂岩。含长石岩屑砂岩位于骆驼岭组底部，长石砂粒包含钾长石和斜长石，为中等圆度分选较差的细-中粒砂岩；石英砂粒次生加大发育，次生加大阴极发光片中不发光或弱发光；含有各类黏土矿物（如绿泥石）杂基填隙物和硅质胶结物，呈点接触式胶结。海绿石石英砂岩颗粒的圆度好，颗粒间为点接触关系。中部中粒石英砂岩分选最好，方解石自生胶结物发育。上部中-粗粒石英砂岩分选中等，硅质次生加大发育，岩性致密。

铁岭组主要发育含长石岩屑石英砂岩，分选中等，呈次圆-圆状，硅质胶结物发育，胶结类型为镶嵌胶结。

洪水庄组和下马岭局部发育粉砂岩夹层或条带，砂粒呈次圆状，分选中等，线接触为主，发育少量硅质次生加大边，粒度分析表明这类岩石为悬浮沉积，岩性致密。

19.3.3.2　主要沉积相类型

辽西坳陷中元古界发育碳酸盐台地体系、碎屑岩体系和陆源碎屑碳酸盐混积体系三种沉积体系，发育无障壁海岸相、陆棚相、混积潮坪相、混积陆棚相、局限台地相以及开阔台地相六种基本沉积相和若干亚相（表19.9）。

表19.9　冀北-辽西坳陷中—新元古界沉积相划分简表

沉积体系	相	亚相	代表层段
陆源碎屑沉积体系	无障壁海岸相	后滨	骆驼岭组下部
		前滨	
		临滨	
	陆棚相	泥质、砂质陆棚	下马岭组、洪水庄组、铁岭组

续表

<table>
<tr><th>沉积体系</th><th>相</th><th>亚相</th><th>代表层段</th></tr>
<tr><td rowspan="4">陆源碎屑碳酸盐混积体系</td><td rowspan="3">混积潮坪</td><td>潮上泥坪、潮上泥云坪</td><td rowspan="3">铁岭组</td></tr>
<tr><td>潮间云质砂坪、潮间砂质云坪</td></tr>
<tr><td>潮下泥云坪、潮下云泥坪等</td></tr>
<tr><td>混积陆棚</td><td>泥云质陆棚、泥灰质陆棚等</td><td>下马岭组、洪水庄组、铁岭组</td></tr>
<tr><td rowspan="6">碳酸盐台地沉积体系</td><td rowspan="3">局限台地相</td><td>潮间砂坪、潮间藻云坪、潮下云坪等</td><td rowspan="6">铁岭组、雾迷山组</td></tr>
<tr><td>泻湖</td></tr>
<tr><td>台内滩</td></tr>
<tr><td rowspan="3">开阔台地相</td><td>台内滩</td></tr>
<tr><td>台内洼地</td></tr>
<tr><td>开阔潮下</td></tr>
</table>

19.3.3.3　储层特征

辽西坳陷中—新元古界油气储层由碎屑岩、碳酸盐岩及火山岩组成。目前已在中元古界见到不同级别的油、气显示。龙潭沟下马岭组底砂岩中见沥青砂岩和沥青砂，韩1井骆驼岭组砂岩见油斑显示，露头及韩1井也见到铁岭组及雾迷山组碳酸盐岩的原油和沥青显示。因此，辽西坳陷可能具有多个层位的油气储层，储层岩石类型具有多样化特点。

下马岭组底部砂岩及骆驼岭组砂岩是一套有效储层，其储集空间为孔隙型，龙潭沟下马岭组砂岩孔隙度可达15%～25%，韩1井骆驼岭组砂岩见两层荧光显示厚15.2 m，两层油迹厚4.5 m，一层2 m厚油斑，充分显示两套砂岩储层的储油潜力。

铁岭组和雾迷山组均以碳酸盐岩储层为主。据野外观察，铁岭组沥青、油苗显示程度最高，其次为雾迷山组。据研究，这类储层储集空间的成因类型可分为晶间孔、溶蚀孔、构造裂缝等。

19.3.3.4　储层总体评价

据野外剖面和钻井资料分析，结合储层的宏观与微观分析可知，辽西坳陷中—新元古界主要存在碳酸盐岩和碎屑岩两大类储层，碳酸盐岩储层发育于雾迷山组和铁岭组铁一段、铁三段，而碎屑岩储层主要发育于骆驼岭组中下部，铁岭组底部也有少量分布。

雾迷山组与铁岭组的白云岩储层以次生溶蚀孔洞及裂缝为主要储集空间，非均质性较强，岩石基质孔隙度较低，构造裂缝的发育不但有利于孔、洞的相互沟通，也有利于酸性流体沿裂缝的扩溶，进一步促进次生溶蚀孔、洞的发育，提高储层的储集性能。

骆驼岭组石英砂岩储层和铁岭组铁一段底部白云质石英砂岩储层的主要储集空间为残余粒间孔，次为长石或岩屑粒内溶孔、铸模孔，是典型的孔隙型储层。由于石英次生加大较为发育，骆驼岭组储层的物性较差，岩心分析孔隙度平均只有3.8%。但在23个样品中，仍然有三个样品孔隙度大于6%，占孔隙总数的17.4%，最大值达18.2%，说明在普遍致密的情况下仍然有好储层的存在，长石和岩屑颗粒的溶解可大大增加孔隙度。铁岭组底部的石英砂岩普遍含云质，碎屑颗粒除大部分为石英颗粒外，还有一定量的碳酸盐砂屑，而砂屑在后期的溶解较为普遍，也增加了储层的孔隙度。

19.3.4　多套成藏组合提供良好的油气富集条件

辽西坳陷中元古界主要勘探目的层之上分别存在两套良好的区域性盖层，即洪水庄组页岩（厚约50 m）、下马岭组页岩（厚度25～50 m）。另外，古生界下寒武统馒头组和中寒武统毛庄组紫红色泥岩（90～120 m左右）和上覆中生界的巨厚火山岩沉积和砂砾岩（1550 m左右）也是重要的区域性盖层。

根据中元古界生储组合，可把成藏组合划分为下生上储式、上生下储式组合及新生古储式组合（图

19.9）。

1）下生上储式组合

洪水庄组泥质烃源岩与铁岭组砂岩和灰岩、下马岭组泥质烃源岩与骆驼岭组砂岩储层构成下生上储式组合；洪水庄组泥质烃源岩与骆驼岭组砂岩也可以通过断裂沟通构成下生上储式组合。

2）上生下储式组合

洪水庄组泥质烃源岩与雾迷山组白云岩储层构成上生下储式组合；下马岭组泥质烃源岩与铁岭组白云岩储层构成上生下储式组合。

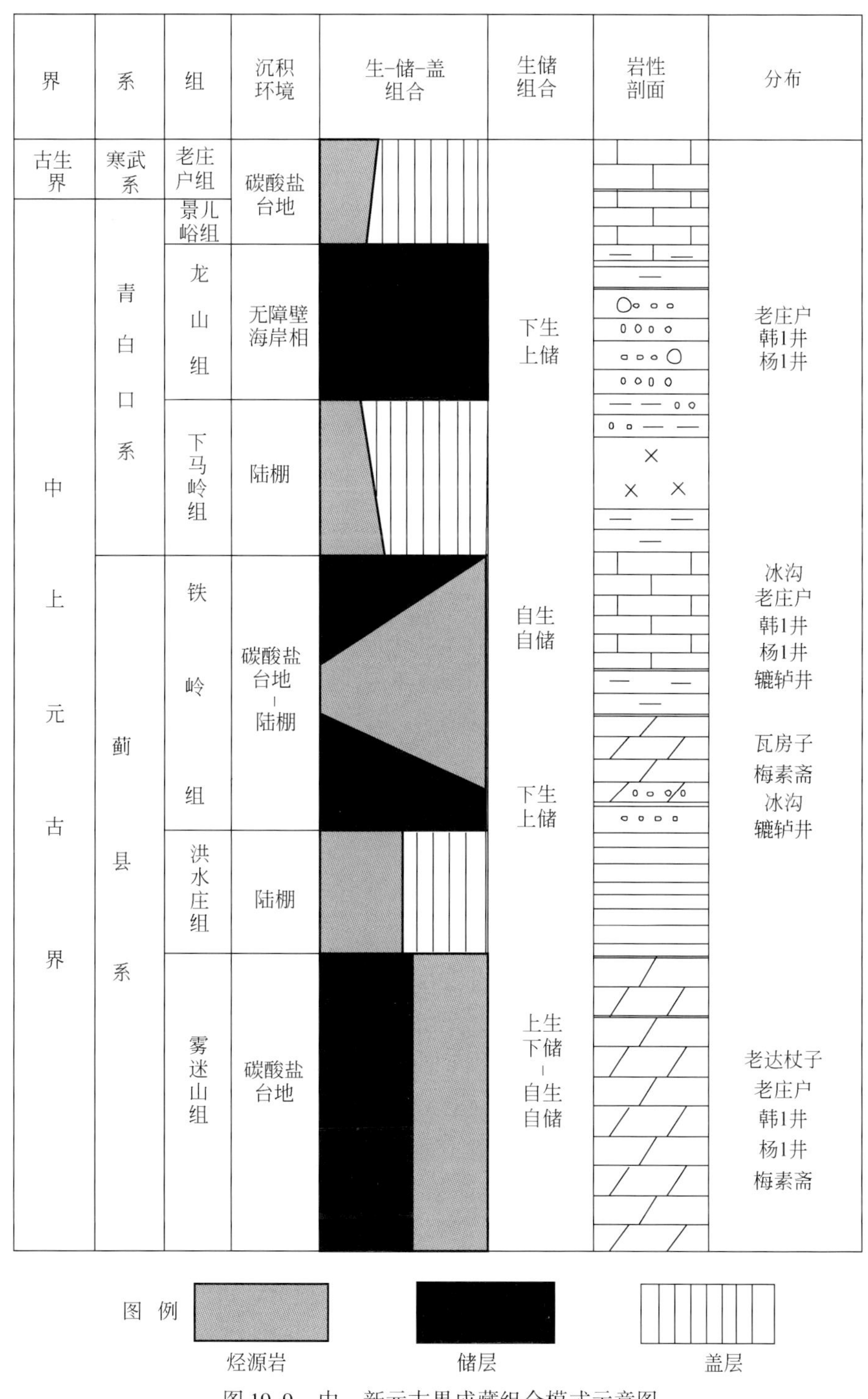

图 19.9　中—新元古界成藏组合模式示意图

3）新生古储式组合

辽西坳陷燕山期发生的四次幕式拉张-挤压的构造活动，有可能使白垩系九佛堂组的陆相泥质烃源岩与中元古界储层发生接触沟通，形成新生古储式组合。

19.4　中—新元古界油苗原生性与古老地层油气勘探新领域

统计表明，中—新元古界地层中，雾迷山组和铁岭组中的油苗和沥青占总显示的80%。原油显示层位的相对集中性，在一定程度上反映了油苗、沥青和地层之间的成因联系，可作为石油原生性的间接证据。

以韩1井青白口系骆驼岭组两层油砂与辽西坳陷各主要的潜在烃源层的油-岩对比为例，图19.10是骆驼岭组两层油砂与各潜在烃源岩的链烷烃组成 Pr/Ph-Pr/nC$_{17}$-Ph/nC$_{18}$三角图，图中油砂与高有机质丰度的 Pt_2^1h 洪水庄组页岩聚类最佳，总体上与有机质低丰度的雾迷山组白云岩、铁岭组灰岩、寒武系昌平组、张夏组灰岩以及下白垩统义县组泥岩的相关性较差。

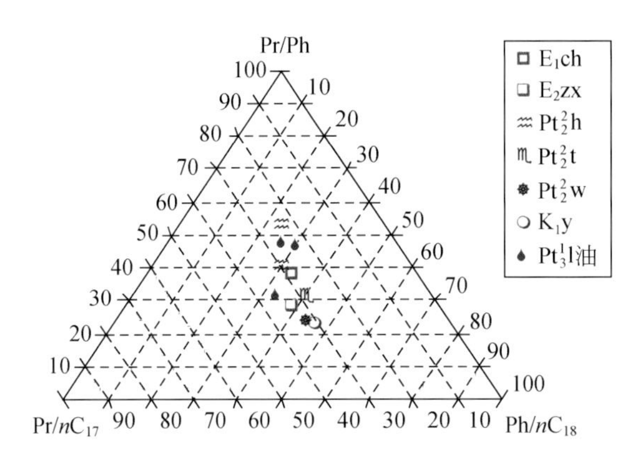

图19.10　Pt_3^1l 骆驼岭组油砂 Pr/Ph-Pr/nC$_{17}$-Ph/nC$_{18}$三角图油-岩对比（据韩霞，2011）

骆驼岭组油砂的族组分碳稳定同位素 δ^{13}C 分布曲线的油-岩对比结果同样表明，油砂的族组分仅分离出饱和烃与芳烃两个族组分，δ^{13}C 值分布范围为-32.0‰～-30.0‰，Pt_2^1h 洪水庄组页岩则得到饱和烃、芳烃、非烃、沥青质与干酪根五个族组分，其 δ^{13}C 值的分布范围-32.0‰～-30.1‰，二者均小于-30‰，δ^{13}C分布曲线分布范围重叠，显示出良好的可比性；然而，低有机质丰度的雾迷山组白云岩、铁岭组灰岩的族组分 δ^{13}C 值分布范围分别为-29.2‰～-27.7‰和-29.0‰～-28.1‰，均大于-30.0‰，与骆驼岭组油砂不具可比性［图19.11(a)］。同样的，寒武系昌平组、张夏组灰岩的族组分 δ^{13}C 值分布范围-31.0‰～-26.1‰以及下白垩统义县组泥岩-29.0‰～-26.7‰的族组分 δ^{13}C 值分别大于-31‰，或大于-30‰，其 δ^{13}C 分布曲线与 Pt_3^1l 骆驼岭组油砂差别很大，也不具备可比性［图19.11(b)］。

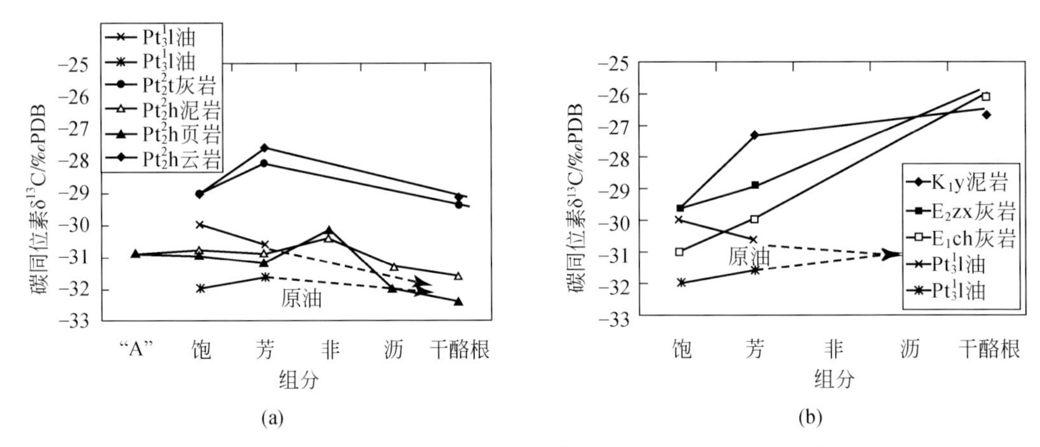

图19.11　骆驼岭组油砂族组分碳稳定同位素 δ^{13}C 分布曲线油-岩对比（据韩霞，2011）

上述油源对比结果确认，洪水庄组页岩是辽西坳陷以骆驼岭组油砂为代表的中—新元古界油显示的油源，从而证明辽西坳陷具有中—新元古界的原生石油资源，构成一个潜在的古老地层油气勘探新领域。

19.5　晚期成藏利于油气资源的保存

19.5.1　初步推测油气成藏期较晚

韩 1 井现今地温梯度计算值为 2.17℃/100 m，低于新生代辽河裂谷盆地的三大凹陷，同时与国内其他盆地相比：接近于中热盆下限-冷盆上限之间（2.86 ~ 2.6℃/100 m；表 19.10）。韩 1 井地温梯度随地层变老而减小，在中生代以前，地温梯度增幅很小，地温较低，有机质演化很缓慢，至中生代地温梯度与地温迅速递增，有机质演化也加速（图 19.12），从地温梯度的变化分析，辽西坳陷油气成藏时间应该比较晚。

表 19.10　中国各盆地地温梯度对比

类型	热盆	中热盆	冷盆	热盆			中热盆
盆地	松辽盆地	鄂尔多斯	准噶尔	东部凹陷	西部凹陷	大民屯凹陷	韩 1 井
地层	Mz	Mz	Kz	Kz	Kz	Kz	Pt_{2-3}
今地温梯度/(℃/100m)	3.2 ~ 4.58	2.86 ~ 2.95	1.93 ~ 2.60	3.26	3.3	2.9 ~ 3.3	2.71
古地温梯度/(℃/100m)	—	—	—	—	—	3.6 ~ 4.07	—

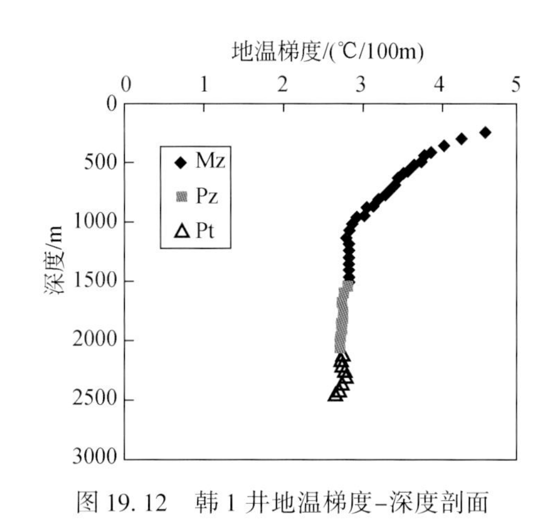

图 19.12　韩 1 井地温梯度-深度剖面

19.5.2　油气成藏期次

流体包裹体的镜检表明，韩 1 井 Pt_3^1l 骆驼岭组石英砂岩主要发育两个期油气包裹体，两期包裹体均呈深褐、灰褐、褐黄色，以液态烃为主。第一期包裹体赋存于石英砂粒的早中期次生加大边内侧成带分布，观测到的包裹体数量较少，流体包裹体测温实测均一温度范围 80 ~ 117℃，盐度 6.30% ~ 6.16%；第二世代油包裹体沿石英砂粒的成岩早期微裂隙成带分布，不仅包裹体数量较多，而且气态烃的含量增多，均一温度可达 121 ~ 142℃，古地层水变咸，盐度高达 14.67% ~ 17.43%。在流体包裹体均一温度直方图上，均一温度主频为 120 ~ 140℃，与第二期包裹体一致，标志油气充注的主成藏期（图 19.13）。

欧光习和李林强（2006）、张敏等（2009）认为，冀北-辽西坳陷中元古界一般有三至四期油气运移过程，早期油质较重，成熟度较低，成藏时间应集中在中—新元古界沉积之后的稳定升降运动期间；中晚期油气活动规模较大，油质较轻，成熟度较高，油气主要沿岩石或矿物裂隙运移，主要成藏时间集中在印支运动二幕至燕山一幕（中、晚三叠世—早、中侏罗世）。

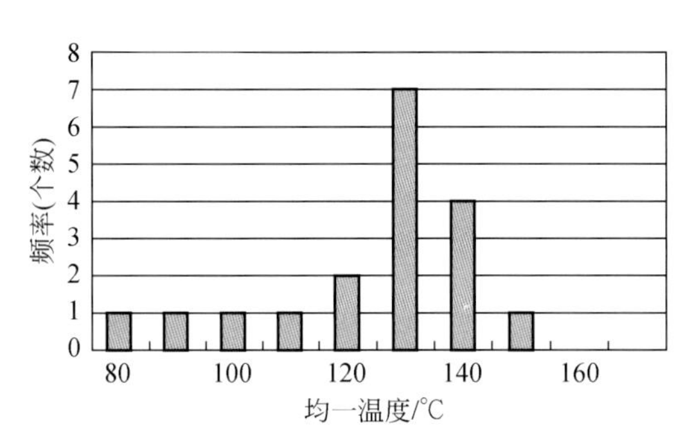

图 19.13　韩 1 井 Pt_3^1l 骆驼岭组油砂包裹体均一温度分布直方包裹体

19.5.3　油气成藏时间研究

19.5.3.1　沉积埋藏史分析

通过韩 1 井埋藏史分析（图 19.14），推测第一次成藏应在早印支运动之前，此时，中—新元古界烃源层埋深达到约 2500 m，有机质进入大规模排烃阶段的初期，主要以液态烃产物为主，后来因早三叠世末的印支运动被抬升至地表或近地表，形成的油气藏被破坏。第二次成藏期在侏罗纪—白垩纪，由于中生代裂陷盆地的发育，中元古界烃源层又一次被深埋，并超过原来曾经达到的最大深度和温度，烃源岩开始二次生烃，且此时烃源岩已进入高成熟阶段，生成湿气，并在储层中再次聚集。

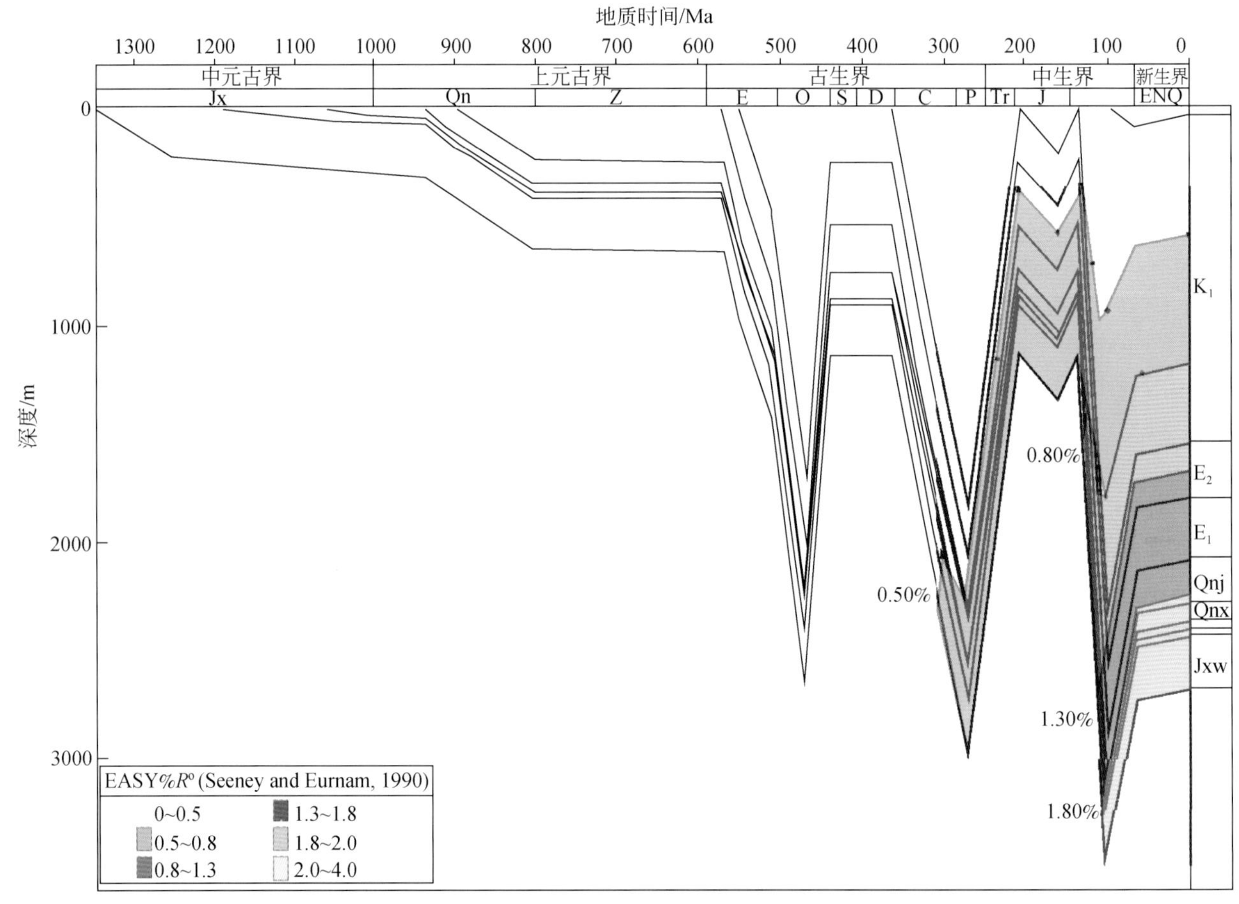

图 19.14　韩 1 井地层埋藏史

19.5.3.2　自生伊利石 K-Ar 法定年

采用自生伊利石^{40}K-^{40}Ar法放射性同位素分析方法，对韩 1 井 Pt_3^1l 青白口系骆驼岭组油砂的原油充注时间定年结果表明：骆驼岭组油砂的石油充注主成藏期时间为 118 ~ 124 Ma，即相当于早白垩世（表 19.11）。

综上所述，辽西坳陷中—新元古界油气具有原生性、多期充注的特点，主成藏期为早白垩世，表明晚期油气充注对于辽西坳陷中—新元古界原生油气藏勘探尤为重要。

表 19.11　韩 1 井 Pt_3^1l 骆驼岭组油砂自生伊利石^{40}K–^{40}Ar 法定年数据表

粒级/μm	K 含量/%	^{40}K 含量 /(mol/g×10^{-7})	^{40}Ar 含量 /(mol/g×10^{-10})	$^{40}Ar_{放}/^{40}Ar_{总}$/%	$^{40}Ar/^{40}K$	视年龄值/Ma，1σ
≤0.15	3.75	1.119	7.952	93.54	0.0071052	118.32±3.22
≤0.25	3.80	1.134	8.524	94.01	0.0075160	124.92±1.53

19.6　油气成藏主控因素探讨

19.6.1　生烃能力毋庸置疑，发育三套良好的烃源岩

前文已经表明，辽西坳陷发育洪水庄组、下马岭组两套烃源层，且分布面积广泛，有机质类型好，以 I-$Ⅱ_1$型为主，有机质处于成熟-高成熟阶段，有利于油气生成与保存，具备形成油气成藏的良好条件。

19.6.2　储层总体质量较差，但仍有优质储层存在

中—新元古界的砂岩储层总体较为致密。原因有两个方面，一是石英砂岩的硅质胶结降低了储层孔隙度；二是早期油气的沥青化充填孔隙，降低了储层的储集性能，但并非所有的孔隙都被沥青所充填。如老庄户剖面骆驼岭组石英砂岩中，仅有孔隙边缘分布有沥青，仍保存有较多的孔隙空间，韩 1 井井下岩心样也见类似情况，而且孔隙度大于 6% 的样品可占 17.4%，最大孔隙度值达到为 18.2%。铁岭组底部砂岩在野外露头岩样中的残余孔隙也比较发育，而且微裂缝也较为常见。

国内外中生代以前的碳酸盐岩储层都是以次生溶蚀孔为主的储层，许多也成为大-中型油气田的优质载体。虽然中—新元古界碳酸盐岩储层时代久远，但只要裂缝发育、次生溶蚀孔隙的发育，一样可以成为优质储层。野外与室内的研究也表明雾迷山组和铁岭组白云岩可能具备这些条件。特别是经过后期构造改造更有利于形成裂缝。

19.6.3　古构造是早期油气藏有利保存区域

中—新元古界的早期充注油气藏，主要形成于古生代末—中生代沉积前，中生代沉积前的古圈闭是早期油气藏存在的地方。只要后期保存条件有利，这些原生油气藏就可以保存下来。根据构造演化史分析，中生界沉积前，成熟源岩的分布区主要位于研究区西南，在此区域内和邻近的古圈闭是寻找原生油气藏的有利地区。

19.6.4　晚期成藏区较为有利

最新一期的构造运动控制现今的油气聚集。辽西坳陷中—新元古界现今的构造圈闭多形成于燕山期，位于生烃中心及其附近的构造圈闭对捕获中元古界烃源岩二次生烃的油气较为有利，这些区带主要位于辽西坳陷的中南部。

19.6.5 保存条件最关键

辽西坳陷中—新元古界沉积之后，曾经历过多次的构造运动的改造。较明显的构造改造发生于古生代末至早三叠世的印支运动以及后来的燕山一幕至燕山四幕。早期形成的油气藏一直处于动荡的保存环境中，受到改造和破坏，普遍见到的沥青及多期次的运移痕迹就是这种改造和破坏的具体体现。根据目前已知油气分布规律，油气分布具有环洼分布特点，有明显的规律性。可以分为三个带，第一个带称为内带，以天然气为主；第二个带称为中带，以稀油为主，局部地区天然气较为富集；第三个带为外带，保存条件相对较差，油气都受到了破坏，以稠油为主。所以我们也可以这样认为，目前我们发现的油气可以都处于中—新元古界洼陷的外带而真正的中、内带我们还没有发现，考虑到本区发生多期次构造活动，我们应该寻找中、内带油气藏为主。因此，要想在辽西坳陷中—新元古界有所突破，选择勘探目标时，应优先考虑油气的保存条件。

参考文献

金之均，王清晨．2007．中国典型叠合盆地油气形成富集与分布预测．北京：科学出版社．101～112

欧光习，李林强．2006．辽西-冀北坳陷中—上元古界油源及成藏期分析．矿物岩石地球化学通报，25（1）：87～91

王铁冠，韩克猷．2011．论中—新元古界的原生油气资源．矿物岩石地球化学通报，25（1）：87～91.

王铁冠，黄光辉，徐中一．1988．辽西龙潭沟元古界下马岭组底砂岩古油藏探讨．石油与天然气地质，（3）：278～287

郝石生．1984．冀辽坳陷中—上元古界原生油气远景．石油与天然气地质，5（4）：342～348

郝石生．1987．碳酸盐生油岩热演化模拟试验．石油学报，8（4）：26～35

郝石生．张长根．1987．华北北部中—上元古界原生油气特征．北京石油地质会议报告论文集．北京：石油工业出版社．266～288

刘宝泉，方杰．1989．冀北宽城地区中、上元古界、寒武系有机质热演化特征及油源探讨．石油实验地质，（1）：16～31

刘宝泉，李恋．1996．华北地区古生界—中、上元古烃源岩及热演化评价．华北石油勘探开发科技文献．北京：石油工业出版社．1～3

刘宝泉，秦建中，李欣．2000．冀北坳陷中、上元古界烃源特征及油苗、油源分析．海相油气地质，5（1-2）：35～45

张敏，欧光习，李林强．2009．辽西-冀北地区中—新元古界储层油气特征及运聚史分析．矿物岩石地球化学通报，28（1）：19～23

IHS Energy Group. 2005. International petroleum exploration and production database. Colorado

Kuznetsov V G. 1997. Riphean hydrocarbon reservoirs of the Yurubchen Tokhom Zone. Lena Tunguska Province. NE Russia. Journal of Petroleum Geology, 20（4）: 459～474

第 20 章　南华北地区中—新元古界含油气性分析

刘德良[1]，陶士振[1,2]，李振生[1,3]，张交东[1,4]，吴小奇[1,5]，曹高社[1,6]，
谈　迎[1,7]，赖小东[1]，杨清和[8]，杜森官[8]

（1. 中国科学技术大学地球与空间科学学院，合肥，230026；2. 中国石油勘探开发研究院，北京，100083；
3. 合肥工业大学资源与环境工程学院，合肥，230009；4. 中国科学院地质与地球物理研究所，北京，100029；
5. 中国石油化工股份有限公司石油勘探开发研究院，无锡石油地质研究所，无锡，214151；
6. 河南理工大学资源与环境学院，焦作，454000；7. 有色金属华东地质勘查局，南京，210007；
8. 安徽省地质调查院，合肥，230001）

摘　要：本章论述南华北地区的区域地质与成矿条件，进而对含油气性进行初步预测。研究认为，①南华北地区发育两个中—新元古代的沉积盆地，即西部的熊耳板缘裂陷带，东部的辽鲁皖裂陷带南段。②依据现有的锆石 U-Pb 同位素测年成果，华北克拉通所缺失的古元古界底部和中元古界顶部至新元古界下部的地层层位，可望在南华北地区寻觅，即熊耳群可弥补常串沟组之下缺失地层；八公山群可填补中元古界“待建系”之上缺失的层位。③依据地质地球物理综合成果，南华北存在四套构造系统，即近 EW 向构造系-皖豫陕纬向构造、近 SN 向构造系（冀鲁皖经向构造）、近 NWW 向构造系（华北克拉通南缘构造）、近 NNE 向构造系（辽鲁皖裂陷带）。④现存的潜在烃源层主要有中元古界八公山群刘老碑组、新元古界贾园组—魏集组、上震旦统—下寒武统马店组。

关键词：辽鲁皖裂陷带南段，淮南坳陷，淮北坳陷，刘老碑组，贾园组—魏集组，马店组

20.1　引　　言

南华北地区中—新元古界含油气性的探索尚处于初始阶段。本章通过南华北区域构造的建造和改造及含油气性的分析，对潜在的烃源层及其含油气前景作一初步预测，以便为今后该区中—新元古界油气的研究和勘探提供思路和地质依据。

20.2　区域地质概要

南华北地区的地理与地质区划并不尽一致。“南华北”的地理范围大致是指秦岭-大别山以北，至郑州黄河-豫鲁皖苏废黄河古道以南的广大地区；“南华北”的地质概念即华北克拉通的南部，其南界在秦岭-大别褶皱带北缘的洛南-方城-确山-固始-合肥断裂，北界顺沿郑州黄河-豫鲁皖苏废黄河断裂，西界位于华阳-兰田断裂，东界止于郯庐断裂（图 20.1）。南华北地区的西南部豫陕晋边区发育熊耳裂陷带，东南部皖苏鲁边区发育辽鲁皖裂陷带南段，分别发育两种类型的中—新元古代地层，分界受到现今呈现 NWW 向与 NNE 向构造的控制和改造，其间为一 SN 向基底隐伏构造带（冀鲁皖经向构造）分隔。

20 世纪南华北克拉通南界的 NWW 向断裂由南向北平缓逆冲，使南面的片麻岩逆冲到北面的中—新元古界之上，沿寿县—淮南公路和在淮南舜耕山南侧，多处可见，并且为煤田地质钻探连井剖面所落实（图 20.2）。20 世纪 50 年代地质物探 904 队重磁探测发现“明港-肥中断裂”；后来李秀新和刘德良（1979）认定该断裂面南倾，改称为“固始-合肥断裂”；此后刘德良和李秀新（1984）、刘德良等

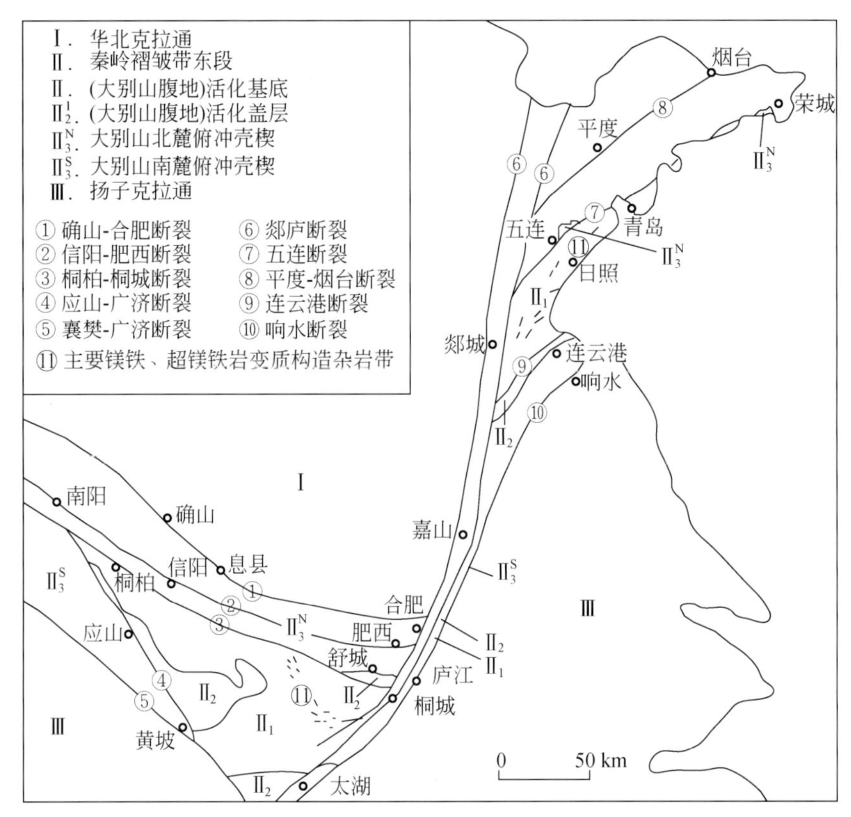

图 20.1　南华北地区的东边界和南边界（据刘德良等，1994）

(1994)、李秀新等（1992）依据地质-物探综合研究，确认该断裂的深度可达到莫霍面，证实固始-合肥断裂为华北克拉通的南界，并具体标定华北克拉通中—新元古界被大别造山带变质岩系向北逆冲覆盖的空间部位，此后的地质、物探、地化研究（赵宗举等，2000；谢智等，2002；杨文采，2003；江来利等，2005；刘贻灿等，2010；张交东等，2012），从不同角度也论述到在固始-合肥断裂以南，地下深处存在华北克拉通中—新元古界被大别造山带变质岩覆盖的状况。

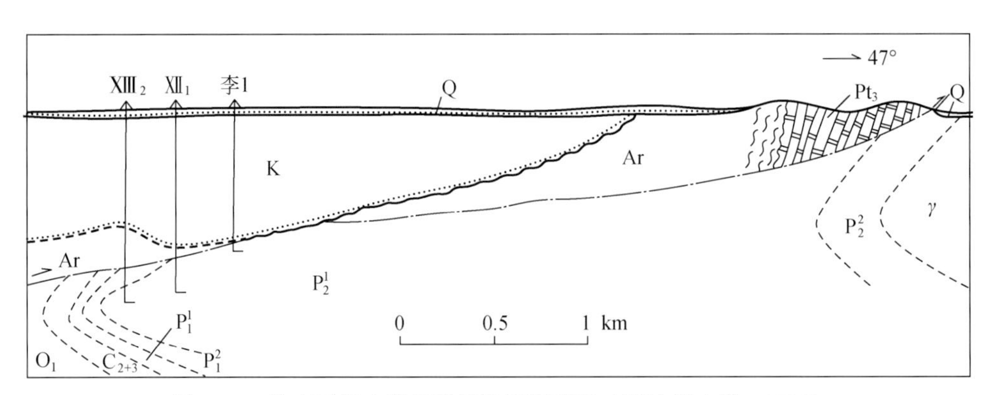

图 20.2　淮南舜耕山逆掩断层地质剖面图（据沈修志等，1995）
显示华北克拉通的南缘边界断裂与由南向北逆掩的 EW 向推覆构造

20.2.1　沉积地层

在南华北地区的西南部和东南部，中—新元古界的层序、分布与形成时限各有其特点，分属于两类沉积体系与构造单元，即西南部的熊耳裂陷带与东南部的辽鲁皖裂陷带南段（图 20.3）。

20.2.1.1　地层层序

南华北中—新元古界划分为两个地层分区和五个地层小区（图 20.4）。熊耳裂陷带属于豫陕晋地层分

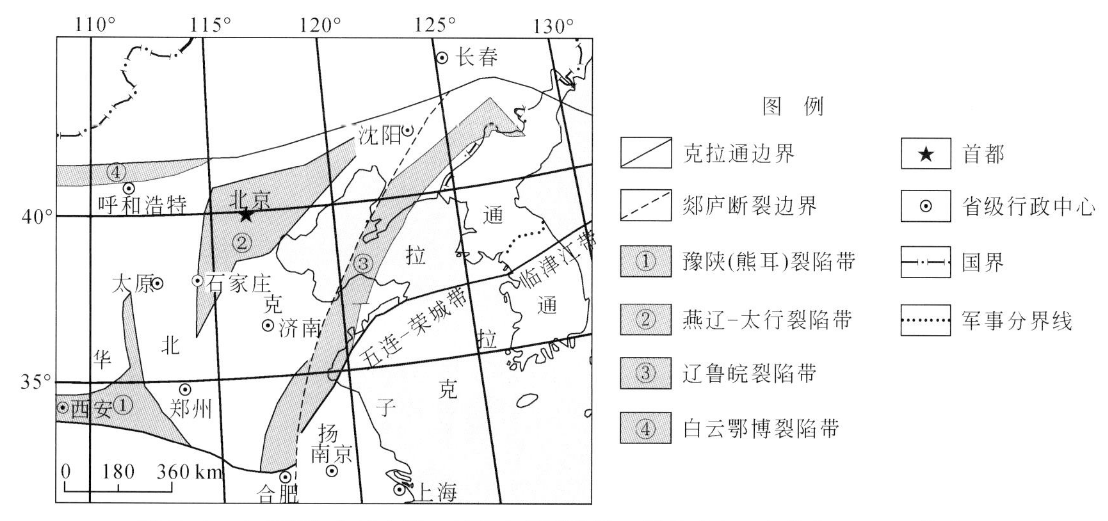

图 20.3 中朝板块中元古代—早古生代裂陷带（据乔秀夫、高林志，1999，修改）

区（Ⅰ），包含洛南-卢氏地层小区（$Ⅰ_1$）、渑池-确山地层小区（$Ⅰ_2$）和登封-汝州地层小区（$Ⅰ_3$）；辽鲁皖裂陷带南段归属皖苏鲁地层分区（Ⅱ），可进一步划分为淮南-凤阳地层小区（$Ⅱ_1$，即淮南坳陷）和淮北-徐州地层小区（$Ⅱ_2$，即淮北坳陷）。两个分区的地层对比关系详见图 20.5。

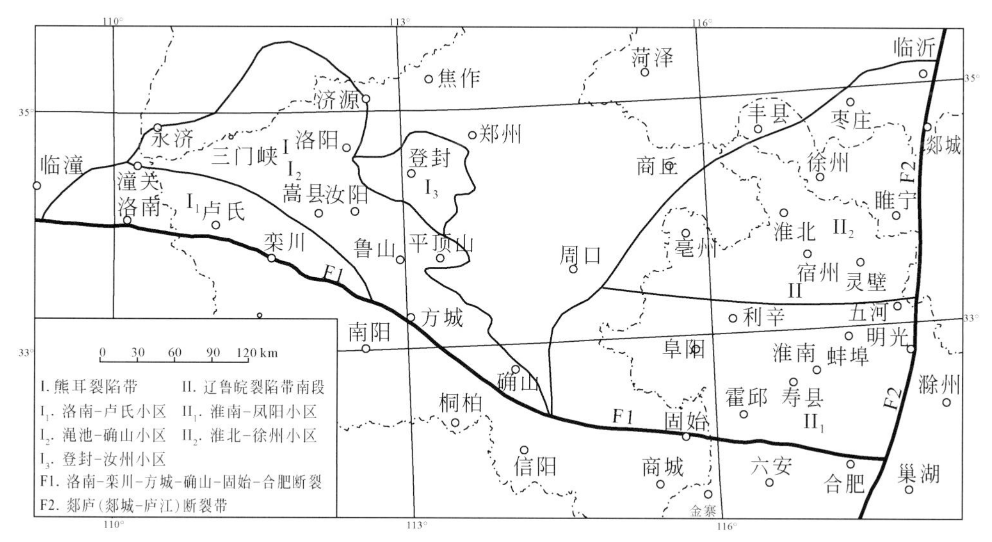

图 20.4 南华北地区元古宇沉积地层的分布与分区略图

熊耳裂陷带属于“豫陕晋地层分区”；辽鲁皖裂陷带南段属于“皖苏鲁地层分区”

20.2.1.2 沉积时限

南华北克拉通积累的同位素年代学资料，多为碎屑岩中测定的海绿石年龄值（柯元、伍震，1976；方大钧等，1983；李钦仲等，1985；乔秀夫等，1985；安徽省地质矿产局，1987；关保德等，1988；朱士兴，1994；河南省地质矿产局，1997；江苏省地质矿产局，1997；刘鸿允等，1999；周洪瑞，1999；潘国强等，2000；杨杰东等，2001，2004；刘为付等，2004；曹高社等，2006），高精度锆石 U-Pb 年龄数据较少（图 20.5），两者年龄数据差异较大，因此需要对南华北克拉通晚前寒武纪地层进行重新思考和定位。

1）豫陕晋地层分区（熊耳裂陷带）晚前寒武系沉积时限

目前豫陕晋地区晚前寒武系的锆石 U-Pb 定年，主要集中在底部熊耳群/西阳河群火山岩及相关的侵入岩，火山岩年龄集中于 1800 ~ 1750 Ma（孙大中等，1991；赵太平等，2001，2004；He *et al.*，2009；Cui *et al.*，2011）。He 等（2009）认为，还有极少的1450 Ma 酸性火山喷发，熊耳群相关的侵入岩和基性岩墙的年龄在 1644 ~ 1789 Ma（任富根、李惠民，2000；赵太平等，2001，2004；崔敏利等，2010；胡国辉等，2010）。这些年龄数据说明，熊耳群/西阳河群的地质时代，应归属于古元古代固结纪

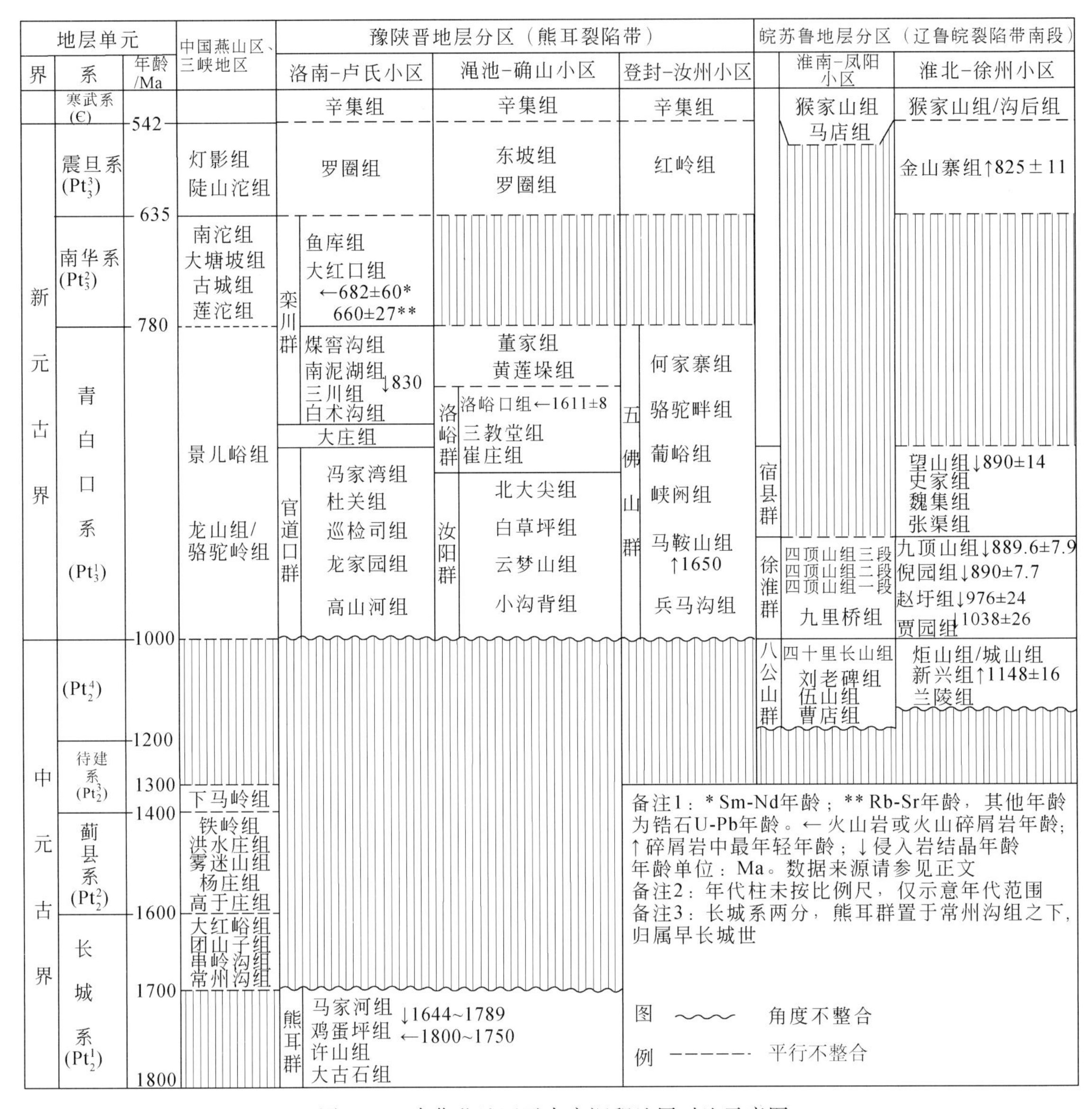

图 20.5　南华北地区元古宇沉积地层对比示意图

(Statherian)，即相当于中国古元古代长城纪的早期（图 20.5）。熊耳群上覆的汝阳群-洛峪群/官道口群/五佛山群的沉积时限，通常认为是中元古代晚期（1400 ~ 1000 Ma）以及新元古代初期，但依据现有的锆石 U-Pb 年龄提出截然相反的两种观点：

（1）基于生物化石、同位素定年和云梦山组碎屑锆石最年轻年龄 1163 ±26 Ma（高林志等，2009），高林志等（2010）和高维等（2011）认为，豫西地区晚前寒武纪地层属于新元古界，其中东坡组、罗圈组和董家组属于震旦系，黄莲垛组属于南华系，洛峪群和汝阳群属于青白口系及南华系。

（2）苏文博等（2012）在河南汝州阳坡村洛峪口组中部层凝灰岩夹层测得 1611±8 Ma 年龄（图 20.5），将汝阳群-洛峪群的形成年代限定为 1750 ~ 1600 Ma，对应于国际固结纪/中国长城纪中晚期。

此外，嵩山地区五佛山群底部马鞍山组碎屑锆石 U-Pb 年龄限制五佛山群的最大沉积年龄不早于 1650 Ma（胡国辉等，2012）。豫西地区南部侵入栾川群的辉绿岩锆石 U-Pb 年龄为 830 Ma（Wang *et al.*，2011），大红口组粗面岩全岩 Sm-Nd 年龄 682±60 Ma 和 Rb-Sr 年龄为 660±27 Ma（图 20.5；张宗清等，1991）。汝阳群和高山河组出现的大型具刺疑源类化石，其时代不老于新元古代（高林志等，2002），因此上述年龄表明栾川群下部和官道口群及相当地层（洛裕群和汝阳群、五佛山群）的沉积年龄可能为 1000 ~ 830 Ma，但仍需进一步确认。问题在于，虽然按地层的边缘相、过渡相、中心相分别建组，易于与化石和同位素年龄取得一致，然而对于熊耳裂陷带多数叠置的构造岩片来说，一个岩片往往可由不同时代的地层组成，人为将一个岩片设定为一个岩组测年时，不同学者乃至同一学者也会得出不同年龄，其难点在于岩片的序列与地层的序列搅乱状况难以分辨。

2）皖苏鲁地层分区（辽鲁皖裂陷带南段）晚前寒武纪系沉积时限

辽鲁皖裂陷带南段现有的锆石 U-Pb 年龄数据，集中分布于淮北坳陷元古宇新兴组、赵圩组、倪园组、史家组、望山组的辉绿岩（床）群侵入体，最新的侵入层位为金山寨组底部（Liu *et al.*，2006；Gao *et al.*，2009；杨德彬等，2009；王清海等，2011）。目前尚无野外证据表明，辉绿岩（床）是印支期或以后顺层侵位的（Liu *et al.*，2006），侵位结晶年龄 976±24 Ma 和 1038±26 Ma（Liu *et al.*，2006）、930±10 Ma（Gao *et al.*，2009）和 890 Ma±（王清海等，2011），其中侵入望山组地层的最新年龄为 890±14 Ma（图 20.5）。新兴组和金山寨组砂岩的最年轻碎屑锆石年龄分别为 1148±16 Ma 和 825 ±11 Ma（杨德彬等，2009）。据 Sr 同位素数据（杨杰东等，2001）与 Kumar 等（2002）演化曲线对比结果，贾园组-望山组碳酸盐岩的沉积时限可能为 800～1000 Ma（孙林华等，2010）。

据此推断，辽鲁皖裂陷带南段晚前寒武纪地层主体沉积时限可能为 1100～900 Ma，早于前人的年龄数据，如 600～800 Ma（安徽省地质矿产局区域地质调查队，1985）、750～860 Ma（刘燕学等，2005）和 750～900 Ma（郑文武等，2004）等，也早于淮南生物群所确定的时限 850～750 Ma（牛绍武、朱士兴，2002；唐烽等，2005）。

20.2.2　构造系统

南华北地区存在四套构造系统，即纬向构造系、经向构造系、近 NWW 向构造系和近 NNE 向构造系，所称方向皆指当今所处的方向。

20.2.2.1　纬向构造系：皖豫陕纬向构造带

纬向构造存在新、古两期。古老的纬向构造为中—新元古界的基底中最古老的构造，受到后来古老的经向构造的叠加改造，显示隐蔽，以致零零星星的出露、弯弯曲曲的延伸，有的表现为复杂褶皱的背形、向形（图 20.6），有的呈现为残存片麻岩的片理（图 20.7）。还有的是深埋地下数公里而显示为东西走向的凸起与凹陷相间（图 20.8）。

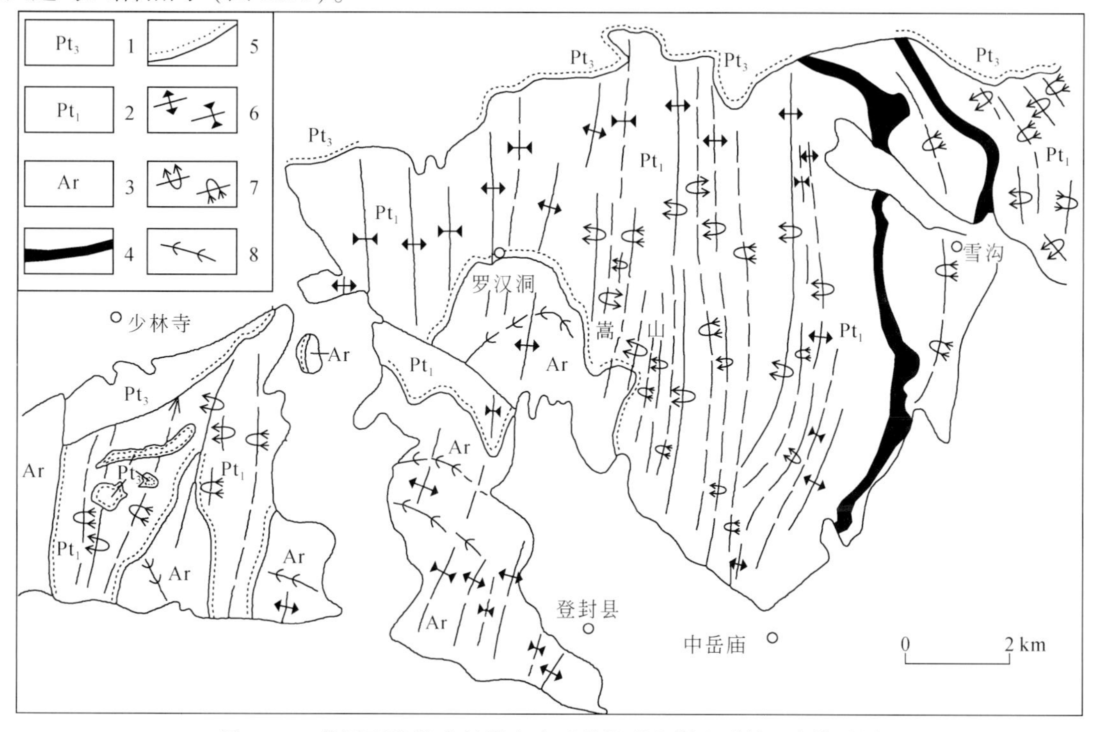

图 20.6　熊耳裂陷带登封嵩山地区登封群和嵩山群的经向构造图
（据马杏垣等原图、崔盛芹等简图，有时代修改）
1. Pt_3新元古界五佛山群；2. Pt_2古元古界嵩山群；3. Ar 太古宇登封群；4. 标志层；5. 角度不整合，吕梁运动形成的构造形迹；6. 背斜、向斜枢纽；7. 倒转背、向斜枢纽，嵩阳运动形成的构造形迹；8. 背形、向形轴迹

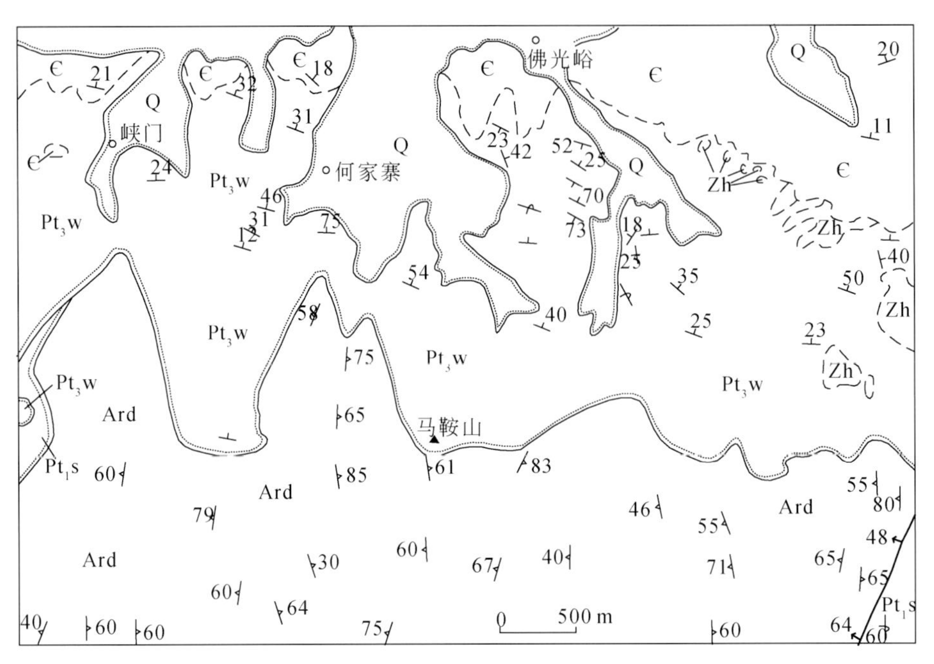

图 20.7　熊耳裂陷带汝州箕山地区登封群、嵩山群的经向构造与五佛山群、古生界的 NWW 向构造图①

（据河南省五万分之一地质图简化，据刘德良等，2009）

Ard. 新太古界登封群；Pt_1s. 古元古界嵩山群；Pt_3w. 新元古界五佛山群；Zh. 震旦系红岭组；∈. 寒武系；

Q. 第四系；60. 片理产状和倾角；30. 线理产状和倾角

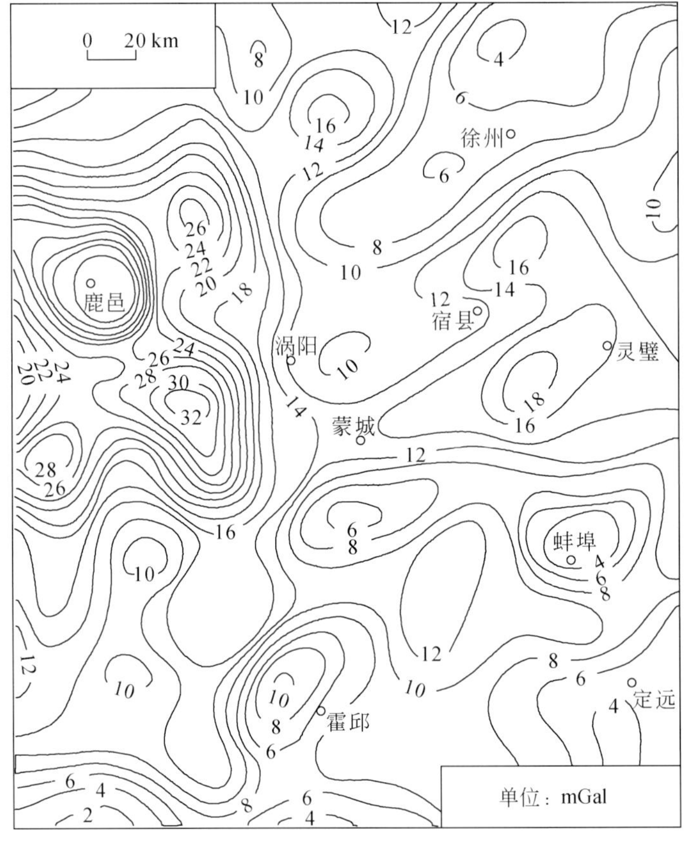

图 20.8　皖北地区布格重力异常图（上延 10 km）（据沈修志等，1995）

显示沿东经 116°延伸的涡阳（义门）-霍邱（龙潭）断裂之重力梯级带以及经向构造带和纬向构造带横跨复合的构造格局

① 刘德良，李振声，杨清和，2009，南华北地区中—新元古代地层含油性预研究，中国科学技术大学天然气资源环境研究中心（科研报告），184 页。

新的纬向构造主要表现为冲断层，切割了中生界以前的所有地层，如固镇 EW 向断裂和符离集东西向断裂（安徽省地质矿产局区域地质调查队，1986）以及台儿庄（北）-砀山果园场-兰考断裂（山东省地质矿产局，1991）。

20.2.2.2　经向构造系：冀鲁皖经向构造带

冀鲁皖经向构造带的分布范围为东经 114°30′～119°30′，北纬 30°40′～40°20′区间，系古元古代末期形成的，叠加复合于古元古界和太古宇扭曲纬向构造带上的基底隐伏形变构造（图 20.6、图 20.7）。冀鲁皖经向构造带的西边从山西-河北边界向南延至河南东部一带，中部跨河北-山东西部-安徽北部，东边在河北-辽宁边界南延至山东中部及江苏西部，东西宽约 400 km，南北长达千余公里（刘德良，1989），在航磁图上呈现出一条长度巨大、跨度宽阔、强度不大、梯度很小、变化平缓、方位稳定的区域性南北向 ΔT 正磁异常带，为基底复式隆起带，可划分为东、西两个亚带：

（1）西亚带　位于东经 114°30′～117°30′区间，西界民权—邯郸（西）—光山—麻城一线，东界沛县—肖山—淮南舒城一线，中心线沿东经 116°经线形成一条巨大的河间-宿松隆起带（图 20.9），集中发育一连串 SN 走向的强磁异常和磁铁矿点，霍邱铁矿就在其南段（图 20.10）；在西亚带东边存在一条隐伏的寿县-六安 SN 向隆起带（图 20.11），经地震和钻探证实浅层为侏罗系背斜构造，深层为变质岩隆起。

（2）东亚带　位于东经 117°30′～119°30′区间，西界费县—五河—梁园一线，东界莒县—天长一线。

（3）坳陷带　在东西亚带之间沿 117°30′线。

南华北克拉通的经向古老基底复式构造，制约其东、西两侧中—新元古代裂陷带的沉积构造环境差异，以致西部发育熊耳裂陷带，东部形成辽鲁皖坳陷带南段（图 20.3、图 20.4）。新的 SN 向构造主要表现为冲断层，切割前中生界地层，分布零星，规模最大的是济南-蚌埠 SN 向褶皱断裂带（王治顺等，1985），长达 400 km，宽达 120 km，其中部在台儿庄 SN 向集中发育（山东省地质矿产局，1991）。

图 20.9　冀鲁皖经向构造带西亚带河涧-宿松正磁异常和沉积变质铁矿分布图（据刘德良，1989）

1. 正磁异常；2. 沉积变质铁矿

20.2.2.3　近 NWW 向构造系——华北克拉通南缘构造带

1）熊耳裂陷带

熊耳裂陷带处于南华北地区的南缘豫陕晋边区，冀鲁皖经向构造带的西侧，主要涉及豫西一带（图 20.3、图 20.4），未变质的中—新元古界地层分布限于洛南-栾川-方城断裂以北（图 20.4），主要发育古元古代晚期的火山岩和新元古代的浅海相沉积。其主体构造岩相带呈 NWW 向展布，但裂陷带的北支呈近 SN 向延伸（图 20.3、图 20.4）。

关于古元古代熊耳群火山岩系的成因及构造背景一直存在争议，主要有三种观点：

（1）一种观点认为其形成于裂谷环境（孙枢等，1985；杨忆，1990；Zhai *et al.*，2000；赵太平等，2002，2007；张汉成等，2003；崔敏利等，2010），与地幔柱活动有关（Zhai and Liu，2003；徐勇航等，2007；Peng *et al.*，2008），甚至可反映哥伦比亚超大陆裂解过程（Zhao *et al.*，2003；Peng *et al.*，2008）。

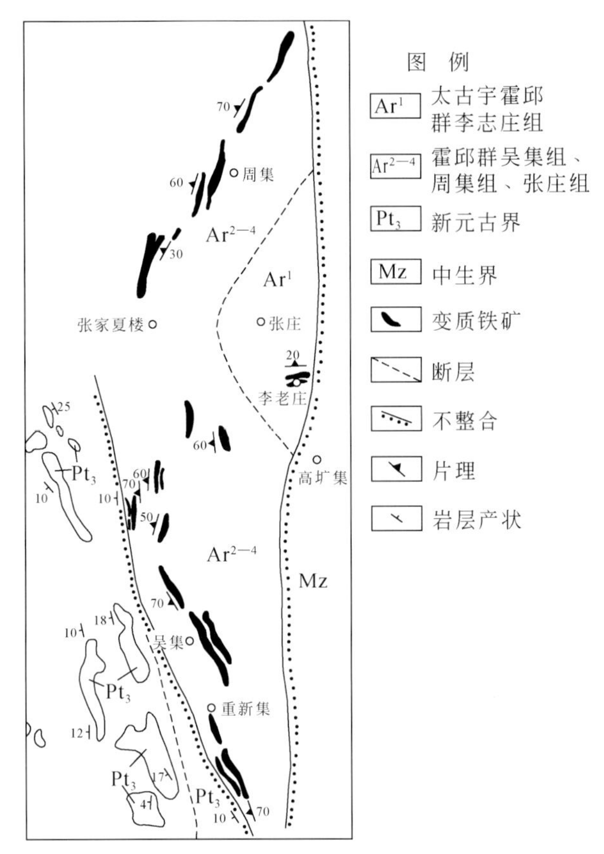

图 20.10　冀鲁皖经向构造带中段霍邱四十里长山构造略图
（据刘德良，1989）

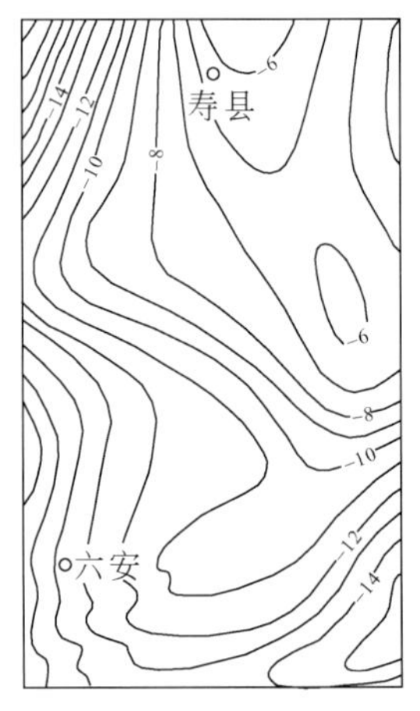

图 20.11　皖中地区重力向上延拓 12 km 平面图显示
基底经向隐伏隆起带（据刘德良、李秀新，1984）

（2）第二种观点认为其形成于安第斯型大陆边缘（贾承造，1985；胡受奚等，1988；郭继春等，1992；He *et al.*，2009；Zhao *et al.*，2009），记录哥伦比亚超大陆边缘向外增生的历史（Zhao *et al.*，2003）。

（3）第三种观点视熊耳群为山弧火山岩建造，西洋河群为裂谷火山岩建造，活动大陆边缘火山弧和被动裂谷同时发育，裂谷与山弧垂直（陈衍景等，1992）。

赵太平等（2002）认为，上述观点分歧的主要原因是地质学特征表明熊耳群形成于拉张应力背景，但它明显具有岛弧型火山岩的地球化学特征，即亏损高场强元素（High Field Strength Element，HFSE）、富集大离子亲石元素（Large Ion Lithophile elements，LILE）和轻稀土元素（Light Rare-Earth Elements，LREE）。熊耳群沉积岩的地球化学特征表明其形成于被动大陆边缘环境（赵太平等，1998，2007；徐勇航等，

2008a，2008b）。

本章作者倾向于认为，熊耳群的发育于伸展构造背景，而不是汇聚板块边缘的挤压背景，属于哥伦比亚超大陆裂解相关的热-构造事件。根据目前陆松年等（2010）积累的资料，华北克拉通与哥伦比亚超大陆裂解有关的热-构造事件群大致可分为三幕：① 早期基性岩墙群发育于约1.77 Ga，同期还有豫陕裂谷底部西阳河群/熊耳群火山岩的喷发；② 中期以斜长岩-纹长二长岩-紫苏花岗岩-奥长石环斑花岗岩组合（Anorthosite-Mangerite-Charnockite-Rapakivi-Grante，AMCG）的非造山花岗岩组合为特色，约形成于1.70 Ga；③ 晚期则以燕辽裂陷带平谷-蓟县一带的大红峪组超钾质火山岩为代表，同时还有华北南缘龙王疃A型花岗岩及泰山红门辉绿岩墙的侵位，它们均形成于约1.62 Ga。

对于熊耳群上覆新元古代沉积构造背景的认识比较一致，属于被动大陆边缘（关保德等，1993；周洪瑞、王自强，1999），部分学者还强调初期和晚期的活动大陆边缘阶段。据高山河组、云梦山组火山岩夹层资料，确定当时熊耳裂陷带处于大陆裂谷构造环境（关保德等，1993；吕田芳、关保德，1993），只有在白草坪组、龙家园组沉积之后，各种地层岩相变化才比较稳定，熊耳裂陷带才逐渐进入到被动大陆边缘构造沉积环境（关保德等，1993）；南侧栾川地区在晚期（大红口组）转化为活动大陆边缘（蒋干清、周洪瑞，1994；周洪瑞、王自强，1999）；嵩山佛光峪何家窑组及时代相当地层（洛峪口组、巡检司组等）中发育的地震灾变记录，很可能传递北秦岭洋在新元古代期间，向华北克拉通俯冲的信息（高林志、柳永清，2005）。

熊耳裂陷带缺失中元古界沉积，但碳酸盐岩-碎屑岩沉积建造贯穿整个新元古界，碎屑岩结构和成分的成熟度均较高，碳酸盐岩富含叠层石，属于被动大陆边缘陆棚环境的稳定类型沉积（周洪瑞、王自强，1999），总体上属于滨海-浅海环境（周洪瑞等，1998）。值得注意的是，罗圈组冰川相沉积是新元古代唯一保存下来的陆相沉积（高林志等，2002）。图20.12显示，豫西新元古代经历三次大规模的海侵-海退旋回，海侵方向由南向北，物源方向则由NE向SW。海侵-海退旋回Ⅰ为汝阳群沉积期，其间百草坪组沉积期具有最大海泛面；海侵-海退旋回Ⅱ为洛峪群沉积期，其中崔庄组沉积期为河南新元古代海侵范围最大时期，海侵范围几乎覆盖了整个河南省境内；海侵-海退旋回Ⅲ为黄莲垛组-东坡组沉积期，东坡组沉积期海水覆盖范围较大；罗圈组为大陆冰川沉积。

2）华北克拉通南缘形变构造带

南华北地区NWW向的形变构造为关键性构造，改造了南华北地区西部的熊耳裂陷带和东部的辽鲁皖裂陷带南段的所有前中生代的构造；由南向北NWW向形变构造强度减弱，影响深度趋浅，尤其以华北克拉通南缘的形变最为强烈，以克拉通向南俯冲以及大别造山带的北淮阳构造带向北逆冲为特征，从而构成华北克拉通的南界（图20.2、图20.13），其波及的深度可达到莫霍面，形成厚皮构造。依据被卷入前中生代地层来看，其中包含有下三叠统刘家沟组及和尚沟组（颜孔德，1989；曹高社等，2003），因此当属印支期的构造变形。尽管亦发现有石炭-二叠系地层逆冲到下白垩统之上（曹高社等，2003），为早白垩世末的构造形迹，但属于燕山期的构造变形，系后序次的构造。

在辽鲁皖裂陷带南段的蚌埠-界首隆起是该区带内发育的一条非常重要的NWW向古隆起构造带（图20.14），由太古宇变质岩系所组成，在布格重力异常图显示为NWW向延伸的两个重力高（图20.8）；蚌埠-界首隆起向西延入河南境内呈两支潜伏构造，北支接太康隆起，南支接平舆隆起。该隆起带将辽鲁皖裂陷带南段分隔为淮南坳陷与淮北坳陷，并导致二者之间中—新元古界地层的沉积差异，从而分属淮南-凤阳和淮北-徐州两个地层小区。

淮南坳陷位于蚌埠-界首隆起的南侧，呈NWW走向，EW长约180 km，南北宽约30 km；南、北侧皆以断层为界，南界为舜耕山-凤阳山南缘断裂，系南倾逆断层，元古宇-古生界受到冲断；系中—新元古界沉积凹陷，发育八公山群与徐淮群沉积，但缺失青白口系宿县群沉积。而淮北坳陷系蚌埠-界首隆起北侧的中—新元古界沉积凹陷，中元古界八公山群发育不够完整，但青白口系徐淮群与宿县群沉积发育相当完整，地层厚度也大（图20.5、图20.15）。

20.2.2.4　近NNE向构造系：辽鲁皖裂陷带

南华北地区近NNE向的辽鲁皖裂陷带的发育历史，包括早期坳陷、中期裂陷和晚期断裂三个发育

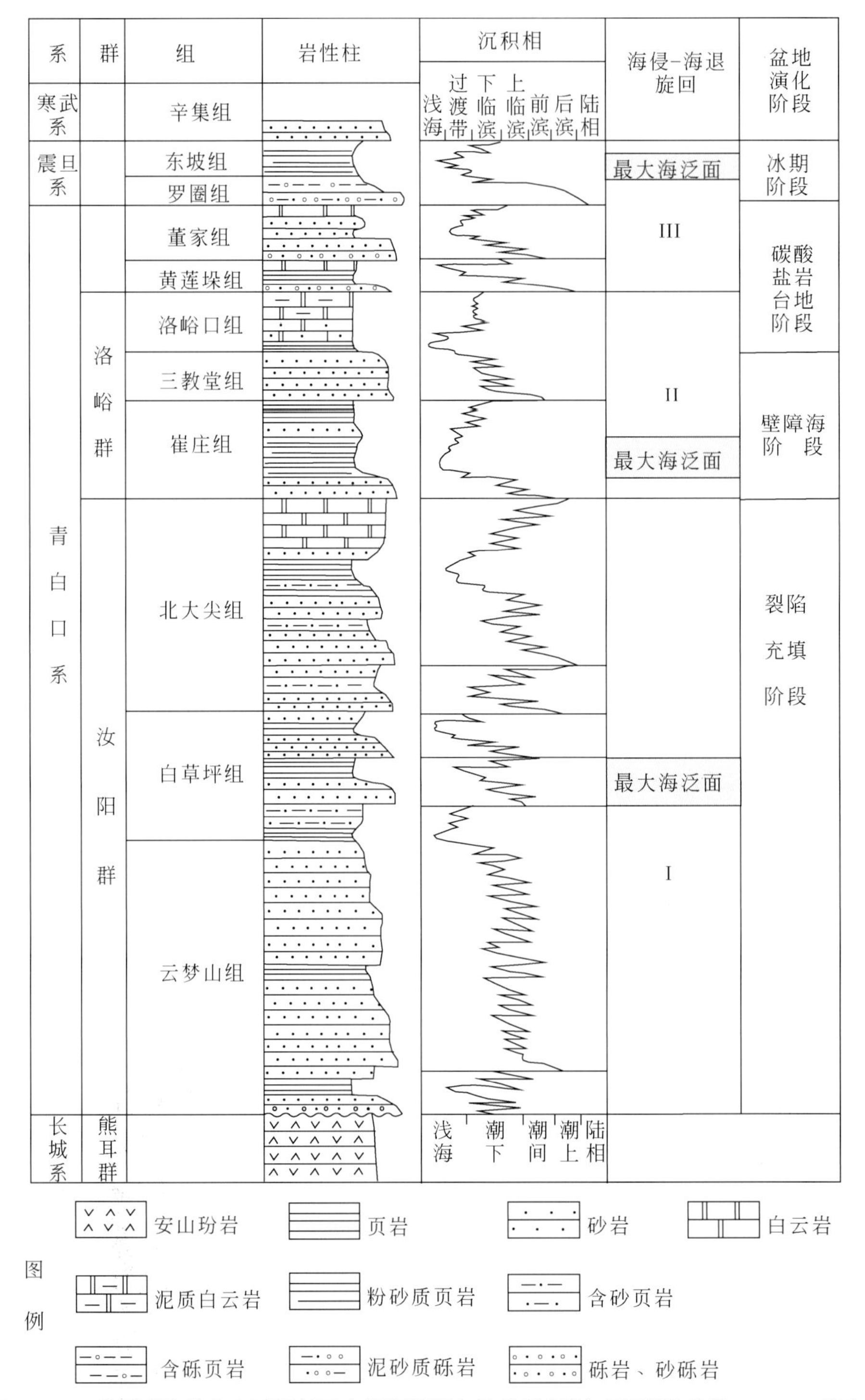

图 20.12　熊耳裂陷带鲁山下汤新元古界沉积相与演化阶段图（据周洪瑞等，1998，修改）

阶段：

1）早期坳陷发育阶段

辽鲁皖坳陷带位于华北克拉通的东部，自北而南呈 NNE 向贯穿整个华北克拉通（图 20.3）；其南段分布于南华北地区，最早始于中元古代末至新元古代形成沉积坳陷。区内现存的未变质中—新元古界地层主要分布在苏皖北部（图 20.4）。原始的辽鲁皖坳陷区水域广泛，大体呈 NE-NNE 向的延伸趋势（图 20.16）。对该区中—新元古代的构造背景，还存有不同的见解，主要分为板内陆缘裂谷、被动大陆边缘（安徽省地质矿产局，1987；赵宏、夏军，2010）和弧后盆地三种认识。

辽鲁皖坳陷带南段徐淮地区辉绿岩的地球化学研究表明，华北克拉通东南缘新元古代早期处于板内陆缘伸展环境（王清海等，2011）。依据区内岩浆侵入事件、沉积事件和地震事件等地质事件，潘国强等

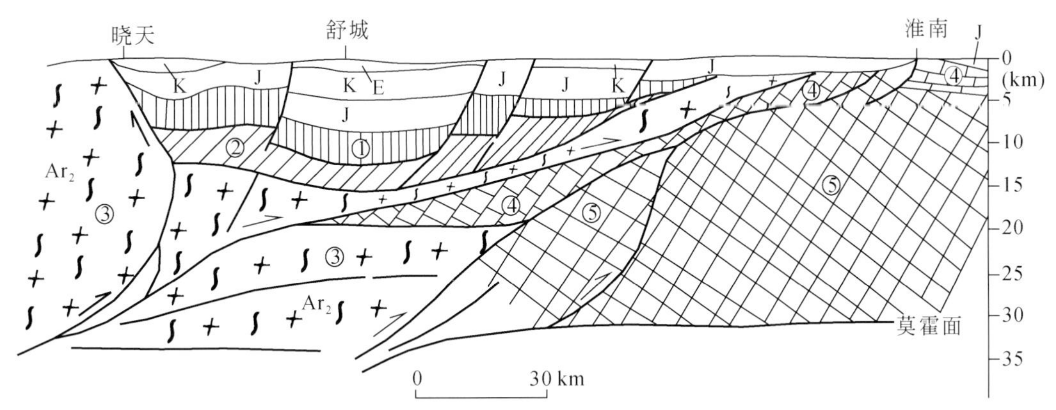

图 20.13　南华北地区地球物理探测地质解释剖面（据刘德良等，1994）
① 佛子岭群-梅山群；② 卢镇关群；③ 造山带古老变质岩系；
④ 华北克拉通沉积盖层；⑤ 华北克拉通太古宇基底

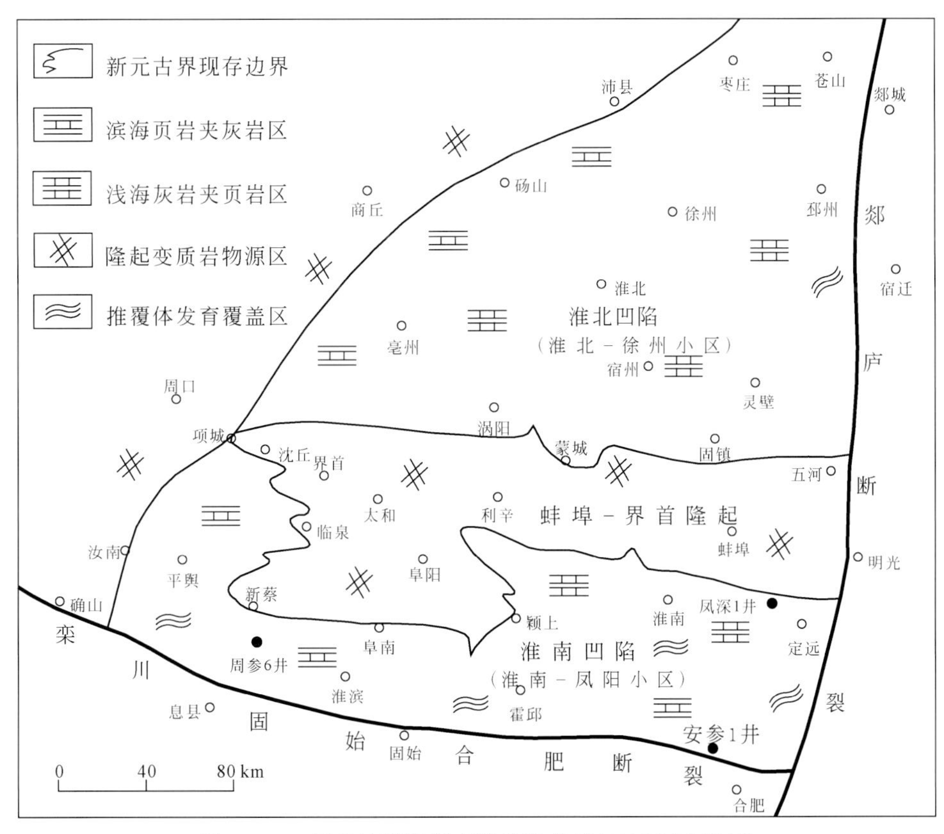

图 20.14　辽鲁皖裂陷带南段构造单元与地层小区划分

（2000）推断由辽东至徐宿，再至豫南-陕南一带，当时属于华北克拉通边缘的板内裂解带。李双应等（2003a，2003b）认为，刘老碑组/史家组页岩属于盆地边缘的陆架相和陆坡相，水体可能向南逐渐变深；沉积构造背景应该属于弧后盆地，岛弧可能位于研究区的南部边缘。贾园组混积岩的碎屑物质则可能主要来自于与大陆岛弧有关的构造背景，推测其形成与罗迪尼亚超大陆汇聚过程形成的大陆岛弧及弧后盆地有关（孙林华等，2010）。

在辽鲁皖裂陷带南段皖苏鲁一带，中—新元古界地层具有从低成熟度陆源碎屑岩-高成熟度陆源碎屑岩-碳酸盐岩的沉积演化特点（图 20.17），主体为大陆边缘浅海沉积环境，其早期是以陆源碎屑占优势的滨岸海滩环境，中晚期为开阔浅海-局限海碳酸盐岩缓坡-台地占优势。按其沉积特点、海平面变化和盆地演化可划分为三或四个阶段：第一阶段，包括淮北坳陷兰陵组—倪园组，淮南坳陷伍山组—四顶山组中下部，为一完整的海进-海退旋回；第二阶段，包括淮北坳陷九顶山组（淮南坳陷四顶山组上部）—魏

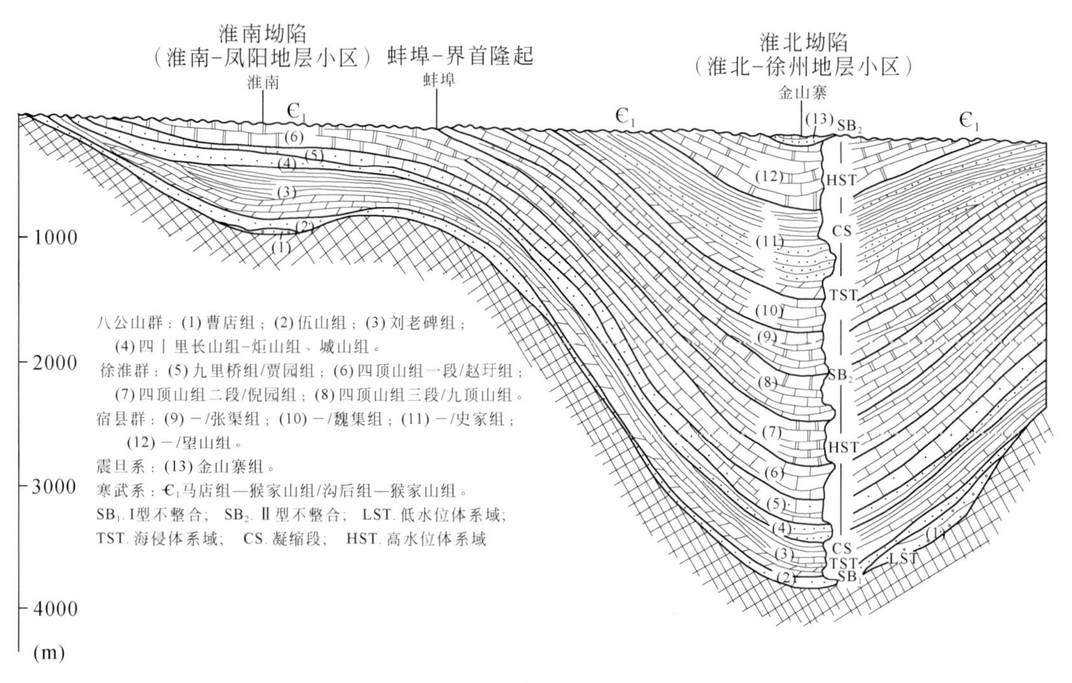

图 20.15　辽鲁皖裂陷带南段地质横剖面与地层框架

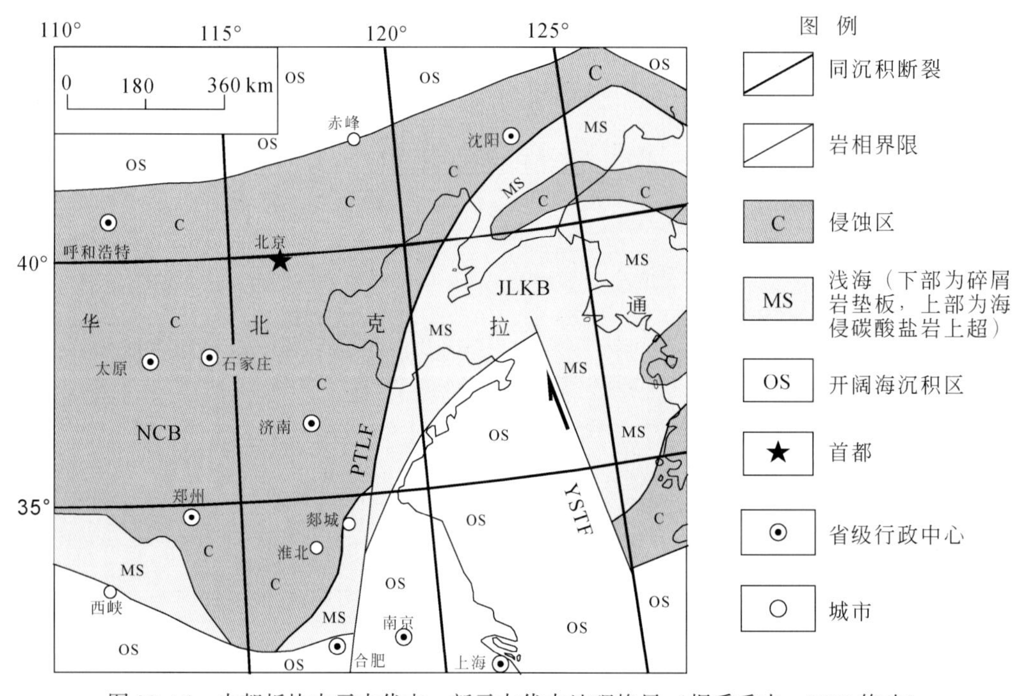

图 20.16　中朝板块中元古代末—新元古代古地理格局（据乔秀夫，2002 修改）

NCB. 华北块体；JLKB. 胶辽朝块体；YSTF. 黄海转换断层（中生代）；PTLF. 古郯庐断裂

集组，为一完整的海进-海退旋回；第三阶段（?），包括淮北坳陷史家组和望山组，为一完整的海进-海退旋回；第四阶段，包括淮北坳陷的金山寨组，为一海进过程。

2）中期裂陷发育阶段

震旦系—古生代，辽鲁皖裂陷带处于裂陷发育阶段。乔秀夫等（2001）根据地震事件层与地震活跃期指出：“郯庐断层形成时间最早始于晚震旦世（650 Ma）”，称之为“古郯（城）庐（江）带”。鉴于庐江属于大别-胶南造山带以南的扬子克拉通范畴，并不存在华北型的中—新元古界沉积；作为古陆块，当时华北克拉通与扬子克拉通尚未对接，因此本章称之为辽鲁皖裂陷带。该裂陷带是在广泛沉积分布的古辽鲁皖坳陷的基础上发育形成的，从而其 NE-NNE 向的带状性也更加明显，并可将华北克拉通分划成华

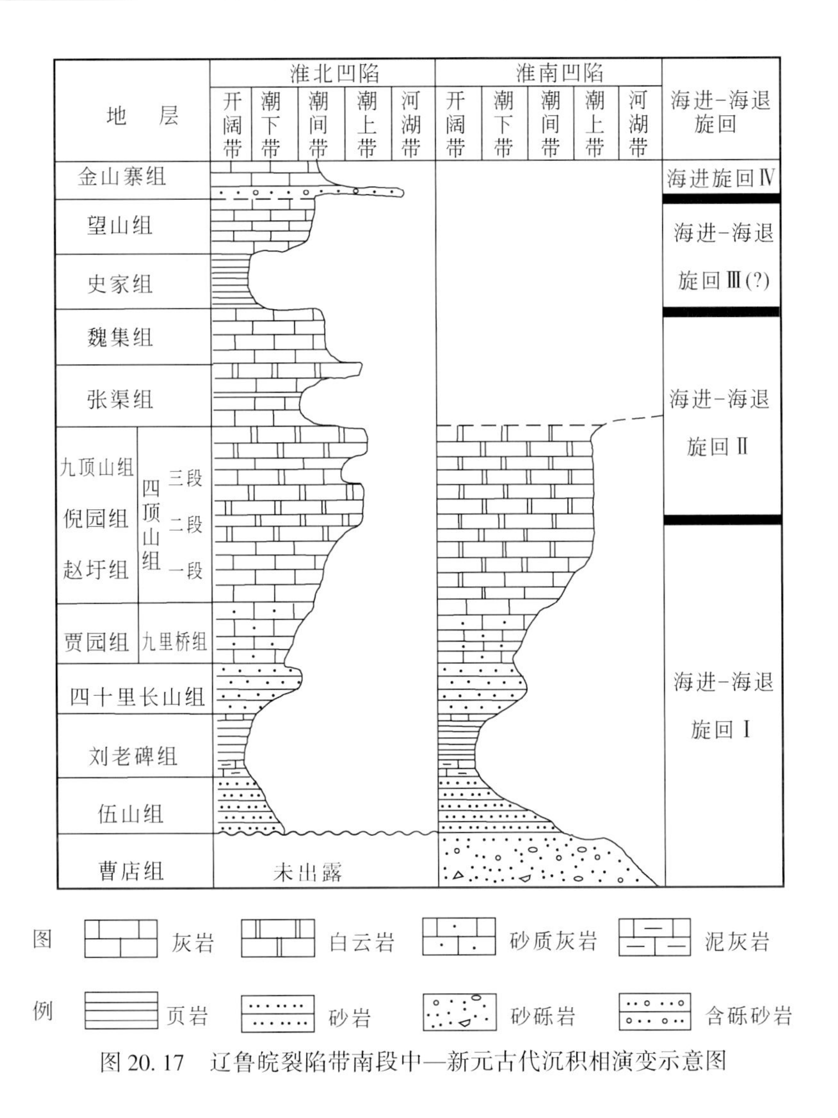

图20.17 辽鲁皖裂陷带南段中—新元古代沉积相演变示意图

北地块（NCB）与胶辽朝地块（JLKB；图20.16），其西侧的华北地块缺失震旦系，东侧胶辽朝地块则有震旦系金山寨组沉积。沿辽鲁皖裂陷带北—中段（山东蒙阴和辽宁复县）出露金伯利岩，有金刚石和幔源捕虏体（鄂莫岚、赵大升，1987；池际尚，1988；路凤香等，1991）；而且晚石炭世早期含䗴科化石 *Profusulinella* 的巴什基尔期海相沉积，也仅沿着辽鲁皖裂陷带中段（复州湾、临沂、贾汪、萧县、利固）分布（乔秀夫等，2001），其裂陷带底部始终未发展成为洋壳。

3）晚期断裂发育阶段

在辽鲁皖裂陷带的基础上，中生代时期发育形成郯庐断裂带，其主干断裂经历挤压（T_2—J_1）、走滑（J_2—J_3）、拉张（K—E_1—E_2^1）三个阶段的发展历程：早期（中三叠世—早侏罗世）主要活动期为中三叠世，由于华北与华南板块碰撞，形成左行平移-逆掩断层，但不属于克拉通的边界断层，而为壳内断裂。中期（中—晚侏罗世）主要活动期在晚侏罗世（Wang，2006；董树文等，2007；张岳桥等，2007；朱光等，2009），形成逆冲-左行平移断层（图20.18），自此郯庐断裂向北延伸，贯穿华北板块内部。晚期（白垩纪—古新世—早始新世；Zhang *et al.*，2003；朱光等，2008；朱日祥等，2012）的主要活动期为古新世，形成左行-平移正断层。已有的180～215 Ma、155～165 Ma和约140 Ma三组同位素年代学数据（张岳桥、董树文，2008），可能部分地记录了郯庐断裂带多期活动的信息。值得说明的是，早始新世仍具有左行平移特征（曹忠祥，2008；李理等，2009），此后以右行为主，这也是为什么将燕山运动形成的郯庐断裂活动时间的上限厘定在白垩纪末—古近纪初的主要原因，并大致与四川运动末期相当（Wan，2011），即广义燕山运动的末期。

早年研究郯庐断裂带强调大平移（徐嘉炜，1984），近年则强调其早期的横向推覆，经历一个推覆-走滑-滑脱的过程（Mattauer *et al.*，1991）。李秀新等（1992）最早揭示郯庐断裂深层推覆构造的证据

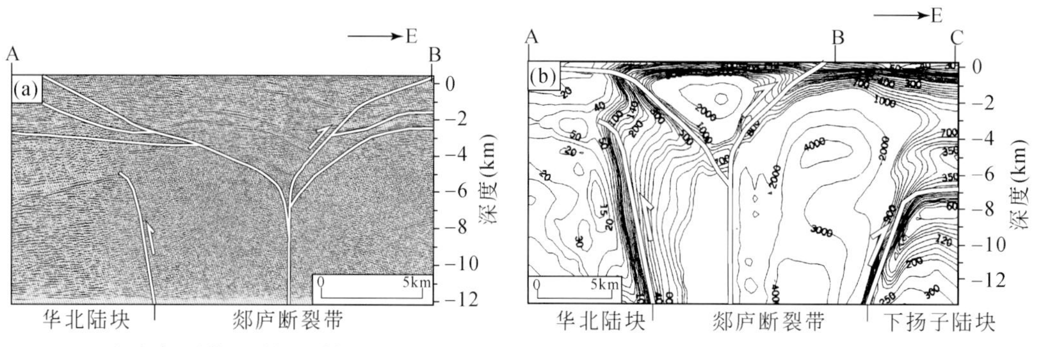

图 20.18　郯庐断裂带地震解释剖面图（左图）和大地电磁解释剖面图（右图）（据张交东等，2003）

（图 20.19），显示其为印支运动的特征；徐树桐等（1993a）展示推覆构造在地表的显示（图 20.20）。在郯庐断裂带西侧形成向西凸出的徐（州）-淮（南）推覆体/徐（州）宿（州）弧形构造（徐树桐等，1987，1993b；马公伟，1992；舒良树、吴俊奇，1994；王桂梁等，1998），为郯庐断裂早期自东向西的逆掩推覆形成的薄皮构造（图 20.19、图 20.20），受早期郯庐断裂的控制（舒良树、吴俊奇，1994；张岳桥、董树文，2008）。新生代时期郯庐断裂由地壳断裂，进一步发展为岩石圈断裂，可称为郯庐深断裂，其主干断裂经历过走滑（E_2^2）—拉张（E_2^3—$E_3^{\ 3}$）—走滑（$E_3^{\ 3}$）—拉张（N_1）—走滑（N_2—Q）的五个演化阶段。在三次走滑事件之间发生两次倾滑活动：第一次走滑平移事件发生在中始新世，形成逆冲-右行平移断层（曹忠祥，2008；Su *et al.*，2009；李理等，2009）和相关盆地中的压剪性反转构造（李三忠等，2004；任建业等，2009；詹润、朱光，2012），此期活动称为济阳运动（史卜庆等，2002；黄雷等，2012）。第二次走滑平移事件发生于晚渐新世，同样形成逆冲-右行平移断层和相关盆地中的压剪性反转构造，称为东营运动（史卜庆等，1999；黄雷等，2012），其时相当于华北期末的构造事件（Wan，2011）。第三次走滑平移事件发生于新近纪晚期至第四纪，形成了右行平移或逆冲断层，许多学者肯定该次郯庐断裂带主干断裂具有逆冲活动（陈义贤，1985；万天丰，1992；朱光等，2002；江在森等，2003；徐杰等，2009）；Wan 等（2011）认为，中新世—更新世以来转变为右行走滑-逆冲断层。在走滑事件之间发生的两次倾滑活动，导致晚古近世—更新世的右行平移-正断层，并伴生断陷型和坳陷型盆地。新生代郯庐深断裂带相关盆地沉积和火山岩喷发，自南（皖东）向北（鲁辽吉）变新，表明主断层由南向北拓展。新生代幔源火山岩的沿断裂带发育是深断裂的重要标志。

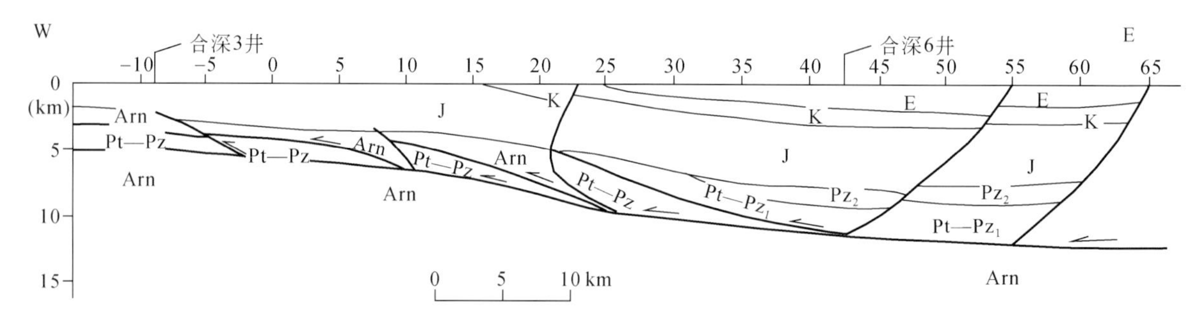

图 20.19　华北陆块东南缘瓦埠-连江地震剖面地质解释（据李秀新等，1992）

E. 古近系、新近系；K. 白垩系；J. 侏罗系；Pz_2. 上古生界；Pz_1. 下古生界；Pt—Pz. 元古宇—古生界沉积岩系；Arn. 太古界片麻岩系

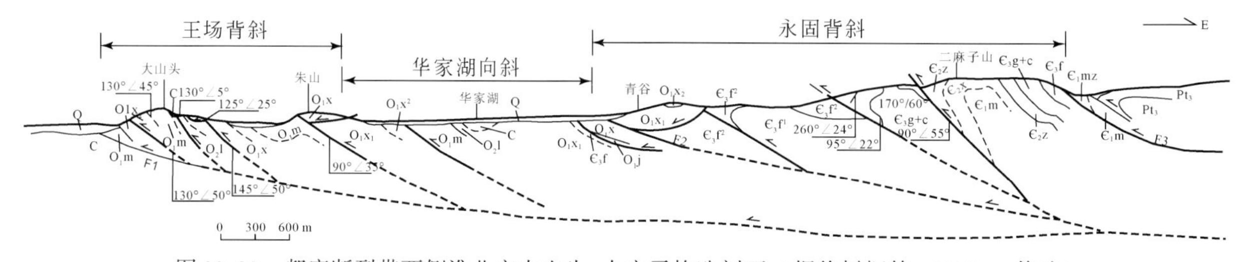

图 20.20　郯庐断裂带西侧淮北市大山头-大麻子构造剖面（据徐树桐等，1993a，修改）

F1. 烈山-王场冲断层；F2. 马桥-永固冲断层；F3. 黄营子-孤山冲断层；Q. 第四系；C. 石炭系；O_2l. 老虎山组；O_1m. 马家沟组；O_1x. 萧县组；Q_1j. 贾汪组；$Є_3$f. 凤山组；$Є_3$g. 崮山组；$Є_3$c. 长山组；$Є_2$z. 张夏组；$Є_2$x. 徐庄组；$Є_1$mz. 毛庄组；$Є_1$m. 馒头组；Pt_3. 新元古界

20.3　中—新元古界含油气性分析

从现有的石油地质资料来看，南华北地区新元古界潜在烃源层主要是浅海相的碳酸盐岩和泥质岩，具有有机质丰度低、Ⅰ型干酪根类型以及热演化程度高的特点，主要发育在辽鲁皖裂陷带南段的淮北坳陷与豫东南一带。

20.3.1　潜在烃源岩初步评价

20.3.1.1　有机质丰度

熊耳裂陷带豫西地区青白口系地面剖面的潜在烃源岩有机地球化学数据列于表20.1。由表可见，苏村、鲁山和篙箕三条地层剖面17件暗色泥页岩样和两件暗色白云岩样的有机质丰度都很低；其中黑色白云岩和深色泥页岩的总有机碳含量（Total Organic Content，TOC）分别为0.07%～0.08%和0.06%～0.38%，氯仿沥青含量10～33ppm，均应属于非烃源岩范畴。据何明喜等（2009）报道，青白口系崔庄组及洛峪口组的TOC为0.11%～1.19%，有机质丰度差别很大，可跨越非烃源岩-好烃源岩的评价级别。

表20.1　熊耳裂陷带豫西新元古界青白口系地面剖面潜在烃源岩有机地球化学参数

剖面	层位	岩性（岩样数）	TOC/%		氯仿沥青/ppm	R^{b}/%	T_{max}/℃	数据来源
			最大/最小值	均值				
苏村剖面	官道口群	白云岩（1）	0.08	0.08	—	—	—	本章作者
		泥页岩（3）	0.04/0.12	0.07	—	—	—	
鲁山剖面	董家组	页岩（2）	0.10/0.33	0.22	—	—	—	
	洛峪口组	页岩（1）	0.06	0.06	—	—	—	
	崔庄组	页岩（4）	0.04/0.22	0.11	12/33	—	—	
	北大尖组	页岩（1）	0.08	0.08	—	—	—	
篙箕剖面	五佛山群	白云岩（1）	0.07	0.07	25	—	—	
		页岩（7）	0.03/0.38	0.10	10/25	—	—	
鲁山下汤朝阳观探槽	崔庄组下段	泥页岩（49）	0.11/1.19	0.73	—	2.38～4.39	470～593	何明喜等，2009
下汤庙前沟	洛峪口组底部	泥页岩	0.41/0.56	0.46	—			
驻马店胡庙剖面	崔庄组	板岩	0.52/0.67	0.60	—			

辽鲁皖裂陷带南段的苏皖北部地区中—新元古界有机地球化学数据列于表20.2，潜在烃源岩的TOC非常低（图20.21），露头岩样的TOC值均小于有效气源岩的标准（0.4%），氯仿沥青含量和产油潜量（S_1+S_2）也很低，分别为15ppm和0.6 mg/g，远低于烃源岩评价标准。

辽鲁皖裂陷带南段凤深1井（张交东等，2004）和安参1井（张交东等，2008）以及豫东南周口盆地周参6井（南阳油田石油地质志编写组，1992）钻遇中—新元古界。从地化指标来看（表20.2），安参1井岩心样的有机质丰度数据与地表岩样相近；但凤深1井和周参6井岩心样则明显高于地表岩样，尤其是中元古界刘老碑组，八件页岩样的TOC平均值0.50%，最大值可达1.04%，分别达到较差烃源岩与好烃源岩的评价标准。这种差异可能由于变质程度和风化程度的不同所致，安参1井钻遇的刘老碑组暗色页岩，已发生低级变质成为板岩；凤深1井和周参6井的中—新元古界地层热演化程度相对稍低，并且沉积后一直没出露地表，没有遭受地表风化、淋虑。

综合来看，南华北地区油气勘探程度较低，迄今仅钻过三口探井，钻井取心又少，生烃有利相带不明朗，加之烃源岩的地质时代古老，气候潮湿地面露头风化作用强烈，该区中—新元古界潜在烃源岩的有机质丰度分析数据普遍偏低，大多属于非烃源岩-较差烃源岩的范畴，不足以充分反映其实际的生烃潜力，况且现有个别探井的岩心样仍可达到好烃源岩的评价标准。因此，仍需加强与深化对南华北地区的油气地质-地球化学的探索与研究。

表 20.2　辽鲁皖裂陷带南段中—新元古界潜在烃源岩有机地球化学参数

地区	层位	岩性（样品数量）	TOC/%		氯仿沥青/ppm		产油潜量/($mg_{烃}/g_{岩}$)		烃源岩评价级别	T_{max}/℃	有机质类型	R^o/%（样品数量）	成熟度	数据来源
			平均值	最大值	平均值	最大值	平均值	最大值						
凤深1井	刘老碑组	泥灰岩(3)	0.20	—	103	—	0.040	—	非~较差	475	—	—	过成熟	张交东等,2004
		页岩(8)	0.50	—	320	—	0.300	—	较差	460	—	—	高成熟	
安参1井	刘老碑组(?)	页岩(22)	0.03~0.13		—	—	0.010~0.020		非	428~501	$Ⅱ_2$	3.01	过成熟	张交东等,2008
淮南坳陷	刘老碑组	页岩(6)	—	—	13	—	—	—		480	Ⅰ	2.5		张交东等,2004
		泥灰岩(10)	0.07	—	25	—	0.030	—		500	—	—		
	刘老碑组	(钙质)泥页岩(14)	0.05	0.09	13	20	—	—		—	—	1.26~2.35(5)	高成熟-过成熟	本书
		灰岩(2)	0.03	0.03	—	—	—	—		—	—			
	刘老碑组	页岩(56)	0.13	0.28	—	—	—	0.05		460~519	—	1.39~1.54	过成熟	何明喜等,2009
周参6井	刘老碑组	深灰色白云岩、页岩	0.24	1.04	72	400	0.042	0.228	非-好	485~518	Ⅱ	2.2~2.5		赵澄林等,1997
凤深1井	贾园组—九顶山组	灰-深灰色白云岩	0.11	0.16	78	134	0.046	0.077	非-较差					
淮北小区	贾园组—九顶山组		0.07	0.12	34	70	0.025	0.064	非					
淮南小区	贾园组—九顶山组	碳酸盐岩(3)	0.03	0.04	—	21	—	—		—	—	—	—	本书
淮北坳陷	贾园组—九顶山组	碳酸盐岩(14)	0.05	0.10	13	18	—	—		—	—	2.33(1)	过成熟	本书
	张渠组—望山组	碳酸盐岩、泥灰岩(13)	0.08	0.22	23	35	—	—		—	—	1.24~2.40(4)	高成熟-过成熟	本书
	金山寨组	叠层石灰岩(1)	0.02	0.02	—	—	—	—		—	—	—	—	本书

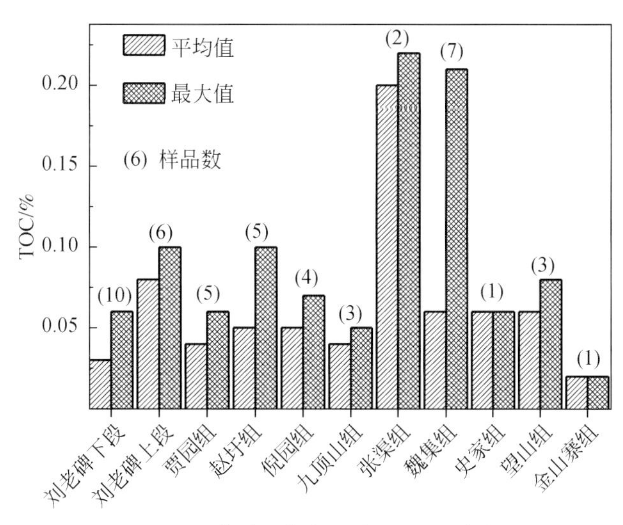

图20.21 苏皖北部新元古界TOC直方图

20.3.1.2 有机质类型

南华北地区中—新元古界烃源岩的饱芳比范围在2.6～6，多数大于3；红外光谱1700 cm^{-1}/1460 cm^{-1}值为1～1.15、1380 cm^{-1}/1460 cm^{-1}值为0.38～0.55，说明有机质类型以腐泥型为主（赵澄林等，1997）。根据透射光-荧光干酪根显微组分镜鉴，中元古界刘老碑组页岩的腐泥组含量均达95%以上，属于Ⅰ型干酪根（张交东等，2004）。安参1井22块页岩岩心样分析表明，其有机母质主要为低等水生生物，有机质类型为腐殖-腐泥型（张交东等，2008）。综上所述，南华北中—新元古界烃源层应属于腐泥型有机质类型，烃类转化率高，从有机质类型考虑，应具有较大的生烃潜力。

20.3.1.3 成熟度

南华北地区熊耳裂陷带豫西地区地面剖面的新元古界青白口系洛峪群崔庄组与洛峪口组泥质岩的实测沥青反射率R^b值达2.28%～4.39%，岩石热解烃峰顶峰温T_{max}值达470～593℃，其热演化程度业已全部进入过成熟阶段（表20.1；何明喜等，2009）；且早在三叠纪末期业已全部成熟，进入主要生油阶段（赵澄林等，1997），甚至在克拉通边缘局部靠近褶皱带的部位已遭变质成为板岩，基本上已经不利于油气的保存。

辽鲁皖裂陷带南段中元古界八公山群刘老碑组页岩、泥灰岩、灰岩的等效镜质组反射率R^o值在1.27%～3.01%，热解峰顶温度T_{max}值428～519℃，主要处于高成熟-过成熟阶段。新元古界徐淮群贾园组—九顶山组碳酸盐岩一件岩样的R^o值达2.33%，进入过成熟阶段；宿县群张渠组—望山组的R^o值1.24%～2.40%，处于高成熟-高成熟阶段（表20.2），但相当一部分仍处于生气高峰阶段，可作为有效的气源岩；但部分热演化程度相对较低的地区，仍有可能处于成熟的生油液态窗的范畴。

考虑到四川盆地乐山-龙女寺古隆起上的高产大气田的烃源层热演化条件，就威远、安岳气田的三套潜在烃源层而言，南华系陡山沱组页岩、震旦系灯影组页岩与泥质白云岩以及下寒武统筇竹寺组页岩实测沥青的等效镜质组反射率R^o值分布范围在2.5%～3.5%，也处于过成熟阶段，仍然可以形成、保存与找到具百万立方米级天然气单井产能以及百亿立方米级以上天然气地质储量的大型气田（藏）群（韩克猷、孙玮，2014）。

与乐山-龙女寺古隆起的烃源层相比较，南华北地区辽鲁皖裂陷带南段中—新元古界潜在烃源层R^o值的分布范围1.27%～3.01%，尚低于威远、安岳气田的三套潜在烃源层R^o值2.5%～3.5%，类比结果表明辽鲁皖裂陷带南段中—新元古界仍然具备良好的油气勘探前景。

20.3.2 有效烃源层分析

依据野外观察与地球化学评价结果，南华北地区主要发育三套中—新元古界潜在的烃源层，分别属于中元古界八公山群刘老碑组、青白口系贾园组—魏集组、上震旦系—下寒武统马店组（图20.5）。

20.3.2.1　中元古界八公山群刘老碑组

刘老碑组在辽鲁皖裂陷带属于泥钙质型陆棚相沉积，西北界大致顺沿汝南—商邱南—沛县—枣庄—潍坊一线，南界为固始-确山-合肥大断裂带，东界环绕蚌埠-界首古隆起，因此在淮南、淮北坳陷均有分布，以淮南坳陷凤阳山区地层出露最完整，厚度较大（图20.22）；霍邱及淮北坳陷一带仅出露上段的部分岩性。各地地表露头的岩性变化不大，岩性以黄绿色页岩夹泥灰岩为主，地层二分性明显，下段以紫红色泥质灰岩、粉砂岩、页岩及泥灰岩为主；上段以黄绿色页岩为主，向上出现较多的钙质粉砂岩及泥质灰岩，产古植物和疑源类化石，烃源岩主要发育在刘老碑组上段。刘老碑组地层厚度685～873 m，总体上东厚（局部达1072 m）西薄（安徽省地质矿产局区域地质调查队，1985）。

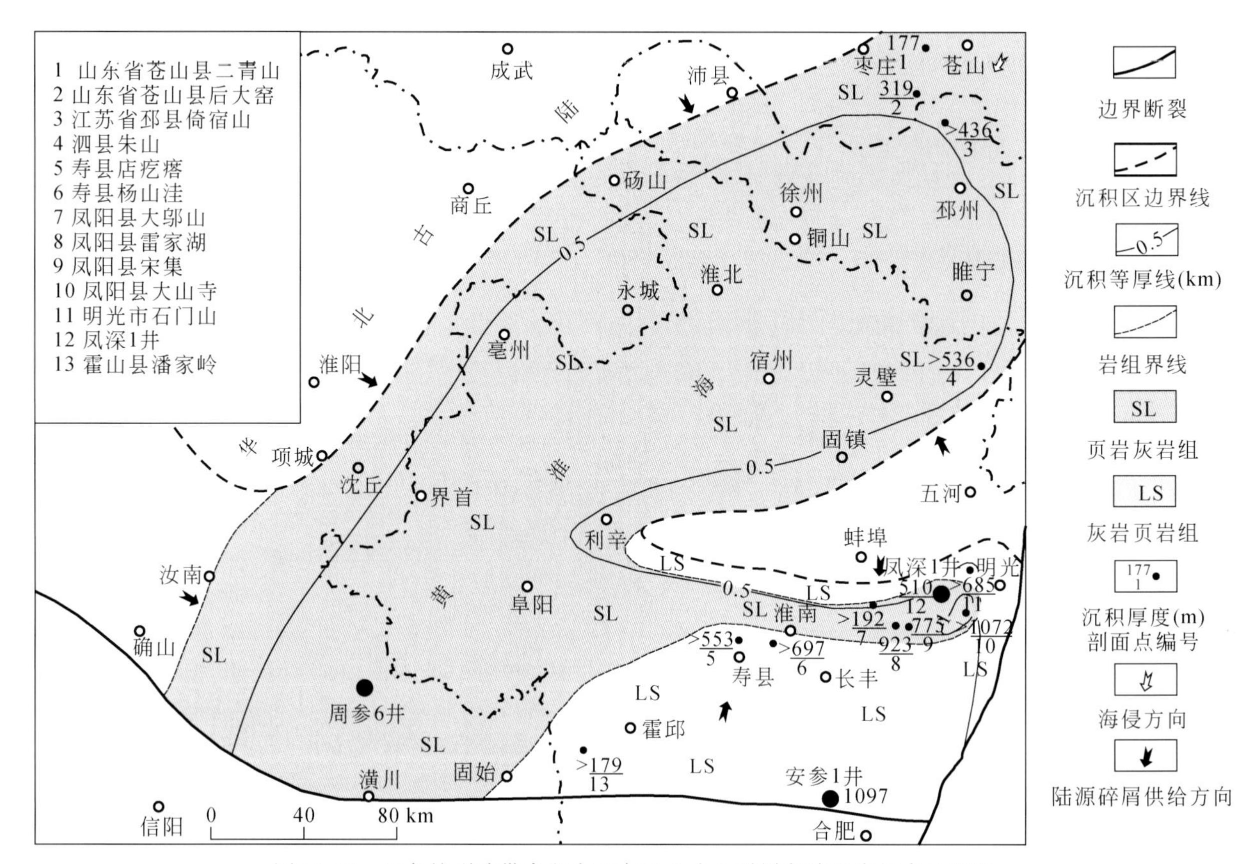

图20.22　辽鲁皖裂陷带南段中元古界八公山群刘老碑组岩相古地理图
（据安徽地质矿产局区域地质调查队，1985，修改）

1978年安徽石油勘探公司在淮南坳陷北缘钻探的凤深1井，完钻井深2430 m；在1855～2365 m井段钻遇刘老碑组，地层厚达510 m，岩性以灰、灰黑、深灰色泥岩为主，暗色泥岩层厚346 m，占该组总厚度的68%。刘老碑组泥质岩TOC均值达到0.5%，氯仿沥青含量达320ppm，产油潜量0.3 $mg_{烃}/g_{岩}$，有机质类型Ⅰ型，T_{max}值460℃，处于高成熟阶段，具备生成油气的潜力。野外地质调查在刘老碑组地层中发现沥青脉（张交东等，2004），进一步证实刘老碑组曾有过生烃过程。

2000年胜利油田在淮南坳陷南缘明港-合肥断裂以北，大桥凹陷与霍丘凸起过渡部位的双墩断鼻构造高点钻探安参1井，在井深5152 m钻入基底变质岩系，即古元古界青石山组大理岩，完钻井深5200 m，是目前南华北地区唯一的超深井。该井于4005～5102 m井段钻遇刘老碑组，主要岩性为杂色砂质泥岩、中-细粒砂岩、含砾砂岩，中-下部发育薄层深灰色泥岩，地层视厚度达1097 m；5102～5152 m井段为伍山组泥岩，底部含两层石英细砾岩。

据前人实测的镜质组反射率R^o值与岩石热解峰顶温度T_{max}数据来看，刘老碑组下段的等效镜质组反射率R^o值范围在2.2%～3.01%（表20.3），T_{max}值一般均大于475℃，均属于过成熟阶段，仅凤深1井

泥岩 T_{max} 值为460℃，属于高成熟阶段（表20.2）。刘德良等①实测罗山陵园、张管村的刘老碑组5件泥页岩等效镜质组反射率 R^o 值则介于0.94%～2.42%，其中40%岩样属于成熟阶段（R^o<1.3%），60%岩样已进入成熟阶段（R^o>1.3%）。

表20.3　辽鲁皖裂陷带南段中元古界八公山群刘老碑组潜在烃源岩实测 R^o 数据

编号	采样地点	层位	岩性	等效镜质组反射率 R^o/%	测点数件
LS-5	罗山陵园	刘老碑组下段	灰色灰质泥岩	2.42	1
LS-9			黄绿色灰质泥岩	1.76	7
ZG-2	张管村			1.50	1
ZG-3			灰质泥岩	0.90	2
ZG-4			黄绿色灰质泥岩	1.04	8

20.3.2.2　新元古界青白口系徐淮群贾园组—宿县群魏集组

辽鲁皖裂陷带南段的青白口系大体上继承中元古界八公山群刘老碑组的地层分布范围（图20.22、图20.23），在淮南、淮北坳陷均有发育，其间为蚌埠-界首隆起所分隔，在隆起的南、北两侧分别形成两个沉降中心，淮北坳陷宿州褚兰沉降中心地层厚达1612 m，海南坳陷豫东南周参6井沉降中心地层厚度大于634 m，沉降中心地带发育浅海相碳酸盐岩沉积（图20.23）。

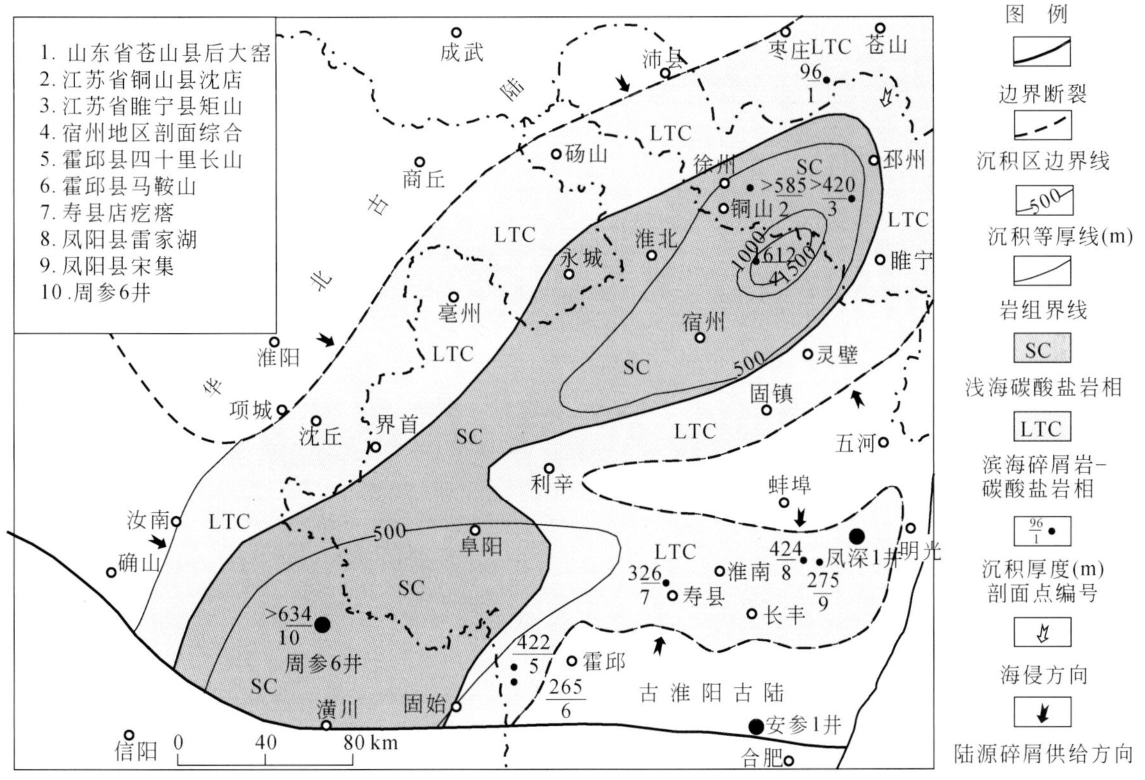

图20.23　辽鲁皖裂陷带南段新元古界徐淮群（四十里长山组—九顶山组）岩相古地理图
（据安徽地质矿产局区域地质调查队，1985，修改）

淮南、淮北坳陷青白口系地层分布有所差异，淮南坳陷仅发育徐淮群下部的地层，只有九顶山组以白云岩、灰岩为主，见有灰、深灰色碳酸盐岩潜在烃源岩；而淮北坳陷则具有完整的徐淮群与宿县群地层，其中贾园组—魏集组具有暗色碳酸盐岩潜在烃源岩（表20.4，图20.5、图20.15）。宿县群张渠组—

① 刘德良，李振生，杨清和，2009，南华北地区中—新元古代地层含油性研究，中国科技大学（内部科研报告），184页。

望山组地层在淮南坳陷完全缺失，仅发育于淮北坳陷，沉积中心在铜山、宿州、睢宁、邳州一带，地层厚度 481 m（表 20.4，图 20.24）。

表 20.4　辽鲁皖裂陷带南段新元古界青白口系徐淮群—宿县群潜在烃源岩初步评价

地层			岩性	TOC/%	氯仿沥青/ppm	R^o/%	烃源岩评价
青白口系	宿县群	望山组	深灰色灰岩 泥灰岩	0.04～0.08 0.06/3			成熟非烃源岩
		史家组	泥灰岩	0.06 / 1		0.87 / 8	
		魏集组	浅青灰色灰岩	0.01～0.21 0.05 / 2	11～35 20 / 3	1.07 / 5	过成熟非烃源岩
		张渠组	黑色灰岩	0.17～0.22 0.20 / 2	30 / 1	2.21 / 11	
	徐淮群	九顶山组	白云质灰岩 灰黑色灰岩	0.02～0.07 0.05 / 7		2.49 / 7	非烃源岩
		倪园组	中薄层灰岩	0.02～0.07 0.05 / 3			
		赵圩组	黑色灰岩	0.04～0.10 0.03 / 7	10～2 13 / 4	2.39 / 12	过成熟非烃源岩
		贾园组	黑色灰岩	0.02～0.06 0.04 / 10	10～16 12 / 5		非烃源岩

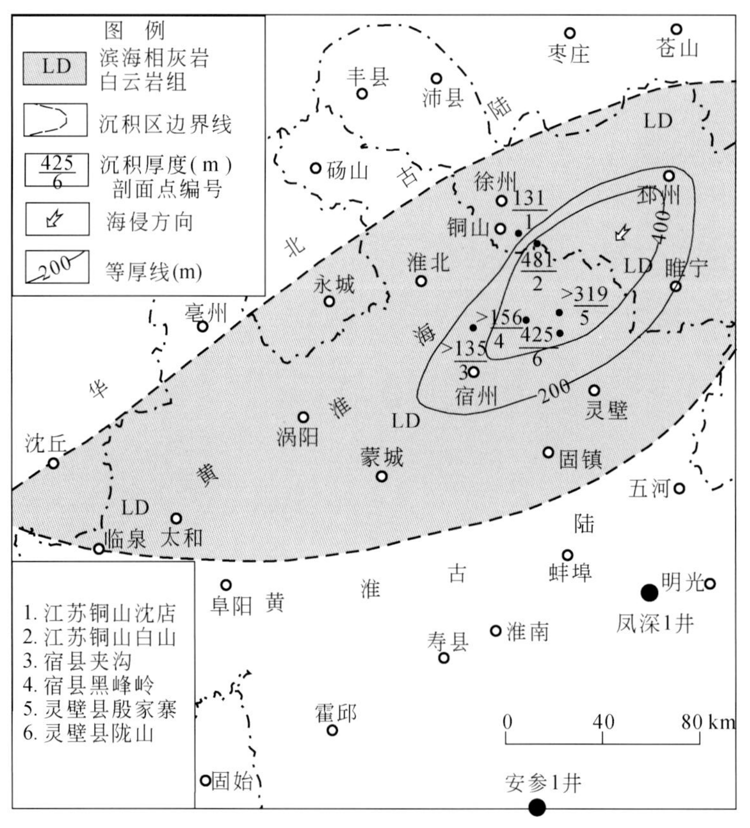

图 20.24　辽鲁皖裂陷带南段新元古界宿县群（张渠组—魏集组）岩相古地理图
（据安徽地质矿产局区域地质调查队，1985；修改）

淮南坳陷周参 6 井与凤深 1 井的青白口系中-下部徐淮群贾园组—宿县群魏集组多数已分析潜在的碳酸盐岩样品的有机质丰度均很低，TOC 均值为 0.16%，属非烃源岩范畴，但个别岩样的 TOC 最大值可达 1.04%，达到好烃源岩的有机质丰度下限值（表 20.2、表 20.4），尤其是魏集组页岩夹层的颜色也很深，推测地表的黄绿色页岩在地下深处颜色可能变深，有机质丰度有所增高。

据刘德良等①实测的潜在烃源岩等效镜质组反射率 R^o 值，宿县群上部望山组、史家组为 0.87% ~ 1.07%，仍处于成熟阶段生烃“液态窗”范畴内，而宿县群下部魏集组、张渠组以及徐淮群九顶山组–贾园组的 R^o 值均≥2.21%，已经进入过成熟阶段（表 20.4）。

20.3.2.3　古生界下寒武统马店组

辽鲁皖裂陷带南段淮南坳陷（淮南凤阳地层小区）下寒武统马店组地面露头为黑色或黄绿色页岩、碳质页岩、灰岩、粉砂岩、砾岩沉积，可划分为四个地层段，地层总厚度 150 m，大致沿洛南–卢氏–滦州–固始–确山–合肥大断裂北侧分布，标准剖面见于安徽霍邱县和河南固始县交界处的四十里长山（图 20.25）。

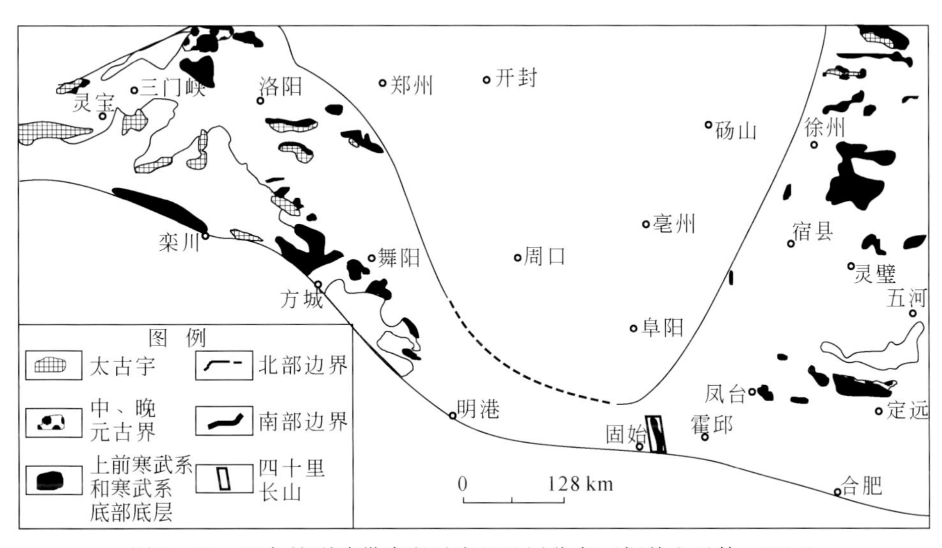

图 20.25　辽鲁皖裂陷带南段马店组地层分布（据戴金星等，2005）

马店组包含灰岩和泥岩两类潜在烃源岩，灰岩主要分布于马店组上部马四段，最大厚度大于 40 m，TOC 值仅为 0.39%，系差烃源岩；泥岩主要分布于马一、三段，马一段以粉砂质泥岩为主，厚度大于 40 m，TOC 值 1.70% ~2.32%，达到好烃源岩标准；马三段下部主要为泥质粉砂岩和砂岩，夹黄绿色泥岩，TOC 值 0.28% ~0.68%，多为非烃源岩；马三段上部为黑色泥岩，厚度约 15 m，TOC 值 6.02% ~ 26.4%，大多集中于 10% ~12%，为好烃源岩（表 20.5）。从纵向剖面上看，TOC 值的分布变化很大（图 20.25），TOC 高丰度层段分布于马三段的上部，其顶、底界线明显。

表 20.5　辽鲁皖裂陷带南段下寒武统马店组潜在烃源岩有机质丰度统计

层位		采样点	岩性	TOC/%	氯仿沥青/ppm	S_1+S_2/($mg_{烃}/g_{岩}$)
马店组	马四段	雨台山	含砂灰岩	0.39/1	—	0.03/1
	马三段上部	银珠山陈山	黑色泥岩	11.6 ~ 14.4 13.0/2	46 ~ 163 105/2	0.05 ~ 0.05 0.05/2
		雨台山		6.02 ~ 26.4 13.0/19	54 ~ 84 69/4	0.02 ~ 0.10 0.042/18
	马三段下部	煤山雨台山	黄绿、黑色泥岩	0.07 ~ 0.68 0.28/4	29 ~ 35 32/4	0.02 ~ 9.03 0.025/4
	马二段	煤山	黑色泥岩	1.76 ~ 1.83 1.78/2	—	0.03 ~ 0.04 0.04/2
	马一段	王八盖	砂质泥岩	1.70 ~ 3.32 2.10/3	16/1	0.0045/1

① 刘德良，李振声，杨清和，2009，南华北地区中—新元古代地层含油性研究，中国科学技术大学天然气地质资源环境研究中心（科研报告），184 页。

马店组潜在烃源岩氯仿沥青含量很低（小于0.01%），产油潜量也很低，远低于1 mg/g，这与马店组潜在烃源岩的高演化程度有关。马店组露头中可见丰富的烃类运移痕迹：一类为固体沥青，多见于层理面、裂隙和缝合线中，以马三、四段分界面之上20 cm砂质灰岩的沥青含量中最为丰富，储集空间全为碳沥青充填，表明呈褐色，岩性坚硬，风化后似“褐铁矿”层；另一类为“侵染状”的烃类运移痕迹，岩石中泥质物被运移烃还原呈黑灰色，一般中央焦黑，向四周逐渐变淡，可能是轻质油运移的古痕迹，大多见于马四段砂质灰岩和马二段砾岩之中，呈脉状、团块状、斑块状分布。

以马三段上部黑色泥岩为代表，实测的干酪根碳同位素 $\delta^{13}C$ 值为-32‰～-34‰，应属于Ⅰ型干酪根。干酪根显微组分腐泥组含量占44%～97%，亦属于Ⅰ型干酪根。实测马店组沥青质体的等效镜质组反射率 R^o 值为2.0%～3.5%，27件黑色泥岩样的岩石热解烃峰顶温度 T_{max} 值集中于500～600℃，均表明潜在烃源岩已进入过成熟阶段。

20.3.3　生-储-盖组合分析

辽鲁皖裂陷带南段苏皖北部地区中—新元古界潜在烃源岩层，自下而上初步划分为中元古界八公山群刘老碑组上段和新元古界青白口系贾园组—魏集组两套潜在烃源层（李振生等，2012），后者又细分为贾园组—九顶山组和张渠组—魏集组两套；熊耳裂陷带豫西地区青白口系潜在烃源岩层分布于崔庄组和洛峪口组。此外，尚有处于下寒武统底部的马店组。从厚度、分布范围、烃源岩级别、成熟度等综合评定（表20.6），潜在烃源岩优选排序依次为刘老碑组与马店组并列、张渠组—魏集组、崔庄组和九里桥组—四顶山组。

辽鲁皖裂陷带南段苏皖北部地区中—新元古界储层，以碳酸盐岩孔洞与裂缝复合型储层为主，也发育少量碎屑岩孔隙型储层。碳酸盐岩储层主要发育在贾园组—魏集组和望山组，其中白云岩的平均有效孔隙度为2.25%，平均渗透率为 $0.1013\times10^{-3}\mu m^2$（赵澄林等，1997）。碎屑岩孔隙型储层发育在九里桥组和金山寨组，其砂岩的孔、渗较好（赵澄林等，1997），平均有效孔隙度为17.27%，平均渗透率为 $27.97\times10^{-3}\mu m^2$。

辽鲁皖裂陷带南段苏皖北部盖层岩石类型主要为泥质岩，泥岩有微弱的面理化，从而封闭性能增强。徐州-宿州地区史家组和下寒武统底部发育杂色页岩，可作为区域性的局部盖层；下寒武统马店组和寒武系馒头组—徐庄组泥岩是南华北地区的区域性盖层。

表20.6　南华北地区潜在烃源岩特征表

潜在烃源岩	刘老碑组上段泥页岩	张渠组—魏集组碳酸盐岩/泥页岩	崔庄组泥质岩	贾园组—九顶山组碳酸盐岩	马店组碳泥质页岩
分布范围	广，整个皖苏鲁边区	小，仅限于淮北坳陷	广，整个河南境内	广，整个皖苏鲁边区	小，仅华北南缘
厚度	地层厚度685～837 m，烃源岩厚度可达400 m	沉降中心地层厚度481 m	地层厚度128～239 m，烃源岩厚度小于20 m	北部和南部沉降中心的地层分别厚达1612 m和大于634 m	最大厚度40 m，一般在10 m左右
级别	非-较差，部分达到好烃源岩标准	非-较差	非-好	非-较差	好-最好
成熟度	成熟-过成熟	成熟-过成熟	高成熟-过成熟阶段	过成熟	过成熟
油气显示	沥青脉	魏集组含沥青质	—	—	荧光显示明显；丰富的油浸和运聚痕迹

苏皖北部中—新元古界及下寒武统生-储-盖纵向上叠合得比较好（图20.26），以贾园组—魏集组暗色碳酸盐岩和刘老碑组暗色泥质岩为烃源岩，贾园组—魏集组碳酸盐岩和砂岩夹层及九里桥组砂岩为储集层，淮北坳陷史家组杂色页岩或马店组及淮南坳陷馒头组—徐庄组泥岩均可作为盖层。淮北坳陷还有一套次要生-储-盖组合，以史家组页岩和望山组深灰色白云质灰岩为烃源岩，金山寨组砂岩作储集层，

下寒武统杂色页岩作盖层。

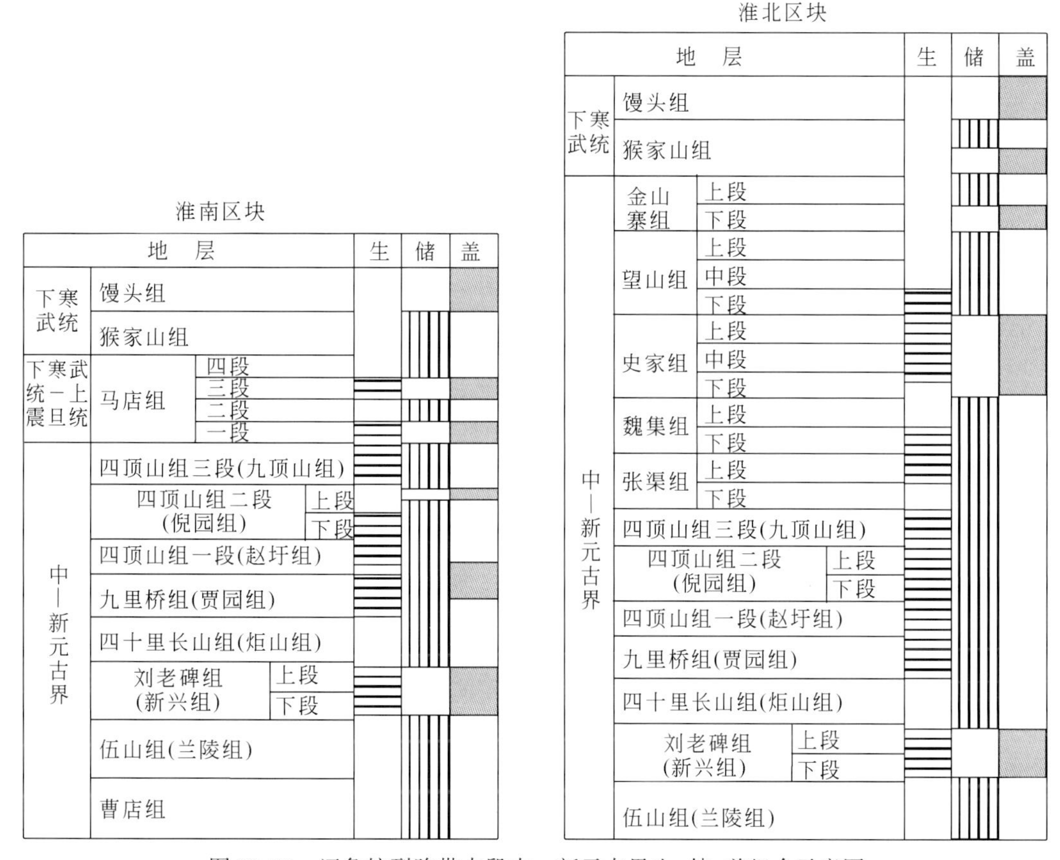

图 20.26　辽鲁皖裂陷带南段中—新元古界生-储-盖组合示意图

20.4　结论与讨论

（1）南华北克拉通自25亿年前克拉通化以后，在18亿～17亿年发育熊耳裂陷带产生较大规模的火山岩系（1750～1800 Ma）。熊耳群火山岩系底界为角度不整合面，相当于吕梁运动构造面；其上界也是角度不整合面，为熊耳运动构造面，值得注意的是此不整合面相当于燕辽裂陷带长城系底界不整合面。据此认为，中元古代早期华北克拉通南缘形成裂陷带沉积熊耳群，之后华北陆内燕辽裂陷带才发生裂陷沉积了常州沟组—大红峪组（17亿～16亿年）。再者，鉴于徐淮群的侵入岩年龄为890～1038 Ma，因此认为，徐淮群下伏的八公山群时代应当大于1000 Ma。据此考虑，当将八公山群置于“待建系”Pt_2^3x下马岭组之上，相当于目前在地层柱上空缺的Pt_2^4，或Pt_2^4中的一部分（图20.5）。

（2）南华北地区存在四套构造系统：其一，近EW向构造系：皖豫陕纬向构造带，形成于太古宙，是结晶基底中最古老的构造，对中—新元古界油气成藏不起作用；晚期的EW向构造形成于中—新生代，主要表现为断续发育的冲断层，对中—新元古界油气藏意义不大。其二，近SN向构造系：冀鲁皖经向构造带，为中—新元古界的基底构造，形成于吕梁运动，其古构造地貌控制中—新元古界的沉积分布；晚期的SN向构造形成于中生代，呈现为挤压性断裂，局部发育，对中—新元古界油气藏意义有限。其三，近NWW向构造系：华北克拉通南缘构造带，始于中元古代早期熊耳裂陷带主体的形成构造，之后于中生代早期则发育了由南向北推覆的厚皮构造，对中—新元古界油气藏具有重大意义。其四，近NNE向构造系可分为三个演化阶段：① 辽鲁皖坳陷带，大体呈NE-NNE向展布，形成于中—新元古代，为内克拉通盆地相和边缘克拉通盆地相的浅海碎屑岩和碳酸盐岩相沉积，呈现为区域外围穹拱而区内下降的运动方式；② 辽鲁皖裂陷带南段，呈NE-NNE向展布，形成于新元古代末—古生代，体现为张陷盆地的拉张边缘相和核部相的海相碳酸盐岩为主的沉积，呈现为拉张运动方式；③ 郯庐断裂带，NNE向延伸，基于华北克拉通辽鲁皖裂陷带发育以小角度斜切的断裂，于中晚期向北延伸穿过兴蒙造山带北延，向南穿过大别-胶南造山带切入扬子克拉通。郯庐断裂带多期活动，性能多变。早期（晚三叠世—早侏罗世）为挤压推覆兼左行平移断裂带，呈现自东向西推覆的薄皮构造；早期晚时（中侏罗世—晚侏罗世）为左行走滑断裂带。中期（白垩纪）为伸展裂陷带。晚期成为深断裂，其中晚期早时（古新世—始新世早期）右行平移兼拉伸裂陷，晚期晚时（始新世中期—新近纪—第四纪）右行平移兼冲断。本章新提出皖豫陕纬向构造带与华北南缘 NWW 向构造系，这两者过去被混为一体，统作纬向构造系；再者提出，冀鲁皖经向构造的形成晚于皖豫陕纬向构造；还探讨了郯庐断裂带何时何地何性质的问题。

（3）南华北克拉通中—新元古界含油气性的综合分析认为，东部辽鲁皖裂陷带南段好于西部熊耳裂陷带，淮北坳陷最好，淮南坳陷次之。辽鲁皖裂陷带南段以皖北为主的皖苏鲁边区，新元古界碳酸盐岩和泥岩沉积厚大，保存齐全；西部熊耳裂陷带，新元古界沉积零散，且保存残缺，古元古代晚期主要为块状火山岩和中粗粒碎屑岩。淮北坳陷的有机质丰度、烃源岩厚度和储集层厚度优于淮南坳陷，且淮南坳陷南部靠近秦岭-大别碰撞造山带，强烈的构造岩浆变质作用自南向北递减。

参考文献

安徽省地质矿产局. 1987. 安徽省区域地质志. 北京：地质出版社

安徽省地质矿产局区域地质调查队. 1985. 安徽地层志：前寒武系分册. 合肥：安徽科学技术出版社

安徽省地质矿产局区域地质调查队. 1986. 安徽地质志，附图4：中华人民共和国安徽省地质构造图. 北京：地质出版社

曹高社，李学田，刘德良，周松兴，高一军. 2003. 辽鲁皖裂陷带南段与北淮阳构造带印支期的推覆构造及其油气意义. 石油与天然气地质，24（2）：116～122

曹高社，张善文，柳忠泉，杨晓勇，刘德良. 2006. 华北克拉通东南缘凤台组时代的讨论. 地质科学，41（4）：720～728

曹忠祥. 2008. 营口-潍坊断裂带新生代走滑拉分-裂陷盆地伸展量，沉降量估算. 地质科学，43（1）：65～81

陈衍景，富士谷，强立志. 1992. 评熊耳群和西洋河群形成的构造背景. 地质论评，38（4）：325～333

陈义贤. 1985. 辽河裂谷盆地断裂演化序次和油气藏形成模式. 石油学报，6（2）：1～11

池际尚. 1988. 中国东部新生代玄武岩及上地幔研究. 武汉：中国地质大学出版社

崔敏利，张宝林，彭澎，张连昌，沈晓丽，郭志华，黄雪飞. 2010. 豫西崤山早元古代中酸性侵入岩锆石/斜锆石 U-Pb 测年及其对熊耳火山岩系时限的约束. 岩石学报，26（5）：1541～1549

戴金星，刘德良，曹高社，陶士振，秦胜飞. 2005. 华北盆地南缘寒武系烃源岩. 北京：石油工业出版社

董树文，张岳桥，龙长兴，杨振宇，季强，王涛，胡建民，陈宣华. 2007. 中国侏罗纪构造变革与燕山运动新诠释. 地质学报，81（11）：1449～1461

鄂莫岚，赵大升. 1987. 中国东部新生代玄武岩及深源岩石包体. 北京：科学出版社

方大钧，朱志文，郭亚滨. 1983. 苏北地区上前寒武系古地磁研究及我国南北方上前寒武系的对比. 地质科学，（4）：324～336

高林志，柳永清. 2005. 河南嵩山地区新元古界何家窑组微亮晶脉特征、成因及地质意义探讨. 地质论评，51（4）：373～381

高林志，丁孝忠，庞维华，张传恒. 2011. 中国中—新元古代地层年表的修正——锆石 U-Pb 年龄对年代地层的制约. 地层学杂志，35（1）：1～7

高林志，王自强，张传恒. 2010. 华北块体南缘上元古界氧碳同位素特征及其沉积环境意义. 古地理学报，12（6）：639～654

高林志，尹崇玉，王自强. 2002. 华北地台南缘新元古代地层的新认识. 地质通报，21（3）：130～135

高林志，张传恒，刘鹏举，丁孝忠，王自强，张彦杰. 2009. 华北-江南地区中、新元古代地层格架的再认识. 地球科学，30（4）：433～446

关保德，耿午辰，戎治权，杜慧英. 1988. 河南东秦岭北坡中—上元古界. 郑州：河南科学技术出版社

关保德，吕国芳，王耀霞. 1993. 河南省地台区中—晚元古代构造沉积盆地演化分析. 河南地质，11（3）：181～191

郭继春，姚文平，许红忠. 1992. 马超营断裂以北熊耳群火山岩系是形成于弧后裂陷盆地环境的基性-酸性双峰态火山岩组合吗？——与胡德祥等同志商榷. 地球科学，17（4）：481～484

韩克猷，孙玮. 2014. 四川盆地海相大气田和气田群成藏条件. 石油与天然气地质，35（1）：10～18

何明喜，杜建波，王荣新，郭双亭，严永新，武明辉，谢其锋，李凤勋. 2009. 华北南缘新元古界—下古生界海相天然气前景初探. 石油实验地质，31（2）：154～159

河南省地质矿产局. 1997. 河南省岩石地层. 武汉：中国地质大学出版社

胡国辉，胡俊良，陈伟，赵太平. 2010. 华北克拉通南缘中条山-嵩山地区 1.78 Ga 基性岩墙群的地球化学特征及构造环境. 岩石学报，26（5）：1563～1576

胡国辉，赵太平，周艳艳，杨阳. 2012. 华北克拉通南缘五佛山群沉积时代和物源区分析：碎屑锆石 U-Pb 年龄和 Hf 同位素证据. 地球化学，41（4）：326～342

胡受奚，林潜龙，陈泽铭，黎世美.1988. 华北与华南古板块拼合带地质和成矿. 南京
黄雷，周心怀，刘池洋，王应斌.2012. 渤海海域新生代盆地演化的重要转折期——证据及区域动力学分析. 中国科学（D辑）：地球科学，42（6）：893~904
贾承造.1985. 熊耳群火山岩系岩石地球化学特征及其大地构造意义. 河南地质，（2）：39~43
江来利，陈福坤，刘贻灿，储东如.2005. 大别造山带北部卢镇关杂岩的U-Pb锆石年龄. 中国科学（D辑）：地球科学，35（5）：411~419
江苏省地质矿产局.1997. 江苏省岩石地层. 武汉：中国地质大学出版社
江在森，马宗晋，张希，王琪，王双绪.2003. GPS初步结果揭示的中国大陆水平应变场与构造变形. 地球物理学报，46（3）：352~358
蒋干清，周洪瑞.1994. 豫西栾川地区栾川群的层序，沉积环境及其构造古地理意义. 现代地质，8（4）：430~440
柯元，伍震.1976. 豫西的上前寒武系及其对比关系. 地质科学，（2）：157~168
李理，谭明友，张明振，胥颐，李志伟，时秀朋，宫红波，唐智博，胡秋媛.2009. 潍北-莱州湾凹陷郯庐断裂带新生代走滑特征. 地质科学，44（3）：855~864
李钦仲，杨应章，贾金昌.1985. 华北地台南缘（陕西部分）晚前寒武纪地层研究. 西安：西安交通大学出版社
李三忠，周立宏，刘建忠，单业华，高振平，许淑梅.2004. 华北板块东部新生代断裂构造特征与盆地成因. 海洋地质与第四纪地质，24（3）：57~66
李双应，洪天求，郑文武，贾志海.2003a. 皖北新元古代刘老碑组滑塌沉积及其地质意义. 合肥工业大学学报：自然科学版，26（6）：1115~1120
李双应，岳书仓，杨建，贾志海.2003b. 皖北新元古代刘老碑组页岩的地球化学特征及其地质意义. 地质科学，38（2）：241~253
李秀新，刘德良.1979. 辽鲁皖裂陷带南段重磁场的解析延拓对深部构造分析的意义. 石油物探，（2）：73~92
李秀新，刘德良，王华俊，沈修志，薛爱民.1992. 中国东部华北板块与扬子板块的分界问题. 见：李继亮主编. 中国东南海陆岩石圈结构与演化研究. 北京：中国科学技术出版社. 32~45
李振生，刘德良，吴小奇，王广利，王铁冠.2012. 南华北东部徐淮地区新元古界生烃潜力分析. 地质科学，47（1）：154~168
刘德良.1989. 试论冀鲁皖经向构造带及其意义. 见：中国地质科学院地质力学研究所编. 地质力学文集（第九集）. 北京：地质出版社. 149~158
刘德良，李秀新.1984. 皖中地区深层构造分析. 地质科学，（1）：42~50
刘德良，李秀新，王华俊，沈修志，薛爱民.1994. 北淮阳深部构造. 中国地质科学院562综合大队集刊，11-12：23~34
刘鸿允，郝杰，李曰俊.1999. 中国中东部晚前寒武纪地层与地质演化. 北京：科学出版社
刘为付，孟祥化，葛铭，旷红伟，刘燕学.2004. 徐州-淮南地区新元古代臼齿碳酸盐岩成因探讨. 地质论评，50（5）：454~463
刘燕学，旷红伟，孟祥化，葛铭，蔡国印.2005. 吉辽徐淮地区新元古代地层对比格架. 地层学杂志，29（4）：387~396，404
刘贻灿，刘理湘，古晓锋，李曙光，刘佳，宋彪.2010. 大别山北淮阳带西段新元古代浅变质花岗岩的发现及其大地构造意义. 科学通报，55（24）：2391~2399
陆松年，李怀坤，相振群.2010. 中国中元古代同位素地质年代学研究进展述评. 中国地质，37（4）：1002~1013
路凤香，韩柱国，郑建平，任迎新.1991. 辽宁复县地区古生代岩石圈地幔特征. 地质科技情报，10（S1）：2~20
吕田芳，关保德.1993. 豫西高山河组云梦山组火山岩特点及其构造背景. 河南地质，11（1）：37~43
马公伟.1992. 对徐宿弧形构造成因的新认识. 中国区域地质，（1）：83~87
南阳油田石油地质志编写组.1992. 中国石油地质志（卷七）. 北京：石油工业出版社
牛绍武，朱士兴.2002. 论淮南生物群. 地层学杂志，26（1）：1~8
潘国强，刘家润，孔庆友，吴俊奇，张庆龙，曾家湖，刘道忠.2000. 徐宿地区震旦纪地质事件及其成因讨论. 高校地质学报，6（4）：566~575
乔秀夫.2002. 中朝板块元古宙板内地震带与盆地格局. 地学前缘，9（3）：141~149
乔秀夫，高林志.1999. 华北中新元古代及早古生代地震灾变事件及与Rodinia的关系. 科学通报，44（16）：1753~1758
乔秀夫，高林志，彭阳，李海兵.2001. 古郯庐带沧浪铺阶地震事件、层序及构造意义. 中国科学（D辑）：地球科学，31（11）：911~918
乔秀夫，张德全，王雪英，夏明仙.1985. 晋南西阳河群同位素年代学研究及其地质意义. 地质学报，59（3）：258~269
任富根，李惠民.2000. 熊耳群火山岩系的上限年龄及其地质意义. 前寒武纪研究进展，23（3）：140~146
任建业，于建国，张俊霞.2009. 济阳坳陷深层构造及其对中新生代盆地发育的控制作用. 地学前缘，16（004）：117~137
山东省地质矿产局.1991. 山东省区域地质志，附图三：中华人民共和国山东省构造体系图. 北京：地质出版社

沈修志，薛爱民，刘德良，林东燕 . 1995. 华北南部盆地构造与天然气关系 . 合肥：中国科学技术大学出版社
史卜庆，吴智平，王纪祥，周瑶琪，戴启德 . 1999. 渤海湾盆地东营运动的特征及成因分析 . 石油实验地质，21（3）：196 ~ 200
史卜庆，郑凤云，顾勤，周瑶琪，吴智平 . 2002. 济阳坳陷济阳运动的动力学成因试析 . 高校地质学报，8（3）：356 ~ 363
舒良树，吴俊奇 . 1994. 徐宿地区推覆构造 . 南京大学学报：自然科学版，30（4）：638 ~ 647
苏文博，李怀坤，徐莉，贾松海，耿建珍，周红英，王志宏，蒲含勇 . 2012. 华北克拉通南缘洛峪群-汝阳群属于中元古界长城系-河南汝州洛峪口组层凝灰岩锆石 LA-MC-ICPMS U-Pb 年龄的直接约束 . 地质调查与研究，35（2）：96 ~ 108
孙大中，李惠民，林源贤，周慧芳，赵风清，唐敏 . 1991. 中条山前寒武纪年代学，年代构造格架和年代地壳结构模式的研究 . 地质学报，65（3）：216 ~ 231
孙林华，桂和荣，陈松，马艳平，王桂梁 . 2010. 皖北新元古代贾园组混积岩物源和构造背景的地球化学示踪 . 地球学报，31（6）：833 ~ 842
孙枢，张国伟，陈志明 . 1985. 华北断块区南部前寒武纪地质演化 . 北京：冶金工业出版社
唐烽，尹崇玉，王自强，陈孟莪，高林志 . 2005. 华北地台东缘新元古代地层对比和宏体化石研究的进展和发展趋势 . 地质通报，24（7）：589 ~ 596
万天丰 . 1992. 山东省构造演化与应力场研究 . 山东国土资源，8（2）：70 ~ 101
王桂梁，姜波，曹代勇，邹海，金维浚 . 1998. 徐州-宿州弧形双冲-叠瓦扇逆冲断层系统 . 地质学报，72（3）：228 ~ 236
王清海，杨德彬，许文良 . 2011. 华北克拉通东南缘新元古代基性岩浆活动：徐淮地区辉绿岩床群岩石地球化学、年代学和 Hf 同位素证据 . 中国科学（D 辑）：地球科学，41（6）：796 ~ 815
王治顺，王小凤，蒋复初 . 1985. 论皖东经向构造体系及其意义 . 中国地质科学院地质力学研究所所刊，5：26 ~ 44
谢智，陈江峰，张巽，周泰禧，杨刚，李惠民 . 2002. 北淮阳新元古代基性侵入岩年代学初步研究 . 地球学报，23（6）：517 ~ 520
徐嘉炜 . 1984. 郯城-庐江平移断裂系统 . 构造地质论丛，（3）：18 ~ 32
徐杰，牛嘉玉，吕悦军，吴小洲，周本刚，张进，计凤桔，陈国光 . 2009. 营口-潍坊断裂带的新构造和新构造活动 . 石油学报，30（4）：498 ~ 505
徐树桐，陈冠宝，陶正 . 1993a. 中国东部徐-淮地区地质构造格局及其形成背景 . 北京：地质出版社
徐树桐，陈冠宝，周海渊，陶正 . 1987. 徐-淮推覆体 . 科学通报，（14）：1091 ~ 1095
徐树桐，陶正，陈冠宝 . 1993b. 再论徐（州）-淮（南）推覆体 . 地质论评，39（5）：395 ~ 403，477
徐勇航，赵太平，胡俊良，陈伟 . 2008a. 华北克拉通南部古元古代熊耳群硅质岩地球化学特征及其沉积环境 . 沉积学报，26（4）：602 ~ 609
徐勇航，赵太平，彭澎，翟明国，漆亮，罗彦 . 2007. 山西吕梁地区古元古界小两岭组火山岩地球化学特征及其地质意义 . 岩石学报，23（5）：1123 ~ 1132
徐勇航，赵太平，张玉修，陈伟 . 2008b. 华北克拉通南部古元古界熊耳群大古石组碎屑岩的地球化学特征及其地质意义 . 地质论评，54（3）：316 ~ 326
颜孔德 . 1989. 安徽两淮煤田浅成煤成气藏形成的构造条件浅析 . 安徽理工大学学报（自然科学版），3：1 ~ 8
杨德彬，许文良，徐义刚，王清海，裴福萍 . 2009. 苏北-辽南新元古代沉积岩中碎屑锆石 U-Pb 年代学：对郯庐断裂带巨大左行平移的制约 . 2009 年全国岩石学与地球动力学研讨会论文集，85
杨杰东，郑文武，陶仙聪，王宗哲 . 2004. 安徽淮南群四顶山组燧石 Sm-Nd 年龄测定 . 地质论评，50（4）：413 ~ 417
杨杰东，郑文武，王宗哲，陶仙聪 . 2001. Sr、C 同位素对苏皖北部上前寒武系时代的界定 . 地层学杂志，25（1）：44 ~ 47
杨文采 . 2003. 东大别超高压变质带的深部构造 . 中国科学（D 辑）：地球科学，33（2）：183 ~ 194
杨忆 . 1990. 华北地台南缘熊耳群火山岩特点及形成的构造背景 . 岩石学报，（2）：20 ~ 29
詹润，朱光 . 2012. 渤海海域郯庐断裂带新生代活动方式与演化规律——以青东凹陷为例 . 地质科学，47（4）：1130 ~ 1150
张汉成，肖荣阁，安国英，张龙，侯万荣，高亮 . 2003. 华北板块南缘熊耳群火山岩系中的杏仁体 . 地质通报，22（5）：356 ~ 363
张交东，刘德良，黄开权，曹高社，邱连贵，雷敏 . 2004. 辽鲁皖裂陷带南段盆缘刘老碑组烃源岩特征探讨 . 石油实验地质，26（5）：474 ~ 478
张交东，刘德良，林会喜，邱连贵，徐佑德，任凤楼，裴磊 . 2003. 郯庐断裂带南段巨型正花状构造的发现及地质意义 . 中国科学技术大学学报，33（4）：486 ~ 490
张交东，王登稳，刘德良，任凤楼，赵玉华 . 2008. 辽鲁皖裂陷带南段安参 1 超深井钻遇的基底时代问题讨论 . 地质论评，54（4）：433 ~ 438
张交东，杨晓勇，刘成斋，张丽莉，李冰，徐亚，黄松，胡卫剑 . 2012. 大别山北缘深部结构的高精度重磁电震解析 . 地球物理学报，55（7）：2292 ~ 2306
张岳桥，董树文 . 2008. 郯庐断裂带中生代构造演化史：进展与新认识 . 地质通报，27（9）：1371 ~ 1390

张岳桥，董树文，赵越，张田．2007．华北侏罗纪大地构造：综评与新认识．地质学报，81（11）：1462～1480
张宗清，刘敦一，付国民．1991．秦岭群、宽坪群、陶湾群的时代——同位素年代学的研究进展及其构造意义．见：叶连俊主编．秦岭造山带学术讨论会论文选集．西安：西北大学出版社．214～228
赵澄林，李儒峰，周劲松．1997．华北中新元古界油气地质与沉积学．北京：地质出版社
赵宏，夏军．2010．华北板块南缘安徽青白口纪—早奥陶世层序地层与格架．安徽地质，20（4）：244～250
赵太平，金成伟，翟明国，夏斌，周美夫．2002．华北克拉通南部熊耳群火山岩的地球化学特征与成因．岩石学报，18（1）：56～69
赵太平，徐勇航，翟明国．2007．华北克拉通南部元古宙熊耳群火山岩的成因与构造环境：事实与争议．高校地质学报，13（2）：191～206
赵太平，原振雷，关保德．1998．豫晋陕熊耳群沉积岩夹层特征与沉积环境．河南地质，（04）：22～33
赵太平，翟明国，夏斌，李惠民，张毅星，万渝生．2004．熊耳群火山岩锆石SHRIMP年代学研究：对华北克拉通盖层发育初始时间的制约．科学通报，49（22）：2342～2349
赵太平，周美夫，金成伟，关鸿，李惠民．2001．华北克拉通南缘熊耳群形成时代讨论．地质科学，36（3）：326～334
赵宗举，杨树锋，周进高，竺国强，陈汉林．2000．辽鲁皖裂陷带南段逆掩冲断带地质-地球物理综合解释及其大地构造属性．成都理工学院学报，27（2）：151～157
郑文武，杨杰东，洪天求，陶仙聪，王宗哲．2004．辽南与苏皖北部新元古代地层Sr和C同位素对比及年龄界定．高校地质学报，10（2）：165～178
周洪瑞．1999．豫西地区中、新元古界层序地层研究及其区域地层对比意义．现代地质，13（2）：221～222
周洪瑞，王自强．1999．华北大陆南缘中、新元古代大陆边缘性质及构造古地理演化．现代地质，13（3）：261～267
周洪瑞，王自强，崔新省，雷振宇，董文明．1998．豫西地区中、新元古代地层沉积特征及层序地层学研究．现代地质，12（1）：18～25
朱光，胡召齐，陈印，牛漫兰，谢成龙．2008．华北克拉通东部早白垩世伸展盆地的发育过程及其对克拉通破坏的指示．地质通报，27（10）：1594～1604
朱光，刘国生，牛漫兰，宋传中，王道轩．2002．郯庐断裂带晚第三纪以来的浅部挤压活动与深部过程．地震地质，24（2）：265～277
朱光，张力，谢成龙，牛漫兰，王勇生．2009．郯庐断裂带构造演化的同位素年代学制约．地质科学，44（4）：1327～1342
朱日祥，徐义刚，朱光，张宏福，夏群科，郑天愉．2012．华北克拉通破坏．中国科学（D辑）：地球科学，42（8）：1135～1159
朱士兴．1994．华北地台中，上元古界生物地层序列．北京：地质出版社
Cui M，Zhang B，Zhang L. 2011. U-Pb dating of baddeleyite and zircon from the Shizhaigou diorite in the southern margin of North China Craton：Constrains on the timing and tectonic setting of the Paleoproterozoic Xiong′er group. Gondwana Research，20（1）：184～193
Gao L Z，Zhang C H，Liu P J，Tang F，Song B A，Ding X Z. 2009. Reclassification of the Meso- and Neoproterozoic Chronostratigraphy of North China by SHRIMP Zircon Ages. Acta Geologica Sinica-English Edition，83（6）：1074～1084
He Y，Zhao G，Sun M，Xia X. 2009. SHRIMP and LA-ICP-MS zircon geochronology of the Xiong′er volcanic rocks：Implications for the Paleo-Mesoproterozoic evolution of the southern margin of the North China Craton. Precambrian Research，168（3-4）：213～222
Kumar B，Das Sharma S，Sreenivas B，Dayal A M，Bao M N，Dubey N，Chawla B R. 2002. Carbon，oxygen and strontium isotope geochemistry of Proterozoic carbonate rocks of the Vindhyan Basin，central India. Precambrian Research，113（1）：43～63
Liu Y Q，Gao L Z，Liu Y X，Song B，Wang Z X. 2006. Zircon U-Pb dating for the earliest Neoproterozoic mafic magmatism in the southern margin of the North China Block. Chinese Science Bulletin，51（19）：2375～2382
Mattauer M，Matte P，Maluski H，Xu Z，Zhang Q，Wang Y. 1991. Paleozoic and Triassic plate boundary between North and South China：new structural and radiometric data on the Dabie-shan，eastern China. CR Acad Sci，Ser II，312：1227～1233
Peng P，Zhai M，Ernst R E，Guo J，Liu F，Hu B. 2008. A 1.78 Ga large igneous province in the North China craton：The Xiong′er Volcanic Province and the North China dyke swarm. Lithos，101（3-4）：260～280
Su J，Zhu W，Lu H，Xu M，Yang W，Zhang Z. 2009. Geometry styles and quantification of inversion structures in the Jiyang depression，Bohai Bay Basin，eastern China. Marine and Petroleum Geology，26（1）：25～38
Wan T F. 2011. The Tectonics of China：Data，Maps and Evolution. Higher Education Press，Springer
Wang X L，Jiang S Y，Dai B Z，Griffin W L，Dai M N，Yang Y H. 2011. Age，geochemistry and tectonic setting of the Neoproterozoic（ca 830 Ma）gabbros on the southern margin of the North China Craton. Precambrian Research，190（1-4）：35～47
Wang Y. 2006. The onset of the Tan-Lu fault movement in eastern China：constraints from zircon（SHRIMP）and $^{40}Ar/^{39}Ar$ dating. Terra Nova，18（6）：423～431

Zhai M, Bian A, Zhao T. 2000. The amalgamation of the supercontinent of North China Craton at the end of Neo-Archaean and its breakup during late Palaeoproterozoic and Meso-Proterozoic. Science in China Series D: Earth Sciences, 43: 219 ~ 232

Zhai M G, Liu W J. 2003. Palaeoproterozoic tectonic history of the North China Craton: a review. Precambrian Research, 122 (1-4): 183 ~ 199

Zhang Y, Dong S, Shi W. 2003. Cretaceous deformation history of the middle Tan-Lu fault zone in Shandong Province, eastern China. Tectonophysics, 363 (3-4): 243 ~ 258

Zhao G, He Y, Sun M. 2009. The Xiong'er volcanic belt at the southern margin of the North China Craton: petrographic and geochemical evidence for its outboard position in the Paleo-Mesoproterozoic Columbia Supercontinent. Gondwana Research, 16 (2): 170 ~ 181

Zhao G, Sun M, Wilde S A, Li S. 2003. Assembly, accretion and breakup of the Paleo-Mesoproterozoic Columbia supercontinent: records in the North China Craton. Gondwana Research, 6 (3): 417 ~ 434

第21章　南华北地区下寒武统马店组烃源层研究

李振生[1,2]，田晓莉[1]，陶士振[2,3]，曹高社[2,4]，刘德良[2]，戴金星[3]

（1. 合肥工业大学资源与环境工程学院，合肥，230009；
2. 中国科学技术大学地球与空间科学学院，合肥，230026；
3. 中国石油勘探开发研究院，北京，100083；
4. 河南理工大学资源与环境学院，焦作，454000）

摘　要：华北克拉通南缘三门峡–鲁山–阜阳–淮南断裂以南，发育前寒武纪/寒武纪含磷泥质岩和角砾岩系，称为马店组，自下而上划分为四段，即马一段砂泥岩段、马二段含磷砾岩段、马三段富磷页岩段、马四段富含化石的砂灰岩段。马店组沉积时期的构造环境为拉张裂陷向移离扩张的过渡阶段，盆地性质属于内裂谷盆地向被动大陆边缘盆地的过渡类型。马店组系大规模水进初期形成的海相泥页岩建造，处于深水斜坡相沉积环境，为一强还原性、咸水的封闭沉积环境，对有机质的形成和保存极其有利。该套泥质烃源层含Ⅰ型有机质，总有机碳含量（TOC）0.68%～26.39%，有机质丰度级别以好烃源岩为主；等效镜质组反射率 R^o 值 2%～5%，处于过成熟阶段。以马三段上部黑色泥岩为最有利的烃源岩，分布范围广，有机质丰度最高，TOC值3.08%～26.4%，分布主频为10%～16%；其明显的荧光显示、丰富的油浸痕迹显示曾发生过油气运移过程，中新生代地层覆盖区有利于马店组海相烃源层保存与生烃。

关键词：前寒武纪/寒武纪，华北克拉通南缘，辽鲁皖裂陷带南段，马店组

21.1　引　　言

南华北地区处于东秦岭–大别构造带以北，属于华北克拉通南部，包括河南省和安徽省的大部以及江苏省的西北部、山东省的西南部。南华北地区油气勘探始自1955年，在多个沉积凹陷中，上古生界、三叠系、下白垩统及古近系均有程度不同的油气显示（赵俊峰等，2010），主要勘探层系也由浅部中生界、新生界，向深部古生界等层系扩展（何明喜等，2009），但一直未能取得油气勘探的突破。

华北克拉通南缘的震旦系—下古生界以台地碳酸盐沉积为主（赵宏、夏军，2010），沉积岩的有机质丰度低（许化政等，2005；李振生等，2012），基本不发育效烃源岩；但是，驻马店–霍山以南地区的前寒武系/寒武系海相黑色泥质岩有机质丰度最高（戴金星等，2003），又具有较为理想的生–储–盖组合，如果保存条件有利，可能成为南华北地区油气勘探的重要目的层。

前寒武纪/寒武纪是地史上一个重大转折期，从隐生宙向显生宙过渡，大陆、大气、大洋发生了显著不同的变化，是一个具有重大质变和特殊意义的时期。前寒武纪/寒武纪转换时期沉积的黑色岩系的分布具有全球性的规模，在印度小喜马拉雅、巴基斯坦北部、伊朗、法国南部、英格兰、威尔士、阿曼北部、俄罗斯、蒙古、澳大利亚南部、加拿大和我国扬子地区等大范围内有广泛分布（吴朝东等，1999）。四川盆地威远气田天然气和震旦系–寒武系储层沥青来自于下寒武统牛蹄塘组/九老洞组烃源岩（戴金星，2003；黄文明等，2011），说明了前寒武纪/寒武纪的黑色岩系对油气勘探具有重要的现实意义。本章初步探讨南华北地区前寒武纪/寒武纪的海相泥质岩系的含油气前景及存在的地质风险，为油气勘探地质研究提供依据。

21.2　马店组地质时代和岩性特征

21.2.1　地层时代与建组依据

华北克拉通南缘青白口系徐淮群白云岩（也可归属于四顶山组）和下寒武统猴家山组白云岩之间发育一套含磷泥质岩和角砾岩系，区域分布稳定，称为马店组（图21.1）。在野外地质考察与前人文献研究的基础上，本章作者将马店组地层自下而上划分为四个岩性段（表21.1），即马一段砂泥岩段、马二段含磷砾岩段（前人曾称之为“凤台砾岩”）、马三段富磷页岩段和马四段富含化石的砂灰岩段；总体上马一至四段构成一套连续沉积，属于同一构造事件不同阶段的沉积建造；四个岩性段之间的构造滑动面，亦不宜作为沉积间断界面或连续沉积界面。

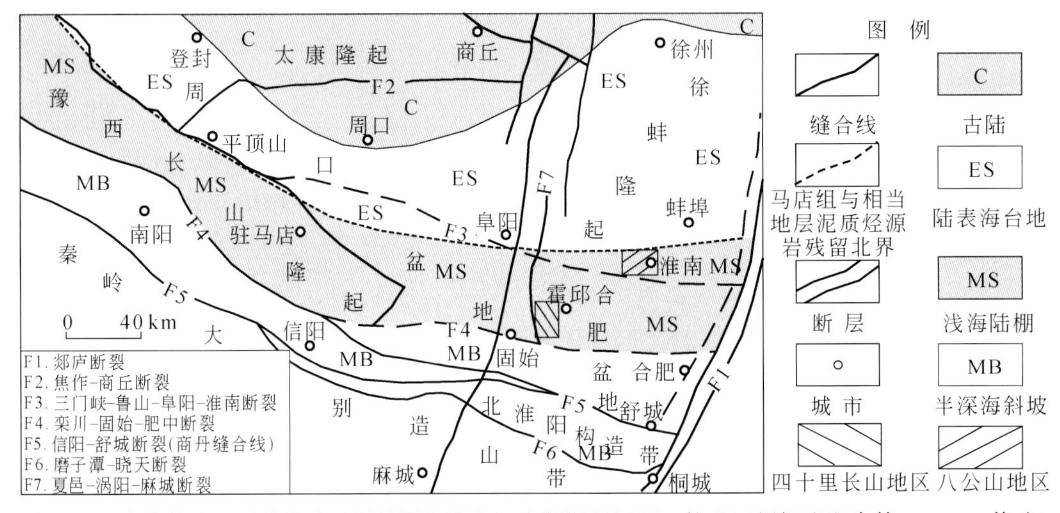

图21.1　南华北地区现今构造区划简图与马店组晚期沉积相图（构造区划据张润合等，2005，修改）

表21.1　安徽霍邱四十里长山地区马店组基本层序简要特征

地层系统		厚度/m	岩性特征
猴家山组（ϵ_1h）			灰、灰黄色白云岩、含硅质灰质白云岩夹粉砂质页岩，常见石盐假晶
马店组	马四段（$\epsilon_1$md^4）砂灰岩段	3～20	深灰、棕褐色厚层砂灰岩或白云质砂灰岩，含磷结核，发育微细纹理、包卷层理和滑塌构造，底部多碳沥青浸染。产三叶虫 Hsuaspis、腕足类、软舌螺等化石，称“许氏盾壳虫砂灰岩段”（刘德正，2000）
	马三段（$\epsilon_1$md^3）富磷页岩段	9～80	黑色钙质页岩和灰质粉砂岩，含丰富沥青质及磷结核，构成“石煤层”。顶部富产腕足类化石 *Neobolus*，*oblus*，*palaeobolus*，*obolopsis* 等
	马二段（$\epsilon_1$md^2）含磷砾岩段，	50～130	灰黑色砾岩，夹有厚度不一的黑色砂质泥岩，砾石成分主要为下伏四顶山组含叠层石白云岩，分选差，圆度差、杂基支撑，胶结物为灰质，普遍含沥青质；前人称“凤台砾岩”
	马一段（$\epsilon_1$md^1）砂泥岩段	0～70	灰黑色灰质页岩和具粒序层理细-粉砂岩，含沥青质、磷结核和黄铁矿晶体，分布不稳定，时而受到上伏砾岩的冲蚀
四顶山组（Pt_{2-3}s）			灰、深灰色中-厚层叠层石白云岩

自20世纪50年代以来，前人对这套地层提出过诸多划分方案和组/段名称（表21.2），曾将这套地层的全部（杨清和等，1980；周本和、肖立功，1984），或者仅将其中的马一至三段（杨志坚，1960），或马三段至马四段下部（李玉文、周本和，1986），或仅将马三段（郑文武、斗守初，1980；任润生，1983）命名为“雨台山组”；还有研究者将马一、二段（徐嘉炜，1958；刘德正，2002；祝有海、马丽芳，2008），或仅将马二段（任润生，1983）另称为“凤台砾岩”或“凤台组”。

表21.2　霍邱马店镇四十里长山地区下寒武统划分对比方案简表

<table>
<tr><th colspan="3">戴金星等，2003</th><th colspan="2">徐嘉炜，1958</th><th>杨志坚，1960</th><th colspan="2">周本和、肖立功，1984；杨清和等，1980</th><th colspan="2">任润生，1983</th><th colspan="3">郑文武、斗守初，1980</th><th colspan="2">刘德正，2002</th><th colspan="2">祝有海、马丽芳，2008</th></tr>
<tr><td rowspan="9">Є$_1$</td><td colspan="2">馒头组</td><td colspan="2">馒头统</td><td rowspan="2">馒头组</td><td colspan="2">馒头组</td><td rowspan="5">Є$_1$</td><td>馒头组</td><td rowspan="6">Є$_1$</td><td colspan="2">馒头组</td><td colspan="2">馒头组</td><td colspan="2">馒头组</td></tr>
<tr><td colspan="2" rowspan="2">猴家山组</td><td rowspan="8">猴家山统</td><td rowspan="3">白鹤山层</td><td colspan="2" rowspan="2">猴家山组</td><td rowspan="4">猴家山组</td><td colspan="2" rowspan="4">猴家山组</td><td rowspan="5">猴家山组</td><td rowspan="2">三段</td><td colspan="2" rowspan="2">猴家山组</td></tr>
<tr><td rowspan="3">郭山组</td></tr>
<tr><td rowspan="6">马店组</td><td rowspan="2">四段</td><td rowspan="6">雨台山组</td><td rowspan="2">四段砂质白云岩</td><td rowspan="2">二段</td><td rowspan="3">雨台山组</td><td rowspan="2">二段</td></tr>
<tr><td rowspan="2">雨台山层</td></tr>
<tr><td>三段</td><td rowspan="4">雨台山组</td><td>三段磷页岩</td><td rowspan="5">Z</td><td>雨台山组</td><td colspan="2">雨台山组</td><td>一段</td><td>一段</td></tr>
<tr><td rowspan="2">二段</td><td rowspan="3">凤台砾岩</td><td rowspan="2">二段白云质角砾岩</td><td rowspan="2">凤台组</td><td rowspan="4">Z</td><td colspan="2">皖西组</td><td colspan="2" rowspan="3">凤台组</td><td colspan="2" rowspan="3">凤台组</td></tr>
<tr><td rowspan="2">罗圈组</td><td>马店段</td></tr>
<tr><td>一段</td><td>一段含碳页岩</td><td>围杆组</td><td>煤山段</td></tr>
<tr><td>Z</td><td colspan="2">四顶山组</td><td colspan="2">四顶山统</td><td>四顶山组</td><td colspan="2">四顶山组</td><td>四顶山组</td><td colspan="2">四顶山组</td><td colspan="2"></td><td colspan="2"></td></tr>
</table>

注：———— 整合关系；-------- 平行不整合关系；﹏﹏﹏ 角度不整合关系；Є$_1$.下寒武统；Z.震旦系。

考虑到这套连续发育的地层广泛分布于寿县-淮南市-凤台县一带八公山地区与霍邱县和固始县交界处四十里长山地区（图21.2），但是，野外连续完整出露的马店组地层剖面并不广见，寿县-淮南-凤台-八公山一带缺失马一段地层，马三段、四段发育也较差；霍邱雨台山剖面缺失马一、二段，显然“雨台山组”与“凤台组”均不适于作为表征完整的马一段至马四段的地层组名（表20.1）。整套马一段至四段的地层组合，在霍邱县和固始县交界处四十里长山南段（霍邱县马店镇）出露最完整，而“四十里长山组”业已被命名作为淮南-凤阳地层小区中元古界八公山群顶部的一个地层单元的名称（见图20.5）。因此，本章沿用戴金星等（2003，2005）提出的以马店组作为涵盖马一至四段的整套地层组的名称。马店组的标准剖面地点在安徽省六安市霍邱县马店镇西北，其地层分段岩性特征、地层厚度与接触关系归纳如表21.1所示。

马店组马四段及马三段富产多门类微小带壳动物化石，包括单板类、腹足类、软舌螺、似软舌螺、多孔动物、腕足类、古介形类、球形壳类、三叶虫类（周本和、肖立功，1984）及双壳类（李玉文、周本和，1986）等，其时代归属为早寒武世筇竹寺期晚期到沧浪铺期（张文堂等，1979；任润生，1983；叶连俊，1983）。马一段和马二段的岩石成因和时代归属争论较多，岩石成因主要分为冰成的和非冰成的两大类，形成时代有新元古代晚期和早寒武世两种观点。20世纪80年代以来，“凤台砾岩”的冰川或冰川-海相成因观点为许多研究者所接受（郑文武、斗守初，1980；斗守初、黄道全，1989；黄道全、斗守初，1989；王翔、王战，1993），与豫西罗圈组冰碛层可对比（郑文武、斗守初，1980；任润生，1983；汪贵翔等，1984；王翔、王战，1993），多认为地层时代属于震旦纪（张文堂等，1979；郑文武、斗守初，1980；任润生，1983；斗守初、黄道全，1989；黄道全、斗守初，1989；祝有海、马丽芳，2008）。乔秀夫等（1994）。

和章雨旭等（1998）认为，“凤台砾岩”并非冰碛成因，为斜坡碳酸盐岩碎屑流沉积，它与四顶山组上部应为同期异相，时代归属应为震旦纪晚期，其顶部的假整合面才是真正的沉积间断面，作为显生宙与隐生宙的界线。凤台砾岩的Pb-Pb等时线年龄值为608±34 Ma（章雨旭等，1998）和620 Ma（曹高社等，2006a），也支持其为晚震旦世沉积的观点，但该年龄值仅可作为参考。非冰成的观点主要有干旱气候下快速堆积的山麓相沉积（徐嘉炜，1958）、断裂构造所控制的未经长途搬运而急速的沉积（杨清和等，1980）、深切谷充填型沉积（杜森官，1996）和海底扇的水道沉积（曹高社等，2006b）；通常认为马店组四个岩性段为连续沉积，属于寒武系底部地层（徐嘉炜，1958；杨志坚，1960；杨清和等，1980；叶连俊，1983；周本和、肖立功，1984；杜森官，1996）。宿州和徐州地区侵入新元古界的辉绿岩（床）群的锆石 U-Pb 年龄为976±24 Ma 和1038±26 Ma（Liu *et al.*，2006）、930±10 Ma（Gao *et al.*，2009）和890 Ma±（王清海等，2011），根据地层对比关系，Pt_3s 四顶山组的沉积时代可能早于 890 Ma（图 20.5），因此将四顶山组顶部假整合面作为真正的沉积间断面是更加合理的，其沉积间断时间可能长达 2 ~ 3 Ma。据以上分析将马店组定为下寒武统，但并不排除下部跨震旦纪-寒武纪界线的可能。

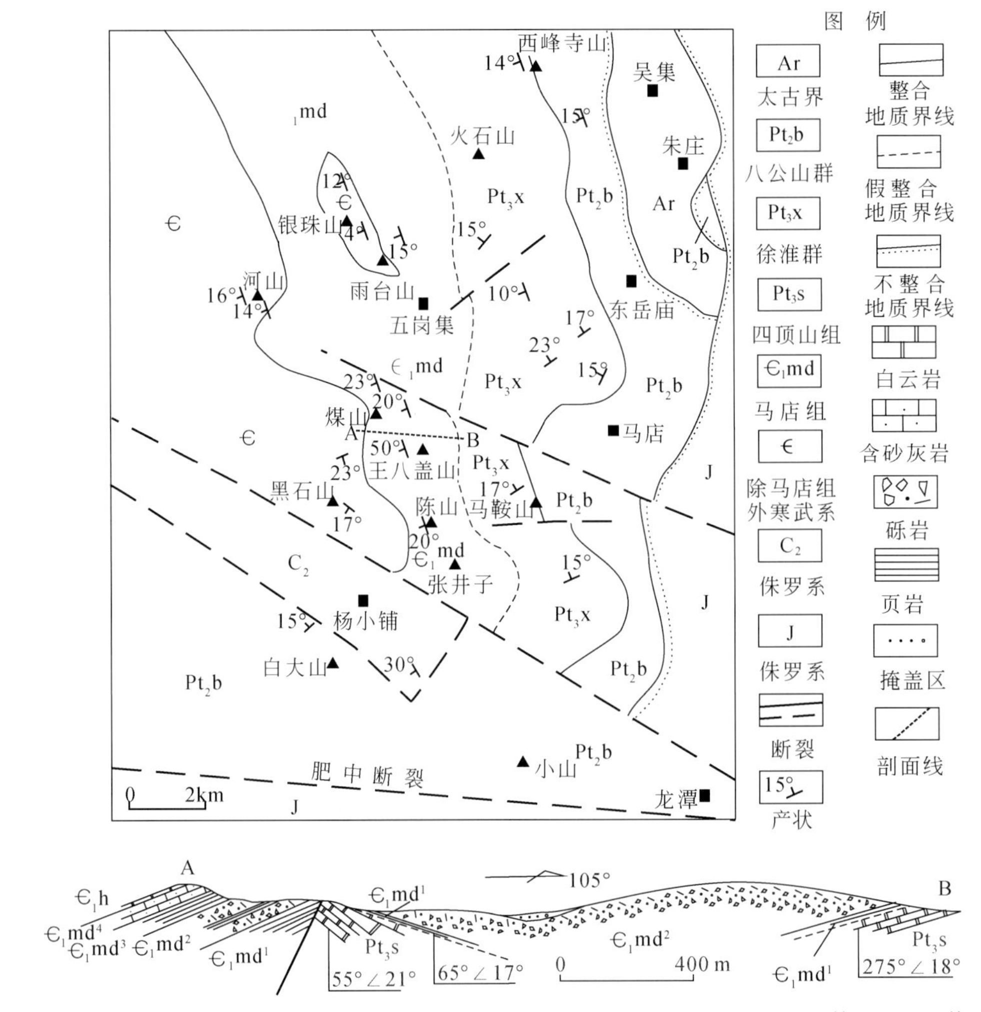

图 21.2　安徽省六安市霍邱县四十里长山地区基岩地质图与地层剖面（据戴金星等，2005，修改）

21.2.2　地层岩性特征

马店组岩性和厚度的横向变化较大，现选取霍邱四十里长山王八盖山剖面和西煤山剖面作为标准剖面，展示其在空间上的岩性特征与潜在烃源层的分布。

（1）霍邱四十里长山王八盖山剖面（图 21.3）。

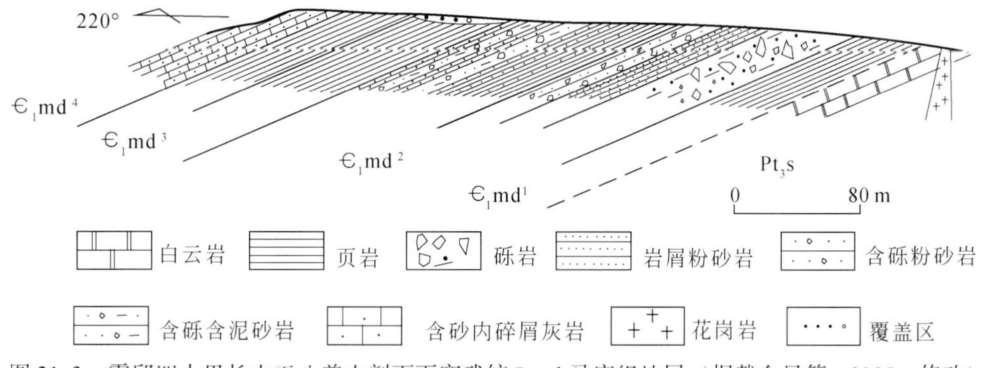

图 21.3　霍邱四十里长山王八盖山剖面下寒武统$\in_1md$ 马店组地层（据戴金星等，2005，修改）

马四段$\in_1md^4$（未见顶）出露地层厚度>8 m。

含砂内碎屑灰岩，底部含生物化石，向上为泥灰岩与含砂内碎屑灰岩薄互层，层厚约 3 cm，含砂内碎屑灰岩呈蠕虫状分布于泥灰岩之中，底部以红色泥岩分界。	>8 m

马三段$\in_1md^3$地层厚度 35 m。

黑色碳质页岩，含磷结核。	15 m
覆盖，零星露头见绿黑色页岩，风化产物中未见砾石。	20 m

马二段$\in_1md^2$地层厚度 211 m。

黄绿色岩屑粉砂岩与含砾屑杂砂岩互层，粉砂岩中发育滑褶褶曲。	40 m
灰紫色含砾屑粉砂岩，微细层理发育，砾石粒径一般小于 1cm。	13 m
灰紫色灰质岩屑粉砂岩夹碳质页岩，粒序层理发育。	10 m
灰黑色砾岩，风化后呈灰黄色，并显示层理。砾石成分主要有深灰、浅灰、灰白色致密块状白云岩、白云质灰岩、中晶-细晶白云岩等，含叠层石。砾径一般为 10～20 cm。5～15 cm 的占 25%左右，大于 25 cm 的占 10%左右，含砾率一般在 30%～50%（肉眼可辨砾岩含量）。分选差，园度差异较大，较大粒径的砾石有一定的园度，顶部"飘浮"有砾径 30～70 cm的砾石。基底式胶结，泥质胶结物为主，含沥青质。	25 m

马一段$\in_1md^1$地层厚度 18 m。

黄绿色灰质页岩，夹碳质页岩透镜体。	18 m

------------平行不整合------------

青白口系四顶山组 Pt_3s。

白云岩，含有花岗斑岩侵入体

霍邱四十里长山王八盖山$\in_1md$ 马店组剖面，地层厚度达 272 m 以上，暗色页岩主要分布于马一、三段，潜在烃源岩的累计厚度约可达 33～53 m。

（2）霍邱四十里长山西煤山剖面（图 21.4）。

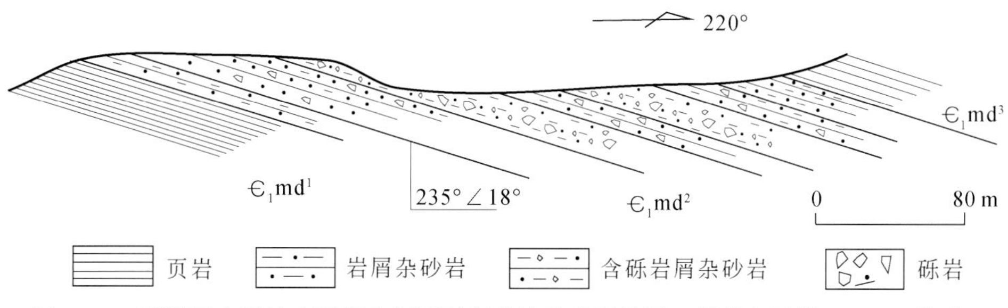

图 21.4　霍邱四十里长山西煤山剖面下寒武统马店组地层（据戴金星等，2005，修改）

马三段$\epsilon_1 md^3$（未见顶）出露地层厚度大于 28 m。

碳质页岩，风化后呈灰紫色，劈理发育，常呈鳞片状。含磷结核，结核为椭球状，一般直径为 5～10 cm，最大的为 18 cm，含 P_2O_5 18.24%。	>15 m
岩屑杂砂岩，不含肉眼可辨砾石，下部泥质含量较高，并具有粒序层理，向上砂质含量较高。	13m

马二段$\epsilon_1 md^2$出露地层厚度 >68 m

含砾岩屑杂砂岩。砾石含量较少，粒度也较小，多变化在 1～10 cm，成分为白云岩和白云质灰岩，向上过渡到具有粒序层理的岩屑杂砂岩。	11 m
灰黑色砾岩。特征同层 4，差别在于该层最大砾石的粒径增加，达 35 cm，并且较大砾石的含量也有所增加。	18 m
含砾岩屑杂砂岩。底部由砾岩逐渐过渡而来，白云岩砾石含量逐渐减少，最后变化到含砂-粉砂泥岩，粒序层理发育；该层向上砾石含量逐渐增加，发育逆粒序层理	7 m
灰黑色砾岩。砾石成分主要为四顶山组白云岩，一般砾径为 1～5 cm，最大者为 17 cm。砾石多为次棱角，大小不一，无分选性，呈基底式胶结，胶结物为泥钙质。特征同王八盖山剖面的角砾岩。风化面有的呈灰紫红色。	16 m
深灰色含砾岩屑杂砂岩与含砂-粉砂泥岩互层。发育典型的逆粒序层理，向上砂粒（砾石）的粒度明显增大。砾石成分以白云岩和白云质灰岩为主。一般砾径为 0.2～0.5 cm，最大为 1 cm。砾石多为次棱角状。	16 m

马一段$\epsilon_1 md^1$（未见底）出露地层厚度大于 35 m

灰黄色含砾含砂-粉砂泥岩。由下部的具粒序层理的含砂-粉砂泥岩逐渐过渡而来，砾石成分以白云岩和泥质白云岩为主。其中以小于 2 cm 砾径的为主；呈基底式胶结，胶结物为泥钙质和岩粉等。	5 m
灰黑色含磷结核页岩。页理极为发育，由黑白相间的成分层显示细层理。向上逐渐过渡为具有粒序层理的含砂-粉砂泥岩。	30m

霍邱四十里长山西煤山$\epsilon_1 md$ 马店组剖面，地层厚度达 131 m，暗色页岩主要分布于马一、三段，潜在烃源岩的累计厚度约可达 45 m。

21.3 沉积-构造环境和分布特征

震旦纪—早古生代早期，华北克拉通南缘由前期被动大陆边缘裂谷环境，发展演化为比较成熟的被动大陆边缘盆地，而主体仍为稳定的克拉通沉积构造环境（柳忠泉，2009；林小云等，2012）。寒武系底部的马店组沉积时期华北克拉通南缘处于拉张裂陷向移离扩张的过渡阶段，或内裂谷盆地向被动大陆边缘盆地的过渡阶段（曹高社等，2002，2005，2006c）。

华北克拉通经新元古代的长期隆升剥蚀后，形成“北高南低、西高东低”的古地貌格局；早寒武世开始下沉接受海侵并于晚奥陶世再次隆升成陆，构成一完整的沉积旋回（祝有海、马丽芳，2008；赵宏、夏军，2010），包含早寒武世和中寒武世—晚奥陶世两个次一级海进-海退沉积旋回，形成一套稳定的陆表海碳酸盐岩沉积建造（吕福亮、赵宗举，2002）。早寒武世早期海水从地台南缘、西南缘及东北缘逐渐向华北地台腹地推进，至早寒武世末期（馒头组沉积期），海水覆盖华北克拉通的大部分区域，只有鄂尔多斯及其周边地区和华北克拉通北缘仍保持古陆状态（祝有海、马丽芳，2008）。早寒武世的沉积具有从克拉通南缘逐渐向北推进的沉积演化过程（祝有海、马丽芳，2008），马店组层序地层研究表明，马一、二段为裂陷高峰期后海水停滞或海平面缓慢上升时期的斜坡扇沉积，马三段为海水越过陆架坡折带形成初次海泛面时的饥饿沉积，马四段总体位于III级层序的海进体系域的底部（戴金星等，2003）。马店组属于大规模水进初期形成的海相泥页岩建造，处于深水斜坡相沉积环境，为一强还原性、高盐度的封闭沉积环境，对烃源岩发育极为有利（曹高社等，2002）。

马一、二段的斜坡扇碳酸盐岩碎屑流沉积，主要分布于青白口系四顶山组构成的槽地之中，不呈片状分布，且厚度变化较大，但总体上南部的沉积厚度较北部大。此外沉积分布受四顶山组叠层石白云岩构成的近南北向隆起控制，沉积厚度也有规律地从隆起向远离隆起方向增厚（图21.2）。在霍邱四十里长山，马一段页岩的最大厚度大于40 m，而在淮南八公山则缺失，但由于受到后期的冲蚀作用，其分布更加局限。

马三段是马一、二段沉积作用的延续，下部的泥质岩屑杂砂岩和砂岩为高密度碎屑流转变为低密度碎屑流的沉积，属低水位沉积体系的斜坡进积复合体，其分布仍受到地堑盆地的控制，所以也呈带状分布，但由于海平面的缓慢上升，其沉积范围较马一、二段更大。马三段上部黑色泥岩，系海泛初始期的沉积，海水初次跨越陆架坡折带，进入到陆棚相沉积环境。所以，马三段上部黑色泥岩的分布，已明显超越地堑盆地的控制范围，分布面积迅速增大，可以达到淮南八公山的最北部；但在空间分布上存在变化（许化政等，2005；林小云等，2012），自北部郑州-太康-淮北的陆表海向南至驻马店-确山-淮南以南地区，过渡为含有机质丰富的正常海-浅海-半深海沉积（图21.1），毗邻华北古陆的陆表海浅水碳酸盐潮坪相区；向南豫西、淮南地区为含磷黑色页岩、泥灰岩和硅质岩为主的浅海陆棚相区；在霍邱-固始-合肥等地，水体进一步加深为以沉积黑色页岩夹硅质岩和石煤层为主的斜坡和半深海相区。沉积构造环境也控制了黑色页岩的沉积厚度，由于可容沉积空间迅速增大，沉积物供应相对贫乏，处于饥饿沉积环境，沉积厚度有限，华北克拉通南缘黑色泥岩的最大沉积厚度仅40 m，一般在10 m左右。

马四段砂质灰岩已转化为大陆边缘沉积，形成典型的漂移层序，在层序地层中处于海进沉积体系的下部，具有更广泛的沉积分布。已有资料表明，这一时期的沉积范围已达淮北一带。此外，这一时期沉积物供给较为充分，一般为补偿性盆地，沉积厚度较大。但也应注意到，由于强烈的加积作用可能使沉积环境发生变化，转化为氧化和蒸发环境，对烃源岩的发育不利，南部以砂质灰岩为主而向北部淮南一带则以白云岩为主。

在平面上，马店组及相当地层大致分布在驻马店(汝南)—淮南一线以南（图21.1），呈EW走向的条带状分布于华北克拉通南缘，其残余的大部分被后期的信阳-合肥盆地叠加深埋。地球物理资料解译的大别山北缘深部地质结构表明，华北克拉通基底已俯冲于北淮阳构造带之下（刘德良等，1994；杨文采，2003；张交东等，2012）；北淮阳带发现的新元古代浅变质岩也证明（谢智等，2002；江来利等，2005a，2005b；刘贻灿等，2010），扬子克拉通与华北克拉通之间，在三叠纪大陆碰撞的缝合线位置处于北淮阳低级变质带之下或北缘，推测它们可能是在印支期华南陆块发生深俯冲的初始阶段被挤离与脱耦的岩片，并在后期构造作用过程中被推覆到华北克拉通南缘古生代浅变质岩系之上。大别山北淮阳构造带片麻岩区天然气燃烧现象的发现也暗含深部可能发育寒武系马店组烃源岩或北淮阳型石炭系烃源岩（柳忠泉，2009；雷敏等，2010）。因此推测华北克拉通的南界可能不是固始-肥中（六安）断裂，而在舒城-信阳断裂以南，即北淮阳深部推覆体之下应存在华北克拉通南缘正常序列地层而发育下寒武统。

21.4　烃源岩地球化学评价

21.4.1　有机质丰度

霍邱四十里长山的马店组暗色页岩潜在烃源岩有机质丰度和热演化参数结果列于表21.3。依据总有机碳含量（Total Organic Content，TOC）评价，碳酸盐岩主要分布于马四段，TOC值较低，仅0.39%，均属非烃源岩范畴；泥质岩主要分布于马一段和马三段，TOC值分别为1.70%～2.34%和0.68%～26.4%，其次马二段（砾岩段）中部的深灰色泥页岩夹层TOC值1.76%～1.94%，总体上达到好烃源岩标准。沿纵向剖面分析，TOC值有较大的差异（图21.5），高值区分布于马三段上部，TOC值达3.08%～26.4%，分布主频为10%～16%［图21.5，图21.6（a)］。

但是，依据氯仿沥青含量与产油潜量（S_1+S_2）两项参数评价，氯仿沥青含量均值全部小于100ppm，产油潜量均值全部小于0.5 mg，烃/g，岩，仅个别岩样的实测氯仿沥青含量可达163ppm，马店组潜在烃源岩的氯仿沥青含量与产油潜量均未达到烃源岩有机质丰度评价的下限标准；而马一段至马三段TOC值均可达到好烃源岩的丰度标准（表21.3）。

表21.3　霍邱四十里长山马店组潜在暗色页岩烃源岩有机地球化学分析数据

岩性段		马四段	马三段上	马三段上	马三段下	马二段	马二段	马一段	马一段
岩性		含砂灰岩	黑色页岩	灰黑色泥页岩	黑色/黄绿色页岩	页岩夹层	页岩夹层	粉砂质页岩	深灰色泥页岩
TOC/%	最大/最小值	0.39	26.4/6.02	20.7/3.08	0.68/0.07	1.83/1.76	1.94/1.86	2.32/1.70	2.34/1.71
	平均值（样数）	0.39（1）	12.8（21）	9.56（19）	0.28（4）	1.79（2）	1.89	2.10（3）	1.94（7）
烃源岩评价级别		非烃源岩	较差-好烃源岩	非-好烃源岩	非烃源岩	非-好烃源岩	好烃源岩？	非-好烃源岩	非-好烃源岩
氯仿沥青/ppm	最大/最小值	—	163 /46	70 /14	35 /29	—	—	16	80 /32
	均值（样数）	—	81（6）	44（19）	32（2）	—	—	16（1）	50（7）
产油潜量/（$mg_{烃}/g_{岩}$）	最大/最小值	0.03	0.10/0.02	0.24/0.01	0.03/0.02	0.04/0.03	—	0.06/0.03	0.02/0.01
	均值（样数）	0.03（1）	0.04（20）	0.07（19）	0.023（3）	0.035（2）	—	0.045（2）	0.014（7）
T_{max}/℃	最大/最小值	556	600/451	598/447	544/447	522/506	—	—	480/407
	平均值（样数）	556（1）	567（21）	562（17）	500（3）	514（2）	—	—	439（7）
R^{o*}/%	最大/最小值	—	4.43/3.78	5.60/3.45	2.83	—	—	4.64	5.88/4.17
	平均值（样数）	—	4.17（4）	4.48（16）	2.83（1）	—	—	4.64（1）	4.88（6）
R^o/%	最大/最小值	—	3.30/2.87	4.65/3.10	2.24	—	—	3.45	4.85/3.62
	平均值	—	3.13	3.84	2.24	—	—	3.45	4.13
成熟度评价		过成熟	过成熟	过成熟	过成熟	过成熟	—	过成熟	过成熟
数据来源		戴金星等，2005		何明喜等，2009	戴金星等，2005		何明喜等，2009	戴金星等，2005	何明喜等，2009

注：R^{o*}：戴金星等（2005）数据为沥青反射率R^b，何明喜等（2009）数据为镜状体反射率R^{b*}，与等效镜质组反射率R^o换算公式分别采用：$R^o=0.668R^b+0.346$（刘德汉、史继所，1994）和$R^o=0.722\times R^{b*}+0.608$（王飞宇等，2010）。

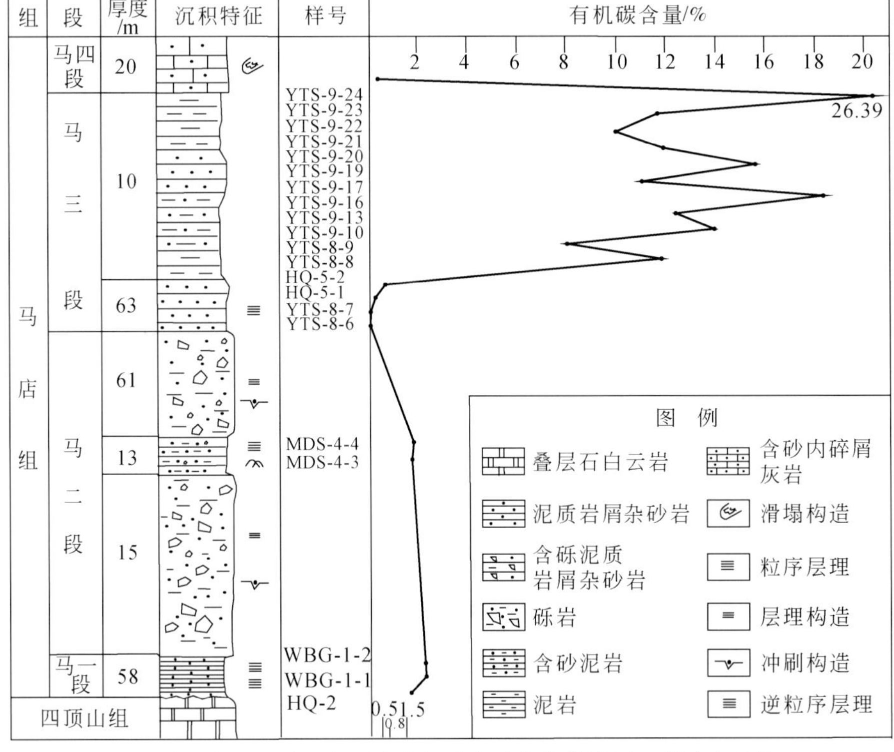

图21.5　四十里长山马店组烃源岩有机碳含量变化曲线图（据戴金星等，2005）

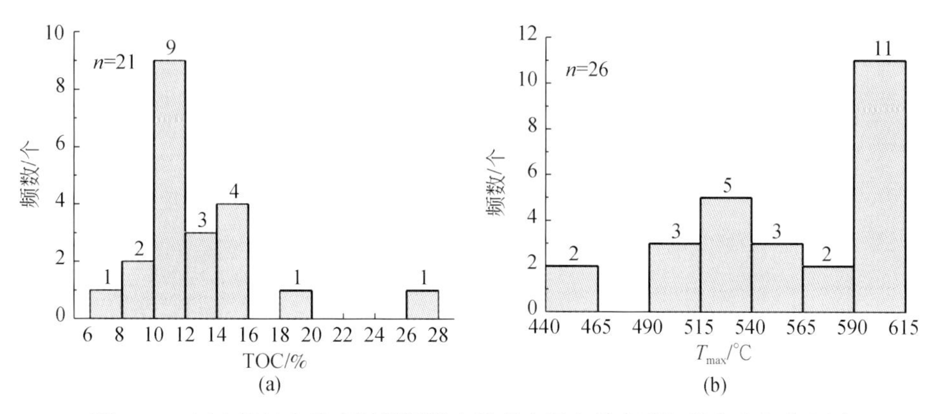

图 21.6　四十里长山马店组烃源岩有机碳含量和最大裂解温度分布直方图

21.4.2　有机质类型

有机质类型是烃源岩的重要参数，它控制生成烃的类型和生成烃的效率。在高演化阶段主要采用干酪根显微组分和干酪根碳同位素判别有机质类型。马三段上部黑色泥岩的干酪根碳同位素值介于-32‰～-34‰（表21.4），为腐泥型（Ⅰ型）干酪根。氯仿沥青的族组分中，饱和烃/芳烃的比值远大于20，也说明应属腐泥型有机质；总烃（即“饱和烃+芳烃”）含量<60%（表21.4），但仍以饱和烃占明显优势。

干酪根显微组分以腐泥组（>97%）或无结构镜质组为主（曹高社等，2002；柳忠泉，2009），我国高演化程度的下寒武统泥质烃源岩普遍具有“腐殖化”的趋势，所谓“镜质组”应归属于高演化条件下产生的类镜质组，原始干酪根当属腐泥型。因此马店组烃源岩有机质类型应属Ⅰ型而不是$Ⅱ_2$型或Ⅲ型，亦曾具有较大的生烃潜力。

表 21.4　霍邱四十里长山地区马店组烃源岩碳同位素组成和族组成分析表（据戴金星等，2005）

岩性	位置	碳同位素值/‰					氯仿沥青/ppm	氯仿沥青族组分/%			
		干酪根	饱和烃	芳烃	非烃	沥青质		饱和烃	芳烃	非烃	沥青质
黑色泥岩	雨台山	33.5	28.6	28.0	29.8	26.8	77	19.7	0.46	39.1	40.8
黑色泥岩	雨台山	33.5	29.0	27.4	28.3	26.9	84	38.1	0.92	30.9	30.1
黑色泥岩	银珠山	32.6	26.7	25.2	28.2	27.6	163	55.5	2.74	19.7	22.1

21.4.3　有机质热演化程度

实测的等效镜质组反射率 R^o 值与岩石热解烃峰顶温度 T_{max} 两项参数，均属于烃源岩的成熟度参数。四十里长山地区马店组实测的六个沥青反射率（R^b）值为2.83%～4.64%，其等效镜质组反射率（R^o）值应为2.24～3.45%，属于过成熟阶段；实测26个热解烃峰顶温度 T_{max} 值，其中仅两个 T_{max} 值大于460℃，属于成熟阶段，其余的 T_{max} 值均介于490～600℃，属于过成熟阶段［图21.6(b)］。

与何明喜等（2009）报道的数据相比（表21.3），从马一段至马四段，潜在烃源岩的 R^o 值分布范围2.24%～4.85%，均指示处于过成熟阶段；其中马一段深灰色泥页岩七件岩样的 T_{max} 值分布范围407～480℃，其均值439℃偏低，指示成熟阶段，其对应的 R^o 值却为3.62%～4.85%，指示处于过成熟阶段；但表21.3中其余所有岩样的实测 T_{max} 值均大于500℃，也指示过成熟阶段。

等效镜质组反射率 R^o 与岩石热解烃峰顶温度 T_{max} 值均指示马店组地层处于过成熟的热演化阶段，作为过成熟的潜在烃源岩，其TOC值高，可反映原始沉积有机质丰度高，但潜在烃源岩的过成熟性，可导致烃源岩氯仿沥青含量与产油潜量的降低。据我国四川乐山-龙女寺古隆起威远、高石梯和磨溪气田的实例，证明过成熟烃源岩的 R^{o} 值高达3.5%时，仍有可能生成并保存大型气田。

从地球化学参数结果来看，马店组马一段黑色泥质岩层和马三段含磷泥页岩层是南华北地区的优质烃源层，有机质丰度高，属好烃源岩级别为主；干酪根类型好，为腐泥型（Ⅰ型）干酪根；热演化程度高，处于过成熟生气阶段。马店组优质烃源岩厚度一般仅几米至几十米，最厚约为53 m。

21.5　烃源岩有效性分析

21.5.1　马店组烃源岩相关的油气显示

1）荧光显示明显

四十里长山地区马店组荧光薄片中几乎都有不同程度的荧光显示，发蓝、褐黄、橙黄、黄褐色荧光。灰云质颗粒普遍见有荧光，而铁泥质、泥质除有极弱的橙褐色荧光外，几乎不显荧光。荧光显示较强的岩样多见于泥页烃源岩上部的砂质灰岩储层和其下部的泥质砂岩储层中；而黑色泥岩荧光显示极差。在黑色泥岩张性裂隙中有较强的荧光显示，荧光颜色为黄、黄褐、褐、橙褐色；而围岩则不显荧光。泥页岩张性裂隙中有荧光显示表明这套烃源岩确实发生过烃类生成与运移过程。

2）丰富的油浸和运移痕迹

马店组中可以清晰地见到两种不同类型的烃类运移踪迹，一类为固体沥青，多见于层理面、裂隙和缝合线中，以马四段底部20 cm砂质灰岩沥青含量最为丰富，储集空间全为碳沥青充填，表面呈褐色，岩石坚硬，风化后似“褐铁矿“层；另一类为烃类运移后留下来的“浸染状”踪迹，大多出现在马四段砂质灰岩和马二段砾岩中，呈脉状、团块状和斑块状分布。这些特点表明，马店组生成的油气在储层中曾发生过运移过程，轻质组分挥发、重质组分碳沥青则保存在岩石中。这些油浸油斑普遍分布于储层岩石的劈理面和节理面上，这些破裂面一般属于地质历史晚近时期发育在浅表层次的构造形迹，从而判断地质历史晚近期也发生过液态烃的运移过程。

21.5.2　天然气成藏条件分析

马店组马一、三段砂质泥岩和泥岩可构成潜在的烃源层，马二段砾岩与马四段砂质灰岩可成为天然气的储集层，马三段泥页岩以及上覆下寒武统猴家山组白云岩则可作为天然气的直接盖层，因此，马店组具有两套生-储-盖组合，利于天然气聚集成藏（表21.5）。

表21.5　下寒武统油气生-储-盖组合

统	组	岩性（段）	生-储-盖组合
下寒武统	馒头组	页岩夹灰岩	盖层
	猴家山组	白云岩	储层
	马店组	四段（砂质灰岩）	
		三段（砂质页岩和泥岩）	生油层兼盖层
		二段（砾岩）	储层
		一段（砂质泥岩）	生油层
青白口系	四顶山组	叠层石白云岩	

马三段烃源岩上部砂质灰岩储层和下部砾岩储层中具有丰富的油气运移痕迹，碳沥青分布普遍，自身具有完整的生储盖组合（表21.5），表明曾经有过油气充注史。马四段砂灰岩孔隙结构分析表明（戴金星等，2005），面孔率2.62%，最大孔径285.09 μm，最大的喉道直径40.02 μm，平均孔喉直径比5.8，

连通孔隙度3.1%～6.2%，渗透率为$1\times10^{-3}\mu m^2$；主要储集空间有粒间针孔、溶孔、裂缝、缝合线、微细层理等。南华北地区发育多套配置较好的储盖组合和多种类型的构造圈闭，具有一定的油气成藏条件（张润合等，2005；何明喜等，2009）。

马店组烃源岩在三门峡-鲁山-阜阳-淮南断裂（图21.7中F3）以南发育，受沉积相控制，由北向南烃源岩厚度增大、有机质丰度增高；到栾川-固始-肥中断裂（图21.7中F4）以南的半深海沉积区，泥质烃源岩厚度减薄，有机质丰度变差。南华北地区构造演化发育的复杂性和地区间的不平衡性，决定了马店组海相烃源岩热演化和生烃演化过程，在平面分布上的不均匀性。残余的马店组烃源层大部分被后期的中—新生代信阳-合肥盆地叠加深埋，在其北部隆起区，经中石炭世—二叠纪初次深埋后，一直以抬升剥蚀为主，剥蚀量可达2000m以上，马店组烃源层热演化程度停滞，生烃过程终止；而在其南部中—新生代前陆-断陷盆地区及北淮阳地区，中—新生代沉积以及印支运动中晚期逆冲推覆构造导致马店组烃源层埋深增加和热演化程度增大，有利于二次生烃。在盆地内部第一次生烃热演化程度低，且目前正处于二次生烃高峰期的构造区块是最有利的勘探区，其中栾川-固始-肥中断裂（F4）两侧马店组优质烃源岩厚度最大、热演化程度适宜二次生烃，可能是相对有利的勘探优选区。

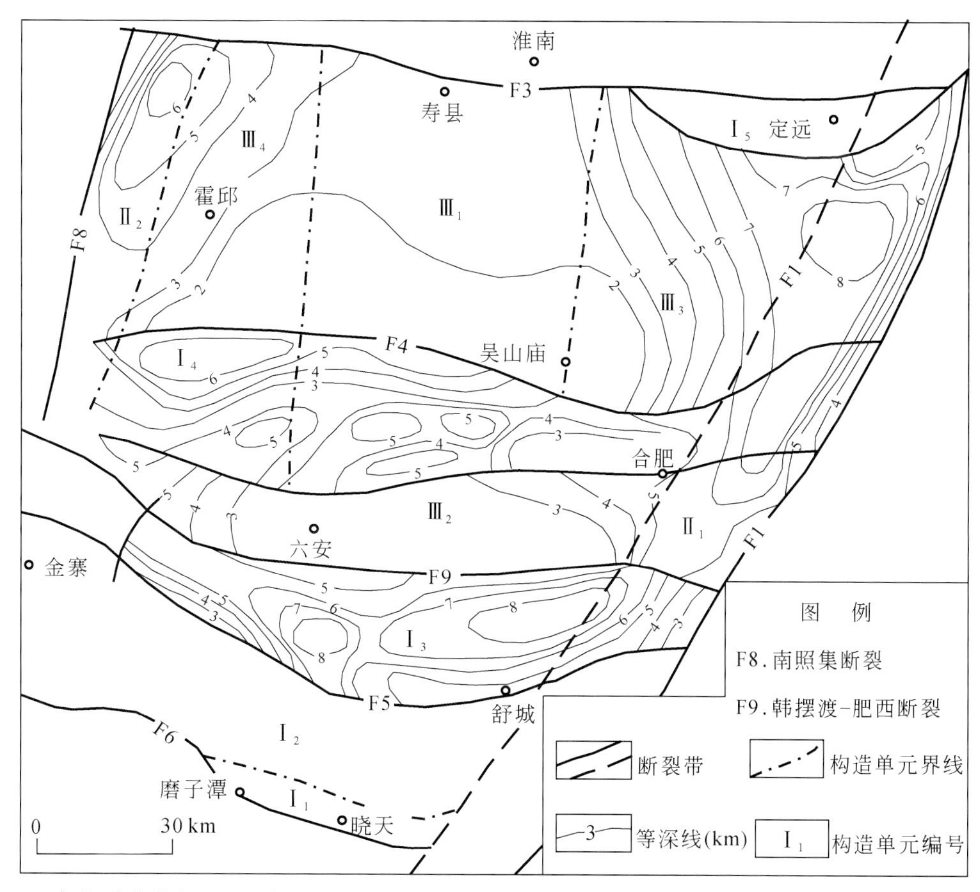

图21.7 辽鲁皖裂陷带南段现今构造区划简图、侏罗系底界面深度图及有利油气区预测图（刘德良等，1993）

Ⅰ．由东西向构造系统主控的构造单元：$Ⅰ_1$．晓天断陷；$Ⅰ_2$．金寨-河棚冲断带；$Ⅰ_3$．舒城山前前陆拗陷；$Ⅰ_4$．六安断隆；$Ⅰ_5$．定远半地堑。Ⅱ．由北北东向构造系统主控的构造单元：$Ⅱ_1$．池河-三河半地堑；$Ⅱ_2$．颍上半地堑。Ⅲ．由南北向构造系统主控的构造单元：$Ⅲ_1$．瓦埠类长垣；$Ⅲ_2$．官亭穹隆和翁墩穹隆；$Ⅲ_3$．朱巷背斜；$Ⅲ_4$．霍邱单斜

参考文献

曹高社，宋明水，刘德良，周松兴，李学田．2002．合肥盆地寒武系底部烃源岩沉积环境和地球化学特征．石油实验地质，24（3）：273～278

曹高社，张善文，柳忠泉，杨晓勇，刘德良，周松兴，杨强．2005．华北陆块南缘下震旦统顶部裂离不整合的发现及其地质意义．沉积学报，22（4）：621～627

曹高社，张善文，柳忠泉，杨晓勇，刘德良．2006a．华北陆块东南缘凤台组时代的讨论．地质科学，41（4）：720～728

曹高社，张善文，隋风贵，杨晓勇，刘德良．2006b. 华北陆块东南缘凤台组岩相古地理分析．沉积学报，24（2）：210～216
曹高社，张善文，随风贵，杨晓勇，刘德良．2006c. 华北陆块东南缘上震旦统凤台组磷结核的发现及其意义．地质通报，25（4）：454～459
戴金星．2003. 威远气田成藏期及气源．石油实验地质，25（5）：473～480
戴金星，刘德良，曹高社．2003. 华北陆块南部下寒武统海相泥质烃源岩的发现对天然气勘探的意义．地质论评，49（3）：322～329
戴金星，刘德良，曹高社，陶士振，秦胜飞．2005. 华北盆地南缘寒武系烃源岩．北京：石油工业出版社
斗守初，黄道全．1989. 皖西震旦纪冰川沉积相初析．合肥工业大学学报，12（2）：119～128
杜森官．1996. 华北南缘早寒武世早期皖西切谷沉积特征．安徽地质，6（3）：1～6
何明喜，杜建波，王荣新，郭双亭，严永新，武明辉，谢其锋，李凤勋．2009. 华北南缘新元古界—下古生界海相天然气前景初探．石油实验地质，31（2）：154～159
黄道全，斗守初．1989. 皖西震旦纪冰成岩岩石学研究．合肥工业大学学报（自然科学版），12（1）：116～122
黄文明，刘树根，徐国盛，王国芝，马文辛，张长俊，宋光永．2011. 四川盆地东南缘震旦系—古生界古油藏特征．地质论评，57（2）：285～299
江来利，陈福坤，刘贻灿，储东如．2005a. 大别造山带北部卢镇关杂岩的 U-Pb 锆石年龄．中国科学（D 辑）：地球科学，35（5）：411～419
江来利，吴维平，储东如．2005b. 大别造山带东段扬子陆块和华北陆块间缝合带的位置．地球科学，30（3）：264～274
雷敏，柳忠泉，陈云锋．2010. 大别造山带铁路隧道气体燃烧的地质意义．天然气工业，30（4）：16～19，138
李玉文，周本和．1986. 我国古老微体双壳类的发现及其意义．地质科学，（1）：38～45
李振生，刘德良，吴小奇，王广利，王铁冠．2012. 南华北东部徐淮地区新元古界生烃潜力分析．地质科学，47（1）：154～168
林小云，贾倩倩，刘俊，余洋，潘虹．2012. 南华北地区海相烃源岩有效性评价．海洋地质前沿，28（4）：38～43
刘德汉，史继扬．1994. 高演化碳酸盐烃源岩非常规评价方法探讨．石油勘探与开发，21（3）：113～115
刘德良，李秀新，王华俊，沈修志，薛爱民．1994. 北淮阳深部构造．中国地质科学院 562 综合大队集刊，（11-12）：23～34
刘德良，沈修志，李秀新．1993. 合肥盆地深部推覆-伸展构造及含油气控制分析．南京大学学报（地球科学），5（2）：208～216
刘德正．2000. 华北地层大区东南区寒武纪早期地层对比与统一划分．安徽地质，10（2）：87～97
刘德正．2002. 华北地层大区寒武纪早期地层统一划分与对比问题．安徽地质，12（1）：1～24
刘贻灿，刘理湘，古晓锋，李曙光，刘佳，宋彪．2010. 大别山北淮阳带西段新元古代浅变质花岗岩的发现及其大地构造意义．科学通报，55（24）：2391～2399
柳忠泉．2009. 北淮阳构造带可燃天然气的发现与合肥盆地油气远景分析．地质学报，83（4）：478-486
吕福亮，赵宗举．2002. 华北地区古生界海相油气潜力分析．海相油气地质，7（1）：29～37
乔秀夫，宋天锐，高林志，彭阳，李海兵，高劢，宋彪，张巧大．1994. 碳酸盐岩振动液化地震序列．地质学报，68（1）：16～34，101～102
任润生．1983. 试论“凤台砾岩”成因及时代——兼论淮南，霍邱地区寒武系底界．中国地质科学院天津地质矿产研究所所刊，5：27～42
汪贵翔，张世恩，李尚湘，阎永奎，斗守初，方大钧．1984. 苏皖北部上前寒武系研究．合肥：安徽科学技术出版社
王飞宇，陈敬轶，高岗，孙永革，彭平安．2010. 源于宏观藻类的镜状体反射率——前泥盆纪海相地层成熟度标尺．石油勘探与开发，37（2）：250～256
王清海，杨德彬，许文良．2011. 华北陆块东南缘新元古代基性岩浆活动：徐淮地区辉绿岩床群岩石地球化学、年代学和 Hf 同位素证据．中国科学（D 辑）：地球科学，41（6）：796～815
王翔，王战．1993. 皖西凤台组重力流及滑塌沉积．中国区域地质，（2）：131～139
吴朝东，陈其英，雷家锦．1999. 湘西震旦—寒武纪黑色岩系的有机岩石学特征及其形成条件．岩石学报，15（1）：453～462
谢智，陈江峰，张巽，周泰禧，杨刚，李惠民．2002. 北淮阳新元古代基性侵入岩年代学初步研究．地球学报，23（6）：517～520
徐嘉炜．1958. 华北南部寒武系下限问题．地质论评，18（1）：41～55，90～91
许化政，周新科，高金慧．2005. 华北盆地中南部早古生代沉积特征及油气成藏条件．石油学报，26（5）：10～15，23
杨清和，张友礼，郑文武，徐学思．1980. 苏皖北部震旦亚界的划分和对比．见：中国地质科学院天津地质矿产研究所主编．中国震旦亚界．天津：天津科学技术出版社．231～265
杨文采．2003. 东大别超高压变质带的深部构造．中国科学（D 辑）：地球科学，33（2）：183～194
杨志坚．1960. 淮南，霍丘早寒武世沉积若干问题的探讨．地质科学，（4）：182～188
叶连俊．1983. 华北地台沉积建造．北京：科学出版社
张交东，王登稳，刘德良，任凤楼，赵玉华．2008. 合肥盆地安参 1 超深井钻遇的基底时代问题讨论．地质论评，54（4）：

433～438

张交东，杨晓勇，刘成斋，张丽莉，李冰，徐亚，黄松，胡卫剑. 2012. 大别山北缘深部结构的高精度重磁电震解析. 地球物理学报，55（7）：2292～2306

张润合，陈能贵，贺小苏，杨兰英，徐汉林，徐云俊. 2005. 南华北地区油气资源评价及勘探方向. 石油学报，26（Supp）：86～91

张文堂，朱兆玲，袁克兴，林焕令，钱逸，伍鸿基，袁金良. 1979. 华北南部、西南部寒武系及上前寒武系的分界. 地层学杂志，3（1）：51～56

章雨旭，高林志，彭阳，高劢. 1998. 凤台砾岩与四顶山组过渡接触关系的发现及其地质意义. 地球科学，23（1）：11～14

赵宏，夏军. 2010. 华北板块南缘安徽青白口纪—早奥陶世层序地层与格架. 安徽地质，20（4）：244～250

赵俊峰，刘池洋，何争光，刘永涛. 2010. 南华北地区主要层系热演化特征及其油气地质意义. 石油实验地质，32（2）：101～107

郑文武，斗守初. 1980. 论皖北凤台组和罗圈组的冰川沉积特征及其对比问题. 合肥工业大学学报，（2）：48～74

周本和，肖立功. 1984. 安徽淮南、霍邱下寒武统 雨台山组的单板类及腹足类. 见：中国地质科学院地质古生物论文集编委会编. 地层古生物论文集（第十三辑）. 125～140，176～179

祝有海，马丽芳. 2008. 华北地区下寒武统的划分对比及其沉积演化. 地质论评，54（6）：731～740

Gao L Z, Zhang C H, Liu P J, Tang F, Song B A, Ding X Z. 2009. Reclassification of the Meso- and Neoproterozoic Chronostratigraphy of North China by SHRIMP Zircon Ages. Acta Geologica Sinica-English Edition, 83（6）：1074～1084

Liu Y Q, Gao L Z, Liu Y X, Song B, Wang Z X. 2006. Zircon U-Pb dating for the earliest Neoproterozoic mafic magmatism in the southern margin of the North China Block. Chinese Science Bulletin, 51（19）：2375～2382

第22章　四川盆地及邻区震旦系含气性与勘探前景

韩克猷[1]，孙　玮[2]，李　丹[1]

（1. 中石油西南油田分公司研究院，成都，610051；2. 成都理工大学，成都，610059）

摘　要：本章基于半个多世纪来对于扬子区震旦系的油气地质勘探研究成果，采用岩相及古构造的分析方法，探讨四川盆地及邻区震旦系含气性及勘探前景。四川盆地及邻区南华纪早期裂谷活动和岩浆活动发育，后期冰期活动，冰期活动后发育陡山沱组黑色页岩，成为扬子区域第一套真正意义上的烃源层。在此基础上，广泛发育灯影组灰-灰白色含藻白云岩和浅滩相粒屑白云岩，夹薄层硅质岩沉积白云岩。区域上该套白云岩可以划分为上、下两个亚组，上亚组包含灯三、四段，灯三段为一套蓝灰色页岩或碎屑岩，底部与下亚组灯二段之间以假整合面分开；下亚组包含灯一、二段；灯二、四段白云岩均为较好的储层。至筇竹寺组沉积期又发育黑色泥页岩，成为灯影组的烃源层和直接盖层。震旦系的烃源条件优越、封盖条件好，储层好，分布广泛，具备形成大气田的地质条件。至印支期烃源层生烃并形成古油藏，乐山-龙女寺古隆起对油气捕集有着重要的意义。喜马拉雅期前由于持续埋深，温度增高以及油裂解气的影响，形成异常高压天然气藏；天然气溶于水中形成水溶气；挤压隆升过程中，造成的油气再分配和水溶气的脱溶；最终形成现今的气藏和含气区。未来灯影组油气勘探的重点是乐山-龙女寺古隆起，除此之外川东华蓥山地区和川西北天井山古隆起也是震旦系勘探的有利地区。

关键词：四川盆地及邻区，震旦系，乐山-龙女寺古隆起，油气成藏

22.1　引　　言

四川盆地震旦系灯影组威远气田自1956年发现至今已近半个世纪，期间石油地质工作者始终未停止过对震旦系含油气性的研究和勘探。首先是对威远气田的勘探与开发，其次是在广泛的地域内部署大量地震勘探和地质调查研究，钻了不少深探井，对四川盆地新元古界含天然气地质条件取得一定认识，特别是对威远气田和乐山-龙女寺隆起带的含气性赋予乐观的地质评价。近期在该隆起带上，天然气勘探又取得了新的发现与突破。但是，鉴于主要油气探区处在距今850 Ma的晋宁期古隆起带上，缺失南华系沉积，陡山沱组也略欠发育，现有探井很少钻穿灯影组，有些深层地震勘探资料品质欠佳，因此目前对四川盆地灯影组下伏地层仍然知之甚少。为了对震旦系及其下伏地层的含气性有提供一个概括性的认识，本章尝试结合邻区以及扬子克拉通的一些勘探成果和地质资料，从更宽泛的视角来探讨与展望四川盆地及邻区震旦系的天然气勘探前景。

22.2　震旦系天然气勘探概况与成果

22.2.1　勘探概况与进展

孙玮（2008）统计总结四川盆地震旦系勘探历程，主要包含以下几项勘探进展：

（1）威远气田已有108口探井钻达灯影组的气层，获得天然气储量408.61×10^8 m^3；

（2）乐山-龙女寺隆起带共钻井 12 口，发现今构造为单斜的资阳含气区，高石梯、磨溪构造已获得高产气井，龙女寺构造基准井获工业气流，安平店有良好的气显示；

（3）乐山-龙女寺隆起带外围地带，钻探自流井、天宫堂、老龙坝、盘龙场、汉王场和大窝顶等一批构造，结果全部产水，有的井产淡水，可见其天然气保存条件欠佳；

（4）四川盆地的周缘地区勘探结果，在盆地北部及其外围广元曾家河、南江大两会、陕南宁强铁索关等构造的五口探井都产淡水；盆地南缘的长宁构造两口探井以及川东利川、鱼皮泽构造两口探井、川东南丁山和林滩场构造的探井等均因产水而失利。

综上所述，单纯就天然气的保存而言，现今的构造条件欠佳，唯乐山-龙女寺隆起带天然气钻探效果最好。乐山-龙女寺隆起带含气性好的缘由，在于它是一个自中元古宇晚期以来持续约 1000 Ma 的继承性古隆起，历经南华纪古陆剥蚀期，加里东期隆起振荡，海西期古陆侵蚀，燕山期再度隆起，最终经喜马拉雅期褶皱形成现今的大型隆起带今貌（图 22.1）。威远构造恰处于该隆起带的制高点，这种特殊的地质构造演化史导致乐山-龙女寺隆起带具备聚集早期油气的优越条件，加之上覆发育深厚的中—下三叠统膏盐盖层，具备良好的油气保存条件，以致现今该隆起带的含气范围广阔、天然气勘探成效良好。

近期在乐山-龙女寺隆起带上的高石梯构造钻探高石 1 井，于震旦系灯影组灯二段获得 $102\times10^{4}\ m^{3}/d$ 的高产天然气流，再度引起了人们对震旦系勘探的热情。在围绕高石梯构造的紧锣密鼓天然气钻探中，又在磨溪构造下寒武统龙王庙组溶孔砂屑白云岩获得多口高产气井（如磨 8 井），因此有望在该地区取得更大的勘探成果。

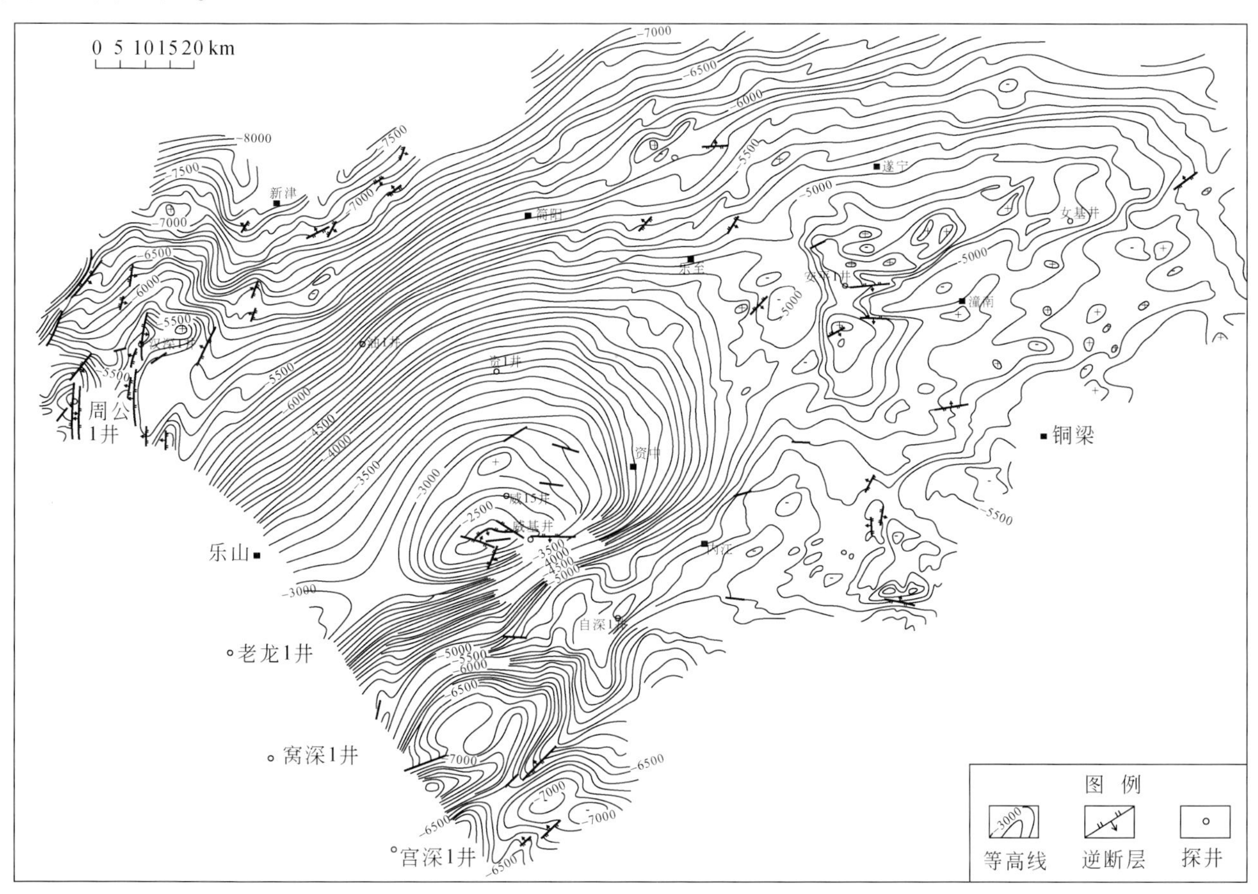

图 22.1　四川盆地乐山-龙女寺隆起带震旦系顶面地震反射构造图

22.2.2　主要的天然气勘探开发成果

22.2.2.1　威远气田

威远构造是在四川盆地的长期古隆起基础上形成的第一号大型背斜构造，地表构造圈闭面积达

1985 km^2，闭合度 1200 m。据地震勘探结果，灯影组顶面的构造圈闭面积为 800 km^2，闭合度 400 m。早在 1938 年根据气苗部署钻探威基井，至 1942 年钻探无果完钻。1956 年在威基井原位重新钻探，到 1958 年钻至寒武系又一次无果而终。1959 年依据地质调查与地震勘探成果，查明构造情况后再次加深威基井，终于在 1964 年 10 月钻达井深 2859.39 m 处，于灯影组灯四段发生井喷，测试产气 14.46×10^4 m^3/d，从而发现了威远震旦系气田，成为当时我国的头号大气田。该气田的进一步勘探共钻井 108 口，总进尺 333404.1 m，获得气井 88 口（探井分布见图 22.2），其中天然气产量大于 10^4 m^3/d 的气井 72 口，小于 1.0^4 m^3/d 的气井 16 口。

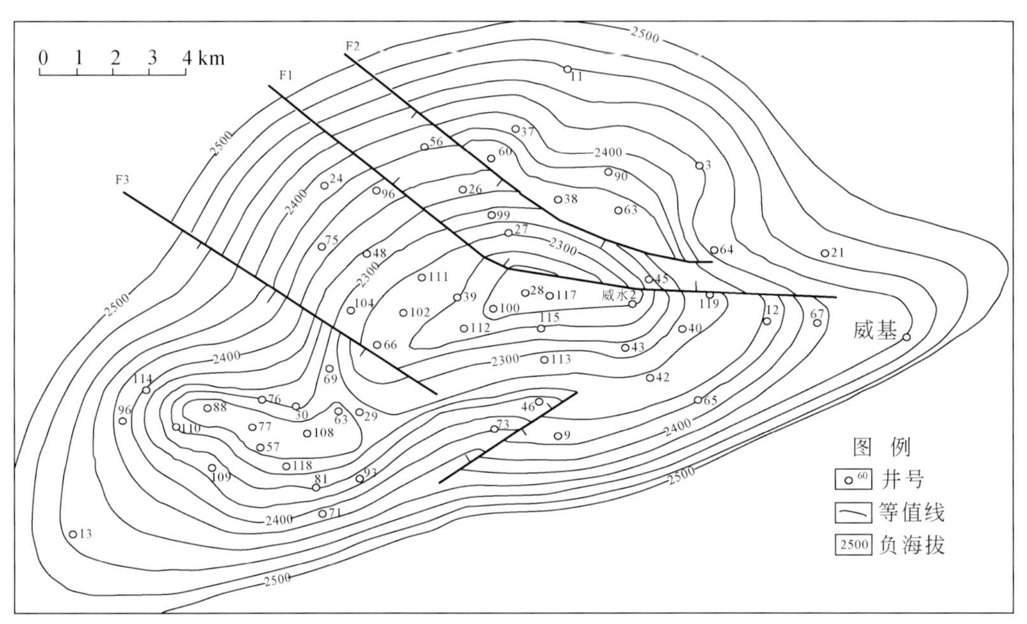

图 22.2　威远气田震旦系灯影组灯三段顶面构造图及井位分布
（据中石油西南分公司研究院构造图和钻井资料编制）

多年勘探结果，探明威远气田含气面积 200 km^2，气藏高度约 225 m，气藏充满度为 25%，获探明地质储量 408.61×10^8 m^3。该气田在 1968～1972 年的四年无水开发期内，年产天然气 6.63×10^8 m^3；1972～1977 年五年带水开发期内，产能逐年上升，1976 年产能达到最高峰，年产天然气 11.6×10^8 m^3；1978 年进入排水采气期，产能逐渐下降，直至 1999 年威远气田共动用采气井 72 口；至 2004 年由于气田开发生产经济效益而停产，累计产天然气 144.25×10^8 m^3/d，累计产水 1267.7×10^4 m^3/d，天然气采收率 38%。目前仅有少数气井生产，用于开采天然气中的稀有气体氦。

22.2.2.2　资阳含气区（古圈闭）

资阳古圈闭是加里东期古隆起顶部的古圈闭，现今构造呈一个单斜，其震旦系顶面的标高低于威远构造约 1200 m。1992～1993 年地震勘探证实该古圈闭的存在。1993 年元月 1 日资 1 井开钻，于井深 4080.5 m 灯影组灯三段中途测试产气 13.13×10^4 m^3，完钻井深 4534.57 m，完井测试产天然气 5.33×10^4 m^3/d，产水 86 m^3/d，发现资阳含气区，判断为气-水同层，含气面积 250 km^2。至 1996 年共钻井七口，获工业气井三口，低产气井两口，水井两口，控制含气面积 50 km^2，天然气控制储量 102.1×10^8 m^3，预测天然气储量 423×10^8 m^3。

22.2.2.3　龙女寺构造基准井

女基井于 1972 年 8 月 10 日开钻，该井钻穿震旦系，至 1977 年 2 月 27 日钻达南华系英安岩，完钻井深 6011 m，是四川盆地也是我国第一口深探井。通过这口基准井的钻探，取得如下重要地质成果：

（1）钻遇的地层分属中生界—新元古界的七个系 13 个组，系统地获取到地层剖面的电性、声波、声速、地层压力与地温等岩石物性和地层参数以及油、气、水资料，为四川盆地进一步地质研究与油气勘探提供各类参数依据。特别是获得了表征地层有机质热演化程度的等效镜质组反射率 R^o 的系统数据，揭

示在地层 R^o 值高达3.65%的过成熟的有机质热演化条件下，震旦系灯四段依然获得工业性天然气流，为有机质处于高演化程度地区或深部地层的天然气勘探深度下限提供了重要地质-地球化学依据。

(2) 总共钻遇14个含气显示层，证明四川盆地丰富的含油气性，其中古生界-新元古界的气显示占64%，包括奥陶系1层、寒武系2层、震旦系灯影组2层气显示。测试结果，发现三层工业性气层的天然气产量分别为：4400.5～4408 m井段二叠系栖霞组上部白云岩产气 $4.68\times10^4\ m^3/d$，4523.8～4534.8 m井段下奥陶统产气 $3.09\times10^4\ m^3/d$ 以及5206～5248 m井段灯影组灯四段产气 $1.85\times10^4\ m^3/d$。奥陶系、寒武系和震旦系灯影组的产气层构成四川盆地天然气勘探的下部储盖组合。

(3) 证实了乐山-龙女寺古隆起带的存在。在井深4518 m处，二叠系与下伏残厚仅29 m的下奥陶统之间，缺失石炭系、泥盆系、志留系和中—上奥陶统地层；在井深5934 m处钻穿震旦系，进入同位素地质年令701.5 Ma的南华系苏雄组流纹英安岩（罗志立，1986），其震旦系陡山沱组仅有9 m砂岩，缺失南华系冰期沉积，此沉积间断时间约150 Ma。从而证实乐山-龙女寺隆起带是从南华纪开始业已存在的古隆起带，也是上扬子克拉通最古老的隆起带。这种继承发展的古隆起带，理应是新元古宇和古生代的油气运移指向区。

22.2.2.4　高石梯-磨溪构造（安岳气田）

高石梯、磨溪构造是乐山-龙女寺隆起带上的次一级局部构造，西侧与威远构造之间以狭长的裂陷带相隔（图22.1），其震旦系灯影组灯三段顶面构造要比威远构造低2000 m。由于桐湾运动剥蚀幅度小，灯影组灯三、四段地层却比威远构造厚200 m，以致比威远和资阳多一个灯四段产气层。2010年高石梯构造的高石1井获得两个产层：井深5130～5196.5 m灯四段产气 $2.85\times10^4\ m^3/d$，以及井深5300～5390 m灯二段产气 $102.6\times10^4\ m^3/d$。磨溪构造的下寒武统龙王庙组也获得多口高产气井，目前高石梯-磨溪构造的天然气含气范围大体上业已实现复合连片，展现出极好的勘探前景，通称为安岳气田。

22.3　南华纪地质事件与油气生成

四川盆地组成扬子克拉通的主体部分。近30年来扬子克拉通震旦系的地层学、层序地层学、古生物学、地球化学、古气候学、古地磁学和同位素年代学等多学科的研究均取得丰硕成果（刘鸿允等，1973；殷继成等，1984；唐天福等，1989；马国干等，1989；殷纯嘏等，1999；尹崇玉等，2003；王飞，2009），尤其是陡山沱组发现诸多新门类古生物群，以致2000年将原来的南方震旦系下部的莲沱组和南沱组划出新建南华系，上部的陡山沱组和灯影组则归属震旦系（张启锐，2010）。

南华系是820～630 Ma期间以碎屑岩和火山岩为主的沉积。由老至新可细分为莲沱组、古城组（700～680 Ma）、大塘坡组、南沱组（660～630 Ma）四个组，其中古城组和南沱组属冰川沉积（尹崇玉等，2003；马国干，1986）。中元古界末晋宁运动导致扬子克拉通形成三个构造单元：峨眉-汉南花岗岩凸起（花岗岩年龄960～1020 Ma）、江南隆起和古扬子凹陷。经地面调查和钻探证实，凸起上均缺失南华系和陡山沱组沉积，而凹陷中（如四川盆地北部凹陷区）则存留有南华系（相当于浅变质岩基底）和陡山沱组。图22.3的左边是盆地，右边是通南巴构造的倾没端靠近汉南地块，南华系和陡山沱组由盆地向隆起超伏尖灭。在侵蚀面上南华系呈现漏斗状裂谷式填平补齐的沉积特点，其底界为不等时面。根据地层沉积特征以及分布状况看，在扬子克拉通上，南华纪曾发生过地壳拉张形成裂谷、火山喷发、岩浆侵入、气候变冷形成冰期等重大地质事件。

22.3.1　裂谷事件

中元古宇时期，罗迪尼亚超大陆历经约280 Ma后，在南华纪早期（相当莲沱、苏雄、板溪期），地壳开始进入拉张裂谷期，扬子克拉通出现龙门山大裂谷、大巴山-南秦岭边缘大裂谷（王飞，2009）以及江南大裂谷（图22.4）。在三条狭长的大裂谷内，均发育巨厚以陆相为主的火山岩喷溢和沉积岩碎屑堆积，厚达2000～5000 m，且横向变化显著。在扬子克拉通的三条裂谷之间，还有江南隆起、黔中隆起和峨眉-汉中隆起三个隆起区。在扬子克拉通西北部，顺沿峨眉-汉中隆起与后龙门山大裂谷的分界线，即

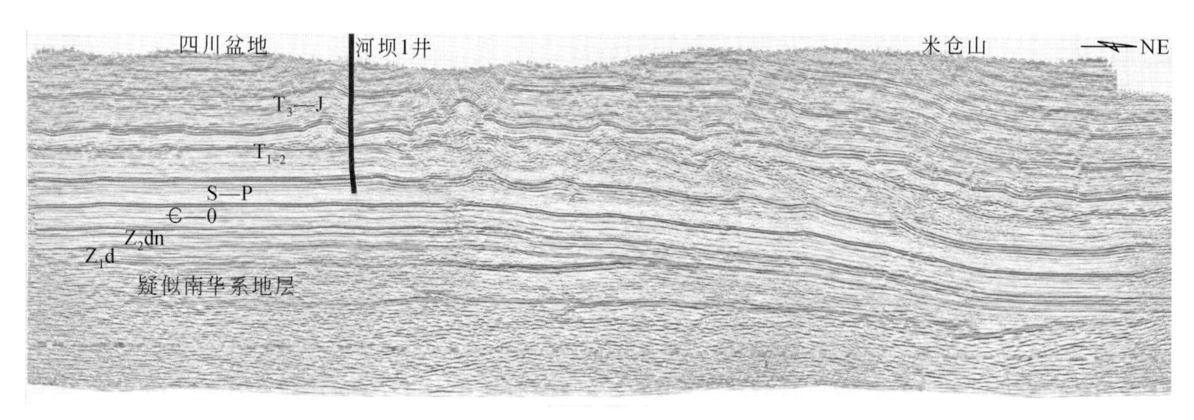

图 22.3　四川盆地北部 1206 地震剖面（中石化通南巴构造 NE 向沿长轴经河坝 1 井连井测线）

构成四川盆地的西北边界（见图 22.4）。

在上述裂谷发育的早期，伴随着拉张运动地壳破裂，发生大规模火山喷发，形成南秦岭孙家坪玄武岩、安山岩和流纹岩（823 Ma），后龙门山刘家坪流纹岩、英安岩（809 Ma），川西苏雄-西昌玄武岩、流纹岩（815 Ma）等，其喷发时间大体上均在南华纪早期 820～710 Ma 期间（殷继成等，1984）。裂谷的演化后期，火山活动逐渐减弱，大量火山岩和陆相岩的碎屑充填裂谷，以致中元古宇超大陆被新生的裂谷所裂解，扬子克拉通进入了新元古宇槽-台地史发展期。

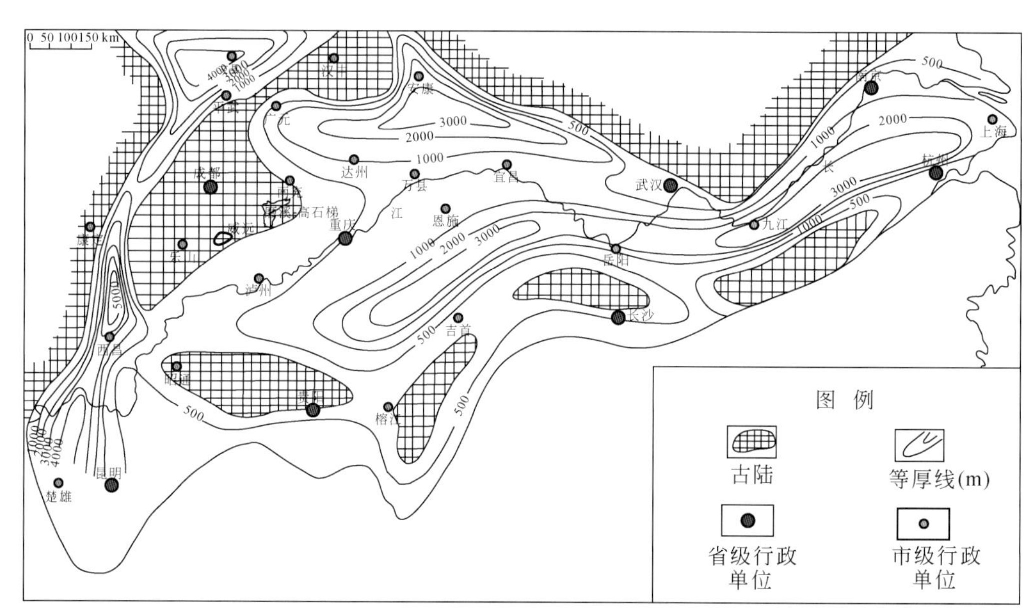

图 22.4　扬子克拉通南华系地层等厚图

本图根据 32 个点绘制，其中川北参放了地震资料。四川盆地北部通南巴地区有南华系沉积。本系具有裂谷沉积特点，厚度岩相变化大。西昌苏雄地区裂谷中有大量火山岩和凝灰岩堆积，冰碛岩未见，南沱冰碛层最稳定，分布广泛

扬子克拉通的江南裂谷不同于后龙门山与大巴山-南秦岭两条裂谷，其初期发育海相沉积，局部伴有海底火山喷发，在湘、渝、黔地区南华系下部为一套灰黑色泥质岩夹薄层状砂岩和灰岩海相沉积，富集大量海洋微古生物形成的有机物质，从而具备生成石油和天然气的物质条件。

22.3.2　花岗岩浆活动事件

在扬子克拉通的隆起与裂谷的火山喷发同期，还发生大量花岗岩岩浆的侵入，岩浆活动促使峨眉-汉中隆起和黄陵隆起再次上隆。例如，峨眉-雅安地区晋宁期花岗岩活动时间 1250～1000 Ma，而南华纪花岗岩则为 710 Ma，威远 28 井井下花岗岩为 701.5 Ma；汶川地区分别为 1040 Ma 和 736 Ma；汉中隆起花岗岩为 965 Ma 和 749 Ma；黄陵隆起太古宇花岗岩为 1000～915 Ma，南华纪花岗岩为 790 Ma（殷继成等，

1984；罗志立，1986）。因此中元古宇花岗岩活动都在1000 Ma前，而新元古宇南华纪花岗岩是800～700 Ma时期侵入的。南华纪还发生了两期以上的花岗岩入侵活动，使这些隆起的隆升幅度更高，形成华南纪时期的陆地或山岳剥蚀区，成为充填裂谷的碎屑沉积物的物源供给区。

22.3.3　两个冰期事件与冰期后沉积

在华南纪早期剧烈的构造运动与地壳大幅度升降，导致陆源区岩石、地层的大量剥蚀，到晚期（即成冰期）地壳活动渐趋平稳，出现两期气候大变化，即由温暖湿润变为干燥寒冷，两度进入“雪球地球”时期，导致古城期和南沱期两次冰期的出现，以致冰川遍布扬子克拉通全区（余心起等2003）；其中南沱冰碛层分布广泛而稳定，冰期长达30 Ma，是扬子克拉通的主要成冰期（张文治等，2001）。第一期江口冰期（或称古城冰期）之后，间冰期大塘坡组出现局部海相暖水环境，生物繁衍具备了生成石油的条件，第二次南沱冰期后出现了稳定的海相环境，沉积了陡山沱组区域性烃源岩。

综上所述，华南纪是一个发生“火”与“冰”地质事件的时期。中元古宇罗迪尼亚超大陆在南华纪早期因裂谷事件而解体，伴随着火山喷发与花岗岩浆侵入活动，陆源区大量岩石被风化剥蚀，充填于裂谷中，扬子克拉通进入“台-槽”阶段。气候两度剧变形成冰期，每期冰川融化后，扬子克拉通出现新的生物大繁衍海域环境，促进机物质的堆积，沉积大塘坡组和陡山沱组富有机质的碳质页岩、硅质岩烃源层（陈多福等，2002），为油气形成奠定了物质基础。

22.4　陡山沱组黑色页岩——扬子克拉通潜在的烃源层

22.4.1　陡山沱组岩性-岩相特征

扬子克拉通震旦纪陡山沱期海侵，使海平面上升，海相沉积范围扩大，原来南华纪的陆地或被淹没，或成为残岛，海域中广泛沉积100～500 m厚的陡山沱组地层，并分别形成平武-康定、万县-达州、湘鄂西和上海-杭州四个地层较厚的沉积区带。每个区带陡山沱组厚度都达300～500 m（图22.5），且发育碳质页岩、黑色硅质岩、深灰色白云岩、磷灰岩和锰矿等黑色岩层，含有大量的菌、藻类生物化石，其中多细胞宏观藻、海绵以及后生动物群发育，如瓮安、庙河、蓝田生物群等，充分证明陡山沱期是一次生物快速进化大量繁衍的时期，可谓真核生物大爆发时期。在海底强还原条件下，陡山沱期古海洋堆积并保存了大量的有机质。对岩石中铁、锰含量以及硅质岩和磷、锰矿的研究表明，陡山沱组具有热水渗入的沉积特征，加之生物化学作用形成大量磷矿，含磷的海水又滋养、促进了海洋生物的发育和繁盛，使陡山沱组不仅是形成磷、锰矿的重要成矿层系，也是生成油气的极佳烃源层（胡南方，1997；喻美艺等，2005；黄道光等，2010；王铁冠、韩克猷，2011）。

基于岩性、古生物和岩石结构等特征编制的岩相古地理图表明，陡山组沉积范围，地层厚度与岩相变化的一致性，具有补偿式沉积环境的特征，沉积厚的地区是深海相区，薄者为浅海相区（图22.5、图22.6）。从图中还可看出，深海和半深海相区的黑色页岩发育，有机碳含量丰富，区域性烃源层广泛分布，构成油气生成的有利区带。浅水相油气生成条件稍差，却是磷矿富集带，磷块岩的组成大多数呈球粒状，这种球粒状结构矿层，在一定的水动力条件下才能富集成矿。因此表明陡山沱期进入了一个稳定成矿、成油气的重要海相沉积时期。

22.4.2　烃源岩质量与生烃潜力

研究认为，扬子克拉通震旦系陡山沱组的有机质组成属于由菌、藻类生源输入（殷纯嘏，1999），TOC很高，如湖北京山2%、贵州瓮安地区3.5%、湖南石门地区2.4%、重庆城口3.2%、陕西勉县2.8%、四川绵竹2.1%。前述六条剖面陡山沱组烃源岩的综合生烃地球化学指标见表22.1。

从表22.1可见，Ⅰ型（腐泥型）干酪根属优质生烃母质，热解模拟生烃率可达42%以上（王兰生等

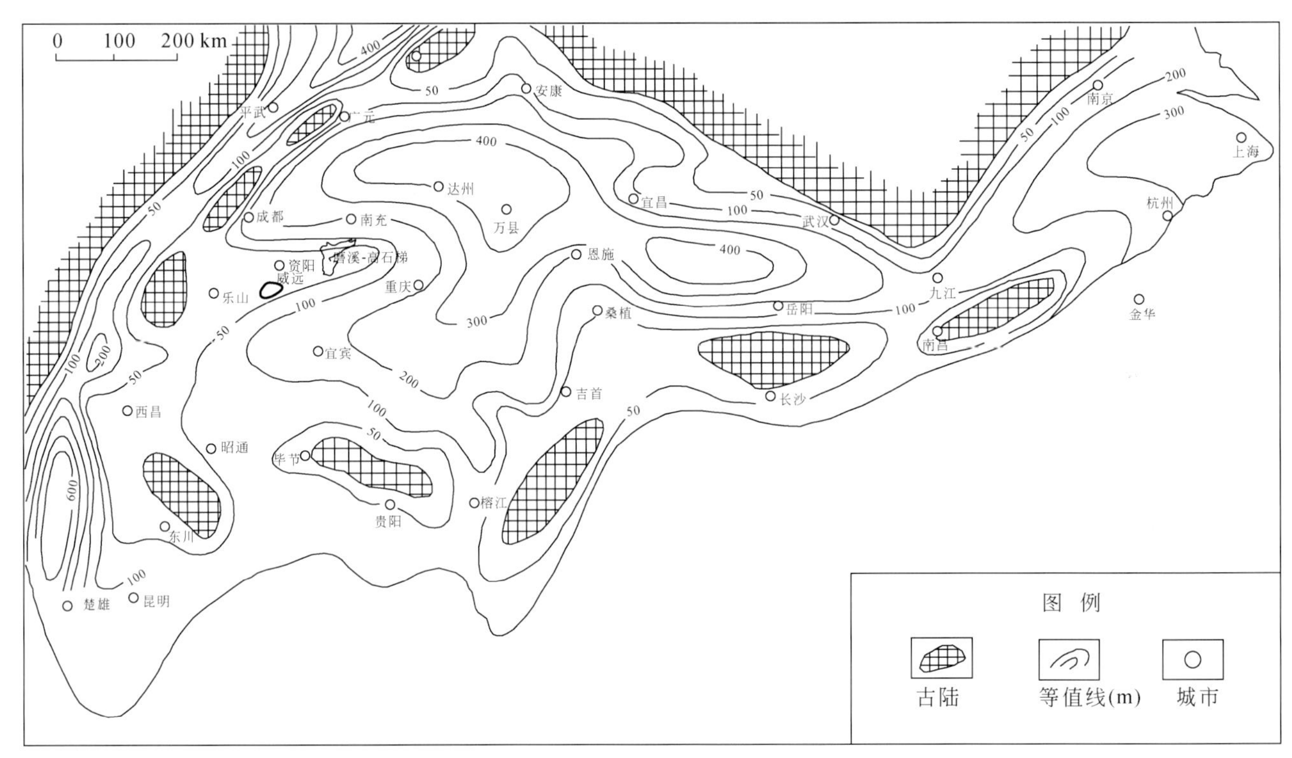

图 22.5　扬子克拉通震旦系陡山沱组地层等厚图

本图据 42 个点，川北参考地震资料编，目的展示陡山沱组分布情况除川滇西昌、昆明地区碎屑岩为主为红层不具生油条件外，厚度在 100 m 以上的地区都具有生油条件。它的展布和南华系有继承性，海侵和沉积范围更广，古陆缩小

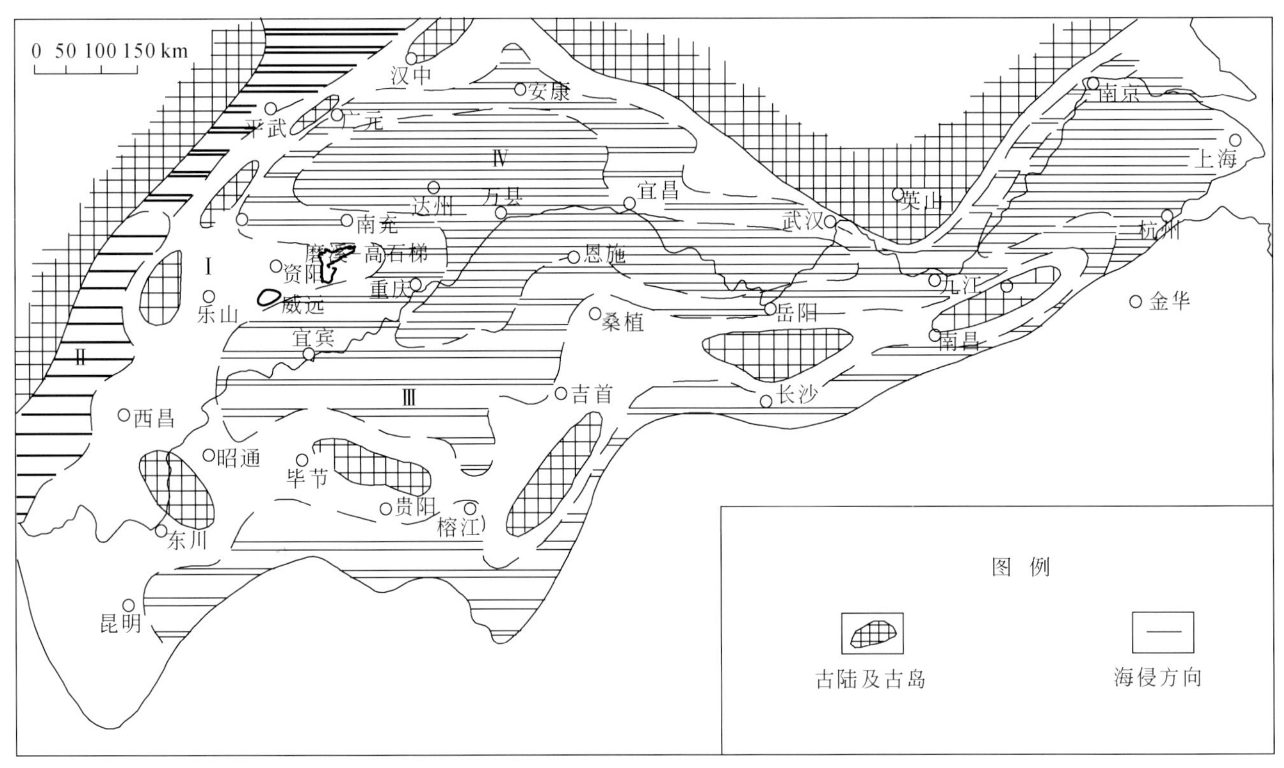

图 22.6　扬子克拉通震旦系陡山沱组岩相古地理图

Ⅰ. 陆相与滨海砂、泥岩相：厚度大于 100 m，为石英砂岩和杂色泥岩，有时充有泥质白云岩；

Ⅱ. 浅海白云岩及红色砂泥岩相：碎屑岩多、为氧化环境有时含磷；

Ⅲ. 浅海黑色磷块岩相：为黑色白云岩、碳质泥岩和硅质岩、含磷富集带；

Ⅳ. 深海及半深海相：黑色碳质页岩、硅质岩和深灰色泥晶灰岩，含磷、锰

1997）。陡山沱组烃源层的厚度变化范围 20～140 m，一般厚 30～60 m，平均厚 55.8 m，据 18 条地层剖面统计：烃源层约占地层厚度的 25%；其平均最大生油强度达 478×10^4 t/km²。从按照初步计祘结果编制的陡山沱组生油强度略图可见（图 22.7），扬子克拉通总共具有三个生油坳陷：

①勉县-青川-平武生油坳陷，生油量约 2157×10^8 t；

②万县-达州-安康生油坳陷，生油量约 8126×10^8 t；

③九江-杭州-上海生油坳陷，生油量约 2868×10^8 t。

三个生油坳陷合计生油总量可达 1.3145×10^{12} t。因为灯影组储层条件和加里东期构

造保存条件较好，若石油量聚集系数采用 10%～20% 计算，其石油聚集量可达：1075×10^8～2150×10^8 t。如此丰富的油气源条件，完全具备形成大油气田的烃源基础。

表 22.1　四川盆地陡山沱组与下寒武统烃源岩指标

地层	有机碳/%	干酪根组成			氯仿沥青族组成/%				
		腐泥组/%	沥青质体/%	类型	饱和烃	芳烃	非烃	沥青质	总烃
下寒武统	0.61	53.5	46.5	Ⅰ、Ⅱ	40.7	12.6	31.0	17.2	53.3
陡山沱组	1.97	71	29	Ⅰ	42.7	15.1	28.1	13.4	57.9

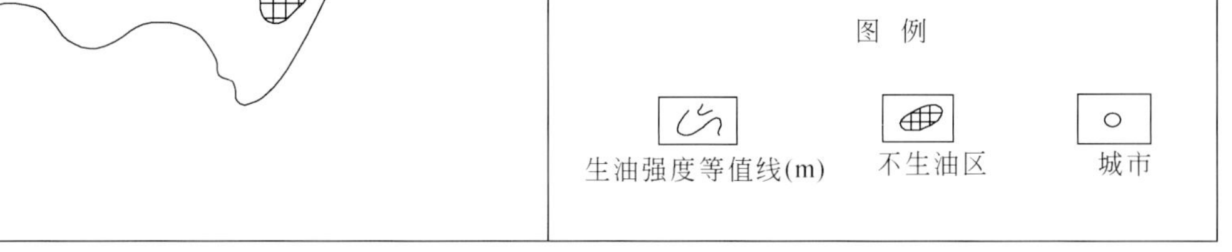

图 22.7　扬子克拉通震旦系陡山沱组烃源层生油强度概图

本图根据 62 个剖面点的黑色页岩厚度，6 个剖面的地化资料，计算出生油期的生油量，来展现陡山沱组的生油强度（10^4/km²）概况

22.5　灯影组储层特征及其分布

22.5.1　储层纵向发育特征

四川盆地及邻区的震旦系灯影组是一套厚达 500～1000 m 的台地相灰、灰白色含藻白云岩和浅滩相粒屑白云岩，夹薄层硅质岩沉积。按照 2012 年中国石油西南油田公司对灯影组两组“四分”的划分方案，灯影组地层可分为：

（1）下亚组：包含灯一、二段，组成一个海进-海退沉积旋回；

灯一段：区域上又称为“下贫藻层”，厚40～80 m，为灰、深灰色中层状隐-粉晶白云岩，细层纹发育，底界与陡山沱组或喇叭岗组呈连续沉积，个别地区如宝兴西大河、汶川大水闸西翼、汉中梁山地区，不整合于南华系花岗岩之上。

灯二段：下部又称为“富藻层”，厚80～360 m，为灰白、灰色中-块状葡萄（节壳）结构发育的粉-细晶白云岩，富含藻类，以具有明暗相间的葡萄状结构为特征；上部又称为“上贫藻层”，厚0～160 m，为灰、灰白色粒屑细-中晶白云岩，偶含鲕粒和砂糖状白云岩，顶部与灯三段呈假整合接触（米仓山上升运动），溶孔溶洞发育，含干涸沥青，是威远、资阳气田的第一套储层，也是主力产层。

（2）上亚组：包含灯三、四段：厚0～380 m：

灯三段：厚0～60 m，深色泥页岩和蓝灰色泥岩，常夹白云岩、凝灰岩，可想变为泥质白云岩，含疑源类化石。在不同区块存在明显的相变，底部在乐山-龙女寺隆起区有40 m厚的蓝灰色页岩，有时变为黑色页岩，夹白云岩、砂岩。在盆地北部汉南和大巴山地区以陆相碎屑岩为主，底界与灯二段呈假整合接触。

灯四段：砂屑白云岩及藻白云岩，见硅质条带，少含菌藻类及叠层石，厚0～350 m。上部为灰、灰白色藻屑，粒屑细-中晶白云岩，偶有“鸟眼”和鲕粒结构，溶孔溶洞发育，普遍含干涸沥青，构成第二套储层。该组岩相变化大，滩相粒屑、藻屑细白云岩可相变为半深水斜波相深灰色白云岩与硅质岩互层，甚至深水相硅质岩；顶界与寒武系呈假整合接触［桐湾运动（Tongwang Orogeny）］。

根据钻探和地面调查，灯影组上、下组均有储层发育。下组储层发育在灯二段上部“上贫藻层”。上组储层位于灯四段中-上部的粒屑白云岩段。从纵向看：储层都分布在沉积旋回上部浅滩相带的藻屑、砂屑、粒屑白云岩层段，顶面都匹配有侵蚀面，具备表生岩溶环境，易于形成溶蚀孔洞，因此其储集空间类型既具备粒间、晶间原生孔隙，又包含溶孔、溶洞次生孔隙，构成混合型的储集类型，构成震旦系灯影组储层特征（魏国齐等，2010；曹建文等，2011）。

综上所述，灯影组的储层发育受到岩性-岩相、侵蚀和岩溶作用的双重制约，特别是在桐湾运动假整合面的剥蚀期间，岩溶对储层的改造作用尤为明显。图22.8展示桐湾运动假整合面对各地灯影组的差异

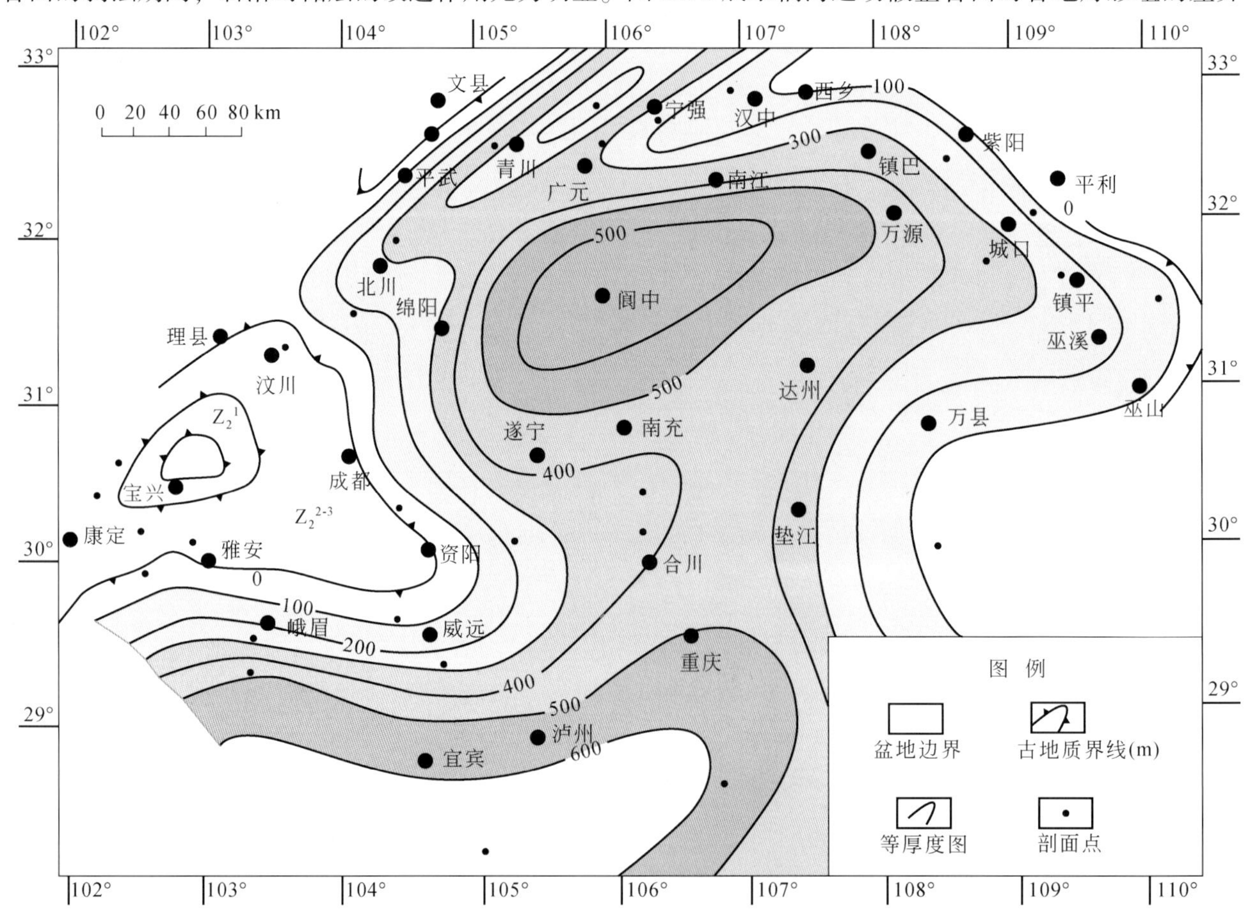

图22.8　四川盆地及邻区灯影组上亚组残余等厚图

反映震旦纪末的桐湾运对灯影组地层的剥蚀情况

侵蚀效应，有的地区灯影组上组，乃至整个灯影组被全部剥蚀，如四川盆地西南隅的雅安宝兴地区的震旦系已被剥蚀殆尽，以致中泥盆统直接覆盖在中元古界杂岩之上。在一定程度上，灯影组储层的发育程度与剥蚀幅度密切相关，威远气田和资阳含气区的灯影组灯四段几乎被剥蚀殆尽，只保留灯二段储层，而高石梯、磨溪气藏的灯影组剥蚀幅度小，灯影组灯二、四段两套储层都存在。

22.5.2　储层与岩相的关系

灯影期是震旦纪最广泛的海浸沉积时期，海水覆盖扬子克拉通全境。从桐湾运动以后的灯影组残留地层厚度看（图 22.9），该时期仍然继承南华纪的区域构造架构，由 NW 向 SE 大体上形成两隆-两拗格局：① 上扬子克拉通西北边缘的后龙门山平武坳陷和南秦岭坳陷，灯影组厚度达 700 ~ 1200 m；② 上扬子克拉通北缘的西昌-成都-广元-汉中-城口隆起，地层厚度薄，仅 0 ~ 600 m；③ 上扬子坳陷，分布在长江上游的昆明、宜宾、达州地区，沉积厚度 500 ~ 1200 m；④厚度最薄的地区是在吉首-桑植-岳阳-九江一线以南地区，留茶坡组地层厚度仅 80 ~ 200 m。可以看到沉积厚度最大的地区在昆明和宜宾-达州一带，厚度最薄的地区在江南湘、赣地区（图 22.9；汤朝阳等，2009）。

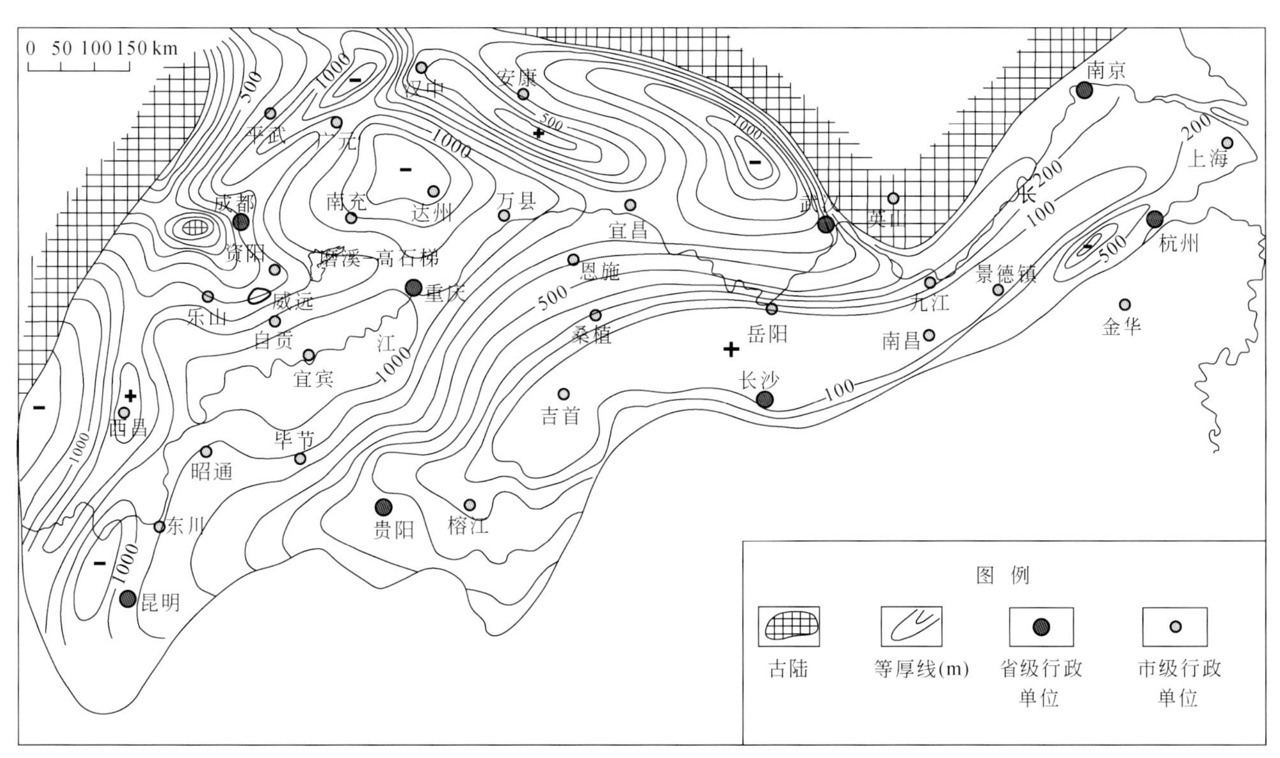

图 22.9　扬子克拉通灯影组等厚度图

根据 84 个地区和钻井点编制，展现灯影组的厚度和地层的展布情况

灯影组是分布广阔的以白云岩为主的碳酸盐岩台地相沉积，它的岩相变化体现在岩石颜色、层理特征、硅质岩发育情况、藻类发育程度以及粒屑（藻屑和砂屑）含量上，结合地层厚度综合编制扬子克拉通灯影组岩相图，四川盆地呈现为大型的白云岩台地（图 22.10），与灯影组等厚图（图 22.9）对比可见，沿昆明-宜宾-达州一带，发育一个 NE 向的厚度大于 1000 m 台地中心（I 区），宁 2 井揭示在灯影组下部有 312 m 厚盐岩层，贵州大方井下见石膏层，表明早期具有潟湖沉积。而其周边的 II 区是台地边缘滩相，水浅，水动力能量大，粒屑碳酸盐岩岩发育，成为储层发育区。四川盆地向东，往中下扬子地区水体逐渐加深，从台地相过渡为台地斜坡相的深灰色白云岩与硅质岩互层-深海热水硅质岩盆地相的留茶坡组（陈多福，2002；余心起等，2003；曹建文等，2011）。

从岩相特征看只有台地边缘相带具备储层形成的条件，而且与侵蚀面相匹配，形成了原生粒间，晶间孔隙和次生溶蚀孔隙综合型储层。灯影组这种储层特征无论地面，还是井下均表现得非常明显，如峨眉范店乡剖面灯三段有厚 80 m 的储层，孔隙度为 2.18% ~ 10.69%，对其中 23.75 m 经仔细描述，孔洞层厚7.55 m占描述层段的30.8%，孔洞呈四种产状，即针孔状、条带状，蜂窝状和斑块状，其分布不均，大洞分散，小孔成群，大部分储层属粒、晶间孔隙。威远气田的威28井3019～3186 m井段灯三段发育67 m厚的储层段，其中有2 m针孔白云岩、4 m钻具放空、4 m溶孔白云岩，3186 m处发生井涌，测试天然气产量41.28×10^4 m^3/d，产水98.2 m^3/d。同样灯四段储层，在陕南宁强坑家洞剖面灯四段厚360 m，储集条件很好，有溶孔溶洞发育的白云岩，也有晶间隙发育的砂糖状白云岩，溶蚀孔、洞类型繁多，有针孔状、蜂窝状、角砾状、花边状等。孔隙和溶蚀孔洞中都填充沥青。在该区的铁索关钻的强1井与地表所见一致，有310 m的含沥青段。在川中磨溪地区安平店构造安平1井灯四段有13 m岩心发育蜂窝状溶洞，5036～5091 m井段发育晶间隙并含沥青，孔隙度3.4%～8.68%。在该井以南的高石梯1井该层产气2.85×10^4 m^3/d。这些实例充分说明，灯影组储层是原生孔隙和次生溶蚀孔洞的复合型储层。这种储层分布较广，储层具有区域性分布特点（表22.2）。

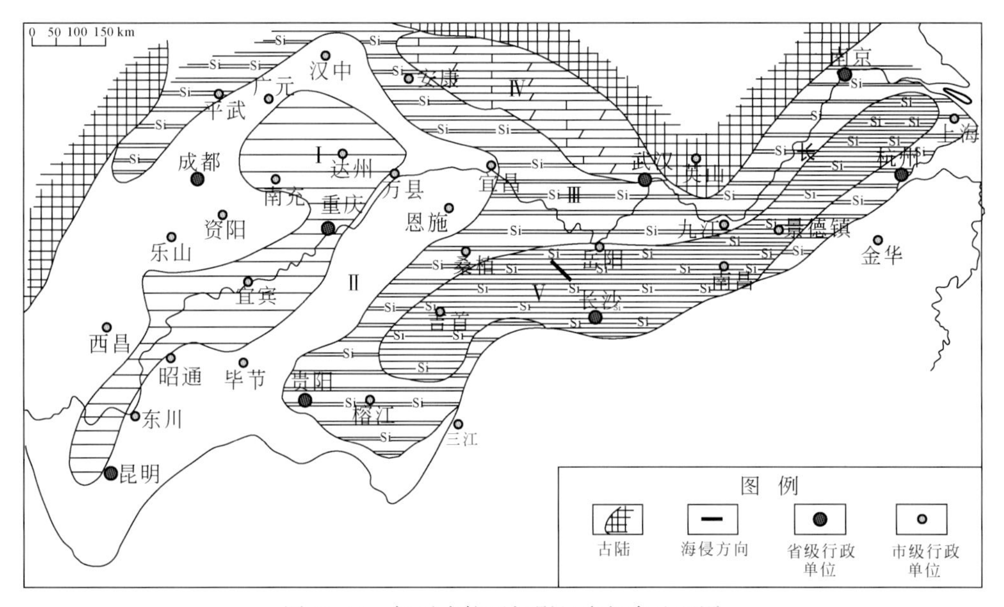

图22.10　扬子克拉通灯影组岩相古地理图

Ⅰ.碳酸盐岩台地相：底部为泻湖石膏盐岩，中部为藻白云岩，上部为块状泥晶云岩，厚度在1000 m以上；Ⅱ.半局限海台地相：下部为富藻白云岩具葡萄结构，上部为潮坪和滩相，含粒藻屑，云岩多细晶侵砂糠白云岩，孔洞发育；Ⅲ.浅海斜坡相：下部为泥晶灰色白云岩，上部夹硅质层和条带，藻类丰富；Ⅳ.半深海盆地相：为灰色泥晶灰岩和白云岩互层，厚度在1000m左右；Ⅴ.深海盆地相：有时底部有白云岩，主要为黑色硅质岩，厚度在80～150 m

表22.2　震旦系灯影组白云岩储层参数统计表

序号	地区	剖面	储层厚度/m	观测孔隙/%	沥青含量/%	总孔隙度*/%
1	陕西宁强	强1井	310	4.5	4.5	9
2	陕西宁强	坑家洞	360	6.0	6.0	12
3	重庆城口	木魁河	200	3.2	3.6	6.8
4	四川资阳	资2井	80	5.76	5.29	11.05
5	四川威远	威113井	120	3.92	0.93	4.85
6	四川安岳	高石1井	260	4.2	4.5	8.7
7	贵州金沙	岩孔	68	3.36	>5	8.36
8	湖南慈利	南山坪	29	12	5	17
9	浙江余杭	泰山	70	8～24	2～7	15

* 显微镜下观测的孔隙度，系沥青和次生矿物充填后的残余平面孔隙度。

灯影组白云岩储层分布于扬子克拉通大部分地区（表22.2），其中以威远气田（如威113井）储层的孔隙度为最低的。灯影组白云岩储层与陡山沱组黑色页岩烃源层构成良好的区域性源-储组合，为大气田（群）的形成奠定地质基础。

22.6　油气成藏问题

经地质调查和对油气田的勘探证实，震旦系灯影组有两次油气成藏期，即油藏的形成期和天然气藏形成期（王一刚等，2001）。

22.6.1　古油藏的形成

在扬子克拉通优良的区域性“源-储组合”条件下，在下古生代末期加里东运动在形成众多大型古隆起带，为油气聚集和成藏创造有利条件，利于形成大批油气藏。已知形成油气田群八个，震旦系灯影组古油藏16个，下古生界古油藏八个，合计24个古油藏（应维华，1989；张力、张淮先，1993；赵宗举等，2001；赵泽恒等，2008）。这些隆起带和古油藏的分布如图22.11所示。

已知有些古油藏原始油气储量巨大，如陕南宁强灯影组古油藏含沥青的孔、洞型白云岩储层厚360 m，单储系数达1500×10^4 t/km^2；大巴山区镇巴—城口—巫溪鸡心岭一线，震旦系灯影组含沥青白云岩储层厚达60 ~ 200 m，延伸可达100 km以上；贵州麻江古油藏残存面积800 km^2，有人测算原始的石油储量16×10^8 t；龙门山区天井山隆起的田坝、矿山梁和天井山构造，有沥青脉138条，宽度大于1 m的32条，最大的田坝构造田沥1号沥青脉宽8 m，高度（包括深度和地表出露高度）大于160 m，长度970 m初步估计这条脉的储量约146×10^4 t，田坝构造田沥1、2号沥青脉的状见图22.12、图22.13。

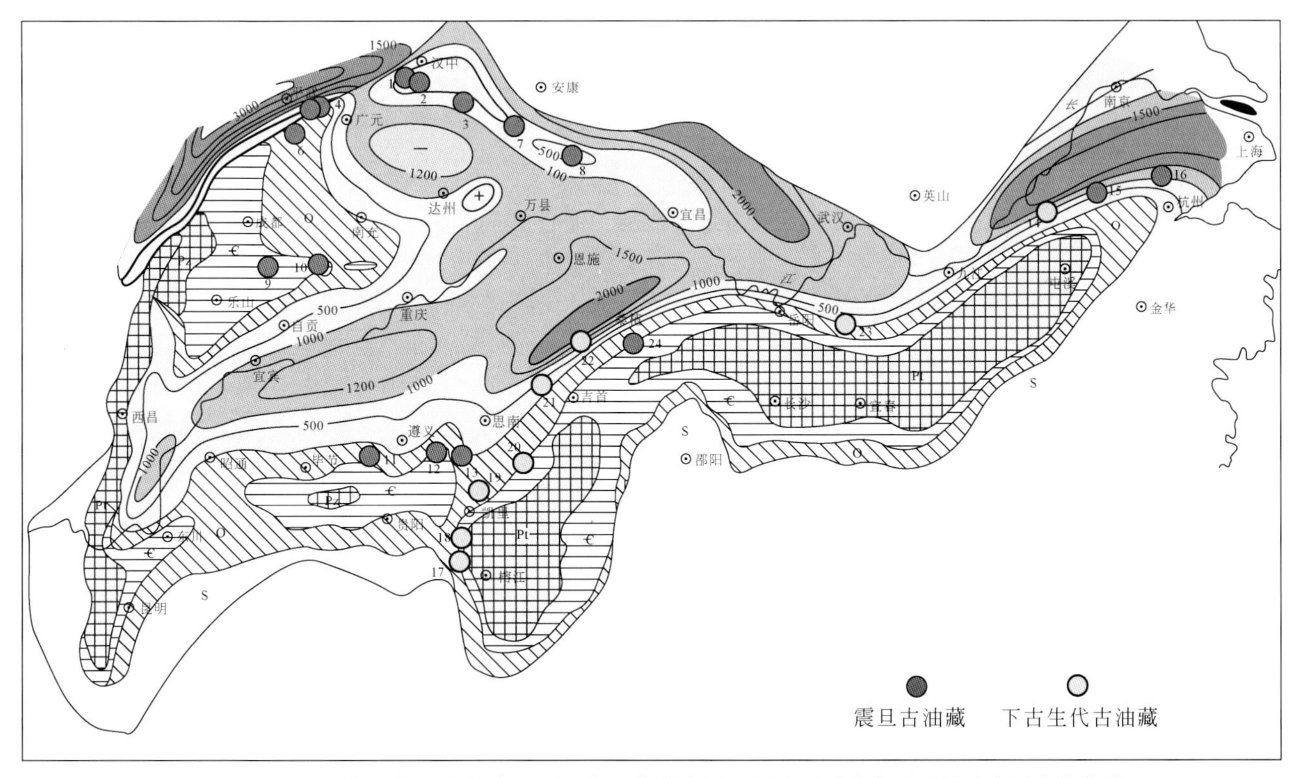

图22.11　扬子克拉通加里东期古地质及古油藏分布图（图中展示志留系地层残余厚度等值线）

1. 陕南坑豪洞；2. 宁强1号井；3. 南江桥亭；4. 广元矿山梁；5. 青川田坝；6. 江油厚坝；7. 陕南镇巴；8. 重庆城口；9. 资阳；10. 高石梯；11. 贵州金沙岩孔；12. 开阳洋水；13. 瓮安白斗山；14. 皖南太平；15. 安吉康山；16. 余杭泰山；17. 贵州丹寨；18. 贵州麻江；19. 贵州凯里；20. 贵州铜仁；21. 重庆秀山；22. 永顺王村；23. 湖北通山；24. 湖南慈利

再如下扬子地区皖南宁国-湖州一带，分布着40多处沥青点，其中震旦系两个、寒武系21个、奥陶、志留系12个，有安徽康山、余杭泰山等大型沥青砂。

从图22.12中反映出扬子克拉通区震旦和下古生界曾有极其丰富石油，形成过八个大型古油田群：① 汉南隆起古油田群；② 天井山隆起古油田群；③ 大巴山隆起古油田群；④ 乐山-龙女寺隆起古油田

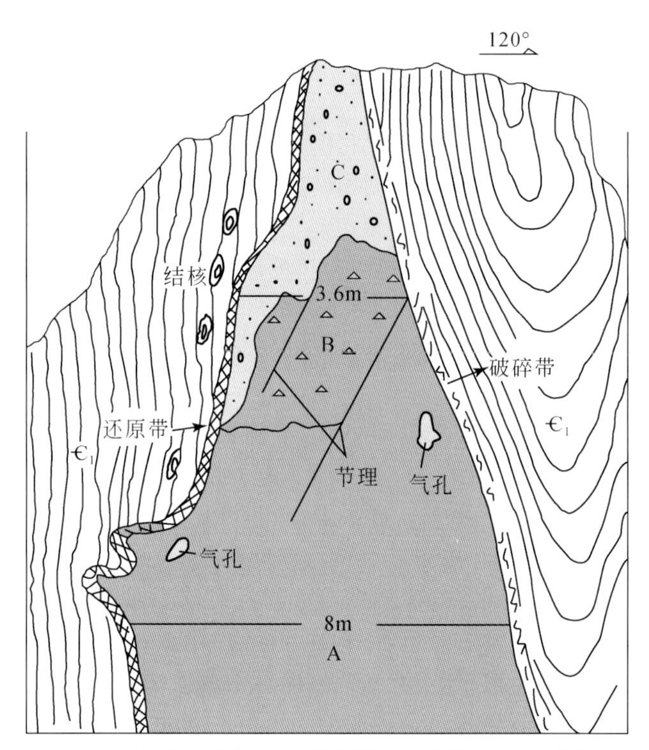

图 22.12　田坝构造田沥 1 号沥青脉据韩克猷 1966 年产状素描

A. 暗黑色无光泽沥青有节理和气孔；B. 含碎石黑色沥青含有白云石生燧石碎块，大者达 14 cm；
C. 棕灰色油浸状硅质碎屑物，由燧石和玉髓组成，具有很浓的石油味

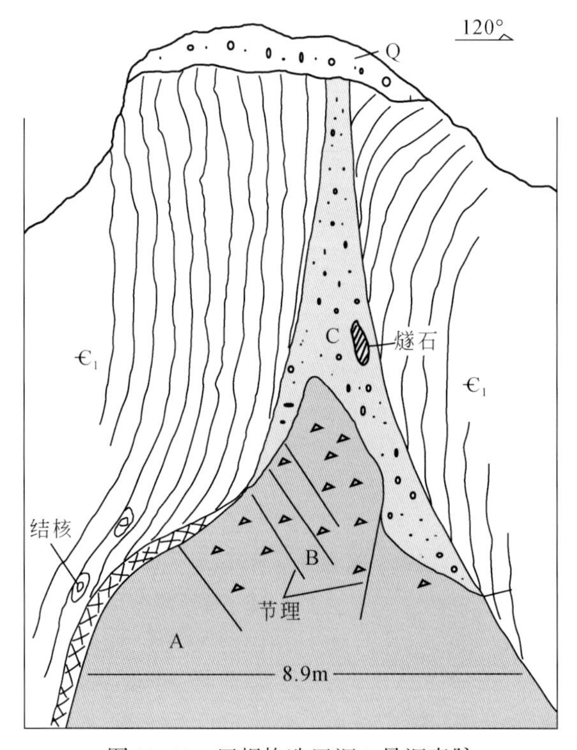

图 22.13　田坝构造田沥 2 号沥青脉

群；⑤ 黔中隆起古油田群；⑥ 麻江隆起古油田群；⑦ 雪峰隆起古油田群；⑧ 下扬子地区古油田群。这充分说明：加里东期是扬子克拉通新元古界震旦系和下古生界形成大型油藏和油藏群的最重要的时期，乐山-龙女寺只是其中之一。与下古生界相比较，震旦系的古油藏多，分布面更为广泛。

22.6.2　气藏的形成

四川盆地对新元古界震旦系勘探证明，天然气藏受燕山期构造控制，现在发现的气藏都分布在燕山期形成的构造范围内。在燕山期隆起带之外，喜马拉雅期形成的背斜构造经钻探都产水，对气藏不能起到充分的保存作用。为了进一步了解气藏形成的时间，气藏的圈闭特征以及气藏的性质，历来的研究者对乐山-龙女寺隆起带的构造演化、天然气性质以及气藏储层有机包裹体进行过较为深入的研究，现将研究成果简述如下：

22.6.2.1　乐山-龙女寺隆起带的演化

该隆起带是长期的继承性古隆起，早在820 Ma之前的晋宁运动时期古隆起业已形成，至650 Ma新元古宇南华纪末期，经历长达200 Ma的隆起期，直到震旦纪灯影组时期才发生广泛海侵。之后又经桐湾运动上升剥蚀。由于经历的地史时期漫长，构造运动多，震旦系顶面构造的隆起高点与轴线均不断地有所变迁，圈闭范围和闭合度也不断地加大，仅以乐山-龙女寺古隆起为例，其各地质时期的构造参数详见表22.3。

从表22.3可见，古隆起的闭合度和闭合面积以燕山期为最大，分别达1200 m和19600 km^2，圈闭位置在乐山-龙女寺。灯影组的埋藏深度达6500 m，折算古地温可达215℃，正处于石油裂解成为天然气的热演化阶段，也是形成气藏的最佳时期。由于其燕山期圈闭面积大，所以乐山-龙女寺古隆起的含气潜力还是很可观的（孙玮等，2009）。

表22.3　乐山-龙女寺古隆起演化数据表

地质时期	时代	隆起幅度/m	圈闭面积/km^2	高点埋深/m	圈闭分布地区
加里东期	二叠纪前	650	480	500	大邑、洪雅-雅安
海西期	三叠纪前	750	480	1200	大邑-雅安、资阳-磨溪
印支期早幕	晚三叠世前	800	160	2500～3000	资阳、安岳-龙女寺
印支期晚幕	侏罗纪前	850	18800	3000～3500	资阳-龙女寺
燕山期	第三纪前	1200	19600	6500	乐山-龙女寺

22.6.2.2　灯影组储层的流体包裹体研究

经对威远气田，资阳含气地区和高石梯、安平店等产气井的储层流体包裹体研究，发现有三期（种）与油、气态烃、沥青包裹体相关的次生矿物，现将这些成果汇总成表22.4。

表22.4　威远-资阳地区灯影组储层烃包裹体综合表（据王兰生等，1997；唐俊红等，2004，2005）

期次	矿物特征	包裹体相态	荧光	气液比/%	主要气体组成		CH_4/ CO_2	均一温度/℃
					CH_4/%	CO_2/%		
Ⅰ	泥晶纤维云石，垂直洞壁生长	以油为主，次为液气两相	黄、紫	10～25	10.1～22.0	50.7～75.9	0.2～0.38	(135) 120～150
Ⅱ	粗晶云石，平行洞壁生长	液气两相烃包体	褐黄	15～60	27.6～40.4	44.7～59.4	0.61～0.68	(175) 160～190
Ⅲ	粗晶云石、石英，脉状和块状	气态烃为主，有沥青	无	>60	55.3～74.0	18.8～36.1	2.14～2.53	(205) 200～210

从中可见，天然气主要在燕山期（Ⅲ期）聚集成藏，其均一温度平均值205 °C，推算埋藏深度为6500～6900 m，与勘探的结果和构造演化研究结果是一致的。因此说，四川盆地燕山期形成的隆起是震旦系灯影组天然气聚集最佳时期亦是最佳场所（孙玮等，2007，2011；魏国齐等，2010）。

22.7　勘探前景及勘探目标

据上述认识，今后对震旦系和下古生界的油气勘探首先考虑的问题是保存条件，二是要选择燕山期隆起为天然气勘探靶区。据此对扬子克拉通进行区块比较后认为，四川盆地及邻区保存条件最好。若依据四川盆地上三叠统煤层 R^o 等值线图以及女基井的 R^o 值–埋深曲线，可恢复全盆地陆相地层沉积最大厚度，从而获得燕山期震旦系顶面构造面貌，即盆地中存在着乐山–龙女寺、川东华蓥山和川西北天井山三个古隆起（图 22.14）。

川东华蓥山古隆起原认为属印支期隆起，此次研究认识到其燕山期的隆起幅度与范围才是最大的。事实上以往的勘探中业已发现其有隆起的显示，例如，隆起上等效 R^o 值偏低，上二叠统 R^o 值 1.4%，上三叠统 R^o 值仅 0.6%；再如，蒲包山构造下三叠统飞仙关组产原油，铜罗峡构造上二叠统长兴组气藏中产凝析油，地层研究指出该区缺少白垩系沉积，上侏罗统发育不齐全，也同样说明燕山期隆起很明显。

川西北天井山古隆起属于加里东期至印支期的继承性叠加隆起，至印支期晚幕才褶皱成山，是古油藏发育和油气苗丰富的区带，其油苗和沥青的主要烃源来自震旦系陡山沱组。因此也是一个含油条件有利的地区，可能成为今后油气勘探的主要目标区。

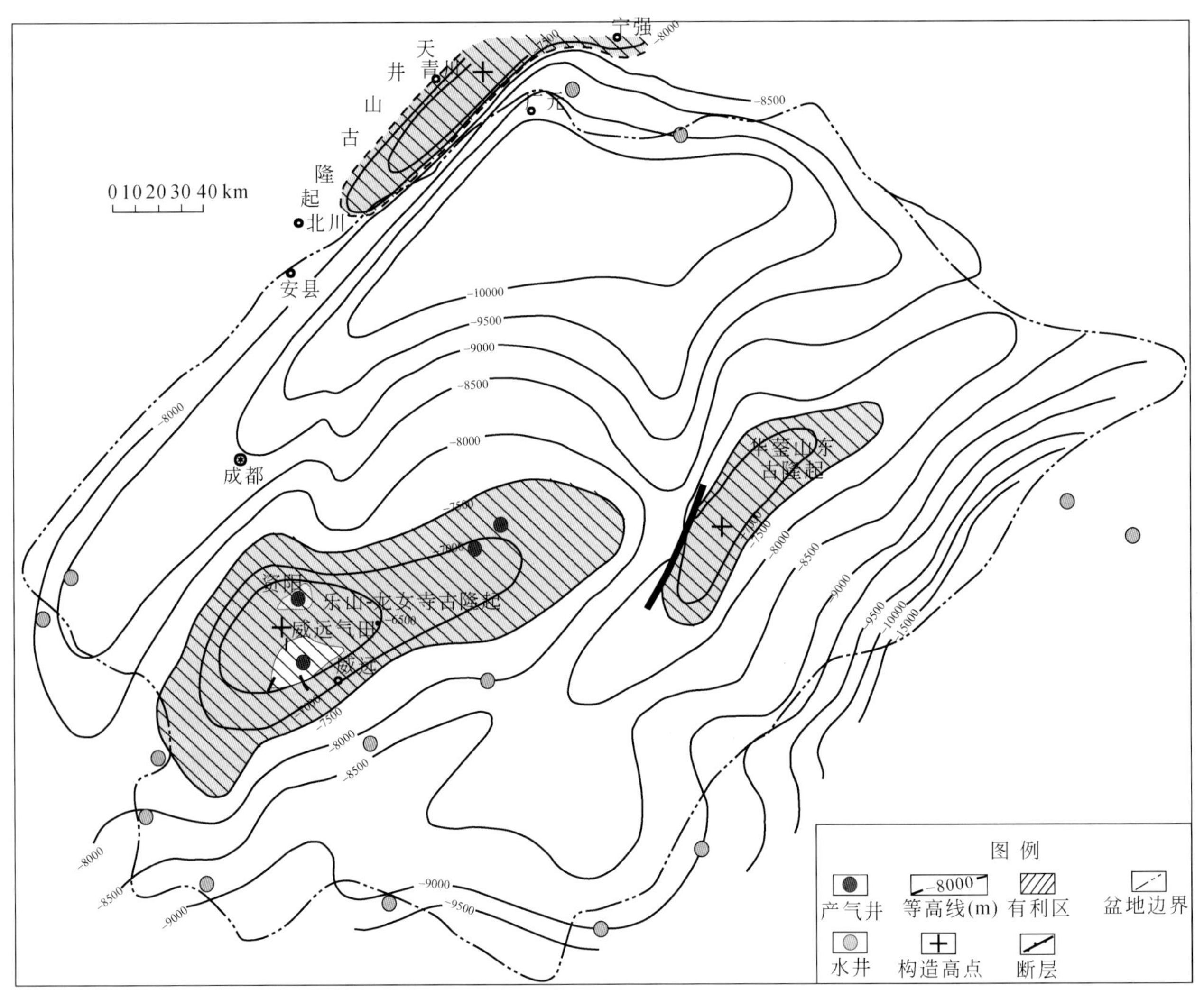

图 22.14　四川盆地燕山期震旦系顶古构造图

22.7.1　继续勘探乐山-龙女寺隆起

乐山-龙女寺隆起的油气勘探前景看好，具有四个优越条件：① 圈闭范围达19600 km^2；② 产气层多（下古生界生-储-盖组合都有工业性气层）、含气范围广（所钻地区和构造全都产气）；③ 有充足的气源，该隆起灯影组曾是古油藏，在加里东运动时灯影组被剥蚀油藏遭破坏，储层中残留干涸沥青的平均含量达2.5%，含沥青层厚度55 m，干涸沥青是被破坏油藏的残留沥青，再次深埋被裂解后的残留物。研究表明，沥青可以裂解生成天然气，以矿山樑下寒武统的比重0.823天然固态沥青热裂解实验为例：156～400℃每吨沥青产天然气132～209 m^3，产沥青焦（相当干涸沥青）689 kg。以此实验为依据，用该隆起干涸沥青量推算古油藏残留沥青可裂解天然气量为2.97×10^{12}～4.703×10^{12} m^3。如果计入下寒武统龙王庙组8000 km^2的储集体的天然气资源量3×10^{12}～5.1×10^{12} m^3，总的天然气资源量可达5.9×10^{12}～9.803×10^{12} m^3，气源极为充沛。④ 高石梯、磨溪地区高产气井不断涌现，目前震旦系—下寒武统的天然气勘探业已有重大突破，继续勘探乐山-龙女寺隆起，可望获得多产层、高压、高产特大气田。

22.7.2　川东华蓥山隆起

地处华蓥山以东地区，北起开县，南至永川丹凤场，呈NE向隆起，高点在邻水-大竹之间，长轴约300 km，短轴40～60 km，面积约14000 km^2，属大型隆起（图22.15）。该隆起隶属川东高陡背斜褶皱区，目前是石炭系主要产气区，其中浅层构造清楚，深层构造变缓，已钻的东（山）深1井在奥陶系获得天然气产量40×10^4 m^3/d。由于深层地震资料欠佳，需要在现有基础上，改善深层的资料品质，做好勘探震旦系—下寒武统的钻前准备，有望获得更多的气田。

22.7.3　川西北天井山隆起

天井山隆起属继承型隆起，也是龙门山推覆带前端的广元-江油潜伏断层带，是寻找以陡山沱组为烃源岩的次生油气藏的有利地带。龙门山推覆构造末端和盆地接触处的断裂并没有断到地表，而潜伏于深部，其上盘发育着很多的油气苗和被破坏的古油藏，如厚坝油砂岩就是一个典型的实例。该砂岩属中侏罗统沙溪庙组，因暴露地表被破坏，初步计算稠油量约有8000×10^4 t。研究表明，与很多大型沥青脉、油苗一样，其油源来自震旦系陡山沱组。这种地带实际上是一个油气富集的枢纽带，若搞清断层，选好钻探目标，有望找到可观的油，气田群。

除上面三个隆起外，大巴山山前带和黔中古隆起也有含气远景，值得进一步研究。

参考文献

曹建文，梁彬，陈宏峰，张庆玉．2011. 雪峰山西侧地区震旦系灯影组储层发育特征与控制因素分析．科技咨询，31（11）：1838～1851

陈多福．2002. 华南古生代海平面变化与大型-超大型热水沉积矿床的形成．中国科学（D辑）：地球科学，32（增刊）：120～126

胡南方．1997. 贵州震旦系陡山沱组烃源岩特征．贵州地质，14（3）：244～251

黄道光，牟军，王安华．2010. 贵州印江-松桃地区含锰岩系及南华系早期沉积环境演化．贵州地质，27（1）：13～22

刘鸿允，沙庆安，胡世玲．1973. 中国南方震旦系．中国科学，（2）：202～212

罗志立．1986. 川中是个古陆核吗？成都地质学院学报，13（3）：65～73

马国干，张自超，李华芹，陈平，黄照先．1989. 扬子克拉通震旦系同位素年代地层学的研究．中国地质科学院宜昌地质矿产研究所所刊，14：83～114

孙玮．2008. 四川盆地元古宇—下古生界天然气藏形成过程和机理研究．成都理工大学博士研究生学位论文

孙玮，刘树根，马永生，蔡勋育，徐国盛，王国芝，雍自权，袁海锋，盘昌林．2007. 四川盆地威远-资阳地区震旦系油裂解气判定及成藏过程定量模拟．地质学报，81（8）：1153～1159

孙玮，刘树根，韩克猷，罗志立，王国芝，徐国盛 . 2009. 四川盆地震旦系油气地质条件及勘探前景分析 . 石油实验地质，31（4）：350 ~ 355
孙玮，刘树根，徐国盛，王国芝，袁海锋，黄文明 . 2011. 四川盆地深层海相碳酸盐岩气藏成藏模式 . 岩石学报，27（8）：2349 ~ 2361
汤朝阳，段其发，邹先武，李堃 . 2009. 鄂西–湘西地区震旦系灯影期岩相古地理与层控铅锌矿关系初探 . 地质论评，55（5）：7
唐俊红，张同伟，鲍征宇，张铭杰 . 2004. 四川盆地威远气田碳酸盐岩中有机包裹体研究 . 地质论评，50（2）：210 ~ 214
唐俊红，张同伟，鲍征宇，张铭杰 . 2005. 川西南震旦系储集层有机包裹体在油气运移研究中的应用 . 地球科学–中国地质大学学报，30（2）：228 ~ 232
唐天福，薛耀荣，俞从流 . 1989. 中国南方震旦系碳酸盐岩分布与形成环境 . 石油学报，2（2）：11 ~ 19
王飞 . 2009. 陕南镇巴地区南化系–震旦系岩石地层划分与区域对比 . 长安大学硕士论文
王兰生，苟学敏，刘国玉 . 1997. 四川盆地天然气的有机地球化学特征及其成因 . 沉积学报，15（2）：44 ~ 3
王铁冠，韩克猷 . 2011. 论中—新元古界的原生油气资源 . 石油学报，1（32）：1 ~ 7
王一刚，陈盛吉，徐世琪 . 2001. 四川盆地古生界上元古界天然气成藏条件及勘探技术 . 北京：石油工业出版社
魏国齐，焦贵浩，杨威，谢增业，李德江，谢武仁，刘满仓，曾富英 . 2010. 四川盆地震旦系—下古生界天然气成藏条件与勘探前景 . 天然气工业，30（12）：5 ~ 9
殷纯嘏，张昀，姜乃煌 . 1999. 瓮安陡山沱组磷块岩中的有机物化合物 . 北京大学学报（自然科学版），35（4）：509 ~ 516
殷继成，李大庆，何廷贵，丁莲芳，石和，温春齐 . 1984. 四川西南部震旦系的划分和对比 . 成都地质学院学报，增刊 1：1 ~ 126
尹崇玉，刘敦一，高林志，王自强，邢裕盛，简平，石玉若 . 2003. 南华系底界与古城冰期的年龄：SHRIMP U-Pb 定年证据 . 科学通报，48（16）：1721 ~ 1725
应维华 . 1989. 湘西北桑植–石门复向斜下古生界夭然气保存条件研究 . 石油与天然气地质，10（2）：170 ~ 181
余心起，舒良树，邓平，王德恩，支利赓 . 2003. 皖南晚震旦世中、浅海沉积环境——以滑塌砾岩层、硅质风暴岩为例证 . 沉积学报，21（3）：398 ~ 404
喻美艺，何明华，王约，赵元龙 . 2005. 贵州江口震旦系陡山沱组沉积层序和沉积环境分析 . 地质科技情报，24（3）：38 ~ 42
张力，张淮先 . 1993. 大巴山前缘震旦系及下古生界含油气条件探讨 . 天然气工业，13（1）：42 ~ 47
张启锐 . 2010. 南华系建系研究的最新动态 . 地层学杂志 . 34（2）：165 ~ 166
张文治，李怀坤，王官福 . 2001. 中国东部晚元古冰成岩的古地磁及地质意义 . 前寒武纪研究进展，24（1）：1 ~ 22
赵泽恒，张桂权，薛秀丽 . 2008. 黔中隆起下组合古油藏和残余油气藏 . 天然气工业，28（8）：39 ~ 42
赵宗举，冯加良，陈学时，周进高 . 2001. 湖南慈利灯影组古油藏的发现及意义 . 石油与天然气地质，22：114 ~ 118

第23章　四川盆地震旦系天然气地球化学特征与勘探前景分析

王兰生，郑　平，洪海涛，施雨华，戴单申，邓鸿斌，邹春艳，孔令明

（中国石油西南油气田公司勘探开发研究院，成都，610051）

摘　要：本章在建议灯影组地层“五分”方案（即自下而上为：灯一段“下贫藻层”、灯二段“富藻层”、灯三段“上贫藻层”、灯四段“蓝灰色泥岩”，以及灯五段白云岩）的基础上，讨论四川盆地震旦系天然气的地球化学特征。震旦系天然气组成具有甲烷与非烃含量高的特点，天然气碳同位素 $\delta^{13}C$ 值的分布表现为：威远气藏 $\delta^{13}C_1$ 值为-31.96‰～-32.73‰，$\delta^{13}C_2$ 值为-31.19‰～-33.98‰；资阳气藏碳同位素组成偏轻，$\delta^{13}C_1$ 值为-35.5‰～-38.00‰；高石梯甲烷碳同位素组成介于威远与资阳气藏之间，$\delta^{13}C_1$ 值为-33.74‰～-33.84‰，而乙烷则明显比威远气藏偏重，$\delta^{13}C_2$ 值为-26.92‰～-28.02‰。结合四川盆地不同地域南华系、震旦系和寒武系烃源层的分布特点，作者提出：威远、资阳震旦系气藏的天然气主要源自下寒武统筇竹寺组黑色泥岩；安岳气田（安平店-高石梯-磨溪区块）震旦系天然气，可能以灯四段黑色页岩和下寒武统筇竹寺组黑色页岩为烃源层，并有沥青裂解气混入。基于对乐山-龙女寺加里东期古隆起震旦系—寒武系含油气系统的分析，作者认为，天然气的烃源岩主要为下寒武统筇竹寺组和灯影组灯四段黑色页岩；储集岩主要为震旦系灯影组和寒武系龙王庙组白云岩；该油气系统持续时间长，有机质热演化程度深。有利的地质要素是烃源岩厚度大、分布广、生储能力强，储集层厚度大、分布广，盖层厚度大且连续完整；不利因素是经历构造运动多，油气运移、聚集、保存影响因素复杂，成藏的地质条件多变，油气藏性质、类型、位置变化大。古隆起周缘坳陷部位的烃源岩成熟于志留纪，下斜坡、上斜坡与隆起顶部的烃源岩依时间延续梯次成熟，印支期是大规模生烃和运移时期。古隆起轴线西端不断向SE方向偏转，导致隆起西段的构造变动较大，油气保存条件相对较差，古隆起东段构造变动较弱，油气保存条件相对较好。作者提出，枫顺场、华蓥山构造是震旦系下一步油气勘探的优选目标，川东北、川东南是震旦系油气勘探的潜在有利区域。

关键词：四川盆地，震旦系，天然气勘探，威远气田，安岳气田

23.1　震旦系天然气勘探历史回顾

四川盆地震旦系天然气勘探始于20世纪50年代，迄今已有60余年的历史。早在1964年，在盆地西南部的威远背斜构造上钻威基井，该井第二次加深钻至井深2859.39 m的灯影组灯四段（Z_2dn^4）获得 $14.5\times10^4\ m^3/d$ 天然气流；次年威2井产气 $74.5\times10^4\ m^3/d$，发现威远震旦系大气田，揭开了四川盆地震旦系勘探的序幕。

1964～1965年四川石油管理局地震一、五大队首次绘制威远地区加里东末期的古地质图，揭示威远气田处于向西抬升的古侵蚀斜坡。1970年四川局地质研究院绘制川西南加里东末期古地质图和下古生界地层残余厚度图，指出成都-资阳-乐山-芦山一带处于一个古隆起的中心部位，古隆起的核部地层剥蚀至

寒武系。谢琪和潘祖福等①绘制四川盆地加里东末期古地质图，显示古隆起轴部具有雅安、乐山、南充三个高点，分别残留震旦系灯影组、下寒武统、中—上寒武统地层，雅安高点外围以及川西地区普遍分布志留系，并将古隆起命名为“乐山-龙女寺加里东期古隆起”。此后在四川盆地，始终围绕乐山-龙女寺加里东期古隆起，历经60年坚持不懈的震旦系天然气勘探历程。

早在1964～1974年，对四川盆地周缘的地表大型背斜构造甩开钻探，盆地北缘曾家河、宁强、大两会等局部构造上，部署曾1、2井、强1井、会1井，南缘长宁构造钻探宁1、2井，东南缘利川向斜钻利1井；由于这些局部构造的天然气保存条件差，上述探井均以产水而告终，未获得油、气流。1975～1990年，以乐山-龙女寺加里东期古隆起周缘的今构造作为勘探重点，钻探女基井、自深1井、窝深1井、老龙1井、宫深1井五口井，除女基井见气外，其余也均以产水而告失利。

1991～2000年，以乐山-龙女寺古隆起顶部古构造为勘探重点，在资阳构造钻资1至资7井共七口探井，发现资阳含气区（低产气藏）；在周公山构造钻周公1井产水；在川中-川南过渡带安平店构造钻安平1井，高石梯构造钻探高科1井，虽然都见到气显示，但因工程原因，测试不彻底而告终；1999年初在盘龙场潜伏构造震旦系高点完钻盘1井产水。2005年中石化在川东南以志留系为目的层钻丁山1井，加深至4610 m钻入灯影组灯二段，产$NaHCO_3$型水而失利。2007年开钻并完钻的林1井也只见微气。

2007年后，中石油在古隆起先后部署磨溪1、宝龙1、汉深1、螺观1井四口风险探井；其中磨溪1井因二叠系获气提前完钻，宝龙1井和螺观1井均在寒武系完钻，宝龙1井在寒武系洗象池组产气1.35×10^4 m^3/d，螺观1井寒武系—奥陶系储层不发育，未测试气。2010年，汉王场构造的汉深1井于震旦系完钻，灯影组缝洞储层较发育，测试产低矿化度Na_2SO_4型水8 m^3/d。

直至2011年，高石梯区块高石1井震旦系、2012年磨溪区块磨溪8井下寒武统龙王庙组，接连获得高产工业气流，发现安岳气田，终于实现乐山-龙女寺加里东期古隆起天然气勘探的新突破。作为风险探井，高石1井于2011年7月12日，经酸化测试在灯影组“灯二段”（相当于本章划分的灯三段）获得102.14×10^4 m^3/d高产天然气工业气流（洪海涛等；2011），之后，又在“灯四段”（本章划分之灯五段）的两个产气层，分别获天然气产量3.73×10^4 m^3/d和32.28×10^4 m^3/d。磨溪8井系2011年部署的预探井，于2012年9月9日在下寒武统龙王庙组下储层段射孔酸化解堵后，获高产107×10^4 m^3/d天然气工业气流，上储层段也获产83.5×10^4 m^3/d天然气（表23.1）。

这期间研究工作持续不断获得新成果，据中国石油四川油田分公司历年的内部研究报告，宋文海（1987）“对四川盆地加里东期古隆起的新认识”一文，论述古隆起构造发展演化的格局、气藏类型及勘探方向。1988～1989年四川局地调处向鼎璞等的“四川盆地川中-川南过渡带区域控制剖面勘探总结报告”，四川石油管理局地质勘探开发研究院和地调处的“川中至川西北地区天然气勘探1988年度地震大剖面资料解释研究总结报告”，报告发现高石梯-安平店-磨溪及盘龙场潜伏构造带。1989～1990年，四川局罗启后、余启明、宋文海等的“乐山-龙女寺加里东古隆起震旦、寒武、奥陶系与上三叠统含气性评价研究”，康义昌等的“四川盆地乐山-龙女寺加里东古隆起含气性评价研究”，均论述古隆起具备的含气条件和有望寻找大中型气田的勘探目标。宋文海等（1995）在“乐山-龙女寺古隆起大中型气田成藏条件研究”中，对古隆起的形成演化、油气聚集、天然气成藏、沉积微相及古风化壳等作了深入的研究②。1996～1997年，刘仲宣、史习杰、唐泽尧等在“四川盆地资阳地区天然气地质综合研究及勘探总结”中指出，资阳震旦系气藏属于受古背斜控制的岩性气藏，主要受“三古一今”（即古岩溶、古隆起、古背斜、今构造）的控制，具有五个成藏演化阶段，认为古背斜群是气藏形成的重要条件。1996～1998年，徐世琦等（1998）在“九·五”国家科技攻关课题“加里东古隆起震旦系—寒武系天然气勘探目标评价”中，讨论了乐山-龙女寺古隆起形成的力学机制和古岩溶储层发育的影响因素以及古隆起震旦系气藏的成藏模式，指出沥青质封堵是天然气保存的重要条件。2002年由胡光灿组织完成的“四川盆地油气勘探战略研究”对此前的研究进行了全面总结。

① 强仲武，何天华，樊荣等，1984，四川盆地油气资源评价，四川石油管理局（内部研究报告），113页。

② 强仲武，何天华，樊荣等，1984，四川盆地油气资源评价，四川石油管理局（内部研究报告），113页。

表23.1　乐山-龙女寺古隆起钻探成果表

井号	构造位置		完钻井深/m	完钻层位	测试成果		
	古隆起部位	局部构造位置			测试层段	天然气产量/$10^4(m^3/d)$	水产量/(m^3/d)
女基	顶部	顶部	6011	基底	Z_2dn^4	1.85	—
安平1	顶部	高点北翼	5520	Z_2dn^3	Z_2dn^4	0.248	—
高科1	顶部	高点	5480	Z_2dn^3	Z_2dn^4	0.7	—
资1	顶部	大单斜的小褶曲	4534.57	Z_2dn^1	Z_2dn^{2+3}	5.33	86
资2	顶部	大单斜	3810	Z_2dn^2	Z_2dn^{2+3}	微气	微量水
资3	顶部	大单斜小鼻状	3920	Z_2dn^2	Z_2dn^{2+3}	11.5	—
资4	顶部	大单斜	4590	Z_2dn^2	Z_2dn^{2+3}	微气	65.54
资5	顶部	大单斜的小高点	3430	Z_2dn^2	Z_2dn^{2+3}	0.2	31.2
资6	顶部	大单斜	3804	Z_2dn^2	Z_2dn^{2+3}	0.5	少量
资7	顶部	大单斜的小断层	4000	Z_2dn^2	Z_2dn^{2+3}	9.74	377
周公1	顶部	构造高点	3709.50	Z_2dn^4	Z_2dn^4	—	0.413
老龙1	顶部	鼻状	3785	基底	Z_2dn^3	—	104.95
窝深1	上斜坡	构造高点	5880	Z_2dn^1	Z_2dn^{1-2}	—	69.41
宫深1	下斜坡	构造近高点	4980	Z_2dn^2	Z_2dn^{2-3}	—	400.24
自深1	下斜坡	构造高点	5533.50	Z_2dn^2	Z_2dn^{3-4}	—	111.88
盘龙1	下斜坡	构造高点	5780	Z_2dn^2	Z_2dn^{2-4}	—	5.03
威远气田	顶部-上斜坡	穹隆背斜	—	基底	Z_2dn^{2-4}	储量$408.61\times10^8m^3$	—
丁山1	顶部	构造高点	4603.0	Z_2dn^2	Z_2dn^3	微量气	112.5
林1	顶部	构造高点	2866.13	Z_2dn^2	Z_2dn^2	—	15.96
高石1	顶部	构造高点	5841	基底	Z_2dn^2	102.14	—
磨溪8	顶部	构造高点	5920	Z_2dn^1	ϵ_1^3	107	—

23.2　地质构造背景与地层划分沿革

现今的四川盆地是扬子克拉通西部自印支运动以来逐渐形成的一个呈NE向延展的菱形构造兼沉积型含油气盆地。古生代以前，上扬子克拉通处于拉张环境，形成“大隆-大坳”的构造格局。乐山-龙女寺加里东期隆起在川西核部出露震旦系，向东依次剥蚀出露寒武系、奥陶系、志留系（徐春春等，2012；图23.1）。寒武系、奥陶系和志留系在川南坳陷保留齐全，地层总厚度3200 m以上，川中缺失奥陶系地层，相对隆起幅度2600 m。古隆起两翼不对称，南翼陡、北翼缓，主轴线倾没于岳池附近。奥陶系分布区北翼比南翼开阔。以志留系缺失区计算，古隆起顶部范围面积为$6.25\times10^4\ km^2$（图23.1）。

四川盆地震旦系地层划分原本并不复杂。在《中国石油地质志（卷十）四川油气区》（1989年）一书中，按照川东三峡和甘洛汉源两个代表性地区，将四川盆地震旦系划分为上统和下统，上统包括灯影组和陡山沱组（或称喇叭岗组），下统包括南沱组和莲沱组；并认为，川东三峡地区代表稳定地台型沉积，甘洛汉源地区代表过渡型沉积（四川油气区石油地质志编写组，1989）

莲沱组在四川盆地东北部为紫红色长石石英砂岩、岩屑砂岩、含砾砂岩夹凝灰岩；在盆地西南部，其上部为砂岩、砂砾岩夹流纹岩（开建桥组），下部为玄武岩夹火山碎屑岩（苏雄组）；盆地中部为花岗岩、闪长岩及流纹英安岩。

南沱组分布于盆地边缘，为一套砾岩、含砾泥岩、粉砂质泥岩。甘洛-西昌一带称为列古六组，由冰湖相凝灰岩、凝灰粉砂质泥岩组成，厚100～300 m，城口一带称为明月组，系一套火山碎屑岩，厚647 m。

陡山沱组为滨浅海相至广海陆棚相砂岩、页岩夹灰岩，盆地中部薄，向四周增厚厚10～250 m，北部

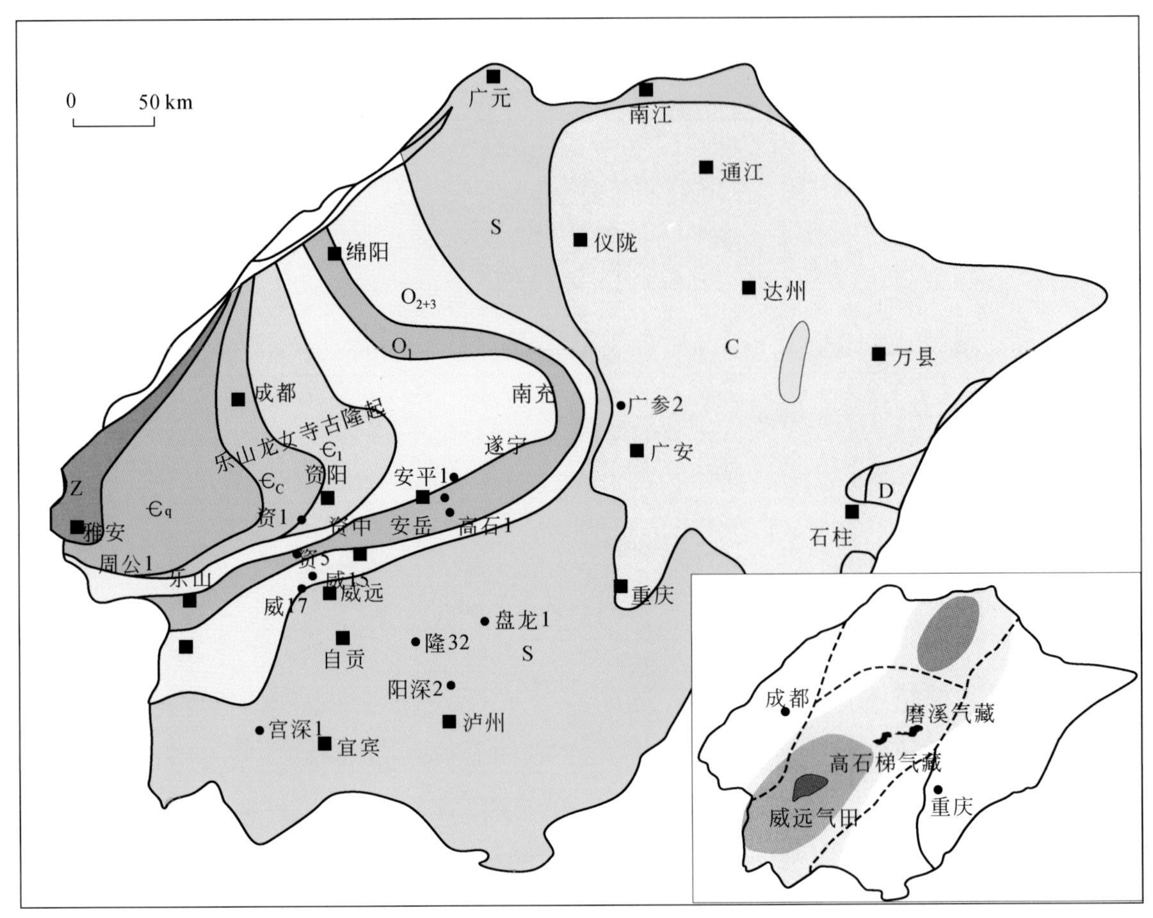

图 23.1　四川盆地二叠纪前古地质图

发育黑色页岩。

灯影组由大套藻白云岩、晶粒白云岩、砂（鲕）粒屑白云岩夹薄层砂、泥岩及硅质岩组成。根据岩性、藻类富集程度和岩石结构特征，可进一步自下而上划分为灯一段（Z_2dn^1,“下贫藻层”）、灯二段（Z_2dn^2,“富藻层”）、灯三段（Z_2dn^3,“贫藻层”）和灯四段（Z_2dn^4，底部“蓝灰色泥岩”向上变为白云岩）四个岩性段。以“蓝灰色泥岩”底为界作为划分灯四段（Z_2dn^4）和灯三段（Z_2dn^3）的界线。灯影组的厚度和岩性在盆地内较为稳定（表 23.2）。

1999 年为与国际新元古界划分三个系的方案接轨，全国地层委员会将中国新元古界地层划分由原来的“二分”变为“三分”，即自下而上分别划为青白口系、南华系和震旦系。震旦系实际上对应于原分层方案中的上震旦统，即由陡山沱组和灯影组构成；原下震旦统莲沱组和南沱组则归入新建立的南华系（陆松年，2002；朱茂炎，2015）。按照上述地层划分方案，从川西南到川中，震旦系地层是可对比的（表 23.2，图 23.2）。

2012 年中国石油西南油气田公司于高石 1 井震旦系灯影组获气后，重新划分震旦系地层，即灯一段（“下贫藻层”）未变动；将灯二段（“上贫藻层”）和灯三段（“富藻层”）合并成新的“灯二段”；将原灯四段拆分为两段，下部“蓝灰色泥岩”单独划作为“灯三段”，上部白云岩另划分作“灯四段”（表 23.3）。该方案将“蓝灰色泥岩”单独划出来无可厚非，但将灯二段（“富藻层”）和灯三段（“上贫藻层”）合并的做法却值得商榷。有鉴于此，本章作者提出灯影组地层细分的“五分”方案，即灯一段至灯三段保持宋文海等①的划分方案不变，而将“蓝灰色泥岩”单独作为灯四段，其上覆的白云岩作为灯五段。从烃源岩研究来看，灯二段“富藻层”和灯四段“蓝灰色泥岩”将是潜在的烃源岩。而且，这样分层，对于阅读历史文献也不会产生太大误解。

① 宋文海，熊荣国，程绪彬等，1995，乐山-龙女寺古隆起大中型气田成藏条件研究，中国石油西南油气田公司（内部报告）。

表 23.2 四川盆地震旦系地层划分对比表①

<table>
<tr><td colspan="3">地区
层位</td><td>峨边</td><td>老龙1井</td><td>威15井</td><td>资1井</td><td>女基井</td></tr>
<tr><td rowspan="5">震旦系</td><td rowspan="4">灯影组</td><td>灯四段
Z_2dn^4</td><td>301.8m</td><td>250.5m</td><td>38m</td><td></td><td>79.5m</td></tr>
<tr><td>灯三段
Z_2dn^3</td><td>38.2m</td><td>38m</td><td>52m</td><td>50.5m</td><td>197.5m</td></tr>
<tr><td>灯二段
Z_2dn^2</td><td>510.7m</td><td>488m</td><td>476m</td><td>446.5m</td><td>409.5m</td></tr>
<tr><td>灯一段
Z_2dn^1</td><td>189.3m</td><td>161m</td><td>77m</td><td>60.57m
(未见底)</td><td>37m</td></tr>
<tr><td colspan="2">陡山沱组</td><td>22.5m</td><td></td><td>11m</td><td></td><td>9m</td></tr>
<tr><td rowspan="2">南华系</td><td colspan="2">南沱组</td><td></td><td></td><td></td><td></td><td></td></tr>
<tr><td colspan="2">莲沱组</td><td>玄武岩</td><td>花岗岩</td><td>黑云母石英
闪长岩、粗面岩</td><td></td><td>流纹英安岩</td></tr>
<tr><td colspan="3">下伏层</td><td></td><td colspan="4">前震旦系基底</td></tr>
</table>

表 23.3 四川盆地震旦系地层划分沿革

<table>
<tr><td colspan="4">威远气田，1970</td><td colspan="3">宋文海等①</td><td colspan="3">中国地层典，1999</td><td colspan="3">石油西南油气田公司方案，2012</td><td colspan="3">本章建议</td></tr>
<tr><td rowspan="10">震旦系</td><td rowspan="10">上统</td><td rowspan="3">震四</td><td rowspan="2">震四²</td><td rowspan="10">震旦系</td><td rowspan="10">上统</td><td rowspan="2">Z_2dn^4</td><td rowspan="6">震旦系</td><td rowspan="5">上统</td><td rowspan="5">灯影组</td><td rowspan="6">震旦系</td><td rowspan="5">灯影组</td><td rowspan="2">Z_2dn^4</td><td rowspan="6">震旦系</td><td rowspan="5">灯影组</td><td>Z_2dn^5</td></tr>
<tr><td>Z_2dn^4</td></tr>
<tr><td>震四¹</td><td>Z_2dn^3</td><td>Z_2dn^3</td><td>Z_2dn^3</td></tr>
<tr><td colspan="2">震三</td><td>Z_2dn^2</td><td>Z_2dn^2</td><td>Z_2dn^2</td></tr>
<tr><td colspan="2">震二</td><td>Z_2dn^1</td><td>Z_2dn^1</td><td>Z_2dn^1</td></tr>
<tr><td colspan="2">震一</td><td>陡山沱组</td><td>下统</td><td>陡山沱组</td><td colspan="2">陡山沱组</td><td colspan="2">陡山沱组
(Z_1d)</td></tr>
<tr><td colspan="2" rowspan="3"></td><td rowspan="3"></td><td rowspan="4">南华系</td><td>上统</td><td>南沱组</td><td rowspan="4">南华系</td><td colspan="2" rowspan="3"></td><td rowspan="4">南华系</td><td colspan="2">南沱组</td></tr>
<tr><td rowspan="3">下统</td><td>大唐坡组</td><td colspan="2">大唐坡组</td></tr>
<tr><td>古城组</td><td colspan="2">古城组</td></tr>
<tr><td colspan="2">莲沱组</td><td>莲沱组</td><td>莲沱组</td><td colspan="2">莲沱组</td><td colspan="2">莲沱组</td></tr>
</table>

① 宋文海，熊荣国，程绪彬等，1995，乐山-龙女寺古隆起大中型气田成藏条件研究，中国石油西南油气田公司（内部报告）。

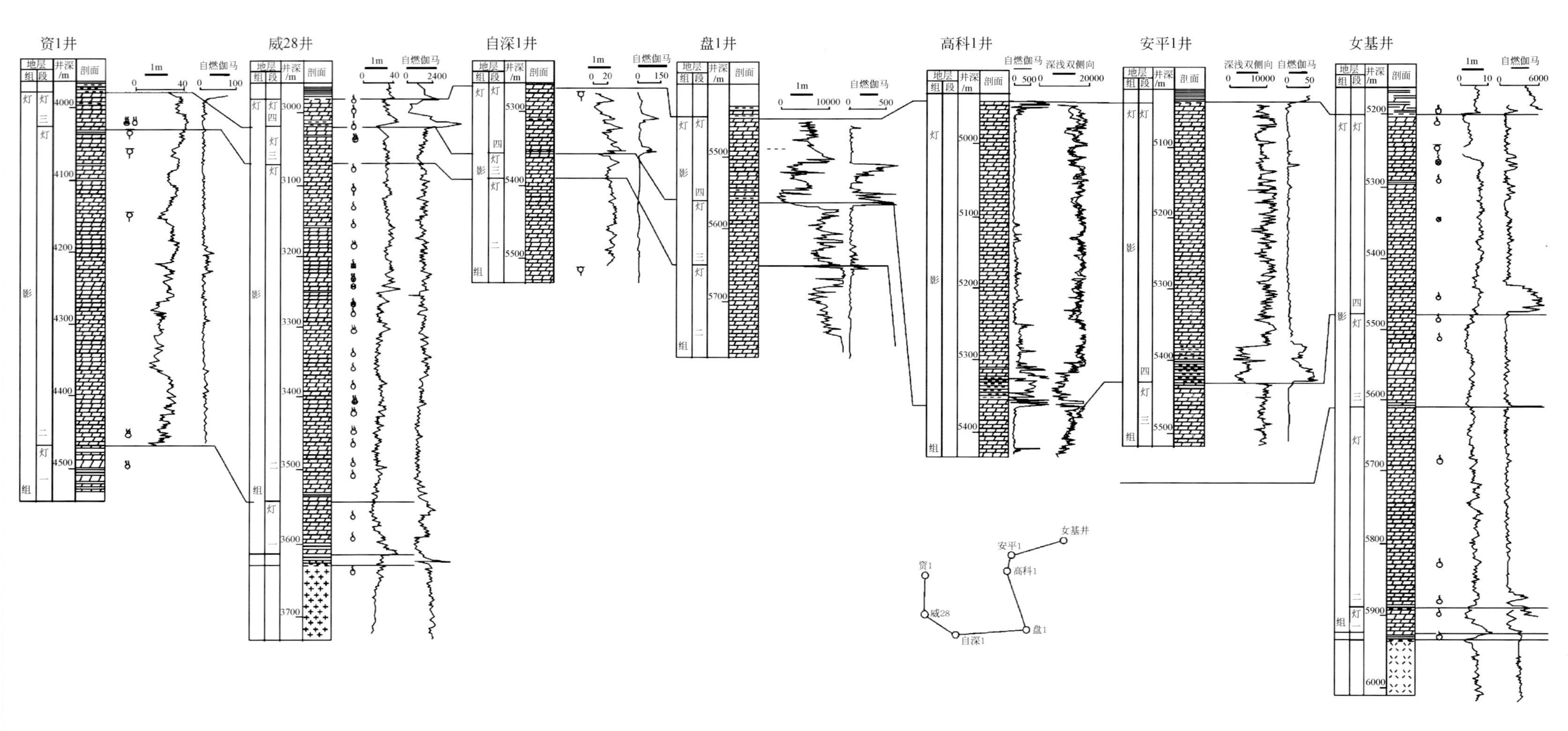

图23.2 乐山-龙女寺古隆起震旦系对比图（胡光灿、谢姚祥，2002）

23.3　天然气地球化学特征及气源研究

自从四川盆地震旦系发现具工业价值的天然气后，广大天然气地球化学工作者对其进行了深入的研究，依据当时对震旦系的认识程度及分析手段，从不同的角度对其地球化学特征进行描述，取得丰富的成果（邱蕴玉等，1994；宋文海，1996；张林等，2004）。

23.3.1　天然气组成

四川盆地震旦系寒武系天然气组分见表23.4。从中可以看出，震旦系天然气的烃类气体组成具有以甲烷为主，含量高达86.5%～97.2%，乙烷含量甚低（0.03%～0.35%），不含C_3^+烃类，干燥系数高达1.00，相对密度高（0.5739～6593）等特征，属于典型的过成熟干气范畴（表23.4）。

天然气中含有N_2、CO_2、H_2S以及稀有气体He等非烃气体，非烃气体总量可达2.63%～16.5%。N_2含量一般为0～0.97%，少数气井的N_2含量可达1.22%～9.67%，CO_2含量1.08%～8.11%，H_2S含量有所差异，威远气田含量高，大多数气井H_2S含量4.07%～4.99%，属于高硫天然气范畴，仅个别气井（如威201-H3井）的H_2S含量为0；安岳气田（高石梯-磨溪区块）次之，含量为0～2.39%；资阳气区H_2S含量则趋于0（表23.4）。

表23.4　四川盆地震旦系-寒武系天然气组分特征表

地区	井号	层位	组分/%							干燥系数 C_1/C_{1-5}	相对密度
			CH_4	C_2H_6	非烃	H_2S	N_2	CO_2	He		
威远气田	威2	Z_2dn^{3-5}	86.9	0.09	12.9	1.13	6.98	4.64	0.19	1.00	0.6350
	威23井	Z_2dn^{3-5}	86.7	0.07	13.3	4.99	0	6.71	0.21	1.00	0.6380
	威95井	Z_2dn^{3-5}	86.5	0.05	13.4	4.07	0.03	8.11	0.19	1.00	0.6330
	威39	Z_2dn^{3-5}	87.0	0.07	12.9	4.78	0	6.78	0.21	1.00	0.6350
	威115井	Z_2dn^5	87.0	0.08	12.9	4.63	0.16	6.82	0.19	1.00	0.6340
	威63井	Z_2dn^{3-5}	87.3	0.07	12.7	4.64	0.03	6.76	0.20	1.00	0.6330
	威78	ϵ_2^3	89.7	0.14	10.1	4.40	0.02	5.58	0.12	1.00	0.6205
	威93	ϵ_2^3	89.1	0.16	10.7	4.14	0	6.47	0.13	1.00	0.6218
	威5	ϵ_2^3	89.0	0.13	10.8	4.25	0	6.45	0.13	1.00	0.6226
	威水2	ϵ_2^3	89.5	0.12	10.4	4.60	0.03	5.66	0.12	1.00	0.6226
	威201-H3井	$\epsilon_1{}^1$	96.7	0.33	2.95	0	1.78	1.08	0.08	1.00	0.5739
			CH_4	C_2H_6	C_3H_8	H_2S	N_2	CO_2	He		
资阳气区	资1	Z_2dn^{2-3}	93.6	0.12	5.57	0	1.22	4.31	0.04	1.00	0.6023
	资3	Z_2dn^{2-3}	92.2	0.35	6.64	0	0.97	5.66	0.01	1.00	0.6158
	资6	Z_2dn^{2-3}	82.1	0.03	16.5	0	9.67	6.59	0.20	1.00	0.6593
安岳气田（高石梯-磨溪）	高科1井	Z_2dn^5	95.8	0.05	4.03	0	1.86	2.12	0	1.00	0.5813
	高科1井	Z_2dn^2	91.0	0.03	8.95	0	8.77	0.08	0.10	1.00	0.5915
	高石2井	Z_2dn^5	93.8	0.04	6.20	1.15	0.20	4.83	0.02	1.00	0.6097
	高石1井	Z_2dn^3	91.2	0.04	8.75	1.00	1.36	6.35	0.03	1.00	0.6282
	磨溪10	Z_2dn^3	93.2	0.05	6.78	2.39	0.11	4.24	0.03	1.00	0.6113
	磨溪8井	Z_2dn^3	90.9	0.04	9.09	1.03	1.76	6.23	0.06	1.00	0.6288
	磨溪8井	ϵ_1^3	97.2	0.15	2.63	0.65	0.05	1.91	0.02	1.00	0.5783

23.3.2　碳同位素组成

四川盆地震旦系天然气碳同位素组成如表23.5所示，由于天然气中乙烷含量甚少，一些地区难以测出乙烷碳同位素组成。从天然气碳同位素组成看，威远气田 $\delta^{13}C_1$ 值为-31.96‰ ~ -34.7‰，$\delta^{13}C_2$ 值为-30.95‰ ~ -35.43‰；资阳气藏甲烷碳同位素偏轻，$\delta^{13}C_1$ 值分布在-35.50‰ ~ -38.00‰范围内，高石梯甲烷碳同位素组成与威远气田基本一致，即 $\delta^{13}C_1$ 值为-32.40‰ ~ -34.59‰，而乙烷碳同位素组成则明显比威远气田偏重 $\delta^{13}C_2$ 值为-26.92‰ ~ -28.02‰（表23.5）。

与烃类气体伴生的 CO_2 碳同位素组成表现为威远气田的相对偏轻，$\delta^{13}C_{CO_2}$ 值为-5.93‰ ~ -1.4‰，而安岳气田（高石梯-磨溪区块）则相对偏重，$\delta^{13}C_{CO_2}$ 值为-2.98‰ ~ 0.27‰；总体上四川盆地震旦系至中—下寒武统天然气中的 CO_2 碳同位素 $\delta^{13}C_{CO_2}$ 值分布范围为-5.93‰ ~ 0.27‰（表23.5）。对照表23.6所列的不同成因类型 CO_2 气体 $\delta^{13}C_{CO_2}$ 值分布范围判断，四川盆地震旦系天然气中伴生的 CO_2 气体 $\delta^{13}C_{CO_2}$ 值均大于-7‰，应属于无机成因 CO_2 范畴，可能包含碳酸盐岩变质成因、岩浆来源，也不排除幔源的可能性。

表23.5　四川盆地震旦系寒武系天然气碳同位素组成

地区	井号	层位	$\delta^{13}C_1$	$\delta^{13}C_2$	$\delta^{13}CO_2$	$\delta^{13}C_2$-$\delta^{13}C_1$
威远气田	威2	Z_2dn^{3-5}	-32.54	-30.95	—	1.59
	威27	Z_2dn^5	-31.96	-31.19	—	0.77
	威30	Z_2dn^5	-32.73	-32.00	—	0.73
	威39	Z_2dn^3	-32.42	-33.98	—	-1.56
	威100	Z_2dn^{1-2}	-32.38	-31.82	—	0.56
	威106	Z_2dn^{1-2}	-32.37	-31.19	—	1.18
	威65	$€_2^3$	-32.4	—	-5.4	—
	威42	$€_2^3$	-32.6	—	-1.4	—
	威5	$€_2^3$	-32.5	—	-3.1	—
	威水1	$€_2^3$	-32.3	—	-3.7	—
	威201-H3	$€_1{}^1$	-34.7	-35.43	-5.93	-0.73
资阳气区	资1	Z_2dn^{2-3}	-37.10	—	—	—
	资3	Z_2dn^{2-3}	-38.00	—	—	—
	资6	Z_2dn^{2-3}	-35.50	—	—	—
安岳气田	高科1	Z_2dn^5	-32.43	—	—	—
	高科1	Z_2dn^3	-32.40	—	—	—
	高石2	Z_2dn^5	-33.74	-28.02	—	5.72
	高石1	Z_2dn^3	-33.84	-26.92	0.27	6.92
	磨溪8	$€_1^3$	-34.47	-32.51	-2.98	1.96
	磨溪8	Z_2dn^3	-34.28	—	0.05	—
	磨溪10	Z_2dn^3	-34.59	-26.41	-2.77	8.18

23.3.3　四川盆地震旦系天然气的气源分析

目前对古隆起震旦系天然气的气源有不同认识，归纳起来大致有五种观点：

（1）深部无机气源：震旦系天然气可能来源于前震旦系花岗岩或上地幔（王先彬，1982；张子枢，1992；张虎权等，2005）；

（2）寒武系气源：震旦系天然气主要来源于上覆寒武系筇竹寺组烃源岩（黄籍中，1993；戴金星等，2000，戴金星，2003）；

（3）震旦系灯影组气源：震旦系天然气来源于灯影组藻白云岩（包茨，1988；徐永昌等，1989）；

（4）震旦系陡山沱组气源：震旦系下统陡山沱组在川西北-川北一带存在黑色页岩，因而推测安岳气田高石梯-磨溪区块的灯影组下伏陡山沱组也可能存在黑色页岩，并向灯影组供气；

（5）混合气源：总体上认为灯影组天然气既来源于震旦系，又来源于寒武系（陈文正，1992）。根据不同烃源组合，又有不同混合认识，这里不再细述。

23.3.3.1　震旦系天然气属于有机成因

判断天然气是有机成因还是无机成因，最重要的地球化学指标是烃类气体碳同位素的轻重。一般认为天然气甲烷碳同位素重于-20‰为无机成因（表23.6）。依此判据，四川盆地震旦系天然气为有机成因。

表23.6　不同成因类型的 CO_2 气体碳同位素组成 $\delta^{13}C_{CO_2}$ 值比较

CO_2 成因类型	$\delta^{13}C_{CO_2}$ 值/‰		文献依据、数据来源
	分布范围	主频范围	
有机成因	-39.14～-10	-17～-12	戴金星，1992
	-20～-10		徐永昌等，1990
无机成因	-8～7	-8～-3	戴金星，1992
	>-7		徐永昌等，1990
变质成因	-3～1		上官志雄、张培仁，1990
幔源成因	-8～-5		
岩浆来源	一般为-9～-5		Gould et al.，1981
四川盆地 Z—∈ CO_2	-5.93～0.27		表23.5

曾经一度有人认为，威远震旦系氦气含量高，因而可能为无机成因气（张虎权等，2005）。此处氦与甲烷等烃类气体是伴生关系，而非共生关系。氦的无机成因不能佐证烃类气体也是无机成因的（戴金星，2006；王兰生，2006，2009）。

威远震旦系气藏的 He 含量分布在0.15%～0.24%，平均值0.20%；资阳震旦系气藏的 He 含量分布在0.01%～0.20%，平均值0.08%；川中地区震旦系气藏的 He 含量分布在0～0.10%，平均值为0.03%。氦有壳源、幔源两种来源，判别的依据是氦同位素值。从测试数据看，威远气田震旦系天然气中的氦为壳源型（刘文汇、徐永昌，1993）。

23.3.3.2　震旦系天然气的可能烃源层

上扬子克拉通新元古界至下古生界发育有多套烃源层。盆地外缘的鄂西、黔东、桂北、湘西等地区，在南华系南沱组冰碛泥砾岩之下，存在一套含锰矿的黑色泥页岩，归属于大塘坡组，是间冰期的产物，这是扬子克拉通的第一套烃源层，但在四川盆地威远、磨溪、高石梯、龙女寺等地的探井以及盆地西缘露头都未见到与大塘坡组相应的烃源层，因此南沱组大塘坡组不太可能是川中、川西南地区震旦系灯影组的烃源层。但若在上扬子克拉通东部以及中-下扬子克拉通的天然气勘探中应当予以关注。

从龙门山北段到米仓山、大巴山直到长江三峡，都可以看到震旦系陡山沱组黑色页岩（谢邦华等，2003），它是震旦系第一套烃源层，川西北矿山梁寒武系、宁强康家洞震旦系、南镇梁山震旦系沥青脉的成因与它有关（黄第藩、王兰生，2008；王铁冠、韩克猷，2011）。但威远、龙女寺实际钻探到灯影组之下尚未见这层黑色页岩的存在，而是相变为观音岩组。

震旦系内部，灯二段富藻白云岩被一些人认为可能生烃。实际观察分析发现，富藻白云岩中，总有机碳含量（Total Organic Content，TOC）高的岩样，部分是由于藻球粒存在，部分是由于沥青充填的原因。如高科1井深度5443.28 m处的灯三段，TOC达到1.92%，但显微镜下观察可见藻球粒和溶洞沥青充填（图23.3、图23.4）。沥青显然是后期充填的，不具备生油条件。而藻球粒是高能环境下的产物，通常处于氧化环境，不利于有机质保存，通常也不能作为有效的烃源岩。

值得注意的是，在安平1井5379～5432.4 m井段震旦系灯四段出现一套厚53.4 m左右的黑色页岩夹砂岩、硅质页岩，高科1井5358～5412 m井段灯四段同样出现一套厚54 m以黑色页岩为主，顶部夹灰色泥晶白云岩，底部夹灰色泥质白云岩，零星夹薄层绿灰色白云质泥岩、灰色粉砂岩条带的地层，其TOC相对较高（表23.7，图23.5），是一套重要的套烃源岩，但在威远地区这套地层相变为蓝灰色泥岩，也就是本章说的灯四段。

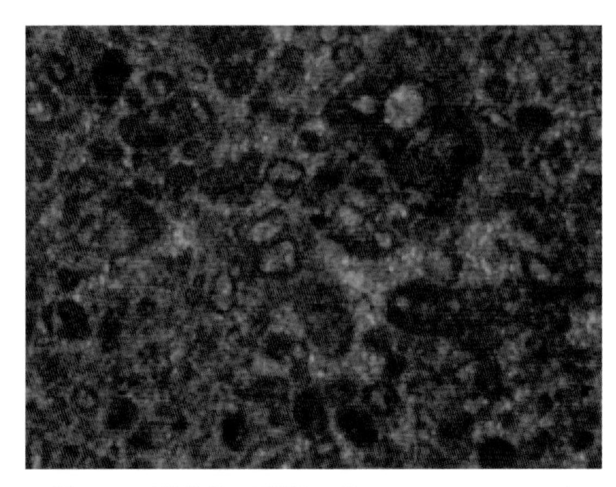

图23.3　藻球粒（高科1井5443.28 m，×2.5）

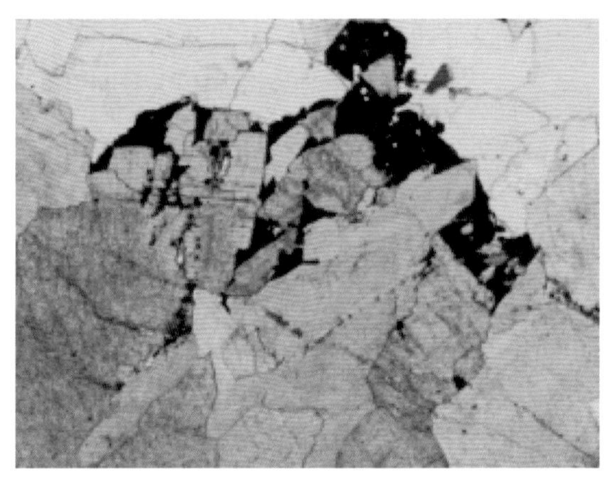

图23.4　沥青充填（高科1井5443.28 m，×2.5）

寒武系筇竹寺组是一套区域上广泛分布的烃源层，特别是下部高伽马黑色页岩，厚度大，分布广，既是常规天然气的烃源层和盖层，也是页岩气勘探开发的重要层系。属于广海陆棚相沉积，由黑色页岩、硅质岩和磷质岩组成，局部夹粉砂质泥岩和粉砂岩，富含三叶虫化石和小壳动物化石。黑色页岩厚74～360 m，川中薄，厚74～166 m，川东南为生油凹陷，厚度大于360 m。川南一带最厚，可达400 m以上①。

表23.7　高科1井筇竹寺组和灯影组有机碳含量对比表

烃源岩	井深/m	厚度/m	岩性	TOC/%	
				范围	均值
筇竹寺组	4876～4985.40	109.4	深灰、灰黑色和黑色页岩	0.52～4.43	1.64
灯四段	5358.0～5412.0	54	黑色页岩为主，顶夹浅灰、灰色泥晶白云岩，底夹灰色泥质白云岩	0.47～2.08	0.79

大塘坡组、陡山沱组、灯四段、筇竹寺组四套黑色页岩的共同特点是TOC值高，有机质类型均为腐

① 徐世琦，王廷栋，包强等，1998，加里东古隆起震旦—寒武系天然气勘探目标评价，中国石油四川油田公司（科研报告）。

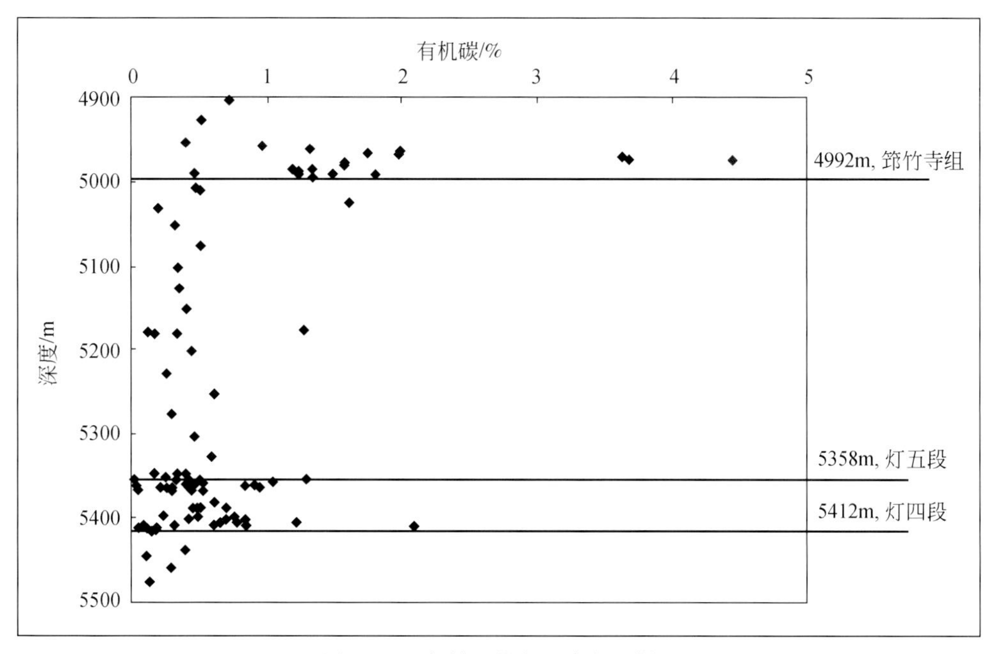

图 23.5　高科 1 井有机碳含量剖面

泥型干酪根，目前大都处于过成熟阶段（R^o 值>2%，通常处于 2%～4%）。

23.3.3.3　威远、资阳震旦系天然气来源分析

有关威远气田、资阳气区震旦系气藏的天然气来源，目前已有较为一致的认识。从地层结构来看，该区不存在大塘坡组、陡山沱组、灯四段黑色页岩，所以气源主要来自下寒武统筇竹寺组的黑色泥岩，这一点争议不大，但对于上述两个地区现今天然气属于原油裂解气，还是烃源岩干酪根裂解气仍然存在争议。引起这一争论的原因之一是，资阳气藏甲烷碳同位素值偏负。但随着威远寒武系页岩气开采，可以看到威 201-H3 井（产层为寒武系筇竹寺组）的甲、乙烷碳同位素都偏轻，且甲烷碳同位素比资阳还轻（资阳未分析出乙烷碳同位素值）。

从碳分子的键能分析，$^{12}C=^{12}C$ 与 $^{12}C=^{13}C$ 的键能相差很大，在温度较低时主要发生 $^{12}C=^{12}C$ 键断，温度较高时才发生 $^{12}C=^{13}C$ 键断。根据分段捕获原理，先捕集到的天然气碳同位素轻，后捕集到的天然气碳同位素更重些。这就不难理解印支期形成的资阳古构造甲烷碳同位素轻，而喜马拉雅期形成的威远构造碳同位素更重了。

23.3.3.4　安平店-高石梯-磨溪天然气来源分析

安平店-高石梯-磨溪构造上安岳气田震旦系天然气的可能烃源岩为灯四段黑色页岩和下寒武统筇竹寺组黑色页岩。从天然气烃类组分看，该区天然气组成与威远、资阳差别不大，只是在非烃组成中，He、N_2 的含量偏低。而且，天然气甲烷碳同位素与威远、资阳的天然气组成也接近，但反映母质类型的乙烷碳同位素则有较大差异。磨溪 8 井寒武系龙王庙组天然气甲烷碳同位素 $\delta^{13}C_1$ 值与威 201-H3 井相差不大，乙烷碳同位素 $\delta^{13}C_2$ 值虽比威 201-H3 井重，但仍然处于油裂解气范畴。所以寒武系龙王庙组天然气主要来自于其下伏筇竹寺组烃源岩应无异议。

通过对高石 1 井和高科 1 井震旦系不同层位岩心样抽提物的饱和烃气相色谱分析可见，正烷烃的分布型式可分成两类，一类呈单峰态，如震旦系灯影组灯四段和寒武系筇竹寺组烃源层段，另一类呈现双峰态，主峰碳数 nC_{17}，次主峰碳数 nC_{25}，而且 nC_{25}—nC_{32} 正烷烃呈现出明显的奇碳优势（图 23.6）。在图 23.6 的 16 件岩样中，以高石 1 井震旦系灯影组五段 4984.54～4984.71 m 井段和高科 1 井灯三段 5443.28～5443.40 m井段 nC_{25} 次主峰的丰度为最高。对这两件岩石薄片的镜下观察可见，岩石孔洞中充填着固体沥青和白云石（图 23.7）。因此认为，正烷烃双峰态展示出固体沥青中饱和烃的特征。由它裂解产生的乙烷碳同位素偏重就不难理解了。

从天然气气体组分上也看不出明显的差异（表23.4）。但是，高石1、2井、磨溪10井震旦系天然气碳同位素 $\delta^{13}C$ 值的差异明显（表23.5）。它们的甲烷碳同位素 $\delta^{13}C_1$ 值都在-34‰左右，而乙烷碳同位素 $\delta^{13}C_2$ 都在-26‰～-28‰，如果不考虑地质背景，都会认为它们是煤成气。但从地质背景看，距离它们最近的煤层是上二叠统龙潭组，要找到龙潭煤成气下穿近两千米而进入震旦系的证据，无异于天方夜谭，难怪有人会把它们定义为腐殖-腐泥混合型成因。但是，如果震旦系天然气真是腐殖-腐泥混合型成因，那就得承认震旦系或寒武系就有植物出现。这不符合地质常识，也缺少其他佐证。

众所周知，腐泥型气的乙烷碳同位素轻，腐殖型气乙烷碳同位素重。腐殖型干酪根的氧碳比高，氢碳比低，腐泥型干酪根的氧碳比低，氢碳比高。有机质在还原环境下的热演化方向是向石墨转化，其特点是杂原子越来越少，碳同位素越来越重。也就是说，杂原子多的母质形成的天然气的乙烷碳同位素偏重，腐泥型干酪根裂解气的乙烷碳同位素比原油裂解气的乙烷碳同位素重。那么，固体沥青裂解形成天然气的乙烷碳同位素必然偏重。中科院广州地化所分析的沥青裂解气碳同位素数据表明，高石梯-磨溪地区灯影组沥青裂解气的甲烷碳同位素 $\delta^{13}C_1$ 值为-30‰～-33‰，乙烷碳同位素 $\delta^{13}C_2$ 值为-19‰～-23‰，似乎说明震旦系天然气乙烷碳同位素值偏重主要是沥青裂解气造成的。

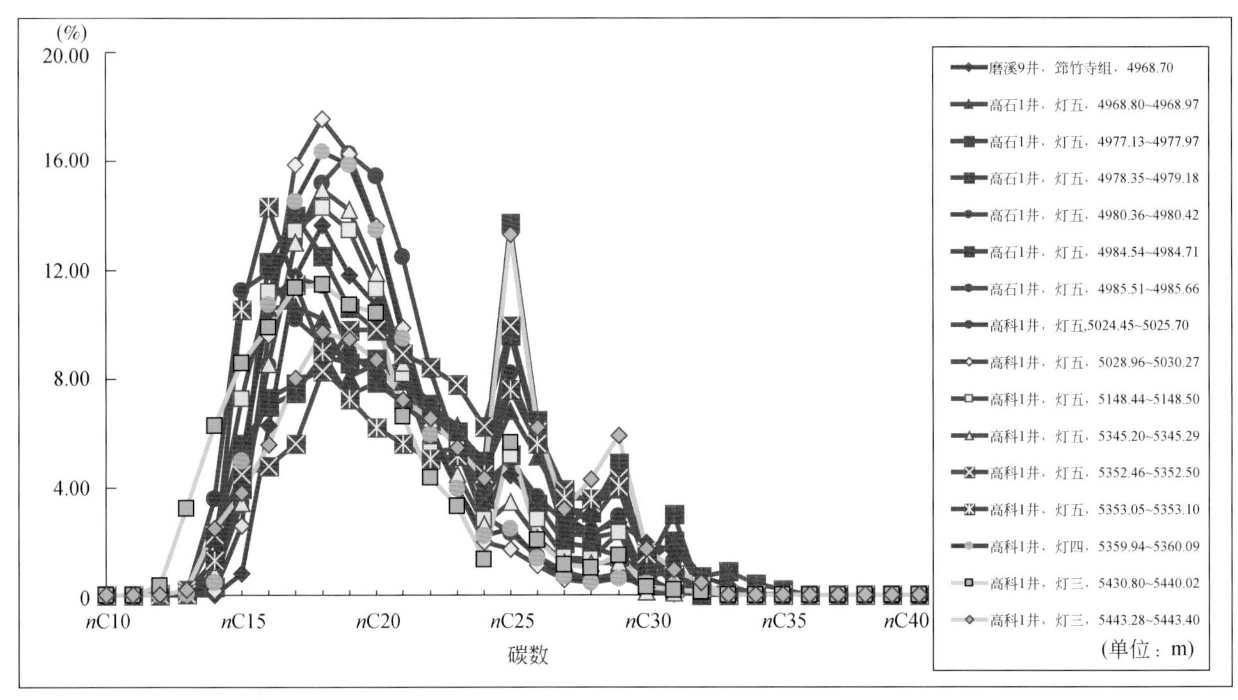

图23.6　高石1井和高科1井震旦系不同层位岩心样品饱和烃碳数分布图

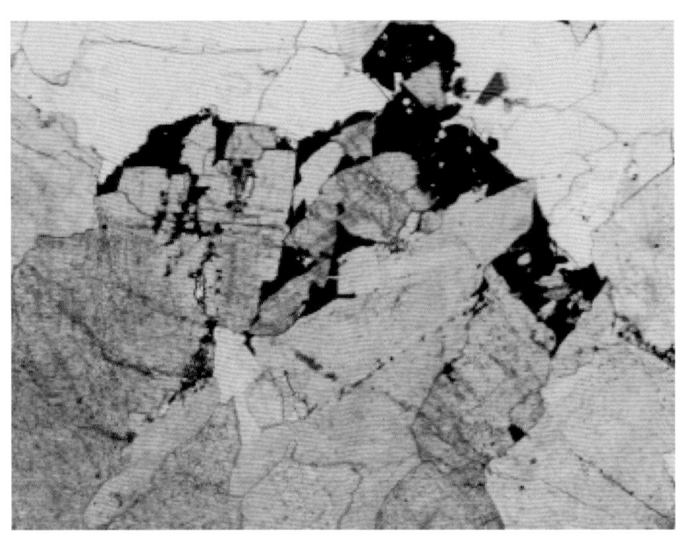

图23.7　石英、白云石和沥青充填溶洞充填物，石英、白云石、沥青，白云石具溶蚀现象
高科1井，5443.28～5443.40 m，×2.5

23.4　油气运聚特征

乐山-龙女寺加里东期古隆起的震旦系—寒武系含油气系统主要以下寒武统筇竹寺组和灯影组灯四段黑色页岩为烃源层，主要的储集岩为震旦系灯影组和寒武系龙王庙组白云岩。该系统持续时间长，有机质热演化程度深。有利的地质要素是烃源岩厚度大、分布广、生烃潜力大，储集层厚度大、分布广，盖层厚度大且连续完整利于天然气保存；不利因素是经历构造运动多，油气运移、聚集、保存影响因素复杂，条件多变，油气藏性质、类型、位置变化大（图23.8）。

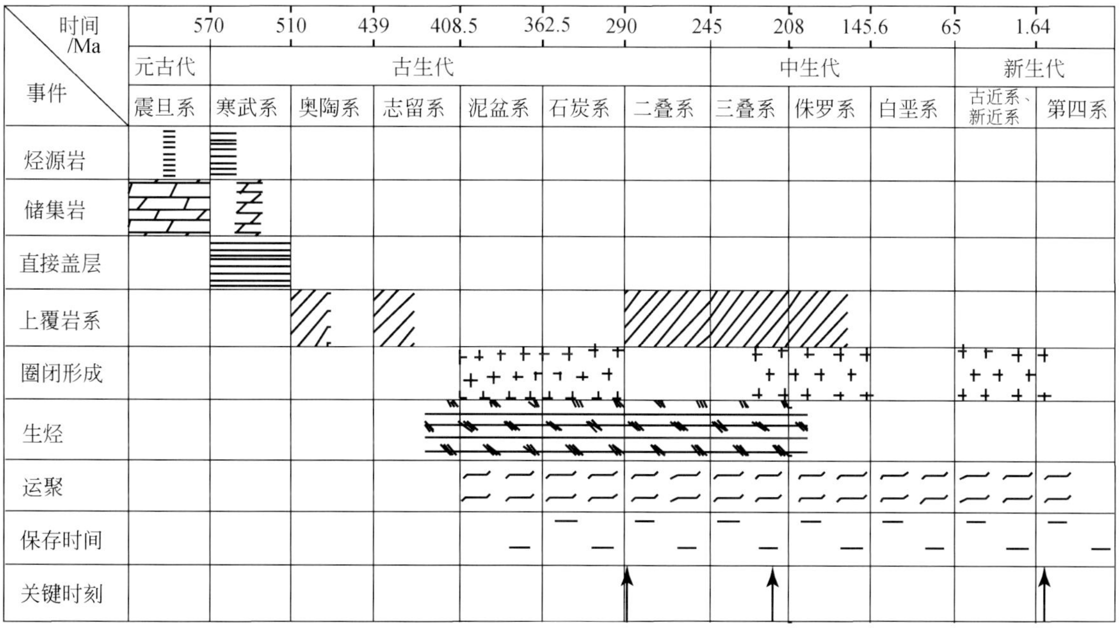

时间/Ma 事件	570	510	439	408.5	362.5	290	245	208	145.6	65	1.64	
	元古代	古生代						中生代			新生代	
	震旦系	寒武系	奥陶系	志留系	泥盆系	石炭系	二叠系	三叠系	侏罗系	白垩系	古近系、新近系	第四系
烃源岩												
储集岩												
直接盖层												
上覆岩系												
圈闭形成												
生烃												
运聚												
保存时间												
关键时刻												

图23.8　四川盆地乐山-龙女寺古隆起含油气系统事件图

古隆起周缘坳陷部位的烃源岩成熟于志留纪，其后，下斜坡、上斜坡、顶部烃源岩后续依次成熟，印支期是含油气系统大规模生烃时期，同时也是油气大规模运移时期，因此，这时分布在古隆起上的圈闭都有聚集油气的机会，完成早期成藏。

构造演化史研究发现，古隆起轴线西端不断向ES方向偏转（图23.9）。二叠纪前，古隆起西部轴线位于大兴—油罐顶一线，晚三叠世前已移至资阳构造，燕山期古隆起构造格局继续沿袭印支期构造面貌，古隆起轴线西端继续向SE方向偏移，在局部地带发生二次运移，喜马拉雅运动形成现今格局。

喜马拉雅运动以来，乐山-龙女寺古隆起演变为老龙坝-威远-磨溪-龙女寺叠合隆起带，古隆起西段因轴线迁移距离大，导致资阳古背斜消亡和威远背斜的崛起；同时，由于受龙门山推覆构造作用，在川西南部及川西南地区形成低陡断褶构造。喜马拉雅期古隆起含油气系统天然气运移规模再次扩大，特别是古隆起西段，构造变动较大，一方面，因先前油气运聚动态平衡在一定程度上遭受破坏，在新的构造背景下油气重新运移调整；另一方面，早期聚集成藏的古气藏因圈闭及构造部位的相对变化，古气藏中的天然气也会发生再次运移。古隆起东段因受基底控制，构造变动较弱，震顶构造面貌变动较小，油气再次运移规模相对较小（图23.10）。

23.5　四川盆地震旦系天然气勘探前景

高石梯-磨溪一带震旦系灯影组常规气田的发现证明，乐山-龙女寺加里东期古隆起的震旦系具有巨大的天然气勘探前景，但四川盆地震旦系天然气的勘探前景绝不会仅限于此。本章主要依据烃源岩展布特点对盆地未来震旦系天然气勘探有利区做一个粗略的预测。

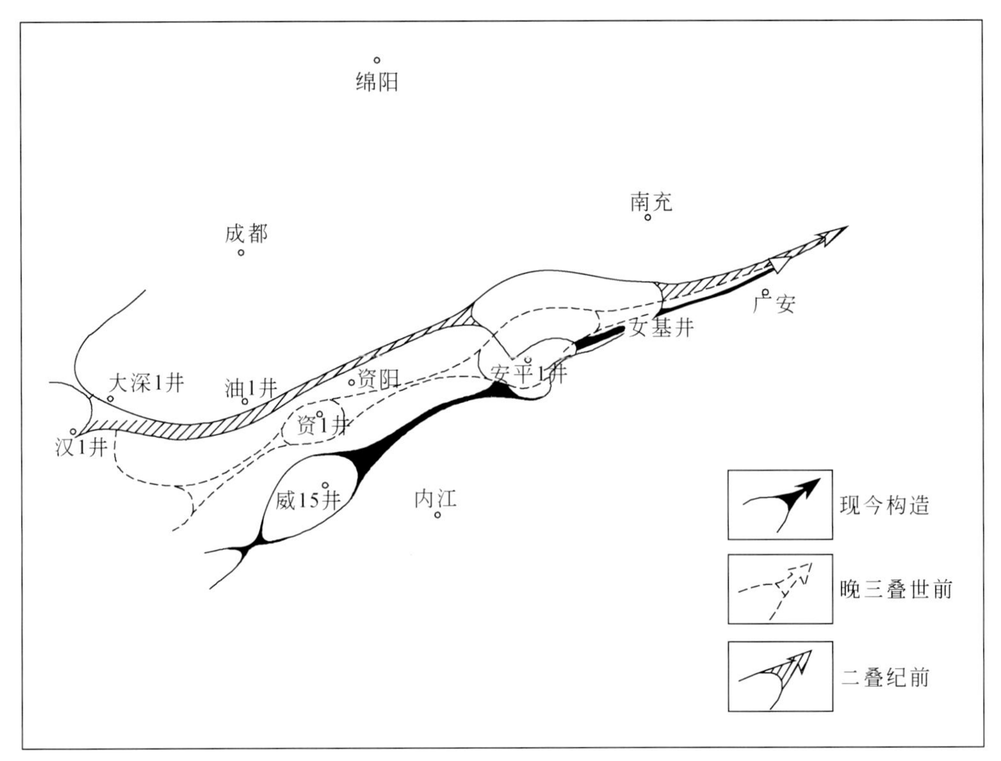

图 23.9　乐山-龙女寺古隆起古今构造纲要叠合图①

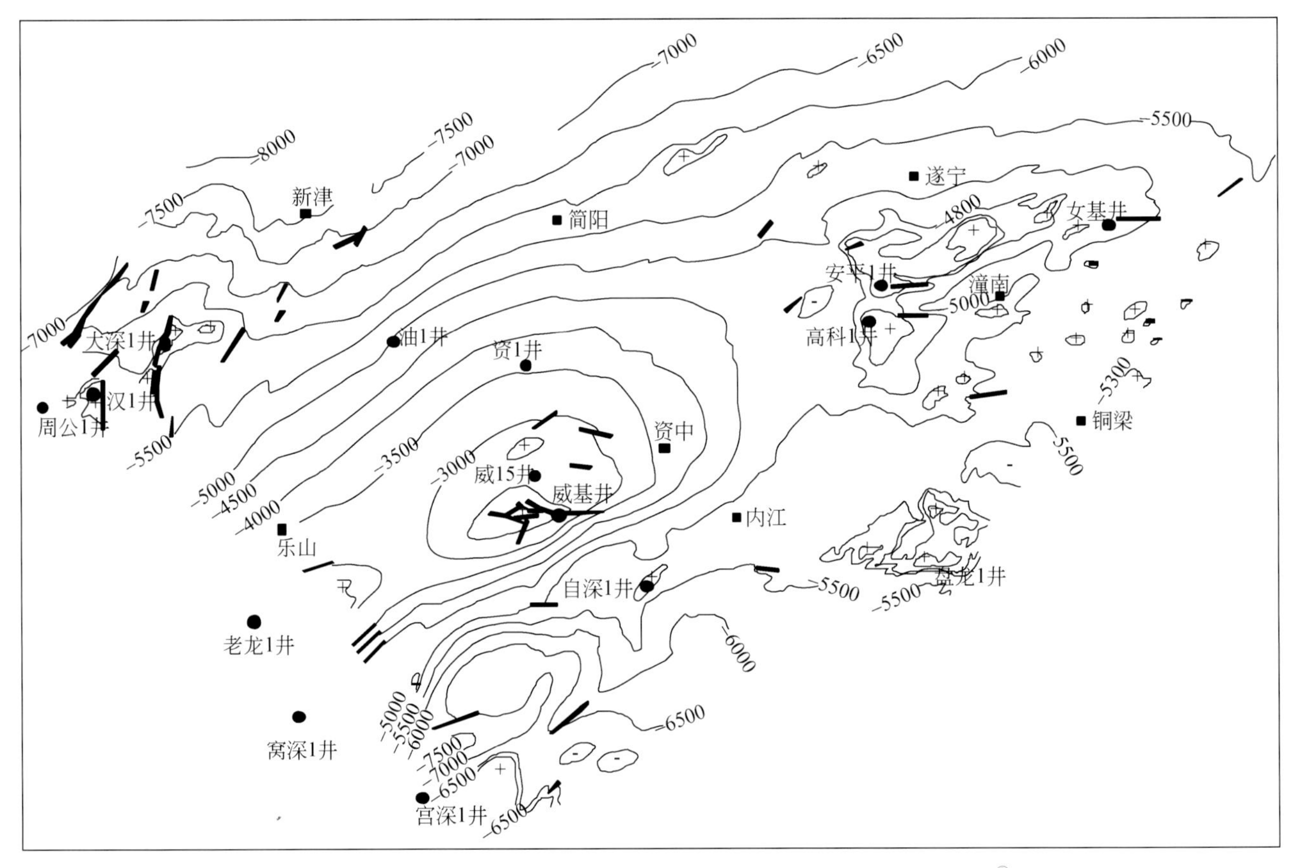

图 23.10　四川盆地乐山-龙女寺古隆起震旦系顶界地震反射构造简图①

① 王廷栋，王兰生，王顺玉等，1998，四川盆地加力东古隆起震旦系、寒武系天然气有效运聚系统研究，中国石油西南油气田公司（内部报告）。

在盆地西北及北部，陡山沱组黑色页岩发育，因此有望找到与此烃源岩有关的油气藏。具体勘探目标我们首推川西北地区的枫顺场构造①。

横亘于盆地中部、划界川中与川东的华蓥山构造是一个可供以多层系综合勘探的选择目标。虽然它与深大断裂相伴，地表出露最老地层已达寒武系，看起来不利于油气保存。但在华蓥山北段，构造轴部未见大断裂，古生界烃源层保存较好，震旦系埋深浅，构造相对完整而且面积大。

在盆地东北部，陡山沱组、下寒武统和下志留统黑色页岩发育，寻找地腹震旦系构造是当务之急。在盆地东南部，下寒武统和下志留统黑色页岩广泛分布，还可能存在南华系大塘坡组、震旦系陡山沱组黑色页岩，如有合适构造，也可开展勘探。在这些区域，把震旦系常规气藏勘探与寒武系、志留系页岩气勘探结合起来可能会有更好的成效。

致　谢：作者感谢油气国家科技重大专项课题“四川盆地海相碳酸盐岩有利勘探区带评价与目标优选研究”（编号：2011ZX05004-005）的支持与资助。

参考文献

包茨．1988. 天然气地质学．北京：科学出版社．316 ~ 365
陈文正．1992. 再论四川盆地威远震旦系气藏的气源．天然气工业，12（6）：28 ~ 33
戴金星．1992. 各类天然气的成因鉴别．中国海上油气（地质），(1)：11 ~ 19
戴金星．2003. 威远气田成藏期及气源．石油实验地质，25（5）：473 ~ 480
戴金星．2006. 威远气田的气源以有机成因气为主——与张虎权等同志再商榷．天然气工业，26（2）：16 ~ 18
戴金星，王廷栋，戴鸿鸣，夏新宇．2000. 中国碳酸盐岩大型气田的气源．海相油气地质，5（2）：12 ~ 13
洪海涛，谢继容，吴国平，刘鑫，范毅，夏茂龙．2011. 四川盆地震旦系天然气勘探潜力分析．天然气工业，31（11）：37 ~ 41
黄第藩，王兰生．2008. 川西北矿山梁地区沥青脉地球化学特征及其意义．石油学报，29（1）：23 ~ 28
黄籍中．1993. 四川盆地震旦系气藏形成的烃源地化条件分析：以威远气田为例．天然气地球科学，4（4）：16 ~ 20
陆松年．2002. 关于中国新元古界划分几个问题的讨论．地质论评，48（3）：242 ~ 248
邱蕴玉，徐濂，黄华梁．1994. 威远气田成藏模式初探．天然气工业，14（1）：9 ~ 13
上官志雄，张培仁．1990. 滇西北地区活动断层．北京：地震出版社．162 ~ 164
四川油气区石油地质志编写组．1989. 中国石油地质志（卷十）四川油气区．北京：石油工业出版社
宋文海．1996. 乐山-龙女寺古隆起大中型气田成藏条件研究．天然气工业，16（增刊）：13 ~ 26
刘文汇，徐永昌．1993. 天然气中氦、氩同位素组成的意义．科学通报，38（9）：818 ~ 821
王兰生．2006. 关于目前国内油气无机成因理论的几点看法．石油勘探与开发，33（6）：772 ~ 775
王兰生．2009. 再论国内油气无机成因的理论．石油勘探与开发，36（2）：254 ~ 256
王铁冠，韩克猷．2011. 论中—新元古界的原生油气资源．石油学报，32（1）：1 ~ 7
王先彬．1982. 地球深部来源的天然气．科学通报，17：1069 ~ 1071
谢邦华，王兰生，张鉴，陈盛吉．2003. 龙门山北段烃源岩纵向分布及地化特征．天然气工业，23（5）：21 ~ 23
徐春春，沈平，黄先平．2012. 痴心追梦五十载 后积薄发古隆起．见：赵政璋，杜金虎主编．从勘探实践看地质家的责任．北京：石油工业出版社
徐永昌，沈平．1989. 中国最古老的气藏——四川威远震旦纪气藏．沉积学报，7（4）：3 ~ 13
徐永昌，沈平，孙明良，徐胜．1989. 非烃及稀有气体的地球化学．见：矿物岩石地球化学通讯 1989（3）：163 ~ 168
张虎权，卫平生，张景廉．2005. 也谈威远气田的气源——与戴金星院士商榷．天然气工业，25（7）：4 ~ 7
张林，魏国齐，汪泽成，吴世祥，沈珏红．2004. 四川盆地高石梯-磨溪构造带震旦系灯影组的成藏模式．天然气地球科学 15（6）：584 ~ 589
张子枢．1992. 地球深源气研究概述．天然气地球科学，3（3）：11 ~ 14
Gould K W, Hart G N, Smith J W. 1981. Technical note: Carbon dioxide in the southern coal-field N. S. W. ——A factor in the evaluation of natural gas patential. Proceeding of the Australsian Institute of Meeting and Metallurgy, (279): 41 ~ 42

第 24 章　川西北龙门山前山带沥青脉的石油地质特征

韩克猷[1]，王广利[2]，王铁冠[2]，王兰生[1]

（1. 中国石油西南油气田分公司勘探开发研究院，成都，610051；
2. 油气资源与探测国家重点实验室，中国石油大学，北京，102249）

摘　要：龙门山前山带是位于龙门山推覆体最前端的背斜构造带，在地史上长期处于隆起状态，构成热演化的低值带（低演化带），大、小沥青脉数量众多，其中大型沥青脉规模显著，物源直接来自 Z_2dn 灯影组白云岩古油藏。沥青脉与陡山沱组 Z_1du 黑色页岩的烃类组成具有良好的可比性，二者均呈现出 C_{21}—C_{22} 孕甾烷-升孕甾烷、C_{29} 30-降藿烷、三环萜烷系列、C_{24} 四环萜烷等生物标志物异常的相对丰度优势；烃源对比表明，前山带沥青脉以 Z_1du 陡山沱组黑色页岩作为烃源层。田坝耳厂樑大沥青脉的地质产状，揭示其成因机制的三个条件：①具有超量供给的液态石油作为沥青脉原始物质；②推覆构造派生的断层与裂隙体系提供石油注入通道与储集空间；③在短促时间内具有幕式异常高压驱动的液压系统。矿山樑背斜的构造应力分析与长江沟-矿山樑咸水沟推覆逆掩断层考察证明，大沥青脉与龙门山推覆体的双层薄皮构造具有成因联系，属于中—晚三叠世印支运动的产物。龙门山前山带作为一个特殊的石油聚集带，印支期推覆断裂构造无疑对薄皮构造的浅层局部构造与油气藏破坏性大，但深层局部构造与油气藏仍可具有良好的保存条件。这就为寻找龙门山前山带新元古界原生油气藏，以及山前带新元古界烃源的“古生新储”油气藏提供了地质-地球化学依据。

关键词：龙门山前山带，双层薄皮构造，矿山樑构造，田坝耳厂樑大沥青脉，陡山沱组烃源层

24.1　引　　言

龙门山推覆构造带处于扬子克拉通的西北缘，其南起雅安、宝兴，北至广元、青川，长约 380 km，宽 40 ~ 70 km，面积约 23000 km^2，成为一个 NE 向的狭长地带，属于其西北侧松潘甘孜褶皱带与扬子克拉通碰撞的产物。龙门山推覆构造带的北段南起安县、北川，北至广元、青川，长约 180 km，宽 40 ~ 75 km，面积约 12000 km^2，自西向东依次发育青川断裂带、北川断裂带和江油-广元断裂带，从而将龙门山推覆构造带的北段区划成三个次级构造带（图 24.1）：

（1）后山带。介于青川断裂带和北川断裂带之间，由寒武系、志留系、泥盆系、石炭系、二叠系地层组成，古生界沉积厚度超过 7000 m，以碎屑岩为主，受到动力变质，泥页岩可变成千枚岩，属于沉积地层的轻变质带。

（2）前山带。指北川断裂带和江油-广元断裂带之间的地区，由志留系、泥盆系、石炭系、二叠溪与三叠系地层组成一个长 170 km，宽 15 ~ 20 km，面积为 3500 km^2 的狭长推覆构造带，地质历史的多次隆升，造成古生界地层多有缺失，下寒武统至三叠系沉积厚度仅 800 ~ 1200 m。因而地层的有机质热演化程度不高，有利于油气保存，也是大量不同规模沥青脉的发育地带。

（3）山前带。江油-广元断裂带以东的狭窄地带，该带发现有河湾场气田与中侏罗统沙溪庙组的厚坝油砂带，油砂体呈 NE 向分布，长 33 km，宽 4 ~ 5 km，油砂厚 27 ~ 43.9 m，砂岩孔隙度 13% ~ 17%，含油饱和度 11.2% ~ 30.8%，计算油砂残油量 $858 \times 10^4 \sim 2340 \times 10^4$ t。研究认为，厚坝油砂与前山带沥青脉

同源，油源来自下震旦统陡山沱组 Z_1du 页岩（王兰生等，2005；戴鸿鸣等，2007），因而山前带有望作为“古生新储”油气藏的聚集地带。

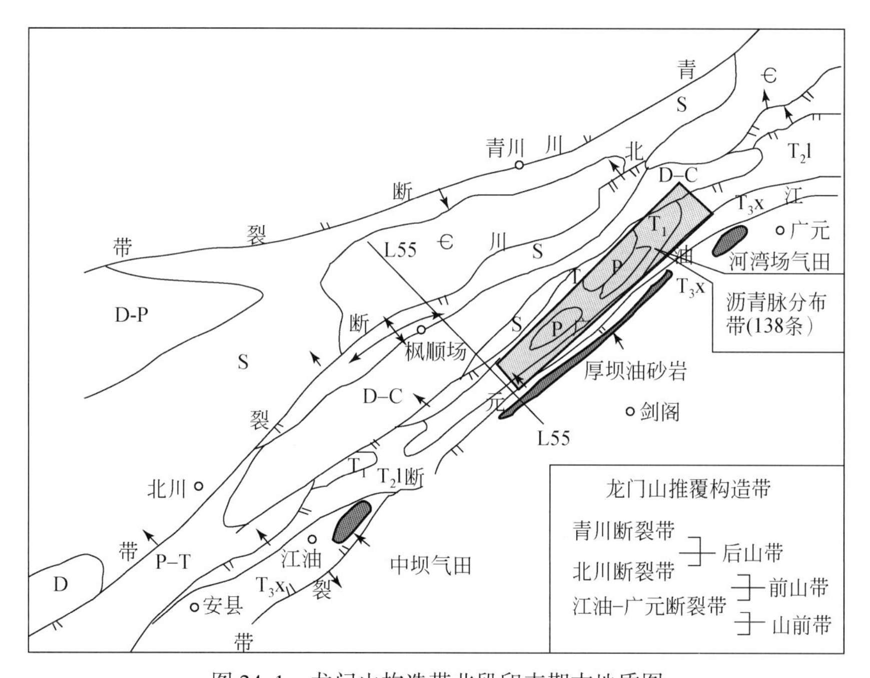

图 24.1　龙门山构造带北段印支期古地质图
展示主要断裂带的分布与龙门山构造带的分带 L55–L55 为图 24.2 地震测线的平面位置

龙门山北段的前山带以油气苗众多而闻名于世。据不完全统计，该带已发现油苗 77 处、气苗 33 处、沥青 166 处，共计 276 处，其中沥青脉的主要产地在广元市所辖的剑阁县与青川县境内上寺乡和竹园乡一带。前山带也是背斜型局部构造发育区，其西南部有中坝、海棠铺和倒流河等构造群，东北部有天井山、矿山樑和田坝三个局部构造。这里还是四川最早进行石油勘探的地区之一，1944 年在江油海棠铺构造钻第一口石油探井，1966 年矿山樑、田坝构造的下古生界地层中发现大型沥青脉，同年还在田坝构造部署钻探田 1 井，在 333 ~ 335.5 m 井段，产出 30 升中质原油。然而，前山带的狭长地带东邻热型四川盆地，西邻后山轻变质岩带，并且是一个低地温的含油富集带。

本章基于前山带沥青脉的地质调查和研究，旨在探讨其大沥青脉的分布与成因机制，为进一步的油气勘探提供地质学–地球化学的思路与依据。

24.2　特殊的地质背景

24.2.1　地质发展史及古构造

自南华纪以来，龙门山北段就是扬子克拉通的西北缘隆起带，加里东期继续隆起，后山带的下古生界最厚可达 1760 m，沉积地层总厚达 5500 m 以上；但在前山带仅发育下寒武统郭家坝组、中奥陶统宝塔组和中志留统地层，缺失中、上寒武统，下、上奥陶统和下、上志留统地层，上古生界沉积厚仅 800 ~ 1200 m，此时期前山带仍是利于油气聚集的隆起带。

中三叠世末印支运动使前山带隆起更为明显，隆起形成的古圈闭构造，闭合幅度可达 400 m，成为扬子克拉通和龙门山地槽之间的边缘隆起带。中三叠世雷口坡期末，印支运动形成的古隆起是油气富集的最佳场所。

晚三叠世印支运动Ⅱ幕，龙门山开始褶皱，形成推覆构造带的雏形，在原来的古隆起上形成了天井山、矿山樑、田坝三个浅层背斜构造。此时的油气向背斜构造中富集成藏。随着地层被剥蚀、夷平、减载，一些地区寒武系逐渐出露，导致油藏被破坏，油气挥发、散失形成沥青脉，之后被侏罗系沉积覆盖。

24.2.2　独特的双层薄皮推覆构造

龙门山构造带为印支期古构造自西向东推覆形成的逆冲断裂带及其相关褶皱，形成一个薄皮推覆构造带。龙门山推覆构造带经历燕山期沉积后，直至古近系、新近系末喜马拉雅运动时期，在原印支期褶断的基础上，再次褶断形成现在的龙门山推覆构造体系。从图 24.2 地震 L55 测线的地质解释剖面可见，整个龙门山推覆构造带，具有一套古生界断裂体系，在志留系—寒武系中出现滑脱面，发育上陡下缓的低角度犁式逆掩断层。主推掩断裂的滑脱面埋深 2 ~ 4 km，把该构造带分隔为深、浅两层。浅层构造非常复杂，深层构造则相当简单，构成一个典型的薄皮推覆构造（王兰生等，2005）。由地震 L55 测线解释剖面可见，浅层自东向西为百草向斜、轿子顶背斜、仰天窝向斜和天井山背斜四个叠瓦式倒转褶皱推覆席组成，前山带只是该推覆构造带端部的天井山推覆席，其挤压变形复杂，西部有动力变质现象（宋文海，1989）。经平衡剖面研究确定，浅层构造断层推滑距达 24 km，褶皱缩短距 18 km，总压缩距 42 km，压缩率 43.3%；而深层构造则不同于浅层，均属正常褶皱，并无倒转现象，估计无动力变质现象。在 L55 测线上，深层构造自西向东由枫顺场潜伏背斜和仰天窝向斜及天井山潜伏背斜组成。平衡剖面研究结果，断层的推滑距 10 km，褶皱缩短距 12 km，总缩短距 22 km，压缩率 28.5%。

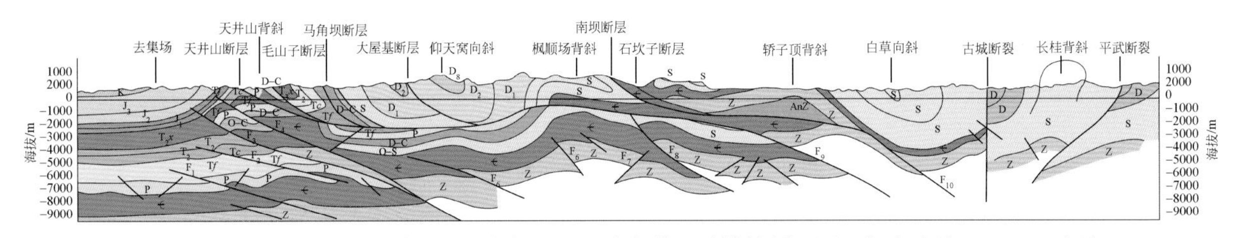

图 24.2　根据 L55 地震测线解释的龙门山北段冲断带地质结构剖面图（据宋文海，1989，改编）

由于逆掩断裂的推滑，把前山带浅层的天井山、矿山樑和田坝等地面局部构造拦腰切断，导致已形成的浅层油藏遭到破坏，沿断层和裂缝形成沥青脉和油苗（图 24.3）。钻井证实，天井山构造被断层拦腰切割。在这种特殊的构造地带找油气，要遵循“活动之中找稳定，复杂之中找简单”的原则。上层构造复杂，破坏严重，必然油气苗增多。而深层潜伏构造稍平缓，保存状况较浅层好，是找油气的有利部位。

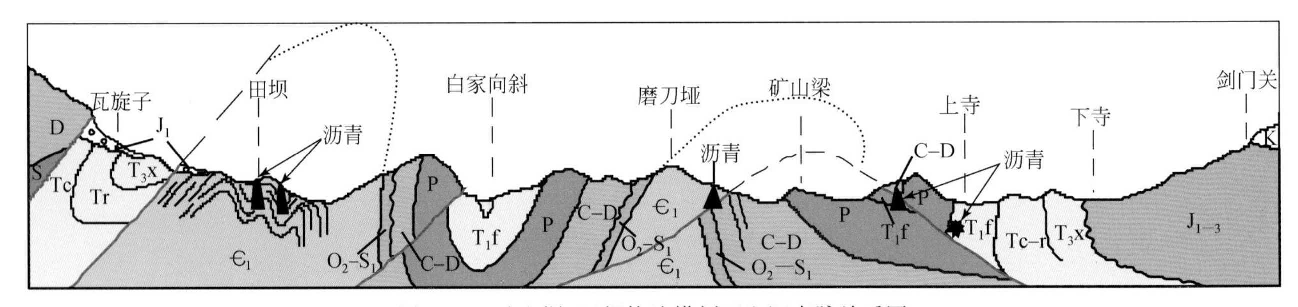

图 24.3　矿山樑-田坝构造横剖面和沥青脉关系图

煤洞中飞仙关组（T_1f）—上二叠统（P_2）地层中产原油

深层构造以枫顺场潜伏背斜为例（图 24.4），地震勘探初步查明，枫顺场的震旦系顶面构成一个梳状高背斜构造，长轴 40 km，短轴 19 km，轴向 NE-SW，明显向 SW 方向倾殁，NE 倾殁端欠详。据目前资料，枫顺场构造面积约 700 km^2，圈闭面积 100 km^2，闭合度 400 m，构造顶部海拔高程约 -2500 m，灯影组顶埋深 4300 m。构造保存基本完好，背斜 SE 缘沿响岩坝—山边里—枫顺场—罗家湾一线有一条向 SE 方向推覆的轴向逆断层，断距约 600 ~ 1200 m。

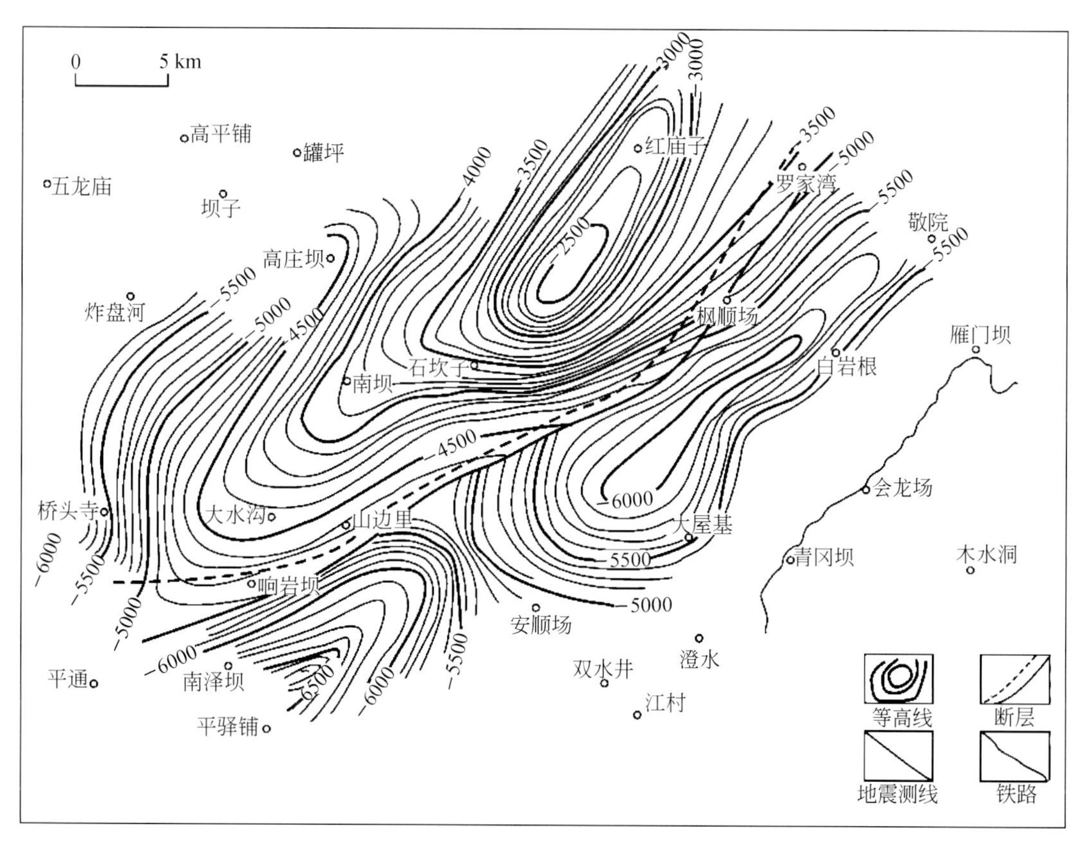

图 24.4　枫顺场潜伏背斜震旦系顶面构造图

24.2.3　热演化作用的低值区带

众所周知，四川盆地属于有机质的高热演化区，因大量古生界石油裂解成气，天然气资源富饶；然而，龙门山区地壳厚，并有低速层存在，阻碍地壳深层大地热流向上传导，以致其前山带成为热演化作用的低值区带。同时，龙门山前山带在地质历史过程中，缺失中、晚寒武世，早、晚奥陶世，早、晚志留世，晚石炭世诸多地质时期的沉积盖层，下寒武统上覆的古生界与三叠系地层的累积厚度仅约 1000 m，从而致使前山带的震旦系与下寒武统地层始终未曾被深埋过。上述两个原因导致龙门山前山带地层有机质热演化程度呈现出低值带特征，其下古生界的等效镜质组反射率 R^o 值 0.99% ~1.5%，上古生界镜质组反射率 R^o 值 0.75% ~1.3%，中生界 R^o 值 0.42% ~0.65%，是全四川盆地热演化程度最低的地带，非常有利于震旦系与古生界石油的保存。

24.3　沥青脉的分布与特征

24.3.1　沥青脉的分布与产状类型

24.3.1.1　沥青脉的分布

据 1966 年的野外地质调查结果，龙门山前山带总共发现古生界沥青脉 138 条，分布在天井山、矿山樑和田坝三个轴向 NE 的背斜构造核部（图 24.3、图 24.5）。

（1）天井山构造长轴 20 km，短轴 2.5 km，出露最老地层为厚 225 m 的下寒武统$Є_1g$ 郭家坝组地层，地面构造完整。地震和钻井证实，深部构造被推覆断层拦腰切断。在红崖嘴高点仅见一条纵向裂缝型的软沥青（稠油）脉。

（2）矿山樑背斜构造长轴 15 km，短轴 3. 8 km，核部出露郭家坝组厚 485 km，该构造被长江沟-矿山樑-咸水沟舌形推覆断层所切割，地面看不到构造高点。已发现的沥青脉数量最多，共计有 100 条，但沥青脉的规模均较小。

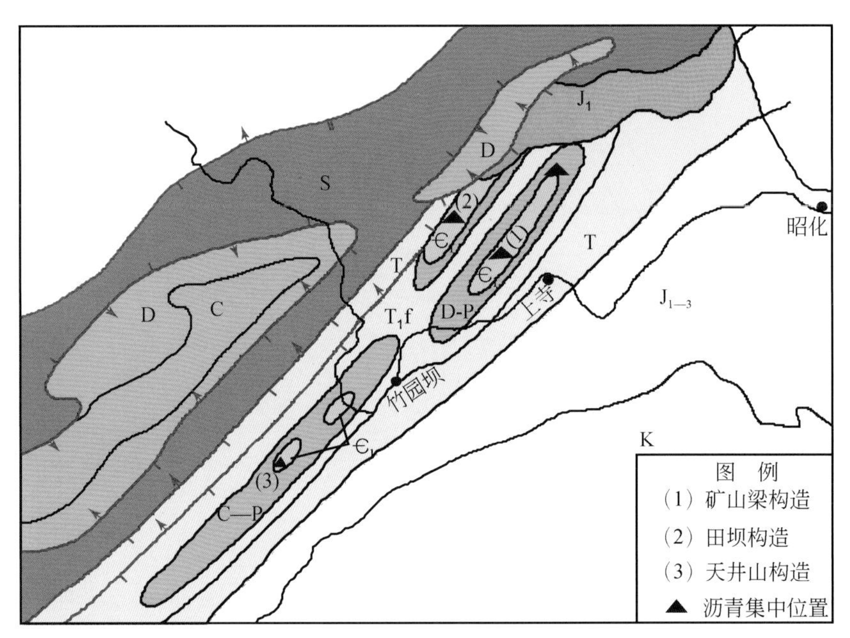

图 24. 5　龙门山前山带产沥青脉的矿山樑、田坝与天井山背斜构造位置

（3）田坝构造长轴 12. 7 km，短轴 3 km，出露下寒武统郭家坝组厚 1460 m，是一个由很多次级小褶皱组成的复式背斜构造，西南端倾殁于碾子坝以南，西北翼及东北端均见下侏罗统角度不整合覆盖在下寒武统之上，东南翼地层直立倒转。在轴部发现沥青脉 37 条，大型沥青脉集中见于田坝构造核部的耳厂樑一带。

按照沥青脉的产层地质时代与层位统计，在古生界产出沥青脉总计 138 条，其中寒武系占 122 条，奥陶系—志留系有 16 条，据此推测寒武系比奥陶系—志留系更接近于沥青脉的烃源。

24. 3. 1. 2　沥青的地质产状类型 .

沥青脉地质产状可分三种类型，即断层型、裂缝型和层间型；其中断层型沥青脉占总数的 54%，裂缝型占 31%，层间型占 15%，以与断裂相关的断层-裂缝型沥青脉为主，合计占沥青脉总数的 85%，从而表明断层与裂缝是形成龙门山前山带众多沥青脉最主要的物流运移通道与储集空间。

（1）断层型沥青脉：最典型的断层型沥青脉当属长江沟沥青脉。长江沟位于剑阁县境内，是一条近东西向的深切沟谷，沟谷中小溪穿过，均为现代沉积物覆盖；其南坡“长江沟断层”的断面呈 NNE 倾向，上盘中泥盆统—下二叠统地层直接逆掩推覆到下盘下三叠统飞仙关组地层之上，使下盘泥岩动力变质成千枚岩，并挤压形成牵引小褶皱［图 24. 6(a)］；北坡“矿山樑咸水沟断层”的断面向 SEE 倾斜，上盘下寒武统地层推覆到下盘中—下泥盆统之上［图 24. 6(b)］；“长江沟断层”从南坡穿过长江沟到北坡，连通“矿山樑咸水沟断层”，从而构成一个弯曲起伏的逆掩断面［图 24. 6(c)］。值得注意的是，在“长江沟断层”的断层面中充填有 5 ~ 10 cm 厚的小沥青脉填充物［图 24. 6(a)］，而顺沿“矿山樑咸水沟断层”的断面破碎带中，也同样富含沥青质混合物，甚至还含油液态油［图 24. 6(d)］。此沥青脉规模虽小，但对研究沥青脉成因机理、厘定其形成时间，具有重要意义。

田坝构造的耳厂樑产自下寒武统郭家坝组的田沥 1、2 号大沥青脉，也是典型的断层型沥青脉。1966 年观察到二者宽度分别达到 7. 9 m 和 8. 6 m，可谓前山带沥青脉规模之最，其北侧还见一条较小的沥青脉［图 24. 7(a)］；同年，在与耳厂樑相距约 100 m 处曾部署田 1 井［图 24. 8(c)］，从下寒武统中下部开孔，于 149. 0 ~ 164. 3 m 井段见视厚度达 15. 3 m 的一条沥青脉，与上述耳厂樑地表沥青脉露头可作追踪对比。此后经历民间露天采掘，至 2007 年野外现场考察，耳厂樑两条沥青脉的产状、规模均有变化，即大沥青脉

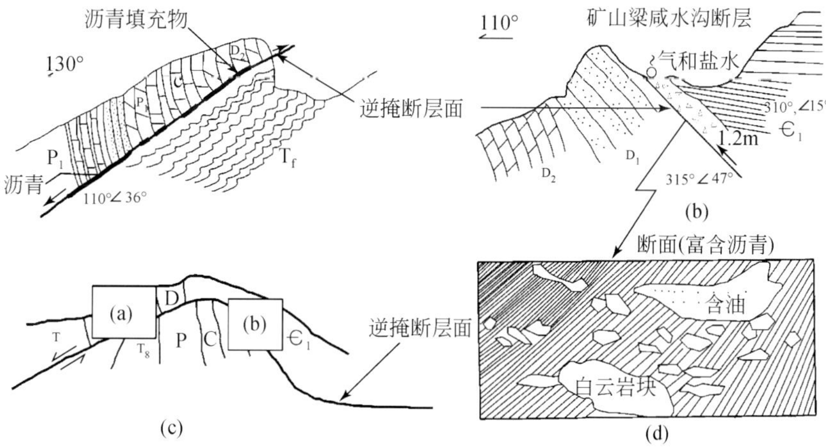

图 24.6　跨越长江沟-矿山樑两侧的逆掩断层素描图

标记▲的部位为沿逆掩断面采集沥青的位置；(a) 中 1. 断层面有 5 ~ 10 cm 沥青脉；2. 下盘泥岩动力变质成千枚岩 2 m；3. 其下为小褶皱层 5 m

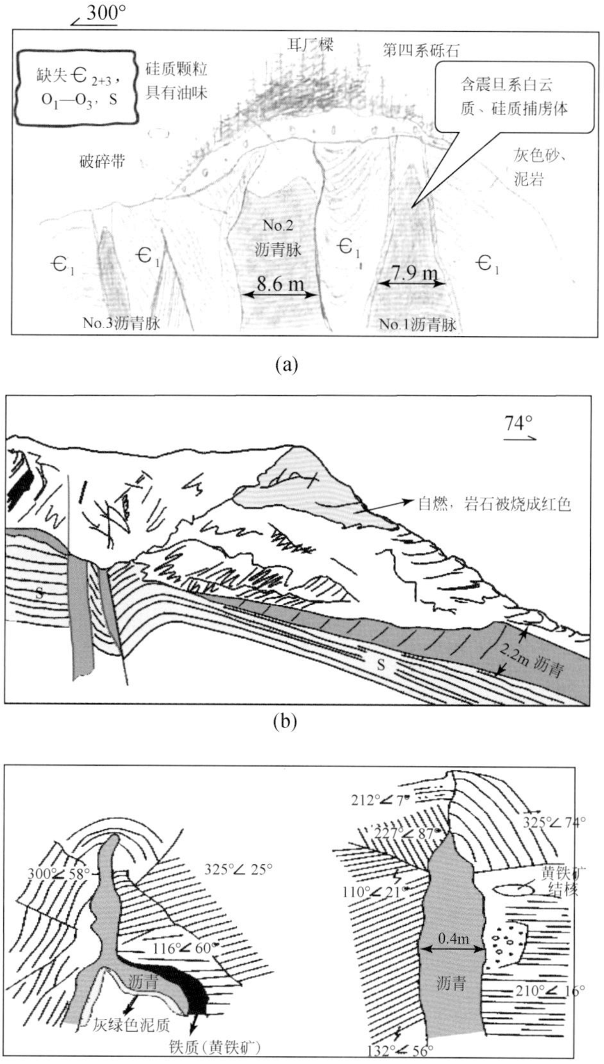

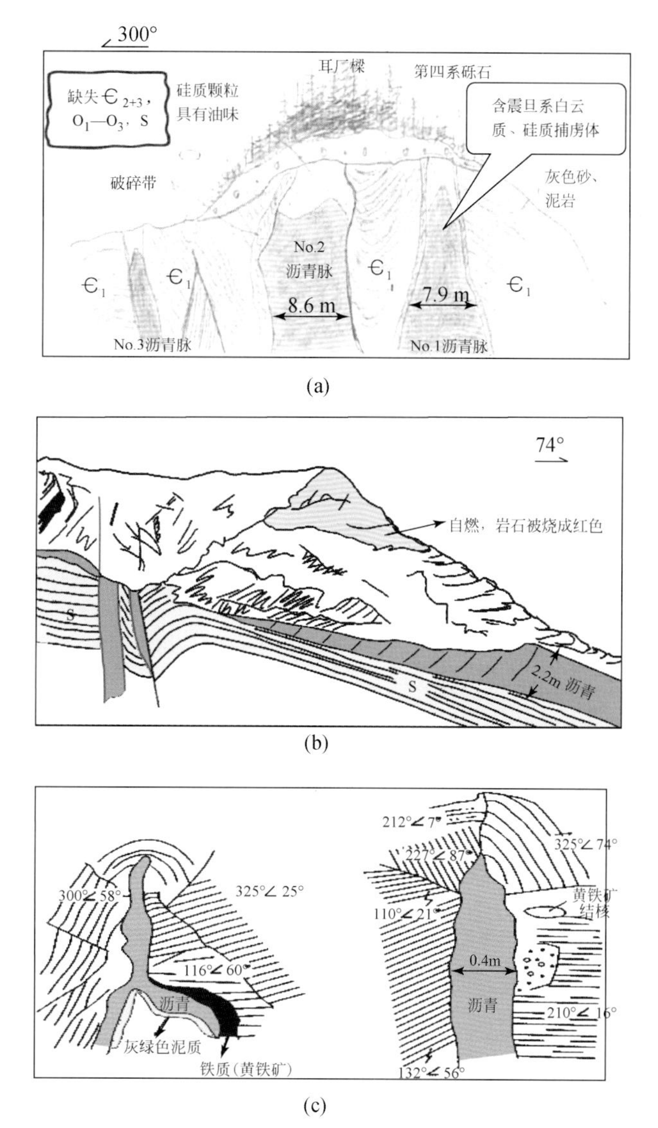

图 24.7　龙门山前山带三种类型沥青脉的素描图（据韩克猷，1966，产状素描）

(a) 田坝构造耳厂樑田沥 1，2 号断层型大型沥青脉脉与 3 号中型沥青脉，均属断层型脉；(b) 马村矿沥 1 号层间型沥青脉；(c) 田沥 19 号和矿沥 25 号裂隙型沥青脉

的厚度变成约 4 m 和小于 1 m，两条沥青脉之间的间距也变小，沥青脉的数量由 3 条变成 2 条［图 24.8（a）、（b）］。如此规模的沥青脉的成因和产状，均与大断层密切相关。

图 24.8　田坝构造耳厂樑大型沥青脉，由右向左为田沥 1，2 号脉（2007 年拍摄的照片）

（a）大沥青脉远景；（b）大沥青脉近景；（c）现场弃置的沥青矿石与矿渣堆，远处约 100m 为田 1 井井位；

（2）层间型沥青脉。见于层间裂缝，往往形成0.1～0.5 m厚的中型脉，这种沥青脉主要产在矿山樑构造北端马村的奥陶系—志留系地层，矿山樑矿沥1号脉是一个产出层位较新的中志留统大型沥青脉，厚达2.2 m，沥青质纯，呈亮黑色，具有镜面光泽［图24.7(b)］。

（3）裂缝型沥青脉：的规模一般较小，厚度通常大于0.5 m，数量多，约占60%，大多数呈下厚上薄产状［图24.7(c)］，多产于下寒武统中—上部，沥青颜色黑，质较纯。

（4）同沉积“沥青砾石”与“沥青条带”：除以上三种沥青脉的产状之外，还有第四种沥青产状，即同沉积的孤立产状“沥青质砾石”（或称“沥青饼”）与沥青条带（图24.9），其产出层位均为ϵ_1g郭家坝组。在距该组地层顶界180 m处，见一层厚约4 m的灰色灰质泥岩、泥质粉砂岩，波状层理发育，含有灰质内碎屑以及顺层分布的“沥青质砾石”与沥青条带（图24.9）。这种“沥青质砾石”或沥青条带在天井山、矿山樑和田坝构造均有发现，其地质意义在于作为早期石油或油藏的存在标志，指示在早寒武世郭家坝组沉积之前，业已有稠油或固体沥青存在，系古油藏的局部漏失，导致稠油或固体沥青被介质搬运、输入沉积水域，形成顺层分布同生型顺层产出的沥青质“砾石”或沥青条带。

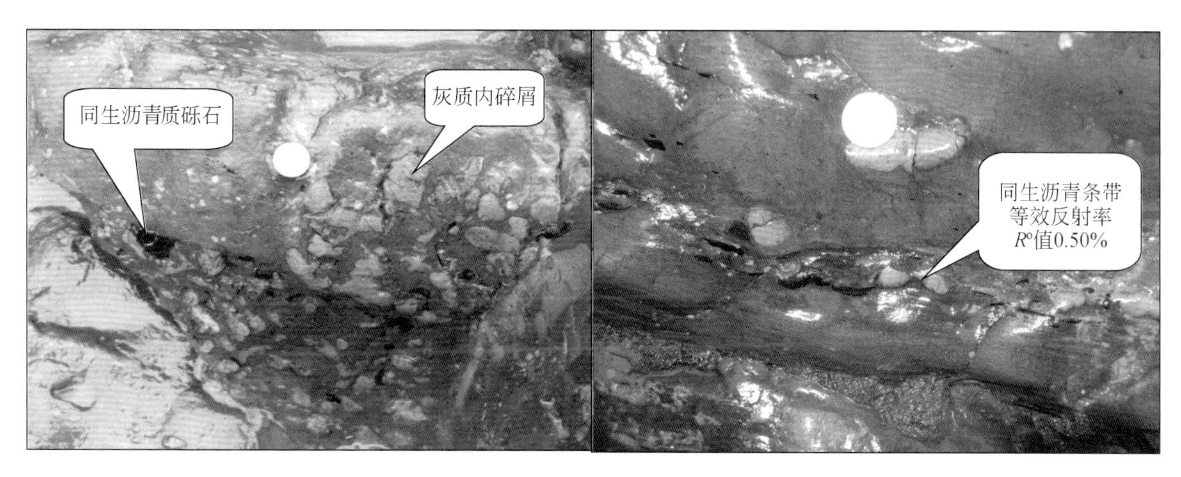

图24.9　龙门山前山带田坝构造郭家坝组（ϵ_1g）同生沥青质砾石与沥青条带产状

产地：青川县建峰村北大路旁小河沟（32°18.874′N，105°22.762′E）

24.3.2　沥青脉的储量规模

调查结果表明，沥青脉的产状规模特征和产出层位相关。地表沥青脉大小不一，大者可厚达8 m，小者仅几厘米。其中厚度大于0.5～1 m以上的大、中型沥青脉有40条，占29%。以断层型、产层较老的大型沥青脉的规模居大。近期仍有民营公司对龙门山沥青脉进行坑道作业开采，主要用作建材和工业材。

对于田坝构造耳厂樑沥青脉的储量规模，据当地居民传闻，历史上早在清光绪年间与1958年，民间曾两度对此大型沥青脉进行规模性的露天开采，据采掘现场遗迹规模估算，沥青开采总量约达8×10^4～9×10^4 m^3。

1966年原四川石油会战指挥部127地质队曾对龙门山前山带138条地面沥青脉进行历时半年多的地质调查，逐个测量并描述产状，初步概算沥青储量为47×10^4 m^3。1966年8月在距田坝构造耳厂樑大沥青脉产地约100 m处田1井，在井深149～164.3 m井段，与郭家坝组相当的层位，钻遇一层视厚度达15.3 m的沥青脉。根据地面与井下沥青脉的对比，按脉长100 m计算，则耳厂樑沥青储量可达127×10^4 m^3。

2014～2015年期间，民营四川舜天矿业公司委托四川省国土资源局的下属地质钻探队，在田坝构造田沥1、2号沥青脉产地NE方向约4 km处的马家沟一带，开展沥青脉地质钻探，探明地下沥青脉储量达180×10^4 t。从平面图估算，马家沟探区范围仅占田坝构造大约1/5的沥青脉潜在分布面积，据此推测，龙门山前山带沥青脉的地质储量则相当可观。

24.4　沥青理化性质和品位

前文已介绍了沥青脉的一般特点，如断层型，产出层位老的沥青脉规模大，多含岩石碎屑和杂质，层位新的沥青脉质纯。这是石油沿着断层和裂缝向上渗滤，越向上部油质越轻，形成的沥青越纯，反映石油运移过程中的物质分异作用。由于产层和产状不同，分别形成三种颜色与品位不同的沥青，即暗黑色、黑色、亮黑色沥青，它们具有不同的成分（表 24.1）。

表 24.1　龙门山前山带三种颜色与品位沥青的化学分析对比表

沥青种类	烧失量	三氧化硫	氧化镁	石膏	白云石	酸不溶物	氧化物	沥青脉
暗黑色	53.4	2.47	6.26	4.2	5.76	36.3	2.5	田沥 1 号
黑色	81.4	5.66	0.67	9.62	3.48	6.02	1.0	矿沥 81 号
亮黑色	99.0	0	0	0	0	0.8	0	矿沥 1 号

由表 24.1 可见，田坝田沥 1 号沥青脉的层位最老，矿山樑矿沥 1 号沥青脉产层最新，矿沥 81 号沥青脉则居中，反映沥青成分与品位下部杂上部纯旳规律。

通过对田沥 1 号沥青脉（图 22.12）的观察与测试剖析结果，有助于获得如下启示：

田沥 1 号沥青脉肉眼及野外观察结果，沥青呈暗黑色，无光泽，有节理和气孔，含有白云石和燧石碎块，大者达 14 cm。沥青脉含有棕灰色油浸状硅质碎屑物，由磁石和玉璐组成，具有很浓的石油味。围岩为下寒武统$\epsilon_1 g$郭家坝组中–下部灰色含砂质页岩。

实验室分析测试结果：薄片鉴定固体沥青含量 67%，白云石含量 4.85%，燧石含量 17%，玉髓含量 8%，泥质含量 8%，石膏含量 3% ~6%。在田沥 1 号沥青脉中，总计含量占 30% 以上的白云石、硅质与石膏，均非沥青脉郭家坝组围岩（含砂质页岩）的矿物组成，沥青中白云石与硅质矿物的存在，应指示其物源来自郭家坝组下伏的震旦系灯影组白云岩地层。

实测等效镜质组反射率 R^o 值 0.99%，热演化阶段尚处于生烃“液态窗”的范畴；因此，龙门山前山带沥青脉仍然具有液态烃类的生烃潜力，与其相关的烃源层也具有生成液态烃的潜力。

对田沥 1 号沥青脉进行热解分析，在 480℃时沥青产烃率获得裂解油：157 kg /t，CO_2气：132 ~ 209 m^3/t以及沥青焦（天然焦）：689 kg /t（表 24.2）。

事实上，1966 年在田 1 井 333 ~335.5 m 井段，产出 30 升原油的密度为 0.882 g/cm^3，50℃动力黏度 12.8 mPa · s，凝固点 28.4℃，属于中等黏度的中质高凝固点中质原油；原油的汽油馏分 10%，煤油馏分 29%，柴油馏分 19%（表 24.2）。

2015 年四川舜天矿业对田坝构造马家沟探区的沥青脉岩心样，采用简易蒸馏锅加温至 400℃蒸馏实验，获得暗棕色液态油，经中国石油大学重质油国家重点实验室测试原油物性如下（表 24.2）：

原油密度 0.8981 g/cm^3，属中质原油（密度为 0.87 ~0.92）；

运动粘度 3.03 mm^2/s，动力黏度为 2.72 mPa · s，属低黏原油（运动黏度小于 5 mPa · s）；

胶质含量 9.09%，属胶质原油（胶质含量为 8% ~25%）；

含蜡量 0.57%，属低蜡原油（含蜡量小于 1.5%）；

据此确认，马家沟探区的沥青脉的蒸馏油样相当于低黏、低蜡、中质胶质原油，油品品位良好，与 1966 年田 1 井所中质原油品位相当，表明二者的烃源相同。蒸馏模拟实验结果表明，马家沟沥青脉蒸馏油样、田 1 井原油与田沥 1 号沥青脉三者的馏分组成较为相近，均以柴油+煤油馏分为主，汽油馏分较低。

通常原油（沥青）的组分中，胶质组分的相对分子质量为 300 ~ 1000，沥青质相对分子质量大于 1000，特别是由于热演化程度较低，实测等效镜质组反射率 R^o 值 0.99%，以田沥 1 号沥青脉为代表的龙门山前山带沥青脉的沥青组分中，沥青质含量仅为 6.68%，烃类组分（饱和烃+芳烃）含量>胶质含量>沥青质含量（表 24.2），而且烃类组分含量是沥青质的 8.3 倍，胶质含量相当于沥青质的 6.5 倍，因此，前山带沥青脉的沥青性质更偏向于软沥青，而非焦沥青，沥青的品位较高，沥青的平均相对分子质量约为 1000，作为建材、化工材料具有较高的利用价值，而且对油气资源的保存与勘探也具有重要的指示意义。

表 24.2　沥青脉与原油分析测试数据总汇

<table>
<tr><th rowspan="2">测试项目</th><th rowspan="2" colspan="2">原油组分与物性</th><th colspan="4">测试样品</th></tr>
<tr><th>马家沟沥青脉 岩心蒸馏油样</th><th colspan="2">田 1 井中质油</th><th>田沥 1 号沥青脉</th></tr>
<tr><td rowspan="2">元素组成</td><td colspan="2">碳/%</td><td>—</td><td colspan="2">—</td><td>75.3</td></tr>
<tr><td colspan="2">氢/%</td><td>—</td><td colspan="2">—</td><td>9.03</td></tr>
<tr><td rowspan="3">常量金属元素</td><td colspan="2">锰（Mn）/%</td><td>—</td><td colspan="2">—</td><td>0.03</td></tr>
<tr><td colspan="2">镁（Mg）/%</td><td>—</td><td colspan="2">—</td><td>1.0</td></tr>
<tr><td colspan="2">钛（Ti）/%</td><td>—</td><td colspan="2">—</td><td>0.2</td></tr>
<tr><td rowspan="7">原油（沥青）组分</td><td colspan="2">饱和烃/%</td><td>—</td><td colspan="2">—</td><td>32.4</td></tr>
<tr><td colspan="2">芳烃/%</td><td>—</td><td colspan="2">—</td><td>23.1</td></tr>
<tr><td colspan="2">胶质/%</td><td>0.66</td><td colspan="2">—</td><td>43.8</td></tr>
<tr><td colspan="2">沥青质/%</td><td>9.09</td><td colspan="2">—</td><td>6.68</td></tr>
<tr><td colspan="2">蜡质/%</td><td>0.57</td><td colspan="2">—</td><td>—</td></tr>
<tr><td colspan="2">含硫量/%</td><td>2.90</td><td colspan="2">—</td><td>—</td></tr>
<tr><td colspan="2">盐含量/(mg/L)</td><td>1.84</td><td colspan="2">—</td><td>—</td></tr>
<tr><td rowspan="4">原油物性</td><td rowspan="2">黏度</td><td>运动黏度/(mm^2/s)</td><td>3.03（40℃）</td><td colspan="2">—</td><td>—</td></tr>
<tr><td>动力黏度/(mPa·s)</td><td>2.72（40℃）</td><td colspan="2">—</td><td>—</td></tr>
<tr><td colspan="2">密度（20℃）/(g/cm^3)</td><td>0.8981</td><td colspan="2">0.882</td><td>0.823</td></tr>
<tr><td colspan="2">初馏点/℃</td><td>—</td><td colspan="2">28</td><td>165</td></tr>
<tr><td rowspan="3">模拟蒸馏</td><td colspan="2">汽油馏分</td><td>25%</td><td colspan="2">10</td><td>10</td></tr>
<tr><td colspan="2">煤油馏分</td><td rowspan="2">70%</td><td>29</td><td rowspan="2">48</td><td>70</td></tr>
<tr><td colspan="2">柴油馏分</td><td>19</td><td>—</td></tr>
<tr><td rowspan="3">热解分析</td><td colspan="2">裂解油/(kg/t)</td><td>—</td><td colspan="2">—</td><td>157</td></tr>
<tr><td colspan="2">CO_2/(m^3/t)</td><td>—</td><td colspan="2">—</td><td>132～209</td></tr>
<tr><td colspan="2">沥青焦（天然焦）/(kg/t)</td><td>—</td><td colspan="2">—</td><td>689</td></tr>
<tr><td colspan="3">测试时间</td><td>2015 年</td><td colspan="3">20 世纪 60 年代</td></tr>
</table>

24.5　沥青物质来源探讨

已有报道指出，震旦系陡山沱组是龙门山沥青脉的烃源层（王兰生等，2005；黄第蕃、王兰生，2008）。但也有研究者认为，寒武系泥岩对龙门山地区的油气作出主要贡献（戴鸿鸣等，2007）。本章作者的地质学与地球化学的分析和研究表明，其沥青烃类物质系直接来自上震旦统灯影组 Z_2dn 白云岩的古油藏，而烃源层却是下震旦统陡山沱组 Z_1du 黑色页岩。

24.5.1　直接烃源为上震旦统灯影组 Z_2dn 白云岩古油藏

如上所述，龙门山前山带沥青脉分布很广，下列证据表明其沥青烃类物质均直接来源于上震旦统灯影组 Z_2dn 以白云岩作为储层的原生古油藏：

（1）图 24.8 为 2007 年拍摄的田坝构造耳厂樑沥青脉照片，从中可反映野外现场考察得出的下述几点认识：

① 对照 1966 年在同一地点绘制的耳厂樑沥青脉的素描图［图 24.7(a)］不难发现，经历 40 年期间从浅层向深层的露天开采之后，不仅正地貌变成负地貌，耳厂樑地表露头的沥青脉数量、产状与规模也均有变化，即三条沥青脉剩下两条；两条大沥青脉的厚度变薄，仅余约 4 m 和不足 1 m［对照图 24.7(a) 和

24.8(a)]；

② 从图24.8(b) 近景照片可见，在约4 m厚的残余沥青脉的两侧，非常清晰地伴生有两组倾向相对的节理面，在剖面上构成高角度相交的X共轭裂隙系统，其节里面平直光滑，显示具有剪切压扭性裂隙属性，沥青脉应是从地下深部，顺沿压扭性节理面，高压挤压灌入X共轭裂隙系统而形成的；

③ 在剪切压扭性的裂隙系统中形成4～8.6 m厚大型沥青脉，显然其大量原始物质来源不可能是固相物质（沥青），必定需要一个类似当代地层水力压裂的条件，即在异常高压驱动下，由液相流体（石油）构成的液压系统，才能将超量石油挤入压扭性裂隙，将裂隙撑开到一定的规模（4～8.6 m宽），占据并维持其缝隙空间；

④ 常规的烃源岩排烃与油气二次运移过程，既不具备幕式异常高压的驱动条件，也缺乏超量石油的短促供给条件，因此龙门山大沥青脉的物质来源，既不可能直接来自烃源层，也不可能通过漫长时间的油气常规二次运移方式形成。唯有在强大的幕式构造应力作用下，在较为短促的时间内，将原生油藏中富集的石油高压驱动，超量挤压进入裂隙系统，才得以形成龙门山类型的大沥青脉。

（2）大型沥青脉中常见白云岩和硅质岩碎块“捕虏体”[图24.5(a)、图24.6]，薄片鉴定其矿物成分为：白云石4.8%、燧石17%、玉髓8%；化学分析除含白云石5.7%之外，还含有3%～6%的石膏，这些成分是以砂岩和砂质页岩为主的下寒武统郭家坝组ϵ_1g页岩所缺乏的，只有下伏上震旦统灯影组Z_2dn具碳酸盐岩的台地环境，才能沉积大套的白云岩、硅质和石膏，所以认为沥青物质应来自上震旦统灯影组Z_2dn古油藏（表24.2）。

（3）沥青脉所含有的常量金属元素组成中，锰、镁和钛的含量异常高（表24.2），并超出常规石油4～7倍。众所周知，富含锰、钛的地层是下震旦统陡山沱组Z_2du，富镁的地层是上震旦统灯影组Z_2dn，所以沥青的常量金属元素组成也标志其来源于震旦系地层。

24.5.2　烃源来自下震旦统陡山沱组页岩

24.5.2.1　沥青脉的生物标志物组成及其地质意义

1）甾烷类的组成

龙门山前山带沥青脉在生物标志物组成上，具有许多鲜明的特征。首先在色谱-质谱（GC-MS）分析的*m/z* 217质量色谱图上，展示的甾烷类的分布突显出C_{21}孕甾烷与C_{22}升孕甾烷的丰度优势，二者的丰度均远远超越C_{27}—C_{29}规则甾烷[图24.10(a)]。通常这种孕甾烷与升孕甾烷异常优势分布的现象，在原油、油砂、固体沥青和沉积岩中甚少见到，而见于凝析油、轻质油。这是由于油分子与天然气分子互溶时，液相的低碳数油分子（如C_{21}孕甾烷与C_{22}升孕甾烷）在天然气气相中的分配系数，明显高于高碳数油分子（如C_{27}—C_{29}规则甾烷），因此导致孕甾烷与升孕甾烷在凝析油、轻质油中的相对富集。然而，在沥青脉中显然不存在油-气分子的互溶问题，在原油、固体沥青脉与沉积岩中，出现上述C_{21}孕甾烷与C_{22}升孕甾烷异常高丰度分布的原因，可能反映其生源母质输入的特征，即具有相当数量含孕甾烷与升孕甾烷前身物的特殊生源母质输入，可作为烃源对比的标志。

采用气相色谱-质谱/质谱（Gas Chromatography-Mass Spectrophy/Mass Spectrophy，GC-MS/MS，简称串联质谱）作精细剖析，通过沥青脉的M^+（288，302，316，330，344）>217母离子谱，检测到沥青脉中存在一系列连续的C_{21}—C_{25}短链甾烷同系物，其中从C_{25}二降甾烷至C_{21}孕甾烷，随着碳数降低，分子离子M^+344峰至M^+288峰的强度则从119^{-5}逐次递增到8.28^{-5}（图24.12）。从而证明龙门山沥青脉中，在C_{27}—C_{29}规则甾烷与C_{21}孕甾烷、C_{22}升孕甾烷之间存在一个完整、连续的降解系列[图24.10(a)]，这种规则甾烷连续降解系列在文献中鲜有报道，能够产生这样的降解产物也应与特定的成岩演化环境相关。因此，龙门山沥青脉中异常的孕甾烷-升孕甾烷分布形式，可能反映特定的生源输入、沉积环境与成岩演化历程。

此外，龙门山沥青脉中，C_{27}—C_{29}规则甾烷系列呈现C_{29}甾烷的丰度优势，即规则甾烷呈现$C_{27}>C_{28}<<C_{29}$的分布型式[图24.10(a)]。通常认为，泥盆纪及其之后的地层中，高等植物是C_{29}甾烷的一个重要生源；但是浮游绿藻和蓝细菌的某些属种也具有C_{29}甾醇优势（Granthm，1986；Volkman，1986；孟凡魏等，

2006)。蓝细菌起源于晚太古代至早元古代，是地球上最早的光合生物，通常生活在浅水透光带；龙门山前山带沥青脉的抽提物及其饱和烃、芳烃、非烃和沥青质的碳同位素组成均较轻，$\delta^{13}C$ 值介于-36.0‰～-34.3‰（黄蒂藩、王兰生，2008），因此，蓝细菌很可能是沥青脉中 C_{29} 甾烷主要的贡献者。此外，规则甾烷系列中，重排甾烷不发育［图24.10(a)］，也反映出震旦纪时期陆源碎屑的输入甚少的沉积环境特征。

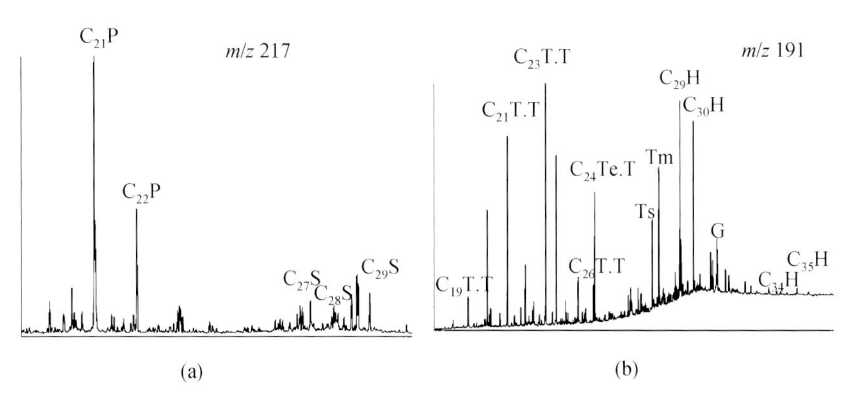

图24.10　色谱-质谱分析 m/z 217 和 m/z 191 质量色谱图

展示田坝耳厂樑沥青脉甾烷类（a）与萜烷类（b）的分布特征。

P. 孕甾烷系列；S. 规则甾烷系列；T. T. 三环萜烷系列；Te. T. 四环萜烷；

Ts. C_{27} 三降新藿烷；Tm. C_{27} 三降藿烷；H. 藿烷系列；G. 伽马蜡烷；C_i. i 表示碳数

采用GC-MS-MS分析，通过 M^+(366，372，386，400，414）>217 母离子谱，检测出 C_{26}—C_{30} 24-正丙基胆甾烷和24-异丙基胆甾烷两个系列（图24.12）。通常在新元古代、寒武纪、奥陶纪原油和沥青中，24-异丙基胆甾烷比值，即“24-异丙基胆甾烷/(24-正丙基胆甾烷+24-异丙基胆甾烷)”达40%～70%，与当时的造礁生物似层孔虫有关，可用于指示震旦纪—早寒武世时代的产物（McCaffrey *et al.*，1994；Peters *et al.*，2005)；而志留纪以后各地质时代的原油与沥青的24-异丙基胆甾烷比值均不足30%（Moldowan *et al.*，2001，未刊数据，转引自 Peters *et al.*，2005)。龙门山沥青脉的实测24-异丙基胆甾烷比值达到0.39～0.43，指示其沥青物质的生成最迟应在前志留纪。

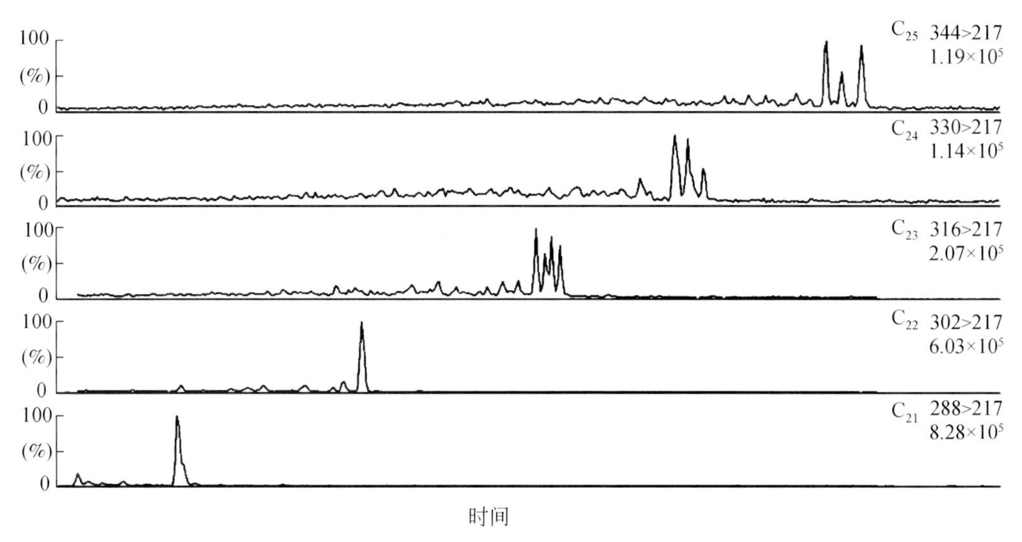

图24.11　色谱-质谱-质谱分析的 M^+(288，302，316，330，344)>217 母离子谱

展示沥青脉中连续的 C_{21}—C_{25} 短链甾烷系列

2）萜烷类组成

在 m/z 191 质量色谱图上检测出常规的 C_{19}—C_{26}(缺 C_{22}）三环萜烷系列、C_{24} 四环萜烷、C_{27}—C_{35}（缺 C_{28})藿烷系列以及伽马蜡烷。这些萜类化合物均属海相与陆相原油与烃源岩中常见的生物标志物，但是鉴于生源输入比率、沉积环境以及成岩演化条件诸方面的差别，导致不同层位、地域烃源岩与原油、沥青

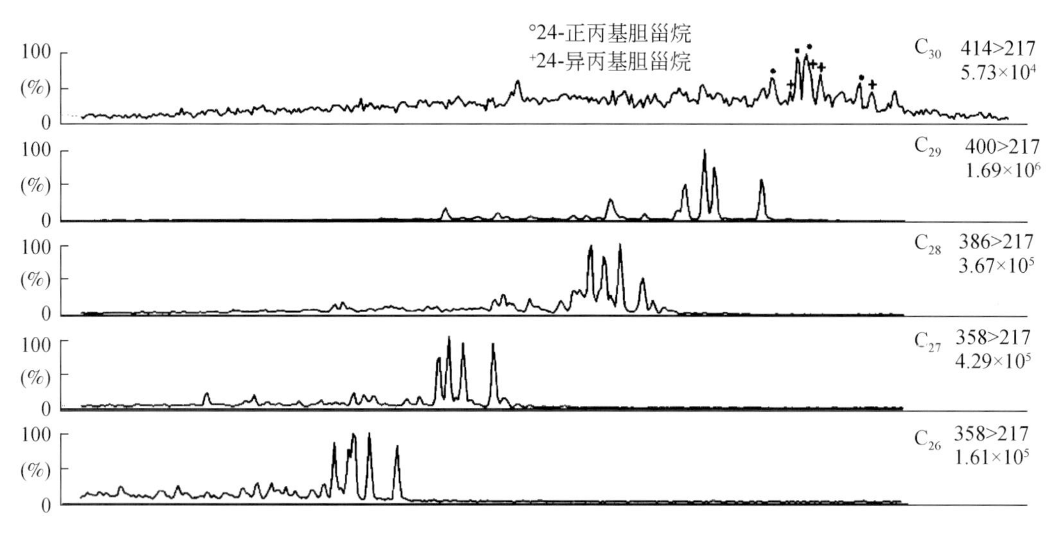

图 24.12　色谱-质谱-质谱分析的 M^+358，372，386，400>217 母离子谱展示沥青脉中 C_{26}—C_{30}24-正丙基胆甾烷和 24-异丙基胆甾烷的连续系列

的生物标志物丰度组成上的差别，据此可作为烃源对比的依据。

龙门山前山带沥青脉的萜烷类的组成具有三个显著的特征：① C_{19}—C_{30}常规的三环萜烷系列丰度明显超过藿烷系列，并具有 C_{23}三环萜烷的丰度优势。② 藿烷系列的分布呈现出 C_{29}降藿烷丰度异常地超越 C_{30}藿烷的丰度。③ C_{24}四环萜烷的丰度明显超越 C_{26}三环萜烷［图 24.10(b)］。从生物标志物的生源与沉积环境意义上考虑，常规的三环萜烷可作为微生物的生源标志；藿烷系列是原核生物细菌的生源输入的产物；C_{24}四环萜烷可能是五环三萜类藿烷的降解产物，高丰度的 C_{24}四环萜烷可能指示碳酸盐岩或蒸发岩的沉积环境；伽玛蜡烷的生源来自原生动物四膜虫，高丰度的伽玛蜡烷可指示高盐度咸水沉积环境，或者分层水体的环境（Peters *et al.*，2005）。

此外，在 *m/z* 191 质量色谱图展示的沥青脉藿烷系列分布中，还出现 C_{35}/C_{34}藿烷的相对丰度优势，即在质量色谱图上“翘尾”现象，且 C_{29} 30-降藿烷、C_{27}三降藿烷（Tm）与 C_{24}四环萜烷较为发育，这些均指示碳酸盐岩或蒸发岩的沉积环境。伽马蜡烷也较为发育，伽马蜡烷指数为 0.18～0.53，反映沉积水体咸化和分层的水体特征高的丰度［图 24.10(b)］。

值得关注的是，据黄苇藩、王兰生（2008）报道，在龙门山矿山梁沥青脉的饱和烃馏分检测出两个不同的三环萜烷系列。图 24.13(a) 为 *m/z* 191 质量色谱图，检出常规的 C_{19}—C_{26}三环萜烷系列，与图 24.10(b) 田坝耳厂梁沥青脉一致，图 24.13(b) 是 *m/z* 123 质量色谱图，检出新的 C_{19}—C_{20}13α(正烷基)-三环萜烷系列，二者均属于微生物生源产物。新的 C_{19}—C_{20} 13α(正烷基)-三环萜烷系列，最早由王铁冠（1990）在华北克拉通燕辽裂陷带的中元古界下马岭组 Pt_2^2x 底部沥青砂岩古油藏中检测发现，并命名的一个新生物标志物系列；后来又在燕辽裂陷带中—新元古界的油苗与油页岩、中元古界洪水庄组 Pt_2^1h 黑色页岩的氯仿沥青抽提物以及干酪根加氢催化降解产物中，均检测到 13α(正烷基)-三环萜烷的存在。并且据此作为烃源对比的重要依据，确认洪水庄组黑色页岩是燕辽裂陷带中—新元古界油苗的烃源层。迄今在显生宇地层中尚未见有 13α(正烷基)-三环萜烷的任何报道，该生物标志物系列可能是元古宇地层的特定生物标志物。因此，13α（正烷基）-三环萜烷在矿山梁郭家坝组ϵ_1g 沥青脉中的检出，可能作为龙门山沥青脉源自新元古界震旦系烃源层的一个旁征。

3）多环芳烃类组成

沥青脉的芳烃馏分中，二苯并噻吩类化合物丰富，二苯并噻吩/菲(DBT/PHEN)值为 0.34～2.98，指示沉积水体中碳酸盐含量较高，烃源岩应属于海相碳酸盐岩、泥灰岩或灰质泥岩等岩类。依据甲基菲指数的计算镜质组反射率 R^c 值为 0.57%～0.84%，4-/(4-+1-)甲基二苯并噻吩［4-/(4-+1-) MDBT］值 0.28～0.74，均标志沥青脉和油砂的成熟度，总体上均处于生烃高峰的初期阶段，与龙门山沥青脉围岩郭家坝组ϵ_1g 杂色页岩内顺层分布的深灰色泥砾的等效镜质组反射率 0.99% 以及郭家坝组所含同生沥青条带的等效镜质组反射率 0.50% 大体一致，指示沥青脉及其围岩均未曾被深埋，因此也未经历过高温热成

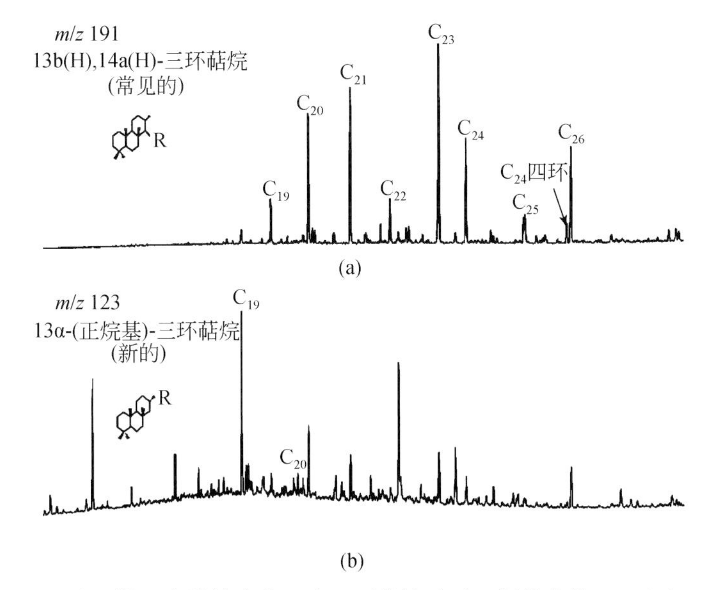

图 24.13　矿山樑沥青脉检出的两个三环萜烷系列（据黄第藩、王兰生，2008）

（a）色谱-质谱分析 m/z 191 质量色谱图检测常规三环萜烷系列；

（b）色谱-质谱分析 m/z 123 质量色谱图检测常规 13α(正烷基)-三环萜烷

熟作用。

总之，分子标志物指示沥青和油砂来源于缺氧或还原、静滞的水体环境，如潟湖或局限浅水盆地，黏土矿物的输入量不大，烃源岩中碳酸盐岩含量较高。水体中蓝细菌和低等水生生物繁盛。沥青脉尚处于生烃高峰的早期阶段。

24.5.2.2　沥青脉的烃源对比

龙门山沥青脉的正烷烃系列的碳数分布范围为 nC_{12}—nC_{29}，且不具奇、偶碳数优势，但 nC_{15}、nC_{16} 和 nC_{17} 正烷烃连续出现三个显著的强峰，并以 nC_{16} 为主峰，呈现出一种非常特殊的正烷烃丰度分布型式（图 24.14；黄第藩、王兰生，2008）。这种正烷烃系列的分布型式在文献中甚少见到，但是无独有偶，在我国华北燕辽裂陷带距今 1400～1320 Ma 的中元古界下马岭组底部沥青砂岩古油藏以及西澳大利亚距今 2700 Ma 的古元古界埃鲁拉米纳（Elulamina）碳质页岩中，也同样检测到三个 nC_{15}—nC_{17} 正烷烃的丰度优势，甚至于沥青砂岩的正烷烃主峰碳数也是 nC_{16}（图 24.15；王铁冠，1990）。一般认为，碳数在 nC_{21} 以下的正烷烃来源于细菌、藻类等水生微生物；海洋细菌和藻类（包括其前寒武纪的原始类别）生源的正烷烃，通常不具有奇数碳优势。细菌、真菌等生物合成的正烷烃，在 nC_{14}—nC_{22} 范围内可能出现个别强峰。很多前寒武纪烃类经常呈现出 nC_{17} 主峰，据信属于兰细菌的贡献，而 nC_{17} 丰度高低则与成岩作用有关，甚至与实验条件相关。前述三个元古宇烃类的正烷烃系列特殊分布型式，可能反映前寒武纪烃类的组成特征，也为龙门山沥青的物质前寒武系来源提供一个旁证。

在龙门山前山带的野外地质考察中，采集到青川陡山沱组 Z_1du 黑色页岩与田坝耳厂樑大沥青脉样品，经色谱-质谱分析，在 m/z 217 与 m/z 191 质量色谱图上，陡山沱组黑色页岩的甾烷类与萜烷类生物标志物组成，同样具备明显的 C_{21} 孕甾烷与 C_{22} 升孕甾烷丰度优势［图 24.16（a）］；C_{19}—C_{26}（缺 C_{22}）三环萜烷系列丰度明显超过 C_{27}—C_{35}(缺 C_{28})藿烷系列，并具 C_{23} 三环萜烷的丰度优势；C_{29} 降藿烷丰度超越 C_{30} 藿烷；C_{24} 四环萜烷的丰度高于 C_{26} 三环萜烷［图 24.16(b)］等特征，与耳厂樑大沥青脉（图 24.10）生物标志物组成具有非常良好的可比性，表明龙门山前山带沥青脉的烃源应来自 Z_1du 陡山沱组黑色页岩烃源层。

24.5.2.3　陡山沱组烃源层的生烃潜力

陡山沱组 Z_1du 地层下部为灰色夹少量红色碎屑岩、黑色页岩；中部为灰色灰岩；上部为黑色页岩，含灰质团块、古植物化石与含磷层；地层总厚 0～1200 m，一般厚 130～300 m。该组黑色页岩潜在烃源岩

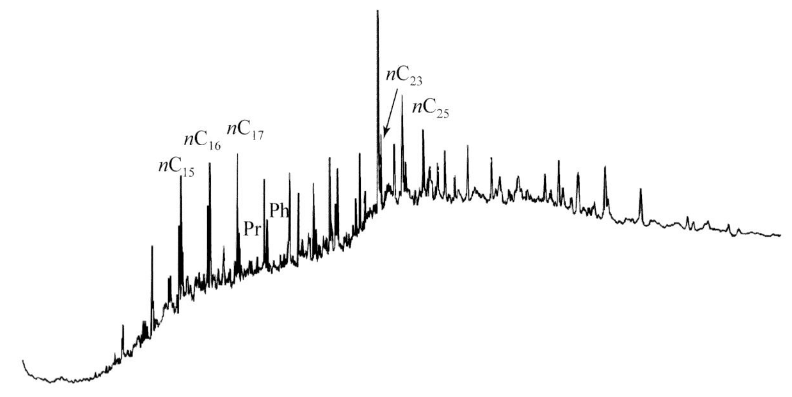

图 24.14　矿山樑沥青脉的饱和烃气相色谱展示正烷烃系列分布形式（据黄第藩、王兰生，2008）

的有机质类型好，显微组分属于Ⅰ型（腐泥型）干酪根，腐泥组含量64%～89%，均值81%，沥青组含量13%～36%，均值20%；有机质丰度高，TOC含量0.2%～7%，均值达2.98%；成熟度偏高，等效镜质组反射率R^o值1.94%～4.24%，均值3.16%。当前属于过成熟烃源岩范畴。表24.3列举三件代表性的陡山沱组黑色页岩的地球化学分析数据，无疑应属于过成熟的优质烃源岩。

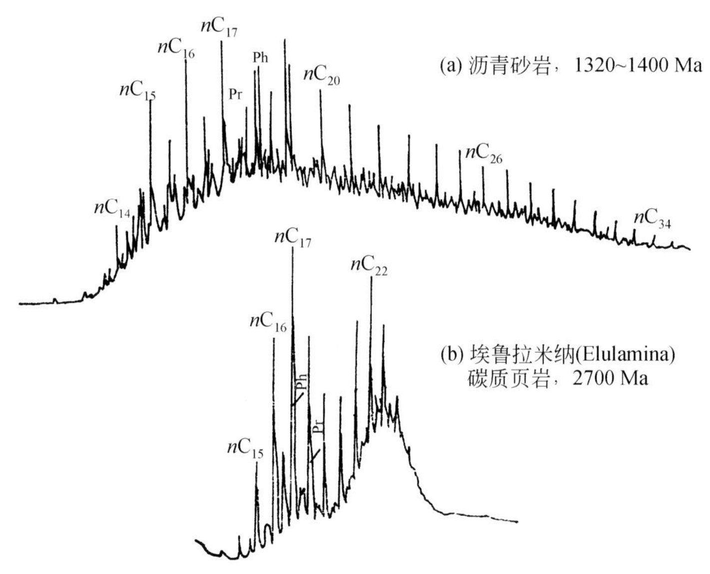

图 24.15　燕辽裂陷带中元古界沥青砂岩（a）与西澳大利亚古元古界碳质页岩（b）
饱和烃气相色谱图展示正烷烃系列分布型式（据王铁冠等，1990）

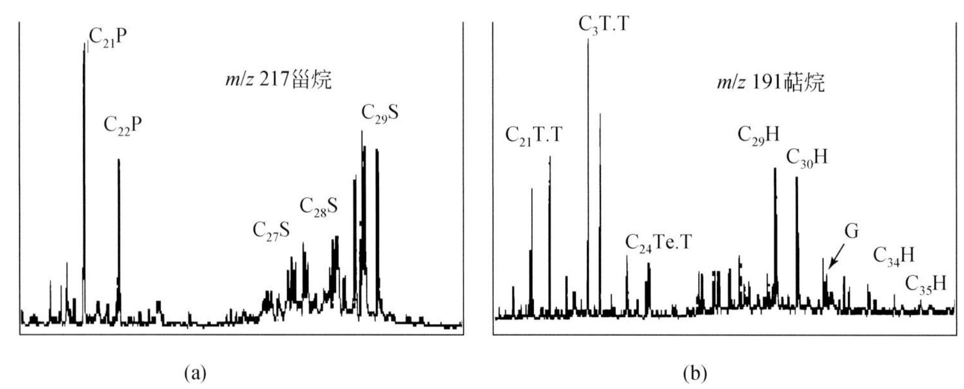

图 24.16　色谱-质谱分析 *m/z* 217 和 *m/z* 191 质量色谱图
展示龙门山前山带青川陡山沱组 Z_1du 黑色页岩中甾烷类（a）与萜烷类（b）的分布特征
P. 孕甾烷系列；S. 规则甾烷系列；T. T. 三环萜烷系列；Te. T. 四环萜烷；
Ts. C_{27}三降新藿烷；Tm. C_{27}三降藿烷；H. 藿烷系列；G. 伽马蜡烷；C_i. *i* 表示碳数

表 24.3　陡山沱组生烃指标

地名	样品数/件	TOC/%	R^o/%	腐泥组/%	沥青组/%	干酪根类型
勉县新铺	5	3.3	3.0	82	18	Ⅰ
阳平关郑家沟	9	2.91	2.08	85.5	10.5	Ⅰ
绵竹杨家沟	8	2.85	3	82.75	17.2	Ⅰ

龙门山前山带陡山沱组黑色页岩潜在烃源层段的平均厚度约 67 m，平均厚度分布范围可达 1.2×10^4 ~ $1.5\times10^4\ km^2$，主要分布在陕南宁强–四川北川之间，龙门山北段正处于其生油中心地带（图 24.17）；据此概算其生烃强度为 $600.7\times10^4\ t/km^2$，总生烃量为 720.8 ~ 901×10^8 t。生烃强度和生烃总量巨大，具有形成大油田和大油气区的烃源条件。

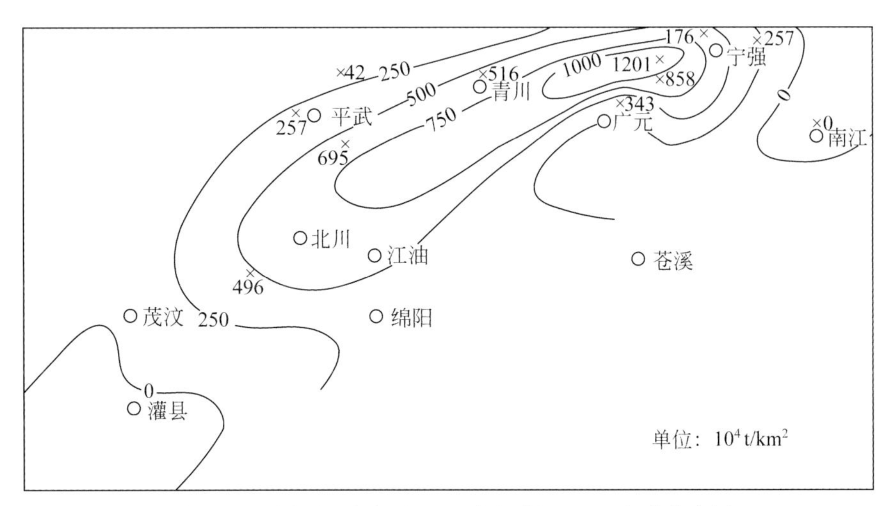

图 24.17　川西北龙门山地区陡山沱组 Z_1du 生油强度图

24.6　大沥青脉的成因机制

综上所述，龙门山前山带大沥青脉的成因机制包含下列制约因素：

（1）作为早期石油或油藏的形成的标志，在下寒武统郭家坝组$Є_1g$ 岩层中，顺层分布的同生沥青砾石（或称为沥青饼）、沥青条带的存在（图 24.5），证明早寒武世已有油藏的局部漏失或破坏，以致有原油进入沉积水体，虽然这些同生沥青砾石与条带的形成，明显早于大沥青脉的形成时间，但是至少可以证明最早在早寒武世以前，郭家坝组下伏地层中，已经有液态石油或油藏的存在。

（2）田坝耳厂樑大沥青脉的产状表明，顺沿剪切压扭性节理面灌入 X 共轭裂隙，并形成 4 ~ 8.6 m 厚的大沥青脉［图 24.6(a)、图 24.7(a)、(b)］，必须具备三个条件：① 具有超量供给的液态石油作为沥青脉原始物质；② 推覆构造派生的断层与裂隙体系提供石油注入通道与储集空间；③ 在短促时间内具有幕式异常高压驱动的液压系统。只有郭家坝组下伏地层中的古油藏与巨大幕式构造运动应力的耦合作用，方可具备上述三个条件，将已经富集于油藏中的原油挤出油藏，并能将超量石油挤入压扭性裂隙，还将裂隙撑开达到一定的规模，并占据并维持其缝隙空间，形成大沥青脉。

（3）野外观察发现大沥青脉中含有与震旦系灯影组 Z_2dn 白云岩、硅质岩的岩性相当的碎块“捕虏体”［图 24.5、图 24.6(a)］，室内分析化验证实大沥青脉“捕虏体”含有与灯影组具有可比性的矿物组成与金属元素成分，从而指示大沥青脉的直接物源来自灯影组白云岩古油藏。

（4）陡山沱组 Z_1du 黑色页岩具有Ⅰ型干酪根，TOC 均值达 2.98%，等效镜质组反射率 R^o 均值达 3.16%，属于过成熟烃源岩范畴。烃源对比结果表明，C_{21}—C_{22}孕甾烷–升孕甾烷丰度超越 C_{27}—C_{29}规则甾烷，三环萜烷系列丰度超越藿烷系列，四环萜烷丰度超越 C_{26}三环萜烷，C_{29}降藿烷丰度超越 C_{30}藿烷等特征性的异常分布现象（图 24.10、图 24.16），显示出大沥青与震旦系 Z_2dn 陡山沱组黑色页岩的生物标志物组成具有良好的可比性，并一致指示沥青脉的烃源来自陡山沱组，即以陡山沱组黑色页岩作为灯影组白云岩古油藏的烃源层。此外，大沥青脉的正烷烃显示罕见的 nC_{15}—nC_{17} 丰度优势以及 13α(正烷基)-三环萜烷系列，均显示仅与元古宇油苗、沥青或烃源岩的可比性，也为上述烃源对比提供两项旁证。

(5) 图 24.17(a) 是黄蒂藩 1969 年野外沥青脉调查填绘的“碾子坝”构造（作者注：地名书写有误，应为矿山梁背斜构造）65 条大沥青脉分布图（黄蒂藩、王兰生，2008）。该背斜构造轴向 NE，大体上沥青脉按照走向可分成三组，一组走向顺沿背斜构造的短轴，属于张性的横向裂隙，另外两组的走向斜交背斜长轴，在平面分布上，组成剪切压扭性的 X 共轭裂隙，地质填图的沥青分布规律（图 24.18），与田坝耳厂梁野外考察的沥青产状相一致［图 24.7(a)、(b) 照片］。从图 24.18(a) 的地质图可见，矿山梁构造是一个推覆构造，下古生界寒武系—奥陶希—志留系地层逆掩推覆到上古生界泥盆系—石炭系—二叠系之上，逆掩断层的上盘构成轴部出露寒武系的矿山梁长轴背斜。构造的应力分析表明，矿山梁背斜顺沿短轴方向受到挤压应力的作用，其主动应力来自背斜的 NW 方向，而被动应力来自 SE 方向，导致背斜构造自 NW 向 SE 方向推覆逆掩［图 24.18(b)］，同时形成纵、横裂隙与 X 共轭裂隙，沿背斜长轴分布的压性纵裂隙未能形成沥青脉。从地质图分析，矿山梁背斜形成时间应在古生代之后，属于印支期的构造，因此，沥青脉的注入时间也应该在印支期。

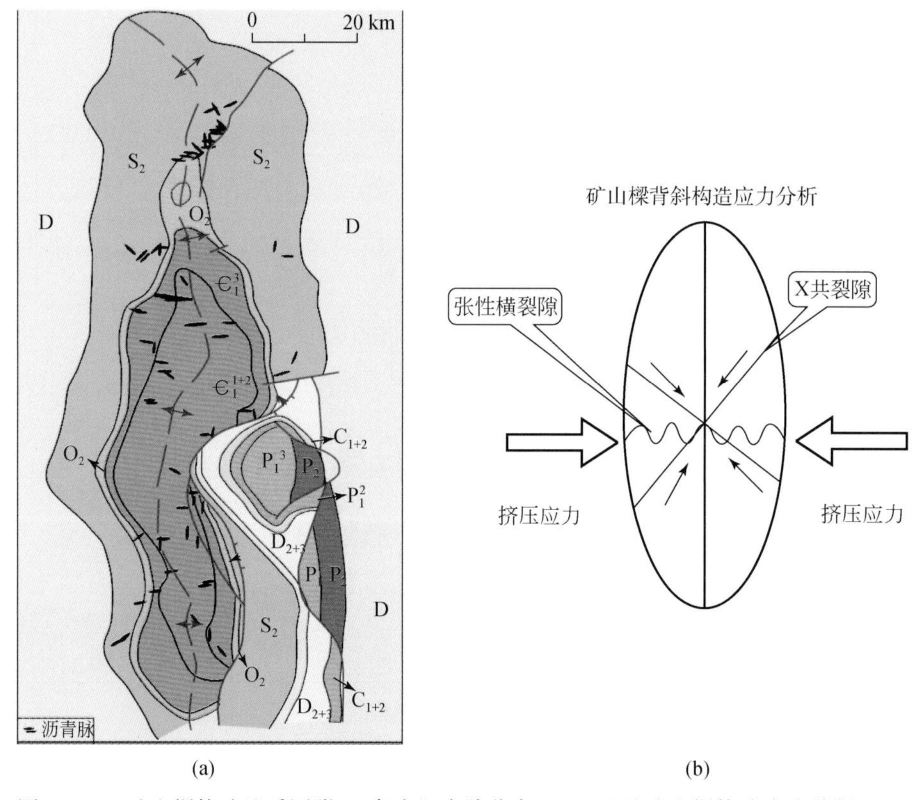

(a)　(b)

图 24.18　矿山梁构造地质图附 65 条大沥青脉分布（a）以及矿山梁构造应力分析（b）

(6) 龙门山前山带广元市剑阁县境内长江沟-矿山梁咸水沟逆掩断层弯曲起伏的逆掩断面中充填有 5～10 cm厚的小沥青脉填充物［图 24.5(a)］以及断面破碎带中的沥青质混合物、液态油［图 24.5(b)］，均提供了龙门山前山带沥青脉的成因佐证，即地应力与推覆构造的断裂-裂隙体系，为液态石油经液压灌注进入郭家坝组地层形成大沥青脉，提供了通道与高压驱动力。因此，大沥青脉与推覆构造体系共生，沥青脉应当为中—上三叠世印支期构造运动的产物。

参 考 文 献

戴鸿鸣，刘文龙，杨跃明，李跃纲，段勇．2007. 龙门山北段山前带侏罗系油砂岩成因研究．石油实验地质，29(6)：604～608

黄第蕃，王兰生．2008. 川西北矿山梁地区沥青脉地球化学特征及其意义．石油学报，29 (1)：23～28

孟凡巍，周传明，燕夔，袁训来，尹磊明．2006. 通过 C_{27}/C_{29} 甾烷和有机碳同位素来判断早古生代和前寒武纪的烃源岩的

生物来源. 微体古生物学报, 23 (1): 51~56
宋文海. 1989. 论龙门山北段推覆构造及其油气前景. 天然气工业, 9 (3): 2~9
王兰生, 韩克猷, 谢邦华, 张鉴, 杜敏, 万茂霞, 李丹. 2005. 龙门山推覆构造带北段油气田形成条件探讨. 天然气工业, 25 (增刊): 1~5
王铁冠. 1990. 燕山东段上元古界含沥青砂岩中一个新三环萜烷系列生物标志物。中国科学 (B辑), (10): 1077~1085
王铁冠, 陈克明. 1990. 生物标志物地球化学研究. 武汉: 中国地质大学出版社. 137~145
Granth M P J. 1986. The occurrence of unusual C_{27} and C_{29} sterane predominances in two types of Oman crude oil. Organic Geochemistry, 9 (1): 1~10
McCaffrey M A, Moldowan J M, Lipton P A, Summons R E, Peters K E, Jeganathan A. 1994. Paleoenvironmental implications of novel C_{30} steranes in Precambrian to Cenozoic Age petroleum and bitumen. Geochimica et Cosmochimica Acta, 58: 529~532
Peters K E, Walters C C, Moldowan J M. 2005. The Biomarker Guide, Volume 2. Cambridge: Cambridge University Press. 530~533
Volkman J K. 1986. A review of sterol markers for marine and terrigenous organic matter. Organic Geochemistry, 9: 83~99

附录 主题词分类索引

地质年代、地层单位

国际地质年代表(Geological Time Scale,GTS) 11
全球标准剖面和点位(Global Standard Section and Point, GSSP,即“金钉子”) 11
全球标准地层年龄(Global Standard Stratigraphic Age, GSSA) 11
天津蓟县剖面 26
湖北三峡剖面 26
隐生宙(Cryptozoic) 6
显生宙(Phanerozoic) 6
太古宙(宇)(Archean) 7
元古宙(宇)(Proterozoic) 7
古元古代(界)(Palaeoproterozoic) 7
中元古代(界)(Mesoproterozoic) 7
新元古代(界)(Neoproterozoic) 7
成铁纪(系)(Siderian) 25
层侵纪(系)(Rhyacian) 25
造山纪(系)(Orosirian) 25,248
固结纪(系)(Statherian) 5,248
盖层纪(系)(Calymmian) 25
延展纪(系)(Ectasian) 25
狭带纪(系)(Stenian) 25,248
拉伸纪(系)(Tonian) 7,25
成冰纪(系)(Cryogerian) 7,25,114
前寒武纪(系)(Precambrian) 207
始寒武纪(系)(Eocambrian) 7,372
底寒武纪(系)(Infracambrian) 11,372,381,393
长城系 8,57,236,247,289
蓟县系 8,63,184,199,236,247,290
青白口纪(系) 8,31,71,110,237,248,292,464,472
待建系 237,248,292,326
南华系 41,114,472,513
震旦纪(系)/埃迪卡拉纪(系)(Ediacaran) 7,25,53,89, 119,238,377,529
常州沟组 57,236,289
串岭沟组 59,236,290
团山子组 60,236,290
大红峪组 61,236,290
高于庄组 63,166,184,236,290,291,404
杨庄组 64,167,185,237,291
雾迷山组 65,172,186,237,291,451
洪水庄组 68,172,187,237,291,409,451
铁岭组 172,237,291,451
下马岭组 70,176,187,237,290,292,326,351,411,451
骆驼岭组 31,72,176,188,237,290,292,439,464
景儿峪组 31,72,176,188,238,292
白云鄂博群 252,258,288
狼山群 252
渣尔泰群 252,258,288
化德群 52,258
细河群 29,255,258
五行山群 29,255,258
金县群 29,255,258
熊耳群/西洋河群 196,250,471
高山河群 196,204
洛南群 196
八公山群 477,487
淮南群 195,196,198
徐淮群 195,196,197,477,488
宿县群 195,197,488
汝阳群 196,199,204,238,250,258,472
洛峪群 196,199,238,250,258,472
官道口群 250,258,472
栾川群 250,258
九里桥组 (8)196
贾园组 198,255,488
赵圩组 198,255
倪园组 198,255
张渠组 198,255
魏集组 198,255,488
沟后组 197,255
刘老碑组 197,483,486,487
九里桥组 196
罗圈组 198,252
马店组 485,489,498
板溪群 42
江口组 118

南沱组 42,529
长安组 116
富禄组 42,116
古城组 116
莲沱组 42,529
留茶坡组 95
大塘坡组 116,535
湘锰组 211
陡山沱组 42,90,128,393,515,529,535,557
灯影组 90,393,517,530
麦地坪组 393
筇竹寺组 393,536
龙王庙组 393
郭家坝组 390,543
侯格夫超群(Hugf S-Gp.) 377
奈丰群(Nafun Gp.) 210
阿拉群(Ara Gp.) 210,377
盐山组(Salt Range Fm.) 380
比拉腊组(Bilara Fm.) 380
阿塔尔群(Atar Gp.) 381
楚尔群(Chuar Gp.) 385
奥伦图群(Oronto Gp.) 383
里菲界(系)(Riphean) 374
文德系 (Vendian) 374

地层学、地史事件

年代地层学 13
生物地层学/生物层序地层学 12,126,159,161
化学地层学 12,126,162
同位素年代学 13
年代地层学 160
层序地层学 126
裂离不整合 248,287
雪球地球 5,358
罗圈冰期/罗圈组冰碛层 201,252
长安冰期 41,114,117,118
江口冰期 118,515
古城冰期 41,118,515
南沱冰期 41,118,515
富禄间冰期 41
大塘坡间冰期 41
凯噶斯冰期 (Kaigas) 41
噶斯奇厄斯冰期 (Gaskiers) 13
斯图特冰期 (Sturtian) 11,41,382
马里诺冰期 (Marinoan) 11,382
碳同位素负漂移事件 (Negative carbon isotope Excursion, EN 事件) 91
碳同位素正漂移事件(Positive carbon isotope Excursion,EP 事件) 91
碳同位素中值事件 (Ediacaran Intermediate values,即埃迪卡拉系(震旦系)碳同位素中值事件,EI 事件) 91
盖帽白云岩碳同位素负漂移(δ13C 负异常)事件(CAp carbonate Negative Carbon isotope Excuesion,CANCE 事件) 91,126
白果园碳同位素负漂移(δ13C 负异常)事件(BAIguoyuan negative Carbon Excuesion,BAINCE 事件) 13,91,126
陡山沱/舒拉姆碳同位素负漂移(δ13C 负异常)事件(DOUshantuo Negative Carbon Excuesion,DOUNCE 事件) 5,13,91,126
瓮安生物群碳酸盐岩碳同位素负漂移(δ13C 负异常)事件(Weng'An Negative Carbonate isotope Excuesion,WANCE 事件) 91
苦泉(Bitter Spring)δ13C 负异常事件 12
艾雷(Lslay)δ13C 负异常事件 12
班斯 δ13C 负异常事件 13
特里佐恩(Trezona)δ13C 负异常事件 16
古地磁极移曲线 239
地外冲击事件(Acraman Impact Ejecta) 16

古生物、生物群

地球-生命系统(Earth-Life System) 3,107
寒武纪生物大爆发事件 107
微生物岩 161
微体生物群 91
宏体化石 89
宏观藻类/宏体藻类 5
蓝田生物群 5,93
阿瓦隆生物群 94
庙河生物群 5,94
瓮会生物群 94
西陵峡生物群 94
武陵山生物群 95,110
庞德生物群 95
白海生物群 95
高家山生物群 95
那玛生物群 95
江川生物群 95
埃迪卡拉生物群 5,7

埃迪卡拉复杂疑源类微体生物群（Ediacarian Complx Acritarch Palynoflore, ECAP）　4,12
瓮安生物群　92
瓶状化石　5
大型具刺疑源类　12,91,126
克劳德管类　12,128
后生动物　11,92
原核生物　361,419,554
真核生物　5
蓝藻　207
真核藻类　207
蓝细菌　91
甲烷氧化古菌　209
甲烷生成菌/产甲烷菌　214,360
绿硫细菌　214,361
紫硫细菌　361
硫酸盐还原菌　361

沉积环境、沉积物

碳循环　148
溶解无机碳(Dissolved Inorganic Carbon, DIC)库　149
溶解有机碳(Dissolved Organic Carbon, DOC)库　5,145
古海洋氧化-还原条件　137
黄铁矿化度(Degree of Pyritisation, DOP)　137
分层海洋　140
硫化海洋　140,142,360
碳酸盐岩相关的硫酸盐（carbonate- associated sulfate, CAS）　139
氧化-还原敏感元素　141
大氧化事件（Great Oxidation Event, GOE）　40,142,208,358,360
现代大气氧含量（Present Atmosphere Level, PAL）　5
细菌硫酸盐反应　139
硫同位素分馏　139
生物无机桥　143
沉积环境　178
海进体系域（Transgressive System Tract, TST）　167
高位体系域（Highstand System Tract, HST）　167
最大海泛面（Maximum Flooding Surface, MFS）　189
大陆冰盖区　110
沉积相　178,181
沉积模式　188
古气候　180
古盐度　180
化学蚀变指数(Chemical Index of Alteration, CIA)　41,114,353
条带状含铁建造(Banded Iron Formation, BIF)　5,142,146,223,360
冰碛杂砾岩/冰碛岩/冰碛层　5,252
盖帽碳酸盐岩　5
臼齿构造(Molar-Tooth structure, MT)　5,64,197
叠层石　5,161,381
震积岩　31,64
微生物岩　161

地 质 构 造

地幔源区的潜能温度 T_p　301,309
上地幔第一高导层　390
岩石圈　390,429
地温梯度　390
大地热流值　435
凯诺兰超大陆（Kenorland）　343
哥伦比亚超大陆（Columbia）　221,287,343,344
努纳超大陆（Nuna）　221,344
罗迪尼亚超大陆（Rodinia）　3,343,344
冈瓦纳超大陆（Gondwana）　3,221,343
泛大陆（Pangea）　221
被动大陆边缘盆地　222
板块构造　274
裂谷事件/裂谷盆地　222,271,287,434,442
伸展盆地/伸展作用　246,295
东西伯利亚克拉通　223,372
涅普-鲍图奥宾隆起(Nepa-Botuoba Arch)　373
安加拉-勒拿阶地(Angara-Lena Terrace)　373
巴依基特隆起(Baykit Arch)　373
印度板块/印度克拉通　228,278
旁遮普(Punjab)地台　380
南阿曼盐盆地(South Oman Salt Basin)　17,210,378
比卡内尔-纳高尔(Bikaner-Nagaur)盆地　(16)380
北美克拉通　383
中央大陆裂谷系(Midcontinent Rift System)　383
波罗的克拉通/东欧克拉通/俄罗斯克拉通　233,277
西非克拉通　381
陶代尼(Taoudenni)盆地　381
廷杜夫(Tindouf)盆地　381
(澳大利亚)中央盆地群(Centralian systems)　382

麦克阿瑟(McArthur)盆地 382
奥菲舍(Officer)盆地 382
华北克拉通/中朝板块 195,235,245,345,401,434,469,498
华北块体 31
胶辽块体 31
白云鄂博-渣尔泰裂谷带/白云鄂博-渣尔泰裂陷带 288,345
燕辽裂陷带/燕辽裂陷槽/燕辽裂谷带/燕辽坳拉槽 26,51,158,246,247,288,325,345,385,403,434
宣龙坳陷 325,386,403
冀北坳陷 325,386,403
辽西坳陷 325,386,403,449,450
京西坳陷 325,386,403
冀东坳陷 325,386,403
山海关隆起 325
密怀隆起 325
熊耳裂陷带/熊耳裂陷槽/豫陕裂陷带 246,249,345,469,475
辽鲁皖裂陷带 469,477
郯庐断裂带 481
洛南-方城-确山-固始-合肥断裂 469
蚌埠-界首隆起 477
淮南坳陷 471,477
淮北坳陷 471,477
华夏陆块 301
江南古陆 32
江南造山带 32
江南盆地/南华盆地 110,128
扬子克拉通/扬子地台/扬子板块/扬子地块/扬子陆块 128,393,513,529,542
龙门山大裂谷 391,513
大巴山-南秦岭边缘大裂谷 513
江南大裂谷 513
乐山-龙女寺古隆起/乐山-龙女寺隆起带 393,511,523,528,539
龙女寺构造 512
川东华蓥山古隆起 524
川西天井山古隆起 524
德阳-安岳古裂陷槽 393
龙门山推覆构造带 542
薄皮推覆构造带 544
龙门山前山带 542,545
枫顺场潜伏背斜 544
高石梯构造/高石梯区块 511,513,537
磨溪构造/磨溪区块 511,513,537
龙女寺构造 511

构造运动

格林威尔运动/格林威尔造山运动(Grenville Orogeny) 33,222,349
泛非运动(Pan-African Orogeny) 5,221
吕梁运动/中条运动(Lvliang Orogeny/Zhongtiao Orogeny) 239,292,325
四堡运动(Sipu Orogeny)/武陵运动(Wuling Orogeny) 40,110
神功运动(Shengong Orogeny) 40
晋宁运动(Jinning Orogeny) 40,110
皖南运动(Wannan Orogeny) 41
休宁运动(Xiuning Orogeny)/雪峰运动(Xuefeng Orogeny) 41,110
前澄江运动(Pre-Chengjiang Orogeny) 41
澄江运动(Chengjiang Orogeny) 41,110
桐湾运动(Tongwan Orogeny) 518
迁西上升 78
兴城运动 288
青龙上升/青龙运动 288
滦县上升 77,438
铁岭上升 80,172
芹峪上升 83,347,439
蔚县运动/蔚县上升 349
蓟县运动 53
广西运动 109
济阳运动 482
东营运动 482
极移曲线 239

岩浆活动、岩浆岩、变质岩

地幔柱 222,274
1型富集地幔(Enriched Mantle1,EM1) 267
岩石圈下伏地幔(SCLM) 313
1.78 Ga大岩浆岩事件 262
1.72～1.62 Ga非造山岩浆活动 262
1.37～1.32 Ga基性岩席(床)群 62,270
约0.9 Ga基性岩墙群 262,272
太行-吕梁基性岩墙群 262

熊耳裂谷火山岩系　262
密云-北台基性岩墙群　262
变压结晶（polybaric crystallization）　267
A 型花岗岩　267,268,303,304,307,339
斜长岩-纹长二长岩-紫苏花岗岩-奥长石环斑花岗岩组合　274,477
英云闪长岩-奥长花岗岩-花岗岩组合（Tonalite-Trondhjemite-Grante,TTG）　302
大火成岩省(Large Igneous Province,LIP)　5
大石沟基性岩墙群　272
洋岛玄武岩(Ocean-Island Basalt,OIB)　268,301,335
岛弧玄武岩(Island Arc Basalts,IAB)　301
大陆碱性玄武岩(Continental alkali Basalt,CAB)　336
洋中脊玄武岩(Mid-Ocean Ridge Basalt,MORB)　301
富集型洋中脊玄武岩(Enriched-Mid-Ocean Ridge Basalt,E-MORB)　303,335
正常型洋中脊玄武岩（Normal-Mid-Ocean Ridge Basalt,N-MORB）　309,335
大陆溢流玄武岩(Continental Flood Basalt,CFB)　336
陆内裂谷型玄武岩(Intracontinental Rift Basalt)　304
板内玄武岩（Whithuin Plate Basalt,WPB）　325,345
弧后盆地玄武岩(Back-Arc Basin Basalt,BABB)　301
双峰式火山岩　252,301,302
科马提质玄武岩　306
辉绿岩　331
辉长辉绿岩　331,426,443
岩床(脉)　426
围岩蚀变/围岩蚀变带　327,387,426
天然焦　426
板岩　327,426
角岩　327,426
斜锆石　332,336

地球化学与测试技术

现代大气氧含量（Present Atmosphere Level,PAL）　5
稀土元素（Rare-Earth Elements,REE）　35,335,353
轻稀土元素（Light Rare-Earth Elements,LREE）　35,268,335,476
重稀土元素（Heavy Rare-Earth Elements,HREE）　353
大离子亲石元素（Large Ion Lithophile Elements,LILE）　268
高场强元素（High Field Strength Element, HFSE）　268,476
锶同位素组成$^{87}Sr/^{86}Sr$　12,126
人工加氢催化反应　389
等离子体光谱仪（Inductively Coupled Plasma-Optical Emission Spectrometry,ICP-OES）　332
等离子体质谱仪（Inductively Coupled Plasma-Mass Spectromater,ICP-MS）　332
高灵敏度高分辨率离子微探针(Sensitive High Resolution Ion MicroProbe,SHRIMP)　25,26,63,201,229,437
激光剥蚀-感应耦合等离子体质谱（Laser Ablation-Inductively Coupled Plasma Mass Spectromater, LA-ICP-MS）　34,74,302
激光剥蚀-多接受器-感应耦合等离子体质谱（Laser Ablation-Multiple Collecter-Inductively-Coupled Plasma Mass Spectromater,LA-MC-ICP-MS）　200,250
二次离子质谱（Secondary Ion Mass Spectrometer, SIMS）　33,73,336
热电离质谱（Thermo-Ionization Mass Spectromater, TIMS）　228,263
阴极发光(Cathodo Luminescence,CL)　336
热表面电离同位素稀释法质谱（Isotope Delution-Thermo Ionization Mass Spectromater,ID-TIMS）　94
气相色谱-质谱/质谱（Gas Chromatography-Mass Spectrophy/ Mass Spectrophy, GC-MS/MS, 简称串联质谱）　208,552
大地电磁测深（Megneto Tellurics,MT）　390,442

油气地球化学

有机质类型　455,485,505
总有机碳含量（Total Organic Content,TOC）　208,348,404,451,483,535
氯仿沥青含量　350,451,483,503
热解烃峰顶温度 T_{max}　208,350,414,458,485,505
氢指数（Hydrogen Index,HI）　209,352,414
氢碳原子比 H/C　416,442
产油潜量 S_1+S_2　451,483,503
碳同位素组成 $\delta^{13}C$ 值　209
碳同位素组成倒转　214
等效镜质组反射率 R^o　350,414,426,442,485,505
镜状体反射率(Vitrinite-like Reflectance)　209
沥青反射率 R^b　425,442,485
计算镜质组反射率 R^c　444,554
加氢催化热降解技术/人工加氢催化反应　422
干酪根降解产物　389
核磁共振芳碳率 f_a　442
甲基菲指数　209,554

生烃门限深度　389,429
天然气组分　533
干燥系数　533
天然气碳同位素组成　534
生物标志物　355
植烷系列　421
13α(正烷基)-三环萜烷　211,356,391,420,422,554
正丙基胆甾烷　208
异丙基甾烷　210
藿烷系列　553
新藿烷　419
重排藿烷　419
四环萜烷　419
规则甾烷　552
短链甾烷　552
2α-甲基藿烷　208
3β-甲基藿烷　208
C19 A-降甾烷　214
甲基支链烷烃　214
C_{20}孕甾烷与C_{21}升孕甾烷　391
芳基类异戊二烯烃　209
24-异丙基胆甾烷　210,553
倾气性藻类　213
倾油性藻类　213
未分辨的复杂混合物(Unresolved Complex Mixture, UCM)　423

石油地质学

烃源岩/烃源层/烃源灶　129,189,207,350,358,371,393,394,407
储层/储集岩　129,190
生-储-盖组合/生-储-盖层　128,191,374,377,490,506
沉积埋藏史　466
盆地数值模拟　444
地温梯度　442
地温场　442
流体包裹体测温　465
均一温度　465
自生伊利石 K-Ar 法定年　467
生烃液态窗　383
生烃门限深度　429
勒拿-通古斯卡油气省(Lena- Tunguska Petroleum Province)　373
涅普-鲍图奥滨隆起(Nepa-Botuoba Arch)　373
安加拉-勒拿阶地(Angara-Lena Terrace)　373
巴依基特隆起(Baykit Arch)　373
中鲍图奥滨(Srednebotuobinskoye)油气田　374
尤罗勃钦-托霍姆(Yurubcheno- Tokhomskoye)凝析气田　374
恰扬金油(Chayandin)气田　377
科维克金油(Kovyktin)气田　377
巴克尔瓦拉(Baghewala)油田　381
诺内萨奇组(Nonesuch Fm.)　383
威远气田　394,510,511,527,537
安岳气田　393,396,513,537
资阳含气区　511,512,528
凌源龙潭沟沥青砂岩　388,426
宽城卢家庄沥青砂岩　388
田坝构造耳厂樑沥青脉　390,549,551,557
矿山樑背斜构造沥青脉　391,546
诺内萨奇油苗(Nonesuch oil seeps)　383
古油藏　388,521
固体沥青　377,402
油苗点/油苗　417
沥青砂岩古油藏　211,443
沥青砂　388
干酪根降解产物　389
天然焦　426